U0222899

本书作者积三十余年之功，从传世典籍和甲骨文、马王堆简帛、敦煌古医书等出土文献与古炊器、古墓壁画、画像石中，辑录出一千余款历代代表性名菜的菜谱、相关记载和古菜遗迹与画面，涉及从商代至清代的王侯菜、皇家菜、府宅菜、市肆菜、文人菜、田园菜、食疗菜和胡风菜等。并以专业视角，综合烹调实验数据、食物营养成分和民族学等资料，对每款名菜的用料、制法和创菜智慧，逐一进行深度解说，文中间或配有出土的古炊器或古墓画像等，不时展示出五千年来在世界各文明的交流与中华文明的演进中，中国菜从先秦鼎烹到华丽绽放时代的亮点与辉煌。

国菜精华

商代▼清代

王仁兴 著

生活·讀書·新知 三联书店 生活書店 出版有限公司

图书在版编目（CIP）数据

国菜精华 . 商代—清代 / 王仁兴著 . -- 北京 : 生活书店出版有限公司 , 2018.4（2023.9 重印）
ISBN 978-7-80768-233-2

Ⅰ . ①国… Ⅱ . ①王… Ⅲ . ①菜谱 – 中国 – 商代 – 清代 Ⅳ . ① TS972.182

中国版本图书馆 CIP 数据核字 (2018) 第 040198 号

责任编辑 廉 勇 罗少强
装帧设计 罗 洪
图文制作 王 军
责任印制 孙 明
出版发行 生活书店出版有限公司
（北京市东城区美术馆东街 22 号）
邮 编 100010
印 刷 北京启航东方印刷有限公司
版 次 2018 年 4 月北京第 1 版
2023 年 9 月北京第 6 次印刷
开 本 787 毫米 × 1092 毫米 1/16 印张 40.5
字 数 700 千字 图 145 幅
印 数 10,501–11,500 册
定 价 198.00 元
（印装查询：010–64052612；邮购查询：010–84010542）

现在郑重从事烹饪艺术之人类学的研究的乃是法
不是偶然的。从人类学的立场来看世界上另外一个
的烹饪艺术，即中国的烹饪艺术的时候，也已该到了。
我可以很有自信地说，古代的中国人是世界上最特别
饮食的民族之一。而且如秦讷（Jacques Gernet）所说的，
“毫无疑问，在这方面中国显露出来了比任何其他文明都要
伟大的发明性”。
烹饪术的结果在中国古代与现代一样，一定包括了数百种乃
至数千种的从最简单到最复杂的个别菜肴。

张光直《中国青铜时代》

张光直（1931—2001），世界著名华裔人类学家、考古学家。美国哈佛大学人类学系教授兼系主任，美国国家科学院院士。
Jacques Gernet，即谢和耐（1921—2018），著名汉学家、历史学家、社会学家，法国科学院院士、法兰西学院教授。

作者简介

王仁兴，1946年5月生于北京。曾任中国食品报社副总编辑、高级编辑（研究员）、中国食品杂志主编、北京市食品研究所副研究员、北京实验大学（北京教育学院）等校客座教授。1988年经北京市专业技术职务评审委员会评为副研究员，1993年经全国新闻高级职务评审委员会评为高级编辑（研究员），2014年被中国食文化研究会授予终身成就奖。

长期研究中国饮食文化，对古典菜特别是元明清宫廷菜、皇家菜和京菜尤有研究，有关中国食堂大锅菜的标准化也有成果应用。上世纪80年代起，陆续出版《中国古代名菜》《中国年节食俗》《中国饮食谈古》《满汉全席源流》《清光绪全羊谱校释》《世界名菜丛书》（九种）和《食在宫廷》（2012年又由三联书店推出增补新版）等著（译）作，并被日本等国学者引用。

自上世纪80年代中期起，在首都多所高校餐旅系主讲“中国烹饪史”“饮食文化导论”和“烹饪论文的选题与写作”等课程。

一份古菜谱，半部创新诗

——中国菜古谱中的创菜智慧

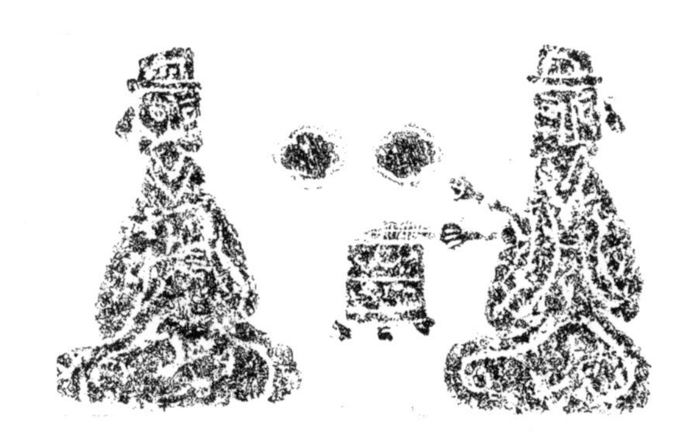

在卷帙浩繁的世界古代文库中，有一份常常被人忽视的文化遗产——中国菜古谱。这些散见于古代经书、类书、方志、笔记、小说、食书、医书、药书和农书等典籍中的古菜谱，记下了历代美味佳肴的用料和制法，也留下了历代中外文化交流在物产引进与烹调工艺传播等方面的史证，是世代传承的中华美食范本，也是发掘我们祖先创菜智慧的珍贵文献。翻开世界文化史，无论是从古希腊、罗马时代走来的法兰西、意大利厨艺，还是生发于两河流域文明的阿拉伯土耳其烹调，抑或是与古印度文化一脉相承的泰米尔美食，在古菜谱的传世连续性与考古出土数量上，中国均居首位。

历史发展到今天，创新成为中国菜的主旋律，但以往的史实和学者的研究证明：创新应该在继承的基础上进行。世界著名学者、美国哥伦比亚大学哲学博士唐翼明先生指出："文化应该在继承的基础上做创新。"对中国菜的创新而言，古菜谱正是我们最应该继承的文化遗产，是先辈嘉惠于我们的创新宝藏。有鉴于此，我们从传世和出土的古文献中，选出100余部典籍，又从这些典籍中选出具有代表性的1000多款名菜的菜谱或相关记载，构成了这部《国菜精华(商代—清代)》的"原文"部分。这些原文的文献来源，在传世文献方面，有来自国家图书馆等馆藏善本珍本《饮膳正要》《居家必用事类全集》和《湖雅》等，还有北京私家珍藏的海内外孤本清代《全羊谱》、现藏日本的《事林广记》、现藏美国哈佛大学图书馆的清抄本《醒园录》，以及14世纪朝鲜汉语教科书《老乞大》和《朴通事》等；在出土文献方面，有长沙马王堆汉墓出土的先秦古医书《五十二病方》和简文、现藏法国巴黎国立图书馆的敦煌古医书等。可以说，今日称为经典菜的中国传统名菜和地方乡土菜等，大部分都可以在本书中找到其原生态或菜根。

通观本书"原文"部分，读者会发现：从最初的田野烧烤到芙蓉鸡、松鼠鱼和樱桃肉等美食华丽绽放时代，一款款中国古代名菜无不是在继承的基础上进行创新的杰作。其中，崇尚本味、讲究食材绝配进而生发美妙的味道，而不仅仅靠调料或刻意在形式上的出新，又彰显了先辈的创菜理念。概括起来，中国菜古谱中所凝聚的创菜智慧，主要有以下五点：

一、在食材组配的指导思想上，从早期仅凭味觉记忆到公元前3世纪前后战国时期食疗思想的漫润，再到公元1世纪左右汉代阴阳五行理论的盛行，直至公元5世纪南北朝时期二者的并用或结合，古人食材组配思想的演变脉络清晰可见。其间，人们不断发现、研究、认识、接受和利用新食材，特别是来自域外的胡椒等调料和茄子等主辅料，使中国菜的原料谱日益丰富，并产生了鱼、羊相配出鲜一类的食材绝配范例。需要指出的是，收入本书的古菜谱显示，食材组配所涉及的量化问题，在中国古代的宫廷菜和食疗菜用料中已经存在。这一史实说明，量化配料是古代宫廷饮膳太医和民间郎中设计菜谱时的一个特点。

二、借助于刀工，将欣赏大自然的美感升华为对菜品形态美的创造。例如，对动物性主料的刀工处理，“庖丁解牛”的故事说明，当时的操刀人对牛等牲畜各部位关节已有精细了解。而将肉切成“脔（块）”在先秦时期已很常见。汉晋时，“藿叶切”即将肉切成大豆叶状也已相当流行。南北朝时期，“肉糜（肉泥）”“柳叶切”等在古菜谱中频繁出现。到宋元时，又出现将主料划出荔枝状花刀的记载。不难看出，古人对食材刀工处理的形状，大多来自对自然界植物的模仿。这不仅使中国菜的“形”日臻完美，出菜速度更快，同时也使中国菜的“味”因食材受热均匀而更加可口。

三、在加热工艺方面，除了众所周知的“火候”以外，随着新式烹调器具不断面世，同一种加热方法的分支也渐多起来。这表明古人在创造新式美食时，对食材加热过程中变化的认识日益深化。与此同时，所用加热器具也逐渐从取之自然而趋向于人工制造。以烤法为例，石烤、木棒烤、草裹泥封的炮烤，是先秦烧烤的主角；炭炉烤至迟在公元前3世纪战国中后期已出现。烤羊肉串在汉晋时也已在今山东、河北和敦煌一带走红。魏晋南北朝时，北方出现了波斯风味的炮烤，南方则有鱼米之乡特色的竹筒烤。隋唐时期，大唐宫廷的釀烤会让人联想到今日阿拉伯地区保留古老习俗的贝都因人的烤法。五代以后，炉烤、锅烧又先后成为当时的亮点。可以说，烧烤类中国菜就这样从远古“毛炙肉”一路走来，其中有相当多的古菜可以成为我们今天研发仿古菜或新菜的摹本。

四、在与投料顺序相关联的工艺流程设计上，植物性食材一般先放小料炝锅再放主料，动物性食材则先放主料干煸再放小料，而海鲜类食材无论荤素一般先烫或焯水然后再过油甚至直接烹炒。在水和酒、酱油等液体调料的投放上，一般先放酒再放水、酱油等。应该指出的是，盐的投放多在最后，而菜品出锅前又往往会放少许糖，这印证了“以糖提鲜”的后世厨艺秘诀是远有所承的。

五、食材入锅后厨师使用炒锅、手勺相互配合的操作动作，往往被人忽视。而收入本书的古菜谱说明，这恰恰是做成一盘好菜的一个技术关键，也是古人研发新菜、实现菜品设计时的一个重要要求。这里以主料为鸡蛋的菜品为例，炒鸡蛋用的是搅炒法，摊鸡蛋是翻炒法，熘黄菜是推炒法，醋熘鸡蛋是搅颠法，而芙蓉汤则是甩泼法。这些不同的操作动作，确保了每款菜的最终出品都呈现出各自特有的色香味，也使人们对“手艺”和“中华厨艺”的含义有了新的认识。

最后，还有几点需要提及：

一、收入本书各个时代的名菜，在时间上并不一定限于本书标明的时代。例如唐代孙思邈《备急千金要方》中的“香豉羊肉汤”、宋代林洪《山家清供》中的“傍林鲜”、元代倪瓒《云林堂饮食制度集》中的“云林烧鹅”、明代宋诩《竹屿山房杂部·养生部》中的“酱烹猪”等，从这些菜谱的语言特征及其所表述的工艺特点等方面来看，有可能在其前代甚至更远的时期就已存在。

二、近30年来中国菜创新的事实说明：如果想让菜品创新真正达到“新”的境界，就必须具备古代名菜方面的学养。这犹如绘画、服装设计者必须学习古代名画赏析、古代服饰赏析一样。因为只有这样，才能真正明白在本领域内从古到今何为“新”、如何来创“新”。这是一种不可替代的审美眼光，是一种大视野，而不是仅仅局限在今天你的所见所闻。

三、如果想走出创新的困惑，在新的层面上来认识当代的中国菜，同样需要回顾历代的中国菜。古菜虽然离我们已经很久远，但它们无疑是一面面镜子，可以照见今日中国菜的雅与俗。5000年的中华文化，其中不乏辉煌的中国烹调。从远古和先秦奔涌而来的唐宋元明清历代名菜，可以说聚焦了太多的文化景象，其中不少是采用域外食材或工艺制成的名菜，至今脍炙人口。用今天的眼光来看，这些名菜当时很时尚，但它们留给我们的话题是：这些当年的时尚美味为何春光永驻？

四、不少情况表明，当代中国菜正在发生深刻变化，变化集中表现在越来越多的工业化手段及其产品的滥用正在取代传统的中华厨艺，许许多多的厨艺正在悄然消失。但这些正在消失和已经消失的厨艺，却是不会给消费者健康带来损害的我们民族宝贵的文化遗产。不言而喻，当代中国菜正处在“新菜”层出与本真渐失的阶段。上世纪50年代，英国首相麦克米伦曾说：“自从罐头问世以来，要想享受饮食文明，只有到中国去。”但如今中国菜的这一魅力正在式微。这需要反思，需要引起我们的高度关注，这也正是笔者推出本书的一个初衷。

五、野味菜在古代的中国菜中占有相当的比重，本书收入部分野味菜，完全是为了比较完整地留下先辈的美食创造成果，便于大家发掘其中所蕴含的创菜智慧与厨艺精华。为此，我们必须在遵守国家相关法规的前提下，科学对待这份文化遗产。在本书各时代野味菜的评介中，一般不再提示此意，仅此统一申明。

目 录

禽类名菜

水产名菜

素类名菜

三国名菜

两晋名菜

南北朝名菜

肉类名菜

禽类名菜

水产名菜

素类名菜

隋唐五代名菜

肉类名菜

禽类名菜

水产名菜

素类名菜

宋辽金名菜

肉类名菜

禽类名菜

水产名菜

素类名菜

元代名菜

肉类名菜

禽类名菜

水产名菜

素类名菜

明代名菜

肉类名菜

禽类名菜

水产名菜

素类名菜

清代名菜

肉类名菜

禽类名菜

水产名菜

素类名菜

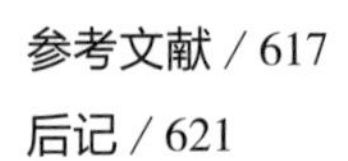

先秦名菜

鼎中之变，精妙微纤，口弗能言，志不能喻。

——吕不韦《吕氏春秋·本味》

肉类名菜

妇好三联蒸

妇好是商朝第23代王武丁的一位配偶(王后)。1976年，河南安阳殷墟五号墓出土了一件罕见的巨型炊器——青铜三联甗（yǎn）。甗是一种蒸食器，上面的蒸屉叫甑（zèng），下面的蒸锅一般是三个空心足的鬲（lì）。

据中国社会科学院考古研究所安阳工作队《安阳殷墟五号墓的发掘》，这件三联甗由一件长方形六足甗架和三个大甑组成。甗架面上有三个高出的圈口放甑，中间的圈口内壁有铭文“妇好”二字，架面四角有牛头纹，架身长103.7厘米，高44.5厘米，宽27厘米，重113公斤。三个大甑均敞口收腹，底微内凹，各有三个扇面孔，牛头环耳，口下有两组饕餮纹。甑的内壁和两耳际外壁也有铭文“妇好”二字。因其腹足有烟炱痕，故考古专家称此甗为实用之器，也就是曾为妇好蒸过美食的炊器。陈志达先生在《妇好墓三种罕见的殷代青铜炊蒸器》中指出：“这种甗的功能超过一般的连体甗或分体甗。比如：1. 能同时蒸熟三大甑食品，供贵族奴隶主祭祀或宴飨所需；2. 三件甑内可分装三种不同的食品；3. 宛如一座活动的多眼烧灶，可以灵活搬动；4. 三件大甑和甗架上的三个圈口密切套合，彼此又十分接近，易于受热。”但此器出土时三个甑内没有任何食材遗迹，一般认为甗是蒸谷粮的，但这三个大甑底部的扇面形透气孔又不适合蒸谷粮，这使此甗究竟是用来蒸什么的成为一个谜。

后来，笔者从新闻媒体记者采访安阳殷墟博物馆的报道中得知，该馆展品中有两件曾用来蒸人头的青铜甗，而且至今人头骨仍在甗内。这一报道颠覆了古代文献记载和人们对甗蒸何物的认识，为看个究竟，笔者专程从北京来到河南安阳殷墟博物馆。在该馆展厅，笔者见到了那两件有人头的甗，并现场用皮尺隔着玻璃展柜测量了其尺寸。因隔着玻璃量，尺寸不会十分准确，其甑高约12厘米，口径约21厘米，底径约8厘米，而三联甗的甑高26.2厘米，口径33厘米，底径15厘米，说明这两个人头甗均比三联甗小。由此看来，用三联甗蒸人头明显大甑小用不对路。那么当年这件甗到底是用来蒸什么的呢？蒸羊头、猪头、鹿头都有富余，只有蒸牛头与此甗甑的形状和大小正合适。考虑到此甗架面四角的牛头纹和甑的牛头环耳，除了是一种族徽或王权等的象征以外，铸在实用蒸食器上也不应排除是对特定食材的一种提示。例如广州西汉南越王墓出土的用于烤

妇好三联甗。原图见《世界文化遗产地殷墟博物馆》

这幅甲骨文拓片上的卜辞是："出入日，岁三牛。"据郭沫若先生《殷契萃编》，这条卜辞（第十七片）的意思是：殷人每天朝夕都有祭祀。"三牛"，则是其祭品

乳猪的青铜烤炉，其四角即铸有四头乳猪。此甗架面上的三个甑一般大，同时蒸三个牛头，熟后先用于祭祀然后享用，这在甲骨文中似乎也可找到佐证。在甲骨卜辞中，多见用"三牛""三牢"祭祖。郭沫若《殷契萃编》甲骨一三九片："大乙……三牢。"甲骨一七八片："大丁，三牛。"甲骨文中的"牛"字，是个像牛头形象的象形字。上半部从两边向上弯的是两个牛角，牛角下面向斜上方伸展的是牛的两只耳朵。而"牢"字虽然是甲骨文中的一个会意字，但其宝盖下面的"牛"字仍是牛头形。这说明至迟在殷商人的意识中，牛头就是牛的象征。已故著名古文字学家于省吾先生在《甲骨文字释林·自序》中指出："中国古文字中的某些象形字和会意字，往往形象地反映了古代社会活动的实际情况，可见文字的本身也是很珍贵的史料。"甲骨文中的"牛"字和"牢"字应该是像于先生所揭示的那样，为我们提供了殷商人视牛头为牛的史料。因此，"三牛""三牢"应是以三个牛头为祭品。《周礼·夏官司马》："祭祀，割羊牲，登其首。"民族学资料也显示，我国的瑶族和佤族，在20世纪50年代仍保留着用牛头祭祖的远古习俗。

以上考释如若不谬，则至迟商王武丁时代已有清蒸牛头，为此还曾专造王室三联炊蒸器，实开后世牛头类菜肴的先河。

亚址鼎烹牛肉

亚址是河南安阳殷墟郭家庄160号墓的墓主人，生前是殷代廪（lǐn）辛至文丁时期一位地位显赫的贵族武将。这位武将，一说可能同薄姑有一定关系，薄姑是殷商时东方的一个氏族方国，其中心区域约为今山东博兴东南一带。

1990年10月14日至23日，中国社会科学院考古所的专家们从安阳殷墟郭家庄160号墓中出土了六件青铜器。在其中最大的大圆铜鼎中发现牛骨20多块，鼎口内壁有铭文"亚址"，鼎底鼎足有炊烟痕迹。这说明此鼎是亚址府内作烹饪器使用的镬鼎，鼎内的牛骨应是当年下葬时白煮带骨牛肉所遗留。也就是说，此鼎做的是从远古流传下来不放任何调料的一款祭祀菜式——太羹中的白煮带骨牛肉羹。这个鼎内的牛骨为20多块，但该墓考古报告未说这20多块牛骨是肋骨、椎骨

还是棒骨，也没有谈是整骨还是砍成块的骨。在甲骨文中，有一个由两个方块两角相搭组成的象形字，像两块正方形的祭肉。已故著名古文字学家于省吾先生在《甲骨文字释林》中提出，这个字是“饔”字的初文，指祭祀的熟食。从甲骨卜辞来看，牛多见于用来祭祀祖先。因此，这件鼎内的20多块牛骨，如果是整骨即整块带骨肉的话，祭祀时要先放在俎（肉案）上砍成方块;如果是砍成块的骨，则可以直接取出放入升鼎即专盛祭肉的鼎中。在该墓出土的六件鼎中，有两件长方形的方鼎。这两件方鼎鼎内无物，鼎底鼎足也无炊烟痕迹，显然是用于盛祭肉并显示等级身份的升鼎，其中的一件应是盛这款白煮带骨牛肉的。而另一件方鼎，则应是盛圆鼎内有9块猪骨的猪肉太羹的。这样，这两件方鼎一牛一豕，一个祭祖先，一个祭神明，彰显了殷王对墓主人亚址的厚葬。

至于此鼎所煮的牛肉是家牛还是野牛，笔者认为家牛的可能性大。理由是，在距今7000多年前的河南新郑裴李岗文化遗址中，曾出土了牛骨，表明牛肉已为当时人的食物之一。根据《世本·作篇》等传世文献记载，殷人先公“胲（亥）作服牛”，说明殷商人很早便以驯养牛著称于世。甲骨文中多见数种写法的表示栏养牛的象形字,印证了“胲（亥）作服牛”的真实性。同时，在甲骨卜辞中屡见殷王以“一牛”“百牛”甚至“千牛”来祭祀祖先。一次祭祀就用掉这么多头牛，没有储备牛即发达的养牛业是不可能的。另据已故著名生物学家杨钟健、刘东生二位先生《安阳殷墟之哺乳动物群补遗》对殷墟出土牛骨的科学检定，家牛已为殷商驯养牲畜之大宗。

商代牛肉脯

牛肉脯是具有远古先民食物保存遗韵的一种古老肉食,甲骨文中已有表示牛肉脯的字。根据甲骨卜辞,牛肉脯在商代常用于祭祀祖先。已故著名古文字学家于省吾先生在《甲骨文字释林》中提出,甲骨文中已有“膱”字的初文,膱即指干牛肉，也就是牛肉脯，并引述了八条甲骨卜辞对此字进行了论证。最后，于先生指出，“膱”字的初文，“其为暴晒牛牲的干肉以为祭品,是显而易见的”。又据宋镇豪先生研究,甲骨文中还有经过捶打的肉脯,也就是“脵脩”。宋先生在《夏商社会生活史》中提出:“一期甲骨文中有‘令多尹脵’，脵字象一手持棒捶一肉块形，可知商王武丁也懂得生脯制法，曾亲自指导众朝臣制‘脵脩’。”根据杨钟健、刘东生二位先生《安阳殷墟之哺乳动物群》对殷墟出土动物骨骼所做的科学检定，可知甲骨卜辞中殷商王室用来祭祀祖先的牛多为家畜，而且牛为其中的大宗。截至目前，在笔者见到的考古报告中，未见殷商时代牛肉干实物出土的报道，但在殷商墓中出土牛骨却时有所见。例如中国社会科学院考古所《安阳殷墟郭家庄商代墓葬：1982年—1992年考古发掘报告》称，有18座墓出土牛腿骨或腿骨连肩胛骨，这些牛骨多数在墓主人的头端二层台上或棺室内头部。无论是牛腿骨还是腿骨连肩胛骨，当年下葬时均应是带骨的牛腿肉。历经3000多年的地下埋藏，牛肉不见了，剩下的全是牛骨。而牛肉脯和腶脩正是用牛腿肉经刀工处理后晒制或焙制而成的。这说明殷商人祭祀祖先时用牛肉的干制品，下葬先人时则用牛肉的鲜品，其中的一个目的可能是：祈祷祖先肉食不愁。

妇好气锅在首都博物馆“纪念殷墟妇好墓考古发掘40周年特展”上亮相

妇好气锅美味

现代营养学认为，在人类的各种食物烹调法中，蒸是最佳熟食法。中国菜的蒸至今在世界独领风骚。用气锅蒸鸡或甲鱼等，是中国人在蒸法方面的一项重要发明。考古报告显示，这项发明至迟在3000多年前的青铜时代就已经出现。而更加令人惊叹的是，以气锅来蒸制美味从古至今盛行不衰，堪称中华第一蒸菜。这里的妇好气锅美味，应是3000多年前殷王武丁的配偶（王后）妇好御厨的一件杰作。

殷商史学者的研究显示，妇好有封地，曾率兵征战羌方、夷方和土方。殷王武丁在位59年，妇好是武丁晚期诸妻中最受宠幸的一位。1976年，妇好墓在河南安阳殷墟被发现。在妇好墓出土的400多件青铜器中，有一件类似后世做气锅鸡所用的气锅，当时被考古专家称作“气柱甑”等。这件青铜气锅高15.6厘米、口径31厘米、重4.7公斤，锅中心有一透底的立柱，柱高13.1厘米，柱顶为花瓣形，有透气的孔。锅两边有便于拿动的耳。锅壁有鸟纹和夔纹，锅口下内壁还有一“好”字，表明这件气锅当年为妇好所专用。

妇好气锅出土后，在笔者的记忆中，最早将其见诸饮食专业期刊的应是中国历史博物馆研究员石志廉先生。记得1983年年初，石先生给笔者打电话，说写了一篇关于殷代气锅的小文，笔者当时是《中国食品》杂志的编辑，就说太好了，我马上过去。到石先生处，史树青先生也在场，石先生说此文还可以配一幅图片。笔者向石先生建议：文章可在《中国食品》和《中国烹饪》同时或先后发表，这样可以让更多的读者共享。史树青先生说那好那好，石先生则欣然同意。回顾以往，笔者认为，作为中国古代烹调四种蒸法之一的见证，妇好气锅体现了我们祖先对蒸食工艺及其成品菜色香味的精深理解、不懈追求和独特创造。将食料放入气锅内不用加水，盖严后放在鼎或鬲即蒸锅上，这样蒸气便会从锅中的立柱孔上升腾到锅内，并陆续变成水珠滴落到锅内，使食材在蒸的过程中又得到蒸馏水的滋润。因此，用气锅蒸出的鸡或甲鱼，不仅鸡肉或鱼肉鲜嫩无比，而且汤汁更是鲜美绝伦。从工艺源流来看，这种气锅工艺设计应是我们的祖先在蒸馏水变汤汁的味觉记忆启发下，从隔水蒸衍化而来。长沙马王堆三号汉墓出土的帛书《五十二病方》中的相关文字记载，似可作为一个佐证（详见本书“马王堆鸡汤”）。

至于当年这件气锅蒸的是什么，由于出土时锅内未见动物遗骨，不易判断，笔者认为，甲骨文中有以鼎或鬲煮鸟的象形字，当时占卜所用的龟甲剩下大量的龟肉，看来鸟和龟肉不仅是殷人的常见食物，而且也应在殷人的蒸制食材之列。特别是甲骨文中被学者释作火锅的象形字，笔者认为可能也是气锅的象形字，因此妇好气锅当时用来蒸鸟肉或龟肉的可能性更大些。现在云南气锅鸡已广为人知，但贵州贞丰自古就有气锅脚鱼（甲鱼），滇味气锅鸡和黔味气锅脚鱼都应是从妇好时代流传下来的传统美味。需要指出的是，从妇好气锅设计的完美程度来看，这类气锅的陶制品有可能在更久远的陶器时代就已面世。气锅的材质在经历了青铜时代以后，大约从汉代至今又回归到陶器时代。

礼文煎肉米饼[1]

这是《礼记·内则》记载的周代八珍之一，其用料上的荤素配合、制作工艺的精细、成品款式的精致以及松酥鲜嫩的口感，都令今人惊叹。

这款菜在《礼记·内则》中题作“糁（sǎn）”，介绍其用料制法的文字在“为熬”和“肝 ”之间，而为熬和肝历来多认为在周代八珍之列。但是很奇怪，汉代郑玄在《礼记·内则》的注中，未把糁列为八珍。只是指出，糁即周礼糁食（sì），也就是供天子享用的美食。直到宋元明时，说郛本《膳夫录》等书才把糁收在八珍之中。笔者认为，这是有道理的。在《周礼·醢人》的记载中，糁食是祭祀时第四次进献、盛在羞豆内的一种食品。据郑玄注，羞豆是盛美味佳肴的餐具。从《礼记·内则》关于糁的用料和制法的记载来看，糁确是一款临场制作、趁热食用的佳肴，其制作的精度和品相风格同其他七珍高度一致，而与祭祀时

这是上海博物馆展出的战国早期青铜杯上的纹图拓片，图的中部和两边高台上，均有炊厨活动场面。其中中部有二人相对站在鼎两边，一人正用长柄勺之类的炊具舀取鼎内羹汤，另一人双手捧豆接取。右侧高台近台阶处，也有二人正忙于同样的活动。其中一人背后的二人，一人正用勺将从罍中舀出的酒倒入对面一人的觯中，这一场面也出现在左边高台正中。此外尚有正向天空拉弓射飞禽、喂鹅和甩长袖跳舞等场面，再现了2000 余年前炊厨、狩猎和舞蹈的宴乐场景。王亮、胡莹莹摄于上海博物馆

前三次所上的腌菜肉酱之类的预制型食品完全不同。糁为八珍之一，《膳夫录》等书的记载应具有重要参考价值。另据《仪礼》记载和古今学者的解释，这款菜在诸侯的卿大夫行庙祭之礼时也有。

做这款菜要用牛、羊、猪三种肉，这三种肉的用量要一样多。然后按 1/3 肉粒、2/3 米饭的比例将肉粒与米饭调匀做成圆饼，油煎后即成。又据古代学者对《周礼》和《公羊传・桓公八年》等典籍的注疏，在周代饮食礼制中，牛、羊、猪为太牢三牲，天子的九鼎太羹和三鼎铏羹均以牛、羊、猪三牲打头。而此菜则将三牲之肉集为一品，足见此菜的王者气势。肉粒与米饭拌在一起，显然是为了使成品具有外酥脆、内松嫩和鲜美不腻的口感与滋味。其成品的圆饼状款式，也开后世肉饼类名菜的先河。

原文　糁[2]：取牛、羊、豕之肉[3]，三如一[4]，小切之[5]，与稻米[6]，稻米二、肉一，合以为饵[7]，煎之。

《礼记・内则》

注释

［1］礼文煎肉米饼：此菜为“周礼糁食（sì）”，现名为笔者所撰。

［2］糁：糁的制法。

［3］取牛、羊、豕之肉：用牛、羊、猪的肉。

［4］三如一：这三种肉用量要一样多。

［5］小切之：将肉切成粒。

［6］与稻米：放米饭。此处的稻米应是蒸熟凉凉的米饭。

［7］合以为饵：（将米饭、肉粒）和匀做成圆饼状。

礼文五脊扒[1]

这是《礼记・内则》记载的周代八珍之一，其用料之精突显出这款菜品的王者之气。

根据《礼记・内则》的记载和汉代郑玄等古代学者的解释，这款菜的主料为牛、羊、麋、鹿、獐五种牲兽肉，每种必须选用其外脊肉，并且每种肉的用量均为投料总量的 1/5。对这些主料的加热前处理方法也很有特点，主要是以捣的方法将肉捣成泥。这种加工方法在今日浙、闽、粤、晋等地方传统名菜中仍在沿用。烹调实验表明，这种捣法制成的肉泥，容易成形，具有胶着性，成品滑嫩而又没有刀墩之气。牛、羊、麋、鹿、獐分别为周代王室饮食礼制中的“六牲”和“六兽”之一，除里脊外，外脊肉是牛、羊等动物肉中最佳食用部位。将五种牲兽肉中的精华用捣法捣成一体，再用油煎法制成，在周代显然只有天子才有此口福。现代西餐中的煎肉扒，是将牛里脊或外脊等肉拍松后油煎，出锅前烹入辣酱油等。二者在主料加热前的处理方式、调料投放时间等方面均有相似之处，这种有趣的文化现象值得中外文化史学界同人深入研究。需要说明的是，原文虽未有这款菜主料捣后的形状及其加热方法的记载，但根据古代学者的注释和这款菜制作工艺的自然走向，笔者对这两点做出了上述推断。

原文　擣珍[2]：取牛、羊、麋、鹿、麕[3]之肉，必胨[4]，每物与牛若一[5]，捶反侧之[6]，去其饵[7]，孰出之[8]，去其皽[9]，柔其肉[10]。

《礼记·内则》

注释

[1] 礼文五脊扒：介绍此菜用料制法的文字原题“擣珍”，现名为笔者所撰。

[2] 擣珍：即“捣珍”。擣为“捣”的异体字。周代人认为，在动物身上可食用部位中，除里脊外，脊侧肉（亦称夹脊肉、外脊肉、上脑等）最为珍美。加热前，将脊侧肉反复捶打，以使其松嫩，这样菜肴制成后，便于咀嚼，这就叫“擣”；“珍”，美肴，“擣珍”即由上述用料与加工等特点而得名。按：此菜为周代八珍之一，应为周天子之食。

[3] 麕（jūn）：亦作“麇”，即獐。

[4] 必胨（méi）：一定要用脊侧肉。胨，脊侧肉（亦称外脊肉等）。

[5] 每物与牛若一：每种肉的用量与牛肉相同。

[6] 捶反侧之：将肉反复捶松。

[7] 去其饵：去掉肉上的筋腱。饵，汉代郑玄注：“筋腱也。”

[8] 孰出之：熟后取出。孰，通“熟”，这里应是煎熟之意。

[9] 去其皽(zhǎn)：去掉肉上的薄膜。按：此句似应在“去其饵”的后面。

[10] 柔其肉：肉质细嫩浇上醋和肉酱即入味。按汉代郑玄注：“柔之为汁和也。汁和，亦醯醢与。”意思是所捣肉饼煎后非常滑嫩，一放调味品就入味。

礼文牛肉两吃[1]

这款菜历来多认为是周代八珍之一，所谓两吃，一是牛肉干，二是牛肉扒，两种款式的菜称一珍，这在周代八珍中仅此一例。

根据《礼记·内则》的记载和汉代郑玄等古代学者的注释，这一珍的具体制法是：将牛肉捶松，去其筋膜，放在芦席上，撒上姜、桂末，烤干后即可食用。羊肉也可以这样做，麋、鹿、獐肉同牛羊肉的做法一样。如果想吃柔嫩微有汁的，可以先将肉干泡发起来，然后用肉酱煎制即成。想吃肉干，就捶松后食用。在周代王室饮食礼制中，牛、羊属“六牲”中的太牢，麋、鹿、獐则在“六兽”中占一半，由此可以看出此珍的王者之气。第一种吃法的肉干，实际上就是《周礼》《仪礼》和《礼记》中所说的“牛脩”。唐代贾公彦谈到脯与脩的区别时指出：“脩，腶脯也者，谓加姜、桂腶治（即捶松）之；若不加姜、桂、不腶治者，直谓之脯。”在周代，天子还时常将牛脩作为赏品赐给臣下。第二种吃法与现代西餐中的牛肉扒在用料、加热前对主料的处理方法、加热方式和调味时间四个方面都十分相似，这是令人非常感兴趣的文化现象。西餐牛肉扒约在19世纪末开始出现在北京、上海等城市的西餐馆中，20世纪30年代左右，北京、上海等城市的中国餐馆开始有“西式牛肉扒”应市。但是在2700多年以前，周代王室饮食“八珍”中有类似今日西餐中的牛肉扒，而且不止一例（详见“礼文五脊扒”），人们不禁会问：牛肉扒到底属于西餐还是中餐？牛肉扒的文化之根究竟在哪里？

上世纪80年代末，笔者曾与同事和朋友合作主编、编译并由轻工业出版社出版了《世界名菜丛书》，根据笔者的检索，牛肉扒类的菜肴在法、德、匈、意、俄等欧洲国家的名菜谱中，以匈牙利为最多，有20多种。有学者认为，匈牙利人的先人中有中国史书中的匈奴人，后西迁至欧洲。今日匈牙利的牛肉扒是否为当年匈奴人随迁带到欧洲的？至于法国等国的牛肉扒，也有可能来自匈牙利。因为在匈牙利第一个朝代时期，一位王后曾是亚拉冈（今属西班牙）国王的女儿，一位王储娶了法国公主。王室姻缘必然会导致饮食文化的传播（详见马新编译《匈牙利名菜》）。不过，上述推想均有待中外文化史学者详考。

原文　为熬[2]：捶之[3]，去其皽[4]，编萑布牛肉焉[5]，屑桂与姜[6]，以洒诸上而盐之[7]，干而食之[8]。施羊亦如之[9]。施麋、施鹿、施麕皆如牛羊[10]。欲濡肉[11]，则释而煎之以醢[12]。欲干肉，则捶而食之。

《礼记·内则》

注释

［1］礼文牛肉两吃：介绍此菜用料制法的文字原题“为熬”，现名为笔者所撰。

［2］为熬：汉代郑玄注，“熬，于火上为之也，今之‘火脯’似矣”。说明此菜加热方法类似于汉代的“火脯”。

［3］捶之：（将牛肉）捶松。

［4］去其皽（zhǎn）：去掉肉上的薄膜。

［5］编萑（huán）布牛肉焉：在编好的芦席上放牛肉。萑，芦类植物，详见本书“周天子烤乳猪”注［6］。

［6］屑桂与姜：将桂与姜捣成末。

［7］以洒诸上而盐之：将姜、桂末撒在肉上腌制。盐，用盐腌物。

［8］干而食之：烤干后食用。

［9］施羊亦如之：做羊肉也跟牛肉的方法一样。

［10］施麋、施鹿、施麕（jūn）皆如牛羊：做麋肉、做鹿肉、做獐肉都和牛羊肉的方法一样。麕，即獐子。

［11］欲濡（rú）肉：想吃滑嫩浓香的肉。濡，此处作滑嫩浓香讲。

［12］则释而煎之以醢（hǎi）：那么用水将干肉浸松软后用肉酱煎制（即可食用）。释，用水将干肉浸松软。醢，用牲肉或兽肉加曲等酿制的肉酱。

礼文酒香牛肉片[1]

在一般认为的周代八珍中，这款菜独特的生食方式会让人不禁联想起今天日本料理中的生吃牛肉片。

根据《礼记·内则》中的介绍和郑玄等古代学者的注释，做这款菜时，必须选用新宰的牛肉，必须横着肉纹将肉切成薄片，然后用美酒将牛肉片浸渍24小时，蘸肉酱或醋、酸梅汁食用。从《周礼》《仪礼》等典籍的相关记载来看，牛肉名列周代王室饮食礼制中的太牢之首。所谓“王日一举”，即周王室每天清晨都要杀牛以供一天祭餐之用。此菜所用牛肉，应取自周王室每天清晨所杀太牢之牛。刚杀的牛肉即用美酒浸渍，最终要到第二天清晨才食用。此时的牛肉片，食用时应是酒香满口。蘸汁中有酸梅汁一味，《尚书》“若作和羹，尔惟盐梅”的句子会浮现于人们脑海之中。生牛肉片，酸梅汁，从主料到调味品，一切都取之于大自然，我们的祖先在远古生吞活剥的时代风貌浑然呈现在今人的面前。

原文　渍[2]：取牛肉[3]，必新杀者。薄切之，必绝其理[4]，湛诸美酒[5]，期朝而食之[6]。以醢若醯醷[7]。

《礼记·内则》

注释

［1］礼文酒香牛肉片：介绍此菜用料制法的文字原题“渍”，现名为笔者所撰。

［2］渍：据正文，即“生渍牛肉片”。

［3］取牛肉：用牛肉。按：在周代有资格吃牛肉的，首先是天子。

［4］必绝其理：切时一定要横着肉纹。绝，横切，今俗语“横切牛羊”应即其遗意。理，肉纹。

［5］湛诸美酒：在美酒中浸渍。汉代郑玄注：“湛，亦渍也。”

［6］期朝而食之：今天早上渍，明天早晨就可以吃了。

［7］以醢（hǎi）若醯（xī）醷（yì）：以肉酱或醋、梅浆蘸食。若，或。醯，醋。醷，梅浆。

晋文公烤肉[1]

晋文公名重耳，是春秋时期晋国国君，曾在践土（今河南荥阳东北）大会诸侯，成为霸主。他在位时，有一次吃烤肉发现上面有头发，便将御膳总管召来，怒斥道：“你是不是想把寡人卡死？为何把头发绕在烤肉上？”御膳总管磕头说：“臣有三条死罪：用磨刀石将刀磨得像有名的干将剑一样快，切肉时肉断了头发却没切断，这是臣的第一条罪；用扦穿肉块时没看见头发，这是臣的第二条罪；遵命烧烤肉炉，炉中炭火通红，肉都烤熟了头发却没烧着，这是臣的第三条死罪。我想我手下不会有嫉妒臣的人吧？”晋文公说：“对啊！”于是立刻将其手下人召进来一一呵问，结果真是那样，便当即处死了那个人。

《韩非子·内储说下》中的这段记载，为我们了解先秦特别是春秋时期的烤肉提供了难得的史料。因为在《仪礼》《礼记》等典籍中，虽有“牛炙”“羊炙”等炙肉，也就是烤肉的记载，但都缺少原料加工和烤制器具等说明。汉代郑玄等古代学者对《仪礼》《礼记》中的“牛炙”“羊炙”等的注释，也仅仅是“炙，贯之火上”而已。《说文解字》和《释名·释饮食》等字书对炙的解释仍是“炙于火上也”。总之均语焉不详，让人看了对“炙”这种烤肉方式仍是一头雾水。而《韩非子·内储说下》中的这段记载，却至少使我们对春秋时期的“炙肉”有以下几点明确的认识：1. 用于“炙”的肉是用刀切成块的。

2.“炙”这种烤肉在春秋晋文公时仍是用荆树枝为烤扦穿肉块。晋文公于公元前636年至公元前628年在位,《韩非子·内储说下》记载的这件事应发生在这一时段内。这说明到2600多年前,在铁质烤扦还没有出现时,“炙”这种烤肉仍在沿用木质扦具。东晋末北魏初张湛《养生要集》称:“凡猪、羊、牛、鹿诸肉,皆不可以谷木、桑木为铲炙,食之入肠里生虫伤人。”这应是木质烤扦时代人们的一条经验总结。3.“炙”这种烤肉在当时是用炭炉烤。相关考古报告显示,河南淅川下寺春秋楚墓、江西靖安春秋徐国墓、河南信阳楚墓和安徽贵池徽家冲东周墓,都有类似《韩非子·内储说下》中所说的炭炉。这一方面印证了《韩非子·内储说下》中的相关记载,一方面也使我们对当时的烤肉炭炉形状等有了直观的认识。4.《仪礼·公食大夫礼》“凡炙无酱”的记载说明,晋文公时代的“炙肉”不用酱调味。对此,《养生要集》指出:“炙肉著酱清,食之有臊气,失味。”

原文　文公之时[2],宰臣上炙而发绕之[3]。文公召宰人而谯之曰[4]:“女欲寡人之哽邪[5]?奚为以发绕炙[6]?”宰人顿首再拜请曰[7]:“臣有死罪三:援砺砥刀[8],利犹干将也[9],切肉肉断而发不断,臣之罪一也。援木而贯脔而不见发[10],臣之罪二也。奉炽炉[11],炭火尽赤红,而炙熟而发不烧[12],臣之罪三也。堂下得微有疾臣者乎[13]?”公曰[14]:“善[15]。”乃召其堂下而谯之[16],果然[17],乃诛之[18]。

《韩非子·内储说下》

注释

[1]晋文公烤肉:此菜名为笔者所撰。

[2]文公之时:晋文公在位时。晋文公于公元前636年至公元前628年在位。

[3]宰臣上炙而发绕之:家臣端进的烤肉上有头发。

[4]文公召宰人而谯之曰:晋文公命人把御膳总管叫来怒问道。

[5]女欲寡人之哽邪:你是不是想把寡人卡死?

[6]奚为以发绕炙:为何把头发绕在烤肉上?

[7]宰人顿首再拜请曰:御膳总管边磕头边请罪说。

[8]援砺砥刀:用磨刀石磨切肉的刀。

[9]利犹干将也:刀磨得快如干将剑。干将,名剑。

[10]援木而贯脔而不见发:用荆木扦穿肉块却没看见头发。

[11]奉炽炉:遵命烧烤炉。

[12]而炙熟而发不烧:肉都烤熟了头发却没烧着。

[13]堂下得微有疾臣者乎:我手下不会有嫉妒臣的人吧?

[14]公曰:晋文公说。

[15]善:对啊。

[16]乃召其堂下而谯之:于是立刻将其手下人召进来一一呵问。

[17]果然:结果真是那样。

[18]乃诛之:便当即处死了那个人。

大夫烤牛肉[1]

这是《仪礼·公食大夫礼》中诸侯款待来聘大夫的一款牛肉菜，这款菜在《礼记·内则》中也有类似记载。

在《仪礼·公食大夫礼》和《礼记·内则》中，这款菜被写作“牛炙”。不言而喻，牛即牛肉，但根据《韩非子·内储说下》等文献记载和湖北随州曾侯乙墓考古报告，这里的牛肉应是取自2—3年龄、体重约100公斤的肉用牛。炙，用今天的话说就是叉烤或扦烤肉。其具体制法应是：将净治过的牛肉切大块，用荆木扦穿上，然后在烧旺的木炭炉上烤熟即可。上席之际，烤好的肉块被切成若干块，盛在豆内，最上面的是一大块，那是用来祭祀和感念发明烤牛肉的先人的，然后盖上盖端上席。在席上，烤牛肉与只放调料不放蔬菜的牛、羊、猪三种肉羹排成一列，即礼经中所谓旁四列中的第一列。依据《仪礼·公食大夫礼》“凡炙无酱”的记载，吃这种扦烤牛肉不用酱来调味，但可以蘸盐食用，即所谓“擩（ruò）于盐”。

这套铜编钟出土于河南新郑郑韩故城，是贵族钟鸣鼎食、以乐侑食的一件实证。面对编钟，人们仿佛听到春秋时期流行的郑卫之音。党春辉摄自郑州市博物馆

原文　牛炙[2]。

《仪礼·公食大夫礼》

注释

[1] 大夫烤牛肉：此菜原名“牛炙”，现名为笔者所撰。

[2] 牛炙：扦烤牛肉。唐孔颖达《礼记·内则》疏：“牛炙，炙牛肉也。”据汉代郑玄《礼记·内则》注，此菜为“上大夫之礼庶羞二十豆”之一。

周贵族宴饮牛两样

牛百叶和牛舌如今已是数款中国传统名菜特别是清真菜的主要食材，那么这两种食材从何时开始成为佳肴步入中华美食殿堂的呢？

《诗经·大雅·行苇》是一首描写西周王畿内贵族宴饮的诗，该诗第四篇：“醓醢以荐，或燔或炙。嘉肴脾臄，或歌或咢。”首句中的醓醢，醓是多汁的肉酱，醢是一般肉酱，这两种肉酱都是以牲肉或兽肉加曲等酿造而成。第二句中的燔和炙，据汉郑玄、唐孔颖达的解释，“燔用肉，炙用肝”，也就是说燔指烤肉炙指烤肝。按照这两位经学家的说法，这两道大菜是周贵族宴饮时席上的正馔，吃时当然如《仪礼》所记载，烤后蘸盐食用。第

三句中的脾臄，按东汉初经学家郑众的解释，脾，即牛百叶；臄，是牛舌。至于将这两种食材做成菜的方法，均未见相关解释，不过孔颖达对《周礼·天官冢宰》中“脾析”的解释或可作为我们的参考。孔颖达对脾析的解释是：“此八豆之内，脾析、蜃、豚拍三者不充菹，皆齑也。”齑和菹虽然都是腌菜或酸泡菜，但上席时齑多为丝状或粒状。既然脾析的形状如齑，那么脾析便类似于后世的凉拌百叶丝。现在返回来说脾臄成菜的方法，一种是像《周礼》脾析和《仪礼·少牢馈礼》中的鼎烹羊舌，牛百叶切丝，牛舌划十字花刀，这两种食材煮后，全是凉拌菜；一种是像长沙马王堆汉墓出土竹简上的“牛濯胃”，即涮牛百叶、涮牛舌（详见本书“轪侯家涮牛肚”“轪侯家涮牛四样”），全以当时盛行的鼎为炊器，用涮法或煮法做成酒菜。因为正馔是烤肉和烤肝，所以这两道加馔一般情况下不会再用烤法制作了，这也与《毛诗正义》中古代学者对诗中“嘉肴”二字的解释相合，“其正馔以外所加善肴”，“故谓之嘉，是为嘉美之嘉也”。至此，我们似可以说，早在西周时，以水熟法制作的牛百叶和牛舌，就已成为当时贵族宴饮的两款佳肴。

铏鼎牛肉羹[1]

铏是一种盛羹的鼎，由于年代久远，人们对它的名称越来越陌生，于是便把它叫作铏鼎。从相关考古报告来看，这种鼎一般平底有盖、腹高较短而鼎足较长。据《仪礼·公食大夫礼》，这种鼎分别盛牛、羊、猪三种肉羹。在诸侯款待来聘大夫的正馔中，有四个铏鼎，其中两个盛的便是牛肉羹。

综合《仪礼·公食大夫礼》等典籍记载和汉代郑玄等古代学者的解释，可知这种牛肉羹是一种既用作料调味又有豆叶等的肉羹。据《备急千金要方》《救荒本草》和《本草纲目》等古代本草典籍，豆叶应即大豆的嫩叶，其叶片为卵形或斜卵形等，长6—13厘米，宽4—8厘米。“叶嫩时可食，甘美”，如果加水煮，服之可治小便血淋。为了使羹爽滑可口，制作时还要放旱芹叶等。旱芹叶性滑如葵，因此又名堇葵，久食可“除心下烦热”“止霍乱”，其功与香薷同。这些记载似乎可以使我们理解，在鼠患横行的上古时代，古人为何要在肉羹中放旱芹叶。

原文　铏芼[2]，牛藿[3]，……皆有滑[4]。

《仪礼·公食大夫礼》

注释

［1］铏鼎牛肉羹：此菜名为笔者所撰。

［2］铏芼：铏鼎肉羹应放的菜。芼，这里音máo，指羹中的菜。

［3］牛藿：牛肉羹放豆叶。藿，汉代郑玄注：“藿，豆叶也。”李时珍《本草纲目》“大豆”：“叶曰藿。”

［4］皆有滑：这三种（牛、羊、猪）羹中都放旱芹叶等性滑的食料。汉郑玄注：“滑，堇荁之属。”堇，音jǐn，即旱芹叶，又名堇葵

等（详见《本草纲目》“菜部”第二十六卷）。

陪鼎牛肉羹

周代天子餐食、诸侯往来款待或为上大夫设宴时，有所谓九鼎、八豆、八簋、六铏之说，其中有九个正鼎三个陪鼎，正鼎盛的是不放任何调料的太羹类白煮带骨牛肉等羹，称为正馔，专用于排场规格、祭祀先人和表示节俭，只是尝尝而已；陪鼎中是用作料调好五味的和羹类牛肉等肉羹，叫作加馔，在宴饮现场是真正吃的一种享受品。因为这三个鼎对应放在与其主料相同的正鼎旁边，所以叫作陪或陪鼎。这款牛肉羹，就是盛在陪鼎中的一款美味加馔，也是先秦时期的一味名羹。

在《仪礼》和《礼记》等典籍中，这款羹名叫“膷（xiāng）”。根据郑玄等古代学者的解释，这是一种放作料调和五味而不放蔬菜、汤汁较少的牛肉羹。从湖北随州曾侯乙墓等考古成果可以推知，这种羹用的牛肉应来自体重为50公斤左右或50—100公斤的半成体牛。《礼记·内则》“三牲用藙（yì），和用醯（xī）”的提示，表明藙和醯是这款羹的两种主要呈味调料。藙即芸香科植物食茱萸，据李时珍《本草纲目》，因其辛辣蜇口，故蜀人将其称为艾子，而楚人则将其称为辣子；醯即醋。这说明这种牛肉羹口味酸辣，在款待场合是真正用于享用的一种羹。《礼记·内则》“羹齐视夏时”的讲究，也应视作是对此羹的温度要求，直到今天，酸辣汤仍以热为佳。

原文　膷[1]……，盖陪牛[2]……。

《仪礼·聘礼》

注释

[1] 膷：郑玄注，“膷，音乡，牛臛也”。臛为一种汤汁较少的肉羹。

[2] 盖陪牛：(此羹）放太羹类牛肉羹鼎旁。

楚国令尹牛肉羹

1980年第10期《文物》刊载了赵世纲、刘笑春先生的《王子午鼎铭文试释》，文中释译了王子午鼎铭文，其中有关该鼎出土情况的记述，是研究中国菜史特别是先秦菜史一份难得的考古资料。

王子午是春秋时期楚庄王之子，公元前

这是洛阳北窑西周墓出土的西周铜匕。青铜质，首部尖利，便于扎取鼎中带骨肉块，是商周铜匕的形制特点。郭亚哲摄自洛阳博物馆

558 年至公元前 552 年为楚康王时的令尹（宰相）。据赵、刘二位先生推定，王子午鼎即铸于其任令尹的年段。这是形制相同由大到小的七件青铜鼎，从河南淅川下寺春秋楚墓二号墓出土时，每件鼎内均有牛骨多块，盖上各置铜匕。最大的高 69 厘米、口径 66 厘米、重 100.2 公斤，最小的高 60 厘米、口径 59 厘米。根据这组鼎的铭文，可知这组鼎是王子午家族用来祭祀祖先周文王的礼器升鼎，也就是说这七件鼎内盛的都是从镬鼎取出的白煮带骨牛肉。据《周礼》等典籍记载和相关考古报告，作为礼器的升鼎，鼎内盛的一般为牛、羊、猪、鱼、腊（xī，干肉）、肠胃、肤（切肉）、鲜鱼、鲜腊，并且是九种食物九个鼎，而这七件鼎内全为牛骨，既体现了王子午葬礼规格之高，又可能是王子午家族对周文王虔诚的表示。

曾侯乙煮牛肉[1]

1978 年，湖北随州曾侯乙墓出土了 20 件鼎，其中有两件大鼎格外吸引人的眼球。考古专家认为，这两件大鼎应是古代文献记载中的“镬鼎”。所谓“镬鼎”，就是真正用来煮肉的大锅。鼎开始时是煮肉等的烹调器，后来大部分鼎变成显示权位的礼器，只有个别的鼎还有烹调的功能，这就是这两件大鼎虽然是鼎却被叫作“镬鼎”的原因。

尽管古代文献中关于“镬鼎”的记载不少，但是从烹调的角度来看，这些记载大多语焉不详。比如“镬鼎”究竟有多大、一次到底能煮多少肉、这些肉是带骨肉还是去骨肉？这些问题无论是在传世的还是出土的古代文献中都难以找到确切的答案。

出土于曾侯乙墓的这两件大镬鼎，不仅为上述部分问题的解答提供了实物根据，而且还为研究中国烹调中“白煮”类的烹调方法和“汤”的源流提供了考古标本。根据考古报告，这两件大镬鼎出土时，腹底面有烟炱痕迹，说明它们是实用烹调器。而更为难得的是，这两件镬鼎内均有动物骨骼。经中国科学院的动物专家鉴定，这些动物骨骼为牛骨，两件镬鼎内各有半扇带骨牛肉。用烹调专业术语来描述，大一点的镬鼎内约有 50 公斤半扇带骨牛肉，下锅前被分割成左右外板（又名哈尔巴）、左花腱、左肋条、右和尚头、子盖、黄瓜条、右花腱和上脑及扁担肉等带骨肉。小一点的镬鼎内约有 25 公斤半扇带骨牛肉，每块部位及块数与大镬鼎内的差不多。

有了考古专家为我们提供的这两件大镬鼎的通高和口径等数据，再加上动物专家对牛骨的科学鉴定，借助古代文献和烹调学相关知识，这使我们得以对 2400 多年前的曾侯乙时代乃至《周礼》等古代文献记载的“煮牛肉”进行烹调专业方面的研究。根据《礼记》等古代文献记载，用镬鼎煮肉时一般用“白煮”的方法，有的羹煮时要放具有花椒功效的食茱萸，但是在将牛肉从生煮到熟的过程中，总括起来还有以下讲究：

1. 首先是选料。据动物学家对这两件大镬鼎内牛骨的科学鉴定，这些牛骨来自三头半成体牛，其中一头为 50 公斤左右，两头为

50—100公斤。也就是说，当年这两个大镬鼎内煮的全是带骨小牛肉。为什么要用小牛肉而不用成体牛呢？《礼记·郊特牲》在谈到天子行祭天礼时为何要用小牛时说："用犊，贵诚也。"这说明用小牛是从向神和祖先表示虔诚来考虑的，属于精神层面的祈愿。而从食材与美食的关系来看，无论是肉质的细嫩，还是口味的鲜美，小牛肉都远胜成体牛。而且祭祀之后所祭带骨牛肉最终还是要享用的，这应是当时未拿上台面的真正理由。

2. 据《礼记·郊特牲》记载，当牛肉煮到半生不熟时取出，这是周代天子郊祭天时用来祭祀社神等神的，即所谓"三献爓（qián）"；祭祀各种小神则用煮熟的牛肉，也就是"一献孰"。

3. 据《周礼·天官冢宰》，负责给周王室做太羹、铏羹的亨（烹）人，在做羹时最注意的是多少肉要放多少水和大火小火所用时

这件山西博物院展台上的青铜鼎，与曾侯乙墓出土的大镬鼎一样，都是烹煮牲肉的实用炊器。根据战国青铜器纹图，用这类大镬鼎煮肉，均由二人合作进行，一人烧火一人翻动鼎内牲肉。李静洁、郭婷摄自山西博物院

间的长短。这说明在曾侯乙时代之前，用镬鼎煮肉已有加水量和火候的工艺规范。推想当年曾侯乙的御厨在用这两个大镬鼎煮牛肉时，理当具有按此规范进行操作的能力。

4. 据《周礼·内饔》郑玄注，当牛肉煮到所需程度时要从镬内取出，放进鼎内，但牛后腿最上部靠近肛门的部位髀则不放入鼎中。接着将鼎放在庭中，再将牛肉从鼎内取出，放到俎上也就是食案上。

5. 往俎上放肉时也有规矩，据《仪礼·少牢馈食礼》等礼文，首先要按人的身份等级将相应部位的带骨牛肉放在享用者面前的俎上。最尊贵的当然是牛前体的肩肉，其次是臂肉，卑贱的则是后体肉中的肫、胳等。其次是要从俎的最左边开始往右放，这样俎的最左边是尊贵的牛前腿肉，最右边则是卑贱的牛后腿肉，中间则是牛的脖头、上脑、胸口和牛腩肉等。再次是放时必须分清骨头的上下，要将带骨牛肉的骨末端向前方。

6. 将镬鼎内的牛肉汤（也叫湆，qì）舀出，不放盐等任何调料，也不放蔬菜，直接盛入豆或镫内，用来祭祀或待宾客，这就是从远古流传下来的礼食中的"太羹"。

原文　大鼎：2件（C.96、C.97）。出自中室南部偏西的地方，并列放置。C.96、C.97是此墓所出鼎类器中形体最大者。C.96器腹内壁有铭文两行七字："曾侯乙作持用终。"[2]鼎内遗存动物骨骼，为半边牛体，即牛的右前肩、右前肢、右后臀、右后肢、整个背部和部分左右肋部[3]。腹底面有烟炱痕迹。通

高64.6、口径64.2、足高33.6厘米。C.97鼎内动物骨骼亦为半边牛体，部位为左后臀、左后肢、左肋、右后臀、右后肢、背部。腹底面有烟炱痕迹。通高57、口径57.4、足高28.9厘米。这两件鼎内有牛体，腹底有炊烟痕，应是煮牲肉的镬鼎。

湖北省博物馆《曾侯乙墓》

注释

［1］曾侯乙煮牛肉：此菜名为笔者所撰。

［2］曾侯乙作持用终：说明此鼎为曾侯乙生前御用的烹调器。

［3］整个背部和部分左右肋部：这一段连同C.97号鼎的相关文字，均出自中国科学院动物研究所高耀亭、叶宗耀、周福璋三位专家的鉴定报告。

楚怀王炖牛花腱[1]

这应是屈原约于公元前296年的春天、为祈祷客死于秦的楚怀王魂归故都所作的《楚辞·招魂》中提到的一款菜，根据著名楚辞学家汤炳正先生的研究，辞中丰美的饮食“皆非王者不能有”，而据《周礼》等文献记载，食牛是西周天子以至其后春秋战国时期王侯的肉食专利，因此这款具有王者之尊的炖牛花腱应为楚怀王生前常食或喜食之品。

牛花腱又称牛腱子，是牛的四肢小腿肉，其靠近牛蹄部位的又名牛腱子把儿。牛花腱虽有前腿和后腿之别，但其外部均有薄厚不等的筋膜，炖熟后切开，其断面呈现透明的螺旋状花纹，美观悦目，因此后世常用牛花腱做酱牛肉切片摆盘，牛花腱的“花”也得名于此。长沙马王堆一号汉墓曾出土牛骨，经科学鉴定，其中一个陶罐内为已经剁碎的黄牛四肢骨残块。该墓墓主辛追下葬时间比《楚辞·招魂》所作时间晚100多年，二者又同属荆楚地区，饮食习俗相近，因此我们可以推知这款菜用的可能是黄牛花腱，炖之前带骨剁成块。民间素有“带骨肉赛龙肉”之说，这款菜的主料是牛花腱，文火炖熟后因其肉与筋膜交缠，故而滑酥糯，再加上是带骨炖制，因此会十分香烂可口，这正如屈原在辞中所赞：“肥牛之腱，臑（ér）若芳些。”汤炳正先生指出，“臑若芳”即烂而且香。看来香烂应是此菜口味的突出特色。

原文　肥牛之腱，臑若芳些。[2]

屈原（宋玉）《楚辞·招魂》

注释

［1］楚怀王炖牛花腱：此菜名为笔者所撰。

［2］肥牛之腱，臑若芳些：肥牛的花腱，炖得烂又香。南宋朱熹《楚辞集注》：“腱，筋头也。臑若，熟烂也。或曰：若谓杜若，用以煮肉，去腥而香也。”但汤炳正先生等在《楚辞今注》中指出：“腱，筋头肉。臑，当作胹，烂也，《广雅释诂》：胹，熟也。若，此训而。臑若芳，烂而且香。”“胹，当作洏。《说文·水部》：洏，一曰煮熟也。”说明“臑”既有煮熟义，又有熟烂义。

马王堆汤浸牛肉片[1]

在中国烹调方法中，“浸”是一类比较独特的加热方法，将主料（如鸡或鱼）放入烧热的油中或烧开的水（汤）中，然后将火变小，大体上用小火温油或似开非开的水（汤）使主料受热成熟，这就是“浸”。从浸的传热介质来说，有油浸和水浸，而水浸又有水浸、汤浸和卤浸等之别，粤菜五柳鲩鱼、桶子鸡等都是用“浸”法制作的具有代表性的中国名菜。这里的马王堆汤浸牛肉片，是用汤浸法制作的一道先秦食疗名菜，据目前所知，应是中国最早的一款汤浸类名菜。

1973 年，在长沙马王堆三号汉墓出土的帛书先秦古医书《养生方》中，有一款以牛肉片为主料、以萆薢为调（药）料、采用汤浸方法制作的食疗菜，并明确说明此菜具有“除中益气”功效。按照出土的《养生方》提供的此菜谱，制作此菜先要将牛肉切成薄片、将萆薢切成寸段，再将牛肉片、萆薢一同放入已有清水的陶镬（砂锅）中，当水烧开时将锅离火，稍停后再将锅上火，汤开时又将锅离火，如此三次以后，就可以取出牛肉片吃了。浸牛肉片的汤和萆薢要留着，以便下次做此菜时再用，但用过三次就要倒掉。常吃此菜可以使人和当初没病时一样，又不会有副作用，至于吃多吃少可以随意。

从上述此菜制作流程可以看出，汤开时锅离火，是为了使牛肉片不致因汤持续沸腾而老韧。稍停后再将锅上火，稍停期间可以使牛肉片一来吸取汤中萆薢的滋味，二来又可将牛肉片在 100℃以下的汤中浸松软起到嫩化的作用。如此重复三次，就可以使牛肉片既松嫩可口，又附上了萆薢的药效，从而使牛肉片具有“除中益气”的食疗价值。著名医史专家马继兴先生认为，此菜除了有补益虚羸之功外，兼有祛湿热、疗痹痛、舒筋骨等功效。

原文

一曰：取牛肉薄劙之[2]，即取萆薢寸者[3]，置□□牛肉中[4]，炊沸[5]，休[6]；又炊沸[7]，又休[8]；三而出肉[9]，食之。

藏汁及萆薢[10]，以复煮肉[11]，三而去之[12]。□□人環益强而不伤人[13]，食肉多少恣也[14]。

长沙马王堆三号汉墓出土帛书《养生方》

注释

［1］马王堆汤浸牛肉片：1973 年长沙马王堆三号汉墓出土的帛书《养生方》上此菜无菜名，为通俗醒目，笔者根据此菜主料和工艺特点撰出此菜名。

［2］取牛肉薄劙之：将牛肉切成薄片。劙，音 lí，原作“剶”，《玉篇・刀部》：“分割也。”《韵会》：“直破也。”薄劙之，即切成薄片。

［3］即取萆薢寸者：选用一寸多长的萆薢茎蔓。薢，原作“荚”。据《本经》，萆薢“味苦，平。主治腰背痛，强骨节，风寒湿周痹，恶疮不瘳，热气”。马继兴先生认为此菜用的是萆薢茎蔓而非其地下块状茎。

［4］置□□牛肉中：（将萆薢）放入陶锅牛肉中。此句缺两字，笔者认为应是“鼎镬”

之类的字。

［5］炊沸：煮开。根据后面“以复煮肉”，可知此处的“炊”为煮义。

［6］休：停，即将煮肉锅离火。

［7］又炊沸：再将锅上火把汤烧开。又，原作“有”。

［8］又休：又将锅离火。

［9］三而出肉：（就这样）三次以后取出牛肉片。

［10］藏汁及革蘚：把煮牛肉的汤和革蘚留起来。

［11］以复煮肉：用来再煮肉。后世做酱牛羊肉和扒鸡卤鸭等均有用“老汤”的工艺传统，据目前所知，追溯其历史渊源应以此菜为最早。

［12］三而去之：用过三次以后就可以倒掉了。

［13］□□人環益强而不伤人：常吃（以后）人和当初没病时一样身体更强了，而且也没有副作用。此句前缺两字，笔者认为可能为“久服”之类的字。環，原作“睘”，《说文·玉部》：“環，璧也。肉好若一谓之環。”段注：“引申为围绕无端之义。”因此，这里的人環即人和当初没病时一样。

［14］食肉多少恣也：吃肉多少可随意。恣，原作“次”。

曾侯乙蒸牛肉［1］

这是目前所知中国最早的蒸牛肉名菜，考古出土实物说明：它应该是2400多年前曾国国君曾侯乙御厨的杰作。

1978年，考古工作者在曾侯乙墓出土铜编钟的编钟架旁，发现了这件铜甗。甗即后世有蒸笼和蒸锅功能的蒸食炊器，此甗上部为铜甑，即蒸笼；下部为铜鬲，即蒸锅，出土时铜甑放在铜鬲上部的凹槽内。在曾侯乙墓出土的117件饮食器和32件具有烹调功能的铜器中，具有蒸食功能的只有这一件。更为难得的是，此甗出土时，甗内有动物遗骸。经中国科学院动物专家鉴定，这些动物遗骸为牛骨，系为2400多年前一块带骨的牛后背部肉所遗存。在古代文献中，有关甗的记载更多的是蒸谷物。从先秦至汉唐明清，蒸牛肉在历代菜谱中也比较少见。

当年，此甗内所蒸的牛后背部肉，从烹

这件洛阳博物馆展台上的夏代青铜鼎，1975年出土于洛阳偃师二里头，展台上的说明显示，这是目前发现的中国最早的青铜礼器鼎。郭亚哲摄自洛阳博物馆

饪原料的角度来看，主要包括牛的上脑和扁肉等，上脑纤维细长含微薄脂肪，蛋白质和脂肪含量均较高，肉质细嫩，易熟易烂；扁肉却是纯瘦肉，肉质较嫩，也容易熟烂，在牛的 14 个食用分割部位中确实为蒸制原料所首选。看来 2400 多年前，曾侯乙御厨选择这个部位的带骨肉作为蒸牛肉的主料是颇有道理的。

至于这款蒸牛肉当年所用的调料，姜、桂皮、花椒、枣、栗、糖、蜜、盐等在《周礼》等先秦文献中多有记载，在湖北省的多个春秋战国墓中也有出土，曾侯乙的御厨选择其中一些调料用在这款蒸牛肉中是可能的。

关于这款蒸牛肉的制作工艺，笔者认为不可小视 2400 多年前曾侯乙御厨关于蒸法的厨艺。考古报告显示：在曾侯乙墓考古发掘以前，湖北省就出土过商代早期、西周前期的铜甗，1971 年河南省新野的曾国墓还出土了春秋前期的曾国铜甗。看来到曾侯乙时代，在曾国宫廷烹调中用铜甗做蒸菜，从大的方面来说，至少已有 1000 多年的文化积淀了；从曾国宫廷烹调本身来说，也已积累了二三百年的技术经验。

那么这款蒸牛肉到底是怎么制作的呢？曾侯乙墓没有出土相关的文字记载，但从长沙马王堆三号汉墓出土的先秦帛书《五十二病方》中的“雄鸡汤”和《齐民要术》所引《食经》《食次》中的“蒸熊”“蒸豚”和“蒸羊”等的工艺流程来看，一般是将动物性原料净治后，先将主料煮半熟取出，用豉汁腌渍，然后再与用料汁浸渍过的大米一同放入甗内蒸熟，最后浇上熟猪油等调料即成。当年曾侯乙的御厨做蒸牛肉，其制作工艺与此差别应该不会很大。

原文　甗：出于中室南部，靠近西椁壁和编钟架。此为分体甗[2]，由上体甑与下体鬲两件器物组成。甑底有八个呈放射状的镂孔箅眼（有的孔眼只穿透一部分）。甑的矮圈足置于鬲的凹槽内，两者结合成为一件完整的甗。甗口径 47.8 厘米，腹深 48 厘米，鬲高 31.2 厘米。

湖北省博物馆《曾侯乙墓》

注释

［1］曾侯乙蒸牛肉：此菜名为笔者所撰。

［2］此为分体甗：即上面的甑和下面的鬲是分开铸造的，因此甑和鬲可以分开。与此相对的是连体甗，铸造时甑和鬲就放在一起，造成后甑和鬲就永远合在一起。从烹调操作中甗的应用来分析，用分体甗蒸食物前，因为能将甑拿离鬲，这样一是往甑内放要蒸的食物和往鬲内倒蒸锅水时，可以在两个地方同时进行，二是往鬲内放水时可以很清楚地看到放了多少，因而不会有多了少了的担心，而且蒸完后对蒸的过程中流出或掉到鬲内的油或残渣等也容易进行清洗；而用连体甗就没有这些优点了，因此连体甗的箅是可以自由拿离的，这样就避免了其不足之处。由此笔者认为，连体甗在古代主要用来蒸不掉渣不流油的大块的食物。

扎滚鲁克烤羊排

扎滚鲁克是新疆南部巴音郭楞蒙古自治州且末县的一个小村，且末县的州府库尔勒是闻名全国的香梨之乡，其北面又是以苹果驰名中外的阿克苏。且末是古代西域三十六国之一，汉张骞通西域，唐玄奘去印度取经，都曾经过且末。烤羊排是1985年该村附近一座古墓出土的食物实物。据新疆文物局等主编的《新疆文物古迹大观》，由于该墓在较高的台地上，加上气候干燥，又为盐碱地，所以这道烤羊排在墓内虽经历了2700多年，却仍然能够遗存到今天。

从图片上看，这道烤羊排的羊肋骨与肋间肉及肋上肉分辨得很清晰，干瘪的羊肉与根根肋条相连如初。大块羊排上有10根肋骨，小块羊排上有8根。引人关注的是，这两块羊排中间各有一根细长的木条，据称为红柳枝，应是这道烤羊排的烤扦。

以树木为烧烤肉类食物的烤扦，在《韩非子》《养生要集》和《齐民要术》等典籍中均有记载（详见本书“晋文公烤肉”“古法烤乳猪”）。这道烤羊排在印证了上述文献记载真实性的同时，也将中国人以树木为烤扦的肉类熟食法发明史，从文献记载的公元前7世纪上推至公元前9世纪。从春秋晋国汾河流域的荆树，到古且末车尔臣河岸的红柳，从西汉长沙国湘江畔的绿竹，到魏晋南北朝黄河流域的橡树，就地取材，适宜做烤扦，高温加热下气味怡人，应是先民向大自然选择植物类烤扦留给后人的历史信息。直到今天，如果你到新疆旅游，你会发现，且末烤全羊的烤扦，仍然是木头的。且末县扎滚鲁克墓烤羊排实物的出土，无疑为中国美食文化史先秦篇章增添了新的亮点。

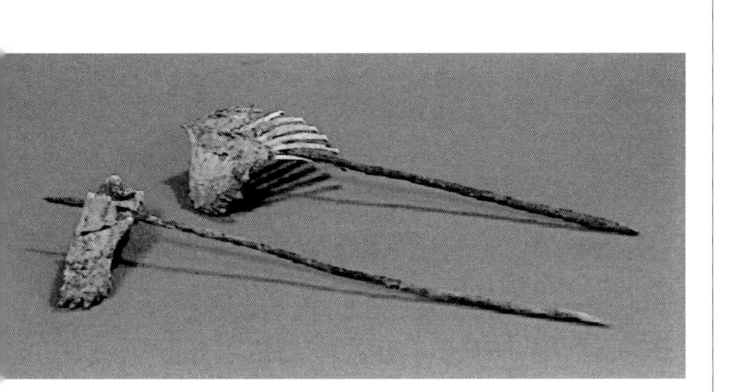

这是新疆且末县扎滚鲁克墓出土的距今2700余年前的烤羊排。原图见新疆文物局等主编、贾应逸等撰文、祁小山等摄影《新疆文物古迹大观》，新疆美术摄影出版社，1999年

楚怀王烤羊羔[1]

这是和《楚辞·招魂》中提到的蔗浆炖鳖连着的一道菜，它应该和蔗浆炖鳖一样，是战国时期楚怀王春季的应时美食或其平日的喜食之品，还可能是类似于西周八珍中的烤羊，似为楚国宫廷“八珍”之类的名肴。

同蔗浆炖鳖一样，《楚辞·招魂》中有关此菜的描述也只有六个字：“……炮羔，有柘浆些。”先说“炮羔”二字，周代八珍中的“炮牂（zāng）”即烤母羊羔，是将宰杀净治后的羊羔腹内填满枣，先用芦席包裹羊羔，再将泥抹在芦席上，接着将其烤至泥干时，去掉泥草，挂米粉糊，用脂油炸后切条，放入小鼎内，加入紫苏等调料，将小鼎放入有水的大锅中炖三天三夜，吃时用醋和肉酱调味。楚怀王时代的

“炮羔”，从文化渊源的角度来考察，其制作工艺大体上也应该是这样。不过，楚国的“炮羔”和西周“炮牂”相比，笔者认为至少还有两点不一样一是主料名称不同，西周的是“牂”，也就是母羊羔;楚国的是“羔”，未言明其公母。根据《齐民要术》和相关考古报告以及后世羊羔菜惯例，“拟供厨者，宜剩之”，是说供食用的羊羔，公羊都要阉割。羊羔的食用讲究季节，每年春天和秋天是羊的产羔期，只有用这时的羊羔才能品尝到其肉味的鲜美，这说明作于春天的《楚辞・招魂》此时提到的“炮羔”是应时当令的。其次是必须选用出生15天左右的羊羔，净治后其重量为5公斤左右。湖北随州曾侯乙墓出土的一个鼎内有羊骨，经科学鉴定，为一头5公斤左右的羊羔，这与后世羊羔菜的选料标准不谋而合。于此可以推知，《楚辞・招魂》中的“炮羔”用的也应是出生15天左右重约5公斤的羊羔。二是羊羔烤成后食用时的调料不同，西周王室吃“炮牂”要用醋和肉酱调味，而楚怀王时代的“炮羔”则以甘蔗汁来蘸食。需要指出的是，烤羊蘸食甘蔗汁的吃法并非特例，后世的烤鸭、烤乳猪和烤乳羊，片片儿后蘸白糖食用，其味鲜美异常，风味独特，是与甜面酱或老虎酱等并列上席的一种传统吃法。

原文　胹鳖炮羔，有柘浆些[2]。

屈原（宋玉）《楚辞・招魂》

注释

[1]楚怀王烤羊羔：此菜名为笔者所撰。

[2]胹(ér)鳖炮羔,有柘浆些:炖鳖烤羊羔，以甘蔗汁调味。南宋朱熹《楚辞集注》:“羔，羊子也。炮，合毛裹物而烧之也。柘，藷（薯）蔗也。言取藷蔗之汁，为浆饮也。”汤炳正等先生《楚辞今注》:“胹、炮二字皆动词，炮为合毛炙物，……柘即蔗之同音借字，指甘蔗。柘浆加诸鳖羔，以调味。”看来朱熹认为甘蔗汁是饮料而不是烤羊羔的调味品，关于这一点笔者在“蔗浆炖鳖”中已详说,这里就不赘述了。

中山嚳汤油焖肉

嚳（cuò）是战国中山国第五代国君，约公元前327年至前313年在位，死时大约30岁。据河北省文物研究所《嚳墓——战国中山国国王之墓》，在该墓出土的15件青铜鼎中，一件细孔流鼎格外引人注目。这件鼎的上部一侧有流，流口上有10个细孔，出土时“鼎内底部有干成结晶状的肉羹汁（即汤汁），上部周壁和盖顶部有一层烟熏的黑灰”，报告认为，“很明显是内盛物烧焦炭化时造成的。此种鼎为首次发现，用以烧肉汤，细孔流的作用是倒汤时可防止杂物流出”。何艳杰博士对此研究后在《中山国社会生活礼俗研究》中提出，“先将肉食在鼎内熬煮，到一定时候将肉汤倒出，再接着将鼎内之肉在火上加工，直至肉外表烤出烟为止。鼎中没有肉，说明肉烤炙后取出备食，然后再向鼎中加入原肉羹汁，以备饮用。这种先煮后烤的食物烹调方式可以使食物先充分入味，肉质也鲜嫩软滑，但表皮又有炙烤的焦香”，并引《说文解字》和《方言》认为，这种烹调方式与“煎”相类。

何博士的这一说法颇有新意，笔者受何说启发，从烹调工艺学角度，对此鼎形制以及该墓所有鼎内食物遗迹进行比对研究后认为：1. 该鼎的流口之所以有10个孔，主要是为倒汤时将浮在汤面、尚未化成油但已呈松滑絮状的不规则碎块肥膘留在鼎内，以备加热时所用，因此这10个孔可称“出汤孔”。其次，在接下来的加热过程中，由于有鼎盖，所以鼎内产生的气体和油烟只能从10个孔排出，于是其又兼具“出气孔”功能。而且从食品化学的角度来看，这10个孔还最大限度地减少了鼎内汤、油与空气的接触面积，从而减轻了煎油的热氧化聚合反应。但这一反应仍会在加热过程中发生，其结果是汤油色泽加深、变稠并起泡，这应是考古报告所表述的该鼎以及其他鼎内“咖啡色”“结晶状的肉羹汁”的真相。2. 此鼎对肉进行加热的传热介质除了肉汤以外，主要应是原汤中已化成的油和前述絮状碎块肥膘。如果纯是肉汤，随着水分蒸发，肉会很快粘在鼎底并焦煳。一旦煳底，所有的肉都会煳味刺鼻，致使无法食用。30多年前，笔者周末写作时忘了火上的炖肉锅，直到闻到煳味才将火关上。结果发现，巴在锅底的肉已变成深褐色，上面的肉也满是煳味，根本无法食用，而且锅用热碱水连刷带泡多次仍有煳味。3. 此鼎的盖除了一般盖鼎的保温、防尘、美化等作用以外，主要应是用于肉加热时防止沸腾的汤油外溅伤人，犹如后世厨师做香酥鸭、锅烧羊肉时要给锅盖上丘形铁锅盖（俗称铁帽子）一样，同时还兼有促使肉加速酥松入味“焖”的作用。至于此鼎上部周壁和盖顶部的一层烟熏黑灰，应是汤油半煮半煎、油煎、焖肉过程中产生的油烟所致。4. 从此鼎形制带来的加热工艺及其出品的影响来看，应是《齐民要术》中的“奥肉法”、宋元“锅烧肉”法以及后世干肉条、油焖肉方等的早期形态。而追其源头，与其鼎形制类似年代更早的青铜鼎也有出土。例如北京大学考古系所藏春秋早期青铜带流鼎、河南洛阳东周王城遗址出土的战国中晚期错金银有流铜鼎等，特别是洛阳东周王城遗址的有流鼎，考古专家认为是东周王室之器，其形制与此鼎极其相似，只是流口无细孔。由上可知，此鼎形制渊源久远，其形制设计的直接样本当是东周王室有流鼎。也可以这样说，战国中山国譽王时代的王廷烹调，有深刻的中原文化印记；其标志性美食，便是出自此鼎的汤油焖肉。

中山王譽细孔流鼎。高立娟、石俊峰摄自河北博物院

曾侯乙羊羹[1]

1978年，湖北随州曾侯乙墓出土了九件升鼎，其中六件鼎内有动物骨骼。经中国科学院专家鉴定：一件鼎内是带骨牛肉和鸡肉，两件鼎内是带骨猪肉，剩下三件鼎内一件是一只羔羊和猪肉、一件是一只整羊和猪肉、一件是半扇羊和猪肉。按照周代的用鼎制度，天子所用的九鼎中，牛鼎、羊鼎和猪鼎各一，而曾侯乙墓的猪鼎却为二，鼎中有羊肉和猪肉的三件。这样算起来，九件鼎中有五件鼎里有猪肉、三件鼎里有羊肉。这是为什么？笔者认为，作为曾国国君的曾侯乙，生前既有讲鼎制讲排场以示其尊的一面，又有全然不顾鼎制而以个人饮食好尚为准的一面。九鼎中五鼎内有猪肉，一种可能是这是曾国宫廷的饮膳传统，另一种是曾侯乙生前可能喜食猪肉；三件鼎内有羊肉和猪肉，说明曾侯乙生前可能常用羊肉补虚而又在羊羹中加入其喜食的猪肉以掩羊肉膻味。另外，通过中国科学院专家对三件鼎中羊骨的鉴定，我们知道了流行战国时期的羊羹，其主料可以用羔羊或整只羊或半扇羊，并且都是带骨的。

这件山西博物院展台上的西周晋侯温鼎，出土于山西曲沃北赵村晋侯墓地13号墓。鼎下是燃炭用来保持鼎内食物及汤的温度的镂盘，其形制与商代晚期至春秋时江西、陕西和镇江等地出土的“温鼎”相近。李静洁、郭婷摄自山西博物院

曾侯乙羊羹这一羊猪合烹的配料法，也为后世南方菜所继承和印证。《齐民要术》所引《食经》中的“芋子酸臛”和清代《调鼎集》中的“膘脡肉”，可视作这一配料的例证。芋子酸臛中羊肉和猪肉的投料比例为1∶1，膘脡肉中羊肉和猪肉的比例为3∶1，而曾侯乙羊羹三件鼎的羊肉与猪肉的比例分别为1∶1、3∶1和3∶1，说明投料比例大致相当。关于羊羹的具体做法，曾侯乙墓中没有出土相关的文字介绍，但《齐民要术》和《调鼎集》中的记载似可作参考。如《调鼎集》中说：“煮有二法：热汤一气煮熟切块，汤清而油不走。若入碱少许，更不腻口。”这些应是历代烹制羊羹经验的结晶。

原文　升鼎（正鼎）：C88（鼎）：通高35.3厘米，口径45.9厘米，腹中径38.4厘米，底径42厘米，鼎实猪、羊[2]；C92（鼎）：通高35.5厘米，口径46厘米，腹中径38.4厘米，底径41.5厘米，鼎实猪、羊[3]；C95（鼎）：通高35.6厘米，口径45.7厘米，腹中径38.6厘米，底径41.6厘米，鼎实猪、小羊[4]。

湖北省博物馆《曾侯乙墓》

注释

[1]曾侯乙羊羹：此菜名为笔者所撰。

[2]鼎实猪、羊：据中国科学院专家鉴定，此鼎内为一整只羊和一块带骨猪右肋肉。

[3]鼎实猪、羊：据中国科学院专家鉴定，此鼎内为半扇带骨羊肉（约20—25公斤）和一块带骨猪肘子。

[4]鼎实猪、小羊：据中国科学院专家鉴定，此鼎内为一只重5公斤左右的羔羊和一块带骨猪五花肉。

马王堆羊肉汤[1]

羊肉用于食疗，在先秦古医书《五十二病方》未出土以前，人们首推的是于公元200年—205年面世的东汉张仲景《金匮要略》中的"当归生姜羊肉汤"。1973年，当载有羊肉汤谱的《五十二病方》从长沙马王堆三号汉墓出土以后，羊肉用于食疗的历史，一下便比张仲景的当归生姜羊肉汤至少早了400年以上。据笔者所知，这是目前发现的中国最早的食疗羊肉汤菜谱。

这款食疗羊肉汤菜谱，在《五十二病方》中为被毒蛇咬伤后的多种治疗医方之一。据该书说，治疗被毒蛇咬伤的一种方法是，先饮用调入狐狸皮灰的酒，再喝羊肉汤。至于这款羊肉汤是用羊身上哪个部位的肉、放多少水、最后得多少汤等，《五十二病方》中没有这些内容的文字，只有七个字："煮羊肉，以汁□之。"其中"汁"字后面还缺一个字，周一谋、肖佐桃主编的《马王堆医书考注》认为，此字为"饮"字，笔者认为是通达的。这款羊肉汤菜谱尽管只有七个字，其内涵却十分丰富。考古资料说明，世界上最早的绵羊起源于一万年前的西亚地区，甘肃、青海、山西、河南和长沙马王堆汉墓曾分别出土了5000多年前、4000多年前、3000多年前和2000多年前的家养绵羊骨。据《周礼》等文献记载，羊在西周时为天子馈膳单中的"六牲"之一。在中国人养羊和吃羊的历史如此悠久的背景下，羊肉菜的名目也从单一到多样。最早的羊肉汤菜，应是从远古流传下来的祭祀礼食中的"太羹"。这种羹，起初是用陶釜或陶锅煮成，包括盐在内不放任何调料，完全用白煮的方法制成，并且食用时也不放盐和任何调料及蔬菜，喝的纯粹是羊肉汤的本味。在周代人的观念中，这种熟食法和享用方式是出于不忘本，并且具有统治阶级以示其俭的含义。从已经出土的西周、春秋、战国和秦汉的青铜鼎镬及其遗存的动物骨骼，可以看出太羹自古绵延不断。而这里的羊肉汤，显然具有古代文献记载的太羹的特征。只不过太羹是盛在青铜鼎内供天子或诸侯进行祭祀、赏赐、彰显权位等的宫廷礼食，《五十二病方》中的羊肉汤，则有了食疗的新内涵。

原文　一、燔貍皮[2]，冶灰[3]，入酒中，饮之。多可也，不伤人。煮羊肉[4]，以汁□之[5]。

长沙马王堆三号汉墓出土帛书

《五十二病方》

注释

［1］马王堆羊肉汤：在长沙马王堆三号汉墓出土的先秦古医书《五十二病方》中，此菜（方）无名称，此菜名为笔者根据其主料、制作方法、成品款式和菜谱出土地点等所撰。

［2］燔貍皮：烧烤貍皮。

［3］冶灰：将烧烤过的貍皮研成灰。

［4］煮羊肉：应是后世所言的白煮羊肉。

［5］以汁□之：将煮好的（羊肉）汤取出来喝。

马王堆蒸羊肉[1]

在传世或出土的先秦文献中，据笔者所知，有关先秦时期蒸羊肉的记载目前只发现这一条，它记载在长沙马王堆三号汉墓出土的帛书《五十二病方》中。

尽管《五十二病方》中的这条记载没有如何蒸羊肉的文字，但是它有三点引起了笔者的关注：1. 蒸羊肉在《五十二病方》中被列为治疗蛊病的一种食疗方。据著名医史专家马继兴先生研究，“蛊”字在甲骨文中已可见到，蛊病有多种症状和名称，如肠道寄生虫、膀胱炎、性病等，都是古人所说的蛊病范围。至于这条用蒸羊肉来治的是哪种蛊病，文中因“蛊”字前残缺一个字，还有待医史专家详考。但就此已足以说明2000多年以前，古人曾经用蒸羊肉来治疗蛊病。2. 这款蒸羊肉所用的羊肉，专家看法不一，焦点集中在文中“蒸羊尼”“尼”字的解释上。马继兴先生考证是用大腿肉，日本学者赤堀昭氏等认为是用阉割过的羊的肉，笔者认为可能是用阉割过的羊的后腿肉中的大三岔，理由是阉割法在殷商甲骨文中已有显示，《齐民要术》“养羊”法中有“拟供厨者，宜剩之。剩法：生十余日，布裹齿脉碎之”。说明凡是用于食用的公羊都要去势，这似乎已成为古代一种养羊传统作业法。至于羊的后腿肉，《五十二病方》中有关所用羊肉的“尼（nī）”字，指的是公羊的臀部，正是烹饪食材学中所说的羊后腿肉中的大三岔。这个部位的肉，涮、蒸、炖皆可，而这款蒸羊肉与后世不同的是，羊肉蒸熟后只喝汤不吃肉，这同后世常用羊后腿肉中的大三岔来做羊汤正好吻合。3. 这款以蒸羊肉治疗蛊病的食疗方被医史专家列为祝由方。祝由是带有原始宗教中迷信色彩的一种巫医之术，战国期间在我国南方的荆楚地区颇为流行。医史学者认为，一般说凡是在祝由方中提到的食物，都是当时很有名的，这份以蒸羊肉为主的祝由食疗方，尽管文中杂有某些迷信色彩的东西，但从中可以透露出蒸羊肉在当时享有的名气。

原文　一方：□蛊而病者[2]：燔北向并符[3]，而蒸羊尼[4]，以下汤淳符灰[5]，即□□病者[6]，沐浴为蛊者[7]。

长沙马王堆三号汉墓出土帛书

《五十二病方》

注释

［1］马王堆蒸羊肉：此菜名为笔者所撰。

［2］□蛊而病者：因某种蛊而患病的人。“蛊”字前残缺一字，可能为某种蛊病名称，《诸病源候论》将蛊病分为蛇蛊、蜥蜴蛊等。

［3］燔北向并符：面向北方烧一条符。此从马继兴先生释。

［4］而蒸羊眉：再蒸羊的一块大三岔。眉，音 nī，原作“尼”。《说文·尸部》：“眉，尻也。”尻即臀部，也就是羊后腿上部的大三岔。日本学者赤堀昭氏等人认为“尼”为“羠，骟羊也”。骟羊即阉割过的羊。

［5］以下汤淳符灰：将烧落的符灰放入蒸羊肉的汤中。这点充满祝由巫术的迷信色彩。

［6］即□□病者：即让病人将汤喝下。“即”字后面残缺二字。此从马继兴先生释。

［7］沐浴为蛊者：让患者全身沐浴。

浊氏羊肚脯[1]

脯在西周时还是一类名贵肉类菜肴，王室贵族士大夫阶层吃脯都有规定，所谓“大夫燕（宴）礼，有脯无脍，有脍无脯”。可是至迟到了春秋末期，在各诸侯国的国都，市面上开始出现卖脯的熟肉店，《论语》中记载的孔子“沽酒市脯不食”就是明证。到了战国末期，各国的通都大邑一片繁盛，出现了不少以食品致富的大商人，浊氏就是秦都咸阳城内以制售羊肚脯发家的巨贾，其人其事还被司马迁记载在《史记》中，可见此人及其制售的羊肚脯在当时的知名度。晋代尚书郎晋灼指出，浊氏的羊肚脯是将羊肚汤爆后撒上花椒姜末晒制而成，今天看来可称之为五香羊肚干。据曾为秦相的吕不韦召集门客所撰《吕氏春秋》等文献记载，秦孝公用商鞅变法，秦成战国七雄之一。其后，河西、巴、蜀等悉数被秦惠王纳入秦国版图。因此浊氏羊肚脯的主料来自关中及河西的羊应无问题，花椒应为当时有名的蜀椒，姜则是“阳朴之姜”，阳朴也在蜀郡。还应指出的是，类似浊氏羊肚脯的制作工艺在长沙马王堆三号汉墓出土的先秦古医书《养生方》中已有记载（详见本书“马王堆马脯”）。相关学者的研究显示，野猪、羊和马肉均在秦人早期的肉食单上，《养生方》中的马脯等脯类菜制作工艺，似可作为诠释浊氏羊肚脯工艺的参考。

原文　胃脯[2]，简微耳[3]，浊氏连骑[4]。

司马迁《史记·货殖列传》

注释

［1］浊氏羊肚脯：此菜名为笔者所撰。

［2］胃脯：（羊肚）脯。

［3］简微耳：单一的小生意。

［4］浊氏连骑：浊氏（以此）而致富。

礼文烤乳猪[1]

这是《周礼·天官冢宰》和《礼记·内则》等典籍记载的周代八珍之一，综合《礼记·内则》有关此菜用料、制法的介绍和郑玄等古代学者的注释，从烹饪工艺学的角度来看，这款菜的最终成品实际上是隔水炖炸烤乳猪片，其工艺的精细程度和成品的精致就是在今天也属上乘之作。

这款菜工艺流程可分为烤、炸、炖三个阶段。第一个阶段在《礼记·内则》中叫“炮（páo）”，即将净治过的乳猪腹内填上枣，外面裹上苇叶再抹上草泥烤。炮是一种古老的烤法，商代甲骨文中已有“炮”字。民族学资料显示，甘肃甘南藏区和四川彝族地区至今仍有这种烤乳猪。根据湖北随州曾侯乙墓考古报告和相关民族学资料，此菜所用的乳猪应是3—4月龄、体重15公斤左右的。第二个阶段的炸，工艺很是精细。将烤好的乳猪掰去草泥，用手搓掉乳猪皮上的膜，然后裹上米粉糊油炸。据《英国烹饪》等书，挂糊油炸从公元15世纪开始在欧洲被提及，我国则早在公元前即已有如此出色的工艺。第三个阶段的隔水炖又叫隔水蒸，是将炸好的烤乳猪片放入小鼎内，再将小鼎放到开水大锅里，炖三天三夜，最后调入醋、酱即成。这种工艺的绝妙之处，在于其既将小鼎内的炸烤乳猪片进行了深度加热，又不让其直接接触水和火，这样既保持了乳猪片内的原汁，又保持了其原味和原形。

原文　炮[2]：取豚若将[3]，刲之刳之[4]，实枣于其腹中[5]，编萑以苴之[6]，涂之以谨涂[7]，炮之。涂皆干[8]，擘之[9]；濯手以摩之[10]，去其皽[11]；为稻粉[12]，糔溲之以为酏[13]，以付豚[14]；煎诸膏[15]，膏必灭之[16]；巨镬汤[17]，以小鼎，芗脯于其中[18]，使其汤毋灭鼎[19]，三日三夜毋绝火[20]，而后调之以醯醢[21]。

《礼记·内则》

注释

[1] 礼文烤乳猪：此菜名为笔者所撰。

[2] 炮：炮，音páo，周代的一种烧烤烹调法。将主料（多为动物全体）用草和泥裹涂后烤之叫作“炮”。长沙马王堆三号汉墓出土帛书《五十二病方》有“炮鸡”（详见本书“马王堆叫花鸡”），说明先秦时不仅有炮乳猪、炮羊羔，而且还有炮鸡。

[3] 取豚若将：取乳猪或母羊羔。豚，音tún，乳猪。若，或者。将，当为“牂（zāng）”字之误，此处指母羊羔。

[4] 刲（kuī）之刳（kū）之：将乳猪宰杀后掏出内脏。刲，宰杀。刳，这里是掏出的意思。

[5] 实枣于其腹中：在乳猪的腹中填满枣。实，填满。

[6] 编萑（huán）以苴（jū）之：用芦席裹上乳猪。萑，芦类植物，幼小时叫“蒹”，长成后称“萑”。编萑，用萑编成的芦席。苴，包裹。

[7] 涂之以谨涂：再涂上拌有草的泥。汉代郑玄《礼记·内则》此句注：“谨，当为墐（jìn）声之误也。墐涂，涂有穰草也。”

[8] 涂皆干：（烤到）泥都干了。

[9] 擘（bò）之：掰掉泥揭去芦片。

[10] 濯（zhuó）手以摩之：洗手后用手搓乳猪。摩，此处作搓讲。

［11］去其皽（zhǎn）：搓去乳猪皮肉上的薄膜。

［12］为稻粉：将稻米磨成粉。

［13］糔（xiǔ）溲（sōu）之以为酏（yí）：用水将米粉调成稀粥状的糊。糔，用水调米粉。溲，此处作调匀讲。酏，酿酒的薄粥，此处指糊的稀稠。

［14］以付豚：将米粉糊挂在乳猪上。付，此处作挂讲。

［15］煎诸膏：放进猪油中炸。煎，此处作炸讲。膏，猪油。

［16］膏必灭之：炸油一定要没过乳猪。灭，没过。

［17］巨镬（huò）汤：向大镬倒水后烧开。镬，无足的鼎。汤，开水。

［18］以小鼎，芗（xiāng）脯于其中：用小鼎盛上紫苏类的香料和炸过的烤乳猪片，再将小鼎放进大镬中。"芗"，紫苏类的香料。脯，此处指切成像脯那样的烤乳猪片。

［19］使其汤毋灭鼎：要让大镬里的开水别没过小鼎。

［20］三日三夜毋绝火：三天三夜火不灭。

［21］而后调之以醯（xī）醢（hǎi）：最后再用醋、肉酱来调好口味。根据当时的食礼，一种是将醋和肉酱倒在肉片上，一种是用肉片蘸食。

周礼鼎烹猪肤

将一斤猪肉皮加一斗水，再加白蜜和白粉，熬香，就成了张仲景《伤寒论》中记载的猪肤汤。

这款汤的配方虽属医方，但三种用料中的两种是今日药食兼用的常见食材，说其是食疗汤或药膳汤似乎也未尝不可，只是用时须遵医嘱。猪肤即今日俗称的猪肉皮，据说因其富含胶原蛋白，所以成了时下走红的一种美容食材。而宫廷菜中的肉皮冻、川菜中的红油皮扎丝、豫菜中的皮冻等，更是以肉皮为主要食材的传统名菜，长久以来脍炙人口。如果追寻这些名菜的菜根，张仲景的猪肤汤应该是一个名头很大的源头。但古代文献中有关猪肤的记载，又远远早于张仲景时代，只不过不像张仲景的猪肤汤，有一个叫得响的菜品名称而已。在《周礼》和《仪礼》记载的有关饮食的天子礼、诸侯礼和士礼中，都有猪肤的出现。如《周礼·天官冢宰》记天子每天的饮膳时说："王日一举，鼎十有二，物皆有俎。"在供周天子享用的这12个鼎中，第七个鼎内盛的便是猪肉皮。《仪礼》记载的聘礼和公食大夫礼等诸侯礼，其宴饮场合所设的九个鼎中，第七个鼎盛的也是猪肤。《仪礼》中的士虞礼和特牲馈食礼等士礼，也有盛猪肤的鼎。从《周礼》和《仪礼》的记载和古代学者的解释来看，盛在鼎内的猪肤应该都是白煮而成，然后再横着放在俎上，肉皮表皮朝上，九条肉皮要一条挨着一条排成行，这就是《仪礼·少牢馈食礼》中的"肤九而俎，亦横载，革顺"。

以上记载让我们看得很清晰，张仲景的猪肤汤，应该是由先秦时期王室贵族用于祭祀和饮宴的鼎烹猪肤发展而来，是张仲景将鼎烹猪肤食疗化的一个杰作。而后世以猪肉皮为主要食材的众多风味传统名菜，又应是从张仲景猪肤汤中获得猪肤与水的比例等量化方面的诸多启示。

楚国大夫煎乳猪[1]

这是《楚辞·大招》第三段中出现的一款肉类菜，同该段其他菜一样，此菜也应是战国时期楚国大夫阶层秋冬季节的一款名菜。

在《楚辞·大招》第三段中，关于这款菜只有两个字："醢豚。"醢，音 hǎi，以牲肉或兽肉为主料加曲等酿造而成的酱，在先秦时期十分流行；豚，音 tún，这里指乳猪。但"醢豚"究竟是什么，由于这两个字不像《楚辞·大招》第三段中的其他菜那样容易推断，因此历来有多种解释，如用肉酱蒸乳猪、猪肉酱等等。笔者在研习古今学者对"醢豚"注释的同时，又检索相关考古报告，认为将"醢豚"解释为煎乳猪用肉酱调味较为妥当。这是因为从文献记载和考古报告来看，春秋战国时期，蒸乳猪为北方列国特别是鲁等国的名菜，权倾一时的季孙氏家臣阳虎就曾送孔子蒸乳猪。而南方荆楚地区则以蒸牛肉为上品，湖北随州曾侯乙墓出土的甗（类似今日蒸锅）内有牛骨，说明当年曾用来蒸牛肉（详见本书"曾侯乙蒸牛肉"）。因此"醢豚"之"豚"为"蒸豚"的可能性不大。其次，与《楚辞·大招》面世时间相距不过 100 多年的长沙马王堆三号汉墓，出土的一个竹笥内经科学鉴定有猪骨、羊骨和肉酱，该竹笥的木牌上写有"熬豚笥"，记载随葬器物的遣策即竹简也有"熬豚"简。肉酱，熬豚（即煎乳猪），正与《楚辞·大招》"醢豚"相合。笔者认为这不是偶然的巧合，《楚辞·大招》所述内容与长沙马王堆三号汉墓墓主人生前同处荆楚地区，饮食习俗相近，《楚辞·大招》第三段中的食单菜点名称及排序也与马王堆三号汉墓出土的竹简食单相类似，显示二者在文化上关系密切，那么"醢豚"与肉酱熬豚相似也就是很自然的了。

原文　醢豚苦狗，脍苴蓴只。[2]

屈原（景差）《楚辞·大招》

注释

［1］楚国大夫煎乳猪：此菜名为笔者所撰。

［2］醢豚苦狗，脍苴蓴只：肉酱煎乳猪狗苦羹，生拌蘘荷丝。南宋朱熹《楚辞集注》："醢，肉酱也。"汤炳正等先生《楚辞今注》："醢豚：以肉酱蒸猪。"

礼文干肉羹[1]

一般认为，这应是周天子或诸侯国君平时餐食的名羹之一，在《礼记》等典籍中名叫"腩羹"，这款羹常常与麦粒饭和鸡肉羹组配食用。

"腩羹"即干肉羹，应与今日的传统名菜晾肉羹有源流关系。综合《周礼》《仪礼》

和《礼记》等典籍记载和古代学者的注释以及相关考古报告，可知这款干肉羹具有以下特点：1.“大夫燕食，有脍无脯，有脯无脍”，《礼记》中的这段记载表明，干肉羹中的脯在周代是很名贵的美味，用这样名贵的干肉做羹，足见此羹的珍贵。2.从今日的晾肉羹可以推知，这款羹中的干肉同样具有柔韧鲜滑的蘑菇样质感和滋味。3.这是一款要放五味调料的“和羹”，而不是不放任何调料的“太羹”。“春多酸，夏多苦，秋多辛，冬多咸”，这应是此羹的调味原则，但是不能放气味辛辣的蓼。4.为使此羹入口香滑，制作时要放米末。这项工艺应是开了后世勾芡技术的先河，至今一些地区仍有以糯米粉作芡粉使用的实例。5.“羹齐视夏时”，即羹入口要像夏天一样热。对羹的这种温度要求，至今仍是如此。6.这款羹要与麦粒饭和鸡肉羹配在一起食用，这样味才相宜。

原文　食：[2]麦食，脯羹、鸡羹；[3]……和，糁，不蓼。[4]

《礼记・内则》

注释

［1］礼文干肉羹：此菜原名“脯羹”，现名为笔者所撰。

［2］食：餐食。唐孔颖达对“脯羹”等解释说：“似皆人君燕所食。”人君，应即诸侯国君；燕所食，即午餐或晚餐饭菜。

［3］麦食，脯羹、鸡羹：麦粒饭配干肉羹、鸡肉羹。

［4］和，糁，不蓼：放作料调和五味，放米末（使羹香滑），但是不放辣蓼。

姬生母鼎烹猪肘

据新华社记者冯国2016年1月14日报道，由陕西考古研究院联合中国社会科学院考古研究所、北京大学文博考古学院组成的周原考古队，在2015年3月至12月对地处陕西宝鸡的周原遗址有关遗迹进行重点勘探和发掘时，在其中一座西周晚期墓中，出土了四件青铜鼎。陕西省考古研究院研究员王占奎介绍说，在编号为1、2、4的三件青铜鼎内发现有幼猪前腿骨或后腿骨，其中一件鼎还有铭文：“姬生母作尊鼎，其万年，子子孙孙永保用。”铭文显示，该墓主可能是一位名为“生母”的姬姓西周晚期女贵族。在同时出土的两件铜盨内，发现有颗粒状明显的谷物类遗存。

看到这篇报道，笔者首先想到了《周礼・天官冢宰》中“馈食之豆……豚拍”的记载。“馈食之豆”是周天子进行宗庙祭祀时由王后第二次进献用豆盛的食品，“豚拍”的“豚”指幼猪；“拍”，东汉末郑玄引东汉初郑兴和杜子春的解释说音膊，“谓肋也；或曰豚拍，肩也”。唐代贾公彦从郑注。但清代经学家孙诒让指出：“凡成牲体，解左右肋各于三，前曰前肋，次曰长肋，后曰短肋。豚未成牲，则唯解左右肋为二。按膊，肩甲（胛）也；肋，谓之两旁有肋骨处也。此豚拍则指猪解后自肩之肉体也。”说明从汉、唐到清代，“豚拍”有二说，一指豚肋，一指豚肩。但这三个鼎内不是幼猪的前腿骨就是后腿骨，未见肋骨遗存，显然孙说可证。那么幼猪的前腿肉何以能成为周王室的宗庙祭祀食品？从《仪礼》记载和古今学者的解释来看，在幼猪的 12 个部位带骨肉中，前腿肉为其中的“肩”肉，是一只幼猪身上最尊贵的部位。相比之下，后腿肉远逊于前腿肉。在出土的这三件鼎中，或有前腿骨，或有后腿骨，鼎中幼猪部位的这一尊一卑我们暂且不论，这里重点从食材的角度来谈谈鼎中的遗存，今日所言的猪肘一般指猪前腿肉，因其瘦肉多且皮厚，用其做菜滋味绝美，而猪后腿肉肥多、瘦少、皮薄，虽也叫猪肘，但一般多叫猪后肘。因此从食材与美食的关系来看，前腿肉也是一只幼猪身上的最佳食用部位。还要指出的是，根据文献记载，这三件鼎中的幼猪骨，应来自适宜食用的阉割过的乳猪。另据相关考古报告，陕西长安普度村西周墓曾出土有幼猪骨的陶鬲，说明周人以鬲、鼎为炊器，以水为传热介质制作带骨幼猪久有传统。

盛放白煮牲肉的鼎与蒸熟的黍等粒食的簋配套随葬，一般称“鼎簋组合”。这是出土于河南新郑郑韩故城的春秋时期的九鼎八簋九鬲。党春辉摄自郑州市博物馆

以今天的膳食结构视角来看，该墓出土的四件鼎内的幼猪前、后腿骨和鱼骨是副食，两件盨内的粒状谷物则是主食，加上该墓出土的与饮食相关的陶鬲等陶器和漆器，整体上应系墓主人姬生母生前食生活的真实写照。其中鼎内的幼猪前腿骨——豚拍，则应是后世红烧肘子、扒肘子、五香酱肘子等肘子类传统名菜的一个源头实证。

隔水炖乳猪[1]

这是《礼记·内则》记载的周代君王贵族阶层日常餐食中的一款名菜，其独特的调味和加热工艺以及对成品原汁原味的追求均开后世中华厨艺的先河。

在《礼记·内则》中，这款菜名叫“濡豚”。濡，音 rú，汉代经学家郑玄解释说：“凡濡，谓亨（即烹）之以汁和也。”唐朝经学家孔颖达进一步解释说：“濡，谓亨（烹）煮以其汁调和。”说明濡是一种具有保持食材原汁原味、以水为传热介质的烹调方法。但如果我们再看下面此菜制作工艺中的调味方式，就会对此菜以“煮”法制作产生疑问。据《礼记·内则》，乳猪外面要用苦菜包起来，乳猪腹内要填入蓼叶，再将猪腹口缝合，才能进入煮的阶段。而从烹调工艺的实际操作来看，如果用水直接煮乳猪，包在乳猪外面的苦菜会由于炖汤的波动而脱落汤中，乳猪腹上的缝合之处也会因为汤的波动而开口，从而导致其腹内的蓼叶进到汤中。怎样才能避免上述情况的发

生，而又用煮法制作并使此菜具有原汁原味的风味特色呢？笔者认为只有隔水煮，即将外裹苦菜内有蓼叶的乳猪放入小鼎内，再将小鼎放进大镬(无足圆鼎相当于今日大锅)内，以镬内开水隔水炖（或叫隔水蒸）小鼎里的乳猪。这种方法在周代已有先例，《礼记·内则》中的“炮豚”最终就是用这种工艺制成，因此这一推想在当时是可行的。汉代郑玄和唐代孔颖达所说的“煮”，很可能指的就是隔水煮。

原文　濡豚[2]：包苦[3]，实蓼[4]。

《礼记·内则》

注释

[1] 隔水炖乳猪：此菜本名“濡豚”，现名为笔者所撰。

[2] 濡豚：隔水炖乳猪。濡，音 rú，此处作隔水炖（蒸）讲。

[3] 包苦：用苦菜将乳猪包起来。苦，指“苦菜”，为菊科植物苦苣菜，可清热、解毒。

[4] 实蓼：将蓼叶填满猪腹。实，填入。蓼，音 liǎo，为蓼科植物辣蓼的嫩叶。即剖开猪腹填入蓼，再缝合。

阳虎蒸乳猪[1]

阳虎又名阳货，是春秋末期季孙氏的家臣，曾在阳关（今山东泰安南）掌握国政，很有权势。阳虎早就想见孔子，请孔子出山。但他和孔子一个大夫一个士，身份悬殊，于是阳虎就趁孔子不在家时送给孔子一只蒸乳猪，没想到过后孔子也趁阳虎不在家时去登门致谢，后来这件事被记载在《孟子·滕文公章句》中。人们从这个故事可以推知，蒸乳猪是当时士大夫阶层一款名贵的礼品性菜肴。

现在我们要讨论的是这款蒸乳猪的用料和制作工艺等专业问题。根据湖北随州曾侯乙墓的考古成果，阳虎送给孔子这道菜用的应是出生一个月左右、重 2.5—5 公斤的乳猪，蒸乳猪用的应是当时流行的青铜甗（即蒸锅）。至于其制作工艺，先秦文献少见记载，不过《齐民要术》中恰好有蒸乳猪菜谱，可供我们参考。根据《齐民要术》的这份菜谱，乳猪净治后，先要将其煮半熟，捞出后用豉汁腌渍，再将乳猪、腌渍过的半生不熟的米和葱、姜等调料放进蒸锅，蒸的过程中要浇些猪油和豉汁，熟后即可出锅。不难看出，按这种工艺制作的蒸乳猪，食用时无须再调味，属加热调味型工艺。民族学资料显示，现代壮族的蒸乳猪，则是将乳猪蒸熟后，改刀装盘，以酱油、芝麻油、沙姜、葱段等蘸食，是加热后调味型工艺。那么阳虎送给孔子的蒸乳猪用的是哪种工艺？从文化人类学的角度看，用壮族蒸乳猪工艺的可能性大一些。这是因为，《齐民要术》中的蒸乳猪，比阳虎时代晚了 1000 年左右。阳虎时代的蒸乳猪，经过战国、秦、汉、三国、西晋和东晋，在中原文化、南北文化和中西文化的不断洗礼下，才发展成加热调味型工艺的蒸乳猪。

原文　阳货瞰孔子之亡也[2]，而馈孔子蒸豚[3]。孔子亦瞰其亡也[4]，而往拜之[5]。

《孟子・滕文公章句下》

注释

[1] 阳虎蒸乳猪：此菜名为笔者所撰。

[2] 阳货瞰孔子之亡也：阳货趁孔子不在家时。阳货，即阳虎。瞰，音 kàn，这里作趁讲。亡，这里是不在家的意思。

[3] 而馈孔子蒸豚：而登门送给孔子蒸乳猪。蒸豚，蒸乳猪。

[4] 孔子亦瞰其亡也：孔子也趁其（阳虎）不在家时。

[5] 而往拜之：而去登门致谢。

亚址鼎烹猪肉

这是到目前为止能看到 3000 多年前菜品模样的唯一的一款商代流行菜。这款菜被盛在一个带盖的青铜鼎中，1990 年 10 月经考古专家之手从河南安阳殷墟郭家庄 160 号墓中重见天日。亚址就是这座墓的主人，生前是殷代廪（lǐn）辛至文丁时期的一位贵族武将。关于他的一些背景，我们在本书“亚址鼎烹牛肉”中已经谈及。

1990 年 10 月 14 日至 23 日，考古专家从安阳殷墟郭家庄 160 号墓中出土了六件铜鼎，其中一件有盖的鼎因锈蚀严重鼎盖粘连。中国社会科学院考古所安阳工作队的专家们“揭开盖后，散发出一股难闻的腥臭味。鼎内盛有尚未完全腐烂的猪肉、肉皮及肋骨，肉之体积占器腹之大半。”鼎盖顶内壁及鼎内底中部有铭文“亚址”。考古专家称，此鼎造型奇特，在殷墟考古发掘中属首次发现。据笔者检索，在历年考古发掘中，出土的鼎中有牛、羊、猪、鸡等骨并不鲜见，但出土时还能看到 3000 多年前炖的肉甚至肉皮和肉汤、并被现场拍摄下来却是罕见的。

从照片上看，这件铜鼎内满满当当，细细数来长短不一的猪骨大约有九根搭落在肉间汤面，骨旁和骨间亮面的应是猪皮，深绿絮状的应是猪肉，铜绿色的似是肉汤。从骨头的形状、数量和菜品的整体形态来看，显然是一鼎炖带皮硬肋五花肉。根据该墓考古

这是商代的炖带皮硬肋五花肉，虽深埋地下 3000 多年，肉皮、猪肉、肋骨和肉汤仍清晰可辨，1990 年 10 月出土于河南安阳殷墟郭家庄商墓。这幅照片现在安阳殷墟博物馆展厅

报告，在出土的六件铜鼎中，只有这件鼎有盖，且鼎底鼎足无炊烟痕迹，说明此鼎为盛带骨肉的升鼎。那么这鼎肉是由哪个鼎炖的呢？在同时出土的另五件鼎中，有三件鼎鼎内无物，但其中只有一件圆鼎的鼎底鼎足有炊烟痕迹。由此可以推定，这件鼎应该就是炖这款带皮硬肋五花肉的镬鼎。3000多年前的这鼎肉主要食材是家猪肉还是野猪肉呢？在该墓考古报告中未见相关科学检定资料。根据已故著名生物学家杨钟健、刘东生二位先生《安阳殷墟之哺乳动物群补遗》等鉴定报告和甲骨学学者的研究成果，这鼎肉的主料取自家猪或野猪都有可能，但家猪的可能性更大。这是因为用家猪来祭祀和宴享在甲骨文中较多见。另外，这件鼎的口径16.8厘米 * 21.6厘米，下腹最大径24厘米—28厘米，通盖高33厘米，盖高10厘米，足高10.2厘米。这些数据表明，该鼎内的带皮硬肋五花肉，其硬肋的最大骨长不会大于20厘米，而这种长度的肋骨一般应是半年龄左右的小猪。杨钟健等先生当年检定的殷墟出土的猪骨中即多为未成年猪所有。这说明小猪在殷代就已为王室贵族佳肴所首选，这鼎肉的用料当然也不会例外。

那么这鼎肉放了哪些调料呢？该墓考古报告未提及，我们可以从文献记载和相关考古资料来探讨。《尚书·说命下》记殷王武丁对大臣傅说(音悦)说："若作和羹，尔惟盐梅。"说明盐和梅是殷代美味羹的主要调料。先说盐，《尚书·禹贡》："海、岱惟青州……厥贡：盐……"甲骨文中有似指天然盐的"卤"字，又有疑为殷末盐官的记载。2008年，山东寿光双王城发现商代盐业遗址群。再说梅，安阳殷墟西区284号墓出土的一个铜鼎内有梅核，陕西泾阳高家堡殷末墓出土的几个铜鼎中都有梅核和兽骨。甲骨文的记载和上述文化遗址与出土实物印证了"尔惟盐梅"的真实性。酒在后世为常用调料之一，这鼎肉是否用到了酒虽然不能确认，但安阳殷墟郭家庄、河南罗山和河北藁城等商墓出土的实物酒或酒的疑似物，以及甲骨文中关于酒的记载，却为殷人制作这鼎肉用酒做调料提供了可能。花椒同酒一样也是后世常用的一种调料，1990年河南固始葛藤山六号墓墓主人头旁有数十粒花椒，说明殷人已有以花椒辟邪的习俗，但也不排除将花椒用于烹调的可能。在上述四种调料中，这鼎肉用了盐和梅的可能性最大，用酒和花椒还需考古出土实物与科学检定来确证。

最后，谈一下这鼎肉的烹调水平。据该墓考古报告，出土这鼎肉的墓葬年代约为殷代廪(lǐn)辛至文丁时期，根据夏商周断代工程成果，即约为公元前1191年至公元前1102年。而河南一带的中原人用鼎烹调至迟可追溯到河南新郑裴李岗文化遗址时期。据碳-14测定，裴李岗陶鼎的绝对年代为距今7445年—7145年。这些年代数据意味着到这鼎肉的时代，这一地区的人已有了4000多年用鼎烹调的工艺传承史，同时也印证了《吕氏春秋·本味》记伊尹以味说汤所说"鼎中之变，精妙微纤，口弗能言，志不能喻"的记载，绝非是战国人的臆想。

曾侯乙煮豚

1978年曾侯乙墓出土了有猪骨的铜鼎。这件有猪骨的铜鼎为曾侯乙墓出土的九件盖鼎之一，鼎底有较厚的一层烟炱，说明是曾侯乙生前御用的烹调器兼礼器。经中国科学院专家鉴定，鼎内猪骨为去掉头和蹄的乳猪，出生一个月左右，每头乳猪重2.5—5公斤。《齐民要术》中有白煮乳猪，一头乳猪十五斤，合现在3.3公斤左右。曾侯乙铜鼎内的乳猪，既然是2.5—5公斤，其确切重量估计和《齐民要术》的差不多。

这么小的乳猪，皮一碰就破，当年曾侯乙的御厨是如何将乳猪收拾干净然后用鼎煮熟的呢？曾侯乙墓中没有出土相关的文字说明，我们只好借助《齐民要术》中白煮乳猪的工艺记载来搞清这个问题。据《齐民要术》，将乳猪收拾干净直至将乳猪煮成美味，基本上分三道工序：一、将乳猪放入凉水锅中，水刚开时倒入凉水。煺去猪毛掏净内脏，然后先用镊子拔掉粗毛，剔去细毛，接着用茅蒿叶刷猪身，最后用刀将猪身刮净。二、把乳猪装入绢袋里，用酸浆水煮，水开两次后，拿出乳猪，放入凉水盆内，泡一会儿，再用茅蒿叶将猪身刷白净。三、将乳猪再放入绢袋中，用面浆水煮，熟时将乳猪放入盆内，舀入煮猪的热面浆，再舀入凉水，泡一会儿就可食用了。用这种工艺制成的白煮乳猪，“皮如玉色，滑而且美”。烹调实验说明，三公斤左右重的乳猪，皮薄肉嫩，要想将其煮熟，保持乳猪的原形是关键，因此清洗阶段用镊子拔毛、用茅蒿叶刷洗、用刀刮猪身，都是为了做到乳猪加热前既净皮又不将皮碰破。先用酸浆水煮乳猪，一是为了去掉腥味，二是为了使乳猪皮变脆而再煮时不易破。最后用面浆水煮是为了使乳猪“皮如玉色，滑而且美”。因为这么大的乳猪皮肉太嫩了，所以用酸浆水和面浆水煮时都将乳猪放在绢袋中，以确保乳猪原形不因加热和多次从锅内取放而破损。

这是距今约2500年的木盆及兽骨，出土于新疆苏贝希墓地。考古专家根据楼兰古城汉墓出土的木盘内有羊骨推定，这类以胡杨木制作的木盘（盆），应是盛放手抓羊肉的食具。王金魁摄自新疆维吾尔自治区博物馆

楚国蕙叶裹蒸肉[1]

这是一款颇具荷叶粉蒸肉韵味的战国时期楚国名菜，与荷叶粉蒸肉不同的是，这款名菜应是公元前3世纪楚国国家祭典上的佳肴。

将经过腌渍的带骨肉用蕙叶包裹，蒸熟后放在垫有佩兰叶的器皿上，蕙香、肉香、兰香馨郁，这就是蕙叶裹蒸肉。这款名菜的文献根据，来自屈原所作的楚国国家祭典乐

歌《楚辞·九歌·东皇太一》。其原文是："蕙肴烝兮兰藉，奠桂酒兮椒浆。"宋代朱熹说："肴，骨体也；烝，进也；《国语》'燕有肴烝'是也。此言以蕙裹肴而进之，又以兰为藉也。"这说明朱熹认为带骨肉是蒸好后才用蕙叶包裹的，但当代著名楚辞学家汤炳正先生则指出："肴烝：古指带骨的蒸肉。以蕙草和而蒸之，取其香也。兰藉：以兰为奉荐'肴烝'之垫，亦取其香。"笔者从汤先生的这一看法。这是因为如果带骨肉蒸好后用香气四溢的蕙叶包裹，那么何必再垫上同样具有浓烈香气的佩兰呢？而如果带骨肉蒸时即用蕙叶包裹，蒸后蕙叶香气锐减，此时将蕙叶裹蒸肉放在佩兰上，才可使兰香突出，而吃肉时又享受到蕙香，这样似乎更合乎情理。另外，蕙叶与荷叶一样，自古就是药食两用植物，《名医别录》说蕙叶"味甘、平，无毒。主明目止泪，疗泄精，去臭恶气"等，中国食疗史上著名的蕙草汤，就是由东晋名医范汪以蕙叶为主所制。这说明用蕙叶包裹带骨肉在食用上是有医理药理根据的，并且是安全的。蕙叶的叶片为卵形，长4—9厘米，宽1.5—4.5厘米，用其包裹带骨肉也是可行的。至于垫在器皿上的佩兰，长沙马王堆一号汉墓曾有出土，说明其为荆楚地区传统药食两用植物。其叶片为长圆形或长圆状披针形，长5—9厘米，宽1—2厘米，大小足以托垫蕙叶裹蒸肉。蕙叶和佩兰叶都是在夏季其茂盛时采取，因此可以推知此菜为当时夏令应季美味。

这件青铜簠出土于山东滕州春秋薛国故城，其两侧有兽首柄。簠晚出于簋，二者虽都是放煮熟的黍、稷、稻、粱等谷粒饭食的盛器，但按《周礼》汉郑玄注的说法，"方曰簠，圆曰簋"。杨留柱摄自山东济宁博物馆

原文　蕙肴烝兮兰藉[2]，奠桂酒兮椒浆[3]。

屈原《楚辞·九歌·东皇太一》

注释

[1] 楚国蕙叶裹蒸肉：此菜名为笔者所撰。

[2] 蕙肴烝兮兰藉：献上以佩兰托垫的蕙叶裹蒸肉。蕙，又名零陵香、满山香等，报春花科植物灵香草的叶片，叶片卵形，长4—9厘米，宽1.5—4.5厘米，上面深绿，下面浅绿，有浓烈的香气。生长在山谷、河边、林下。现代药理学实验显示，蕙叶汤对流感病毒有抑制和灭活作用。肴，带骨肉。兰，佩兰，长沙马王堆一号汉墓曾有出土，为菊科植物兰草的叶，叶片长圆形或长圆状披针形，长5—9厘米，宽1—2厘米，上面绿色，下面淡绿色，揉之有香气。《神农本草经》认为其"味辛、平，主利水道，杀蛊毒"。生溪边或原野湿地，其叶夏季茂盛时采取。藉，垫，指将佩兰叶垫

在蒸肉的下面。

［3］奠桂酒兮椒浆：供上肉桂泡的美酒和椒香饮料。奠，供上。桂酒，用肉桂泡的酒。肉桂为樟科植物肉桂的干皮及枝皮，在《山海经》中名桂木、《本草图经》中名官桂，性味辛温，有补中益气等功效，香气浓烈。汤炳正先生指出，从蕙肴到椒浆两句，是以丰盛的蕙香、兰香、桂香和椒香四香酒肴悦神娱人。

礼文烤狗肝卷[1]

这是《礼记·内则》记载并被汉唐经学家释为周代八珍的一味佳肴，从《周礼》等典籍记载来看，这款菜在周代王室饮食中具有祭祖和食疗壮阳的双重作用。

先看《礼记·内则》关于此菜用料、制法和调味的介绍：将一副狗肝用狗网油包好，用扦穿上，烤到网油酥焦时即可，调味时不用辛辣的蓼叶。狗肝为商周时代的祭祖之品，根据古代本草典籍，这里的狗肝应是白狗之肝，《医心方》卷二十八记载白狗肝可补肾壮阳激发性欲。1972年，长沙马王堆一号汉墓出土的遣策中有“犬肝炙”，说明此菜在2000多年前的西汉初期已为侯门之食。《齐民要术》中有“肝炙”，主料为牛、羊、猪之肝，制法与此菜极为相似，可以看出此菜制作工艺对后世的影响。

原文　肝膋[2]：取狗肝一[3]，幪之以其膋[4]，濡[5]，炙之[6]，举燋其膋[7]，不蓼[8]。

《礼记·内则》

注释

［1］礼文烤狗肝卷：介绍此菜用料制法的记载原题“肝膋”，现名为笔者所撰。

［2］肝膋（liáo）：据正文，此菜实际上是“烤网油狗肝卷”。肝，狗肝；膋，郑玄注：“肠间脂。”今俗称网油。

［3］取狗肝一：取一副狗肝。

［4］幪（méng）之以其膋：用网油（将狗肝）包起来。幪，此处作包卷讲。按：后世做网油烤肝时，卷之前肝要先用调料腌渍。

［5］濡（rú）：这里作这样可使狗肝软嫩讲。

［6］炙（zhì）之：上火烤。炙，烤。

［7］举燋（jiāo）其膋：（烤到）网油全焦了时（就可以了）。举，皆；燋，通“焦”。

［8］不蓼：不用蓼叶之类的辛辣作料调味。

秦人带骨狗肉汤

据新华社记者毛海峰报道，2010年11月25日，陕西省考古研究院的考古专家在西安咸阳机场二期考古工地上清理一座战国秦国墓时，在其壁龛中发现一件青铜鼎和青铜钟及漆器残片。铜鼎有盖，高20厘米，腹径24.5厘米。当掀开鼎盖时，发现有半鼎骨头汤，汤色浑浊而骨头清晰。经陕西省考古研究院科技考古部专家鉴定，鼎内的骨头为10个月至1年之间的小狗骨，共有左前肢、7块颈椎、13块脊椎和17条肋骨，应为半只雄性小狗的骨。青铜钟内则有疑为酒的液体。

陕西省考古研究院科技考古部主任胡松梅说，这件鼎内狗骨中的尺骨，与该院标本库保存的陕西商洛东龙山遗址（夏商时期）出土的4只完整狗骨中的尺骨几乎一模一样。这说明这一地区的先民食用幼狗远有所承。据《周礼》和《仪礼》等记载，鼎烹带骨狗肉本为周天子膳用六牲之一，又是乡饮酒礼、乡射礼和燕(宴)礼的当家美食。但依先秦礼俗，不同部位的带骨狗肉也有贵贱之别，用时须按身份等级享用相应部位的狗肉。例如《仪礼》记载的乡饮酒礼鼎烹带骨狗肉分食模式，主持人乡大夫得享的是狗的脊、胁、臂，乡中贤人的佼佼者享用脊、胁、肩，主持人的助手则享用脊、胁、肫、胳。根据当时牲肉前体为贵、后体为贱和左为尊、右为卑的观念，可知乡中贤人享用的“肩”,要比主持人的“臂”尊贵。这是因为，狗（包括其他牲肉）的前体从上往下数为肩、臂、臑，也就是烹饪食材学中的外板肩肉、上花腱、下花腱。主持人助手俎上的肫、胳，则为狗的后体从上往下的髀、肫、胳，也就是今日专业所言的三叉、子盖、和尚头，其中髀在当时弃之不用。这说明主持人助手的带骨狗肉部位在三人中最为卑贱。从美食文化的角度看，这些尊贵的部位也是烹煮时间短和口感最佳的带骨肉。现在来看出土的这件铜鼎内的带骨狗肉，其左前肢应即礼经中的“肩”“臂”；7块颈椎和13块脊椎应即礼经中的“正脊”“脡脊”和“横脊”，也就是今日专业所说的带骨脖头肉、上脑肉和扁肉；17条肋骨应即“短胁”“正胁”和“代胁”，就是今天所说的带骨胸口肉、五花肉和腰窝肉。由上可以推知，这鼎带骨狗

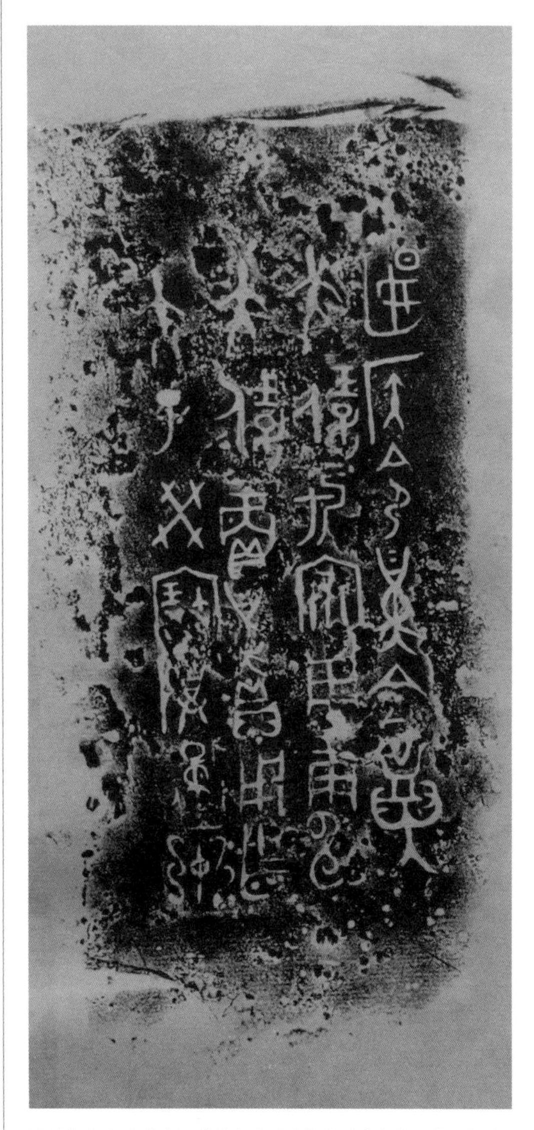

这是北京房山琉璃河遗址出土的青铜堇（音仅）鼎铭文拓片。其铭文大意是：燕侯命令堇到宗周向太保敬奉美食。在庚申之日，太保因堇的辛劳对其赏赐。徐娜摄自首都博物馆

肉汤在当时当属尊贵档，享用者即墓主人生前地位应该不一般。关于这鼎带骨狗肉汤的制作，根据当时的礼俗，这半扇带骨狗肉应是在专门烹肉的青铜镬内煮好后，连汤盛入这件带盖的青铜鼎中。

最后需要指出的是，这鼎带骨狗肉汤也为后世陕西菜（秦菜）中的陈皮狗肉等传统名菜提供了一个难得的源头实证。

楚国大夫狗苦羹[1]

这是《楚辞·大招》第三段中提到的一款羹类菜，同该段提到的其他菜一样，这款菜也应是战国时期楚国大夫阶层的一款名菜。

在《楚辞·大招》第三段中，关于这款菜只有两个字："苦狗。"南宋朱熹对此菜的解释是："苦，以胆和酱也，世所谓胆和者也。"当代著名楚辞学家汤炳正等先生则在《楚辞今注》中指出："苦狗：以苦荼包狗制之。"《礼记·内则》中与狗和苦荼相关的菜只有羹类菜"犬羹"，"濡"类菜中没有以狗为主料的。1972年，长沙马王堆一号汉墓曾出土300多枚记载随葬器物的遣策，也就是竹简和木牌，其中一枚竹简上写"狗苦羹一鼎"，这为我们解读《楚辞·大招》中的"苦狗"提供了重要参考资料。马王堆一号汉墓墓主人死亡时间与《楚辞·大招》面世时间相距不过100多年，二者又同处荆楚地区，且《楚辞·大招》第三段中的食单（包括《楚辞·招魂》第五段的食单），同马王堆一号汉墓出土的竹简食单在菜点名称、类别和顺序上也相似，说明二者在文化上存在密切关系，因此"苦狗"可释为"狗苦羹"。苦，即苦荼，苦荼有二解，一为茶，一为菜，这里作苦菜解。苦菜，为菊科植物苦苣。李时珍《本草纲目》指出："苦菜，即苦荬也。家栽者呼为苦苣，实一物也。春初生苗，有赤茎、白茎二种，其茎空而肥，折之有白汁出。胼叶似花萝卜菜叶，而色绿带碧。"其性味苦、寒，具有清热、凉血、解毒等功效。古人做狗羹时放苦菜，一为去狗肉异味，二为取其苦味，以免去食后动火生痰口渴之虞。马王堆一号汉墓还出土了与此菜相关的狗骨，经动物学家鉴定，这些狗骨为一年龄以下、体重为4—5公斤的小狗所遗存。这印证了文献中关于"大狗曰犬，小狗曰狗"的说法，同时也提示此菜所用"狗"的选料标准。

原文　醢豚苦狗，脍苴蒪只。[2]

屈原（景差）《楚辞·大招》

注释

[1] 楚国大夫狗苦羹：此菜名为笔者所撰。

[2] 醢豚苦狗，脍苴蒪只：肉酱煎乳猪狗苦羹，生拌蘘荷丝。苦，这里指苦菜，即菊科植物苦苣，栽培的苦苣又名菊苣，嫩叶可食用，味较苦。狗，这里指一年龄以下、体重为4—5公斤的小狗。

马王堆狗肉脯[1]

这是目前所知最早的一份食疗狗肉菜谱。在长沙马王堆三号汉墓出土的帛书《养生方》中，此脯被列为治疗中气不足的一种肉脯。

根据《养生方》中的记载，这款狗肉脯用料为狗肉、蜗牛和醋，其叙述制作工艺的文字尽管有残缺字，但是如果同《养生方》中的马脩等菜肴进行对照，仍然可以将其工艺复原出来。首先将四斗蜗牛放入醋中泡两天，然后去掉蜗牛，再将捶捣过的狗肉条放入这种蜗牛醋汁中，腌渍后取出，阴干后再放入蜗牛醋汁中腌渍。阴干后即可食用。从文中最后“食脯一寸胜一人，十寸胜十人”的评价来看，古人极力推崇的是这种狗肉脯的壮阳功效。著名医史专家马继兴先生认为，此脯所用的蜗牛可解毒清热，配合狗肉补益中气，充实营卫，暖腰膝，益精髓。

原文　治：取蠃四斗[2]，以酢截渍二日[3]，去蠃[4]，以其汁渍犬肉撞者[5]，□犬脯[6]，阴干[7]，复渍汁[8]，阴干[9]。食脯一寸胜一人[10]，十寸胜十人。

长沙马王堆三号汉墓出土帛书《养生方》

注释

［1］马王堆狗肉脯：此菜名为笔者所撰。

［2］取蠃四斗：取四斗蜗牛。蠃，音 luǒ，蜗牛。

［3］以酢截渍二日：用醋泡两天。截，音 zài，醋浆。

［4］去蠃：去掉蜗牛。

［5］以其汁渍犬肉撞者：用这种蜗牛醋汁腌渍捶捣过的狗肉。“肉”字前残缺一字，笔者补为“犬”字。撞，捶捣。

［6］□犬脯：拿出狗肉脯。“犬”字前残缺一字，疑为捞出拿出之义的字。

［7］阴干：将狗肉条放阴凉通风处晾干。此二字原残缺，笔者参考《养生方》马肉脯文等补上。

［8］复渍汁：再将狗肉条放入蜗牛醋汁中腌渍。

［9］阴干：此二字原残缺，笔者补上。

［10］食脯一寸胜一人：吃一寸这种狗肉脯可胜任同一位女子交欢。由此可知，此脯是条不是片。

马王堆煮狗首[1]

皮肤白皙是人漂亮的一个主要特征，所谓“一白遮百丑”。于是时下据说能使肌肤变白的化妆品和保健品在超市中令人眼花缭乱，但是许多人又都明白皮肤白不白在遗传，那是爹娘给的，是花多少钱也买不来的。在这一点上古人似乎比我们更聪明，他们为了使自己的后代皮肤白皙美好，早在胎儿阶段就采取了措施。这些措施就记载在1973年长沙马王堆三号汉墓出土的帛书《胎产书》中。

《胎产书》是目前发现的我国最早的妇产科医书，该书汇集了西汉以前生育方面的大量古文献。其中关于使新生儿皮肤白皙的记载是这样的：煮白公狗头，熟后让孕妇一个人吃狗头肉，既可以使新生儿皮肤白皙美好，又可以让胎儿容易生下来。想要胎儿强劲有力，还可以让孕妇吃母马肉。今天看来，这种通过调理孕妇膳食来达到新生儿皮肤白皙目的的做法是否科学还有待医学家的研究，但是从中国菜史的角度来考察，2000多年以前，煮狗头曾是古代孕妇一款特殊的肉菜却是历史的存在。1978年，在湖北云梦睡虎地43号秦墓中的椁盖板上，考古专家发现板的正中都有一具狗头骨。古代文献记载和考古报告证实，食狗是古代荆楚地区的风俗，《胎产书》中记载的煮狗头，应该是流行于这一地区的先秦名菜。

原文　怀子者，为烹白牡狗首[2]，令独食之[3]，其子美皙[4]，又易出[5]。欲令子劲者[6]，□时食母马肉[7]。

长沙马王堆三号汉墓出土帛书《胎产书》

注释

[1] 马王堆煮狗首：此菜名为笔者所撰。

[2] 为烹白牡狗首：可为孕妇煮白公狗头。烹，原作“享”，现改。白牡狗，白毛公狗。陶弘景说：“白狗乌狗入药用，黄狗肉大补，牝不及牡。”李时珍《本草纲目》：“食犬体肥供馔，凡本草所用皆食犬也。”

[3] 令独食之：让孕妇一个人吃狗头肉。

[4] 其子美皙：她的新生儿会白皙美好。

[5] 又易出：又容易分娩。又，原作“有”。

[6] 欲令子劲者：想让胎儿强劲有力。

[7] □时食母马肉：可以在某时吃母马肉。“时”字前残缺一字，疑为十二个时辰中的一个字。《千金翼方》：马肉可“长筋强腰脊，壮健”。

马王堆马脩[1]

脯和脩是先秦时期很有名的两类名菜，周代王室或列国诸侯的每日餐食、宴会、赏赐、祭祀等，都有脯和脩，就连学生敬老师，也以送鹿脯为贵。简单说，牛、羊、猪、鹿等肉切成条或片，用或不用盐腌渍后风干或烤干的是脯，加上姜桂捶捣后风干的是脩。脯和脩虽然很有名，但是关于这两类名菜的用料和制法，在先秦文献中却极少，人们只能靠东汉末年著名经学家郑玄等人对《周礼》等经书的解释来了解脯和脩。1973年，长沙马王堆三号汉墓出土的帛书《养生方》中，有用马肉制作马脯和马脩的详细记载。尽管因年代久远此菜谱出土时有近40个字难以辨认，但其用料和主要制法仍可以看出来。据笔者考察，这是到目前为止有关先秦时期脯和脩的最早而又最周详的菜谱。而更为珍贵的是，《养生方》中记载的马脩系用于食疗养生，这在中国历代菜谱中也是稀见的。

按照这份菜谱的记载，马脯或马脩是这样制作的：主料为肉用马的通脊肉十条，调料为白石脂、红石脂、茯苓各二两，姜十块，桂三尺和好醋二斗。制作时，将调料研末，放入醋内调匀，即成料醋汁；将马通脊肉切成厚薄如手掌、三指长的条，放入料醋汁中，反复抄拌，直到马肉吸足料醋汁，取出阴干后烤干；接着再将烤干的马肉像前面那样用料醋汁拌后再阴干烤干，直到料醋汁用完为止。如果是做马脩，烤之前先用木槌将肉捶松润，烤后再放入料醋汁中抄拌、阴干、烤干，最后在肉上涂上一层生漆，就可以保存了。吃的时候，一天三次，每次的时间是早上日出后、白天日中时和晚饭时，都在饭前，每次三寸长的一条。也可以研成末，饭后吃。根据以上叙述我们不难看出，在工艺上，此菜制作流程为动态腌渍、静态晾干、用火烤干，如此重复，直到肉条将料醋汁全部吸尽。与先秦及秦汉以后的脯脩相比，此菜有以下几个特点：一、此马脩为熟食，而按汉代郑玄为《周礼》《礼记》所作的注，周代的脯和脩都是生的。二、此马脩为无盐肉类菜肴，而按郑玄所说的脯和脩均为含盐肉食。三、此马脩具有食疗功效，《名医别录》：马"脯疗寒热痿痹"。著名医史专家马继兴先生认为此菜有健脾渗湿、温中散寒和固涩止泄等作用。

原文 一曰：取白符、红符、茯苓[2]各二两，姜十颗[3]，桂三尺，皆各冶之[4]，以美醯二斗和之[5]，即取刑马膂肉十条[6]，善脯之[7]，令薄如手三指[8]，即渍之醯中[9]，反复挑之[10]，即漏之[11]，已漏[12]，阴干[13]，炀之[14]，□□□□沸[15]，又复渍炀如前[16]，尽汁而止[17]。炀之□脩[18]，即以椎薄段之[19]，令泽[20]，复炀□□□之[21]，令□泽[22]，……漆髤之[23]，干，即善藏之[24]。朝日昼□夕食[25]，食各三寸[26]，皆先饭[27]……，各冶等[28]，以为后饭[29]。

长沙马王堆三号汉墓出土帛书《养生方》

注释：

[1] 马王堆马脩：此菜名为笔者所撰。脩，音 xiū，干肉。

[2] 取白符、红符、茯苓：选用白石脂、红石脂、茯苓。此从马继兴先生注。据《名医别录》，白石脂味甘酸，平，无毒。主养心气，明目，益精，疗腹痛等。

[3] 姜十颗：姜十块。颗，原作果，假为颗。

[4] 皆各冶之：均分别研成末。

[5] 以美醯二斗和之：用好醋二斗将料末调匀。

[6] 即取刑马膂肉十条：选做铏羹的马通脊肉十条。刑，马继兴先生等释为宰杀。笔者认为是做铏羹的也就是肉用马的马肉之意，《周礼·天官冢宰·内饔》："凡掌共羞、脩、刑……"，郑玄注：刑，"铏羹也"。铏，音 xíng，菜肉羹的盛器。这里的"刑"字如今日所言的"肉用"之意。十条，"条"字后原残缺，马继兴先生补为"斤"，笔者认为补为条即十条马通脊肉更符合通脊肉的形状特征和本菜谱行文特点。如文中姜为十颗、桂为三尺。

[7] 善脯之：适合做马脯的。

[8] 令薄如手三指：要切成像手三指那样的条。马继兴先生将此句译为"切成厚薄约手三指形状"。

[9] 即渍之醯中：将马肉条放入料醋汁中

腌渍。

［10］反复挑之：反复抄拌马肉条。

［11］即漏之：将马肉条从料醋汁中拿出。

［12］已漏：当马肉条控尽料醋汁时。

［13］阴干：将马肉条放阴凉通风处晾干。

［14］炀之：将马肉条用火烤干。炀，马继兴先生释为摊开晾干，似不妥，《说文解字》：炀，“炙干也”，即烤干。

［15］□□□□沸：“沸”字前残缺四个字，此句文意不详。

［16］又复渍炀如前：再像前面那样将马肉条腌渍烤干。

［17］尽汁而止：直到料醋汁用尽为止。

［18］炀之□脩：如果做烤的马脩。此句“脩”之前残缺一字，笔者认为可补“为”字。

［19］即以椎薄段之：就要用木槌轻轻地捶打马肉条。薄，这里为轻轻意。

［20］令泽：将马肉条捶松润。

［21］复炀□□□之：再将马肉条烤干。“之”字前残缺三个字。

［22］令□泽：将马肉条捶松润。“泽”字前残缺一个字。

［23］漆髤之：将马肉条涂上生漆。髤，音xiū，同“髹”，涂漆。在马肉条上涂生漆，具有一定的防腐作用。此句从马继兴先生释。

［24］即善藏之：就可以好好储存了。

［25］朝日昼□夕食：早上日出时、白天日中时和晚饭时。“夕”字前残缺一个字。

［26］食各三寸：每次吃三寸长的一条。

［27］皆先饭：都要在饭前吃。此句“饭”字后残缺12个字。

［28］各冶等：分别研成末，每份一样多。

［29］以为后饭：可以在饭后吃。

马王堆马脯[1]

1973年，长沙马王堆三号汉墓出土的先秦古医书帛书《养生方》破损处较多，在经帛书整理小组整理后出版的《养生方》中，笔者认为至少有两条是以马肉为主料的食疗菜谱。一条是本书中的“马王堆马脩”，另一条就是现在这个“马王堆马脯”。这条关于马脯的食疗菜谱，虽然残缺字较多，但其关于马脯的用料和制法大体上还是可以看明白的，再借助“马王堆马脩”菜谱原文，基本上可以把因残缺字而中断的用料或制法的句子连起来。根据笔者的研读，这条关于马脯的食疗菜谱有可能是2000多年前的帛书抄录者将两个版本的马脯菜谱在帛书上抄成了一条，也可能是帛书出土后修整时将两份马脯菜谱搞到了一起。总之，经整理出版的这份菜谱实际上是两个不同版本的马脯菜谱合在了一起。这是在介绍这份菜谱时，需要首先说明的一点。

这份马脯菜谱的大意是：将肉用马的肉去骨切成条，炮附子末放入醇酒中调匀，再将马肉条放入醇酒中腌渍，不要去滓。后面的文字残缺，但据“马王堆马脩”菜谱，后面应是将马肉条阴干烤干、然后再腌渍阴干烤干直到醇酒用尽为止之类的文字。到这里应是一个版本的马脯菜谱，下面应是又一个版本的马脯菜谱。将门冬、萆薢、牛膝、桔梗、厚朴、附子等分别研成末，放入四斗醇酒中调匀，再将马肉条放入醇酒中腌渍，以将醇酒汁用尽为止，最后用苇叶将马脯包裹好。吃的时候将马脯弄碎，每次饭后用三个手指抓一撮，吃后可以使人强壮益寿延年。

原文　一曰：取刑马[2]，脱脯之[3]，段乌喙一升[4]，以醇酒渍之[5]，□去其滓[6]……。……舆[7]、门冬各□□[8]，萆薢、牛膝各五蕖[9]，□荚、桔梗、厚□二尺[10]、乌喙十颗[11]，并冶[12]，以醇酒四斗渍之[13]，毋去其滓，以□□尽之[14]，□□□以韦橐裹[15]。食以三指撮为后饭[16]，服之六末强[17]，益寿。

长沙马王堆三号汉墓出土帛书《养生方》

注释

［1］马王堆马脯：此菜名为笔者所撰。

［2］取刑马：选用肉用马的马肉。刑，做铏羹所用的马肉也就是肉用马的马肉之意。

［3］脱脯之：剔去骨切成条。脱，去骨。

［4］段乌喙一升：炮附子一升。段乌喙，即炮附子。附子，《名医别录》：附子，主"脚疼冷弱，腰脊风寒，心腹冷痛，霍乱转筋，下痢赤白，坚肌骨，强阴，又堕胎，为百药长"。一升，笔者认为应是后面醇酒的量，根据后面"乌喙十颗"，此处的段乌喙后面应作半颗或一颗。

［5］以醇酒渍之：（将炮附子末）放入醇酒中调匀，用此酒汁腌渍马肉条。

［6］□去其滓：不要去掉附子滓。此句残缺一字，马继兴先生译为"滤去其滓"，笔者认为根据后面的"毋去其滓"，此句缺字似应为"毋"字。

［7］……舆：马继兴先生认为舆为药名。

［8］门冬各□□：应为门冬各多少。"各"字后面残缺的两个字应是药量。门冬，即天门冬。《名医别录》：天门冬，主"保定肺气，去寒热，养肌肤，益气力，利小便，冷而能补"。

［9］萆薢、牛膝各五蕖：萆薢、牛膝各五小把。此从马继兴先生释。萆薢，《本经》："味苦，平。主腰背痛，强骨节，风寒湿周痹，恶疮不瘳，热气。"牛膝，《本经》："味苦酸。主寒湿痿痹，四肢拘挛，膝疼不可屈，逐血气，伤热火烂，堕胎。"

［10］□荚、桔梗、厚□二尺：皂荚、桔梗、厚朴二尺。"荚"字前残缺一个字，笔者认为系"皂"字。皂荚，《本经》："疏风气。"桔梗，《本经》："辛，微温。主胸肋痛如马刺，腹满，肠鸣幽幽，惊恐悸气。""厚"字后面残缺一个字，马继兴先生认为是"朴"字。厚朴，《本经》："味苦，温。主中风伤寒，头痛，寒热惊悸，气血痹，死肌，去三虫。"

［11］乌喙十颗：附子十颗。

［12］并冶：研末后放到一起。

［13］以醇酒四斗渍之：将上述料末放入四斗醇酒中调匀，然后放入马肉条腌渍。

［14］以□□尽之：以将醇酒汁用尽为止。"以"字后面残缺二字，笔者认为可为"渍汁"。

［15］□□□以韦橐裹：马脯做好后用苇叶包裹存起来。"以"字前残缺的三个字，其意似为马脯做好后。

［16］食以三指撮为后饭：吃的时候用拇

指、食指、中指捏一撮，每次都在饭后吃。三指撮，古代一种用药计量单位，一三指撮约为今 0.4 克（草药）、0.8 克（金石药）。

［17］服之六末强：吃后周身强壮。六末，马继兴先生认为指人的左右手、左右足及前阴、后阴。

马王堆鹿肉汤[1]

这是目前所知中国最早的食疗鹿肉菜谱。1973 年，当载有此菜谱的先秦古医书帛书《五十二病方》从长沙马王堆三号汉墓出土时，便意味着中国人把鹿肉用于食疗的历史将重新撰写。

这里所说的鹿肉，根据考古报告和古代文献记载，应是梅花鹿的肉，并且是 2—3 年龄、体重 75—100 公斤的梅花鹿四肢等部位的肉。尽管古代关于鹿肉药食两用价值的记载不少，但无论是鹿肉的一般菜还是食疗菜谱，汉唐以来所见不多，先秦时期更是空白。因此，这份记载在帛书上的鹿肉菜谱是十分珍贵的。这份鹿肉菜谱只有 12 个字，其大意是：煮鹿肉或野猪肉，熟后吃肉喝汤，作为被毒蛇咬伤的一种辅助治疗手段，这是很灵验的。从这 12 个字的简单叙述中，我们不难发现，这种鹿肉汤不放盐和任何调料，也不放蔬菜，完全是白水煮的方法做成，明显具有从远古流传下来的太羹的特点。只不过它不是盛在鼎里用于祭祀或天子赏赐等，而是蛇伤患者的一种食疗肉菜兼汤菜。可以说，后世鹿肉菜中具有白煮工艺环节又有食疗功效说明的菜品，都可以从这款菜中找到历史渊源。

原文　煮鹿肉若野彘肉[2]，食（之）[3]，歠之[4]。精[5]。

长沙马王堆三号汉墓出土帛书

《五十二病方》

注释

［1］马王堆鹿肉汤：此菜名为笔者所撰，在《五十二病方》中此菜无名称，仅被列为蛇伤患者的一个食疗方。

［2］煮鹿肉若野彘肉：煮鹿肉或野猪肉。若，或；野彘肉，野猪肉。《食疗本草》：“野猪肉：主癫痫，补肌肤，令人虚肥。”《医林纂要》：“补养虚羸，祛风解毒。”

［3］食（之）：吃鹿肉。之，帛书此字残，今补。

［4］歠之：喝鹿肉汤。歠，音 chuò，饮，喝。

［5］精：（此方）很灵验。精，灵验，古人对此菜食疗功效的评价。著名医史专家马继兴先生认为，此菜具有补益脏腑、增强体质的作用。

周王室带骨鹿肉酱[1]

这应是周王室饮食名品中的“三臡（ní）”之一，在《周礼》等典籍中名叫“鹿臡”，周王室及诸臣宗庙祭祀时第一次行礼献食所进的豆内就有这款菜，周天子日常餐食和款待诸侯等也常少不了它。

“鹿臡”的“臡”即带骨肉酱，据汉代郑玄等古代学者的解释，将带骨鹿肉改刀后晾潮干，再剁碎，放入瓮中，加入粱曲、盐和美酒，封严瓮口，一百天以后鹿臡就做成了。说明鹿臡是一种酿造的带骨鹿肉酱。鹿在远古时代就是人类猎获的肉食资源之一，商代遗址曾出土鹿骨。周王室宗庙祭祀第一次行礼献食时要荐血腥，即杀牲、荐牲血和生的牲肉，其间八个豆内所盛的就有这款带骨鹿肉酱。这种荐血腥的庄穆而恢宏的氛围，使带骨鹿肉酱充满周人祖先生吞活剥时代的原始生食色彩。

原文　朝事之豆[2]，其实……鹿臡[3]。

《周礼·天官冢宰·醢人》

这件青铜簋出土于山西曲沃的一座西周墓，器上铭文显示，这是休为其父叔氏所作，故名“休簋”。簋相当于后世盛饭的大碗，与鼎相配时，以偶数出现，所谓“九鼎八簋”，是商周贵族等级身份的标签性盛食器。李静洁、郭婷摄自山西博物院

注释

[1] 周王室带骨鹿肉酱：这款菜原名“鹿臡”，现名为笔者所撰。

[2] 朝事之豆：王后在宗庙祭祀正式开始阶段中进献的豆。朝事，宗庙祭祀正式开始时所行的一系列礼。豆，周王室的餐具。

[3] 其实……鹿臡：其豆内盛的是带骨鹿肉酱。

曾子脍炙

脍和炙在春秋战国以前本是两种菜肴的通称，脍一般指生食的肉丝或鱼丝，炙则一般指烤肉或烤肝等，按照周代的公食大夫礼或卿大夫款待宾客的宴食礼等饮食礼制，这两种菜肴在席面上常常被放在一起。《礼记·曲礼》记载：“凡进食之礼……脍炙处外，醯酱处内。”据唐代经学家孔颖达的解释，这里“脍炙”的脍，是指牛脍、鱼脍；炙，则指牛炙、羊炙、豕炙。

大约到了春秋末战国初期，“脍炙”二字组合，成为一道时尚新菜的名称。《孟子·尽心章句下》记载：“曾皙嗜羊枣，而曾子不忍食羊枣。公孙丑问曰：‘脍炙与羊枣孰美？’孟子曰：‘脍炙哉！’公孙丑曰：‘然则曾子何为食脍炙而不食羊枣？’曰：‘脍炙所同也，羊枣所独也。讳名不讳姓，姓所同也，名所独也。’”这段记载使我们得知，在曾子（公元前505—前436）时代，脍炙已是一款美肴的名称，至孝的曾子因为不忍心吃逝去的父亲曾皙喜食的一种小柿

子而吃脍炙。但是作为美食而言，孟子对其学生公孙丑的提问还是客观地表达了欣赏脍炙的看法。对这段记载中提到的脍炙和羊枣，汉代赵岐、宋代孙奭均只释羊枣而未释脍炙。清代学者何焯在《义门读书记》中对脍炙做了这样的解释："脍，生肉；炙，熟肉。"当代著名学者杨伯峻先生在《孟子译注》中将脍炙译为炒肉末，李曼农先生则将脍炙译为煎肉饼。笔者在认同二位先生说法的同时，还想说明几点：1. 脍炙似应类似后世所言的干煸肉丝、生煸肉丝。理由是：据笔者目前所知，在曾子时代，作为中国烹调完全意义上的炒的炊器还未在考古中发现，但作为炒的前体的煎，其青铜炊器则已有出土，1978 年湖北随州出土的曾侯乙炉盘应是一例（详见本书"曾侯乙煎鲫鱼"）。2. 从当厨者的操作动作来看，煸的动作频率明显高于煎，说明煸在厨艺水平上比煎又进了一步，这意味着煸比煎要晚近。其次，从主料加热时的形状来看，煸的主料一般比煎的细小，如丝状片状，而煎则多为整鱼或大片状等。3. 煸类菜肴基本无汤汁，而煎类的则微有汤汁，这似与当初脍和炙作为两道菜的款式特点相合。

综上可知，后世的干煸肉丝、生煸肉丝、炮煳等干煸类的传统名菜，应是曾子时代名菜脍炙的遗响。

周王室带骨獐肉酱[1]

这款肉酱同带骨鹿肉酱一样，也是将带骨肉剁碎后，用食品酿造法制成，并且也是周王室饮食名品中的"三臡"之一。

在《周礼》等典籍中，这款肉酱名叫"麇(jūn) 臡"。麇，即"獐"；臡，为带骨肉酱。獐及獐肉对今人来说已经很陌生，但在古代却为常见的猎获物。在《周礼》《仪礼》和《礼记》中，以獐肉为食材的美食，除了这款肉酱以外，还有脯、修、轩、脍和濡。就制作工艺的角度而言，在这六种獐肉美食中，这款肉酱应属生食獐肉中的顶级品。宋振豪先生在《夏商社会生活史》中指出，这类带骨肉酱在殷商时应已出现。河南安阳殷墟和河北藁城台西等殷商墓，曾出土有鸡碎骨或羊腿骨的陶豆和青铜豆。在周王室庙堂祭祀等场合，这款肉酱也是盛在豆内。从其食材来源和制作工艺来看，这款肉酱应是周人的祖先在早期食生活阶段，以猎取野兽为肉食并进行季节性食物储存的一项重要发明。

据《本草纲目》等古代本草典籍记载，獐，秋冬居山，春夏居泽，似鹿而小，无角，黄黑色，大者不过二三十斤。每年八月至十一月的獐肉胜过羊肉，十二月至七月的獐肉"食之动气"。由此可以推知，这款肉酱当年在獐肉的取材上，应该是有季节性选择的。

原文　朝事之豆[2]，其实……麇臡[3]。

《周礼·天官冢宰·醢人》

注释

[1] 周王室带骨獐肉酱：此菜原名"麇臡"，现名为笔者所撰。

[2] 朝事之豆：王后在宗庙祭祀正式开始

阶段中进献的豆。朝事，宗庙祭祀正式开始时所行的一系列礼。豆，周王室的餐具。

[3] 其实……麋臡：其豆内盛的是带骨獐肉酱。

周贵族烧烤兔

《诗经·小雅·瓠叶》是一篇关于西周贵族设酒宴款待宾客的诗，也是一份在中国美食文化史上不可多得的名菜资料。

该诗云:“幡幡瓠叶,采之亨之。君子有酒，酌言尝之。有兔斯首，炮之燔之。君子有酒，酌言献之。有兔斯首，燔之炙之。君子有酒，酌言酢之。有兔斯首，燔之炮之。君子有酒，酌言酬之。”先说第一章首句中的瓠叶,据《齐民要术》所引《氾胜之书》，当时北方种葫芦有正月、二月、三月下种之说,《诗经·豳风·七月》有“八月断壶”之句，壶即葫芦，因此第一章首句中的瓠叶，应是指四月至八月之间的葫芦嫩叶。由此可知，这次酒宴举办的时间，也应是四月至八月之间，地点当然应该是这位贵族的府邸。

第二、三、四章的首句相同，都是“有兔斯首”。据高亨先生《诗经今注》，斯，白也，指白头小兔。这句讲的是酒宴大菜所用的主料。为什么要选用白头小兔呢？李时珍《本草纲目》引宋寇宗奭的话指出：兔，“色白者，得金气之全，尤妙”。第二、三、四章的第二句讲的都是用什么烹调方法将兔做成佐酒的佳肴：1. 燔之。一说是直接将带毛的兔投进火中烧熟。但唐孔颖达对《礼记·礼运》“燔黍捭豚”的郑注的疏则是：“加于烧石之上以燔之，故云燔黍；或捭析豚肉，加于烧石之上而孰之，故云捭豚。”因此这里的燔之，应指将兔净治后放在烧热的石板上煎烤,类似后世的铁板烧。2. 炮之。将兔草裹泥封后放入灰火中烤熟。3. 炙之。应是将净治后的兔肉上叉用炭火烤熟。根据第二、三、四章后三句，用这三种烤法做出的烤兔，要两种为一组，分三巡上席。其中，燔兔上的次数最多，每巡都有；炮兔上了两次，而炙兔只上了一次。为什么要这样上呢？可有两种解释，一种是炙兔佐酒最美，完全是出于口感的安排；另一种解释则是含有不忘祖先、祭祀先人的意思，因为先秦时“燔”字的其中一个义项就是指祭肉。另外，从文化发展的序列来看，燔、炮、炙是先民早期熟食阶段的火食方法，与其后出现的鼎烹具有鲜明的时代分野。白兔即玉兔，又是上古月神神话的主角，甲骨卜辞和《诗经·小雅·大东》中已有祭月的内容。将这三种典型的早期火食方法以白兔为载体，集中在一场酒宴中，彰显了酒宴宾主祭祀创世先祖的意愿。

晋灵公熊掌[1]

晋灵公是春秋时期晋国的国君，在位 14 年。公元前 607 年的一天，侍者将做好的熊掌端上来，晋灵公一尝不熟，立即命人将做熊掌的御厨杀了，而晋灵公的统治也在这一年结束，由此在《左传》中留下了晋灵公熊掌的史谈。

熊在今天已属保护动物，人们对熊掌已很陌生。但即使在古代，熊掌也不是一般人能够享用的。这是因为捕熊有季节，捕熊不易，一只熊只有四个掌，四个掌中又只有左前掌味道最腴美，因此在古代熊掌为最高统治者独享的美味。就在晋灵公杀做熊掌的御厨的20年前，楚国的太子商臣逼宫，楚成王临死前只求再吃一次熊掌，结果被拒绝，只得自杀,太子商臣登极成了楚穆王。于此可见，在2600多年前的春秋战国时期，熊掌在各国国君食单中的位置。至于人们熟知的孟子“舍鱼而取熊掌”的名言，则已是晋灵公以后300多年的事了。不过从中也可以体味出到战国时期，就连被人尊为亚圣的孟子，熊掌对他来说也是难得的。

熊掌为熊科动物黑熊或棕熊的足掌，前掌长15—20厘米，后掌长20—30厘米，前掌虽然比后掌小，但入馔向来有“前掌美于后掌，左掌美于右掌”的说法。《医林纂要》指出，熊掌性味“甘咸，温”，可“滋补气血，祛风去痹，续绝除伤”。元代仁宗时的饮膳太医忽思慧虽然在《饮膳正要》中说熊掌“古人最重之”，似乎熊掌在元代已不被人看重，但元代汪元量《湖州歌九十八首·九〇》中说“天家赐酒十银瓮，熊掌天鹅三玉盘”，从这两句诗中可以看出，熊掌在元代仍为宫廷御用之品。在元代《馔史》中，熊掌也在“八珍”之列。

原文　宰夫胹熊蹯[2]，不熟，杀之[3]。

《左传·宣公二年》

注释

［1］晋灵公熊掌：此菜名为笔者所撰。

［2］宰夫胹熊蹯：御厨师煮熊掌。宰夫，御厨师。胹，音ér，煮。熊蹯，熊掌。蹯，音fán，兽足掌。

［3］杀之：（晋灵公命人）将做熊掌的御厨杀了。

中山王肉羹

看到这标题，您可能会立刻想到中山羊羹。令人兴奋的是，出土实物不仅让现场的考古专家得以见识沉埋地下2000多年的中山羊羹，还看到了其他中山肉羹的遗迹。据河北省文物研究所《譽墓——战国中山国国王之墓》，在该墓出土的九件“升鼎”内，都有肉羹遗迹。这些鼎虽是具有祭祀意义的随葬品，但鼎内肉羹应是中山王生前的常食之品，可以说是战国中山国王廷肉羹名品的荟萃。

经比对，这九件鼎内的肉羹遗迹，与殷墟、周原、秦人和曾侯乙等墓出土的鼎内肉羹状态完全不同，均不见单纯的牛骨、羊骨或表面为铜绿色的带骨肉与肉汤。细分以后，其鼎内肉羹状态可为四种：1. 1号和3号鼎内均为“咖啡色干成结晶状的肉羹涪”，“经化验知里面似乎含有猪或近缘动物，马或近缘动物的微量成分”。2. 2号鼎内只有“猪的骸骨，肉已腐烂成粉末状”。3. 4号和5号鼎内分别为羊骨、狗骨及肉泥。4. 6、7、8、9号鼎内均为腐朽的肉泥。显然4号鼎内就是大名鼎鼎的中山羊羹，2号和5号鼎内是猪肉羹、狗肉羹，其他四件鼎内的肉羹用料不明，其食材可能为野兽、野禽、水产之类。看来1号、3号鼎用料比较复杂，所谓“或近缘动物”，似乎包括野猪、羚羊之类；“微量成分”是否意味着除了猪、马等动物性食材以外，可能还有较大量的植物性食材。联系该墓出土的簋中有两件所盛食物一呈褐色一呈深褐色，分别为稻米饭、小米饭。又据《礼记·内则》中肉羹加“糁”即用米末勾芡的记载，可知此鼎肉羹遗迹的“咖啡色”，似不应排除稻米或小米为“糁”的成分。后世河北山西部分乡间仍有炖肉加小米的做法，应是古代传统的遗响。如是，此鼎肉羹则不是“大羹”，而是荤素集珍型的中山王廷顶级肉羹。

在这九件鼎中，除了2号鼎内为猪骨和肉的粉末状遗迹以外，其他八件鼎内均是骨与肉泥或全是肉泥，这是为什么呢？经初步研究，可能是以下因素所致：1. 当年肉羹加热时间长。1号鼎是九件鼎中最大的鼎，其三足为铁质，出土时该鼎底部自接足处以下有火烧烟迹，烟迹上部边缘整齐，说明此鼎系放在灶口上加热。尽管考古报告对此鼎为何是升鼎做了说明，但从铁与青铜的耐高温程度来看，其铁质鼎足已明白显示，此鼎为烹煮肉羹的镬鼎，并且加热时间要远长于身、足皆为青铜的传统鼎。值得注意的是，该墓出土的四件豆中，两件豆内都有汤汁痕迹，说明中山王肉羹由于加热时间长，犹如后世所言汤浓挂器。看来《战国策·中山策》记载的中山王以手指吮羊羹也从侧面反映了中山王羊羹汤浓挂指。2. 当年肉羹可能放了山楂一类中山国特产的山果。先秦调羹放梅或山楂应是随地区特产而定，《本草纲目》引《物类相感志》称，“煮老鸡、硬肉，入山楂数颗，即易烂”，这应是古人长期烹调经验的结晶。3. 中山墓独特的墓室环境。考古专家发现，该墓均用大石、石头和卵石造成。这种以石为材构建的墓室，形成了干燥、防湿的环境，该墓又建在城西两公里的高地上，加之当地的自然地理环境，遂使鼎内肉羹历经2000多年在水分缓慢蒸发的情况下，煮得酥烂的肉与汤融为一体而成泥状或粉末状。综上可知，汤浓、肉烂应是中山王各色肉羹的总体特点。

中山王譽铁足铜鼎。高立娟、石俊峰摄自河北博物院

马王堆兔脯[1]

1973年，长沙马王堆三号汉墓出土的先秦古医书帛书《养生方》中，有一份以兔肉为主料的食疗菜谱。说明早在公元前3世纪

以前，中国人已将兔肉用于食疗。这份菜谱也是目前已知中国最早的食疗兔肉菜谱。

这份菜谱的大意是：将大公兔宰杀后去皮掏尽肠肚，萆薢、白术、附子切成末，再将兔肉放入药末中，然后放在阴凉通风处，100天以后用东西包好存起来。吃的时候用拇指、食指和中指捏一撮，每次饭后吃。要吃100天，兔肉可存六七年。多吃点儿也行，可以随意。分析起来，这款兔肉菜大致有这样几个特点：一、主料有要求，必须选用大公兔。据动物学家对长沙马王堆一号汉墓出土的两具兔骨的科学鉴定，先秦以及秦汉时期，中国人餐桌上的兔肉均为野兔肉，这两具兔骨就是两只野生华南兔所遗存，它们的体重为1—1.5公斤，而北方的蒙古野兔体重则为2—3公斤。由此可以推知这两只大公兔都约重1.5公斤（华南兔）或3公斤（蒙古兔）。二、在主料的刀工处理上，这份菜谱没有大公兔是整只还是切成条、块、片的文字，不过从将兔肉放入药中和吃的时候用三个手指捏取，可以推断出这只大公兔是被去骨切成粒，这也正与《礼记·内则》中兔肉要切成粒的要求相符合。三、在用药末腌渍兔肉的叙述中，缺少如何进行的文字，只是说将兔肉放入“药间”，但后面接着说要“尽之”，令人费解。笔者推断有两种可能，一种是完全用药末腌渍，一种是像本书“马王堆马脩”或“马脯”那样，先将药末放入醇酒或醋中调匀，再将兔肉放入料液中反复腌渍，这样才可能谈得上“尽之”。四、这份菜谱还缺少兔肉热加工的文字，文中只有一个字“干”，并说要“勿令见日”，过100天以后再包起来收存。说明这款菜的兔肉是生的，有点类似后世的风兔风鸡。如果真是这样，那么这款兔肉菜谱要比本书的“马王堆马脩”和“马脯”的历史还要久远。五、关于本菜食疗功效，著名医史专家马继兴先生认为，此菜有益阴气、健脾胃、散寒、燥湿等作用。

原文　一曰：□□□大牡兔[2]，皮、去肠[3]；取萆薢长四寸一把[4]、术一把[5]、乌喙十[6]□□□削皮细析[7]；以大（牡兔）肉入药间[8]，尽之[9]；干[10]。勿令见日[11]，百日□裹[12]。以三指撮一为后饭[13]，百日[14]。支六七岁[15]。□食之可也[16]，恣所用[17]。

长沙马王堆三号汉墓出土帛书《养生方》

注释

[1] 马王堆兔脯：此菜名为笔者所撰。

[2] 大牡兔：即大公兔。据《长沙马王堆一号汉墓出土动植物标本的研究》，这里的大公兔应为野生的华南兔或蒙古兔，重约1.5公斤或3公斤。关于兔肉食疗功效，《名医别录》：兔肉“味辛平，无毒。主补中益气”。

[3] 皮、去肠：将大公兔去皮净腹。

[4] 取萆薢长四寸一把：取四寸长的萆薢一把。一把，马继兴先生考证，一把约重三两，为古本草学估量单位。萆薢，《本经》：“味苦，平。主腰背痛，强骨节，风寒湿周痹，恶疮不瘳，热气。”

[5] 术一把：白术一把。白术，《本经》：“味苦，温。主风寒湿痹，死肌，痉，疸，止汗，

除热消食。”

［6］乌喙十：应为乌喙十颗。乌喙，附子。“十”字后缺字，应为“颗”字，《养生方》马脯菜谱中有“乌喙十颗”。

［7］削皮细析：削去皮细切。

［8］以大（牡兔）肉入药间：将大公兔肉放入药末中（腌渍）。

［9］尽之：要将药末全用上。

［10］干：将兔肉阴干。

［11］勿令见日：不要将兔肉放在有阳光的地方。

［12］百日□裹：过100天以后将兔肉包起来。“日”字后面缺一字，应是苇叶一类的物料名称。

［13］以三指撮一为后饭：用拇指、食指和中指捏一撮，可以在饭后吃。三指撮，古代一种用药计量单位，一三指撮约为今0.4克（草药）、0.8克（金石药）。

［14］百日：100天。指可吃100天。

［15］支六七岁：周一谋先生等注为（兔肉）可存六七年，笔者认为是可坚持六七年，支，《后汉书·郭泰传》李注：“支，犹持也。”

［16］□食之可也：多吃点也行。“食”字前残缺一字，笔者认为可能为“多”字。

［17］恣所用：吃多吃少可以随意。恣，原作“次”。

周王室蚁卵酱[1]

蚁卵酱今天已经很稀见，但是据《周礼》等典籍记载，它却是周王室宗庙祭祀等场合的一种美味。

在《周礼》中，这款酱名叫“蚳醢（chí hǎi）”。“蚳醢”的“蚳”即蚁卵，也就是俗称的蚂蚁蛋；“醢”即无骨肉酱。由此可知，这是一种奇特的将蚂蚁蛋酿造成酱的周代礼食。从人类食生活史的角度来看，用蚁卵做酱，应来自殷周先人早期对大自然蛋白质食物资源的一种有效利用。秦汉以后，蚁卵酱便少见于帝王食单，但在唐代和明代仍见于南方少数民族聚居区。李时珍《本草纲目》记载：蚂蚁“其卵名蚳，山人掘之，有至斗石者。……今惟南夷食之，刘恂《岭表录异》云：交广溪洞间酋长，多取蚁卵，淘净为酱，云味似肉酱，非尊贵不可得也。”至今，在我国云南有些地区，当地傣族同胞仍将蚁卵作为一种美味食材，他们将树上的黄蚂蚁蛋洗净烫后，同炒好的西红柿一起剁碎，加入调料拌匀即可。有时也用芭蕉叶包好蒸或做汤食用。

原文　馈食之豆[2]，其实……蚳醢[3]。

《周礼·天官冢宰·醢人》

注释

［1］周王室蚁卵酱：此菜原名“蚳醢”，现名为笔者所撰。

［2］馈食之豆：宗庙祭祀行馈食礼时所献的豆。豆，周王室餐具。

［3］其实……蚳醢：其豆内盛的是蚁卵酱。

禽类名菜

彭祖野鸡羹[1]

彭祖本名篯（jiān）铿，是古代传说中的寿星。相传他常食桂芝，又善导引行气，因此活了800多岁。屈原在《楚辞·天问》中说："彭铿斟雉，帝何飨？受寿永多，夫何长？"意思是彭祖将做好的野鸡汤献给唐尧，尧帝为什么乐于尽享？彭祖享寿这么高，为什么能活这么长？辞中的雉即野鸡，汉代王逸说，彭祖"好和滋味，善斟雉羹"，这里的雉羹即野鸡汤。我国的野鸡有18个亚种，它们平时活动在蔓生草丛或荫蔽植物的丘陵中，冬天迁到山脚平原及田野间，因此唐代孟诜指出，野鸡"九至十二月食之，稍有补；他月即发五痔及诸疮疥"。在古代中医药典籍中，野鸡汤多为糖尿病患者的食疗常品。1972年，长沙马王堆一号汉墓出土记载随葬器物的遣策中就记有野鸡汤。经科学鉴定，该墓出土的一个鼎内还有野鸡骨，考古专家认为该墓竹简记载的野鸡汤应属太羹类，用今天的话说就是不放任何调料的白煮野鸡汤。彭祖虽是古代传说人物，但是在他所处的时代，陶器已经使用，他献给唐尧的野鸡汤，应是用陶鼎类炊器白煮成的太羹式野鸡汤。

原文　彭铿斟雉，帝何飨[2]？受寿永多，夫何长[3]？

屈原《楚辞·天问》

注释

［1］彭祖野鸡羹：此菜名为笔者所撰。

［2］彭铿斟雉，帝何飨：彭祖将做好的野鸡汤献给唐尧，尧帝为什么乐于尽享？汉代王逸注："彭铿，彭祖也。好和滋味，善斟雉羹。"《列仙传》卷上："彭祖者，殷大夫也，姓篯（jiān）名铿，帝颛顼（zhuān xū）之孙，陆终氏之中子。历夏至殷末，八百余岁。常食桂芝，善导引行气。"飨，音xiǎng，享用。

［3］受寿永多，夫何长：彭祖享寿这么高，为什么能活这么长？

礼文野鸡羹[1]

这应是周王或诸侯国君平时餐食的名羹之一，在《礼记》等典籍中名叫"雉羹"，为做到味相宜，这款羹要与蜗牛酱和菰米饭组配食用。

"雉羹"即野鸡羹。综合《周礼》《仪礼》和《礼记》等典籍记载和古代学者的注释以

这是天津博物馆馆藏的罕见的西周青铜禁。禁是西周王室祭祀和宴飨时放酒具的几案，目前存世的仅三件，另两件一件在美国、一件为2013年在宝鸡新发现。考古专家对"禁"的解释是：西周为记取商以酒亡国的教训，特制此器，以提醒王室饮酒不能过度。张建宏摄自天津博物馆

及相关考古报告，可知这里的野鸡羹具有以下特点：1. 这款羹和彭祖野鸡羹不同，是一款要放五味调料的“和羹”。调味时要依据“春多酸，夏多苦，秋多辛，冬多咸”的原则进行，这款野鸡羹却不许放辛辣的蓼。2. 野鸡肉质粗糙，脂肪含量较低，烹煮时难熟又不容易入味，因而《礼记·内则》特别提出加糁，即做此羹时还要放米末，以使其入口香滑。3. 当然，这款羹同其他加糁的羹一样，按照《礼记》的提示，必须趁热食用。

原文　食：[2] 蜗醢而苽食、雉羹；[3]……和，糁，不蓼。[4]

《礼记·内则》

注释

[1] 礼文野鸡羹：此羹原名“雉羹”，现名为笔者所撰。

[2] 食：餐食。唐孔颖达对“雉羹”等解释说：“似皆人君燕所食。”燕所食，即午餐或晚餐饭菜。

[3] 蜗醢而苽食、雉羹：蜗牛酱配菰米饭、野鸡羹。

[4] 和，糁，不蓼：放作料调和五味，放米末（使羹香滑），但不放气味辛辣的蓼。

楚怀王野鸭羹[1]

野鸭羹应是当年楚国的一种流行菜式，这款菜的古名出自《楚辞·招魂》，应是战国时期楚怀王生前春季的应时菜品或喜食之品。

在《楚辞·招魂》中，有关此菜的描述只有两个字：“臇（juǎn）凫（fú）。”臇，汤汁较少的肉羹；凫，即野鸭；臇凫即汤汁较少的野鸭羹，古今学者对这两个字的解释大致如此。现在需要探讨的是，野鸭为什么能入楚怀王时代的御膳食单？这款野鸭羹用的是哪种野鸭？一例野鸭羹用几只野鸭？野鸭是整只还是被切成块炖？炖时放多少水最后才能成为汤汁较少的臇，而不是汤汁较多的羹？这些问题的解答，将使我们对楚怀王时代的这款楚国宫廷菜的认识更具体更深刻。先说野鸭为何能成为楚怀王时代的宫廷菜。野鸭主要生活在北半球欧亚大陆的湖泊和池塘，在长江流域或更南的地区越冬，是一种能飞的水禽和迁徙性候鸟。唐代《食疗本草》说：“野鸭，味寒，主补中益气，消食，消虫，平胃气，调中。”清代《本经逢原》进一步指出：“凫，味极甘美，病人食之，全胜家鸭。以其肥而不脂，美而以化，故滞下泄泻、咳逆上气、虚劳失血，及产后病后无不宜之。”由此人们不难理解野鸭为何能成为楚怀王生前珍馐。那么这款菜用的是哪种野鸭呢？元代《饮膳正要》指出：“野鸭，绿头者为上，尖尾者为次。”说明绿头野鸭应该是这款菜的首选主料。1972 年长沙马王堆一号汉墓曾出土写有野鸭羹一鼎的竹简和木牌，其中一个鼎内的动物骨骼，经科学家鉴定为两只野鸭的头骨和剁成碎块的散碎骨。野鸭一般体长约 60 厘米，一只野鸭重约 1 公斤，马王堆一号汉墓上述考古成果说明，当时的一例野鸭羹用两只野鸭，炖时野鸭被剁成块，成品菜为带汤的带骨鸭肉块。《楚辞·招魂》是屈原约于公元前296年的春天所作，马王堆一号汉墓墓主人辛追死亡时间为公元前168年以后数年，二者相距不过100多年，且同处荆楚地区，饮食习俗相近，因此马王堆一号汉墓的野鸭羹可以作为我们认知《楚辞·招魂》"臇凫"的重要参考。在现代烹饪中，凡是制作带汤汁的菜加水时都要一次到位，中途不可添汤添水，这是决定这类菜味道薄厚的一个技术关键，也是衡量一位厨师技术水平的标准之一。其实早在2000多年前，《周礼》《礼记》和《吕氏春秋》等典籍中就已有这方面的记载，如《吕氏春秋·应言》："市邱之鼎以烹鸡，多洎（jì）之，则淡而不可食；少洎之，则焦而不熟。"那么究竟加多少水合适呢？《齐民要术》"鸭臛"即汤汁较少的鸭羹，该菜谱中给出了主料与加水量的比例，即6只小鸭用8升酒和5合豉汁，最后的鸭羹连汤汁在内要有1斗。由此可以推知，《楚辞·招魂》中的这道菜当时制作时也应有加水量的定制。

原文　鹄酸臇凫，煎鸿鸧些。[2]

屈原（宋玉）《楚辞·招魂》

注释

[1] 楚怀王野鸭羹：此菜名为笔者所撰。

[2] 鹄酸臇凫，煎鸿鸧些：微酸的煎天鹅肉、野鸭羹，煎鹤肉。关于"臇凫"，南宋朱熹《楚辞集注》："臇，臛，少汁也。凫，野鸭也。"汤炳正等先生《楚辞今注》："臇，少汁肉羹。臇凫为以少汁烹煮凫鸟。凫，野鸭。"

楚国大夫蒸野鸭[1]

鸭类菜肴款式多样，一般说炖鸭讲究的是喝汤，而蒸鸭追求的则是吃肉。当年这两种菜式曾同时流行楚国，《楚辞·大招》则留下了这一时代美味的历史记忆。

在《楚辞·大招》中，关于此菜只有两个字："烝凫。"烝，即蒸，也就是此菜的烹调方法。根据相关考古报告，甗（yǎn）应是这道菜的蒸器，盂则是放在甗内甑上盛有主料的器皿。凫，音fú，即野鸭。野鸭是一种迁徙性候鸟，其中有的野鸭秋季飞到荆楚地区湖泊芦苇中越冬，此时的野鸭肉味鲜美异常，因此《楚

这件战国晚期的青铜敦，形如两个半圆的鼎相扣，其用途与簋相同，也是黍、稷、稻、粱等熟食的盛具。考古所见目前最早的敦为春秋中期。王亮、胡莹莹摄自上海博物馆

辞·大招》中的这款菜，应是当时这一地区秋末冬初的应时美味。野鸭有多种，这款菜用的应是绿头野鸭。

原文　炙鸹烝凫，煔鹑敶只。[2]

屈原（景差）《楚辞·大招》

注释

[1]楚国大夫蒸野鸭：此菜名为笔者所撰。

[2]炙鸹烝凫，煔鹑敶只：烤鹤肉蒸野鸭，又端来白斩鹌鹑。烝，即蒸。凫，音fú，野鸭。煔，音qián，煮肉。敶，古同“陈”，陈列。

上大夫鹌鹑羹[1]

这是《礼记·内则》记载的一款名羹，也是目前所知最早以鹌鹑为主料的名菜。鹌鹑本为一种候鸟，越冬时从我国东北及俄罗斯西伯利亚南部飞来，常栖于我国东部近山平原，在杂草或丛灌间以谷子和草籽为食。其形似鸡雏，雄的体长近20厘米。据李时珍《本草纲目》，其肉性味甘、平、无毒，可补五脏、益中续气、实筋骨、耐寒暑、清结热，因此早在先秦时即为上层社会体现地位的一种禽类食材。尽管《礼记·内则》中有“羹、食，自诸侯以下至于庶人，无等”的说明，但《仪礼·公食大夫礼》却指出，为上大夫所制的美味要比下大夫多四种，其中一种就是鹌鹑。这款鹌鹑羹，应是上大夫及其以上者才能享用的美味。根据《礼记·内则》的记载和汉代郑玄等古代学者的注释，这款羹不是那种不放任何调料的“太羹”，而是既放作料调和五味又放辣蓼的羹。“春多酸，夏多苦，秋多辛，冬多咸”，也应是制作此羹时的四季调味原则。“羹齐视夏时”的温度要求也应适用于此羹入口时的口感特点。

原文　鹑羹[2]，……酿之蓼[3]。

《礼记·内则》

注释

[1]上大夫鹌鹑羹：此菜原名“鹑羹”，现名为笔者所撰。

[2]鹑羹：鹌鹑羹。

[3]酿之蓼：将切碎的蓼叶加入（鹌鹑羹）中。汉代郑玄注：“酿，谓切、杂之也。”唐孔颖达进一步解释说：“酿之蓼者：酿，谓切、杂和之，言鹑羹……等皆酿之以蓼。”蓼为蓼科植物辣蓼的叶，气味辛辣，为先秦一种辣味调料，今云南陇川一带仍用其煮螺蛳。

楚国大夫白斩鹌鹑[1]

滑嫩是禽类菜式的最主要特征。为了追求它，灵秀的楚国美食大师曾推出了这款白斩鹌鹑，而诗人则将其留在了《楚辞·大招》中。

在《楚辞·大招》中，关于此菜只有两个字：“煔鹑。”煔，音qián，此处作瀹（yuè，古作“爚”）讲。综合考古出土的和传世的古代文献相关记载可知，用微开的水煮动物性主料，其间数次将主料在汤中来回摆动后取出；或者最后再用原汤或冷水浸泡主料，通过用微开的水和冷水这一热一冷地浸，使主料肉质滑嫩，这就是煔，又作瀹。后世粤菜白斩鸡工艺应与古代瀹法有源流关系。鹑，即鹌鹑，今已有养殖，战国时期则为野味。野生鹌鹑于秋季南迁至我国东部地区过冬，为这一地区的秋冬时令野味。综上可知，煔鹑即瀹鹌鹑，也可称之为白斩鹌鹑。鹌鹑在西周时已为王室美味，到战国时出现在楚国大夫阶层的食单上也就不足为奇了。

原文　炙鸹烝凫，煔鹑敶只。[2]

屈原（景差）《楚辞·大招》

注释

［1］楚国大夫白斩鹌鹑：此菜名为笔者所撰。

［2］炙鸹烝凫，煔鹑敶只：烤鹤肉蒸野鸭，又端来白斩鹌鹑。南宋朱熹《楚辞集注》："煔，爚也。鹑，鴽也。"汤炳正等先生《楚辞今注》："煔，爚，以沸汤烫之。鹑，鹌鹑。"《说文解字》："煔，火行也。""爚，火飞也。"《齐民要术》"白瀹豚"系先用微开的水浸煮豚（乳猪），再用冷水浸，如此反复，以使乳猪滑美适口。长沙马王堆三号汉墓出土帛书《养生方》中也有这种相类似的烹调方法（详见本书"马王堆汤浸牛肉片"）。

楚怀王煎天鹅肉[1]

如今天鹅已是保护动物，有关天鹅的菜式也早已成为历史。今天我们在这里研讨《楚辞·招魂》中的天鹅菜式，是想在全面留下先辈美食创造成果的同时，同大家一起发掘禽类古菜中所蕴含的厨艺精华。

在《楚辞·招魂》第五段中，有关此菜的内容只有两个字："鹄酸。"鹄，音 hú，即天鹅。天鹅为鸭科动物，因其形似鹅，又能飞，故名天鹅。其体长 1.5 米左右，全身羽毛洁白，头颈长度超过其躯体。冬季见于长江以南各地，春季向北迁徙。主食植物，也食昆虫、小鱼等。元《饮膳正要》指出："天鹅，味甘，性热，无毒。主补中益气。"并指出："鹅有三四等：金头鹅为上；小金头鹅为次；有花鹅者；有一等鹅不能鸣者，飞则翎响，其肉微腥；皆不及金头鹅。"明李时珍《本草纲目》也强调："大头鹅，似雁而长项，入食为上，美于雁。"由上可以推知，楚怀王时代的这道菜，选用的应该是天鹅中的上品金头鹅。关于天鹅入馔的时令，《本草纲目》中说："雁，南来时瘠瘦不可食，北向时乃肥，故宜取之。"李时珍在这里说的虽是雁，但天鹅同雁迁徙季节相同，每年春季天鹅北迁时也应是此菜为楚怀王春季应时美味的时令因素。关于此菜的烹调方法，南宋朱熹在《楚辞集注》中提出是"以酢浆烹之为羹也"，汤炳正等先生也持此说，还有的学者认为是油炸。笔者通过对传世文献、相关考古报告和后世菜例综合分析后认为，这道菜应是用油煎的方法制成。在笔者目前见到的古代文献中，有关天鹅菜制法的记载多为烤。如元代《馔史》"迤北八珍"中有天鹅炙，明代《本草纲目》："鹄肉，腌炙食之，益人气力，利脏腑。"在考古报告方面，长沙马王堆一号和三号汉墓出土的记载墓主人生前饮食和随葬器物的竹简和木牌上，在禽类羹中只有野鸡、野鸭、雁和鸡四种羹而没有天鹅羹，在以熬（即煎）法制作的九种禽类菜中，第二位便是天鹅。马王堆一号和三号汉墓墓主人死亡或下葬时间比屈原作《楚辞·招魂》约晚100多年，二者时间相近，又同处荆楚地区，饮食习俗相似，因此马王堆汉墓遣策上的这些记载可以作为推定《楚辞·招魂》中天鹅菜制法的重要参考。另外，在后世的天鹅传统名菜中，也多是以烤或炸制成，以羹为菜的较少见。最后谈“鹄酸”中的“酸”，这可以从两方面来看，首先，天鹅肉肉质较粗韧，因此烤前宜加些醋同其他调料一起腌渍。动物性原料烤之前加醋腌渍，在出土的先秦文献中已有记载。如长沙马王堆三号汉墓出土的帛书《养生方》中“马脩”，烤之前即用醋和其他药料腌渍（详见本书“马王堆马脩”）。其次，根据《礼记·内则》的记载，菜肴调味从西周时起就讲究季节时令，所谓“凡和，春多酸”，《楚辞·招魂》正是屈原约于公元前296年的春天所作，辞中所提的楚国宫廷菜当然会有春季的口味特点，因此“鹄酸”的“酸”在这里是完全可以理解的。此外，也不排除楚国饮食习俗和楚怀王膳食口味好尚的因素。

原文　鹄酸臇凫，煎鸿鸧些。[2]

屈原（宋玉）《楚辞·招魂》

注释

[1] 楚怀王煎天鹅肉：此菜名为笔者所撰。

[2] 鹄酸臇凫，煎鸿鸧些：微酸的煎天鹅肉、野鸭羹，煎鹤肉。鹄，音 hú，天鹅。臇，音 juǎn，少汁的肉羹。凫，音 fú，野鸭。鸿鸧，即鸧鸡，鸧，音 cāng，即灰鹤。

楚辞吴羹

先秦时，吴国的美食文化以其独特的个性秀于列国，就连颇具浪漫色彩的楚国美食，其席面上也有吴国美食的亮点。“吴酸蒿蒌，不沾薄只”，“和酸若苦，陈吴羹些”，《楚辞·大招》和《招魂》中的这些诗句，说明在口味上，吴国菜式向以令人愉悦而难忘的“酸”或“苦”而俏立南国。

关于“吴酸蒿蒌”，我们在本书“楚国大夫酸蒿蒌”中已做了探讨，这里重点谈一下吴羹。吴羹是一道吴国风味的羹类美食应该是没有疑问的，但是在《招魂》为我们开列的这份菜单上，只有吴羹而没有明确的食材。也许这是诗人借用当时的口碑所做的一种泛指，只要是吴国的羹就能受到人们的青睐。可是对美食研究者和美食爱好者来说，仍然想知道吴羹是用什么做的、其酸或苦从何而来以及在这席楚国的美食筵上，为什么会有吴羹的出现，等等。就此，我们综合相关文献记载和考古报告，从食材、炊器和调料等方面做初步探讨。

首先，谈吴羹是用什么做的。有关吴羹直接的文献记载，只有《招魂》中的这两句诗。为此，我们只好从相关文献中去翻检。为了缩小范围，先从《招魂》的这份菜单所涉食材谈起。除了吴羹，这席菜所用食材为9种，其中牛羊各1种，天鹅等野禽4种，甲鱼等水产2种，家禽1种。从中可以看出，当时常见的家鸭、鱼和狗未见其名。再将《招魂》和《大招》两份菜单加以对照，从这两份菜单所体现的食材种类布局来看，家鸭、鱼和狗可能分别为吴羹的主料。关于狗，本书"楚国大夫狗苦羹"已经谈及，这里仅循着这一线索谈鸭和鱼。在宋范成大的《吴地记》中，我们发现了吴国家鸭的记载："鸭城者，吴王筑城，城以养鸭，周数百里。"说明早在春秋时吴国国都已大规模饲养家鸭。另据《吴越春秋》记载，吴王还筑城养鱼以供御用。再加上遍布吴国河湖中的野生鱼类，可以说这两条文献记载为吴羹的这两种主要食材提供了依据。那么除了烤炙等烹调方法以外，它们是否分别被做过羹呢？关于吴国鸭羹，检索先秦文献，目前还未查到记载。但传为与唐代诗人陆龟蒙有关的"甫里鸭羹"和清《桐桥倚棹录》等笔记中记载的鸭羹，均为先秦吴国故都苏州的名菜。至于吴国的鱼羹，《吴越春秋》记有"鲍鱼羹"，也就是干鱼羹。这应是春秋吴国鱼羹的一条重要史料。考虑到有研究者认为《楚辞·招魂》为春天的一场典礼，宋范成大《吴郡志》的下列记载似有参考价值："吴人春初会客，有此鱼则为盛会，晨朝烹之，羹成。候客至，率再温之以进，云尤美。"

其次，谈制作吴羹所用的炊器。相关考古报告显示，在西周和春秋战国吴国墓出土的器物中，在同时期列国墓中常见的青铜鼎、镬等少见，而更多的是陶坛、陶罐和瓷碗等。以吴国墓出土的这些陶坛、陶罐的形制，比照史前和后世类似陶器，除了其他生活用途以外，不应排除这些陶器烧煮羹汤的烹调功能。用陶器做鸭羹或鱼羹，在清代的菜谱中仍有记载。例如《随园食单》中的"徐鸭"，系将净治过的鸭放入"大瓦盖钵内"炖制而成。同样是做鸭羹或鱼羹，用青铜鼎镬和陶坛之类的陶质炊器，其出品的色香味应该是不一样的。特别是在口味上，后者应该优于前者。做羹炊器的不同，似乎揭示了吴羹之所以能在春秋战国时期从列国众多名羹中脱颖而出的一个原因。

最后，谈吴羹的酸味从何而来。我们在本书不少名菜中已经谈到，梅是古代做羹的著名调料，而梅自古又是吴国的特产之一。因此，用梅做调料，应是吴羹所长。除了梅，《大招》中"吴酸蒿蒌"的诗句提示我们，用酸蒿蒌、酸笋之类的菹及其汁做吴羹的酸味调料，也是可能的。《齐民要术》中的"醋菹鹅鸭羹"等，均可证以菹及其汁调羹可行且远有所承。况民间素有"逢腥必酸"的厨谚，鸭和鱼均属腥物，以菹及其汁做鸭羹或鱼羹，颇合其理。当代菜肴制作和美食赏析表明，同一道菜，用酸泡菜及其汤做的和加醋的，其出品的色香味区别较大，前者的酸味往往比后者的更加柔和而隽永。由上可知，被楚国诗人唱诵的吴羹之酸，很可能来自吴国特产的菹及其汁。纵观古今以酸闻名的美食，后世的酸笋鱼、酸菜鱼和酸汤鱼等，应是先秦酸倒列国的吴羹遗响；而明清姑苏与宫廷的醋熘鱼和醋熘鸭丁，则应是从先秦吴国的鱼羹和鸭羹演化而来的。

齐王凤爪

齐王是《淮南子·说山训》中论者十分推崇的一位君王，凤爪即鸡爪，或称鸡脚。堂堂的齐王怎么和凤爪连在一起了呢？请看《淮南子·说山训》中的这段文字："善学者，若齐王食鸡，必食其蹠，数十而后足。"文中的鸡蹠，据东汉高诱注，即足踵也，也就是鸡爪。关于这段话的意思，高诱指出，论者是想以齐王超强吃鸡爪为例，来说明"学取道众多然后优"的道理。

从中国美食文化史的角度来看，这段话也给我们留下了以下四点历史信息：1. 齐王超强吃凤爪这件事到西汉时仍为人所熟知。2. 凤爪在很早以前就已为古代君王所嗜食。3. 凤爪在齐王时代应是一种名贵食材，也是一道上了御膳餐桌的美味珍馐。4. 在西汉和先秦文献中，凤爪作为一种食材和佳肴，这段文字应是一条稀见的美食史料。但是，这段记载还有两点语焉不详，需要明确。一是这里的齐王是哪位齐王？搞清了齐王，才能确定凤爪作为美食的流行年代。通观《淮南子·说山训》全文提到的人物，都是春秋战国时期的名人。如孔子、曾子、楚文王和晋文公等。而且从文献出处来看，这段文字与战国晚末的《吕氏春秋·用众》中的雷同，只不过鸡爪由"数千"变为"数十"而已。因此这里的齐王，应是先秦时期的齐王。那么这位齐王又是齐国的哪位君王呢？从该文"善学者，若齐王……"来看，这位齐王应是与春秋战国时期齐国都城的稷下学宫有关系。稷下学宫是齐桓公为广招天下学者讲学而设的官办高等学府，具有智库作用。其历经齐威王、齐宣王等六代齐王，是战国时期的思想文化和教育中心。因此笔者认为，这段话中的齐王，似指稷下学宫鼎盛时期的齐威王或齐宣王。二是这段话中没有关于鸡爪制法的文字。根据齐威王或齐宣王时代的炊器等烹饪条件和后世凤爪菜的做法，我们可以推想，当时的凤爪可能有两种做法：1. 白煮。将凤爪净治后用鼎加水白煮，熟后捞出，脱骨后装盘，蘸盐食用。2. 烤炙。用烤扦穿上凤爪，在炭炉上烤熟即可。以上考证和推想如果成立，则说明在公元前 4 世纪齐威王或齐宣王时代，凤爪就已是当时的一款名菜。

曾侯乙雁肉羹[1]

1978 年，在湖北随州曾侯乙墓出土的九件带盖的铜鼎中，三件鼎内的动物骨骼经科学鉴定为雁骨。中国科学院动物专家的科学鉴定指出：这些雁骨表明三件鼎内共有五只灰雁和豆雁，其中两件鼎内各有约两只，一件鼎内为一只加工过的雁的散碎骨。据《周礼》等文献记载，雁在周代为天子馈膳单中的"六禽"之一，这三件鼎内的带骨雁肉，一件鼎制作的应该是不放盐等任何调料的太羹类雁羹，一件鼎制作的可能是类似于长沙马王堆一号汉墓的雁芹羹，一件应该是将带骨雁肉剁成块、汤汁较少的雁臛。这三件鼎出土时，鼎内壁有铭文"曾侯乙作持用终"，鼎下部及底部有较厚的烟炱痕迹，说明这三件鼎是曾国宫廷御厨为曾侯乙生前烹制不同雁肉美味的烹调器。

《千金·食治》中说：雁肉“味甘平，无毒”，可“长发鬓须眉，益气，耐暑”，并引《神农黄帝食禁》说：“六月勿食雁肉，伤人神气。”对此，陶弘景则说雁肉“以冬月为好”。尽管先秦以来有关食用雁肉和雁肪的上述记载不断，但文献中少见雁羹雁臛烹调的文字。曾侯乙墓出土的三件有雁骨的铜鼎和科学鉴定报告，填补了中国菜史上的这一空白，同时也为我们理解《楚辞·大招》中“煎鲼臛雀”中的“臛雀”提供了直观的实物。

原文　盖鼎：C102：通高20.6厘米，口径23.6厘米，腹径24.2厘米，腹深12.6厘米，足高10.3厘米，重4.3公斤，鼎实雁[2]；C103：通高23.2厘米，口径23.8厘米，腹径24.4厘米，腹深11.6厘米，足高12.2厘米，重5.1公斤，鼎实雁[3]；C236：通高26.3厘米，口径24.5厘米，腹径27厘米，腹深10.9厘米，足高15.3厘米，鼎实雁[4]。三鼎内壁有铭文“曾侯乙作持用终”，鼎底部有较厚的烟炱痕迹。

湖北省博物馆《曾侯乙墓》

注释

［1］曾侯乙雁肉羹：此菜名为笔者所撰。

［2］鼎实雁：据中国科学院动物研究所高耀亭、叶宗耀、周福璋三位专家的鉴定报告，此鼎内的雁骨为当年带骨的一块背部肉、三块腹部肉、四个翅膀和五个雁腿肉所遗存。

［3］鼎实雁：据注［2］所述三位专家的鉴定报告，此鼎内的雁骨为当年带骨的三块背部肉、一块腹部肉、四个翅膀和两个雁腿肉所遗存。

［4］鼎实雁：据注［2］所述三位专家的鉴定报告，此鼎内的雁骨为当年一只加工过的雁的散碎骨（即剁成块的带骨雁肉块）。

周王室石烧雏鸟[1]

这应是《礼记》记载的一款周代王室烧烤菜。在《礼记》中，有关这道菜的介绍只有五个字：“雏烧，……芗，无蓼。”所谓“雏”，在这里应指雏鸟；所谓“烧”，即“燔”，就是将食物“加于烧石之上而食之”，于此可知“雏烧”就是在烧热的石板上烙煎带骨小鸟肉。“芗”，在这里指香味调料；“无蓼”，即不放辛辣的蓼叶。这五个字连起来，就是在做用烧热的石板烙煎带骨小鸟肉这道菜时，可以放气味馨香的调料，不要放辛辣的蓼叶。这说明周代王室的“雏烧”口味以香鲜为准。那么此菜的主料小鸟是哪种鸟呢？《礼记》中没有详说，古代学者对此也未有具体的诠释，这就需要我们从相关古代文献记载和考古报告中进行检索推断了。从《周礼》《仪礼》《礼记》《诗经》《楚辞》《吕氏春秋》和长沙马王堆三号汉墓出土的古医书等文献记载中可知，鸠、鸽、雁、天鹅、鸮、鸨、鹤、燕子、麻雀等是先秦时期曾被人食用过的鸟类。而更为珍贵的是，长沙马王堆一号汉墓曾出土了鹤、斑鸠、火斑鸠、喜鹊和麻雀五种鸟类的骨骼，这些鸟骨均在盛装食物的竹笥内，其中以麻雀为最多，说明这五种鸟类都是墓主人生前经常食用的鸟类。综合文献记载和出土实物，笔者认为麻雀或鸽最有可能是《礼记・内则》中“雏烧”的“雏”。理由是：一、《礼记・内则》中有小鸟（雏）尾巴不够一把的、天鹅和鸮的肋边肉、大雁的腰子和鸨的脾都不要吃，显然天鹅、鸮、大雁、鸨被排在与小鸟（雏）并列的位置。二、据《周礼・天官冢宰》，鸮和鸽在周代王室饮膳六禽之列。三、在长沙马王堆三号汉墓出土的《杂疗方》等先秦古医书中，鸟一般被医史专家认为是指麻雀。四、在后世菜谱中也可见烤麻雀或烤鸽。

原文　雏烧[2]，……芗[3]，无蓼[4]。

《礼记・内则》

注释

[1] 周王室石烧雏鸟：此菜名为笔者所撰。

[2] 雏烧：将小鸟带骨肉放在烧热的石板上烙煎。雏，雏鸟；烧，《说文解字》：“烧，爇也。”“燔，爇也。”则烧与燔义同。燔，《礼记・礼运》郑玄注：“中古未有釜甑，释米捭豚，加于烧石之上而食之耳，今北狄犹然。”对此孔颖达疏：“燔黍者，以水洮释黍米，加于烧石之上以燔之，故云燔黍。或捭析豚肉，加于烧石之上而孰之，故云捭豚。”说明将食物放在烧热的石板上烙煎叫“燔”或“烧”，是人类在没有发明锅等烹调器具时的一种原始熟食法。

[3] 芗：可以放气味馨香的紫苏等调料。芗，音 xiāng，通“香”，此处指具有香味的紫苏等调料。

[4] 无蓼：不要放辛辣的蓼。蓼，古代一种蔬菜兼调料，详见“隔水炖乳猪”注 [4]。

楚国大夫雀肉羹[1]

这是《楚辞・大招》第三段中出现的一款羹类菜，同该段其他菜一样，此菜也应是战国时期楚国大夫阶层的一款名菜。

在《楚辞・大招》中，关于此菜只有六个字：“……臛雀，遽（jù）爽存只。”臛，音 huò，同臛，汤汁较少的肉羹；雀，麻雀，有学者又释作黄雀。臛雀，即汤汁较少的雀肉羹。遽，强烈。遽爽存只，齿颊留香回味无穷。长沙马王堆一号汉墓出土的竹简上有“熬雀（即煎雀）”，并出土了经科学鉴定为四只麻雀的骨骼，这为我们破译《楚辞・大招》“臛雀”中的“雀”究竟是哪种雀提供了难得的实证。出土实物与竹简上的“熬雀”相对照，说明“熬雀”的“雀”即麻雀，《楚辞・大招》所述时代与马王堆一号汉墓主人死亡时间相距不过 100 多年，二者同处荆楚地区，饮食习俗相近，《楚辞・大招》“臛雀”之雀可能也为麻雀。关于此菜的时令，《本草衍义》指出，雀肉“正月以前十月以后宜食之”，由此可知这款雀肉羹应为秋冬季节野味，这与《楚辞·大招》第三段食单菜品的时令特点也相一致。

原文　煎鰿膗雀，遽爽存只。[2]

屈原（景差）《楚辞·大招》

注释

[1] 楚国大夫雀肉羹：此菜名为笔者所撰。

[2] 煎鰿膗雀，遽爽存只：煎鲫鱼雀肉羹，齿颊留香，回味无穷。汤炳正等先生《楚辞今注》："膗，与臛同。雀，黄雀。遽，与剧通，强烈。遽爽，谓其味极其爽口。存，长留不去，言耐人回味。"

马王堆叫花鸡[1]

这是目前所知最早的叫花鸡菜谱。在这份菜谱1973年从长沙马王堆三号汉墓出土以前，人们根据传说或文献记载的叫花鸡历史不过400年左右。而这份菜谱的发现则说明，远在2000多年前的西汉初年或更早的先秦时期，叫花鸡就已问世了。更加令人吃惊的是，按照这份菜谱做出的叫花鸡，是对痔疮患者具有辅助治疗作用的食疗菜，这对后世各地的叫花鸡来说都是闻所未闻的。

那么这款叫花鸡是怎样做的呢？从出土的这份菜谱我们得知：首先要选用活的黄母鸡，从鸡嘴给鸡灌黄酱，不用宰杀，待鸡吃酱自死后煺毛净治，先用芭茅或香茅将鸡裹上，再将泥抹在茅草上，然后就可以烧烤了。待烤到泥干透时，去掉泥草就可以吃了。后世江苏常熟、浙江杭州、山西、安徽、云南哈尼族和清代宫廷等的叫花鸡与此相对照，一是主料也就是鸡的选择大体一致，用的大多是所谓的三黄鸡。二是让鸡死的方式不同，这款先秦时期的叫花鸡是以食物源让鸡自死，后世各地均是人工宰杀。三是腌渍方式不同，这款叫花鸡是通过将黄酱灌入鸡嘴而达到腌渍入味的目的，后世各地的叫花鸡基本上是用多种调料将鸡内外腌渍，然后烤前再往鸡腹内填入各种馅料，实际上也起了烤制过程中的调味作用。四是鸡身所裹的物料和层数不同，这款叫花鸡只裹了两层，一层芭茅或香茅草，一层黄泥，真正是古文献中说的"草裹泥封"；后世各地的叫花鸡一般裹五层，即先用猪网油将鸡包好，也有的用豆腐皮，然后依次用鲜荷叶、食品用玻璃纸、鲜荷叶和酒坛泥将鸡包严，现在讲环保和卫生，有的泥外面还包一层纸。五是烤鸡的火源不同，这款叫花鸡菜谱虽然没有用什么火烤的文字，但根据古代文献相关记载，这款叫花鸡应该是用草木为燃料将鸡烤熟；后世的叫花鸡在现代烤箱没有进入酒楼饭店之前，也是沿用古法。有了烤箱后，一般就用烤箱来烤叫花鸡了，不过云南哈尼族至今仍用炭火烤这道美味鸡。

原文　痔者[2]，以酱灌黄雌鸡[3]，令自死。以菅裹[4]，涂上[5]，炮之[6]，涂干[7]，食鸡。

长沙马王堆三号汉墓出土帛书

《五十二病方》

注释

[1]马王堆叫花鸡:1973年长沙马王堆三号汉墓出土的帛书《五十二病方》中这款菜的菜谱没有菜名，按照先秦时期菜名冠名惯例，此菜应名“炮鸡”，但为了通俗醒目，笔者为此菜起了现在这个名称。

[2]痔者:痔疮患者的治疗方法。此菜在《五十二病方》中被列在治疗内痔的食疗方内。著名医史专家马继兴先生在其所著《马王堆古医书考释》中认为，此菜“对于痔病很难有实际效果”，但周一谋、肖佐桃先生主编的《马王堆医书考注》对此菜的食疗价值未做评论，并说黄酱“味咸酸、冷利，主除热、止烦满、杀百药、热汤及火毒”等。

[3]以酱灌黄雌鸡:用大豆酱灌黄母鸡。这里的酱应为大豆酱，《五十二病方》中多次出现用“酱”或“菽酱”“美酱”的汁腌渍动物性烹调主料，长沙马王堆汉墓和湖北江陵凤凰山汉墓出土的竹（木）简上以大豆为主料酿造的酱均作“菽酱”“豆酱”等，写有“酱”字的竹（木）简经与出土实物对照和科学鉴定，为大豆酱（详见《长沙马王堆一号汉墓出土动植物标本的研究》和《江陵凤凰山168号西汉墓》等）。

黄雌鸡在唐宋以后的宫廷菜和食疗菜谱中并不鲜见，但隋唐以前只有《名医别录》等医药书关于黄雌鸡性味主治功用的记载。至于黄雌鸡为主料的食疗菜谱或一般菜谱，在传世的古代文献中至今未发现，因此长沙马王堆三号汉墓出土的这份以黄雌鸡为主料的帛书叫花鸡菜谱是十分珍贵的。

另外，历代宫廷饮膳所用的三黄鸡是否同此菜谱中的黄雌鸡有种系或文化传承关系？这里的黄雌鸡是否就是后世所说的三黄鸡？笔者认为这种可能性是存在的。一、黄雌鸡、三黄鸡均为家鸡的名称，内蒙古赤峰大甸子遗址和长沙马王堆一号汉墓等分别出土了3600年前和2100年前的家鸡骨，虽然科学鉴定报告中未见对这些家鸡的毛色等的鉴定，但这不等于说这方面内容不存在。二、在《事林广记》和《饮膳正要》等书记载的宫廷菜中，均有以黄雌鸡为主料的鸡类菜。

[4]以菅裹:用芭茅或香茅草将鸡裹好。马继兴先生在其所著《马王堆古医书考释》中认为“菅字泛指禾本科的杂草”，但据李时珍《本草纲目》等书，茅有白茅、菅茅、黄菅、香菅、芭菅等数种，其中可食用、气香芬而又能包裹鸡的为芭茅，其次为香茅。如芭茅“叶大如蒲，长六七尺”，香茅“叶有三脊，其气香芬，可以包藉及缩酒”，这两种茅草堪比后世包叫花鸡所用的荷叶。

[5]涂上:把泥抹在包鸡的茅草上。周一谋、肖佐桃《马王堆医书考注》此处作“涂上（土）”，马继兴《马王堆古医书考释》此处认为“涂”字后面的“上”字应作“土”字，改为“涂土”，笔者认为“涂”字后面的“上”字应作“之”字，即“涂之”。理由是:一、《礼记·内则》“炮豚”菜谱用苇席将乳猪裹后为“涂之以谨涂炮之，涂皆干，擘之”，如果我们把“涂之”后面的“以谨涂”看作是后人对“涂之”的说明或解释而加到此处的，就可以明显看出《五十二病方》的“炮鸡”与《礼记·内则》

的“炮豚”菜谱行文基本一致,即都是“涂之,炮之,涂（皆）干”。二、《五十二病方》“炮鸡”菜谱“炮之”后面已经言明“涂干,食鸡”,说明“涂（原作塗）”字既有涂抹之义，又有泥之义,因此“涂上(土)”或“涂土”均欠妥。三、据许慎《说文解字》,“涂”为一条河流名称,“涂”字下面加“土”即“塗，泥也”。

[6] 炮之：将用茅草和泥裹好的鸡烤制。

[7] 涂干：待泥被烤得干透时。

马王堆鸡脯[1]

在长沙马王堆三号汉墓出土帛书《养生方》中，记载了一款后世罕见的鸡肉干。尽管这份菜谱残缺字较多，但其主料和制作工艺大体上还可以看出来。将一只公鸡活着拔去鸡毛，洗净后将鸡肉切成条，再将鸡肉条放入药汁中腌渍三天，然后将鸡肉阴干烤干即成。《养生方》评价说，这种鸡肉干壮阳的功效很好。著名医史专家马继兴先生认为此鸡脯具有补虚健身的作用。

原文 治：以雄鸡一[2]，产搣[3]，□浴之[4]……，阴干而治[5]，多少如鸡[6]，令大如[7]，……药，以其汁渍脯三日[8]。食脯四寸，六十五[9]。

长沙马王堆三号汉墓出土帛书《养生方》

注释

[1] 马王堆鸡脯：此菜名为笔者所撰。

[2] 以雄鸡一：用一只公鸡。

[3] 产搣：活着拔掉鸡毛。产，生，活。搣，音 miè，拔。

[4] □浴之：应是将鸡洗净意。浴，原作“谷”，帛书整理小组疑读为浴。“之”字后面残缺九个字，应是表达将鸡肉切成条等工艺的字。

[5] 阴干而治：阴干后弄碎。

[6] 多少如鸡：多少像鸡肉条那样。笔者认为这里的“多少”可能是指腌渍鸡肉条的某种中草药。

[7] 令大如：这应是指将某种中草药加工成多大的块形。“如”字后面残缺九个字，应包括像什么形状和其他药料名称等。

[8] 以其汁渍脯三日：用这种料汁来腌渍鸡肉条三天。

[9] 食脯四寸，六十五：吃这种鸡脯四寸同夜可与六十五位女子交欢。帛书整理小组引《医心方》卷二十八引《玉房指要》:“治男子欲令健，作房室一夜十余不息方……服之一夜行七十女。”

礼文鸡肉羹[1]

这应是周王或诸侯国君平时餐食的名羹之一，在《礼记》等典籍中名叫“鸡羹”，这款羹要与麦粒饭和干肉羹配在一起，据说这样才“味相宜”。

从《周礼》和《礼记》等典籍记载以及相关考古报告来看，可知这款羹具有以下特点：1. 所用的鸡应是家鸡，并且是未成年的小鸡。内蒙古赤峰大甸子遗址、湖北随州曾侯乙墓和长沙马王堆一号汉墓曾分别出土距今3600多年、2400多年和2100多年的鸡骨，经科学鉴定，这些鸡骨均为家鸡的遗骨，长沙马王堆一号汉墓的鸡骨为未成年家鸡的骨骼。以上考古成果为我们推定《礼记》鸡羹所用鸡提供了实物佐证。2. 这款羹既然要和麦粒饭配在一起食用，理当是一款要放五味调料的“和羹”。“春多酸，夏多苦，秋多辛，冬多咸”应是此羹的调味原则，但是不能放气味辛辣的蓼。3. 尽管家鸡肉比野鸡肉纤维细脂肪含量高，但煮熟后肉质仍较粗糙口感欠佳。为了掩盖这一缺陷，让鸡汤的鲜美滋味包裹在每一块鸡肉上，制作时要放米末勾芡，以使其入口香滑，这在《礼记》等典籍中被称之为调“糁”。

原文　食[2]：……麦食，脯羹、鸡羹，[3]……和，糁，不蓼。[4]

《礼记·内则》

注释

[1] 礼文鸡肉羹：此羹原名“鸡羹”，现名为笔者所撰。

[2] 食：餐食。唐孔颖达对“鸡羹”等解释说：“似皆人君燕所食。”燕所食，即午餐或晚餐饭菜。

[3] 麦食，脯羹、鸡羹：麦粒饭配干肉羹、鸡肉羹。

[4] 和，糁，不蓼：放作料调和五味，放米末（使羹香滑），但是不放辣蓼。

中山鼎烹野味

1981年河北省平山县战国中山鲜虞贵族墓出土的铜鉴和铜盖豆上有纹图，其中铜鉴上的图是凿刻在内壁上，铜盖豆上的是刻在器盖上。关于这两件铜器上图的内容，陈伟先生在《对战国中山国两件狩猎纹铜器的再认识》中已有精当诠释，这里依陈先生思路，从美食与烹饪的角度细析其意。这两组图主要由狩猎、鼎烹肉和宴享三部分组成，从图上看，狩猎图中所猎之物，计有野牛、野猪、鹿和雁等，这些猎物均应是中山国贵族的盘中美味食材。其中除了用来制作脍、醢和烤炙等食品以外，自然是图中镬鼎所烹之肉。太行山区是中山国的主要辖境，这里山高林密野兽众多，看来战国时期中山国贵族的鼎烹肉，远不止“三礼”记载的六牲、六畜和六禽，其肉类品种似依地域而有异。如何用镬鼎烹肉，文献中鲜见记载，这两件铜器上的纹图，却让我们得以见识当时镬鼎烹肉的火热场景。图中庄院院内和殿堂右侧院内分

铜鉴上的祭祀、狩猎、煮肉纹图。原图见陈伟《对战国中山国两件狩猎纹铜器的再认识》，《文物春秋》，2001年第3期

别有二男侍者，均是一人司火，一人拿大铲正在翻动镬鼎内的肉块，镬下火焰正旺。说明镬鼎烹肉操作为二人，司火、调鼎有分工，且在露天进行。这两人的直接上司，如果是周王室，应是《周礼·天官冢宰》中的“亨人”，“亨人掌共鼎镬，以给水、火之齐”，而亨人则把“水、火”分配给两名执炊者分别来完成，即一人负责镬鼎内水的多少与肉的均匀受热，一人负责镬鼎外火的点燃与火力调节，二人共奏鼎中之变的精妙。至于肉熟之后的贵族宴享，则依图中所示，系在堂屋内设摆。

马王堆煮鸡皮[1]

鸡皮富含胶原蛋白，熟后微脆，口感滑韧，可与荤素料组配，做出多种美味佳肴。如《红楼梦》中鸡皮酸笋汤，孔府菜中的鸡皮软烧豆腐等，都是以鸡皮为主配料的肴中名品。1973 年，长沙马王堆三号汉墓出土了帛书《五十二病方》，笔者在这部先秦古医书中，意外发现目前最早的将煮鸡皮用于食疗的记载。古代虽有鸡皮类菜肴传世，但关于先秦前后鸡皮的食疗类菜肴及其记载极为稀少，因此《五十二病方》中的这条记载，无论是对于追溯鸡皮类菜肴的历史还是其食疗史，都具有重要的史料价值。

这条记载的大意是：治癫疾时，在患者头顶到颈后部割开的部位先涂上狗屎，再盖上白鸡的鸡皮。三天后，当患者痊愈时，将鸡皮煮熟后食用以巩固疗效，并说此方效果很好。从这段文字中我们得知，远在 2000 多年前，我们的古人曾经以食用煮鸡皮来巩固治疗癫疾的疗效。后世将鸡皮从鸡身上剥离出来或与其他食材组配做菜，看来是远有所承的。

原文　癫疾：先偫白鸡、犬矢[2]。发[3]，即以刀劙其头[4]，从颠到项[5]，即以犬矢湿之[6]，而中劙鸡□[7]，冒其所以犬矢湿者[8]，三日而已[9]。已[10]，即熟所冒鸡而食之[11]，致已[12]。

长沙马王堆三号汉墓出土帛书

《五十二病方》

注释

[1] 马王堆煮鸡皮：此菜名为笔者所撰。

[2] 先偫白鸡、犬矢：预先准备一只白鸡和一些狗屎。偫，音 zhì，预备。白鸡，《名医别录》：白雄鸡“肉微酸，微温。主下气疗狂邪，安五脏”等。犬矢，《名医别录》作“狗屎中骨”，“主寒热，小儿惊痫”。

[3] 发：当患者发病时。

[4] 即以刀劙其头：就是用刀剥开其头皮。劙，音 lí，剔剥。此从马继兴先生释。

[5] 从颠到项：从头顶到颈后部。

[6] 即以犬矢湿之：立即抹上刚出的犬矢。

[7] 而中劙鸡□：然后剥下鸡皮。“鸡”字后面残缺一字，当指鸡皮。此从马继兴先生释。

[8] 冒其所以犬矢湿者：将鸡皮贴在抹有犬矢的部位。冒，盖、贴。

［9］三日而已：三天后即可痊愈。

［10］已：痊愈后。

［11］即熟所冒鸡而食之：可将贴的鸡皮煮熟后吃。此从马继兴先生释。

［12］致已：（此方）效果很好。致，极。

马王堆鸡汤[1]

这是目前所知中国最早的食疗鸡汤菜谱，根据相关专家的研究成果和笔者的研究，这份写在长沙马王堆三号汉墓出土的帛书《五十二病方》上的鸡汤菜谱，其内容可能出现在公元前8世纪至公元前5世纪前后，也就是春秋战国之际。

由于这份菜谱是写在帛书上，年代久远，出土时已有两个字残缺不全难以辨认，因此相关专家对文句的解释不一甚至差别很大，但从烹调工艺学的角度来考察，这份鸡汤菜谱大体上还是能够读通顺的。其大意是：将两只三年的老公鸡用三斗水煮，煮熟后先取出鸡，再将鸡汤加入水倒进甗内，将小米、麦粒、豆等五谷和兔头瓜肉放在碗（盂）内，浇上点鸡汤，将碗放进蒸锅即甗上部的屉（甑）上，蒸熟后就可以喝碗里的鸡汤了。不难看出，这碗鸡汤的制作可分为两个阶段，并有以下特点：一、煮鸡汤阶段：1. 鸡与水的比例已经量化，两只鸡三斗水。《吕氏春秋·应言》和《后汉书·文苑列传·边让列传》等古代文献中的“多汁则淡而不可食”在此得到生动体现，而这种主料与传热介质用量比例的量化出现在2500多年前，这是令人惊叹的。2. 对主料的选择已有具体要求，即要用三年龄的老公鸡。《名医别录》：“丹雄鸡，微寒，无毒。主久乏疮。乌雄鸡，主补中止痛。”纵观历代鸡汤类食疗菜谱，雄鸡多用于虚弱劳伤、心腹邪气、肾虚耳聋等，雌鸡用于积劳虚损或大病后不复居多。但这里的公鸡是用于蛇伤患者的食疗，这在历代食疗菜谱中是鲜见的。对此，著名医史专家马继兴先生认为，此菜有补益身体、提高抗病能力的作用。二、蒸鸡汤阶段：1. 蒸器（甗）内主要以煮好的鸡汤受热产生的鸡汤蒸气为传热介质。2. 碗内盛有小米、麦粒、豆等五谷，兔头瓜肉和少许鸡汤作为辅料。3. 在蒸的过程中，甗内沸腾的鸡汤上升变为蒸气而滴落进碗内，从而使碗内的鸡汤成为蒸馏型的鸡汤精华，颇有气锅鸡的意味，但此鸡汤内又融入了小米、兔头瓜肉等辅料的多种维生素等营养物质，成为一种营养丰富的鸡汤。三、关于此菜主料两只老公鸡煮之前的宰杀、治净和初加工，菜谱中没有这方面的文字。笔者推想既然是不易煮熟的老公鸡，初加工时应将鸡剁成块，整只鸡炖的一般是母鸡，历代鸡汤类菜谱也多是如此。

原文　烹三宿雄鸡二[2]，洎水三斗[3]，熟而出[4]，及汁更洎[5]，以食□逆甗下[6]炊五谷、兔□内它甗中[7]，稍沃以汁[8]，令下盂中[9]，熟[10]，饮汁[11]。

长沙马王堆三号汉墓出土帛书

《五十二病方》

注释

[1] 马王堆鸡汤：此菜名为笔者所撰。

[2] 亨三宿雄鸡二：煮两只三年龄的老公鸡。亨，原作“亨”，这里为煮义。三宿，三年。二，两只。

[3] 洎水三斗：加水三斗。洎，音jì，此处为往锅里放水煮之义。

[4] 熟而出：（鸡）熟时取出。熟，原作“孰”。

[5] 及汁更洎：取出鸡汤再放水。周一谋、肖佐桃主编的《马王堆医书考注》中此句释为“汲出汤汁，再加水亨”；马继兴《马王堆古医书考释》中此句译为“如水已煮干，就加水再煮”。笔者认为此菜谱中已说“熟而出”即鸡已煮熟取出了，何必加水再煮？其次，两只鸡用三斗水，这是古人长期煮鸡经验的结晶，也是古人关于鸡与水的投放比例的量化成果，因此无论是取出汤加水再煮，还是水已煮干加水再煮，这两种情况发生的可能性都是很小的，况且中途加水再煮从古至今都是亨调大忌。

[6] 以食□逆甗下：用餐具将鸡汤倒入甗下的鬲中，不够时再加些水。此句在出土的帛书上残一字，因此令人费解。

[7] 炊五谷、兔□内它甗中：将小米、豆等和兔头瓜肉放进甗中蒸。五谷，据《周礼·天官冢宰·疾医》郑玄注：“五谷：麻、黍、稷、麦、豆也。”“兔”字后缺一字，周一谋、肖佐桃《马王堆医书考注》和马继兴《马王堆古医书考释》均认为是“头”字，即兔头瓜。

[8] 稍沃以汁：稍微放点鸡汤。

[9] 令下盂中：将小米、豆等五谷和兔头瓜放入碗（盂）内。周一谋、肖佐桃《马王堆医书考注》中此句译为“再将甗安放入盂中”，根据笔者见到的先秦时期甗和盂的出土实物和照片，甗均比盂大得多，将盂（也就是碗）放入甗内是可行的，将甗放入盂中是令人费解的。即使是盂比甗大，将甗放入盂中也无法烧水加热。马继兴《马王堆古医书考释》中此句译为“让它自然地流到甗的下一层（盂）里”，按：甗的上部是甑，下部是空心三足的鬲而不是圆底的盂。盂在春秋战国时期以后已少见，于此也可见此菜谱当在战国以前。

[10] 熟：待（小米、豆等和兔头瓜肉）熟时。熟，原作“孰”。

[11] 饮汁：喝汤，即喝碗（盂）内的鸡汤。

马王堆煮双黑[1]

双黑即黑雄鸡和黑公狗，以黑雄鸡的翅、心、脑、胸肉和黑公狗的心、肝、肺为主料，加入天门冬等中草药煮后食用，这就是1973年长沙马王堆三号汉墓出土的帛书《养生方》中一款具有壮阳功效的食疗菜。《养生方》是抄录于秦汉之际的一部先秦古医书，此菜主料大部分为动物内脏，并且是用煮的方法制成，这在先秦名菜中是不多见的。它对探讨后世以动物内脏为主料的菜肴源流及其成因具有重要的史料价值。

通观《养生方》中的此菜谱，其在用料、

炊具、制作工艺、食用和食疗功效等方面大约具有以下特点：1. 主料为黑禽类和犬类的内脏和翅肉等。根据此菜谱的要求，主料为三只黑雄鸡的翅、胸、心、脑和一条一年龄的黑公狗的心、肝、肺，药料为天门冬等多味中草药。据《名医别录》等古代医药典籍记载，黑雄鸡可补中止痛，其心可治五邪，其脑可治小儿鸡痫；黑公狗心可去忧恚气除邪，其肝治脚气攻心等。天门冬可保定肺气、去寒热、养肌肤、益气力、利小便、冷而能补，萆薢可强骨节、去风寒湿周痹等。根据此菜谱的标注，此菜具有壮阳的食疗功效。2. 煮时要求用铁锅。后世煎煮中草药都强调要用砂锅，而此菜谱却明确提出要用铁鬵（xín）。铁鬵是古代一种底面有三足的釜，也就是我们今天所说的一种有腿的铁锅。据考古资料，我国大量铸造和使用铁器是在战国中期以后，当时燕国的冶铁技术在各国较为先进，陕西、内蒙古和湖北等地都出土过秦代的铁釜等，据此可以初步推断出此菜谱可能流行于战国中期以后至秦汉之际。3. 在工艺上用鸡汤煮狗肝等。此菜工艺分两大步，第一步将三只黑雄鸡的翅、胸、心、脑和天门冬加水煮，大开时即将锅端离火口，去掉滓等，使鸡汤澄清；第二步用鸡汤煮黑公狗心、肝、肺和萆薢等中草药。此菜谱出土时残缺较多字，文中还应有几味中草药，已无法辨识。另外，狗的心、肝、肺煮好后，是仅食用此三样还是连鸡的翅、心等也一起食用，从文中也难以看出，笔者认为仅食用狗的心、肝、肺的可能性较大。4. 此菜食用时间有要求。此菜谱明确提出宜在下午三时至五时食用此菜，吃多吃少则可以随意。

这里需要提及的是，以动物内脏为主要食材的名菜，最早多起源并用于祭祀，这款菜则完全出自食疗。另外，这份菜谱所在的《养生方》等先秦古医书，均出土于长沙马王堆三号汉墓，而该墓墓主系长沙丞相之子，卒年不足40岁，显然这些知方与其生前健康状况相关。

原文　便近内[2]：为便近方：用颠棘根刌之[3]，长寸者二参[4]，善洒之[5]。又取全黑雄鸡合翼成[6]□□□三鸡之心、脑、胸[7]，以水二升洎故铁鬵[8]，并煮之。以萑坚稠节者爨之[9]，令大沸一[10]，即□□□去其滓[11]，以其清煮黑骘犬卒岁以上者心、肺、肝[12]，□以萑坚稠节……萆薢[13]□□□五物□□以……以晡时食食之[14]，多少恣[15]……

长沙马王堆三号汉墓出土帛书《养生方》

注释

［1］马王堆煮双黑：此菜名为笔者所撰。

［2］便近内：壮阳。此从周一谋、肖佐桃等先生释。

［3］用颠棘根刌之：将天门冬根切段。颠棘，马继兴先生指出系天门冬的别名。刌，音cǔn，切。

［4］长寸者二参：寸长的（天门冬根段）三分之二斗。参，古计量单位，三分之一斗为参。此从马继兴先生释。

［5］善洒之：好好洗净。

［6］又取全黑雄鸡合翼成：再取乌雄鸡的翅膀。

［7］三鸡之心、脑、胸：三只鸡的心、脑和胸肉。

［8］以水二升洎故铁鬵：将两升水倒入使用时间已很长的铁锅内。洎，音 jì，这里系往锅内倒水之义。鬵，音 xín，古代一种有三足的釜（锅）。

［9］以雈坚稠节者爨之：用经烧的苇草烧火煮。雈坚稠节者，马继兴先生释为坚实致密的苇草。

［10］令大沸一：让锅中水大开一次。

［11］即□□□去其滓：立即去掉汤中的滓。“即”字后面残缺三字。

［12］以其清煮黑骘犬卒岁以上者心、肺、肝：用清汤煮一年龄以上的黑公狗的心、肝、肺。骘，音 zhì，雄性。卒岁，一周岁。

［13］萆薢：据《本经》，“主腰背痛，强骨节，风寒湿周痹”等。

［14］以晡时食食之：在下午三时至五时饭点时吃。晡时即申时，下午三时至五时。

［15］多少恣：多少随意。

马王堆煮乌鸡[1]

想要男孩，可以将乌雄鸡煮熟，让男子一个人吃乌雄鸡肉并喝其汤，让女子坐在用乌雄鸡毛垫的席上；如果要女孩，可以煮乌雌鸡，让女子一个人吃乌雌鸡肉并喝鸡汤，让男子坐在用乌雌鸡毛垫的席上，这是长沙马王堆三号汉墓出土的帛书《胎产书》中关于生儿生女与食物选择的一段记载。《胎产书》是目前发现的我国最早的妇产科医书，这说明2000多年以前，煮乌鸡曾被当时的妇产科医生作为一道决定胎儿性别的名菜。这种由食物决定胎儿性别的做法到底如何我们暂且不论，作为先秦时期的一款名菜，煮乌鸡或称之为清炖乌鸡曾经被我们的古人用来决定生儿生女，这至少可以成为这款名菜的一个历史趣谈。

原文　取乌雄鸡煮[2]，令男子独食肉歠汁[3]，女子席𦒱□[4]；欲产女[5]，取乌雌鸡煮[6]，令女子独食肉歠汁[7]，席𦒱[8]。

长沙马王堆三号汉墓出土帛书《胎产书》

注释

［1］马王堆煮乌鸡：此菜名为笔者所撰。

［2］取乌雄鸡煮：将乌雄鸡煮熟。“取”字后面原残缺四字，现据周一谋等先生注本补。

［3］令男子独食肉歠汁：让男子一个人吃鸡肉喝鸡汤。歠，音 chuò，饮，喝。

［4］女子席𦒱□：让女子坐用乌雄鸡毛垫的席上。𦒱，席垫。

［5］欲产女：想生女孩。

［6］取乌雌鸡煮：将乌雌鸡煮熟。

［7］令女子独食肉歠汁：让女子一个人吃鸡肉喝鸡汤。

［8］席𦒱：让男子坐在用乌雌鸡的鸡毛垫的席上。

马王堆蒸春鸟蛋[1]

这款菜类似今天的蒸荷包蛋羹，但用的是麻雀蛋而不是鸡蛋，并且必须用春天的麻雀蛋。其次，蒸麻雀蛋时碗内不放清水或清汤，而菜蒸成后吃的方式也很特别，要将麻雀蛋放入小米饭中食用。吃后的功效也有注解：壮阳。这就是1973年长沙马王堆三号汉墓出土的帛书《杂疗方》中具有壮阳作用的一道食疗菜。据相关专家考证，《杂疗方》是目前出土的先秦时期一部最古的医书，这说明麻雀蛋用于补肾壮阳益寿延年，以及中国菜中蒸蛋羹这种菜式，远在公元前3世纪以前就有食疗菜谱面世。

这份写在帛书上的食疗菜谱，由于年代久远，帛书出土时多处破损，有些字已经残缺不全，有的字或可作多种解释，虽经相关专家研究整理出版，文中仍有令人费解之处。比如说此菜的主料麻雀蛋，文中只说“入桑汁中”，而没有说雀蛋磕入桑汁中以后，是原封不动还是用筷子将蛋液与桑汁打匀。如果是原封不动，那就是蒸荷包蛋；反之则是蒸蛋羹。从文中此菜蒸成后要放在小米饭中“食之”的特点看，这两种可能都存在。再有文中说一个蛋就够了，不要多吃，但《本草述》中治男子阳痿的雀蛋，要用500个春二三月的雀蛋，去黄留白，与菟丝子末一斤和丸如梧子大，每次要吃80丸。二者相比悬殊。又据《本草经疏》，麻雀蛋“极热，有大毒。非阴脏及真阳虚惫者，慎勿轻饵”。看来此菜谱中“勿多食”的告诫还是应该深入研究的。还应该指出的是，这款菜最初可能起源并流行于我国北方。理由是：一、古代传说商朝的始祖契是因简狄吞食从天而降的玄鸟蛋而降生，《诗经·商颂·玄鸟》“天命玄鸟，降而生商”指的就是这一传说，由此可知在商文化中鸟蛋与人的生育密切相关。而此菜谱要求必须用“春鸟”蛋以及壮阳功效的标注，均与商文化的这一传说不谋而合。二、此菜蒸成后要放在黏小米饭中食用。考古报告显示，远在1万年前后，小米和稻米就已经分别是我国北方和南方的代表性食用农作物，如内蒙古赤峰兴隆沟曾出土7600年前的炭化黍粒（黏小米）。因此从此菜配餐所用的“黍”来看，蒸春鸟蛋当初应该源于并流行于我国北方。

原文　内加[2]：取春鸟卵[3]，卵入桑汁[4]，蒸之[5]，□黍中食之[6]。卵一决[7]，□多食[8]。多食[9]……

长沙马王堆三号汉墓出土帛书《杂疗方》

注释

[1]马王堆蒸春鸟蛋：此菜名为笔者所撰。

[2]内加：壮阳之意。

[3]取春鸟卵：选用春天的麻雀蛋。此从马继兴先生释。《名医别录》：雀卵：“味酸温，无毒。主下气，男子阳痿不起。”

[4]卵入桑汁：将麻雀蛋磕入桑汁中。此处未言是桑叶汁还是桑皮汁，但这两种桑汁在《名医别录》等古代本草书中均无壮阳功效的记载。

[5]蒸之：(将麻雀蛋)蒸熟。蒸，原作“烝”。

［6］□黍中食之：放入黏小米饭中吃。“黍”字前残缺一字，应为“入”字。黍，即糜子，黏小米。

［7］卵一決：一个蛋足够。決，原文为“决”的异体字，周一谋等先生释为足够。

［8］□多食：不能多吃。“多”字前残缺一字，应为“毋”字。

［9］多食：多吃（的害处是）。“食”字后残缺字，应指多吃的害处。

水产名菜

陶鬲水煮鱼

这是3000多年前在殷代都城小奴隶主或上层自由民中流行的一款鱼类菜，这款鱼类菜可能是用草鱼或鲤鱼等鱼做成。它的发现，为后世传统名菜水煮鱼提供了一个难得的祖本。

殷墟是商代后期殷代的都城，地处今河南安阳市西北郊，横跨洹河南北两岸，是当时世界上难得的在家门口就可以打到鱼的一座都城。上世纪50年代末60年代初，中国社会科学院考古所的专家们从洹河南岸苗圃北地和洹河北岸大司空村的67座殷墓中出土了陶鬲70件，其中经考古专家鉴定56件为实用炊器。这些用耐烧的夹砂灰陶做成的陶鬲，腹部及底上有烟炱痕迹，7座墓中出土的陶鬲内有鱼骨，鱼骨大部残碎，难辨条数。考古专家们认为，这些墓的墓主人似为当时的小奴隶主或上层自由民，年代约为武丁至祖甲时期，即约公元前1250年至公元前1148年。至于这些陶鬲内的鱼骨是什么鱼的遗骨，鱼骨残碎的原因等，这些问题在考古报告中都未提及。

鬲是古代的一种煮食器，鬲身有点像敞口的罐，下面的三足是空心的。目前笔者见到的考古资料显示，陶鬲大约在7000年前就出现了。也就是说，从陶鬲时代到殷，这一地区的人已经有4000多年用陶鬲来煮食物的工艺传承史。在传世文献记载中，陶鬲一般是用于煮谷粮或为甑的蒸锅。而殷墟出土的这些陶鬲却是用来煮鱼的，这为人们认识陶鬲的功能提供了新资料。关于这些陶鬲所煮的鱼，据伍献文先生《记殷墟出土之鱼骨》，可知经科学检定，草鱼、鲤鱼、青鱼、黄颡鱼和赤眼鳟为殷墟当地所产，其中草鱼的骨片最多。但伍先生

陶鬲是商代流行的一种炊器，这件灰陶鬲出土于郑州商城遗址。党春辉摄于河南郑州市博物馆

强调，殷墟人当时食用的鱼类绝不止这五六种。由此可以推断,这些出土的陶鬲所煮的鱼，有可能是草鱼、鲤鱼等。至于鱼骨残碎的原因，根据考古报告提供的这些陶鬲的口径和裆高等数据以及当时鱼的大小，可以推定是由这些鱼煮之前的人为刀工处理所致。

最后谈一下当时用陶鬲做水煮鱼所用的调料。笔者认为盐和梅是可能的，这一点我们在本书“亚址鼎烹猪肉”中已经详述。因此，这款殷代的陶鬲水煮鱼，很有可能是咸酸口味的。

周王室蒸鲂鱼[1]

鲂鱼以其体形方扁而得名，至迟在西周春秋时期就已大名鼎鼎。《诗经》中“齐风”“陈风”“豳风”和“小雅”等篇中都曾提到它，据笔者统计，鲂是《诗经》中出现次数最多的食用鱼名称，“岂其食鱼，必河之鲂”，更是传唱2500多年的名句。这里的清蒸鲂鱼是《礼记》记载的一款周代王室鱼菜，所用的鲂鱼应即今日的三角鲂。据《食疗本草》，鲂鱼味甘、平，可调胃气，利五脏，和芥子酱食之助肺气，可去胃家风。消谷不化者，作鲙食，助脾气，令人能食，但患疳痢者不得食。根据《礼记》的记载，这款蒸鲂鱼蒸时要放香味调料，而不能放具有辛辣气味的蓼叶。至于鲂鱼蒸之前是否要用盐、姜、酒等腌渍，蒸时和蒸熟后还要放哪些调料，《礼记》中均没有记载，不过按照《礼记》所要求的放香味调料而不放辣味的蓼叶来推断，这款清蒸鲂鱼应该是香鲜口味的。

原文　鲂[2]、鲊[3]，烝[4]，……芗[5]，无蓼[6]。

《礼记·内则》

注释

[1] 周王室蒸鲂鱼：此菜名为笔者所撰。

[2] 鲂：鲂鱼。鲂，音 fáng。这里的鲂鱼应即今鲤科的三角鲂。

[3] 鲊：鲢鱼。鲊，音 xù。

[4] 烝：蒸。指蒸鲂鱼、鲢鱼。

[5] 芗：此处指气味馨香的紫苏等调料。指蒸鲂鱼时可放紫苏之类的香辛调料。详见“礼文烤乳猪”注 [18]。

[6] 无蓼：不放蓼叶。蓼叶，气味辛辣，古代一种蔬菜兼调料，详见“隔水炖乳猪”注 [4]。

姬生母鼎烹鱼

姬生母就是本书“姬生母鼎烹猪肘”中提到的那位西周晚期女贵族，鼎烹鱼是指前文写到的那件有鱼骨的鼎。

这件鼎内有鱼骨，应是难得的西周时期周人已有以鼎烹鱼的一件实证。其出土地周原遗址，地处陕西省宝鸡岐山县和扶风县一带，是公元前11世纪到公元前8世纪的古遗址，也是周文化的发祥地和灭商之前周人的聚居地。其地出土有鱼骨的鼎，绝非偶然。因为周人用鼎烹鱼，在典籍中是有记载的。《周礼·天官冢宰》在谈到周王室祭祀和宴宾等供餐事务的官员职责时，规定“外饔”要负责“陈其鼎、俎，实之牲体、鱼、腊”。《礼记·内则》关于鼎烹鱼的记载则更加明确，在有关周王室饭菜组配的记载中有“濡鱼”一菜，根据汉代郑玄唐代、孔颖达的解释，所谓“濡”，就是“亨（烹）之以汁和也”，也就是“亨（烹）煮以其汁调和”，说明鼎烹鱼具有原汁原味的特点。

在中国菜的发展史上，用鼎之类的炊器加水煮鱼，目前看姬生母鼎应该不是最早，20世纪50年代至60年代，河南安阳殷墟已有出土的先例（详见本书“陶鬲水煮鱼”）。但《周礼》等典籍中的相关记载显示，在用鼎烹煮鱼、肉等食物方面，周人显然较殷商人要先进许多。《周礼·天官冢宰》记“亨（烹）人”的职责时强调，“掌共鼎镬，以给水火之齐（剂）”，意思是煮鱼煮肉时，一定要掌握好用水量和火候，而这两点，正是以水为传热介质的烹调方法的两个工艺关键。姬生母生前所享用的鼎煮鱼，当是在《周礼》记载的这一工艺规范环境中所制作。

需要说明的是，这件有鱼骨的鼎，口径、腹径、通高是多少？鼎底是否有炱痕？破损程度如何？鼎内鱼骨经科学鉴定是什么鱼？一共有多少尾？每尾多大？等等，这些均未在相关新闻报道中涉及。笔者查阅了2015年至2016年4月《考古》和《文物》杂志，也未见到相关考古报告。从美食文化史的角度而言，上述数据和相关情况是深入研究姬生母鼎烹鱼烹调工艺的必要资料。这一缺憾只待来日拙著再版时加以研究充实修订。

尹吉甫鲤鱼脍[1]

尹吉甫是2800多年前周宣王时的大臣，尹是官名，其系兮氏，名甲，宋代曾出土和他有关的西周晚期兮甲表铜盘；在湖北房陵、河北南皮、山西平遥和四川泸州，都有他的墓或活动遗址，他是历史上有很大影响的西周名臣。鲤鱼脍即生吃鲤鱼丝（片），相当于传统粤菜中的鱼生或日本料理中的生鱼片。

《诗经·小雅·六月》云：“饮御诸友，炰鳖脍鲤。”意思是凯旋的尹吉甫与大家欢宴，席面上有炖鳖和鲤鱼脍。尹吉甫缘何凯旋？据高亨先生《诗经今注》，公元前823年，周宣王命尹吉甫率军反击北方猃狁的进犯，结果大败猃狁，尹吉甫班师回朝，于是便有了前面的“炰鳖脍鲤”宴。在《诗经》中，关于此菜原料和制法只有两个字：“脍鲤。”鲤，即鲤鱼，为此菜的主料；脍，在这里既表示此菜的属性和形态，又有制法的意思。《礼记·少仪》：“牛与羊、鱼之腥，聂而切之为脍。”汉代郑玄注：“聂者，言牒也。先藿叶切之，复报之，则成脍。”这说明此菜制作时，先要将净治的鲤鱼片成大片，然后再将大片片成小片或切成丝，这样就“成脍”了。那么此菜的调料是什么呢？《礼记·内则》注疏中指出：“鱼脍，芥酱。……切葱若薤，实诸醯以柔之。”看来

2800多年前的古人生吃鲤鱼丝（片）同今天差不多，蘸的也是芥末酱和醋。殷墟曾出土草鱼、青鱼和鲤鱼等六种鱼骨，西周时上层社会为什么单单以鲤鱼为脍呢？宋代医药学家苏颂说：“诸鱼中惟此最佳，故为食品上味。”佳在何处苏颂没有说，唐代《食医心镜》（又名《食医心鉴》，本书所引，版本不同）等医药典籍则指出，鲤鱼脍具有温补去冷气和治咳喘等功效。但这是鲤鱼的食疗好处，对无须这方面食疗的人来说，味道应是选用鲤鱼生吃的主要原因。笔者在《食物营养成分表》中发现，鲤鱼的谷氨酸、甘氨酸等呈鲜味物质的含量都较高，这似乎使人明白了古人为何以鲤为脍。

原文　饮御诸友，炰鳖脍鲤。[2]

《诗经·小雅·六月》

注释

[1] 尹吉甫鲤鱼脍：此菜名为笔者所撰。

[2] 饮御诸友，炰鳖脍鲤：（尹吉甫）欢宴众友，炖鳖鲤鱼脍（全上来）。

这是煎鱼的青铜炉盘，从曾侯乙墓出土时，上盘有鲫鱼骨，下盘有木炭。李敏、柯玲摄自湖北省博物馆

曾侯乙煎鲫鱼[1]

这是目前已知中国最早的煎鲫鱼。考古出土实物说明：它应该是2400多年前战国时期曾国国君曾侯乙御厨的杰作。

曾侯乙是公元前5世纪初今湖北随州及其周边境内的曾国国君。1978年，曾侯乙墓出土了震惊世界的战国铜编钟，同时还出土了供这位国君生前享用的一批饮食器，饮食器中最珍贵的一件是被考古专家称作铜炉盘的烹调器。这件铜炉盘上层为口径39.2厘米的平底铜盘，出土时盘内有鱼骨。据中国科学院水生生物研究所第一研究室1981年4月的鉴定报告，盘内鱼骨为鲫鱼，推算此盘内的鲫鱼每尾长14—19厘米、重0.1—0.25公斤，为2—3年龄，出土时鱼骨已不全。盘下炉内有木炭，盘底有烟炱痕迹。

看到这件铜炉盘的考古与科学鉴定报告及其图片，笔者首先想到了几十年前不少家庭用来煎鸡蛋、爆肉、煎炖鱼和做水煎包等的平底铁煎锅，其口径约40厘米，正好与此炉盘口径相当。西餐厨师做牛肉扒等煎烹类西菜，用的平底煎锅或叫煎盘，其口径也与此炉盘相近。不同的是，上述中西餐煎锅都有一个把，能在炉火口上自由移动，还可以颠翻，而这件铜炉盘上面的煎盘与下面的炭盘铸成一体，因而煎盘不能移动更不能颠翻，而且因为煎盘是用下面炭盘内有限容积的木炭（据笔者做的同大模型装炭后测算，约为1.2公斤木炭）进行烹调热加工，所以用其做鱼等要根据一炉炭的火力，为25分钟左右（笔者实验结果）

内，由强渐弱的规律来采用相应的烹调方法。此外，从这件炉盘的大小、高度和有双提链的特点来分析，不排除其具有类似火锅烹调兼食器的双重功能。

根据这件铜炉盘上述构造特点、盘内鱼骨和同时出土的调料实物等，不难推想当年曾侯乙的御厨师，是用煎烹法将煎盘内的鲫鱼做成曾国宫廷珍馐的。制作时，御厨师将净治好的鲫鱼拍上稻米粉，趁炭火最旺时放到煎盘烧热的羊油上，待鱼两面煎黄后，再烹入美酒、醯（醋）等调料及汤等，随着煎盘下木炭火力渐弱，鲫鱼也已煨入味，此时即可提炉上案供曾侯乙享用了。过去，学术界对《楚辞·大招》"煎鲼臛雀，遽爽存只"中的"煎鲼（即鲫鱼）"到底是油煎还是水煎以及战国时代是否有煎这种烹调方法见解不一，这件铜炉盘和盘内鱼骨等出土文物无疑为战国时代"煎"法面貌提供了实证。还有一点需要提及的是，为什么做煎鲫鱼不用炒锅而用这种平底煎盘呢？从烹调技术的角度看，整条鱼用炒锅煎，呈凹状的锅面在鱼油煎过程中会将鱼体煎成凹状而头尾微翘，当煎好一面翻个儿再煎另一面时，鱼体容易拦腰断裂，而用平底煎盘就不会出现这种情况。其次，用这种平底煎盘做煎烹鲫鱼，鱼体水分和盘内汤汁蒸发的速度比炒锅快，做出的鱼具有特殊的干香味。这也是这件铜煎盘内的鲫鱼为什么是每尾 14 厘米至 19 厘米长，而北方农家（如河北白洋淀）的锅炮鱼为五六厘米长的小鱼的缘故。可以这样说，这种铜煎盘不仅在 2400 多年前是煎制整尾鱼等主料的最佳烹调器，就是在今天其形制及其用木炭做燃料来做煎鱼等需要先强渐弱火力才能达到入味要求的设计，也是十分精巧的。

原文　炉盘：全器由上盘下炉两部分组成。盘直口方唇，浅腹，圜底。四个兽蹄形足立于炉的口沿上。腹部两侧各由一对环钮套接一副提链。……炉体为浅盘形，平底。底部有分布不匀、大小不等的小长方形穿孔 13 个[2]。……出土时，盘内有鱼骨，经鉴定为鲫鱼。炉内有木炭（较大的有 13 块，另有一些碎块）[3]。盘底有烟炱痕迹[4]。……因使用较久，破损处经过多次修补。上盘底部有补痕一处，两侧环钮各有一个是后配的，……下炉盘底部破损较甚，有补痕多处[5]。通高 21.2、上盘口径 39.2[6]、下炉盘口径 38.2、上盘足高 9.6、下炉盘足高 7.5、链长 20 厘米。重 8.4 公斤。

此器炉内装木炭，盘内放置食物，显然是煎烤食物的炊具[7]。近年在江西靖安出土了一件春秋时期徐国之器，自铭"炉盘"。曾侯乙墓此器上有盘下有炉，与该徐器相近，而器座不同。按其形制特点，也可定名为炉盘[8]。

湖北省博物馆《曾侯乙墓》

注释

［1］曾侯乙煎鲫鱼：此菜名为笔者所撰。

［2］底部有分布不匀、大小不等的小长方形穿孔 13 个：这是为使炉上的木炭火力更旺而借孔通风。

［3］炉内有木炭（较大的有13块，另有一些碎块）：根据其上盘足高9.6厘米、下炉盘口径38.2厘米，经笔者到北京的铜火锅专卖店咨询，此炉内约可装木炭1.2公斤，由强渐弱的火力约可维持25分钟左右。

［4］盘底有烟炱痕迹：说明此炉盘是实用的烹调器。

［5］有补痕多处：说明此炉盘曾长时间高频率使用，同时也说明曾侯乙生前十分喜欢食用此炉盘煎制的鲫鱼等美味。

［6］上盘口径39.2（厘米）：这与流传至今的用生铁铸成的中餐平煎锅和用熟铁制成的西餐煎盘的口径惊人地相似。

［7］显然是煎烤食物的炊具："煎烤"似不妥，"煎制"更确切。

［8］也可定名为炉盘：笔者查阅了1980年第8期《文物》杂志刊载的《江西靖安出土春秋徐国铜器》一文，发现当年郭沫若先生曾考定靖安出土的炉盘为古人燎炭之炉（即今日的火盆），不是一件烹调器。因此，出土于曾侯乙墓的这件铜炉盘，定名为"煎盘"更合适。

专诸烤鱼

发生在公元前515年专诸刺吴王僚的故事自古广为人知,其中的"鱼炙"也就是烤鱼,则是中国美食文化史上先秦时期以鱼为主料的一款炙类名菜。

在记载这起历史事件的《史记》《吴越春秋》和《战国策》等典籍中,涉及"鱼炙"这一关键细节的记载详略不一，其中以《吴越春秋》的记载较详。综合《吴越春秋》等典籍的记载，我们对春秋时期以专诸烤鱼为线索的吴国烤鱼有了以下几点初步认识：1.用于烤炙的鱼有多大。能将专诸刺杀吴王僚的鱼肠剑以烤扦的方式穿入鱼腹中，并且这把利剑最终刺透了吴王僚的前胸直至刺出其后背，再参考出土的吴越国青铜剑的长度，我们可以推知，这尾鱼的长度不会小于鱼肠剑,其长度应在80厘米左右,应是一尾不大不小的鱼王。2.这尾烤鱼烤炙前的初加工。既然鱼肠剑能穿入鱼腹中并且不被人察觉，说明这尾鱼烤前既未开膛破肚，又不像后世烤鱼那样从脊背处剖开，应是以大竹筷子之类的厨具从鱼嘴处插入鱼腹中，以边夹边转最后抽出的方法取出鱼内脏，犹如后世做黄花鱼等全鱼类菜肴的净治方法。3.吴国的烤鱼水平。为学烤鱼，专诸竟去太湖学习了三个月，可见当时吴国烤鱼的技术含量非一般人所想象。4.专诸烤的鱼从何而来。吴王僚喜食鱼特别是烤鱼是出了名的，据宋周必大《吴郡诸山录》记载，为满足吴王的口腹之欲，吴国曾在稻田围建养鱼的池塘，其遗址被后人称之为"吴王鱼城"。专诸烤炙所用的鱼,可能就来自吴王鱼城。另据《齐民要术》所引托名陶朱公的《养鱼经》，专诸烤的这么大的鱼，如果是鲤鱼，当是养了三年以上的。

曾侯乙煮鲫鱼[1]

在先秦食礼中,煮鲫鱼鼎俎有名,根据《仪礼》的记载，卿大夫少牢馈食礼的一个俎上，要放15条煮鲫鱼；而士的士虞礼上、中、下鼎的中鼎内，则有9条煮鲫鱼。

1978年，在湖北省随州曾侯乙墓出土9件束腰大平底鼎，其中一鼎中有鱼骨。经中国科学院专家鉴定，这些鱼骨为鲫鱼骨，并指出当年鼎内的鲫鱼不会少于21尾，每尾长4—19厘米、重0.1—0.25公斤，为2—3年龄。既然这些鲫鱼在鼎内，不用说当年这些鲫鱼是用煮法制作的。据考古专家报告，有鲫鱼骨的这件鼎为正鼎之一，也就是说这些鲫鱼当年先在镬内煮好，然后再连汤盛入这件束腰大平底鼎内，并且是连盐等调料和任何蔬菜都不放的“太羹”，用今天的话说就是白煮鲫鱼。

从烹调工艺学的角度来看，白煮鲫鱼是否味美可口，一是与多少鱼用多少水有关。水多了味薄,水少了鱼不易煮透。一般情况下，鲫鱼与水的比例为1∶2，这里的1为鲫鱼的净料率。二是火候的掌握，一般是先用大火煮开，然后改用中火而不是用小火。三是如果要使煮出的汤呈乳白色，先要用猪油将鲫鱼煎一下，然后烹黄酒加葱姜和水等，待汤烧开后必须加盖盖好。四是时间的把握，根据鲫鱼大小，一般盖好煮5到10分钟即可。当然，必须待汤呈乳白色时放盐等也很重要。

这是曾侯乙墓出土的铜鉴缶。据《周礼·天官冢宰·凌人》，鉴缶类似后世放天然冰的冰盆或冰箱，本为周天子等专用，但考古所见，战国时诸侯国君也已享用，此即一例。其用途主要有三：1. 用于需要冰镇的肉类食材和美食。2. 冰镇祭祀时所献食品。3. 冰镇“三酒”“五齐”等酒饮。李敏摄自湖北省博物馆

那么这件鼎内的21尾鲫鱼总共有多重呢？可惜中国科学院鱼类专家的鉴定报告中没有说明0.1公斤和0.25公斤的鲫鱼各有多少尾。于是我们只好将这21尾鲫鱼分为ABC三组,A组为10尾0.1公斤和11尾0.25公斤的，加起来为3.75公斤；B组为7尾0.1公斤和14尾0.25公斤的，加起来4.2公斤；C组为7尾0.25公斤和14尾0.1公斤的，加起来3.15公斤，这三组加起来除以3，约3.7公斤，即约为这件鼎内21尾鲫鱼的总重量。

根据后世江浙名菜白汤鲫鱼与水的投料比例，曾侯乙煮鲫鱼要放7公斤左右的水。至于当年放了多少水，今已不可知。但是，从中国名菜源流来看，这款具有太古鲫鱼羹色彩的曾侯乙煮鲫鱼，是后世各色鲫鱼汤追溯历史时应该谈到的一个考古菜例。

原文　束腰大平底鼎：敞口，厚方唇，无颈。耳弧形外撇立于口沿之上，浅腹。腹中部内收呈束腰状，中腰有凸弦纹带，大平底。通高35.7厘米，口径46厘米，腹中径38.5厘米，

底径42厘米，足高13厘米。鼎的内壁有铭文二行七字："曾侯乙作持用终。"出土时鼎内有鱼骨，经中国科学院水生生物研究室鉴定，鼎内为鲫鱼，不少于21尾，推算体长140—190毫米[2]，推算体重0.1—0.25公斤[3]，估算年龄2—3年龄。

这种类型的鼎，在河南淅川下寺楚墓和安徽寿县蔡昭侯墓内均有出土，自名为"鼾"。鼾即升鼎，即升牲之鼎。周代各级贵族用鼎的制度，是以升鼎为中心，所以古人又把它叫"正鼎"。

湖北省博物馆《曾侯乙墓》

注释

［1］曾侯乙煮鲫鱼：此菜名为笔者所撰。

［2］推算体长140—190毫米：鲫鱼体长可达25厘米，唐代名医孙思邈《千金方》中鲫鱼汤，要选用体长七寸的鲫鱼，唐代七寸相当于今天的21厘米，曾侯乙生前享用的显然是幼嫩的中小鲫鱼。

［3］推算体重0.1—0.25公斤：后世的白汤鲫鱼一般选用重0.5公斤左右的鲫鱼，看来曾侯乙生前喜欢享用这类小鲫鱼。

隔水炖鱼[1]

这是《礼记·内则》记载的周代君王贵族阶层日常餐食中的一款鱼菜，其独特的调味和加热工艺以及对菜品原汁原味的追求，应是后世怀胎鲫鱼之类名菜的源头。

在《礼记·内则》中，这款菜名叫"濡鱼"。濡，音rú，我们在本书"隔水炖乳猪"中对这种烹调方法已有过较详细的考证，这里就不再重复了。总之，濡在这里指隔水炖，濡鱼即隔水炖鱼。按照《礼记·内则》提供的这款菜用料、制法和濡这种加热方法的工艺流程，做"濡鱼"时，鱼要整条净治，然后将蓼叶填入鱼腹中，封严腹口，将鱼放入小鼎之类的器皿中，加入鱼子酱，再将小鼎放进镬（相当于今日的锅）内，以镬内开水隔水炖（或叫隔水蒸）小鼎中的鱼，熟后即可食用。关于此菜用的是什么鱼，《礼记·内则》中未言明。经初步统计，在《诗经》《周礼》《仪礼》和《礼记》中出现的鱼约有12种，即鳇鱼、鲟鱼、鲂鱼、鳡鱼、鲢鱼、鲤鱼、鳟鱼、黄颊鱼、黑鱼、鲇鱼、白条鱼和鲨。其中鳇鱼、鳟鱼等殷墟曾出土鱼骨，鳇鱼（一说大鲤鱼）、鲟鱼、白条鱼、黄颊鱼、鲇鱼和鲤鱼为周天子祭祀时所用之鱼。此菜所用的鱼，应不出此范围。

原文　濡鱼[2]，卵酱实蓼[3]。

《礼记·内则》

注释

［1］隔水炖鱼：此菜本名"濡鱼"，现名为笔者所撰。

［2］濡鱼：今可称之为"隔水炖鱼"。濡，音rú，此处作隔水炖（蒸）讲，详见本书"隔水炖乳猪"。

［3］卵酱实蓼（liǎo）：将蓼叶填入鱼腹中，用鱼子酱隔水炖。卵，汉代郑玄说："卵，读

为鲲。鲲，鱼子。”实蓼，唐代孔颖达说：“卵酱实蓼者，卵谓鱼子，以鱼子为酱，濡亨（烹）其鱼，又实之以蓼。”意思是说，做“濡鱼”这个菜时，煮时要加入鱼子酱，还要在鱼腹中填入蓼叶。

周王室鱼肉酱[1]

这应是周王室饮食名品中的“七醢”之一，在《周礼》等典籍中名叫“鱼醢”，是周王室宗庙祭祀、款待诸侯和平时餐食必备的一种美味。

“鱼醢”的“醢”即无骨肉酱。根据汉代郑玄等古代学者对醢的解释，将净治过的鱼肉改刀，晾潮干，再剁碎，放入瓮中，加入粱曲、盐和美酒，封严瓮口，100天以后鱼肉酱就做成了。从现代食品学的角度看，这是用食物发酵法酿造的一种美味酱。这种鱼肉酱用的是什么鱼，《周礼》等先秦典籍中未见记载，但从《诗经》和《吕氏春秋》提到的鱼来看，鲤鱼、鲂鱼、鲫鱼、赤眼鳟和黑鱼都有可能，其中鲤鱼的可能性更大一些。这是因为鲤鱼早在殷代就已是王室贵族美味，商代遗址曾出土鲤鱼骨。其次，《齐民要术》“作鱼酱法”中明确指出：“鲤鱼、鲭鱼第一好，鳢鱼（即黑鱼）亦中。”

原文　馈食之豆[2]，其实……鱼醢[3]。

《周礼·天官冢宰·醢人》

注释

[1] 周王室鱼肉酱：此菜原名“鱼醢”，现名为笔者所撰。

[2] 馈食之豆：宗庙祭祀行馈食礼时所献的豆。豆，周王室餐具。

[3] 其实……鱼醢：其豆内盛的是鱼肉酱。

曾侯乙鳙鱼羹[1]

这是目前已知中国最早的以水为传热介质制作的鳙鱼菜，考古出土实物说明：它应该是2400多年前今湖北省随州境内的曾国国君曾侯乙御厨的杰作。

1978年，考古工作者从出土震惊世界的战国铜编钟的曾侯乙墓中，还发掘了九件有盖的铜鼎。尤为难得的是，其中的一件鼎内有鱼骨。经中国科学院水生生物研究所第一研究室的科学鉴定，这些鱼骨是2400多年前四尾鳙鱼的遗骸。科学鉴定报告指出：推算每尾鳙鱼体长约78厘米、重约8公斤，为4年龄。一般鳙鱼体长50多厘米，这四尾鳙鱼无论是在当年还是在今天都是够大的，称得上是“鳙鱼王”。更令人关注的是，考古专家发现，此鼎出土时，鼎的腹底面有烟炱痕迹，这说明此鼎是烹制这四尾鳙鱼的实用烹调器。

鳙鱼的头大而黑，其头约占体长的1/3，故俗称胖头鱼、包头鱼、花鲢等。明代医药学家李时珍指出：“鲢之美在腹，鳙之美在头。”鳙鱼头富含胶质，肉肥嫩，特别是其喉咙口边与鳃相连处的那块“胡桃肉”，更是腴美异常，因此后世鳙鱼入菜，多以其头为主料。

那么，当年曾侯乙的御厨是如何用此鼎烹制这四尾鳙鱼的呢？我们可以从此鼎的形制和后世鳙鱼菜制作工艺这两个方面来进行推断。在形制上，此鼎一是有盖，二是鼓腹、圜底近平。这些特点说明此鼎适宜进行煎煮类的制作工艺。再来看后世鳙鱼菜的制作工艺，从江苏、湖南等地的拆烩鱼头和杭州、广州的鱼头豆腐、鱼头浓汤可知，用先蒸（煮）后煮工艺制成的鳙鱼菜，鱼头肉腴美而少汤汁；用先煎后煮工艺制作的鳙鱼菜，汤色白而汤汁较多，并且煮时要加盖。综合上述情况，我们可以推想：当年曾侯乙的御厨一是将鳙鱼净治后，采用先蒸再煮的工艺，二是用先煎后煮的工艺，而用第二种工艺的可能性较大。这是因为在采用第二种工艺时，有两个工艺要点必须具备，一是煎鱼时必须用熟猪油或羊油，这样才能确保最终的汤是乳白色。而用动物油来煎鱼，在《礼记》中已有记载，《礼记·内则》："冬宜鲜羽，膳膏羶。"即冬天宜用羊油来煎鱼或煎禽肉，加之此鼎正好适宜煎煮类菜肴的制作，因此当年曾侯乙的御厨用猪油或羊油将这四尾鳙鱼煎一下是可能的。第二个要点是煮时加盖，这也是使汤色乳白的重要一环，而此鼎正是带盖的鼎。当然，此鼎鼎盖还具有保温作用，冬季鳙鱼头味道最美，这与需要保温的时令特点也相吻合。至于当年制作这四尾鳙鱼所用的调料，盐在《周礼》等文献中已有记载自不必说，姜、花椒等在曾侯乙墓以前的湖北省春秋战国墓中也有出土，可以说调料品种不少。

原文　牛形钮盖鼎：弇口，附耳，鼓腹，圜底近平[2]，三蹄形足。盖面外圈为"双龙戏珠"的蟠龙纹带，盖内和腹内壁上各有铭文两行七字："曾侯乙作持用终"，腹底面有烟炱痕迹，鼎内有鳙鱼骨（为完整之四尾鱼）[3]。通高39.2厘米，耳高14厘米，口径39.1厘米，腹径44.7厘米，腹深21.2厘米，足高21.3厘米，重量27.6公斤。

湖北省博物馆《曾侯乙墓》

注释

［1］曾侯乙鳙鱼羹：此菜名为笔者所撰。

［2］鼓腹，圜底近平：从炊具与烹调方法的对应关系来看，这种形制的鼎特别适宜煎煮类菜肴制作工艺。

［3］腹底面有烟炱痕迹，鼎内有鳙鱼

釜类似后世的锅，这件出土于河北灵寿古城居住遗址的大铁釜，是迄今考古所见战国时期最大的铁釜。将其放在灶上煮食物时，釜身及肩部的凸弦纹可起到耳的作用。铁釜在战国时期的出现，标志着中华美食开始进入铁器烹调新时代。李红摄自河北博物院

骨（为完整之四尾鱼）：说明此鼎是曾侯乙生前御用的烹调器，当然也不排除食器和礼器的功能。另外，有个问题需要提出：此鼎内的鳙鱼为四尾整鱼，且体形超大，根据该墓考古报告关于此鼎的相关数据，笔者测算后认为，此鼎的容量不足以将这四尾整条鳙鱼烹成美味，放一尾或一个鱼头是可行的，但为什么偏偏放了四尾？笔者推断，从我国南方传统民俗来看，鳙鱼为冬季时令佳肴，更是腊月之后年饭席上表达“年年有鱼（余）”美好愿望讨口彩的年菜主角，此鼎内放四尾鳙鱼可能具有希望曾侯乙死后还像生前那样“四季有鱼”即“年年有鱼（余）”的寓意。

楚怀王海龟羹[1]

这是《楚辞·招魂》第五段中的最后一道菜，同前面的八款菜一样，这款菜也应是战国时期楚怀王生前春季的应时菜品或喜食之品，并且是这份王者之筵食单中的压轴大菜。

在《楚辞·招魂》中，关于此菜的叙述只有七个字：“……臛蠵（huò xī），厉而不爽些。”臛，汤汁较少的肉羹；蠵，海龟科动物蠵龟，臛蠵即汤汁较少的海龟羹。现在要探讨的是，古人为何将海龟羹作为这份王者之筵的压轴菜呢？原来古人将龟分为10种，即神龟、灵龟、摄龟、宝龟、文龟、筮（shì）龟、山龟、泽龟、水龟和火龟，其中前六种是古人用其甲来占卜吉凶祸福的神贵宝物。而栖于海洋中的蠵龟，体长可达一米多，为龟中之巨者，故而古人将其视为灵龟，其甲边缘为青黑色，又为“天子之宝龟也”。天子用其甲占卜之余，便是享用其肉了。据《临海水土异物志》，蠵龟“其形如龟，鳖身，其甲黄点有光，广七八寸，长二三尺，彼人以乱瑇瑁。肉味如鼋，可食”。《食物本草》又说其肉“味甘平，无毒。主去风热，利肠胃”。蠵龟有两种，红海龟肉味不如绿海龟，绿海龟肉质柔韧味如牛肉。看来这份以肥牛之腱为头菜的王者之筵，又以味似牛肉的海龟肉来压轴，从头到尾体现了楚怀王王者至尊的气势。

原文　露鸡臛蠵，厉而不爽些。[2]

屈原（宋玉）《楚辞·招魂》

注释

［1］楚怀王海龟羹：此菜名为笔者所撰。

［2］露鸡臛蠵，厉而不爽些：炖风鸡海龟羹，味道香浓而不腻。南宋朱熹《楚辞集注》：“露鸡，露栖之鸡也。有菜曰羹，无菜曰臛。蠵，大龟之属也。厉，烈也。爽，败也。楚人名羹败曰爽。老子曰：‘五味令人口爽。’”汤炳正等先生《楚辞今注》：“露鸡，即风鸡。严霜之日，杀鸡悬于风中，使之既易储藏又可保鲜。臛，肉羹。蠵，大龟。……臛蠵，谓用龟炖汤。厉，味浓烈。爽，败口味。老子‘五味令人口爽’即其义。此言其羹浓烈而不败口味。”

隔水炖鳖[1]

现在做鳖菜多为清炖，将鳖杀后剁块，先过开水烫一下去腥气，然后放入砂锅中，加调料等用小火炖，熟时吃肉喝汤。《礼记》中记载的这款鳖菜却是整鳖隔水炖，方法很奇特。

在《礼记·内则》中，这款菜名叫“濡鳖”。濡，音 rú，在这里作隔水炖讲，我们在本书“隔水炖乳猪”中对这种烹调方法进行了考证，这里就不再重复了。根据《礼记·内则》，做此菜时，鳖整只净治后要将蓼叶填入鳖腹中，然后将鳖放入小鼎之类的器皿中，加入用鱼、肉酿制的酱，再将小鼎放进镬（相当于今日的锅）内，以镬内开水隔水炖（或叫隔水蒸）小鼎中的鳖，熟后即可食用。

原文　濡鳖[2]，醢酱实蓼[3]。

《礼记·内则》

注释

[1] 隔水炖鳖：此菜本名“濡鳖”，现名为笔者所撰。

[2] 濡鳖：今可称之为“隔水炖甲鱼”。濡，音 rú，此处作隔水炖讲，详见本书“隔水炖乳猪”。

[3] 醢（hǎi）酱实蓼：将蓼叶填入鳖腹中，用肉酱隔水炖。唐代经学家孔颖达说：“醢酱实蓼者，谓亨（烹）其鳖加醢及酱，又实之以蓼。凡言实蓼者，皇氏云，谓破开其腹，实蓼于其腹中，又更缝而合之。”意思是说，在煮“濡鳖”这个菜煮时，要加入用鱼、肉酿制的酱，还要往鳖腹中填入蓼叶。凡是填入蓼叶的，都要先破开动物的腹，填入蓼叶后再缝合。

尹吉甫炖鳖[1]

这是尹吉甫率军反击猃狁的进攻、大获全胜班师回朝与众友欢宴时上的又一道菜。

《诗经·小雅·六月》中“饮御诸友，炰鳖脍鲤”说的就是这件事。炰，音 páo，历代学者多将此字解释为“与炮同，毛炙肉也”，或“烹煮”之意。鳖本身无毛，何来草裹泥封式的“毛炙”之“炮”？如系“烹煮”之意，为何不叫“烹鳖”“煮鳖”而叫“炰鳖”？笔者认为《礼记·内则》中的“炮豚”，制作工艺分为两个阶段，第一个阶段是将“豚”即乳猪进行草裹泥封式的“炮”，第二阶段则是将炮过的乳猪切块加调料等装入小鼎内，再将小鼎放入大汤镬（锅）内，进行隔水炖式的“炰”。这两种工艺都是将主料“包”起来隔火或隔水加热，不同的是，“炮”是将主料用草、泥“包”起来隔火烤，而“炰”则是指将主料用小鼎“包”起来隔水炖，炰应系从《礼记·内则》“炮豚”工艺分离而来的。由此可知尹吉甫欢宴众战友的“炰鳖”，应系隔水炖鳖。隔水炖与直接炖相比，一是主料熟烂而不碎，二是味道清鲜而不薄，三是主料香气在加热过程中保留较好，因此开盖后香气扑鼻。

至于炰鳖的炊器，上世纪80年代初，陕西长安县古镐京附近曾出土周厉王时与反击玁狁有关的“多友鼎”，鼎底有炊烟痕，这使我们得以见识当时的烹煮器兼纪念器。周宣王为周厉王之子，二者时代相近食俗相同，炰鳖用这类鼎制作似不应排除。

原文 饮御诸友，炰鳖脍鲤。[2]

《诗经·小雅·六月》

注释

［1］尹吉甫炖鳖：此菜名为笔者所撰。

［2］饮御诸友，炰鳖脍鲤：（尹吉甫）欢宴众友，炖鳖鲤鱼脍（全上来）。

楚怀王蔗浆炖鳖[1]

这是《楚辞·招魂》中的一道菜，据著名楚辞学家汤炳正先生研究，《楚辞·招魂》是屈原约在公元前296年的春天为祈祷客死于秦的楚怀王魂归故都所作，辞中丰盛的饮食“皆非王者不能有”，春天食鳖又是自西周以来的饮食礼制，因此这款菜应是楚怀王生前春季应时或喜食的美味之一。

从文献记载和考古报告来看，鳖在楚怀王之前的商周时即为王室美味。《楚辞·招魂》中出现炖鳖，应是商周王室饮膳制度对楚国王廷影响的一个例证。《楚辞·招魂》关于此菜只有六个字：“胹（ér）鳖……，有柘浆些。”先说前两个字，胹，即煮、炖，“胹鳖”即炖鳖。根据《周礼》等文献记载可以推知，在楚国宫廷也应该有专门负责捉鳖等事务的“鳖人”，他们要按季节为楚怀王“春献鳖蜃，秋献龟鱼”。其次，这道菜所用的鳖，应是大鳖而不是小鳖，因为西周王室是从来“不食雏鳖”的。还有，将鳖宰杀后初加工时必须去掉其肛门部分，所谓“鳖去丑”。再看后面的四个字，这可能是具有楚国风味特色的一笔。因为西周天子享用的炖鳖，要用肉酱和辛辣的蓼为调料，而这道菜却以甘蔗汁来调味，二者虽然都是王者之食，风味却明显不同。需要指出的是，关于这四个字，从古至今学者多有不同解释，总的说来主要有两种，一种解释为甘蔗汁是饮料，一种认为是指调料，笔者以为调料说较合乎此菜口味特色。这是因为煨炖鳖时放糖，口味偏甜，不是不可能，至今冰糖甲鱼仍是我国浙江等江南地区的一道传统名菜。

原文 胹鳖炮羔，有柘浆些。[2]

屈原（宋玉）《楚辞·招魂》

注释

［1］楚怀王蔗浆炖鳖：此菜名为笔者所撰。

［2］胹（ér）鳖炮羔，有柘浆些：炖鳖烤羊羔，以甘蔗汁调味。南宋朱熹《楚辞集注》：“胹，煮也。柘，藷（薯）蔗也。言取藷蔗之汁，为浆饮也。”汤炳正等先生《楚辞今注》：“（当作）洏，一曰煮熟也。柘，即蔗之同音借字，指甘蔗。柘浆加诸鳖羔，以调味。”说明朱熹认为甘蔗汁是饮料，而汤炳正等先生认为是调料。笔者认为，在提到炖鳖的《楚辞·招魂》段落（第

五段）中，菜品、点心和饮料是分得很清的。菜点之后，便是有关饮料的辞："瑶浆蜜勺，实羽觞些。挫糟冻饮，酎清凉些。华酌即陈，有琼浆些。"因此这里的"有柘浆些"不会一反菜点辞律而突然冒出一种饮料来，其可能性不大。其次，煨炖鳖时加放蔗糖，让其口味偏甜，这在中国传统名菜中也不鲜见。例如浙江等地的冰糖甲鱼，煨炖时就要放冰糖、酱油、醋等调料，烧好装盘后还要往盘两边放点冰糖渣，口味甜酸咸香，由上可知调料说是妥当的。

马王堆蒸鳖[1]

中国人食鳖历史久远，这已为《周礼》等典籍记载和商周等考古成果所证实。将鳖以蒸法制作并用于食疗，其记载目前以1973年长沙马王堆三号汉墓出土的帛书《杂疗方》为最早。据相关专家研究，《杂疗方》是目前出土的先秦古医书之一，该书中的"蒸鳖"为我国传世的先秦文献中所未见，它填补了先秦时期蒸鳖类菜的空白，具有重要的文献价值。

《杂疗方》中关于鳖的食疗记载只有11个字，其大意是：将鳖杀死，先饮其血，再将鳖肉蒸熟后食用。至于选用多大的鳖，如何杀鳖，如何将鳖加工干净，如何蒸鳖等均未见诸文字。不过据《周礼》《礼记》等文献记载，周代王室贵族食鳖，一是有季节讲究，所谓"春献鳖蜃，秋献龟鱼"；二是只吃大鳖，"不食雏鳖"；三是鳖宰杀后，必须去掉其肛门部分，所谓"鳖去丑"。至于蒸鳖，自然要用当时盛行的蒸锅甗；四是关于鳖血和鳖肉的食疗价值，《肘后方》说鳖血能治中风口眼歪斜，《现代实用中药》说，鳖血"生饮，用于结核潮热有效"。至于鳖肉，《名医别录》说其"味甘，主伤中，益气，补不足"。周一谋、肖佐桃等先生认为《杂疗方》中的这条记载，主要是以食疗的方式来治疗蜮伤，其中鳖血为解毒，吃蒸鳖属解毒、扶正两顾之法。

原文　一曰：刑鳖[2]，饮其血[3]，蒸其肉而食之[4]。

长沙马王堆三号汉墓出土帛书《杂疗方》

注释

[1] 马王堆蒸鳖：此菜名为笔者所撰。

[2] 刑鳖：把鳖宰杀了。刑，宰杀。杀鳖时须将活鳖翻过来，这样鳖颈即伸出，就可迅速用刀将鳖颈割断，拿起鳖身，让鳖血流入碗内。

[3] 饮其血：饮鳖血。《现代实用中药》报道，生饮鳖血可治结核潮热。

[4] 蒸其肉而食之：将鳖肉蒸熟后食用。

周王室田螺酱[1]

在《周礼》等典籍中，这款酱名叫"蠃醢（luǒ hǎi）"，是周王室醢类名品中的"七醢"之一。

"蠃醢"的"蠃"通"螺"，是螺类动物的统称。相关考古报告显示，在周人的活动区域内，分布着大大小小的河流和湖泊，除了鱼鳖等以外，田螺也是他们捕捞的食物。在西周聚落遗址中，曾发现堆积着的田螺壳。例如徐州东聂墩西周遗址的土坑坑壁上，有大量田螺壳。考古专家说，这很可能是当时居民挖来吃完扔掉的。由此可知，将打来的田螺去壳取肉酿造成“醢”，应是周人的祖先渔猎生活时代的一道季节性美食。

据《仪礼》等典籍记载，在宗庙祭祀时，这款田螺酱是与葵菹相配。行祭礼时，要先用葵菹蘸田螺酱，以纪念发明这道美食的先人，然后再行一系列的礼。而这些造酱的田螺，则由“鳖人”负责打捞，即所谓“春献鳖蜃，秋献龟鱼”。还要说明的是，有学者将蠃醢释为蜗牛酱，但笔者到目前为止还未查到相关文献。

原文　馈食之豆[2]，其实……蠃醢[3]。

《周礼·天官冢宰·醢人》

注释

[1] 周王室蜗牛酱：此菜原名“蠃醢”，现名为笔者所撰。

[2] 馈食之豆：宗庙祭祀行馈食礼时所献的豆。豆，周王室餐具。

[3] 其实……蠃醢：其豆内盛的是田螺酱。

周王室蛏肉酱

这款酱在《周礼》等典籍中名叫“蜃醢（bì hǎi）”。“蜃醢”中的“蜃”，汉郑司农注：“蛤也。”唐贾公彦疏：“蛤也者，谓小蛤。”晋郭璞则在《尔雅注》中指出：“今江东呼蚌长而狭者为蜃。”显然郭璞说出了这种水生动物的形状特点。新版《辞海》据此的解释是：“按，即马刀。又名‘竹蛏’。”但从生物学角度来看，竹蛏科的贝类动物有两种，一为竹蛏，也称马刀；一为缢蛏，通称“蛏子”或“青子”。这两种贝的壳形状相似，马刀的呈长方形，青子的为长形而两头圆，可以说都像郭璞说的那样“长而狭”。究竟是其中的哪一种呢？再看二者的产地可能就清楚了。马刀生长在沿海浅海的泥沙中，青子栖息在近河口和有少量淡水流入的海内湾。而郭璞注中所说的“今江东”，在西周时应指后来追封的吴国、封黄帝后裔的祝（今江苏赣榆南）、封炎帝后裔的焦（今安徽亳州）和越等西周的东南疆域，即今江、浙、赣、皖等部分地区。而这些地区正是青子的产地，至今青子仍是浙江等地人对缢蛏的方言称谓。由上可知，在路途上，从产地到西周国都，青子明显比马刀要近便得多；在美食的文化内涵上，作为周礼中的庙堂祭品，此醢应具有纪念周公东征开拓南国疆土的功业和这种肉酱发明人的双重含义。因此蜃为青子或马刀都有可能，但青子的可能性更大些，或者因其形状相似、泛指二者也有可能。至此，我们似乎可以这样说，《周礼》中的“蜃醢”，应是将来自西周南国的青子或马刀，用食品发酵法制成的蛏肉酱。

素类名菜

文王菖蒲泡菜[1]

文王即商朝末年周族的领袖周文王，他曾在今陕西长安沣河以西建立丰邑作为国都，在位50年。菖蒲又名昌本、尧韭、阳春雪等，是天南星科植物石菖蒲的根茎。在我国长江流域及其以南地区的山涧泉流附近或泉流的水石间，生长着这种自古就有名的药食两用植物。根据古代文献记载，无论药用还是食用，菖蒲多以“一寸九节者良”，但只要“色紫，折之有肉，中实多节者”，也可“不必泥于九节”。菖蒲在西周时已为天子享用的泡菜食材之一，汉代郑玄为《周礼・天官冢宰・醢人》“昌本”所作的注释中指出：“菖蒲根切之四寸为菹。”菹就是酸泡菜。那么周文王怎么和菖蒲泡菜连在一起了呢？原来在《吕氏春秋・遇合》中，有周文王喜欢吃这种菜的记载，后来到春秋时期，孔子听说了这件事，也吃起来。这种泡菜虽然清脆，但味道比较辛辣，一开始孔子是皱着眉头吃，但吃着吃着，三年以后就习惯了。据陈奇猷先生《吕氏春秋校释》，这个故事在《韩非子》中也有记载，可见此菜在先秦时期名声传扬之广。

这是1996年洛阳针织厂战国墓出土的三人足提链炉。这种形制的炉应具有取暖和烧烤食物等功能。郭亚哲摄自洛阳博物馆

原文　文王嗜昌蒲菹[2]，孔子闻而服之[3]，缩頞而食之[4]，三年然后胜之[5]。

吕不韦《吕氏春秋・遇合》

注释

［1］文王菖蒲泡菜：此菜名为笔者所撰。

［2］文王嗜昌蒲菹：周文王爱吃菖蒲泡菜。昌，此处作菖。菹，酸泡菜。

［3］孔子闻而服之：孔子听说后也想尝尝。

［4］缩頞而食之：(孔子)皱着眉头吃起来。頞，音è，鼻梁，缩頞即皱着眉头。此从陈奇猷先生释。

［5］三年然后胜之：三年以后（孔子）也习惯吃了。

周王室酸韭菜[1]

韭菜在今天已多用于馅饼、包子和饺子的馅料，但是在古代，它曾是帝王餐食中的一味腌制小菜。清代康熙帝东巡盛京，途中所带的御食中，就有腌韭菜。在《周礼》等典籍中用泡菜法或用醋等腌的韭菜名叫“韭菹”，腌时按周代尺寸改刀四寸一断。韭菜原产亚洲东部，为我国的特产蔬菜。据古代本草典籍记载，韭“叶高三寸便剪，一岁不过五剪”，“春食则香，夏食则臭”。其性味生者辛、涩，熟者甘、酸，可安五脏，除胃热，下气补虚，可以久食。特别是生韭菜汁可解肉脯毒，这可能是韭菜在肉脯盛行的周代为何能成为“七菹”之一的一个主要原因。还有一点不可忽视的是，酸韭菜在周王室的日常饮食中也有调剂口味促进饮食的作用。

原文　醢人掌四豆之实[2]，朝事之豆，其实韭菹[3]……。

《周礼·天官冢宰·醢人》

注释

[1] 周王室酸韭菜：此菜原名“韭菹”，现名为笔者所撰。

[2] 醢人掌四豆之实：醢人负责周王室及诸臣宗庙祭祀时四次行礼献食的豆所盛的食物。豆，周王室所用的餐具。

[3] 其实韭菹：（朝事之豆）内应盛酸韭菜。菹的产生本源于食物保藏使之不腐败变质，汉代刘熙《释名·释饮食》指出：“菹，阻也。生酿之，遂使阻于寒温之间，不得烂也。”菹的主料既有韭菜等植物性食物，又有鹿等动物性食物。按照汉代郑玄对《周礼》等典籍所作的注释，菹与齑的区别是：“细切为齑，全物若牒为菹。”

周王室酸芜菁[1]

将蔓菁的茎叶择洗后用醋、酱等腌渍，这就是《周礼》等典籍中记载的“菁菹”，其名在周王室菹类名品“七菹”之列。

按郑玄等古代学者的注释，用醋、酱等腌的酸味芜菁茎叶或芜菁根片，四寸以上的改刀薄切，四寸以下的不改刀，类似后世的速成酸泡菜。芜菁又名蔓菁，《诗经·邶风·谷风》“采葑采菲，无以下体”中的“葑”，即指蔓菁。芜菁有秋冬和四季之分，一年生或二年生草本，其根肥大有甜味，有圆锥、扁圆等形，叶绿或微有紫色，根叶均可鲜食或腌制。关于此菜的制作方法，汉代郑玄等古代学者只是说以醯（醋）、酱腌之，但《齐民要术》详细记载了三种腌制或酿制芜菁的方法。这三种制法为盐水腌制，盐水及小米汤等酿制和焯后盐、醋、胡麻油凉拌，由此我们可以推想周王室的“菁菹”制法。至于这款菜为何名列周王室饮食“七菹”，从古代本草典籍的记载来看，芜菁有开胃下气利湿解毒等功效，《食疗本草》指出：芜菁“冬月作菹煮作羹食之，能消宿食，下气，治嗽”。芜菁叶捣汁可治鼻中出血。现代药理实验显示，芜菁的根、叶的水提取物可抑制大肠杆菌的成长。“菁菹”为酸味凉菜，又可调剂口味，显然酸芜菁的这些特点迎合了周王室饮食中食养、食疗和口味上的需求。

原文　醢人掌四豆之实[2]，朝事之豆，其实……菁菹[3]……

《周礼·天官冢宰·醢人》

注释

[1] 周王室酸芜菁：此菜原名“菁菹”，

现名为笔者所撰。

［2］醢人掌四豆之实：醢人负责周王室及大臣宗庙祭祀时四次行礼献食的豆所盛的食物。豆，周王室所用的餐具。

［3］其实……菁菹：（朝事之豆）内应盛酸芜菁。

周王室酸莼菜[1]

莼菜茎叶非常娇嫩，在后世多为做宴席羹汤的上等食材，如著名的杭州西湖莼菜羹等。用醋等调味品将莼菜做成凉拌菜，在秦汉以后的菜谱中极为少见。

在《周礼》等典籍中，这款菜名叫"茆（mǎo）菹"，是周王室"七菹"中最令人生疑的一种菹。

莼菜又名水葵等，为睡莲科多年生水生草本植物的茎叶，多野生于我国长江以南地区。其叶椭圆形，深绿色，一般夏季采其嫩叶为蔬。西周时期国都初在大西北，而莼菜产于长江以南的今浙江地区，如果当时王室御用人员在周都做"茆菹"用鲜莼菜叶，由于路途遥远，途中保鲜成问题，用莼菜干制品的可能性大。还有两种可能，一种是在产地做成茆菹进贡到周都，因醋、酱均具有保鲜的作用；一种是在周都御园的清水池中种植，这也适合莼菜的生长环境。茆菹为何能成为周王室饮食的"七菹"之一？这里仅从莼菜的食疗价值探讨一下。根据古代本草典籍的记载，莼菜性味甘、寒、无毒，"食之主胃气弱，不下食者至效"（《唐本草》），又可"安下焦，解百药毒""大清胃火，消酒积"等，莼菜的这些功效对于饱食终日而又饮食无味的周王室人员来说正是对症的食材。同时，酸味的莼菜菹也具有调剂口味的作用。

原文　醢人掌四豆之实[2]，朝事之豆，其实……茆菹[3]……

《周礼·天官冢宰·醢人》

注释

［1］周王室酸莼菜：此菜原名"茆菹"，现名为笔者所撰。

［2］醢人掌四豆之实：醢人负责周王室及大臣宗庙祭祀时四次行礼献食的豆所盛的食物。豆，周王室所用的餐具。

［3］其实……茆菹：（朝事之豆）内应盛酸莼菜。

周王室酸水芹[1]

这款酸水芹类似于今天的凉拌醋泼鲜芹。它应该酸味突出，清脆中又有着芹香，是著名的周王室"七菹"中的一种。

水芹为伞形科多年生宿根草本时蔬，多生于低湿洼地或水沟泉涧等处，是先秦时期上层社会一种常见的名贵蔬菜。"觱（bì）沸槛泉，言采其芹"，《诗经·小雅·采菽》中的这句诗，说的是周天子为欢迎朝见他的诸侯而命人采割泉边的水芹做菜来款待。而

《诗经·鲁颂·泮水》“思乐泮水，薄采其芹”，则是公元前626年以前春秋时的鲁僖公以学宫池中的水芹为馔，与群臣欢宴以贺取胜淮夷。至战国时期，南方楚地水芹更被秦人所推崇，出现“菜之美者……云梦之芹”的赞语。关于周王室“芹菹”的制法，《周礼》等先秦文献中未见记载，根据汉代郑玄等古代学者的解释，将水芹改刀后用醋酱调味即成“芹菹”。从烹调工艺学的角度看，水芹用醋酱调味时无论是生的还是焯一下，用醋是可行的，用酱似不妥。《齐民要术》中有“胡芹小蒜菹”，南朝梁陶弘景指出，二月、三月水芹出嫩芽时可做菹。综合《齐民要术》和古代本草典籍等文献记载，我们可以推想周王室的“芹菹”应有两种制法：1. 将鲜水芹净治改刀后放盐、醋生腌；2. 水芹焯后投凉改刀用盐、醋拌匀。用这两种方法做出的“芹菹”都是酸味的“菹”，具有“菹”的口味特点。据《本草纲目》等本草典籍记载，水芹茎气味甘、平，无毒，可治“大人酒后热，鼻塞身热，去头中风热，利口齿，利大小肠”，并可“令人肥健嗜食”，对整日酒肉无度的周王室等上层社会来说，“芹菹”可说是一款开胃菜、解酒菜。

原文　加豆之实[2]，芹菹[3]。

《周礼·天官冢宰·醢人》

注释

[1] 周王室酸水芹：此菜原名“芹菹”，现名为笔者所撰。

[2] 加豆之实：宗庙祭祀第三次行礼献食时用豆所盛的食物。豆，周王室餐具。

[3] 芹菹：用盐、醋调制的酸味水芹冷菜。

周王室酸竹笋[1]

这款菜在《周礼》中被称作“箈（dài，又读 tái）菹”。由于当年王室美食选料太过挑剔，自汉代以来，学者们对“箈”究竟是笋中的哪一种说法不一。

“箈菹”中的“箈”，郑司农认为是“水中鱼衣”，也就是水藻类食物。郑玄则说是“箭萌”，对笋字，他说是“竹萌”。中国的竹有数百多种，可食用的竹笋约数十种，从郑玄、许慎等学者的注释和《齐民要术》及其所引北魏以前的相关文献记载来看，“箈”字所指的竹笋，有两种可能，一种是箭竹的笋，一种是晋代戴凯之《竹谱》记载的篁竹笋，即鸡胫笋。如果说郑玄所说的“箭萌”之“箭”不是指箭竹，因为箭竹竿高者三米，而是小竹的意思，那么《竹谱》中的篁竹则是竹中最小者，《竹谱》：“鸡胫，篁竹之类，纤细，大者不过如指。……笋美，青斑色绿。”至于《周礼》中的这款“箈菹”的制作方法，依据郑玄对“菹”的解释，竹笋四寸以下的不改刀，四寸以上的薄切，然后用醋、酱调味。陆玑《毛诗草木鸟兽虫鱼疏》：竹笋“鬻（同煮），以苦酒（即醋）、豉汁浸之，可以就酒及食”。陆玑谈的制法比郑玄的清楚多了。元《云林堂饮食制度集》和明《宋氏养生部》又比陆玑说得更详细，一是竹笋改刀后用沸汤稍微焯一下而不是煮，二是要用醋等调料将竹笋腌渍一夜才可食用。

顺便说一下的是，《周礼》“箈菹”的后面还有一个“笋菹”，据郑玄等古代学者的注释，也是醋腌竹笋之类的菹菜，因其制法与“箈菹”相同，故不再单独介绍了。

原文　加豆之食[2]，……箈菹[3]。

《周礼·天官冢宰·醢人》

注释

[1] 周王室酸竹笋：此菜原名“箈菹”，现名为笔者所撰。

[2] 加豆之食：宗庙祭祀第三次行礼献食时用豆所盛的食物。豆，周王室餐具。

[3] 箈菹：用醋、酱调制的酸味竹笋凉菜。

楚国大夫拌蘘荷丝[1]

蘘荷在《搜神记》中被称为“嘉草”，作为荆楚地区的一种特色食材，它出现在《楚辞》中是很自然的。这款拌蘘荷丝，应是楚国大夫阶层的一款秋季名菜。

在《楚辞·大招》第三段中，关于这款菜的内容只有四个字：“脍苴(jū)蓴(pò)只。”脍，本意为细切的鱼、肉，这里为将后面的苴蓴切丝后拌食。苴蓴，即蘘荷。脍苴蓴，即生拌蘘荷丝，显然这是一款时蔬冷菜。蘘荷为姜科植物，明《食物本草》引历代本草典籍指出：“蘘荷生荆襄江湖间，人亦种莳之，北地亦有。春初生，叶似甘蔗，根似姜芽而肥，其叶冬枯，根堪为菹。……寇宗奭曰：蘘荷，八九月间淹贮，以备冬月作蔬。……李时珍曰：昔人云蘘荷江湖多种，今访之，无复识者。《山居录》云：……九月初取其旁生根为菹，亦可酱藏。”说明蘘荷到宋代仍是荆楚一带时蔬，而到了明朝万历年间，当地已没有人认识这种菜了。八九月间或九月初为蘘荷腌拌季节，生拌以蘘荷的旁生根嫩芽为佳。蘘荷根嫩芽切丝生拌，除清脆可口以外，还具有食疗功效，《食物本草》综述历代本草典籍说：“蘘荷根：味辛，温，有小毒。主中蛊及疟，捣汁服，治溪毒、蛇虫毒，及诸恶疮。”在《肘后方》等书中，酒渍蘘荷根可治喉口中及舌生疮烂或突然失声、声噎不出，蘘荷根、叶汁可用来治伤寒及头痛、壮热等，蘘荷根汁可治吐血、痔血。综合古代文献记载可以推知，这款菜应是将八九月间的蘘荷旁生根洗净切丝生拌而成，并具有一定的食疗功效。

原文　醢豚苦狗，脍苴蓴只。[2]

屈原（景差）《楚辞·大招》

注释

[1] 楚国大夫拌蘘荷丝：此菜名为笔者所撰。

[2] 醢豚苦狗，脍苴蓴只：肉酱煎乳猪狗苦羹，生拌蘘荷丝。南宋朱熹《楚辞集注》：“苴蓴，一名蘘荷，《本草》云：‘叶似初生甘蔗，根似

姜芽。’盖切以为香也。”汤炳正等先生《楚辞今注》：“脍，细切。苴蓴，王逸谓即蘘荷，根似姜芽，可作蔬菜，今湖南多有之。此言细切蘘荷以为菜肴。”

楚国大夫酸香蒿蒌[1]

吴国美食在春秋时就已享誉列国。到了战国时代，寻常蒿蒌若染了吴酸，竟也让楚国诗人难忘。这里的酸香蒿蒌，应是当时的一款吴国风味秋季名菜。

“吴酸蒿蒌，不沾薄只”，这是《楚辞·大招》中有关此菜的诗句。对此句中的“蒿蒌”历代多有不同解释，南宋朱熹在《楚辞集注》中说：“蒿，白蒿，春生，秋乃香美可食。蒌，蒿也，叶似艾，生水中，脆美可食。”唐孟诜《食疗本草》：“春初，此蒿（白蒿）前诸草生，其叶生挼（ruó）醋腌之为菹，甚益人。”北宋陈承《本草图经》：“此草（白蒿）古人以为菹，唐孟诜亦云生挼醋食，今人但食蒌蒿，不复食此，或疑此蒿即蒌蒿，而孟诜又别著蒌蒿条，所说不同，明是二物，乃知古今食品之异也。又今阶州，以白蒿为茵陈蒿，苗叶亦相似。”明李时珍《本草纲目》：“白蒿，处处有之，有水陆二种，《本草》所用，盖取水生者……二种形状相似，但陆生辛熏，不及水生者香美尔。……则《本草》白蒿之为蒌蒿无疑矣。……蒌蒿生陂泽中，二月发苗，叶似嫩艾而歧细，面青背白，其茎或赤或白，其根白脆，采取根茎，生熟菹曝皆可食，盖嘉蔬也，景差《大招》云：吴酸蒿蒌，不沾薄，谓吴人善调酸，瀹蒌蒿齑，不沾不薄而甘美。此正指水生者也。”但清代吴其濬《植物名实图考》则指出：“李时珍以蒌蒿为即白蒿，不知《诗疏》‘言刈（yì）其蒌’，释状甚详，分明两种。”总之，蒿和蒌究竟是一种还是两种植物，由于蒿类植物较多，长相相似，加上到宋代人们只知吃蒌蒿而不再吃白蒿，因此到明代连李时珍都将白蒿和蒌蒿混为一种。据《中药大辞典》，白蒿和蒌蒿均为菊科植物，白蒿又名香蒿，古人多在秋天取其叶用醋腌食；蒌蒿又名蒌，古人多在春天取其脆嫩根茎切丝生拌或焯后用醋腌食。二者虽然都可做泡菜或用醋腌食，与《楚辞·大招》“吴酸蒿蒌”中的“酸”意相合，但二者的食用季节不同，食用部位也不一样，因此“吴酸蒿蒌”中的“蒿蒌”应是白蒿和蒌蒿。不过笔者还有一点想法在此提出，《楚辞·大招》第三段中的“拌蘘荷丝”为八九月间即秋天的应时冷菜，这里的“吴酸蒿蒌”在该段中紧接其句，根据《楚辞·大招》第三段中的菜点组合上的时令特点，这里的“蒿蒌”应与上一句的蘘荷同为秋季应时冷菜才合乎此食单的时令。由此可有另一种解释，即此句的“蒿蒌”应为当时荆楚地区一种秋季蒿类时蔬。

原文　吴酸蒿蒌，不沾薄只。[2]

屈原（景差）《楚辞·大招》

注释

[1] 楚国大夫酸香蒿蒌：此菜名为笔者

所撰。

［2］吴酸蒿蒌，不沾薄只：吴人调制的泼醋蒿蒌，不酽不薄甘美适口。

周王室酸葵菜[1]

这款菜是在宗庙祭祀第二次行礼献食时盛在豆内的唯一的一款酸味蔬菜。为何有这样的安排呢？因为行祭礼时先要用葵菹来蘸尝田螺酱，似有以其酸来掩却田螺酱腥味的意思。推想当初二者的这一碰撞，经巫祝炒成祭礼，遂成从上古流传下来的一种配食方式。

葵菜又名露葵、冬葵菜等，锦葵科，二年生草本。原产亚洲东部，长沙马王堆一号汉墓曾出土冬葵子，印证了传世古代文献中关于葵菜是备四时之馔百菜之主的说法。葵菜暖地春、秋都可种，寒地春季可栽种，《四民月令》和《齐民要术》等古代农书都有栽种葵菜的记载。如《四民月令》："正月，可种……葵……六月，六日可种葵，中伏后可种冬葵。九月，作葵菹、干葵。"因此葵菜又有春葵、秋葵和冬葵之分，《周礼》中的"葵菹"用的应是秋葵的嫩叶。关于这种"葵菹"如何制作，《周礼》中未见记载，汉代郑玄等古代学者注释时也只是说凡是用醋、酱调味的主料原形或切成薄片（段）的都叫"菹"。所幸《齐民要术》中有葵菹的四种制法：1. 盐水腌制；2. 盐、水及大麦干饭等酿制；3. 秫米饭、小麦粒饭等酿制；4. 酸浆煮后捞出撕片浇上醋。这四种葵菹后三种为酸味的，第四种为做后当时就可以食用的，据此，我们可以推想《周礼》"葵菹"的制法。关于葵菹为何能成为周王室饮食名品中的"七菹"之一，这里仅据古代本草典籍的相关记载谈一下其食疗价值。《食经》指出，葵菜"食之补肝胆气，明目。主治内热消渴，酒客热不解"，这些功效正合周王室的饮食需求。另外，酸味的葵菹也有增强食欲的作用。

原文　馈食之豆[2]，其实葵菹[3]。

《周礼·天官冢宰·醢人》

注释

［1］周王室酸葵菜：此菜原名"葵菹"，现名为笔者所撰。

［2］馈食之豆：宗庙祭祀行馈食礼时所献食物用的豆。馈食即宗庙祭祀第二次所行的一系列礼，这次进献的是熟肉和黍米饭等，葵菹是其中之一。

［3］其实葵菹：行馈食礼的豆内应盛酸葵菜。

马王堆葵菜汤[1]

《诗经·豳风·七月》中"七月烹葵及菽"，是古代文献中有关葵菜入菜的较早记载。1973年，长沙马王堆三号汉墓出土了帛书《五十二病方》，笔者在这部先秦古医书中，发现了三款用葵菜或葵菜子（籽）制成汤的食疗谱。这是迄今已知的最早的食疗葵菜谱。与《诗经》

只有两个字的“烹葵”相比，这三份食疗谱不仅文字多、内容丰富，而且更多了一抹食疗色彩，从而使这三份食疗葵菜谱更显得弥足珍贵。

对今天的许多人来说，葵菜已经很陌生。但是在古代中国，它却享有“百菜之主”的美誉。只是到了明代，葵菜才渐渐退出大部分人的餐桌。这正如李时珍在《本草纲目》中所言：“古者葵为五菜之主，今不复食之。”1972年，长沙马王堆一号汉墓曾出土了已经炭化的冬葵子，经植物学家鉴定，这些冬葵子为锦葵科锦葵属中的冬葵，与现在长沙地区所产的冬苋菜相似。湖南长沙是从古至今食葵绵延不断的少有的地区之一，两相对照，对我们认识《五十二病方》中的葵菜谱是有力的佐证。

这三份葵菜谱都是用来治疗男子癃病的，也就是因前列腺增生所导致的小便不利，其中一份是以葵菜为主料的汤菜谱，另外两份则以葵菜籽为主料，如果按后世的菜品标准来看，后两份似乎归到中药汤剂更合适。这份以葵菜为主料的汤菜谱只有短短14个字，其大意是：煮葵菜，然后趁热喝汤，以多为好。这份菜谱虽然简单，但它对后世的影响是很大的。比如元代宫廷食谱《饮膳正要》中有两款葵菜羹，对照起来人们会发现，元代宫廷这两款葵菜羹，基本上是以《五十二病方》的这份菜谱为底本，或加五味调料或加羊肉等元代帝王的喜食之物组配而成的。

原文　烹葵[2]，热歠其汁[3]，即□□隶[4]。以多为故[5]，……

长沙马王堆三号汉墓出土帛书

《五十二病方》

注释

［1］马王堆葵菜汤：此菜名为笔者所撰。

［2］烹葵：煮葵菜。烹，原作“享”。马继兴先生认为此处的“葵”字系指葵菜籽，但《五十二病方》中另外两款葵菜谱均作“葵种”，也就是葵菜籽，而此谱“葵”字后面无“种”字，当指葵菜。另外《饮膳正要》中的两款葵菜羹也是以葵菜而不是其籽实入菜。

［3］热歠其汁：趁热喝其汤。歠，音chuò，饮，喝。

［4］即□□隶：此句残缺两字，马继兴先生认为可能是在汤中加入某种药物。

［5］以多为故：以多为好。

马王堆蒸豆叶[1]

1973年，长沙马王堆三号汉墓出土了帛书《五十二病方》。笔者在这部先秦古医书中，发现了一份以豆叶为主料的食疗汤菜谱。这份汤菜谱令人感兴趣的地方主要有三点：一、这份食疗汤只有一种原料——大豆叶。二、大豆叶不是通常那样煮成汤而是蒸成汤。三、这种汤可以治疗女子淋症。根据古代本草书的记载，大豆叶嫩时可食，并可疗疾。唐代孙思邈《千金方》中有用水煮大豆叶来治疗血淋的食疗方，看来其与《五十二病方》中的这款食疗汤具有明显的源流关系。

现代营养检测显示，大豆叶含叶酸、类胡萝卜素等多种营养成分，说明古人食用并用大豆叶来疗疾是可以用现代科学来验证并阐释的。

原文　女子癃[2]：取三岁陈藿[3]，蒸而取其汁[4]，□而饮之[5]。

长沙马王堆三号汉墓出土帛书

《五十二病方》

注释

[1] 马王堆蒸豆叶：此菜名为笔者所撰。

[2] 女子癃：癃，音 lóng，同“癃”，女子淋症。周一谋等先生认为似相当于妇女溺道感染、膀胱炎之类病症。

[3] 取三岁陈藿：用存放三年的大豆叶。藿，豆叶，《广雅·释草》：“豆角谓之荚，其叶谓之藿。”《千金方》：“大豆叶一把，水四升，煮取二升，顿服之。”

[4] 蒸而取其汁：蒸后取豆叶的汤。

[5] □而饮之：应是趁热喝之意。“而”字前残缺一字，疑为“即”字。

亚址甗蒸栗叶

这是鲜见于历代文献记载仅在民间栗乡流传的一款春季时令“绿鲜”。但是在3000多年前它曾荣登大雅之堂，成为殷代一位贵族武将的随葬品，而亚址就是这位殷代的贵族武将。

1990年10月14日至23日，中国社会科学院考古所的考古专家从河南安阳殷墟郭家庄160号墓中出土了七件铜炊器，其中一件便是甗（yǎn）。现场的考古专家发现，这个甗上是甑下是鬲，里面装满了半炭化了的树叶，有的叶子叶脉清晰。经中国科学院植物研究所的孔昭宸先生鉴定，该物属板栗。考古报告称，该墓的墓主人亚址可能是殷代一位地位显赫的贵族武将。甗是古代的一种蒸食器，类似于今天的蒸屉加蒸锅。河南龙山文化遗址曾出土陶甗，这意味着到这件铜甗时代，这一地区的先民用甗蒸食物的工艺传承史已经有1000年至1800年。《仪礼·少牢馈食礼》：“廪人概甑、甗、匕与敦于廪爨。”郑玄注：“廪人，掌米入之藏者。”说明在传世文献中，甗是用于蒸米饭的。但是出土的这件甗里面，却满是板栗叶，

这是山东济阳县刘台子出土的西周铜甗。相关报道显示，这件铜甗上面的甑壁薄而轻，下面的鬲壁厚而重，因而使用时既蒸食快捷又不易倾倒。张从艳摄自山东博物馆

这一发现为甗内所蒸食物提出了新认识。

那么栗叶可以吃吗？笔者在《齐民要术》《本草纲目》和《救荒本草》等历代农书、医药书和荒政书中，只查到明代兰茂《滇南本草》有关栗叶煎服可以治喉疗火毒的记载。于是，笔者进行了民俗学调查。怀柔是北京和华北地区的一个产栗名乡，笔者咨询了北京怀柔职业高中的朱相悦老师，经朱老师向其年逾八旬的岳父细问，得知栗叶同柳叶、杏叶等树叶一样可以吃，但栗农们很珍惜。原因是栗树春天刚长出嫩叶时，还不好确定哪个枝丫结果不结果，因此决不能轻易捋叶吃。北京怀柔栗花沟的栗农一般在农历清明节前后有捋栗叶吃的，捋时很小心，不敢多捋。吃法一是洗净焯后凉拌，二是洗净拌点儿面蒸。这个甗的出土地安阳殷墟产栗子吗？笔者通过电话向安阳殷墟博物馆的赵先生询问。据赵先生说，殷墟一带没有栗树，但安阳市所辖的林州市产栗子。笔者又查阅相关资料，知道林州离殷墟数十公里，地处太行山东麓，与山西、河北交界，栗子为林州土特产之一。当地的王相岩景区，传为殷王武丁曾经居住过的地方。由此可以推断，这个甗内的栗叶，可能来自今天的林州。至于当年为何要用一甗栗叶做陪葬品，笔者推想，蒸栗叶可能是这位贵族武将生前的一款时令蔬食最爱，因而其下葬时是作为殷王的一种恩赏，或者是其家人让他在冥间也享受这一“绿鲜”。

秦汉名菜

今屠牛而烹其肉，或以为酸，或以为甘，煎熬燎炙，齐味万方。

——刘安《淮南子·齐俗训》

肉类名菜

汉高祖烤牛肝[1]

汉高祖就是西汉开国皇帝刘邦，他没当皇帝时，吃过朋友请的烤牛肝，留下深刻印象。刘邦当了皇帝以后，便命宫中膳房总管，要经常为他准备烤牛肝。就这样，当年骊山的一味市井佐酒小食，成了西汉皇帝钦点的宫廷佳肴。

在记载这件事的《西京杂记》中，这款菜名叫“牛肝炙”。尽管这部书中没有关于这款菜的制法，但我们仍然可以从相关的古代文献记载中把它复原。这款菜的主料为牛肝自不待言，牛肝同羊肝、猪肝和狗肝差不多，脂肪含量低，组织细密，加热后肉质容易发硬发死。如果是烤法制作，由于牛肝水分损失更多，肉质硬化程度会高。怎样才能在牛肝烤炙过程中尽量保持其水分而又使其味美可口呢？《礼记·内则》记有周代八珍“肝膋”，是将狗网油包裹在狗肝外，这样就等于给狗肝穿了一层网油衣，于是问题就解决了。长沙马王堆一号汉墓出土的竹简上记有“犬肝炙”，应与《礼记·内则》“肝膋”制法相当。《齐民要术》还有关于烤牛肝的详细制法。综合上述文献记载，我们可以推想刘邦享用的烤牛肝，应与《礼记·内则》的烤狗肝制法大致一样，即将净治过的牛肝改刀切块，用姜、盐、豉汁等腌渍后，再用牛网油将牛肝包裹好，然后穿在烤扦上，举在炭火炉上烤熟即成。

原文　徒卒赠高祖酒二壶，鹿肚、牛肝各一。高祖与乐从者饮酒食肉而去。后即帝位[2]，朝晡尚食，常具此二炙[3]，并酒二壶。

葛洪《西京杂记》

注释

[1] 汉高祖烤牛肝：此菜名为笔者所撰。

[2] 后即帝位：后来（刘邦）当了（西汉开国）皇帝。

[3] 常具此二炙：经常准备这两样烤食。

轪侯家牛头羹[1]

这里的轪侯家是指公元前2世纪末西汉长沙国丞相、轪侯利苍家族，其中包括他本人和妻子辛追及其子利豨或兄弟，他们分别是长沙马王堆二号、一号和三号汉墓的墓主人。在记载这三个汉墓随葬器物的遣策中，有相当数量的菜肴及其原材料名称，这里的牛头羹便是其中之一。

牛头羹在出土的马王堆一号和三号汉墓竹简上分别写作“牛首䤈羹一鼎”和“牛首笋羹一鼎”，唐兰先生考释这里的牛头羹是不放盐和菜的太羹，朱德熙等先生则认为是用酸泡菜调味的羹。笔者认为，从中国菜史的角度来看，这款羹无论是否为太羹，其主料是牛头、烹调方法是白煮、出品是带汤的白煮牛头却应该是肯定的。其次，根据《仪礼》和《礼记》等典籍，这款羹中的牛头应是报答天神的祭品，即所谓“升首，报阳也”。至于这款羹在

西汉新莽时代庖厨操作图。经研究，此图为制备“跳丸炙”庖厨操作图。正中二人一为划肉一为调理丸子泥，前面二人则将做好的丸子送往席面。郭亚哲摄自洛阳古代艺术博物馆

这两个墓遣策记载的五类羹中为何名列首位，这一点有待相关专家进一步研究。关于这款羹所用的牛头，经动物学家对马王堆一号汉墓出土牛骨的科学鉴定，应是取自2—3年龄、体重100公斤左右的黄牛。以牛头为主料的中国古代名菜，殷墟妇好墓出土的三联甗开了后世以蒸法制作牛头的先河。这款羹则应是以白煮法制作牛头菜的首例。后世的三元牛头、红煨牛头和烧牛头方等以白煮牛头为主料的菜品，应与此类羹有源流关系。

原文　牛首醉羹一鼎[2]。

湖南省博物馆等

《长沙马王堆一号汉墓》

注释

［1］轪侯家牛头羹：此菜名为笔者所撰。

［2］牛首醉羹一鼎：这是出土于长沙马王堆一号汉墓竹简上的简文。

辛追牛白羹[1]

这是辛追夫人墓的竹简上记载的一款羹类菜，也是该墓简文中以牛肉为主料的五种名羹之一。

这款羹为何叫牛白羹？有人认为是用清炖法做的牛肉羹，但据著名古文字学家唐兰先生考释，稻古称为白，汉代以前用白代表稻米，因此这里的牛白羹应是加入稻米的牛肉羹。是加入整粒稻米还是米末？唐兰先生没有详说。笔者认为，根据汉代郑玄《礼记·内则》注中“凡羹齐五味之和，米屑之糁”，这款牛白羹用的应是“米屑”，即米末。用米末调制牛肉羹，有点类似后世以水淀粉勾芡。笔者的实验表明，将糯米粉用清水调稀，倒入烧开的牛肉汤中，用勺推匀，最终汤羹色白而稍稠，比用水淀粉勾芡的汤羹颜色白得多。由此可以理解牛白羹的“白”字，一是指所用原料米末，二是指此羹的色泽。另外，据动物学家对该墓出土牛骨的科学鉴定，此羹所用牛肉应是取自2—3年龄、体重100公斤左右的黄牛。

原文　牛白羹一鼎。[2]

湖南省博物馆等

《长沙马王堆一号汉墓》

注释

［1］辛追牛白羹：此羹原名“牛白羹”，现名为笔者所撰。

［2］牛白羹一鼎：这是出土于长沙马王堆一号汉墓竹简上的简文，白指稻米，此从唐兰先生释。此羹为调入米末的牛肉羹。

轪侯家蓬蒿牛羹[1]

这款羹在长沙马王堆一号汉墓竹简上写作“牛逢羹”，也是该墓简文中以牛肉为主料、加有蔬菜的五种名羹之一。

关于牛逢羹名称中的“逢”字，唐兰先生考释为芜菁，认为此羹是加入芜菁的牛肉羹；而朱德熙、裘锡圭二位先生则认为是指“蒿”，也就是蓬蒿。笔者认为朱、裘二位先生的看法是妥当的，理由是：1. 在该墓竹简上记载的五种牛肉羹中，已有明确表示加入芜菁的牛肉羹，重复出现的可能性不大。2. 蓬蒿作为古代的一种蔬菜，在历代本草典籍中均有记载，据李时珍《本草纲目》，蓬蒿又名茼蒿，“冬春采食肥茎，花、叶微似白蒿，其味辛甘……此菜自古已有，孙思邈载在千金方菜类，至宋嘉祐中始补入本草，今人常食者”。其气味甘、辛、平、无毒，可安心气、养脾胃、消痰饮、利肠胃，因此蓬蒿作为一种蔬菜加入牛肉羹中是可行的。至于此羹所用牛肉，据动物学家对该墓出土牛骨的科学鉴定，应是取自2—3年龄、体重100公斤左右的黄牛。

原文　牛逢羹一鼎。[2]

湖南省博物馆等

《长沙马王堆一号汉墓》

注释

［1］轪侯家蓬蒿牛羹：此羹原名“牛逢羹”，现名为笔者所撰，“轪侯家”详见本书“轪侯家牛头羹”。

［2］牛逢羹一鼎：这是出土于长沙马王堆一号汉墓竹简上的简文，逢即蓬，指蓬蒿，此羹为加入蓬蒿的牛肉羹，此从朱德熙、裘锡圭二位先生释。

轪侯家芥蓝牛羹[1]

芥蓝是今天餐桌上的一种常见蔬菜，但是在2000多年前的侯门食单上也能看到它的大名。用它和牛肉做的羹，其羹名就在长沙马王堆一号汉墓的竹简上。

这款羹在该墓竹简上写作“牛封羹”。关于“封”字，唐兰先生考释为“葑”字，也就是芜菁、蔓菁。但该墓出土的蔬菜种子中，未见芜菁，经植物学家科学鉴定，有十字花科芸薹属的芥菜。芥菜又名芥蓝、腊菜，据历代本草典籍，可知古代芥菜、芜菁二者常相混淆。《本草纲目》引述：“陆玑云：葑，芜菁也。幽州人谓之芥。……扬雄《方言》云：关西谓之芜菁，赵、魏之部谓之大芥。”对此，苏颂解释说：“大抵南土多芥，相传岭南无芜菁，有人携种至彼种之，皆变作芥，地气使然耳。”关于芥蓝，李时珍指出：“冬月食者，俗呼腊菜；春月食者，俗呼春菜；四月食者，谓之夏芥。芥心嫩苔，谓之芥蓝，瀹食脆美。”综合该墓出土实物、历代有关芜菁与芥蓝的记载和牛肉羹的用料特点，笔者认为这款羹应是加入芥蓝的牛肉羹。根据动物学家对该墓出土牛骨的科学鉴定，这款羹所用的牛肉应取自2—3年龄、体重100公斤左右的黄牛。

原文　牛封羹一鼎。[2]

湖南省博物馆等

《长沙马王堆一号汉墓》

注释

［1］轪侯家芥蓝牛羹：此羹原名“牛封羹”，现名为笔者所撰，“轪侯家”详见本书“轪侯家牛头羹”。

［2］牛封羹一鼎：这是出土于长沙马王堆一号汉墓竹简上的简文，唐兰先生认为此羹是加入芜菁的牛肉羹。但从该墓出土蔬菜种子和相关记载等来看，此羹为芥蓝牛肉羹的可能性大。

辛追苦菜牛羹[1]

辛追身为西汉长沙国轪侯利苍之妻，却享受加有苦菜的牛肉羹，其食礼规格已远超先秦礼制。这款羹的名称就写在长沙马王堆一号汉墓的竹简上。

在该墓竹简上，这款羹写作“牛苦羹”。

唐兰先生考释其中的“苦”字是指苦菜，牛苦羹是用苦菜做调料的牛肉羹。在《仪礼·公食大夫礼》中，牛肉羹放大豆叶，羊肉羹放苦菜，所谓“牛藿羊苦”。而这里的牛肉羹不放大豆叶而放苦菜，应是当时这一地域饮食礼俗的反映。根据《仪礼》和《礼记》等典籍，这款羹中除了苦菜以外，还要放旱芹叶等性滑的食料和调料，所谓“皆有滑”。这款羹的主料牛肉，据动物学家对该墓出土牛骨的科学鉴定，应取自2—3年龄、体重100公斤左右的黄牛。

原文　牛苦羹一鼎。[2]

湖南省博物馆等

《长沙马王堆一号汉墓》

注释

[1] 辛追苦菜牛羹：此羹原名“牛苦羹”，现名为笔者所撰。

[2] 牛苦羹一鼎：这是出土于长沙马王堆一号汉墓竹简上的简文，根据《仪礼》等典籍，这里的“鼎”在先秦时期名叫“铏”，又叫铏鼎。

这是陕西靖边杨桥畔出土的东汉墓宴乐图。郭亚哲摄自洛阳古代艺术博物馆

轪侯家烤牛肉[1]

这是长沙马王堆一号和三号汉墓竹简上记载的一款牛肉菜，也是这两座墓的简文中以烤法制作的三种著名牛肉菜之一。

这款菜在这两座汉墓的竹简和木牌上均写作“牛炙”，根据汉郑玄和唐孔颖达对《礼记·内则》“牛炙”的注疏，可知这里的“牛炙”即叉烤牛肉。《韩非子》等文献记载和广州西汉南越王墓出土的烧烤器具表明，这款烤牛肉应是以铁叉穿上牛肉在铜烤炉上以木炭火烤炙而成。中国科学院的动物学家对长沙马王堆一号和三号汉墓出土牛骨的科学鉴定显示，这款叉烤牛肉的主料应取自2—3年龄、体重100公斤左右的黄牛，并且可能是这种黄牛的前腿肉或后腿肉。

原文　牛炙一笥。[2]

湖南省博物馆等

《长沙马王堆一号汉墓》

注释

[1] 轪侯家烤牛肉：此菜原名“牛炙”，现名为笔者所撰，“轪侯家”详见本书“轪侯家牛头羹”。

［2］牛炙一笥：这是长沙马王堆一号和三号汉墓竹简和木牌上的墨书文字。牛炙即烤牛肉；笥，为这两座汉墓出土的竹箱，箱外挂有木牌，“牛炙一笥”即盛有烤牛肉竹箱外面木牌上的文字。

轪侯家烤牛排[1]

烤牛排在今天已不新鲜，但是它的大名出现在2000多年前的长沙马王堆一号汉墓的竹简上，却是首次见于记载的一款汉代名菜。

在该墓的竹简上，这款菜写作“牛劦炙”。劦即肋，根据汉郑玄和唐孔颖达对《礼记·内则》“牛炙”的注疏，可知这款菜为叉烤牛肋，也就是叉烤牛排。从中国科学院的动物学家对长沙马王堆一号汉墓出土牛骨的科学鉴定来看，此菜用的牛肋应取自2—3年龄、体重100公斤左右的黄牛。至于烧烤所用的器具，广州西汉南越王墓曾出土铁叉、铜烤炉和木炭，因此这款菜也应是将牛肋穿在铁叉上、在铜烤炉上以木炭火烤炙而成。

原文　牛劦炙一笥。[2]

湖南省博物馆等

《长沙马王堆一号汉墓》

注释

［1］轪侯家烤牛排：此菜原名“牛劦炙”，现名为笔者所撰，“轪侯家”详见本书“轪侯家牛头羹”。

［2］牛劦炙一笥：这是长沙马王堆一号汉墓竹简上的简文。劦即肋，牛肋炙即叉烤牛肋（排）；笥为该墓出土的竹箱，一笥即一箱。

轪侯家烤牛通脊[1]

牛通脊是牛身上最瘦嫩的肉，且一头牛只有一条。无论古今，它都是名贵肉类食材。这款烤牛通脊，是长沙马王堆一号汉墓竹简所记三大烧烤类牛肉菜之一。而在枚乘《七发》中有“薄耆之炙”之句，薄耆为薄切牲畜通脊肉，薄耆之炙即烤通脊，可见这类菜在西汉名气之大。

在该墓的竹简上，这款菜写作“牛乘炙”。根据唐兰先生《长沙马王堆汉轪侯妻辛追墓出土随葬遣策考释》，牛乘即牛的夹脊肉，也就是牛通脊。又据汉郑玄和唐孔颖达对《礼记·内则》“牛炙”的注疏，可知这款菜为扦烤或叉烤牛通脊。中国科学院的动物学家对长沙马王堆一号汉墓出土牛骨的科学鉴定提示我们，此菜所用主料应取自2—3年龄、体重100公斤左右的黄牛。关于此菜所用的烧烤器具，广州西汉南越王墓曾出土铁扦、铁叉、铜烤炉和木炭，由此可以推知这款菜应是用铁叉或铁扦穿上牛通脊，然后在铜烤炉的木炭火上烤炙而成。

原文　牛乘炙一器。[2]

湖南省博物馆等

《长沙马王堆一号汉墓》

注释

［1］轪侯家烤牛通脊：此菜原名“牛乘炙”，现名为笔者所撰，“轪侯家”详见本书“轪侯家牛头羹”。

［2］牛乘炙一器：这是长沙马王堆一号汉墓竹简上的简文。根据唐兰先生考释，牛乘即牛的夹脊肉，也就是牛通脊。

轪侯家涮牛肚［1］

爆肚是今天的一味小吃，也是一款有名的清真菜。它的菜根最早可以追溯到哪里？答案是：长沙马王堆一号汉墓竹简上记载的一款西汉牛肚菜。

在该墓出土的竹简上，这款菜写作“牛濯胃”。著名古文字学家唐兰先生考释，这里的濯即“鬻（yáo）”字，并引《说文解字》：“内（纳）肉及菜汤中薄出之。”笔者认为这相当于今天的涮。牛胃即牛肚，但从烹饪原料学的角度来看，牛胃由瘤胃、网胃、瓣胃和皱胃构成，一般将瘤胃和网胃合称为牛肚，其中瘤胃上形似衣领的部位即俗称的牛肚领，揭去其粘皮后叫肚仁；牛百叶则是瓣胃上由层层排列的叶瓣组成的部位；皱胃由大中小三个袋状组成的部位，即俗称的肚葫芦。在这些部位中，最适合涮的是牛百叶，其次是牛肚仁，因此此菜也可以称为涮牛百叶。至于此菜所用的牛肚的来源，中国科学院动物学家对该墓出土牛骨的科学鉴定显示，应取自2—3年龄、体重100公斤左右的黄牛。关于此菜所用的涮制器具，尽管该墓出土器物还难以定其一，但与该墓时代相当的广州西汉南越王墓曾出土铜鍪，考古专家黄展岳先生在《从出土遗物看西汉南越王的饮食》一文中指出，铜鍪是当时涮食的理想炊器。从这种器具的形制及其出土时器内遗存的食物来看，笔者认为是可能的。

原文　牛濯胃一器。［2］

湖南省博物馆等

《长沙马王堆一号汉墓》

注释

［1］轪侯家涮牛肚：此菜原名“牛濯胃”，现名为笔者所撰，“轪侯家”详见本书“轪侯家牛头羹”。

［2］牛濯胃一器：这是长沙马王堆一号汉墓竹简上的简文。根据唐兰先生《长沙马王堆汉轪侯妻辛追墓出土随葬遣策考释》，牛濯胃即涮牛肚。

轪侯家涮牛四样［1］

牛杂羊杂同爆肚一样，既是小吃，也是清真菜。但是在2000多年前的长沙国丞相府，它却不带汤，而是涮着吃。在长沙马王堆一号汉墓竹简上这款菜写作“牛濯脾含心肺”。

据著名古文字学家唐兰先生考释，这里的濯也应是“鬻（yáo）”字，《说文解字》关于此字的解释是：“内（纳）肉及菜汤中薄出之。”可见这就是今天的涮。脾即牛的肚；含，唐兰先生考释为“肣”字，也就是牛舌。这说明此菜为涮牛的肚、舌、心和肺。将牛的心肚肺等用于祭祀,本是周代的一种礼俗。《礼记·郊特牲》:“祭肺、肝、心，贵气主也。”意思是周人祭祀之所以用牛的心肝肺，是因为在周人看来这些牛杂都是生气充盈之物。看来当初这款菜的用料与组配思路应源于周人的这一礼俗。关于此菜所用四样牛杂，根据中国科学院动物学家对长沙马王堆一号汉墓出土牛骨的科学鉴定，应取自2—3年龄、体重100公斤左右的黄牛。至于涮这牛四样的器具，应该同涮牛肚是同一炊器，即铜鍪应是当时涮食这四样牛杂的理想炊器。涮之前，理当将牛的肚、舌、心、肺分别按其食材特点切成宜于涮制的丝、片。

原文　牛濯脾㕡心肺各一器。[2]

湖南省博物馆等

《长沙马王堆一号汉墓》

注释

[1] 轪侯家涮牛四样：此菜原名“牛濯脾㕡心肺”，现名为笔者所撰，“轪侯家”详见本书“轪侯家牛头羹”。

[2] 牛濯脾㕡心肺各一器：涮牛肚、牛舌、牛心、牛肺各盛一器。

轪侯爱子芜荑牛脯[1]

这款名菜的菜名写在长沙马王堆三号汉墓、即轪侯利苍之子墓竹笥的木牌上，根据文献记载，应是西汉初期一款很有名的牛脯菜。

这款菜菜名中的芜荑，是榆科植物大果榆的果实，《本草经疏》说其气味辛、平、无毒，“长于走肠胃，杀诸虫，消食积也。故小儿疳泄冷痢为必资之药”。西汉史游所撰《急就篇》中有“芜荑盐豉醯酱浆”之句，人们在不难理解此句为何以芜荑打头的同时，也可以从中看出芜荑在当时调味品中的地位。1973年对该墓进行考古发掘时，考古工作者在系有此菜名木牌的竹笥内发现有动物遗骨，经动物学家鉴定，为一块牛肩胛骨。这说明此菜当时是用牛前腿肉为主料制作的。至于此菜是如何制作的，按照肉脯一般制作工艺，应是将净治后的牛前腿肉切成片，撒上芜荑末，晾潮干后烤干即可。

原文　芜荑牛脯。[2]

湖南省博物馆等

《长沙马王堆二、三号汉墓》

这件宁夏博物馆馆藏的汉代青铜灶，与山西、内蒙古等地出土的龙首青铜灶形制近似。这类灶的灶台上均有一大二小三个火口，大火口上放釜甑，小火口上一般放两个釜或一釜一罐，这样一台灶可同时用蒸、焯、汆、煮等加热法制作出“羌煮”和“釜炙”等多种美食。马民生摄自宁夏博物馆

注释

［1］轪侯爱子芜荑牛脯：此菜原名“芜荑牛脯”，现名为笔者所撰，“轪侯家”详见本书“轪侯家牛头羹”。

［2］芜荑牛脯：以牛前腿肉为主料、芜荑为调料的牛肉干。

染炉豉酱煎肉

2016年3月2日，在首都博物馆“南昌汉代海昏侯国考古成果展”上，有一件在各地西汉墓中常见的染炉。过去有学者根据染炉上的铭文“染”字，断定它是染丝帛等的染色之器。考古学家孙机先生研究后，在《汉代物质文化资料图说》中提出，染炉是汉代的一种青铜炊器。孙先生指出，据东汉高诱注释，染炉的“染”指豉、酱，染炉和当时用“濡”法做肉食相关，并引《礼记·内则》“欲濡肉，则释而煎之以醢”，来说明染炉上的耳杯盛酱，濡肉时要放进酱中烹煎。受孙先生新说的启发，笔者查阅了有关染炉的考古报告、特别是染炉实物图片后，感到孙先生新说极是。在从孙先生新说的同时，补充以下几点：1. 染炉是汉代一种在加热中调味、在加热中食用的炊器兼食器。2. 染炉上部耳杯盛的应是豉汁或带酱清的稀豆酱，将白煮或蒸过的肉块等放入其中，利用耳杯下面炭炉的火力，用热浸法赋予肉块等豉香或酱香。3. 有的染炉耳杯底部的箅子，不仅是为“避免肉食沾上调料中的渣滓”，还应是为防止豉汁或稀豆酱与肉块等因加热时间过长而巴锅。后世做酱鸡酱肉时锅内都要垫一个竹箅子或木箅子，这应是其遗意。4. 染炉为何盛行西汉、到东汉时已少见？当与豆豉和豆酱出现于战国末西汉初有关。

这是山西博物院展出的西汉染炉。郑宏波、李静洁、郭婷摄自山西博物院

轪侯家炮烤牛花腱

这是长沙马王堆一号汉墓竹简记载的一款特色烤类菜，其主料与所用熟制法的巧妙结合，使这款菜成为历代原汁原味菜肴中的一个典范。

在该墓竹简上，这款菜名为“胫勺”。唐兰先生在《长沙马王堆汉轪侯妻辛追墓出土随葬遣策考释》中指出，胫是牲畜的膝下部分，勺字读如炮（páo）。按唐兰先生的考释，“胫勺”即炮烤牲畜的膝下部分。牲畜的膝下部分即牲畜的四肢小腿骨和肉，前小腿为桡骨和尺骨，后小腿为胫骨；无论前小腿还是后小腿，与其骨相连的肌肉即俗称的花腱，因此此菜所用的主料“胫”应为牲畜后小腿带骨花腱。那么是哪种牲畜的后小腿带骨花腱呢？该墓竹简记载哺乳动物的有50多片，其中以牛、猪最多，鹿次之。根据动物学家的科学鉴定，一号墓和三号墓出土的牲兽骨骼中，属于胫骨的只有牛和羊。从胫骨所连的花腱来看，牛花腱显然比羊的要丰厚肉多，更适合炮烤。出土实物和原料本身特点说明，此菜主料的“胫”应该是带骨的牛后小腿花腱。从文化传统的角度来考量，该墓墓主人生前死后所在的长沙，为先秦、秦汉的楚文化中心区域，《楚辞·招魂》“肥牛之腱，臑若芳些”的辞句说明，以牛花腱为珍馐是这一区域贵族的饮食传统，而这款菜正是彰显这一传统的实证。

再看这款菜的熟制法炮烤。考古报告和民族学资料显示，炮是从远古时代流传下来并最具有原始烹饪意味的一种肉类熟制法。长沙马王堆三号汉墓出土帛书《五十二病方》“炮鸡”谱（详见本书“马王堆叫花鸡”）表明，至迟到战国、秦汉之际，炮法仍是以“草裹泥封”主料的方式在流传。此菜当然也应是这样，即将净治后的带骨牛后小腿花腱先用草裹好，再抹上黄泥，然后烤熟。由于牛后小腿花腱筋膜多，且肉中的筋膜层次多，因此后世一般多用其做酱牛肉、煨牛肉，熟后晾凉切片，片片有螺旋形花纹，美观悦目之外，吃起来也滑韧耐嚼，别有风味，而此菜则是热吃。可以推想，牛后小腿花腱用草裹泥封的炮法烤制，由于烤的过程中牛花腱骨肉均在密封的情况下受热，因而其所含水分流失远比明火烤炙少得多，所以不仅容易熟、烂，而且熟时还能保持原形。至于其突出的原汁原味特点，更是后世酱牛肉和煨牛肉不能比拟的。

原文　胫勺一器。[1]

湖南省博物馆等

《长沙马王堆一号汉墓》

注释

［1］胫勺一器：应即炮烤牛后小腿花腱一器。

江都王五生鼎

这里的江都王即汉武帝同父异母的哥哥、西汉第一代江都王刘非；五生鼎是2009年9月至2011年12月期间从大云山江都王陵出土的一件形制罕见的青铜鼎。据李则斌先生《江苏盱眙县大云山汉墓》等考古报告，这件鼎的内部有两块隔板与一圆筒分为五个区域，应系烹煮食物之器，类似于现在的鸳鸯火锅，被定名为“五格濡鼎”或“分格鼎”。

从考古学家的相关文字报告和器物图片可以看出，该墓出土的金银玉器和庖厨器物非常丰富。说明作为当时最大的诸侯国国王，刘非生前的生活极度奢华，对饮食十分考究。这件五生鼎，便是其意欲通过鼎烹多样美食养生的一件实证。那么这件鼎内的五个格当年分别是用来煮什么的呢？要回答这一问题，首先要搞清当年江都王为何没造四个或六个格而造了这样一个五个格的鼎。刘非任江都王27年，董仲舒曾为其相。而董的学说中有阴阳五行说的成分，这件五格鼎出现在江都王廷也就很自然了。由此我们可以从阴阳五行说的角度，来推想这件鼎各个格内所煮的食物。根据《黄帝内经·素问》，鼎内的四个扇面格，可代指东南西北四方或肝心肺肾；中间的圆筒，则表示中央或脾。在食物的分布上，四个扇面格内分别为牛肉、秋葵；狗肉、韭菜；羊肉、薤；鸡肉、葱；中间的圆筒内是猪肉和大豆叶。因此，这件鼎内所煮的肉类食物，应是牛羊猪狗鸡，即五畜，又名五牲。但据杜预《左传·昭公二十五年》注、唐孔颖达疏和唐韦巨源《烧尾食单》“五生盘”，五牲还有三说，一是指麋、鹿、獐、狼、兔，二是獐、鹿、熊、狼和野猪，三是牛、羊、猪、熊、鹿。看来这三种说法的五牲，以野味居多。蔬类食物，则为秋葵、韭菜、薤、葱和大豆叶，即五蔬。

同时，换句话说，这五个格所表示的东南西北和中央也可以说是代指天下，将天下美味食材集于一鼎，也可能是当年造此鼎的意愿。根据该墓出土器物内的食物遗存和桓宽《盐铁论》及枚乘《七发》等文献记载，可知在刘非时代的流行美食食材中，可以用来鼎烹的，肉类食材有牛通脊、牛百叶、羊肚、马鞭、野鸡、雁肉和鹌鹑等，水产有河豚、黑鱼、鳝鱼、甲鱼、鳜鱼和海贝等，蔬素则有笋、蒲菜、石耳和苏叶等。

关于上述食材的鼎烹方法，可从这件鼎与该墓出土的相关器具的对应关系中推知。根据考古报告，此鼎口径40厘米，通高44.6厘米。经做纸质模型，每个格的隔边长约12厘米、沿边长约31厘米。用于从鼎内扎取肉块等食物的匕，该墓出土了六件。其中一件长20.6厘米，与此鼎每个格的深度相适。说明从先秦流传下来的鼎烹带骨肉加热方法，应是上述肉类食材的熟制法之一。值得关注的是，该墓出土了唯一的一件箕形器。此器长22.2厘米、宽12厘米、高4.8厘米，器身呈“风”字形箕状，口部尖角形，其器形及大小与该鼎每格空间正好相适，应是将鼎内不宜用匕扎取的肉片、肚丝等食物捞出的“漏勺”。说明汆、涮也可能是上述食材的加热方法。另外，从一鼎五格可出五种熟食的角度来看，其后300多年魏文帝曹丕赐给臣下的“五熟釜”，应是其遗响。

现藏北京故宫博物院的清宫锡制一品锅，其锅有盖，锅下有足，锅内有五个带盖袖珍小锅，可汆涮羊、鸡、鸭、鱼等生鲜肉片，因而在北京民间称“五生片锅”。与这件五格

这是出土于江苏盱眙大云山西汉江都王陵的分格鼎。曹冬梅摄自南京博物院

这件清宫锡质一品锅，在北京民间俗称“五生片锅”，现藏故宫博物院

鼎相对照，其形制愈显精巧华贵，可以说是2000多年前江都王五格鼎的精致化发展。

孙琮烤羊肉串

1980年，山东诸城凉台东汉孙琮墓曾出土一方庖厨图画像石。在这幅庖厨图中，最吸引人眼球的是其右上方的烤肉串场景。一长方形烤炉上架着五串肉串，每串都是四块肉，一人右手执扇扇火、左手翻动烤扦，跪在烤炉里，正在烤肉串。烤炉前面二人也均为跪姿，右前方一人正在弓腰俯视等待接取烤成的肉串，左前方一人似刚刚送过穿好的肉串，其前下方的盘内有两串。在此人右手不远处，一人正跪着将盘内的肉块穿在烤扦上。其左前方有二人正在宰羊。烤炉正前方三人正在切肉，从左往右，一人将肉切成大片，一人将肉片切成条，最后一人将肉条切成块。其间的二人，一人正将空盘递给跪在肉案前准备接取切好肉块的人。引人注意的是，站在切肉块旁边的那人正在指手画脚，应是庖长之类的厨房头头儿。而在临沂市博物馆展出的汉代画像石中，与此图内容相似的有多幅，其中一幅为一人手持双岔肉串正在火盆上烤，其对面一人用扇子扇火。另一幅则为一人左手持串右手持扇在火盆上烤。看来在汉代，今山东地区烤肉串的烤炉、烤扦已有多种。从烹调学的角度来看，这三幅图有以下几点需要指出：1. 涉及烤羊肉串的人分工明确，工艺流程清晰，从宰羊、净治到切块、穿串、烤制等，各工艺环节环环相扣，说明到汉代时烤羊肉串工艺已相当成熟。2. 根据《释名・释饮食》等相关文献记载和考古

汉画像石庖厨图。王森摄自临沂市博物馆

这是河北省蔚县出土的汉代烤肉串图。见蔚县博物馆编著《蔚州文物珍藏》

出土实物，可以推想当时的烤羊肉串，烤前可能已用食茱萸、盐、豉汁等腌渍。3. 从这三幅图涉及的烤羊肉串人数之多可以推测，烤羊肉串应是当时的流行美食。

代郡烤肉串

1996 年春天，河北省张家口市蔚县桃花镇佘家堡村发现了一座东汉墓。蔚县博物馆馆长李新威先生介绍说，在该墓出土的众多器物中，有一件陶灶上的彩绘引人关注。这是一幅以红、黑、白三色描绘的烤肉串图。这件有彩绘的东汉陶灶，现已成为该馆的一件重要藏品。

蔚县在东汉时为幽州代郡，这幅彩绘上的三位女厨，皆着当时流行的服饰与发型。左边的那位面向西跪在龟形四足木炭烤炉前，炉中炭火正旺，约有十五六块烧红的木炭。她一手持三串肉串，一手持扇，正在边扇边烤。细数所烤肉串上的肉，每串六块，疏密有致，约占烤扦长度的一半。其身后中

这是山东诸城凉台东汉孙琮墓画像石庖厨图摹本。原图见《文物》1981 年 10 期任日新《山东诸城汉墓画像石》

间的女厨，右手持削形小刀，左手按肉，显系正在切肉块。其身后房梁上有五个吊钩，依次吊着五扇去头蹄的带骨羊肉。最右边的女厨，面前是排成一溜儿的长方形敞口斗盘，共五盘。推想靠近切肉女厨的第一盘应是放未切的肉，第二盘放的是剔下的筋膜等肉杂，第三盘是放切好的肉块，第四盘放的是烤肉扦子，最后一盘放的应是穿好待烤的肉串。这位女厨跪在第三盘前，左手拿着切好的肉块，正往右手的扦子上穿。中间那位切肉的女厨，应是随切随将肉块投入其左边的第三个盘内。看来三人分工明确，皆全神贯注。

值得注意的是，这幅烤肉串图中的主角炊器木炭炉为圆龟形，据《山海经》等文献记载，龟自先秦以来就是千岁长生的灵物。山东汉代画像石中又有向西王母献烤肉串的图，而西王母就是持有长生不老之药的女神。这说明东汉时烤肉串在我国北方地区的流行，应与当时祈祷长生的美食观念有关。

沅陵侯美食

这里的沅陵侯是公元前187年至公元前162年西汉沅陵地区的最高地方官吴阳，《美食方》是1999年其墓出土的竹简食谱。沅陵地处湘西沅水流域中游，战国时属楚国黔中郡，西汉高祖五年（公元前202年）为武陵郡，设沅陵县。2003年至目前，《文物》等刊物相继发表了湖南省文物考古研究所等机构和郭伟民等学者关于沅陵侯墓考古简报和竹简研究成果。其中提到该墓出土的《美食方》竹简约100枚，记有148份饭菜谱，总字数约2000字，并披露了5个菜名及其中2款菜做法的简文。

现仅就这5个菜名和2款菜做法的简文试做分析。这5个菜名是：豚胾、鸡胾、牛膲、豚彘、狗荞茨酸羔。两款菜做法的简文是：为牛膲方的做法："取牛肩掌肉□产材之肉酱汁。"为豚彘方的做法："先刺杀乃烧其毛以手逆指之掾。"先谈豚胾和鸡胾，这两菜名中的胾，音 zì，指大块肉，豚是乳猪。西汉时盛行大块肉，皇帝赐大臣美食，常常是一盆一大块肉。《史记·绛侯周勃世家》：汉帝"召条侯赐食，独置大胾"。裴骃集解："韦昭曰：'胾，大脔也。'"大脔就是大块肉。多大块的肉呢？沅陵侯墓出土了用于盛肉的陶盆和漆盆，其中陶盆的口径25厘米、底径17厘米、高9厘米，漆盆的口径、底径、高分别为27.7厘米、11.4厘米、6.3厘米，因此豚胾的肉块长、宽不会大于17厘米、11厘米，至于鸡胾的鸡块大小也应在盛器之内。再说牛膲，膲，音 jiāo，在汉代指螺蚌中的肉不满，《淮南子·天文训》："月死而蠃硥膲。"蠃硥即螺蚌，高诱注膲："肉不满。"显然牛与膲组成菜名不通。膲应是臇（juǎn），《楚辞·招魂》有"臇凫"，据洪兴祖注，臇是比臛的汁还少的肉羹。对照考古专家披露的这款菜做法的简文，牛膲（臇）应是浓汁烩牛腱子蹄筋。接下来谈豚彘，豚指乳猪，彘是猪，这两个都具猪义的字为何放在一起？联想到西汉吕后一手制造的“人彘”，豚彘的“彘”似是对去掉四蹄的豚的说明，如此豚彘应即坛焖乳猪。最后谈狗荠茨酸羔。荠，一指荠菜，二指蒺藜，三指荠，其中只有荠菜是食、药两用植物，后两种都是中草药；茨，有茅屋顶、蒺藜、堆填三义，显然茨在菜名中应指蒺藜，但蒺藜在历代本草和食书中都未见作为食材的记载。即使是荠菜和蒺藜与狗肉相配，也于食材性味不合。因此这里的荠疑为“齑”，“荠”“齑”古体上半部一样，下半部接近；“茨”疑为“茈”，“茨”“茈”古体也形近。齑是酸菜末，茈在这里应指糟姜，这二字与“狗”字组成菜名，即酸菜糟姜狗肉。酸羔的酸，有两种可能，一是醯，即醋；一是菹，即酸菜及酸汤，如此酸羔可称作酸汤羊羔。囿于未见这三款菜做法的简文，只能从字义和相关背景提出以上看法，待得见简文时再行订正。

张仲景羊肉汤[1]

张仲景是汉代名医，羊肉汤是其《金匮要略》一书中的千古名方之一，也是一款流传1800多年的食疗名汤。

以羊肉汤作食疗，目前以长沙马王堆三号汉墓出土帛书《五十二病方》“羊肉汤”为最早（详见本书“马王堆羊肉汤”）。但从用料来看，张仲景《金匮要略》中的羊肉汤比《五十二病方》中的羊肉汤多了生姜和当归，而且主料、配料均已量化。从制作工艺来看，一斤羊肉用八升水，煮取三升。如果多放生姜，还要多加水，数量都有比例。总之，从投料、制作工艺和饮用已经完全标准化。可以说张仲景的羊肉汤发展了以《五十二病方》之羊肉汤为代表的先秦食疗羊肉汤。关于张仲景羊肉汤的食疗功效，李时珍《本草纲目》引述宋代名医寇宗奭的评价指出：“仲景治寒疝当归生姜羊肉汤，服之无不验者。”并举例说：“一妇冬月生产，寒入子户，腹下痛不可按，此寒疝也。……以仲景羊肉汤减水，二服即愈。”

原文　寒疝腹中痛，及胁痛里急者，当归生姜羊肉汤主之。当归生姜羊肉汤方：当归三两，生姜五两，羊肉一斤。上三味，以水八升，煮取三升，温服七合，日三服。若寒多者，加生姜成一斤；痛多而呕者，加橘皮二两、白术一两。加生姜者，亦加水五升，煮取三升二合，服之。

张仲景《金匮要略》

注释

[1] 张仲景羊肉汤：此汤原名“当归生姜羊肉汤”，现名为笔者所撰。据中医研究院《金匮要略语译》，本汤宜用于以虚为主的寒疝证。当归温润活血，行滞止痛；生姜散寒，兼能行气止痛；羊肉温补止痛。

辛追狗肉水芹羹[1]

炖狗肉加水芹，这在西汉长沙国丞相夫

人辛追的食案上应该很常见。长沙马王堆一号汉墓竹简上就有记载，应为其想永远享用的证明。

在该墓竹简上，此羹名为“狗巾羹”。据唐兰先生《长沙马王堆汉轪侯妻辛追墓出土随葬遣策考释》，这里的“巾”字指水芹，狗巾羹应是加入水芹的狗肉羹。《吕氏春秋·本味》：“菜之美者，云梦之芹。”说明楚地云梦的水芹早在战国时期就是名闻天下的佳蔬。而此羹所用的狗肉，据动物学家对该墓出土狗骨的科学鉴定，应取自饲养一年龄以下、体重4—5公斤的家犬。另外，据古代本草典籍关于水芹和狗肉食疗功效的记载，推想此羹有可能为该墓墓主人辛追夫人生前常食或喜食之品。

原文　狗巾羹一鼎。[2]

湖南省博物馆等

《长沙马王堆一号汉墓》

注释

[1] 辛追狗肉水芹羹：此羹原名“狗巾羹”，现名为笔者所撰。

[2] 狗巾羹一鼎：即狗肉水芹羹一鼎，此从唐兰先生考释。

辛追狗苦羹[1]

吃炖狗肉羹时放苦菜，是辛追夫人口味的又一特点。长沙马王堆一号汉墓竹简上的记载，成了诠释这一特点的证据。

在该墓竹简上，此羹名为“狗苦羹”。苦，应是苦菜，即菊科植物苦苣；狗苦羹应是加入苦菜的狗肉羹。将苦菜放入肉羹中，先秦时即已有之。《仪礼·公食大夫礼》中有关于羊肉羹放苦菜的记载（详见本书“铏鼎羊肉羹”），《楚辞·大招》第三段中的“苦狗”应与这里的狗苦羹类似（详见本书“楚国大夫狗苦羹”）。根据动物学家对长沙马王堆一号汉墓出土狗骨的科学鉴定，此羹所用的狗肉应取自饲养一年龄以下、体重4—5公斤的家犬。狗肉羹中之所以放苦菜，古代本草典籍的相关记载表明，一为去狗肉异味，二为取其苦味以避免食后动火生痰口渴。

原文　狗苦羹一鼎。[2]

湖南省博物馆等

《长沙马王堆一号汉墓》

注释

[1] 辛追狗苦羹：此羹原名“狗苦羹”，现名为笔者所撰。

[2] 狗苦羹一鼎：即狗肉苦菜羹一鼎。

轪侯家烤狗肝[1]

烤狗肝本为周代八珍之一，在《礼记·内则》中写作“肝膋”，初看其名，着实会让人一头雾水。而到了西汉初期，在长沙国丞相、轪侯利苍之妻辛追墓出土的竹简上，就写作明白易懂的“犬肝炙”了。但该墓简文中有关此菜的记载只有这三个字，至于其选料和制法等内容，我们只好借助该墓考古报告和古代文献记载来探讨了。

动物学家对长沙马王堆一号汉墓出土狗骨的科学鉴定提示我们，这款菜的主料和辅料应取自饲养一年龄以下、体重4—5公斤的家犬。其制法理应与《礼记·内则》“肝膋”的制法大致相似，即将一副狗肝用狗网油包好，用扦穿上，用木炭炉烤到网油酥焦时即可。《礼记·内则》“肝膋”调味时不放气味辛辣的蓼叶，这款“犬肝炙”是否也是如此，由于缺乏相关证据，还有待研究确认。

原文　犬肝炙一器。[2]

湖南省博物馆等

《长沙马王堆一号汉墓》

注释

[1] 轪侯家烤狗肝：此菜原名“犬肝炙”，现名为笔者所撰，“轪侯家”详见本书“轪侯家牛头羹”。

[2] 犬肝炙一器：即烤狗肝一器。

轪侯家烤狗排[1]

这是长沙马王堆一号汉墓竹简记载的八种烤炙菜之一，当年考古工作者还从该墓出土的随葬器物中发现了有关此菜的狗肋骨和竹扦，这为我们解读此菜的用料和制法提供了难得的实证。

在该墓竹简上，这款菜名为“犬其刿炙”。据唐兰先生《长沙马王堆汉轪侯妻辛追墓出土随葬遣策考释》，刿（同“劦”）即“肋”字，因此，犬其刿炙应即烤狗肋。动物学家对该墓277号竹笥内狗骨的科学鉴定表明，这些狗骨为饲养一年龄以下、体重4—5公斤家犬的两条肋骨，出土时穿在竹扦上，已焦黑变形，显系烤过。这说明此菜为烤狗带骨肋条肉。另据《韩非子》等古代文献记载和广州西汉南越王墓出土烧烤器具可以推知，这款烤狗排应该是将穿在竹扦上的带骨狗肋条肉放在炭炉上烤炙而成。

原文　犬其刿炙一器[2]。

湖南省博物馆等

《长沙马王堆一号汉墓》

注释

[1] 轪侯家烤狗排：此菜原名“犬其刿炙”，现名为笔者所撰，“轪侯家”详见本书“轪侯家牛头羹”。

[2] 犬其刿炙一器：即烤带骨狗肋条肉一器。

辛追生鹿丝[1]

这款菜的菜名记载在长沙马王堆一号汉墓的竹简上，看来辛追夫人吃嘛嘛香，连生鲜鹿肉也吃。

在该墓竹简上，此菜名为“鹿膾”。据唐兰先生《长沙马王堆汉轪侯妻辛追墓出土随葬遣策考释》,膾即“脍”字,鹿膾即鹿脍。《礼记·少仪》:“牛与羊、鱼之腥,聂而切之为脍。”汉代郑玄注:“聂之,言牒也。先藿叶切之,复报切之,则成脍。”《释名·释饮食》:“脍,会也。细切,肉令散,分其赤白,异切之,已,乃会合和之也。”综合上述记载和前人注疏,可知鹿脍的主要制作工艺应与牛、羊的差不多,即将做鹿脍的原料按肥瘦分开,先分别切(片)成大片,再顶刀切成丝,最后将肥瘦两种丝掺在一起,调味后即成鹿脍。关于这款菜所用的鹿肉,该墓曾出土鹿骨,根据中国科学院动物学家的科学鉴定,这些鹿骨来自2—3年龄、体重75—100公斤的成体梅花鹿,因此这款鹿脍的主料当时应取自这种梅花鹿。另外,可切成丝的兽肉很多,当时为什么只有鹿脍而无熊脍等兽肉脍呢?对此,陶弘景指出:“野兽之中,獐、鹿可食生,则不膻腥。”寇宗奭则进一步指出:“三祀皆以鹿腊,亦取此义,且味亦胜他肉。”看来生吃时不膻腥、味胜他肉是鹿肉成为兽肉制脍首选的主要原因。最后需要特别指出的是,据《东观汉记·马光传》等文献记载,鹿脍直到东汉时仍为一道宫廷御膳佳品。

原文　鹿膾一器。[2]

湖南省博物馆等

《长沙马王堆一号汉墓》

注释

[1]辛追生鹿丝:此菜原名“鹿膾”,现名为笔者所撰。

[2]鹿膾一器:即鹿脍一器,此从唐兰先生考释。

轪侯家浓香鹿肉羹[1]

这是长沙马王堆一号汉墓竹简上记载的七款鹿肉菜之一,也是简文所见四种鹿肉羹中学术界看法不一的一种羹。

在该墓竹简上,此羹写作“鹿𩵋”。唐兰先生在《长沙马王堆汉轪侯妻辛追墓出土随葬遣策考释》中认为,𩵋疑为“鱼”字。朱德熙、裘锡圭二位先生则在《马王堆一号汉墓遣策考释补正》中指出,𩵋的下半部是横写的“弓”,这个字应该释作“雋”,“鹿雋”应读为“鹿臇”,臇是一种汤汁较少的肉羹(参看《广雅疏证》卷八上“臇臛也”条)。笔者认为朱、裘二位先生对此字的考释较为妥当,这款羹应是一种汤汁较少、味浓香的鹿肉羹。至于做羹所用的鹿肉,根据中国科学院动物学家对该墓出土鹿骨的科学鉴定,应是取自2—3年龄、体重75—100公斤的梅花鹿。

原文　鹿𩵋一鼎。[2]

湖南省博物馆等

《长沙马王堆一号汉墓》

注释

[1]轪侯家浓香鹿肉羹:此羹原名“鹿𩵋”,现名为笔者所撰,“轪侯家”详见本书“轪侯家牛头羹”。

［2］鹿隹一鼎：即鹿臇一鼎，此从朱德熙、裘锡圭二位先生考释。

辛追鹿肉芋头羹[1]

这是长沙马王堆一号汉墓竹简记载的四种鹿肉羹之一，应是辛追夫人生前又一喜食之品，也是最早将芋头作为配料的名菜。

在该墓竹简上，此羹名为“鹿肉芋白羹”。根据唐兰先生《长沙马王堆汉轪侯妻辛追墓出土随葬遣策考释》，“白羹”为调入米末的肉羹，因此这款羹的主料为鹿肉，配料则是芋头和米末。根据中国科学院动物学家对该墓出土鹿骨的科学鉴定，可知此羹主料应取自2—3年龄、体重75—100公斤的梅花鹿。至于芋头，古农书《氾胜之书》已有种芋法，据《齐民要术》所引《广志》，芋头有君子芋、青边芋、谈善芋、百果芋等14种，其中谈善芋为“芋之最善者，茎可作羹臛”。《唐本草》：“芋有六种，有青芋、紫芋、真芋、白芋、连禅芋、野芋。”其中“真、白、连禅三芋，兼肉作羹大佳”。综上所引可以推知，此羹所用的芋头应不出谈善芋、真芋、白芋和连禅四种。芋头在古代中国本为饥年救荒之物，同时也兼作食疗之材。据《名医别录》《唐本草》等古代本草典籍，芋头可宽肠胃、充肌肤、久食补肝肾添精益髓，并可治便血。芋头的这些食疗功效对整日肥甘的辛追夫人来说，正是对路的食材。

原文　鹿肉芋白羹一鼎。[2]

湖南省博物馆等

《长沙马王堆一号汉墓》

注释

［1］辛追鹿肉芋头羹：此羹原名“鹿肉芋白羹”，现名为笔者所撰。

［2］鹿肉芋白羹一鼎：调入米末的鹿肉芋头羹。此从唐兰先生考释。

辛追小豆鹿肋羹[1]

长沙马王堆一号汉墓竹简上记载的这款鹿肉羹，是辛追夫人生前鹿肉食单上有多种说法的肉羹。

在该墓竹简上，此羹写作“小叔鹿劮白羹”。据唐兰先生《长沙马王堆汉轪侯妻辛追墓出土随葬遣策考释》，叔即菽，小菽即小豆；劮即肋，鹿肋即鹿肋条肉；白羹为调入米末的羹，因此这款羹为调入米末的小豆鹿肋条肉羹。根据中国科学院动物学家对该墓出土鹿骨的科学鉴定，可知此羹主料应取自2—3年龄、体重75—100公斤的梅花鹿。据《肘后方》《千金方》等古代本草典籍，这里的小豆应为赤小豆。从赤小豆和鹿肉的食疗功效记载来看，此羹放赤小豆的食疗价值不大。而据《齐民要术》所引《龙鱼河图》和《杂五行书》的说法，小豆能辟五方疫鬼，可使人“竟年无病，令疫病不相染”，这在祝由之术迷信盛行的汉初荆楚地区当是一种饮食习俗。鹿肉羹中放小豆，可能寄托了轪侯家“辟疫”的愿望，同时也是这一饮食观念与习俗的反映。

原文　小叔鹿劦白羹一鼎。[2]

湖南省博物馆等

《长沙马王堆一号汉墓》

注释

[1] 辛追小豆鹿肋羹：此羹原名“小叔鹿劦白羹”，现名为笔者所撰。

[2] 小叔鹿劦白羹一鼎：即小豆鹿肋白羹一鼎。此从唐兰先生考释。

辛追鹿肉干鱼笋羹[1]

干鱼从先秦时起就是楚地既常见又当家的一种食材，这款羹中加了干鱼，应是辛追夫人生前祭祀先人或款待贵客的超强肉羹。

在长沙马王堆一号汉墓竹简上，此菜名为“鹿肉鲍鱼笋白羹”。这里的鲍鱼不是今天人们所说的腹足纲鲍科的鲍鱼，而是指干鱼。李时珍《本草纲目》：“鲍即今之干鱼也。……以物穿风干者，曰法鱼，曰鲏（音怯）鱼。其以盐渍成者，曰腌鱼，曰咸鱼，曰鲃（音叶）鱼，曰鲢鱼。今俗通呼曰干鱼。”笋当是西汉长沙国特产的冬笋或春笋，白羹为调入米末的肉羹，因此这款羹应是调入米末的鹿肉干鱼笋羹。根据中国科学院动物学家对该墓出土鹿骨的科学鉴定，可知此羹主料应取自2—3年龄、体重75—100公斤的梅花鹿。干鱼是一种闻着臭吃着香的食材，《史记·秦始皇本纪》中说，秦始皇死后，运其尸体的车发散臭气，为掩人耳目，封锁消息，胡亥、赵高便命每辆车都“载一石鲍鱼以乱其臭”。当时有“鲰千石，鲍千钧”的说法，说明在秦汉之际干鱼是通都大邑常见的食物。但在王侯相府富贵之家，干鱼又有非此不为丰盛的饮食观念。李时珍《本草纲目》引述《道志》指出，“饶、信人饮食祭享，无此（指干鱼）则非盛礼。虽臭腐可恶，而更以为奇”。于此可以推知，此羹加干鱼当受这一观念影响。

原文　鹿肉鲍鱼笋白羹一鼎。[2]

湖南省博物馆等

《长沙马王堆一号汉墓》

注释

[1] 辛追鹿肉干鱼笋羹：此羹原名“鹿肉鲍鱼笋白羹”。

[2] 鹿肉鲍鱼笋白羹一鼎：即鹿肉干鱼笋羹一鼎。此从唐兰先生考释。

轪侯家烤鹿肉

这是长沙马王堆一号汉墓竹简记载的八种叉烤或扦烤菜之一，也是见于该墓简文中唯一的一款鹿肉烤炙菜。

在该墓竹简木牌上，此菜写作“鹿炙”。根据汉唐学者和相关古代文献对“炙”字的注疏和解释，鹿炙即叉烤或扦烤鹿肉。另据《韩非子》等古代文献记载和广州西汉南越王墓出土烧烤器具可以推知，这款烤鹿肉应是以铁叉穿上鹿肉在铜烤炉上以木炭火烤炙而成。根据中国科学院动物学家对该墓出土鹿骨的科学鉴定，可知这款烤鹿肉的主料应取自 2—3 年龄、体重 75—100 公斤的梅花鹿，并且可能是这种梅花鹿的前腿或后腿肉。

原文　鹿炙一笥。[1]

湖南省博物馆等

《长沙马王堆一号汉墓》

注释

［1］鹿炙一笥：即烤鹿肉一箱。笥为长沙马王堆一号汉墓出土的竹箱，箱外挂有木牌，“鹿炙一笥”即盛有烤鹿肉竹箱外面木牌上的文字。

轪侯家鹿脯[1]

鹿脯应是轪侯的夫人辛追及其儿子都喜欢的美食，因为在长沙马王堆一号和三号汉墓的竹简木牌上都有该菜名。

在这两座汉墓的竹简木牌上，这款菜写作“鹿脯”。在出土的挂有“鹿脯”名称的木牌的竹箱内，还有动物遗骨。经中国科学院动物学家的科学鉴定，为 2—3 年龄、体重 75—100 公斤梅花鹿的后肢骨。这说明此菜当时是用这种梅花鹿的后腿肉制作的。按照当时肉脯的一般制作工艺，这款菜应是将净治后的梅花鹿后腿肉切成片，晾潮干后烤干即成。

这是西汉长沙国轪侯之妻辛追墓出土的漆耳杯和漆盒，均为木胎、髹漆，里红外黑并有花纹。其中耳杯内书“君幸食”“君幸酒”，表明系盛米饭、肉酱、带骨鸭块等餐食的餐具和酒具；漆盒内放 6 件小耳杯，是该墓 180 余件漆器中唯一的耳杯盒。联系该墓简文中的美食名称和出土的食材实物，可以想见 2000 余年前这些耳杯所盛餐食该是何等精美。原图见湖南省博物馆等《长沙马王堆一号汉墓发掘简报》，文物出版社，1972 年

原文　鹿脯一笥。[2]

湖南省博物馆等

《长沙马王堆一号汉墓》

注释

［1］轪侯家鹿脯：此菜原名“鹿脯”，现名为笔者所撰，“轪侯家”详见本书“轪侯家牛头羹”。

［2］鹿脯一笥：即鹿脯一箱。笥为长沙马王堆一号和三号汉墓出土的竹箱。

辛追猪肉羹[1]

这款羹是表示辛追夫人不忘本的一款太

羹，也是见载于长沙马王堆一号汉墓竹简木牌上的五种猪肉羹菜之一。

在该墓竹简上，此羹写作“彖醉羹”。据唐兰先生《长沙马王堆汉轪侯妻辛追墓出土随葬遣策考释》，彖即豕，豕即猪，彖羹即不放盐和菜的太羹，豕羹即太羹类的猪肉羹。根据中国科学院动物学家对该墓出土猪骨的科学鉴定，这款羹所用的主料应取自半年龄左右、体重15—20公斤的成体家猪。至于此羹的制作，按照先秦太羹的一般制作工艺，应是将宰杀净治过的带骨猪肉块用鼎白煮而成。

原文　彖醉羹一鼎。[2]

湖南省博物馆等

《长沙马王堆一号汉墓》

注释

[1] 辛追猪肉羹：此羹原名“彖醉羹”，现名为笔者所撰。

[2] 彖醉羹一鼎：即太羹类的猪肉羹一鼎，此从唐兰先生考释。

辛追猪肉蓬蒿羹[1]

蓬蒿在《诗经》时代就是贵族的羹中野蔬，长沙马王堆一号汉墓竹简上记载了三种蓬蒿肉羹，说明蓬蒿是辛追夫人的喜食之蔬。

在该墓竹简上，此羹写作“彖逢羹”。彖，唐兰先生考释为“豕”字，即指猪肉。关于“逢”字，唐兰先生在《长沙马王堆汉轪侯妻辛追墓出土随葬遣策考释》中考释为芜菁；朱德熙、裘锡圭二位先生在《马王堆一号汉墓遣策考释补证》中则认为是指“蒿”，也就是蓬蒿。笔者认为朱裘二位先生的看法是妥当的，理由是：1. 在该墓竹简记载的肉羹中，加入芜菁的均有明确表示。2. 蓬蒿作为古代的一种蔬菜，在历代本草典籍中均有记载。据李时珍《本草纲目》，蓬蒿又名同蒿，“冬春采食肥茎，花、叶微似白蒿，其味辛甘……此菜自古已有，孙思邈载在《千金方》菜类，至宋嘉祐中始补入《本草》，今人常食者”。其气味甘、辛、平、无毒，可安心气、养脾胃、消痰饮、利肠胃，因此蓬蒿作为一种蔬菜，加入猪肉羹中是可行的。另外，据动物学家对该墓出土猪骨的科学鉴定，这款羹所用的猪肉应取自半年龄左右、体重15—20公斤的成体家猪。

原文　彖逢羹一鼎。[2]

湖南省博物馆等

《长沙马王堆一号汉墓》

注释

[1] 辛追猪肉蓬蒿羹：此羹原名“彖逢羹”，现名为笔者所撰。

[2] 彖逢羹一鼎：即猪肉蓬蒿羹一鼎，此从朱德熙、裘锡圭二位先生释。

轪侯家白斩乳猪[1]

这是长沙马王堆一号汉墓竹简上记载的

三种以“濯”法制作的名菜之一，也是目前所知最早见于记载的白斩乳猪。

在该墓出土的竹简上和竹笥木牌上，此菜分别写作“濯豬”“濯豬”。唐兰先生在《长沙马王堆汉轪侯妻辛追墓出土随葬遣策考释》中指出，濯即“鬻（yáo）”字，《说文解字》：“鬻：内（纳）肉及菜汤中薄出之。”豬、豬均为豚字。按唐兰先生引《说文解字》的解释，濯相当于今天的涮。但根据中国科学院动物学家对该墓出土竹笥内猪骨的科学鉴定，这些猪骨为出生两月左右、体重2.5—3公斤乳猪的头骨、肋骨和四肢骨。这说明竹笥内是一头完整的乳猪，也就是一头整豚。显然一头整豚是涮不熟的，因此笔者认为这里的“濯”应是“瀹”义。《说文解字》：“瀹：渍也。”怎样“渍”？《齐民要术》有“白瀹豚”，是将整豚先后用微开水、酸浆水、热面浆和凉水又煮又泡制成，这对我们理解《说文解字》中“瀹”的意思很有帮助。这里的“濯豚”大致也应是用这种今天所说的白斩法制作。

原文　濯豬一笥。[2]

湖南省博物馆等

《长沙马王堆一号汉墓》

注释

[1] 轪侯家白斩乳猪：此菜原名“濯豬”，现名为笔者所撰，“轪侯家”详见本书“轪侯家牛头羹”。

[2] 濯豬一笥：即濯豚一箱，笥为该墓出土的竹箱。

轪侯家烤猪腿[1]

这是长沙马王堆一号和三号汉墓竹简记载的八种烤炙菜之一，也是这两座汉墓简文中唯一的一款烤类猪肉菜。

此菜在这两座汉墓的竹简和木牌上均写作“豕炙”，据唐兰先生《长沙马王堆汉轪侯妻辛追墓出土随葬遣策考释》，豕即“豕”字，这里指猪肉；根据汉代郑玄、唐代孔颖达对《礼记·内则》“炙”字的注疏，这里的“炙”应是叉烤或扦烤之义。这两座汉墓的考古报告也印证了这一点。当年考古专家在长沙马王堆一号汉墓出土的一个竹笥内发现猪的前腿骨，上部已烤残，系被置于竹扦上烤过，估计其原长度为12厘米左右，属一半成体猪，体重15—20公斤，半年龄左右。在长沙马王堆三号汉墓出土的挂有“豕炙”木牌的竹笥内，则发现了猪肱骨。这说明这款烤猪腿当年是将猪前腿带骨肉用竹扦穿上烤炙而成。

原文　豕炙一笥。[2]

湖南省博物馆等

《长沙马王堆一号汉墓》

注释

[1] 轪侯家烤猪腿：此菜原名“豕炙”，现名为笔者所撰，“轪侯家”详见本书“轪侯家牛头羹”。

[2] 豕炙一笥：即烤猪腿一箱。笥为这两座汉墓出土的竹箱，箱外挂有“豕炙笥”木牌。

南越王烧烤系列

这是 1934 年美国学者费慰梅临摹的朱鲔祠堂画像石中的庖厨宴饮图。展台上的说明指出，图中表现的应是公元 2 世纪的高门炊厨宴饮场景。张从艳摄自山东博物馆

1983年，在广州西汉南越王墓出土的500多件饮食器具中，有专门用于烤炙食物的烤炉、烤扦和烤叉。据广东省博物馆等《西汉南越王墓》，该墓墓主为西汉南越国第二代王赵眛（又作赵胡），死于公元前122年。今广州为当时南越国的都城番禺。这些烧烤器具，出土时有的底部还有烟痕，应是南越王生前的实用炊具。

出土的铜烤炉一大一小，大的为长方形，有轴轮，可以推动。高11厘米，长61厘米，宽52.5厘米，深6厘米。小的为正方形，高11厘米，长27.5厘米，宽27厘米，深4.8厘米。近足处铸有4头小猪，猪嘴朝天，四足撑起，中空，用以插放烤具。烤扦为铁质，4组烤扦捆作一扎，每组3—5根。扦长28—35厘米，直径0.4—0.8厘米，中段稍粗，两端尖细，为长条形。烤叉两把，也是铁的。一把两个叉一把三个叉，两叉的杆长60厘米，叉长23厘米；三叉的杆长62厘米，叉残长13厘米（应不小于23厘米）。烤炉、烤扦和烤叉之外，该墓还出土了木炭。笔者认为，从以上数据来看，当年南越王廷厨师为赵眛做烧烤美味时，大烤炉应与两把烤叉相配套，小烤炉则应与4组烤扦配合使用，两个烤炉均以木炭为燃料。根据大烤炉与烤叉、小烤炉与烤扦的大小及长度，对照后世烧烤器具的相关数据，再联系动物学家对该墓出土动物遗骸的科学鉴定，可以推知大烤炉和烤叉应是为南越王制作大名鼎鼎的烤乳猪或烤酥方，小烤炉和烤扦应是烤羊肉串、烤鸡肉串和烤海鲜串等各色烤串的专用之器。

从中国菜史的角度来看，广州西汉南越王墓出土的铜烤炉、铁烤扦和铁烤叉意义重大。首先是关于木炭炉烤肉的年代上限，过去主要以《韩非子》等传世的文献为依据，现在则有了西汉初期的考古实物。其次是东汉著名经学家郑玄所言“贯而炙之”所用的烤扦和两叉三叉的烤叉，过去多以北魏《齐民要术》和1972年嘉峪关魏晋壁画所见西晋三叉烤肉为最早，现在见到了南越王墓的出土实物，表明名闻遐迩的烤肉串在西汉时就已为南越国王廷美味，到东汉时更可见到山东诸城凉台孙琮墓画像石上的烤串全景，说明这类烧烤在汉代就已十分完美了。

貊人烤猪[1]

貊（mò）人烤猪是东汉刘熙《释名·释饮食》和清代王先谦《释名疏证补》记载的一款汉代貊族名菜，也是迄今所知见载于古代文献的唯一的一款汉代貊族美味。

貊族是我国古代华北和东北地区的一个少数民族，据傅朗云等先生的《东北民族史略》，貊本为一野兽名，《后汉书·西南夷传》说，西南地区“出貊兽”。《南中八郡志》指出：“貊，大如驴，状颇似熊，多力。”春秋时期，貊人在华北，当时的韩侯曾战败貊人，并迫使貊人纳税。东汉时，貊人在图们江流域、鸭绿江流域和松花江上游之间，地处邑娄族人的西南部。在史籍中虽然可以梳理出貊族迁徙等活动的史料，但是鲜见关于貊族饮食的详细记载，因而《释名·释饮食》关于貊族名菜的这条记载就显得弥足珍贵。这条记载是：“貊炙：全体炙之，各自以刀割。出于胡貊之为也。”顾名思义，“貊炙”即貊人烤肉，“全体炙之”即整只烤，“各自以刀割”说的是食用方式，“出于胡貊之为也”则指出了这款名菜来自貊族。但全文唯独没有说烤的是什么，这无疑给后世留下了一个谜。直到清末，著名学者王先谦提出“貊炙”“即今之烧猪”的说法。烧猪就是烤猪。据干宝《搜神记》，这款貊人烤猪自晋武帝泰始年（265—274）起，在中原地区受到西晋权贵的追捧。

原文　貊炙：全体炙之[2]，各自以刀割。出于胡貊之为也。

刘熙《释名·释饮食》

注释

［1］貊人烤猪：此菜原名“貊炙”，现名为笔者所撰。

［2］全体炙之：即整只烤。

刘熙烤肉条[1]

刘熙是汉代末年著名学者，烤肉条是其所著《释名·释饮食》中以解释烹调方法的方式记载的一种汉代烧烤名菜。

这款烧烤名菜在《释名·释饮食》中称作“脯炙”，其原文是：“脯炙：以饧、蜜、豉汁淹之，脯脯然也。”但“淹”后怎么办？“脯脯然也”是什么意思？读后仍让人不知“脯炙”是什么。因此清代学者王先谦在《释名疏证补》中指出：“脯脯无义。‘淹之’六字，《吴校》作‘淹而炙之，如脯然也’。”《吴校》指清代阳湖吴翊寅关于《释名》的《校议》，按照王先谦所引吴翊寅对“脯炙”这段文字的校议，“脯炙”的制法和特点立刻变得十分清楚。其大意是：“脯炙”是将（要烤的肉条）用麦芽糖、蜂蜜、豉汁腌渍，然后烤，就像“脯”那样。这里的“如脯然也”四字很重要，它不仅指出了这种烧烤菜主料的刀工成形、制作工艺的特点，而且还道出了其成品的形状特征。关于汉代“脯”的刀工成形特点和制作工艺，我们可以从长沙马王堆三号汉墓出土的《养生方》中的“马脯”等名菜记载得到启示。《养生方》中的“马脯”是将马肉切成手三指那样的条,然后进行腌渍和烤。笔者认为“脯炙”与“脯”的区别在于以下几点:1.“脯炙”是现烤现吃的肉菜,“脯”是烤干后作为“方便食品”的肉食。2.“脯炙”是将主料烤香熟,“脯”则是将主料烤干以便于保存。3.“脯炙”的主料应是肥瘦相兼,这样才能烤后干香而不柴;“脯”一般均以瘦肉为主料。4.“脯炙”的腌渍以即食性调料为主,“脯”则以具有防腐保鲜功能的调料为主。

原文 脯炙:以饧、蜜、豉汁淹之[2],脯脯然也。

刘熙《释名·释饮食》

注释

[1] 刘熙烤肉条:此菜原名“脯炙”,现名为笔者所撰。

[2] 以饧、蜜、豉汁淹之:用麦芽糖、蜂蜜、豉汁将(肉条)腌渍。

刘熙奥肉[1]

这是刘熙《释名·释饮食》记载的一款汉代熟食肉类名菜。从汉末、南北朝到唐代,这款菜均见载于相关文献中,足见其在古人心目中的地位。

这款菜的名称在《释名·释饮食》中被写作“腴”,对此字刘熙解释道:“奥也,藏肉于奥内,稍出用之也。”什么是“奥”呢?《说文解字》的解释是指屋内西南处,古人常把米等藏放在那里。因为这个地方进屋门时开始看不到,所以奥有隐藏、深处的意思。但刘熙的解释却不是这样,“藏肉于奥内”,说明这里的“奥”字似指坛、罐之类的陶器而非指屋内西南角处。《齐民要术》中的“奥肉”就是将做好的熟肉放入瓮内收藏。当然,将盛熟肉的瓮放到屋内西南角处也可以解释为“奥”,但据说那地方冬天很暖和,是老年人住的地方,有“老死牖(yǒu)下”的说法,唐兰先生说,牖是西南方,牖下是奥。这种温度的地方显然不是肉坛子存放之地。因此

古代“羊”与“祥”同音假借,故古人以羊为祥。这件东汉《三羊开泰》画像出土于山东滕州市西户口汉墓,图中三只绵羊一前两后,是吉祥的象征。孟凡蕊摄自山东博物馆

“藏肉于奥内”应是将熟肉放入坛罐内保藏之意。“稍出用之”一句比较费解，如果联系《齐民要术》“作奥肉法”，这句话立刻就好理解了。“稍出”就是稍微将坛罐内的肉热一下取出，“用之也”为即可食用也。这样一来，刘熙对奥肉的解释就全通顺了。

原文　奥也[2]，藏肉于奥内[3]，稍出用之也[4]。

刘熙《释名·释饮食》

注释

[1] 刘熙奥肉：此菜名为笔者所撰。

[2] 奥也：即藏（肉）、保藏（肉）之意。

[3] 藏肉于奥内：将熟肉放入坛罐内保藏。

[4] 稍出用之也：（将坛内熟肉）稍微（加热）取出（即可）食用。

刘熙米羹扣肺丝[1]

刘熙是汉代末年著名学者，米羹扣肺丝是其所著《释名·释饮食》中记载的一款汉代名菜。

这款名菜在不同版本的《释名·释饮食》中大致有两种名称，一是“肺䐪（sǔn）”，一是“肺膭（sǔn）”。关于膭，《说文解字》的解释是“切孰（熟）肉，内（纳）于血中和也”；而刘熙《释名·释饮食》中则说：“肺膭：馔也。以米糁之如膏馔也。”什么是“膏馔（zàn）”呢？《玉篇》说：“馔，以羹浇饭也。”再说“䐪”，按《广韵》的说法，䐪是“切熟肉更煮也”。从这些解释来看，尽管䐪和膭形、音相近，但二者显然是有区别的两种菜。一个是将熟肺切好放入血中，这叫“肺膭”；一个是将熟肺切好加米再煮，这是“肺䐪”，《齐民要术》中的“肺䐪”正是这样。既然是两种菜，为什么当成一种菜的名称了呢？笔者认为从这两种菜肴的用料、制法和菜式来看，肺膭应该比肺䐪更古老、更具有祭祀色彩。因此一种可能是肺䐪从肺膭演变而来，在演变过程中，主料肺的制法被保留，而更为可口的加米再煮取代了放入血中的原始方式；另一种可能是二者本来就是两种同一个时代但是在不同场合出现的菜肴，即一个主要是用于祭祀，一个主要是用来食用，《太平御览·饮食》“肺膭”引卢谌《祭法》“四时祠皆用肺膭”可证。

原文　肺膭[2]：馔也[3]。以米糁之如膏馔也[4]。

刘熙《释名·释饮食》

注释

[1] 刘熙米羹扣肺丝：此菜原名肺膭（䐪），现名为笔者所撰。

[2] 肺膭：一本作“肺䐪”，将煮熟的肺切丝加米再煮即成。

[3] 馔也：用羹浇饭。详见《玉篇》。

[4] 以米糁之如膏馔也：（熟肺）加米（再）煮至像膏馔那样。膏馔，将泡菜放入煮好的脂油丁米羹中。详见本书“刘熙脂油丁米羹加泡菜”。

刘熙脂油丁米羹加泡菜[1]

这是刘熙《释名·释饮食》中记载的一款汉代醒酒名菜，由于原文所述过于简单，在宋代《太平御览》的介绍中，这款菜与另外两款菜相混淆了。

《释名·释饮食》关于此菜的原文是："膏馈：消膏而加菹其中，亦以消酒也。""膏馈"应是此菜名称，下面是此菜的用料、制法和食用特点。"膏馈"的"膏"是动物脂肪；"馈"字按《玉篇》的说法是"以羹浇饭"，也可以理解为肉汤泡米饭或煮米饭。据清代乾隆间著名学者毕沅引用《礼记·内则》狼胸口脂油丁煮米羹的例子，可以推知这里的"膏馈"应是脂油丁米羹的意思。下面的"消膏而加菹其中"，"消膏"在此处应是脂油丁煮透之意；"菹"即酸瓜笋之类的酸泡菜；全句意思为当脂油丁米羹煮好时再加入酸泡菜。最后的"亦以消酒也"，即可以用此羹来醒酒。李时珍《本草纲目》记酸笋可"止渴解酲（chéng）"，酲指大醉后神志不清、体乏。说明此菜醒酒还是可以从古代本草典籍中找到根据的。

原文　膏馈[2]：消膏而加菹其中[3]，亦以消酒也[4]。

刘熙《释名·释饮食》

注释

[1] 刘熙脂油丁米羹加泡菜：此菜原名"膏馈"，现名为笔者所撰。

[2] 膏馈，这里为脂油丁米羹之意。

[3] 消膏而加菹其中：当脂油丁米羹煮好时再加入酸泡菜。

[4] 亦以消酒也：也可以用来醒酒。

刘熙醒酒血肠

在《释名·释饮食》中，这款菜本名"血脂"。清乾隆间著名学者毕沅指出，"血脂"的"脂"应是"䘑（kān）"字，并引《说文解字》关于"䘑"字的解释："䘑：羊凝血也。""羊凝血"应即凝固的羊血，这说明汉代人把凝固的羊血叫作"䘑"。至于怎样将羊血凝固，《说文解字》中没有言及，刘熙也只是说"血脂"是"以血作之"，并"增其酢、豉之味，使甚苦，以消酒也"。笔者推想，这里的"血脂"从菜肴款式来说，一种可能是用羊血或其他牲兽血做

这是山东博物馆展出的汉墓壁画盘舞图。图中女子甩长袖正舞，两男子交谈甚欢，中间有盘杯。张从艳摄自山东博物馆

的血豆腐。《齐民要术》中有款叫“羊盘肠雌解”的菜肴，缪启愉先生认为是以羊血为馅做成的羊血肠。由此看来，无论是血豆腐还是血肠，都与《说文解字》“羊凝血”的特点吻合。

原文　血脂：以血作之，增其酢、豉之味[1]，使甚苦[2]，以消酒也[3]。

刘熙《释名·释饮食》

注释

[1] 增其酢、豉之味：加入醋和豉汁调成酸咸口味。

[2] 使甚苦：让调味汁浓重一些。

[3] 以消酒也：用（此菜）来醒酒。

刘熙鲜肉酱[1]

这是刘熙《释名·释饮食》中记载的一款汉代名菜，也是汉代一种比较特殊的肉酱。

在《释名·释饮食》中，这款菜名叫“生脡（shān）”。脡，按《说文解字》的解释是“生肉酱”。在《齐民要术》“作酱等法”中，记有13种酱的做法，其中就有“生脡”。那是将羊瘦肉丝、猪肥肉丝用豆酱清（酱油）、鲜姜、紫苏和生鸡蛋液拌成的一种生食菜肴。对比《齐民要术》13种酱的做法，我们似乎理解了古人为何把这种生拌肉丝称为“生肉酱”并归入“酱”类中。一是这种“酱”无须加曲等密封瓮中100天发酵，而是当时做当时吃，因此“生脡”的“生”在这里是“鲜”的意思，“生脡”也就是“鲜肉酱”。二是这种“鲜肉酱”的色香味形与发酵类的肉酱完全不同，但由于肉丝很细，又与生鸡蛋液拌和，从而入口滑软即化，产生类似发酵类肉酱的口感，由此而将其称为“酱”并归入酱类中也就是很自然的了。有一点需要指出的是，过去学者对《齐民要术》“生脡”所涉鸡蛋是生用还是熟用看法不一。笔者认为生用的可能性比较大，这也是古人将此菜称为“生肉酱”的一个主要原因。日本料理牛肉火锅（锄烧）等即用生鸡蛋液蘸食，应该说鸡蛋液生食在中国自古已然。

原文　生脡[2]：以一分脍二分细切[3]，合和挻搅之也[4]。

刘熙《释名·释饮食》

注释

[1] 刘熙鲜肉酱：此菜原名“生脡”，现名为笔者所撰。

[2] 生脡：东汉许慎解释为“生肉酱”，实为生拌肉丝。

[3] 以一分脍二分细切：据《释名·释饮食》“脍”条“细切肉，令散，分其赤白异切之”，应即以1/3肥肉丝2/3瘦肉丝之意。

[4] 合和挻搅之也：（将肥瘦肉丝）放在一起调味慢慢搅匀。挻，音shān，这里作慢慢讲。

娄氏五侯杂烩[1]

娄氏即娄护，是西汉时才华出众的名士。

五侯是指汉成帝（公元前32—前7年在位）时的王谭、王根、王立、王商、王逢，因他们五人同时被封侯，故称“五侯”。据《西京杂记》，这五侯虽然都是亲戚，又同为侯门，却谁都不跟谁来往，就连他们手下人也不能相互走动。善于说话的娄护却经常能给每个侯送吃的，而且均能讨得每个侯的欢心，每家侯门还争相把珍馐奇馔送给娄护。于是，娄护便把各侯送的佳肴合在一起烩烩，人们便把它叫“五侯鲭”，也就是五侯杂烩。娄护的这一杰作似乎向人们传递了这样一种意愿：化敌对为和谐，世间以和为贵。

500多年以后，北魏贾思勰在写《齐民要术》时收入了一款名叫“五侯脏”的菜。脏，同鲭，五侯脏应即五侯鲭。著名农史专家缪启愉先生指出，这款菜应抄自主要记载南朝食品的《食经》。从汉成帝末年到南朝开始的宋，中经三国、西晋、东晋和十六国，历时400多年，史书记载其间有多部《食经》问世。遗憾的是贾思勰在抄录这份菜谱时未注明其原载哪部《食经》，这使《齐民要术》“五侯脏”的年代成为历史的谜团。笔者认为，《齐民要术》“五侯脏”应是当时或其后取意娄护“五侯鲭”而推出的菜式，或者它当年就是娄府的菜式。无论怎么说，“五侯鲭”应是中国古代第一款既有文献依据又有典故的杂烩菜，其用料、制法和名称等又均与所涉典故相关，而且毫无穿凿附会之嫌。

原文　用食板零揬[2]，杂鲊、肉合水煮，如作羹法。

贾思勰《齐民要术·五侯脏法》

这是山东博物馆展出的宋山祠堂东壁画像。画中第三层为庖厨场景，左侧一人正在灶前用炊铲拨动釜内食材，中间一人双手伸入盆内似在抄拌原料，其右侧二人似为正送切好的肉块之类食材，其身后一人正在井边汲水。上方则吊挂着羊头、猪头、剖开的兔、水鸭、鱼和大雁等食材，组合出一幅红火的庖厨操作现场画面。张从艳摄自山东博物馆

注释

[1] 娄氏五侯杂烩：此菜原名“五侯鲭”，又作五侯脏，脏同鲭，现名为笔者所撰。《西京杂记》卷二：“五侯不相能，宾客不得来往。娄护丰辩，传食五侯间，各得其欢心，竞致奇膳。护乃合以为鲭，世称‘五侯鲭’。”

[2] 用食板零揬：用食板上经检选的多种美味。食板，犹如后世送菜上桌的食盘；零揬（xuē），零择，此从缪启愉先生释。

禽类名菜

轪侯家野鸡羹[1]

这是长沙马王堆一号汉墓竹简记载的九种太羹之一，在该墓出土的随葬器物中，考古工作者发现多个鼎内有禽骨，经动物学家鉴定，其中一个鼎内的禽骨为环颈雉骨也就是野鸡骨，这为我们了解此菜的用料和制法提供了难得的实证。

在该墓竹简上，此菜写作“雉酫羹”。据唐兰先生《长沙马王堆汉轪侯妻辛追墓出土随葬遣策考释》，这里的酫羹即不放蔬菜和五味调料的太羹。因此，此羹为太羹类的野鸡羹。经动物学家鉴定，出土于该墓72号鼎内的禽骨为环颈雉即野鸡的胸骨和龙骨。连同该墓三个竹笥内的野鸡骨，共出土四只野鸡的骨骼。太羹类的野鸡羹源远流长，《楚辞·天问》和《礼记·内则》等古代文献中多有记载（详见本书“彭祖野鸡羹”）。

原文　雉酫羹一鼎。[2]

湖南省博物馆等

《长沙马王堆一号汉墓》

注释

［1］轪侯家野鸡羹：此羹原名“雉酫羹”，现名为笔者所撰，“轪侯家”详见本书“轪侯家牛头羹”。

［2］雉酫羹一鼎：即太羹类的野鸡羹一鼎，此从唐兰先生考释。

辛追野鸭羹[1]

这应是辛追夫人生前祭祀时象征性尝一尝以示不忘本的、一款不放调料和菜的鸭羹，也是长沙马王堆一号汉墓竹简记载的九种太羹之一。

在该墓竹简上，此羹写作“鰿酫羹”。据唐兰先生《长沙马王堆汉轪侯妻辛追墓出土随葬遣策考释》，鰿即鸭，酫羹为不放蔬菜和五味调料的太羹。但这里的鸭是家鸭还是野鸭，唐兰先生未言明。根据动物学家对该墓出土鼎内鸭骨的科学鉴定，这里的鸭为野鸭。因此，这款羹应为太羹类的野鸭羹。另据动物学家的科学鉴定，这个鼎内有两只野鸭，除头骨外，野鸭的椎骨、胸骨、肢骨等均成碎块。这说明这款野鸭羹是用两只剁成块的野鸭带骨肉制成。野鸭是一种能飞的水禽和迁徙性候鸟，在长江流域或更南的地方越冬，为古代荆楚地区的秋冬春时令美味，《楚辞·招魂》已有记载（详见本书“楚怀王野鸭羹”）。

原文　鰿酫羹一鼎。[2]

湖南省博物馆等

《长沙马王堆一号汉墓》

注释

［1］辛追野鸭羹：此羹原名“鰿酫羹”，现名为笔者所撰。

[2]鴚酔羹一鼎：即太羹类的野鸭羹一鼎。

轪侯家鸡羹[1]

这是长沙马王堆一号汉墓竹简记载的九种太羹之一，此羹应是从先秦传至西汉的古老礼制肉羹。

在该墓竹简上，这款羹写作“鸡酔羹”。在该墓出土的陶鼎竹签上，此羹又写作“鸡羹”。据唐兰先生《长沙马王堆汉轪侯妻辛追墓出土随葬遣策考释》，酔羹即不放蔬菜和五味调料的太羹。因此，鸡酔羹即太羹类的鸡羹。根据动物学家对该墓出土陶鼎内鸡骨的科学鉴定，此羹所用主料应是剁成块的家鸡带骨肉。鸡羹在《礼记·内则》中已有记载，但那是放五味调料的“和羹”，为周代天子平时餐食的一款名羹，与这款羹为两种不同的鸡羹（详见本书“礼文鸡肉羹”）。

原文　鸡酔羹一鼎。[2]

湖南省博物馆等

《长沙马王堆一号汉墓》

注释

[1]轪侯家鸡羹：此羹原名“鸡酔羹”，现名为笔者所撰，“轪侯家”详见本书“轪侯家牛头羹”。

[2]鸡酔羹一鼎：即太羹类的鸡羹一鼎，此从唐兰先生考释。

辛追鸡瓠羹[1]

这款羹中加了瓠叶，应是葫芦长出嫩叶时节辛追夫人的应时美羹。其羹名写在长沙马王堆一号汉墓的竹简上。

在该墓竹简上，此羹写作“鸡白羹一鼎瓠菜”。据唐兰先生《长沙马王堆汉轪侯妻辛追墓出土随葬遣策考释》和朱德熙、裘锡圭《马王堆一号汉墓遣策考释补正》，此羹为加入米末和瓠菜的鸡肉羹。这里的瓠菜应是此羹的辅料，一般指葫芦的变种瓠的嫩叶。《诗经·小雅·瓠叶》：“幡幡瓠叶，采之亨之。”说明西周时贵族待客已用瓠叶做菜。《齐民要术》“种瓠”引《诗义疏》说，嫩瓠叶为羹“极美”。《本草纲目》指出，瓠叶“气味甘、平、无毒”，可“为茹耐饥”。另据动物学家对该墓出土陶鼎内鸡骨的科学鉴定，此羹所用主料为剁成块的带骨鸡肉。至于羹中加入米末，《礼记·内则》中的“鸡羹”即已如此（详见本书“礼文鸡肉羹”），说明此羹远有所承。

原文　鸡白羹一鼎瓠菜。[2]

湖南省博物馆等

《长沙马王堆一号汉墓》

注释

[1]辛追鸡瓠羹：此羹原名“鸡白羹一鼎瓠菜”，现名为笔者所撰。

[2]鸡白羹一鼎瓠菜：可理解为鸡白羹一鼎瓠菜另放。后世常有菜肴辅料或作料单拿另放之说，应源于此。

轪侯家白斩鸡[1]

这是目前所知最早见于记载的白斩鸡，其菜名分别见于长沙马王堆一号和三号汉墓竹简上。

在这两座墓的竹简上，此菜写作“濯鸡”。唐兰先生在《长沙马王堆汉轪侯妻辛追墓出土随葬遣策考释》中指出，濯即鬻（yáo），《说文解字》：“鬻：内（纳）肉及菜汤中薄出之。”按唐兰先生引《说文解字》的解释，濯相当于今天的涮。但根据中国科学院的动物学家对这两座墓出土竹笥内鸡骨的科学鉴定，这些鸡骨为家鸡的头骨、胸骨和肢骨。这说明竹笥内是一只整鸡。鸡片是可以涮熟的，一只整鸡则难以用涮法制作，因此笔者认为这里的“濯”应是“瀹”义。《说文解字》：“瀹，渍也。”渍即浸，《齐民要术》有白瀹豚和瀹鸡子，从中可以看出“瀹”大致是今天所说的白斩法，“濯鸡”则相当于今天的白斩鸡。

这件绿釉陶灶出土于江西南昌的一座东汉墓，灶上有两个火口，一个放的是釜甑，另一个是绿釉双耳锅。历年的考古报告显示，各地汉墓多有陶灶出土，但这件陶灶的亮点是其中一个火口上的那件双耳锅，这在出土的汉灶中比较少见。它的出现表明，汉代已有用于烹炒的双耳锅，这为流传至今、最具中国烹调特色的双耳炒锅提供了一件难得的源头标本。吴燕摄于江西南昌市博物馆

原文　濯鸡一笥。[2]

湖南省博物馆等

《长沙马王堆一号汉墓》

注释

[1] 轪侯家白斩鸡：此菜原名“濯鸡”，现名为笔者所撰，“轪侯家”详见本书“轪侯家牛头羹”。

[2] 濯鸡一笥：即白斩鸡一箱。笥为这两座汉墓出土的竹箱。

轪侯家烤鸡[1]

这是长沙马王堆一号和三号汉墓竹简和木牌上记载的一款烤炙菜，当年这两座汉墓还出土了与此菜相关的鸡骨，这为我们研究此菜的用料和制法提供了难得的实证。

在这两座汉墓的竹简和木牌上，此菜写作“炙鸡”。根据汉唐学者和相关古代文献对“炙”字的注疏和解释，以及“炙”字与主料名称组合位置前后的特点，这里的炙鸡应是叉烤整只的鸡。又据《韩非子》等古代文献记载和广州西汉南越王墓出土烧烤器具以及动物学家对长沙马王堆一号汉墓出土鸡骨的科学鉴定，可以推知这款烤鸡应该是以铁叉穿上净治后的整只家鸡，然后在铜烤炉上以木炭火烤炙而成。

原文 炙鸡一笥。[2]

湖南省博物馆等

《长沙马王堆一号汉墓》

注释

[1] 轪侯家烤鸡：此菜原名“炙鸡”，现名为笔者所撰，“轪侯家”详见本书“轪侯家牛头羹”。

[2] 炙鸡一笥：即烤鸡一箱。笥为这两座汉墓出土的竹箱，一笥即一箱。

辛追蒸小鸡[1]

这里的蒸小鸡同白斩鸡一样，都是以味道清鲜见长的鸡类菜。看来辛追夫人生前的饮食口味尚清淡。

在长沙马王堆一号汉墓竹简上，此菜写作“烝秋”。唐兰先生在《长沙马王堆汉轪侯妻辛追墓出土随葬遣策考释》中指出，烝即蒸字，秋即鶖字。《方言》第八：“鸡雏：齐鲁之间谓之鶖子。”说明此处的秋字即小鸡。但朱德熙、裘锡圭二位先生则在《马王堆一号汉墓遣策考释补正》中认为，疑“秋”当读为“鰌（鳅）”。鳅为鱼类，鸡雏为禽类，二者完全不同。根据动物学家对长沙马王堆一号汉墓出土鱼骨和禽骨的科学鉴定，该墓出土的鱼骨分别为鲤鱼、鲫鱼、刺鳊、银鲴、鳡鱼和鳜鱼的骨骼，未见鳅鱼骨出土。而该墓出土的12种禽类骨骼中，计有22只家鸡的骨骼，其中一个竹笥内就有5只小鸡的头骨、胸骨等骨骼。因此，笔者认为这里的“秋”字考释为小鸡已为出土实物所佐证，“烝秋”应是蒸小鸡。

原文 烝秋一笥。[2]

湖南省博物馆等

《长沙马王堆一号汉墓》

注释

[1] 辛追蒸小鸡：此菜原名“烝秋”，现名为笔者所撰。

[2] 烝秋一笥：应即蒸小鸡一箱。笥为该墓出土的竹箱。

轪侯家煎小鸡[1]

这是长沙马王堆一号汉墓竹简记载的两款以小鸡为主料的名菜之一，也是该墓唯一的一款以煎法制作的禽类菜。

在该墓竹简上，此菜写作“煎秋”。“煎”在这里作油炸或用少量的油来加热主料讲，《礼记·内则》“炮豚”中的“煎诸膏”和湖北曾侯乙墓出土的铜煎炉，是“煎”字在先秦时期即具有此二义的文献与考古证据。关于“秋”字，唐兰先生在《长沙马王堆汉轪侯妻辛追墓出土随葬遣策考释》中认为是指鸡雏也就是小鸡，朱德熙、裘锡圭二位先生在《马王堆一号汉墓遣策考释补正》中提出，疑“秋”当读为“鰌（鳅）”。但根据动物学家对该墓出土鱼骨和禽骨的科学鉴定，在出土的6种鱼的骨骼中未检出鳅鱼骨。而在出土的12种禽类骨骼中，有22只家鸡的骨骼，其中就有小鸡的骨骼。因此，这里的“秋”字考释为小鸡已为出土实物所佐证，“煎秋”应即煎小鸡。

原文　煎秋一笥。[2]

湖南省博物馆等

《长沙马王堆一号汉墓》

注释

［1］轪侯家煎小鸡：此菜原名“煎秋”，现名为笔者所撰，“轪侯家”详见本书“轪侯家牛头羹”。

［2］煎秋一笥：应即煎小鸡一箱。笥为该墓出土的竹箱。

刘熙醋渍鸡[1]

刘熙是汉代末年著名学者，醋渍鸡是其所著《释名·释饮食》中一款从汉代流传到南北朝的名菜。

这款菜在《释名·释饮食》中叫“鸡纤”，其原文是：“鸡纤：细擗其腊，令纤然，后渍以酢也。兔纤亦如之。”文中的“擗”音pǐ，用手掰的意思。“腊”此处音xī，指干鸡。“酢”即醋。按刘熙的解释，鸡纤是将干鸡掰成小块，再用醋渍鸡块。兔纤也是这样做。这说明无论是鸡纤还是兔纤都是凉菜，这种吃法颇有远古遗风。《齐民要术》中的“腤鸡”又名“鸡臛”，是将滚热的煮鸡原汤浇在手

这是河南密县打虎亭汉墓墓一北耳室西壁上刻的宴饮图摹本，值得关注的是图中墓主人面前食案上有四盘四碗，左下方一人正从现场小炉鼎中为主人盛带汤的菜，看来现场烹煮或加热菜品早在汉代就已盛行。原图见《文物》1972年10期安金槐、王与刚《密县打虎亭汉代画像石墓和壁画墓》

撕的鸡块上，“臘”与“纤”的繁体字右边相同，因此清代学者王启源认为《释名·释饮食》中的“鸡纤”与《齐民要术》中的“鸡臘”有源流关系，尽管二者一个为冷菜一个为热菜，且所用调料及口味已迥然不同，但他指出这是因为“汉至后魏，经时已久，故法小异，名亦微变”，王启源的说法是有一定道理的。

原文　鸡纤：细擗其腊[2]，令纤然，后渍以酢[3]也。兔纤亦如之。

刘熙《释名·释饮食》

注释

[1] 刘熙醋渍鸡：此菜名为笔者所撰。

[2] 细擗其腊：一点一点将干鸡擗成小块。

[3] 酢：即醋。

辛追烤麻雀[1]

禽类菜在辛追夫人食单上数量不在少数，所用食材家禽野禽都有，这款菜就是一例。

在长沙马王堆一号汉墓竹简上，这款菜写作“取斋”。周世荣先生认为此二字系“茱萸”之同声假借，但该墓未见茱萸出土。唐兰先生则在《长沙马王堆汉轪侯妻辛追墓出土随葬遣策考释》中指出，取即“聚”字，即今“炒”字；斋即“爵”字，爵就是雀，取斋就是烤麻雀。朱德熙、裘锡圭二位先生在《马王堆一号汉墓遣策考释补正》中认为，“斋”字为“爵”字不可信，并认为周世荣先生将此字考释为“斋”字是正确的。但根据动物学家对该墓出土动物骨骼的科学鉴定，在检出的12种禽骨中，就有4只麻雀骨。因此，唐兰先生的斋字麻雀说已为出土实物所佐证。

原文　取斋一器。[2]

湖南省博物馆等

《长沙马王堆一号汉墓》

注释

[1] 辛追烤麻雀：此菜原名“取斋”，现名为笔者所撰。

[2] 取斋一器：应即烤麻雀一器，此从唐兰先生考释。

辛追雁芹羹[1]

水芹应是辛追夫人生前喜食的一种时蔬，长沙马王堆一号汉墓竹简上有三款加有水芹的肉羹，这是其中的一款。

在该墓竹简上，这款羹写作“瘸巾羹”。据唐兰先生《长沙马王堆汉轪侯妻辛追墓出土随葬遣策考释》，瘸即“雁”字，巾即“芹”字，这里指水芹。因此，此羹应是加入水芹的雁肉羹。根据动物学家对该墓出土禽骨的科学鉴定，在99号鼎内检出一只雁的头骨、椎骨、胸骨和肢骨若干块，说明此羹是以雁的带骨肉块为主料、水芹为辅料的禽肉羹。

原文　瘺巾羹一鼎。[2]

湖南省博物馆等

《长沙马王堆一号汉墓》

注释

［1］辛追雁芹羹：此菜原名“瘺巾羹”，现名为笔者所撰。

［2］瘺巾羹一鼎：应即雁芹羹一鼎，此从唐兰先生考释。

轪侯家引蚁菜

在长沙马王堆一号和三号汉墓出土的竹简和竹笥木牌上，写有以“熬”和动物名称组成的11种菜名。为了便于阅读和省却印刷造字之烦，我们将这11种菜名用今天的语词来表达，它们是：熬乳猪、熬兔、熬鸡、熬天鹅、熬鹤、熬鹌鹑、熬野鸡、熬大雁、熬野鸭、熬麻雀、熬鹧鸪。

关于熬，《说文解字》中说：“熬，干煎也。”《方言》：“熬，火干也。凡以火而干五谷之类，自山而东，齐楚以往谓之熬。”说明熬类似后世的烘焙或油煎。根据动物学家对这两座汉墓出土与熬相关的动物骨骼的科学鉴定，这11种熬菜的主料大部分为整只入菜，盛这些菜的竹笥均在墓主人椁箱四周，这不禁让笔者想到《周礼》和《礼记》中关于“熬”的记载。《周礼・地官・小祝》：“大丧，赞渳，设熬，……”意思是有大丧时，小祝要参与浴净尸体，并在棺柩四周放熬（焙）好的谷物。同样的“设熬”内容在《礼记・丧大记》中也有记载，“熬，君四种八筐”。关于这种“设熬”的目的，唐代孔颖达指出：“熬者，谓火熬其谷，使香，欲使蚍蜉闻其香气，食谷不侵尸也。”《周礼》和《礼记》记载的“熬”是熬谷物，但是我们在这两座汉墓出土的竹简上和竹笥木牌中只见到了上述11种以熬和动物名称组成的菜名，未见熬和谷物名称组成的食品名称。因此笔者认为这11种熬菜可能就是《周礼》和《礼记》中吸引蚂蚁以使其不侵扰墓主人尸体的“熬”。这类熬菜或称之为引蚁菜，经过代代流传，到后世发展为民间所说的供菜、祭菜、白菜、吉祥菜，有的则成为饭店酒楼的传统名菜，如闽菜香酥鹧鸪等。

南越王煎禾花雀

2000多年前，西汉南越国的都城为番禺（今广州）。据广东省博物馆等《西汉南越王墓》，公元前122年，南越国第二代王赵眛（又作赵胡）死后葬在番禺，是为西汉南越王墓。1983年，该墓在考古发掘中出土500多件饮食器具和大量随葬食物，禾花雀便是众多出土食物中最夺人眼球的一种。

经科学鉴定，该墓共出土200余只禾花雀的骨骼。雀骨的断碎状况显示，禾花雀随葬时均去羽斩头断爪。至今，粤菜厨师对禾花雀的初加工仍是如此。禾花雀又称“寒雀”“麦黄雀”等，学名黄胸鹀，为一种候鸟。每年从我国东北南迁过冬，大约寒露前后飞临珠江三角洲。此时正是稻谷抽穗扬花之际，禾花雀因啄食青籽，故其肉十分丰腴，为当地秋季传统时令野味之一。该雀体长约15厘米，大小与麻雀相似，素有“广东小鸡”之称。净治后其胸部和尾部脂肪金黄半透明，十分适宜煎、炸、焗等方法制作。该墓出土的烹饪器中，恰有一件铜煎炉，推想当年南越国王廷厨师很可能用此炉为南越王煎制禾花雀等美味。此炉为两层长方形浅盘状，上盘四角微上翘，长19.5厘米，宽15.8厘米，底部有烟炱；下盘平直，长17.6厘米，宽14.8厘米，应是放燃木炭的灶盘（该墓曾出土木炭）。底有4个扁方形短足；上下盘之间由4根曲尺形片条相连，与炉身同铸一体。从此煎炉形制、大小和禾花雀净治后大小以及后世烹调禾花雀的技术来看，用此煎炉大约可制作煎禾花雀20只左右。至于煎制禾花雀所用的调料，煎雀所用油之外，姜、桂、豉汁、盐、糖、酒等当时均已不成问题。甚至煎后食用前为使雀肉入口松嫩不腥所淋的醯（即醋）或梅汁（后世粤菜煎禾花雀用柠檬汁），在当年的贵族饮食中也不鲜见。

这件东汉《建鼓、乐舞、庖厨》画像出土于山东嘉祥县，现藏山东省石刻艺术博物馆。画面下层有二人正在滤酒，还有一人在灶前拨火，灶上是一正冒着热气的釜，灶旁墙上吊挂着两尾鱼，好一派出酒烹鱼的红火炊厨场景。孟凡蕊摄自山东省石刻艺术博物馆

水产名菜

轪侯家鲫鱼羹[1]

这是长沙马王堆一号汉墓竹简记载的两款鲫鱼羹之一，也是该墓简文中7种白羹中唯一不加蔬菜的一款鱼羹。

在该墓竹简上，此羹写作“鲭白羹”。据唐兰先生《长沙马王堆汉轪侯妻辛追墓出土随葬遣策考释》，鲭就是鲫鱼，白羹即加入米末的羹。根据动物学家对该墓出土鱼骨的科学鉴定，在6种鱼的鱼骨中有鲫鱼骨，其中一个陶罐内的鲫鱼，几乎全是小鱼。估计鱼体长度最大不超过13厘米，一般为5—8厘米。在鱼骨残渣中，尚有少数蓝色结晶体，因此动物学家认为这罐鲫鱼是经过熟制后放入墓中的。由此我们可以推想，此羹所用鲫鱼应是上述小鲫鱼。

原文　鲭白羹一鼎。[2]

湖南省博物馆等

《长沙马王堆一号汉墓》

注释

［1］轪侯家鲫鱼羹：此羹原名“鲼白羹”，现名为笔者所撰，“轪侯家”详见本书“轪侯家牛头羹”。

［2］鲼白羹一鼎：即调入米末的鲫鱼羹一鼎，此从唐兰先生考释。

轪侯家双鱼藕片羹[1]

这是一款颇具西汉初期长沙国地方风味特色的鱼羹，由于当年考古学家发掘时一个鼎内的藕片瞬间即逝，而使与藕片有关的这款羹充满传奇色彩。

在长沙马王堆一号汉墓竹简上，此羹写作“鲜鳠禺鲍白羹”。唐兰先生在《长沙马王堆汉轪侯妻辛追墓出土随葬遣策考释》中认为，鳠即鳠字，鳠即今之鮰鱼；禺即藕字；鲍即干鱼；白羹即加入米末的羹。但朱德熙、裘锡圭二位先生在《马王堆一号汉墓遣策考释补正》中指出，从此简（鲜鳠禺鲍白羹）照片看，第二字明明从“歲”。“鱥（鳜）”乃“鳜”之或体。这说明第二字是指鳜鱼。那么到底是鮰鱼还是鳜鱼呢？从动物学家对该墓出土鱼骨的科学鉴定来看，共检出六种鱼骨，其中有鳜鱼骨而无鮰鱼骨。这为鳜鱼说提供了考古出土实物佐证，因此，这款羹应是以鲜鳜鱼、藕片和鱼干做的白羹。另据2009年7月28日《三湘都市报》报道，1972年马王堆汉墓发掘业务组副组长周世荣先生在接受记者采访时说，当年揭开该墓一个鼎的鼎盖时，汤水中漂浮着薄薄的藕片，观者惊呼，一不小心，震动了漆鼎，水中的藕片全不见了，幸好留下了一张快照，如今这张藕照也成了珍宝。这说明将藕切成片的刀工处理方法，早在2000多年前就已经有了。

原文　鲜鳠禺鲍白羹。[2]

湖南省博物馆等

《长沙马王堆一号汉墓》

注释

［1］轪侯家双鱼藕片羹：此羹原名“鲜鳠禺鲍白羹”，现名为笔者所撰，“轪侯家”详见本书“轪侯家牛头羹”。

［2］鲜鳠禺鲍白羹：应是鲜鳜藕鲍白羹，此从朱德熙、裘锡圭二位先生考释。

辛追鲫鱼藕芹羹[1]

鲫鱼、莲藕和水芹是汉初长沙国的特产，将这三种食材集于一菜，应是轪侯妻辛追夫人食单上的最爱。

在长沙马王堆一号汉墓竹简上，此羹写作“鲼禺肉巾羹”。唐兰先生在《长沙马王堆汉轪侯妻辛追墓出土随葬遣策考释》中认为，鲼即鲫鱼；禺即藕字；并据该墓出土陶器竹签上写的“鲼肉、禺巾羹”指出，竹简上此羹名称中的“肉禺”两字误倒，鲼肉是一事，禺是一事；巾即芹字，这里指水芹。因此，此羹应是以鲫鱼和藕、芹制作的羹。根据动物学家对该墓出土鲫鱼骨的科学鉴定，此羹所用的鲫鱼应是体长5—8厘米、最长不超过13厘米的小鲫鱼。羹中所加的藕，根据当年该墓考古发掘业务组副组长周世荣先生所述和考古现场抓拍的照片，应是将藕切片后加入羹中。

原文　鲼禺肉巾羹一鼎。[2]

湖南省博物馆等

《长沙马王堆一号汉墓》

注释

[1] 辛追鲫鱼藕芹羹：此羹原名“鲼藕肉巾羹”，现名为笔者所撰。

[2] 鲼禺肉巾羹一鼎：应是鲫鱼藕芹羹一鼎，此从唐兰先生考释。

轪侯爱子双煎鱼[1]

长沙马王堆三号汉墓的墓主是轪侯利苍之子，该墓出土的163号竹简上有“煎鱼一笥”。撰写《长沙马王堆二、三号汉墓》的考古学家认为，这里的“煎鱼一笥”当指出土于东100笥旁边的“煎鲼笥”。也就是说“煎鱼一笥”中的“煎鱼”指的是“煎鲼”，鲼即鲫鱼。据中国科学院动物学家对“煎鲼笥”内两包鱼骨的科学鉴定，发现一包是鲫鱼骨，另一包是鳡鱼骨。经查对，该墓共出土52个竹笥及其所系木牌，记有煎鱼类的仅此一笥一牌。该墓出土竹简也只有此简涉及煎鱼，因此笔者认为163号竹简上所言的“鱼”可能是鳡鱼，“煎鲼鱼”木牌上所写的“鲼”就是鲫鱼。推想当年这些食品随葬时，有可能因为都是煎鱼类，所以便将这两种煎鱼分别打包放到一个竹笥内。

鳡鱼又名竿鱼、虎鱼、猴鱼、黄颊鱼等，我国各大江河均产，体长可达1米多，亚圆筒形，青黄色，重50公斤左右。肉质鲜嫩腴美，为做鱼丸、鱼肉馅的上等食材。《山海经》《说文解字》等典籍均有记载。据李时珍《本草纲目》，其肉气味甘平无毒，可治食之已呕，暖中益胃。

原文　煎鲼笥[2]。煎鱼一笥[3]。

湖南省博物馆等

《长沙马王堆二、三号汉墓》

注释

[1] 轪侯爱子双煎鱼：此菜名为笔者所撰。“轪侯”详见本书“轪侯家牛头羹”。

[2] 煎鲼笥：应即煎鲫鱼笥。笥为该墓出土的竹箱名称。

[3] 煎鱼一笥：应即煎鳡鱼一笥。

轪侯爱子两吃鱼[1]

一个干鱼，一个鲜鱼，两种鱼一烤一蒸，然后放在一个盘里，这应是轪侯利苍的儿子生前喜欢的一种吃鱼方式。

在长沙马王堆三号汉墓竹简上，这款菜写作“炙鲍烝鮠”。炙即叉烤或扦烤，鲍一般为盐腌后风干的鱼，烝即蒸字，鮠即鮠鱼，因此这款菜当为烤干鱼蒸鮠鱼。长沙马王堆一号汉墓47号和48号竹简分别写有用鲫鱼和鲤鱼做的干鱼名称，这为我们解读这段烤干鱼中的鱼是什么鱼提供了参考资料。用于蒸制的主料鮠鱼即鮰鱼，长江流域多有出产，体长一米左右，肉肥嫩鲜美，蒸焖均宜。那么当年随葬时竹简上为什么将这两个菜写在一起呢？笔者推想这两个菜的主料虽然都是鱼，但前一个是干鱼，后一个是鲜鱼，一烤一蒸，做成菜后二者的口感和滋味也不同。一个干香越嚼越有滋味，一个清鲜细嫩腴美，放在一起可以说是绝配。这很可能是根据墓主人生前所好而为。

原文 炙鮑烝鮠一笥。[2]

湖南省博物馆等

《长沙马王堆二、三号汉墓》

注释

［1］轪侯爱子两吃鱼：此菜原名“炙鮑烝鮠”，现名为笔者所撰，“轪侯”详见本书“轪侯家牛头羹”。

［2］炙鮑烝鮠一笥：应即烤干鱼蒸鮰鱼一箱。笥为该墓出土的竹箱名称。

刘治万鱼

刘治是西汉文帝至武帝初年的楚王宗室成员，万鱼即鱼卵（鱼子）。据徐州博物馆《江苏徐州市翠屏山西汉刘治墓发掘简报》，2003年8月底至10月初，考古专家在刘治墓出土的八个陶罐中的三个罐内，发现了以往考古十分少见的鱼子。《简报》称：“这三个罐内均放置有半罐以上的动物类食物，似某种鱼卵，刚出土时呈有光泽的乳白色圆形颗粒，直径约1—1.5毫米，脱水后多已变成无光泽的白色粉末。”并指出，这些罐内的鱼子，“应为墓主生前经常食用之物”。

那么当年这些鱼子是用什么方法做成美味佳肴供刘治享用呢？该墓未出土这方面的文献，但与这三个罐相邻的一个“陶罐内有大量的鱼骨”，这让我们联想到《礼记·内则》中既有鱼子又有鱼的周代名菜“濡鱼”。其大略的制法是：用鱼子酱和辣蓼叶来炖鱼（详见本书“隔水炖鱼”）。显然这是鱼子的一种熟食法。“濡鱼”法所需的炊灶器具到西汉时更趋先进，其烹调法从先秦流传到刘治时代也是可能的，这应是该墓出土鱼子的一种做法。以生鱼丝为主料的鱼脍在汉代仍很流行，陶穀《清异录》中的“缕子脍”，是将鱼脍和鱼

这是湖北云梦县出土的铜鍪，其双耳一大一小，是秦代开始流行的一种变化。研究者认为鍪是从釜演变而来，用于温饭或汆涮水产海鲜等。焦志新、刘泽摄自湖北孝感市博物馆

子放在一起成为一道名菜（详见本书“宋龟绥子脍”）。不难看出，这是鱼子的一种生食法。这条记载虽晚于刘治时代1000余年，但在探讨刘治时代鱼子制法时应不失为一个参考。

燕人生鱼片[1]

这里的燕人，泛指东汉时北方的原燕国地区的人，生鱼片即“脍”。这款菜的独特之处，在于其主料是鱼腹部位的肉，这在当时的脍中是颇为抢眼的。

这款与众不同的生鱼片，给汉代经学家郑玄留下深刻印象，他在给《周礼·天官冢宰·笾人》作注时特意提到此菜，从而给我们留下了这条有关汉代名菜同时也是后世北京菜难得的史料。郑玄关于此菜的注文是：“今……燕人脍鱼，方寸切其腴，以啗所贵。”意思是现在燕地的人做鱼脍，是将鱼身上肥美的腹部肉切成正方形的寸片，这是燕人最看重的鱼脍吃法。至于燕人为何要以鱼腹部做脍，郑玄虽然未在文中言明，但是我们在《礼记·少仪》中似乎可以找到一些根据。《礼记·少仪》：“羞濡鱼者进尾，冬右腴，夏右鳍，祭朊（hū）。”根据郑玄对此段的注文，这里的“朊”即指大块的鱼腹部肉，全句的意思是上隔水炖的鱼时要使鱼尾向前，冬天要让鱼肚向右，夏天要使鱼鳍向右，行餐前祭礼时则用鱼腹部的肉。看来鱼腹部肉在周代是吃鱼时的餐前祭品。这一礼制到西汉时似乎仍在施行，据唐兰先生考释，长沙马王堆一号汉墓出土竹简“鱼肤”二字即指鱼腹部肉。不过，到东汉时这一礼制则演变为北方的燕人款待贵客的大礼。关于此菜用的是哪一种鱼的腹部肉，郑玄的注文中也未涉及。笔者认为鲤鱼的可能性较大，这可以从汉赋相关句子中看出来。枚乘《七发》：“薄耆之炙，鲜鲤之鲙。”傅毅《七激》：“涔养之鱼，脍其鲤鲂。”辛延年《羽林郎》：“就我求珍肴，金鱼鲙鲤鱼。”说明从西汉到东汉，鲤鱼均为制脍首选。顺便提一下的是，日本料理中的生鱼片也是以鱼腹部肉为最好，鱼上脊部肉为二等，而鱼尾部肉一般不做生鱼片。

原文　今……燕人脍鱼，方寸切其腴[2]，以啗所贵。

郑玄、贾公彦《周礼注疏》

注释

[1] 燕人生鱼片：此菜名为笔者所撰。

[2] 方寸切其腴：将鱼腹部肉切为方形寸片。方寸，汉制一寸正方形，此为当时流行语。与此相类似的词还有方寸匕等。腴，这里指鱼腹部肥肉。

刘治螃蟹

我们在“刘治万鱼”中提到，徐州西汉刘治墓出土的八个陶罐中，四个有食物遗存，这里专门谈一下其中一个罐内的螃蟹。徐州博物馆的考古发掘简报称，这个陶罐内的螃蟹，“刚出土时呈金黄色，螃蟹个体清晰可见，脱水后呈白色粉末状”。与出土的鱼子、鱼骨和鸡骨一样，螃蟹也是刘治生前经常食用之物。

从这些螃蟹刚出土时的颜色来看，显然是熟制过的，那么当年刘治吃的螃蟹采用的是哪种加热法呢？螃蟹在后世多以蒸法制作，但检点该墓出土的50余件随葬器物，未见甑、甗之类的蒸食器，而只有鼎和可能用于煮的罐、钵等烹煮器。据此可以初步推断，当年刘治府的螃蟹，可能是用煮法制熟。而用煮法将螃蟹做成美味，可有两种工艺选择，一种是像元《居家必用事类全集》中的“螃蟹羹”那样，纯以水加调料煮之（详见本书“居家螃蟹羹”）；另一种则是酒煮法，元《云林堂饮食制度集》中有“酒煮蟹”，系以酒隔水煮的方法制作（详见本书“云林酒煮蟹”）。这两种煮法的流行地域，都在今江浙一带，与刘治生前所在地区相当。其所涉及的炊器和主要调料，在刘治时代均已具备。因此，当年刘治享用的螃蟹，有可能是用类似这两种煮法中的一种或两种制作。

这是陕西博物院馆藏的汉代铜方鍑。铜鍑是具有草原游牧民族风格的炊煮器，出土的先秦时期的铜鍑多为圆鍑，这件方鍑在汉代炊器中格外引人注目。李兴虎摄自陕西博物院

许慎竹筒烤鱼[1]

许慎是东汉著名学者，从公元100年开始，历时22年，写成中国文字学史上第一部名著《说文解字》。

在《说文解字·火部》中，有对“𤎖”字的解释：“置鱼筩中炙也。”清代学者段玉裁指出：“筩，断竹也。置鱼筩中而干炙之。”并说这种烹调方法“与烝（蒸）相类”。今天看来，这段关于对“𤎖”字的诠释，实际上是给我们留下了一份关于汉代（甚至更早）竹筒烤鱼的珍贵资料。许慎《说文解字》有关此菜的描述虽然只有六个字，却涉及了此菜的主料、烤制器具和烤制方法。至于此菜所用的主料是什么鱼、刀工处理如何、放入竹筒前鱼是否腌渍、都用哪些调料、装鱼后竹筒如何封口以及是将竹筒放入煻灰中烤还是放入炉中烤等等，这些问题尽管《说文解字》未言明，但是我们可以从现存的民族学等资料中找到答案。在云南地区的傣家菜中，就有竹筒鱼。烤前将鱼净治后放入竹筒，再加入水和当地特色调料，封口后燃火烧竹子，熟后即可。粤菜中的潮州菜，也有明炉竹筒鱼。这些资料说明，竹筒鱼至迟从汉代便流传至今，以特色赢得历代人的喜爱。

原文　𤎖：置鱼筩中炙也[2]。

许慎《说文解字·火部》

注释

[1] 许慎竹筒烤鱼：此菜名为笔者所撰。

[2] 置鱼筩中炙也：将鱼放入竹筒内烤。

刘熙烤鱼泥包肉泥[1]

刘熙是汉代末年著名学者，烤鱼泥包肉泥是其所著《释名》中以解释烹调方法的方式记载的一款汉代名菜。

刘熙在《释名·释饮食》中说，"脂炙"的"脂"字就是"衔（衔）"的意思。"衔炙"，是将肉泥加入姜、椒、盐、豉，调匀后用肉将肉泥裹起来，就可以烤了。这里的"肉"是什么肉？用来包肉泥的肉是切成片还是剁或杵成肉泥？等等，刘熙均未言明。幸好《齐民要术》中有脂炙和衔炙，这为我们诠释这些问题提供了参考。在《齐民要术》中，脂炙和衔炙是既有共同处又有不同点的两种烤类菜。简单说脂炙是烤网油包鹅肉泥或羊肉等泥，衔炙是烤鱼泥包鹅肉泥，二者都是将里面的肉泥团成一寸半见方的块，用网油或鱼泥包裹后穿在烤扦上，烤熟即可。《齐民要术》的这些记载虽然比《释名》晚300年左右，但这两款菜的主料、主要调料等的差别应该不会太大。因此，根据《齐民要术》的这些记载，笔者认为刘熙《释名·释饮食》中所说的用来包裹肉泥的"肉"，很有可能是鱼肉，而网油的可能性似乎不大。这是因为网油在《礼记·内则》中是"膋"字，在《齐民要术》中是"胳肚臓"三个字，网油的"网"字在东汉《说文解字》中是指鱼网，而网油则是后世对动物肠间脂肪的俗称，因此《释名·释饮食》"脂炙"中包在肉泥外面的"肉"字不会是"网"字之误。

原文　脂炙[2]：脂，衔也。衔炙[3]：细密肉[4]，和以姜、椒、盐、豉，已[5]，乃以肉[6]衔裹其表而炙之。

刘熙《释名·释饮食》

注释

[1] 刘熙烤鱼泥包肉泥：此菜名为笔者所撰。

[2] 脂炙：《齐民要术》记载的"脂炙"为烤网油包鹅肉泥或羊肉等肉泥。

[3] 衔炙：《齐民要术》记载的"衔炙"为烤鱼肉泥包鹅肉泥。

[4] 细密肉：即剁或杵成的肉泥。

[5] 已：（将肉泥）调匀后。

[6] 乃以肉：然后用（鱼）肉（泥）。

刘熙鱼鲊[1]

刘熙是汉代末年著名学者，鱼鲊是其所著《释名·释饮食》中以解释食物加工方法的方式记载的一类汉代名菜。据目前所知，这是在传世的古代文献中"鲊"字及其相关内容的最早记载。

刘熙在《释名·释饮食》中指出："鲊：菹也。以盐、米酿鱼以为菹，熟而食之也。"据长沙马王堆一号汉墓出土竹简关于菹的记载，西汉初年"菹"字已专指主料为蔬菜的酸泡菜。

刘熙在这里用当时人们熟知的菹来解释鲊，并提出鲊属于菹。从《齐民要术》关于鲊的记载和后世民族学资料来看，刘熙的这一看法是符合鲊与菹的关系的。《齐民要术》所载的多款鱼鲊制法，今湖南会同、广西三江和贵州黎平等地侗族的腌鱼，均与《释名·释饮食》“鲊”的工艺本质特征一脉相承，即同为发酵类鱼菜。还有一点需要提及，刘熙之前中国人是否已经发明了“鲊”？在《仪礼·公食大夫礼》和《说文解字》中有个“鮨”字，关于此字大致有三说，鲊是其中一说，东晋训诂学家郭璞注：“鮨，鲊属也。”长沙马王堆一号汉墓出土竹简有“鱼脂一资（瓷）”的简文，唐兰先生指出：“鱼脂”的“脂”即“鮨”字，那么这里的“鱼脂”即“鱼鮨”，也就是“鱼鲊”，该墓简文记载的是西汉初年的饮食，比刘熙所处时代早约400年。经动物学家鉴定，该墓出土的陶罐内有鲤鱼骨，而鲤鱼正是《齐民要术》“鱼鲊”的主料，同时此陶罐的形制与后世做酸汤鱼（即鱼鲊）的陶器相似。简文与出土实物相对照，说明西汉初年已有鱼鲊是很有可能的。

原文　鲊：菹也。以盐[2]、米[3]酿鱼以为菹，熟[4]而食之也。

刘熙《释名·释饮食》

注释

[1] 刘熙鱼鲊：此菜名为笔者所撰。

[2] 盐：鱼净治切块，用盐腌，冲洗后才能放入陶罐内。

[3] 米：这里的米是指蒸好的米饭而不是生米。

[4] 熟：指鱼鲊做成。据《齐民要术》，春秋30天，夏季20天，陶罐内鱼鲊便可开封启盖食用。

南越王汆涮青蚶

1983年，广州西汉南越王第二代王赵眛（又作赵胡）墓经考古发掘，出土500多件饮食器具和大量食物，这里的青蚶便是其中出土数量最多而又最具有岭南特色的海产之一。

青蚶主产于我国广东、福建等沿海地区的海底泥沙或岩礁隙缝中，李时珍在《本草纲目》中指出，因其肉味鲜美，故其字“从甘”。并说蚶肉可利五脏、健胃、令人能食，有温中消食起阳等功效。据广东省博物馆等《西汉南越王墓》，该墓出土青蚶2000多个，是出土的各类食物中数量最多的一种，反映了南越王赵眛生前对青蚶的偏爱。据统计，这些青蚶主要遗存在该墓出土的铜鼎、铜鍪、铜提筒、铜壶和铜鉴等器具中。鼎和鍪是以水为传热介质的烹饪器，提筒和壶是酒器，鉴类似后世的冰箱，因此推想当年南越国王廷厨师应主要是以鼎和鍪为赵眛制作青蚶作为酒菜等。青蚶肉质比较细嫩肥美，稍微加热即可食用，适宜用汆汤和涮食的方法制作。该墓出土的铜鼎内除青蚶以外，还往往有猪骨、鱼骨等。这表明用鼎制作的应是汆青蚶一类的汤菜，其中杂有的猪骨等则很可能是当年王廷厨师为使汤味鲜美而为煲汤所用。该墓出土的铜鍪内以青蚶和龟足二者并存的居多，这显示当年王廷厨师应是用铜鍪为南越王赵眛涮制青蚶。该墓出土的饮食器具中，还有至今仍可在岭南地区见到用于制备姜汁的姜礤，这也为涮食青蚶提供了物证。考古专家黄展岳先生在《从出土遗物看西汉南越王的饮食》中指出："濯食法有点像北京涮羊肉一样，即将生肉、生鱼或鲜贝放入汤锅中涮一下取出食用；带有介壳的食物，大抵只需放入开水中滚烫一下即可进食。如果解释不致大错，铜鍪便是濯食的理想炊器。"从出土的铜鍪与铜鼎内遗存食物的种类和二者器形来看，黄先生的看法是很有见地的。

南越王涮龟足

这里的南越王是指西汉初期南越国第二代王赵眛（又名赵胡），公元前122年，他死后葬在南越国都城番禺（今广州）。据广东省博物馆等《西汉南越王墓》，1983年，考古工作者从其墓出土了500多件饮食器具和大量随葬食物。其中出土龟足1500多个，数量在出土的随葬食物中仅次于青蚶，反映了赵眛生前对这两种海鲜的偏爱。

该墓出土的龟足并不是龟的足脚，而是一种海生的雌雄同体的有柄蔓足类动物。其学名为石蜐（jié），因其形酷似龟脚，故俗称龟足。《荀子·王制》中说："东海则有紫紶鱼盐焉，然而中国得而衣食之。"其中的紫紶（又作紫蛣）便是龟足。这说明至迟在战国时期东海龟足就已为中原人所食用。赵眛是第一代南越王赵佗之孙，赵佗本是南来的北方汉人。赵眛对龟足的偏爱，除了龟足本身的鲜美滋味以外，也应与其家庭的中原文化渊源有关。关于龟足的形状和其食疗功效，李时珍在《本草纲目》中指出，龟足"形如龟脚，亦有爪状，壳如蟹螯，其色紫，可食"，其"气味甘咸平无毒，可利小便"。《海南解语》载，龟足可"下寒澼，消积痞湿肿胀。虚损人以米酒同煮食，最补益"。据考古专家推定，赵眛生前可能多病，其年龄为35—45岁。看来，龟足的食疗补益功效也应是赵眛嗜食的一个原因。

该墓出土的龟足主要分布在铜鍪、铜提筒、铜壶等器具中，其中只有铜鍪为烹煮器。因此可以推想当年南越国王廷厨师应主要用铜鍪为赵眛制作龟足美味。龟足经去壳甲净治后，由于肉质鲜嫩，所以放入开汤中稍滚即可食用。而从铜鍪的形制来看，正是用于氽、涮的理想炊器。这就可以理解该墓出土的1500多个龟足，在烹饪器方面为何主要分布在铜鍪内。

汉武帝鱼肚酱

鱼肚在现代中国菜中多以烧、扒、烩的方法制作，是高档筵席上的常品，名冠"鲍翅燕肚参"之列。用鱼肚制酱应是古代海边渔家的发明，而将其推广至中原地区，据说还与汉武帝有关呢。

北魏贾思勰在《齐民要术》中说，从前汉武帝讨伐东夷来到海边，闻到香气却见不到食物。于是便派人去打听，原来是渔父将鱼肠埋入坑中制酱所致。鱼肠虽然被埋在土中，香气却往上发散。取来食用，颇有滋味。因为是汉武帝“逐夷得此物”，故而便把它叫“鱁鮧”，而实际上它就是鱼肠酱。接着，贾思勰又详细介绍了这种酱的制法。将黄花鱼、鲨鱼和鲻鱼的肠、肚、胞洗净，撒上盐，要稍微咸点，然后放入容器中，密封，放在朝阳的地方。夏季20天，春秋50天，冬季100天，酱就成了。吃的时候佐以姜、醋等。鱼肚是一种胶性食材，煮沸溶化冷却后会凝成冻胶，气微腥，味淡，因而鱼肚又称鱼鳔、鱼胶等。按贾思勰介绍的这种鱼肚酱，推想其酿成后当呈滑软的膏状，所以才称之为酱。

原文　昔汉武帝逐夷至于海滨，闻有香气而不见物。令人推求，乃是渔父造鱼肠于坑中，以至土覆之，香气上达。取而食之，以为滋味。逐夷得此物，因名之，盖鱼肠酱也。取石首鱼、魦鱼、鲻鱼[1]三种肠、肚、胞，齐净洗，空著白盐[2]，令小倚咸[3]，内器中[4]，密封，置日中[5]。夏二十日，春秋五十日，冬百日，乃好熟。食时下姜、酢[6]等。

贾思勰《齐民要术·作鱁鮧法》

注释

[1] 石首鱼、魦鱼、鲻鱼：即黄花鱼、鲨鱼或鲛、鲻鱼。

[2] 空著白盐：只放白盐。空著，只放。

[3] 令小倚咸：要稍微偏咸。

[4] 内器中：放入容器中。内，同“纳”。

[5] 置日中：放在朝阳的地方。

[6] 酢：“醋”的本字。

素类名菜

轪侯家腌蘘荷[1]

这是长沙马王堆一号汉墓竹简记载的一款时蔬冷菜，也是具有西汉初期长沙国地方特色的名菜。

在该墓竹简上，此菜写作“襄荷苴”。唐兰先生在《长沙马王堆汉轪侯妻辛追墓出土随葬遣策考释》中指出，襄荷即蘘荷，苴应与“菹”字同。并引《说文解字》：“菹：酢菜也。”酢菜就是酸菜。八月或九月初荆楚地区素有拌或腌食蘘荷旁生根的习俗，《楚辞·大招》即有拌蘘荷丝的句子（详见本书“楚国大夫拌蘘荷丝”）。因此该墓竹简记载的这款菜不仅印证了《楚辞·大招》相关句子绝非全是文学想象，而且也说明从战国到西汉初，腌拌蘘荷一直为荆楚地区上层社会的时蔬美味。

原文　襄荷苴一资。[2]

湖南省博物馆等

《长沙马王堆一号汉墓》

注释

[1] 轪侯家腌蘘荷：此菜名为笔者所撰，“轪侯家”详见本书“轪侯家牛头羹”。

[2] 蘘荷苴一资：即腌蘘荷一瓷（坛），此从唐兰先生考释。

辛追腌越瓜[1]

辛追夫人爱吃瓜，无论是鲜的还是腌的，都是她食单上的常见之品，长沙马王堆一号汉墓出土竹简记载的这款腌越瓜，就是一例。

腌瓜源远流长，“中田有庐，疆场有瓜。是剥是菹，献之皇祖”，《诗经·小雅·信南山》中的这段诗句说明腌瓜在西周时已为贵族祭祀祖先的祭品。在该墓竹简上，此菜名为“瓜苴一资”。据唐兰先生《长沙马王堆汉轪侯妻辛追墓出土随葬遣策考释》，简文中的“苴”即“菹”字，也就是酸泡菜、腌菜；“资”即“瓷”字，系指坛子之类的器物。该墓出土的陶罐，应即这里的“瓷”。因此“瓜苴一资”即“瓜菹一瓷”，也就是腌瓜一罐。那么“瓜菹”的“瓜”是什么瓜呢？唐兰先生未提及。当年该墓曾出土138粒半甜瓜子，系从墓主人辛追尸体肠、胃、食道内取出。甜瓜又称香瓜，鲜食腌渍均可，这里的“瓜菹”有可能用的是甜瓜，但《齐民要术》记载的“瓜菹”用的却是越瓜。越瓜是甜瓜的一个变种，主要生长在长江以南地区，《本草纲目》称：“越瓜以地名，俗名梢瓜，南人呼为菜瓜。……其瓜生食可充果蔬，酱、糖、醋藏浸皆宜，亦可作菹。”再看《齐民要术》“瓜菹”，所用腌料为盐、蜜、酒糟等，口味为南方荆楚地区特色，因此该墓简文所记“瓜菹”为“越瓜菹”的可能性大。

原文　瓜苴一资。[2]

湖南省博物馆等

《长沙马王堆一号汉墓》

注释

[1] 辛追腌越瓜：此菜原名“瓜菹”，现名为笔者所撰。

[2] 瓜苴一资：即瓜菹一瓷（罐），此从唐兰先生考释。

轪侯家酸竹笋[1]

这是长沙马王堆一号汉墓出土竹简记载的一款蔬食，从其名称来看，应是从先秦传至汉代的一款名菜。

《周礼·天官冢宰·醢人》中的“笋菹”即用醋等腌渍的酸竹笋，是周王室饮食名品中的“七菹”之一。而在长沙马王堆一号汉墓竹简上，有关此菜的记载为“筍苴一资”。据唐兰先生《长沙马王堆汉轪侯妻辛追墓出土随葬遣策考释》，此简文中的“苴”即“菹”字；“资”即“瓷”字，该墓出土的陶罐，应即“瓷”字所指。因此“筍苴一资”即“笋菹一瓷”，也就是酸竹笋一罐。竹笋是我国南方的一种传统蔬食，有冬笋、春笋之分，又以冬笋为美。李时珍在《本草纲目》中说：“江南、湖南人冬月掘大竹根下未出土者为冬笋,《东观汉记》谓之苞笋。并可鲜食，为珍品。”根据《齐民要术》的记载,做“笋菹”一般先要削去笋皮，然后边切边将笋丝放入清水中泡，捞出焯一下再用盐、醋等调料拌匀即可。

原文　笥苴一资。[2]

湖南省博物馆等

《长沙马王堆一号汉墓》

注释

[1] 轪侯家酸竹笋：此菜原名“笋菹”，现名为笔者所撰，“轪侯家”详见本书“轪侯家牛头羹”。

[2] 笥苴一资：即笋菹一罐，此从唐兰先生考释。

轪侯家黄豆芽[1]

在长沙马王堆一号汉墓出土的122号竹简上，写着“黄卷一石”的简文。该墓出土的一个竹笥木牌上,也写有“黄卷笥”三个字。

“黄卷”是什么？翻开李时珍《本草纲目》“大豆黄卷”条，原来黄卷类似我们今天所说的黑豆芽或黄豆芽（芽长约一厘米）。过去不少学者根据相关古代文献，认为这种蔬菜及其生产方法最早出现在东汉。长沙马王堆一号汉墓的简文表明，早在2100多年前的西汉初期，黄豆芽或黑豆芽就已经出现在当时侯门相府阶层的食单上了。

该墓曾出土豆类种子，经湖南农学院和中国科学院植物研究所的专家鉴定，为豆科大豆属的大豆，这也为这份简文提供了实物佐证。需要指出的是，这种豆芽比后世炒豆芽所用的豆芽芽长要短许多，当时主要用于祭祀和食疗。尽管如此，作为中国菜特别是中国素菜的一种重要食材，这是到目前为止人们已知的有关这种蔬菜的最早记载。

原文　黄卷一石。[2]

湖南省博物馆等

《长沙马王堆一号汉墓》

注释

[1] 轪侯家黄豆芽：此菜名为笔者所撰，“轪侯家”详见本书“轪侯家牛头羹”。

[2] 黄卷一石：应即黄豆芽或黑豆芽一石。

东汉大盘十二碗家宴图。图中夫妇端坐榻上，榻前一案，案上有食品十二钵（碗），虽难比班固《东都赋》“庭实千品，旨酒万钟”的皇家气派，但碗的组合已讲偶数，实开后世八大碗十二大碗之先河。原图见洛阳市第二文物工作队《洛阳市朱村东汉壁画墓发掘简报》，摄影周立，《文物》1992年第12期

三国名菜

三世长者知被服，五世长者知饮食，此言被服饮食难晓也。

——魏文帝曹丕 《艺文类聚》引《魏书》

曹操蒸鲇鱼

曹操是人们熟知的三国名人，他不仅是公元3世纪一位著名的政治家、军事家，而且还是一位“登高必赋”“雅爱诗章”“甚有悲凉之句”的诗人和美食家。曹操的“何以解忧，唯有杜康”，早已成为传唱千古的名句。而收载于他所作《四时食制》中的蒸鲇鱼，据说还有醒酒止醉的功效。

在宋代李昉等的《太平御览》卷九三七“鳞介部九・鲇鱼”条中，摘录了曹操《四时食制》中的“蒸鲇”。但令人遗憾的是，全文只有这两个字。鲇鱼的鲇又作鲶,鲇鱼又名鳀鱼、鳀鱼等,有海鲇和河鲇之分。曹操《四时食制》中的“蒸鲇”，用的应是河鲇。南北朝时的名医陶弘景说，用鲇鱼“作臛食之，云补”。《食经》说,鲇鱼可治“虚损不足,令人皮肤肥美”，并指出“煮鲶鱼食之，止醉，亦治酒病”。这说明鲇鱼除了具有滋补作用以外，还有不可忽视的醒酒止醉功效。鲇鱼一般体长可达一米以上，鱼肉较紧实，加热时不易碎也不易入味，因此这款鲇鱼应是将鲇鱼净治后，先切块再片成片，用调料稍微腌渍后再放入甑内蒸熟制成。

原文　蒸鲇。[1]

曹操《曹操集・四时食制》

注释

［1］蒸鲇：此菜系从宋代李昉等的《太平御览》卷九三七“鳞介部九・鲇鱼”条辑出，现收入《曹操集》中。

曹操鳣鱼鲊[1]

在唐玄宗时官修的类书《初学记》卷三十“鱼第十”中，收录了曹操《四时食制》关于鳣（zhān）鱼的介绍。这里说的鳣鱼鲊，就来自这段介绍中。

《初学记》所引《四时食制》说：鳣鱼有五斗梳妆盒那样大，长可达一丈。每年三月中旬可在孟津捕捞。肉色黄肥，“唯以作鲊”，并说淮水也有这种鱼。鳣鱼，一说为大鲤鱼，

这件2004年出土于三国合肥新城遗址的陶火锅和浙江杭州市博物馆馆藏的青瓷方盒，是三国时期的特色炊器和食具。其中的青瓷方盒，对照明刊本《三国志通俗演义》“诸葛亮船内畅饮伏周郎”插图可知，这类方盒应是当时船餐宴饮时盛放各色佐酒美肴的器皿。王森、李琳琳、施建平摄于合肥三国文物陈列馆、杭州市博物馆

这是湖北鄂州博物馆藏剖鱼厨俑，1956 年出土于武汉武昌三国墓。厨俑的手姿说明，1800 年前的去鳞刀技，至今仍在沿用。罗少强摄于鄂州博物馆

一说是鳇鱼，这里从鳇鱼说。鳇鱼生活于大的河流中，多栖息于两江汇合、支流入口及急流漩涡处，以其他鱼类为食，现代则常见于东北黑龙江流域。鳣鱼从西周起，是历代帝王祭祀宗庙的鱼品之一。祭祀之外，无论宫廷与民间，也常以鳣鱼作鲊。李时珍《本草纲目》引《翰墨大全》指出，江淮人以鲟鳇鱼作鲊名“片酱”，亦名“玉版鲊”。《初学记》所引曹操《四时食制》未有鳣鱼作鲊的制法，但在宋代《事林广记》等古籍中，却载有“玉版鲊”的详细制法。其大意是：用青鱼、鲤鱼都可以，大鱼取净肉切片，一斤鱼片用一两盐腌一夜，控干后放入花椒、莳萝、姜和米饭等，封严瓮口即可。曹操时代的鳣鱼鲊，其主要调料和制作工艺应与此相类似。还应指出的是，据《医学入门》，鳣鱼除可益气补虚外，还具有醒酒的功效。

原文　鳣鱼[2]，大如五斗奁[3]，长丈，口颔下[4]。常三月中从河上；常于孟津捕之。黄肥[5]，唯以作鲊[6]。淮水亦有。

曹操《曹操集·四时食制》

注释

[1] 曹操鳣鱼鲊：此菜名为笔者所撰。

[2] 鳣鱼：李时珍认为其肉骨煮炙及作鲊皆美，并引宁源的话说，其肉味极肥美，作鲊奇绝。

[3] 大如五斗奁（lián）：像五斗梳妆盒那样大。奁，梳妆器。

[4] 口颔（hàn）下：其口近颔下。颔，下巴。

[5] 黄肥：鳣鱼肉色白、脂色黄如蜡。

[6] 唯以作鲊：以作鲊最美。

曹操松江鲈鱼脍

在东晋干宝的《搜神记》中，有一则关于曹操在筵席上点名上松江鲈鱼脍的趣闻。这则趣闻虽是以方士的幻术为主线，但从中也可以看出至迟在三国初期，松江鲈鱼脍就已是当时筵席上的一味珍馐。

《搜神记》上说，东汉末年的方士左慈，字元放，庐江（今安徽舒城）人。其“少有神通”，为曹操的座上宾。一次，曹操笑着对宾客说：“今日高会，珍馐略备。所少者，

吴松江鲈鱼为脍。”左元放说：“这容易。”于是叫人找来铜盘，倒上水，左元放在钓鱼竿的钩上放上鱼食，然后将鱼钩垂入盘中。不一会儿，便钓上一尾鲈鱼。曹操为此鼓掌，宾客则感到惊奇。曹操说：“一条鱼不够大家吃的，得两条为好。”左元放又接着钓。工夫不大，便又钓上一条，这条鱼长三尺有余（或作二尺余），生鲜可爱。曹操命人当众将鲈鱼切丝作脍，赐给大家。并说：“现在已经有了鲈鱼，可惜还缺蜀中的鲜姜。”左元放说：“这也可以办到。”时间不长，蜀姜也被人送到。左元放在这则趣闻中，颇有今日魔术师的味道，这里暂且不论。从中国菜史的角度来看，这则趣闻至少有这样几点值得关注：1.松江鲈鱼脍在三国初期已为筵席珍馐。2.当时食用松江鲈鱼脍有必用蜀姜的讲究。3.在筵席现场可当众切丝作脍。需要指出的是，松江鲈鱼和鲈鱼是两种鱼。松江鲈鱼属杜父鱼科，自古以今上海市松江县所产者为著名。此鱼体长约12厘米，亚圆筒形，黄褐色，鳃膜和臀鳍基部朱红色，头宽扁。我国沿海均产。肉洁白细嫩，味鲜美。在古代本草书上此鱼又名四鳃鲈，其实松江鲈鱼也只有一对鳃，外观像鳃的那两片为表皮褶皱。鲈鱼为鮨科鱼类，体长可达0.6米，侧扁。口大，下颌突出。银灰色，背部和背鳍上有小黑斑。产于我国沿海。还有一种黄鲈鱼，也属鮨科。体长15厘米左右，同松江鲈鱼大小相近。但其体侧扁，淡黄色，有两条棕黑色横带。头大，口大，下颌稍突出。出产于我国东海、南海等地。由此可知，《搜神记》所述松江鲈鱼长三尺或二尺有余，值得疑问。三国时一尺约为今24厘米，无论是三尺还是二尺，都远远大于松江鲈鱼的体长，而与鮨科鲈鱼体长相似。估计当时传此趣闻者，要么不知这两种鲈鱼的区别，要么当时也把鲈鱼当成松江鲈鱼而混称。

朱然宴宾美食

朱然（182—249）是三国时期东吴大名鼎鼎的人物，其本姓施，后从其养父（舅父）吴郡太守朱治姓。朱然从20多岁起，先后因防曹操南进、擒关羽和抗刘备有功，多次被封侯。其卒时，孙权曾亲自素服举哀。据安徽省文物考古研究所等《安徽马鞍山东吴朱然墓发掘简报》，1984年6月，考古专家从朱然墓出土的漆木器中，发现多件有彩绘图案

漆盘上的贵族生活图。见安徽省文物考古研究所等《安徽马鞍山东吴朱然墓发掘简报》，摄影李新国等，《文物》1986年第3期

的漆器，这里谈的就是其中一漆盘上的“贵族生活图”。

这件漆盘盘径24.8厘米、高3.5厘米，盘上画面分三层，上层即为宴宾图，图中间是一豆形器，内有一勺，左边一男一女当是主人，一侍女立于一旁，右边为两男宾，宾主均跽坐在圆形坐垫上，似正畅谈。座前有一矮足圆盘，上放食物。在中层中间两男子对弈的棋盘前和右侧两驯鹰人的中间，也都分别有一盛有食物的矮足圆盘。关于矮足圆盘内的食物，由于画面模糊，难以辨认其为何种食品，我们试从该墓出土的相关器物中寻找答案。该墓与此盘类似的漆器，还有多件，盘径从20至25厘米多一点的均有。此外该墓出土的青瓷器中有4件青瓷盘，2件浅腹的口径为17.7厘米、底径12.2厘米、高2厘米，2件腹稍深的口径15.8厘米、底径11.3厘米、高2.9厘米。这种底径和腹深的盘，在排除水果和糕点以后，特别是青瓷盘，一般适合盛浓汁的臛或基本无汤汁的脍、鲊、菹等类美食。联系该墓出土的青瓷罐和陶器模型罐中，分别有适合做鲊、菹的盘口壶、卣形壶，做臛或隔水炖类菜肴才用的釜形罐、双耳罐等。至于所用食材，想象中堂堂东吴右军师、左大司马的朱然一家，理当以海鲜水产为主，但在该墓出土的动物类陶质模型中，却只有两只陶鸭和一头陶猪。这说明鸭和猪应是朱府最钟情的常用食材。而以这两种食材为主料的臛等类菜肴，则可能是上述画面圆盘内的美食。

陈思王七宝羹[1]

陈思王即三国时曹操之子曹植，因其生前曾被封为陈王，死后谥思，故世称“陈思王”。七宝羹据说是曹植生前所制的一种驼蹄羹，在当时名气很大。

据故宫珍本丛刊《异物汇苑》引《杜诗注》，陈思王曾制驼蹄为羹，一小盆就值千金，人称“七宝羹”。用驼蹄做的羹为何不叫驼蹄羹而叫七宝羹呢？七宝一词本来自汉译佛经中，《法华经》以金、银、琉璃、砗磲、玛瑙、真珠、玫瑰为七宝，以后人们用七宝来泛指多种宝物。因此可以推知陈思王以驼蹄做的这种羹，一定还有六种珍贵的食材，连同驼蹄一起才能称为“七宝”。这种以当时人们认为的七种美味食材制成珍馐并冠以“七宝”之名在中国古代并不鲜见。如元代《居家必用事类全集》中以羊肉、蘑菇、虾肉、松仁和胡桃仁等制成的“七宝卷煎饼”，清代《清嘉录》记载的杭州人把腊八粥叫作“七宝粥”等。至于曹植的七宝羹，除驼蹄之外另外六种食材是什么？根据当时相关文献、考古资料以及驼蹄的原料特点和羹的工艺要求等，笔者认为红枣、栗子、芋头、蘑菇、梅子和食茱萸的可能性较大。红枣、栗子、芋头在此羹中有调色、调剂口感和食养作用，蘑菇起调色和增鲜作用，梅子和食茱萸一酸一辣，在去除驼蹄异味的同时，还可使此羹具有酸辣口味。

原文　陈思王制駞[2]蹄为羹，一瓯[3]千金，号“七宝羹”。出《杜诗注》。

王世贞《异物汇苑》

注释

［1］陈思王七宝羹：此菜名为笔者所撰。

［2］駞：“驼”的异体字。

［3］瓯：音 ōu，小盆。

诸葛菜

诸葛亮是家喻户晓的三国名人，他的政治智慧和军事谋略早已为世人所乐道，但他在食物选择方面的才华却少为人知，这里的诸葛菜就是一例。诸葛菜虽然是一种时蔬，但作为与三国名人相关的菜肴原料，知其名称由来也饶有兴味。

诸葛菜在历史上有两种说法，一说指芜菁，一说是葸（xī）菜。关于诸葛菜名称的来历，明代李时珍《本草纲目》引唐代刘禹锡《嘉话录》说：“诸葛亮所止令兵士独种蔓菁者，取其才出甲，可生啖，一也；叶舒可煮食，二也；久居则随以滋长，三也；弃不令惜，四也；回则易寻而来，五也；冬有根可食，六也。比诸蔬其利甚博。至今蜀人呼为‘诸葛菜’，江陵亦然。”又引朱辅《溪蛮丛笑》指出：“苗、僚、瑶、佬地方产马王菜，味涩多刺，即‘诸葛菜’也。相传马殷所遗，故名。”但清代吴其濬《植物名实图考》认为诸葛菜是指葸菜，即至今俗称的“二月兰”。笔者认为诸葛菜无论是指芜菁还是葸菜，其冠名应该都与诸葛亮的大力推广有关，并体现了古人对诸葛亮的崇敬和追思。另据李时珍《本草纲目》，北方所产的一种山韭菜也被当地人称为“诸葛韭”。

这件出土于南昌三国墓的青铜鐎斗，器身像一大无底盆与一小盆上下相连，底部有外撇的三足，柄为弧形龙首。关于鐎斗的用途，目前有二说，一说是煮茶器，一说是汉代新炊器。从其器形演变看，早期的鐎斗一般无流、矮足、浅腹，以后三足逐渐变长，说明加热时间延长；口沿和腹均变深，表明所放的食物和水增多；从无流到一侧有流，显示早期的鐎斗应是以用汤来加热带骨鸡块、鸭块或肉块等为主，以后则以温热或炖制羹汤为主。出土的器物组合显示，鐎斗应是放在炭盆或炭炉上加热。与其相匹配的进食具一般为碗、勺或筷子。吴燕摄于南昌市博物馆

沈莹烤鮆鱼[1]

沈莹是三国时吴国的丹阳太守，烤鮆（zhì）鱼是其所撰《临海水土异物志》中提到的一款三国时临海郡一带的名菜。

䱥鱼又名鲚（jì）鱼，为一种暖水性浅海鱼类，常见的有斑鲚和花鲚，体侧扁，长椭圆形，体长约20厘米，银灰色，有黑斑，口小而无牙，以浮游动植物为食。鲚鱼早在西汉时已见于侯门相府的食单上，长沙马王堆一号汉墓出土的竹简中，就有鲚鱼酱的简文。据《临海水土异物志》，因为鲚鱼很肥，所以烤制后味道非常鲜美。特别是其鱼头，更是令人食后难忘。故而当时流传这样的民谚："宁去累世宅，不去鱼额。"祖上传下来的房产都可以不要，但鲚鱼的头不可不吃。看来鲚鱼头在当时人眼中为人间第一美味。根据汉代、三国的相关文献记载和考古资料，这款烤䱥鱼应是将净治过的鱼从脊背剖开后用铁烤扦或竹扦穿上，用木炭炉烤炙而成。

原文　䱥鱼[2]至肥，炙食甘美。谚曰："宁去累世宅，不去鱼额。"

沈莹《临海水土异物志》

注释

[1] 沈莹烤䱥鱼：此菜名为笔者所撰。

[2] 䱥鱼：又名鲚鱼。䱥，音 zhì。

吴地烧海参[1]

这是目前所知古代文献中有关海参性状及其烹调方法的最早记载。沈莹《临海水土异物志》关于此菜的记载表明，这款菜为三国时吴国临海郡的地方菜。当时的临海郡辖境，包括今浙江南部、江西南端、福建东部和中部以及广东东部沿海一带。

海参在当时的临海郡被人们称为"土肉"。沈莹说，这种土肉为"正黑"色，像小儿臂那么大，长五寸，有的版本说"大者一头长尺余"，并说"中有腹，无口目，有三十足"。三国时一尺约为今24厘米，那么，这种黑色、有30个足、长约12厘米、大的长24厘米多、有小孩臂那样粗的海参究竟是哪种海参呢？经比对和请教专业人士，这种海参可能为灰参。关于这种海参的烹调方法，该书中只有两个字："炙食。""炙"本是将主料用扦或叉穿上在火上烤，但在这里似乎不是这样。这是因为海参是一种富含胶原蛋白的烹调原料，适宜用氽、涮和短时间加热挂汁烧。根据汉代至三国的相关文献记载，这款菜用氽、涮或少汁炖的方法制作倒是可能的。

原文　土肉[2]，正黑，如小儿臂大，长五寸[3]，中有腹，无口目，有三十足，炙食[4]。

沈莹《临海水土异物志》

注释

[1] 吴地烧海参：原记载中无菜名，此菜名为笔者所撰。

[2] 土肉：海参。见《记海错》。

[3] 长五寸：长12厘米。三国时一尺约为今24厘米。

[4] 炙食：烧后食用。"炙"在此处应作少汁烧讲。

东吴汆江珧柱

江珧柱最初是指栉江珧后闭壳肌的干制品，这里的汆江珧柱应是其鲜品。根据三国吴丹阳太守沈莹《临海水土异物志》的记载，此菜为当时临海郡的一款特色海鲜菜。

该书中的“玉珧”即江珧柱，沈莹首先介绍了江珧柱的性状：“似蚌，长二寸，广五寸，上大下小。”接着指出：“其壳中柱炙之，味似酒。”栉江珧壳内有两个闭壳肌，壳顶内面的前闭壳肌为椭圆形，壳内中部的后闭壳肌略呈圆形，因此人们一般说江珧有两个柱，但严格说江瑶柱指的是其圆柱形的后闭壳肌。《食物成分表》显示，江珧柱鲜品和干品的脂肪含量分别为 0.3% 和 3.8%，而鱿鱼鲜品和干品的脂肪含量却分别为 1% 和 5.9%，这就是为什么鱿鱼可以作铁板烧之类的烧烤菜主料而少有用烤炙法制作江珧柱的主要原因所在。因此，该书中“炙之”的“炙”应指汆一类的加热法而非烤炙的意思。《临海水土异物志》在历代流传中有多种版本，无论是书名还是内容文字，均有所差异。在清代郭懿行《尔雅郭璞注义疏》所引的《临海水土异物志》中，此条中的“炙”作“啜”。啜音 chuò，即喝。李时珍《本草纲目》引《宛委录》说：“奉化县四月南风起，江珧一上，可得数百。如蚌稍大，肉腥韧不堪。惟四肉柱长寸许，白如珂雪，以鸡汁瀹食肥美。过火则味尽也。”奉化县属沈莹时代的临海郡境内，文中“以鸡汁瀹食”恰与郭懿行所引《临海水土异物志》此条中的“啜”字吻合。再者郭懿行对“玉珧”的“珧”解释说：“珧，众家本皆作濯。盖珧从兆声，与濯音近，故相通借。”这里郭氏从音韵学的角度来说明“玉珧”为何多个版本又写作“玉濯”。但笔者认为“濯”字用在食物加热法上为汆涮之义早在西汉已有先例，长沙马王堆一号汉墓出土的竹简中就有“牛濯胃”等菜例（详见本书“轪侯家涮牛肚”等）。试想，洁白如玉的江珧柱用汆涮法制作，不正是古人眼中的“玉濯”之意韵吗？

吴地炰鲐鱼[1]

在三国吴丹阳太守沈莹的《临海水土异物志》中，有关于鲐鱼性状及其食用方法的介绍。根据该书介绍，炰（fǒu）鲐鱼应是三

细看这件彩绘“烫鸡”画像，右边的女厨已用热水将杀过的鸡外羽煺净，正用瓦盆内的水仔细择去绒毛和残留的羽根。其对面一女似正用双手和面。将鸡的初加工与和面放在一幅图中，古人似乎在告诉我们：魏晋时代河西酒泉地区，炖鸡以面饼或馒头佐食，是当时最流行的一种美食组合。原图见岳邦湖、田晓、杜思平、张军武著《岩画及墓葬壁画》，敦煌文艺出版社，2004 年

国时吴国临海郡的一款地方风味名菜。当时的临海郡辖境，约为今天浙江南部、江西南端、福建东部和中部，以及广东东部沿海一带。

沈莹在该书中指出："鲐鱼两肋，大肉堪脔。"这是说这种鱼的左右两扇全是可以食用的大块肉，言外之意是鱼刺少，特别是没有烦人的小刺。那么鲐鱼是什么鱼？翻开李时珍《本草纲目》，鲐鱼即鲳鱼，也就是鲳科鱼类银鲳，俗名平鱼、叉片鱼等。接着沈莹说出这种鱼的烹调方法，"炰之粳米，其骨亦软"。什么是"炰"？按字书解释，"少汁煮曰炰"（玄应《一切经音义》卷十七《出曜论》"炰煮"）。《齐民要术》有七种关于炰法制作的菜肴。根据这七种炰菜谱，可知炰是一种炝锅后加少量水或不加水的烹调方法，类似于后世的煨或再加蒸。由此可以推想这里的炰鲐鱼，应是分别将鱼炖好、粳米蒸半熟，然后把鱼和米饭放入甑（蒸器）中，洒入豉汁等调料，合蒸后即成。

原文　鲐鱼[2]两肋，大肉堪脔。炰之粳米，其骨亦软。号狗瞌睡[3]，谓无余衍。

沈莹《临海水土异物志》

注释

[1] 吴地炰鲐鱼：此菜名为笔者所撰。

[2] 鲐鱼：即鲳科鱼类银鲳，俗名平鱼、叉片鱼。

[3] 号狗瞌睡：李时珍《本草纲目》"鲳鱼"："广人连骨煮食，呼为狗瞌睡鱼。"

吴地鮸鱼羹[1]

这是沈莹《临海水土异物志》记载的三国时吴国临海郡的一款地方鱼类名菜。当时的临海郡辖境，包括今浙江南部、江西南端、福建东部和中部，以及广东东部沿海一带。

据该书介绍，鮸鱼（又作鳡鱼）状如指，长七八寸，大者如竹，或说其长咫尺、大如竹竿。三国时一尺为今24厘米，那么这种鱼一般长20厘米，是一种圆如手指的小鱼。不过用其"曝作烛，极有光明"。说明这种鱼富含脂肪，很肥。"但有脊骨，好作羹，滑美似饼"，该书有的版本此句又作"宜作羹，滑美"。看来这种小鱼没有小刺，是做鱼羹的上等食材。明代杨慎《异鱼图赞》曾对此鱼赞道："鳡鱼长咫，大如竹竿。爆之为烛，光明有灿。脊骨又美，可作羹餐。"

原文　鮸鱼[2]，如指，长七八寸。但有脊骨，好作羹[3]，滑美似饼。大者如竹[4]，曝作烛[5]，极有光明。

沈莹《临海水土异物志》

注释

[1] 吴地鮸鱼羹：此菜名为笔者所撰。

[2] 鮸鱼：据张崇根先生查对，《格致镜原》等书所引《临海水土异物志》，此句皆作鳡鱼。

[3] 好作羹：据张崇根先生查对，《临海县志稿》所引《异物志》，此句为"宜作羹"。

[4] 大者如竹：据张崇根先生查对，《太平御览》所引《临海水土异物志》，此句为"大

者如竹竿”。

［5］曝作烛：晒干可做蜡烛。

孙权吴余脍

孙权于公元229年在武昌（今湖北鄂州）建吴称帝，旋即迁都建业（今江苏南京），在位24年，是三国帝王中在位时间最长的一位。孙权卒年71岁，曹操66岁，刘备63岁，他又是三国帝王中的高寿者。在饮食文化上，孙权虽不像曹操那样著有《四时食制》，但史籍中也有关于他的饮食传闻，这里的吴余脍便是一例。

宋范成大《吴郡志》卷二十九载：“吴王孙权江行，食脍有余，因弃之中流，化而为鱼。今有鱼，犹名‘吴余脍’者，长数寸，大如箸，尚类脍形。案：此即今之脍残鱼。”将吃剩下的鱼脍扔到江中，鱼脍便化成鱼，这是不可能的，明显是神化孙权的杜撰。但是这件传闻也给我们留下几点可能的历史信息：1. 鱼脍是孙权御膳中的喜食之品，甚至乘龙舟江行也要吃鱼脍，并且是多多益善，非多到吃剩下的撒到江中不可。孙权为吴郡富春（今浙江富阳）人，他爱吃鱼脍当与其家乡风土有关。上世纪50年代，湖北鄂州三国墓曾出土斫脍厨俑，应是当时鱼脍流行吴国的一件物证。2. 这段传闻中“长数寸，大如箸”虽然说的是一种鱼，但是撰者却特意指出其“尚类脍形”，说明孙权所吃的鱼脍与众不同，是条状而不是片状的。由此可以推知，御厨为孙权做鱼脍的鱼应该是少刺的大鱼，其长度不会小于二尺。3. 御厨采用的斫脍刀及其刀技，应与后世山西刀削面的方法相类似。因为只有这样，才能削出“长数寸，大如箸”即大小像筷子那样的鱼条来。4. 从“吴余脍”到“脍残鱼”，其名称应该都是附会这段神化吴王孙权食脍传闻的结果。

两晋名菜

裹鲊味佳，今致君。

——王羲之《裹鲊帖》

秋祠酸味干煸肉丝

古代一年春夏秋冬皆有祭祀，秋祠即其中之一。据《太平御览》卷八五六所引卢谌《祭法》，可知在晋代“秋祠有菹消”，此句后并注：“《食经》有此法也。”

“菹消”是一种什么祭品？北魏贾思勰《齐民要术》所引《食经》正有“菹消法”和“作菹消法”。从此书关于“菹消”的用料及制法来看，“菹消”实际上类似于今天的干煸肉丝配酸菜丝加泡菜汁。将猪肉、羊肉和鹿肉肥的切成丝，酸菜叶切成细如五寸小虫长的丝；先煸肉丝，煸透后放入盐和豉汁，然后加入酸菜丝，最后多放点泡菜汁以使此菜酸味突出即成。分析起来，此菜大约有这样几个特点：1. 是一种干煸热炒型的冷菜。2. 最后放的泡菜汁除了调味以外，还具有防腐杀菌的作用。这对于祭祀类菜品来说，是再好不过的投料保鲜方法。3. 后世的干煸牛肉丝等干煸类菜肴，皆可从这类“消”菜（《齐民要术》另载有干煸鸭肉末的“勒鸭消”）溯源。

菹消（一）[1]

原文　用猪肉、羊、鹿肥者，䪥叶细切[2]，熬之[3]，与盐、豉汁[4]。细切菜菹叶[5]，细如小虫丝，长至五寸，下肉里，多与菹汁令酢[6]。

贾思勰《齐民要术》

注释

［1］菹消（一）：原题“菹消法”。据缪启愉先生《齐民要术校释》和相关文献记载，这里的正文应出自《食经》。

［2］䪥叶细切：（将猪肉等）细切成䪥叶丝。猪肉应是瘦肉，羊肉、鹿肉应是肥的。“消”类菜的主料特点是2/3为瘦肉丝、1/3为肥肉丝。

［3］熬之：干煸肉丝。熬在这里作干煸讲。

［4］与盐、豉汁：放盐、豉汁。

［5］细切菜菹叶：将腌酸菜叶细切成丝。

［6］多与菹汁令酢：多放泡菜汁使（此菜）酸味突出。

菹消（二）[1]

原文　用羊肉二十斤，肥猪肉十斤，缕切之[2]。菹二升[3]，菹根[4]五升，豉汁七升半，切葱头五升。

贾思勰《齐民要术》

注释

［1］菹消（二）：原题“作菹消法”。从正文用料全部量化来看，这里的“菹消”应是宫廷祭祀菜品。

［2］缕切之：（将羊肉、肥猪肉）切成丝。

［3］菹二升：应是酸泡菜汁二升。

［4］菹根：疑为腌芜菁根。此根可切丝，与肉丝相配。

王羲之烤牛心

古代书圣王羲之的书法早已闻名古今中

外，但其年少时曾以一味烤牛心而声名鹊起，却鲜为人知。

据《晋书·王羲之传》，王羲之幼年讷于言，看不出过人之处。13岁那年的一天，王羲之到尚书吏部郎府上去拜访周顗（yǐ），周见了王羲之顿觉眼前一亮，便命人做当时最珍贵的“牛心炙”也就是烤牛心来款待他。不一会儿，当烤牛心上席时，还没等客人们下箸，周便先切下一片让王羲之吃。堂堂的尚书吏部郎当着众人的面给予一个小小少年这样的礼遇，此事很快传开，王羲之从此名扬朝野。从中国菜史的角度看，这段记载首先说明烤牛心是当时上流社会流行的上等美味佳肴；其次，上席后要用刀分割食用，这说明当时的牛心是整块烤制的。根据相关汉晋文献记载、考古资料和烹饪原料知识，在选料方面，这款烤牛心用的应是黄牛心而不是水牛心。在制作工艺上，牛心肌肉纤维紧密，脂肪含量极低，加热时因肌肉紧缩而不易熟，因此当时的烤牛心应与烤牛肝的工艺同类，即烤前先用姜、花椒和豉汁等将牛心腌渍，再用牛网油将牛心包裹好，然后用铁叉穿上在木炭炉上进行烤炙。这样烤成的牛心柔滑香韧，含浆鲜美。关于烤牛心在当时宴席菜品中的位置，史载周嗜酒，烤牛心应是他平日和款待宾客的头等佐酒佳肴。嘉峪关魏晋墓葬壁画上多见主人以烤肉串佐酒的场景，显示以烧烤类菜肴佐酒在当时官宦之家很流行。最后需要指出的是，当时官宦为何以烤牛心为上等珍馐？李时珍《本草纲目》所引《名医别录》关于牛心的食养功效或许能给人以启发。《名医别录》：牛心“主治虚忘，补心”。东晋时，朝野争斗日趋激烈，人心疲惫。“补心”当是迎合了当时上层社会滋补饮食的需求。

羌人煮鹿头

这款菜原名“羌煮”，晋代干宝《搜神记》说：“羌煮……翟之食也。自太始以来，中国尚之。”这里的“太始”应是指西晋武帝司马炎的年号泰始（265—274），“中国”则指中原地区。说明这款菜从晋武帝时开始在中原地区流行。关于羌煮的用料和制法，被《齐民要术》完整保留下来。

羌人煮鹿头可谓源远流长。古代文献记载和考古报告表明，羌人本是以牧羊为主的游牧和狩猎的古老民族。田野考古报告显示，兰州以西至贵德黄河沿岸及其支流洮河、湟水等流域的辛店文化遗址，除出土牛、羊、猪等牲畜遗骸以外，还有鹿等野生动物遗骸，并出土鬲、双耳罐和腹耳罐等烹煮器。这些烹煮器，均具有独特的民族风格。但《齐民要术》关于“羌煮”的记载，无论是从其用料和制法来看，还是从其制作工艺用语来分析，像鹿头肉块“如两指大”、葱白“一虎口”等，以及一个鹿头用二斤猪肉做浓汤的具有量化比例关系的配料要求，都说明“羌煮”进入中原地区以后，已失去原有的古朴风格，而代之以中原化、贵族化和宫廷化，并且很可能是传下来的西晋或东晋的宫廷菜谱。

原文　羌煮法：好鹿头[1]，纯煮[2]令熟。著水中洗[3]，治作脔[4]，如两指大。猪肉琢[5]，作臛[6]。下葱白（长二寸）一虎口、细琢姜及橘皮各半合、椒少许，下苦酒、盐、豉，适口。一鹿头，用二斤猪肉作臛。

贾思勰《齐民要术》

注释

［1］好鹿头：李时珍《本草纲目》载，鹿头肉白煮调五味，可治老人消渴。

［2］纯煮：整个鹿头不加任何作料白煮。

［3］著水中洗：（将煮熟的鹿头）放水中洗。

［4］治作脔：（将鹿头肉）切成块。

［5］猪肉琢：将猪肉剁成末。

［6］作臛：做成肉末浓汤。

何丞相蛇羹

这是目前所知在传世文献中最早见于记载的一款具有具体名称的蛇羹，也是公元3世纪西晋初年出自丞相府的一款名羹。

何丞相即西晋武帝时的丞相何曾（199—278），史载何曾为陈国阳夏（今河南太康）人，三国魏时曾官至司徒，其后为西晋开国元老。何曾饮食奢华，厨膳滋味过于王者，日食万钱还说无下箸处。何曾死后200多年，南朝齐武帝胞弟、豫章王萧嶷有次设宴待客，曾问当时有名的美食家虞悰（435—499）："今天这席美食还有没上到的吗？"虞悰说："可惜没有黄颔臛（huò），何曾《食疏》有记载。"何曾的《食疏》早已亡佚，该书记载的相府珍馐，我们通过《南齐书·虞悰传》才得以略知一二。虞悰在这里提到的黄颔臛，应是一款以黄颔蛇为主料的蛇羹。据李时珍《本草纲目》等文献记载，黄颔蛇即游蛇科动物黑眉锦蛇。此蛇俗称黄喉蛇，长约1.7米左右，多栖于屋内，以鼠、雀为食。古时"丐儿多养为戏弄，死即食之"。河北至长江流域和西南地区均有。黄颔蛇肉气味甘温有小毒，可治被犬咬伤和顽癣恶疮等。臛，同臛，即汤汁较少的肉羹。根据后世蛇羹的制作工艺，可以推想这款蛇羹应是将宰杀后净治过的黄颔蛇斩成段，加姜、陈皮等煮，然后脱去蛇

这三件器具中间的西晋青瓷坛，出土于山东临沂王羲之故居扩建工程。从其形制看，应是当时做菹、鲊之器。王森摄自临沂市博物馆

皮、蛇骨，将蛇肉切块撕细丝，加汤和调料蒸，最后用汤和调料等做成羹。

东晋长者托盘美食

这件宴乐图漆平盘于1997年9月从南昌火车站站前广场北侧东晋墓出土，据考古专家研究，图上共绘有20位人物，其中上面为一绿衣老者抚琴，其右侧红衣老者手捧托盘作进献状；下面系一红衣长髯老者手捧托盘造访，绿衣长髯老者作迎接状；最下方是4位手捧托盘相对而立的侍从及一孩童，周边饰有垂幛、鹿、鱼、飞鸟等。下面我们重点谈托盘内所盛的美食，细看此图，红衣老者手捧托盘内的食品均为长扁圆状，侍从及孩童的则为椭圆形。这些托盘均为长方形，其中红衣老者的都大于侍从及孩童的。在与此图盘同时出土的随葬品中恰有一件长方形托盘，该盘长29.2厘米、宽20.4厘米、通高2.4厘米。该墓附近五号墓也出土了一件这样的托盘，其盘长45.6厘米、宽30.4厘米、通高2.8厘米。据此推知，红衣老者手捧的托盘似为45.6厘米的，侍从及孩童的则为29.2厘米的。再结合图中老者身份、情景等特点，如出大托盘的墓主86岁时死于醉酒，参照《齐民要术》等文献记载，小托盘内的可能为浓汁软烂的"鸭臛"之类，大托盘内的则可能为虞悰的"醒酒鲭鲊"。

漆盘上的宴乐图（摹本）。原图见江西省文物考古研究所等《南昌火车站东晋墓葬群发掘简报》，《文物》2001年第2期

张翰吴地莼羹

张翰是西晋著名文人，他在当时和后世不时被人提起，主要与其归隐之辞——吴地的莼羹等有关。而其故乡的莼羹，是西晋时吴地的第一美味，这也为不少史料所证实。

据《晋书·张翰传》和《世说新语·识鉴》，公元291年至306年，西晋八王争权相斗，史称"八王之乱"，其间张翰在齐王司马冏（jiǒng）执政时被任为大司马东曹掾。上任不久，张翰发现司马冏将败。时值秋风起，于是以思念家乡莼羹、鲈鱼脍等为由请准还乡，并说："人生贵得适志，何能羁宦数千里，以要名爵乎？"

随后便返回家乡吴（今江苏吴县）。张翰到家时日不长，便传来齐王司马冏被长沙王乂（yì）所杀的消息，而张翰则幸免于难。可以看出有先见之明的张翰，是为了避祸而以思食莼羹等为托词退隐，却留下了“莼鲈之思”的典故。据《世说新语·言语》和《太平御览》所引郭子澄《郭子》，西晋的另一位著名文人陆机，是吴郡吴县华亭（今上海市松江）人，有次拜访太原晋阳人王武子，在回答王武子问东吴有什么能与北方的羊酪相比时说：“千里莼羹，未下盐豉。”千里和未下（一说末下）有说为当时吴郡的两个地名，千里指千里湖。不论千里和未下是否为地名，莼羹是当时可与北方羊酪相媲美的吴地第一名菜当无问题。张翰和陆机时代的莼羹是如何制作的，《晋书》和《世说新语》等书中均不见记载。200多年后，在北魏贾思勰的《齐民要术》中收有《食经》的莼羹菜谱。根据相关文献记载和缪启愉先生的研究，这款莼羹应是南朝食品，因此从《食经》“莼羹”可以推知张翰时代的莼羹用料及制法大略。《食经》“莼羹”有两种制法，一种是莼菜、鳢鱼（黑鱼）和咸豉，一种是莼菜、鲐鱼（鲚鱼）和豉汁、盐水。二者在片鱼取片的刀工处理上有所不同，在加热制羹上也略有所异。一种是冷水下莼菜，汤开后放鱼，最后加咸豉；另一种是先将莼菜焯一下，将鱼煮三开后再放入莼菜，也是最后调入豉汁、盐水。

西羌秋鲊

羌族是我国一个古老的民族，据黄烈先生《中国古代民族史研究》，汉代以前，羌族的历史由传说中的姜羌、卜辞中的羌和羌方、西戎中的羌和河湟羌组成。其中河湟羌即西羌，青海湖以东、甘肃临洮以西是古代西羌人比较集中的地区。从东汉初建武中直到东汉末，西羌和东羌曾多次进入关中。到西晋惠帝（290—306年在位）以前，“关中之人百万余口，率其多少，戎狄居半”。黄烈先生认为，所谓“戎狄居半”，主要是指氐人和羌人。羌人本是以牧羊为主的游牧和狩猎民族，这已为文献记载和考古成果所证实。西晋张华（232—300）《博物志》记载的这款西羌美味，从其用料和制作工艺来看，应是进入关中的西羌人吸收中原文化的一个成果。

原文　秋鲭[1]：西羌仲秋月，取赤头鲤以为鮨[2]。又，仲秋月，取赤头鲤子[3]，去鳞破腹，使脊割为渐米烂燥之[4]，以赤秫米饭、盐、酒令糁之[5]，镇不苦重[6]，踰月乃熟[7]，是谓“秋鲭”。

张华《博物志》

注释

［1］秋鲭：又作“秋鲊”，应即秋天所制的鱼鲊。

［2］取赤头鲤以为鮨：用红头鲤鱼来做鱼鲊。“鮨”，音zhī，鱼酱，此处作“鲊”解。

［3］取赤头鲤子：取红头小鲤鱼。

［4］使脊割为渐米烂燥之：根据《齐民要术》“作鱼鲊”法，此句宜标点为：“使脊割，为斩（渐）勿烂，燥之。”意思是：从鲤鱼的脊背割起（因鲤鱼脊两侧各有一条黑筋，极腥，去筋以除腥味），将鱼切成块，块不要太小，

洗净后将水控干（燥之）。

［5］令糁之：要调匀作糁。

［6］镇不苦重：用（石头）压得不要太重。

［7］踰月乃熟：过一个月（鱼鲊）就制成了。踰，同“逾”。

王羲之裹鲊

古代书圣王羲之的《王右军集》中，有《裹鲊帖》一篇。此帖文字不多，只有18个字，不仅是中国古代书法的瑰宝，也是中国菜史中一条难得的史料。

此帖的全文是：“裹鲊味佳，今致君。所须可示。勿难，当以语虞令。”意思是裹鲊味道很好，现在送给您。如果您吃着好，可尽管吩咐。不必客气，您的吩咐对我来说就是快乐。帖中提到的“裹鲊”，应是当时的一种新鱼鲊。关于这种鱼鲊，此帖中虽然只有两个字，但《齐民要术》中恰好有这种鱼鲊的制法及其风味特色的介绍。《齐民要术》成书时间距王羲之时代不过一二百年，二者鱼鲊名称相同，《齐民要术》所述内容应与王羲之时代的不会有大的出入，并且很有可能是王羲之帖中所言的那种“裹鲊”的菜谱。按照《齐民要术》“作裹鲊法”，将鱼块洗净撒上盐和米饭，然后10块一裹，用荷叶将鱼块包裹起来。只需三两天，裹鲊便成了，因此又名“暴鲊”。打开裹鲊时，因为“荷叶别有一种香”，所以“奇相发起香气”，其香味胜过其他鱼鲊。与汉代以来的其他鱼鲊相比，王羲之时代的裹鲊具有以下特点：1. 鱼块入瓮前先用荷叶包裹，这是为了使裹鲊具有诱人的荷香。2. 这种鲊三两天就成了，可说是一种速成鲊。而其他的鲊需时少则20天，多则一个月。3. 在调料的投放上，“有茱萸、橘皮则用”，没有也无妨。

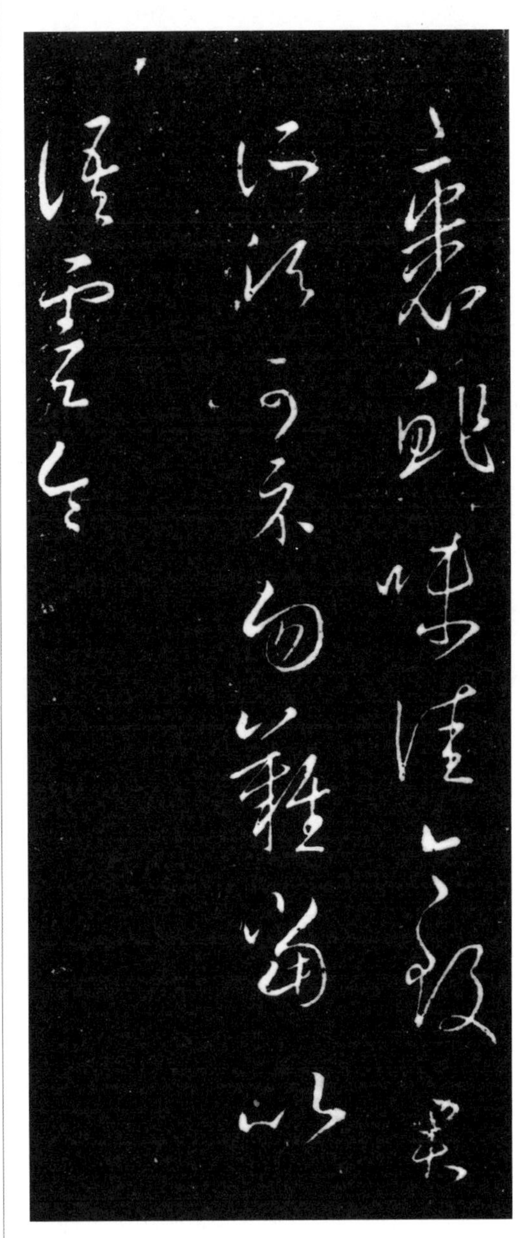

《裹鲊帖》。见曾菩、君如编《王羲之书法全集》，北京广播学院出版社，1992年

4. 在制作工艺上，不必再用水将鱼块浸泡并将水分压出。5. 做其他鲊春秋最好、冬夏不佳，而裹鲊却在夏季荷叶茂盛时制作并享用，颇有裹鲊荷香喜夏日的诗意。

原文　脔鱼[1]，洗讫[2]，则盐和糁[3]。十脔为裹[4]，以荷叶裹之，唯厚为佳，穿破则虫入。不复须水浸、镇迮之事[5]。只三二日便熟，名曰“暴鲊”。荷叶别有一种香，奇相发起香气，又胜凡鲊。有茱萸、橘皮则用，无亦无嫌也。

贾思勰《齐民要术》“作裹鲊法”

注释

[1] 脔鱼：将鱼切成块。

[2] 洗讫：洗完。

[3] 则盐和糁：然后放盐和糁。糁，音sǎn，这里指蒸熟的米饭。

[4] 十脔为裹：10块一裹。

[5] 不复须水浸、镇迮之事：不必再将鱼用水浸和压榨出水。

嘉峪关烤肉串

在嘉峪关市东北20公里新城的戈壁滩上，分布着一个长达20多公里的古墓群，这就是1972年考古发现并闻名中外的嘉峪关新城魏晋墓群。墓群中有6座墓的墓室有壁画，其中西晋时期六号墓的墓室壁画中，出现频率最高的画面是烤肉串。根据张朋川《嘉峪关魏晋墓室壁画》和岳邦湖、田晓、杜思平、张军武《岩画及墓葬壁画》，从画面上来看，六号墓墓室壁画中的烤肉串工具，不同于山东诸城凉台东汉孙琮墓画像石和《齐民要术》“胎炙”法。孙琮墓画中的烤肉串是一根烤扦，《齐民要术》之“胎炙”是有两个叉刃（两歧簇）的烤叉，而嘉峪关新城六号墓壁画中的烤肉串则是有3个叉刃的烤叉。

经笔者对六号墓壁画中人物身高臂长与烤叉长宽比对后进行测算，烤叉全长应为60厘米左右，其中穿肉的叉刃长度应为25厘米左右，叉柄长度应为35厘米左右。类似于这种3个叉刃的铁质烤叉，1983年广州西汉南越王墓曾有出土（详见本书“南越王烧烤系列”）。值得关注的是，壁画中叉刃上所穿的

嘉峪关晋墓之上烤肉串图。原图见岳邦湖、田晓、杜思平、张军武《岩画及墓葬壁画》，敦煌文艺出版社，2004年

每块肉均不是见棱见角的长方形或正方形肉块，而是略呈圆形或卵圆形。根据《齐民要术》“脂炙”法，这种形状的烤制肉料，应是将羊肉等主料切剁成泥，再加入盐、姜、椒、胡芹、豉汁等调料，搅匀后将肉泥团成肉丸，裹上羊网油，穿在叉刃上。由于这种肉丸往叉刃上穿时不容易成形，因此每个叉刃上一般只穿 3 个肉丸，中间的叉刃则穿 4 个肉丸，每个肉丸之间的间距约为一个肉丸。这与通常烤羊肉串烤扦上的肉块一块挨一块明显不同。经测算，这种烤叉上的卵圆形肉丸，每丸长约 6 厘米、宽 2 厘米、高 2.5 厘米，用肉量应在 25 克左右。两边叉刃上各 3 个肉丸，中间叉刃上 4 个肉丸，一个烤叉上计有 10 个肉丸，那么每个烤叉用肉量应在 250 克左右，这足够一个人饮酒享用。张朋川先生在《嘉峪关魏晋墓室壁画》中指出，六号墓壁画中那位享用这种烤肉串的人，其身份应为千石或二千石的郡长一级的西晋高官。至于这种烤肉串与用肉块穿成的烤肉串相比，其精妙之处在于肉丸入口更香滑细嫩，且一咬应即鲜汁溢出。当初发明者追求的应是这种含浆滑美的味觉快感。

张华石发蒸肉

西晋名宦张华（232—300）在其所撰《博物志》中记载了一款石发蒸肉。这是迄今所知在传世的古代文献中，最早见于记载的以蕨类植物食材和陆生动物肉组配而成的蒸类菜。

张华在《博物志》中说：“石发：生海中者长尺余，大小如韭叶。以肉杂蒸食，极美。”据《说文解字》和《名医别录》等古代字书和本草典籍，石发又名水衣、陟厘、石衣、藫、水苔、侧梨、水绵等。王子年《拾遗记》说，晋武帝赠赐张华侧理纸，“乃水苔为之，后人讹陟厘为侧理耳。此乃水中粗苔，作纸青黄色，名苔纸”。李时珍《本草纲目》引东晋郭璞（276—324）的解释说：“藫，水苔也。一名石发，江东食之。”李时珍并指出，石发气味甘、大温、无毒，主治心腹大寒、温中消谷，强胃气，止泄痢等。从张华等人对石发的生长环境、形态特征等来看，石发似是一种类似于海带、裙带菜等的海产藻类食物，但实际上石发是生长于阴湿岩石上的一种食、药两用蕨类植物。李时珍在《本草纲目》中指出：“石发有二，生水中者为陟厘，生陆地者为乌韭。”无论是石发还是乌韭，在现代植物学看来都是蕨类植物。从张华“以肉杂蒸食，极美”的记载来看，石发在所含呈鲜味物质上，应与肉类食材有互补或叠加效应，否则张华不会做出这款菜味道“极美”的评价。

原文　石发[1]：生海中者长尺余[2]，大小如韭叶。以肉杂蒸食[3]，极美[4]。

张华《博物志》

注释

[1] 石发：又名石衣、水衣、陟厘等，是一种生长于阴湿岩石上的蕨类食物。

[2] 生海中者长尺余：古代把生长在湖泽和陆地、形态相似的一种蕨类植物均称为石

发或陟厘。

［3］以肉杂蒸食：这里未说什么肉，根据当时食俗，猪肉、羊肉可能性较大。

［4］极美：即（味道）很美。传统名菜山东丸子即以海产鹿角菜和猪肉做成美味蒸丸。

葛洪猪肉羹

先秦及汉代曾有用白煮的方法制作的猪肉羹，那是专门用于祭祀和礼仪的一种太羹。东晋名医葛洪在白煮猪肉的基础上加了一把生茅根，就变成了可治黄疸的食疗猪肉羹。这种羹与太羹类的猪肉羹还有一点不同：太羹类的猪肉羹是用带骨猪肉，而葛洪用于食疗的这种猪肉羹用的则是一斤猪肉。

这款羹曾收入葛洪的《肘后备急方》中，但该书久已亡佚。多亏古代中、日、朝多部医药典籍曾引用该书，使葛洪的医学成果得以传至今日。这款猪肉羹菜谱，就是严世芸等先生从日本《医心方·卷第十》（984年）中辑出的。菜谱中的生茅根即禾本科植物白茅的根茎，具有凉血、止血、清热、利尿的功用，可治黄疸等病症。黄疸是指身、面、目、小便俱黄的病症，中医将其分为阳黄和阴黄两类，认为阳黄是由胃脏湿热等所致，阴黄是由脾脏寒湿不运等所致，多见于肝胆系统疾患、胰腺炎等。关于猪肉羹为何加入生茅根即能治黄疸，《本草经疏》指出，因生茅根可“益脾补中，利小便，故亦治水肿黄症”。

原文 《葛氏方》[1]云：黄病有五种，谓黄汗、黄疸、谷疸、酒疸、女劳疸也。又名治黄疸，一身面目悉黄如橘方：生茅根[2]一把，细切，以猪肉一斤，合作羹，尽食。

丹波康赖《医心方·卷第十》

注释

［1］《葛氏方》：即葛洪《肘后备急方》。

［2］生茅根：禾本科植物白茅的根茎，具有凉血、止血、清热、利尿的功用，可治黄疸等病症。

铜铛煎焖鱼

1997年9月，南昌火车站站前广场北侧东晋墓出土了一件铜三足炉，据江西省文物考古研究所等《南昌火车站东晋墓葬群发掘简报》，出土时盘盖斜放在炉盘的一侧，盘内有灰白色蜡状物及一对银火拨，盘底有马蹄形三足，盖径21.9厘米，盘径21厘米，高11.1厘米。从其形和盘内遗存物来看，应是《齐

东晋三兽足青铜炉。吴燕摄于南昌市博物馆

民要术》"鸭煎""鸡鸭子饼"等菜谱中提到的一种"铜铛"，盘内的"灰白色蜡状物"似为煎制这类菜肴的"膏油（猪油）"。在南昌市博物馆展台上，有一东晋三兽足青铜炉（见图），除无盖外，其形制与这三件铜足炉相近。这类有盖的铜铛除了煎、煸以外，还可用于煎焖鱼类等菜肴，应是当时富贵之家在厅堂享受现场制作精致美食的专用炊器。

范汪羊肉汤

范汪是东晋名宦兼名医，著有《范汪方》，又作《范东阳方》。唐代名医孙思邈在《千金要方·大医习业》中说，要想成为"大医"，必须精通张仲景、范汪等人的经方。这里的羊肉汤，就是《范汪方》多种羊肉汤中的一种，也是东晋时具有范汪特色的一款食疗名汤。

据《范汪方》记载，这款汤菜要用羊肉、商陆根各一斤，制作时先刮去商陆根的皮，切片，煮烂，去掉汤中的滓，放入羊肉，加入葱、盐、豉，做成汤汁较少而浓的臛即成。《范汪方》指出，此汤可治"卒肿满身面皆洪大"，可随意食之，喝几次就会见效。肿消了也可以做，不过要忌狗肉。用料中的商陆根，为商陆科植物商陆的根，"味酸有毒。疗胸中邪气、水肿"等，总之可通二便治水肿等。《中药大辞典》引临床报道称，有以商陆和五花肉同煮后饮用，对急慢性肾炎及其他原因所致的水肿、腹水均有效果，并无副作用。但因商陆根苦寒有毒，此汤又为食疗品，故应在医生指导下采用。

原文　疗卒肿满身面皆洪大：商陆根[1]一斤，刮去皮，薄切之，煮令烂，去滓，内羊肉[2]一斤，下葱、盐、豉，亦如常作臛法[3]。随意食之。肿差后，亦可宜作此。可常捣商陆，与米中拌，蒸作饼子食之。忌犬肉。数用愈。

范汪《范汪方》

注释

[1] 商陆根：即商陆科植物商陆的根，有通二便治水肿等功用。

[2] 内羊肉：加入羊肉。内，即"纳"，此处作加入讲。

[3] 亦如常作臛法：就像平时做臛的方法。臛，汤汁较少的肉羹。

范汪羊肺羹

羊肺羹是《范汪方》中的一款食疗名羹。在传世的古代文献中，这是迄今所知最早的食疗羊肺羹。

《范汪方》称，制作此羹除了一具羊肺以外，还要加少许羊肉，调味则用盐。羹做成后，吃多吃少随意，不过三具羊肺就会见效。此羹可治尿频。从《范汪方》的原文来看，此羹实际上是清炖羊肺。关于此羹主料羊肺的作用，唐孙思邈《千金要方·食治门》：羊肺可"治小便多，伤中，补虚不足，去风邪"，有补肺气、调水道等功用，因此能治尿频等。此羹的辅料羊肉，一是可使此羹味鲜美，二是辅助羊肺取补中益气安心止惊的功用。总之，此羹以羊肺为主料、羊肉为辅料，采用的应是后世所言的中医脏器食疗法。羊肺羹中的盐，除了调味能让尿频者美餐此羹外，还具有引经作用。按中医说法，咸归肾咸走肾，尿频多为肾虚所致，故用盐以引药气入肾，即可奏效。由于此羹食疗效果颇佳，所以唐代医圣孙思邈《千金要方》、名医昝殷的《食医心镜》以及宋代《太平圣惠方》等中医药典籍中，均有与此羹相类似的记载。

原文　疗小便数而多方[1]：羊肺羹：内少许羊肉合作之[2]，调和盐[3]。如常食之法，多少任意[4]。不过三具效[5]。

范汪《范汪方》

注释

[1] 疗小便数而多方：治疗尿频的方子（是）。数，此处音 shuò，指小便次数多。

[2] 内少许羊肉合作之：加入少许羊肉一起做羹。内，即“纳”，加入。按：此句前未说用多少羊肺，根据正文最后一句“不过三具效”，可以推知一份羊肺羹用一具羊肺为主料。

[3] 调和盐：调味用盐。

[4] 多少任意：每次吃多吃少随意。

[5] 不过三具效：不过三具羊肺就见显效。

范汪羊油炒藠头

羊油听着就腻人，但是在《范汪方》中，却有一款用羊腰窝油炒藠（jiào）头来治疗妇女产后诸痢的药膳菜。

范汪在该书中指出，对妇女产后诸痢的治疗，宜将藠头煮后食之，越多越好。将肥羊肉去掉脂肪，做烤肉吃也可以，或者用羊腰窝油炒藠头吃，尤佳。藠头又名薤（xiè）白、薤根、菜芝、荞子等，为百合科植物小根蒜或薤的鳞茎。《名医别录》说其性味苦温无毒，可除寒热、去水气，温中散结等。《千金要方·食治门》称其能生肌肉、利产妇等。关于藠头为何能治产后诸痢，《本草求真》指出：“薤，味辛则散，散则能使在上寒滞立消；味苦则降，降则能使在下寒滞立下；气温则散，散则能使在中寒滞立除；体滑则通，通则能使久痼寒滞立解。是以下痢可除……实通气、滑窍、助阳佳品也。”羊腰窝油则因具补虚、润燥、祛风、化毒之功而可治久痢等。从烹调学的角度来看，根茎类的藠头需要用较多的油进行烹调才能使其色香味俱佳，且其属于需要借助荤味的“馋料”。因此从配料上来说，这二者的组配实属绝配。同时，这是一款以动物脂肪为底油来炒根茎类蔬菜的药膳菜，说明至迟在东晋范汪时代，最具中国烹调特色的食物熟制法——炒，已出现在食疗菜的制作中，这应是中国菜史上一个重要的样本。

原文　治产后诸痢：宜煮薤白[1]食之，唯多益好。用肥羊肉去脂，作炙[2]食之。或以羊肾脂[3]炒薤白食，尤佳。

范汪《范汪方》

注释

［1］薤白：即百合科植物小根蒜或薤的鳞茎，又名藠头等。

［2］作灸：应即做烤肉。灸，应作“炙”。炙，此处指烤肉。

［3］羊肾脂：即羊腰窝油。其包在羊肾（腰子）外面，用其炒菜有特殊香味。

袁台子铜魁羊蝎子

袁台子是辽宁省朝阳市市区南12公里的一个村，铜魁是1982年11月该村东晋墓出土的一件铜器。据辽宁省博物馆文物队等《朝阳袁台子东晋壁画墓》，该器出土时，器内有六节羊脊椎，也就是俗称的羊蝎子。这一考古发现为东晋北方名菜录提供了一件难得的实证，同时也为铜魁的用途带来了新认识。

铜魁发现于汉代，其器形系从半个葫芦的瓢演变而来，过去常与勺或匜混同，目前考古界对其用途主要有二说，一说为盛羹之器，一说盛酒器。但在该墓出土的12件铜器中，与这件铜魁有关的是铜镀和铜钵。其中铜镀底部有烟炱痕，应是烹煮羊蝎子等带骨羊肉的炊器；铜钵内也盛有羊蝎子两节，应是类似于碗的盛食器。而这件铜魁，敞口，圆唇，浅腹，凸底，矮圈足，口缘一侧有曲柄。通高16厘米，口径22.7厘米，柄长9.5厘米。从其形制及大小来看，与铜钵相比，应是温食器，即将铜镀中炖好的羊蝎子取出，放进铜魁内，吃时用勺再将羊蝎子盛入铜钵内。该墓出土的壁画奉食图中，有一人左手提魁、右手提勺的画面，可为佐证。看来盛有羊蝎子的铜钵与铜魁在同一墓出土，有助于对铜魁用途的进一步确定。这件铜魁凸底，有曲柄的特点，也为该器可以在烧石或灶火上随时加热器内的羊蝎子提供了推想空间。考古界的研究表明，铜魁的流行年代以西晋为主，早期主要分布在山东地区，后来扩散到东北一带。该墓的年代为公元4世纪初至4世纪中叶。其时该地曾一度为慕容鲜卑建立的前燕国都，墓主人应系慕容鲜卑上层。另外，该墓出土的一漆盘内也有羊蝎子、羊头和羊腿骨。这件铜魁等铜器以及漆器中的羊蝎子等，应为墓主人生前常食的经典鲜卑美食。

这是2007年出土于杭州余杭的西晋青瓷谷仓。施建平、李琳琳摄自杭州市博物馆

葛洪蒸乌鸡

葛洪（约283—363），字稚川，自号抱朴子，丹阳句容（今江苏句容）人，是三国时吴国方士葛玄的重孙，东晋著名医学家、道教理论家和炼丹术家。后携子侄到广州罗浮山炼丹，终年80岁。这款蒸乌鸡，出自其《肘后备急方》中。在传世的古代文献记载中，这是迄今所知最早的以乌鸡为主料的药膳菜。

根据该书记载，制作这款菜要用一只母乌鸡，宰杀净治后，将一斤切好的生地黄和二升饴糖放入鸡腹中，封严后放入铜器内，再放入蒸锅中，蒸熟后取出，即可吃肉喝汤，但不要放盐。三个月可做三次。葛洪说，凡是男女因积劳虚损，或大病后不能很快康复等，都可以做此菜。南北朝时的名医姚僧垣曾对此菜的食疗功效做出如下评价："神良。并止盗汗。"

原文　凡男女因积劳虚损，或大病后不复，常若四体沉滞，骨肉痛酸。吸吸少气，行动喘惙，或小腹拘急，腰背强痛，心中虚悸，咽干唇燥，面体少色；或饮食无味，阴阳废弱，悲忧惨戚，多卧少起。久者积年，轻者才百日，渐至瘦削，五脏气竭，则难可复振。又方：乌雌鸡[1]一头，治如食法，以生地黄[2]一斤切，饴糖[3]二升，内腹内[4]，急缚[5]，铜器贮甑中[6]，蒸五升米久[7]。须臾取出，食肉饮汁，勿啖[8]盐。三月三度作之。姚云[9]："神良，并止盗汗。"

葛洪撰 陶弘景补辑

《补阙肘后百一方》

注释

[1] 乌雌鸡：即乌母鸡。唐孟诜《食疗本草》：乌雌鸡"温，味酸。无毒"。

[2] 生地黄：玄参科植物地黄的根茎，具滋阴养血等功用。

[3] 饴糖：为米、麦等粮食经发酵制成的糖类食品，有补虚润燥等功用。

[4] 内腹内：（将生地黄、饴糖）放入鸡腹内。内，同"纳"，这里作放入讲。

[5] 急缚：（将鸡腹口）紧紧捆好。急，这里作紧。

[6] 铜器贮甑中：（将鸡盛在）铜器内再放入蒸锅中。甑，蒸器。

[7] 蒸五升米久：蒸五升米的时间。

[8] 啖：吃。

[9] 姚云：应指南北朝名医姚僧垣说。

葛洪苦酒煮鲤鱼

东晋名医葛洪的《肘后备急方》中曾有多款以鲤鱼为主料的食疗菜，这里的苦酒煮鲤鱼就是其中的一款。

这款鲤鱼食疗菜谱是由严世芸等先生从日本《医心方》（984年）中辑出的。这是一款治疗身面皆肿的鲤鱼菜，大鲤鱼一尾，用三升苦酒（醋）煮，煮至苦酒尽时即可吃鱼。但要注意不要吃米饭和盐、豉等，肿没消时可以再做，即可治愈。在传世的《补阙肘后百一方》中，此菜谱中的苦酒作醇酒，《范汪方》作醇苦酒；不要吃米饭等作"勿用醋及盐豉他物杂也"；"不过”作“不过三两服，差”。到底是苦酒还是醇酒？《名医别录》：苦酒可“消痈肿，散水气，杀邪毒”。李时珍在《本草纲目》“醋”条中指出：“大抵醋治诸疮肿积块，……无非取其酸收之义，而又有散瘀解毒之功。”而谈到酒时，他则强调：“酒后饮茶，伤肾脏，……兼患痰饮水肿、消渴挛痛之疾。”另外，从南北朝以至唐宋医药典籍引用的此菜谱来看，也以苦酒居多。

原文　《葛氏方》[1]治卒肿身面皆洪大方：凡此种，或是虚气，或是风寒气，或是水饮气，此方皆治之：用大鲤鱼一头，以淳苦酒[2]三升煮之，令苦酒尽，乃食鱼。勿食饭及盐豉他鲑也[3]。不过再作便愈[4]。

丹波康赖《医心方·卷第十》

注释

[1]《葛氏方》：即葛洪《肘后备急方》。

[2]淳苦酒：即苦酒，醋。李时珍《本草纲目》引陶弘景关于醋为何叫苦酒的解释：“醋酒为用，无所不入，愈久愈良，亦谓之醯。以有苦味，俗呼苦酒。”

[3]勿食饭及盐豉他鲑也：《补阙肘后百一方》作“勿用醋及盐豉他物杂也”。

[4]不过再作便愈：《补阙肘后百一方》作“不过三两服，差”。

周处端午炖龟

周处（？—297）是西晋义兴阳羡（今江苏宜兴南）人，曾任建威将军等职，是西晋有名的大官。明代李时珍《本草纲目》“水龟”条曾引述周处《风土记》关于江南人端午炖龟的习俗，这使我们得知炖龟在西晋时是江南地区端午节的应节菜品。

周处《风土记》早已亡佚，从唐《初学记》和《本草纲目》等古代类书、本草书所引用的内容来看，该书主要记载了西晋时周处家乡一带的岁时节俗。李时珍《本草纲目》引周处《风土记》称：“江南五月五日煮肥龟，入盐、豉、蒜、蓼食之，名曰‘葅龟’。取阴内阳外之义也。”这条记载对炖龟的主料、调料、制法及菜品名称都已述及，唯食用此菜是为“取阴内阳外之义”有些令今人费解。不过李时珍在《本草纲目》“水龟”条开篇指出：“龟形象离，其神在坎。上隆而文以法天，下平而理以法地。背阴向阳，蛇头龙颈。”文中“龟形象离，其神在坎”的“离”和“坎”，分别是《周易》中表示火和水（云）的八卦名称。由此可知西晋人端午吃炖龟是为取吉祥之意的。

慕容鲜卑馥煮鱼

1982年11月，考古专家在辽宁省朝阳市袁台子东晋墓墓室北部，发现一椭圆形漆盒，盒内分四格，其中一格有一具鱼骨。

我们在本书“袁台子铜魁羊蝎子”中已经谈到，该墓墓主人应为慕容鲜卑上层人士，其墓出土的铜器及漆器内有羊脊骨等，这些自应在鲜卑食谱之列，但出土鱼骨却使人们对当时慕容鲜卑上层的盘中餐有了新认识。出土时有这具鱼骨的漆盒在铜镀的南侧，说明这尾鱼当年应系以铜镀煮制而成。令人稍感遗憾的是，相关考古报告未有这具鱼骨为何鱼之骨的科学鉴定资料。检点该墓自然与历史地理，该墓以北三公里是历史上有名的大凌河，汉唐时该河名白狼水，至今仍养殖鲤鱼、草鱼、鲫鱼等，推想当年这尾鱼应出自该河。综上所述，公元4世纪初至4世纪中叶，在前燕国都的慕容鲜卑上层的美食单中，除了经典的镀煮带骨羊肉以外，还有水煮鱼。

张尚书解酒汤

张尚书即东晋北魏之际敦煌人张湛，东晋十六国时曾任北凉沮渠蒙逊的兵部尚书。张湛是位才子，曾注《左传》《列子》，并撰《养生要集》十卷，解酒汤是其《养生要集》中的一款食疗汤。

张湛的《养生要集》久已亡佚，其部分内容散见于《太平御览》和日本的《医心方》等

这是2007年出土于杭州余杭的西晋青瓷簋。施建平、李琳琳摄自杭州市博物馆

古代中、日典籍中。这里的解酒汤，就是从《医心方》辑出的。将芜菁和小米加水煮熟，然后去滓，待凉后再喝，即可解酒。张湛说，“此方最良”。随后张湛又分别介绍了三种解酒汤，即粳米汤、赤小豆汤和生葛根汤的制作和饮用方法。从古代本草典籍可知，这四种解酒汤的主料大多具有利尿和健胃等功用。芜菁开胃下气利湿解毒，可治食积不化利小便；小米养肾气可去脾胃中热，治胃热消渴利小便；粳米健脾和胃止烦渴，煮粥可利小便等；赤小豆利水除湿消肿解毒，可健脾胃利小便；生葛根升阳解饥除烦止渴，可开胃下食主解酒毒。现代科学显示，人醉酒后需要补充水分，并需食用一些具有健胃、利尿、促进胆汁分泌、增强肝脏解毒功能等的食物，以利尽快消除醉酒症状。这4种主料均以汤的款式被醉酒者享用，在补充水分的同时又能尽快将酒毒排出体外，是一种应该深入研究的自然疗法食疗汤。

原文　《养生要集》云：治大醉烦毒、不可堪方：芜菁菜并小米，以水煮令熟，去滓，冷饮之则解。此方最良。又方：以粳米作粥，取汁，冷饮之，良。又方：赤小豆以水煮，取汁一升，冷饮之，即解。又方：生葛根捣绞取汁，饮之。

丹波康赖《医心方·卷二十九
“治饮酒大醉方”·第十八》

两晋南方蔬食

蔬菜是中国菜的重要食材，在《齐民要术》

卷二至卷四中，贾思勰记载了北魏辖境内35种蔬菜及调料的种植方法。而在该书第十卷中，贾氏以摘引前代著述的方式，汇辑了主要产于北魏疆域以南的50多种蔬菜及调料的相关记载。贾氏征引的这些前代著述，从先秦至魏晋的都有，其中又以两晋的居多，但大部分久已亡佚。因此，这部分内容对中国菜史特别是晋代南方食材的研究来说弥足珍贵。

从菜式的制法来看，《齐民要术》第十卷涉及两晋蔬食的记载可以分为4种或5种，但其中还没有清炒之类的烹调法。

一、生食　当时生食的蔬菜主要有优殿、薇和苕等4种，其中薇和苕已见于先秦文献，这4种蔬菜的记载来自晋徐衷《南方草物状》、晋郭璞《尔雅注》和晋《诗义疏》等。在生食方式上，值得关注的是晋时已出现以豆酱汁为蘸食调味品。贾氏引晋徐衷《南方草物状》称："合浦有菜名'优殿'，以豆酱汁茹食之，甚香美可食。"合浦为地名，在今广东省。这应是目前发现的用豆酱汁蘸食鲜蔬的最早记载。

二、腌渍与焯拌　据贾氏所引郭璞《尔雅注》和晋裴渊《广州记》（一为晋顾微撰），当时腌渍与焯拌的蔬菜，分别是雍菜、隐忍、木威和天葵（一说是紫背天葵）4种，其中隐忍既可腌渍又可焯拌。据缪启愉先生《齐民要术校释》，雍菜即空心菜；隐忍即甜桔梗；木威又名"乌榄"，与橄榄同属，用其瓤肉为菹叫"榄豉"，色如玫瑰，味颇美。

三、做羹　用来做羹的是薇、苍耳、羊蹄、蒌蒿和东风菜等6种。据贾氏所引郭璞《尔雅注》、晋裴渊《广州记》（另一本晋顾微撰）和晋《诗义疏》，这9种蔬菜分别用来做不同的羹。如羊蹄可单独做羹，蒌蒿可以做鱼羹，东风菜则可以和肥肉相配做荤素羹。这9种中另有3种身份难于考订的做羹食材：1. 夫编。缪启愉先生认为，根据《本草拾遗》等本草典籍，夫编可能为现在的中草药"无漏果"。贾思勰引《南方草物状》称："夫编树，野生……五六月成子，及握，煮投下鱼、鸡、鸭羹中，好。"2. 石南。据缪启愉先生研究，《齐民要术》所引《南方记》中所说的石南，在《图经本草》记载的两种以外。但这种石南果，七八月成熟，"人采之，取核，干其皮，中作肥鱼羹，和之尤美"。3. 乙树。缪先生说，未悉是何种植物。据贾氏引《南方记》，乙树生在山中，取其叶捣后煮，然后曝干，味辛，可"投鱼肉羹中"。

四、蒸　据贾氏所引郭璞《尔雅注》和晋《诗义疏》等，当时用蒸法制作的蔬菜有藷（山药）、莪蒿、苹、土瓜和藻等9种。如莪蒿是单独蒸，"二月中生，茎叶可食，又可蒸，香美，味颇似蒌蒿"。藻则是同米面一起蒸，"藻，水草也，生水底。有二种：其一种叶如鸡苏，茎大似箸，可长四五尺；一种茎大如钗股，叶如蓬，谓之'聚藻'。此二藻皆可食。煮熟，挼去腥气，米面糁蒸为茹，佳美。"藜："衮州人蒸以为茹，谓之'菜蒸'。"

用上述4种制法做成的蔬类菜肴，一般用来下饭，有的可佐酒，如五敛子；还有的可供宗庙祭祀，如薇，这应是从先秦流传而来。另外，贾氏在该卷中还引《字林》称：蕲（原书此字上有草字头），"草，生水中，其花可食"。这是古代食花的一条较早记载。

南北朝名菜

（白梅）调鼎和齑，所在多入也；乌梅入药，不任调食也。

——贾思勰《齐民要术·种梅杏第三十六》

肉类名菜

北魏烤牛上脑

牛通脊即牛脊背两侧的肉，餐饮业内又将其分为三部分，即最上部的短脑、中部的上脑、下部的扁担肉（又名扁肉）。其中上脑肉纤维平直细嫩，肉丝中含有微薄而均匀的脂肪，断面呈大理石状的花纹，肉质疏松而富有弹性；短脑肉中含有筋膜；扁担肉肌肉纤维细长，质地紧密，肉中没有筋膜和脂肪，是纯瘦肉。这三部分肉中最适宜烤炙的是上脑，因此贾思勰《齐民要术》"捧炙"所说的牛膂肉，应是指牛上脑肉。贾思勰记录的这种"捧炙"法，从其边烤边割的粗犷的方式来看，应是流行在北魏境内具有北方游牧民族特征的一种古老烤肉法。

原文　捧炙[1]：大牛用膂[2]，小犊用脚肉[3]亦得。逼火偏炙一面[4]，色白便割[5]；割偏又炙一面[6]。含浆滑美。若四面俱熟然后割，则涩恶不中食也。

贾思勰《齐民要术》

注释

[1] 捧炙："捧"字后原注"或作棒"。

[2] 大牛用膂：大牛用通脊。膂，同"吕"，即吕脊，今作通脊，此部位肉分三部分，肉质均细嫩，但其中适宜烤炙的是肥瘦相间的上脑。

[3] 小犊用脚肉：小牛用（后）腿肉。

[4] 逼火偏炙一面：将肉靠近火只烤一面。

[5] 色白便割：肉色变白便可以割下来（吃）。

[6] 割偏又炙一面：割完了再烤另一面。偏，"遍"的异体字。

北魏烤牛肚领

牛肚领是牛瘤胃中一块很厚的胃肌，因其形似衣领，故俗称"肚领"。牛肚领质地细而纤维较长，适宜汤爆、油爆、卤炖和烤炙；牛百叶是牛的瓣胃，扁圆形，内壁由层层排列的大小叶瓣组成，因此俗称"牛百叶"。牛百叶叶片薄而脆，遇热即熟，主要用汤爆或芫爆法制作，用炙子烤也是可行的。贾思勰《齐民要术》中有"牛胘炙"，按《说文解字》的解释，牛胘（xián）即牛百叶，那么牛胘炙就是烤牛百叶。但从我们在前面介绍的牛肚领与牛百叶的食材特点和适宜的烹调方法来看，这里的"牛胘"应是指牛肚领。而且贾思勰在此菜谱中也说"老牛胘，厚而脆"，"厚而脆"明显是牛肚领的特点。再从烤法上分析，此菜是边烤边割边吃，即如《齐民要术》所说，是用旺火快烤，"然后割之，则脆而甚美"，烤牛百叶则不会有这种烹调结果，因此这里的牛胘炙应是烤牛肚领。

原文　牛胘炙[1]：老牛胘，厚而脆。刬穿[2]，痛蹙令聚[3]，逼火急炙[4]，令上劈裂，然后割之，则脆而甚美。若挽令舒申[5]，微火遥炙，则薄而且肕[6]。

贾思勰《齐民要术》

注释

[1] 牛胘炙：即烤牛肚领。

[2] 刬穿：用烤扦穿上。此从缪启愉先生释。刬，音 chǎn，此处作烤扦讲。

[3] 痛蹙令聚：用力压穿好的牛肚领，以使它紧实。蹙，音 cù，此处作压讲。

[4] 逼火急炙：靠近火快速翻动烤。按："逼"字在现代粤方言中仍有此义。

[5] 若挽令舒申：用烤扦穿直肚领。

[6] 则薄而且肕：则味道薄而且老肕（韧）难嚼。

南朝肉蹄冻片

利用牲畜类头、蹄富含胶原蛋白的特点，将其制成凝冻类佐酒冷菜，是中国人在古代食物烹调方面一项了不起的创造。这里的南朝肉蹄冻片，是迄今所知在传世文献中最早的一份凝冻类冷菜谱。此谱原题"苞牒法"，据《说文解字》，苞，"草也"；牒，"薄切肉也"。但这里的"苞"有将肉蹄冻用茅草包裹之意，"牒"则是指冷藏后的肉蹄冻薄片。调料中的橘皮和用来包裹肉蹄冻的白茅均为南方特产，表明这是一款南朝或更早的南方名菜。

原文　苞牒[1]：用牛、鹿头、肫蹄[2]，白煮。柳叶细切[3]，择去耳、口、鼻、舌，又去恶者[4]，蒸之；别切猪蹄[5]，蒸熟；方寸切，熟鸡鸭卵[6]；姜、椒，橘皮、盐，就甑中和之[7]，仍复蒸之，令极烂熟。一升肉，可与三鸭子[8]，别复蒸令软[9]。以苞之：用散茅为束附之[10]。相连必致令裹[11]，大如鞾雍[12]，小如人脚蹲肠[13]。大，长二尺；小，长尺半。大木迮之[14]，令平正，唯重为佳。冬则不入水。夏作，小

这是山西大同市博物馆展出的北魏平城时期一幅《贵族宴饮图》。从展台上的说明可知，这幅壁画是 2008 年 4 月考古专家在大同富乔垃圾发电厂建设工地北魏墓群九号墓内发掘出土，题记为北魏和平二年（461 年）。图中墓主人端坐于屋宇下，其下方杯盘罗列，侍者正忙于备食。画面上还有胡人舞乐、杂技表演，再现了北魏平城时期拓跋鲜卑贵族的宴饮生活。李静洁、赵飞飞摄自大同市博物馆

者不迮，用小板挟之。一处与板两重，都有四板，以绳通体缠之，两头与楔𥜥之两板之间，楔宜长薄，令中交度，如楔车轴法，强打不容则止[15]。悬井中，去水一尺许[16]。若急待，内水中[17]。用时去上白皮，名曰“水腤”。

又云：用牛、猪肉，煮，切之如上，蒸熟，出，置白茅上，以熟煮鸡子白三重间之[18]，即以茅苞，细绳概束[19]，以两小板挟之。急束两头，悬井水中。经一日许，方得。

又云：藿叶薄切[20]，蒸。将熟，破生鸡子，并细切姜、桔，就甑中和之，蒸、苞如初[21]。奠如“白腤”[22]，一名“迮腤”是也。

贾思勰《齐民要术》

注释

[1] 苞腤：原题为“《食次》曰：‘苞腤法。’”。据正文，苞腤实是“肉蹄冻片”。

[2] 用牛、鹿头、肫蹄：用牛头、鹿头、豚蹄。牛，疑脱“头”字。肫蹄，即乳猪蹄。

[3] 柳叶细切：即切成柳叶片。

[4] 又去恶者：再去掉不好的。

[5] 别切猪蹄：另外切上猪蹄。

[6] 熟鸡鸭卵：熟鸡鸭蛋。按：今粤方言中仍存鸡卵、鸭卵词。

[7] 就甑中和之：都放入甑中调好。

[8] 可与三鸭子：可放三个鸭蛋。按：前面把鸭蛋写作“鸭卵”，这里又作“鸭子”，可见此谱非一人一时所撰抄。

[9] 别复蒸令软：另外再把肉蒸软。

[10] 用散茅为束附之：用散茅为带放在蹄肉上。

[11] 相连必致令裹：相连的地方一定要让散茅把蹄肉裹上。

[12] 大如鞞雍：包好的蹄肉大的像靴筒那样粗。鞞(靴)雍，靴筒。此从缪启愉先生释。

[13] 小如人脚蹲肠：小的像腿肚子那样细。缪启愉先生说：“蹲，正字作‘腨’，《说文》：‘腨，腓肠也。’《正字通》：‘俗曰脚肚。’”（见缪启愉等《齐民要术校释》）

[14] 大木迮之：用大木头压上。

[15] 强打不容则止：用力打不进去为止。

[16] 去水一尺许：离水面一尺许。

[17] 内水中：放入水中。内，同“纳”。

[18] 以熟煮鸡子白三重间之：将煮熟的鸡蛋白每隔一层（肉）放一次，共放三次。

[19] 细绳概束：用细绳系紧密。概，音jì，这里作紧讲。

[20] 藿叶薄切：将蹄肉切为大而薄的片。

[21] 蒸、苞如初：蒸、苞的方法像开头所讲的那样。

[22] 奠如“白腤”：盛的方法像“白腤”那样。

胡炮肉

将填满羊肉的羊肚放入火坑中烤熟，这就是《齐民要术》中的“胡炮肉”。“炮肉”本是中国先秦时就有记载的一类名菜，其前面的“胡”字表明，这是一款来自“胡”地或具有“胡”风味的炮肉。那么这里的“胡”是指哪个民族或地域呢？要想搞清这里的“胡”字所指，应从此菜所用的特色调料入手。这是因为这种烹调法具有鲜明的游牧民族色彩，例如在元代蒙古皇帝的宫廷食谱《饮膳正要》中，就有将雁肉放入羊肚中烤的“烧雁”。因此如果仅从这种烹调法来分析，那么柔然、敕勒、哌哒等当时活跃于欧亚草原的游牧民族，都有可能成为此菜名中的“胡”字所指，这样一来便难于分辨了。但有一点是肯定的，即这里的“胡”应把鲜卑人排除。因为把此菜谱收入《齐民要术》的贾思勰，身为北魏王朝的高阳太守，将自己的最高统治者鲜卑人公开称作“胡”，这种情况在当时是不存在的。苏联饮食民族学家阿鲁丘诺夫在《国外亚洲各民族的饮食民族学》中指出：“各种辛香作料和调味品在食品制作中有巨大的作用，能使食品具有只为该种烹调法特有的香味、鲜味特点。”因此，从此菜特色调料入手，将会大大缩小“胡”字所指的范围，有助于我们搞清“胡”字所指。

这款“胡炮肉”采用了七种调料，其中浑豉、葱白、姜和花椒为中国本土特产，胡椒和荜拨则来自域外。美国学者劳费尔和薛爱华研究认为，胡椒和荜拨最初生长在缅甸和阿萨姆，后来传入印度，以后从印度传入波斯，又经波斯运到亚洲各地。据张星烺先生《中西交通史料汇编》、宋岘先生《古代波斯医学与中国》和美国学者劳费尔《中国伊朗编》、薛爱华《撒马尔罕的金桃》，公元3世纪中叶至5世纪20年代，罗马帝国同西晋、东晋和十六国的前凉都有过使节和贸易往来，胡椒和荜拨应是这一时期由罗马帝国使者或商人经丝绸之路传入中国的。公元5世纪至6世纪，萨珊波斯（226—642）遣使北魏和西魏10次。在北魏国都平城（今山西大同）遗址和西安何家村，曾分别出土萨珊波斯铜杯、银碗和银盘。文献记载和考古成果说明，伴随波斯使节和商人来华，其医学与饮食文化也随之传入中国。在中国的汉语文献中，关于这两种调料用于饮食的最早记载，一是西晋张华（232—300）《博物志》中的“胡椒酒”，二是这里的“胡炮肉”。这两种调料传入中国后，在名称、用料和出品上都特点鲜明。从名称上看，胡椒是中国本土式称谓，荜拨则是梵语波斯语的汉译。在用料上，这两种调料经常在同一种食品或饮料中出现，而这恰恰来自梵文医典或波斯药方。唐段成式《酉阳杂俎》中“今人作胡盘肉食皆用之”的记载说明，在美食的文化分野上，这两种调料为“胡盘肉食”所必用。段氏所言的胡盘，当为出土的波斯银盘之类；“胡炮肉”应即“胡盘肉食”之一种。考虑到早在公元前5世纪，印度教已开始奉行素食主义，胡椒和荜拨传入中国时是以印度医学或波斯医学药材兼调料的面貌出现，因此印度当不在“胡炮肉”的“胡”之列。综上可知，在当时的语境下，“胡炮肉”的“胡”指波斯的可能性大。还要说明的是，这款菜的名称和调料的组配已经显示，这已不是一道完全意义上的胡食，而是将草原文化、印度与波斯文化和中国中原文化融为一体的新潮菜。

原文　胡炮肉[1]：肥白羊肉（生始周年者[2]，杀），则生缕切如细叶[3]，脂亦切。著浑豉[4]、盐、擘葱白[5]、姜、椒、荜拨[6]、胡椒，令调适[7]。䌷[8]之。以切肉脂内于肚中[9]，以向满为限[10]，缝合。作浪中坑[11]，火烧使赤，却灰火[12]。内肚著坑中，还以灰火覆之，于上更燃火，炊一石米顷[13]，便熟。香美异常，非煮炙之例[14]。

贾思勰《齐民要术》

注释

[1] 胡炮肉：原题“胡炮肉法”。炮，据原注，音 páo，主料在热灰中烧烤。石声汉教授据“胡”字将此菜译为“外国炮肉法”，缪启愉先生《齐民要术校释》此处未释。

[2] 生始周年者：生下刚一岁的白羊。

[3] 则生缕切如细叶：羊宰杀后趁新鲜切成细丝。

[4] 著浑豉：加入整粒豆豉。

[5] 擘葱白：撕碎的葱白。

[6] 荜拨：胡椒科植物荜拨未成熟的果穗。果略呈圆球形，味辛香，有特异香气。

[7] 令调适：要将羊肉、羊脂和调料调匀。

[8] 䊩：同“翻”。

[9] 以切肉脂内于肚中：将切好调匀的羊肉羊脂馅填入羊肚中。内，同“纳”，此处作填入讲。

[10] 以向满为限：以刚满为度。

[11] 作浪中坑：挖个中部陷下的火坑。此从缪启愉先生释。

[12] 却灰火：去掉灰火。

[13] 炊一石米顷：炮的时间，大约为蒸一石米的工夫。

[14] 非煮炙之例：不是煮肉叉烤肉之类（的菜肴所能比的）。

北魏肉酱

这是迄今所知在传世文献中最早的一份肉酱谱。肉酱是中国古代的一种酿造类菜肴，《周礼》等记载先秦礼制的文献中均可见其大名“醢”。但关于先秦及汉代肉酱的用料和制法，目前以汉代经学家郑玄对《周礼·天官冢宰·醢人》的这段注释为详：“作醢及臡者，必先膊干其肉，乃后剉之，杂以粱曲及盐，渍以美酒，涂置瓶中，百日则成矣。”相比之下，《齐民要术》中的这份肉酱谱，大约有以下特点：1. 在主料加工、主要原料和所用器物等用语方面，如剉、曲、瓶等，均沿用了郑玄时代的词语，且主要工艺也与郑玄所言相类似，说明这份肉酱谱系从汉代流传而来。2. 用料均已量化，主料与配料之间的数量比例明确，酿造期明确。3. 对主料、配料及制酱月份等均有明确要求，并记载了多条制酱技术经验。如用料“勿用陈肉，令酱苦腻”“酱出无曲气便熟矣”等。

原文　肉酱[1]：牛、羊、獐、鹿、兔肉皆得作。取良杀新肉[2]，去脂，细剉[3]。陈肉干者不任用。合脂令酱腻。晒曲令燥[4]，熟捣，绢簁[5]。大率肉一斗，曲末五升、白盐两升半、黄蒸[6]一升，曝干，熟捣，绢簁。盘上和令均调，内瓮子中[7]。有骨者，和讫先捣，然后盛之。骨多髓，既肥腻，酱亦然也。泥封[8]，日曝。寒月作之，宜埋之于黍穰积中，二七日开看[9]，酱出无曲气[10]便熟矣。买新杀雉煮之[11]，令极烂，肉销尽[12]，去骨取汁，待冷解酱[13]。鸡汁亦得。勿用陈肉，令酱苦腻。无鸡、雉，好酒解之。还著日中[14]。

贾思勰《齐民要术》

注释

[1]肉酱：原题“肉酱法”。按：在古代，以动物性食物为原料做的酱为常见的菜肴。为了使这类酱具有诱人的色香味，制作时须加入曲末和黄蒸（带麸皮的面粉做的酱曲）。曲末可使肉酱香味独特，黄蒸可使肉中的蛋白质水解生成氨基酸，并促进酱醪的生化反应而将肉变为肉酱。这说明，古代以动物性食物为原料做的酱，属发酵酿造食品范围。

[2]取良杀新肉：取新杀的动物的肉。

[3]细剉：细剁。

[4]晒曲令燥：把曲晒干了。

[5]熟捣，绢簁：反复将曲捣细，用绢筛筛。簁，音 xí，古代一种筛子。

[6]黄蒸：见本文注[1]。

[7]内瓮子中：放入瓮子中。内，同“纳”。

[8]泥封：用泥封住瓮口。

[9]二七日开看：过十四天打开瓮看看。

[10]酱出无曲气：见瓮内出现酱汁没有曲的气味（就熟了）。

[11]买新杀雉煮之：买新杀的野鸡来煮。

[12]肉销尽：肉都烂到汤中的时候。

[13]待冷解酱：待雉汤凉了用来澥酱。

[14]还著日中：再放在正午的太阳下晒。

北魏速成肉酱

按汉代经学家郑玄对《周礼·天官冢宰·醢人》中“醢”的注释，先秦和汉代的肉酱酿造出品期为100天，到北魏时常规肉酱已缩短为14天，而且这时还出现了只需一天的速成肉酱。

通过对出品期14天和这款一天的肉酱谱比对之后，发现这款肉酱速成的因素是：1.用料中加入了好酒一斗；在同等量的主料（肉）前提下，白盐少用了一升半。2.所有原料装入制酱瓶中密封后，要将瓶放到烧热的草木炭火坑内，上盖干牛粪，点燃后要“通夜勿绝”。3.为使此酱香美，吃的时候要浇上葱花香麻油。

原文　卒成肉酱[1]：牛、羊、獐、鹿、兔、生鱼，皆得作。细剉肉[2]一斗，好酒一斗，曲末五升，黄蒸末[3]一升，白盐一升，曲及黄蒸，并曝干绢簁[4]。唯一月三十日停，是以不须咸，咸则不美。盘上调和令均，捣使熟[5]，还擘破如枣大[6]。作浪中坑[7]。火烧令赤，去灰，水浇，以草厚蔽之[8]，令坩中才容酱瓶[9]。大釜中汤煮空瓶，令极热，出，干。掬肉内瓶中[10]，令去瓶口三寸许[11]，满则近口者焦。椀盖瓶口，熟泥密封。内草中[12]，下土厚七八寸[13]，土薄火炽，则令酱焦；熟迟气味美好。是以宁冷不焦。焦，食虽便，不复中食也。于上燃干牛粪火，通夜勿绝。明日周时[14]，酱出便熟[15]。若酱未熟者，还覆置，更燃如初。临食，细切葱白，著麻油炒葱令熟[16]，以和肉酱，甜美异常也。

贾思勰《齐民要术》

注释

[1] 卒成肉酱：原题“作卒成肉酱法”。卒成，速成。

[2] 细剉肉：细剁的肉。

[3] 黄蒸末：带麸皮的面粉做的酱曲。详见本书“北魏肉酱”注[1]。

[4] 并曝干绢簁：一并晒干过绢筛。簁，见“北魏肉酱”注[5]。

[5] 捣使熟：把它们捣透。

[6] 还擘破如枣大：再掰成枣大的块。

[7] 作浪中坑：挖一个中部陷下的火坑。据缪启愉先生考释，这里的“浪”是“烺”的借音字。

[8] 以草厚蔽之：用草厚厚地掩盖上。

[9] 令坩中才容酱瓶：使坑中仅能容下一个酱瓶。坩，缪启愉先生说为“坑”字之误。

[10] 掬肉内瓶中：双手将肉料放入瓶中。内，同“纳”。

[11] 令去瓶口三寸许：肉料要离瓶口三寸许。

[12] 内草中：放入草中。内，同“纳”。

[13] 下土厚七八寸：瓶上覆的土厚七八寸。

[14] 明日周时：次日过了一昼夜。

[15] 酱出便熟：瓶内出现酱汁便熟了。

[16] 著麻油炒葱令熟：放胡麻油将葱炒香。熟，这里借指“香”。

北魏度夏白脯

据葛洪《神仙传》和卢谌《祭法》，汉晋时，以牛、羊、鹿等肉做的肉脯，一是仍用于祭祀，所谓“春祠用脯”；二是用来佐酒，《神仙传》中记汉末成武侯刘表犒劳三军“有酒一器，脯一盘”，并“赐兵人三杯酒、一片脯，万人皆同”。到北魏时，又出现了专门用来度过炎炎夏日的“白脯”。贾思勰在《齐民要术》中记载的这款“度夏白脯”，由于是在农历腊月或正月、二月、三月制作而到夏季才食用，所以称之为“度夏白脯”；“白脯”中的“白”则是因为这种肉脯制作时只放白盐花椒，未放豆豉、葱、姜和橘皮，口味清淡而不浓，故谓之“白脯”，意即清淡不腻的肉脯。“白脯”的这一特点，正好迎合了人们在炎夏既想吃肉又要不油腻的口味需求。

原文　度夏白脯[1]：腊月作最佳。正月、二月、三月，亦得作之。用牛、羊、獐、鹿肉之精者，杂腻则不耐久。破作片，罢[2]，冷水浸，搦去血[3]，水清乃止。以冷水淘白盐，停取清，下椒末，浸。再宿出[4]，阴干。浥浥时[5]，以木棒轻打，令坚实。仅使坚实而已，慎勿令碎肉出。瘦死牛羊及羔犊弥精[6]。小羔子，全浸之。先用暖汤净洗，无复腥气，乃浸之。

贾思勰《齐民要术》

注释

[1] 度夏白脯：原题“作度夏白脯法”。

白脯，不加豉汁的干肉片。

［2］罢：全切完了。

［3］搦去血：按去血。搦，音 nuò，按。

［4］再宿出：浸两天捞出。再宿，两天。

［5］浥浥时：潮干时。浥，音 yì，湿润。

［6］弥精：全要精肉。

北魏五香肉脯

这款肉脯在《齐民要术》中叫“五味脯”，是农历正月、二月或九月、十月用牛、羊、鹿等牲畜肉做的。因为肉条是用葱、姜、花椒、橘皮、盐和豆豉调制的骨汤腌渍过，所以称“五味脯”。在这种肉脯制作工艺中，最值得关注的是骨汤的制作和应用。按照《齐民要术》的介绍，先将牛骨或羊骨砸碎，然后白煮，其间要去掉浮沫，凉凉。再取上部的清汤，加入豆豉，煮后去滓留清汤，最后放入盐、葱、姜、花椒、橘皮末，调匀即可用来浸肉条。这是目前所知在传世文献中关于骨汤制作和应用的最早记载。

原文　五味脯［1］：正月、二月、九月、十月为佳。用牛、羊、獐、鹿、野猪、家猪肉，或作条，或作片［2］，罢［3］。凡破肉，皆须顺理，不用斜断。［4］各自别搥牛羊骨令碎，熟煮取汁，掠去浮沫，停之使清。取香美豉，别以冷水淘去尘秽。用骨汁煮豉，色足味调，漉去滓。待冷下盐，适口而已，勿使过咸。细切葱白，捣令熟［5］；椒、姜、橘皮，皆末之［6］，量多少，以浸脯。手揉令彻［7］。片脯三宿［8］则出，条脯须尝看味彻乃出。皆细绳穿，于屋北檐下阴干。条脯浥浥时［9］，数以手搦令坚实［10］。脯成，置虚静库中［11］，著烟气则味苦。纸袋笼而悬之［12］。置于瓮则郁浥，若不笼，则青蝇尘污。腊月中作条者，名曰“瘃脯”［13］，堪度夏。每取时，先取其肥者。肥者腻，不耐久。

贾思勰《齐民要术》

注释

［1］五味脯：原题“作五味脯法”。这里的五味脯，即五香干肉（片）。五味，即文中的葱白、姜、椒、橘皮和盐豉。

［2］或作条，或作片：或切成条，或切成片。

［3］罢：完了。指将牛肉等全部切成条、片后。

［4］凡破肉，皆须顺理，不用斜断：凡切肉，都必须顺着肉纹，不可斜切。

［5］捣令熟：要将（葱白）捣烂。

［6］皆末之：都加工成末。

［7］手揉令彻：用手揉以使五味汁浸透肉条。

［8］三宿：三天。

［9］条脯浥浥时：肉条潮干时。浥，音 yì，浥浥，湿润。

［10］数以手搦令坚实：多用手把肉条按坚实。搦，音 nuò，按。

［11］置虚静库中：放在宽敞洁净的仓库中。

［12］纸袋笼而悬之：用纸袋将脯套上再挂起来。笼，套上。

［13］瘃脯：经腊月风冻而成的干肉。瘃，音 zhú，肉经风冻。

北魏蒸羊肉

蒸羊肉在先秦时期就已是一款名菜，长沙马王堆三号汉墓出土帛书《五十二病方》中，还记载了用来治疗蛊病的蒸羊肉食疗汤（详见本书“马王堆蒸羊肉”）。但在传世文献中关于蒸羊肉制作工艺的详细记载，却以公元6世纪贾思勰在《齐民要术》中留下的这份“蒸羊法”为最早。这份蒸羊肉菜谱，主料和部分调料的投料比例已经量化，即一斤羊肉要用一升葱白。其次是制作工艺流程交代清楚，羊肉切后浇上豉汁，再放上葱白，蒸熟后即可食用。后世的蒸羊肉与这里的蒸羊肉在工艺和调料的使用上大约有以下不同：1. 这里的蒸羊肉是生肉直接蒸，后世的多先将羊肉切大块白煮，凉凉后切整齐的长条片，码放在碗内，浇上羊汤或鸡鸭汤，蒸后将羊肉条倒扣在盘内即成。2. 这里的蒸羊肉只用豉汁和葱白来调味，后世的则一般用葱、姜和盐等调料，叫“清蒸羊肉”，加卤虾油的则叫“虾油清蒸羊肉”。

原文　蒸羊法：缕切[1]羊肉一斤，豉汁和之，葱白一升著上，合蒸。熟，出，可食之。

贾思勰《齐民要术》

注释

［1］缕切：切成丝。

北魏烤羊肉串

贾思勰《齐民要术》中的“腩炙”，是目前所知关于中国烤羊肉串等肉串制作工艺的最早的文字记载。尽管从出土的山东、河北等地汉墓庖厨图像上来看，烤羊肉串制作工艺至迟在东汉末年已经相当成熟，但迄今在两汉、三国、两晋和十六国的文献中，还未发现这方面的记载。从《齐民要术》“腩炙”谱关于此菜用料、初加工、肉块腌渍和烤法的文字叙述特点来看，此谱应是从汉代传至北魏并流行于北魏境内的口授记录谱，是到北魏时历代厨师关于烤羊肉串技术经验的口传实录。这份“腩炙”谱不仅给出了将羊肉切成多大块的尺寸、腌渍羊肉块都用哪些调料，而且至少还有两点后世厨师秘而不传的技术诀窍：1. 用于羊肉块腌渍的调料量不要大，要“仅令相淹”即可；腌渍的时间也不要长，稍腌一会儿就可以烤，即“少时便炙”，并说如果腌的时间长了，羊肉块会老而不嫩。2. 烤时羊肉串离火要近，要不停地转动羊肉串，待肉串发白时即可食用。如果烤时羊肉串在火上忽上忽下，会使羊肉串因所含的脂肪化尽而导致肉块柴而不香。

原文　腩炙（一）[1]：羊、牛、獐、鹿肉皆得。方寸脔切[2]。葱白研令碎，和盐、豉汁，仅令相淹[3]，少时便炙[4]。若汁多久渍，则肕[5]。拨火开，痛逼火，回转急炙。[6]色白热食，含浆滑美。若举而复下，下而复上，膏尽肉干，不复中食[7]。

贾思勰《齐民要术》

注释

［1］腩炙（一）：腩，音 nǎn。通观《齐民要术》，“腩”字为腌渍的意思。现代粤方言的“腩”字，与牛（牛腩）、猪（猪腩）、火（火腩，即火腿）等字分别组成表示动物性食材某个部位的词，因而已与这里的“腩”字义相去甚远。这里的腩炙，实是渍烤羊肉串。

［2］方寸脔切：切成一寸见方的块儿。

［3］仅令相淹：只让调料汁刚淹没肉串。

［4］少时便炙：腌一会儿便烤。

［5］则肕：则老韧嚼不动。

［6］拨火开，痛逼火，回转急炙：把火拨大，肉串离火要近，勤转动肉串来烤。

［7］不复中食：不再好吃了。按：前面谈了腌渍肉块的要求（仅令相淹，少时便炙）和经验（若汁多久渍，则肕），这里则说到烤肉串的规程（拨火开，痛逼火，回转急炙，色白热食）和禁忌（若举而复下，下而复上，膏尽肉干，不复中食）。

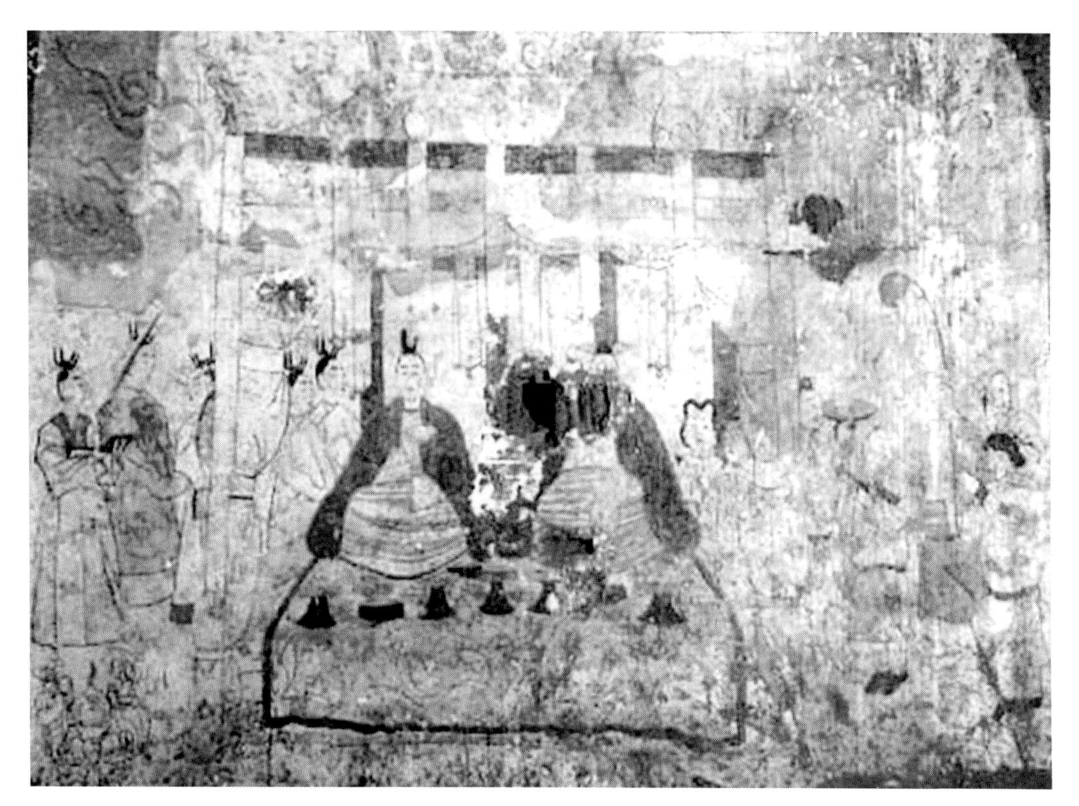

这幅墓室壁画正中坐在榻上的二人，《发掘简报》认为系墓主人夫妇。榻前八个高足豆和平底盘内，分别盛有条、片及球状食品。从其颜色、形状、所用餐具和《齐民要术》相关记载来看，似是墓主人生前喜食的跳丸炙一类的佳肴，从中可窥知北齐后期朔州军政长官的食生活。原图见山西省考古研究所等《山西朔州水泉梁北齐壁画墓发掘简报》，摄影厉晋春，《文物》2010 年第 12 期

北魏烤羊网油裹馅

这份菜谱应是北魏高阳太守贾思勰于公元6世纪从《食次》摘入《齐民要术》中的。原文“胎炙”,早在东汉时即已出现在刘熙《释名·释饮食》中。此菜谱中关于这类菜肴的用料和制作工艺，也与刘熙对“胎炙”的解释基本一致，说明这里的“胎炙”至迟应是从汉代流传而来。此菜谱中主料和调料南北方特产均有，特别是用羊网油裹馅、用有两个扦的烤叉穿被烤物等，都表明“胎炙”到北魏时已成为流行于其辖境内的名菜。

原文　胎炙[1]：用鹅、鸭、羊、犊、獐、鹿、猪肉肥者，赤白半[2]，细研熬之[3]；以酸瓜菹[4]、笋菹[5]、姜、椒、橘皮、葱、胡芹，细切；盐、豉汁，合和肉，丸之[6]，手搦为寸半方[7]，以羊、猪胳肚撤裹之[8]。两歧簇两条簇炙之[9],簇两脔[10],令极熟。奠,四脔[11]。牛、鸡肉不中用。

贾思勰《齐民要术》

注释

［1］胎炙：原题“《食经》曰：‘胎炙。’”。缪启愉先生认为应作“《食次》曰：‘胎炙。’”。胎，音 xiàn；胎炙，即烤网油裹馅。

［2］赤白半：精肉肥肉各一半。

［3］细研熬之：细细剁成泥。按：这里的“熬”与“研”同义，均为细剁之义。放在一起使用，起强调剁细的程度。石声汉教授将此句译为“斫碎，炒熟”，肉馅炒熟了，就失去黏性而松散，无法团成肉丸，下面的“丸之”就难于实现。

［4］酸瓜菹：酸味腌瓜。

［5］笋菹：酸味腌笋。

［6］合和肉，丸之：（将调料）同肉泥放在一起搅和均匀，做成丸子。

［7］手搦为寸半方：用手（将肉丸）团拍成一寸半见方的块儿。搦，音 nuò，捏，握持，此处作团、拍讲。

［8］以羊、猪胳肚撤裹之：以羊或猪的网油包上肉泥块。

［9］两歧簇两条簇炙之：用有两个扦的两件烤叉穿上来烤。

［10］簇两脔：每个扦上穿两块。

［11］奠，四脔：盛时，每份四块。

北魏烤羊肝

根据《齐民要术》提供的菜谱，制作这款烤羊肝，先要将羊肝切成长一寸半宽五分的块，用葱、盐和豉汁腌渍后，再用羊网油裹上羊肝块，穿在烤扦上，烤熟即可。这种用羊油将羊肝块包裹后进行烤炙的工艺，人们并不陌生。先秦时周代八珍之一的烤狗肝卷，西汉初期长沙国轪侯家的烤狗肝，汉高祖刘邦的烤牛肝等，用的都是这种工艺。只不过主料在北魏时变成了羊肝或牛肝、猪肝。上世纪80年代，笔者的同事张立德先生曾谈起他在内蒙古插队时的饮食。锡林郭勒盟东乌珠穆沁旗的草原蒙古族人，将羊宰杀后割下羊肝，撕下网油，再用网油包裹羊肝，用夹子夹住，在牛粪火上烤一会儿就可以吃了。他本人也曾亲自烤过吃过，据说非常香。看来这种烤肝工艺从古至今盛行不衰。

原文　肝炙[1]：牛、羊、猪肝皆得。脔长寸半、广五分[2]，亦以葱、盐、豉汁腩之[3]，以羊络肚㸌脂裹[4]，横穿炙之。

贾思勰《齐民要术》

注释

［1］肝炙：烤肝。

［2］脔长寸半、广五分：肝块长一寸半、宽五分。

［3］亦以葱、盐、豉汁腩之：也用葱、盐、豉汁腌渍。

［4］以羊络肚㸌脂裹：用羊网油裹上（肝块）。此从缪启愉先生释。

北魏烤羊灌肠

这是迄今所知中国最早的烤羊灌肠谱，也是关于中国灌肠工艺最早的文字记载。

根据《齐民要术》“灌肠法”，制作这款菜，先要将羊盘肠净治，再将剁好的羊肉泥加入葱花、姜末、花椒末、盐和豉汁调匀，灌入羊肠中，夹住两头，就可以烤炙了。用刀割食，非常香美。从此菜的主料、调料、熟制法和食用方式可以看出，这应是一款以鲜卑等北方马背民族菜式为底本并融入汉族烹调精华的北魏名菜。

原文　灌肠[1]：取羊盘肠，净洗治[2]。细剉羊肉[3]，令如笼肉[4]，细切葱白、盐、豉汁、姜、椒末调和，令咸淡适口，以灌肠。两条夹而炙之[5]，割食甚香美。

贾思勰《齐民要术》

注释

［1］灌肠：原题“灌肠法”。此菜实为烤羊灌肠。

［2］净洗治：洗好整治洁净。

［3］细剉羊肉：细剁羊肉。剉，音 cuò，“锉”的异体字，此处作剁讲。

［4］令如笼肉：肉要剁成包子馅那样。笼肉，笼饼肉馅的简称。笼饼，一说即包子。

［5］两条夹而炙之：两头夹住来烤。两条的“条”应有误，应作“端”义字。

武成王生羊脍

在五代宋初陶穀的《清异录》“馔羞门”“食经”条中，与这里的武成王生羊脍有关的文字是：“谢讽《食经》中略抄五十三种：北齐武成王生羊脍……”据《隋书·经籍志》和清人姚振宗《隋书经籍志考证》等，谢讽是隋炀帝时的尚食直长，也就是当时的皇宫膳房总管。谢讽的《食经》本名《淮南玉食经》，有一百六十五卷，应是隋炀帝时的一部宫廷食谱。因此，这款生羊脍自然是隋炀帝时的一款宫廷菜。但这款菜的身份不只如此，生羊脍前面的“北齐武成王”，应即南北朝时北齐的第三位皇帝武成帝高湛。这说明谢讽当年为隋炀帝搜罗隋以前的宫廷美食时，也将北齐武成帝高湛食单上的这款生羊脍收入《食经》中。也就是说，这款生羊脍进入隋炀帝食单前，曾是北齐武成帝时的宫廷菜。

从公元561年11月至565年4月，北齐武成帝高湛在位三年半。当时北齐的都城在邺，即今河北省邯郸。那么在南北朝南方士人眼中的腥膻之物生羊脍，为何会成为北齐皇帝的美味呢？原来北齐的开国皇帝高洋，其祖上虽是今河北省景县人，但由于长期在北方六镇之一的怀朔镇（今内蒙古包头北）生活，早已是鲜卑化的汉人了。而食羊则是鲜卑食俗的主要特征，这就不难理解生羊脍为何是北齐武成帝的珍馐。至于这款菜为何又被谢讽收入《食经》进而成为隋炀帝时的宫廷菜，根据史书记载，隋炀帝的先世是今陕西华阴人，其先人均在鲜卑政权世代为官，隋炀帝的生母又为鲜卑名将独孤信的小女儿，他的身上有鲜卑贵族的血统。谢讽将生羊脍收入《食经》，当是迎合隋炀帝的饮食好尚之作。关于这款生羊脍的制作方法，陶穀未摘录谢讽《食经》中的相关记载，但根据汉代刘熙《释名·释饮食》关于“脍”的制作诠释，即将做羊脍的肉依肥瘦分开，先分别切（片）成大片，再顶刀切成丝，最后将肥肉丝和瘦肉丝掺在一起，加入调料拌匀即成。北齐武成帝生羊脍，其制作亦应大致如此。

北魏宫廷瓠叶羹

瓠叶即葫芦的变种瓠的嫩叶，李时珍在《本草纲目》中指出：瓠叶“气味甘、平、无毒”，可以“为茹耐饥”。《诗经·小雅·瓠叶》：“幡幡瓠叶，采之烹之。”说明西周时瓠叶已为贵族待客时蔬。贾思勰在《齐民要术》中引自《食经》的这份瓠叶羹谱，所用原料均已量化，即主料瓠叶五斤，配料为制汤用的羊肉三斤，调料葱二升、盐五合，其中所用的盐为产于今山西解州的池盐。北魏最高统治者是以食羊为尚的拓跋鲜卑人，北魏太武帝拓跋焘于公元398年迁都至平城（今山西大同），大同作为北魏都城有96年。《诗义疏》说，瓠叶“少时可以为羹……河东及扬州常食之”，河东即今山西大部。从这三方面来看，这款瓠叶羹很有可能为北魏都平城时的宫廷名菜。

原文　瓠叶羹[1]：用瓠叶五斤，羊肉三斤[2]。葱二升、盐蚁五合[3]，口调其味。

贾思勰《齐民要术》

注释

[1] 瓠叶羹：原题“作瓠叶羹法”。

[2] 羊肉三斤：此处未言羊肉的加工，按羹的一般制法，羊肉应用白煮的方法取汤。

[3] 盐蚁五合：解州池盐五合。盐蚁，即蚁盐，山西解州池盐。

北魏宫廷波斯羹

这款羹引人关注的主要有三点：一是主料配料为羊肋条和羊肉，这是北魏最高统治者鲜卑人的饮食最爱。二是这份菜谱所用主料、配料和调料基本上都有斤两，即使是没有明确斤两的安石榴汁，也注明“数合”。这一用料方面的量化特点，显示出此菜的宫廷身份。三是调料中的胡荽和安石榴汁，是此羹中最富异域色彩的调料。据宋岘《古代波斯医学与中国》和美国著名汉学家劳费尔《中国伊朗编》等中外学者的论著，胡荽和安石榴均为古代波斯医学常用药物，这两种植物的原产地之一就是波斯。劳费尔引述史利墨尔的话说：“它（指胡荽）在波斯差不多遍地生长，像蔬菜一般。”谈到安石榴，他引用欧立阿里兀思的记载指出，波斯人“用石榴作酱油”，“有时他们（指波斯人）把石榴汁煮滚用来在请客时染饭，可使饭的味道可口”。劳费尔认为，胡荽的荽和安石榴的榴均来自古代波斯语汉译，并认为这两种调料都是经丝绸之路传入中国的。上世纪80年代末，笔者同侯开宗先生主编《世界名菜丛书》，在马葳女士编译的《阿拉伯正宗烹调大全》中，发现胡荽和石榴汁至今仍是伊朗菜的常用调料。因此，这款菜原名“胡羹”中的“胡”，很可能是指南北朝时期的萨珊波斯。

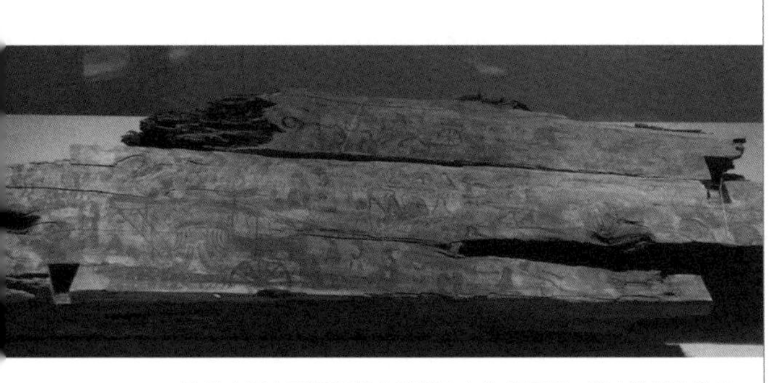

这是山西大同智家堡北魏墓出土的棺板画。图中除了车马出行和狩猎以外，还有表现鲜卑人宴饮的画面。郑宏波、李静洁摄自山西博物院

原文　胡羹[1]：用羊肋六斤，又肉四斤，水四升，煮；出肋[2]，切之。葱头一斤，胡荽一两，安石榴汁数合，口调其味。

贾思勰《齐民要术》

注释

[1] 胡羹：原题“作胡羹法”。缪启愉先生在其所著《齐民要术校释》中认为此谱出自《食经》。

[2] 出肋：捞出煮过的羊肋。

北魏宫廷浓汁羊蹄

这是迄今所知在传世文献中中国最早的烹调羊蹄的菜谱。这款菜本名“羊蹄臛”，臛即汤汁较少的肉羹。从这份菜谱列出的食材来分析，作为配料的羊肉是用于做鲜汤的。因此，将净治过的羊蹄用羊肉汤加葱、姜、豉汁、橘皮和米等调料和配料，做成汤汁较少的“臛”，也就是浓汁羊蹄，这就是来自《食经》的“羊蹄臛”。在这份菜谱中，所有的用料均有斤两，这种量化的特点表明，这是一份宫廷菜谱。根据南北朝时期的饮食习俗，这款菜很可能为北魏王朝的宫廷名菜。

原文　羊蹄臛[1]：羊蹄七具，羊肉[2]十五斤，葱三升，豉汁[3]五升，米一升，口调其味，生姜十两，橘皮三叶也。

贾思勰《齐民要术》

注释

［1］羊蹄臛：原题“作羊蹄臛法”。缪启愉先生在其所著《齐民要术校释》中认为此谱出自《食经》。

［2］羊肉：此处未言羊蹄和羊肉的热加工，按当时臛的一般工艺，羊蹄和羊肉必须先白煮，才能与米和调料放在一起加热并调味。

［3］豉汁：将研碎的豆豉加开水煮后去滓所得，汁较浑。详见《齐民要术》卷八“作豉法”。

北魏米羹扣肺丝

这款菜在《齐民要术》中叫“肺䏂（sǔn）”，缪启愉先生在《齐民要术校释》中认为这份菜谱来自《食经》，但与这份菜谱相类似的内容在汉代刘熙《释名·释饮食》中已可见到，说明这款菜系从汉代流传至北魏。同刘熙《释名·释饮食》略有不同的是，这份菜谱的主料羊肺和配料粳米均已量化，并有了用羊肉浓汤来做此菜的要求，在羊肺的刀工处理和调料上也更加细化明确。综合分析来看，这份菜谱很可能为南朝或北魏宫廷所用。根据东晋卢谌《祭法》，魏晋皇家春夏秋冬四时宗庙祭祀都有这款菜。自公元490年9月以后，北魏孝文帝拓跋宏全面实行汉化改革，其中他参考魏晋制度，实行新的宫廷礼制，这款自汉晋已见记载的庙堂祭祀名菜，应是北魏拓跋鲜卑统治者实施汉化改革的一个体现。

原文　肺䏂[1]：羊肺一具，煮令熟，细切。别作羊肉臛[2]，以粳米二合、生姜煮之。

贾思勰《齐民要术》

注释

［1］肺䏂：原题“肺䏂法”。据正文，这里的“肺䏂”实是“米羹扣肺丝”。

［2］别作羊肉臛：另作羊肉浓汤。

北魏宫廷羊肠羹

这是一款口味独特的羊肠羹。羊肠净治后，放入汤中，再加入瓠叶、葱头、小蒜、生姜、橘皮、豉汁、麦芽糖和醋来煮，最后用小麦面粉作芡粉将汤汁收稠，口味应该是酸而微甜，这就是羊肠羹。这份菜谱列出的用料除豉汁、生姜和橘皮外均有斤两，说明这是一份宫廷菜谱。根据南北朝时期的饮食习俗，其出品很可能为北魏宫廷名菜。这款菜原名“酸羹”，但菜谱中未见醋之类的酸味调料，缪启愉先生认为疑脱苦酒，此说极是合理的。

原文　酸羹[1]：用羊肠二具[2]，饧六斤，䓊叶六斤，葱头二升，小蒜三升，面三升[3]，豉汁、生姜、橘皮，口调之[4]。

贾思勰《齐民要术》

注释

[1] 酸羹：原题"作酸羹法"。缪启愉先生在其所著《齐民要术校释》中认为此谱出自《食经》。

[2] 二具：二副，即两只羊的肥肠。

[3] 面三升：应即小麦面粉三升。

[4] 口调之：用口尝的方法调好味。

北魏宫廷羊血肠

这款菜本名"羊盘肠雌解"，羊盘肠即羊肥肠；雌为"䧳"字之误，䧳同"䏲"，按《说文解字》的解释，此字为"羊凝血"之义，放在"羊盘肠"三字后面，应是以羊盘肠灌血为馅制成的羊血肠的意思；解在这里作切讲，就是将羊血肠切成段。记载这款菜用料、制法和食用方式的菜谱在《齐民要术》中，而据缪启愉先生研究，这份菜谱本是久已亡佚的《食经》文。其珍贵之处主要有两点：一是在迄今所知的传世文献中，这是中国最早而又最详细的羊血肠菜谱；二是这份菜谱提到的主料、配料、调料的用量直至羊血肠的大小和食用前的刀工处理尺寸，均一一列出，且完全量化，表明这是一份宫廷菜谱。南朝梁陶弘景在作于493年至500年的《本草经集注》"藕实"条中指出："宋帝时太官作血䏲。"说明这款菜在南朝刘宋宫廷中曾出现过。但笔者认为，作为南朝宫廷食品时，其主辅料应是猪肠猪血；进入北魏宫廷以后，才变成了羊肠羊血，而调料中也出现既有豆酱清又有豉汁等现象。

原文　羊盘肠雌解[1]：取羊血五升，去中脉麻迹[2]，裂之[3]，细切羊胳肪[4]二升，切生姜一斤，橘皮三叶，椒末一合，豆酱清一升，豉汁五合，面一升五合[5]和米一升作糁[6]，都合和[7]，更以水三升浇之。解大肠[8]，淘汰[9]，复以白酒[10]一过洗肠中，屈申以和灌肠。屈长五寸[11]，煮之。视血不出，便熟。寸切[12]，以苦酒、酱食之也。

贾思勰《齐民要术》

注释

[1] 羊盘肠雌解：原题"作羊盘肠雌解法"。缪启愉先生认为"雌解"应作"䧳解"。

[2] 去中脉麻迹：去掉其中的血丝。

[3] 裂之：弄破。

[4] 羊胳肪：羊网油。

[5] 面一升五合：应即小麦面粉一升五合。

[6] 作糁：用作丰富羊血肠口感的配料。

[7] 都合和：都放到一起调匀。

[8] 解大肠：石声汉教授认为是去掉羊大肠（直肠）。应是去掉羊大肠的肠间膜。

[9] 淘汰：淘洗干净。

[10] 白酒：似为白醪酒或白堕酒、河东颐白酒的简称。据《齐民要术》卷第七，白酒系用糯米或黍米、小麦曲和水经四五天酿

成的速酿酒，酒味较淡薄，属黄酒类，多在春、夏酿制。另据《周礼·酒正》郑玄注，白酒还可能为东汉末冬酿春成的“酋久白酒”。

［11］屈长五寸：每段长五寸。屈，每段。

［12］寸切：切成寸段。

北魏宫廷羊百叶羹

这是一款口味独特而又颇富食疗色彩的羊百叶羹。羊百叶膻味较重，故后世均以多种咸辣味的调料来调理各种百叶菜肴。但是这里的羊百叶羹仅以蜂蜜为调料，其口味独甜，这不能不让人推想此羹的食疗性。据唐《千金要方·食治》等本草典籍，羊百叶具有补虚健脾胃的功用，可治虚劳羸瘦、不能饮食、消渴、尿频等。白煮羊百叶，即是治胃虚、消渴的食疗名菜。蜂蜜的功效，按明代李时珍概括，“入药之功有五：清热也，补中也，解毒也，润燥也，止痛也”。南朝梁陶弘景《名医别录》指出，蜂蜜可“养脾气，除心烦”，治“食饮不下”等，具有调理脾胃的功用。这二者相合为羹，可共奏调理脾胃促进饮食的功效。这份菜谱原载《食经》，被贾思勰收入《齐民要术》中，才得以传至今日。所用原料除蜂蜜以外均有斤两，这种量化的特点显示这是一份宫廷菜谱。根据南北朝饮食习俗，这款菜为北魏宫廷菜的可能性比较大。这份菜谱中关于用肥鸭肉、羊肉和猪肉合做鲜汤的文字，是中国菜史上这类制汤技术的最早记载。

原文　羊节解[1]：羊肶[2]一枚，以水杂生米三升，葱一虎口[3]，煮之，令半熟。取肥鸭肉一斤、羊肉一斤、猪肉半斤，合剉[4]，作臛[5]，下蜜令甜。以向熟[6]羊肶投臛里，更煮[7]，得两沸便熟。

贾思勰《齐民要术》

注释

［1］羊节解：原题“羊节解法”。据正文，“羊节解”实是“羊百叶羹”。

［2］羊肶：羊百叶。肶，本作“膍（pí）”。

［3］一虎口：拇指与食指弯曲，指尖相触所形成的口。

［4］合剉：放在一起剁。

［5］作臛：做成肉末浓汤。

［6］向熟：接近熟。

［7］更煮：再煮。

这件碧绿色的玻璃碗，口径9.5厘米、高8厘米、腹深6.8厘米，下腹最大径9.8厘米，1983年出土于宁夏固原北周柱国大将军李贤墓。考古专家认为系来自萨珊波斯，是魏晋南北朝时期中西文化交流的一件实证。马民生摄自宁夏博物馆

北魏爆百叶

这是迄今所知在传世文献中关于中国爆肚的最早菜谱。同现代爆肚相对照，这份菜谱中的爆肚具有以下特点：1. 主料全部为牛羊百叶，而现代爆肚则为羊的肚葫芦、肚蘑菇、肚散丹、肚板、肚领、肚仁、食管 7 种和牛的蘑菇尖、肚仁、散丹 3 种，其中散丹即为百叶。2. 牛羊百叶的汤加入了盐和豉汁，为醇咸味的汤，而现代爆肚用的汤则是白开水。3. 采用的是加热过程中调味和食用时调味相结合的调味方式，现代爆肚则只是食用时调味。4. 所用调料为盐、豉汁、紫苏、姜末等，现代爆肚的调料则为香菜、大葱、芝麻酱、酱豆腐、卤虾油、酱油、米醋、辣椒油，爆牛百叶时还可蘸由黄酱、酱豆腐、蒜泥和小磨香油调成的蒜酱食用。5. 汤爆火候恰到好处，为确保爆出的牛羊百叶脆嫩而不老，这份菜谱留下了 1500 多年前掌控爆肚火候的宝贵经险，即爆肚的汤“不令大沸，大熟则肕，但令小卷止”。现代爆肚的现场测试显示，牛羊百叶在沸汤中所爆的时间，牛百叶以 13 秒左右、羊百叶以 5 秒左右为宜。

原文　損[1]肾：用牛羊百叶，净治令白，䪥叶切长四寸[2]，下盐、豉中[3]，不令大沸[4]，大熟则肕，但令小卷止[5]。与二寸苏[6]、姜末和肉。漉取汁[7]，盘满奠[8]。又用肾，切长二寸、广寸、厚五分，作如上[9]。奠，亦用八[10]。姜、䪥，别奠随之也[11]。

贾思勰《齐民要术》

注释

[1] 損：日译本为“胘（xiān）”字。胘，牛百叶。引自缪启愉《齐民要术校释》此条注。

[2] 䪥叶切长四寸：（将牛羊百叶）切成薤叶那样宽的条，每条长四寸。䪥叶切，当时一种切法的专称。

[3] 中：“汁”字之误。此从缪启愉先生释。

[4] 不令大沸：不要让它大开。

[5] 但令小卷止：只要（百叶条）刚刚打卷就可以了。

[6] 与二寸苏：加入两片紫苏叶。这里的“寸”应是“片”字之误。

[7] 漉取汁：滗去汁。缪启愉先生在《齐民要术校释》中认为此句含义不明，说：“究竟是取去肉汁不要？还是挹取肉汁浇在肉里面？”按：若联系接下来的“盘满奠”便可知，漉取汁实是滗去汁。因为装在盘里的菜肴均是少汁或无汁的，盛在碗里的则多是有汁或多汁的。

[8] 盘满奠：盘要盛满。

[9] 作如上：做法同上面的（指牛羊百叶）一样。

[10] 奠，亦用八：盛的时候，也用八片腰片装一盘。此从缪启愉先生注。

[11] 别奠随之也：另外盛在碟里同腰片一同上桌。按：此俗今仍有。

古法烤乳猪

这应是从先秦传至北魏并保持古老工艺的烤乳猪，菜谱中有关此菜制作过程中的操作动作及其要求，为后世这款烤乳猪的复制提供了难得的厨艺资料。

先看其对主料的要求："用乳下豚极肥者，豮、牸俱得。"根据《齐民要术》卷八"养猪"法和缪启愉先生的校释，"乳下豚"并非是正在吃奶的所有的乳猪都行，而是指在一窝乳猪中，能够抢吃到母猪腹下前面那排乳头奶的乳猪。这是因为母猪腹下前面那排的乳头出奶多，吃这排乳头奶的仔猪会长得快而肥。而能抢到这些乳头的，又总是天生强壮的乳猪。这样的乳猪，一窝中没几头。这就是主料选择中一要用"乳下豚"、二要用其中"极肥者"的含义。再看其所用烤制工具，人类文化史表明，木质工具先于铜质和铁质工具出现在人类的社会生活中。至迟在西汉初期，烤乳猪就已用铁质烤叉，这可以从广州西汉南越王墓出土的实物得到证明。但这款烤乳猪，用的却是采自大自然的柞木，这说明这款烤乳猪所用的烤制工具起码早于西汉。柞木即俗称的橡子树，据《齐民要术》卷五，该树的"橡子俭岁可食，以为饭；丰年放猪食之，可以致肥也"。其木坚硬，可以做家具和房梁等。《周礼·秋官司寇》有"柞氏"，是专门负责伐木的官，可见柞木的取材，在周代已成定制。《医心方》卷二十九引东晋张湛《养生要集》说："凡猪、羊、牛、鹿诸肉，皆不可以谷木、桑木为铲炙食之，入肠里生虫，伤人。"表明以柞木为烤乳猪的烤扦，是我们祖先对谷木、桑木等天然扦材历经无数次选择的结果。关于这款烤乳猪所用的涂料清酒，在《周礼》中已有记载。《周礼·酒正》："辨三酒之物：一曰事酒，二曰昔酒，三曰清酒。"清酒一说为冬酿夏成滤去滓的黍（粟）酒，但到北魏时《齐民要术》中已有七天即可酿成清酒的记载。那么乳猪在烤炙过程中为什么要涂清酒呢？此菜谱中说："清酒数涂以发色，色见便止。"原来是为了使乳猪表皮"发色"。所谓"发色"，显系乳猪在烤炙过程中发生美拉德反应的结果。可是为什么要"色见便止"呢，这主要是因为如果上色了还接着涂清酒，乳猪表皮就会发黑发暗，从而失去悦人的皮色。至于为什么还要涂猪油或麻油，贾思勰在此菜谱中未点明。根据后世名厨烤乳猪的技术经验，这主要是为了使烤成的乳猪各部位表皮色泽一致，避免出现乳猪表皮颜色深浅不一的现象。当然，涂了猪油或麻油后，乳猪表皮也会更加光亮，香气更诱人。

这是洛阳古代艺术博物馆"魏晋南北朝墓葬壁画世俗生活"主题展上甘肃嘉峪关新城五号魏晋壁画砖中的切肉图。图中两位庖丁正在切肉，案下盘内则是切好的肉块。郭亚哲摄自洛阳古代艺术博物馆

原文　炙豚法[1]：用乳下豚极肥者[2]，豮、牸俱得[3]。擘治一如煮法[4]，揩洗、刮削，令极净。小开腹去五藏[5]，又净洗。以茅茹腹令满[6]，柞木穿[7]，缓火遥炙[8]，急转勿住[9]。转常使周匝[10]，不匝则偏焦也。清酒数涂以发色[11]，色见便止。取新猪膏[12]极白净者，涂拭勿住。若无新猪膏，净麻油亦得。色同琥珀，又类真金。入口则消，状若凌雪[13]。含浆膏润，特异凡常也。

贾思勰《齐民要术》

注释

［1］炙豚法：烤乳猪的方法。

［2］用乳下豚极肥者：用吃母猪腹下前面乳头奶的肥乳猪。

［3］豮、牸俱得：阉割过的公猪、母猪都可以。豮，音 fén，这里指阉割过的公猪；牸，音 zì，这里指阉割过的母猪。

［4］擘治一如煮法：去毛和内脏等同煮豚的方法一样。

［5］小开腹去五藏：在猪腹上开一小口，掏去五脏。藏，脏。

［6］以茅茹腹令满：用茅蒿填满猪腹。

［7］柞木穿：用柞木将猪穿上。柞木，即俗称的橡子树干、枝。

［8］缓火遥炙：用微火远远地烤。

［9］急转勿住：快速转动乳猪，一刻不停。

［10］转常使周匝：转动乳猪，以使乳猪的每一个部位都能烤到。

［11］清酒数涂以发色：涂数次清酒以使乳猪表皮上色。

［12］猪膏：猪油。

［13］状若凌雪：状如冰雪。

南朝宫廷烤乳猪

这是《齐民要术》引自《食经》的一款烤乳猪。从主料、配料到调料均量化，表明这是一款宫廷菜。颇具江南地域特色的调料和烤制工具等，又显示了此菜的南方地域身份。再加上其精细的工艺，综合考量之后，可以看出这应是南朝或更早偏居江南的某一朝代的宫廷菜。

根据原文，此菜的制作工艺流程是：1. 将一头乳猪宰杀、净治后剖腹去骨，再将肉厚的部位片下，放在肉薄的地方。2. 将肥猪肉和肥鸭肉分别剁成泥，然后放在一起，加入鱼酱汁、葱花、姜末、橘皮末，搅匀后抹在乳猪上，注意抹平。3. 用竹扦穿上乳猪，每隔二寸穿一根。4. 盖上箬叶，叶上再盖上木板，最后要将石头之类的重物放在木板上，这样将乳猪压一夜。5. 第二天早上用微火烤乳猪。烤的过程中，要不时刷蜂蜜水，待乳猪皮色呈黄红时便熟了。早先烤时是刷鸡蛋黄，到北魏时已经不再用了。

原文　腩炙豘法[1]：小形豘一头，腩开，去骨，去厚处，安就薄处[2]，令调[3]。取肥豘肉三斤，肥鸭二斤，合细琢[4]。鱼酱汁三合[5]，琢葱白[6]二升，姜一合，橘皮半合，和二种肉，著豘上，令调平。以竹弗弗之[7]，相去二寸下弗[8]。以竹箬著上[9]，以板覆上[10]，重物迮之[11]，得一宿[12]。明旦，微火炙[13]。以蜜一升合和[14]，时时刷之，黄赤色便熟。先以鸡子黄涂之，今世不复用也[15]。

贾思勰《齐民要术》

注释

［1］膊炙豘法：膊，音 bó，同“膊”，这里作剖腹掏去内脏讲，详见缪启愉《齐民要术校释》。豘，同“豚”，即乳猪。

［2］安就薄处：（将割下来的肉）放在肉薄的部位。

［3］令调：放得要正可好。

［4］合细琢：放在一起细细剁碎。

［5］鱼酱汁三合：鱼酱的酱汁三合。当时三合约为今 60 毫升。

［6］琢葱白：剁碎的葱白。

［7］以竹弗弗之：用竹扦穿上。弗，音 chǎn，用竹子做的烤肉扦。

［8］相去二寸下弗：相隔二寸下扦。

［9］以竹箬著上：放上箬叶。

［10］以板覆上：盖上板。

［11］重物迮之：压上沉重的东西。迮，音 zé，此处作压讲。

［12］得一宿：要一宿。

［13］明旦，微火炙：次日早上，用微火烤。

［14］以蜜一升合和：用一升蜜同（适量水）调和均匀。

［15］先以鸡子黄涂之，今世不复用也：早先是涂鸡蛋黄，现在不再用了。这句话说明此菜工艺上的一个变化。

南朝宫廷烤肉筒

这是《齐民要术》引自《食次》的烤肉筒。同“南朝宫廷烤鹅肉筒”菜谱相对照，二者虽然都是肉筒，但仍有以下六点不同：1. 主料不同：南朝宫廷烤鹅肉筒主料为肥子鹅肉，这款烤肉筒除鹅肉外，还可以用鸭、獐、鹿、猪、羊肉。2. 对烤制工具的称谓和尺寸要求不同：烤鹅肉筒用的是“竹弗”；烤肉筒用的是“竹筒”，并有直径 6 寸（6 寸围）、长 3 尺的要求。3. 烤时用翅毛刷鸡（鸭）蛋清和蛋黄儿，烤肉筒的比烤鹅肉筒的明确而详细，并且还有用鸡蛋黄时要加少许朱砂以“助赤色”的要求。4. 关于对烤成的肉筒的刀工处理，烤鹅肉筒这一点是空白，而烤肉筒则说要“去两头，六寸断之”。5. 烤鹅肉筒菜谱中未有装盘数量的文字，烤肉筒则明确一盘两筒并放（“促奠二”）。6. 烤肉筒菜谱中还有如果当时不吃可放三五天的提示，并有如果往肉泥中加面粉味道则稍逊、醋放多了肉泥则难往竹筒上裹等技术经验。

原文　捣炙（二）[1]：用鹅、鸭、獐、鹿、猪、羊肉。细研熬[2]，和调如“炙”[3]。若解离不成，与少面[4]。竹筒六寸围[5]，长三尺，削去青皮，节悉净去[6]。以肉薄之[7]，空下头，令手捉[8]，炙之。欲熟，小干[9]，不著手，竖嵋中[10]，以鸡鸭子白手灌之[11]。若不均，可再上白[12]。犹不平者，刀削之[13]。更炙，白燥[14]，与鸭子黄[15]；若无，用鸡子黄，加少朱，助赤色[16]。上黄用鸡鸭翅毛刷之[17]。急手数转，缓则坏。既熟，浑脱[18]，去两头，六寸断之。促奠二[19]。若不即用[20]，以芦荻苞之[21]，束两头，布芦间可五分[22]，可经三五日[23]，不尔则坏。与面则味少[24]，酢多则难著矣[25]。

贾思勰《齐民要术》

注释

［1］捧炙（二）：原题后注为“一名‘筒炙’，一名‘黄炙’”。从正文可以看出，因将肉泥裹在竹筒上，故名“筒炙”；因烤时要往肉泥上涂蛋黄，故名“黄炙”。

［2］细研熬：将肉细细剁成泥。

［3］和调如“炙”：将肉泥加调料搅成“炙”那样的馅泥。

［4］若解离不成，与少面：如果肉泥松散不腻乎，可放少许面粉。

［5］竹筒六寸围：竹筒直径六寸。

［6］节悉净去：竹筒上的节疤都要去掉。

［7］以肉薄之：将肉泥裹在竹筒外面。薄，此处作裹讲。

［8］空下头，令手捉：竹筒下头要空出一段，以备用手握持。

［9］欲熟，小干：快熟时，竹筒上的肉泥微干时。

［10］不著手，竖堰中：烤到竹筒上的肉泥不粘手时，将竹筒竖在小盆中。堰，借作“瓯”，即小盆。此从缪启愉先生释。

［11］以鸡鸭子白手灌之：将鸡鸭蛋清用手涂在竹筒的肉泥上。

［12］若不均，可再上白：如果不匀，可再涂鸡鸭蛋清。

［13］犹不平者，刀削之：如果肉泥上还有不平滑的地方，可用刀削一削。

［14］更炙，白燥：再烤，烤到肉泥发白干滑时。

［15］与鸭子黄：涂鸭蛋黄。

［16］加少朱，助赤色：加点儿朱砂，以增红色。此从石声汉教授释。

［17］上黄用鸡鸭翅毛刷之：涂蛋黄要用鸡鸭的翅毛来刷。

［18］浑脱：将烤好的肉泥整个从竹筒上脱下来。于此可以想见此菜造型之绝妙！

［19］促奠二：两圈烤肉并排在一起盛着上席。

［20］若不即用：如果不立即食用。

［21］以芦荻苞之：可以用芦荻包上。

［22］束两头，布芦间可五分：系住两头，放在芦荻上的烤肉圈可以分五份。此从缪启愉先生释。石声汉教授将此句译为：“将两端扎好，铺在芦荻中间——芦荻上下都铺到五分厚。”据正文可知，烤出的肉圈要“六寸断之”，即每圈长六寸，用以烤肉的竹筒也是“六寸围”，既然肉圈的直径和长度均为六寸，那么铺在芦荻上时，怎么会出来个“五分厚”的要求呢？可见这里的“可五分”，是“可以分五份”。

［23］可经三五日：可存放三五天。

［24］与面则味少：放面粉则味道差些。

［25］酢多则难著矣：醋放多了（肉泥）则难粘在竹筒上。以上两句均为制作此菜的经验之谈。

北魏宫廷煮肉丸

这是迄今所知中国最早的宫廷丸子菜谱。这份菜谱，是将羊肉和猪肉各一半切成丝，加上鲜姜、橘皮、腌瓜和葱白末，搅匀做成丸子，烤后再放入羊肉浓汤中稍煮即可。这份菜谱在隋虞世南《北堂书钞》卷一四五《食经》后有“交趾跳丸炙法”，而《齐民要术》中未有“交趾”二字。北魏以前交趾有二说，一说为交趾州，一说为交趾郡，辖区约当今两广大部等。于此可知这款菜应原为两广一带风味。但“跳丸”一词本为汉魏时的一种杂技名称，张衡《西京赋》有“跳丸、剑之挥霍”之句。这里的“跳丸”，是说艺人手中的球像弹丸那样上下跳落。1972 年 6 月，洛阳博物馆等单位的考古工作者从洛阳涧西七里河东汉墓中发现了一跳丸俑，该俑左手心内残存一丸，使我们得识汉代“跳丸”的大小，也为我们解读此菜谱中丸子的大小提供了难得的考古实证。应该说明的是，这款菜的主料和汤料原来应该全是猪肉，传入北魏以后，才变成现在这样。这种鲜卑化的改变，应出自北魏太武帝（424—451 年在位）拓跋焘时的毛修之、孝文帝（471—499 年在位）元宏时的王肃等流落北方并涉及北魏宫廷御膳的原南朝官员所为。

原文　跳丸炙[1]：羊肉十斤，猪肉十斤，缕切之[2]；生姜三升，橘皮五叶，藏瓜[3]二升，葱白五升，合捣[4]，令如弹丸[5]。别以五斤羊肉作臛[6]，乃下丸炙煮之，作丸也[7]。

贾思勰《齐民要术》

注释

［1］跳丸炙：原题为《食经》曰“作跳丸炙法”。

这件浅浮雕画像砖的正中，是一展翅欲飞、凤首回转的凤鸟，其左右是花卉，周边均为绿草蔓藤。这件南朝晚期画像砖上的画面，让人不禁联想到见于《北齐书·元孝友传》摆有凤鸟和林木的婚礼大拼盘（详见本书“武安王南山拼盘”）。从此砖纹饰的精美程度，可以深化我们对当时婚礼拼盘构图与物化水平的认识。原图见南京市博物馆等《南京江宁胜太路南朝墓》，拓片李永忠、常守帅，《文物》2012 年第 3 期

［2］缕切之：切成丝。

［3］藏瓜：即腌瓜。

［4］合捣：放在一起搅匀。

［5］令如弹丸：做成弹丸那样的肉圆。

［6］别以五斤羊肉作臛：另以五斤羊肉做浓汤。

［7］乃下丸炙煮之，作丸也：缪启愉先生认为此句应作："乃下丸炙之，作煮丸也。"即先烤肉丸，再将肉丸下入羊汤中煮。从烹调工艺的角度看，此说合理。

北魏宫廷鲜肉酱

这款菜本名"生脡（shān）"，按东汉许慎《说文解字》的解释，"脡"是生鲜肉酱。而据东汉末年刘熙《释名·释饮食》对"生脡"的解释，将1/3肥肉丝和2/3瘦肉丝放在一起调味搅匀，是为"生脡"。《齐民要术》中的"生脡"同刘熙时代的相比，主料之间的比例和制作工艺基本一致，但所用主料和调料均比刘熙《释名·释饮食》的细化而明确。首先是主料，刘熙只是说"一分脍二分细切"，没有明确说用什么肉；而这里的"生脡"，则明确说用"羊肉一斤，猪肉白四两"。需要指出的是，这里的羊肉很可能是为迎合北魏鲜卑食俗而将原来的猪瘦肉改成的。其次是调料，刘熙的《释名·释饮食》没有品种及其调料名称；而这份菜谱则一一列出所有调料，甚至还说"春、秋用苏、蓼"，调料的使用细化到季节变化。最后是关于这份菜谱的身份，总的来看，这款菜应是从汉代流传至北魏的，但为了迎合北魏鲜卑食俗，将原谱中的猪肉改成了羊肉。据缪启愉先生研究，这份菜谱本为《食经》文，是贾思勰将其收入《齐民要术》中，而《食经》所载的菜谱，多为魏晋南朝宫廷菜，这款菜也很可能为北魏宫廷所用。

原文　生脡[1]：羊肉一斤，猪肉白四两，豆酱清渍之，缕切[2]。生姜、鸡子，春、秋用苏、蓼[3]，著之。

贾思勰《齐民要术》

注释

［1］生脡：原题"生脡法"。脡，见"北魏宫廷生熟肉酱"。

［2］缕切：似应在"豆酱清"之前。

［3］春、秋用苏、蓼：春、秋用紫苏和香蓼。紫苏、香蓼均为辛香调料。

北魏宫廷生熟肉酱

这款菜同北魏宫廷鲜肉酱菜谱一样，也原是《食经》文，被贾思勰收入《齐民要术》中。在用料、制作工艺和菜肴款式上，这款本名"燥脡"的菜肴同生脡很相似。两份菜谱相对照，这份菜谱大约有以下特点：1.主料之间的比例非常明确，即羊肉二斤、猪肉一斤，这同汉末刘熙《释名·释饮食》的记载完全一致。需要指出的是，这里的羊肉本应是猪肉，当年做此改动，应是迎合北魏鲜卑食俗之迹。根据《释名·释饮食》和“生脡”菜谱，这里的猪肉后面疑脱“白”字，应作“猪肉白一斤”，即猪肥膘一斤。2. 按这份菜谱制作的“燥脡”，是生鲜肉和熟肉搅在一起的肉酱，“生脡”则完全是用生鲜肉制作的肉酱，这同东汉许慎《说文解字》对“脡”字的解释已有所不同。说明到北魏时，“脡”这类生鲜肉酱已演变为生肉和熟肉合在一起的肉酱。3. 这份菜谱所有的原料均有斤两，这一量化特点显示这是一份宫廷菜谱。菜谱中的调料有南方特产的橘皮等，有始见于东晋的“豆酱清”一词，表明其原本是东晋或南朝的宫廷菜谱，而后被南朝世族或文人带到北魏，做了将猪肉改成羊肉等种种改动之后，便成为鲜卑皇室美味。

原文　燥脡[1]：羊肉二斤，猪肉一斤[2]，合煮令熟，细切之。生姜五合，橘皮两叶，鸡子[3]十五枚，生羊肉一斤，豆酱清五合。先取熟肉，著甑上蒸令热，和生肉，酱清、姜、橘[4]和之。

贾思勰《齐民要术》

注释

[1] 燥脡：原题“作燥脡法”。东汉桓谭《新论·谴非》：“鄙人有得脡酱而美之。”说明这类肉酱在东汉时很流行。但这里的“燥脡”为生熟肉合制的酱。

[2] 猪肉一斤：应作猪肉白一斤。猪肉后面疑脱“白”字。可参见“生脡”文。

[3] 鸡子：鸡蛋。

[4] 橘：应是橘皮。

北魏宫廷芋头酸羹

这款羹应原是南朝的宫廷美味，被南方的文人带到北魏以后，为迎合鲜卑皇室食俗，将菜谱中的主料猪肉二斤改为猪羊肉各一斤。芋头本为南方特产，但从《齐民要术》卷二“种芋”可以看出，到北魏时，其辖境内也种芋头。贾思勰将这份菜谱收入《齐民要术》时，开头便说“《食经》作芋子酸臛法”，说明这份菜谱本为《食经》文。而《食经》中的菜谱，多为魏晋南朝宫廷所用。这份菜谱列出的所有用料均有斤两，这一用料上的量化特点也透露出这款羹的皇家身份。这款羹在用料和制作工艺上值得关注的地方主要有三点：1. 猪肉羊肉是用煮法，芋头则是先蒸后煮。2. 苦酒（即醋）和姜是羹成时放，这决定了此羹的酸辣口味。3. 投料与最终的出品之间也有量化指标，即投入猪羊肉各一斤、米一斗、芋头一升以及五种均有斤两的调料后，要做出一斗羹，即“得臛一斗”。这个记载至迟出现在1500多年前，这是一项非常了不起的标准化烹调成就。

原文　芋子酸臛[1]：猪羊肉各一斤[2]，米一斗，煮令熟。成治芋子一升（别蒸之）[3]，葱白一升，著肉中合煮[4]，使熟[5]。粳米三合[6]，盐一合，豉汁一升，苦酒[7]五合，口调其味，生姜十两[8]，得臛一斗。

贾思勰《齐民要术》

注释

[1] 芋子酸臛：原题“《食经》作芋子酸

臛法”。

［2］猪羊肉各一斤：原应作猪肉二斤，羊肉应系迎合北魏皇室食俗而后改。

［3］成治芋子一升（别蒸之）：择洗干净的芋子单蒸好。芋子，今俗称“芋头”；别蒸之，另蒸，单蒸。

［4］著肉中合煮：（将蒸好的芋子）同肉一起煮。

［5］使熟：把它们煮开。熟，应是“热”字之误。这是因为肉和芋头放到一起煮时都已是熟的，再煮纯系加热调味。

［6］粳米三合：此处的粳米与前面的“米一斗”重出，不合当时臛的用料特点。

［7］苦酒：当时醋的俗称。

［8］口调其味，生姜十两：用口试法调好咸淡，再下鲜姜十两。

北魏糟肉

中国人用美酒腌渍牛肉片，使菜品具有酒香，风味更加独特，在《礼记》等典籍中已有记载（详见本书“礼文酒香牛肉片”）。用压榨后的黄酒醪余渣即俗称的酒糟渍肉，其记载则首见于南北朝。公元6世纪，贾思勰在《齐民要术》中记下了中国人在食物烹调方面的这一发明。贾思勰说，糟肉春夏秋冬都可以做，先用水将酒糟搅成粥状，加入盐，然后放入烤好的牛肉，存放在屋外阴凉的地方。待喝酒吃饭的时候，就可以取出美餐了。用这种方法做的糟肉，夏季放10天也不坏。后世的糟肉、糟鸡、糟鱼等传统冷菜，其制作工艺基本上与这里的糟肉相似，只不过调料中又多了黄酒、桂花卤和白（冰）糖等。用于烹调的酒糟又名香糟，有白糟和红糟之别。白糟为绍兴黄酒糟制成，红糟则因含有红曲而得名，为福建特产。用了香糟的名菜，冷热菜品均有，并且在中国菜中形成了一个味型独特的香糟系列。但考其源流，皆应从《齐民要术》的“糟肉”谈起。

原文　糟肉[1]：春夏秋冬皆得作[2]。以水和酒糟，搦之如粥[3]，著盐令咸[4]，内捧炙肉于糟中[5]，著屋下阴地[6]。饮酒食饭，皆炙啖之[7]。暑月得十日不臭[8]。

贾思勰《齐民要术》

注释

［1］糟肉：原题“作糟肉法”。根据正文，这里的“糟肉”是佐酒下饭皆宜的热菜。昔北京都一处烧麦馆有名菜“糟肉”，是将猪肉煮熟凉凉后，切片浇上香糟酒制成，为佐酒的凉菜。今陕西也有名菜“糟肉”，将猪肉水煮后，加红枣、醪糟醅（酒酿）和糖上笼蒸，出笼后勾芡或浇汁制成，为热菜。

［2］春夏秋冬皆得作：春夏秋冬都可以做。

［3］搦之如粥：将酒糟捏搅成粥状。

［4］著盐令咸：加盐使糟汁有咸味。

［5］内捧炙肉于糟中：将捧炙肉放入糟中。捧炙肉，一种烤牛肉，见本书“北魏烤牛上脑”。内，同“纳”。

［6］著屋下阴地：放在屋檐下阴凉的地方。

［7］皆炙啾之：都可以将糟肉烤着吃。

［8］暑月得十日不臭：在夏季，糟肉放十天也不会腐臭。

南朝奥肉

这应是一款从汉代传至南北朝的名菜。先将皮肉相间的猪肉块干煸，再放猪油和酒、盐用小火煨酥，然后倒入瓮中收藏。食用前取出肉块用水煮透，去掉汤汁加鲜韭菜和蒜泥即可，这就是奥肉。奥肉在东汉刘熙《释名·释饮食》中已有记载。唐段公路在《北户录》中说，“南朝食品中有奥肉法，即褒类也”，明确指出这款菜为南朝食品。这款菜在制作工艺上的亮点，是用猪油加盐、酒而不是完全用酒，再以小火将猪肉块煨酥，这在中国菜史上是比较少见的。后世北方传统名菜油浸鱼，应是奥肉法的遗意。

原文　奥肉[1]：先养宿猪令肥[2]，腊月中杀之。攀讫[3]，以火烧之令黄[4]，用暖水梳洗之，削刮令净，刳去五藏[5]。猪肪煼取脂[6]，肉脔方五六寸作[7]，令皮肉相兼，著水令相淹渍[8]，于釜中煼之[9]。肉熟，水气尽，更以向所煼肪膏煮肉[10]。大率脂一升，酒二升，盐三升[11]，令脂没肉[12]，缓火煮半日许乃佳。漉出瓮中[13]，余膏仍泻肉瓮中[14]，令相淹渍。食时，水煮令熟[15]，而调和之如常肉法[16]。尤宜新韭烂拌[17]。亦中炙啾[18]。其二岁猪，肉未坚，烂坏不任作也[19]。

贾思勰《齐民要术》

注释

［1］奥肉：原题“作奥肉法”。

［2］先养宿猪令肥：先把二岁以上的猪养肥。宿猪，隔年猪。据正文，这里的宿猪指二岁以上的猪。

［3］攀讫：用开水烫过去尽毛。

［4］以火烧之令黄：用火把皮燎黄。按：老北京砂锅居饭庄有“煳肘”，其主要工艺与此相似。

［5］刳去五藏：掏去五脏。

［6］猪肪煼取脂：将猪腰窝油炼成油。关于脂与肪的区别，按《礼记·内则》郑玄注：“脂，肥凝者；释者曰膏。”这说明脂是指凝固的未加热化开的动物油。李善注引《通俗文》称：“脂在腰曰肪。”说明肪是指动物的腰窝油。煼，同“炒”。

［7］肉脔方五六寸作：将肉切成五六寸见方的块儿。

［8］著水令相淹渍：放水把肉块浸透。

［9］于釜中煼之：（将肉块）放入锅中煸炒。

［10］更以向所煼肪膏煮肉：再用炼得的猪腰窝油来煮肉。

［11］盐三升：此处盐的用量过多，疑有误。

［12］令脂没肉：要让猪油没过肉。

［13］漉出瓮中：捞出肉块放入瓮中。

［14］余膏仍泻肉瓮中：剩下的猪油仍倒入肉瓮中。

[15] 水煮令熟:(把肉)煮透。熟,这里作煮透讲。

[16] 而调和之如常肉法:而调味的方法如平常做肉那样。

[17] 尤宜新韭烂拌:尤宜用新韭和烂蒜拌着吃。烂蒜,在木杵臼中捣成的蒜泥。从此菜的主料和制作工艺来看,“烂拌”二字拆开来讲较为合适,即烂为烂蒜,拌为拌和。此菜较为油腻,在制作过程中未加任何植物性调料。因此吃的时候,拌入清新辛辣的新韭和烂蒜,可起到去油腻、增美味和刺激食欲的作用。但缪启愉先生注引唐段公路《北户录》的有关记载,认为“烂拌”可能是一种菹菜的特名。从缪先生引述的有关记载看,这有可能。石声汉教授将此句译为“(可以做成)‘新韭烂拌’”,将“新韭烂拌”作为一种菜式。若是如此,则“新韭”前面的“尤宜”二字和接下来的“亦中”讲不通了。从语法角度看,由“尤宜”和“亦中”这两个关联词语组成了上面的具有选择意义的复句,这一点也说明“新韭烂拌”不是一种菜式的名称。

[18] 亦中炙啖:也可以烤着吃。啖,“啖”的异体字,音 dàn,吃。

[19] 烂坏不任作也:一煮就碎烂,不能做(这个菜)。

北魏猪肉鲊

鲊在汉代一般是指发酵型的腌鱼,东汉刘熙在《释名·释饮食》中对“鲊”字做了比较具体的解释。长沙马王堆一号汉墓出土竹简有“鱼脂一资(瓷)”的简文,著名古文字学家唐兰先生认为,“鱼脂”的“脂”即“鮨”字,而鱼鮨就是鱼鲊。该墓出土的一个陶罐内也有鲤鱼骨,而鲤鱼正是《齐民要术》“鱼鲊”的主料,这印证了唐兰先生的这一看法。尽管传世文献和考古成果都证实鲊在汉代已经出现,但当时的鲊只有鱼鲊一种。而贾思勰的《齐民要术》除了鱼鲊谱以外,还有两款猪肉鲊谱,这在传世文献中还是首次记载。从这两份猪肉鲊谱中诸如“切如鲊脔”“如作鲊法”和“布置一如鱼鲊法”等文字来看,以猪肉为主料的作鲊法似乎还不为当时的人们所熟悉,故而才用一般人所熟知的鱼鲊来做说明。这表明猪肉鲊应是在北魏面世不久的一种新鲊。关于如何判断这类新鲊是否酿成可以食用,其中的一份鲊谱指出:“看有酸气,便可食。”说明猪肉鲊同鱼鲊一样,酸是其酿成的最主要的口味标准。

原文 猪肉鲊[1]:用猪肥豵肉[2]。净燗治讫[3],剔去骨,作条,广五寸。三易水煮之[4],令熟为佳,勿令太烂。熟,出[5]。待干,切如鲊脔[6](片之皆令带皮[7])。炊粳米饭为糁,以茱萸子、白盐调和。布置一如鱼鲊法。糁欲倍多,令早熟。泥封,置日中[8],一月熟。蒜、齑、姜、鲊,任意所便。脏之尤美[9],炙之珍好。

贾思勰《齐民要术》

注释

[1] 猪肉鲊:原题“作猪肉鲊法”。

［2］用猪肥豵肉：用肥嫩的一岁（一说六个月）小猪的肉。豵，音 zōng。

［3］净燖治讫：开汤去毛净治完。“燖”，音 xún，同“焊”，用开水去毛。

［4］三易水煮之：换三次水煮。

［5］出：出锅。

［6］切如鲊脔：切成像做鱼鲊的块儿。

［7］片之皆令带皮：每片都要带皮。

［8］置日中：放在中午太阳直照的地方。

［9］脡之尤美：烩制尤其珍美。

南朝宫廷黄米蒸肉

这是一款用糯米和各色调料蒸猪肉块的南朝宫廷菜。这份菜谱本为《食经》文，后来被北魏贾思勰和隋虞世南分别收入《齐民要术》和《北堂书钞》中。但其中部分内容在这两本书中略有不同：关于主料猪肉，《齐民要术》是十斤，《北堂书钞》则无重量；在配料上，《齐民要术》是秫米，在这里是糯米三升，《北堂书钞》是米五升，此外《齐民要术》记载的葱白、生姜、橘皮，《北堂书钞》上均没有；关于蒸肉时间，《齐民要术》说用“蒸七斗米”的工夫，《北堂书钞》则说是“七升米”的工夫，等等。笔者认为，《齐民要术》记载的豉汁五合是靠谱的，《北堂书钞》的豉五升应有误；而在蒸肉所用的时间上，《齐民要术》的用蒸七斗米的工夫是离谱的，而《北堂书钞》的用七升米的工夫则应是合理的。总的来说，这份菜谱不仅所用原料均有斤两，而且连蒸多长时间都已明确，这种量化的特点表明这是一份宫廷菜谱。文中的调料橘皮为南方特产，显示出南朝食品特有的地域性特征。这款菜本名“悬熟”“悬肉”，其中“悬”字令人费解，存疑。

原文　悬熟法：猪肉十斤，去皮，切脔。葱白一升，生姜五合，橘皮二叶，秫米三升，豉汁五合，调味。若蒸七斗米顷[1]，下[2]。

贾思勰《齐民要术》

注释

［1］若蒸七斗米顷：像蒸七斗米所用的时间。

［2］下：（将肉等从甑中）取下。

南朝带汤烂肉

将熟烂肉切成块，临食用时，将肉块放入加有葱、姜、橘皮、胡芹、小蒜、盐和醋的肉汤中，这就是《齐民要术》卷第八“羹臛法”中名叫“烂熟”的带汤烂肉。菜谱中的橘皮等调料显示，这应是一款南朝名菜。这款菜中最值得关注的是，临食用时才将肉块放入加有调料的肉汤中。这样做，一是为了使熟肉块夹取和入口时烂而不碎，二是使烂肉块入口后味香浓而不厚腻，且越嚼越鲜，后世的烧羊肉带汤等传统名菜应是此菜这一特色的遗韵。

原文　烂熟：烂熟肉，谐令胜刀[1]，切长三寸、广半寸、厚三寸半。将用[2]，肉汁中葱、姜、椒、橘皮、胡芹、小蒜并细切锻[3]，并盐、醋与之[4]，别作臛。临用[5]，写臛中和奠[6]。有沈[7]，将用乃下，肉候汁中小久则变大，可增之[8]。

贾思勰《齐民要术》

注释

[1] 谐令胜刀：（肉烂到）恰好能经得住刀切。

[2] 将用：将要食用的时候。

[3] 细切锻：细切为末。

[4] 并盐、醋与之：再加入盐、醋。

[5] 临用：临食用的时候。

[6] 写臛中和奠：倒进臛中调好口味盛好。写，同“泻”，倒进。

[7] 有沈：有酸浆汁。此从缪启愉先生注。

[8] 可增之：涨大了就不好看了。增，憎也。

南朝绿肉

这是一款菜名令人费解而风味又很独特的南朝名菜。关于这款菜名称中的“绿”字，缪启愉先生在《齐民要术校释》中认为，所谓“绿肉”，“实际就是一种切成片的肉菹，配上‘猪、鸡名曰酸’的作料，以成其为酸菹，再加上醋，就成了这个特别名目的‘绿肉’了”。但此菜究竟为何叫“绿肉”而不叫“酸肉菹”，缪先生似乎未明确。笔者认为，在《齐民要术》卷八中，“菹绿第七十九”条下有六种菜的菜谱，“绿肉”是其中之一。包括“绿肉”在内，这六款菜中均分别加入了醋、菹汁（泡菜汁）、酸浆水，口味为酷似菹菜的酸味。而菹菜的酸味是其原料经发酵自然生成的，这里的六款菜的酸味则是在制作时添加酸味调料带来的。因此，其大标题“菹绿第七十九”中的“菹”字，含有以下这六个菜的酸味酷似菹之意。而“绿”字，据这份菜谱“切肉名曰‘绿肉’，猪、鸡名曰‘酸’”的说法，可知“绿”即“酸”义，这六款菜中最后一款就叫“酸豚”。总之，在这里菹、绿同义，都是指菜肴的酸味，那么“绿肉”实际上就是“酸肉”的意思。

原文　绿肉[1]：用猪、鸡、鸭肉，方寸准[2]，熬之[3]，与盐、豉汁煮之。葱、姜、橘[4]、胡芹、小蒜，细切与之[5]，下醋。切肉名曰“绿肉”，猪、鸡名曰“酸”[6]。

贾思勰《齐民要术》

注释

[1] 绿肉：原题“绿肉法”。

[2] 方寸准：（将猪、鸡、鸭肉切成）一寸宽的片。此从缪启愉先生释。

[3] 熬之：煎之。

[4] 橘：应指橘皮。

[5] 细切与之：切细放入。

[6] 猪、鸡名曰“酸”：用鸡肉鸭肉做的名叫“酸鸡酸鸭”。此句“猪”字应是“鸭”

字之误，因原文已明确用猪肉做的叫“绿肉”。

北魏酸味乳猪

将净治过的乳猪剁成带骨肉块，每块要带皮，然后放入锅内，加入葱白、豉汁炒香，再倒入少许水，炖烂时放米饭，煨透后撒入花椒面，泼入醋，这就是北魏酸味乳猪。这款菜在《齐民要术》中本名“酸豚”，它值得关注的地方是菜谱中出现了“炒”字。从这份菜谱对“酸豚”用料和制法等的介绍来看，这里的“炒”主要是指对带骨带皮乳猪块的煸。将肉块先煸再加少许水和调料煨烂，这种工艺直到今天还在沿用。与后世煨肉块最大的不同是，这款菜还加入了米饭。由此可以推知，这款菜是从古代的羹臛演变而来。

“若作酒醴，尔惟曲糵”，《尚书》中的这句话说明，中国曲的发明，与造酒密不可分。正如李时珍在《本草纲目》中指出的那样：“酒非曲不生，故（曲）曰酒母。”但后来曲不仅仅用于酿酒，《齐民要术》记载的一种“瓜菹”，就用到了小麦曲中的“女曲”；五代孟蜀的宫廷羊肉，用的是鲜红可爱的红曲（详见本书“孟蜀宫廷红曲羊肉”），而《本草品汇精要》“造曲图”中所造的曲，应是中医用来消食健脾的神曲。这里的《美酒缸行》图所制的酒，应是清代北方的烧刀（烧酒）。原图见蔚县博物馆编著《蔚州寺庙壁画》，科学出版社，2013年

原文　酸豚[1]：用乳下豚[2]。治讫[3]，并骨斩脔之[4]，令片别带皮[5]。细切葱白、豉汁炒之，香，微下水，烂煮为佳。下粳米为糁。细擘葱白，并豉汁下之。熟，下椒、醋，大美[6]。

贾思勰《齐民要术》

注释

［1］酸豚：原题“酸豚法”。酸豚，酸味乳猪。

［2］乳下豚：吃母猪腹下前面乳头奶的乳猪。详见本书“古法烤乳猪”注［2］。

［3］治讫：用开水煺毛净治完毕。

［4］并骨斩脔之：带骨斩成片。脔，肉块，据下文，这里作片讲。

［5］令片别带皮：要使每片肉都带皮。别，另。

［6］大美：（味道）太美了。

北魏蒸猪头

这是目前所知在传世文献中最早的蒸猪头菜谱。后世以猪头肉为主料的热菜，最终多以烧扒成菜。贾思勰在《齐民要术》中记载的这款猪头菜，却是以蒸为终端加热工艺，这在1500多年后的今天来说，也不失

其在菜品营养上的借鉴意义。从贾思勰摘录或记录的这份菜谱来看，制作这款菜要用刚宰杀的猪的头，剔去骨头后，将猪头肉煮一开，取出细切，放入水中漂去血污，然后加入清酒、盐和豉汁，蒸熟，出甑时撒上干姜面和花椒面，就可以食用了。不难看出，这款北魏蒸猪头，入口先是麻辣，继而是酥烂醇香。因为蒸出的猪头肉富含胶原蛋白，过于酥烂，一触即散，因此在当时很可能是用汤匙取食。

原文　蒸猪头[1]：取生猪头，去其骨，煮一沸，刀细切[2]，水中治之[3]。以清酒[4]、盐、肉[5]蒸，皆口调和[6]。熟，以干姜、椒著上[7]食之。

贾思勰《齐民要术》

注释

[1]蒸猪头：原题“蒸猪头法”。

[2]刀细切：用刀细切（煮过的猪头肉）。

[3]水中治之：（将切过的猪头肉）放入水中漂去血污。

[4]清酒：古代冬酿夏成滤去滓的酒。详见本书“古法烤乳猪”。

[5]肉：缪启愉先生认为此字可能是“豉”字之误。

[6]皆口调和：都要用口尝的方法来调好肉的口味。

[7]以干姜、椒著上：将干姜面、花椒面撒在（猪头肉）上。

北魏白煮乳猪

这是一款制作工艺和出品风味都很独特的白煮乳猪。

乳猪宰杀后，先要用镊子拔毛，再用茅蒿叶刷洗，最后用刀刮净。煮猪的工艺更独特：将乳猪盛入绢袋里，系上小石头，放入锅内，用醋浆水煮；汤开两次后，取出乳猪，用冷水浇，再用茅蒿叶将乳猪刷得极白净；重新将乳猪放入绢袋里，系上小石头，这次是用面浆水来煮；煮熟后，将乳猪放入盆内，用冷水和煮乳猪的面浆水浸，然后就可以食用了。吃的时候，是撕着吃而不是切着吃。用这种工艺制成的乳猪，“皮如玉色，滑而且美”。

原文　白瀹豚[1]：用乳下肥豚[2]。作鱼眼汤[3]，下冷水和之，擎[4]豚令净，罢。若有麤[5]毛，镊子拔却，柔毛则剔之。茅蒿叶揩洗[6]，刀刮削令极净。净揩釜[7]，勿令渝[8]，釜渝则豚黑[9]。绢袋盛豚，酢浆水[10]煮之。系小石，勿使浮出[11]。上有浮沫，数接去。两沸，急出之，及热，以冷水沃豚[12]。又以茅篙叶揩令极白净。以少许面，和水为面浆。复绢袋盛豚，系石，于面浆中煮之。接去浮沫，一如上法。好熟，出，著盆中[13]，以冷水和煮豚面浆使暖暖，于盆中浸之。然后擘食[14]。皮如玉色，滑而且美。

贾思勰《齐民要术》

注释

[1]白瀹豚：原题“白瀹豚法”。瀹，原

注："煮也，音药。"新版《辞海》语词分册此字注音为 yuè。

［2］用乳下肥豚：用吃母猪腹下前面乳头奶的肥乳猪。

［3］作鱼眼汤：将水烧至微开。唐代陆羽《茶经》卷下："其沸，如鱼目、微有声为一沸，缘边如涌泉连珠为二沸，腾波鼓浪为三沸。"据此可知"鱼眼汤"为水微开。

［4］挲：同"焊"，即煺去乳猪毛及内脏。此从缪启愉先生释。

［5］麤："粗"的异体字。

［6］茅蒿叶揩洗：用茅蒿叶擦洗乳猪。

［7］净揩釜：擦净锅。

［8］勿令渝：不要让锅变色，即不要使铁锅（釜）生锈。

［9］釜渝则豚黑：锅生锈则煮出的乳猪颜色暗淡。

［10］酢浆水：酢是"醋"的本字，酢浆水应即醋浆加水混合后的水。据缪启愉先生研究，《齐民要术》记载了23种直接用大麦、小麦等粮食或粮食加工后的副产品麸皮等酿造的醋，"酢浆"即在造醋时可做醋母的淀粉质酸化浆液。一般醋的醋酸含量为3%—5%，最浓不过6%—8%，而《齐民要术》中不少酢浆的酸度都较高。煮乳猪用酢浆水，应是先人在意外发现之后所做的工艺规范。

［11］勿使浮出：不要让乳猪浮出汤面。此法今仍行之。

［12］以冷水沃豚：用冷水浇乳猪。

［13］著盆中：放盆中。

［14］擘食：撕着吃。

南朝宫廷蒸乳猪

蒸乳猪在先秦春秋孔子时代就是士人往来的见面礼品，秦汉以后，到西晋时，竟出现用人乳蒸乳猪。据《晋书·王浑传附子济传》，有次晋武帝到王济家，觉其家"蒸肫甚美，帝问其故，答曰：'以人乳蒸之'"。此事在《世说新语》中也有记载，不过菜名写作"蒸豚"。而我们在这里将要谈到的《齐民要术》中的蒸乳猪，其菜名则与《晋书》一样。贾思勰记下的这道蒸乳猪，从其所用原料和制作工艺特别是其所用调料中的橘皮、橘叶均为南方特产，突显出这款蒸乳猪口味上的南朝特色。在所用的调料和配料中，除开始渍煮乳猪的豉汁以外，均有斤两，这种量化的用料特点和精细的工艺，都显示出这款蒸乳猪的宫廷菜身份。

原文 蒸肫[1]：好肥肫一头，净洗垢[2]，煮令半熟[3]，以豉汁渍之。生秫米一升；勿令近水[4]，浓豉汁渍米，令黄色，炊作馈[5]，复以豉汁洒之[6]。细切姜、橘皮各一升，葱白（三寸）四升，橘叶一升，合著甑中[7]，密覆，蒸两三炊久[8]。复以猪膏[9]三升，合豉汁一升洒，便熟也。

贾思勰《齐民要术》

注释

［1］蒸肫：原题"蒸肫法"。

［2］净洗垢：洗净（小猪身上的）污垢。

［3］煮令半熟：要煮到半熟。

[4] 勿令近水：不要沾水。

[5] 炊作馈：蒸成半熟的秫米饭。馈，音fēn,《玉篇》："半熟饭也。"

[6] 复以豉汁洒之：再洒上豉汁。

[7] 合著甑中：一起放进蒸锅中。

[8] 蒸两三炊久：蒸（的时间）约是蒸两三锅饭那样长。

[9] 猪膏：猪油。

北魏腤白肉

腤（ān）白肉又叫"缹白肉"，是将白煮肉凉凉后切成薄片，放入加有葱、小蒜、盐和豉汁的新汤中即可。还可以在汤中只放葱、姜而不放小蒜，再加入藠头，这就是贾思勰在《齐民要术》中记载的"腤白肉"。从《齐民要术》菜名中有"腤"字的菜谱来看，单独煮一种动物性主料叫腤，如腤鸡、腤鱼等。这里的腤白肉应是煮时只放盐而不放豉汁，但这份菜谱中在煮肉时放盐和豉汁，应有误。菜谱中提到的小蒜，汉代崔寔《四民月令》中已有记载，所谓"布谷鸣，收小蒜"。据李时珍《本草纲目》，小蒜系"根、茎俱小而瓣小、辣甚者"。这份菜谱为我们提供了放小蒜和不放小蒜两种调料的组配方式，这对我们认识和理解这两个版本的腤白肉会有很大帮助。需要指出的是，这种将白煮熟肉片放入加有葱、姜（小蒜）、藠头、盐和豉汁的汤中的菜肴款式，颇有后世用白煮熟肉片蘸调料汁食用的意味，后世的调味汁或蘸水应是从这类"腤"菜中分离完善而来。

原文　腤白肉：一名白缹肉[1]。盐、豉煮，令向熟[2]，薄切（长二寸半、广一寸准、甚薄），下新水中，与浑葱白[3]、小蒜、盐、豉清。又：䪥叶切[4]，长三寸，与葱、姜，不与小蒜，亦可[5]。

贾思勰《齐民要术》

注释

[1] 白缹肉：据"腤猪法"，应为缹白肉。

[2] 令向熟：要将肉煮到快熟时。

[3] 与浑葱白：放整根葱白。

[4] 䪥叶切：（将肉）切成䪥叶片。䪥，即薤，俗称藠头，其叶半圆柱状线形，状如韭菜。

[5] 亦可：（放）也可以。

南朝宫廷缹乳猪

缹，音fǒu,《通俗文》说"燥煮曰缹"，燥煮应即后世所言的将所有食材放入容器中的隔水煮，在粤菜中又名炖盅煮。但唐代玄应《一切经音义》卷十七《出曜论》则说"少汁煮曰缹"，少汁煮应类似于今天的煨炖，这同炖盅煮还不太一样。贾思勰作《齐民要术》时所引《食经》中的"缹豚法"即缹乳猪谱，从这份菜谱来看，这里的"缹"是先将乳猪煮熟，再将乳猪和米饭加调料一起蒸，是先煮后蒸、煮蒸结合的多次加热烹调法，这同这两部字书的解释区别较大，但有一点是一致的：无论是“燥煮”还是“少汁煮”，总之都有“煮”。这份菜谱所记主料、配料和调料均有斤两，这种量化特点表明这是一份宫廷菜谱。所用调料中的橘皮等南方特产和菜谱语言中的南方方言，又显示这应是一款南朝宫廷菜。

原文　缹豚[1]：肥豚一头十五斤，水三斗，甘酒[2]三升，合煮令熟。漉出[3]，擘之[4]。用稻米四升，炊一装[5]；姜一升，橘皮二叶，葱白三升，豉汁，涑馈作糁[6]，令用酱清[7]调味。蒸之，炊一石米顷[8]，下之也。

贾思勰《齐民要术》

注释

［1］缹豚：原题“缹豚法”。豚，乳猪。

［2］甘酒：好酒。

［3］漉出：捞出。

［4］擘之：撕开。

［5］炊一装：蒸一次。此从缪启愉先生释。

［6］涑馈作糁：将豉汁洒在蒸好的稻米饭上作糁。涑同漱，缪启愉先生认为此处作“洒”。馈，音 fēn，半熟的米饭，详见“南朝宫廷蒸乳猪”注［5］。

［7］酱清：从豆酱中提取的汁。

［8］炊一石米顷：蒸一石米的工夫。

北魏缹猪肉

这是一款类似后世全家福或一品锅制法的北魏名菜。将猪宰杀净治后，先破成四大块白煮，再改成正方形寸块，放进汤中，加入酒或醋浆煮，其间都要用勺撇出浮油。待汤面上不见浮油、肉块无腥气时，将肉块捞出切条片，按一层肉一层葱段、豆豉、白盐、姜和花椒的顺序，将肉片和调料在小铜煎锅内码好，当肉呈琥珀色时即可出锅食用。如果放冬瓜、嫩葫芦，也可以在码肉时加入。这种肉因为在两次煮的过程中把浮油均已撇尽，因此香而不腻。这份菜谱的行文和文字特点显示，此菜的制法很有可能是贾思勰在公元 6 世纪为撰写《齐民要术》而在今山东、河北、河南采访所得。从这份菜谱记录的食材、烹调器以及制作工艺等来判断，这款菜应出自当时的士族高门之家。

原文　缹猪肉[1]：净焊猪讫[2]，更以热汤遍洗之[3]，毛孔中即有垢出，以草痛揩[4]，如此三遍，梳洗令净。四破[5]，于大釜[6]煮之。以杓接取浮脂[7]，别著瓮中[8]；稍稍添水[9]，数数接脂[10]。脂尽，漉出[11]，破为四方寸脔[12]，易水更煮[13]。下酒二升，以杀腥臊[14]，青白皆得[15]。若无酒，以酢浆代之[16]。添水接脂，一如上法。脂尽，无复腥气[17]，漉出，板切[18]，于铜铛中缹之[19]。一行肉，一行擘葱、浑豉[20]、白盐[21]、姜、椒。如是次第布讫[22]，下水缹之，肉作琥珀色乃止。恣意饱食亦不餶[23]，乃胜燠肉。欲得著冬瓜、甘瓠者[24]，于铜器中布肉时下之。其盆中脂，练白如珂雪，可以供余用者焉。

贾思勰《齐民要术》

注释

［1］缹猪肉：原题“缹猪肉法”。缹，音fǒu。

［2］净焊猪讫：去净猪毛。焊，去毛。

［3］更以热汤遍洗之：再用热水将猪身各处洗净。

［4］以草痛揩：用草快速搓擦。

［5］四破：破成四块。

［6］大釜：大锅。釜，音fǔ，古代的一种敛口圆底烹饪器。

［7］以杓接取浮脂：用勺撇取浮在汤面的猪油。此法今仍行之，撇出的油叫浮油。

［8］别著瓮中：另倒入瓮中。别，另外。

［9］稍稍添水：不断地添点儿水。

［10］数数接脂：不时撇取浮油。

［11］漉出：捞出。

［12］破为四方寸脔：切成正方形寸块。

［13］易水更煮：换水再煮。

［14］以杀腥臊：以除去腥臊气味。按：此处“杀”字用法今仍流行于北方方言中。

［15］青白皆得：放清酒白醪酒都可以。

［16］以酢浆代之：以醋浆代替。酢，“醋”的本字。详见本书“北魏白煮乳猪”注［10］。

［17］无复腥气：不再有腥气了。

［18］板切：切成板条片。按：石声汉教授将此句译作“再在板上切成片”。上古切肉的案叫“几”，案板是后起的俗语词；通观《齐民要术》饮食烹饪部分的刀工用语，动词“切”字前面的字词均是对“切”的限定词，如“细切”“臛叶切”等等。因此，这里“板切”的“板”字不是指案板，而是对刀工成形的具体要求。

［19］于铜铛中缹之：放入铜锅中煨炖。铜铛，当时的一种小铜锅。

［20］浑豉：整粒的豆豉。

［21］白盐：从海水中提炼的精盐。据《名医别录》“食盐”陶弘景注，东海盐盐白粒细，北海盐盐黄粒粗。

［22］如是次第布讫：照这样的顺序将料码完。

［23］恣意饱食亦不饋：任意多吃也不腻。饋，厌。

［24］欲得著冬瓜、甘瓠者：如果想要放冬瓜、嫩葫芦的。

南朝猪蹄羹

这款猪蹄羹的菜谱原为久已亡佚的《食经》文，后被贾思勰收入《齐民要术》中。从中国菜史的角度来看，这份菜谱的价值主要有两点：一是迄今所知这是在传世文献中最早的猪蹄烹调菜谱，该谱中关于猪蹄的加热工艺至今仍在沿用，可见这种制作工艺对后世的影响。二是这款菜本为南朝食品，口味甜咸，但是传入北魏辖境内以后，为适合北方人、特别是聚居在北魏国都（今山西大同）鲜卑贵族的口味，将调料中的麦芽糖换成了醋（苦酒），使这款猪蹄羹变成了酸咸口味的菜品，这可能是贾思勰为何在这份菜谱的最后特别加以说明“旧法用饧六斤，今除也”的缘故。

原文　猪蹄酸羹[1]：猪蹄三具[2]，煮令烂，擘去大骨[3]。乃下葱、豉汁[4]、苦酒、盐，口调其味。旧法用饧[5]六斤，今除也。

贾思勰《齐民要术》

注释

［1］猪蹄酸羹：原题“作猪蹄酸羹一斛法”。斛（hú），量器名，亦容量单位。古以十斗为一斛。但缪启愉先生在其所著《齐民要术校释》中认为“一斛”二字应“存疑”，并认为此谱出自《食经》。

［2］三具：三副。一具四蹄，三具十二蹄。

［3］擘去大骨：剔去大骨。擘，这里作剔讲。

［4］豉汁：将研碎的豆豉加开水煮后去滓所得，汁较浑。详见《齐民要术》卷八“作豉法”。

［5］饧：汉魏时今陕西丹凤东南、河南东部、山东南部及江苏、浙江、安徽等部分地区的人对麦芽糖的方言称谓。

南朝猪肠血豆腐羹

这款菜的本名“脸臘”，是个令人费解的菜名。南朝梁、陈之间的顾野王在《玉篇》中将其解释为“羹也”，但是没有说这是用什么做的羹，更没有说出这种羹名的含义。贾思勰在把这款羹的菜谱收入《齐民要术》时，也没有对其进行说明，但起码让我们知道了这款羹的用料和制法。根据《齐民要术》所引《食经》，这款羹实际上是猪肠细条和切成蒜瓣块的血豆腐合在一起的荤羹，缪启愉先生在《齐民要术校释》中提出，根据唐代玄应《一切经音义》“脸臘”有“生血”的意思和这款羹的用料，其名称中的“脸臘”是指红色的血，“臘”指纤长的肠，二物并用，故名“脸臘”。这使我们终于明白其名的意思。

原文　脸臘[1]：用猪肠。经汤出[2]，三寸断之[3]，决破[4]，细切[5]，熬[6]。与水，沸，下豉清、破[7]米汁、葱、姜、椒、胡芹[8]、小蒜、芥并细切锻[9]。下盐、醋。蒜子细切血[10]，将奠与之[11]，早与，血则变大[12]，可增[13]，米奠[14]。

贾思勰《齐民要术》

注释

［1］脸臘：缪启愉先生在《齐民要术校释》中指出此谱为《食经》文。

［2］经汤出：（猪肠）过沸水捞出。

［3］三寸断之：（每隔）三寸一断。

［4］决破：（将猪肠）剖开（使成片）。

［5］细切：切成细条。

［6］熬：这里作干煸讲。

［7］破：其他各篇均为“研米汁”，因此“破”字显系“研”字之误。

［8］胡芹：这里指胡芹叶。

［9］并细切锻：一并细切为末。锻，引申义为不断地细切（即今剁馅的“剁”字义），此从缪启愉先生释。

［10］蒜子细切血：将血豆腐切成蒜子块。蒜子细切，当时一种切法的专称；血，血豆腐，不是未加工的液态的血。

[11] 将奠与之:(血豆腐要在)将出锅盛碗的时候放入。

[12] 早与，血则变大：早放入，血豆腐则涨大。按:血豆腐烹煮时间长了，不仅涨大，而且变得黑紫难看。因此“变大”与后面的“可增(憎)”，颇合上述血豆腐遇热。但缪启愉先生将此句断为“早与血则变，大可增米奠”。石声汉教授则断句为“早与血，则变大，可增米奠”。

[13] 可增：可憎，难看。

[14] 米奠：应是半奠之误。半奠，盛半碗。此从缪启愉先生说。

南朝宫廷冷片狗肉

狗肉自古为我国南方传统食材，长沙马王堆一号汉墓出土的竹简中，以狗肉为主料的菜名就有五种，该墓还出土了食用犬的骨骸，但该墓竹简上只有菜名而没有关于制法的文字。这里的南朝宫廷冷片狗肉，原名“犬牒”,其用料和制法原载后来亡佚的《食经》中，据目前所知，这是在传世文献中最早的狗肉菜谱，也是最早的宫廷狗肉菜谱。根据贾思勰收入《齐民要术》中的这份菜谱，狗肉加小麦用当时的白酒煮至骨、肉分离时，将狗肉撕碎，磕入鸡蛋液，放入蒸锅(甑)内，蒸至蛋液凝固出锅，压上石头，第二天就可以食用了。看得出，这应是一款佐酒的冷菜。根据本草典籍，狗肉和鸡蛋都有滋补壮阳功效，这类菜是宫廷菜中的常品，这款菜也不例外。应该指出的是，菜谱中的辅料小麦，应原为糯米之类的南方特产，这一变动显系入仕北魏的原南朝官员所为。

原文　犬牒[1]：犬肉三十斤，小麦六升，白酒[2]六升，煮之令三沸。易汤[3]，更以小麦、白酒各三升，煮令肉离骨，乃擘[4]。鸡子三十枚著肉中[5]，便裹肉，甑中蒸，令鸡子得干[6]，以石迮之[7]。一宿出，可食。名曰“犬牒”。

贾思勰《齐民要术》

注释

[1] 犬牒：原题“《食经》曰：作犬牒法”。牒，音 zhé，将肉切成薄片。

[2] 白酒：酒味较淡薄的速酿酒。详见本书“北魏宫廷羊血肠”注[10]。

[3] 易汤：换汤。

[4] 乃擘：就将狗肉撕成丝。

[5] 鸡子三十枚著肉中：将30个鸡蛋磕入狗肉中。

[6] 令鸡子得干：以使蛋液遇热凝固。

[7] 以石迮之：用石头压上。

北魏酱驴肉

在传世文献中，这是迄今所知最早的驴肉菜谱。从这份菜谱的语言风格来看，这份驴肉谱应是北魏高阳太守贾思勰于公元533年至544年，在今河北、河南、山东民间采访后，由其笔记整理而成，随后收入《齐民要术》中。根据这份菜谱所述，这款驴肉菜在款式上介于腌肉和肉酱之间，主要制作工艺则是先秦就有的肉酱（醢）酿制法。因为其制成后驴肉仍然成块，吃之前要煮一下，所以当时人们把它叫作“脺（zǐ）肉”，但可以在早饭或晚饭时当肉酱吃。据李时珍《本草纲目》，驴肉气味甘、凉、无毒，其肉以“乌驴者良”，这款菜所用主料应是乌驴肉。从营养的角度来看，由于这种酱驴肉的蛋白质在瓮中酿制过程中被分解，因而有利于人体的消化吸收。

原文　脺肉[1]：驴、马、猪肉皆得。腊月中作者良，经夏无虫；余月作者，必须覆护[2]，不密则虫生[3]。麤脔肉[4]，有骨者[5]，合骨麤剉[6]。盐、曲、麦䴷合和[7]，多少量意斟裁[8]，然须盐、曲二物等分[9]，麦䴷倍少于曲[10]。和讫[11]，内瓮中[12]，密泥封头[13]，日曝之[14]，二七日便熟。煮供朝夕食，可以当酱。

贾思勰《齐民要术》

注释

[1] 脺肉：原题“作脺肉法”。脺肉，加入曲酿制而成的驴（或马、猪）肉酱。

[2] 余月作者，必须覆护：其他月份做的，必须封盖。

[3] 不密则虫生：盖不严密则生虫子。

[4] 麤脔肉：大的肉块。麤，“粗”的异体字，这里作大讲。

[5] 有骨者：带骨的。

[6] 合骨麤剉：连骨头一起稍微剁剁。

[7] 盐、曲、麦䴷合和：把碎肉和盐、曲、麦䴷放在一起搅和均匀。曲，音 qū，一种发酵剂。麦䴷（huán），又名“黄衣”，用整粒小麦做成的一种酱曲。陈騊声先生在《中国微生物工业发展史》中认为，“黄衣”是一种黄色酶菌，具有分解蛋白质的功能，在制酱中起着重要作用。

[8] 多少量意斟裁：用多少可随意增减。

[9] 然须盐、曲二物等分：然而盐和曲的用量必须相同。

[10] 麦䴷倍少于曲：麦䴷只要曲的一半。此从石声汉教授释。

[11] 和讫：搅匀后。

[12] 内瓮中：放入瓮中。内，同“纳”，此处作放入讲。

[13] 密泥封头：用泥将瓮口密封。

[14] 日曝之：白天（把瓮）放在阳光下晒。

南朝宫廷浓汁兔肉

这款菜本名“兔臛”，应是类似于后世煨焖类的浓汁兔肉块。缪启愉先生在《齐民要术校释》中指出，这份菜谱出自《食经》，《食经》记载的多为南朝食品。做这款菜所用的调料中有木兰，木兰为南方特产的一种落叶乔木的树皮，皮很薄而气味香辛，类似桂皮。其主料、配料和调料基本上都有数量要求，这种量化的用料特点表明，这应是一款南朝宫廷名菜。按照这份菜谱的要求，煮兔肉所用的酒量较大，为水的 1/3，既有去兔肉异味的作用，又有嫩化兔肉并使其具有酒香等多种作用。

原文　兔臛[1]：兔一头，断，大如枣[2]，水三升，酒一升[3]。木兰[4]五分，葱三升，米一合[5]，盐、豉、苦酒[6]，口调其味也。

贾思勰《齐民要术》

注释

［1］兔臛：原题“作兔臛法”。

［2］大如枣：剁成枣一般大的块。这句应是贾思勰改后的。

［3］酒一升：此处未言兔的热加工。按当时臛的一般工艺，兔肉应加水、酒煮后方可与米饭和调料等同煮并调味，故笔者在“酒一升”后面用句号。

［4］木兰：古时用作香辛料。据陶弘景说，当时在“零陵（今属湖南）诸处皆有”。

［5］米一合：古代容量单位。当时一合约为今20毫升。加米主要是使汤汁浓糯、肉块爽滑适口。

［6］苦酒：当时醋的俗称。醋应是出锅前淋入，否则将失去加米的意义。

北魏甜脆脯

这是一款在腊月里用獐子肉或鹿肉做的肉干，做时不放盐等任何调料，吃的是肉的

北魏都城府宅炊厨操作图。这是山西大同北魏壁画墓中的一个画面，发现时虽已残缺，仍可看清大概。图中有七人，东边二人似在倒水和面，中间一人正往灶火添柴，灶上有釜，其对面一人在调理釜中食物。下面二人，一人正用小铁锅烹炒，旁边一女侍双手举斧劈柴。最西面一人，正从酒罐接酒，整个画面展示了北魏都城府厨制作面食、菜肴和备酒的场景。原图见大同市考古研究所《山西大同沙岭北魏壁画墓发掘简报》，摄影高峰等，《文物》2006年第10期

本味。缪启愉先生在《齐民要术校释》中指出，不放盐的原味，在南方叫“淡”，在北方多叫“甜”，这就是这种脯名称中“甜”字的由来。至于“甜”字后面的“脆”字,这份菜谱中说，这种脯“脆如凌雪”，对名称中的“脆”字已经做了说明。从这种脯的冠名以及这种脯的用料、制作工艺和制作季节来看，这应是从远古流传至南北朝时的一种用自然风干法制作的野味脯，其名称表明这种脯在北魏辖境内很流行。这份菜谱的语言风格显示，它应是贾思勰于公元533年至544年，在今河北、河南、山东民间采访整理后将其收入《齐民要术》中。

原文　甜脆脯[1]：腊月，取獐、鹿肉，片[2]，厚薄如手掌。直阴干，不著盐[3]。脆如凌雪也[4]。

贾思勰《齐民要术》

注释

[1] 甜脆脯：原题“作甜脆脯法”。

[2] 片：片成条片。

[3] 不著盐：不放盐。

[4] 脆如凌雪也：脆如冰雪。

南朝宫廷蒸熊肉

这款菜与南齐皇帝萧道成曾食用的“熊蒸”不同的是，熊蒸是整个蒸，这里的则是从一头熊上选取三升肉蒸。与《齐民要术》所引《食次》“熊蒸”谱稍有不同的是，这份原载《食经》的“蒸熊”谱，从主料、配料直到调料都有重量要求，这种用料量化的特点显示这应是一份宫廷菜谱。橘皮等南方特产调料的出现表明，这应是一款南朝宫廷菜。我们在南朝宫廷蒸全熊文中已经说明，熊为今天的保护动物，这里收入这份菜谱，只是为了回顾历史。

原文　《食经》曰：“蒸熊法：取三升肉，熊一头[1]，净治[2]，煮令不能半熟[3]，以豉清渍之一宿。生秫米二升，勿近水[4]，净拭，以豉汁（浓者）二升渍米，令色黄赤，炊作饭[5]。以葱白（长三寸）一升，细切姜、橘皮各二升，盐三合[6]，合和之[7]，著甑中蒸之[8]，取熟。”

贾思勰《齐民要术》

注释

[1] 取三升肉，熊一头：一头熊取三升肉。石声汉教授《齐民要术选读本》将此

贾思勰和《齐民要术》。原图见青州博物馆编《青州文明图典》，云南教育出版社，2011年

句译为“三升肉，一头熊”。缪启愉先生在《齐民要术校释》中认为，日译本将此句释为三升肉的仔熊一头“恐有可能”。

[2] 净治:（将熊肉）整治洁净。

[3] 煮令不能半熟：要煮至快熟时。

[4] 勿近水：不要沾水。

[5] 炊作饭：蒸作米饭。

[6] 盐三合：盐 60 毫升。合，古代容量单位。当时一合约合今 20 毫升。

[7] 合和之：将葱白等调料和熊肉、米掺在一起调匀。

[8] 著甑中蒸之：放入蒸锅中蒸。

南朝宫廷蒸全熊

这款菜原名“熊蒸”，其菜名在《南齐书·陈显达传》中已可见到。据该书记载，陈显达在公元 479 年萧道成称帝时被任为护军将军，有一天适逢“御膳不宰牲”，于是陈显达便给齐高帝萧道成献上“熊蒸一盘”，齐高帝当时就把这款菜当饭食用了，这说明熊蒸很合齐高帝的胃口。贾思勰从《食次》中将熊蒸谱收入《齐民要术》中。我们今天见到的这份熊蒸菜谱，就来自《齐民要术》，而原载这份菜谱的《食次》一书却早已亡佚。从这份菜谱看，这款菜是将净治的熊先煮后蒸，蒸时和以米饭，熟后熊肉改刀装盘，并配上米饭，这就可以理解为什么熊蒸能够成为齐高帝的一顿饭了。需要特别指出的是，熊在今天已是保护动物，我们收入这份菜谱，只是出于中国菜史完整性的考虑。

原文　《食次》[1]曰：“熊蒸：大[2]，剥[3]，大烂[4]。小者去头脚。开腹，浑覆蒸[5]。熟，擘之[6]，片大如手。又云。方二寸许。豉汁煮秫米[7]。薤白寸断[8]，橘皮、胡芹、小蒜并细切。盐，和糁[9]。更蒸，肉一重，间米[10]，尽令烂熟。方六寸、厚一寸[11]，奠[12]，合糁[13]。”

贾思勰《齐民要术》

注释

[1]《食次》：《齐民要术》引用的久已亡佚的一部食书。

[2] 大：大熊。

[3] 剥：剥皮。

[4] 大烂：大煮。缪启愉先生认为，“烂”为“爛”字之误。按：原书此字为“烂”的异体字“爛”。

[5] 浑覆蒸：盖上整个蒸。

[6] 擘之：撕成片。

[7] 豉汁煮秫米：用豉汁煮秫米。此标点法从缪启愉先生。如果按前面“南朝宫廷蒸熊肉”的制作工艺，应是先用较浓的豉汁将秫米浸渍至颜色黄红时，再将秫米蒸成饭。看来这两款以熊为主料的大菜，在“糁”的做法上区别较大。

[8] 薤白寸断：将薤白切为寸段。薤白，百合科薤的古称，其鳞茎今俗称“藠（jiào）头”。

[9] 和糁：将用豉汁煮过的秫米加上橘皮、盐等调料调匀。

[10] 更蒸，肉一重，间米：再蒸，（先放）

一层肉，再放一层米。一重，一层，今江西方言仍有此词。

［11］方六寸、厚一寸：（将蒸好的熊肉切成）六寸见方、厚一寸的块。

［12］奠：盛的时候。

［13］合糁：与调好味的米饭一起盛上。

禽类名菜

徐王养胎鸡汤

徐王即南北朝时的丹阳人徐之才，为八世家传名医，因北齐时被封为西阳郡王，故世称“徐王”。徐王天资聪慧，5岁即诵《孝经》，13岁被召为太学生，精通《礼》《易》。北魏孝昌二年（526年），徐之才来到洛阳，曾因为皇太后治好病而受到赐帛千段的皇赏。徐之才寿享八十，一生医著颇多，《逐月养胎方》就是其中之一。这部方书虽然久已亡佚，但在唐孙思邈《千金要方》和日本《医心方》、朝鲜《医方类聚》中保留了其中不少内容。我们这里将要谈到的养胎鸡汤，就来自严世芸等先生从《千金要方》等典籍中辑出的辑校本。

从辑校本《逐月养胎方》中可以看出，孕妇从妊娠一月至九月，每月均有用于保胎的鸡汤。即妊娠一月为乌雌鸡汤，二月乌雌鸡汤加鸡血，三月雄鸡大枣汤，四月乌雌鸡汤，五月乌雌鸡汤加鸡血，六月乌雌鸡汤，七月黄雌鸡汤加鸡血，八月、九月乌雌鸡汤。总之，在妊娠9个月中，7个月为乌雌鸡汤，此外尚有黄雌鸡、白鸡和雄鸡汤。在制作工艺上，基本上是先将鸡熬汤，再用鸡汤煎草药。所用草药，以人参、阿胶、大枣、生姜、葱白、大麦、茯苓、吴茱萸、芍药、白术、麦门冬和甘草等居多。比如“妊娠一月，阴阳新合为胎。寒多为痛，热多卒惊，举重腰痛，腹满胞急，卒有所下，当预安之，宜服乌雌鸡汤。方：乌雌鸡一只，治如食法，茯苓二两，吴茱萸一升，芍药、白术各三两，麦门冬五合，人参三两，阿胶二两，甘草一两，生姜一两。右十味，㕮咀，以水一斗二升煮鸡，取汁六升；去鸡下药，煎取三升，内酒三升并胶，烊尽，取三升，放温。每服一升，日三”。文中的㕮咀，音 fǔ jǔ（府举），原为咬碎的意思，这里作细切讲。南朝梁陶弘景《本草经集注·序录》：“旧方皆云㕮咀者，谓秤毕，捣之如大豆，又使吹去细末……今皆细切之。”需要指出的是，这些鸡汤无论是在当时还是在其流传的后世，都是由医生开方并遵医嘱进行制作和饮用的。我们这里提及这些鸡汤，只为人们在了解南北朝时期的名菜时，提供一点儿药膳菜肴史料线索。

陶弘景黄鸡汤

陶弘景（456—536）为南北朝时期的名医，这里的黄鸡汤原载其《陶隐居效验方》，但该书久已亡佚，严世芸等先生从朝鲜《医方类聚》等典籍中将该书内容辑出，成《陶隐居效验方》

辑校本，黄鸡汤谱即在这个辑校本中。

黄鸡汤谱的原文为："治产后大虚劣气补汤：黄雄鸡一头，赤小豆五升（大豆亦得），干地黄一两，甘草、桂心、黄芩、芍药各二两，以水二斗煮鸡、豆，得一斗，去滓内药，煎取四升，分为四服。"从制作工艺来看，这款鸡汤是先用二斗水煮鸡和赤小豆（或大豆），煮到汤为一斗时去滓，加入干地黄、甘草等草药，煎至汤为四升时即成。不难看出，这款鸡汤的制作工艺与当时的另一位名医徐之才的保胎鸡汤大体一致，而且在用料和出品率上均有量化的特点，不同的只是配料和所用的草药。同其他药膳食疗菜一样，这款汤菜当时也是在医生的指导下烹制的，这是我们应该发扬的药膳制作优良传统。

南朝宫廷蒸肥鸡

这款菜的菜谱本为《食经》文，公元6世纪被贾思勰收入《齐民要术》中。其主料、配料和调料均有定量，这种量化的用料特点显示这应是一款宫廷菜。调料中的紫苏叶为当时南方常用的特产香辛料，表明这是一款南朝宫廷菜。这款菜在食材组配上有两点需要提出，一是蒸鸡时要配一斤猪肉，这显然是为了使出品味道更香浓。二是这份菜谱中前面已有香豉和盐，后面又是豉汁和盐，而且二者的量都较大，显系历代传抄中出现的讹夺或衍文。

原文　蒸鸡[1]：肥鸡一头，净治[2]；猪肉一斤，香豉一升，盐五合，葱白半虎口[3]，苏叶一寸围，豉汁三升，著盐，安甑中，蒸令极熟。

贾思勰《齐民要术》

注释

[1] 蒸鸡：原题"蒸鸡法"。

[2] 净治：整治洁净。

[3] 半虎口：拇指与食指弯屈，指尖相触所形成的口叫虎口。此指用葱量。

北魏宫廷红枣炖鸡

从这份菜谱来看，这款汤菜在制作工艺等方面有以下特点：1. 在制作工艺上，这款炖鸡用的是二次加热法。鸡宰杀净治后，剔出骨头，并将鸡骨剁断，然后白煮鸡肉和鸡骨，当鸡肉熟时去掉鸡骨，此为第一次加热。接着放入葱和枣合煮，是为第二次加热。2. 这

这是山西榆社县出土的北魏神龟年间（518—519）方兴石棺浮雕。图中除了表现墓主生前狩猎、出行和乐舞等内容以外，还有宴饮场景。郑宏波、李静洁摄自山西博物院

款汤菜的主料、配料和调料直至最终出多少均有定量，显示出其宫廷菜的身份。所用原料中的枣为北方特产，表明这应是一款北魏宫廷菜。3. 这份菜谱的用料中未见盐等咸味调料，枣的加入使这款汤菜突显出健脾补气血的食补色彩。

原文 鸡羹[1]：鸡一头，解[2]，骨肉相离[3]，切肉，琢骨[4]，煮使熟，漉去骨。以葱头二升、枣三十枚合煮，羹一斗五升[5]。

贾思勰《齐民要术》

注释

［1］鸡羹：原题“作鸡羹法”。据《太平御览》卷八六一“羹”，可知“鸡羹法”原载于久已亡佚的《食经》中。

［2］解：剔。石声汉教授释为“剖开（膛）”。

［3］骨肉相离：将骨肉剔分离。

［4］琢骨：剁骨。将骨剁断，以使骨及骨髓营养物质在加热中溢入汤中，使肉及汤香美。

［5］羹一斗五升：此句是说，按上述分量投料，可得一斗五升的鸡汤。

南朝脂鸡

脂，音 ān，从这份菜谱来看，脂就是我们今天所说的炖。脂鸡又叫“焦鸡”或“鸡臘”，这三个名称除了方言称谓以外，还反映了这款菜在流传过程中的工艺变化。这份菜谱为我们留下了这款菜的两种做法，一种是整只鸡用水加豆豉、葱等调料炖熟后，将鸡肉撕在碗内，浇上滚烫的鸡汤，再放上葱丝等。另一种是只用豉汁和调料直接炖。菜谱中还特别提到鸡肉放凉了再吃时，要用蒸法而不是煮法加热。烹调实验说明，这样做能使鸡肉鲜美如初。该谱原载《食经》，《食经》记载的多为南朝食品。

原文 脂鸡：一名焦鸡，一名鸡臘。以浑盐豉[1]、葱白（中截）、干苏（微火炙，生苏不炙）[2]，与成治浑鸡[3]，俱下水中熟煮。出鸡及葱[4]，漉出汁中苏、豉，澄令清。擘肉[5]，广寸余[6]，奠之[7]，以暖汁沃之[8]。肉若冷，将奠，蒸令暖。满奠[9]。又云：葱、苏、盐、豉汁，与鸡俱煮。既熟，擘奠[10]，与汁[11]，葱、苏在上[12]，莫安下[13]，可增葱白，擘令细也。

贾思勰《齐民要术》

注释

［1］浑盐豉：整粒咸豉。

［2］干苏（微火炙，生苏不炙）：干苏叶（要用微火烤一下，鲜苏叶就不要烤了）。苏叶，紫苏叶，气芳香，味微辛。

［3］与成治浑鸡：和初加工好的整只鸡。

［4］出鸡及葱：取出鸡及葱。

［5］擘肉：撕碎鸡肉。

［6］广寸余：（每块鸡肉）宽一寸多。

［7］奠之：盛供。

［8］以暖汁沃之：将热汤浇在鸡肉上。

［9］满奠：盛满。

［10］擘奠：撕碎了盛供。

［11］与汁：浇上原汤。

［12］葱、苏在上：葱、紫苏叶放在鸡肉上。

［13］莫安下：不要放在鸡肉下。

南朝宫廷烤鸭肉串

这是《齐民要术》引自《食经》的烤鸭肉串谱。主料和调料的用量全部量化，鸭肉的腌渍时间也有明确要求，加上所用主料特别是调料的南方色彩，表明这是一款南朝或南方更早朝代的宫廷菜，同时也是迄今所知中国最早的烤鸭肉串菜谱。

根据《齐民要术》"养鹅鸭""供厨者……子鸭六七十日，佳。过此肉硬"的记载，可知这款烤鸭肉串用的应是出生后六七十天的肥鸭。按照这份菜谱所述，肥鸭宰杀净治后要去骨用肉。鸭肉切块，将酒五合，鱼酱汁五合，姜、葱、橘皮各半合和豉汁五合放在一起调成调料汁，再将鸭肉串放入调料汁中腌渍蒸一锅米饭的工夫，即可烤炙，并说烤鹅肉串也是这样制作。

原文　腩炙（二）[1]：肥鸭，净治洗，去骨，作脔[2]。酒五合[3]，鱼酱汁五合，姜、葱、橘皮半合，豉汁五合，合和[4]，渍一炊久[5]，便中炙[6]。子鹅作亦然[7]。

贾思勰《齐民要术》

注释

［1］腩炙（二）：原题"腩炙法"。这里的腩炙，实是渍烤鸭肉串。

［2］作脔：（将鸭肉切）成块。

［3］酒五合：这里未说是什么酒，应是当时的"白酒"。

［4］合和：（将鸭肉串和调料汁）放在一起调味。

［5］渍一炊久：腌渍蒸一锅米饭的工夫。

［6］便中炙：便可以烤了。

［7］子鹅作亦然：如果用仔鹅，做法也是这样。

北魏煸炒鸭肉末

这是目前所知在传世文献中最早的一份煸炒类菜肴的菜谱。根据这份菜谱和《齐民要术》的相关记载，这款菜要选用春天出生后饲养六七十天的肥鸭，每年农历五、六月是制作和食用这类鸭菜最好的月份。肥鸭宰杀后，去掉头、内脏和尾尖等，煺毛洗净，将鸭肉剁成末，放入锅内干煸，煸透后加入葱花、盐和豉汁，最后撒入花椒末和姜末，出锅即可。这种借助主料原有油脂的干煸肉末工艺，至今仍在我国各地流传，可见其对后世烹调的影响。

原文　鸭煎[1]：用新成子鸭极肥者，其大如雉[2]。去头，"爓"治[3]，却腥翠、五藏[4]，又净洗，细剉如笼肉[5]。细切葱白，下盐、豉汁，炒令极熟，下椒、姜末食之。

贾思勰《齐民要术》

注释

[1] 鸭煎：原题“鸭煎法”。鸭煎，实为煸炒鸭肉末。

[2] 其大如雉：其大如野鸡。雉，音zhì，野鸡、山鸡。

[3] “燗”治：过开水煺毛。“燗”，音xún，此处同“焊”。

[4] 却腥翠、五藏：去掉鸭生殖器附近的肉和尾尖及内脏。

[5] 细剉如笼肉：细剁成馒头馅那样的肉末。

南朝宫廷浓汁芋头鸭

这是迄今所知在传世文献中最早的酒炖鸭和芋头炖鸭菜谱。先将鸭用酒炖，然后再用羊肉汤加米、芋头和调料煮成汤汁较少的鸭臛，这就是《齐民要术》所引《食经》中的“鸭臛”。按照这份菜谱，做此菜小鸭用6只，大鸭则用5只，炖鸭所用的酒要8升，制汤的羊肉要2斤，所用的调料葱、姜等均有定量，这种量化用料的特点显示了这款菜的宫廷菜身份。调料中的橘皮、木兰为南方特产，芋头也是以南方的为佳，这一切都表明这原是一款南朝宫廷菜。制汤所用的羊肉原来应该是猪肉，传到北魏后为迎合鲜卑贵族和北方人的口味而做了这一改动。这款菜对后世的影响较大，后世的酒炖鸭和芋头烧鸭块等均可溯源至此。

原文　鸭臛[1]：小鸭六头，羊肉二斤，大鸭五头[2]。葱三升，芋二十株[3]，橘皮三叶，木兰五寸[4]，生姜十两，豉汁五合，米一升，口调其味，得臛一斗。先以八升酒煮鸭也。

贾思勰《齐民要术》

注释

[1] 鸭臛：原题“作鸭臛法”。

[2] 大鸭五头：应是小鸭用6只、大鸭用5只之意。

[3] 芋二十株：按缪启愉先生校释，当是指20个芋头。

[4] 木兰五寸：木兰为一种落叶乔木的树皮，其皮甚薄而味香辛，据陶弘景说，当时在“零陵（今属湖南）诸处皆有”。

南朝宫廷笋干鸭羹

先将肥鸭块白煮，然后加入去掉咸味的笋干和小蒜白、葱白、豉汁等调料，烧开时即可出锅，这就是南朝宫廷笋干鸭羹。这款菜原名“笋䈽鸭羹”，䈽，音gě，又作笴，即咸笋干，宋代陈彭年等重修的《广韵》说其“出南中”。《食经》所记多为南朝食品，该谱中的主料和配料均有定量，表明这是一款南朝宫廷菜。这份菜谱中关于笋干加工的文字较多，而未有加热的鸭文字，说明在传抄和传刻的过程中有脱漏。

原文　笋䈽鸭羹[1]：肥鸭一只，净治如糁羹法[2]，脔亦如此[3]。四升，洗令极净；盐净，别水煮数沸，出之，更洗[4]。小蒜白及葱白、豉汁等下之，令沸便熟也。

贾思勰《齐民要术》

注释

[1] 笋簩鸭羹：原题“作笋簩鸭羹法”。据《太平御览》卷八六一可知，《食经》中载有“笋簩鸭羹法”。

[2] 净治如糁羹法：初加工如做“糁羹”的方法。糁，蒸成的米饭。

[3] 脔亦如此：（鸭）块（的大小）也同“糁羹”的一样。

[4] 更洗：再洗。据此可知笋簩是极咸的笋干。

南朝炒勒鸭末黍米

这款菜的主要制作工艺与《齐民要术》中的“鸭煎（即北魏煸炒鸭肉末）”相类似，鸭肉末都是用煸炒的方法进行加热。不同的是主料、配料和调料稍有区别，这里的主料为勒鸭，“鸭煎”是出生后六七十天的仔鸭；这里配料为黍米饭，“鸭煎”没有配料；这里的调料橘皮、胡芹和小蒜在“鸭煎”谱中也没有。对比之后，这款菜的南朝色彩似乎更浓一些。需要指出的是，这款菜所用的配料黍米为北方特产，应是这款菜传入北魏以后或者是贾思勰将此菜谱从《食经》收入《齐民要术》时所做的改动。

原文　勒鸭消[1]：细研熬如饼臛[2]，熬之令小熟[3]，姜、橘[4]、椒、胡芹、小蒜，并细切，熬黍米糁[5]。盐、豉汁下肉中复熬，令似熟[6]，色黑，平满奠[7]。兔、雉[8]肉次好。凡肉赤理皆可用。勒鸭之小者，大如鸠、鸽，色白也。

贾思勰《齐民要术》

注释

[1] 勒鸭消：煎勒鸭。勒鸭，一种水禽，详见缪启愉《齐民要术校释》。消，油煎。

[2] 细研熬如饼臛：细剁后像煸饼馅那样煸肉末。

[3] 熬之令小熟：煸至肉末将熟时。熬，此处作干煸讲。

[4] 橘：橘皮。橘字后疑脱“皮”字。

[5] 熬黍米糁：应是鸭肉末煸尽水分后，放姜、橘皮、花椒、胡芹和小蒜末，再煸后放黍米饭，炒匀加入盐和豉汁。

[6] 令似熟：要煸至鸭肉末既入味又鲜嫩。这里的“似熟”，应指二次煸肉末时注意不要把肉末煸老。

[7] 平满奠：盛平满以供席。

[8] 雉：野鸡，有的地区叫山鸡。

南朝银耳鹅鸭条

这是迄今所知在传世文献中最早的银耳菜谱。银耳泡发洗净后，与煮熟的鹅鸭肉条一起，加盐、豉、胡芹、小蒜等调料稍煮即成，这就是南朝银耳鹅鸭条。这份菜谱本为记载南朝食品的《食经》文，传入北魏以后，辅料中的猪肉变成了羊肉。贾思勰将其收入《齐民要术》时，又做了一些说明。比如“不与醋”应是贾思勰的特别提醒，对银耳的解释也应是贾思勰所作。

原文　椠淡[1]：用肥鹅鸭肉，浑煮[2]。研为候[3]，长二寸、广一寸、厚四分许，去大骨[4]。白汤别煮椠[5]，经半日久，漉出[6]，淅箕中杓迮去令尽[7]。羊肉下汁[8]中煮，与盐、豉[9]。将熟，细切锻胡芹、小蒜与之[10]。生熟如烂[11]，不与醋[12]。若无椠，用菰菌用地菌，黑里不中[13]。椠，大者中破[14]，小者浑用[15]。椠者，树根下生木耳，要复接地生，不黑者乃中用。米奠[16]也。

贾思勰《齐民要术》

注释

［1］椠淡：椠，音 qiàn，据本文所述，椠在这里指白木耳，即银耳；淡，缪启愉先生认为是“腅”的同音借用字。腅，肴也，肉也，则“椠淡”即银耳肉或银耳肴。

［2］浑煮：整只煮。

［3］研为候：黄麓森先生认为是“斫为条”之误。斫为条，即切成条。

［4］去大骨：剔去（鹅鸭）的大骨。按：此句应在“研为候”的前面，因为剔去骨才能切条。

［5］白汤别煮椠：用白开水单煮银耳。

［6］漉出：捞出。

［7］淅箕中杓迮去令尽：（将银耳捞入）淘米箕中，用勺压去（银耳所含的水分），要压尽。淅箕，淘米箕；迮（zé）去，压去。

［8］汁：指煮鹅鸭的白汤。

［9］与盐、豉：加入盐、豉。

［10］细切锻胡芹、小蒜与之：（把）切成末的胡芹、小蒜放入锅里。

［11］生熟如烂：生熟像“烂熟”那样。烂熟，《食经》中记述的一道菜，详见本书“南朝带汤烂肉”。

［12］不与醋：不放醋。

［13］黑里不中：黑心的不能用。

［14］大者中破：大朵的从中破开。

［15］小者浑用：小朵的整朵用。

［16］米奠：应是“半奠”之误。半奠，盛半碗上席。

南朝酸菜鹅鸭羹

鹅鸭宰杀净治后切成一寸见方的块，干煸后放豉汁和米汤，最后加入酸菜丝和盐，口味以酸为主，这就是南朝酸菜鹅鸭羹。这款菜本名“醋菹鹅鸭羹”，在食材组配上具有独到之处。一是醋菹即酸泡菜，既是辅料又是决定此菜口味的主要调味品。后世的经典菜证明，用这种调味法的出品口味自然、柔和、酸度适中。二是将粗糙的鹅肉与肥嫩的鸭肉放在一起干煸，二者相得益彰，这种配料法至今仍在被沿用。

原文　醋菹鹅鸭羹[1]：方寸准[2]，熬之[3]。与豉汁、米汁。细切醋菹与之[4]，下盐，半奠[5]。

不醋[6]，与菹汁[7]。

贾思勰《齐民要术》

注释

[1] 醋菹鹅鸭羹：缪启愉先生在《齐民要术校释》中认为此谱为《食经》文。醋菹，以青蒿、薤白制成的酸菜，详见《齐民要术》“作酢菹法”。

[2] 方寸准：（将鹅鸭肉切成）一寸见方（的块）为好。石声汉教授将此句释作“切成方一寸的片”，可参见。

[3] 熬之：干煸。鹅鸭块干煸后异味随水分大部分蒸发，羹成后鹅鸭块软烂而可口，此法现在仍在用。

[4] 与之：加入。

[5] 半奠：盛半碗。

[6] 不醋：不酸。

[7] 与菹汁：加入酸泡菜的汤。

南朝烤鹅鸭

这是迄今关于烤鸭最早而又最详尽的菜谱，缪启愉先生认为这份烤鸭谱出自《食次》。根据《齐民要术》所引《食次》一系列菜肴的特点，可知此菜应为南朝食品。与今天北京烤鸭不同的是，这里的烤鸭不是整只的，而是烤鸭脯，而且烤前先要将鸭骨捶碎，再涂上姜、椒、橘皮、葱、胡芹、小蒜、豆豉和盐八种调料，属于加热前调味。烤熟后将鸭脯去骨，改刀装盘。

原文　范炙[1]：用鹅、鸭臆肉[2]。如浑，椎令骨碎[3]。与姜、椒、橘皮、葱、胡芹、小蒜、盐、豉，切[4]，和[5]，涂肉[6]，浑炙之[7]。斫取臆肉[8]，去骨，奠如白煮之者[9]。

贾思勰《齐民要术》

注释

[1]范炙：此名与正文所述不符。“范炙”，即“模子烤”，而正文中未见模子踪影，缪启愉先生认为可能是“范炙”谱的标题错入此处。

[2] 用鹅、鸭臆肉：用鹅、鸭的胸脯肉。

[3] 如浑，椎令骨碎：如果整块烤，要将骨捶碎。由此可知，这是烤带骨鸭脯。捶碎骨的目的，显然是为了让骨髓在烤炙过程中滋润鸭肉，从而使出品更香美。

[4] 切：（将姜、橘皮、葱、胡芹、小蒜和豉）切碎。

[5] 和：将上述调料放在一起拌匀。

[6] 涂肉：将调料抹在鹅鸭肉上。

[7] 浑炙之：整块烤好。

[8] 斫取臆肉：片下脯肉。斫，此处作片讲。

[9] 奠如白煮之者：装盘方式同白煮鹅鸭一样。

南朝宫廷烤鱼鹅

这份菜谱应是公元6世纪贾思勰从《食经》收入《齐民要术》中。原题“衔炙法”中的“衔炙”，在东汉刘熙《释名·释饮食》中已有记载。这份菜谱记录的此菜用料及制作工艺，与刘熙对“衔炙”的解释基本一致，说明此菜是从东汉传承而来。主料肥仔鹅，配料白鱼，调料橘皮、鱼酱汁等，以及所用的竹烤扦，均为南方特产，而且所有用料全都量化，工艺精细，出品款式精致，表明此菜应是南朝或南朝以前的宫廷名菜。

原文　衔炙[1]：取极肥子鹅一头，净治[2]，煮令半熟，去骨，剉之[3]。和大豆酢五合，瓜菹[4]三合，姜、橘皮各半合，切小蒜一合，鱼酱汁二合，椒数十粒作屑[5]，合和[6]，更剉令调[7]。取好白鱼肉细琢[8]，裹作弗[9]，炙之。

贾思勰《齐民要术》

注释

［1］衔炙：原题“衔炙法”。衔炙即“衔裹而炙”，也就是烤馅裹馅。

［2］净治：整治洁净。

［3］剉之：剁之。

［4］瓜菹：酸味腌瓜。

［5］作屑：压成末。

［6］合和：（将鹅肉末和瓜菹等）放在一起搅匀。

［7］更剉令调：再剁后要搅匀。

［8］取好白鱼肉细琢：取上好白鱼肉细细剁成泥。白鱼，鲤科动物翘嘴红鲌的肉，体侧扁，头昂，口翘，腹面银白，生活于江河、湖泊中。

［9］裹作弗：（将白鱼馅）裹在（鹅肉馅）外面做成烤肉串。弗，音 chǎn，用竹子做的烤肉扦，此处代指烤肉串。

南朝泼醋白煮鹅

将鹅或鸭、鸡白煮后剁成块，放到盘子里，上面放三四片紫菜，浇上加入盐和醋的原汤，这就是南朝泼醋鹅。贾思勰收入《齐民要术》中的这份菜谱，对主料、辅料和调料还有一些说明。比如，鹅、鸭、鸡除了切块，还可以细切，再加上紫苏叶；鹅、鸭凉了以后，也可以放入原汤中再煮一下；还可以在汤中放点米饭，以使口感更佳。白煮带骨禽肉是一种从远古流传下来的烹调方法，这款菜应是从先秦的太羹演变而来。

原文　白菹[1]：鹅、鸭、鸡白煮者，鹿骨[2]，斫为准[3]，长三寸、广一寸[4]。下杯中[5]，以成清紫菜三四片加上[6]，盐、醋和肉汁沃之[7]。又云：亦细切[8]，苏加上[9]。又云：准讫[10]，肉汁中更煮[11]。亦啖[12]，少与米糁[13]。凡不醋[14]，不紫菜[15]，满奠焉[16]。

贾思勰《齐民要术》

注释

［1］白菹：原题“《食经》曰：‘白菹。’”。菹有菜菹和肉菹，菜菹是腌菜或泡菜，肉菹是加酸味料物的肉类菜。白菹，主料用白煮法加无着色功能料物做成的肴馔。

［2］鹿骨：脱骨。此从缪启愉先生释。

［3］斫为准：以剁为好。

［4］长三寸、广一寸：（鹅、鸭、鸡块）长三寸、宽一寸。

［5］下杯中：下盘中。据缪启愉先生引《大戴礼记·曾子事父母》北周卢辩注，古代“杯”字为盘、盎、盆、盏之通称。

［6］以成清紫菜三四片加上：加上三四片洗净的紫菜。

［7］盐、醋和肉汁沃之：浇上加入盐、醋的原汤。

［8］亦细切：也可以（将鹅、鸭、鸡）细切。

［9］苏加上：加上紫苏叶。

［10］准讫：（鹅、鸭、鸡肉）切好后。

［11］肉汁中更煮：（放入）原汤中再煮。

［12］亦啖：也可以清淡些。啖，音 dàn，有吃和清淡二义，这里作清淡讲。

［13］少与米糁：少放些米糁。

［14］凡不醋：凡不酸。上古酸作“醋”。

［15］不紫菜：不放紫菜。

［16］满奠焉：盛满上席。

北魏秫米蒸鹅

将肥鹅宰杀净治后切块，白煮后和秫米饭一起加入豉汁、橘皮、葱白、生姜等调料，蒸一石米的工夫即可取出食用，这就是北魏秫米蒸鹅。这款菜的菜谱被贾思勰收在《齐民要术》中，原名“缹鹅”，缹，音 fǒu，是一种将主料白煮后加调料煨炖或加配料和调料再煮的烹调方法。从菜肴款式来看，这里的北魏秫米蒸鹅具有主副食合一的特点。据《齐民要术》卷二“水稻”，这里的秫米应即“秫稻米”的简称，“秫稻米，一名糯米”，当时北魏境内约有 11 种秫米。而调料中的橘皮则为南方特产，估计这份菜谱本来自南朝，原谱中的配料应为南方稻米，贾思勰将这份菜谱收入《齐民要术》时，将南方稻米改为秫米。另外，这份菜谱中既有豉汁又有酱清，而这两种酱油类的调味品是有时代和地域区别的，在一个菜谱中同时出现，也说明这份菜谱的底本来自南朝。

原文　缹鹅[1]：肥鹅，治[2]，解[3]，脔切之[4]，长二寸[5]。率[6]十五斤肉、秫米四升为糁。先装如“缹豚法”[7]，讫，和以豉汁、橘皮、葱白、酱清[8]、生姜。蒸之，如炊一石米顷[9]，下之。

贾思勰《齐民要术》

注释

［1］缹鹅：原题“缹鹅法”。

［2］治：净治。将鹅煺毛掏膛清洗干净。

［3］解：剔开。

［4］脔切之：切成块。脔，此处指鹅块。

［5］长二寸：（鹅块）长二寸。

［6］率：一般。此处指鹅肉与秫米的比例。

［7］先装如“缹豚法”：像“缹豚法”那样先将秫米煮一下。

［8］酱清：从豆酱中提取的汁。

［9］如炊一石米顷：像煮一石米的工夫。

北魏五香干鹅

这份菜谱很可能是北魏高阳太守贾思勰于公元6世纪，在今河北、河南和山东一带湖泽与草地民间采访得来。菜谱上列出的主料，几乎涉及当时常见的湖泽禽类，而且还有鱼。做鲜鱼汤用的配料牛、羊，则是北魏境内的特产。这款菜的制作工艺颇有先秦“腶脩”的韵味，鹅宰杀净治后，先用水泡，再用加入豆豉的牛肉汤或羊肉汤泡，然后将鹅放在席上晾潮干，火烤后再用木槌捶。这种在腊月做的干鹅等，应是从先秦流传到北魏民间的古老禽类食品。

原文　五味腊[1]：腊月初作。用鹅、雁、鸡、鸭、鸧、鸨、凫、雉、兔、鴿鹑[2]、生鱼皆得作。乃净治，去腥窍及翠上“脂瓶”[3]，留脂瓶则臊也。全浸，勿四破[4]。别煮牛羊肉取汁，牛羊则得一种，不须并用，浸豉，调和，一同“五味脯”法。浸四五日，尝味彻[5]，便出。置箔上[6]阴干。火炙，熟槌。亦名“瘃鱼”。亦名“瘃腊”，亦名“鱼腊”。鸡、雉、鹑三物，直去腥藏，勿开臆[7]。

贾思勰《齐民要术》

注释

[1] 五味腊：原题“五味腊法”，这里指五香干鹅或鸡等，一如文中所列。

[2] 鴿鹑：即“鹌鹑”。鴿，同“鹌”。

[3] 去腥窍及翠上“脂瓶”：去掉（鹅或鸡等的）生殖腔及其尾肉上的脂线。此从缪启愉先生释。

[4] 全浸，勿四破：整只浸，不要切成块。

[5] 尝味彻：尝一尝味腌透时。

[6] 置箔上：放席上。箔，音 bó，竹席。

[7] 勿开臆：不要开胸。臆，音 yì，胸。直到今天，饭店厨师净治鸡时，仍从鸡尾部取出内脏，以保持全鸡形。

南朝宫廷烤鹅肉筒

这是《齐民要术》引自《食经》的一款烤鹅肉菜。主料、调料的量化和其精致独特的成品菜款式，显示出此菜的宫廷身份。主料、调料和烤制工具的地域特色，又流露出此菜的南方风味特征。工艺的精细，原文用语的专业性和地方性，这一切表明此菜为南朝或更早偏居南方某个朝代的宫廷菜。

从原文看，此菜的制法是：1. 将肥仔鹅肉先粗剁一遍。2. 加入好醋、酸味腌瓜末、葱花、姜末、橘皮和花椒末，拌匀后再剁，然后搅匀。3. 将鹅肉泥裹在竹扦上，先抹上鸡蛋清，再抹上鸡蛋黄。4. 只用大火快烤，要将鹅肉棒烤焦，待烤到汁出来时便熟了。根据原文，2斤肥仔鹅肉可裹一烤扦，东汉至南朝梁，当时的1斤约合今235克，由此可知当时的一扦鹅肉筒所用肥仔鹅肉不足1斤。

原文　捣炙（一）[1]：取肥子鹅肉二斤，剉之[2]，不须细剉。好醋[3]三合，瓜菹[4]

一合，葱白一合，姜、橘皮各半合，椒二十枚作屑[5]，合和之，更剉令调[6]。裹著充竹弗上[7]。破鸡子十枚，别取白[8]，先摩之令调[9]，复以鸡子黄涂之[10]。唯急火急炙之，使焦，汁出便熟。作一挺[11]用物如上；若多作，倍之。若无鹅，用肥豚亦得也[12]。

贾思勰《齐民要术》

注释

[1] 擣炙（一）：原题为“擣炙法”。按：唐代段成式《酉阳杂俎》“酒食”条载有“蜀梼炙”。擣，同捣，此处作肉棒讲。捣炙，即烤肉棒。梼，音 táo，为一双音词单字，单独无讲。梼与炙相合更难讲通，因此“梼”极可能是“捣”字之误。“蜀捣炙”，即四川烤肉棒。文中2斤鹅肉就要用20粒花椒，也为此菜原为蜀地风味提供了根据。

[2] 剉之：剁之。剉，音 cuò。

[3] 好醋：应即陈酿醋。

[4] 瓜菹：酸味腌瓜。

[5] 椒二十枚作屑：花椒20粒碾成末。

[6] 更剉令调：再剁好要调匀。

[7] 裹著充竹弗上：裹满竹扦上。弗，音 chǎn，此处作竹扦讲。

[8] 别取白：单取出鸡蛋清。

[9] 先摩之令调：先在肉扦上涂蛋清，要涂匀。

[10] 复以鸡子黄涂之：再涂上鸡蛋黄。

[11] 作一挺：做一扦。此注部分吸收了缪启愉先生的注释。

[12] 用肥豚亦得也：用肥乳猪也可以。

北魏煮荷包蛋

这款菜本名“瀹鸡子”，其菜谱被贾思勰收在《齐民要术》“养鸡”法中，而在《齐民要术》“脏、脂、煎、消法”的“脏鱼鲊法”中，有“打破鸡子四枚，泻中，如瀹鸡子法”，说明这款菜在北魏时很常见，应是当时的一种家常菜，按照这份菜谱，将鸡子即鸡蛋整个磕入锅内微开的汤中，当煮至鸡蛋浮至汤面时，取出加盐醋即可食用。后世的清汤荷包蛋多为带汤的汤菜，或是作为一种热汤面的配料，而这里的荷包蛋则为煮熟后无汤装盘的款式。

原文　瀹鸡子[1]：打破[2]，泻沸汤中[3]，浮出[4]，即掠取[5]，生熟正得，即加盐醋也。

贾思勰《齐民要术》

注释

[1] 瀹鸡子：原题“瀹鸡子法”。瀹，音

这是河北省蔚县出土的用于煮食物的北魏铜釜。见蔚县博物馆编著《蔚州文物珍藏》

yuè，以汤煮物。瀹鸡子实际上是今北京人所说的“卧果儿”或卧鸡子。

［2］打破：指将鸡蛋皮磕开。

［3］泻沸汤中：卧入开汤中。

［4］浮出：指鸡蛋浮现汤面。

［5］即掠取：立刻就舀出来。

北魏炒鸡蛋

这是迄今所知在传世文献中中国最早的炒鸡蛋菜谱。中国人食用鸡蛋历史久远，西周墓中曾出土鸡蛋，说明至迟在3000年以前，鸡蛋已为中国人的一种动物蛋白食物。但将鸡蛋用炒的方法烹调成美味，则以北魏高阳太守贾思勰收入《齐民要术》中的这份菜谱为最早。从这份菜谱来看，当时的炒鸡蛋与后世稍有不同的是：1. 打匀的鸡蛋液中除了葱花和盐末以外，还加入了整粒豆豉。2. 用麻油炒制，因此炒出的鸡蛋“甚香美”。

原文　炒鸡子[1]：打破，著铜铛中[2]，搅令黄白相杂[3]。细擘葱白[4]，下盐米[5]、浑豉[6]，麻油炒之，甚香美。

贾思勰《齐民要术》

注释

［1］炒鸡子：原题“炒鸡子法”。

［2］著铜铛中：倒入（炒菜用的）铜铛中。

［3］搅令黄白相杂：要将蛋黄蛋清打匀。

［4］细擘葱白：细撕葱白。

［5］盐米：盐末。此从缪启愉先生释。

［6］浑豉：整粒豆豉。

南朝煎鸡鸭蛋饼

这是中国最早的以鸡鸭蛋为主料并稍具工艺菜特点的一款蛋类菜。这款菜的菜谱原为《食次》文，公元6世纪被贾思勰收入《齐民要术》中。从这份菜谱看，这款菜在用料和制作工艺上主要有以下特点：1. 主料为鸡蛋和鸭蛋，制作时这两种蛋液应是合在一起搅匀，但是蛋液中不放盐。2. 煎时用猪油，要将倒入锅内的蛋液煎成厚二分的“团饼”状。3. 蛋饼煎成后，每个盘内放一个。从这三个特点来看，这款南朝的煎鸡鸭蛋饼颇具后世摊黄菜的韵味。

原文　鸡鸭子饼[1]：破写瓯中[2]，不与盐[3]。锅铛中膏油煎之[4]，令成团饼，厚二分。全奠一[5]。

贾思勰《齐民要术》

注释

［1］鸡鸭子饼：这里的鸡鸭子饼，实际上是借用“饼”字言其形。

［2］破写瓯中：将鸡鸭蛋液磕入小钵中。写，同“泻”。瓯，这里作小钵讲。

［3］不与盐：不放盐。放盐蛋液易泻，油煎时蛋液起发性差。

［4］锅铛中膏油煎之：将蛋液倒入锅铛中用猪油煎。这使煎出的蛋饼既漂亮又香美。

[5] 全奠一:保持煎蛋形状，每份盛一个。

水产名菜

南朝鳢鱼脯

鳢鱼又名“黑鱼”，我国大部分地区的河流湖沼中都有，这里的鳢鱼脯，实际上是咸鳢鱼干。按照贾思勰在《齐民要术》中的记载，每年农历十一月初至十二月末，将打来的鳢鱼不去鳞不剖腹，直接将木扦从鱼嘴插至鱼尾，然后灌入加有姜、椒末的咸汤，再用竹杖穿鱼眼，十条一串，悬挂在屋北房檐下，经过寒冬，到来年二月三月时，剖腹取出内脏，用醋泡，吃起来胜过汉武帝时代的鱼肠酱。鱼则用草裹泥封，放热灰中烤熟，去掉泥、草，用木槌捶松，鱼肉白如珂雪，味美绝伦，无论是就米饭还是佐酒，味道都非常珍美。贾氏的上述记载，最吸睛的是鳢鱼脯的吃法。文中所谈的“爊”，实际上是先秦就有的“炮”。说明到魏晋南北朝时期，炮法又有了新名称。而这款菜的炮，一是主料独特，不是鲜品而是风干品；二是炮后要用木槌“槌之”。这两点为以往炮法所未见。

原文　鳢鱼脯[1]：一名鲖鱼也。十一月初至十二月末作之。不鳞不破[2]，直以杖刺口中，令到尾[3]。杖尖头作樗蒱之形[4]。作咸汤，令极咸，多下姜、椒末，灌鱼口，以满为度。竹杖穿眼，十个一贯[5]，口向上，于屋北檐下悬之，经冬令瘃[6]。至二月三月鱼成。生刳[7]取五脏。酸醋浸，食之俊美乃胜“逐夷”[8]。其鱼，草裹泥封，煻灰中爊之[9]。去泥草，以皮、布裹而槌之，白如珂雪，味又绝伦，过饭下酒，极是珍美也。

贾思勰《齐民要术》

注释

[1] 鳢鱼脯:原题“作鳢鱼脯法”。鳢(lǐ)鱼，亦称“黑鱼”，形长体圆，头尾相等，细鳞玄色，有斑点花纹，肉肥美。

[2] 不鳞不破:不去鳞不破腹。

[3] 令到尾:要一直刺到尾。

[4] 樗蒱之形:五木的形状。缪启愉先生在《齐民要术校释》中引宋代程大昌《演繁露》，“五木之形，两头尖锐”。樗，音chū；蒱，音pú。

[5] 十个一贯:十个一串。

[6] 经冬令瘃:经过一冬让鱼半湿半干。瘃，音zhú。

[7] 生刳:生着掏出(鱼内脏)。刳，音kū。

[8] 逐夷:又作“鱁鮧”，详见本书“汉武帝鱼肚酱”。

[9] 煻灰中爊之:埋入热灰中煨熟。爊，音āo。此即炮法。

南朝蒲鲊

这是一款用鲤鱼、米饭和蒲菜制作的南

朝鱼鲊。贾思勰在《齐民要术》中明确标出这份菜谱来自《食经》，而《食经》所载多为南朝食品。《齐民要术》卷九“作菹、藏生菜法第八十八”“蒲菹”条引《诗义疏》说：“蒲，深蒲也……今吴人以为菹，又以为鲊。”说明蒲菜做菹和入鲊为魏晋吴人食俗。但是在这份蒲鲊谱中，所用食材鲤鱼、米、盐均有，且鲤鱼要用长二尺以上的（这是当时最讲究的用鱼标准），米要三合，盐要二合，却唯独没有蒲菜。这可能是因用蒲菜做鲊在当时很平常而省略，或者是在传抄中遗漏了。

原文　蒲鲊[1]：取鲤鱼二尺以上[2]，削[3]，净治之[4]。用米三合[5]，盐二合，醃[6]一宿。厚与糁[7]。

贾思勰《齐民要术》

注释

[1] 蒲鲊：原题“《食经》作蒲鲊法”。缪启愉先生在《齐民要术校释》中认为，应在鱼中杂以蒲笋方为“蒲鲊”。

[2] 取鲤鱼二尺以上：挑二尺以上长的鲤鱼。

[3] 削：刮去鳞。

[4] 净治之：洗净整理好。

[5] 用米三合：用米60毫升。合，古代容量单位，当时一合约为今20毫升。

[6] 醃：“腌”的异体字。后文同。

[7] 厚与糁：（往瓮中装时）鱼的厚度与糁一样。

南朝长沙蒲鲊

这份蒲鲊菜谱与南朝蒲鲊菜谱虽然都原载《食经》，后被贾思勰收入《齐民要术》中，但这份菜谱原题比南朝蒲鲊菜谱多了“长沙”二字，二者文字也有较多不同。比如主料鱼，这份菜谱只说用“大鱼”却没有说是什么鱼，而南朝的则说用长二尺以上的鲤鱼。这份菜谱说用盐将鱼腌“四五宿”，南朝的则说“腌一宿”。这份菜谱的用料均无斤两，南朝的则基本都有定量。还有一点需要指出的是，这份菜谱同南朝蒲鲊一样，谱中同样没有“蒲”。长沙的鱼鲊在西汉初年已有记载，长沙马王堆一号汉墓出土的竹简中已有这类菜的名称，但这份菜谱却是目前关于长沙鱼鲊最早的传世菜谱。

原文　长沙蒲鲊[1]：治大鱼[2]，洗令净，厚盐，令鱼不见[3]。四五宿，洗去盐，炊白饭[4]，渍清水中[5]。盐饭酿[6]。多饭无苦[7]。

贾思勰《齐民要术》

注释

[1] 长沙蒲鲊：原题“作长沙蒲鲊法”。长沙，秦时置长沙郡，辖区约当今湖南省，郡治即长沙。

[2] 治大鱼：要整治大鱼。

[3] 令鱼不见：盐要撒得不见鱼。

[4] 炊白饭：蒸稻米饭。

[5] 渍清水中：此句应在“洗去盐”之后，这样才符合工艺流程。

[6] 盐饭酿：（鱼）用盐、饭掩埋好。

[7] 多饭无苦：米饭多些也无妨。

南朝鱼鲊

这份鱼鲊做法比较简单，鱼宰杀净治后切块，用盐腌一顿饭的工夫，控尽水，再将鱼块用水冲净，然后同米饭放在一起拌匀，放入瓮中，密封，一般14天鱼鲊就成了。同魏晋南北朝时期的其他鱼鲊相比，这款鱼鲊显然是用低盐酿制法制成的。缪启愉先生在《齐民要术校释》中认为这份菜谱出自《食经》，后来被北魏高阳太守贾思勰于公元6世纪收入《齐民要术》中。《食经》虽然久已亡佚，但这份菜谱却随着《齐民要术》的传世而得以传至今天。

原文 鱼鲊[1]：剉鱼毕[2]，便盐腌。一食顷[3]，漉汁令尽[4]。更净洗鱼，与饭裹[5]，不用盐也。

贾思勰《齐民要术》

注释

[1] 鱼鲊：原题“作鱼鲊法”。缪启愉先生在《齐民要术校释》中认为，此谱出自失传的《食经》。

[2] 剉鱼毕：将鱼经过刀工处理完。剉，音cuò，此处作将鱼改刀讲。

[3] 一食顷：一顿饭的工夫。

[4] 漉汁令尽：要将汁滗尽。漉，音lù，此处作滗讲。

[5] 与饭裹：用米饭（将鱼块）包起来。

南朝干鱼鲊

这款鱼鲊与《齐民要术》收录的其他鱼鲊相比，大约有这样几个特点：1. 这款鱼鲊的主料是干鱼，其他的则为鲜鱼。在调料上，这款鱼鲊除了盐以外，既用鲜茱萸叶，又用鲜茱萸子，其他的则只用其中一种。2. 这款鱼鲊的制作工艺有些至今仍为后世传统名菜所沿用。比如干鱼的泡制涨发方法，一层鱼一层米饭的布料法，以及封盖瓮口必须用荷叶或芦叶、苇叶等。3. 在食用上呈多样化的特点。制成的干鱼鲊，既可以直接用来下酒或就饭，也可以涂上酥油烤后食用，其中烩制的尤为味美。

原文 干鱼鲊[1]：尤宜春夏[2]。取好干鱼—若烂者不中[3]，截却头尾，暖汤净疏洗，去鳞，讫[4]，复以冷水浸。一宿一易水[5]。数日肉起[6]，漉出，方四寸斩[7]。炊粳米饭为糁，尝咸淡得所；取生茱萸叶布瓮子底；少取生茱萸子和饭，取香而已，不必多，多则苦。一重鱼一重饭[8]，饭倍多早熟。手按令坚实，荷叶闭口，无荷叶，取芦叶；无芦叶，干苇叶亦得。泥封，勿令漏气，置日中[9]。春秋一月，夏二十日便熟，久而弥好[10]。酒、食俱入[11]。酥涂火炙特精[12]，脏之尤美也[13]。

贾思勰《齐民要术》

注释

[1] 干鱼鲊：原题“作干鱼鲊法”。

[2] 尤宜春夏：春夏做最合适。

［3］若烂者不中：如果是烂的不能用。

［4］讫：完。讫，音 qì，完毕。

［5］一宿一易水：一夜换一次水。

［6］数日肉起：几天后鱼肉（被水泡）涨。

［7］方四寸斩：直刀切成四寸长的块。方，按缪启愉先生释，此“方”字指竖切，亦即直刀切。

［8］一重鱼一重饭：一层鱼一层饭。

［9］置日中：放在中午太阳直照的地方。

［10］久而弥好：时间长点更好。

［11］酒、食俱入：佐酒下饭都可以上（这款鱼鲊）。

［12］酥涂火炙特精：涂上酥油用火烤特别香美。这显系鲜卑贵族的吃法。

［13］脏之尤美也：烩制尤为味美。

南朝夏月鱼鲊

这份鱼鲊谱应原载《食经》，公元6世纪被北魏高阳太守贾思勰收入《齐民要术》。《食经》虽然久已亡佚，但从《齐民要术》《北堂书钞》所引《食经》文和唐段公路《北户录》的记载来看，《食经》所记多为南朝食品。这份鱼鲊谱中的橘皮等调料为南方特产，鱼鲊更是历代南方名菜。贾思勰在摘引《食经》文时指出：“凡作鲊，春秋为时，冬夏不佳。”这是因为“寒时难熟，热则非咸不成。咸则无味，兼生蛆”。而这份鱼鲊谱题为“作夏月鱼鲊法”，那么是在夏日做鱼鲊还是做夏月食用的鱼鲊？从这份菜谱所用盐和鱼的比例来看，应是做夏月食用的鱼鲊。另外，据贾思勰引《食经》文说，做鱼鲊放酒可“辟诸邪恶，令鲊美而速熟”，放食茱萸、橘皮是为“取香气”，因此“不求多也”。

原文　夏月鱼酢：脔一斗[1]，盐一升八合，精米三升炊作饭；酒二合，橘皮、姜半合，茱萸[2]二十颗，抑著器中。多少以此为率[3]。

贾思勰《齐民要术》

注释

［1］脔一斗：鱼块一斗。“脔”，此处指鱼块。

［2］茱萸：即食茱萸，味香辛。

［3］多少以此为率：做多少鱼鲊按此比例配料。

虞悰醒酒鲭鲊

虞悰是南北朝时的会稽余姚（今属浙江）人，南朝宋顺帝（477—479年在位）时曾任咨议将军，到南齐建元初年（480年）又被齐高帝萧道成任为太子的侍从官。据《南齐书·虞悰传》，虞悰是一位“善为滋味，和齐皆有方法”的美食家。这里的醒酒鲭鲊，就是他献给齐武帝（483—493年在位）萧赜的一款解酒菜。200多年后，这款菜还以“虞公断醒鲊”的名称见于唐韦巨源《烧尾食单》。

《南齐书·虞悰传》称，一次齐武帝“醉后体不快”，虞悰“乃献醒酒鲭鲊一方而已”。虞悰献给齐武帝的醒酒鲭鲊是什么？这菜用什么原料制作的？《南齐书·虞悰传》中均没有。不过通过古代本草典籍等相关文献记载，我们还是可以基本搞清这款菜的面貌。先说鲭，李时珍在《本草纲目》“青鱼”条中指出：“青，亦作鲭，以色名也。”说明鲭是指青鱼。青鱼为鲤科鱼类，体背及体侧上半部均为青黑色，鳍也为灰黑色，只有腹部为乳白色，这印证了李时珍之青鱼是因此颜色而得名的说法。再看青鱼是否可以做鲊。与虞悰同时代的本草学与养生学家陶弘景（456—536），在《本草经集注》中说：“青鱼作鲊：不可合生胡荽及生葵并麦酱食之……服术勿食青鱼鲊。”这两条注释清楚地表明青鱼不仅可以为鲊，而且在当时还很普遍，以至于才有陶弘景关于青鱼鲊的食用禁忌。青鱼鲊在当时既然这样普遍，为什么虞悰还将其作为一种醒酒的秘方来献给南齐的皇帝呢？这也不难理解，中国菜向来有秘方绝活儿的说法，同一道菜的用料、制法甚至食用方式虽然大致相同，但在某一点上却有某位师傅独到的地方。古代的鲊也是这样，其配料有多种，虞悰献给齐武帝的这款鲭鲊，其中必有可以醒酒的配料。至于这种配料是什么？一般人不知道，而虞悰又秘而不传，于是这款醒酒的鲭鲊便成为虞悰的一手“绝活儿”了。

这两套五盅盘，一为灰陶，一为青瓷，分别出土于湖北武汉和江西南昌的南朝墓。大圆盘内放若干盅（钵碗）形器，每器盛一种美食，本是从汉代就有的一种夫妇宴饮形式（详见本书“东汉大盘十二碗家宴图”）。这两套盘盅组合，盘内只有五件盅，反映了墓主生前虽是一般殷实人家，其家属却祈愿先人在另一个世界继续享受往日的美食。吴燕摄自南昌市博物馆

南朝虾酱

中国人食虾历史悠久，但关于虾的菜谱目前以这里将要谈到的为最早。这份虾菜谱原载《食经》，公元6世纪时被北魏高阳太守贾思勰收入《齐民要术》。从这份菜谱的内容来看，这是一款以虾为主料、以米饭为配料并加入盐和水的发酵型虾酱。这种虾酱做成后，由于“经春夏不败”，因此可以食用较长时间。后世既可作为菜肴单独食用（蒸后淋香油）又可用于菜肴调味的虾酱，系选用小河虾或小海虾，净治后按每公斤虾放0.8—1公斤盐进行投料，拌匀后即可让其自然发酵。一般经6—8个月后，即成为浅褐色、质地细腻、具有虾米特有鲜香味的虾酱。相比之下，1400多年前的南朝虾酱虾与盐的比例明显小于后世的虾酱，而与后世虾油的虾、盐投料比例相近，而且酿制时配料中又多了米饭和水，因此可以看出二者虽然都名为“虾酱”，但古今虾酱的差别是很大的。

原文　虾酱[1]：虾一斗，饭三升为糁[2]，盐二升，水五升，和调，日中曝之[3]，经春夏不败[4]。

贾思勰《齐民要术》

注释

［1］虾酱：原题“作虾酱法”。

［2］饭三升为糁：用三升米饭做配料。由此可知当时的糁为预先做成。

［3］日中曝之：在中午的太阳下晒。

［4］经春夏不败：经春夏不腐败。

南朝刀鱼干酱

刀鱼分布在长江流域中下游及其附属的湖泊中，成鱼多生活在海中，每年春季成群从海入江，沿江而上产卵洄游。《山海经》郭璞注：“鮆鱼狭薄而长，大者尺余，太湖中今饶之，一名‘刀鱼’。”说明在东晋时太湖刀鱼就已名闻天下。北魏高阳太守贾思勰收入《齐民要术》的这份刀鱼干酱谱，应来自南朝菜谱。根据这份酱谱，六月七月时，将刀鱼干放入盆内用水泡，每天要换三次水。三天后洗去鳞，按一斗鱼、四升曲末、一升黄蒸末、二升半白盐的比例投料，将所有原料先在盆内拌匀，再放入瓮中，用泥封严，14 天以后刀鱼干酱便成了。这种酱味道香美，同用鲜刀鱼做的酱没什么区别，不难看出这是一种发酵型的刀鱼酱。

原文　干鲚鱼酱[1]：一名刀鱼。六月、七月，取干鲚鱼，盆中水浸，置屋里，一日三度易水[2]。三日好，净，漉，洗去鳞，全作勿切。率鱼一斗，曲末四升，黄蒸末[3]一升（无蒸，用麦蘖末亦得），白盐二升半，于盘中和令均调，布置瓮子[4]，泥封，勿令漏气，二七日便熟[5]。味香美，与生者无殊异。

贾思勰《齐民要术》

注释

［1］干鲚鱼酱：原题“干鲚鱼酱法”。据正文“一名刀鱼”，可知这里的“干鲚鱼”即“干刀鱼”。

［2］一日三度易水：一天换三次水。

［3］黄蒸末：用带麸皮的面粉做的酱曲。

［4］布置瓮子：将鱼料放入瓮中。

［5］二七日便熟：14 天便成了。

南朝鱼酱

鱼酱为南方特产食品，收在《齐民要术》中的这份鱼酱谱，鲭鱼、鲚鱼为南方特产，鲤鱼等则南北均产，调料中的白盐和橘皮也为南方特产。根据谱中的要求，鲤鱼等鱼宰杀净治后，要像做鱼脍那样将鱼肉切成丝，然后按一斗鱼丝、三升黄衣、二升白盐、一升干姜和一合橘皮丝的比例投料，将所有的原料放到一起调匀后放入瓮中，用泥封严，每天在中午的太阳下晒。鱼酱做成后，食用前用好酒将酱澥开即可。

原文　鱼酱（一）[1]：鲤鱼、鲭鱼第一好，鳢鱼亦中[2]。鲚鱼、鲐鱼即全作，不用切。去鳞，净洗，拭令干，如脍法披破缕切之[3]，去骨。大率成鱼[4]一斗，用黄衣[5]三升，一升全用，二升作末；白盐二升，黄盐则苦[6]；干姜一升，末之；橘皮一合[7]，缕切之；和令调均，内瓮子中[8]，泥密封，日曝，勿令漏气。熟，以好酒解之[9]。

贾思勰《齐民要术》

注释

［1］鱼酱（一）：原题“作鱼酱法”。这里的“鱼酱”，原料中有“黄衣（用整粒小麦制成的酱曲，是一种黄色霉菌）”，人们利用“黄衣”所含的蛋白酶活性，对鱼蛋白质起分解作用，并生成各种氨基酸，从而使制出的鱼酱鲜美可口。

［2］鳢鱼亦中：鳢鱼也可以。

［3］如脍法披破缕切之：像做鱼脍那样，先将鱼剖开批成大片，再切成丝。披破，剖开；缕切，切成丝。

［4］成鱼：初加工成的鱼，即净鱼。

［5］黄衣：见本文注［1］。

［6］黄盐则苦：据《名医别录》陶弘景注，北海（今贝加尔湖）盐黄粒粗，其盐汁苦涩。

［7］橘皮一合：合，古代容量单位，当时一合约为今20毫升。

［8］内瓮子中：放入瓮子中。内，同“纳”，这里作放入讲。

［9］以好酒解之：用好酒来调酱。

南朝速成鱼酱

在《齐民要术》的两份鱼酱谱中，这份鱼酱谱文字较少，谱中“一日可食”的“日”字，缪启愉先生在《齐民要术校释》中认为是“月”字之误。笔者认为这种可能性不大，一是在《齐民要术》作鱼酱鱼鲊的记载中，多以14天（即“二七日”）为酱的酿造制作期，一个月的较少。二是在这份鱼酱谱中，一斗鱼丝要用到五升曲和二升清酒，放三升盐显然不利于速成发酵，可能有误，应作一升或一升半。《齐民要术》中有速成肉酱，就是放曲和酒用一天酿成的，可为佐证。

原文　鱼酱（二）[1]：成脍鱼[2]一斗，以曲五升，清酒[3]二升，盐三升，橘皮二叶，合和，于瓶内封[4]。一日可食[5]。甚美。

贾思勰《齐民要术》

注释

［1］鱼酱（二）：原题“又鱼酱法”。按：这里的“鱼酱”，以曲和清酒为发酵的媒介物，与“鱼酱（一）”不同，可见古代鱼酱的制法不止一种。

［2］成脍鱼：切成像脍那样的鱼肉丝。

［3］清酒：古代冬酿夏成无糟滓的黍（粟）酒。

［4］于瓶内封：放入瓶内密封。

［5］一日可食：一天后即可食用。

南朝烤鳊鱼

这是《齐民要术》引自《食次》的一款烤鱼菜。此菜谱中将香辛调料罗勒称作“香菜”表明，此菜谱应作于十六国时期后赵国君石虎（334—349年在位）将罗勒改名香菜以后。调料中的橘（皮）、紫苏、罗勒和食茱萸均为南方特产，说明此菜应为南朝名菜。这款菜共用了12种调料，采用的是加热前腌渍和加热过程中浇淋的多重调味法。调料构成显示，鱼烤成后口味香辣鲜美。这款菜的主料鲌鱼和鳊鱼均为淡水鱼类，鲌鱼大者可有五公斤以上，鳊鱼则一般为两公斤。这两种鱼肉质细嫩，用来烤炙，风味独特。

原文 炙鱼[1]：用小鯿、白鱼最胜[2]。浑用[3]。鳞治[4]，刀细谨[5]。无小用大，为方寸准[6]，不谨[7]。姜、橘[8]、椒、葱、胡芹、小蒜、苏[9]、榄[10]，细切锻[11]，盐、豉、酢[12]和，以渍鱼。可经宿。炙时以杂香菜汁灌之[13]，燥复与之，熟而止[14]。色赤则好。双奠[15]，不惟用一。

贾思勰《齐民要术》

注释

［1］炙鱼：烤鱼。这里的“炙鱼”实为烤鯿鱼、烤白鱼。

［2］用小鯿、白鱼最胜：用小鯿、白鱼最好。小鯿，小条鳊鱼；白鱼，即鲌鱼，大者可达五公斤以上。

［3］浑用：用整条的。

［4］鳞治：刮鳞整治洁净。

［5］刀细谨：用刀在鱼上划细道。这样可使调料味渍入鱼肉中。

［6］无小用大，为方寸准：没有小鱼用大鱼，用大鱼切为一寸见方的块为好。

［7］不谨：（鱼块上）不划口。

［8］橘：应即橘皮。

［9］苏：紫苏。

［10］榄：食茱萸。芸香科，果实为裂果，味辛香，一名“榄子”，产我国东南部。晋周处《风土记》将花椒、食茱萸、姜合称为“三香”。

［11］细切锻：（将葱、胡芹等调料）细切为末。

［12］酢：“醋”的本字。

［13］炙时以杂香菜汁灌之：烤时往调料液中加入香菜汁，淋在鱼上。此处香菜指“罗勒”。明李时珍《本草纲目》：“石虎讳言勒，改罗勒为香菜。”

［14］燥复与之，熟而止：烤干了再淋，直到烤熟为止。

［15］双奠：每盘盛两条或两块鱼。

南朝宫廷烤酿馅白鱼

这款菜的菜谱原载久已亡佚的《食经》，北魏末年被贾思勰收入《齐民要术》中，遂使此菜谱得以传至今日。将配料填入具有包裹性能的主料中，叫作“酿”。这种工艺在《礼记·内则》中虽有记载，但后人对“酿”字的理解靠的却是汉代郑玄的注解：“酿，谓切杂之也。”至于如何切如何“杂之”，从先秦至魏晋南北朝，这份菜谱是目前最早而又最详尽回答这一问题的传世文献。

从这款菜所用的主料、配料和鱼酱汁、橘皮等南方特产的调料可以推知，此菜应为南北朝时期的南朝名菜。主料白鱼长二尺，配料肥仔鸭一头，醋一升，瓜菹五合，鱼酱汁三合，姜、橘皮各一合，葱两合，豉汁一合，主料、配料和调料均为量化投料，表明此菜谱为宫廷菜谱。这份菜谱中酢（醋）和苦酒同出，反映了该谱在南朝以前就已行世。在工艺上，这款菜最突出的地方是整鱼酿馅和多重调味法，这些工艺均为后世所传承。

原文　酿炙白鱼[1]：白鱼长二尺，净治[2]，勿破腹。洗之竟[3]，破背[4]，以盐之[5]。取肥子鸭一头，洗治，去骨，细剉[6]；酢[7]一升，瓜菹[8]五合，鱼酱汁三合，姜、橘[9]各一合，葱二合，豉汁一合，和[10]，炙之令熟[11]。合取从背入著腹中[12]，弗之如常炙鱼法[13]，微火炙半熟，复以少苦酒[14]杂鱼酱、豉汁，更刷鱼上便成。

贾思勰《齐民要术》

注释

［1］酿炙白鱼：原题“酿炙白鱼法”。酿炙白鱼，即烤酿馅白鱼。按：此菜往鱼腹中酿馅的工艺，实为后世“鲫鱼怀胎”“老蚌怀珠”等著名酿菜的菜根。

［2］净治：整治洁净。

［3］洗之竟：全洗完后。

［4］破背：从背上破开。此从石声汉教授释。

［5］以盐之：用盐腌渍。盐，此处音yān，即用盐腌物。石声汉教授此处译为：“加些盐进去。”

［6］细剉：细细地剁。

［7］酢：醋。

［8］瓜菹：酸味腌瓜。

［9］橘：应指橘皮。

［10］和：（将鸭肉和调料）拌匀。

［11］炙之令熟：将鸭肉馅煸熟。从此菜的整个工艺来看，炙，此处应作“煸”讲。

［12］合取从背入著腹中：将熟鸭肉馅从鱼背填入鱼腹中。

［13］弗之如常炙鱼法：用烤扦穿上，就像平常烤鱼上扦的方法。弗，音chǎn，此处作穿讲。

［14］苦酒：即醋。

南朝蜜煎鲫鱼

这是迄今所知在传世文献中最早将蜂蜜用于烹制鱼类菜的菜谱。这份菜谱本为《食经》文，贾思勰于公元6世纪将其收入《齐民要术》。按照这份菜谱的介绍，将鲫鱼的内脏除去，但不去鳞，净治后用一半醋、一半蜂蜜和盐将鱼腌蒸一锅饭的时间，取出鱼控尽腌汁，用猪油将鲫鱼煎成红色，就可以整条装盘了。该谱中没有关于这款菜色香味的文字，但从其所用腌渍料和煎油来看，色泽金红、口感酥嫩、口味酸甜微鲜，应是其出品的风味特色。顺便指出的是，煎鲫鱼早在先秦即为楚国美食，这款菜在鱼煎之前先要用蜂蜜和醋将鱼腌一下，明显具有楚地风格。因此，该谱很有可能是从楚国流传而来的。

原文　蜜纯煎鱼[1]：用鲫鱼，治復中[2]，不鳞[3]。苦酒、蜜中半[4]，和盐渍鱼，一炊久[5]，漉出。膏油熬之[6]，令赤，浑奠焉[7]。

贾思勰《齐民要术》

注释

[1] 蜜纯煎鱼：原题“蜜纯煎鱼法”。

[2] 治復中：把鱼腹内整治洁净。復，疑为“腹”字之误。

[3] 不鳞：不去鳞。

[4] 苦酒、蜜中半：醋、蜜各一半。

[5] 一炊久：渍蒸一锅饭的时间。有学者将此句译为“炊一顿饭久之后”，恐不妥。这里的“一炊久”，是指渍鱼所需的时间，而不是指对鱼进行热加工，这也为接下来的“漉出（捞出）”一词所证实。

[6] 膏油熬之：用猪油煎之。熬，这里作油煎讲。

[7] 浑奠焉：整条盛上席。

南朝宫廷煎鱼饼

这份菜谱原载久已亡佚的《食经》，北魏末年被贾思勰收入《齐民要术》中。主料白鱼、调料中的橘皮、鱼酱汁等显示，这款菜为南北朝时期的南朝风味名菜。主料好白鱼肉要用三升，配料熟猪肥肉用一升，调料中醋五合，葱、酸味腌瓜各二合，姜、橘皮各半合，鱼酱汁三合，如此量化投料的方式和对出品规格的限定（鱼饼“如升盏大，厚五分”）表明，这是一款南朝或南朝以前的宫廷菜。

原文　饼炙（一）[1]：取好白鱼，净治[2]，除骨取肉，琢得三升[3]。熟猪肉肥者一升，细琢[4]。酢五合[5]，葱、瓜菹各二合[6]，姜、橘皮各半合，鱼酱汁三合，看咸淡、多少，盐之适口。取足作饼，如升盏大[7]，厚五分。熟油微火煎之，色赤便熟可食。一本：“用椒十枚，作屑和之。”[8]

贾思勰《齐民要术》

注释

[1] 饼炙（一）：原题“作饼炙法”。根据原文，这里的饼炙应是“煎鱼饼”。

[2] 净治：整治洁净。

[3] 琢得三升：剁后取三升（鱼肉馅）。

[4] 细琢：细细地剁。

[5] 酢五合：醋五合。

[6] 葱、瓜菹各二合：葱、酸味腌瓜各二合。

[7] 如升盏大：鱼肉饼要像升或酒盏那样大。此从石声汉教授释。

[8] 用椒十枚，作屑和之：此句是说，另一个版本的《食经》记载，鱼饼馅内要放十粒花椒，研末加入。

南朝煎鱼饼

这里的煎鱼饼谱原载《食次》，文中介绍了两种制法，它们与南朝宫廷煎鱼饼相比，在料物和加工方法上均有异同。相同的，主料都用白鱼肉，调料中都有葱、姜、橘皮、花椒和盐，鱼饼用油煎，成品菜均为饼状。不同的，南朝宫廷煎鱼饼主料白鱼肉泥中要加入熟肥猪肉泥。调料方面，南朝宫廷煎鱼饼有鱼酱汁、瓜菹、醋;这里的煎鱼饼则用豉。在工艺上，这里的煎鱼饼谱详细介绍了取鱼肉的方法。而这种方法，至今仍在我国烹饪界流行，这是目前已知关于这种取鱼肉法的最早记载。在鱼肉泥的加工上，南朝宫廷煎鱼饼用的是剁法;这里的煎鱼饼用的则是“舂”法。今浙江温州有名菜“锤鱼”，鱼肉泥即用舂法制成，可见此法源远流长。在鱼饼的制法上，南朝宫廷煎鱼饼未言明具体制法，只是说“取足作饼”；这里的煎鱼饼是用饼模制饼，这是很有特色的制鱼饼工艺，它为鱼饼烹调方法改进的研究，无疑提供了历史文献根据。在煎制方面，南朝宫廷煎鱼饼是用“熟油煎”；这里的煎鱼饼则是用“膏油煎”。总而言之，三种“饼炙”虽然都是“煎鱼饼”，但因食材不同工艺不同，故而风味各异。

原文　饼炙(二)[1]:用生鱼,白鱼最好,鲇、鳢不中用。下鱼片[2]:离脊肋[3]，仰㭨几上[4]，手按大头，以钝刀向尾割取肉，至皮即止[5]。净洗,臼中熟舂之[6],勿令蒜气[7]。与姜、椒、橘皮、盐、豉和。以竹木作圆范[8]，格四寸面[9]。油涂绢藉之[10],绢从格上下以装之[11]，按令均平，手捉绢[12]，倒饼膏油中煎之[13]。出铛[14],及热置柈上[15],盌子底按之令拗[16]。将奠[17]，翻仰之[18]。若盌子奠[19]，仰与盌子相应[20]。又云:用白肉、生鱼等分[21]，细研熬和如上[22]。手团作饼,膏油煎,如作鸡子饼[23]。十字解奠之[24]，还令相就如全奠[25]。小者二寸半，奠二[26]。葱、胡芹生物不得用[27]，用则斑，可增[28]。众物若是，先停此[29]；若无，亦可用此物助诸物。

贾思勰《齐民要术》

注释

［1］饼炙(二):原题“饼炙”，即煎鱼饼。

［2］下鱼片:取鱼片(的方法是)。

［3］离脊肋:(用刀从脊骨处将鱼破为两扇)，剔去脊肋。

［4］仰㭨几上:把剔去脊肋的半扇鱼肉面朝上放在案板上。㭨，缪启愉先生引金代韩孝彦《篇海》，音 xīn，㭨几，即案板。

［5］至皮即止:到肉与皮全脱离为止。这种取鱼肉法至今仍为我国厨师所运用。

［6］臼中熟舂之:(将鱼肉放入)臼中反复舂成泥。按:用此法制成的鱼泥，比用剁法得来的鱼泥味道更鲜美，质感更滑嫩。

［7］勿令蒜气:不要有臭气。蒜气，此处借指臭气。

［8］以竹木作圆范:用竹筒节截面做制鱼饼的圆模子。范，模子。

［9］格四寸面:每格直径四寸。

［10］油涂绢藉之:将用油涂过的绢放进

圆模子里。

［11］绢从格上下以装之：绢要贴在模子上下以便放鱼泥。这里部分采用了石声汉教授的译法。

［12］按令均平，手捉绢：用手将填入模子内的鱼泥按匀平，将鱼饼从格内提出来。

［13］倒饼膏油中煎之：把鱼饼放进猪油中煎。

［14］出铛：煎熟后将鱼饼从铜铛中取出。铛，当时的铜煎（炒）锅。

［15］及热置柈上：趁热放在盘子里。柈，同“槃”，即“盘”字。

［16］盌子底按之令拗：用碗足按一下鱼饼，使它稍凹。此从石声汉教授释。

［17］将奠：将要盛上席的时候。

［18］翻仰之：将鱼饼翻过来凸面朝上。

［19］若盌子奠：如果用碗盛上席。

［20］仰与盌子相应：鱼饼凸面要与碗的凹面正好对应。此从石声汉教授释。

［21］用白肉、生鱼等分：白肉、鲜鱼用量相等。

［22］细研熬和如上：细细剁成泥，搅的方法同上面一样。

［23］如作鸡子饼：像煎荷包蛋那样。

［24］十字解奠之：十字切开盛上席。十字切开，即横竖交叉各一刀。

［25］还令相就如全奠：还要保持鱼饼原形来盛上席。

［26］小者二寸半，奠二：小的鱼饼直径二寸半，（每盘）盛两个上席。

［27］葱、胡芹生物不得用：葱和胡芹不能用生的。按：正文中未有葱和胡芹作调料的文字，这里突然提出，可能是因为当时有用葱花和胡芹末撒在鱼饼上的习惯的缘故。

［28］用则斑，可增：用则显得杂乱不好看。增，憎，此处作不好看讲。

［29］众物若是，先停此：如果其他菜肴不足，也可以用此菜来弥补。按：以上均从缪启愉先生释。但学习缪先生校释之余，笔者又有想法：这两句紧接葱和胡芹用法的论述，为何另指菜肴而不紧接上句呢？如果顺着葱和胡芹的论述往下捋，这两句便可译为：“如果各样调料都好(众物若是),就先不要放这两样了(先停此)；如果有的调料没有（若无），也可以用这两样料物来填补其他原料的不足（亦可用此物助诸物)。”这样理解，看来也讲得通。

南朝蒸咸鱼

这里的咸鱼是用鲇鱼、鳠鱼以外的其他活鱼加盐腌渍而成，腌的时候要去鳃破腹片成两扇，不用去鳞，洗净后放盐时夏天要多点，春秋及冬天适口即可，不过也要偏咸，然后将鱼片两两相合，码好，盖上席。夏天则须将鱼放入瓮中,瓮口用泥封严，瓮底要钻几个孔，以备腥汁流出，但平时要用木塞塞住。待瓮中的鱼片呈红赤色时便做成了。吃的时候洗去盐，煮、蒸、炮烤随意，其味美于平常的鱼。如果做鲊、酱、煎等也都可以，这就是贾思勰《齐民要术》中关于制作咸鱼的菜谱。在《齐民要术》中，咸鱼本名“浥鱼”，浥鱼即潮干的咸鱼。这份咸鱼制作谱使我们得知，至迟在南北朝时，咸鱼已是煮、蒸、炮烤、爊、煎等多种烹调方法都适用的首选食材了。

原文　浥鱼[1]：四时皆得作之。凡生鱼悉中用[2]，唯除鲇、鳠[3]耳。去直鳃[4]，破腹作鲏[5]，净疏洗，不须鳞[6]。夏月特须多著盐[7]，春秋及冬调适而已，亦须倚咸[8]，两两相合[9]。冬直积置[10]，以席覆之。夏须瓮盛泥封，勿令蝇蛆。瓮须钻底数孔，拔引去腥汁，汁尽还塞。肉红赤色便熟。食时洗却盐[11]，煮、蒸、炮[12]任意，美于常鱼。作鲊、酱、爊、煎悉得[13]。

贾思勰《齐民要术》

注释

[1] 浥鱼：原题“作浥鱼法”。浥，音 yì。浥鱼，即潮干的咸鱼。

[2] 凡生鱼悉中用：凡活鱼都可以用。中用，可以用，今河南话中仍有此语词。

[3] 鲇、鳠：鲇鱼、鳠鱼。鲇，音 nián，分布于我国各地淡水中的一种无鳞食用鱼。鳠，音 hù，即鮠鱼，又名鮰鱼等，是分布于我国长江流域的一种肉质细嫩的无鳞食用鱼。

[4] 去直鳃：只去鳃。

[5] 破腹作鲏：破腹剖成鳑鲏状。鲏，音 pí，鳑鲏，一种体侧扁的淡水鱼。

[6] 不须鳞：不必去鳞。

[7] 夏月特须多著盐：夏天特别要多放盐。

[8] 亦须倚咸：也须偏咸。

[9] 两两相合：两扇合一起。此指破腹剖成片的鱼放盐后，每两片合一起。

[10] 冬直积置：每逢冬天存放。冬直，即“值冬”。

[11] 食时洗却盐：吃时洗去盐。

[12] 炮：用物包裹，灰火埋烤。

[13] 作鲊、酱、爊、煎悉得：做腌鱼、鱼酱、煨鱼、油煎鱼都行。

南朝毛蒸鱼菜

这是一款很有特色的南朝鱼类名菜。蒸鱼不去鳞，这在南北朝时的南朝文人笔下叫“毛蒸”，这份菜谱介绍的就是这种蒸鱼法。用这种蒸法，以白鱼或鳊鱼为上，一尺长的最好，一寸或五六寸长的小鱼也可以。打来的鱼净治后，可以将盐、豉、胡芹、小蒜等调料放入鱼腹中，也可以将鱼在盐和豉汁中过一下。无论怎样调味，鱼都要和菜一起蒸。这份菜谱中没有明确指出用什么菜，根据李时珍在《本草纲目》所引袁达《禽虫述》，这里的菜应是笋、苋菜、芹菜和芦芽之类的时蔬。蒸时还可以将鱼、菜放在竹篮内，食用时也可以连竹篮一起上，使这款菜的南朝水乡田园色彩更加浓郁。从这份菜谱在《齐民要术》相关篇章的位置来看，其内容应来自久已亡佚的《食次》。

原文　毛蒸鱼菜[1]：白鱼鳊鱼最上。净治，不去鳞。一尺已还，浑[2]。盐、豉、胡芹、小蒜（细切），著鱼中[3]，与菜并蒸[4]。又：鱼方寸准[5]，亦云五六寸。下盐、豉汁中[6]，即出[7]，菜上蒸之[8]。奠，亦菜上[9]。又云：竹篮盛鱼，菜上，蒸。又云：竹蒸并奠[10]。

贾思勰《齐民要术》

注释

［1］毛蒸鱼菜：鱼不去鳞蒸叫“毛蒸”，缪启愉先生此说极是。日译本将“毛”改作“芼”，不合烹调工艺。现在仍把未去帮的菜叫“毛菜”。

［2］一尺已还，浑：一尺以内的鱼整条蒸。

［3］著鱼中：（将盐、豉等调料）放入鱼腹中。著，放入，今湘西方言仍用。

［4］与菜并蒸：同菜一起蒸。

［5］鱼方寸准：鱼以选一寸长的为好。

［6］下盐、豉汁中：（将鱼）下入盐、豉汁中。

［7］即出：（浸一下）就拿出来。

［8］菜上蒸之：（将鱼放在）菜上蒸好。按：放菜是为了使鱼在蒸制过程中借菜味并使溢出的汁水不致外流，从而使蒸得的鱼香嫩可口，此法今仍行之。

［9］奠，亦菜上：盛时，也要把鱼放在菜上面。

［10］竹蒸并奠：用竹篮蒸也用竹篮盛。

南朝裹蒸鲜鱼

这是一款颇有后世粉蒸鱼韵味的南朝名菜。将秫米用豉汁浸后蒸，凉凉后再加入鲜姜、橘皮、胡芹、小蒜末等炒，然后把鱼块放在抹过猪油的箬叶上，再将炒过的米饭撒在鱼块上，用十字法将鱼块和米饭包裹好蒸。还可以将蒸过的米饭放在箬叶上，上面放鱼块，将鲜姜、橘皮、葱白、胡芹、小蒜末和盐撒在鱼块上，然后裹好蒸。不难看出，这两种调味方法都可以使鱼块在蒸的过程中入味，但又确保蒸出的鱼肉鲜嫩而不发死。从这份菜谱在《齐民要术》相关篇章的位置及其语言特色来看，其内容应来自久已亡佚的《食次》。

原文　裹蒸生鱼[1]：方七寸准[2]，又云五寸准。豉汁煮秫米如蒸熊[3]。生姜、橘皮、胡芹[4]、小蒜[5]、盐，细切，熬糁[6]。膏油涂箬[7]，十字裹之糁在上[8]，复以糁屈牖篸之[9]。又云盐和糁，上下与。细切生姜、橘皮、葱白、胡芹、小蒜置上，篸箬蒸之[10]。既奠[11]，开箬，褚边奠上[12]。

贾思勰《齐民要术》

注释

［1］裹蒸生鱼：石声汉教授《齐民要术选读本》此处释文时断句为“裹蒸：生魚……”，原文则断句为“裹蒸生鱼”，笔者现从缪启愉先生断句法。

［2］方七寸准：（将鱼切成）七寸见方的块为好。

［3］豉汁煮秫米如蒸熊：用豉汁煮秫米的方法跟“蒸熊”中的一样。

［4］胡芹：即胡芹苗，详见本书“南朝拌胡芹小蒜”。

［5］小蒜：即青蒜，详见本书“南朝拌胡芹小蒜”。

［6］熬糁：（将用豉汁煮过的秫米加生姜等调料）炒成糁。

［7］膏油涂箬：将猪油涂在箬（ruò）竹叶上。

［8］十字裹之糁在上：（将两片箬竹叶交叉）成十字，裹上鱼和米饭，米饭要放在鱼上。

［9］复以糁屈牖篸之：再用竹扦串住箬竹叶折的地方。篸，音 zān，通“簪”，此处作竹扦讲。牖，音 yǒu，窗，此处指箬叶折处。

［10］篸箬蒸之：将箬叶用竹扦扎住蒸。

［11］既奠：盛的时候。

［12］褙边奠上：折好箬叶的边上席。此从石声汉和缪启愉二位先生释。

南朝鱼莼羹

我们在本书“张翰吴地莼羹”中已经谈过莼鲈之思的典故，并简单介绍过这份羹谱了，《齐民要术》中的这份羹谱，应是传世文献中最早的一份，其原载《食经》。从该谱的行文结构和语言风格来看，很像是对膳房总管和厨师的采访记录。根据该谱，当时做鱼莼羹的鱼可选用鳢鱼或白鱼，净治后剖为两扇，再斜片为宽二寸或二寸半、长二寸或三寸的片，一般一份用半扇鱼肉。无论是用鳢鱼还是白鱼，都要将鱼片煮三开时再放入焯过的莼菜和豉汁、盐水。后世的鱼莼羹一般多用鱼丝，且少有用豉汁的，莼菜焯后也往往先直接放入碗内，最后浇入调好味的鲜汤，这一切工艺努力都是为取莼菜的香滑与清鲜。

原文　莼羹［1］：鱼长二寸［2］，唯莼不切。鳢鱼［3］，冷水入莼；白鱼［4］，冷水入莼，沸入鱼，与咸豉。又云：鱼长三寸、广二寸半。又云：莼细择，以汤沙之［5］。中破鳢鱼［6］，邪截令薄［7］，准广二寸［8］，横尽也，鱼半体［9］。煮三沸，浑下莼［10］，与豉汁、渍盐［11］。

贾思勰《齐民要术》

注释

［1］莼羹：原题“《食经》曰：莼羹”。

［2］鱼长二寸：鱼（片成）二寸（长的片）。

［3］鳢鱼：亦称黑鱼，形长体圆，头尾相等，细鳞玄色，有斑点花纹，肉肥美。

［4］白鱼：又名鲌鱼、鲚鱼、白扁鱼，生活于江河、湖泊中，体侧扁长，鳞细，肉中有细刺。

［5］以汤沙之：用开汤杀去莼的青气味儿。

［6］中破鳢鱼：沿脊骨将鳢鱼破成两扇。

［7］邪截令薄：（鱼片）斜片要薄。

［8］准广二寸：按宽二寸（斜片鱼片）。

［9］横尽也，鱼半体：（鱼片）最宽（不要超过）半扇鱼（的宽度）。按：此句有释作“已经横着尽到鱼半身的宽度了”。也有将此句中“横尽”释作“就是就半片鱼身横批出头”。从全文所呈现的工艺流程来看，这句的前一句“准广二寸”的“准”字，这里是“按照”

的“按”字之义；接下来再看，前一句已经说按宽二寸的标准切鱼片了，后面接着说“横尽也，鱼半身”，就是说，最宽不能超过半扇鱼，这样理解于上下文也通畅了。

［10］浑下莼：整个下莼。

［11］渍盐：用水澄清的盐汁。

南朝鳢鱼羹

将一尺以上的大鳢鱼净治后，在开汤中烫一下，然后斜片成一寸半宽的片，放入锅中，加豉汁和米汤，煮熟时放盐、姜、橘皮、花椒末和酒即成，这就是南朝鳢鱼羹。这款菜本名“鳢鱼臛”，因此菜谱中虽然没有豉汁、水和米汤的用量，但是根据“臛”类菜肴最终出品的特点，制作时这三者均应以少而刚够为佳。按照李时珍在《本草纲目》中的说法，鳢鱼（即黑鱼）是南方人席上的珍味，北方人一般不吃。这款菜所用的橘皮等调料为南方特产，这一切表明这是款南朝名菜。这份菜谱中关于鳢鱼在开汤中烫一下再进行刀工处理的工艺，至今仍在沿用，也是这项工艺在传世文献中的最早记载。菜谱中关于因为“鳢涩，故须米汁也”的说明，也使我们终于明白当时煮鱼（包括煮鸡、鸭、肉）为何都要放米汤。

原文　鳢魚臛[1]：用极大者，一尺已下不合用。汤鳞治[2]，邪截臛叶方寸半准[3]。豉汁与鱼，俱下水中，与研米汁[4]。煮熟，与盐、姜、橘皮、椒末、酒。鳢涩，故须米汁也。

贾思勰《齐民要术》

注释

［1］鳢魚臛：缪启愉先生在《齐民要术校释》中指出，此谱为《食经》文。

［2］汤鳞治：用沸水烫一下去过鳞的鱼，整治洁净。按：此法有去腥洁鱼的作用。

［3］邪截臛叶方寸半准：斜片成宽一寸半的薄片为好。邪截，斜片；臛叶，藿（臛）叶切的简称，即将物料切成大豆叶那样的片。

［4］与研米汁：放入用碾碎的米熬成的汤。与，放入，加入，下同。

南朝笋干鱼羹

将笋干用温水泡发，洗净后撕成丝，放入锅中加水煮，煮开时放鱼、盐、豆豉，制成后盛半碗上，这就是南朝笋干鱼羹。笋干是用鲜笋经水煮、榨压、日晒或烘烤、熏制而成，后世为湖南、湖北、江西、浙江、福建等地的名菜特产食材。现在笋干的涨发方法主要有两种，一种是用温水泡4—5天，一种是用冷水泡一昼夜。泡过的笋干用大火煮2—5个小时，再用冷水漂清。也有的用淘米水泡，可使笋色白净，并除去笋干的酸味。一般笋干越煮越柔软越容易入味。相比后世的笋干菜谱，这份菜谱的文字简单了些，不过它却是传世文献中最早的一份笋干菜谱。

原文　笋簹鱼羹[1]：簹，汤渍令释[2]，细擘[3]。先煮簹，令煮沸。下鱼[4]、盐、豉。半奠之[5]。

贾思勰《齐民要术》

注释

[1] 笋簹鱼羹：据缪启愉先生《齐民要术校释》，此谱见于《食经》。笋簹，即笋干。

[2] 汤渍令释：热水浸泡使（笋簹）涨起。

[3] 细擘：撕成细条。擘，此处作撕讲。

[4] 下鱼：此处未言鱼的刀工处理，但应不是整鱼下锅。

[5] 半奠之：盛半碗上席。

南朝香菇鱼羹

这应是一款爽滑适口、味道非常鲜美的鱼羹。将鱼净治后切成一寸见方的块，香菇焯一下撕片，先煮香菇，汤开时放鱼，或者先放鱼块，烧开时放香菇、酸模、米饭、葱和豆豉，烧好后每份盛半碗，这就是南朝香菇鱼羹。香菇与鱼相配，会产生鲜味相乘的效果，这是这款菜味道格外鲜美的主要原因。去鱼腥调酸不用醋而用酸模，又使其在增鲜的同时透着柔和的微酸味，这应是这款鱼羹在食材组配上的绝妙之处。这份菜谱中的“茱”字，缪启愉先生认为是“米”字之误，但这个字的后面就是“糁”字，糁即米饭，因此这个字显然不是“米”字。“茱”通“莫”，《诗经·魏风·汾沮洳》孔颖达疏引陆玑疏说：“莫，茎大如箸，赤节；节一叶，似柳叶，厚而长，有毛刺……其味酢而滑，始生可以为羹，又可生食。五方通谓之‘酸迷’，冀州人谓之‘干绛’，河汾之间谓之‘莫’。”说明“茱”即今蓼科植物酸模，至今仍为做鱼等的酸味调料。

原文　菰菌魚羹[1]：鱼，方寸准[2]；菌，汤沙中出，擘[3]；先煮菌令沸，下鱼。又云：先下[4]，与[5]鱼、菌、茱、糁、葱、豉。又云：洗，不沙[6]。肥肉亦可用[7]。半奠之[8]。

贾思勰《齐民要术》

注释

[1] 菰菌魚羹：缪启愉先生在《齐民要术校释》中指出，此谱见于《食经》。菰菌，香菇。

[2] 方寸准：（切成）一寸见方的块为好。

[3] 汤沙中出，擘：汤焯捞出，撕开。

[4] 先下：先下（鱼）。此从缪启愉先生释。

[5] 与：放入。

[6] 不沙：不焯。指香菇可以不焯。

[7] 肥肉亦可用：也可以放些肥肉。

[8] 半奠之：盛半碗上席。

南朝鲤鱼羹

这款鱼羹除主料和配料与南朝鳢鱼羹不同和稍有不同以外，其制作工艺与南朝鳢鱼羹基本一样。将大鲤鱼剖腹去鳞片成片净治后，放入锅中，加水、豉汁和米饭煮，当鱼煮熟时再加入盐、姜、橘皮、花椒末和酒，往碗里盛时要只盛鱼不要米粒。一般要盛半碗，盛多了就不合礼制规矩了，这就是此款鱼羹菜谱的大致内容。同南朝鳢鱼羹谱一样，这份菜谱也是被贾思勰收入《齐民要术》的《食经》文。鲜鱼净治后直接用水煮而不是煎炸后再煮，这种工艺至今仍在我国南方流行，于此可见这类鱼羹工艺对后世的影响。

原文　鲤鱼臛[1]：用大者[2]，鳞治[3]，方寸、厚五分[4]。煮，和如鳢臛[5]。与全米糁[6]。奠时[7]去米粒，半奠[8]。若过米奠，不合法也[9]。

贾思勰《齐民要术》

注释

[1] 鲤鱼臛：缪启愉先生在《齐民要术校释》中指出，此谱原为《食经》文。

[2] 用大者：指鲤鱼。当时鲤鱼三尺为大者。

[3] 鳞治：去鳞整治洁净。

[4] 方寸、厚五分：（片成）宽一寸、厚五分的片。

[5] 和如鳢臛：调味所用的料物跟鳢鱼臛的一样。和，调味，这里指调味所用的料物。

[6] 与全米糁：放整粒米的米饭。

[7] 奠时：盛的时候。

[8] 半奠：盛半碗。

[9] 若过米奠，不合法也：如果盛得过半碗，（就）不合规矩了。米奠，“半奠”之误。

南朝鲇鱼羹

这是目前所知在传世文献中最早的鲇鱼羹谱。从这份菜谱来看，魏晋南北朝时期的鲇鱼羹制作工艺已经相当精细。打来的鲇鱼宰杀后，先要用开水烫一下，然后去掉鱼腹内的内脏及杂物，洗净后从中破开，每隔五寸一断，放入锅中烫至变色时捞出，再改成一寸半见方的块，用油煎，接着放豉汁和米汤，煮至鱼熟透时投入葱、姜、橘皮、胡芹、小蒜末，再加入盐和醋即成，其工艺节点不止 13 道。从烹调学的角度来看，这 13 道工艺每一步都有讲究。比如用开水烫一下再剖腹，是为了烫去鲇鱼身上的黏液，以便下一道工序的进行。鲇鱼油煎后先放米汤煮，是为了去掉鲇鱼的腥味。鲇鱼出锅前才放盐和醋，是为了使鲇鱼肉质松嫩不硬。凡此种种，都蕴含了古代厨师的智慧，体现了中华厨艺的博大精深。

原文　鲐臛[1]：汤燖[2]，去腹中[3]，净洗，中解[4]，五寸断之[5]，煮沸，令变色。出[6]，方寸分准[7]，熬之，与豉清、研汁[8]，煮令极熟。葱、姜、橘皮、胡芹[9]、小蒜[10]，并细切锻与之[11]。下盐、醋，半奠[12]。

贾思勰《齐民要术》

注释

[1] 鲐臛：鲐，鲇鱼，见缪启愉先生《齐民要术校释》此条注。

[2] 汤燖：（将鲇鱼用）沸水烫过。

［3］去腹中：去掉鱼腹内的内脏及杂物。

［4］中解：从脊骨处将鱼破为两扇。

［5］五寸断之：每隔五寸一断。

［6］出：（将鱼）捞出。

［7］方寸分准：（将鱼块改成）一寸半见方的块为好。按："分"字为"半"字之误，此从缪启愉先生注。

［8］研汁：碎米汤，即用研碎的米熬成的米汤。"研"与"汁"字间脱"米"字。

［9］胡芹：见本书"南朝拌胡芹小蒜"。

［10］小蒜：见本书"南朝拌胡芹小蒜"。

［11］并细切锻与之：一并细切为末加入。锻，引申义为不断地细切（即今剁馅的"剁"），此从缪启愉先生释。

［12］半奠：盛半碗上席。

南朝腤鱼

腤，音 ān，我们在"南朝腤鸡"中已经说过，腤类似于后世的炖，但这份菜谱没有关于主料鲫鱼放调料炖之前是否油煎的文字，不过从菜谱中"汁色欲黑（即汁色要深）"的出品要求来看，除了要多放豉汁和醋以外，鲫鱼炖之前煎一下的可能性也是有的，如果这个推断成立，那么这里的"腤"便类似于后世的煎炖或煎焖。从来源上说，这份菜谱同"南朝腤鸡"谱一样，也是被贾思勰收入《齐民要术》的《食经》文。通过菜谱中的叙述，可知这款腤鱼在主料的选择上有不用大鱼、软体鱼和放醋放花椒与不放两种调料的讲究。

原文　腤鱼[1]：用鲫鱼，浑用[2]。软体鱼不用。鳞治[3]，刀细切葱[4]，与豉、葱俱下[5]，葱长四寸。将熟，细切姜、胡芹、小蒜与之[6]。汁色欲黑[7]。无酢者[8]，不用椒。若大鱼，方寸准得用。软体之鱼、大鱼不好也。

贾思勰《齐民要术》

注释

［1］腤鱼：原题"腤鱼法"。

［2］浑用：整条用。

［3］鳞治：去鳞整治洁净。

［4］刀细切葱：用刀细切葱。

［5］与豉、葱俱下：鱼同豉、葱一起下锅。

［6］细切姜、胡芹、小蒜与之：将切碎的姜、胡芹、小蒜撒入锅中。

［7］汁色欲黑：汤色要深。黑，这里作"深"。石声汉教授译为"汤要黑色"，似欠妥。

［8］无酢者：不放醋的。酢，"醋"的本字。

南朝宫廷荷包蛋鱼鲊汤

先放水、盐、豆豉、葱丝，再放猪、羊、牛三种肉，汤开两次时放鱼鲊，然后往汤中磕入四个鸡蛋，待鸡蛋浮起时即可食用，这就是南朝荷包蛋鱼鲊汤。这款菜原名"脡鱼鲊"，本为《食经》记载的一款南朝菜，在用料、制作工艺和款式上都很有特点，所用主料配料从鱼鲊到猪、羊、牛三牲之肉直到鸡蛋均有，显示了此菜的宫廷菜气势。将四个鸡蛋磕入汤中卧成荷包蛋，又使此菜款式别具一格。值得注意的是，这款汤的咸味调料只有盐和豆豉，而酸味剂则由鱼鲊来担当，这种调料组配，当使其出品清鲜而独具真味。

原文 脡鱼鲊[1]：先下水、盐、浑豉[2]、擘葱[3]，次下猪、羊、牛三种肉[4]，腤两沸[5]，下鲊。打破鸡子四枚，泻中[6]，如“瀹鸡子”法[7]。鸡子浮，便熟，食之。

贾思勰《齐民要术》

注释

[1] 脡鱼鲊：原题“脡鱼鲊法”。脡，音zhēng，据宋代《集韵》解释，煮鱼煎肉叫“脡”。鲊，腌鱼。这里的“脡”，可能是魏晋南北朝时对煮的一种方言称谓。

[2] 浑豉：整粒豆豉。

[3] 擘葱：撕好的葱。

[4] 次下猪、羊、牛三种肉：这里未言三种肉的加工形状，从此谱上下文来看，猪、羊、牛三种肉均应切成片。

[5] 腤两沸：煮两开。腤，音 ān，腤与脡一样，可能也是魏晋南北朝时对煮的一种方言称谓。

[6] 泻中：磕入汤中。

[7] 如“瀹鸡子”法：像“煮荷包蛋”的方法。详见本书“北魏煮荷包蛋”。

南朝荷包蛋鱼鲊汤

这是一款与南朝宫廷荷包蛋鱼鲊汤相类似的南朝汤菜，根据这份菜谱的介绍，这款菜在制作工艺上大致也有两个版本，一个是鸡蛋磕入汤中与豉汁、鱼鲊同时煮；另一个是先用汤将鱼鲊煮开，放入豉汁和整段葱白，然后再将鸡蛋磕入汤中。同南朝宫廷荷包蛋鱼鲊汤菜谱不同的是，这份菜谱中的所有用料均没有数量，而且从语言风格来看，像是对做过这类菜的厨师或士族管家的采访记录。这份菜谱同南朝宫廷荷包蛋鱼鲊汤谱一样，也是被北魏高阳太守贾思勰于公元 6 世纪收入《齐民要术》的《食经》文。

原文 脡鲊[1]：破生鸡子，豉汁，鲊，俱煮沸，即奠[2]。又云：浑用豉[3]。奠讫[4]，以鸡子、豉怗[5]。又云：鲊沸[6]，汤中与豉汁、浑葱白[7]，破鸡子写中[8]。奠二升[9]。用鸡子，众物是停也[10]。

贾思勰《齐民要术》

注释

[1] 脡鲊：原题“《食经》脡鲊法”。

[2] 即奠：就可以盛了。

[3] 浑用豉：用整粒的豆豉。

[4] 奠讫：盛完。

[5] 以鸡子、豉怗：将鸡蛋、豉粒铺在鲊上。此从缪启愉先生释。怗，同“贴”，此处作铺撒讲。

[6] 鲊沸：放鲊煮开后。

[7] 汤中与豉汁、浑葱白：往汤中放豉汁、整段葱白。

[8]破鸡子写中：打破鸡蛋泻入汤中。写，

同“泻”。

［9］奠二升：每碗盛两个荷包蛋上席。“升”字衍。

［10］用鸡子，众物是停也：磕入鸡蛋以后，什么料物也不要放了。按：此句已有多种译法，如“用鸡蛋，其他材料留下”。“其他材料”语意欠明，而且会使人产生误解。此菜名为“�鲊”，因而鱼鲊是不会少的主料。再用上鸡蛋，“其他材料留下”，那么豉汁、葱白等调料在不在“其他材料”之列呢？这样译显然不合原文之意。对后半句“众物是停”，有人认为“可能是指单用鲊，不和入别的肉类，也可能是指最后一道菜”。如果是“单用鲊”，鸡蛋显然也不用了，那么原文何必还来个“用鸡子”？如果是“指最后一道菜”，此菜本名“肫鲊”而不谓“肫鸡子”，怎能以“用鸡子”来代表此菜呢？从“肫鲊”和“肫鱼鲊”的工艺流程来分析，鸡子均是最后投入的食材，这应是“用鸡子，众物是停”的意思。

南朝煮鳊鱼

这是一款在制作工艺上非常考究的南朝鱼菜。从这份菜谱看，主料鳊鱼净腹后要去腮不去鳞，调料葱、橘皮要细切，姜或细切或切长丝，葱白则要整段的，这是初加工阶段的工艺要求。再看鳊鱼的加热，一种是将豆豉、醋、葱、姜、橘皮和水先煮开，然后放入整条的鳊鱼，其中葱白是用整段的；另一种是先用水煮鱼，汤开后再放豉汁、整段葱白，待鱼快熟时加入醋。在盛装上也有一些讲究：盛时葱白段要在鱼上面；大条的鳊鱼盘内放一条，小条的则放两条等。这份菜谱原为《食经》文，贾思勰于公元6世纪收入《齐民要术》。从这款鱼菜可以推知魏晋南北朝时期鱼菜烹调已有相当高的工艺水平。

原文　纯肫鱼[1]：一名焦鱼。用鯿鱼[2]。治腹里[3]，去腮不去鳞。以咸豉、葱、姜、橘皮、酢[4]，细切[5]，合煮。沸，乃浑下鱼[6]，葱白浑用[7]。又云：下鱼中煮[8]，沸，与豉汁、浑葱白[9]。将熟，下酢。又云：切生姜令长。奠时[10]，葱在上。大，奠一[11]；小，奠二。若大鱼，成治准此[12]。

贾思勰《齐民要术》

注释

［1］纯肫鱼：原题“纯肫鱼法”。

［2］鯿鱼：鳊鱼。其色银灰，腹面全部具肉棱，体长30多厘米，重可达2公斤，肉味鲜美，分布于我国南北江河湖泊中。

［3］治腹里：将鱼腹整治干净。

［4］酢：“醋”的本字。

［5］细切：指细切姜、葱、橘皮。

［6］乃浑下鱼：就放入整条的鱼。

［7］葱白浑用：葱白整段用。

［8］下鱼中煮：将鱼放入汤中煮。开头介绍的方法是先放调料熬汤，汤够味后再下鱼；这里是先用白水煮鱼，煮开后再分次投入调料，两种方法，风味各异。烹调实验表明，用前一种方法制出的鱼，味道醇美；用后一种

方法做出的鱼，味道清鲜。

［9］浑葱白：整段葱白。

［10］奠时：盛时。

［11］大，奠一：大鱼，每份盛一条。此从石声汉教授释。

［12］若大鱼，成治准此：如果是更大的鱼，做成后也要按照这个盛法来办。此从石声汉先生和缪启愉先生释。

南朝鳢鱼汤

鳢鱼即俗称的黑鱼，李时珍在《本草纲目》中指出："鳢首有七星，夜朝北斗，有自然之礼，故谓之鳢。"并说对食用鳢鱼，"南人有珍之者，北人尤绝之"，这款汤的菜谱，就原多是南朝食品记载的《食经》文。将一尺以上的鳢鱼去鳞净治，斜片为宽一寸半、厚三分的片，然后放入锅中，加水、豉汁、白米，当米煮熟时，放盐、姜、花椒、橘皮末，盛碗时要只盛鱼不盛米饭，一般盛半碗上席，这就是南朝鳢鱼汤。

原文　鳢鱼汤：𩺰[1]，用大鳢，一尺已下不合用。净鳞治[2]，及霍叶斜截为方寸半、厚三寸[3]。豉汁与鱼，俱下水中。与白米糁[4]。糁煮熟，与盐、姜、椒、橘皮屑末。半奠时[5]，勿令有糁。

贾思勰《齐民要术》

注释

［1］𩺰：此处作鱼片讲。𩺰，音 zhè。

［2］净鳞治：去鳞整治洁净。

［3］及霍叶斜截为方寸半、厚三寸：（将鱼肉）斜片为宽一寸半、厚三寸（疑为三分之误，缪启愉先生则疑为半寸之误）的片。霍叶斜截，当时一种切法的专称，即将物料切成大豆叶那样的片。

［4］与白米糁：加入白米做糁。

［5］半奠时：盛半碗时。

南朝宫廷鳖羹

这是目前所知在传世文献中最早的甲鱼与羊肉合烹的菜谱。从这份菜谱来看，这款菜所用的主料、配料均有定量，这种用料上的量化特点显示这是一款宫廷菜。调料中的木兰为南方特产，说明其应为原南朝宫廷菜。这款菜在用料上最值得人们关注的是甲鱼肉与羊肉合烹，一般来说甲鱼肉味腥、羊肉味膻，二者合烹是否味美？但这款菜和后世的类似菜均说明，古人"鱼""羊"合烹为"鲜"的奇妙。另外，大多数鱼类宰杀后必须立刻剖腹去内脏，而甲鱼是少有的煮一下再去内脏的水产品，这一对后世产生深远影响的工艺也被记载在这份菜谱中。

原文　鳖臛[1]：鳖且完全煮[2]，去甲、藏[3]。羊肉一斤，葱三升，豉五合，粳米半合，姜五两，木兰一寸，酒二升，煮鳖。盐、苦酒，口调其味也。

贾思勰《齐民要术》

注释

[1]鳖臛:原题“作鳖臛法”。缪启愉先生认为此谱出自《食经》。

[2]鳖且完全煮:鳖要整个煮一下。

[3]去甲、藏:去掉甲和内脏。

南朝烤车螯

这份菜谱原载《食次》,被贾思勰收入《齐民要术》中。车螯是产于我国广东、福建、江苏和山东等地沿海的一种文蛤,肉质鲜美,《本草拾遗》说其肉可“解酒毒”等,因此烤车螯自古为佐酒佳肴。《太平御览》曾引《宋书·刘湛传》说,公元422年南朝宋武帝死后,其二子庐陵王刘义真在其父丧期内,竟命人做烤车螯为下酒菜,并让刘湛同食,当即遭到刘湛的婉拒。这从一个侧面也反映出烤车螯为南朝贵族常用的下酒菜。

原文　炙车熬[1]:炙如蛎[2]。汁出,去半壳[3],去屎,三肉一壳[4]。与姜、橘屑[5],重炙令暖[6]。仰奠四[7],酢随之[8]。勿太熟,则肕[9]。

贾思勰《齐民要术》

注释

[1]炙车熬:烤车螯。熬,即“螯”,缪启愉先生认为是《食次》的习俗借音字。

[2]炙如蛎:烤法像烤牡蛎那样。

[3]去半壳:去掉一个壳。

[4]三肉一壳:将三个车螯的肉放在一个壳内。从后面“重炙令暖”,可知此句的车螯肉为原壳内初烤过的。

[5]与姜、橘屑:撒上姜末、橘皮末。

[6]重炙令暖:再将其烤热。

[7]仰奠四:肉面朝上盛四个。这说明一个盘内有12个车螯,车螯肉分盛在4个壳内。

[8]酢随之:醋单盛随车螯上席。酢,“醋”的本字。

[9]勿太熟,则肕:烤得不要太熟,否则老肕。

南朝烤蚶

这是《齐民要术》引自《食次》的又一款南朝烧烤海鲜菜。蚶为蚶科海产魁蚶、泥蚶、毛蚶等蚶子的肉,其壳纹如瓦楞,故俗称“瓦楞子”。在《尔雅》和《说文解字》中分别被称作魁陆、魁蛤等。说明至迟在秦汉之际及汉代,蚶肉已为中国人餐桌食品。但关于蚶的菜谱,却以这里的为最早。《医林纂要》指出:蚶肉可“补心血,散瘀血,除烦恼,醒酒,破结消痰”。刘恂《岭表录异》说:“广人重其肉,炙以荐酒,呼为天脔。”看来烤蚶自古即为佐酒佳肴。

原文　炙蚶:铁锅上炙之[1]。汁出,去半壳[2],以小铜柈奠之[3]。大,奠六[4];小,奠八[5]。仰奠[6]。别奠酢随之。

贾思勰《齐民要术》

注释

［1］铁鍱上炙之：将蚶放在铁火铲上烤。此从缪启愉先生释。鍱，音 yè，铁火铲 。

［2］去半壳：去掉一个壳。

［3］以小铜柈奠之：用小铜盘盛。

［4］大，奠六：大的盛六个。

［5］小，奠八：小的盛八个。

［6］仰奠：去壳的一面朝上盛。

南朝烤蛎黄

这是《齐民要术》引自《食次》的一款南朝烧烤类海鲜菜。蛎黄即牡蛎肉，牡蛎又名蚝、牡蛤等，其壳左壳较大，右壳较小，我国黄海、渤海及南沙群岛均有出产。宋代苏颂在《图经本草》中指出：牡蛎肉“炙食甚美，令人细肌肤，美颜色”，“海族为最贵”。看来脆嫩鲜美的烤蛎黄自古即为美容护肤食品。

原文　炙蛎：似炙蚶[1]。汁出，去半壳[2]，三肉共奠[3]。如蚶，别奠酢随之。

贾思勰《齐民要术》

注释

［1］似炙蚶：跟烤蚶的制法相似。

［2］去半壳：去掉一个壳。按：应去掉右壳。

［3］三肉共奠：将三个牡蛎的肉盛在一起。

武安王南山拼盘

这是迄今发现的中国最早的冷荤艺术拼盘画面。据山西省考古研究所、太原市文物考古研究所《太原北齐徐显秀墓发掘简报》，2000 年至 2002 年，考古学家在山西太原徐显秀墓内发现壁画，其中该墓北壁上的宴饮图中，就有我们将要谈的这一画面。

这幅画正中端坐的二人，正是北齐武安王徐显秀夫妇。二人中间是一大圆盘食品，从其颜色和形状等来分辨，应是用多种切成片的熟肉、鱼等码成山状的冷荤拼盘。其中，酱红色的似是卤牛肉或羊肉，白色的似是白煮猪肉或鱼肉，灰白色的似是烤鹿肉。这些肉（鱼）片均是从下往上一片压多半片地码，片的长度依次递减；卤牛肉或羊肉的长度又大于其他两种肉片。出自精湛刀工的规整片形，红白相间的精致码法，使红色肉片两边的两种白色肉片，恰似从山巅冲涌而下的银练，整个拼盘俨然是一座盆景式的山水相伴的“南山”。再看大拼盘周围，环绕着的是高足碗，细数约有 12 碗。根据每碗内食品的颜色和形状，酱红色的似是酱汁肉条，白色的似为白汁鸭块，淡褐色的似是炸丸子（跳丸炙），橘黄色的似为炸蒸丸子，等等。两边侍者各端一盘，盘内各有 5 个小碗，碗内食品均为红色，估计为朱砂肉或血豆腐之类。以上食品，均见载于《齐民要术》。需要指出的是，根据考古学家的现场实测，该墓壁画所绘人物与真人相仿，最高 1.77 米，最矮 1.42 米。结合该墓出土盘、碗的釉色和大小等数据，可以推断这幅画中的大拼盘及所有食品，均应与徐生前所享食品相仿。

以熟食肉、鱼等做的豪华大拼盘，在《北齐书》中已有记载。该书“元孝友传”记元向北齐文宣帝（550—559年在位）高洋的谏言中称：“而今之富者弥奢，同牢之设，甚于祭槃。累鱼成山，山有林木之像，鸾凤斯存。徒有烦劳，终成委弃……请自兹以后，若婚葬过礼者，以违旨论。”元在这里举的例子虽是同牢拼盘，但在“累鱼成山，山有林木之像”这点上，徐显秀的葬礼拼盘却与其是一致的。二者食品拼摆形状的寓意，显系来自当时富贵之家千秋吉祥、寿比南山的祈愿。看来无论婚葬，冷荤大拼盘内的食品码成山状，应是北朝时的流行款式。

毫无疑问，这幅壁画形象地印证了《北齐书》上述文字记载，既是北齐武安王徐显秀生前食生活的真实图景，又体现了公元6世纪北朝冷荤大拼盘的技艺水平，是中国美食文化史上一幅难得的古墓壁画。

素类名菜

南北朝酒枣

根据这份酒枣谱，1400多年前的酒枣是这样制成的：将新茭白叶席铺在庭院中，放上枣，枣可厚三寸，再盖上新茭白叶席。三

宴饮图。原图见山西省考古研究所、太原市文物考古研究所《太原北齐徐显秀墓发掘简报》，载《文物》2003年第6期

天三夜以后，撤掉枣上面的茭白叶席，整天日晒。将晒干的枣收入屋里，按一石枣一升酒的比例，将酒喷在枣上，再将枣放入瓮中，用泥封严。这种枣可经数年不变质。不难看出，后世的酒枣做法与此大致相同。酒枣既可以是酒席上的一味下酒菜，又是平日的一种果食或面食果料等。

原文 《食经》曰："作干枣法：新菰蒋[1]，露于庭[2]，以枣著上[3]，厚三寸，复以新蒋覆之[4]，凡三日三夜，撤覆露之[5]，毕日曝[6]。取干[7]，内屋中[8]，率一石以酒一升[9]，漱，著器中，密泥之[10]。经数年不败也。"

贾思勰《齐民要术》

注释

［1］新菰蒋：新茭白叶（席）。菰，茭白；蒋，茭白，《广雅·释草》："菰，蒋也。"茭白叶又名"菰蒋草"，可编席。

［2］露于庭：（将茭白叶编成的席）铺在庭院中。《齐民要术》卷十引《广志》："菰，可食。以作席，温于蒲。生南方。"

［3］以枣著上：将枣放在茭白叶席上。

［4］复以新蒋覆之：再将新茭白叶席盖在枣上。

［5］撤覆露之：撤下盖在枣上的茭白叶席，让枣裸露在（日光下）。

［6］毕日曝：整天日晒。

［7］取干：挑出晒干的枣。

［8］内屋中：放入屋里。内，同"纳"，这里作放入讲。

［9］率一石以酒一升：一般一石枣用一升酒。

［10］密泥之：用泥封严瓮口。

南朝宫廷蘘荷

这是迄今所知在传世文献中最早的制作酸蘘荷的菜谱。根据这份菜谱，酸蘘荷是这样制作的：九月中，取蘘荷的旁生根，洗净后放入微开的醋盆中，焯一下便捞出，放到席上凉凉，然后将蘘荷放入罂中，撒上青梅干，浇上调好的盐醋，就这样按每放一层蘘荷就撒一次青梅干浇一次盐醋来用料，最后用绵帛盖严罂口，过20天就可以打开食用了。这份菜谱中的所有用料均有斤两，这一用料上的量化特点显示这是一份宫廷菜谱。菜谱中的蘘荷、干梅和苦酒（醋）全是南方特产，说明这款冷菜应是南朝宫廷美味。

原文 《食经》藏蘘荷法：蘘荷一石[1]，洗，渍。以苦酒六斗[2]，盛铜盆中，著火上，使小沸。以蘘荷稍稍投之，小萎便出[3]，著席上令冷[4]。下苦酒三斗，以三升盐著中[5]。干梅三升[6]，使蘘荷一行[7]，以盐酢浇上[8]，绵覆罂口[9]。二十日便可食矣。

贾思勰《齐民要术》

注释

［1］蘘荷一石：当是指蘘荷的旁生根一石。《齐民要术》卷三"种蘘荷"等有"九月中，

取旁生根为菹”的记载。

[2] 以苦酒六斗：将醋六斗。

[3] 小姜便出：（当蘘荷）稍收缩时便取出。

[4] 著席上令冷：（把蘘荷）放到席上凉凉。著，放。

[5] 以三升盐著中：将三升盐放入醋中。

[6] 干梅三升：青梅三升。据《齐民要术》卷四“作白梅法”，干梅是盐渍日晒后的青梅干。

[7] 使蘘荷一行：（在罂内）放一层蘘荷。

[8] 以盐酢浇上：将兑好的盐醋汁浇上。酢，“醋”的本字。

[9] 绵覆罂口：用绵帛盖住罂口。罂，音yīng，原为小口大腹的盛酒器。

北魏酸香菜

香菜又名胡荽、芫荽等，原产地中海沿岸，美国著名汉学家劳费尔在《中国伊朗编》中认为，中国的香菜应是从伊朗传来的。公元3世纪西晋张华的《博物志》中已有胡荽泡酒的记载，公元6世纪北魏高阳太守贾思勰在《齐民要术》中详细记载了种胡荽的方法。这里的北魏酸香菜，其菜谱就来自《齐民要术》卷三“种胡荽”。根据这份菜谱，当时的酸香菜有三种做法：1. 香菜洗净焯一下捞出，放入大瓮中，用温盐水泡一夜，第二天取出用冷水冲清，放入器皿中，加入盐和醋，这种酸香菜“香美不苦”。2. 也可以将香菜洗净后，焯一下用冷水投凉，再放入盐水中过一下，然后放在席上晾一夜，往瓮中放时，要放一批香菜浇一次热料汤，最后封瓮口，七天后即可开盖食用。3. 将香菜洗净焯后投凉，放入绢袋中，再放入酱瓮中腌渍即可。这三种做法中第二种叫“酿菹”法，第三种叫“裹菹”法。

原文　作胡荽菹法：汤中渫出之[1]，著大瓮中[2]，以暖盐水经宿浸之。明日，汲水净洗，出别器中[3]，以盐、酢浸之[4]，香美不苦。亦可洗讫，作粥清、麦䴷末[5]，如酿芥菹法[6]，亦有一种味。作裹菹者[7]，亦须渫去苦汁，然后乃用之矣。

贾思勰《齐民要术》

注释

[1] 汤中渫出之：（将香菜放入）开水锅中焯一下捞出。渫，音xiè，这里作“焯”。

[2] 著大瓮中：（将焯过的香菜）放入大瓮中。著，放入。

[3] 出别器中：（将香菜取出放入）另外的容器中。别，另外。

[4] 以盐、酢浸之：加入盐、醋浸渍。酢，“醋”的本字。

[5] 作粥清、麦䴷末：做米汤、麦曲末。麦䴷，整粒小麦蒸后制成的曲。

[6] 如酿芥菹法：就像酿芥菹的方法。《齐民要术》卷九有这种菹的做法。

[7] 作裹菹者：如果做裹菹那样的酸香菜。《齐民要术》卷三“荏蓼”有这种菹的做法。

南朝拌辣米菜

辣米菜即十字花科的蔊菜，因其味辛辣如火焊，故名。李时珍在《本草纲目》中指出："蔊菜生南地，田园间小草也。冬月布地丛生，长二三寸，柔梗细叶。三月开细花，黄色。结细角长一二分，角内有细子。野人连根、叶拔而食之，味极辛辣。呼为辣米菜……盖盱江、建阳、严陵人皆喜食之也。"贾思勰收入《齐民要术》的这款南朝焯拌辣米菜谱，应为《食次》文。根据这份菜谱，制作这款菜，先要将辣米菜洗净，然后切成三寸长，再捆成把儿，每把儿像竹管乐器筚篥那样粗，放入开水锅中，焯一下立即捞出，趁热加入盐、醋，再撒上胡芹子末，往盘内放时，要整齐盛装。不难推想，这是一款口味酸辣的焯拌菜。

原文　熯菹[1]：净洗，缕切三寸长许[2]，束为小把[3]，大如筚篥[4]。暂经沸汤[5]，速出之，及热与盐、酢[6]，上加胡芹子与之，料理令直[7]，满奠之[8]。

贾思勰《齐民要术》

注释

［1］熯菹：拌蔊菜。"熯"，缪启愉先生考证为"蔊菜"。"蔊菜"，十字花科，一名"辣米菜"。清代吴其濬《植物名实图考》卷六："吾乡（河南固始）人摘而腌之为菹，殊清辛耐嚼。"

［2］缕切三寸长许：切成约三寸长的条。

［3］束为小把：捆成小把儿。

［4］大如筚篥：大如八孔管乐器筚篥。"筚篥"，缪启愉先生考证为一种八孔管乐器，器出龟兹，以竹为管，以芦为首。

［5］暂经沸汤：在沸汤中过（焯）一下。

［6］及热与盐、酢：趁热放入盐和醋。酢，"醋"的本字。

［7］料理令直：把菜条理顺。

［8］满奠之：盛满上席。

南朝拌胡芹小蒜

胡芹又名马蕲、野茴香，李时珍在《本草纲目》中指出，胡芹"三四月生苗，一本丛出如蒿，白毛蒙茸，嫩时可茹"，因此这款菜所用的胡芹，应是胡芹苗。小蒜外形与大蒜相近而较小，仅有一个鳞球，从这份菜谱所述胡芹和小蒜都要焯后再细切或寸切来看，这里的小蒜应是今日北京人所说的青蒜。《齐民要术》引东汉崔寔《四民月令》说："布谷鸣，收小蒜。"说明收小蒜与胡芹生苗都是在三四月春暖花开的时节，由此可以推知这款凉拌菜应是当时三四月的春季时令菜。这份菜谱中最值得关注的是关于胡芹苗和小蒜热处理的文字，胡芹苗和小蒜"暂经小沸汤出"，要"下冷水中出之"，如果"不即入于水中，则黄坏"，这是到目前为止笔者见到的有关时蔬焯后投凉定色工艺的最早记载。

原文　胡芹小蒜菹[1]：并暂经小沸汤出[2]，下冷水中出之。胡芹细切，小蒜寸切，与盐、酢[3]。分半奠[4]，青白各在一边[5]。若不各在一边，不即入于水中，则黄坏。满奠[6]。

贾思勰《齐民要术》

注释

[1] 胡芹小蒜菹：原题“胡芹小蒜菹法”。

[2] 并暂经小沸汤出：（胡芹和小蒜）都要下入微开的汤中烫一下捞出。

[3] 与盐、酢：放入盐、醋。酢，“醋”的本字。

[4] 分半奠：胡芹小蒜一样一半盛。

[5] 青白各在一边：胡芹（青）和小蒜（白）各在盘内的一边。

[6] 满奠：盛满。

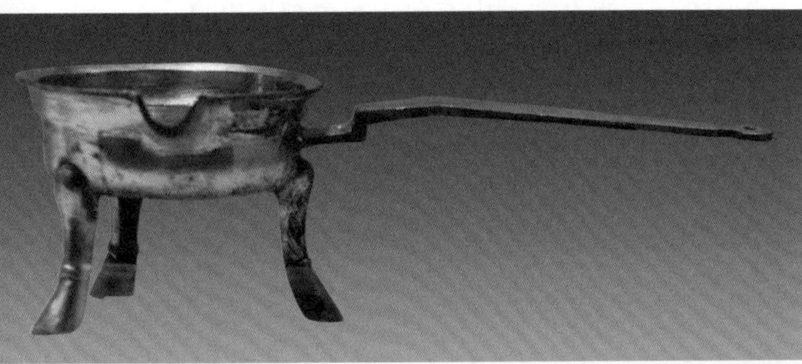

这两件铜鐎斗，分别出土于山西寿阳和陕西安康，其中那件鎏金的，其墓主人是北齐鲜卑贵族库狄迴洛。据该墓考古报告，与这件鐎斗一起出土的，还有陶羊、陶灶和炭化的粟米等庖厨遗存，可知这类出自北朝墓的铜鐎斗，当年加热的食材是以鲜卑人常食的羊肉为主。郑宏波、李静洁、郭婷、李兴虎摄自山西博物院、陕西博物院

南朝焯拌白菜丝

将白菜洗净，切成长三寸的丝，然后捆成把儿，每把儿像十张纸卷那样大，放入开水锅中，稍微焯一下捞出，趁热放上盐、醋，再撒上橘皮丝，拌匀后即可盛入碗内，这就是南朝焯拌白菜丝。这款菜本名“菘根菹”，其菜谱应原载《食次》，贾思勰在公元6世纪将其收入《齐民要术》“作菹、藏生菜法”中。在该卷中，还有一份名为“菘根萝卜菹法”的菜谱，笔者对比之后，发现这两份菜谱文字十分相近，其中不少内容可以互补。这份菜谱同“菘根菹”谱一样，也应是贾思勰收入《齐民要术》的原《食次》文。南北朝时期的这类焯拌菜之所以名为“菹”，主要应是用醋拌后其味酸似用发酵法制成的“菹”的缘故。

原文　菘根榼菹[1]：菘，净洗偏[2]体，须长切，方如筭子[3]，长三寸许。束根[4]，入沸汤，小停出[5]，及热与盐、酢[6]。细缕切橘皮和之。料理，半奠之[7]。菘根萝卜菹[8]：净洗通体，细切长缕[9]，束为把，大如十张纸卷。暂经沸汤即出[10]，多与盐[11]，二升暖汤合把手按之[12]。又，细缕切，暂经沸汤，与橘皮和[13]，及暖与则黄坏[14]。料理满奠[15]。煴菘[16]，葱、芜菁根[17]悉可用。

贾思勰《齐民要术》

注释

［1］菘根榼菹：原题“菘根榼菹法”。榼，缪启愉先生引黄麓森先生的看法，即此字为“橘”字之误。

［2］徧：“遍”的异体字。

［3］方如筭子：方如算筹。筭同“算”。

［4］束根：系上根。

［5］小停出：稍微停一下捞出。

［6］及热与盐、酢：趁热放入盐、醋。

［7］半奠之：盛半碗。

［8］菘根萝卜菹：原题“菘根萝卜菹法”。

［9］细切长缕：细切为长丝。

［10］暂经沸汤即出：在沸汤中过（烫）一下即出。

［11］多与盐：多放盐。按：正文中未有放醋的文字，疑漏掉。

［12］二升暖汤合把手按之：把两种菜成把一起按入二升热汤中。

［13］与橘皮和：加入橘皮调味。

［14］及暖与则黄坏：（如果）趁热放则发黄不好看。

［15］料理满奠：将菘根丝、萝卜丝理顺了盛满上席。

［16］煴菘：即萝卜。《名医别录》陶弘景注：“芦菔是今温菘，其根可食。”

［17］芜菁根：蔓菁根。《方言》卷三：“芜菁……其紫花者谓之芦菔。”又据《名医别录》陶弘景注：“芜菁根乃细于温菘。”

北魏焯拌白菜

这是一款南北朝时期具有鲜明北方特色的凉拌菜。根据《齐民要术》中的这份菜谱，这款凉拌菜的主料用白菜最好，用芜菁也可以。白菜择洗干净后，放入开水中焯一下捞出，再放入冷水中投凉，然后控尽水分，加入盐、醋，浇上烧热的胡麻油即成，入口“香而且脆”，而且多做些会“至春不败”，说明这款菜是当时秋冬季节的北方家常菜。这份菜谱中值得关注的地方同南朝凉拌胡芹小蒜谱一样，在传世文献中有关于蔬菜焯后投凉工艺的最早记载。这款菜本名“汤菹”，在《齐民要术》中有两份“汤菹”菜谱，这两份菜谱文字相差不大，这里选注了其中的一份。

原文　汤菹[1]：菘菜[2]佳，芜菁[3]亦得。收好菜，择讫[4]，即于热汤中煠出之[5]。若菜已萎者，水洗，漉出[6]，经宿生之[7]，然后汤煠。煠讫，冷水中濯之[8]，盐、醋中[9]。熬胡麻油著[10]，香而且脆。多作者，亦得至春不败。

贾思勰《齐民要术》

注释

［1］汤菹：原题“作汤菹法”。

［2］菘菜：白菜。

［3］芜菁：即今北方通称的“蔓菁”。

［4］择讫：择洗完了。

［5］即于热汤中煠出之：就放热汤中焯过捞出。煠，同“炸”，这里作焯讲。

［6］漉出：捞出。

［7］经宿生之：过一宿后菜就因水浸过而鲜灵起来。

［8］冷水中濯之：放入冷水中投凉。濯，这里作投凉讲。

［9］盐、醋中：可以放盐、醋。中，此处作可以讲。

［10］熬胡麻油著：泼上经过加热的芝麻油。胡麻油，即“芝麻油”。

北魏凉拌木耳

这是目前所知在传世文献中最早的木耳菜谱，这份菜谱分别收录在《齐民要术》卷九和卷十中。从这份菜谱中谈到的枣、桑、榆、柳、柞五种树边所生的木耳来看，贾思勰记载的这款凉拌木耳应是当时北方的家常菜。这款菜虽是凉拌而成，制作工艺却比较精细。首先是主料的选择，要取枣、桑、榆、柳树边的鲜木耳，干木耳不能用，柞木耳也可以。其次是木耳的清洗，要将木耳煮五开，捞出放入冷水中，淘洗干净，再放入醋浆水中过一下捞出。三是刀工处理，将木耳切成丝。四是凉拌，将香菜、葱花、豉汁、醋依次拌入木耳丝中，调好口味后再撒上姜末和花椒末。不难看出，这款凉拌木耳在调料的投放顺序上是颇为讲究的。

原文　木耳菹：取枣、桑、榆、柳树边生犹软湿者，干即不中用。柞木耳亦得。煮五沸，去腥汁，出，置冷水中，净洮[1]。又著酢浆水中[2]，洗，出，细缕切。讫[3]，胡荽[4]、葱白，少著，取香而已。下豉汁、酱清及酢，调和适口，下姜、椒末，甚滑美。

按木耳，煮而细切之，和以姜、橘，可为菹，滑美。

贾思勰《齐民要术》

注释

［1］净洮：淘洗干净。洮，音 táo，淘洗。

［2］又著酢浆水中：再放入醋浆水中。

［3］讫：完了。

［4］胡荽：伞形科芫荽的带根全草，今北方又称“香菜”“芫荽”。

南朝凉拌紫菜

这是目前发现的在传世文献中最早的一份紫菜菜谱，这份菜谱应原载《食次》，贾思勰在公元6世纪将其收入《齐民要术》。这份菜谱对这款菜制作工艺的介绍比较简单，前后只有八个字，即将紫菜用冷水泡开，然后与腌葱合盛在一个盘内，但要各在一边，浇上盐水和醋即成。需要指出的是，这款菜原名“紫菜菹”，当时的“菹”类菜要么是通过密封发酵使菜品具有酸味，要么是放醋或泡菜汁使主配料味酸可口。这款菜虽然也是通过放醋使紫菜具有酸味，但从中医食疗的角度来看，用醋拌紫菜除了起调味的作用以外，可能还具有防止出现腹痛发气的作用，此说可参见李时珍《本草纲目》“紫菜”条。

原文　紫菜菹[1]：取紫菜，冷水渍，令释[2]，与葱菹合盛，各在一边，与盐、酢[3]，满奠[4]。

贾思勰《齐民要术》

注释

[1] 紫菜菹：原题“紫菜菹法”。

[2] 令释：把紫菜泡涨软。

[3] 与盐、酢：加入盐、醋。酢，“醋”的本字。

[4] 满奠：盛满上席。

南朝拌笋丝紫菜

这是目前所知在传世文献中最早的一份凉拌笋丝紫菜谱，这份菜谱同南朝凉拌紫菜谱一样，也应原载《食次》。从这份菜谱来看，这款凉拌菜制作也比较简单，将笋去皮切丝和泡后切成丝的紫菜放到一起，加入盐水、醋和乳拌匀即成。菜谱中值得关注的地方有两点，一是关于笋的刀工处理与清洗，笋削皮时，要“小者手捉小头，刀削大头，唯细薄，随置水中。削讫，漉出”，现在仍然是这样，可见此法对后世的影响。紫菜“洗时勿用汤(即开水)，汤洗则失味矣”，现在也是如此。二是拌笋丝紫菜所用的调料中有“乳”，缪启愉先生在《齐民要术校释》中认为此字“可能有误”，但误在哪里缪先生未明确。笔者认为这里的“乳”字可能是指酸奶，《齐民要术》中有做酸奶的详细记载，酸奶的“酸”也与“菹”类菜的口味特点相合，而奶和醋同时放到一起作调料的可能性则不大。

原文　苦笋紫菜菹[1]：笋去皮，三寸断之，细缕切之[2]。小者手捉小头，刀削大头，唯细薄，随置水中。削讫[3]，漉出[4]，细切紫菜和之，与盐、酢、乳[5]，用半奠[6]。紫菜，冷水渍，少久自解[7]。但洗时勿用汤，汤洗则失味矣。

贾思勰《齐民要术》

注释

[1] 苦笋紫菜菹：原题“苦笋紫菜菹法”。这里的“苦笋紫菜菹”，实是“醋拌笋丝紫菜”。

[2] 细缕切之：细切成丝。

[3] 削讫：削完了。

[4] 漉出：捞出。

[5] 与盐、酢、乳：放入盐、醋和酸奶。

[6] 用半奠：食用的时候盛半碗。

[7] 少久自解：稍过一会儿（紫菜）就泡软了。

南朝油豉

这款菜本名“油豉”，其菜谱应原载《食次》，值得关注的是贾思勰将这份菜谱收入《齐民要术》“素食”条中。南朝梁陶弘景在《本草经集注》谈到依西南少数民族“康伯法”

制作的“康伯豉”时指出，这种豆豉“胜今作油豉也”，说明“油豉”是南朝梁时很流行的一种美味。据陶弘景说，当时南朝的豆豉“好者出襄阳、钱塘，香美而浓”，这款油豉所用的豆豉很可能来自这两个地方。按照这份菜谱的介绍，油豉是这样制成的：将豆豉、油、醋、姜、橘皮、胡芹和盐放到一起拌匀，蒸后再趁热淋上油，然后倒入瓮中即成。需要指出的是，这份菜谱中的豆豉为三合，而油和醋则分别是六升和五升，豆豉的量显然有误。

原文　油豉[1]：豉三合[2]，油一升，酢[3]五升，姜、橘皮、葱、胡芹、盐，合和[4]，蒸。蒸熟，更以油五升，就气上洒之[5]。讫[6]，即合甑覆泻瓮中[7]。

贾思勰《齐民要术》

注释

［1］油豉：此菜在《齐民要术》中被列为“素食”。

［2］豉三合：约为今60毫升。

［3］酢：“醋”的本字。

［4］合和：（将豉、油和姜等调料）放在一起调匀。

［5］更以油五升，就气上洒之：再用五升油，趁着热气往甑中的豉上洒。

［6］讫：洒完了。

［7］即合甑覆泻瓮中：就将甑中的油豉一点不剩地倒进瓮中。

北魏缹茄子

选籽儿未成的嫩茄子，用竹刀或骨刀将茄子划两刀破为四瓣，焯一下去腥气，再将白苏油倒入锅中烧热，投入葱花炝锅，待出香味时，放香酱清（酱油）、葱白和茄子块，煨熟时撒入花椒、姜末，这就是北魏缹茄子。这款菜本名“缹茄子”，在《齐民要术》中被列为祭祀或服丧期间的一款“素食”。从这份菜谱来看，缹茄子是用葱花炝锅后再加酱油和葱而不加水的煨茄子，原汁原味、味道香浓，应是这款菜的风味特色。这款菜所用的茄子，据《齐民要术》卷二“种茄子法”，可知北魏时的茄子二月种九月收，其“大小如弹丸，中生食，味如小豆角”，由此可以明白这份菜谱中关于茄子要“以竹刀骨刀四破之”的块儿即可下锅的道理。炝锅时所用的白苏油，据《齐民要术》卷三的相关文字，又名荏油，是将荏子压取所得，“荏油色绿可爱，其气香美，煮饼亚胡麻油”，是当时可与胡麻油媲美的一种食用植物油。

原文　缹茄子[1]：用子未成者[2]，子成则不好也。以竹刀骨刀四破之，用铁则渝黑[3]。汤煠[4]去腥气。细切葱白，熬油令香[5]，苏弥好[6]。香酱清、擘葱白与茄子俱下，缹令熟。下椒、姜末。

贾思勰《齐民要术》

注释

［1］缹茄子：原题“缹茄子法”。此菜

在《齐民要术》中被列为“素食”。缹茄子，煨茄子。

［2］用子未成者：用籽儿还没长成的茄子。

［3］用铁则渝黑：用铁刀切则茄子切面变黑。茄子中含有鞣酸，它与铁化合，生成黑色的鞣酸铁，故用铁刀切则茄子切面变黑。

［4］汤煠：用开水焯。煠，同“炸”，这里作焯讲。

［5］熬油令香：（将葱白）投入油中煸香。

［6］苏弥好：苏子油更好。苏子油，当时又称“荏油”。

北魏缹瓜瓠

将冬瓜或越瓜、汉瓜去皮，改成宽一寸、长三寸的块儿，然后按菜、肉或白苏油、瓜、瓠、葱白的顺序，依次将白菜、白苏油、冬瓜块、瓠块、葱白、盐、豆豉、花椒末在铜锅内层层码好撒匀，要以将满为度，最后放一点水，煨熟即可，这是素的。做荤的时候，可将煮后切成片的熟猪肉或肥羊肉放在第二层即菜上，这就是北魏缹瓜瓠。这款菜在《齐民要术》中被列为“素食”，但当时的素食是无酒肉的，因此贾思勰在《齐民要术》中特别说明：“缹瓜瓠、菌，虽有肉、素两法，然此物多充素食，故附素条中。”另外，这款菜最值得关注的地方，是将多种原料层层码在锅内的投料工艺，后世的传统名菜全家福等仍沿用这一工艺，于此可见这一工艺对后世的影响。

原文　缹瓜瓠[1]：冬瓜、越瓜[2]、瓠，用毛未脱者，毛脱即坚。汉瓜[3]用极大饶肉者，皆削去皮，作方脔[4]，广一寸，长三寸。偏宜猪肉[5]，肥羊肉亦佳，肉须别煮令熟[6]，薄切。苏油[7]亦好。特宜菘菜[8]，芜菁、肥葵、韭等皆得。苏油，宜大用苋菜，细擘葱白[9]，葱白欲得多于菜。无葱，薤白代之。浑豉[10]、白盐、椒末。先布菜于铜铛底，次肉，无肉以苏油代之，次瓜，次瓠，次葱白、盐、豉、椒末，如是次第重布[11]，向满为限[12]。少下水，仅令相淹渍。缹令熟。

贾思勰《齐民要术》

注释

［1］缹瓜瓠：原题“缹瓜瓠法”。此菜在《齐民要术》中被列为“素食”。

［2］越瓜：我国起源的甜瓜中薄皮系统的一个变种。在世界上，甜瓜有两大起源中心。起源于埃塞俄比亚、引至欧美各国及我国新疆和甘肃等地的，产生了硬皮系统的网纹甜瓜和白兰瓜等变种；起源于我国的，则产生了薄皮系统的越瓜和香瓜等变种（详见山东农学院李家文《中国蔬菜作物的来历和变异》，载《中国农业科学》1981年第1期）。

［3］汉瓜：应是与冬瓜类似的一种瓜。

［4］作方脔：切成方块。

［5］偏宜猪肉：最好用猪肉。偏，最。

［6］肉须别煮令熟：肉须另外煮熟。这是为了使冬瓜等时蔬在锅内既借肉味而又与肉同时出锅。

［7］苏油：苏子油。又名“荏油”。

[8] 特宜菘菜：最宜加白菜。

[9] 细擘葱白：细撕葱白。

[10] 浑豉：整粒豆豉。

[11] 如是次第重布：按这样的顺序层层码好。

[12] 向满为限：接近满了为限度。

南朝缹汉瓜

汉瓜应是与冬瓜类似的一种瓜，这款缹汉瓜，其菜谱中缺少选料和刀工处理要求等内容的文字,但《齐民要术》“素食”“缹瓜瓠”谱中却有如下记载：用汉瓜时，要“用极大饶肉者，皆削去皮，作方脔，广一寸，长三寸”。这款缹汉瓜的菜谱也在《齐民要术》“素食”中，二者同类，因此这段文字可以作为这份缹汉瓜谱上述缺失的参照。根据这份菜谱和《齐民要术》中关于缹类菜制作工艺的特点，这款菜应该是这样制作的：选大而多肉的汉瓜，去皮后切成宽一寸、长三寸的块，用芝麻油、葱花炝锅，出香味时放入汉瓜块，煸后放香酱和少许水，当然不加水更好，待汉瓜块煨透即成。这款将近1500年前的缹汉瓜，即使以今天的眼光来看，其原汁原味的工艺追求和味道的香美也是令人赞赏的。

原文　缹汉瓜[1]：直以香酱、葱白、麻油缹之[2]。勿下水亦好[3]。

贾思勰《齐民要术》

注释

[1] 缹汉瓜：原题“又缹汉瓜法”。此菜在《齐民要术》中被列为“素食”，其菜谱原载《食次》。

[2] 直以香酱、葱白、麻油缹之：只用香酱、葱白和麻油炝锅煨 。

[3] 勿下水亦好：不加水最好。

北魏缹地鸡

地鸡又名土菌、杜蕈、地蕈，是一种白色的菌类。将鲜地鸡洗净后焯一下，撕成条；胡麻油或白苏油烧热，投入葱花炝出香味，然后放入葱白、豆豉、盐、花椒末和地鸡，将地鸡煨入味即成，这就是北魏缹地鸡。如果要做成肉的，最好是用煮熟后切成片的肥羊肉，鸡肉猪肉也可以，不过炝锅时不必用白苏油。这款菜在《齐民要术》中被列为“素食”，综合来看，这类素食多以味道香浓为特色。“缹”则是炝锅后不加水或加少量水将主配料煨入味的一种烹调方法，原汁原味是当时“缹”类菜的突出特色。从中国菜史的角度来看，这份菜谱是目前所知在传世文献中最早的一份菌类烹调菜谱。菜谱中关于用麻油或苏油加葱花炝锅的文字，也是中国菜史上关于炝锅工艺最早的一条记载。

原文　缹菌[1]：菌，一名“地鸡”。口未开、内外全白者佳。其口开里黑者，臭不堪食。其多取欲经冬者，收取，盐汁洗去土，蒸令气馏，下著屋北阴干之[2]。当时随食者，取即汤煠去腥气[3]，擘破[4]。先细切葱白，和麻油[5]，苏亦好[6]。熬令香[7]，复多擘葱白、浑豉[8]、盐、椒末，与菌俱下，缹之。宜肥羊肉[9]，鸡、猪肉亦得。肉缹者，不须苏油[10]。肉亦先熟煮，薄切，重重布之如“缹瓜瓠法”，唯不著菜也。

贾思勰《齐民要术》

注释

[1] 缹菌：原题“缹菌法”。此菜在《齐民要术》中被列为“素食”。

[2] 下著屋北阴干之：(从甑中取出）放屋北阴凉处风干。

[3] 取即汤煠去腥气：取出立即用开汤焯去腥气。煠，同“炸”，此处作焯讲。

[4] 擘破：撕破。

[5] 麻油：胡麻油。

[6] 苏亦好：苏子油也好。苏子油，又名“荏油”。

[7] 熬令香：要煸香。

[8] 浑豉：整粒豆豉。

[9] 宜肥羊肉：可加入肥羊肉。

[10] 不须苏油：不要放苏子油。

南朝养生胡麻羹

胡麻即今芝麻，以胡麻为主料做菜，在魏晋南北朝很盛行，这大约与当时各方人士对胡麻的认识有关。北魏高阳太守贾思勰在《齐民要术》中指出：“按今世有白胡麻、八稜（棱）胡麻。白者油多，人可以为饭，惟治脱之烦也。”说明在一般人那里，胡麻可以做常食。而南朝名医、道士陶弘景则在《本草经集注》中强调：“胡麻味甘、平、无毒，主治伤中、虚羸，补五内，益气力，长肌肉，填髓脑。”并说：“久服轻身不老，明耳目，耐饥，延年。”甚至说：“八谷之中，惟此为良……服食家当九蒸九曝，熬、饵之，断谷，长生，充饥。”《齐民要术》引自《食经》的这份胡麻羹谱，从其制作工艺来看，正是用陶弘景所说的方法制成。将一斗胡麻捣后煮熟，再研成汁，加入葱头、米饭做成羹，即成胡麻羹。这份菜谱中的胡麻、葱头和米均有定量，而且用料与最终的羹也有比例，这一量化特点显示这是一份医家道士所拟的养生菜谱。

原文　胡麻羹[1]：用胡麻一斗，擣[2]，煮令熟，研取汁三升。葱头二升，米二合[3]，著[4]火上，葱头、米熟，得二升半在[5]。

贾思勰《齐民要术》

注释

[1] 胡麻羹：原题“作胡麻羹法”。胡麻，今谓芝麻。

[2] 擣：同“捣”，指将胡麻捣碎，以便水煮取汁。

[3] 合：古代容量单位。当时一合约为今20毫升。

[4] 著：缪启愉先生在《齐民要术校释》中认为，“著”字之前应有“合”字，作“合

著火上”，即将葱头、米放入胡麻汁中煮。

［5］得二升半在：可出二升半羹。

南朝葱韭羹

将葱和韭菜洗净切成五分长，放入刚烧开的油水中，再加入胡芹、盐、豆豉和研成小米粒大的碎米饭，煮好即可，这就是南朝葱韭羹。这款羹在《齐民要术》中被列为“素食”，其用料中除胡芹以外，均为见于先秦文献记载或在战国末西汉初有考古出土实物的食材。南朝梁陶弘景《本草经集注》指出，“佛家斋，忌食薰渠”，并说“仙家”和服食家同样以“熏辛为忌耳”，而葱和韭菜在《本草经集注》中均为熏辛之物，因此这款羹应同为当时佛家、“仙家”和服食家所忌食，应是用于祭祀一类活动的古老的羹类素食。

原文　葱韭羹[1]：下油水中煮[2]。葱、韭五分切[3]，沸俱下[4]，与胡芹、盐、豉、研米糁（粒大如粟米）[5]。

贾思勰《齐民要术》

注释

［1］葱韭羹：原题“《食次》曰：‘葱韭羹法。’”。《食次》，久已亡佚的一部食书，书中所载多为南朝食品。

［2］下油水中煮：指将葱、韭下入油水中煮。

［3］葱、韭五分切：将葱、韭切成五分长。

［4］沸俱下：油水开了一齐下。

［5］与胡芹、盐、豉、研米糁（粒大如粟米）：加入胡芹、盐、豉、碎米粒（米粒研得像小米那样大）。

南朝瓠羹

瓠是葫芦的变种，其叶嫩时可入馔，《诗经・小雅・瓠叶》云“幡幡瓠叶，采之亨之”，说明远在西周时煮瓠叶已成为贵族待客菜品。长沙马王堆一号汉墓出土的竹简上，还有用瓠叶和鸡等为羹的菜名，可见西汉初年瓠叶仍为侯门相府常见食材。但贾思勰收入《齐民要术》“素食”谱中的这份“瓠羹”谱，则是用瓠体而不是用瓠叶做的羹。据李时珍《本草纲目》等古代本草典籍，瓠“小者甘美可煮食，利水道，止消渴”。《齐民要术》中的这款瓠羹就是将嫩瓠横切成厚三分的片，放入滚开的油水中，再加入盐、豆豉、胡芹，做成羹后将瓠片一片一片码入碗内即成。这款羹应同《齐民要术》中的“缹瓜瓠”一样，是从先秦流传下来主要用于祭祀等场合的一味古老素食。

原文　瓠羹[1]：下油水中[2]，煮极熟。瓠体横切[3]，厚三分，沸而下[4]，与盐、豉、胡芹[5]。累奠之[6]。

贾思勰《齐民要术》

注释

［1］瓠羹：嫩葫芦羹。瓠，葫芦的变种，

小者甘美可煮食。

［2］下油水中：（将葫芦）下入油水中。

［3］瓠体横切：横切是为了使瓠片不塞牙。

［4］沸而下：水开了再放瓠片。

［5］与盐、豉、胡芹：加入盐、豉和胡芹。

［6］累奠之：一片片摞着盛。

南朝蜜姜条

将鲜姜洗净去皮，切成长六寸的条，用水煮开撇去浮沫，加入蜂蜜，煮开时再撇去浮沫即成，食用时连汤盛少半碗。如果用干姜，也是这样做，不过姜要切得很细，这就是南朝蜜姜条。姜适宜在温暖湿润的环境中生长，南北朝时期的北魏辖境，大多寒冷干旱，因此北魏高阳太守贾思勰在《齐民要术》“种姜”中指出：“中国土不宜姜，仅可存活，势不滋息。种者，聊拟药物小小耳。”贾氏这里所说的“中国”，是指当时北魏统治的地区，说明这一地区所产的姜，只作一味小小的中草药而已。这份菜谱被收在《齐民要术》“素食”谱中，因此这款蜜姜条应是南朝素食名菜。顺便提一下的是，今湖南湘西侗乡有多种姜制品，其中就有与此菜相类似的蜜姜。

原文　蜜姜[1]：生姜一斤，净洗，刮去皮，竿子切[2]，不患长[3]，大如细漆箸[4]。以水二升，煮令沸，去沫，与蜜二升煮，复令沸，更去沫[5]。椀子盛，合汁减半奠[6]；用箸，二人共[7]。无生姜，用干姜，法如前，唯切欲极细。

贾思勰《齐民要术》

注释

［1］蜜姜：此菜在《齐民要术》中被列为“素食”。按：今湖南湘西侗乡仍有此菜，并有多种姜制品。

［2］竿子切：切成算筹条样子。竿，同“算”，通“筭”。竿子，即“筭筹”，许慎《说文解字·竹部》：“筭长六寸，计历数者。”

［3］不患长：不怕长。

［4］大如细漆箸：大如细漆筷子。

［5］更去沫：再去沫。

［6］合汁减半奠：连汁盛少半碗。

［7］二人共：二人一份。共，同“供”。

南朝蒸蜜藕

这是目前所知在传世文献中最早的以藕为主料的菜谱，这份菜谱原载《食次》，贾思勰在公元6世纪将其收入《齐民要术》。这款菜本名“蒸藕”，根据《齐民要术》中的这份菜谱，制作这款菜时，先要用水和稻糠将藕洗净，然后切去节，将蜜灌入藕孔，灌满后用苏油和好的面将藕孔封住，上甑蒸后先去掉苏面，再倒出蜜，削皮、改刀、装盘即可。在制作工艺上，这款菜值得关注的地方大概有三点：一是蒸之前将蜜灌入藕孔中，蒸熟后又将蜜倒出，这使熟藕具有吃蜜不见蜜的特点。二是封藕孔用苏油面而不是用水面团，苏油即荏子油，贾思勰在《齐民要术》中说这种油色绿可爱，是南北朝时可与芝麻油相媲美的一种植物油。三是蜜藕蒸熟后才削去藕皮，这在蒸的过程中保持藕的原汁原味应具有重要意义。

原文 蒸藕[1]：水和稻穰、糠[2]，揩令净[3]。斫去节，与蜜灌孔里，使满，溲苏面[4]，封下头，蒸。熟，除面[5]，写去蜜[6]，削去皮，以刀截，奠之[7]。又云：夏生冬熟[8]，双奠亦得[9]。

贾思勰《齐民要术》

注释

[1] 蒸藕：原题“蒸藕法”。

[2] 水和稻穰、糠：用水和稻穰、稻糠。

[3] 揩令净：（将藕）擦干净。

[4] 溲苏面：用和好的苏油面。

[5] 除面：除去苏油面。

[6] 写去蜜：泻去蜜。写，此处作“泻”。

[7] 奠之：盛上。

[8] 夏生冬熟：夏天吃鲜藕，冬天吃熟的。

[9] 双奠亦得：一盘放生熟两种也可以。

北魏薤白蒸

将糯米舂碎，加豆豉煮，然后用煮得的米汤泡米，夏天泡半天，冬季泡一天，再将泡好的米和葱、薤、胡芹、油放到一起拌匀，上甑蒸，其间要开盖往米料上洒三次豉汁，待半熟时再洒上油，熟后盛入碗中，趁热撒上姜末和花椒末，这就是北魏薤白蒸。这款菜在《齐民要术》中被列为“素食”，薤即今俗称的藠头，白指稻米。南朝梁陶弘景《本草经集注》指出，薤“味辛、苦、温、无毒，轻身、不饥、耐老、归骨”，又说“薤又温补，仙方及服食家皆须之”。这款菜的制法也颇具魏晋南北朝“仙家”、服食家九蒸九曝的治食特点，因此，无论是从用料来看，还是从制作来看，这款菜很可能是当时“仙家”、服食家的“素食”。

原文 薤白蒸[1]：秫米一石，熟舂蒿[2]，令米毛[3]，不湑[4]。以豉三升煮之，湑箕漉取汁[5]，用沃米，令上谐可走虾[6]。米释，漉出，停米豉中。夏可半日，冬可一日，出米。葱、薤等寸切，令得一石许，胡芹寸切，令得一升许，油五升，合和蒸之[7]。可分为两甑蒸之。气馏[8]，以豉汁五升洒之。凡三过三洒[9]，可经一炊久[10]。三洒豉汁，半熟[11]，更以油五升洒之，即下[12]。用热食。若不即食，重蒸，取气出[13]。洒油之后，不得停灶上，则漏去油[14]。重蒸不宜久，久亦漏油。奠讫[15]，以姜、椒末粉之[16]。溲甑亦然[17]。

贾思勰《齐民要术》

注释

[1] 薤白蒸：即“蒸薤米”。

[2] 熟舂蒿：反复舂蒿，未详。

[3] 令米毛：把米舂白。

［4］不湝：不淘。湝，即“淅”，音 xī，淘米。

［5］湝箕漉取汁：用淘米的箕沥取煮得的豉汁。漉，此处作沥讲。

［6］用沃米，令上谐可走虾：用来浸米，豉汁没过来的深度要恰好可以使虾游动。

［7］合和蒸之：放在一起搅匀了蒸。

［8］气馏：蒸气上来。按：“馏”音 liù，朱骏声《说文通训定声·孚部》：“米一蒸曰馈，再蒸曰馏。”但《齐民要术》食品制作部分的“气馏”一词，却有多义。该书“作酱等法第七十”有“气馏半日许”，这里的“气馏”，是“蒸”的意思。又有“气馏周遍”，这里的“气馏”，则是“蒸气”的意思。本文中的“气馏”，却是“上气了”或“蒸气上来了”的意思。

［9］凡三过三洒：一般洒三次。石声汉教授将此句译为“一共气馏三次，洒三次豉汁”。

［10］可经一炊久：可经蒸一甑饭的时间。

［11］半熟：应是米熟。此从缪启愉先生释。

［12］即下：就可以将甑端下灶。

［13］取气出：蒸到气腾出甑时再取出。

［14］则漏去油：否则会漏去油。

［15］奠讫：盛完了。

这是北魏平城时期贵族宴饮壁画，据展台上的说明和该墓《发掘简报》，正中端坐的二人为墓主人夫妇，墓主左手持高足杯，其左侧一侍者双手捧一黑色耳杯。左侧空地上为与宴宾客，右手第一二组宾客皆面向墓主上举钵状器。第二组前面的侍者，面前有一三足樽，正在为客人斟酒。第三组则为胡人乐伎。由于部分画面残缺，此图上的宴饮食品已看不到。但考古专家认为，此图内容具有拓跋鲜卑民族的特征，与沙岭等北魏墓壁画内容相似，由此可以推知，跳丸炙一类的菜品当为此图中所缺的佐酒佳肴。原图摄影高峰，见大同市考古研究所《山西大同云波里路北魏壁画墓发掘简报》，《文物》2011 年第 12 期。李静洁、赵飞飞摄自大同市博物馆

［16］以姜、椒末粉之：撒上姜末和椒末。

［17］溲甑亦然：米上甑时也这样。

南朝炸紫菜

这是一款在后世较为少见的南朝炸类菜。将干紫菜用猪油炸至可食时捞出，用手掰成肉脯那样的条块，然后盛在盘内，这就是南朝荤油炸紫菜。这款菜在《齐民要术》“素食”条中，当时的“素食”主要用于皇室和士族高门等阶层祭祀、服丧期间等饮食之需，这款荤油炸紫菜当也是如此。推想干紫菜用荤油炸后，香脆可口，颇有干肉片的风味。这类“素食”对素食期间的贵族等人士来说，应是既不违禁又能满足口腹之欲的妙品。

原文　膏煎紫菜[1]：以燥菜[2]下油中煎之，可食则止[3]。擘奠如脯[4]。

贾思勰《齐民要术》

注释

［1］膏煎紫菜：猪油煎紫菜。膏，猪油。

［2］燥菜：干紫菜。

［3］可食则止：炸至可以吃时立刻取出。

［4］擘奠如脯：掰成像干肉片那样盛。

隋唐五代名菜

每说物无不堪吃，唯在火候，善均五味。

——段成式《酉阳杂俎·酒食》

肉类名菜

隋炀帝羊皮丝

在宋代陶穀的《清异录》中，收有其抄自谢讽《食经》的53种菜点名称。谢讽曾任隋炀帝的尚食直长。这53种菜点名称打头的是“北齐武成王生羊脍”，涉及羊的菜名共有9个，此外还有隋开国大臣杨素的“越国公碎金饭”和南齐虞悰的“虞公断醒鲊”等，可以明显看出是谢讽任尚食直长时为隋炀帝搜罗的隋以前的宫廷菜，这些菜也自然成为隋炀帝的御膳珍馐。这里的隋炀帝羊皮丝，在谢讽的《食经》中写作“拖刀羊皮雅脍”。所谓“拖刀”，应是提着厨刀用刀尖划；“羊皮”应即净治过的羊皮；“雅脍”应是宫廷脍也就是宫廷（羊皮）丝的意思。至于这种羊皮丝多长，陶穀当年只抄了菜名，但陶穀收入《清异录》的唐韦巨源《烧尾食单》上却有“羊皮花丝”并注“长及尺”的记载。这使我们得知隋炀帝时的羊皮丝到唐代还成为官员献给皇帝的美味，而且这种羊皮丝长可达一尺，这让我们对“拖刀”这种刀工处理有了更深的认识。曾有学者认为“羊皮花丝”中的“羊皮”是指羊肚，理由是牛羊胃（百叶）古称“膍”，膍与“皮”音同，但笔者在传世文献和相关考古成果中均未发现支持这一说法的例证。而从古代本草典籍的相关记载来看，羊皮同猪皮一样，是一种药食兼用的食材。唐孟诜《食疗本草》指出，羊皮“去毛煮羹，补虚劳；煮作臛，食之去一切风，治肺中虚风”。《中药大辞典》引现代科学检测结果称，羊皮含水分、蛋白质、脂肪和矿物质，构成羊皮表层的蛋白质主要是角蛋白，真皮层的则主要是胶原蛋白等。此外，羊皮还有山羊皮和绵羊皮之分，其中绵羊皮的脂肪含量较高，这一检测结果无疑有助于人们理解古人将羊皮用于补虚的说法。在此需要指出的是，既然是“拖刀羊皮雅脍”，也就是生羊皮丝，无论是山羊皮还是绵羊皮，生的比熟的膻味重，作为大隋的第二代皇帝杨广，他能吃得下去吗？首先，生吃牛羊肉在历代本草典籍中多有记载，唐代昝殷《食医心镜》中就有生吃羊肉的食疗记载。其次，生吃牛羊肉也是我国古代北方游牧民族的食俗，隋炀帝杨广的母亲为鲜卑贵族名将独孤信的小女儿，其一半为鲜卑血统，因此其生吃羊肉或羊皮丝应不成问题，而且从谢讽《食经》这53种菜点名称分析，隋炀帝时的御膳明显含有北齐等鲜卑化宫廷饮食的成分。

韦尚书汤浴绣丸

韦尚书即韦巨源，唐中宗景龙三年（709年）拜尚书左仆射，按照当时的官场规则，他向中宗皇帝进献了烧尾食。200多年后，曾任北宋初年礼部和户部等三部尚书的陶穀，从韦巨源家的藏书中发现了当年的《烧尾食单》，并择其奇异者抄入《清异录》中，这里的汤浴绣丸，就是这份珍贵的唐代《烧尾食单》上的一味珍馐。

顾名思义，汤浴绣丸应是汆丸子，令人遗憾的是，这份《烧尾食单》上的美味，只有名称而没有用料和制法等，所幸其中有的美食名称后面有些小注，这使我们得以对这些美食有了具体些的了解。在汤浴绣丸的后面，就有这样的小注："肉糜治，隐卵花。"肉糜即今日所言的肉泥或肉馅，隐卵花即含有蛋花，这说明这味珍馐名称中的"绣丸"，是肉泥做的丸子，并且因丸子上隐现蛋花酷似锦绣而被冠名"绣丸"，"汤浴"则形象地说明这种丸子是汆制而成。那么，这种汆丸子用的是什么肉？丸子泥中所含蛋花是用什么蛋制成的呢？这份食单上没有，但从这份食单上所列的美食和当时皇家的饮食习惯来分析，这里的丸子用羊肉的可能性较大，这是因为羊肉汆丸子是后世中国传统名菜中的一个经典，而羊肉也是具有一半以上鲜卑族血统的大唐皇室的喜食之品。鸡肉虽然也能做汆丸子，但这份食单上已有汆制类的鸡菜"仙人脔"即"乳瀹鸡"，同一席烧尾食上出现两款主料与制法相同的菜肴的可能性极小。再谈"隐卵花"，"卵"字在古代一般指鸡蛋，这在出土的秦简汉简及其同时出土的蛋品和传世的文献记载中都可以找到证据。如果不是鸡蛋，"卵"字前面一般要加字。如长沙马王堆三号汉墓出土帛书《杂疗方》中有"春鸟卵"（详见本书"马王堆蒸春鸟蛋"），以及这份《烧尾食单》上"遍地锦装鳖"小注中的"鸭卵"等，但鸡蛋也有写作"鸡卵"的。所谓"卵花"，在这里应是指放入丸子泥中的蛋黄糕粒和蛋白糕粒，这两种粒分别用蛋黄和蛋清蒸后改刀制成。这项技术在先秦和汉代已有记载，因此到唐代更是不成问题的。为什么是蛋黄糕粒和蛋白糕粒而不是全蛋糕粒呢？因为这种丸子叫"绣丸"，"绣"即锦绣，出土的唐代锦绣多为三色，这款汆丸子制成时，肉是淡褐色，"卵花"分别是白色和黄色，每个丸子三色相间，与"绣丸"名实相符。

唐懿宗干煸肉末

这是唐懿宗（859—873年在位）赐给同昌公主的御馔之一。根据宋《太平广记》所引唐苏鹗《杜阳杂编》，这款菜的主料为羊肉，"一羊之肉，取四两"，显然是取羊身上最瘦嫩的里脊。怎样制作呢？《杜阳杂编》中没有写，但此菜的名称和文中关于此菜的特点却可以给我们以启示。此菜原名"灵消炙"，灵，在这里似有灵通、很神、很好的意思，犹如药食两用菌"灵芝"的冠名；消，是始见于魏晋南北朝时期的一种烹调方法的名称，根据《齐民要术》相关菜谱，其工艺是先将细切的主料干煸，再投入调料等炒匀即可；炙，本为烤义，但在这里与"消"连用，应有强调"消"的工艺中干煸的意思。由此我们可以推知，这款菜应是干煸羊里脊末。由于文中特意指出此菜"虽经暑毒，终不臭败"，因此我们可以得知此菜所用调料重，特别是盐和花椒、胡椒的用量，似应比照酱小菜的用盐量，且花椒和胡椒除了是制作羊肉菜必不可少的调料外，二者还有防腐功能，可与盐一起发挥调味与防腐的双重作用。还有一点需要指出的是，根据《齐民要术》相关菜谱，做这类可以存放较长时间的消类菜，必须选用精瘦无肥部位的肉，这样既不容易走味也不会变质，这大约就是文中“一羊之肉，取四两”的主要道理，当然也有里脊最嫩的因素在里面。

原文　灵消炙[1]：一羊之肉，取四两。虽经暑毒，终不臭败。

苏鹗《杜阳杂编》

注释

［1］灵消炙：又名“消灵炙”。按此谱系从宋代《太平广记》所引的《杜阳杂编》（唐苏鹗撰）中辑出。据该书可知，此菜为唐懿宗赐给同昌公主的御馔。

孙思邈香豉羊肉汤

翻开《备急千金要方》，人们会发现，唐代医圣孙思邈似乎对羊肉的药食两用功效颇为赏识。在该书三十卷中，含有羊肉的方剂不在少数。例如卷三“妇人方中”一节，分别加有当归、黄芪、杜仲、地黄等中草药的羊肉汤就有九款，这里的香豉羊肉汤，就是其中的一款。

这款羊肉汤，是将二斤羊肉、三斤去皮后的大蒜和三升香豉用一斗三升水，煮取五升，去滓后加入一升酥油再煮，最后取三升羊肉汤即可。不难看出，这款汤的所有原料即使在今天也全是食物，但孙思邈说这款汤可治产后中风、久绝不产、月水不利、乍赤乍白及男子虚劳冷甚，可以说这是唐代比较

这是敦煌壁画中的一幅晚唐婚娶图，图中帐内长案两边端坐四人，正注视着帐外行婚拜礼的新郎新娘，两边的人则鼓掌致贺。引人关注的是，帐内长案上有两大白色高足盘，一盘应是同牢拼盘，另一盘应是石榴。关于婚礼为何上石榴，已故美国著名汉学家劳费尔在《中国伊朗编》中指出：“因为石榴多子，在中国被看作多子多孙的标志”，“至今仍然是最好的结婚礼品或在喜筵上重要的食物”。并引证《北史》说，这一婚俗在南北朝时就已出现。原图见关友惠《中国敦煌壁画全集·晚唐卷》，图片摄影宋利良，天津人民美术出版社，2001 年

典型的一款食疗汤。作为食物，羊肉可为此汤提供汤中的含氮浸出物等鲜味营养物质，大蒜和香豉可使此汤味道鲜美而不腥膻，酥油则可使此汤入口更浓香。而作为药物，羊肉可使此汤具有益气补虚、温中暖下之功，大蒜可使此汤具有行滞气、暖脾胃、除风破冷的功用，香豉可使此汤大除烦热，酥油则可使此汤具有补五脏、益气血、止渴润燥之功。唐代酥油有“牛酥、羊酥，而牛酥胜羊酥”，牛酥益心肺除心热，羊酥益虚劳和血脉，至于此汤所用是牛酥还是羊酥，当由中医专家做权威推定。

原文　羊肉汤：治产后中风、久绝不产、月水不利、乍赤乍白及男子虚劳冷盛。方：羊肉二升，成择大蒜（去皮，切）三升，香豉三升。右三味以水一斗三升，煮取五升，去滓，内酥一升[1]，更煮取三升[2]，分温三服[3]。

孙思邈《备急千金要方》

注释

[1] 内酥一升：放酥一升。内，同“纳”，这里作放入讲。酥，即牛乳或羊乳提炼成的酥油。

[2] 更煮取三升：再煮取三升。

[3] 分温三服：分三次趁热喝。

孙思邈豆豉羊头蹄

这是孙思邈以三种常见食材为主料设计出的一款治疗五劳七伤的食疗菜。根据《备急千金要方》，这款菜的做法是：将一具白羊头、蹄净治，再用草火将头、蹄烧黄，烧时要用干净的棉布将羊头的鼻孔和脑孔塞住，洗净后先白煮，煮到半熟时放入胡椒、荜拨、干姜、葱白和豆豉，待羊头、蹄极烂时去掉调料即可。孙思邈在该书中指出，这款菜趁热或凉凉吃都可以，每天一具，七天用七具。吃这款菜期间，要忌生冷酸滑辛辣陈臭等物。从文化渊源的角度来看，这款菜中最值得关注的地方是使用了胡椒和荜拨这两种调料。胡椒和荜拨是药、食两用食材，在南北朝及隋唐时期具有鲜明的波斯医药学特征，早在隋唐以前就经由波斯人之手传入中国。到唐代，朝廷与萨珊波斯的往来更加频繁，波斯医药学也被中医借鉴和吸收，中医方剂和食疗菜点中融入了较多的波斯药物（调料），这款菜中的胡椒和荜拨，应是孙思邈吸收运用波斯医药学的一个例证。据宋岘先生《古代波斯医学与中国》和《回回药方考释》，胡椒和荜拨连用即这两种药物在同一个方剂中出现在波斯药方中很常见，由此可以说孙思邈的这款食疗菜是唐代具有中西合璧特点的新潮菜。

原文　治五劳七伤方[1]：白羊头、蹄一具（净治，更以草火烧令黄赤，以净绵急塞鼻及脑孔），胡椒[2]、毕拨[3]、干姜[4]各一两，葱白一升，豉二升。右七物，先以水煮头、蹄，半熟即内药物煮[5]，令极烂，去药。冷暖任性食之，日一具，七日用七具。禁生冷酢滑五辛陈臭等物。

孙思邈《备急千金要方》

注释

［1］治五劳七伤方：治疗五劳七伤的方子。五劳，即心劳、肝劳、脾劳、肺劳、肾劳，或指久视伤血，久卧伤气，久坐伤肉，久立伤骨，久行伤筋；七伤，有三种说法，其中一种为食伤、忧伤、饮伤、房室伤、饥伤、劳伤、气伤。

［2］胡椒：具有温中、下气、驱寒、止痛等功用。

［3］毕拨：今作“荜拨”，可理气散寒解疼镇痛等。详见本书“胡炮肉”注［6］。

［4］干姜：具有发表散寒止呕开痰等作用。

［5］半熟即内药物煮：半熟时即可放入胡椒等调料。内，同“纳”，这里作加入讲。

孙思邈羊肝羹

这是孙思邈《备急千金要方》记载的一款食疗羹。根据该书提供的菜谱，这款羹的用料和制法是：羊肝一具，羊通脊肉一条，曲末半斤，枸杞根十斤。先用三斗水煮枸杞根，然后取一斗去滓，放入切成末的羊肝和羊通脊肉，待肝、肉熟时加入葱、豆豉、盐和曲末，当汁如稠糖状时即成。孙思邈说，这款羹可治羸瘦等症。从用料看，羊肝益血、补肝、明目，治血虚萎黄羸瘦等；羊通脊肉益气补虚温中暖下，治虚劳羸瘦腰膝酸软；曲末应即神曲末，可健脾和胃消食调中；其中引人注目的是用了枸杞根而未用枸杞子，明李时珍对这二者的区别曾有精辟论述，他在《本草纲目》中指出，枸杞“根乃地骨，甘淡而寒，下焦肝肾虚热者宜之”，枸杞“子则甘平而润，性滋而补，不能退热，止能补肾润肺，生精益气，此乃平补之药”。现代药理试验显示，枸杞根有降压、降血糖和退热作用。以上我们仅据本草典籍的相关记载和现代药理检测，对这款羹的主料、配料等进行了大致的解读。关于这款羹的食治医理及其临床实效的评价，还有待中医医史专家的权威阐发。

原文　治羸瘦……方：羊肝一具，羊脊膂肉一条[1]，曲末半斤[2]，枸杞根十斤[3]。右四味，以水三斗煮枸杞，取一斗去滓；细切肝等[4]，内汁中煮[5]，葱、豉、盐著如羹法合煎[6]，看如稠糖即好。食之七日，禁如药法[7]。

孙思邈《备急千金要方》

注释

［1］羊脊膂肉一条：即羊通脊肉一条。

［2］曲末半斤：应即神曲末半斤。

［3］枸杞根十斤：即地骨皮十斤。

［4］细切肝等：将羊肝、羊通脊肉切成粒。

［5］内汁中煮：放入汤中煮。内，“纳”，这里作放入讲。

［6］葱、豉、盐著如羹法合煎：葱、豉、盐的放法同做羹一样放入汤中煮。

［7］禁如药法：食用期间忌口的范围同吃药一样。

孙思邈羊肚汤

这是孙思邈《备急千金要方》中记载的又一款食疗汤。其制法是：将一具羊肚加一升白术（zhú）用二斗水煮，然后取六升汤即可。孙思邈指出，一次喝二升，一天喝三次，可补虚劳。这款汤为什么能补虚劳呢？先看羊肚，羊肚补虚健脾胃，可治虚劳羸瘦、不能饮食、消渴、盗汗和尿频，《古今录验方》曾以炖烂的羊肚一种食材来治胃虚消渴，于此可见羊肚食疗功效方面的特长。白术即菊科植物白术的根茎，有补脾、益胃、燥湿、和中等功效，可治脾胃气弱、不思饮食、倦怠少气、小便不利等，孙思邈曾用一味白术治自汗不止。现代药理实验显示，白术有利尿、降血糖、抗血凝、强壮和抗菌作用。白术使用时有生熟之分，据古代本草典籍记载，生白术除湿益燥、消痰利水，治风寒湿痹等；熟白术和中补气、止渴生津，可止汗除热、进饮食等，因此这款羊肚汤所用的白术，应是熟白术。

原文　治虚劳补方：羊肚[1]一具，切，白术一升。右二味以水二斗煮，取六升[2]。一服二升[3]，日三服。

孙思邈《备急千金要方》

注释

［1］羊肚：根据本草典籍的相关记载，这里的羊肚应取自白羊，并且以产自当时同州一带的为首选。

［2］右二味以水二斗煮，取六升：说明其成品汤约为主料、辅料和水的1/4。看来汤色不是很浓。

［3］一服二升：一次喝二升。一天要喝三次，实际上是一天一具羊肚。

敦煌唐人羊肉脯

这是记载在敦煌古医书中的一款唐代食疗羊肉菜。这款菜的菜谱出自甘肃敦煌莫高窟的一个石室中，20世纪初被法国人伯希和盗走，现藏法国巴黎国立图书馆。1988年10月，著名医史专家马继兴先生主编的《敦煌古医籍考释》出版，该书收有从巴黎国立图书馆微缩胶片下载的这份菜谱。据马继兴先生等考证，这份菜谱系唐玄宗（712—756年在位）以后的唐人写本。根据原文，这款菜的做法是：选取一斤精羊肉，用一大两白砂糖腌渍，然后烤或做成肉脯都可以。并说，每天吃一次，分为10天吃，“极有效验”。可惜原文缺少关于这款菜是治什么病的文字，不过我们可以依据古代本草典籍的相关记载对此做些推测。在唐代孟诜的《必效方》中，羊肉脯是治胃反、朝食夜吐、夜食朝吐的食疗菜。与敦煌唐人写本羊肉脯不同的是，孟诜的羊肉脯不用白砂糖腌渍，而是用好蒜和酸泡菜来佐食。再看白砂糖的功用，《唐本草》指出，白砂糖味甘、寒、无毒，“主心腹热胀，口干渴”，古人常用其治疗腹中紧张、中虚脘痛等并作为润肺生津之品。综合来看，这款羊肉脯可能是用来治疗肝郁不舒所致纳食不畅、胃部不适等症。

原文 又方[1]：白沙[2]一大两，乳头者，捣筛为散[3]。取精羊肉一斤，腌[4]，为炙并脯并得[5]。每日一服，分别为十日吃，极有效验。如须顿服，每服唯此。

马继兴《敦煌古医籍考释》

注释

［1］又方：即关于治疗这种病的又一个方子。

［2］白沙：马继兴先生等疑“沙”字后面脱“糖”字。

［3］捣筛为散：据《唐本草》等本草典籍和季羡林先生的研究，唐代白砂糖系将甘蔗汁加水等煎炼而成，糖呈块状，故这里说要选糖块大如乳头者捣筛为散。

［4］腌：即用白砂糖腌渍羊肉。马继兴先生等将此字与后面的“为炙并脯并得”相连，笔者认为宜断开。

［5］为炙并脯并得：做烤肉或肉脯都行。

敦煌唐人羊腰羹

这是敦煌古医书中记载的又一款与羊相关的唐代食疗菜。这款羹的菜谱的原件现藏法国巴黎国立图书馆，根据马继兴先生的研究，这份菜谱为唐玄宗（712—756年在位）以后的唐人写本。从其原文来看，这是款用来治疗男子性功能不佳的冬季食疗羹。其大略制法是：将黄芪、磁石、肉苁蓉用三升水煮成二升，去滓澄清；另将切好的七个白羊的腰子煮熟，加入葱、椒等调好口味，再倒入煎好的二升药汤，煮三五开后即可。以羊腰子来治疗男子性功能欠佳，应属中医的脏器疗法。这类食疗菜虽然多见于唐《千金方》《食医心镜》和宋《太平圣惠方》等古代本草典籍和食疗书中，但这里的羊腰羹同唐宋时其他的羊腰羹相比，在配料上最大的不同是用了磁石。磁石即氧化物类矿物磁铁矿的矿石，其性味辛咸平，具有潜阳纳气、镇惊安神等功用，唐代医圣孙思邈曾用清酒泡磁石专治阳事不起，于此可见这款羊腰羹用料组配上的独特。凡是药膳食疗均须遵医嘱，笔者在此特别申明。同时，顺便提一下的是，唐代这类食疗菜所用的主料，据谢成侠先生《中国养牛羊史》，应以当年同州皇家牧场即今陕西大荔县一带的“同羊”和今宁夏盐池、同心二县的“滩羊”为首选，当然享用者也以皇家权贵为主。

原文 冬初之后腰肾多冷，阳事不举，腹胁有气，久而不补，颜容渐疲宜服此者。黄芪十二分，磁石四大两（引针者[1]，捣碎，绵裹），肉苁蓉二大两。上以水三升，煮取二大升，去滓澄取；别切好白羊肾七个[2]，去脂切[3]，依常作羹法，熟，葱、椒、芋[4]，味羹调和[5]；下前药汁二大升，更取，煮三五沸，空腹久服，诸无所废。

马继兴《敦煌古医籍考释》

注释

［1］引针者：即能吸针的磁石。

［2］别切好白羊肾七个：另切好白羊腰子七个。别，另。

［3］去脂切：去掉脂肪切。马继兴先生等将“去脂”与“切”断开，似不妥。

［4］熟，葱、椒、芋：马继兴先生等将“熟”与“葱”相连，似不妥，并认为“椒”字后面的字为“芋”字，但芋在魏晋南北朝和隋唐为做羹的配料而不是调料。

［5］味羹调和：用五味将羹调好口味。原文“和”字后面疑脱字。

敦煌唐人灌肺

将洗去面筋的浆或乳和调料等灌入羊肺中，煮熟后切条，配调料或同原汤食用，这就是灌肺。如今，灌肺在我国宁夏、新疆等地又称面肺、面肺子、艾甫凯（维吾尔语）等，是大西北地区的一款特殊风味美食。在传世文献中，“灌肺”名称最早见于北宋《东京梦华录》和南宋《梦粱录》，其制法在南宋末《事林广记》、元宫廷食谱《饮膳正要》和元生活百科全书《居家必用事类全集》等书中均有记载，并被列为“回回食品”或“河西”食品。关于灌肺的出土文献记载，安尼瓦尔·哈斯木先生根据吐鲁番阿斯塔那晋——唐墓出土的汉文文书，在《西域饮食文化史》中提出，灌肺是麴氏高昌国（499—640）时期吐鲁番地区居民的祭祀食品之一。1988年，笔者在马继兴先生主编的《敦煌古医籍考释》中意外发现关于灌肺的菜谱。据马继兴先生等鉴定，这份灌肺谱为唐人写本，这是迄今所知在出土文献中关于中国灌肺的最早菜谱。根据这份灌肺谱，唐代用于食疗的灌肺是这样制成的：将桂心、砂糖、甘草放入羊肺中，再灌入牛奶，煮熟即可。该谱指出，这种灌肺可治“上气气断”，食之即可见效。从古代本草典籍的相关记载来看，羊肺可补虚不足，桂心可补暖腰脚，砂糖有和中助脾之功，甘草生用除邪解毒、炙用缓中止虚，牛奶可补劳，单用即可治病后虚弱。总之，出土于敦煌莫高窟的这份唐人写本灌肺谱，同传世的宋元灌肺谱相比，其配料独特，补虚用意明显，是中国菜史中一份珍贵的史料。

原文　又方[1]：羊肺中着[2]桂心、沙糖、甘草，乳灌之，熟煮，食之即差[3]。

马继兴《敦煌古医籍考释》

注释

［1］又方：即此谱为“治上气气断”的又一个方子。

［2］着：放入，即将桂心、砂糖、甘草放入羊肺中。

［3］食之即差：吃了即可见效。

昝殷羊蝎子

在唐代名医昝殷的《食医心鉴》中，有

一款用炖羊脊骨来治疗肾脏虚冷、腰脊转动不便的食疗菜。羊脊骨即现在俗称的羊蝎子，整条羊蝎子由羊的颈椎、胸椎、腰椎、荐椎和尾椎连成，其中腰椎、荐椎和尾椎连在一起又俗称大梁骨。羊蝎子上的肉滑软细嫩，骨腔中又有骨髓，唐代孟诜《食疗本草》指出，羊骨髓可“补血”，并主治男女伤中、中气不足，因此其营养比其他部位的羊肉更加丰富。明李时珍在《本草纲目》中指出，羊“脊骨补肾虚、通督脉，治腰痛下痢”。尽管唐以后以羊蝎子为主料的菜肴不少，但《食医心鉴》中的这款食疗菜，却是到目前为止在传世文献中记载最早的。同宋元用于食疗的羊蝎子类菜相比，昝殷的这款羊蝎子菜是吃肉，而宋元的则多以喝汤为主。而且这款菜的吃法也很独特，将嫩羊蝎子剁成块白煮炖烂后，要佐以蒜和酸菜来食用，如果吃时再饮酒少许，则更妙。

原文　主肾脏虚冷、腰脊转动不得：羊脊骨一具[1]，嫩者，槌碎[2]，烂煮[3]。和蒜、齑空腹食之[4]，兼饮酒少许妙[5]。

昝殷《食医心鉴》

注释

［1］羊脊骨一具：即羊蝎子一条。根据古代本草典籍相关记载，这里的羊脊骨应以白羊的为宜。

［2］槌碎：应是按羊脊骨的骨节剁成相应的块。

［3］烂煮：应即白煮炖烂的意思。

［4］和蒜、齑空腹食之：佐以蒜泥和酸泡菜末空腹食用。

［5］兼饮酒少许妙：同时再饮少许酒效果会更好。

昝殷羊肺羹

这是昝殷取自羊体并将其作为主料的又一款食疗菜。其制法是：将一具羊肺细切，加入一握葱白和豉汁，煮熟即可。昝殷认为，此羹可“治小便多数，瘦损无力”。孙思邈在《千金要方·食治门》中指出，羊肺可“治小便多，伤中，补虚不足，去风邪”，有补肺气、调水道等功用，因此能治尿频等。在昝殷之前几百年，东晋名医范汪首开用羊肺治尿频的先例。同范汪的羊肺羹相比，昝殷的羊肺羹省去了辅料羊肉，咸味调味品也由盐改为豉汁，并多了葱白。盐为润燥之品，豉汁则可大除烦热；葱白又具发表、通阳、解毒之功，由此可以看出，昝殷的羊肺羹在继承的基础上又具有了自己的特色。

原文　羊肺羹[1]：右以羊肺一具，细切，葱白壹握，于豉汁中煑[2]。食之。

昝殷《食医心鉴》

注释

［1］羊肺羹：原题为“治小便多数、瘦损无力，羊肺羹方”。

［2］煑：“煮”的异体字。

昝殷羊头肉

这是在食材选用和制作工艺上都很独特的一款食疗菜，也是迄今在传世文献中最早的一份羊头肉菜谱。其制法是：将白羊头用开汤等方法除去毛杂净治，按平时做饭菜的方法清蒸，待羊头熟透后取出凉凉，改刀后浇上五味汁即可。根据昝殷在《食医心鉴》中的介绍，这款菜对风眩羸瘦、丈夫五劳和手足无力等具有食疗功用，但李时珍《本草纲目》引唐孟诜《食疗本草》指出，此菜“热病后宜食之，冷病人勿多食”。在制作工艺上，这份菜谱只说羊头净治后“如法蒸，令极熟”，而实际上按后世羊头的熟制工艺，一般先将羊头水煮后再蒸，这样蒸出的羊头异味少。其次，这份菜谱说羊头蒸后“切”，而从熟羊头肉的刀工处理来看，刚出锅的羊头软滑易碎，无法拆骨取肉，更谈不上“切”，因此这份菜谱中的“切”当指蒸熟的羊头凉凉后拆骨取下来的刀工处理。同后世的北京风味白水羊头相比，这款菜之所以为食疗菜，最主要的是主料有限定，即必须选用白羊头。对此，李时珍在《本草纲目》中指出：“白羊黑头，黑羊白头，独角者，并有毒，食之生痈。”因此取羊头时以“白羊者良”。在《食医心鉴》中，还有一款以羊头肉为主料的食疗菜，食疗功效与这款菜相似，但是以煮的方法制成，调料也大同小异。

原文　蒸羊头肉[1]：白羊头。右焊治[2]，如法蒸[3]，令极熟。切，以五味汁和调，食之。

昝殷《食医心鉴》

注释

［1］蒸羊头肉：原题为“治风眩羸瘦、小儿惊痫、丈夫五劳、手足无力，宜喫（吃）蒸羊头肉方”。

［2］右焊治：用开汤等方法煺去羊头的毛杂。

［3］如法蒸：按照平时做饭菜的方法来蒸羊头。

孟蜀宫廷红曲羊肉

孟蜀即后蜀，是五代十国时期的十国之一，因由后唐西川节度使孟知祥于公元934年以成都为都城建立，故称孟蜀。965年孟蜀被北宋灭亡后，北宋礼部尚书陶縠发现了孟蜀的宫廷御膳《食典》。在这部一百卷的《食典》中，陶縠认为其中的“绯羊”很新奇，于是将其记入他所撰的《清异录》中，这里的红曲羊肉，就是孟蜀宫廷《食典》中的“绯羊”。

根据陶縠写入《清异录》的“绯羊”介绍，其制法是：用红曲煮羊肉，将肉卷紧压上石头，然后用酒糟腌透，最后将肉切成薄如纸的片，就可以呈献给皇帝享用了。截至目前，这是在传世文献中关于红曲用于中国菜制作的最早记载。但从制作工艺的角度来看，这份关于“绯羊”制法的记载与后世的相关菜例记载和实例有所不同。例如元《居家必用事类全集》中的“红爊腊”，其工艺流程是：加葱、椒等调料将肉白煮两三开，捞出用石头压去油水，切作大片，用皂角汁和浆水洗，

这是敦煌壁画莫高窟第 61 窟《五台山图》中的一个画面，图中寺院院中有三人抬一大圆盆，盆内白色，估计是米粥之类的流食。靠近寺门里手墙处的三位托钵僧人，似正与端钵送粥者打招呼。寺外不远处有六人，其中一人端一大盘正向寺门走，盘内码放的像是白面高桩馒头。这一画面向我们展示了晚唐五代时僧俗饮食文化风貌，特别是 1000 余年前的馒头形状。吴昊摄自北京大学赛克勒考古与艺术博物馆“千年敦煌——敦煌壁画艺术精品高校巡展”

再用温水淘净，放入锅内，倒入澄清的煮肉汤，加入红曲和调料，用小火炖熟后捞出控干，另一碗盛上澄清的肉汤撒上葱丝即可随肉上桌。不难看出，在用红曲煮之前，肉先要白煮一下，捞出后用石头压的目的，是为了压去肉中的油水。至于用酒糟腌肉，后世有传统名菜红糟肉，也是先要将肉白煮，捞出改刀后先用精盐、白酒等腌渍三个小时左右，最后再用红糟、精盐和凉开水等兑好的糟卤拌匀腌渍一小时左右。而陶穀记入《清异录》的这款“绯羊”，煮时用红曲，腌时用酒糟，同后世的同类菜不大一样，这有待进一步研究。

原文　酒骨糟[1]：孟蜀尚食[2]掌《食典》一百卷，有“赐绯羊”。其法：以红曲[3]煑[4]肉，紧卷石镇[5]，深入酒骨淹透[6]，切如纸薄，乃进。注云：“酒骨，糟也。”

陶穀《清异录》

注释

［1］酒骨糟：据正文，这里的“酒骨糟”，实为后世所言的红曲糟香羊肉片，是五代后蜀（934—965）的宫廷食品。

［2］孟蜀尚食：五代后蜀（因其帝孟姓，故称“孟蜀”）掌管宫廷饮食的机构。

［3］红曲：又名“丹曲”，是以红曲霉为

主的一种酒曲。红曲可酿酒，酿酒剩下的糟叫“红糟”，可做烹饪调料。

［4］煑：“煮”的异体字。

［5］紧卷石镇：将羊肉打卷用石头压上。

［6］深入酒骨淹透：放入酒糟腌透。淹，同“腌”。

大唐交趾不乃羹

这是唐昭宗（888—904年在位）时的广州司马刘恂记下的一款交趾羹，唐代交趾约为今两广大部等，“不乃”应是这一带的方言。据刘恂在《岭表录异》中的记述，这种羹是将羊、鹿、鸡、猪肉和骨煮至肥浓时，捞出肉，加入葱、姜等五味调料，然后舀入盆中，再将盆放到盘上即成。不难看出，这种羹实际上是一种滋味非常醇浓的顶汤。不过据相关考古报告，这类鲜汤似乎在刘恂来岭南1000多年以前就有了。1983年，在广州西汉南越王墓出土的铜鼎、铜鍪等烹饪器中，考古专家发现有黄牛、猪、鸡、青蚶和猪、鸡、鱼等动物骨骼，说明这些带骨的动物肉当年是放在一起用鼎或鍪烹煮的，而唐代的“不乃羹”所用主料品种组合则与此相类似。不仅如此，这些出土的铜鼎内部近口沿处，还刻有“容一斗一升”“容一斗二升”和“容二斗二升”等字句，据刘恂在《岭表录异》中所述，用于舀取不乃羹的银勺，“可受一升”，如果按照南越王墓出土的铜鼎容量计算，一釜（锅）“不乃羹”每次至少可供10人以上享用一杓（一勺）。至今，粤菜席上仍是先汤后菜，讲究煲汤早已是粤菜烹饪一大特色，从西汉南越王到唐代交趾不乃羹，粤菜煲汤的传统源远流长。

原文　交趾[1]之人重“不乃”羹。羹以羊、鹿、鸡、猪肉和骨同一釜[2]煮之，令极肥浓，漉去肉，进之葱姜，调以五味，贮以盆器，置之盘中。羹中有觜银杓[3]，可受一升[4]。即揖让，多自主人先举，即满斟一杓，纳觜入鼻，仰首徐倾之，饮尽传杓，如酒巡行之。吃羹了[5]，然后续以诸馔，谓之“不乃会”。亦呼为先堖也。交趾人或经营事务，弥缝权要，但设此会，无不谐者。

刘恂《岭表录异》

注释

［1］交趾：约为今两广大部等。

［2］釜（fǔ）：古代炊器，单用时，其作用同锅。

［3］觜银杓：带嘴儿的银勺。觜，音zuǐ。

［4］可受一升：可盛一升。唐代一升约合今0.59升。

［5］吃羹了：吃完羹。

孟诜牛鼻羹

孟诜是唐代医圣孙思邈的学生，曾官至与皇室饮膳相关的光禄大夫，这里的牛鼻羹，是由其撰、张鼎增补的《食疗本草》中的一款食疗菜。孟诜在《食疗本草》中说：“妇人无乳汁，取牛鼻作羹，空心食之，不过三两日，有汁下无限。若中年壮盛者，食之良。”看来孟诜对这款羹的催乳功效颇为自信。至于选用什么牛的鼻肉以及如何做羹等孟诜均未谈，不过我们可以通过该书和其他本草典籍的相关记载，再结合烹调工艺学对此进行补充说明。先看用什么牛的鼻肉，孟诜在《食疗本草》中指出：“黄牛发药动病，黑牛尤不可食。”明李时珍则在《本草纲目》中明确指出：牛鼻，“水牛者良”，说明这款羹用的不是黄牛黑牛而应是水牛鼻。再看这款羹的制法，根据烹调工艺学，将牛宰杀取下牛头后，先要用大火将牛头各部位燎煳，然后再用温水浸泡两三个小时，待表皮松软时，用小刀刮去煳皮和毛茬，再放入开水锅内，煮透捞出，拆肉去骨，此时单取下牛鼻肉即可做羹。根据《食医心鉴》等唐代食疗典籍，可将牛鼻肉切条，加入葱、姜、盐等调料和煮牛头的汤，即可做成口味适宜的牛鼻羹。需要说明的是，因为孟诜曾当过光禄大夫，所以这款羹有可能是其为皇室饮膳服务时所用。

原文　妇人无乳汁，取牛鼻作羹[1]，空心食之，不过三两日，有汁下无限[2]。若中年壮盛者，食之良。

孟诜、张鼎《食疗本草》

注释

[1] 取牛鼻作羹：应是用水牛鼻肉做羹。

[1] 有汁下无限：（就会）有乳汁下来很多很多。

大唐岭南褒牛头

牛头白煮后在先秦是报答天神的祭品，这一礼俗在西汉时仍很盛行。长沙马王堆一号和三号汉墓出土的竹简上，就有关于牛头羹的记载（详见本书“轪侯家牛头羹”）。褒，音 bāo，翻开新版《辞海》，此字有三义：1. 嘉奖；称赞。2. 衣襟宽大。3. 古国名，今陕西勉县东南的周代褒国。但是褒字在这里，则是指将密封在陶瓮中已煮熟的牛头肉等用煻火进一步加热，属于古代的一种炮法。同先秦时期的白煮牛头相比，这款唐代初年的岭南褒牛头在工艺上大概有这样几个特点：1. 牛头净治后加酒、豉、葱、姜煮熟，而先秦时期的则是不加任何调料的白煮。2. 牛头煮熟后要去骨取肉，再将牛头的上堂肉（也叫翘舌，即牛的口腔肌肉）片成手掌大的片，这里运用的是后世所说的刀工处理方法。3. 将牛头肉片放入陶瓮中，加入酥油、花椒、橘皮等调料，用泥等封严瓮口，放煻火中煨，这里用的则是二次加热法。第二次加热之所以将熟牛头肉片放入瓮中进行，笔者认为，当时的岭南厨师制作此菜时，除了要取得原汁原味的效果以外，还有要保持牛头肉片原形、使牛头肉片酥烂而不碎的考虑。

原文　褒牛头[1]：南人取嫩牛头，火上燂[2]过，复以汤去毛根，再三洗了，加酒、豉、葱、姜煮之。候熟，切如手掌片大，调以苏膏[3]、椒、橘之类，都内于瓶瓮中[4]，以泥泥过[5]

煻火重烧，其名曰“褒”。

段公路《北户录》

注释

［1］褒牛头：炮牛头。褒，这里为煻火瓮中炮肉之义。

［2］燖：燎烤。燖，音 xún。

［3］苏膏：酥油。苏，同“酥”。

［4］都内于瓶瓮中：都放入瓶瓮中。内，同“纳”，这里作放入讲。

［5］以泥泥过：用泥把瓮口盖糊严。

昝殷牛肉冬瓜羹

这是唐代名医昝殷为小便涩少患者精心设计的一款食疗菜，也是到目前为止在传世文献中最早的牛肉冬瓜汤羹。其制法是：将水牛肉、冬瓜和葱白切后加豉汁煮，熟后根据患者口味加入盐和醋，即可空腹食用。其根据《日华子本草》等古代本草典籍，在性味上，水牛肉冷，黄牛肉温；在功用上，水牛肉能安胎补血，黄牛肉可补气，这应是这款牛肉冬瓜羹为何要用水牛肉而不用黄牛肉的道理。其二，在《名医别录》等历代本草典籍中，冬瓜多用于利小便治淋病；豉汁可大除烦热；葱白具发表、通阳、解毒之功，可治二便不通；醋可散水气，助诸药力；盐在这款食疗菜中，一为调味品，二为引经药，盐咸走肾，可润燥，这些配料与水牛肉同煮做羹，共奏利小便的功效。

原文　水牛肉羹[1]：水牛肉，冬瓜，葱白一握，切。右以豉汁中煑[2]作羹，任性著[3]盐、醋。空心食之。

昝殷《食医心鉴》

注释

［1］水牛肉羹：原题为“治小便涩少尿闭闷，水牛肉羹方”。

［2］煑：“煮”的异体字。

［3］任性著：任意放。

昝殷煮牛尾

这是据宋《证和本草》所引《食医心镜》的一款食疗菜。将一条水牛尾净治细切，煮后食用，可用于大腹浮肿、小便涩少的食疗。《食医心镜》关于这款菜的记载虽然如此简单，但它在中国菜史上却是一份关于牛尾菜的珍贵史料，后世的清炖牛尾、红烧牛尾等传统名菜均可溯源于此。从中国菜食材的角度来看，牛尾有 9 ～ 12 个骨节，其根部肉多而肥，梢部肉少而瘦，根部两侧的肉内外都有脂肪层，肉多而嫩。一般母牛尾较大，公牛尾较小。初加工时，必须按牛尾的骨节剁成块。因为牛尾异味较重，所以剁块后先要用清水泡透，多次换水去掉血水，再用开水煮透，捞出放入清水中投清，然后才可以进入调味熟制阶段。例如清真名菜红炖牛尾，将锅内香油烧热后，投入大料、葱段等调料炸汁，放入牛尾煨至八成熟，再将牛尾块捞入盆内，放鸡汤、味精、料酒、精盐，蒸酥烂后取出，放入汤勺中，烧开放少许糖，淋入水淀粉勾芡，再淋入香油，翻勺装盘即成。

原文 主水气，大腹浮肿，小便涩少[1]：水牛尾涤洗去毛[2]，细切[3]，作腊腊[4]，极熟食之。煮食亦佳。

昝殷《食医心镜》

注释

［1］大腹浮肿，小便涩少：这是宋曹孝忠《证和本草》所引《食医心镜》文，明李时珍《本草纲目》则作"水肿胀满，小便涩者"。

［2］水牛尾涤洗去毛：这是《证和本草》所引《食医心镜》文，《本草纲目》作"或以水牛尾一条"。

［3］细切：应作"细剁"。牛尾有9—12个骨节，刀工处理均应从牛尾骨节处下刀剁断为宜。

［4］作腊腊：据《本草纲目》，腊腊应作"腊䐶"，䐶，音 zān，烹煮，腊与䐶同义。

韩鄂五香肉干

唐末或五代初期的韩鄂于唐天祐四年（907 年）前后撰成《四时纂要》一书，这款菜就是该书记载的一味农家特色肉食。其

这是1999年7月由山西省考古研究所等单位清理的太原隋代虞弘墓石椁雕绘中最大的一幅图。图中上部亭前平台上坐着一男一女，似为夫妻。男者端一多曲碗，女子举一高足杯，二人中间是一盛满佐酒食品的长方形矮足木盘。图中其他人皆同这二人一样深目高鼻，服饰及现场波斯、中亚文化色彩浓烈。研究者认为，墓主虞弘先祖应系中亚人。郑宏波、李静洁摄自山西博物院

制法是：在农历腊月，用五味调料将牛、羊、獐、鹿肉腌渍两宿，然后放入开水锅中加入葱、花椒和盐用大火煮，熟后取出，挂在阴凉通风的地方即可。韩鄂在书中指出，这款农家肉食经过炎夏也不会腐败变质，而且出门旅行还可以配炒谷粉吃。今天看来，这还是唐代农家的一款旅行肉食。同北魏贾思勰《齐民要术》中的干腊肉相比，这款唐代农家肉食在制作工艺上具有三个明显的特点：一是牛、羊等肉净治改刀后要用五味调料腌两宿；二是腌后要加葱、花椒和盐将肉煮熟；三是熟肉在阴凉通风的地方晾干，其中将腌过的肉煮熟晾干在《齐民要术》干腊肉中是没有的。用今天的眼光来看，这是唐代方便食品中的一款即食五香肉干。

原文　干腊肉[1]：取牛、羊、獐、鹿肉，五味淹二宿。又以葱、椒、盐汤中猛火煮之，令熟后，挂著阴处[2]，经暑不败。远行即致麨[3]。

韩鄂《四时纂要》

注释

[1] 干腊肉：这款肉食在《四时纂要》中被列为十二月应做的食品。

[2] 挂著阴处：挂放在阴凉通风处。

[3] 远行即致麨：出远门可以就麨吃。麨，音 chǎo，整粒谷粮干炒后磨成的粉，可做干粮。

孙思邈酿猪肚

在中国菜中，酿猪肚是从古至今名称未变、主要原料和制作工艺变化不大的一款传统名菜。如果追其源头，至迟可以从孙思邈《备急千金要方》中记载的这款酿猪肚谈起。《备急千金要方》成书于唐高宗永徽三年（652年），这样算来，酿猪肚的历史距今至少已有1300多年。与后世传统名菜中的酿猪肚最大的不同是，这款菜用于食疗补虚。其具体做法是：将人参、蜀椒、干姜研成末，葱白细切，同白粱米拌匀，灌入猪肚中，缝好猪肚口，放入水锅内，用小火煮熟即成。从食疗的角度来看，猪肚补虚损健脾胃，可补中益气、治虚劳羸弱；人参大补元气固脱生津、安神，可治劳虚损久不复等；蜀椒，即蜀地花椒，其特色品种一说出蜀地武都，一说出蜀郡北部，具有温中散寒除湿止痛等功用，可治积食停饮咳嗽气逆等；干姜温中逐寒回阳脉，可治寒饮喘咳反胃干呕等；葱白发表、通阳、解毒，可通关节利大小便；白粱米应即白粱的种仁，《唐本草》：“白粱谷粗扁长，不似粟（即小米）圆也，米亦白且大，食之香美。”具有和中、益气、除热等功用，可治胃虚呕吐、烦渴等。综合来看，这款酿猪肚以补气虚健脾胃为要义。从制作工艺的角度来看，这款菜以煮为最终加热工艺，而唐昝殷《食医心鉴》中的酿猪肚则是蒸制而熟。

原文　猪肚补虚方：猪肚[1]一具，人参五两[2]，蜀椒一两[3]，干姜二两半，葱白七两，白粱米[4]半升。右六味，㕮咀诸药[5]，相得和米内肚中[6]，缝合勿泄气，取四斗半水缓火煮烂[7]。空腹食之大佳，兼下少饭[8]。

孙思邈《备急千金要方》

注释

[1] 猪肚：即猪胃。因其异味重，须用盐、醋、开水等将其净治后才可用。

[2] 人参五两：五两疑有误。《食医心鉴》"酿猪肚"也是一个猪肚，用人参四分。一般一个猪肚重约600克，《食医心鉴》用量较合理。

[3] 蜀椒一两：即蜀地（今四川）花椒一两。

[4] 白粱米：即白粱的种仁。《千金翼方》中的此菜用粳米。

[5] 㕮咀诸药：将（人参、蜀椒等）研成末。㕮咀（fǔ jǔ），此处作研末讲。

[6] 相得和米内肚中：将人参等和白粱拌匀放入猪肚中。内，同"纳"，这里作放入讲。

[7] 取四斗半水缓火煮烂：用四斗半水小火（将酿猪肚）煮烂。后世酿猪肚煮时汤中要放葱、姜、酱油等调料。

[8] 兼下少饭：还可以用少许米饭佐食。

昝殷猪心羹

这是妇科名医昝殷专为产妇设计的一款食疗菜。其做法是：将猪心煮熟，切片，加葱和盐做羹，再放入少许胡椒末即成。猪心性味甘咸平，可治惊悸、怔忡、不眠。南朝梁陶弘景《名医别录》说猪心"主惊邪忧恚"，唐孙思邈《千金方·食治》说猪心"主虚悸气逆，妇人产后中风，聚血气惊恐"，而昝殷则在《食医心鉴》中说，这款猪心羹可"治产后中风，血气拥，惊邪忧恚"，显然昝殷这款猪心羹的食疗思想系从陶弘景和孙思邈而来。另外，引人关注的是昝殷这款猪心羹在调料中使用了胡椒，据宋岘先生《古代波斯医学与中国》和《回回药方考释》研究，胡椒是具有波斯医学特征的药食两用植物，唐代医圣孙思邈等人的食疗食品中均吸收了胡椒等波斯医学常见药食两用植物，这说明昝殷这款猪心羹中的胡椒除了调味功能以外，还反映了波斯医药学对中医的影响。

原文　猪心羹[1]：右猪心壹枚，煑[2]熟，切，以葱、盐调和作羹，食之。入少[3]胡椒末亦佳。

昝殷《食医心鉴》

注释

[1] 猪心羹：原题为"治产后中风，血气拥，惊邪忧恚，猪心羹方"。恚，音 huì，愤怒，怨恨。

[2] 煑："煮"的异体字。

[3] 少：少许。

昝殷猪肉馉子

这是根据马继兴先生从宋《政和本草》

辑出的《食医心镜》中的一款唐代食疗菜。其做法是："猪肉细切，作䭔子，于猪脂中煎，食之。""䭔子"是什么？䭔，音 duī，由南朝顾野王著、唐宋时又经孙强等人增字重修的《玉篇·食部》说："蜀呼蒸饼为䭔。"唐卢言《卢氏杂说》"尚食令"所写的䭔子类似今日的炸元宵。显而易见，昝殷在《食医心镜》中所说的䭔子，既不是蒸饼也不是炸元宵，应是借用䭔子之名来称呼这种用猪肉做的但形似䭔子的菜肴。根据隋谢讽《食经》、唐韦巨源《烧尾食单》和唐卢言《卢氏杂说》"尚食令"，从隋炀帝到唐懿宗的200多年间，蒸饼与点心类的䭔子大约有三种形状：长方形，形如官员上朝所持的象牙手板（如隋炀帝时代的象牙䭔）；扁圆形，如盏口大的小圆饼（如唐中宗时代的火焰盏口䭔）；圆球形，形如今日的炸元宵（如唐懿宗时代的油䭔）。由此可以大略推知这种猪肉䭔子也不外这三种形状，但从时间上来看，昝殷与卢言大约是同一个时代的人，因此这种䭔子圆球形的可能性更大些，那么昝殷《食医心镜》中所说的䭔子应是煎猪肉丸。

原文　主上气、咳嗽、胸膈妨满，气喘：猪肉细切[1]，作䭔子[2]，于猪脂中煎[3]，食之。

昝殷《食医心镜》

注释

[1] 猪肉细切：应是将猪肉切成末。

[2] 作䭔子：应是（将猪肉末）做成丸子。

[3] 于猪脂中煎：（将猪肉丸子）放入锅中用猪油煎。

昝殷烤猪肝

在昝殷的《食医心鉴》中，有两款"炮猪肝"，这里是其中的一款。这两款炮猪肝用料和制作工艺一样，只是由于用料重量不同而使针对的病症也不同。这里的炮猪肝是用四两猪肝一两芜荑末，治产后赤白痢、腰脐肚绞痛和不下食；另一款炮猪肝则是一斤猪肝六分芜荑末，治因脾胃气下痢而引起的消瘦。不过这两款炮猪肝制作工艺相同，都是将猪肝切成薄片后，撒上芜荑末，先用和好的面团裹上，再用湿纸包上面团，最后放入煻灰中烤熟即成。在古代的烹调法中，这种加热法既叫炮又叫煨，是一种可以保持被加热物原汁原味的熟食法。这里的主料猪肝具有补肝、养血、明目的功用，孙思邈曾用猪肝和黄连、乌梅肉、阿胶等制成猪肝丸，治下痢肠滑、饮食及服药俱完出，与昝殷的这款炮猪肝针对的病症类似。撒在猪肝上的芜荑末，可杀虫、消积，古代医家也常用来治冷痢，现代药理实验显示，其有驱虫和抗真菌的作用。《雷公炮制药性解》指出，"芜荑辛宜于肺，温宜于脾，故两入之。风寒湿痹，大肠冷滑者，此为要剂"。

原文　炮猪肝[1]：猪肝四两，芜荑一两，末。右薄起猪肝[2]，糁芜荑末于肝叶中[3]，溲面裹[4]，更以湿纸重裹[5]，于煻灰中炮令熟。

去纸及面，空心食之。

昝殷《食医心鉴》

注释

［1］炮猪肝：原题为“治产后赤白痢、腰脐肚绞痛、不下食，炮猪肝方”。

［2］右薄起猪肝：薄切猪肝。

［3］糁芜荑末于肝叶中：将芜荑末撒在肝片上。糁，此处作撒讲。

［4］溲面裹：裹上用水和的面。

［5］更以湿纸重裹：再将湿纸裹在面上。

昝殷红米猪肝羹

这是昝殷专为产妇设计的又一款食疗菜。其制法是：将猪肝改刀，按平时做羹的方法加红米和葱白、盐、豉等做成羹即可。这款羹至少有两点值得特别提出：一是猪肝的功能及其所对病症，唐孙思邈认为猪肝“主明目”，唐以后又多以猪肝治肝脏虚弱、远视无力、遇夜不能视等症。而昝殷的红米猪肝羹，却是“治产后乳汁不下闭妨痛”，这属妇科病，可以明显看出其用猪肝所治病症与众不同，这与昝殷为妇科专家、著有《产宝》一书不无关系。二是这款羹中用了红米，红米一说红粳米，一说即红曲米，这在唐代食疗菜用料中是一个亮点。从性味上说，白粳凉，赤粳热，红曲温，其中红曲米，可活血化瘀健脾消食，治产后恶露不净、淤滞腹痛等。如果这款羹和该书“猪肾羹”中的红米是红曲米，那么中国人将红曲用于烹调的历史将会改写，这当由中医医史专家来论定。

原文　猪肝羹[1]：猪肝一具切，红米一合，葱白、盐、豉等[2]。右以肝如常法作羹，食。作粥亦得。

昝殷《食医心鉴》

注释

［1］猪肝羹：原题为“治产后乳汁不下闭妨痛，猪肝羹方”。

［2］葱白、盐、豉等：说明同于日常饭菜。

昝殷烤猪肝串

烤猪肝串在《齐民要术》中已有菜谱，但这里的烤猪肝串是唐代名医昝殷为因浮肿而吃不下饭的人设计的一款食疗菜，将烤猪肝串用于食疗，这在唐以前的传世文献中还未发现。经比对，这款烤猪肝串同北魏时的相比，在用料和制作工艺上差不多，主料都是猪肝，调料唐代的比北魏的多了姜、椒，但配料却少了用来包裹猪肝块的羊网油。在制作工艺的表述上，《食医心鉴》只说将猪肝切成块，而《齐民要术》则明确提出要把猪肝切成长一寸半宽五分的块。不过从总体上来看，这款烤猪肝串明显继承了北魏的主要制作工艺。至于配料中少了羊网油，当是昝殷出于食疗功效考虑的结果。

原文　理浮肿，胀满，不下食，心闷：猪肝一具，洗，切作脔[1]，著葱白、豉、姜、椒[2]，熟炙[3]，食之。

昝殷《食医心鉴》

注释

［1］切作脔：切成块。

［2］著葱白、豉、姜、椒：放葱白、豉汁、姜、椒（来腌渍猪肝块）。著，放；豉，这里应指豉汁。

［3］熟炙：烤熟。炙，将猪肝块穿成串烤。

昝殷酿猪肚

昝殷的酿猪肚同孙思邈的相比，二者的主要异同是：1. 名称、菜类相同，即都为食疗菜。2. 主要用料大体相同，猪肚、人参二者均有。3. 不同的是，昝殷的酿猪肚比孙思邈的多了猪脾和橘皮，且昝氏的是用蒸法制熟，孙氏的则是煮熟。4. 二者的食疗功用稍有不同，孙思邈称是“补虚”，昝殷则说可“治胃气弱不多下食”。昝殷酿猪肚中的猪脾，可健脾胃助消化，宋《圣济总录》曾用猪脾、猪肚和米粥治脾胃气弱米谷不化。其调料中所用的橘皮，可理气、调中、燥湿、化痰，治胸腹胀满不思饮食等，古人曾用橘皮煮水治痰膈气胀。总体来看，昝殷的酿猪肚似乎更偏重助消化，而孙氏的则给力补气虚健脾胃。橘皮为唐代蜀中特产，昝殷又为蜀人，这似乎又为这款酿猪肚添了一抹蜀味色彩。还有一点要指出的是，孙思邈和昝殷的酿猪肚菜谱中都没有猪肚初加工和煮（蒸）熟后是否凉凉再用重物压实等工艺表述文字。后世的酿猪肚制作时，初加工一般要用盐、醋等洗去猪肚异味，煮时汤中要放葱、姜、八角、酱油等调料，酿肚熟后凉凉必须用重物压实才便于改刀切片等，这些工艺是当时还未出现还是孙氏昝氏略而不谈？在此存疑。

原文　酿猪肚[1]：猪肚一枚净洗，人参、橘皮各四分，下饭[2]半升，猪脾一枚净洗，细切。右以饭拌人参、橘皮、脾[3]等，酿猪肚中，缝缀讫[4]，蒸，令极熟。空腹食之。盐、酱多少任意。

昝殷《食医心鉴》

注释

［1］酿猪肚：原题“治脾胃气弱不多下食，宜酿猪肚方”。

［2］饭：蒸得的米饭。

［3］脾：猪脾。

［4］缝缀讫：将猪肚开口缝完了。

韦氏乡宴酒肴

1987年7月，陕西省长安县南里王村一工地在施工中发现一座唐墓，据赵力光、王九刚先生《长安县南里王村唐壁画墓》，考古专家在该墓发现多幅墓室壁画，其中墓室东壁北侧的宴饮图，就是我们在这里要谈的一幅。

这幅图的长方形低案上，“摆满了各种食物，菜肴及杯、碟、羽觞、筷子等餐具、酒具。惜画得较为草率，能确认的只是一个肘子。案前有一方座，上面放着一个莲花形羹盆，内放一把曲柄勺”，两边各有一侍童，“两手端盘，上有酒杯，正在为筵席上酒”。“从宴饮的场景及人们的装束来看，应在露天，季节似在春天”。并认为墓主人很可能是韦氏家族地位较低的成员，该墓年代约在盛唐以后、中唐前期。赵、王二位先生的上述论述，给了我们诸多启示，在此基础上，我们重点探讨一下图中长案上的食品。在这幅图的饮宴场景中，未有现场制作的画面，说明长案上的食品应是预先在韦府做好带来可以冷吃的熟食。其次，根据与宴者人前案上均置酒杯羽觞等酒具，这些熟食显系佐酒的佳肴。再细数排放在长案中间的食品，约为八盘。其中可以初步辨认的是五盘，最吸睛的是中间那道，从其颜色和形状来看，似为半只带骨豉汁鹅及其两翅根。这是否就是其同族韦巨源《烧尾食单》中“剔鹅作八副”的“八仙盘”？长案上的第一盘和第八盘内的食品，颜色和形状相近，均为黄褐色丸子状，似为干炸丸子一类，在唐代也叫“䭔子”；第三盘和第五盘内的食品，颜色和形状均近似，为外表乳白色细腻的椭圆形，似为韦巨源《烧尾食单》中用鱼白制作的“凤凰胎”，或以卷镇法做的“缠花云梦肉”，还可能是谢讽《食经》中的“爽酒十样卷生”。另外的两盘，

这是洛阳古代艺术博物馆展出的韦氏乡间宴饮图。郭亚哲摄自洛阳古代艺术博物馆

一盘盘内已空；另一盘则只剩些许，像是手撕鹿肉丝之类。值得注意的是，在这8盘酒肴中，有两种相似，也就是说一半数量的酒肴应该是同一款式。但这种以鹅为大菜、配以数款当时名头很大的美食的酒肴品种组配方式，在某种程度上似乎流露出设宴主人虽家道业已衰微，却仍不失当年的奢华与气派。这幅图随主人一同葬于地下，其亲属似在借此表达主人及其族人对昔日美食生活的追忆与迷恋。

昝殷烤野猪肉

这是昝殷为久痔下血的人设计的一款食疗菜。宋寇宗奭《本草衍义》称，野猪肉“其肉赤色如马肉，食之胜家猪，牝者（母猪）肉更美”。关于其做法，日本学者从朝鲜《医方类聚》辑出的《食医心鉴》本同明李时珍《本草纲目》所引《食医心镜》本文字不同，《食医心鉴》本的文字是：“以野猪肉二斤，切作，炙，著椒、盐、葱白腤熟。空心食之。作羹亦得。”《食医心镜》本则是：“野猪肉二斤，着五味炙，空腹食之。作羹亦得。”另外，元忽思慧《饮膳正要》中有“野猪臛”，其原文是：“野猪肉二斤，细切，右件煮令烂熟，入五味，空心食之。”这三者相对照即可看出，《食医心鉴》本中“著椒、盐、葱白腤熟”一句应不在其原文之内，很有可能是原本《食医心鉴》“野猪臛”的正文。由此可知这款菜是将野猪肉切后撒上调料上叉烤成，而“野猪臛”则是将细切后的野猪肉煮熟时加入调料制成。在食疗功效上，不论是烤野猪肉还是野猪臛，二者大体一致，都是用来“治久患痔下血不止、肛边及腹肚疼痛”，特别是烤野猪肉，李时珍《本草纲目》引宋代《日华子诸家本草》甚至说，野猪肉“炙食，治肠风泻血，不过十顿”。

原文　野猪肉炙[1]：以野猪肉二斤，切作[2]，炙，著椒、盐、葱白腤熟[3]。空心食之。

昝殷《食医心鉴》

注释

[1] 野猪肉炙：原题为“治久患痔下血不止、肛边及腹肚疼痛，野猪肉炙方”。

[2] 切作：切成块。按：“作”字后面疑脱“脔”字。

[3] 著椒、盐、葱白腤熟：放花椒、盐、葱白煮熟。腤，音 ān，煮。

昝殷蒸驴头

这款菜的主料为乌驴头，关于为何要选用乌驴头，明李时珍在《本草纲目》中指出，驴“有褐、黑、白三色，入药以黑者为良”。在中医看来，乌者属肾，肾主骨，用乌驴头，取其滋养镇痉的功用。孙思邈和孟诜曾用乌驴头煮汤治多年消渴，“无不瘥者”。又用乌驴头渍曲酝酒，治“大风动摇不休”。昝殷的蒸驴头，不是煮后喝汤，而是先蒸后炖吃肉，显然与孙思邈和孟诜的不同。不过在这款菜的制作工艺上，日本学者从朝鲜《医方类聚》辑出的《食医心鉴》本与《中药大辞典》所引《食医心镜》略有不同。《食医心鉴》文为“右洗，如法蒸令熟，重炰，任性著盐、醋、椒、葱，食之”;《食医心镜》文为“洗，如法蒸令极熟，细切，更于豉汁内煮，着五味，调点少酥食”。不难看出，这两个版本的蒸驴头，第一个阶段都是蒸，第二个阶段一个是“重炰”，一个是“更于豉汁中煮”。所谓“重炰”，应是将蒸熟的乌驴头放入器皿中，盖严后隔水炖，犹如今日粤菜的炖盅，这样可使蒸熟的乌驴头不会因炖而失去原形，并可保持乌驴头的原汁原味。相比之下，将蒸得极熟的乌驴头肉细切，再放入豉汁内煮，乌驴头肉形状全无不说，第一个阶段蒸的工艺目的也没了，因此可以说《食医心鉴》本关于这款菜制作工艺的记载是可信的。

原文　蒸驴头[1]：乌驴头一枚。右治[2]，如法蒸令热[3]；重炰，任性著盐、醋、椒、葱，食之。

昝殷《食医心鉴》

注释

［1］蒸驴头：原题“治风头目眩、心肺浮热、手足无力、筋骨烦疼、言语似涩，宜食蒸驴头方”。

［2］右治：用开汤煺去驴头的毛杂。

［3］如法蒸令热：按照平时做菜的方法将驴头蒸熟。热，应是“熟”字之误。

昝殷蒸乌驴皮

驴皮是一种古老的药食两用滋补品，一说阿胶就是用驴皮熬制而成。现代科学检测显示，驴皮含有丰富的胶原蛋白，阿胶的赖氨酸含量高于明胶，并含有精氨酸、组氨酸和胱氨酸等。药理实验显示，阿胶对红细胞和血红蛋白的增加，对人体的钙代谢和防治进行性肌营养障碍症等均有明显作用。昝殷的这款蒸乌驴皮，是用来治疗因中风而“手足不随、筋骨疼痛、心烦躁”等症，运用的是驴皮滋养止血的功用。这款菜对后世的影响较大，元忽思慧《饮膳正要》中的“乌驴皮汤”，可以说全文来自昝殷的《食医心鉴》，说明在元代此菜又成为宫廷菜。需要说明的是，据李时珍《本草纲目》所引，南北朝时，陶弘景《名医别录》说阿胶是用牛皮制成；宋代苏轼则说阿胶是“以乌驴皮得阿井水煎乃佳尔”；李时珍并引陈自明的话说：“补虚用牛皮胶，去风用驴皮胶。”说明驴皮的功用重在去风。

原文　蒸乌驴皮[1]：乌驴皮一领。右洗[2]，如法蒸令熟[3]，切，于豉汁中五味更煮[4]。空心食之。

昝殷《食医心鉴》

注释

［1］蒸乌驴皮：原题为“治中风手足不随筋骨疼痛、心烦燥、口面㖞斜，宜喫（吃）蒸乌驴皮方”。

［2］右洗：用开汤煺去驴皮的毛杂。右，

指乌驴皮。

［3］如法蒸令熟：像平时做肉的方法将驴皮蒸熟。

［4］于豉汁中五味更煑：将驴皮加入豉汁等调料再煮。煑，"煮"的异体字。

唐玄宗热洛河

这是唐玄宗李隆基（712—756年在位）赐给安禄山等人的美食，热洛河可能为当时的突厥语汉译，即用鹿肉和鹿肠做的血肠名称。

据宋李昉《太平广记》所引唐卢言《卢氏杂说》和《太平御览》所引《唐书》，公元755年"安史之乱"之前，安禄山、安思顺、哥舒翰来到长安拜见玄宗皇帝，于是唐玄宗命近侍高力士等人在京城东驸马崔惠童的府内花园，设宴款待三人，其间命射生官射得一只鹿，"取血煎鹿肠"，这就是赐给安禄山等人的"热洛河"。关于热洛河，《卢氏杂说》是说"取血煎鹿肠"，《太平御览》引《唐书》则说"取其血煮其肠"。1985年，笔者在写作《中国古代名菜》（初版）时，曾将此句释作"取鹿血煮鹿肠"。现在看来，将鹿血灌入鹿肠煮成鹿血

这是从敦煌壁画"弥勒经变"图中截取的一幅宴饮画面，图中帐内端坐一男一女，男者双手端杯，二人面前是一正方形矮案，案上正中有一矮圈足淡褐色大圆盘，盘内盛满粉红色、白色和淡绿色圆形或椭圆形食品。据谢讽《食经》等文献记载，白色圆形的似是蒸笼的婆罗门轻高面、油画明珠，粉红色椭圆形的或许是曼陀样夹饼、涅盘（槃）兜，淡绿色似为用蜂蜜渍过的"冷金丹"花红，壶中的酒则似是被唐穆宗称作"太平君子"的凉州葡萄美酒。吴昊摄自北京大学赛克勒考古与艺术博物馆"千年敦煌——敦煌壁画艺术精品高校巡展"

肠的可能性更大些。将牲畜的血灌入肠中做血肠，在《齐民要术》中已有详细记载（详见本书“北魏宫廷羊血肠”），到了唐玄宗时这项做血肠的技术应更加成熟。鹿肉在唐代为朝野推崇的珍味，作为有突厥族文化背景的安禄山、安思顺和哥舒翰，皇赐的鹿血肠不仅是他们喜食的佳味，更应是他们心中的顶级美食。

原文　热洛河[1]：玄宗命射生官射鲜鹿[2]，取血煎鹿肠[3]，食之，谓之“热洛河”。赐安禄山[4]及哥舒翰[5]。

卢言《卢氏杂说》

注释

［1］热洛河：此谱系从宋代《太平广记》所引的《卢氏杂说》（唐卢言撰）中辑出。从正文可知，此菜为唐玄宗赐给安禄山等人的美味。

［2］玄宗命射生官射鲜鹿：唐玄宗命射生官射宜食的鹿。

［3］取血煎鹿肠：取鹿血灌入鹿肠中煮成鹿血肠。

［4］安禄山：本姓康，或以为源出康国（今中亚撒马尔罕），其母嫁突厥人安延偃，遂改姓安，更名禄山。唐玄宗时任平卢、范阳、河东三节度使，后叛唐称帝，被谋夺帝位的其子杀死。

［5］哥舒翰：唐大将，突厥族哥舒部人。

颜真卿鹿脯

颜真卿是唐代杰出书法家，他的颜体楷书是后世书法的典范之一。鹿脯是其妻子因病所需的滋补品，其友人李太保应颜之求所送，为此，颜真卿于唐代宗广德二年（764 年）和永泰元年（765 年）分别写了《鹿脯帖》和《鹿脯后帖》。这两帖不仅是后人了解这件事的珍贵文献，而且也成为颜体书法瑰宝的一部分。

李太保送给颜真卿的鹿脯是什么鹿的肉做的、怎样做的，这些信息在颜真卿的这两幅帖中均没有，在唐代传世文献中也未发现这方面的详细记载。但长沙马王堆一号和三号汉墓出土的竹简和木牌上，已有“鹿脯”的名称，其竹笥内有鹿骨，经鉴定，鹿脯是用 2—3 年龄、体重 75—100 公斤的梅花鹿肉为主料制成（详见本书“轪侯家鹿脯”）。至于制作鹿脯的详细工艺，在颜氏《鹿脯帖》面世 200 多年前的《齐民要术》中已有记载。其制作工艺主要有三种，从李太保送给颜真卿的鹿脯是用于颜患病的妻子来看，这种鹿脯很有可能是用“五

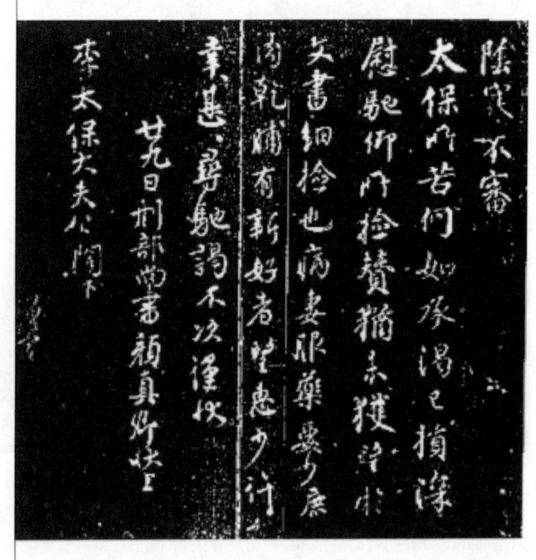

《鹿脯帖》。原图见张守富等《颜真卿志》，山东人民出版社 1998 年

味脯”工艺制成，即将鹿肉条用五香鹿骨汤浸后晾干而成（详见本书“北魏五香肉脯”）。这是因为从唐代本草典籍的相关记载来看，鹿肉和鹿骨汤在唐人眼中是补虚康复的佳品。如孟诜《食疗本草》，鹿肉可“补虚羸瘦弱，利五脏，调血脉”，孙思邈《千金方·食治》，鹿骨“主内虚”，加枸杞根熬汤可“补益虚羸”，说明鹿肉和鹿骨汤都具有补虚的功用。

昝殷炰鹿蹄

这是昝殷《食医心鉴》中的一款食疗菜。其做法是：将鹿蹄净治后像平常做白煮肉那样煮得极熟，然后脱骨拆肉，将肉放入器皿中，加入调料，盖严后隔水炖即成。昝殷指出，这款菜可“治诸风脚膝疼痛不能践地”，而这句话同人民卫生出版社1955年5月影印出版的日本江户医学北宋刊本《备急千金要方·食治》中关于鹿蹄的论述十分相似，孙思邈的话是：鹿蹄“主脚膝骨中疼痛不能践地”，说明昝殷的这一说法来自孙思邈《备急千金要方·食治》。明李时珍《本草纲目》“鹿蹄肉”条有如下记载：鹿蹄肉“主治诸风、脚膝骨中疼痛、不能践地，同豉汁五香煮食。孙思邈”。这说明在明朝万历年间李时珍看到的孙思邈《备急千金要方·食治》中还有蹄肉的做法，显示昝殷这款菜的主要做法也来自《备急千金要方·食治》。此外这款菜对后世的影响较大，据北宋官修的《圣济总录》（1117年成书）和元代宫廷食谱《饮膳正要》（1330年成书），宋元两代用于食疗的煮鹿蹄均系以孙思邈和昝殷的为祖本，只不过宋代的加了牛膝叶，而元代的则加入了陈皮和草果而已。

原文　炰鹿蹄[1]：鹿蹄四只。右治如食法[2]，煑令极熟[3]，擘取肉[4]，于五味中重炰[5]，空心服之。

昝殷《食医心鉴》

注释

[1] 炰鹿蹄：原题为“治诸风脚膝疼痛不能践地，宜喫（吃）炰鹿蹄方”。炰鹿蹄，即煨炖鹿蹄。

[2] 右治如食法：按平时做饭菜的方法将鹿蹄煺去毛杂洗净。

[3] 煑令极熟：要煮得很烂。煑，“煮”的异体字。

[4] 擘取肉：用撕的方法来取下鹿蹄上的肉。

[5] 于五味中重炰：将鹿蹄肉放入器皿中加调料盖严隔水炖。

昝殷煮熊肉

熊是今天的保护动物，我们选出此菜，只是回顾中国菜史。昝殷的煮熊肉是款食疗菜，其菜谱在唐代名医昝殷的《食医心鉴》中。其原文是：“治中风心肺热、手足不随及风痹不仁、筋急五缓、恍惚干燥，宜喫（吃）熊肉腤臛。方：右以熊肉一斤，如常法切、腤、调和，空心食之。”明李时珍《本草纲目》所引《食医心镜》文则是“中风心肺热、手足风痹不随、筋急五缓、恍惚干燥：熊肉一斤，切，入豉汁中，和葱、姜、椒、盐作腌腊，空腹食之。”对照这两个版本的煮熊肉菜谱，正文中关于此菜功用和所用熊肉重量的文字大体一致，但有关制作方法的描述差别较大，不过这反倒有利于我们搞清此菜的制法。综合起来看，其做法是将熊肉白煮后改刀，加入豉汁、葱、姜、花椒和盐，炖入味即可。关于《食医心鉴》中“腤臛”二字，腤即煮，《齐民要术》有腤白肉、腤猪、腤鱼（详见本书“北魏腤白肉”等）；臛，字书未见此字，昝殷为蜀地人，此字可能为唐代蜀地方言字，义应与“腤”通。顺便提一下的是，南北朝时期作为皇室贵族美味的熊肉多以蒸法制作（详见本书“南朝宫廷蒸熊肉”等），这里的唐代食疗菜则以腤法制成。

韩鄂兔酱

韩鄂是唐代农家生活大全《四时纂要》的撰者，兔酱是该书“十二月”条中记载的一款动物类肉酱。其制法是：将兔宰杀净治后，剔骨取肉，将肉切成丝，脊骨、颈骨剁碎，同肉丝掺到一起，加入黄衣末（酱曲）、盐和花椒，再放入好酒，拌匀后倒入瓷瓮中，最后再撒上黄衣末，用泥封严瓮口，十二月做的，来年五月就成了。也可以骨头和肉分开做。从用料和制作工艺来看，这款兔酱同《齐民要术》做兔肉酱的记载相对照，《齐民要术》是一斗兔肉用五升曲末、一升黄蒸和两升半白盐，韩鄂的则是一斗兔肉用五升黄衣末、五升盐、五合花椒和好酒，盐多了两升半，又增加了花椒和好酒。二者的制作工艺虽然大体一致，但出酱期相差较大，《齐民要术》的如果采取保温措施，14天即可开瓮食用，而韩鄂的则长达半年。

原文　剉兔取肉[1]，切如鲙。脊及颈骨细剉，相和肉[2]。每一斗，黄衣末[3]五升，盐五升，汉椒[4]五合（去子），盐须干。方：下好酒，和如前法，入瓷瓮子中，又以黄衣末盖之，封泥。五月熟。骨与肉各别作亦得[5]。

韩鄂《四时纂要》

注释

［1］剉兔取肉：剔去兔骨取精肉。剉，音cuò，此处作剔讲。

［2］相和肉：将细剁的兔骨和兔肉丝掺和在一起。

［3］黄衣末：黄衣为用整粒小麦制成的酱曲。

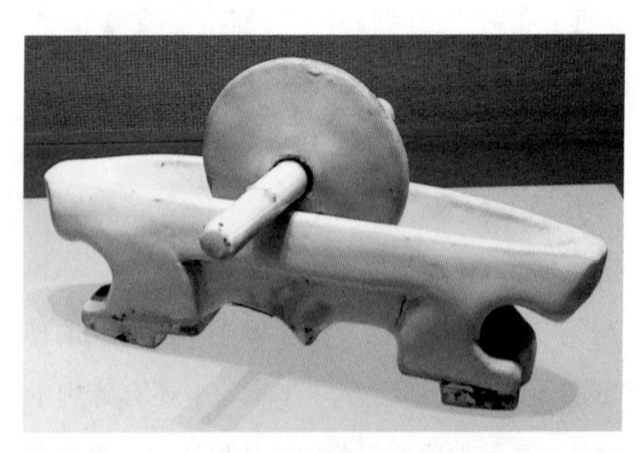

这件晚唐五代白瓷茶碾，出土于河北省曲阳县。有唐一代，这类茶碾流行南北，在浙江慈溪、河南三门峡等地的唐代窑址均有出土，陕西法门寺地宫还出土皇家御用的银茶碾。根据文献记载，唐代茶碾为碾茶之器，但后世中药铺或府宅家厨也用类似器具碾制药面或用于炖肉、五香酱肘子、酱牛肉的调料面。石俊峰摄自河北博物院

［4］汉椒：花椒。见宋《日华子本草》。

［5］骨与肉各别作亦得：骨与肉分别做酱也可以。

禽类名菜

韦尚书仙人脔

韦尚书即唐中宗景龙三年（709年）官至尚书左仆射的韦巨源，仙人脔是他按当时官场规则向唐中宗李显献烧尾食中的一款佳肴。200多年以后，曾任北宋礼部等三部尚书的陶穀发现了当年韦巨源的这份《烧尾食单》，并将他认为新奇的美味抄入《清异录》中，这里的仙人脔就是其中之一。

陶穀《清异录》中的这份《烧尾食单》，上面只有每种美味的名称和一些简单的小注，这款菜也不例外。仙人脔后面的小注为“乳瀹鸡”三个字，这使我们对仙人脔的认识立刻具体起来。根据中国菜的冠名传统，鸡应是这款菜的主料，瀹应是其加热方法，乳应是其传热介质，并具有赋味和提示其成品色香味的作用。下面我们就来具体分析一下，先说乳瀹鸡中的“乳”字。《楚辞·大招》：“鲜𬸦甘鸡，和楚酪只。”辞中的“酪”字，汉代王逸注为“酢䣽”，即酸乳浆，宋代朱熹则说是“乳浆也”，总之，战国时期楚国的“甘鸡”即美味鸡是用乳浆或酸乳浆来调味的。因此，在原料的组配上，乳瀹鸡应是远有所承。虽然这里的“乳”字也有可能是指后世所言的“奶汤”，但从乳与鸡的食材组配源流和唐代皇室具有鲜卑族血统及其食俗来看，这种可能性似乎不大。再说“乳瀹鸡”中的“瀹”字。瀹，音yuè，这是一种古老的加热方法，类似于今日的汆涮。《仪礼·既夕礼》：“苢筲三，其实皆瀹。”意思是柩车上三个草编篮里的米麦都是用热水浸渍过的，说明“瀹”法在先秦礼仪中即已出现。《说文解字》：“瀹：内肉及菜汤中，薄出之。”是说将肉及菜放入开汤中汆一下或涮几下就取出来，这说明到东汉时“瀹”字已经具有今日汆、涮的意思了。唐玄应《一切经音义》对“瀹”字的解释与《说文解字》类似，并说这种加热法在江东叫“焯”。更能说明“瀹”字具体含义的，是《齐民要术》中的“白瀹豚法”。从字面上看，乳瀹鸡与白瀹豚相类似，其做法可以参照。根据《齐民要术》，白瀹豚是先将乳猪白煮，再用酸浆水煮，最后用面浆水煮、浸，其成品乳猪“皮如玉色，滑而且美”。最后说“仙人脔”。仙人本为古代道家方士幻想的长生不死之人；脔为肉块之义，这里显然是指用乳瀹后的鸡块。唐代帝王多信方士之术，本为乳瀹鸡，却叫仙人脔，明显是讨唐中宗喜欢的阿谀之词。综合起来看，这款菜应是选用古代宫廷常用的黄雌鸡，宰杀煺毛净治后，先在开水锅中烫一下，再放入微滚的牛（羊）乳锅或加葱、姜、盐等调料的开水锅中将其浸熟，然后取出去骨切块，盛入汤碗内，倒入烧开的牛（羊）乳即成。

孟诜重汤炖乌鸡

孟诜（约621—713）是唐代医圣孙思邈的学生，重汤炖乌鸡是由其撰、张鼎增补的《食疗本草》中的一款食疗菜。重汤炖乌鸡的“重”，在这里音chóng，将煮过或炸过的主料加调料和少量的汤（或不放汤）盛入器皿内，盖严后放入开水锅中，用小火将主料炖透，这就是重汤炖，后世又称隔水炖或炖盅。先秦时的周代八珍之一“炮豚”，其最终加热工艺用的就是重汤炖。唐代孟诜的重汤炖乌鸡，是先将乌鸡白煮一下，然后放入器皿中，加入调料，封严，隔水炖至乌鸡骨肉分离即成。孟诜在《食疗本草》中称，这款菜对虚弱的人来说“甚补益”，可以“空腹饱食”。以乌鸡做菜用于食疗，在先秦时已有记载，长沙马王堆三号汉墓出土帛书《胎产书》中，就有关于乌鸡汤的记载（详见本书“马王堆煮乌鸡”）。东晋名医葛洪的蒸乌鸡和南北朝时的徐之才乌鸡汤（详见本书“葛洪蒸乌鸡”“徐王养胎鸡汤”），都是隋唐以前的食疗名品。相比之下，东晋葛洪的蒸乌鸡是“食肉饮汁”即吃肉喝汤，但不许放盐（“勿啖盐”）；南北朝时的徐之才乌鸡汤则是“煮鸡取汁以煎药”，实际上喝的是用人参、大枣和生姜等又熬了一遍的鸡汤；而这里的唐代孟诜重汤炖乌鸡，吃的是用五味调料隔水炖得酥烂的鸡肉，可以说同平时吃炖鸡肉没什么两样，这是多么高明的食物疗法。顺便提一下的是，孟诜曾官至与皇室膳食相关的光禄大夫，这款菜有可能是其为皇家设计过或本来就是当时的宫廷食疗菜。

原文　虚弱人：取一只（乌雄鸡）[1]，治如食法[2]，五味汁和肉一器中[3]，封口，重汤中煮之[4]，使骨肉相去[5]。即食之，甚补益。仍须空腹饱食之。肉须烂，生即反损[6]。

孟诜、张鼎《食疗本草》

注释

［1］取一只（乌雄鸡）：《食疗本草》称：“乌雄鸡：主心痛，除心腹恶气。”

［2］治如食法：净治乌鸡的方法像平时做鸡菜那样。

［3］五味汁和肉一器中：五味调料汁和乌鸡放入一个器皿内。

［4］重汤中煮之：隔水炖。

［5］使骨肉相去：炖得乌鸡骨肉分离。

［6］生即反损：如果炖得不够火候反而损害身体。

孟诜烤乌鸡

这是孟诜撰、张鼎增补的《食疗本草》中的又一款食疗菜，这款菜有可能来自宫廷。从历史渊源来看，从先秦两汉魏晋南北朝到隋唐，尽管在长沙马王堆一号和三号汉墓出土的竹简中已有烤鸡的菜名（详见本书“轪侯家烤鸡”），但这里的孟诜烤乌鸡却是目前所知在传世文献中最早的食疗烤乌鸡菜谱。

这份菜谱的原文是：“虚弱人：取一只（乌雄鸡），治如食法……亦可五味腌，经宿。炙食之，分为两顿。”由此可知，孟诜的烤乌鸡用的是乌雄鸡，这在选料上是与众不同的。这是因为一般来说雄鸡的脂肪含量特别是肌间脂肪均低于雌鸡，肌纤维也比雌鸡的粗，因此雄鸡肉比雌鸡肉老而柴，烹调时又不容易入味。于是我们对其原文中鸡要用“五味腌，经宿，炙食之”即先用调料将鸡腌一宿再烤的工艺也就好理解了。而孟诜稍后的唐代另一位名医昝殷《食医心鉴》中的“炙黄雌鸡”，盐、醋、花椒末等调料只是烤时才往鸡身上刷刷而已。两相对照，可以看出唐人在烤鸡调味工艺上已相当考究，即使是为特殊人群设计的食疗菜也是如此。关于这款菜的食疗功效，孟诜在《食疗本草》中指出：“乌雄鸡：主心痛，除心腹恶气。”这与原文中“虚弱人：取一只（乌雄鸡）”是完全一致的。

昝殷乌雌鸡羹

这是昝殷以乌雌鸡为主料的一款食疗菜。以乌雌鸡做羹汤用于食疗，至迟在南北朝时期已有明确记载，北魏时的名医徐之才《逐月养胎方》中，就有用乌雌鸡汤养胎的记载，其中在孕妇妊娠的九个月中，就有七个月将乌雌鸡汤用于食疗，可见当时医家对乌雌鸡食疗价值的认识。昝殷的乌雌鸡羹同徐之才的乌雌鸡汤相比，在用料、制作和口味上更接近平时所食的鸡羹。徐之才的乌雌鸡汤，一般是先煮鸡熬

这是敦煌壁画《观无量寿经变》图（晚唐）中的一个画面。图中右侧六位献食者，或端有似为点心的高足盘，或捧饮料瓶。细看盘内所盛美食，或乳白色或淡黄色或紫褐色，大多为半椭圆形或圆形，只有一盘内似为膨松细腻的圆状乳糕。吴昊摄自天津城建大学“千年敦煌——敦煌壁画艺术精品高校巡展”

汤，然后取出鸡，再往汤中放入人参、茯苓、生姜等中草药，最后去滓喝汤；而昝殷的乌雌鸡羹，则是先白煮整只乌鸡，煮得极熟时取出，拆肉去骨，将肉撕碎，再加豉汁、葱、姜、花椒、酱等调料做成羹，可以说昝殷的乌雌鸡羹与当时平日的鸡羹没什么两样。但是，昝殷在《食医心鉴》中却明确指出：这款羹可“治风寒湿痹、五缓六急、骨中疼痛”。这主要来自乌雌鸡的食疗功用，唐孟诜、张鼎《食疗本草》说：“乌雌鸡温、味酸、无毒，主除风寒湿痹”等。这款羹对后世影响较大，宋代官修的方剂巨著《太平圣惠方》中，基本上全文收录了昝殷的这份乌雌鸡羹菜谱。

原文　乌雌鸡羹[1]：乌雌鸡一只，右治如法[2]，煑令极熟[3]。细擘[4]，以豉汁、葱、姜、椒、酱作羹，食之。

昝殷《食医心鉴》

注释

[1] 乌雌鸡羹：原题为“治风寒湿痹、五缓六急、骨中疼痛，宜食乌雌鸡羹方”。

[2] 右治如法：将乌雌鸡宰杀去毛杂后，像平时鸡菜那样做。

[3] 煑令极熟：将鸡煮得很烂。煑，“煮”的异体字。

[4] 细擘：细细地撕碎。

昝殷烤黄雌鸡

这是昝殷为尿频者设计的一款食疗菜。以黄雌鸡用于食疗，在先秦时已有比较详细的记载，1973年长沙马王堆三号汉墓出土的先秦古医书帛书《五十二病方》中，就有用草裹泥封的炮烤法制作黄雌鸡来治疗痔疮的菜谱（详见本书“马王堆叫花鸡”）。昝殷在《食医心鉴》中谈的这款烤黄雌鸡，与马王堆叫花鸡不同的是：1. 在食用者上，马王堆叫花鸡针对的是痔疮患者，昝殷的烤黄雌鸡面对的是“下焦虚、小便数”人群。2. 在调味工艺上，前者是用酱汁灌入活鸡嘴中的野蛮方法，后者则是在鸡烤炙过程中往鸡身上刷盐、醋、花椒末等调料的文明方法。3. 在烤法上，前者是将整只黄雌鸡草裹泥封后烤，用的是炮法；后者则是将鸡上叉后用木炭火烤，也就是炙法。4. 在对后世的影响上，据爱新觉罗·浩《食在宫廷》，前者到明清时已为宫廷菜，后者在元代宫廷食谱《饮膳正要》中已名列皇室食疗菜品。总的来看，烧烤黄雌鸡源远流长，从先秦至明清，不仅用于食疗，而且也为皇家饮馔珍品。

原文　炙黄雌鸡：黄雌鸡壹只，治如食。右炙，令极熟，刷盐、醋、椒末，空心食之。

昝殷《食医心鉴》

昝殷青头鸭羹

这是昝殷《食医心鉴》中的一款食疗菜。其原文是：“青头鸭一只，治如食，萝卜根、冬瓜、葱白各四两，右如常法羹煮，盐、醋调和，空心食。白煮亦佳。”昝殷在这份食疗菜谱中指出，这款羹可“治小便涩少疼痛”。将青头鸭用于食疗，在东晋时已有记载，葛洪《肘后备急方》:“治卒大腹水病:青头雄鸭，以水五升，煮取一升，饮尽，厚盖之，取汗佳。”说明昝殷的这款青头鸭羹，应是从葛洪青头鸭汤变化而来。结合明李时珍《本草纲目》中“治水利小便,宜用青头雄鸭”的提示，可证昝殷的这款羹应是用青头雄鸭一只。昝殷在《食医心鉴》中所说的“治如食”,即“治如食法”，也就是这只鸭宰杀、净治和刀工处理方法像平时做鸭菜的方法一样。根据《齐民要术》做鸭羹的相关记载，这只青头雄鸭宰杀净治后，要改刀切成一寸见方的块，这些应该是“治如食”的大略内容。其原文中的“萝卜根”应即萝卜，“右如常法羹者，盐、醋调和”的意思，不外是按平常做鸭羹的方法，先将鸭块白煮，然后再与萝卜块、冬瓜块、葱白段放到一起白煮，最后放盐和醋调好口味即成。看得出这款用于食疗的鸭羹，其做法和口味同平常的鸭羹没什么区别，这应是昝殷食疗菜系的高明之处。

这件唐代渤海国的三足铁锅，虽历经千年已经残破，但仍可想见其昔日锅内光滑黑亮、锅底炊火燎旺时的红火风姿。考古出土的猪骨、陶猪和文献中“其畜多猪”的记载说明，靺鞨人以猪为主要肉食的习俗，同其先世肃慎人一脉相承。在被唐政府册封后，渤海人的饮食又融入了大唐文化。推想当年这铁锅内所煮的食物，除了东北地区特产的粟米等以外，当是带骨猪肉等牲畜肉及野禽，其烹调法自然是世代相传的白煮。王岚摄于黑龙江省渤海上京遗址博物馆

昝殷蒸酿馅鸭

这是马继兴先生从宋《政和本草》所引《食医心镜》中辑出的一份唐代食疗菜谱，也是迄今所知在传世文献中最早的蒸酿馅鸭谱。据马继兴先生所辑《食医心镜》中的此菜谱，并参照明李时珍《本草纲目》所引《食医心镜》中的这款菜的菜谱，这款蒸酿馅鸭的做法是:将一只鸭宰杀、煺毛、净腹、洗净，再将稍蒸过的米饭加姜、花椒拌匀后填入鸭腹中，缝严开口，蒸熟即成。从制作工艺的角度看，这款菜应是后世蒸酿脱骨八宝鸭的源头和其早期形态。例如清代袁枚《随园食单》中的真定魏太守蒸酿八宝鸭,其基本工艺与唐代昝殷《食医心镜》中的这款菜类似，只是多了脱骨工艺和火腿、香菇、笋丁等馅料。从菜肴的功用看，虽然《楚辞・大招》中已有蒸野鸭的诗句(详见本书“楚国大夫蒸野鸭”)，但由古代名医拟谱并明确说明蒸酿馅鸭的食疗功效，这款菜则是中国古代名菜中的第一例。昝殷在《食医心镜》中指出:这款菜“主水气，

胀满，浮肿，小便清少”。其医理是什么呢？这款菜的主料是白鸭，孟诜、张鼎《食疗本草》说：“白鸭肉：补虚，清毒热，利水道……”这条记载无疑有助于我们理解这款蒸酿馅鸭的食疗功效。还应该指出的是，这款蒸酿馅鸭在用料、制作工艺、菜肴款式和色香味上，同当时的餐食区别不大，容易为患者接受，这是昝殷食疗菜点的突出特色，体现了昝殷的食疗设计思想。

原文　主水气，胀满，浮肿，小便清少：白鸭一只，去毛、肠、汤洗，馈饭半升[1]，以饭、姜、椒酿鸭腹中，缝定，如法，蒸，候熟食之。

昝殷《食医心镜》[2]

注释

[1] 馈饭半升：稍蒸过的米饭半升。馈，音 fēn，稍蒸过的米饭。

[2]《食医心镜》：这是马继兴先生从宋《政和本草》中辑出的《食医心镜》。

大唐宫廷烤鹅

将肉和糯米饭加调料拌匀，填入净治过的鹅腹中，再将鹅放入去净外皮和内脏的羊腹中，缝严开口，烤熟后从羊腹中取出鹅，只吃这只鹅，这就是唐卢言《卢氏杂说》“御厨”记载的大唐宫廷烤鹅。这款菜本名“浑羊殁忽”，“浑羊”，即整只羊；“殁忽”，又作“没忽”，隋炀帝御膳大总管谢讽的《食经》中有“细供没忽羊羹”，看来“殁忽”可能是隋唐时北方游牧民族或波斯、阿拉伯等语词的音译。从其名称来看，这款菜胡风浓郁，有可能是从波斯、阿拉伯传入大唐的名菜。今阿拉伯保持古老生活方式的贝都因人有烤全驼，做法是把煮熟的鸡蛋放入鱼腹中，把鱼放入鸡腹中，再把鸡放入羊的肚子中，最后将烤羊放入骆驼腹中，火烤制成，这与这款菜在工艺上十分相似。应该说明的是，鹅肉虽然为唐人常用食材，但因其肉质较粗糙，肉间脂肪含量也较低，因此口感不如鸡肉细嫩，将调料拌过的肉和糯米填入鹅腹内，系从鹅腹内将肉米的滋味发散到鹅肉中，而将鹅放入羊腹内，在烧烤过程中既避免了鹅肉水分和香气的流失，又使鹅肉吸收了羊肉的香味，从而使这只鹅在异香扑鼻的同时，又超乎寻常地软嫩可口，更适合具有鲜卑血统的大唐帝后口味，这应是这款菜工艺设计上的绝妙之处。

原文　浑羊殁忽[1]：见京都[2]人说，两军每行从进食及其宴设，多食鸡鹅之类，就中爱食子鹅。鹅每只价值二三千，每有设，据人数取鹅，去毛[3]，及去五脏，酿以肉及糯米饭，五味调和。先取羊一口，亦剥，去肠胃，置鹅于羊中，缝合，炙之[4]。羊肉若熟，便堪去却羊，取鹅浑食之[5]，谓之“浑羊殁忽”。

卢言《卢氏杂说》

注释

[1] 浑羊殁忽：烤酿鹅。按：此谱系从宋

代《太平广记》所引的唐卢言撰《卢氏杂说》"御厨"中辑出。

[2] 京都：唐代都城长安，今陕西西安市。

[3] 去毛：用开水煺去毛。

[4] 炙之：烤熟。

[5] 取鹅浑食之：取鹅整只吃。

昝殷野鸡羹

野鸡羹是中国一款古老的羹，在《楚辞·天问》《礼记·内则》和长沙马王堆一号汉墓出土的竹简上均有记载，长沙马王堆一号汉墓还出土了盛有野鸡骨的鼎（详见本书"彭祖野鸡羹""轪侯家野鸡羹"），不过，这些野鸡羹要么是古代帝王贵族平日的餐食，要么是表明他们地位的礼食。从食物疗法的角度来看，唐代名医昝殷《食医心鉴》中的野鸡羹谱，应是在传世文献中以野鸡为主料的最早的食疗羹谱。

这份野鸡羹谱目前大致有三个版本：1. 日本学者从朝鲜《医方类聚》所辑《食医心鉴》本。2. 明李时珍《本草纲目》所引《食医心镜》本。3. 著名医史专家马继兴先生从宋《政和本草》采辑本。这三个版本的《食医心鉴（镜）》中共有两款野鸡羹，一款主治因痔下血不止无力的，另一款针对伤中消渴口干小便频的，我们这里选用的是后者。就这份野鸡羹谱的文字来看，在三个版本中以李时珍《本草纲目》所引本较完整。根据《本草纲目》本《食医心镜》，这款羹是将一只野鸡用五味调料煮熟后，取三升汤，渴了就可以喝，肉也可以吃。昝殷指出，此羹对消渴饮水尿频者来说"甚效"。其中的三升汤，宋《政和本草》《食医心镜》本作二升半。做野鸡羹要用水煮野鸡才能谈得上最终是取三升还是二升半汤，但是这三个版本的野鸡羹谱中都没有这方面的文字。通观隋唐时期食疗羹水与最终取汤的比例，这款野鸡羹宜用水一斗一升左右。还应指出的是，昝殷的这款野鸡羹应是历代制作和食用野鸡羹食疗经验的一个结晶。

原文　消渴饮水小便数：用野鸡一只，五味煮[1]，取（三升[2]已来）汁饮之，肉亦可食。甚效。

昝殷《食医心镜》

注释

[1] 五味煮：用五味调料煮。此处未说用多少水，根据隋唐食疗羹用水量与取汤量的比例，这款羹宜用水一斗一升左右。

[2] 三升：宋《政和本草》本《食医心镜》中此处为二升半。

昝殷萝卜炖鸽肉

这是目前所知在传世文献中关于中国鸽肉菜的最早记载，也是中国最早的食疗鸽肉菜谱。据宋《政和本草》和明《本草纲目》所引唐昝殷《食医心镜》，将一只白花鸽宰杀净治后剁成小块，同萝卜一起炖熟，食之可治消渴饮水不足，这就是唐代名医昝殷的萝卜炖鸽肉。

唐代名医孟诜说，白鸽肉可“调精益气，治恶疮癣”等，但同时指出：“虽益人，食多恐减药力。”昝殷这份菜谱中的萝卜写作“土苏”，据李时珍《本草纲目》，土苏应即“土酥”。李时珍引王祯《农书》说：“北人萝卜，一种四名：春曰破地锥，夏曰夏生，秋曰萝卜，冬曰土酥，谓其洁白如酥也。”李时珍并引《唐本草》指出：萝卜“生捣汁服，止消渴，试大有验”。据《图经本草》，宋代苏颂曾用老萝卜干末调猪肉汤治消渴饮水，但用萝卜炖鸽肉治消渴饮水不足，昝殷则是第一人。可能是这款菜食疗效果显著，这份菜谱在唐、宋、元、明本草典籍中均被引录，在元代更成为宫廷食疗菜，可见这款菜对后世的影响。

原文　消渴饮水不知足：用白花鸽[1]一只，切作小脔[2]，以土苏煎[3]，饮汁含咽。

昝殷《食医心镜》

注释

[1] 白花鸽：即白鸽。唐代孟诜说：白鸽肉“味咸、平、无毒、调精益气”，但“虽益人，食多恐减药力”。

[2]切作小脔：剁成小块。按：这里的“切”字应作剁义。

[3] 以土苏煎：用萝卜炖。土苏，即萝卜。煎，此处作煮炖讲。

这是敦煌壁画榆林第25窟《弥勒三会说法图》中的一个画面，画中弥勒在众菩萨眷属围绕下就座说法，表现了“华果茂盛……人寿八万四千岁……女人五百岁，尔乃行嫁”的阎浮提世界。吴昊摄自天津城建大学“千年敦煌——敦煌壁画艺术精品高校巡展”

水产名菜

隋炀帝香菜鮸鱼脍

这是《大业拾遗记》中记载的一款隋朝宫廷冷菜。这里的香菜指唇形科植物香薷，又名香菜，味香辛，与今日人们所说的香菜（胡荽、芫荽）和罗勒（兰香）在魏晋南北朝至隋唐均称为香菜，是古代调料中有名的三香之一。鮸鱼又称米鱼，石首鱼科，体长可达50厘米，为近海中下层食用鱼类，肉嫩味鲜美。《大业拾遗记》载，大业六年（610年），御厨将细切的香菜叶丝同发好的鮸鱼丝放在盘内用筷子拌匀，然后献给隋炀帝享用，这就是隋炀帝香菜鮸鱼脍。这款菜的独特之处在于要专捕长四五尺、鳞细而紫色的鮸鱼，因为这种鮸鱼无细骨而又不腥。捕上来在船上就要做脍，先去其皮骨，再取其精肉切成丝，要随切随晒。三四天后，待鱼丝晒得极干时，装入新白瓷瓶中，注意瓷瓶是没沾过水的，然后用泥等封严瓶口。五六十天以后，打开瓶盖，鱼丝同新切的没什么区别。吃之前，取出鱼丝干，用净布包上，放入大坛内，用水泡约40分钟，取出沥尽水，放在盘内，鱼丝白亮，宛如刚切的鱼丝。吴郡献给隋炀帝的这种贡品鮸鱼丝干，是用晒干加密封的方法保鲜，共四瓶，每瓶一斗，每年五六月捕鱼做脍装瓶，到暑天时即可送到京城。

原文　海鮸干鲙[1]：吴郡[2]献海鮸干鲙四瓶。瓶容一斗，浸一斗，可得径尺数盘[3]……作干鲙之法：当五六月盛热之日，于海取得鮸鱼。大者长四五尺，鳞细而紫色，无细骨不腥者，捕得之，即于海船之上作鲙，去其皮骨，取其精肉缕切[4]，随成随晒。三四日，须极干。以新白甆[5]瓶（未经水者）盛之，密封泥[6]，勿令风入。经五六十日，不异新者。取啖之时[7]，开出干鲙，以布裹，大瓮盛水渍之，三刻久出，带布沥却水，则皦然[8]。散置盘上，如新鲙无别。细切香柔叶铺上[9]，筯拨令调匀进之[10]。海鱼体性不腥，然鳍鮸鱼肉软而白色，经干又和以青叶，皙然极可噉[11]。

《大业拾遗记》

注释

[1] 海鮸干鲙：此菜谱系从宋代《太平广记》所引《大业拾遗记》中辑出。

[2] 吴郡：治所为今江苏苏州。

[3] 可得径尺数盘：可得直径一尺左右大的盘数盘。

[4] 取其精肉缕切：取鮸鱼精肉切成丝。

[5] 甆："瓷"的异体字。

[6] 密封泥：用泥把瓶口密封。

[7] 取啖之时：取出来吃的时候。啖，音dàn，吃。

[8] 则皦然：则白亮可爱。皦，音jiǎo，此处作白亮讲。

[9] 细切香柔叶铺上：撒上细切的香柔叶。香柔叶，即香葇叶，为唇形科植物海州香薷的叶，味香辛，为古代菜肴调味的"三香"之一。

[10] 筯拨令调匀进之：用筷子把鱼丝和

香菜叶丝调匀就可以献给（皇帝）食用了。筯，“箸”的异体字，即筷子。

［11］晢然极可噉：清新悦目，极诱人食欲。晢，“晰”的异体字，晢然，此处作清新悦目讲。噉，“啖”的异体字，可噉，可吃，此处作诱人食欲讲。

隋炀帝香菜鲈鱼脍

这是《大业拾遗记》中记载的又一款隋朝宫廷冷菜。同隋炀帝香菜鮸鱼脍一样，这款菜所用的主料松江鲈鱼丝也是当时吴郡以晒干和密封的方法进行保鲜的贡品，松江鲈鱼丝干的涨发方法也同鮸鱼丝干一样，就连所用的调料香菜（香薷）也与隋炀帝香菜鮸鱼脍相同。与隋炀帝香菜鮸鱼脍不同的，一是这款菜所用的松江鲈鱼丝，必须是取自八九月有霜时三尺以下的松江鲈鱼，因为这种鲈鱼肉白如雪而且不腥，由此看来这款菜应是隋炀帝享用的秋季宫廷冷菜，而香菜鮸鱼脍则是当时的夏令宫廷美食。二是这款菜传说曾被隋炀帝称为“金齑玉脍，东南之佳味也”。但据宋李昉《太平御览》所引《春秋佐助期》和贾思勰《齐民要术》，“金齑玉脍”本是流行于魏晋南北朝时期的一句民间谚语，说的是吴中一带肉白如玉的鲈鱼丝和色黄如金的酸菜丝相配之美，到隋朝时用在这种用鲈鱼丝干做成的宫廷菜上，当是感叹松江鲈鱼脍历史之久远。

这是山东临沂市博物馆展出的隋代“八系莲花瓣瓷罐”。展台上的说明告诉我们，这件瓷罐出土于临沂北十里堡，上有盖下有圈足，为酒水器。但据《齐民要术》等文献记载，这类酒水器瓷罐，有时也用于制作隔水炖类菜肴。王森摄于山东临沂市博物馆

原文　松江鲈鱼干鲙：吴郡献松江鲈鱼干鲙六瓶，瓶容一斗。作鲙法，一同鮸鱼。然作鲈鱼鲙，须八九月霜下之时，收鲈鱼三尺以下者作干鲙。浸渍讫，布裹沥水令尽，散置盘内。取香柔花叶，相间细切，和鲙拨令调匀。霜后鲈鱼，肉白如雪，不腥，所谓“金齑玉鲙，东南之佳味也”。紫花碧叶，间以素鲙，亦鲜洁可观。

《大业拾遗记》

孙思邈鲤鱼汤

这是孙思邈《备急千金要方》中的一款食疗鲤鱼汤菜。孙思邈说，如果妇女体虚流

汗不止，或是时而盗汗，就可以喝这款鲤鱼汤。其做法是：先用一斗水煮鱼，取六升鱼汤，去掉鱼，再往鱼汤中加入葱白段、豆豉各一升，干姜、桂心各二两，用微火煮后取二升，去掉滓，就可以喝了。

将鲤鱼汤用于食疗，在东晋名医葛洪《肘后备急方》和范汪《范汪方》中已有记载，对比以后可以看出，葛洪和范汪多用鲤鱼来治疗水肿，而孙思邈则用于妇女体虚。在用料上，孙思邈的这款鲤鱼汤用了葛洪和范汪很少用的葱白、豆豉、干姜和桂心。葱白具发表、通阳、解毒之功，豆豉以清酒渍后单用即可治盗汗，干姜可温中逐寒回阳通脉，桂心可补元阳、暖脾胃、除积冷、通血脉，与鲤鱼合用，共奏补虚之效。孙思邈以后，昝殷又用鲤鱼汤来治疗孕妇妊娠胎动、脏腑拥热、呕吐不下食和心烦躁闷。昝殷的鲤鱼汤比孙思邈的少了豆豉、干姜和桂心，不仅喝鱼汤，而且还可以吃鱼，这款鲤鱼汤被昝殷收入《食医心鉴》中。

原文　主妇人体虚、流汗不止，或时盗汗方：鲤鱼二升，葱白一升（切），豉一升，干姜二两，桂心[1]二两。右五味㕮咀四物[2]，以水一斗煮鱼，取六升。去鱼，内诸药[3]，微火煮，取二升，去滓。分再服，取微汗即愈。勿用生鱼。

孙思邈《备急千金要方》

注释

［1］桂心：肉桂加工过程中余下的边条除去栓皮即为桂心。《本草经疏》等本草典籍称，桂心甘辛而大热，所以益阳。

［2］㕮咀四物：将葱白、豉、干姜、桂心加工成适合的形状。㕮咀，这里作加工成适合的形状解。

［3］内诸药：指放入葱白、豆豉、干姜、桂心。内，同“纳”，这里作放入讲。

孟诜煮鳢鱼

这是唐代名医孟诜（约621—713）、张鼎《食疗本草》中的一款唐代食疗鳢鱼菜。据该书记载，大鳢鱼杀后洗净开腹，将半两胡椒末和两三瓣大蒜片放入鱼腹内，缝合后同一升小豆用水煮，快熟时再加入三五个小萝卜和大葱段，煮熟即可。孟诜说，此菜可空腹食之，连豆也可以都吃了，到夜里就会泄气无限。三五天可以吃一次，可下一切恶气。鳢鱼又称黑鱼等，我国大部分河流、湖沼都有，以昆虫、小鱼、小虾为食，是一种凶猛的食肉鱼类。鳢鱼体长约30厘米，古人吃鳢鱼，无论是日常餐食还是食疗，都是用大的，《齐民要术》记载的“鳢鱼臛”就有“用极大者，一尺已下不合用”的说明（详见本书“南朝鳢鱼羹”），《食疗本草》中的这款食疗鳢鱼菜，开头第一句就强调要用“大者”。从食疗的角度来看，南北朝时期南朝梁陶弘景《本草经集注》中就有用鳢鱼和小豆白煮治疗肿满的记载，孟诜、张鼎的这款菜应是在陶弘景的基础上加入胡椒、大蒜、萝卜、大葱而成。其中特别需要指出的是，其中加入了在隋唐时期流行的具有波斯医药学色彩的胡椒，这也使这款菜散发出一缕大唐食疗菜的胡香气味。

原文　以大者洗去泥[1]，开肚，以胡椒末半两、切大蒜三两颗[2]，内鱼腹中[3]，缝合，并和小豆一升煮之，临熟下萝卜三五颗如指大、切葱一握，煮熟。空腹食之，并豆等强饱，尽食之。至夜，即泄气无限。三五日更一顿[4]，下一切恶气。

孟诜、张鼎《食疗本草》

注释

[1] 以大者洗去泥：将大条的鳢鱼洗去泥。鳢鱼体长约30厘米，因其喜欢生活在水草较多及有污泥的浑浊水底，故打捞后其身上泥较多。

[2] 切大蒜三两颗：将两三瓣大蒜切片。据《食疗本草》“大蒜”条，这里的大蒜应是独头蒜。

[3] 内鱼腹中：放入鱼腹中。内，同“纳”，这里作放入讲。

[4] 三五日更一顿：三五天吃一次。

韦尚书白龙臛

韦尚书即唐中宗景龙三年（709年）拜尚书左仆射的韦巨源，白龙臛是他向中宗皇帝献“烧尾食”时的一款美味佳肴。200多年后，宋初陶穀发现了韦巨源的这份《烧尾食单》，并择其奇异者记入《清异录》中。但在陶穀的《清异录》中，关于这款菜却只有六个字：“白龙臛：治鳜鱼。”从字面上来看，前三个字应是此菜名称，后三个字为古人的简单注释。那么这款菜究竟都用了哪些原料、怎样做的呢？让我们通过这六个字对此做些探讨。先说菜名“白龙臛”，从中国菜的冠名传统来看，这是个用浪漫与写实相结合的方法起的菜名。龙是中国古代神话传说中的一种神圣祥物，因为从唐开始有“鲤多由龙化”而来的说法，所以大约在唐代中期以鱼为龙的菜名渐多起来。仅据《清异录》，以白鳝做的菜在五代后周名“软钉雪龙”，再联系菜名后面的“治鳜鱼”三个字，可知菜名中的“白龙”系指鳜鱼肉。后面的“臛”字，既是古代的一种菜肴款式，又是一种烹调方法。北魏《齐民要术》关于“鱼臛”的三条记载显示，这类菜通常是将鱼宰杀净治后，先片成片，再油煎或直接加豉汁、米汤煮，待鱼熟时放葱、姜、橘皮、椒末、胡芹、小蒜、酒等，最后再加入盐、醋。因为这类菜汤汁较少，所以多用浅底盘来盛。湖南省博物馆藏品中的元青花双鱼莲池大盘，可帮助我们对这款菜的盛装有更直观的了解。据石志廉先生《元代青花双鱼莲池大盘及其他》，此盘口径44.9—45.1厘米，底径25.6厘米，高7.8厘米，盘里画六朵牡丹，盘心画头向相反的鳊鱼和鳜鱼各一尾，盘外画八朵石榴花。此盘虽为元代官窑出品，但牡丹为唐代国花，宋元则沿袭。而鳜鱼似乎不受元朝皇室喜爱，在元代宫廷食谱《饮膳正要》中只有鲤鱼等鱼而没有鳜鱼。因此笔者认为此盘上的牡丹和鳜鱼纹饰表明，这件瓷盘盛的应是从唐代开始流行的鳜鱼臛之类的菜。再说此菜的色香味，白龙臛中的“白”字说明其色泽是白色当无问题；至于香和味，根据《齐民要术》这类菜所放调料和唐代皇室饮食习俗，可以推知这款菜应是酸咸口味的。最后谈一下鳜鱼为何在唐代才开始荣登大雅之堂。据笔者目前所知，古代本草典籍最早记载鳜鱼的是唐代孟诜、张鼎的《食疗本草》。其原文是：“鳜鱼：补劳，益脾胃。稍有毒。”另据李时珍《本草纲目》所引，留下“西塞山前白鹭飞，桃花流水鳜鱼肥”名句的张志和，是唐代一位嗜食鳜鱼的信道者。再综合相关史料可以发现，鳜鱼在唐代开始成为上层席上珍馐，是由道家方士和医家等共同炒作的结果，当然也迎合了大唐皇室迷信方技和“补劳”的需求。因此，人们不难理解韦巨源在荣升之际向唐中宗李显献烧尾食中为何有一款菜名如此道化的鳜鱼菜。

昝殷烫食鲫鱼脍

唐段成式《酉阳杂俎》中有一份唐玄宗赐给安禄山的物品的清单，其中有鲫鱼和做鲫鱼脍的刀子，说明鲫鱼脍是唐代名闻朝野的美食。唐代蜀中名医昝殷《食医心鉴》中的鲫鱼脍，却与当时上流社会常食的鲫鱼脍有所不同。一是昝殷的鲫鱼脍是用来治疗妇女产后赤白痢、脐肚痛、不下食的食疗菜；二是这款鲫鱼脍是用烫法制成的熟脍而不是生脍，这在唐以前的脍中还是鲜见的。

关于这款鲫鱼脍的名称、用料和做法，由日本学者从朝鲜《医方类聚》中辑成的《食医心鉴》和李时珍《本草纲目》所引的《食医心镜》略有不同。在《食医心鉴》中，此菜称作“鲫鱼鲙（脍）”；而在《食医心镜》中，此菜则名为“鹘突羹”。在用料上，《食医心鉴》为鲫鱼一斤，《食医心镜》为鲫鱼半斤。此外在调料上，《食医心鉴》写明莳萝、橘皮、芜荑、干姜、胡椒各一分作末，《食医心镜》未有芜荑及重量。在做法上，《食医心鉴》为“以鲙投热豉汁中良久，下诸末调和”，《食医心镜》为“以鲫鱼半斤切碎，用沸豉汁投之，入胡椒、莳萝、干姜、橘皮等末”。相比之下，《食医心鉴》的表述较为明晰完整。从菜肴创造学的角度来看，在用料和制作工艺上，这款菜有两点引人关注：一是在调料中用到了胡椒和莳萝，使得这款菜有了些许波斯医药学色彩，这在当时是时尚之举。二是将热豉汁倒在鲫鱼丝上，将鱼丝烫熟，再辅以调味，这不禁让人联想到今日云南过桥米线中鸡丝（片）或肉丝（片）的烫制法。而据云南当地传说，这种烫制工艺起于清代，《食医心鉴》的这款鲫鱼脍说明，至迟在1100多年前的唐宣宗时代，这种烫制工艺就已经有了文字记载。需要指出的是，这种烫制工艺可以使柔嫩易碎的鱼丝在熟制过程中做到熟、嫩而又保持丝（片）不碎。

原文　鲫鱼鲙[1]：鲫鱼一斤，作鲙。莳萝、橘皮、芜荑、干姜、胡椒各一分，作末。右以鲙投热豉汁中良久，下诸末调和，食之。

昝殷《食医心鉴》

注释

［1］鲫鱼鲙：原题为“治产后赤白痢、脐肚痛、不下食，鲫鱼鲙方”。

岭南石锅烹鱼

如今，石锅拌饭已是脍炙人口的韩国美食，但是在1100多年前的唐昭宗年间，今广东省德庆县一带，当地亲朋聚会时，多以石锅烹鱼待客。据当时的广州司马刘恂在《岭表录异》中说，在康州悦城县（州治为今广东德庆县）北100多里的山中，“有焦石穴”。每年当地人采石“琢为烧食器”，然后将其烧热用东西垫上，再放到盘中，上席时倒入鲜鱼肉和葱、韭等调料及酸泡菜，“顷刻即熟，而终席煎沸”，直到散席石锅里的鱼汤还在开着。刘恂指出：“南中有亲朋聚会，多用之。”并说，这种石锅烹鱼如果吃多了会上火，“疑石中有火毒”。刘恂所说的用来打造烧食器的“焦石”，《本草纲目》等典籍均说是后世所言的煤炭，但生活常识告诉我们，用煤块打造烧食器是不可能的，即使用俗话所说的“生煤石（即燃力极低的煤石）”打成了锅，烧热后加入的鱼等食材和汤也会变黑。因此，笔者认为这里的“焦石”有可能是“蜡石”。蜡石是火山岩的产物，其成分为二氧化硅，今日著名的朝鲜石火锅，就是用蜡石打造而成。用蜡石打造的石锅，越受热越硬，能保持菜肴本味，而且抗热性强，不易烧煳，保温持久，蜡石锅的这一特点恰与刘恂所说“终席煎沸”的情况相吻合。今日广东潮州、台山和广西八步等地均是我国蜡石的著名产地。

原文　康州悦城县[1]北百余里山中，有焦石穴[2]。每岁乡人琢为烧食器[3]。虔州亦有，乃食牢也。但烧令热彻，以物衬阁，置之盘中，旋下生鱼肉及葱韭齑菹腌之类，顷刻即熟，而终席煎沸[4]。南中有亲朋聚会，多用之。频食亦极壅热，疑石中有火毒。

刘恂《岭表录异》

注释

［1］康州悦城县：唐代该地州治为今广东省德庆县。

［2］有焦石穴：即有焦石矿（洞）。焦石，一说即今煤炭，但从此段全文看，这里的焦石可能是能打造成石锅的蜡石。

［3］每岁乡人琢为烧食器：每年当地人（将采来的焦石）打造成做饭的石锅。

［4］而终席煎沸：而散席时（石锅内的汤）仍然沸腾着。这正是蜡石火锅的特点。

敦煌唐人煮鲟鱼

这是敦煌古医书记载的一款唐代食疗菜。这款菜的菜谱原件于20世纪初被英国人斯坦因运到国外，现藏英国伦敦博物馆图书馆，马继兴等先生将根据其原件的微缩胶片的研究成果收入《敦煌古医籍考释》中。从这份菜谱来看，这款菜是这样制作的：选取一条大鲚鱼，依法净治后，加入糯米，再放入葱和豉汁，烂煮即成。马继兴先生等认为这份菜谱为唐人写本，笔者从其用料和制作工艺来考察，发现这款菜具有明显的魏晋南北朝以来的鱼羹特色。其所用的主料鱼，据李时珍在《本草纲目》中指出，鲚鱼即《尔雅》所说的鱖鳎，郭璞所说的妾鱼、婢鱼，崔豹所说的青衣鱼。这种鱼似鲫而小，且薄黑而扬赤。其行以三为率，一前二后，若婢妾然，故名。根据其菜谱原文，这款菜用于消渴的食疗。中医所说的消渴，包括糖尿病、尿崩症和急性热病中口渴多饮等症。马继兴先生等在《敦煌古医籍考释》中指出，此菜以鱼为治消渴的主药，佐葱豉健胃、消食、下气、调中，与用鲫鱼方义相近。

原文　疗消渴方：取大鲚鱼[1]一头，依法洗治，著糯米[2]，兼下葱、豉汁[3]，烂煮。

马继兴等《敦煌古医籍考释》

注释

[1] 鲚鱼：《证类本草》卷二十鲫鱼条引唐代孟诜说："鲫鱼与鲚，其状颇同，味则有殊……其工不及。"

[2] 著糯米：放糯米。《齐民要术》所载鱼羹多放整粒米、碎米或米汤。

[3] 兼下葱、豉汁：根据《齐民要术》所载鱼羹做法，葱和豉汁一般在鱼和米熟时放入。

唐懿宗红虬脯

这是唐懿宗（859—873年在位）赐给同昌公主的一款御馔，唐僖宗（873—888年在位）光启年间（885—888）的进士苏鹗在《杜阳杂编》中说，这款御馔虽然叫"红虬（qiú）脯"，却不是"虬"，将其盛在盘里，一缕一缕的像红丝，可有一尺高。如果用筷子压一下，会从一尺变成三四分，拿开筷子，红丝又会高起来。关于这款御馔，苏鹗谈的只有这些。大唐御馔的奇异与神秘让后人感受到了，但其用料和制法却成谜团。现在让我们从苏鹗描述的此菜特点来推断其用料和制法。这款御馔大约有以下特点：1. 名叫"红虬脯"，却不是"虬"。2. 菜的色形像红丝。3. 这些红丝富有弹性。虬，一说为古代传说中的一种龙。《离骚》王逸注称："有角曰龙，无角曰虬。"但《说文解字》"虫部"又说龙子有角者为虬。总之，虬属龙类，但不是实实在在的食材。因此，红虬脯也可以称"红龙脯"，虽不是龙，分明是借龙的旗号以媚大唐皇帝真龙天子。陶穀《清异录》引唐中宗时韦巨源《烧尾食单》中有用鳜鱼做的"白龙臛"，说明在唐懿宗100多年以前，已有将主料是鱼的菜起名为"白龙"的记载。因此，这里的"虬"有可能是鱼。"白龙臛"应是用鳜鱼做的白汁鱼羹，"红虬脯"则有可能是用红色的鱼丝做成的脯。这种红鱼丝干有可能是用红曲等食用色素染成的，也可能鱼肉本身就是红色的。无论是染成的还是天然的红色鱼丝，晾干或晾潮干后还要有弹性，能够具有这种特性的鱼应是"红虬脯"

的御用食材，鮸鱼、鲤鱼须、鱼翅应在考虑之列。

原文　红虬脯：非虬也，但贮于盘中，缕健如红丝，高一尺，以筯[1]抑之，无三四分，撤即复故。

苏鹗《杜阳杂编》

注释

［1］筯：同“箸”。

宋龟缕子脍

这是宋陶穀《清异录》中记载的一款唐或五代时的扬州州府名菜。宋龟为唐或五代时扬州州府的官员，缕子脍是在鲫鱼脍的基础上又配上鲤鱼子和绿笋或菊苗制成的鱼脍。鲫鱼脍本为唐代鱼脍中的名品，“庖霜脍元鲫”“鲜鲫银丝脍”等唐诗表明，韩愈、杜甫等人多有吟咏鲫鱼脍的诗句。在段成式《酉阳杂俎》中，保留着一份唐玄宗赐给安禄山物品的清单，其中就有鲫鱼和做鲫鱼脍的刀子。唐杨晔《膳夫经》(《膳夫经手录》) 称：“脍莫先于鲫鱼，鳊、鲂、鲷、鲈次之，鲚、鮇、鲶、黄、竹五种为下，其他皆强为之耳，不足数也。”宋龟的这款缕子脍，印证了上述记载，同时也说明当时一些地方官员还别出心裁，在鲫鱼脍的配料上作起文章。不过令人稍感困惑的是，鲫鱼脍配上绿

这是据《楞伽经变·断食肉品》绘制的敦煌壁画《屠房》。图中为一座三间门面的肉铺，屠者正在案前操刀割肉，肉杠上挂着一扇扇肉。此图所绘初衷虽是祈望戒杀生，但也表现了晚唐坊间肉铺清晨备肉场景。原图见中国敦煌壁画全集编委会《中国美术分类全集·中国敦煌壁画全集》(晚唐)，主编段文杰，摄影宋利良，天津人民美术出版社，2001 年

笋或菊苗味道还是可以的，但配上腥味很重的鲤鱼子就让人难以理解了。

原文　广陵法曹宋龟造“缕子脍”。其法：用鲫鱼肉、鲤鱼子，以碧笋或菊苗为胎骨。

陶穀《清异录》

昝殷烤鳗鱼串

这是昝殷《食医心鉴》中非常诱人食欲的一款食疗鳗鱼菜。鳗鱼即鳗鲡，又名白鳝、风鳗、蛇鱼等，生活在长江、闽江、珠江流域及海南岛，以小鱼、虾、蟹、蚯蚓及水生昆虫等为食。鳗鱼体细长，前圆后稍扁，长约40厘米，肉细嫩，味鲜美。南朝梁陶弘景在《名医别录》中指出，鳗鱼“主治五痔疮瘘，杀诸虫”。而昝殷《食医心鉴》关于这款菜的食治功用字句与陶弘景的这段话完全相同，因此昝殷的这份菜谱很有可能是从《名医别录》变化而来。在用料和做法的文字表达上，《食医心鉴》本和《食医心镜》本略有不同。在主料上，前者列出盐、葱白、椒，后者则为椒、盐、酱。在做法上，这两种版本虽然都明确指出炙法，但前者关于鳗鱼刀工成形的句子有脱字，后者则为将鳗鱼肉切作片。综合这两种版本关于此菜工艺的文字，这款菜的做法应是：鳗鱼净治后切片，穿成串烤，烤好后撒椒盐蘸酱食用。顺便指出的是，鳗鱼富含脂肪，烤食当很香美。

原文　鳗鲡鱼炙[1]：以鳗鲡鱼，治如食[2]，切作[3]，炙，盐、葱、椒、白[4]调和，食之。

昝殷《食医心鉴》

注释

[1]鳗鲡鱼炙：原题为“治五痔瘘疮，杀诸虫，鳗鲡鱼炙”。鳗（mán）鲡（lí），即鳗鲡，又称白鳝。鳗鲡鱼炙，即烤鳗鲡串。

[2]治如食：制法如平日做餐食那样。按：“食”字后面疑脱“法”字。

[3]切作：切作块。按：“作”字后面疑脱“脔”字。

[4]白：按“白”字应在“葱”字之后。

昝殷莼菜鲤鱼羹

在人们印象中，莼菜多与鲈鱼为羹，这主要是受“莼鲈之思”典故影响的缘故。实际上，隋唐以前，莼菜不仅与鲈鱼为羹，而且还可以同鳢鱼即黑鱼或白鱼做羹（详见本书“张翰吴地莼羹”“南朝鱼莼羹”）。莼菜同鲤鱼做羹，并且用于食疗，则以唐宣宗时的蜀中名医昝殷《食医心鉴》的记载为最早。

昝殷《食医心鉴》中的这款莼菜鲤鱼羹，是用来治疗脚气冲心、烦躁不安和言语错谬的。关于这款羹的用料和做法，昝殷在《食医心鉴》中说，将一条鲤鱼按平时做鱼的方法净治初加工，同四两莼菜、三合切好的葱白用豉汁煮成羹。至于鲤鱼初加工成什么形状，煮时鲤鱼、莼菜和葱白、豉汁的投料顺序及每一步的工艺要求，昝殷的《食医心鉴》

中均没有，不过我们可以借助《齐民要术》中的相关记载对此进行补充。根据《齐民要术》所引《食经》“莼羹”，鲤鱼净治后要剖为两扇，再斜片为宽二寸或二寸半、长三寸的片；煮时先放鱼片，待煮至汤开三次时加入焯过的莼菜和豉汁、葱白即可。昝殷的这款莼菜鲤鱼羹，其制作工艺也应大致如此。需要指出的是，明代李时珍《本草纲目》大量引用《食医心镜》，但在“鲤鱼”条中未引用这款羹，不知何故。

原文　治脚气冲心、烦躁不安、言语错谬方：鲤鱼一头（治如食[1]），莼菜四两、葱白切三合。右调和豉汁中煑[2]作羹食，及臛亦得[3]。

昝殷《食医心鉴》

注释

[1] 治如食：应即“治如食法”，即按平日做菜的方法来对鲤鱼进行初加工。

[2] 煑：“煮”的异体字。

[3] 及臛亦得：或用臛法做也可以。臛，即将鲤鱼片煮后倒入盛有莼菜的碗中。详见本书“北魏臛白肉”等。

昝殷莼菜鲫鱼羹

魏晋南北朝时期的莼菜鱼羹，无论是鲈鱼羹、鳢鱼羹还是白鱼羹，一般是将鱼煮至汤开三次时加入莼菜和调料。这里的莼菜鲫鱼羹，则是将熟鲫鱼肉弄碎，汤中放入莼菜和调料，最后临出锅时下入鲫鱼碎制成。再有，这款羹的鲫鱼熟制方法也很特别，将净治后的鲫鱼用纸裹好烤熟，揭去纸，脱掉鱼骨，最后将净鱼肉弄碎。可以看出，在制作工艺上，昝殷《食医心鉴》中的这款莼菜鲫鱼羹，采用的是纸炮、脱骨加水煮的工艺制成。这种莼菜鱼羹工艺不仅首见于唐代，而且在后世也很少见。关于这款羹的食用，昝殷在《食医心鉴》中指出，可“治脾胃气弱、食饮不下、黄瘦无力”，是一款名副其实的食疗羹。以鲫鱼和莼菜治脾胃气弱不下食，在昝殷之前的孟诜即有论述。《食疗本草》“鲫鱼”条说，鲫鱼“食之平胃气，调中，益五脏，和莼作羹食良”，但缺少关于如何做羹、都用哪些调料等内容。因此昝殷《食医心鉴》中的这份莼菜鲫鱼羹谱，是一份内容全面、较为完整的食疗莼菜鲫鱼羹菜谱。

原文　治脾胃气弱、食饮不下、黄瘦无力方：莼菜、鲫鱼各四两，右鱼以纸裹炮令熟[1]，去骨研[2]；以橘皮、盐、椒、姜依如莼菜羹法[3]，临熟下鱼和[4]，空心食之。

昝殷《食医心鉴》

注释

[1] 右鱼以纸裹炮令熟：鱼用纸包裹后烤熟。炮，草裹泥封后烤。这里的炮，应是将纸包好的鲫鱼放入煻灰中烤熟。

[2] 去骨研：（将烤熟的鲫鱼）去骨后弄碎。研，本为剁义，这里作弄碎讲。

[3] 以橘皮、盐、椒、姜依如莼菜羹法：用橘皮、盐、椒、姜按做莼菜羹的方法制作。

［4］临熟下鱼和：临出锅时放入鲫鱼碎调味。

陶穀十遂羹

这是宋陶穀《清异录》记载的一款颇有南方文人韵味的海鲜什锦羹。陶穀本为邠州新平（今陕西彬县）人，曾在公元936年至970年间，先后任五代十国时期后晋、后汉、后周的翰林学士、户部侍郎、兵部侍郎等和北宋的礼部、刑部、户部三部的尚书，是当时的名宦。十遂羹应即什锦如意羹，是以灵芝、天花蕈、石发、石线、紫菜、鹿角菜、沙鱼、海鱼肚、鲍鱼和龙虾肉10种海鲜和菌类为主料，以鸡、羊、鹑汤等制成。从《食物营养成分表》上可以看出，这十种主料和所用的汤，均富含谷氨酸、天门冬氨酸等呈鲜味物质，其羹味之鲜美是可以想见的。为了保持这款羹的鲜美滋味，陶穀在《清异录》中特别强调，如果这10种主料不齐，要宁缺毋滥，不许用其他食材代替，否则便做不出这款羹特有的风味。

原文　十遂羹：石耳[1]、石发[2]、石绵[3]、海紫菜、鹿角腊菜[4]、天花蕈[5]、沙鱼、海鳔白[6]、石决明[7]、虾魁腊[8]。右用鸡、羊、鹑汁，及决明、虾、蕈浸渍，自然水澄清，与三汁相和[9]，盐、酎庄严[10]，多汁为良。十品不足听阙[11]，忌入别物，恐伦类杂，则风韵去矣。

陶穀《清异录》

注释

［1］石耳：灵芝。李时珍在《本草纲目》中说："山僧采曝远，洗去沙土，作茹胜于木耳，佳品也。"

［2］石发：据张华《博物志》，石发为一种生长于阴湿岩石上的蕨类食物。

［3］石绵：不详，待考。

［4］鹿角腊菜：即海产鹿角菜。

［5］天花蕈：天花菜。明李时珍《本草纲目》引元吴瑞的话说："天花菜出山西五台山，形如松花而大，香气如蕈，白色，食之甚美。"

［6］海鳔白：疑为石首鳔，即石首鱼肚。

［7］石决明：鲍科动物大鲍等的贝壳。这里似指鲍鱼。

［8］虾魁腊：似指龙虾干。虾魁，虾王，应指龙虾。

［9］与三汁相和：与鸡汁、羊汁、鹑汁相和。

［10］盐、酎庄严：盐、重酿酒要多放些。酎，音zhòu，重酿酒。庄严，庄重，此处作多放些讲。

［11］十品不足听阙：石耳等十样主料不全时可任其短缺。

梵正辋川风景拼盘

梵正是一位比丘尼，据宋陶穀在《清异录》中说，梵正厨艺精巧，能用鲊、鲈鱼脍、肉脯、瓜、蔬等食材，根据它们颜色的不同，拼成风景。如果落座的有20位，则可以为每位拼上一景，合起来就是辋川图全景。辋川

《辋川图》(部分)。原图见林树中等《海外藏中国历代名画》，湖南美术出版社，1998 年

是唐代著名诗人和山水画家王维晚年隐居的地方，他也曾作辋川图。从传世的辋川图手卷、临王右丞辋川图手卷和王维的辋川诗来看，辋川图画面群山环抱林木掩映，间有亭台楼榭云水流淌，偶可见舟楫过往，整个画面飘逸出悠然超尘的意境。用食物在盘中拼出这样复杂的画面，显然绝非易事。不过明代江南名士李日华在《紫桃轩杂缀》中认为，这类冷盘“人多爱玩，至腐臭不良”，是愚人之作。

那么身在寺院的梵正，为什么要用食物来拼摆辋川二十景呢？笔者认为，这应与梵正原来在俗间的身份有关。首先，从梵正对食材物性的认识及其精湛的刀工来看，梵正原来应是俗间府宅的一位厨娘。女厨师在唐代官员家厨中并不鲜见，唐穆宗时的宰相段文昌的一位家厨即为女性，在段府事厨 40 年，其间曾受段文昌的指点，被尊为“膳祖”，到晚年时据说只有九个人能继承她的厨艺。其次，要用食材拼出辋川二十景，前提是对王维晚年隐居的辋川二十景非常熟悉，并且可能多次见过王维所画的辋川图。而能具备这些条件的，非王维家厨莫属。其三，梵正用食材来拼制辋川二十景的创意冲动，应来自她对在王维辋川别墅事厨生活的怀念。而辋川二十景，则成为梵正那段人生岁月挥之不去的记忆。用食材拼成的辋川二十景，则寄托和蕴含了她深深的怀念。其四，王维晚年信佛，于761年（一说759年）去世后，梵正也走出王家，效法主人接受了比丘之戒，释名梵正。综上所述，梵正原来很可能是王维的妻室或家厨，她创作的辋川二十景拼盘应出现在761年左右，这组风景拼盘深蕴她对王维隐居生活的怀念，而非明李日华《紫桃轩杂缀》中所说是“以博人俄顷嗟赏”的愚人之作。

原文　辋川小样：比丘尼梵正庖制精巧，用鲊、鲈脍、脯、盐、酱、瓜、蔬，黄赤杂色，斗成景物。若坐及二十人，则人装一景，合成辋川图小样。

陶穀《清异录》

吴越玲珑牡丹鲊

这是宋陶穀《清异录》记载的一款鱼鲊象形冷菜。陶穀说，吴越有一种玲珑牡丹鲊，当鱼鲊腌制好时，开坛取出，用鱼鲊片在盘中拼成牡丹状，其色微红，犹如初开的牡丹。

吴越即唐宋之间五代十国时期的吴越国，其辖境约当今浙江省和江苏省的一部分，杭州为其国都。从陶穀对这款菜的介绍来看，1000多年前的吴越人用来拼摆牡丹的鱼鲊是微红色的，而微红色的鱼鲊目前在隋唐以前的文献中还未发现记载。唐诗中皮日休“竹叶饮为甘露色，莲花鲊作肉芝香”中的莲花鲊，有可能为红色的鱼鲊。五代十国时期，孟蜀宫廷已有用红曲等配料腌制的红色羊肉。明《多能鄙事》和《遵生八笺》记载了江浙一带向朝廷进贡的鱼鲊配料中有红曲，其鱼鲊当为红色或微红色。由此可以推知，当时吴越人用来拼摆牡丹的这种鱼鲊，有可能是用红曲等配料腌制。

至于吴越人为什么要用这种微红色的鱼鲊来拼摆牡丹而不拼摆其他名花，笔者认为，这可能与当时的赏花时尚有关。“庭前芍药妖

这是北京海淀区博物馆展出的唐墓壁画《牡丹图》。据杨桂梅先生执笔、王宁摄影的发掘简报，这幅图出自北京海淀区八里庄唐幽州节度判官兼殿中侍御史王公淑夫妇墓。画面中央是一株硕大的牡丹，从根部向上枝叶繁茂，枝头上有九朵盛开的牡丹花，牡丹的右上角有两只飞舞的蝴蝶。在牡丹东西两侧的花丛下，有两只芦雁。牡丹在墓室壁画中出现，这幅图不是个例，在唐、宋、元相关考古报告中都有报道。看来唐人对牡丹的喜爱，已远非“时尚”一词可以描述。李琳琳摄自北京海淀区博物馆

无格，池上芙蕖净少情。唯有牡丹真国色，花开时节动京城。”刘禹锡的这首《赏牡丹》说明，牡丹作为大唐国花，曾盛极一时。其余波至五代十国及宋未消，欧阳修《洛阳牡丹记》可为佐证。因此，这款玲珑牡丹鲊正是这一时期百花之中尚牡丹的潮流在美食时尚中的一个生动反映。

原文　玲珑牡丹鲊：吴越有一种玲珑牡丹鲊，以鱼叶斗成牡丹状，既熟，出盎中，微红，如初开牡丹。

陶穀《清异录》

广州炸乌贼鱼

这是唐昭宗（889—904年在位）时的广州司马刘恂在《岭表录异》中记载的一款唐代广州渔家菜。乌贼鱼即俗称的墨斗鱼，关于其名称的由来，明李时珍《本草纲目》引《南越志》称：因“其性嗜乌，每自浮水上，飞乌见之，以为死而啄之，乃卷取入水而食之，因名乌贼，言为乌之贼害也”。乌贼鱼大小不一，大的可重1.5公斤，体圆色灰白，头部前端有8根须脚和2根触手，净治后肉洁白光滑。刘恂在《岭表录异》中说：“广州边海人往往探得大者，率如蒲扇。炸熟，以姜醋食之，极脆美。”40多年前，笔者曾吃过刘恂所说的这种炸乌贼鱼，当时蘸的是姜醋汁，确实是滑脆鲜美。《食物营养成分表》显示：与乌贼鱼相近的鱿鱼干，其谷氨酸和天门冬氨酸等呈鲜味物质的含量远远高于鳜鱼、草鱼和鲫鱼等食用鱼，这让人立刻明白了为什么乌贼鱼肉不加任何调料直接油炸后就滑脆鲜美。此外，刘恂在《岭表录异》中还记下了唐代今苏州一带的人喜食的乌贼鱼干，也就是后世所言的墨鱼鲞，这在中国菜史的食材记载方面也是一条珍贵的资料。

原文　乌贼鱼……广州边海人往往探得大者，率如蒲扇。炸熟，以姜醋食之，极脆美。或入盐浑腌为干，捶如脯，亦美。吴中人好食之。

刘恂《岭表录异》

岭南热锅扣活虾

这是刘恂在《岭表录异》中记载的一款公元9世纪末10世纪初的唐代岭南民间菜。刘恂在《岭表录异》中说，当时岭南人都喜欢将买来的活细虾，先泼上浓酱和醋，再盖上切好的睡菜、兰香和辣蓼叶等，最后扣上热锅，留个小口，这时有的活虾就会从小口跳出，还有的跳出醋碟，这叫“虾生”。刘恂说，当地老百姓很看重这种吃虾法，认为这是一种异馔。这款菜独特的加热方式我们暂且不说，这里重点谈一下盖在虾上面的、后世不常见的两种调料型蔬菜。先说睡菜，刘恂在《岭表录异》中写作“䔷菜”，即绰菜，这种菜又名瞑菜、醉草等，为龙胆科植物睡菜的茎叶，贵州民间有用其根茎炖肉以润肺止咳的传统。

这件秘色瓷碟，系陕西扶风县法门寺唐代地宫出土。据法门寺考古队发掘简报，连同此碟在内的器物，均是于唐咸通十五年（874年）入藏地宫。此碟晶莹华贵，是大唐皇家御用餐饮具中的精品。李兴虎摄于陕西博物院

再谈兰香，兰香即罗勒，这种调料原产热带亚洲和非洲，北魏贾思勰《齐民要术》所引西晋张华《博物志》中已有其种植法。据《齐民要术》原注，从十六国时期后赵石勒称帝（331年），为避石勒讳，罗勒被改称兰香。罗勒味辛香，可疏风行气化湿消食，并可去腥气，与胡荽、香薷在古代并称“香菜”。

原文　南人多买虾之细者，生切倬菜、兰香、蓼等，用浓酱、醋先泼活虾，盖以生菜，以热釜覆其上，就口跑出，亦有跳出醋碟者，谓之“虾生”。鄙俚重之，以为异馔也。

刘恂《岭表录异》

岭南蟹饽饠

这是刘恂在《岭表录异》中记载的又一款唐代岭南名菜。将打来的雌海蟹净治后，在蟹壳中放入蟹黄和蟹肉，淋入调味汁，再盖上一层薄薄的面皮，蒸后取出，这就是蟹饽饠。熟悉海鲜菜的业内人士看到这里，会立刻想到原壳蟹肉一类的传统名菜，只不过后世的原壳蟹肉不叫蟹饽饠，而且蒙在蟹黄和蟹肉上的也不是面皮，而是一层味道清鲜的白色芡汁而已。刘恂在《岭表录异》中关于这款菜制作工艺的记载却不像我们在前面说的那样清楚，他对蟹饽饠的介绍基本上是对其成品的描述。至于蟹饽饠比较深入的制作过程，刘恂的介绍中没有涉及。于是，后人对刘恂的这段记载很容易产生不同看法，其中之一就是认为这是一款面点。笔者认为这是很自然的，因为饽饠是唐代的一种包馅蒸制面点，天花饽饠、樱桃饽饠均为唐代名点。那么为什么这里的蟹饽饠却是菜肴呢？这是因为刘恂在介绍蟹黄和蟹肉之后，紧接着就说“实其壳中”。将什么“实其壳中”呢？当然是蟹黄和蟹肉。接下来是“淋以五味，蒙以细面”，请注意刘恂在这里说的是“蒙以细面”而不是“包以细面”。笔者认为，这“蒙”与“包”虽仅一字之别，却决定了“蟹饽饠”究竟是面点还是菜肴。既然是菜肴，为什么叫面点的名称呢？笔者推想，这大概是因为这款菜的形制颇似饽饠，故借用饽饠之名而呼之。顺便提一下，刘恂《岭表录异》中蟹饽饠所用的主料“赤蟹”，应是今日海蟹中俗称的馒头蟹。

原文　蟹饽饠[1]：赤蟹，母壳内黄赤膏[2]如鸡鸭子黄，肉白如豕膏[3]，实其壳中，淋以五味，蒙以细面，为蟹饽饠，珍美可尚。

刘恂《岭表录异》

注释

［1］蟹饽饦：饽饦是唐代的一种蒸制包馅面点，这里的“蟹饽饦”应是一种菜肴。

［2］母壳内黄赤膏：母蟹壳内黄红色的蟹黄。按：此蟹的卵块俗称“蟹黄”。

［3］肉白如豕膏：蟹肉白如猪油。

容桂烤蚌肉串

这是刘恂《岭表录异》中记载的公元9世纪末10世纪初的一款唐代容、桂（今广西境内）沿海渔家菜。刘恂说，廉州（今广西北海市合浦县廉州镇）附近的海中有个小岛，岛上有个珠池，每年当地官员都会监督珠户采集珍珠进贡朝廷。其中珠户又会将小蚌中的肉取出，用竹扦穿成串，容、桂人往往将蚌肉串烤后做下酒菜，这种小蚌的肉中常常会有小如粟粱粒的细珠。用烤蚌肉串下酒，除了味美以外，从中医的角度看，唐代孟诜在《食疗本草》中指出，蚌肉“主大热”，可“解酒毒”，用可解酒毒的烤蚌肉串来佐酒，当是顺理成章的。但宋代医药家寇宗奭则告诫说，尽管蚌肉可解酒毒，也不可多食，食用过量会“发风动冷气”。

原文　取小蚌肉，贯之以篾[1]，暴干[2]，谓之珠母。容桂[3]人率将烧之，以荐酒[4]也。

刘恂《岭表录异》

注释

［1］贯之以篾：用竹扦穿成串。篾，音miè，此处作竹扦讲。

［2］暴干：晒干。

［3］容桂：容，今广西容县；桂，今广西桂林市。

［4］以荐酒：用来佐酒。

岭南拌海蜇丝

海蜇是中国人佐酒的常品，西晋张华《博物志》关于海蜇“越人煮食之”的记载说明，中国人食用海蜇的历史不会晚于公元3世纪。300多年以后，唐初段公路《北户录》首次记载了闽粤人加工、加热和食用海蜇，这段记载比《博物志》中的要详细得多。大约又过了200年，唐末广州司马刘恂《岭表录异》面世。这部书中关于海蜇的文字又比《北户录》翔实，不过从中可以明显看出刘恂在撰写时参照了段公路的记载，同时又融入了自己的见闻，从而使这段文字成为传世文献中关于唐代岭南人加工和食用海蜇最详细的记载。根据《岭表录异》，唐代闽粤人打来海蜇后，先要用“草木灰点生油”将海蜇“再三洗之”以去腥。而现代则是先用石灰、明矾浸，再榨去其水分洗净。净治后的海蜇“莹净如水晶紫玉，肉厚可二寸”，这显然是海蜇的口腕部，即今日俗称的海蜇头；其“薄处亦寸余”，这应是指海蜇的伞部，即今日俗称的海蜇皮。然后将海蜇切成丝，投入加有花椒、桂皮或豆蔻、鲜姜的开汤中，焯一下捞出，浇上“五辣肉醋”或“虾醋”拌匀即可食用。这款唐代闽粤人的拌海蜇丝同后世的相比，在制作工艺上有两点值得关注，一是焯海蜇的开汤中有花椒、桂皮或豆蔻、鲜姜，这在后世已很少见闻，大多只是用开水焯。二是焯后直接浇调味汁拌，而后世的则焯后还要用冷水浸透才能拌食。刘恂在《岭表录异》谈到的此菜调味汁“五辣肉醋”，其用料配方在《易牙遗意》等书中均有记载。从其所用调料及其配制方法和最终调味汁的味型来看，后世以酱油、醋、香油即“三合油”为基础的调味汁与其相似，可以说从唐代至今变化不大。

原文 水母[1]：广州谓之水母，闽谓之蛀[2]…… 南人好食之，云性暖，治河鱼之疾。然甚腥，须以草木灰点生油，再三洗之，莹净如水晶紫玉。肉厚可二寸，薄处亦寸余。先煮椒桂[3]或豆蔻生姜，缕切而炸之[4]，或以五辣肉醋[5]，或以虾醋，如脍食之最宜。

刘恂《岭表录异》

注释

[1] 水母：即海蜇。

[2] 蛀：音 zhà，《本草纲目》又名“海蛀”。

[3] 椒桂：花椒、桂皮。

[4] 缕切而炸之：切成丝焯一下。炸，此处作焯讲。

[5] 五辣肉醋：疑即“五辣醋”。《易牙遗意》载有此醋的用料及制法：“五辣醋：酱一匙，醋一戋（‘盏’的异体字），沙糖少许，花椒、胡椒各五十粒，生姜、干姜各一分，砂盆内研烂，可作五分供之。一方：煨葱白五分，或大蒜少许。”又，明《宋氏养生部》记有“五辛醋”，其用料及制法：“葱白五茎，川椒、胡椒共五十粒，生姜一小块，缩砂仁三颗，酱一匙，芝麻油少许，同捣糜烂，入醋，少熬，用。”

素类名菜

方山炸署药

方山是唐代韩鄂《四时纂要》所引《方山厨录》一书书名的前两个字，或许是神话传说中的东海神山；署药即山药，本名“薯蓣”，因避唐代宗李豫（762—779 年在位）之讳，故改名“薯药”，又作“署药”。到了宋代，又为避宋英宗赵曙（1063—1067 年在位）之讳，遂改名“山药”；炸山药则是《方山厨录》记载的一款菜。山药原产我国，《山海经》中已有山药的记载，但是在传世文献中，这是目前笔者知道的最早的山药菜谱。根据这份菜谱，这款菜是这样制作的：将山药去皮，在笊篱上磨一会儿，然后投入开水锅中烫一下捞出，切成烤肉串那样大的块，加入奶豆腐腌一下，就可以炸了。从菜肴创造学中制作工艺的角度来看，这款菜有两点值得关注，一是主料山药块用的是裸炸法，即将生山药块直接放入油中炸。而元代《居家必用事类全集》中的炸山药，是将熟山药段挂糊后油炸，说明这款菜在工艺上还处在早期阶段。二是山药块炸之前先过开水烫一下，这是为了使炸出的山药块色呈金黄而不褐黑。这项工艺在后世被不少厨师视为看家的本领，是确保裸炸山药块色泽悦目的技术诀窍。根据食品化学常识，山药中含有的淀粉酶可将淀粉水解成糖，因此山药块炸时会发生焦糖化反应而变成褐黑色，用开水烫后可使山药块淀粉酶失活，防止淀粉进一步水解，同时也减少了山药块表面的糖（糖因溶于水而流失），于是炸出的山药块就会是漂亮的金黄色了。

原文 《方山厨录》[1]云："去皮，于箣篱中磨涎[2]，投百沸汤中，当成一块，取出，批为炙脔[3]，杂乳腐为罨炙[4]。素食尤珍，入臛用亦得[5]。"

韩鄂《四时纂要》

注释

[1]《方山厨录》：一部失传的古烹饪书。

[2]于箣篱中磨涎：在笊篱中磨去（山药表面的）黏液。箣篱，即笊篱，此从缪启愉先生释。

[3]批为炙脔：切成烤肉串那样大的块。

[4]杂乳腐为罨炙：掺上奶豆腐腌一下炸。炙，此处作油炸讲。

[5]入臛用亦得：放入浓汁肉羹中也行。

昝殷解酒白菜汤

这是著名医史专家马继兴先生从宋《政和本草》所辑唐昝殷《食医心镜》中的一款食疗菜。《政和本草》引《食医心镜》称，菘"主通利肠胃，除胸中烦热，解酒渴"，并说可将"菘菜二斤煮作羹"，然后吃菜喝汤。如果渍酸菜也可以。昝殷所说的菘菜，应指今日的小白菜。《唐本草》称："菘菜不生北土，其菘有三种：有牛肚菘，叶最大厚，味甘；紫菘，叶薄细，味小苦；白菘，似蔓菁也。"又据李时珍《本草纲目》，菘菜"即今人呼为白菜者，有二种"，一种为小白菜，一种为可重10余斤的大白菜。其中大白菜放入菜窖中以后，燕京圃人"又以马粪入窖壅培，不见风日，长出苗叶，皆嫩黄色，脆美无滓，谓之黄芽菜，……盖亦仿韭黄之法也"。从古代本草典籍的相关记载来看，小白菜与大白菜的性味与功同类似，只不过小白菜偏重于解热除烦、通利肠胃，大白菜则重在养胃利小便。《食物营养成分表》显示，小白菜所含的脂肪、膳食纤维、镁、钙、铁、锰、硒以及胡萝卜素和维生素C、维生素E等明显高于青口或白口大白菜，并还含有钴。但于康《食物是最好的医药》引述美国科学家的研究成果说，中国和日本妇女乳腺癌发病率比西方妇女低，是由于她们常吃大白菜的缘故。大白菜中所含的硅还是铝的克星，能够将铝迅速排出体外。

昝殷车前叶羹

这是昝殷《食医心鉴》中的一款食疗羹。车前叶为车前草科植物车前的叶，叶片卵形或椭圆形，长4—12厘米，宽2—7厘米。车前草至迟在西周时已广为人知，《诗经》中的芣苢（fú yǐ）即为车前草，至东晋郭璞作《尔雅注》始有车前草之名。车前草为多年生草本植物，生长在山野、路旁、田埂及河边。《中药大辞典》引述的药理实验报告显示，车前草有抗菌、镇咳等作用。中医认为其性味甘寒，有利水、清热、明目祛痰的功用，可治小便不通、淋浊、尿血、咳嗽等。昝殷的这款车前叶羹，就是治热淋小便出血、茎中疼痛的。不过，早在昝殷《食医心鉴》问世100年以前，唐玄宗时王焘《外台秘要》中已有用车前草绞汁治疗尿血的记载。昝殷的这款车前叶羹，当是在此基础上，又加入米、葱白和豉汁做成更宜食用的羹。

原文　车前叶羹：车前叶一斤，切；葱白一握，切；米二合。右和豉汁中煮作羹。空心食之。

昝殷《食医心鉴》

昝殷拌苍耳叶

这是昝殷设计的一款以夏令野蔬为主料的食疗菜，苍耳又名苓耳、佛耳、猪耳、常思菜、进贤菜等，《诗经》和《楚辞》中已有其名。苍耳是生于荒坡草地或路旁的一年生草本菊科植物，其叶互生有长柄，叶片宽

这是敦煌壁画莫高窟第23窟《法华经·药草喻品》中的一画面，图中一农夫正在雨中扶犁耕田，另一侧则是农妇正看着歇晌的父子俩端碗吃饭，气氛温馨，好一幅盛唐饮食文化中的田家乐场景。吴昊摄自北京大学赛克勒考古与艺术博物馆“千年敦煌——敦煌壁画艺术精品高校巡展”

三角形，长4—10厘米、宽3—10厘米，上面深绿色，下面苍绿色，夏季可采集。苍耳叶可祛风散热、解毒杀虫，治头风头晕、湿痹拘挛等，《名医别录》和《千金方·食治》均说其味苦辛、微寒有小毒。《中药大辞典》引述苍耳叶临床报道称，苍耳叶对麻风、慢性鼻炎、功能性子宫出血和早期血吸虫病均有一定疗效。但《千金方·食治》称："不可共猪肉食。"李时珍在《本草纲目》中告诫：苍耳叶"最忌猪肉及风邪，犯之则遍身发出赤丹"。昝殷《食医心鉴》中的这款拌苍耳叶，是将洗净后的苍耳嫩叶和萝卜放入开水中煮三五开捞出，用调料拌匀，即可食用。昝殷说，这款菜可"治头风、寒湿痹、四肢拘挛"。

原文　炰苍耳菜[1]：苍耳嫩叶一斤，土苏[2]一两。右煮苍耳叶三五沸，漉出[3]，五味调和，食之。

昝殷《食医心鉴》

注释

[1] 炰苍耳菜：原题为"治头风、寒湿痹、四肢拘挛，宜吃炰苍耳菜方"。按：此菜实际是焯拌苍耳菜。

[2] 土苏：萝卜。

[3] 漉出：捞出。

昝殷炰木槿花

木槿花每年大暑到处暑间开得最香艳，白花、黄蕊、绿萼，又香，十分招人喜爱。它朝开暮落，因而又名朝开暮落花等。昝殷的这款炰木槿花，可治五痔下血不止，用的正是木槿花清热、利湿、凉血之功，是一款很有特色的食疗花卉菜。

炰在这里即煮，昝殷在《食医心鉴》中说，将一斤木槿花加少许豉汁、花椒、盐、葱白煮熟即可空腹食用。不同颜色的木槿花在食疗上功用不同，据《本经逢原》，木槿花"红者治肠风血痢，白者治白带白痢"，《医林纂要》除了与《本经逢原》的说法一致以外，还认为白色的木槿花以"肺热咳嗽吐血者宜之"，由此看来昝殷的这款菜用的应是红木槿花。

原文　炰木槿花[1]：木槿花壹斤。右以少[2]豉汁和椒、盐、葱白炰，令熟，空腹食之。

昝殷《食医心鉴》

注释

[1] 炰木槿花：原题为"治五痔下血不止，炰木槿花方"。

[2] 少：少许。

昝殷葛粉粉皮

后世的粉皮大多以绿豆或豌豆制作，将葛粉粉皮用于小儿食疗，应是昝殷的发明。将二两葛粉放入铜纱罗中，用三合水调匀，再将铜纱罗放在开水锅的水面上，旋转铜纱罗使水葛粉遍布铜纱罗内，当铜纱罗内的葛粉粉皮熟时即可食用，这就是昝殷葛粉粉皮的制作过程。这是目前所知在传世文献中关于用铜纱罗即后世所称的铜旋（xuàn）子来制作粉皮的最早记载，如果从《食医心鉴》面世时算起，这项工艺技术及其所用设备的记载距今已有1100多年。同后世传统名菜炒肉丝拉皮相比，《食医心鉴》在制作工艺叙述上的文字略显简单，实际上将水淀粉放入铜旋子内以后，用手旋转铜旋子时，手劲要轻而不能猛，并且要边旋转铜旋子边观察水淀粉漫布铜旋子内的状况，要让铜旋子旋转得既快又稳，否则最后揭出的粉皮会薄厚不一。再者当水淀粉布遍铜旋子内以后，稍转几下见水淀粉已成半透明状时，即可将铜旋子沉入锅中的开水中浸一下，然后迅速提出，将铜旋子立即放入凉水盆中，用手轻轻将粉皮从铜旋子上揭入凉水中即可。葛粉是从豆科植物葛根（茎）中提取的淀粉，宋《开宝本草》指出，葛粉甘、大寒、无毒，可去烦热、利大小便、止渴，《医林纂要》和《本草衍义》还认为其有醒酒的功能。昝殷的这款葛粉粉皮，则是用来“治小儿壮热呕吐不下食”。

原文　葛粉汤[1]：右葛粉二两，以水三合相和，调粉于铜纱罗[2]中令遍，沸汤中煑[3]熟，食之。

昝殷《食医心鉴》

注释

［1］葛粉汤：原题为“治小儿壮热呕吐不下食，葛粉汤方”。

［2］铜纱罗：即铜旋子。

［3］煑：“煮”的异体字。

孟诜酥蜜柿饼

这是一款食材组配精妙、能让人乐于接受的食疗水果甜菜。孟诜说，做这款菜需用干柿二斤、酥一斤、蜜半升，做时先将酥、蜜调匀，然后倒入锅内加热，待酥、蜜融化时，放入干柿，煮至十几沸，即可盛入干净的器皿中保存。孟诜指出，每天空腹吃三五片，可治男子女人脾虚、腹肚薄、食不消化。如果脸上有黑斑，则“久服甚良”。这款菜所用的干柿，应即今日所说的柿饼。据《本草图经》和《本草纲目》，干柿又有乌柿和白柿之别，“火干者谓之乌柿”，其性味甘温无毒，可治因“服药口苦及欲吐逆，食少许立止”，又可“疗狗啮疮”；“日干者为白柿”，性味甘平涩无毒，其性温补，“多食去面皯，除腹中宿血”，并可治“反胃、咯血、血淋、肠澼、痔漏下血”等。由此可知，孟诜这里所说的干柿，应即白柿。李时珍在《本草纲目》中指出：“白柿，即干柿生霜者，其法用大柿去皮捻扁，日晒夜露至干，纳瓮中，待生白霜乃取出。今人谓之柿饼，亦曰柿花，其霜谓之柿霜。”酥即从牛乳或羊乳中提取的酥油，有补五脏、益气血、止渴、润燥等功用，可治阴虚劳热、肺痿咳嗽、吐血、消渴、便秘、肌肤枯槁、口疮等。蜜即蜂蜜，可补中、润燥、止痛、解毒、和百药等。柿饼、酥油、蜂蜜三种食材融为一菜，共奏补脾健胃之功。顺便提一下的是，这款菜颇有后世北京菜果子干儿的韵味，二者工艺类似，且同为冷食，只不过果子干儿中少了酥油而多了杏脯、鲜藕片和糖桂花而已。

原文　干柿二斤，酥一斤，蜜半升。先和酥、蜜，铛中消之[1]，下柿，煎十数沸，不津器贮之[2]。每日空腹服三五枚，疗男子女人脾虚、腹肚薄、食不消化。面上黑点，久服甚良。

孟诜、张鼎《食疗本草》

注释

[1] 铛中消之：（将调匀的酥蜜放入）平底铜锅中加热化开。

[2] 不津器贮之：用干燥洁净的器皿贮藏。

孟诜煨酥梨

这是孟诜《食疗本草》中的又一款食疗水果菜。孟诜说，如果突然咳嗽，可在一个冻梨上刺50个小孔，每个孔内放一粒花椒，用面团将梨包裹好，放入热灰中煨至极熟，然后取出，凉凉后敲去面皮，去掉花椒，就可以食用了。还可以将梨去核，放入酥油和蜂蜜，按前面的方法将梨用面包好，用热灰煨熟后，凉凉食用，效果更好。孟诜在《食疗本草》中所说的冻梨，应即经霜冻后的梨，但梨有多种，这里用的是哪种梨孟诜未明确，宋《本草图经》说：“梨，医家相承用乳梨、鹅梨。乳梨出宣城（今属安徽），皮厚而肉实，其味极长。鹅梨出近京州郡及北都，皮薄而浆多，味差短于乳梨，其香则过之。咳嗽热风痰实药多用之。其余水梨、消梨、紫煤梨、赤梨、甘棠御儿梨之类甚多，俱不闻入药也。”但李时珍在《本草纲目》中指出：“乳梨即雪梨，鹅梨即锦梨，消梨即香水梨也，俱为上品，可以治病。”因此，这款菜所用的梨，应该是雪梨、锦梨、香水梨中的一种。

原文　卒咳嗽，以冻梨一颗制作五十孔，每孔中内以椒一粒，以面裹于热灰中煨，令极熟，出。停冷，去椒食之。又方：梨去核，内酥蜜，面裹烧令熟。食之大良。

孟诜、张鼎《食疗本草》

崔侍中象形素菜

崔侍中即唐末的崔安潜，侍中在唐代曾被称为左相，官位极高。唐末宋初的孙光宪在《北梦琐言》中说，此公信佛，崇尚释氏，平时很少动荤腥。朝廷派他到西川镇守三年，日常饮食唯多蔬食。他在府上设宴款待同僚，也只是用面及蒟蒻（jǔ ruò）之类的食材染上颜色，用来做成像猪肘、羊腿、家常菜那样，款款全同荤料做的一样。就因这一手，崔侍中当时被人比作南朝能让御厨用素料做出几十种新花样的梁武帝。梁武帝的御厨都

这是山东临沂市博物馆展台上的《韩熙载夜宴图》"听乐"段，榻上一方桌，榻前一八腿长方桌，榻对面一四腿长方桌，每桌上均有四圈足盘和四高足盘。关于盘内食品，目前有二说，一说是柿子、红枣等果子和食物，一说是时令水果。但经放大后观察，这些食品有以下特点：1. 每桌食品均由四高足盘和四圈足盘排列成两行，这在传世和出土的唐代宴享图中是少见的，似可作为后世宴席中"四四"制的一个源头图像标本。2. 从颜色、形状和数量看，无论高足盘还是圈足盘，盘内食品均为鼓鼓的圆形或扁圆形。其中高足盘内依次为灰白色圆形约 7 个、红色扁圆形约 9 个、淡红色的寿桃状 1 个和雪白色圆形约 9 个；圈足盘内依序为白色元宵状约 9 个、深蓝色圆形约 7 个、灰白色圆形约 9 个和淡紫色圆形约 9 个。整体上看，这些食品不太像水果，倒像出自府宅家厨之手的点心。根据《十国春秋》所记跑到南唐的一位唐末御厨所制美食，这些点心似为春分馅（dàn）、红头签和子母馒头等名目。所用食材，当取自南唐辖境特产的莲子、菱角、荸荠、鲜藕、糖梅、花红、薄荷和糯米及米粉等。3. 每桌只有食品八盘，没有筷子、匙和布碟之类的餐具，这也说明盘内食品均为"手食"点心之类的甜食。王森摄于山东临沂市博物馆

用哪些素料做成哪些新花样，史料中未见详细记载，后人只能知其大略。崔侍中待客的象形素菜，却被孙光宪比较细致地记录下来。用来做菜的食材，孙光宪说是"面及蒟蒻之类"。这里的"面"，一种可能是指发酵面团，一种可能是指面筋，其中面筋的可能性似乎更大些，宋林洪《山家清供》中就有用面筋和葫芦做成色香味酷似肉的"假煎肉"。蒟蒻（jǔ ruò），即魔芋，元《居家必用事类全集》有用蒟蒻为主料做的象形素菜"假灌肺"。即使在今天，魔芋也是象形素菜的食材之一。关于崔府这些象形素菜的颜色，孙光宪说是染的。至于是用什么色料，孙光宪未说及。不过从唐、宋、元相关文献记载来看，红色的色料可能是红曲、胭脂等，黄色的可能是栀子、姜黄等。

原文　唐崔侍中安潜崇奉释氏，鲜茹荤血[1]。……镇西川三年，唯多蔬食。宴诸司，以面及蒟蒻之类染作颜色[2]，用像豚肩、羊臑、脍炙之属[3]，皆逼真也。时人比于梁武[4]。

孙光宪《北梦琐言》

注释

[1] 鲜茹荤血：很少吃荤动刀杀生。鲜，此处音 xiǎn，少。

[2] 以面及蒟蒻之类染作颜色：用面筋（或发酵面团）及魔芋等素料染上相应的颜色。

[3] 用像豚肩、羊臑、脍炙之属：做成像

猪肘、羊腿、家常菜那样。

[4]时人比于梁武：当时人们把他比作南朝的梁武帝。

翰林酥油炒泡菜

后晋是907年唐亡后，后唐河东节度使石敬瑭于936年所建，是五代十国之一。据陶穀《清异录》可知，这款菜应是陶穀任后晋翰林学士时由右补阙崔从教给他的一道菜，当时的右仆射翰林学士卢质还曾亲自动手做过。陶穀在《清异录》中说，崔从教他的这款菜，系选用五至七种应时当令的蔬菜做成。做时，先要去掉老的，然后改刀放入菜瓮中，根据菜的软硬做泡菜汤。往瓮中倒泡菜汤时，注意多少要合适。盖严瓮口后，尽量少开盖。待其玉洁而芳香时即成。想吃的时候，先要将雍州特产的酥油化开，再放入控干的酸泡菜末和白盐。冬春可加入熟笋，夏秋则放鲜藕。注意，这两样食材的刀工处理形状要和泡菜一样。泡菜炒好了，就可以放入羹中，搅匀后吃起来非常清美。不难看出，这款原名翰林齑的菜实际上是酥油炒泡菜末加笋或藕，味道酸、香、咸、鲜，放入羹中，当使羹味不一般。

原文　右补阙[1]崔从授予“翰林齑”法：每用时菜[2]五七种，择去老寿者，细长刀破之，入满瓮[3]，审硬软作汁[4]，量浅深，慎启闭[5]，时检察。待其玉洁而芳香则熟矣。若欲食，先炼雍州酥[6]，次下干齑及盐花[7]。冬春用熟笋，夏秋用生藕，亦刀破，令形与齑同。既熟，搅于羹中，极清美。卢质[8]在翰林躬为之。

陶穀《清异录》

注释

[1]右补阙：官名。唐武则天时置，职务为对皇帝进行规谏，并举荐人员。右补阙属中书省。

[2]时菜：应时当令的蔬菜。

[3]入满瓮：放满瓮中。

[4]审硬软作汁：根据菜的老嫩做腌菜的汤。

[5]慎启闭：放上齑汁后，要少开盖。

[6]先炼雍州酥：先熬化雍州（辖区约为今陕西中部及甘肃东南部）的酥油。

[7]盐花：即花盐，精炼过的盐。《齐民要术》称此盐“白如珂雪，其味又美”。

[8]卢质：五代后晋（936—947）人。曾任右仆射。

僧人烤茄子

在晚唐诗人中，与温庭筠、李商隐齐名的段成式，本出身官宦世家。其七世祖段志玄，从唐太宗李世民征战有功。其父段文昌曾任宰相，并有饮食名著《邹平公食宪章》。而段成式少时即苦学精研，尤精佛理与食道，曾任太常少卿等职。在其所撰《酉阳杂俎》中，有一段关于茄子的文字，详细记述了茄子的名称、收获季节、岭南茄子以及有关诗句等。其中谈到茄子的烹调与食用时，他特意指出："僧人多炙之，甚美。"用炙法做茄子，这应是茄子传入中国后的最早记载。按照古代炙法工艺，这里的炙茄子，应该是将茄子穿在烤扦或烤叉上，用炭火烘烤而成。段成式在这里说的僧人所烤的茄子，大约有两种，一种是《齐民要术》记载的早期传入中国并在北方普遍种植的茄子，这种茄子"大小如弹丸""味如小豆角"；一种则是《酉阳杂俎》记述的唐代时传入的新罗茄子，这种朝鲜茄子"色稍白，形如鸡卵"，当时在长安的寺院中常有种植。从食材形状来看，这两种茄子个头都不大，因此洗净去蒂后非常适合整个穿在烤扦或烤叉上烤。根据魏晋南北朝至隋唐相关文字记载和考古出土的烤扦以及古墓图画所显示的烤扦长度，出自晚唐寺院的这种烤茄子，每串可能为五个茄子。因为这两种茄子都可以生吃，因此烤前或烤的过程中无须动用调料，以免失水过多影响口感。根据唐诗名句"蒸豚揾蒜酱、炙鸭点椒盐"，可以推想，这种茄子烤好后，吃时理应是先揭去外皮，瓤肉则应呈滑软的泥状，类似蒸豚的肉质却是素蔬，然后撒上椒盐或浇上酱汁之类的调味品，吃到口里，完全是不失本真的鲜美的茄子味。难怪常常往来于寺院体悟佛理的段成式，在长安的寺院里品尝了这味烤茄子后，会情不自禁地说："甚美。"需要指出的是，这评价出自素有美食鉴赏家学渊源的段成式，其分量非同一般。

宋辽金名菜

食无定味，适口者珍。

——林洪《山家清供》

肉类名菜

宋太祖羊肉鲊

这是宋太祖赵匡胤为款待吴越王钱俶（chù）特命御厨创制的一款宫廷菜。据宋蔡絛（tāo）《铁围山丛谈》，北宋开宝末年（975年），吴越王钱俶来到汴梁拜见宋太祖赵匡胤，宋太祖对主理宫廷饮膳的太官说，钱王是浙江人，要创作一两样他喜欢的南味食品。太官仓促领旨，结果御厨只用一个晚上便推出用羊肉做的菜，因是现做现吃的速成肉鲊，所以就把这款菜叫“旋鲊”，从此旋鲊还成为北宋和南宋的一道宫廷菜。蔡絛在《铁围山丛谈》中只谈了这件事，没有提及旋鲊的做法。在南宋末陈元靓《事林广记》中，有一份如何做羊肉旋鲊的菜谱，根据这份菜谱，羊肉旋鲊的做法是：一斤精羊肉切丝，加四钱盐、一两曲末，马芹、葱、姜丝各少许，一捧米饭，洒上温热的酸浆水，拌匀后放入瓶瓮中，封严瓶口，春夏时日晒，秋冬时火煨，五天后即可开瓶食用。但蔡絛在《铁围山丛谈》中说的羊肉旋鲊是一个晚上便可食用，看来《事林广记》中羊肉旋鲊的做法与宋太祖御厨的还不太一样。不过据北魏贾思勰《齐民要术》记载的速成肉酱法（详见本书“北魏速成肉酱”“北魏猪肉鲊”），在主料、辅料和调料品种基本不变的情况下，只要加入好酒去掉曲末，减少盐量，瓶外用牛粪加温，一个晚上就可以使羊肉成鲊。最后需要指出的是，蔡絛在《铁围山丛谈》中说，御厨“一夕取羊为醢以献焉，因号‘旋鲊’”。到底是醢还是鲊？因为醢和鲊虽然都是用发酵法酿制的动物蛋白食品，但二者是有区别的。简单说，醢的成品呈泥状味香醇，可以说是肉酱；鲊的出品多成块成片带酸汤，味香酸。从这款宫廷菜最终的名称及其在宋代宫廷宴菜单的安排上（为下酒菜）来看，应属鲊类美食。

原文　开宝末[1]，吴越王钱俶始来朝。垂至，太祖谓大官[2]：“钱王，浙人也。来朝宿共帐内殿矣，宜创作南食一二以燕衎[3]之。”于是大官仓卒被命，一夕取羊为醢（别本“羊”上竝有“肥”字[4]）以献焉，因号“旋鲊”。至今大宴，首荐是味，为本朝故事。

蔡絛《铁围山丛谈》

羊肉旋鲊：精羊肉一斤，细抹[5]，用盐四钱、细曲末一两，马芹、葱、姜丝少许，饭一掬[6]，温浆洒[7]，拌令匀，紧捺瓶器中，以箬叶盖头，春夏日曝，秋冬日火煨，其味香美，五日熟。

陈元靓《事林广记》

注释

[1] 开宝末：应即开宝八年（975年）。

[2] 太祖谓大官：宋太祖对大官说。大官，即负责宫廷饮膳事宜的太官。

[3] 燕衎：宴乐。衎，音kàn，乐，《诗经·小雅·南有嘉鱼》：“嘉宾式燕以衎。”

[4] 别本“羊”上竝有“肥”字：另一版

本“羊”字上面并有“肥”字。竝，“并”的异体字。

［5］细抹：切成丝。

［6］饭一掬：米饭一捧。掬，jū，双手捧取。

［7］温浆洒：洒上温热的酸浆水。

集英殿宴辽看盘

这是宋孟元老《东京梦华录》记载的北宋朝廷专为辽国使者设的美馔。孟元老说，十月十二日，北宋朝廷在集英殿设的大宴中，亲王宗室百官面前的看盘为环饼、油饼、枣塔，唯独辽国使者面前的看盘要加上煮熟了的猪、羊、鸡、鹅、兔带骨肉。这些带骨肉都用小绳系着，旁边摆着生葱、韭、蒜、醋各一碟，三五个人还有一桶浆水，桶里放着几个木勺供舀饮。辽国是由契丹族联合汉族上层统治者建立的王朝，发祥于西喇木伦河流域的契丹人长期保持了游牧民族的饮食习俗，这已为相关文献记载和考古成果所证实。特别是在内蒙古、辽宁出土的辽墓壁画，为我们了解辽代契丹食俗提供了难得的直观资料。其中，出土于辽宁翁牛特旗等辽墓中的烹肉壁画，为我们形象地诠释了北宋宫廷的宴辽看盘。将孟元老在《东京梦华录》中的文字记载和这几幅辽墓壁画相对照，可以看出当年的宴辽看盘与后世内蒙古、辽宁等地流行的“手把肉”，无论是在菜肴款式上还是在食用方式上，都十分相似。只不过出于邦交礼仪，北宋宫廷的宴辽看盘除了契丹人传统的肉食品种羊肉兔肉外，还增加了汉族饮宴常品猪、鸡、鹅肉，并配上以小米为主料酿制的特色酸味饮料“浆水”食用。

这是在北京辽金城垣博物馆“西京印记——大同辽金文物展”中的《契丹宴图》。徐娜摄自首都博物馆

原文　惟大辽加之猪、羊、鸡、鹅、兔连骨熟肉为“看盘”，皆以小绳束之。又生葱、韭、蒜、醋各一堞（碟），三五人共列浆水一桶，立杓数枚。

孟元老《东京梦华录》

集英殿御宴烤羊排

在宋孟元老《东京梦华录》记载的“宰执亲王宗室百官入内上寿”御宴中，有一款名叫“炙子骨头”的下酒菜。炙子骨头是什么？从字面上看，“炙子”应是叉烤或烤肉所用的排棍炉；骨头应是所烤的带骨肉，从宋代宫廷“御厨止用羊肉”的相关文献记载来看，这里的骨头应是带骨羊肉。烤带骨羊肉用叉烤是可能的，用排棍炉烤则是少见的，因此“炙子骨头”应是叉烤带骨羊肉。南宋末陈元靓《事林广记》有一则叉烤羊浮肋的菜谱，这款菜叫“骨炙”，与“炙子骨头”名称相近，有可能是“炙子骨头”的缩写。其做法是：将带皮肥嫩羊浮肋每扇剁成两段，长约五寸，用硇砂末一捻放入水中，然后放入羊浮肋，待水由烫变温后，取出浮肋上叉，蘸水翻烤，要边蘸边烤，大约如此烤三轮后，再将羊浮肋放入好酒中稍微浸一下，接着再烤一会儿即可食用。从菜肴创造学的角度来看，这款菜的制作工艺直接继承了汉代以来叉烤肉排的工艺传统（详见本书“轪侯家烤牛排”）。与以往叉烤肉排相比，这款菜在羊排烤炙前和烤炙过程中用到了硇砂，这是此前同类菜未曾有的记载，也是迄今在传世文献中发现的关于硇砂用于食物烹调的最早记载。硇砂为卤化物类矿物硇砂的晶体，因产于青海、新疆等地，故古代又名狄盐、北庭砂。唐《本草拾遗》说硇砂“令人能食”，《日华子本草》说其可治“食肉饱胀”，元代名医王好古说其可“消肉积”，明李时珍《本草纲目》说：“庖人煮硬肉，入硇砂少许即烂。”由此可知，这款菜用硇砂是为了使烤出的羊排软嫩易消化。但《唐本草》告诫，硇砂“有毒，不宜多服”。现在，它不在国家允许使用的食品添加剂名单之内。

原文　骨炙[1]：带皮肥嫩羊浮肋，每枝截为二段，约长五寸许，用硇砂末[2]一捻，沸汤浸，放温，蘸炙急翻转[3]，勿令熟，再蘸再炙，如是者三[4]，好酒内略浸[5]，上铲[6]，一番便可食[7]。

陈元靓《事林广记》

注释

[1] 骨炙：即叉烤羊浮肋。

[2] 硇砂末：卤化物类矿物硇砂的晶体末，作消积软坚的中药，目前不在国家允许使用的食品添加剂名单之内。

[3] 蘸炙急翻转：蘸（硇砂水）烤快速翻转（羊浮肋）。

[4] 如是者三：照这样进行三次。

[5] 好酒内略浸：（放入）好酒内稍微浸一下。

[6] 上铲：（将羊浮肋）上叉。铲，烤肉叉。

[7] 一番便可食：（再烤）一轮即可食用。

宋仁宗烧羊

宋仁宗赵祯于 1022 至 1063 年在位，曾起用范仲淹。据宋魏泰《东轩笔录》，在众多的美食中，烧羊最对宋仁宗的胃口，甚至有一天夜里他失眠饿了，想吃的竟是烧羊，可见烧羊应该是宋仁宗宫廷御膳中的头等珍馐。宋吴自牧《梦粱录》记载，南宋绍兴二十一年（1151 年）十月，宋高宗驾临清河郡王府，张俊为宋高宗所献的御筵中，还专门为奸相秦桧父子各上“烧羊一口”。所谓“烧羊一口”，即烧羊一只。根据中国古代菜肴的冠名惯例，“烧羊”应即烤整只羊，也就是后世所言的烤全羊。那么当时宫廷的烧羊是怎样制作的呢？在南宋末陈元靓《事林广记》中有这样一段记载：“筵会上烧肉事件……全身羊：炉内五味生烧。”“筵会上烧肉事件”即筵席上的烤肉

这是山西大同市博物馆馆藏的辽代石质圆食盒，盒内有七个带盖石钵。徐娜摄自北京辽金城垣博物馆“西京印迹——大同辽金文物展”

品种；“全身羊”即整只羊；“炉内五味生烧”这六个字表明，当时筵席上的烧羊是将经过五味调料腌渍的整只羊放入炉内烤制而成。这样看来，《东京梦华录》和《梦粱录》等宋人笔记中的“入炉羊”，应与“烧羊”一词同义。至于当时烤全羊所用的烤炉，根据考古报告与后世“非遗”资料，不大可能是铁炉。尽管广州西汉南越王墓曾出土烤乳猪的铁炉，但这类烤炉是将乳猪放在“炉上”，而宋代烧羊则是“炉内”烤。“炉内”一语显示，当时宫廷烧羊的烤炉应是流传后世的砖炉。需要说明的是，与砖烤炉类似的铁烤炉则是清中叶以后从欧洲传入中国的“洋炉”，清《调鼎集》中的“洋炉鹅”便是一例。根据《梦粱录》记载，烧饼和粥是当时食用烧羊的佐食品。

曹家生拌六丝

这是宋陈元靓《事林广记》记载的一款宋代都市酒楼的特色冷菜。在该书中，这款菜本名“曹家生红”。从孟元老《东京梦华录》关于对史家瓠羹、张家油饼等汴梁名店名食的称呼来看，这里的“曹家”也应是当时的一家名店。“生红”则是以生鲜羊脊肉丝为主料，佐以熊脂或羊肚丝、水晶脍丝、糟姜丝、萝卜丝和嫩韭菜等生拌而成的冷菜。这款菜用料考究，主、配料的组配讲究时令，款式新颖派头大，这些特点显示这应是当时一家大型酒楼的冬季高档冷菜。从菜肴创造学的角度来看，这款菜有以下几点值得关注：1. 按古代习惯称呼，这款菜本应叫“羊脍”，却叫“生红”，说明至迟到宋代肉脍类冷菜在都市酒楼又有了新的时尚称谓。2. 这款菜用料考究。主料是羊身上最嫩的部位，而且只能用四两。配料中有熊白即熊背上的白色脂肪，这在当时都市中一般是皇室贵戚或巨富才能享用的食材，同样也有一两的用料定量。水晶脍一味本是宋代御筵冬季佐酒珍馐，在这款菜中却以配料角色出现，于此可以想见这款菜的档次。至于配料中的糟姜、萝卜、嫩韭菜和香菜，一是以嫩姜、煮酒、盐和冰糖等经 90 天左右糟制而成，一是秋后放入地窖中的保鲜佳蔬，后两种则是冬季温室长成的冬鲜“洞子货”。最后浇的两种调味汁也是当时早有定制的名品。3. 这款菜的款式颇有唐宋春盘的气韵。一是所有的食材均切丝；二是以食材的天然色使盘中呈现红、白、黄、绿各色相间的美好菜相，酷似当时立春的春盘。4. 这份菜谱的主要原料都已量化，这种定量化的用料和选料要求以及所用食材的档次，表明这份菜谱很可能来自宫廷，而酒楼主人“曹家”也可能与宫中御膳太监之类的人物有关系。

原文　曹家生红[1]：羊膂肉[2]四两(细切)，熊白[3]一两（无，以肚胘[4]代之），糟姜[5]半两（细切），水晶脍[6]半两，真酥[7]二钱，生萝卜丝、嫩韭[8]、香菜[9]少许，芥辣浇[10]，或用脍醋[11]。

陈元靓《事林广记》

注释

［1］曹家生红：这款菜的菜谱在《居家必用事类全集》等书中也有记载。

［2］羊膂肉：羊通脊肉。这部位的肉分三段，这款菜用的应是其中的上脑。

［3］熊白：熊背上的白脂，为古代一种珍味。李时珍《本草纲目·兽部》引述南朝梁陶弘景的话说：熊“脂即熊白，乃背上肪，色白如玉，味甚美。寒月则有，夏月则无”。

［4］肚胘：羊百叶。胘，音 xián，百叶。

［5］糟姜：将秋祭土地神之前的嫩姜去皮洗净放入瓷坛中，加煮酒、糟、盐和冰糖，封严坛口，到冬天开坛取出，即为糟姜。《居家必用事类全集》等书均有制法记载。

［6］水晶脍：用猪皮或鱼鳞、琼脂制成的水晶冻丝。详见本书“水晶脍”。

［7］真酥：牛酥油或羊酥油。

［8］嫩韭：应是冬季温室中长成的韭菜。

［9］香菜：应即罗勒。

［10］芥辣浇：浇上芥末醋。芥末加水发出辣味后加醋调制而成，浦江吴氏《中馈录》有其制法记载。

［11］脍醋：用葱、姜、榆仁酱、花椒、盐、糖和醋等制成的调味汁，可用于拌食生鱼丝等生鲜类冷菜。《居家必用事类全集》《多能鄙事》等书均有这种调味汁制法的记载。

羊肉佛跳墙

佛跳墙是中国菜中一款名称很有趣的名菜，尽管围绕它名称的由来有不少传说，但这些传说大多缺乏文献记载。据笔者目前所知，在传世文献中，关于佛跳墙最早的记载是在南宋末年。在宋陈元靓《事林广记》中有佛跳墙菜谱。据这份菜谱介绍，当时的佛跳墙是以猪、羊精肉为主料，先将肉用开水焯一下，再切成骰子块，下锅用猪、羊油煎至微熟，最后加入汤、酒、醋、花椒、杏仁和盐等调料煨炖，待汤汁烧尽时取出，焙干即成。通观这款佛跳墙的用料、制法和出品款式，可以推定宋代的佛跳墙是以煨法制成、可以存放较长时间的猪（羊）肉干。而后世的佛跳墙，有集鱼翅、鲍鱼等 20 余种珍美食材于一坛的闽菜福州佛跳墙，也有以红烧羊肉为特色的苏菜镇江东乡佛跳墙等。从菜肴创造学的角度来看，后世各地的佛跳墙与宋代佛跳墙在菜肴款式上全异，唯东乡佛跳墙与宋代佛跳墙主料相同、主要制作工艺相似，二者显然具有历史渊源关系。东乡在江苏镇江市东郊 37 公里姚镇北，地处扬中、丹阳、丹徒交会之处的扬子江畔，为江苏八大古老集镇之一。而陈元靓收入《事林广记》的菜谱，其中不少为宋代江南菜，这份目前发现的最早的佛跳墙菜谱应是一例。

原文　佛跳墙：精猪、羊肉沸汤绰[1]过，切作骰子块，以猪、羊脂煎，令微熟，别换汁[2]，入酒、醋、椒[3]、杏[4]、盐料，煮干取出，焙燥[5]，可久留不败。

陈元靓《事林广记》

注释

［1］绰：应作“焯”。

［2］别换汁：另换汤。别，另外。

［3］椒：花椒。

［4］杏：杏仁。杏仁是宋代制作肉禽类菜肴的特色调料之一。

［5］焙燥：焙干。

山家砂锅煮羊肉

这是林洪《山家清供》中的一款南宋山林风味羊肉菜。林洪说，将羊肉切成块放到砂锅内，除了可以放葱、椒以外，还有一个秘法，即只用几枚捶碎的杏仁，用活水煮至骨肉酥烂即可。这款菜在今天看来，可称之为砂锅杏仁炖羊肉，在炊器、用料等方面有三点值得关注：1. 羊肉用砂锅煮炖。南宋时，“鼎煮羊”是宫廷与临安（今杭州）民间食店的名菜，即使是宋孝宗为其讲读老师所设的宫廷便宴，上的也是“鼎煮羊羔”。而《山家清供》中的这款煮羊肉，用的却是砂锅，突显了此菜的山家烹调特色。2. 炖羊肉时用杏仁。据林洪说，这可以使羊肉甚至骨头都是酥烂的。元浦江吴氏《中馈录》“治食有法”称：“煮诸般肉封锅口，用楮实子一二粒同煮，易烂又香。”后世烹羊实例与经验说明，用一些植物性食物如山楂等也可使炖后的羊肉酥烂，但不会使羊骨也酥烂，显然林洪的这句话讲过了头。但将杏仁及其加工品用于煮或蒸羊肉，在宋代不止林洪的这款菜。北宋诗人、书法家黄庭坚说，蒸好的同州羊羔浇上杏酪，羊羔肉酥烂得只能用匙取食而不能用筷子。五味杏酪羊则是南宋临安民间食店的名菜。3. 煮炖羊肉用活水。所谓活水，从山家的角度来说，应是用新取的山泉水。这是为什么呢？明姚可成《食物本草》引《煮泉小品》称：“泉不流者，食之有害。”并引《博物志》说：“山居之民多瘿肿疾，由于饮泉之不流者。”泉不流者即死水，而活水则有益健康，使煮出的羊肉更鲜美。

原文　山煮羊[1]：羊作脔[2]，置[3]砂锅内，除葱椒外，有一秘法，只用槌真杏仁数枚，活水煮之，至骨亦糜烂。每惜此法不逢，汉时一关内侯[4]何足道哉！

林洪《山家清供》

注释

［1］山煮羊：煮字原作“煑”，以下同。

［2］作脔：切成块。脔音 luán，肉块。

［3］置：原作“寘”。

［4］关内侯：爵位名。为二十等爵的第十九级。有按规定户数征收租税之权。全句意为，我如果能得到此菜的做法，一个关内侯也没有什么了不起的了。

太平酿羊肚

这是宋太宗赵匡义命王怀隐等人于992年成书的《太平圣惠方》中的一款食疗菜。根据该书记载，这款菜的做法是：将羊肉、人参、陈皮、肉豆蔻、食茱萸、干姜、胡椒、生姜、葱白分别加工成末，同粳米和盐末拌匀，填入羊肚内，用粗线系紧，蒸得极烂即可。该书称：脾气弱不能下食的人可吃这款菜，吃时佐以酱醋也可以。从菜看创造学的角度来看，这款菜有以下四点值得关注：1. 这是在传世文献中首次见于记载的酿羊肚食疗菜。宋代以前，无论是食疗菜还是一般菜，见于记载的只有酿猪肚。酿羊肚在宋代官修的医书中出现，应与宋代御厨只用羊肉的皇家食制有关。2. 同唐代《千金要方》和《食医心鉴》中的酿猪肚相对照，这款酿羊肚的调料中多了胡椒、食茱萸和肉豆蔻。胡椒和食茱萸均为口味辛辣之品，这两种调料同时用在所酿的馅料中，其辛辣之味当较强烈，这在古代食疗菜中是不多见的。3. 豆蔻和胡椒唐宋时多为舶来品，用在这款食疗菜上，反映了当时的医官或宫廷饮膳太医善于吸收域外医药学新品。4. 这款菜的所有用料基本上是温热之品，制成菜肴食用后可共奏温中健脾之功。

原文　治脾气弱不能下食，宜食酿羊肚方：羊肚一枚治如常法，羊肉一斤细切，人参一两去芦头末，陈橘皮一两汤浸去白瓤焙，肉豆蔻[1]一枚去壳用末，食茱萸[2]半两末，干姜半两末，胡椒一分末，生姜一两切，葱白二七茎切，粳米五合，盐末半两。右取诸药末拌和肉、米、葱、盐等，纳羊肚中，以粗线系合，勿令泄气，蒸令极烂。分三四度空腹食之，和少酱醋无妨[3]。

王怀隐等《太平圣惠方》

注释

［1］肉豆蔻：肉豆蔻科植物肉豆蔻的种仁，原产印度尼西亚马鲁古群岛，唐《本草拾遗》名“迦拘勒”，性味温辛，可温中止泻治宿食不消。

［2］食茱萸：芸香科植物樗叶花椒的果实，味辛苦温有毒，可暖胃燥湿。

［3］和少酱醋无妨：（食用时）调味蘸点酱醋也可以。

太平羊灌肠

这是在传世文献中记载的第一款用于食疗的羊灌肠。根据《太平圣惠方》记载，这款羊灌肠的做法是：将麻雀胸脯肉末、淘过的糯米同干姜、花椒、胡椒、附子、肉苁蓉、菟丝子末和鸡蛋清拌匀，灌入羊肠内，系紧肠头，煮熟取出，凉凉后切块即成。该书称，这款菜可治虚损羸瘦阴萎不能饮食。羊灌肠在北魏贾思勰《齐民要术》中已有记载，到宋代已从宫廷美味变为市井美食，说明羊灌肠的工艺技术到宋代已经相当成熟。从原料组配来看，魏晋南北朝和宋代都市流行的羊灌肠都是羊血肠，也就是说，羊肠内灌的都是羊血。而《太平圣惠方》中的羊灌肠，灌的则是以麻雀胸脯肉为主料、以糯米为辅料和以干姜、附子等为调料兼药料的馅心。从菜肴创造学的角度可以看出，这款菜实际上是借用当时人们熟悉的灌肠工艺和人们乐于接受的出品款式，采用中医食疗理论进行原料组配的一个创新成果。当然，这款食疗羊灌肠出现在宋代，不排除这是宋初宫廷饮膳太医为迎合只用羊肉的皇家食规而精心设计的帝王之食。

原文　治虚损羸瘦阴萎不能饮食，宜喫（吃）灌肠方：大羊肠一条，雀儿胸前肉三两细切，附子末一钱，肉苁蓉半两细切酒浸，干姜末一钱，兔丝子末二钱，胡椒末一钱，汉椒末一钱，糯米二合，鸡子白三枚。右将肉、米并药末和拌令匀，入羊肠内，令实，系肠头，煮令熟，稍冷，切作馅子，空心食之。

王怀隐等《太平圣惠方》

这是宋代佚名《夜宴图》，图中宴桌上有酒壶、酒杯和用圈足盘、高足盘盛的佐酒手食。四位饮者中有二人已醉，一侍童双手捧果盘正向宴桌走来。王森摄自山东临沂市博物馆

太平羊蝎子羹

羊蝎子羹在北宋初官修的《太平圣惠方》中写作“羊脊骨羹”，该书“食治门”记载了两款食疗羊蝎子羹的用料和制法。从该书记载来看，这两款羊蝎子羹虽然都是针对肾虚腰脚疼痛的，但是在食材组配和制作工艺上却不大一样。在食材组配上，第一款羊蝎子羹有羊蝎子、米和调料，第二款则由羊蝎子、羊腰子、羊肉和调料组成。在制作工艺上，第一款羊蝎子羹是先将羊蝎子加水煮，然后用羊蝎子汤来煮米，最后放调料做成羹；第二款则是先将羊蝎子熬成汤，再将羊腰子和羊肉炒断生，加入葱、姜等调料炒香后，再倒入羊蝎子汤，放入小米煮成羹。从菜肴的历史渊源来看，这两款羊蝎子羹在食疗功用、主料选用和出品款式上，多与唐昝殷《食医心鉴》中的羊蝎子羹雷同，显示这两款羹应是在昝氏羊蝎子羹的基础上变化而来。但是在食材组配、制作工艺和羊蝎子在羹中的作用上，这两款羹又与昝殷的明显不同，反映了北宋初年中医对羊蝎子羹食疗功用有了新认识。

原文

1. 治肾脏风冷腰脚疼痛转动不得，羊脊骨一具、搥碎，葱白四握去须切，粳米四合。右以水七大盏煎骨取汁[1]四大盏，漉去骨，每取汁二大盏，入米二合及葱白、椒、盐、酱作羹，空腹食之。

2. 治肾气虚冷腰脚疼痛转动不得，羊脊骨羹方：羊脊骨一具、搥碎、以水一斗煎取三升，羊肾一对去脂膜切，羊肉二两细切，葱白五茎去须，粟米二合。右炒肾、肉断血，即入姜、葱五味，然后添骨汁，入米重煮成羹，空腹食之。

王怀隐等《太平圣惠方》

注释

［1］煎骨取汁：煮骨取汤。

太平羊蝎子汤

羊蝎子在宋代食疗菜中有多种，这是一款用于治疗久病康复的羊蝎子汤。其做法是：先将一斗鲜枸杞根用五斗水煮成一斗五升，去滓后放入剁成小块的羊蝎子，再用小火煮至汤剩五升去滓，将汤倒入瓷坛中存起来即成。将羊蝎子用于食疗，在唐代昝殷《食医心鉴》中已有记载。该书中的白煮羊蝎子原料只有羊蝎子一种，用于肾脏虚冷腰脊不能转动。而《太平圣惠方》中的这款羊蝎子汤，除了羊蝎子以外，还有主治下焦肝肾虚热的鲜枸杞根，因而这款汤又名“枸杞煎”。《食医心鉴》中的白煮羊蝎子成菜后是吃羊蝎子上的带骨肉，而《太平圣惠方》中的这款羊蝎子汤却是喝汤。总的来看，二者的食疗功用、食材组配、出品款式和食用方式都有较大区别。

原文　有人频遭重病、虚羸不可平复，

宜服此枸杞煎[1]方：生枸杞根细剉一斗、以水五斗煮、取一斗五升澄清，白羊脊骨[2]一具，剉碎[3]。右件药以微火煎取五升，去滓，收瓷盒中。每取一合[4]，与酒一小盏合煖，每于食前温服。

王怀隐等《太平圣惠方》

注释

[1] 枸杞煎：实际上是枸杞根羊蝎子汤。

[2] 白羊脊骨：即绵羊蝎子。

[3] 剉碎：应是将羊蝎子剁成小块之意。

[4] 一合：十合为一升。

太平羊腰羹

在北宋初官修的《太平圣惠方》中，有五款食疗羊腰羹。这五款羊腰羹虽然主料和出品款式相同、食疗功用区别不大，但辅料和调料多有不同。在食材组配上，其中有三款羊腰羹主要由羊腰、肉苁蓉、干姜和葱白构成，这与出土的敦煌古医书中的唐代羊腰羹一致，表明它们是从唐代食疗羊腰羹直接继承演化而来(详见本书“敦煌唐人羊腰羹”)。在制作工艺上，有三款羊腰羹是将主料等先炒后煮，然后再加入其他原料制作成羹，这项工艺不仅在中国古代食疗羹中是首次见于记载，就是在一般羹的制作中也是少见的。从菜肴创造学的角度来看，这五款羊腰羹名虽同而异颇多，特别是在食材组配和制作工艺上多有创新，反映了北宋初期朝廷医官和宫廷饮膳太医自拟方和对民间验方修订时思维的活跃，展示了当时中医食疗方面的脏器疗法的成果与水平。

原文

1. 治五劳七伤髓气竭绝，羊肾羹方：羊肾一对、去脂膜切，肉苁蓉[1]一两、酒浸一宿、刮去皱皮，生薯蓣[2]一两，羊髓一两，薤白[3]一握、去须切，葱白半两去须切，粳米一合。右炒羊肾并髓等，欲熟，下米并豉汁五大盏，次下苁蓉，更入生姜、盐等各少许，煮成羹，食之。

2. 治羸瘦久积虚损阳气衰弱腰脚无力，令人肥健，羊肾羹方：白羊肾一对、去脂膜切，肉苁蓉一两、酒浸一宿、刮去皱皮切，葱空[4]三茎、去须切，羊肺三两、切。右以上并于豉汁中煮，入五味作羹，空腹食之。

3. 又方：羊肾一对去脂膜切，肉苁蓉一两、酒浸一宿、刮去皱皮切，葱白一(三)茎、去须切，薤白七茎、去须切，粳米一合。右先将羊肾及苁蓉入少酒炒后，入水二大盏半，入米煮之，欲熟，次下葱白薤白煮作粥，入五味调和，空腹食之。

4. 治五劳七伤肾气不足，羊肾羹方：羊肾一具、去脂膜、细切，羊肉三两、切，嫩枸杞叶细切、一升，葱白三茎、去须切，粳米半两，生姜二(三)分、切。右件药先炒肾及肉、葱白、生姜，欲熟，下水二大盏半，入枸杞叶，次入米、五味等，煎作羹[5]，食之。

5. 治下焦久冷虚损，椒肾羹方：汉椒[6]三十枚、去目及闭口者、酒浸一宿，白面三两，羊肾一对、去脂膜、细切。右取椒入面内，拌令匀，热水中下，并羊肾煮熟，入五味调和作羹，空腹食之。

王怀隐等《太平圣惠方》

注释

［1］肉苁蓉：可补肾益精、润燥滑肠。

［2］生薯蓣：鲜山药。

［3］薤白：俗称“藠头”，百合科植物小根蒜或薤的鳞茎，可理气、宽胸、通阳、散结。《唐本草》：“白者补而美，赤者主金疮及风。”

［4］葱空：应即葱白。

［5］煎作羹：应即煮作羹。

［6］汉椒：即蜀椒、川椒、花椒。见李时珍《本草纲目》。

圣济羊腰羹

在宋徽宗赵佶政和七年（1117年）成书的《圣济总录》中，有5款食疗羊腰羹。将这5款羊腰羹同《太平圣惠方》中的羊腰羹加以比较便会发现，这5款羊腰羹的用料明显少于《太平圣惠方》中的羊腰羹。《圣济总录》中的羊腰羹用料最多6种，而《太平圣惠方》中的羊腰羹最多可达10种以上。《太平圣惠方》羊腰羹中的薤白、羊髓等在《圣济总录》中全不见了，而羊腰与肉苁蓉则差不多在每款羊腰羹中都有，说明《圣济总录》之羊腰羹的用料虽然简约，却仍以唐孙思邈《备急千金要方》和昝殷《食医心鉴》为祖本。《圣济总录》比《太平圣惠方》晚成书225年，这一用料简约的特点反映出宋代不同时期的医家拟方思路的不同。

原文

1. 治肾劳虚损精气竭绝，补肾羹方：羊肾一双、去脂切，葱白一分、切，生姜一分、切。右三味细切羊肾，入五味葱姜，如常法作羹食之。

2. 治虚劳羸瘦，枸杞羹[1]方：枸杞叶一斤，羊肾一对切，羊肉切三两，葱白七茎切。右四味以五味汁煮作臛[2]，空腹食之。

3. 治丈夫久积虚损阳气衰、腰脚疼痛无力，苁蓉羹[3]方：肉苁蓉温水洗去土、细切一两，白羊肾一对、去脂膜切，葱白七茎、擘，羊肺二两、切。右四味入五味汁作羹，空腹食之。

4. 治久积虚损阳道虚弱腰脚无力，白羊肾羹方：白羊肾一对、去脂膜切，肉苁蓉酒浸、细切一两。右二味相和，入葱白、盐、酱、椒煮作羹，如常法空腹食。

5. 治耳聋耳鸣，羊肾羹方：羊肾去筋膜细切、一对，生山芋去皮、四两，葱白一握、擘碎，生姜细切、一分。右四味作羹如常法，空腹食。

赵佶敕编《圣济总录》

注释

［1］枸杞羹：实为枸杞羊腰羹。

［2］以五味汁煮作臛：用五香调料煮成浓汁羹。

[3] 苁蓉羹：实即苁蓉羊腰羹。

圣济煮羊肚

在《圣济总录》中，有三款用于不同症状的食疗煮羊肚。在这三款煮羊肚中，其中的两款与《太平圣惠方》中的酿羊肚相似，另一款则可以称为五香羊肚丝。用于中风食疗的是一款酿素肚，羊肚内酿的全是由粳米和葱白、豆豉、蜀椒、生姜调制成的米馅，用煮法制成，熟后改刀即可食用。酿肉肚则用于虚劳补益，将羊肉馅用人参、肉苁蓉、枸杞白皮加水煮，然后过滤，再将汁加盐搅匀，酿入羊肚内，煮熟即成。第三款该书称可以治反胃，将陈皮、豆豉、葱白和盐放入羊肚内，系紧肚口，煮熟后去掉肚内的调料，将羊肚切丝食用。同《太平圣惠方》中的酿羊肚相比，《圣济总录》中的这三款煮羊肚食疗所对症状增多，原材料组配区别较大，加热工艺全是煮法，而《太平圣惠方》中的则是蒸法。过去有学者说《圣济总录》中的这类食疗菜全是来自《太平圣惠方》，现在看来还不是这样。

原文

1. 治中风，羊肚食方：羊肚净治如食法一枚，粳米净淘一合，葱白七茎，豉半合，蜀椒去目并合口者炒出汗三十枚，生姜切细一分。右六味将五味药拌匀，入于羊肚内，烂煮熟，切如常食法，淡入五味，日食一枚，十日止。

2. 治虚劳补益，人参羊肉法：人参一两，枸杞白皮三两，肉苁蓉酒洗去土三分。右三味细剉，先以水三升浸药，经再宿煎之，去滓取汁一升，细擘葱白一握，盐少许，同羊肉[1]半斤、豉一合，于药汁中和匀，入羊肚内，从五更初煮至平旦，细切，食之至饱。如不尽，续食之。

3. 治反胃，食羊肚方：羊肚净洗一枚，陈橘皮汤浸去白切二两，豉半升，葱白十茎切，盐少许。右五味将四味贮入羊肚内，以绳系头，煮熟去药滓，将羊肚细切，任意食之。

赵佶敕编《圣济总录》

注释

[1] 羊肉：这里的羊肉应是剁或切成馅的。

圣济羊肺羹

在《圣济总录》“食治门”中，有五款用食疗法治尿频的羹，羊肺羹是其中的一款。该书称，将一具羊肺和四两羊肉分别细切，然后加调料做成羹，即可空腹食用。从文化渊源上来看，《圣济总录》中的这款羊肺羹从用料、制法到食疗功用，全与东晋名医范汪《范汪方》中的羊肺羹雷用，显示《圣济总录》中的羊肺羹直接从《范汪方》继承而来。历史上，将羊肺羹用于尿频的食疗，在唐孙思邈《备急千金要方》、昝殷《食医心鉴》和宋初《太平圣惠方》中都有类似记载。说明羊肺羹治尿频的食疗功效，从东晋到宋徽宗政和七年，经七八百年的验证，仍受到宋代医家的推崇。

原文　治小便数[1]下焦虚冷，方：羊肺细切一具，羊肉切四两。右二味入五味作羹，空腹食之。

赵佶敕编《圣济总录》

注释

[1] 小便数：即小便间隔时间短次数多。数，这里音 shuò，快，次数多。

圣济羊杂汤

从文字表述上可以看出，《圣济总录》中的这份羊杂汤谱原载唐孙思邈《千金翼方》，只不过到宋徽宗政和七年（1117 年）《圣济总录》收录时医官们稍对此谱做了些许变动。这款汤的做法是：先将羊的心、肝、肺和腰子净治后切成片（条），再将胡椒、荜拨、葱白、豆豉和牛酥油用七升水煮成五升料汤，去滓后同羊杂片放入羊肚内，系住肚口，放进绢袋内，待煮熟时倒出料汤，取出羊杂，将羊肚切丝，趁热吃羊杂喝汤即可。这款羊杂汤将羊的心、肝、肺、肚和腰子全用到，用胡椒、荜拨、葱白、豆豉和牛酥油调味的同时，又起到调和羊杂食疗功效的作用。

原文　治虚劳，食羊脏[1]方：羊肝、肚、肾、心、肺各一具汤洗细切，胡椒、荜拨各一两，豉一合，葱白一握细切，牛酥一两。右六味先以五味相和，以水七升慢火煎取五升，去滓，和羊肝等并汁皆内羊肚中[2]，系肚口，别用绢袋盛之[3]，煮熟，乘热出，切肚，食之，并旋旋服尽药汁。

赵佶敕编《圣济总录》

注释

[1] 食羊脏：吃羊杂。

[2] 和羊肝等并汁皆内羊肚中：和羊肝等及汤全放入羊肚中。内，这里作放入讲。

[3] 别用绢袋盛之：另用绢袋盛上羊肚。

东坡羊羔

蒸好的羊羔浇上杏酪，羊羔软烂得吃时只能用匙而不能用筷子，这就是苏东坡推崇的杏酪蒸羊羔。

记载这款菜的诗文在元代邹铉《寿亲养老新书》中被记在黄庭坚的名下，而在南宋朱弁的《曲洧旧闻》中却是苏东坡。看来比朱弁晚近的邹铉记错了。这篇诗文说：“烂蒸同州羊羔，灌以杏酪。食之以匕不以箸。”同州即今陕西省大荔县，那里产的羊是唐宋御用名产。匕最初类似后世的食尺，后来为舀羹的匙。杏酪即杏仁磨成的浆，是宋元一种特色调味品。宋代御厨只用羊肉做菜，崇尚苏东坡诗文的士大夫阶层则流行“苏文熟吃羊肉，苏文生吃菜羹”的谣谚。羊羔是北宋

这是河南登封黑山沟宋墓备宴图，图中案桌上有四小盘，盘内分别盛有食物；大盘内有两豆形器，桌前二女正在做开宴准备。郭亚哲摄自洛阳古代艺术博物馆

初期羊菜的一种常用主料，但是到宋哲宗元祐初年（1086年），由于宣仁太后菩萨心肠一句话，宋哲宗赵煦便降旨从此“不得宰羊羔为膳”。因此，苏东坡欣赏的这款杏酪蒸羊羔，当是元祐初年以前的名菜。元祐年以后，杏酪蒸羊羔不见了，五味杏酪羊、酒蒸羊、蒸软羊和排炊羊成了北宋汴梁和南宋临安宫廷与坊间食店的名菜，这从《东京梦华录》和《梦粱录》等宋人笔记中可以看出来。关于苏东坡时代杏酪蒸羊羔的做法，元《居家必用事类全集》等书中的“碗蒸羊”做法可以作参考。根据这些书的记载，杏酪蒸羊羔应是将宰杀净治后的羊羔加调料放入大木碗或砂铫（类似后世砂锅）内，盖严，然后以小火在微开的水中隔水炖蒸而熟，吃时浇上杏酪即成。

速成烤肉

这款菜在《事林广记》中写作“逡巡烧肉”，逡，音 qūn，逡巡，犹言顷刻、须臾，南宋诗人陆游《除夜》诗中有“相看更觉光阴速，笑语逡巡即隔年”之句，因此逡巡在这里可引申为速成之义；烧肉，即烤肉，《事林广记》说用这种方法烤出的肉，可以和炉烤的一样。逡巡用于菜名，这款菜不是首例。唐韦巨源《烧尾食单》中有以鱼、羊肉为主制成的“逡巡酱”，其他书中还有“逡巡鲊”等，说明“逡巡”是唐宋菜名中的一个常见词。这种烤肉的做法是：将成腿的猪羊肉或肋条、鹅、鸭等，先用盐等调料腌渍一两个时辰，再将锅烧热，顺着锅边淋入香油，以让香油润遍锅内，放入架肉的柴棒，上面放肉，盖上盆，锅缝用纸封严，然后用小火烧约一个时辰，拿开盆，取出肉，肉色焦黄诱人，同炉烤的一样。从《事林广记》关于这种烤肉“与炉内烧者同”的描述，可以推知这种方法来自对炉烤法的模拟，实际上可以称为“锅烧”法。正因为如此，在元《居家必用事类全集》和明《多能鄙事》等书中，已经将这种烤肉称作“锅烧肉”。顺便说一下的是，炉烤法烤的是整只羊，《事林广记》中说“除全羊炉内烧外，皆用签子上插定于炭火”上烤，那么在这种锅烧法未发明以前，成腿的猪羊肉以及鹅鸭用的是叉烤法。推想古人也想让成腿的猪羊肉和鹅鸭烤出炉烤的色泽和风味来，于是便发明了这种锅烧法。这款菜给人的启示是：元明时代的锅烧肉是从宋元之际模拟炉烧肉的逡巡烧肉直接发展而来，可以说这是宋元之际从炉烧到锅烧的一次工艺创新。

原文　逡巡烧肉[1]：将成腿猪羊或肋枝、鹅鸭等，先以料物盐淹[2]一二时，略透；先将锅洗净烧红[3]，用香油匀遍浇，令锅四围皆有油，以柴棒架起肉，便以盆合纸封四围缝，慢火烧一时许，取开，焦黄可爱，与炉内烧者同。

陈元靓《事林广记》

注释

［1］逡巡烧肉：速成烤肉。

［2］淹：今作“腌”。

［3］烧红：应是烧热之意。

养老清蒸牛肉

这是宋陈直《养老奉亲书》中的一款食疗牛肉菜。其做法是：将一斤鲜水牛肉上甑蒸得烂熟，取出改刀，备五味姜醋汁即成。该书称，这款菜适合有水气病、四肢肿闷沉重、喘息不安的老人食用。从食疗功用、用料、制法和食用方式等来看，这份菜谱应来自唐昝殷《食医心鉴》。《食医心鉴》的原文是：“治水气、大腹浮肿、小便涩少方……又方：牛肉壹斤，蒸令熟，姜醋食之。”《养老奉亲书》的原文是：“食治老人水气病，四肢肿闷沉重，喘息不安，水牛肉方：水牛肉一斤，鲜。上蒸，令烂熟，空心，切，以五味姜醋，渐食之，任性为佳。”不难看出，《养老奉亲书》中的这份菜谱与《食医心鉴》中的雷同。据《四库全书总目提要》，《养老奉亲书》的撰者陈直曾于宋神宗元丰年间（1078—1085）任泰州兴化令，陈直在《养老奉亲书》序中说，他将《食医心镜》等书中的相关内容分门别类汇编成《养老奉亲书》，以造福老人，践行其“善治药者，不如善治食”的疗疾养生理念。该书中所说的水气病，即水肿病，中医分为阳水证和阴水证，根据水气病后面所叙“四肢肿闷沉重，喘息不安”症状，应属阳水证。治宜祛邪为主，行发汗、宣肺、利湿、逐水等法。《本草拾遗》称牛肉“消水肿，除湿气，补虚”。

假炒鳝

炒鳝鱼是南宋的一款名菜。据吴自牧《梦粱录》和四水潜夫《武林旧事》等宋人笔记，炒鳝和南炒鳝是南宋都城临安（今杭州）酒店招牌菜和宋高宗在清河郡王府享用的御筵珍馐。这里的假炒鳝，则是宋代菜名以“假”字打头的一款仿真菜。据南宋末陈元靓《事林广记》，这款菜的做法是：将羊通脊肉切成大片，撒上绿豆淀粉和白面，拌匀后用木骨鲁槌拍松，然后放入甑中蒸熟，取出凉凉，斜纹切成丝条，同木耳和香菜一起装盘，浇上用葱、姜、盐、糖等调成的脍醋，即可做下酒菜。从这款菜的最终款式不难看出，这是一款冷菜而不是热菜，其名称“假炒鳝”应改作“鳝生”才名实相符。宋元之际，仿鳝的菜不止这一款。在元《居家必用事类全集》中，就有两款以面筋为主料、采用蒸或焯法制成的素食类“鳝生”和“炒鳝”。后世上海著名素菜馆功德林，还有以水发香菇为主料的香油鳝丝。

原文　假沙鳝[1]：羊脊膂肉批作大片[2]，用绿豆粉、白面等分表裹匀糁[3]，以木骨鲁槌拍，如作汤脔相似[4]，甑上炊作合宜[5]，取出放冷，斜文切之如鳝生[6]。纵切横切皆不可，唯斜文切似[7]。别用木耳、香菜少许簇饤[8]，用脍醋浇[9]，作下酒[10]。

陈元靓《事林广记》

注释

[1] 假沙鳝：应即假炒鳝，沙为“炒”字之误。

[2] 羊脊膂肉批作大片：将羊通脊肉切成大片。

[3] 用绿豆粉、白面等分表裹匀糁：将绿豆淀粉、白面各一半撒在（肉片）表面裹匀作粉衣。

[4] 如作汤脔相似：与用开水焯的肉块相似。这里是指主料加热前的工艺要求。

[5] 甑上炊作合宜：上蒸锅蒸最合适。

[6] 斜文切之如鳝生：斜纹切肉就像切鳝生那样。

[7] 唯斜文切似：只有斜纹切才像（鳝丝）。

[8] 别用木耳、香菜少许簇饤：另将木耳、香菜少许装盘。

[9] 用脍醋浇：浇上吃脍用的醋。

[10] 作下酒：做下酒菜。

假熊掌

熊掌为古代八珍之一，早在先秦时期就是最高统治者独享的美味（详见本书“晋灵公熊掌”）。但由于长期猎食，随着时间的推移，熊的数量日渐减少，熊掌也越来越成为宫廷与民间的稀有珍馐。为满足酒楼顾客需求，宋代厨师创制出仿真菜“假熊掌”。据南宋末陈元靓《事林广记》，当时假熊掌的做法是：将猪、羊头和猪、羊蹄分别煮烂去骨，放在净布上，包好后头天用重石压上，第二天取出切片，用香糟糟制后即成。根据相关资料可以推知，这款假熊掌的色香味应该酷似后世传统名菜香糟熊掌。从菜肴创造学的角度来看，《事林广记》记载的假熊掌，在食材选用、制作工艺和采用香糟为主要调味品的一系列做法，明显继承了隋唐以前的工艺传统（详见本书“南朝肉蹄冻片”“北魏糟肉”）。其中主料猪羊的头蹄同熊掌一样，都是富含胶原蛋白的动物性食材，熟制后具有类似的口感。《食物营养成分表》显示，熊掌所含的胶原蛋白在55%以上，而猪羊的头、蹄胶原蛋白含量均为23%左右，这似乎可以使人明白：为什么宋代厨师在创制假熊掌时，不单用猪头羊头或猪蹄羊蹄，而是将猪羊的头、蹄熟制后合用。还有一点需要提及的是，这款假熊掌是冷菜，而古代和后世传统名菜中的熊掌菜多为热菜，这也应与熊掌和猪羊头蹄的营养成分有关。熊掌的脂肪含量为43.9%，猪羊头蹄的脂肪含量则为11%—17%。宋代厨师当时虽然不可能有今天的食材营养意识，但他们凭借丰富的烹调实践经验做到了这一点，这是十分可贵的。

原文　假熊掌法：猪羊头烂煮去骨，猪羊蹄烂煮去骨，于净布内[1]，取葱开[2]，包裹，重石压，经宿取出糟[3]。

陈元靓《事林广记》

注释

[1]于净布内：放在净布上。

[2]取葱开：应即拣去葱摊开。

[3]经宿取出糟：过一夜取出，浇上香糟汁。

假羊眼羹

这是南宋末陈元靓《事林广记》记载的又一款宋代仿真名菜。这款仿真菜的做法是：将一条羊白肠洗净；大田螺煮熟，挑出螺肉；绿豆淀粉加水调稀，放入螺肉拌匀，灌入羊白肠内，系住两头，煮熟取出，凉凉后改刀做羹。羹成后酷似羊眼，让人难以分辨出这是真羊眼还是假羊眼羹。从菜品研发创意的角度来看，这款菜有以下三点值得关注：1. 当时为什么要用羊白肠和田螺肉创制假羊眼羹？相关传世文献记载显示，宋代是中国菜史上羊馔当红的一个时代，从皇室、士大夫到民间，均以羊肉为美馔。在北宋宫廷，御厨只用羊肉。“苏文熟吃羊肉，苏文生吃菜羹”的谣谚表明，自北宋中叶以后，羊肉又成为应试举子熟读苏东坡诗文的一种奖赏象征。至于都市酒楼食店的羊肉菜，更是不可胜数。在这种举国上下以羊为贵的食风中，除了羊肉以外，以羊的头、蹄、肺、肝和眼为主料的菜也在羊馔系列之内。而一份羊眼菜，根据传世和出土的宋代盘（碗）的大小，至少需要15至20个羊眼。这就是说，一份羊眼菜至少要用7只半或10只羊的眼睛。如果一家酒楼一天只卖10份，也要有75至100只羊供料，显然这是不大可能的。稀少的食材和每天都有的需求，促使酒楼厨师创制出这款菜。2. 为什么会出现假羊眼羹而没有出现酱卤假羊眼冷菜？后世的行业案例显示，经过酱卤的羊眼凉凉后切片，入口爽滑风味独特。而将羊眼做成带汁的羹，虽然味道也不错，但远不如冷片羊眼。既然如此，宋代厨师为何还要发明假羊眼羹呢？笔者以为这主要有两种可能：一是羹有汤汁，便于取得以假乱真的效果。二是因为羹有汤汁，主料用量与冷片羊眼相比可相应减少。3. 为什么当时的厨师能想出用羊白肠、田螺肉为主料创制假羊眼羹？在《东京梦华录》和《梦粱录》等宋代相关文献中，以羊白肠、田螺为主料的菜和羊灌肠并不鲜见，这从一个侧面也说明当时的厨师对羊白肠、田螺这类食材的物性和灌肠工艺相当熟悉。由此可以推想，当时一位不知名的厨师有可能在士大夫的点拨下，采用灌肠工艺制成羊眼坯，又用羹的款式创出这款假羊眼羹。推出后得到市场认可，不久便被人仿效，于是便成为众多酒楼食店的挂牌名菜。

原文　假羊眼羹：羊白肠一条，净洗；用大螺[1]熟煮，挑出取螺头[2]；以绿豆粉[3]水调稀，伴和螺头[4]，灌入羊白肠内，紧系两头，熟煮取出，放冷，薄切[5]，作羹，俨然羊眼无辨也。

陈元靓《事林广记》

注释

[1] 大螺：大田螺。

[2] 挑出取螺头：挑出螺肉。

[3] 绿豆粉：绿豆淀粉。

[4] 伴和螺头：拌和螺肉。伴，今作“拌”。

[5] 薄切：切成薄片。

都城市井灌肺

灌肺在唐代曾用于食疗，这从甘肃敦煌千佛洞莫高窟出土的唐人写本灌肺谱中可以看出来（详见本书“敦煌唐人灌肺”）。据孟元老《东京梦华录》、吴自牧《梦粱录》和四水潜夫《武林旧事》等书记载，在北宋东京汴梁和南宋都城临安，灌肺和香药灌肺是当时都城的市井美食之一。关于当时灌肺的做法，南宋末陈元靓《事林广记》记载颇详，具体做法是：将一具羊肺内外洗净，以洗得净如玉叶为准。把鲜姜汁、杏泥、麻泥、白面、绿豆淀粉和熟油放到一起搅匀，再加入盐和肉汤，肉汤量以羊肺的大小为度，搅匀后灌入羊肺中，系紧下锅，煮熟即可。看来宋代的灌肺是以白面和绿豆淀粉为糊化料，这与元代宫廷食谱《饮膳正要》中的“河西肺”只用白面明显不同。在调料组配上，这款灌肺所用的杏仁泥，是宋代皇家、士大夫和民间烹制肉禽类菜肴时的标志性调料，而《饮膳正要》“河西肺”所用的增香料为酥油，这里的则为熟油。麻泥也是宋代都市常见的调料，以麻泥为主料制作的“麻腐”，还是当时市井的一道美味。总之，《事林广记》记载的这款宋代灌肺，灌料组配特色鲜明，并有数量要求，应是从宫廷流入民间的一份灌肺谱。

原文　灌肺：肺连心一具，洗渲十分净，如玉叶相似。生姜六两，取自然汁。无，以干姜末二两半代之。杏仁一合[1]，汤浸去皮，研为泥[2]。麻泥一大盏，白面三两，豆粉[3]二两，热油[4]二两。已上一处打匀，盐与肉汁看肺大小斟酌用之，灌满煮熟。

陈元靓《事林广记》

注释

[1] 杏仁一合：合，容量单位，一合等于十分之一升。

[2] 研为泥：磨成泥。

[3] 豆粉：绿豆淀粉。

[4] 热油：应即熟油。热，疑“熟”字之误。

都城市井灌肠

灌肠常和灌肺一起出现在宋人关于都市饮食的记载中，宋四水潜夫《武林旧事》卷六“市食”条中，就记有“香药灌肺、灌肠”，但该书没有灌肠的用料和制法。在南宋末陈元靓《事林广记》中，灌肺下面的一段便是灌肠的做法。其具体做法是：将羊盘肠和大肠洗净，按一勺半鲜羊血对一勺半盐水的比例搅匀，再按平时做灌肠的方法将羊血灌满肠即成。从这段记载来看，宋代都市的灌肠实际上是羊血肠。在历史渊源上，羊血肠的制作工艺在魏晋南北朝时期已经相当成熟，并且是当时的一道宫廷菜（详见本书“北魏宫廷羊血肠”）。《事林广记》关于灌肠的这段记载虽然缺少调料和食用方法的文字，但从其制作过程来看，基本上继承了魏晋南北朝时期羊血肠的工艺传统。根据“北魏宫廷羊血肠”菜谱，宋代灌肠也应是煮熟后切片蘸醋、酱等食用。还有一点需要指出的是，后世西北地区的灌肺常与灌肠放在一个碗内食用，这可能是在宋元相关文献中为什么灌肺与灌肠同时出现的一个原因。

原文　灌肠：羊肥盘肠并大肠全洗渲净，每活血一杓半冷水[1]一杓半，搅匀，依常法灌满。活血则旋旋对[2]，不可多了，多则凝不能灌入[3]。

陈元靓《事林广记》

注释

［1］冷水：应即盐水，“冷”疑为“盐”字之误。此处《居家必用事类全集》作“凉水”，《多能鄙事》作“盐水”。放盐水是为了使羊血在搅动过程中和往羊肠灌时不凝固。

［2］活血则旋旋对：羊血要一点一点地往盐水中边搅边倒。

［3］多则凝不能灌入：放多了则（羊血）凝固，就不能灌入（肠中了）。

御筵皂角铤

这是南宋绍兴二十一年（1151年）十月宋高宗赵构在清河郡王张俊府内享用的一款御筵珍馐。这份御筵食单在四水潜夫的《武林旧事》等宋人笔记中都有记载，但又都没有关于这款菜用料和制法的介绍。从字面上看，皂角是一味祛风除湿杀虫的中草药，为豆科植物皂荚的果实；铤，一音 dìng，“锭”的本字，为宋代常用的一种计量单位；一音 tǐng，疾走貌，这三个字合起来作为菜名，其意颇令人费解。在一说为元末陶宗仪所编的《墨娥小录》中，有一份名为“皂角锭”的菜谱。与“皂角铤”在字面上稍有不同的是：其“皂”字的下面写作“十”，是“皂”的异体字；“铤”则写作“锭”，为“铤”的异体字，这是宋末元初才出现的货币单位用字，这样看来，《墨娥小录》中的“皂角锭”应该就是《武林旧事》中的“皂角铤”。据《墨娥小录》中的这份菜谱介绍，皂角铤的做法是：将猪肉分肥嫩分别切成大片，先撒上盐腌一下，再加入花椒、莳萝碎末，拌匀后稍微晾一晾，然后放在炭火铁烤炉上烤熟即成。不难看出，原来皂角铤就是炭烤猪肉片。那么宋代人为何给这款烤猪肉片起了这样一个令人一头雾水的名字呢？根据相关文献记载，宋代皇家饮宴以羊为美，御厨只用羊肉，在清河郡王张俊为宋高宗所献御筵的103道菜肴中，只有一款出现“猪”字。因此，把炭烤猪肉片叫作“皂角铤”，应是这一食规的反映，而“皂角铤”则由炭烤猪肉片酷似皂角的颜色和形状而得名。

原文　皂角铤（同上[1]）：猪肉肥嫩者各自切作肥片[2]，每片用盐淹[3]之，须令咸淡得所[4]；花椒、莳萝同擂，不要十分碎，就拌肉片，略见日[5]，炭火铁床炙，以熟为度。

佚名《墨娥小录》

注释

[1]同上：即和《墨娥小录》的“糖炙猪肥”一样。

[2]猪肉肥嫩者各自切作肥片：将猪肉按肥嫩分别切成大片。根据其菜名，应是将猪肉切成皂角状的长条片。

[3]淹：今作“腌”。

[4]须令咸淡得所：必须让咸淡适中。

[5]略见日：稍微晾一晾。

东坡肉

明沈德符《万历野获编》称：“肉之大胾不割者，名东坡肉。”据笔者目前所知，这是东坡肉菜名的最早记载。但是根据东坡肉的主料和制作特点我们可以推定：早在苏东坡在世时东坡肉就已出现，这可以从苏东坡的《猪肉颂》看出来。

且看《东坡续集》所载的《猪肉颂》：“净洗铛，少著水，柴头罨烟焰不起。待他自熟莫催他，火候足时他自美。黄州好猪肉，价贱如泥土。贵者不肯吃，贫者不解煮。早晨起来打两碗，饱得自家君莫管。”从烹调工艺学的角度看，《猪肉颂》为我们留下了东坡肉雏形阶段三个最主要的特点：1. 主料是猪肉。《猪肉颂》中虽然未言苏东坡时代的东坡肉是何形状，但我们可以从前述《万历野获编》的记载进行推测。沈氏所说的“肉之大胾不割者”，胾，音 zì，大胾即大块的肉，说明直到明朝万历年间，官宦之家的东坡肉仍然保留着当初大块肉的形状特点。2. 传热辅料是水，并且强调要“少著水”，这是远有所承的。在一定意义上可以说，水在菜肴特别是以动物性食材为主料的菜肴制作中占有重要地位，《吕氏春秋·本味》称：“凡味之本，水最为始。”《吕氏春秋·应言》则进一步强调用水量：“多洎之则淡而不可食，少洎之则焦而不熟。”因此苏东坡在《猪肉颂》中强调要“少著水”。3. 小火慢煨时间长。“柴头罨烟焰不起”，是说要用小火；“待他自熟莫催他”，极言东坡肉要慢煨不可心急；“火候足时他自美”，这句早已成为泛指精制一切美味佳肴的经典之句。这三个特点在清代东坡肉完美阶段的制作中已被全部传承下来，并且还出现了以下三点变化：1. 单纯的传热辅料水，变成了兼具调味、着色功能的酒和酱油。据《调鼎集》记载，1 斤肉要用 4 两木瓜酒，但缺少酱油和冰糖的用量。根据后世东坡肉的用料测算，肉与酒、酱油等含水调料的投料比例约为 1∶0.3，高度体现了《猪肉颂》中“少著水”的要求。同时，之所以用木瓜酒，除了调味作用以外，实际上还有使肉酥烂的嫩化作用。2. 在对主料猪肉的刀工处理上，如前所述，明代万历年间的东坡肉仍是一大块。到了清代，每款东坡肉则变为 10 块或 20 块，每块约 75 克。清杨静亭的竹枝词《东坡肉》云：“原来肉制贵微炊，火到东坡腻若脂。象眼截痕看不见，啖时举箸烂方知。”说明到清道光年间，东坡肉不仅块小了，而且每块上还有用厨刀划出的象眼纹，这显然是为了使东坡肉更加酥烂入味而又缩短加热时间。3. 烧肉时间则从 12 小时左右缩短为 2.5 个小时左右。另外，据陆游《老学庵笔记》等记载，可知苏东坡

这件用砂岩雕刻成的石马，出土于宁夏银川西夏陵区。据研究者的研究显示，马是西夏党项族的家常肉类食材，烧烤和烹煮是马类肉食的主要烹调方法。马民生摄自宁夏博物馆

口味尚甜，因此早期的东坡肉，口味似应甜味突出。烧猪肉时，放入起调味、提鲜、亮色作用的冰糖或砂糖是可以肯定的，放苏东坡喜食的蜂蜜也是可能的。

集英殿御宴肉咸豉

肉咸豉是北宋和南宋宫廷宴中的第一款下酒菜。宋孟元老在《东京梦华录》“宰执亲王宗室百官入内上寿”中说：“凡御宴至第三盏方有下酒肉咸豉……”据南宋陆游《老学庵笔记》关于南宋皇帝在集英殿款待大金国使节的记载，所设宫廷宴共九盏，其中第一盏便是肉咸豉。那么肉咸豉怎样做呢？南宋末陈元靓《事林广记》有详细记载。其做法是：将一斤精肉切成骰子块，撒上一两半盐拌匀，去掉腥气；将四两鲜姜切成薄片，炸一下；猪脂剁烂，炒一下；一斤豆豉加水煮，取两碗浓汁；所有的原材料制备齐全后，先将肉块放入锅内干煸，然后放豉汁、姜片和橘皮，最后加入马芹和花椒，待锅内汤汁炒尽时再在干锅内焙一下取出，盛好后随时可以取出食用。不难看出，肉咸豉有点类似于后世的干锅豉香肉丁，而且是可以凉着吃的下酒菜。可以推想，其味浓香，越嚼越有味。从菜肴来源的角度看，这款菜的制作工艺明显来自魏晋南北朝时期的干煸法（详见本书“北魏煸炒鸭肉末”），而其用豆豉做主要调料从而使菜肴以豉香媚人的调味思路，则发端于南北朝时期盛行的油豉（详见本书“南

朝油豉”)。

原文　肉咸豉：精肉一斤，骰子切[1]；盐一两半，拌煞去腥[2]；生姜四两，薄切，煠过[3]；用猪脂烂刿[4]，炒过；豉一斤，取浓汁两碗；马芹[5]半两，椒子[6]一钱。先下肉于铫内炒[7]，次下豉、姜、橘皮，尾下马芹、椒，候炒干，焙之[8]，收取可食，佳。

陈元靓《事林广记》

注释

[1] 骰子切：切成骰子块。

[2] 拌煞去腥：拌匀去掉肉的腥气味。

[3] 煠过：炸一下。

[4] 用猪脂烂刿：将猪脂剁烂。

[5] 马芹：又名野茴香，香似橘皮而无苦味。

[6] 椒子：花椒。

[7] 先下肉于铫内炒：先将肉放入锅内干煸。这里的“炒”字应为干煸义。

[8] 焙之：(用干锅)焙干肉。

都城市食姜豉

姜豉是北宋东京汴梁和南宋都城临安的一款冬季名菜，也是每年寒食节和立冬节的应节美味之一。据南宋陈元靓《岁时广记》引北宋吕原明《岁时杂记》，将白煮熟的小猪肉连汤一起凉凉，待其结冻后切成丝，浇上姜豉汁拌匀，或用羹匙舀取后蘸姜豉汁食用，这就是“姜豉”。因其多以切丝装盘，常常卷饼食用，所以在南宋都城临安，人们又把姜豉叫作“窝丝姜豉”“波丝(斯)姜豉”。不难看出，姜豉实际上是姜豉汁拌猪肉冻丝，是以调味汁冠名的一道冷菜。姜豉在唐代已是士大夫的常食，南宋吴曾《能改斋漫录》引唐张鷟《朝野佥载》说，唐吏部侍郎姜悔目不识字手不翻书，虽握有官员任免、考核、升降和调动的权力，选人却胡作为，因此不少候选官员当时编了一首顺口溜：“今年选数恰相当，抑由坐主无文章。案后一腔冻猪肉，所以名为姜豉郎。”此诗虽是借姜豉名实不一讥讽胡作为的姜侍郎，但对中国菜史来说也是一则珍贵的史料。

原文　姜豉：寒食[1]煮豚肉[2]并汁露顿[3]，候其冻取之，谓之“姜豉”。以荐饼而食之。或剜以匕[4]，或裁以刀[5]，调以姜豉，故名焉。

吕原明《岁时杂记》

注释

[1] 寒食：古代清明节前两日要禁炊烟断厨火，这天只能吃冷食，故谓“寒食”。

[2] 豚肉：小猪肉。

[3] 并汁露顿：和猪骨汤一起白炖。汁，此处指猪骨熬成的汤；露顿，白炖。

[4] 或剜以匕：或用匙(匕)取。

[5] 或裁以刀：或用刀切(成丝)。

太平酿猪肚

在宋太宗赵匡义（976—997年在位）时代官修的医书《太平圣惠方》“食治门”中，有三款用于食疗的酿猪肚。其中一款从用料、制法和食疗功用上来看，应来自唐代昝殷《食医心鉴》；另一款所用的馅料中用到了白石英、紫石英和生地黄，明显具有方士道家色彩；剩下的一款从馅料所用调料来看，既传统又时尚，并有宋代肉禽类菜肴的特色。据该书称，这款酿猪肚可治五劳七伤羸瘦虚乏，其用料和做法是：将杏仁、人参、白茯苓、陈皮、干姜、芜荑、汉椒、莳萝、胡椒加工成末，大枣切碎，糯米淘净，豮猪肚洗净去脂，然后将所有调料和糯米拌匀，再加入黄牛酥油，搅匀后填入猪肚内，用麻线缝合，放入甑内蒸熟，凉凉后切片即可食用。从上述用料和做法不难看出，这款酿猪肚的制作工艺与唐代《千金要方》中的基本一样，但其所用馅料除了人参、干姜和葱白以外，其他的都是《千金要方》之酿猪肚没有或不一样的，在这些馅料中，芜荑、大枣是自汉代就盛行的传统调料，黄牛酥油大约是从南北朝开始在中原推广起来的，杏仁是宋代肉禽类菜肴的特色调味料，胡椒、莳萝是风行隋、唐、宋、元的域外调料，辅料用糯米显示此菜配方或出自南方，总之，这款酿猪肚是宋代一款时代特色鲜明的食疗代表菜。

原文　治五劳七伤羸瘦虚乏，酿猪肚方：豮猪肚[1]一枚净洗去脂，杏仁一两去皮尖研，人参一两去芦头，白茯苓[2]一两，陈橘皮半两汤浸去白瓤焙，干姜一分炮裂，芜荑[3]一分，汉椒[4]一分去目及闭口者微炒去汗，莳萝一分，胡椒一分，黄牛酥一两，大枣二十一枚去核切，糯米五合淘析看肚大小临时加减。右件药罗为末，每用药一两入酥、枣、杏仁、米等，相合令匀，入猪肚内，以麻线缝合，即于甑内蒸令熟，切作片，空心渐渐食之。

王怀隐等《太平圣惠方》

注释

[1] 豮猪肚：阉割过的猪的肚。

[2] 白茯苓：多孔菌科植物茯苓的干燥菌核，白茯苓色白细腻有粉滑感，《本草经疏》：茯苓“白者入气分，赤者入血分。补心益脾，白优于赤；通利小肠，专除湿热，赤亦胜白”。

[3] 芜荑：榆科植物大果榆果实的加工品，可杀虫、消积、化食。

[4] 汉椒：即蜀椒、川椒、花椒，见李时珍《本草纲目》。

太平猪腰羹

在宋太宗时代官修的《太平圣惠方》中，有三款用于食疗的猪腰羹。这三款猪腰羹除了主料和出品款式相同以外，其他方面都有较大区别。在配料上，这三款猪腰羹依次为生地黄叶、生地黄、肉苁蓉和枸杞叶；在羹汤的调制上，前面两款猪腰羹均为豉汁，第三款则用“三石汁”，即将紫石英、白石英和磁石煮后去石取汤；在制作工艺上，最大的亮点是其中的一款猪腰羹先用葱白炒猪腰，待猪腰快熟时再放其他原料做成羹。从菜肴来源上来看，这三款猪腰羹基本的原料组配与出品款式，均是从唐孙思邈《备急千金要方》和昝殷《食医心鉴》继承变化而来，但是在制作工艺上又与《备急千金要方》和《食医心鉴》中的猪腰羹有较大区别，并由此而形成了北宋初期食疗猪腰羹的工艺特色。

原文

1. 治骨蒸劳（热）乍寒乍热背膊烦痛瘦弱无力，地黄叶猪肾羹方：生地黄叶[1]四两切，猪肾二两去脂膜切，豆豉一合，生姜一分切，葱白三茎去须切。右件药先以水二大盏煮豉等，取汁一盏五分，去滓，入地黄叶等于汁中煮，更入盐、酱、醋、米作羹，食之。

2. 治五劳七伤乍寒乍热背膊烦疼羸瘦无力，猪肾羹方：猪肾一对去脂膜切，生地黄[2]四两切，葱白一握去须切，生姜半两切，粳米一合。右炒猪肾及葱白，欲熟，著豉汁五大盏[3]，入生姜，下地黄及米，煎作羹[4]，食之。

3. 治肾气不足阳道衰弱，三石猪肾羹方：紫石英[5]、白石英[6]、磁石[7]搥碎淘去赤汁，以上三石各三两搥碎布裹；猪肾二对，去脂膜切；肉苁蓉二两，酒浸一宿，刮去皱皮切；枸杞叶半斤切。右件药先以水五大盏煮石取二盏半，去石，著[8]猪肾、苁蓉、枸杞、盐、酱五味末等作羹，空腹食之。

王怀隐等《太平圣惠方》

注释

［1］生地黄叶：玄参科植物地黄的嫩叶。李时珍《本草纲目》引王旻《山居录》：“地黄嫩苗摘其旁叶作菜，甚益人。”

［2］生地黄：玄参科植物地黄的根茎，又名山白菜等，具滋阴养血等功用，为补肾之要药、滋养之上品，唐以后始兴熟地黄。

［3］著豉汁五大盏：放豉汁五大盏。

［4］煎作羹：煮成羹。

［5］紫石英：卤化物类矿物萤石的矿石，可镇心、安神、降逆气等。

［6］白石英：氧化物类等矿物石英的矿石，可温肺肾、安心神、利小便。

［7］磁石：氧化物类矿物磁铁矿的矿石，可潜阳纳气镇惊安神。

［8］著：放入。

圣济猪腰羹

在宋徽宗政和七年（1117年）成书的《圣济总录》“食治门”中，有四款食疗猪腰羹。在食疗功用和原料组配等方面，这四款猪腰羹同《太平圣惠方》中的猪腰羹多有不同，可以说基本上是以全新的面貌出现。说明从《太平圣惠方》成书后到《圣济总录》成书时，经过200多年的临床探索，用于食疗的猪腰羹又有了新的成果。在食疗功用方面，《太平圣惠方》中的猪腰羹以治五劳七伤阳道衰弱见长，而《圣济总录》中的猪腰羹则涉及各种虚损、妇科产后风虚劳冷甚至耳聋耳鸣。

在原料组配方面,《太平圣惠方》除猪腰以外，还有生地黄、生地黄叶、枸杞叶、肉苁蓉和紫石英、白石英、磁石以及葱、姜等调料;《圣济总录》则用到了猪脊膂肉、羊腰、枸杞叶、菖蒲、陈皮、蜀椒等。但是在制作工艺和出品款式上,《圣济总录》中的猪腰羹则与《太平圣惠方》的大体相同。

原文

1. 治诸虚损、益气，猪肾羹方：猪肾一对切，枸杞叶一斤，猪脊膂[1]一条去脂膜切，葱白切十四茎。右四味以五味汁作羹，空腹食之。

2. 治产后风虚劳冷、百骨节疼身体烦热，猪肾臛[2]方：猪肾一对去脂膜薄切，羊肾一对去脂膜薄切。右二味以五味并葱白、豉作臛，如常食之，不拘时。

3. 治耳聋耳鸣如风水声，猪肾羹方：猪肾去筋膜细切一对，陈橘皮洗切半分，蜀椒去目并闭口、炒出汗三十粒。右三味用五味汁作羹，空腹食。

4. 治耳聋耳鸣如风水声，菖蒲羹[3]方：菖蒲米泔浸一宿剉焙二两，猪肾去筋膜细切一对，葱白一握擘碎，米淘三合。右四味以水三升半煮菖蒲，取汁二升半，去滓，入猪肾、葱白、米及五味作羹如常法，空腹食。

赵佶敕编《圣济总录》

注释

[1] 猪脊膂：猪通脊。

[2] 猪肾臛：浓汁猪腰羹。

[3] 菖蒲羹：也可称作“猪腰羹”。

圣济烤猪肝

猪肝在《圣济总录》中多次出现，其中以烤法制作的食疗烤猪肝有五款。在食疗功用上，这五款烤猪肝虽然都用于休息痢（经久不愈的痢疾）的治疗，但是在原料组配上都有很大区别。总的来看，除了猪肝，芜荑是其中三款烤猪肝都有的调料，另一款烤猪肝的调料则是砂仁。在五款烤猪肝中，有一款用料多达 12 种，具体是猪肝、鳖甲、柴胡、甘草、乌梅肉、人参、白术、胡黄连、干姜、陈皮、诃黎勒和芜荑。其他四款用料一般只有两三种。在制作工艺上，用料最多的用的是烤串法，其他四款都是先用面裹再用湿纸包，然后放煻灰中煨熟，这就使《圣济总录》中的五款烤猪肝呈现出两种不同的出品款式。

原文

1. 治冷劳、下痢脓血、瘦怯不能食，豮猪肝[1]方：豮猪肝一具、水洗、去筋膜令净、切作柳叶片，鳖甲去裙、米醋慢炙一两，柴胡去苗三分，甘草炙剉、乌梅肉炒、人参各半两，白术三分，胡黄连一两，干姜炮、陈橘皮汤浸去白焙、诃梨勒[2]炮去核、芜荑炒各半两。右一十二味除肝外，捣罗为末，将肝与药末拌和，令药在肝上，即旋串慢火炙令香熟，空腹食之。如渴，即将药末煎汤服亦效。

2. 治脾胃气虚、下痢瘦弱，猪肝方：猪子肝一叶，芜荑仁研、胡椒为末各一分，干姜炮为末半分。右四味薄切肝，糁三味药[3]，面裹，更以纸裹水湿，慢火灰中煨熟，去面，空腹食之。

3. 治脾胃气虚兼下痢瘦弱，猪子肝方：猪子肝一具去筋膜切作柳叶片，芜荑微炒碾作末二钱半。右二味取肝以芜荑末糁令匀，以面裹，入煻灰火中煨令熟，去面只取肝，空心顿食之。

4. 治妇人产后赤白痢、腰腹疼痛、不能下食，烧猪肝方：猪肝四两，芜荑末一钱。右二味以猪肝薄切，糁芜荑末于肝叶中，五味调和，以湿纸裹，煻灰火煨熟，去纸食之。

5. 治气痢、日夜不记行数，猪肝方：獖猪肝一具重十两者，缩砂仁二两。右二味捣罗缩砂为末，取猪肝去筋膜薄切作片子，排厚纸上滲血令干，后将缩砂末糁肝上，以三重湿纸裹，于煻灰火中煨令极香熟，乘热任意食之。

赵佶敕编《圣济总录》

注释

[1] 獖猪肝：阉割过的猪的肝。

[2] 诃梨勒：又作“诃黎勒”等，一说隋唐时从印度输入我国，是君子科植物诃子的果实，具敛肺、涩肠、下气等功用，常用于治久泻久痢。

[3] 糁三味药：撒三味药末。糁，这里为“撒”义，以下同。

张太医烤猪腰子

张太医即张子和（1156—1228），今河南兰考东人，曾被金宣宗完颜珣诏补为太医，是金元四大医家之一；烤猪腰子则是张子和《儒门事亲》中的一款食疗名菜。据该书记载，当时一名叫赵进道的人患腰痛病，一年多不见好。张子和诊脉后，在让其服药的同时，又嘱其将一枚猪腰子切成薄片，先用花椒和盐腌一下，控去腥水，然后将三钱杜仲末撒在猪腰片上，放在荷叶上包严，再裹上几层湿纸，封严后用文武火烤熟。张子和说，猪腰子烤熟后，要在临睡时吃，吃时要细嚼，并用温酒送下。就这样，赵进道每天早晨再配合吃山药丸，结果没几天他的腰就不疼了。以猪腰子为食疗菜的主料，最早见于《补阙肘后备急方》。将《儒门事亲》同《补阙肘后备急方》相关内容对照后，可以明显看出张子和的这款烤猪腰子系从《补阙肘后备急方》中变化而来。只不过《补阙肘后备急方》的烤猪腰子是用于利尿消肿的食疗，因而撒在猪腰片上的是甘遂末。张子和则将甘遂末换成杜仲末，用于治腰痛的食疗，而制作工艺完全一样。

原文　煨猪腰子[1]：用猪腰子一枚，薄批五、七片，先以椒盐淹[2]去腥水，掺药在内，裹以荷叶，外以湿纸数重封，以文武火烧熟。临卧细嚼，以温酒送下。

张子和《儒门事亲》

注释

［1］煨猪腰子：此菜谱系从《儒门事亲》中辑出。《儒门事亲》，金代张子和撰，共十五卷。

［2］淹：今作“腌”。

都城食店烤腰子

宋代是中国古代腰子菜繁多的时代，仅据孟元老《东京梦华录》和吴自牧《梦粱录》等宋人笔记，盐酒腰子、脂蒸腰子、荔枝焙（㷟）腰子和炙腰子等，均是北宋东京汴梁和南宋都城临安食店中的招牌腰子菜，其中的炙腰子在南宋末陈元靓《事林广记》中还有菜谱。根据这份菜谱，当时的炙腰子是这样制作：将猪或羊的腰子去掉筋膜，每个腰子切四片，先用少许盐腌一会儿，再加入半盏好酒和一茶盅生油继续腌渍，待要吃的时候，将腰片穿在烤扦上，放在烤炉上用小火烤熟即成。如果是在冬天，可将腰片腌渍两天再烤。不难看出，这款烤腰子在调味上用的是加热前腌渍法，这主要是因为腰子质地紧实不易入味。而腌渍时所用的调料品种极少，只有盐、酒和油，说明工艺设计者突出腰子本味的调味思想明确。腰子的异味较重，因此这款烤腰子加热时采用的是裸烤的方法，这便于腰子在烤炙过程中将异味随水分的蒸发而挥发出去。

原文　炙腰子：猪、羊腰子去筋膜，作片[1]，用盐少许淹[2]少时，以好酒半盏、生油一茶脚浸之，候要喫[3]，炙床上慢火一向炙热[4]，食。济冬间可浸两日用[5]。

陈元靓《事林广记》

注释

［1］作片：切成片。

［2］淹：今作“腌”。

［3］候要喫：待要吃（的时候）。喫，吃。

［4］热：应是“熟”字之误。

［5］济冬间可浸两日用：到冬天时可（将腰片）腌渍两天再烤。

水晶脍

水晶脍即猪皮冻丝或鱼鳞冻丝、琼脂冻丝，是宋代非常有名的冬季佐酒冷菜。在宋孟元老的《东京梦华录》中，水晶脍为北宋都城汴梁（今开封）州桥夜市中的冬季名菜。吴自牧《梦粱录》“分茶酒店”和四水潜夫《武林旧事》“市食”等古籍中的记载表明，水晶脍不仅是南宋临安（今杭州）街市酒店的著名佐酒冷菜，而且还是清河郡王张俊向驾幸张府的宋高宗所献御筵中的一味下酒珍馐。

关于水晶脍的用料和制法，《东京梦华录》等宋人笔记中未见，宋陈元靓《事林广记》虽然有这方面的内容，但又过于简单。元《居家必用事类全集》庚集有三条关于水晶脍相关内容的记载，可以补充《事林广记》这方面记载的不足。综合《事林广记》和《居家必用事类全集》庚集关于水晶脍的记载，从菜肴创造学的角度看，水晶脍在用料上大致分为三种，即分别以猪皮、鱼鳞、琼脂为主料，其中猪皮用的是阉割过的公猪夹脊皮，鱼鳞则是鲤鱼鳞。在制作工艺上，这三种水晶脍采用的都是煮法，与后世水晶类冻皮丝以蒸为主的工艺迥异。在菜肴款式上，可以分为两种：一种是将水晶冻切丝后装盘，浇五辛醋食用；一种是将水晶冻切丝后，与韭黄、生菜、蛋皮丝和笋丝等同装一盘，浇芥辣醋食用，可以明显看出是当时元旦、立春的一种应节春盘款式。

水晶脍从宋代开始出现在文献记载上，历经元、明、清，以猪皮为主料制作的水晶脍基本上流传下来，以鱼鳞或琼脂为主料的水晶脍则比较少见。2011年7月，北京电视台《咱爸咱妈的美好时代》热点节目请来的特邀嘉宾，是曾任毛主席保健医兼行政秘书的王鹤滨老大夫。87岁的王老在谈到吃什么对改善血管最有好处时说，就是鱼鳞冻。王老说，鲫鱼、鲤鱼、草鱼、罗非鱼的鳞洗净后放入锅中，加凉水煮开，待鱼鳞卷起来时，将鱼鳞汁过滤到大碗里，冷却后放入冰箱冷冻室，10分钟后鱼鳞冻就做好了，可以说这是现代版的水晶脍。

原文

水晶脍法：赤梢鲤鱼鳞，以多为妙，净洗，去涎水，浸一宿。用新水于锅内慢火熬，候浓，去鳞，放冷即凝。细切，入五辛醋调和，味极珍。须冬月为之方可。

陈元靓《事林广记》

水晶脍：猪皮刮去脂，洗净。每斤用水一斗，葱、椒、陈皮少许，慢火煮[1]，皮软取出，细切如缕，却入原汁内再煮，稀稠得中，用绵子滤，候凝即成脍。切之，酽醋浇食。又法：鲤鱼皮鳞不拘多少，沙盆内擦洗白，再换水濯净[2]。约有多少添水[3]，加葱、椒、陈皮熬至稠黏，以绵滤净，入鳔[4]少许，再熬再滤，候凝即成脍。缕切[5]，用韭黄、生菜、木犀[6]、鸭子、笋丝簇盘，芥辣醋浇。

水晶冷淘脍[7]：獖猪[8]夹脊皮三斤净，及膘刷净，入锅，添水，令高于皮三指，急火煮滚，却以慢火养[9]。伺耗大半[10]，即以杓撇清汁[11]浇大漆单盘内，如作煎饼[12]，乘热摇荡，令遍满盘底。候凝，揭下，切如冷淘。簇[13]生菜[14]、韭[15]、笋[16]、萝卜等丝，五辣醋[17]浇之。

水晶脍[18]：琼芝菜[19]洗去沙，频换米泔，浸三日。略煑一二沸，入盆，研极细，下锅煎化，滤去滓，候凝结，缕切。如上簇盘[20]，用醋浇食。

佚名《居家必用事类全集》

注释

[1] 煮：原作“煑”。以下同。

[2] 濯净：洗净。濯，音zhuó，洗涤。

[3] 约有多少添水：根据鲤鱼皮鳞的多少来添水。

[4] 鳔：鱼的长囊状器官，熬化后有凝固

作用。鳔，音 biào。

［5］缕切：切成丝。

［6］木犀：应是鸡蛋皮丝。

［7］水晶冷淘脍：这是以猪皮冻丝为主，间码生菜丝、春韭、春笋丝、萝卜丝等具有“迎新之意”的春季冷菜。从其形制可以推知，此菜构思源于古代春日必备的春盘之制。“水晶”，指莹洁的猪皮冻；“冷淘”，本是唐人对夏日过水冷面的称谓，这里用来借指切成丝的猪皮冻；“脍”，本是细切的生鱼丝、生肉丝，这里与“冷淘”组合，指猪皮冻丝。

［8］豮（fén）猪：阉割过的猪。

［9］却以慢火养：再用小火熬。

［10］伺耗大半：等到汤耗去一多半。

［11］清汁：指锅内煨得的猪皮汁中上半部分的汁。

［12］如作煎饼：指舀有清汁的勺往大漆单盘上浇的方法。

［13］簇：围码上。

［14］生菜：莴苣的栽培种白苣的茎、叶。

［15］韭：指春韭。

［16］笋：指春笋。

［17］五辣醋：据《易牙遗意》，此醋以酱、醋、糖、花椒、胡椒、姜、葱、蒜等调成。

［18］水晶脍：这是以琼芝为主料制成的象形类素菜。

［19］琼芝菜：即“石花菜”。红藻门，石花菜科。藻体紫红色，直立丛生，可提取琼脂。

［20］如上簇盘：像“假鱼脍”那样装盘，即装成“春盘样”。

山家拨霞供

将鲜红的肉片夹入滚开的汤中来回摆动，在诗人的眼中恰似将一抹红霞拨入山峦间翻腾的白云中，这就是南宋著名文人林洪为涮肉所起的雅名——拨霞供。充满诗意的菜名也为友人带来激情，更使林洪吟出了如下诗句：“浪涌晴江雪，风翻晚照霞。”“醉忆山中味，都忘贵客来。”

林洪在《山家清供》中说，他曾在武夷山吃过拨霞供，当时涮的是兔肉。五六年以后，他又在友人杨泳斋设的酒席上再次感受了拨霞供给人带来的“团栾热暖之乐”。林洪在《山家清供》中还详细介绍了拨霞供的做法，他说，将兔肉或猪肉、羊肉切成薄片，用酒、酱、椒料腌渍，再将涮肉用的风炉放到席上，倒入少半炉水，待水滚开时，每人分别用筷子将肉片夹入汤中摆动，然后蘸调味汁食用。不难看出，南宋时的拨霞供同后世的涮羊肉相比，在工艺上的最大不同点是肉片涮之前要用调料腌渍。将肉片放入滚汤中涮食，虽然在汉代已有文献记载并有涮食炊器出土，但关于具体的涮制工艺记载，则以林洪《山家清供》“拨霞供”为最早。在涮食炊器上，从西汉铜鏊、南宋风炉到清代铜火锅，2000 多年来其演变的轨迹清晰可见。

原文　拨霞供：向游武夷六曲，访止止师，遇雪天，得一兔，无庖人[1]可制，师云[2]：“山间只用薄批[3]，酒、酱、椒料沃之[4]。以风炉安座上，用水少半铫[5]，候汤响一杯后[6]，各分以箸[7]，令自夹[8]入汤摆熟啖之[9]，乃随宜各以汁供[10]。”因用其法不独易行，且有团栾热暖之乐…… 猪羊皆可。

林洪《山家清供》

注释

［1］庖人：厨师。

［2］师云：止止师说。

［3］薄批：切成薄片。

［4］酒、酱、椒料沃之：用酒、酱、椒料腌渍。

［5］铫：带柄的小烹器。铫，音diào，俗称并写作“吊子”。

［6］候汤响一杯后：等汤烧开到饮一杯酒的工夫后。

［7］箸：筷子。

［8］自夹：各自夹取。

［9］入汤摆熟啖之：下入开汤中涮熟食用。摆熟，犹今言涮熟。

［10］乃随宜各以汁供：然后每人随意用调味汁蘸食。

贵宦兔肺羹

这是宋代都市食店的一款主料数量难得的时尚名菜。将兔肺净治后，灌入用龙脑、麝香、姜汁、盐、面粉、绿豆淀粉和肉汤等调成的浆，系住肺口，煮熟取出，再放入肉汤中加入调料做成羹，最后盛入碗内即成。数一数，一碗内竟有120个兔肺，而且香气扑鼻，味道极其珍美，这就是宋陈元靓《事林广记》中的兔肺羹。从菜肴创造学的角度来看，这款羹有以下几点值得关注：1. 主料数量难得。一碗羹由120个兔肺做成，兔肺数量之多在当时应是创纪录的。所用的兔肺应来自猎获的野兔，也就是说要打120只兔子才能成全这一碗兔肺羹，可见这碗羹不会是当时酒楼食店敞开供应的特色羹。2. 宋代的灌肺大致分生熟两类，在《居家必用事类全集》等书中虽有兔灌肺，但都是生的，为冰鲜冷食灌肺，而这里的却是“羹”，也就是熟灌肺。不过，其制作工艺却完全按照熟灌羊肺和兔肉羹进行。3. 这碗羹有的灌料为宋代首次出现。灌料中的龙脑和麝香，为当时的舶来品和贡品。据薛愚《中国药学史料》，从宋建隆二年（961年）至宋政和七年（1117年），阇波国、占城国（均为今越南大部）、渤泥国（今东南亚加里曼丹岛）、大食国（阿拉伯帝国）、大理（今云南及四川西南部等地），先后向宋朝贡献龙脑和麝香。这些来自域外和臣属国的香料，无疑使这款兔肺羹成为当时口味新奇的时尚美食。4. 这款羹敢将当时人们从未见过的新药用在灌料中，当是店家听取宫廷太医或民间有名郎中建议或指导的结果。龙脑和麝香的采用，遂使这款羹跻身当时贵宦豪富追捧的香药美食行列。

原文　兔肺羹：昔有客见贵宦延之[1]，进食牌[2]，独点肺羹[3]，客方讶[4]，其待已之[5]，甫食至[6]，则一碗[7]，乃百二十枚兔肺[8]，用脑麝料物依法灌成[9]，极珍[10]。

陈元靓《事林广记》

注释

［1］昔有客见贵官延之：从前有侍者看见大官来了便热情接待。

［2］进食牌：向大官呈上食谱。

［3］独点肺羹：（大官）只点了肺羹（一味菜）。

［4］客方讶：侍者很吃惊。

［5］其待巳之：其（大官）等了很长时间。巳，十二时辰之一，九时至十一时，这里作长时间讲。

［6］甫食至：肺羹终于端上来了。

［7］则一碗：只有一碗。

［8］乃百二十枚兔肺：原来是120个兔肺。

［9］用脑麝料物依法灌成：用龙脑麝香和调料按照羊灌肺的方法灌成。龙脑，一指龙脑香的种子，《唐本草》称可"下恶气，消食，散胀，香口"；一指龙脑香树脂的加工品，又称冰片，《唐本草》说其"主心腹邪气，风湿积聚，耳聋"等。由此判断，当时这份羹用的应是龙脑香的种子。麝香，为雄麝香腺囊中的分泌物，李时珍在《本草纲目》中指出："《济生方》治食瓜果成积作胀者用之，治饮酒成消渴者用之。"

［10］极珍：非常珍贵，味道非常美。

辽国主鹿舌酱拌兔肝

这是辽国国主每年九月九日赐予臣僚的一款名贵美味。据清代《日下旧闻考》所引《燕北杂记》，辽国的一个饮食习俗是：每年"九月九日打围，赌射虎……射罢，于地高处卓帐，饮菊花酒，出兔肝生切，以鹿舌酱拌食之"。在《辽史·礼志》"岁时杂仪"条中也有类似记载，只不过"出兔肝生切"作"兔肝为臡"，"以鹿舌酱拌食之"作"鹿舌为酱"。"鹿舌为酱"是可能的，"兔肝为臡"则是讲不通的。这是因为"臡（音 ní）"是带骨肉酱，

这是传世名作《桌歇图》，图中描绘了辽代契丹（一说金代女真）上层出猎时席地饮酒野餐的场景。原图现藏故宫博物院。徐娜摄

兔肝无骨，以兔肝制的酱怎能称“臡”？不言而喻，这里的兔肝是生切生吃，体现了契丹人生食牲兽肉的食肉习俗。用于拌食鲜兔肝的鹿舌酱，一种可能是加盐、辣蓼、紫苏和鹿舌泥渍制而成，一种则是加酒曲和盐等经发酵酿造而成（参见本书“北魏宫廷鲜肉酱”）。

宫廷酿烤兔

这款菜在南宋末陈元靓《事林广记》中本名“酿烧兔”，有关这款菜用料和做法的菜谱在元《居家必用事类全集》等书中也有，对比之后可以看出《事林广记》的酿烧兔菜谱较详尽，应是这款菜最早的菜谱。根据《事林广记》菜谱，这款菜的做法是：大兔子一只，宰杀剥去皮、肚和四肢，只用腔子，然后将四肢上的肉和心、肺、肚都切成丝，锅内放少许油，用葱丝炝锅，先放兔肉、心、肺、肚丝，煸炒后再放预先拌匀的羊尾脂丝、粳米饭、盐、姜丝和面酱，炒热后填入兔腔内，用针线缝严腔口，再用夹子夹住兔腔，在炭火上烤熟即成。从用料和做法来看，这款菜有以下两点值得关注：1. 从先秦、秦汉、魏晋南北朝至隋唐五代，关于兔肉的菜式见于记载的多为烤、酱、脯、羹，而像这款以酿烤方法成菜的，据笔者目前所知在传世文献中是首例。2. 在制作工艺上，这款菜继承了汉唐宫廷酿烤工艺（详见本书“南朝宫廷烤酿馅白鱼”“大唐宫廷烤鹅”），加上其用料多数为量化组配，《事林广记》中的这份菜谱应来自宫廷。

原文　酿烧兔：兔子大者一只，剥去皮、肚、脚、膊，只用腔子。脚、膊上肉、心、肺、肚缕切，葱丝二枝，少用油打[1]，炒葱热[2]，羊尾子脿四两缕切，粳米饭一匙，盐少许，生姜丝、面酱少许，一处拌匀，再于锅内炒热，装在兔腔子内，针线缝合，用梜子夹定，炭火上烧热[3]，食之。

陈元靓《事林广记》

注释

[1]少用油打：应即往锅内放少许油之意。按：此句疑有脱漏。

[2]炒葱热：即将葱煸出香味。

[3]炭火上烧热：“热”应是“熟”字之误。

这是2002年河北省沧州市西花园运河出土的金代铁炉灶。炉体圆形，口沿无折，现场目测口径约60厘米，一侧有曲突，灶底有三矮兽足。从其形制和大小看，应是放腰沿铁锅或铁鏊的实用炊厨炉灶。沧州地处大运河畔，金海陵王完颜亮于1153年从东北迁都中都（今北京）后，沧州近及帝都，加之金代女真食制等日趋中原化，曾被南宋使者乐道的女真煮全羊在金辖境内流行。推想这件铁炉灶，当年也可能用于煮全羊或烙茶食一类的美食。李琳琳摄于沧州市博物馆

巧烤兔肉串

烤肉串一般都是将肉稍微用调料腌渍后直接在炭火上烤，这在北魏贾思勰《齐民要术》等书中已有明确记载。但是在南宋末陈元靓的《事林广记》中，却有一份与此前不同的烤肉串菜谱。根据这份菜谱，兔肉切成块以后，要先用湿纸包裹放煻灰中煨烤一下，待兔肉块血脉消失时去掉纸，加入五味油醋汁拌匀，穿成串后再烤熟即成。不难看出，这款烤兔肉串采用的是先煨（炮）后烤工艺，这在中国古代的烤肉串制作中是首次记载。那么烤兔肉串为什么要采用这种多重加热的工艺呢？相比之下，兔肉的脂肪含量远远低于羊肉或鸭肉，而用于烧烤的动物类主料，以脂肪含量较高者为首选。在脂肪含量低的情况下，既要做成烤肉串，以使成品具有烤肉串特有的风味，又要避免因主料低脂肪的天然缺陷而带来的肉串柴而不嫩的口感，于是便先以能最大限度保持肉块水分又能使其半熟的煨炮法进行首次加热，然后再二次进行裸烤，这样的工艺设计无疑大大缩短了裸烤肉串的时间，从而使不适宜寻常烤肉串工艺的兔肉也跻身于烤肉串的美味榜单中，这体现了古人非凡的美食创造智慧。

原文　炙兔[1]：兔肉成脔[2]，以纸裹[3]，火中略煨[4]，候血脉消，方入五味油醋汁滚匀，划子[5]，炙之。獐、鹿、麂、雁同此法。

陈元靓《事林广记》

注释

［1］炙兔：据正文，即烤兔肉串。

［2］兔肉成脔：兔肉切成块。

［3］以纸裹：应是用湿纸包裹。此句疑脱“湿”字。

［4］火中略煨：应是在煻灰火中烤。此句疑脱“煻灰”二字。

［5］划子：即穿肉块的扦子。

禽类名菜

集英殿御宴假圆鱼

这是一款北宋和南宋宫廷宴中的下酒菜。在北宋庞元英《文昌杂录》和南宋陆游《老学庵笔记》关于宫廷宴的记载中，这款菜写作“假圆鱼”，而在宋孟元老《东京梦华录》中则写作“假鼋（yuán）鱼”。鼋鱼即绿团鱼、癞头鼋，后世又写作“元鱼”，一般长26—72厘米，大的可达一米以上，背甲近圆形，暗绿色，产于河中。在古代相关饮食文献中，鼋鱼又常与鳖、龟混称，但在生物学上鼋鱼与鳖同属鳖科，龟则属龟科。关于这款菜的做法，南宋末陈元靓《事林广记》和元佚名《居家必用事类全集》等书中都有记载，其中《事林广记》的记载最详且应是最早的记载。根据《事林广记》，这款菜在选料上以黄雌鸡腿肉作元鱼肉、以黑羊头肉作元鱼裙边、以乳饼和山药或鸡鸭蛋黄和绿豆淀粉作元鱼蛋，基本上是以食材的天然颜色、质感和本味为主。煮熟的黄雌鸡腿肉和黑羊头肉分别为白、黑两色，乳饼和山药泥做成元鱼蛋氽一下染上栀子汁后为淡黄色，这与宋苏颂《图经本草》对元鱼肉“五色而白者多，其卵大如鸡、鸭子”的描述十分吻合。在菜肴款式上，这款菜装盘考究，总体上可分三层，垫底的是木耳和粉皮，上面码上“元鱼肉丝”和“裙边丝”，周边围上一枚枚“元鱼蛋”，浇上滚烫的肉汤后，再撒上鲜姜丝和青菜头，盛装方式完全是皇家的派头。

原文　假鼋鱼羹：肥嫩黄雌鸡腿煮软，去皮，丝劈如鳖肉[1]；别煮黑羊头软[2]，丝劈如裙[3]；取用乳饼蒸山药，和搜作卵[4]，以栀子水染过，或用鸡鸭黄[5]同豆粉搜和丸为卵，沸汤内焯过；以木耳、粉皮丝作片衬底，面上对装[6]，肉汤烫好，汤浇，加以姜丝、青菜头供之。若加以栾乳饼尤佳。

陈元靓《事林广记》

注释

[1]丝劈如鳖肉：切成的丝像鳖肉。按：劈又作“批”，下同。

[2]别煮黑羊头软：另将黑羊头肉煮软。

[3]丝劈如裙：切成的丝像裙边。

[4]和搜作卵：和好后挤成元鱼蛋。

[5]鸡鸭黄：鸡鸭蛋黄。

[6]面上对装：指将鸡腿丝、羊头肉丝和“元鱼蛋”按序码在木耳、粉皮上。

山家黄金鸡

这是南宋林洪《山家清供》中的一款山家风味秋季鸡菜。从林洪对这款菜制法的叙述以及对这种制法的评价等来看，这款菜应类似于后世所言的白斩鸡、白切鸡、油鸡。

关于这款菜的做法，林洪说，将鸡焗毛净治后，用麻油、盐、水煮，放入葱、花椒，待熟时撕碎装盘，煮鸡的原汤另盛随上。林洪指出，时下流行的一些做鸡的新方法，不是我们山里人不接受新事物，而是怕用这些方法做出的鸡失去真味。林洪的这番话，道出了这款鸡菜以真味为美的风味特色。从菜肴创造学的角度来看，这款菜有以下几点值得关注：1. 从林洪为这款菜起的名称以及这款菜的制法，可知这里的“黄金鸡”用的应是黄雌鸡，因为只有黄雌鸡才能使熟鸡具有金黄的色泽。2. 在制作工艺上，一般应是将鸡放入开水锅中，待水再开时改用小火，并放入盐，其间要将鸡提出两次，控出鸡腔内的汤，使鸡在似开微开的汤中内外受热均匀，一般汤浸 17 分钟左右即可将锅端离火口。下面的工艺方法主要有两种，一种是用原汤浸鸡，待汤凉后取出鸡，抹上麻油；一种是将鸡立即放入凉开水中，稍浸后取出晾皮，抹上麻油。无论哪一种，最后都是切块在盘内码成整鸡形。在口感上，第一种鸡皮松润鸡肉软嫩，第二种鸡皮滑脆鸡肉爽嫩。因此林洪在《山家清供》中谈的用麻油、盐、水煮，应理解为是对煮鸡法的大略介绍，否则真要按林洪字面上的方法去煮鸡，一是薄嫩的鸡皮会开裂，“黄金鸡”的外形将“破相”；二是加盐持续煮会使鸡肉紧实韧柴而不香嫩。3. 这款山家鸡菜的制作工艺应是远有所承，长沙马王堆汉墓出土的帛书与竹简中已有相关记载（详见本书“马王堆汤浸牛肉片”“轪侯家白斩鸡”）。最后顺便说一下的是，林洪在这份菜谱开头所引的据说是李白的两句诗，经笔者请教李白研究会秘书长曹明先生，曹先生拨冗帮助查对，结果是在李白所作的诗中未发现。国家图书馆的一位朋友在《全唐诗》和《李白诗集》中也未发现，因此这两句是否李白诗，姑且存疑。

原文　李白诗云：“堂上十分绿醑酒，杯中一味黄金鸡。”其法：焊鸡净洗[1]，用麻油、盐、水煮[2]，入葱、椒，候熟，擘钉[3]，以元汁[4]别供。或荐以酒，则“白酒初熟黄鸡正肥”[5]之乐得矣！

林洪《山家清供》

注释

[1]焊鸡净洗：将鸡去毛洗净。焊，音 xún，煺净鸡毛。

[2]用麻油、盐、水煮：放入锅中再加麻油、盐和水煮。

[3]擘钉：撕碎装盘。钉为“饤”字之误。

[4]元汁：煮鸡的原汤。今作“原汁”。

[5]“白酒初熟黄鸡正肥”：这是唐代诗人李白《南陵别儿童入京》中的缩句，原句为“白酒新熟山中归，黄鸡啄黍秋正肥”。见《全唐诗》卷一七四。

都城香药烤鸡

烤鸡在孟元老《东京梦华录》和吴自牧《梦粱录》等宋人笔记中写作“炙鸡”“五味炙小鸡”，是北宋东京汴梁和南宋都城临安饮食市场上的一味名菜。关于当时“炙鸡”的做法，南宋末陈元靓《事林广记》是这样说的：将鸡宰杀净腹净治后，用花椒、莳萝、茴香、马芹、杏仁、阿魏、姜、葱、酱、醋配成的调料汁腌渍半天，然后上叉在炭烤炉上烤至黄色为止。从菜肴创造学的角度来看，这款菜最值得关注的是腌鸡的调料中有阿魏。阿魏为伞形科植物阿魏的树脂，未加热时味苦而辛辣，加热时又有一种洋葱的香味，是一种药、食两用植物。阿魏主产于伊朗、阿富汗和印度，据美国学者劳费尔《中国伊朗编》和我国学者陈明《印度梵文医典〈医理精华〉研究》等国内外学者的论著，阿魏于唐、宋时由商船从南中国海传入中国内地，同时也是地处今准噶尔边缘的唐宋重镇北庭的贡品。阿魏作为药用植物始见于《唐本草》，而作为食物调料，目前所知最早见于记载的古籍应是《事林广记》。这款“炙鸡”用了当时的舶来品阿魏、莳萝做调料，遂使其具有以往烤鸡所没有的独特风味，是宋代名副其实的香药美食。

原文　炙鸡鸭：治事净汤内养热[1]，如常批开[2]，研椒、莳萝、酱、茴香、马芹、杏仁各一文，阿魏少许，姜、葱约度用之同研烂[3]，头醋调[4]，滤滓，淹半日[5]，炙令黄色止。物料得宜以意度之[6]。

陈元靓《事林广记》

注释

[1] 治事净汤内养热：将鸡宰杀用开水烫一下煺尽毛。按：此句疑有漏字。

[2] 如常批开：像平常那样划开净腹。

[3] 姜、葱约度用之同研烂：姜、葱估量着用并一起剁碎。

[4] 头醋调：倒入头醋调匀。

[5] 淹半日：即腌半天。

[6] 物料得宜以意度之：所用调料的品种与数量以经验感觉来决定。

夏日鸡冻

鸡冻在孟元老《东京梦华录》和吴自牧《梦粱录》等宋人笔记中又称“冻鸡”，是宋代都市常见的一种下酒菜。那么当时的鸡冻是怎样做的呢？在宋陈元靓《事林广记》的元泰定二年（1325年）和元后至元六年（1340年）两个版本中，分别记载了两份关于做夏季鸡冻的菜谱。其中元泰定本中的菜谱在明初刘基《多能鄙事》等书中也有记载。元泰定本的鸡冻做法是：鸡宰杀烫洗后，切成块，用开水稍微焯一下，然后同洗净的一个羊头一起放入锅中用水煮熟，再加入盐等调料，去掉羊头，将鸡块捞出盛入瓷器内，器口用油布包严，沉下井底，据说用这种方法做的鸡冻同冬天做的一样。后至元本的鸡冻做法是：鸡块同猪蹄一起放入锅中，用淡醋煮熟，盛入锡盆内，盆盖上放木炭，用冰水浇淋，盆内的鸡块与汁自然就会结冻了，或者用新打的井水浇淋也可以。将二者比对后不难看出，这两份菜谱中的主料相同，都是鸡块。用于凝冻剂的辅料，泰定本是羊头，后至元本则是猪蹄。在制作工艺和传热介质上，一是用水煮，一是用淡醋煮，而且二者促使鸡块快速结冻的方法也不同。可以明确的是，泰定本鸡冻的凝冻料和将盛鸡块的器皿沉入井中以使其快速结冻的方法，基本上继承了魏晋南北朝时期的工艺模式（详见本书“南朝肉蹄冻片”），唯一不同的是魏晋南北朝时期的“冻”类菜多用蒸法制成，泰定本鸡冻则是以煮法制作。后至元本鸡冻采用的凝冻剂，显然是由魏晋南北朝时期流传而来。其用淡醋煮鸡块和猪蹄，主要是为了使鸡块更白嫩，这种做法似乎也有魏晋南北朝时期用醋浆煮乳猪的工艺基因（详见本书“北魏白煮乳猪”）。至于其用冰水浇淋木炭以促使鸡块和汁快速结冻的方法，则是在相关传世文献中首次见于记载。

原文　夏冻鸡[1]：鸡烫洗了[2]，作块子挫[3]，微爍过[4]；净洗羊头一个[5]，同入釜内煮熟；入盐、料物[6]，去羊头，漉出于磁器内[7]，以油单一两重密封[8]，沉井底，如冬月者[9]。

三伏冻（鸡）[10]：鸡同猪蹄肉以淡醋煮熟[11]，锡盆盛[12]，盖了上安木炭[13]，以冰水浇淋，自冻。或用新汲水浇淋亦可。

陈元靓《事林广记》

注释

［1］夏冻鸡：这份菜谱出自日本学者于日本元禄十二年（清康熙三十八年，即1699年）校订翻刻的元泰定二年（1325年）《事林广记》刻本。

［2］鸡烫洗了：明初刘基《多能鄙事》中此句作“鸡依法治净”。

［3］作块子挫：《多能鄙事》中此句为“切大块”。

［4］微煠过：《多能鄙事》中此句作“微焯过”。

［5］净洗羊头一个：《多能鄙事》中此句作“净羊头一个”。

［6］入盐、料物：《多能鄙事》中此句作“入盐、苇”。

［7］漉出于磁器内：捞出（鸡块）放入瓷器内。用瓷器盛鸡块冻是为了使鸡块和汁冻结后透明而不灰暗。

［8］以油单一两重密封：用一两层油纸盖严器口。此句《多能鄙事》作“以油纸再重密封”。

［9］如冬月者：像冬天做的一样。

［10］三伏冻（鸡）：这份菜谱出自原藏故宫博物院、现藏台北故宫博物院的元后至元六年（1340年）刻本《事林广记》。

［11］鸡同猪蹄肉以淡醋煮熟：这是为了使煮出的鸡块白嫩更鲜美。

［12］锡盆盛：用锡盆盛鸡块和汁是为了使结冻后的鸡冻透明而不灰暗。

［13］盖了上安木炭：盖子上放木炭。“了”为“子”字之误。

炉亭大雏卵

这是宋周密《齐东野语》和陈元靓《事林广记》记载的一款宋代炉亭冷菜。周密说，炉亭中的菜，数大雏卵最新奇。大雏卵其大如瓜，切片后码在盘内，端上桌时会令大家惊叹，不知这是什么做的。有喜欢打听究竟的人，问后才知道用料和做法。原来是先将数十个鸭蛋清黄分开，然后将鸭蛋黄放入羊胞内，蒸熟后再放入大猪胞内，倒入鸭蛋清蒸熟，凉凉切片装盘即成，吃时佐椒盐、醋。由此看来，大雏卵实际上就是后世所言的以鸭蛋液为主料的蛋白糕和蛋黄糕。只不过这种蛋白糕和蛋黄糕是合二为一的。蒸时是以羊胞、猪胞为盛器，蒸后蛋黄糕被包裹在蛋白糕内，凉凉切片后糕片黄白相间。羊胞猪胞灌入蛋液后自然成瓜形，蒸后其形被固定下来。如果无人告之，确实令人费解。

不过从专业角度来看，这款菜在制作工艺上还有几点值得推敲：1. 鸭蛋清黄在分别倒入猪胞、羊胞中时，应是用筷子一类的工具已打匀，否则清黄在猪胞羊胞内难于成形。2. 倒入羊胞内的蛋黄和猪胞内的蛋清，倒入前在用筷子搅打过程中应逐渐加入了凉开水，一般蛋黄的加水量应大于蛋清，二者加水量的比例一般分别为1∶0.5和1∶0.3，这样操作后蒸出的蛋糕才滑嫩可口。3. 无论是蒸蛋黄糕还是蛋白糕，一是注意火力调节，宜小不宜大，以免蛋糕出现蜂窝；二是时间控制严格，一般裸蒸五分钟左右。像这款被羊胞猪胞包裹的蛋液，时间可适当延长，应以筷子扎入后抽出时无蛋液粘连为准。

原文　大雏卵[1]：大雏卵者最奇，其大如瓜，切片饾饤[2]大盘中。众皆骇愕，不知何物。好事者穷诘之，其法：乃以凫弹[3]数十，黄、白各聚一器，先以黄入羊胞，蒸熟；复次入大猪胞，以白实之，再蒸而成。

周密《齐东野语》

注释

[1]大雏卵：此菜制法一直流传至清代。1981年9月初，笔者采访了北京民族文化宫餐厅77岁高龄的阮瑞恒师傅。阮师傅和其祖父、父亲均为清宫御厨，在御膳房专做冷菜。其中一道“凤凰出世”就类似于这里的大雏卵，是将15个鸡蛋清、黄分开，放入羊尿脬内，蒸熟后大如旱花西瓜，凉凉切好上席。

[2]饾饤：食品堆叠貌，此处作码放讲。

[3]凫弹：鸭蛋。

史府王立爊鸭

王立是宋代中散大夫史忞府内的家厨，善制爊(āo)鸭。爊鸭在宋代不仅是府宅名菜，而且还是北宋东京汴梁和南宋都城临安（今杭州）的一种名牌“北食”，其中以汴梁城内“段家”的最为有名，这些史实在孟元老《东京梦华录》、吴自牧《梦粱录》和洪迈《夷坚丁志》中都有明确记载。那么爊鸭是怎样做的呢？南宋末陈元靓《事林广记》中有“爊鸡鸭”，谈的就是爊鸭的做法。将一只肥嫩的鸭子宰杀煺毛净治，放入锅内，用香油半煎半炸，待鸭皮变黄后，倒入好酒、浓醋和水，水量以刚没过鸭子为度，再加入半两花椒大料等香辛调料末、三四根葱和一匙酱，用小火将汤汁煨尽，取出鸭子，浇上栀子水，让鸭皮变黄就成了。用同样的方法，还可以做爊鸡。不难看出，爊鸭爊鸡有点类似后世的扒鸭扒鸡。从工艺源流的角度来看，“爊”作为一种烹调方法，在魏晋南北朝时期是将主料“草裹泥封”后用煻灰煨熟（详见本书“南朝鳢鱼脯”）。而到了宋代，爊则演变为将主料先油煎再以水为传热介质制熟，这恰好印证了后世“逢烤必炸”的厨艺谚语。在出品的颜色上，这款菜使用了植物天然色素栀子汁，使最终的爊鸭色呈栀子黄，后世所谓扒鸡扒鸭要“金黄色”，当发端于此。

原文　爊鸡鸭：嫩肥鸡鸭一支，去毛洗净，去肠肚，以香油四两锅内炼香热，将鸡鸭于油铛内爁得变黄色[1]，好酒、酽醋、水三件中停之为一处[2]，铛内浸没着为度[3]，入细料末半两、入葱三四茎、酱一匙，慢火养，汁尽出铛，即用栀子水半盏戾过令变黄色[4]。

陈元靓《事林广记》

注释

[1]将鸡鸭于油铛内爁得变黄色：将鸡鸭放入锅内半煎半炸让（外皮）呈黄色。铛，即上一句的锅；爁，音lǎn，这里作半煎半炸讲。

［2］好酒、酽醋、水三件中停之为一处：将好酒、浓醋和水倒在一起。

［3］铛内浸没着为度：倒入锅内以刚没过（鸡、鸭）为准。

［4］即用栀子水半盏扆过令变黄色：立刻将半盏栀子水浇在（鸡、鸭）上让（其外皮）变黄色。扆，音 yǐ，本指帝王宫殿上设在户牖之间的屏风，这里作浇讲。

张泰伯黄雀鲊

张泰伯曾送给黄庭坚黄雀鲊，黄庭坚为此作《谢张泰伯惠黄雀鲊》诗。黄庭坚是北宋著名诗人、书法家，分宁（今江西修水）人。得到张泰伯送的家乡味，黄庭坚在诗中畅谈故乡秋天捕黄雀、做鲊和食用的欢乐情景："南邑解京师，至尊所珍御。玉盘登百十，睥睨（pì nì）轻桂蠹（dù）。"诗中的这四句说明，黄雀鲊作为地方贡品送到京城后，深受北宋皇帝的喜爱，成为宫廷席上珍馐。黄雀为雀科鸟类，雌雀上体微黄有暗褐条纹，李时珍在《本草纲目》中说黄雀"背有脂如披绵"，因此黄雀又名披绵，以黄雀做的鲊又称"披绵鲊"。南宋诗人陆游《醉中作》中即有吟诵披绵鲊的诗句："披绵珍鲊经旬熟，斫雪双螯洗手供。"根据相关文献记载，黄雀鲊由于制作时用料不同，大致可分为两种，一种加红曲一种放马芹，显然这两种黄雀鲊的颜色和香味都不一样。元浦江吴氏《中馈录》和《居家必用事类全集》等书中都有黄雀鲊的用料和做法，其中《居家必用事类全集》所述较详。宋陈元靓《事林广记》关于"披绵鲊"制作工艺的记载较详细，从其用料数量和器具等来看，可能为皇家贡品鲊谱。

原文　黄雀鲊：每百只，修洗净。用酒半升洗，拭干，不犯生水[1]。用麦黄[2]、红曲各一两、盐半两、椒半两、葱丝少许，拌匀。却将雀逐个平铺瓶器，内一层[3]，以料物掺一层，装满，箬盖篾插。候卤出，倾去[4]，入醇酒浸，密封固。

佚名《居家必用事类全集》

披绵鲊：黄雀净，除觜[5]、目、翅、足，破开，去脏，用刀背拍平，粗纸渗去黑血，不得见水；以酒净洗，控干。每斤用炒盐、熟油各一两、法酒一银盏，拌匀，密封。比常鲊加十日[6]。熟，凡鲊，石灰泥头[7]，可留半年。

陈元靓《事林广记》

注释

［1］不犯生水：不能沾没煮沸的水。

［2］麦黄：用麦粒等做的一种曲。

［3］内一层：放一层。内，同"纳"，这里作放讲。

［4］倾去：倒掉。

［5］觜：这里音 zuǐ，指黄雀嘴。

［6］比常鲊加十日：比平常的鲊要晚 10 天开盖。

［7］石灰泥头：此四字应在"密封"二字

之前，即用石灰泥头密封。这样“凡鲊”接后面的“可留半年”句子便通达了。

皇宫红熬鸡

在宋陈元靓《事林广记》“禁中佳味”条下，引述的是一份宫廷红熬鸡菜谱。该谱称，将一只肥鸡剁成十四五块，半斤鲜姜去皮切薄片，然后往锅内倒入六两油，待油烧热出香味时放入姜片，等姜片炸焦再将鸡块下锅，反复煸匀后，倒入水，以没过鸡块一寸为好，见水开似鱼眼时加入好酱、川椒各一匙，盐半匙和一大盏好酒，盖上锅盖后用小火慢慢熬。出锅前再放一勺用好醋调的阿魏，以鸡块上汪着油为火候到家。这款菜从来历和用料等方面多有亮点，其中最值得关注的是：1. 这份菜谱几乎所有的用料都有斤两，制法精细表述入微，应是从皇宫中传出的菜谱。2. 这款菜出锅前用到了阿魏，煸鸡块时用的是炸姜片的油，烹调过程中所用的植物调料还有川椒，而元代宫廷菜中与阿魏合用的植物调料为胡椒、荜拨和咱夫兰（藏红花）。另外，陈元靓的《事林广记》和《岁时广记》等书多由唐宋笔记汇编而成，由此可以推定，这款菜有可能是从唐代传入宋代的宫廷菜。3. 吴自牧《梦粱录》“分茶酒店”中有“红熬鸡”，为南宋都城临安（今杭州）酒楼名菜。《事林广记》中的这份菜谱有“好酱”和“慢火熬之”的表述，从字面上来看，这款菜很可能就是当时民间所说的“红熬鸡”。

原文　禁中佳味[1]：肥鸡一只作十四五段[2]，生姜半斤去皮切作薄片子。先炼油六两候香熟[3]，即下姜钱，俟炸得四唇焦，方下鸡番覆匀，入水于鸡上，高一寸已来，候水似鱼眼，下好酱川椒末各一匙、盐半匙、好酒一大盏，覆盖，慢火熬之。临熟，更用好醋调阿魏一皂子[4]，块油上为度[5]。

陈元靓《事林广记》

注释

［1］禁中佳味：皇宫美味。禁中，皇宫。

［2］肥鸡一只作十四五段：肥鸡一只剁成十四五块。

［3］候香熟：待出香味烧热时。

［4］一皂子：应作一勺子。

［5］块油上为度：（出锅时鸡）块上汪着油为准。按：此句疑有脱字。

水产名菜

东坡脯

脯在古代最初是指用牛、羊、猪肉加工成的肉条（片）干，这里的东坡脯则是煎炸鱼条。这款菜的名称及其菜谱，均见载于陈元靓《事林广记》，是宋代名菜中直接以东坡冠名的一款系列东坡菜。

据该书记载，东坡脯的做法是：将鱼净治后取肉，切成寸条，用盐和醋腌一会儿，放在粗纸上将鱼条渗出的水吸尽；将香料和绿豆淀粉拌匀，放入鱼条，裹匀粉衣后，用手将粉衣轻轻拍实，再抹上芝麻油，炸熟即可。这款菜及其菜谱有以下几点需要说明：1. 这份菜谱未写明主料用什么鱼。根据与苏东坡饮食有关的宋代文献记载和适宜做炸鱼条的鱼类，这款菜的首选主料可能是鳜鱼。2. 关于鱼条的刀工处理，这份菜谱只有七个字："鱼取肉，切作横条。"至于如何从一条整鱼上将净肉取出，这份菜谱中没有。实际上，这项刀工技术在苏东坡以前500多年已有明确的文字记载（详见本书"南朝煎鱼饼"），这里将取鱼肉的刀工处理过程省略，说明至迟到宋代这项刀工技术已被广泛采用，因而无须详述，但将净鱼肉切成"横条（应即长约一寸二的条）"却是中国菜史上较早的刀工成形记载。3. 这份菜谱中关于鱼条粉衣的调制及其使用方法的描述，是中国菜史上将绿豆淀粉、香辛料和芝麻油组配为脆炸粉衣的首次记载。从鱼条粉衣的用料组配，可以推知这款东坡脯的最终成品，当以焦、脆、鲜、香、嫩为其风味特色。

原文　东坡脯：鱼取肉，切作横条[1]，盐、醋淹[2]片时，粗纸渗干。先以香料同豆粉[3]拌匀，却将鱼用粉为衣，轻手捶开，麻油揩过，熬煎[4]。

陈元靓《事林广记》

注释

［1］横条：应即长约一寸二的条。

［2］淹：今作"腌"。

［3］豆粉：绿豆淀粉。详见李时珍《本草纲目》"绿豆"条。

［4］熬煎：应即煎炸。

东坡煮鱼

这是笔者根据苏东坡煮鱼法的记载所起的菜名。有关苏东坡煮鱼法的记载，笔者目前见到两条，这两条分别是《苏轼文集》卷五十一"与钱穆父"和卷七十三"煮鱼法"，其中"与钱穆父"被元人邹铉收入《寿亲养老新书》卷三"晨朝补养药糜诸法"中。

将这两条记载放到一起对照后，可以看出苏东坡煮鱼法的几个特点：1. 在这两条记载中，一条的主料是鳜鱼，一条的主料是鲫鱼或鲤鱼。主料虽然不同，但都是用无油水煮工艺制成。2. 在配料和调料的使用上，这两条记载中都有白菜心做配料。尤其引人关注的是，这两条记载煮的鱼虽然不同，但都以姜汁、萝卜汁和酒放到一起调匀为液体调料汁。从中医的角度看，这三种调料都有去鱼腥的作用。这也可以理解为什么用无油水煮法就能做出被苏东坡称为"珍食"的鱼来。3. 在煮鳜鱼时用笋和蕈做配料，煮鲫鱼或鲤鱼则加入葱和橘皮做调料。显然配料中多了笋蕈，会使笋蕈所含的天门冬氨酸、谷氨酸等呈鲜味物质溶入煮鱼的汤及鱼中，从而达到增鲜的目的。而添加葱和橘皮，则是加大调料去鱼腥的力量。

原文　笋鳜[1]：东坡《回钱穆父书》[2]云：

"竹萌蒙佳贶,取笋、蕈、菘心[3]与鳜鱼相和[4],清水煮熟,用姜、芦菔自然汁[5]及酒等三物,入少盐,渐渐款[6]洒之,待熟可食。"

陈直、邹铉《寿亲养老新书》

子瞻在黄州[7],好自煮鱼。其法:以鲜鲫鱼或鲤治斫[8],冷水下[9],入盐如常法,以菘菜心芼之[10],仍入浑葱白数茎[11],不得搅。半熟,入生姜、萝卜汁及酒各少许,三物相等[12],调匀乃下。临熟,入橘皮线[13],乃食之。其珍食者自知,不尽谈也。

《苏轼文集》卷七十三

注释

[1] 笋鳜:此菜名为《寿亲养老新书》卷三"晨朝补养药糜诸法"原题。

[2]《回钱穆父书》:《苏轼文集》卷五十一作《与钱穆父书》。

[3] 菘心:小白菜心。

[4] 相和:《苏轼文集》卷五十一中作"相对"。

[5] 芦菔自然汁:用压榨法取出的萝卜汁。

[6] 款:《苏轼文集》卷五十一作"点"。

[7] 子瞻在黄州:即苏东坡在黄州(今湖北黄冈)。子瞻,苏轼的字。

[8] 以鲜鲫鱼或鲤治斫:将鲫鱼或鲤鱼净治切块。

[9] 冷水下:(将鱼)冷水下锅。

[10] 以菘菜心芼之:将小白菜心加入。

[11] 仍入浑葱白数茎:再放入几根整葱白。

[12] 三物相等:这三种调料重量要一样。

[13] 入橘皮线:加入橘皮丝。

欧阳修鱼脍

欧阳修在诗、词、文、史方面都有杰作,是著名的唐宋八大家之一。在北宋文人圈内,欧阳修喜欢吃鲫鱼脍也是出了名的。据南宋文学家叶梦得《避暑录话》,北宋著名诗人梅尧臣家的一位老婢擅长做鱼脍,欧阳修等人每当想吃鱼脍时,就会提着活鲫鱼到梅家,而梅尧臣会立刻派人请来更多的朋友到他家饱餐。人多鱼也多,梅家每次做鱼脍,少则用鲫鱼八九尾,多时可达16尾。那么梅尧臣家的鲫鱼脍是怎样做的呢?陈元靓《事林广记》有关于做鲫鱼脍的菜谱,虽未明确是梅家的秘法,但也可以作参考。其做法是:鲫鱼净治,去头、尾、肚,先片成薄片,摊在白纸上晾一会儿,再切成丝或薄片;萝卜细切,放在布上包起来拧出汁,然后加上鲜姜丝,同鱼丝拌匀,放在碟内,码成花的样子,上面用香薷和香菜点缀,吃的时候浇上脍醋或芥辣汁即可。可以推想,这款鲫鱼脍白中点黄、绿,色彩悦目,口味酸辣咸甜鲜,爽口不腻。《事林广记》在这份菜谱的后半部分,还介绍了用切鱼丝时剩下的头、尾和白菜煮成羹,只需加点姜、盐、醋,待吃完鱼脍时端出来吃喝。陈元靓说,浙西人把这叫作"烫脍羹"。今天看来,这是一鱼两吃,一生一熟、一菜一汤的妙配。

原文　鱼脍：鱼不以多少[1]，唯鲜为佳，鲫鱼最妙。净治，去头、尾、肚，起作薄片，用白纸摊晾少顷，细切成丝，或作薄叶[2]。以萝卜细切，布纽作汁，生姜丝少许，拌鱼丝。入碟，饤作花样[3]，上用香菜[4]、芫荽粧[5]点。食以脍醋或以芥辣汁浇。亦可将切脍退下头、尾用白菜同煮作羹，只下细擦姜、盐，候熟。食脍了，供出，浙西人谓之“烫脍羹”。食生冷令人无所伤，汤内添醋尤珍。

陈元靓《事林广记》

注释

［1］鱼不以多少：《居家必用事类全集》作“鱼不拘大小”。

［2］或作薄叶：或者切成薄片。

［3］饤作花样：码成花的样子。

［4］香菜：应即罗勒。

［5］粧：“装”的异体字。

御筵假蛤蜊

北宋初期，东京汴梁城内的人还不大认蛤蜊。北宋中叶以后，在钱司空的启示下，蛤蜊开始成为士大夫追捧的珍馔，这件事被宋人王从谨记载在《清虚杂著补阙》中。据四水潜夫《武林旧事》，南宋绍兴二十一年（1151 年）十月，宋高宗赵构驾幸清河郡王府。在张俊为宋高宗所献御筵的食单上，其中一款下酒菜为“鲫鱼假蛤蜊”。在吴自牧《梦粱录》“分茶酒店”中，也记有“假蛤蜊”这款菜。这说明假蛤蜊是南宋御筵和都城临安（今杭州）酒店的一款名菜。那么假蛤蜊是用什么做的呢？在南宋末陈元靓《事林广记》中，有关于这款菜比较详细的记载。陈元靓说，做假蛤蜊的方法是：将鲫（鳜）鱼净治片开，取精肉，切成蛤蜊大的片，用葱丝、盐、酒、胡椒腌渍，最后用虾汤煮熟即成。由此可知宋高宗御筵上的“鲫鱼假蛤蜊”，应是以鲫鱼为主料、以虾汤为辅料制成的一款仿真菜。值得关注的是，在这份宋高宗享用的御筵食单上，还有以真蛤蜊为主料的下酒菜“蛤蜊生”；而在为宋高宗直殿官所设的下酒菜中，则有用真蛤蜊做的“蛤蜊羹”。看来在御筵众多的美食中，这款假蛤蜊显然比真蛤蜊还珍贵。

原文　假蛤蜊法：用鲫鱼[1]，批取精肉[2]，切作蛤蜊片子，用葱丝、盐、酒、胡椒淹[3]，共一处淹了，别虾汁熟[4]，食之。

陈元靓《事林广记》

注释

［1］用鲫鱼：后至元本《事林广记》为影印本，“鱼”字前面的字模糊，或作“鳜”，此处据张俊为宋高宗所献御筵食单作“鲫”。

［2］批取精肉：去鱼皮、骨取净肉。

［3］淹：今作“腌”。

［4］别虾汁熟：另用虾汤煮熟。别，另。按：此句“汁”字后面疑脱“煮”字。

李府莲房鱼包

这是南宋林洪在友人李春坊家曾享用过的一款名菜。这款菜不仅使林洪当场作诗一首，而且食后林洪还将这款菜的详细做法以及所作诗等写入《山家清供》中。

关于这款菜的做法，林洪在《山家清供》中说，将莲花中的嫩房剜去瓤截底，剜瓤时注意留孔，然后在每个孔中填入用酒、酱和香料腌渍的活鳜鱼块，放入蒸锅内蒸熟，装盘时每个莲房里外可以涂上蜜，上席时用渔父三鲜佐食。所谓渔父三鲜，即用莲、菊和菱末做成的带汤的酸泡菜。不难想见，李府的这款莲房鱼包酸、甜、咸、鲜、嫩，并带有莲房特有的缕缕香气。试想当年举箸之时，那满载鱼块的莲房犹如仙境中西王母披挂的锦瓣金蓑，夹出的鱼块又宛若从瑶池中腾飞的神龙，此时，林洪的诗句脱口而出："锦瓣金蓑织几重，问鱼何事得相容？涌身既入莲房去，好度华池独化龙。"林洪的诗典出《山海经》等典籍，全诗则赋予这款莲房鱼包鱼龙修炼的神话与仙话内涵，主人当然非常高兴，特意送给林洪端砚和龙墨。对照类似菜肴，这款菜与《山家清洪》中的蟹酿橙有异曲同工之妙，在菜肴款式与调味等方面巧妙地采用和展示了食材的天然特质，可以说是宋菜中的又一经典。

原文　将莲花中嫩房去穰截底，剜穰畱[1]其孔，以酒、酱、香料加活鳜鱼块实其内，仍以底坐甑内蒸熟，或中外涂以蜜出楪，用渔父三鲜供之。三鲜，莲、菊、菱汤齑[2]也。向在季[3]春坊席上曾受此供，得诗云："锦瓣金蓑织几重，问鱼何事得相容？涌身既入莲房去，好度华池独化龙。"李大喜，送端砚一枚、龙墨五笏[4]。

林洪《山家清供》

注释

［1］畱："留"的异体字。

［2］齑：同"斋"。此处指用莲、菊、菱末做的带汤的酸泡菜。

［3］季：应是"李"字之误。

［4］笏：hù，这里代"锭"。

宋五嫂鱼羹

宋五嫂本是北宋都城汴梁袁褧府内的用人，后随宋室南迁来到南宋都城临安（今杭州）。袁褧在《枫窗小牍》中说，他每次去西湖，都会到钱塘门外宋五嫂的鱼羹店来探望。据周密《武林旧事》卷七，淳熙六年（1179年）三月，太上皇赵构游西湖时，曾"宣唤在湖卖买等人，内侍用小彩旗招引，各有支赐。时有卖鱼羹人宋五嫂对御自称：'东京人氏，随驾到此。'太上特宣上船起居，念其年老，赐金钱十文、银钱一百文、绢十匹，仍令后苑供应泛索"，从此宋五嫂鱼羹遂名噪杭城。直到清代，宋嫂鱼羹仍为人所传颂。徐珂《清稗类钞》称："杭州醋鱼，以醋搂之，其脍法相传为宋嫂所传。""杭州西湖酒家，以醋鱼著称。康雍时，有五柳居者，烹饪之术尤佳，游杭者必以得食醋鱼自夸于人。至乾隆

这是金代徐龟墓西壁《宴乐图》。查阅该墓发掘简报，徐龟生活在宋、辽、金对峙的年代，此图描绘了当时一般士族的宴乐场景。李静洁摄自大同博物馆

时，烹调已失味，人多厌弃，然犹为他处所不及。”当时的醋鱼，还是士大夫吟咏美食时的热题，如“泼剌初闻柳岸旁，客楼已罢老饕尝。如何宋嫂当垆后，犹论鱼羹味短长”。“不嫌酸法桃花醋，下箸争尝宋嫂鱼”。宋五嫂的鱼羹这样有名，但是关于这款鱼羹的做法在笔者所见的宋人笔记和相关文献中却未发现记载。在1988年浙江科技出版社出版的杭州市饮食服务公司《杭州菜谱》中，有“宋嫂鱼羹”菜谱。据说按这种方法做出的宋嫂鱼羹，色泽黄亮，鱼肉滑润鲜嫩，味似蟹羹，因此还有“赛蟹羹”的美称。

临安酥骨鱼

在吴自牧《梦粱录》“分茶酒店”列举的南宋都城临安（今杭州）美食中，酥骨鱼名在其中。关于这款菜的用料和做法，在该书中却未见记载，但是在元、明两代的多部生活技艺类书中，均有酥骨鱼菜谱。这些收在《居家必用事类全集》《易牙遗意》和《多能鄙事》等书中的酥骨鱼菜谱，大致可分为两种，《居家必用事类全集》的与《多能鄙事》的雷同，只是其中个别调料的数量和词语稍有异，可以推定这两部书中的酥骨鱼菜谱来自同一个

祖本;《易牙遗意》中的酥骨鱼菜谱不同于以上两部书，应是另一个祖本的缩写，由此看来南宋杭城的酥骨鱼至少有两个流派。在用料上，第一种用的应是小鲫鱼，调料有葛根、蒌蒿、莳萝、川椒、马芹、橘皮、楮实、盐、豉、糖、油、酒、醋、酱、葱共15种;第二种主料为大鲫鱼，只有4种调料，具体是紫苏叶、甘草、酱和酒。在制作工艺上，这两种酥骨鱼基本一致，都是用小火长时间加热。后世无论南方还是北方，传统名菜中的酥骨鱼，所用调料等又与这两种有所不同，看来八九百年来酥骨鱼在流传中一直发生着变化。

原文　酥骨鱼:鲫鱼二斤，洗净，盐腌控干，以葛[1]、蒌[2]酿抹鱼腹，煎令皮焦，放冷。用水一大碗，莳萝、川椒各一钱，马芹、橘皮各二钱（细切)，糖一两，豉三钱，盐一两，油二两，酒、醋各一盏，葱二握，酱一匙，楮实[3]末半两，搅匀。锅内用箬叶铺，将鱼顿放，箬覆盖，倾下料物水浸没，盘合封闭，慢火养熟，其骨皆酥。

佚名《居家必用事类全集》

酥骨鱼:大鲫鱼治净，用酱、水、酒少许，紫苏叶大撮，甘草些小[4]，煮半日。候熟供食。

韩奕《易牙遗意》

注释

[1]葛:葛根。有解百药毒、酒毒等功效。

[2]蒌:蒌蒿。菊科植物蒌蒿的全草。有利膈开胃、杀河豚毒等功用。

[3]楮实:桑科植物构树的果实。

[4]些小:即“少些”“少许”。

都城外卖玉板鲊

玉板鲊是北宋都城汴梁市面上一种外卖名菜，这从宋孟元老《东京梦华录》“饮食果子”的相关记载中可以看出来。在南宋末陈元靓《事林广记》中，有关于这款菜做法的详细记载。其做法是:主料用青鱼、鲤鱼都可以，不过以大的为上，将净鱼肉切成片，一斤鱼片用一两盐腌一宿，控干后加入花椒、莳萝、茴香、橘皮、葱、橘叶、熟油、米饭和盐，拌匀后放入瓶内，封严瓶口，夏天半个月、冬天一个月就可以开瓶食用了。不难看出，玉板鲊是一种用青鱼或鲤鱼加调料酿造的鱼鲊。关于这种鱼鲊为何叫“玉板鲊”，明代李时珍在《本草纲目》“鳣鱼”条中指出，在宋《太平御览》中，鳣鱼又叫“玉版鱼”,“玉版，言其肉色也”,并引元《翰墨大全》说:“江淮人以鲟鳇鱼作鲊名片酱，亦名玉版鲊也。”看来玉板鲊主料的说法至少有两个版本。关于玉板鲊调料的品种和数量，在后至元本和日本翻刻的元泰定本《事林广记》中也略有不同。

原文　玉板鲊[1]:青鱼、鲤鱼皆可用。大者为上，取净肉随意切片，每斤用盐一两淹[2]过一宿。出漉控干，入椒、莳萝、橘皮、姜丝、茴香、葱丝、油半两炒熟、橘叶数片、熟硬饭三两匙，再入盐少许，调和，入瓶，用箬叶竹篾套在瓶内[3]密封，夏半月冬一月熟。

玉板鲊[4]：鲤鱼大者，取净肉，随意切片，每斤用盐一两淹过宿，漉出控干，入川椒、马芹、芜荑、阿魏、橘叶、熟油半两、酸醋一合、粳饭三两匙，再入盐少许，调和，入瓶。

陈元靓《事林广记》

注释

［1］玉板鲊：此菜在《多能鄙事》中也有记载。

［2］淹：今作“腌”。

［3］套在瓶内：应作“套在瓶外”。

［4］玉板鲊：这是日本翻刻的元泰定本《事林广记》“玉板鲊”记载的。

杭城鲞铺烤鱼

鲞铺是南宋都城临安（今杭州）专卖鱼鲞、海味、鱼鲊等美味的店铺，据宋吴自牧《梦粱录》，当时杭州“城内外鲞铺，不下一二百家”，“炙鱼”便是鲞铺所卖的一种鱼类菜肴。炙鱼即烤鱼，至于鲞铺的烤鱼是如何制作的，在《梦粱录》中未见记载。陈元靓《事林广记》中有“炙鱼”谱，文中虽未明确这份菜谱来自当时杭城鲞铺，但菜名一致，制法不会相差太远，可以作参考。其制法是：做烤鱼以鲂鱼为上，二分半盐、一二十粒川椒腌三两时，沥尽腥水，用香油煎熟，凉凉后再用羊网油裹好，撒上点儿盐，放在炭火烤炉上，待烤香时揭去羊网油即可食用。从菜肴创造学的角度来看，这款烤鱼有以下两点值得关注：1. 选料考究。这份烤鱼谱开头便说，做炙鱼“鲂鱼为上，鲤鱼、鲫鱼次之”，这是为什么呢？《食物营养成分表》显示，鲂鱼、鲤鱼、鲫鱼的脂肪含量分别为 6.3%、5.1%、1.3%，说明鲂鱼的脂肪含量在这三种鱼中最高。而烧烤类的菜肴为使出品味道香嫩鲜美，主料多以脂肪含量较高的为首选。其次，鲂鱼的谷氨酸、天门冬氨酸等呈鲜味物质在这三种鱼中也最高，这也就是从魏晋南北朝以来，做烤鱼为何选用鲂鱼、鳊鱼的一个原因。2. 制作工艺有所创新。这款烤鱼在烤炙前腌渍和用羊网油包裹后烤炙的做法，明显继承了魏晋南北朝时期的炙法工艺传统（详见本书“南朝烤鳊鱼”“北魏烤羊肝”）。在此基础上，将鱼腌渍后先用香油煎熟，待凉凉再用羊网油包裹后烤，与魏晋南北朝时期的炙鱼相比，多了烤前油煎这一工艺环节。

原文　炙鱼：鲂鱼为上，鲤鱼、鲫鱼次之，重十二三两或至一斤者佳[1]，依常法洗净控干，每斤用盐二分半、川椒一二十粒淹[2]三两时，沥去腥水，香油煎熟，放冷[3]，遂以羊肚脂[4]裹上，亦微糁盐，炙床上炙令香熟，浑揭起脂[5]，食之。

陈元靓《事林广记》

注释

［1］重十二三两或至一斤者佳：这是鲂鱼中

的小者，《齐民要术》中的炙鱼用的也是小鳊鱼。

［2］淹：今作“腌”。

［3］放冷：凉凉。

［4］羊肚脂：羊网油。

［5］浑揭起脂：整片揭去羊网油。

假白腰子羹

白腰子即羊睾丸，又名羊石子，中医认为其具有补肾益精助阳等功用，清王士雄在《随息居饮食谱》中指出，其“功同内肾（即羊腰子）而更优”，可治“房劳内伤，阳痿阴寒，诸般隐疾”。据吴自牧《梦粱录》和四水潜夫《武林旧事》等书记载，以白腰子为主料的菜在南宋很盛行。南宋绍兴二十一年（1151年）十月，宋高宗驾幸清河郡王府，炒白腰子是张俊为宋高宗所献御筵上的一味珍馐。在御筵第一盏下酒菜中，还有一款荔枝白腰子。据宋人吴曾《能改斋漫录》“荔枝馒头”做法可以推知，御筵上的荔枝腰子应是以荔枝肉为壳酿入馅料制成的一种假白腰子。在陈元靓《事林广记》中，有关于当时假白腰子羹的详细做法记载，其做法是：将白鱼净治去骨取肉，剁成泥，加入绿豆淀粉和匀，灌入羊白肠内，用线扎紧两头，煮熟后凉凉切片，用清汤、姜汁等调料做成羹即可。联想宋代以“假”字打头的一系列菜肴，这款羹的创意、制作工艺和出品款式与该书中的“假羊眼羹”相类似，也应是在有限的食材与每日都有的市场需求促动下，采用灌肠工艺创出的仿真菜。

原文　假白腰子[1]：白鱼去骨研[2]，入豆粉[3]和匀，灌入粗大白肠内，线结两头，熟煮，作片[4]，清姜汁入料作羹[5]。

陈元靓《事林广记》

注释

［1］假白腰子：据正文，此句应作“假白腰子羹”。

［2］白鱼去骨研：白鱼去骨剁（成泥）。研，此处为“剁”义。

［3］豆粉：绿豆淀粉。

［4］作片：切成片。

［5］清姜汁入料作羹：（用）清汤（加入）姜汁等调料做羹。

宋宫虾蕨拌粉皮

这是林洪《山家清供》中记载的一款南宋宫廷冷菜。林洪说，春天将采来的嫩笋嫩蕨菜洗净后用开水焯一下；鲜鱼、鲜虾净治后同嫩笋和蕨菜切成一样大的块，用开水烫后再用大火蒸熟，然后将笋、蕨、鱼、虾同绿豆粉皮放到一起，浇上用酱油、芝麻香油、盐和胡椒面配成的调味汁，最后再滴上点儿醋，这就是现在宫廷御膳房常做的“虾鱼笋蕨兜”。林洪指出，尽管这五种食材产地不同，但由于放在一起成为一个盘里的菜，因此这也是一种很好的组配，所以我现在叫它“山海兜”。除绿豆粉皮以外，这四种主要食材的产地，嫩笋和蕨菜产自山林，属山珍；鱼和虾产自河湖海洋，可称作海鲜。山珍和海鲜放到一起一盘兜住，林洪油然而为这款菜起名“山海兜”。春季的“山海”时鲜集于一盘，再配上诗人所起的菜名，从而使这款菜更富于意境美。从菜肴创造学的角度来看，嫩笋和鱼、虾均为富含谷氨酸、天门冬氨酸和核苷酸等呈鲜味物质的食材，蕨菜和绿豆粉皮具有爽滑的特点，这五种食材放到一起，经过调味处理，爽滑脆嫩、微酸微辣咸鲜，应是这款菜的味道特点。

原文　山海夔[1]：春采笋蕨之嫩者，以汤瀹过[2]，取鱼虾之鲜者同切作块子，用汤泡，暴[3]蒸熟，入酱油、麻油、盐、研胡椒，同绿[4]豆粉皮拌匀，加滴醋，今后苑多进此，名“虾鱼笋蕨夔”。今以所出不同而得同于俎豆[5]间，亦一良遇也，名“山海夔”。或即羹以笋蕨，亦佳许。

林洪《山家清供》

注释

[1] 夔：疑为“兜”字。

[2] 以汤瀹过：用开水焯一下。瀹，音yuè，这里作焯讲。

[3] 暴：原作“褁”。

[4] 绿：原作“菉”。

[5] 俎豆：俎和豆都是古代祭祀、宴享时的器具，这里代指美食。

御筵蟹酿橙

这是南宋清河郡王张俊在府内为宋高宗所献御筵中的一味珍馐，宋司膳内人《玉食批》中也记载了此菜的名称，而林洪《山家清供》则详细记载了这款菜的制法。从林洪的介绍来看，这款菜在款式设计与食材组配等方面特点颇多，这里只谈两点：1. 香橙和螃蟹颇受唐宋文人青睐，宋高似孙的《蟹略》和宋傅肱的《蟹谱》，征引了多位唐宋诗人歌咏这两种秋季时鲜的名句。如陆游“披绵珍鲊经旬熟，斫雪双螯洗手供”等。而此菜将蟹、橙配在一起，上桌后未开盖时是香橙，揭盖后却是蟹黄和蟹肉，新奇的菜式会令人顿生美妙之感。2. 螃蟹很腥，即使蘸姜汁醋食用，也须像《红楼梦》所写的那样，要用玫瑰水来净手。而香橙的瓤汁与外皮，古代本草典籍说可解鱼、蟹毒；现代科学检测显示，因其含有多种果酸等物质，故可以去腥。宋高似孙《蟹略》称：“吴人齑橙全济蟹腥。韩昌黎诗所谓芼以椒与橙，腥臊始发越也。”这说明用橙去蟹腥在唐宋很流行。因此这款菜将蟹黄、蟹肉装入香橙内加热蒸制，香橙内的少量瓤汁和橙皮中含有的调味物质，在蟹黄蟹肉蒸制过程中尽显天然去腥调味的威力。总之，在菜肴款式设计和食材组配上，这款蟹酿橙称得上是绝配，其不仅是宋代名菜中的精品，更是中国历代名菜中的一个经典。

原文　蟹酿橙：橙用黄熟大者，截顶，剜去穰，留[1]少液，以蟹膏肉实其内[2]，仍以带枝顶覆之，入小甑[3]，用酒、醋、水蒸熟。用醋、盐供食，香而鲜，使人有新酒、菊花、香橙、螃蟹之兴。

林洪《山家清供》

注释

［1］畱：“留”的异体字。

［2］以蟹膏肉实其内：将蟹黄和蟹肉填入橙内。

［3］入小甑：说明是一橙一甑，再将若干小甑放入大甑中蒸制。

北人洗手蟹

这是宋代名播朝野的一款佐酒蟹菜。这款菜在《东京梦华录》等书中都有其大名，并且是南宋清河郡王张俊向驾幸张府的宋高宗所献御筵中的一味下酒珍馐。那么这款菜是怎样做的呢？宋傅肱《蟹谱》、高似孙《蟹略》和浦江吴氏《中馈录》等书中均有其做法，综合来看，洗手蟹是这样制作的：将活蟹洗净剁碎，放入麻油、草果、茴香、砂仁、花椒、胡椒末，再加入葱、盐、醋和酒，拌匀后即可食用。因只需洗手的工夫即可做成，故名洗手蟹。由此看来这款菜是速腌生蟹，因此在古籍中此菜又名“蟹生”。“北人以蟹生析之”，《蟹谱》中的这句话和《东京梦华录》等书中的相关记载说明，洗手蟹应是宋代先在北方如东京汴梁兴起，其后随宋室南移而传入临安（今杭州），后来又被浙人所接受。浦江吴氏将其收入《中馈录》中，应是浙人接受的一个例证。需要指出的是，早期的洗手蟹调料中只有盐、梅、姜、椒、橙、酒等，到宋末元初时又多了草果、砂仁、胡椒、茴香等，明显具有宋元香药食品特点。

原文　洗手蟹　酒蟹：黄太史赋云“蟹微糟而带生”，今人以蟹沃之盐、酒[1]，和以姜、橙[2]，是“蟹生”，亦曰“洗手蟹”。东坡诗“半壳含黄宜点酒”即此也……陆放翁诗：“披绵珍鲊经旬熟，斫雪双螯洗手供。”

高似孙《蟹略》

这是2011年4月大同市考古研究所在大同东风里东街北侧一座辽代壁画墓中发现的一幅壁画。图中五人显系侍者，分别端酒盅盘、酒壶和佐酒食品。五人前面下方，摆着放有酒壶的温炉、一摞带盖小笼屉、多层食盒和酒坛等。李静洁摄自大同市博物馆

注释

［1］今人以蟹沃之盐、酒：现在人们将蟹放上盐、酒（来腌渍）。

［2］和以姜、橙：（吃时）调味蘸姜汁、橙汁。

素类名菜

宋高宗玉灌肺

灌肺原本是以羊肺为主料制成，这在敦煌唐人写本和元代宫廷食谱《饮膳正要》等文献中都有记载，但是这里的南宋宫廷玉灌肺，却是用素料做成，并通过原料的组配、熟制工艺、刀工处理和调味汁的配制，让其色、香、味、形酷似用羊肺做的灌肺，可以说，这是一款在传世文献中最早有用料和制法记载的宫廷象形素菜。

这款菜的菜谱收在南宋林洪的《山家清供》中。林洪在《山家清供》中说，将绿豆淀粉、油皮、芝麻、松子、核桃（去皮），加莳萝、白糖、红曲各少许，研末拌和，入甑蒸熟，然后切成肺样块子，配辣汁食用，现在宫廷御膳房把这款菜叫作“御爱玉灌肺”。林洪感叹，其实这不过是一款素菜而已，却可以想见当今皇上崇俭不嗜杀的意念，那么隐居山林的人怎能还有动荤的念想呢？看来有关这款菜的信息都是林洪所亲历亲见。林洪在《山家清供》“牡丹生菜”中曾提到南宋高宗的吴皇后，因此可以推知林洪在这款菜中所说的当今皇上，应是宋高宗赵构（1127—1162年在位）。这说明这款菜同牡丹生菜一样，也应是宋高宗赵构在位时的南宋宫廷菜。需要说明的是，其后的浦江（今浙江金华）吴氏《中馈录》“玉灌肺方”用料和制法的文字与《山家清供》雷同，却列在该书的“甜食”也就是糕饼点心类中，这就涉及玉灌肺到底是菜肴还是点心的问题。从《山家清供》对玉灌肺的名称、出品款式和食用方式等方面的文字表述来看，玉灌肺当是菜肴。在《中馈录》中，《山家清供》之“切作肺样块子”作“切作块子”，“用辣汁供”作“供食”，“肺样”和“用辣汁”均不见了，并且是蒸后不用浇辣汁直接吃，当然是“甜食”点心了，这应是玉灌肺流入民间后的一种变异。

原文 真粉[1]、油饼[2]、芝麻、松子、核桃（去皮），加莳萝[3]少许、白糖、红曲少许，为末拌和，入甑蒸熟，切作肺样块子，用辣汁供，今后苑名曰“御爱玉灌肺”[4]。

林洪《山家清供》

注释

［1］真粉：一说为绿豆淀粉，见元吴瑞《日用本草》；一说为粳米粉或天花粉，见清陈修园《十药神书注解》。

［2］油饼：豆腐皮。今又称“油皮”。

［3］莳萝：又名土茴香。

［4］今后苑名曰“御爱玉灌肺”：今宫中把它叫作“御爱玉灌肺”。

宋宫酥烤玉蕈

这应是南宋高宗赵构在位时的一款南宋宫廷菜。这款菜的源头信息，来自林洪《山家清供》。林洪在该书谈到“酒煮玉蕈”的制作与风味后，又说了这样一段话：“今后苑多用酥炙，其风味犹不浅也。”“今后苑”中的“今”，应指宋高宗赵构在位时，即1127年至1162年间；“后苑”则是南宋宫廷负责帝后饮膳的一个机构，归殿中省统辖，其址正对皇帝进膳的嘉明殿；“酥炙”即酥烤。这句话表明宋高宗的御厨多用酥烤的方法来制作玉蕈，其风味比林洪详述的酒煮玉蕈还佳。蕈即伞菌一类的植物和香菇等，那么玉蕈是一种什么菇呢？宋陈仁玉《菌谱》称：“（玉蕈）生山中，初寒时色洁皙可爱，故名玉蕈。作羹微韧，俗名寒蒲蕈。”宋吴自牧《梦粱录》还征引苏东坡的诗说：“菌，多生山谷，名黄耳蕈。东坡诗云：‘老楮忽生黄耳蕈，故人兼致白芽姜。’盖大者净白，名玉蕈……若食须姜煮。”由上可知，玉蕈是一种初寒时产自山区的大白菇。至于酥炙玉蕈的做法，林洪在《山家清供》中未做介绍。不过在元《居家必用事类全集》中有“炙蕈”，该书“炙蕈”条的第一句是“肥白者”，也就是要选用大而白的蕈，这与“玉蕈”的特征一致，因此可以认为这里的“炙蕈”应是“炙玉蕈”，其做法可作为研判酥炙玉蕈的参考。“炙蕈”的制法是：“汤浴过，控干，盐、酱、油、料等拌，如前炙之。”“如前炙之”即按照“炙蕈”的前一条也就是“炙脯”的方法来烤，其烤法是：“用竹签插，慢火炙干，再蘸汁炙。”据此可以复原酥炙玉蕈的做法：先将大白菇用开水焯一下，控干后用盐、酱、油等适合的调料腌渍片刻，然后用竹扦穿上，在小火上烤，而且要边烤边抹酥油，烤香即成。顺便指出的是，因为玉蕈作羹都“微韧”，如果腌渍后干烤肯定更韧，这大约是当年南宋宫廷御厨为什么要用酥烤的方法来制作玉蕈的道理。

原文　酒煮玉蕈：鲜蕈[1]净洗，约水煮少熟[2]，乃以好酒煮，或佐以临漳[3]绿竹笋，尤佳。施芸隐枢[4]《玉蕈》诗云：“幸从腐木出，敢被齿牙和。真有山林味，难教世俗知。香痕浮玉叶，生意满琼枝。饕腹何多幸，相酬独有诗。”今后苑多用酥炙，其风味犹不浅也。

林洪《山家清供》

注释

[1]鲜蕈：应即鲜玉蕈。

[2]约水煮少熟：大约用水焯微熟。

[3]临漳：今河北境内。

[4]施芸隐枢：南宋丹徒人施枢，字知言，号芸隐。宋嘉熙年间（1237—1240）为浙东转运司幕属及越州府僚。工诗，有《芸隐横舟稿》。

吴皇后牡丹生菜

这是林洪《山家清供》中记载的一款南

宋宫廷菜。吴皇后是宋高宗赵构的皇后，这位皇后喜爱牡丹，宫苑的德寿宫中有牡丹馆，名“静乐堂”。馆中牡丹甚繁，当时一般牡丹是在3月、5月或7月开花，而静乐堂的牡丹还有在冬天开花的。林洪在《山家清供》中说，吴皇后饮膳喜欢清俭，吃素不吃肉，时常命人为她上可以生吃的生菜即白莴笋，上时还让人拌上牡丹花瓣，这道菜就成了著名的牡丹生菜。林洪说，有时御厨还将生菜和牡丹花瓣净治，裹上稀面糊炸酥后端上来。还有时将落下的梅花洗净和生菜拌在一起，这款梅花生菜的香气更是可想而知了。牡丹被皇家赏识，始于隋，盛于唐，甲天下于宋，因此南宋宫苑中有牡丹馆并不新鲜，引人注意的倒是这位吴皇后还喜欢食用牡丹。按林洪在《山家清供》中的说法，吴皇后拌生菜时要么撒上牡丹花瓣，要么加上梅花，均是出于她“清俭”或“恭俭”。餐花饮露，本是古代推崇的道家饮食方式，这位吴皇后当也是一位信道者。无论是牡丹生菜还是梅花生菜，在吴皇后的食单上似应含有道家的思想文化元素。

原文　宪圣[1]喜清俭，不嗜杀。每令后苑进生菜，必采牡丹瓣和之。或用微面裹[2]，煠[3]之以酥。又……每至治生菜，必于梅下取落花以杂之，其香犹可知也。

林洪《山家清供》

注释

[1] 宪圣：南宋高宗时的吴皇后。

[2] 或用微面裹：或者用稀面糊裹。

[3] 煠：“炸”的异体字。

刘府酥炸栀子花

这是南宋林洪《山家清供》记载的一款府宅春季花卉菜，其原名“簷卜煎”，又名“端木煎”。林洪在《山家清供》中说，以前曾到刘漫塘府上拜访，留我吃午饭，端出的栀子花，用开水焯一下控干，再挂上用甘草水调的稀面糊，油炸即成，叫“簷卜煎”。随后林洪指出，杜甫的诗中有“于身色有用，与道气相和”，现在这菜已经做出来了，那么清和之风就全有了。栀子花是茜草科山栀的花，宋《本草图经》称，山栀“二三月生白花，花皆六出，甚芬芳，俗说即西域詹卜也”，因此栀子花在唐段成式《酉阳杂俎》中又名“簷卜花”，这也是林洪在《山家清供》中为什么将这款菜称作“簷卜煎”的缘故。据《滇南本草》，栀子花性味寒苦，可清肺凉血，与蜂蜜同煎，治伤风、肺有实痰实火、肺热咳嗽等，是一味药食两用花卉。从菜肴创造学的角度看，这款菜最值得关注的有以下几点：1. 这是传世文献记载的最早以栀子花为主料的花卉菜。2. 在制作工艺上，用甘草水调稀面为糊是其糊料配方的一大特色。烹调实验表明，甘草中所含的黄色素和还原糖等成分，使挂糊后出锅的栀子花具有金黄的色泽和特殊的香气，难怪林洪说其“清芬极可爱”。

原文　薝卜煎（又名端木煎）：旧访刘漫塘（宰），留午酌[1]，出此供[2]，清芬极可爱。询之，乃栀子花也。采大瓣者，以汤焯过，少干[3]，用甘草水稀稀[4]面拖，油煎之，名“薝卜煎”。杜诗云：“于身色有用，与道气相和。”今既制之，清和之风备矣！

林洪《山家清供》

注释

［1］留午酌：挽留下来吃午饭。

［2］出此供：拿出此菜。

［3］少干：稍微控干。

［4］稀：此“稀”字疑多出。

斋戒两熟鱼

这是宋人斋戒时食用的一款象形类素菜，也是南宋都城临安（今杭州）市面上的一款素食名菜。宋吴自牧在《梦粱录》“分茶酒店”中说：杭城酒店“又有专卖素食分茶，不误斋戒，如……两熟鱼”。那么两熟鱼是怎样做的呢？《梦粱录》中没有这方面的记载。在元《居家必用事类全集》中，有一份关于两熟鱼的菜谱，所用原料都是斋戒时允许食用的食材，与《梦粱录》所载两熟鱼斋戒素食的属性相一致，可以作为我们了解南宋两熟鱼做法的参考。其做法是：先将熟山药和乳团分别捣成泥，再将山药泥、乳团泥、陈皮、姜末、盐、湿绿豆淀粉块放到一起，搅拌后撒上干绿豆淀粉，拌至馅泥变稠。每条鱼用一张粉皮，先放湿粉丝，再放和好的馅泥，然后折捏成鱼样，油炸后用蘑菇汁煮，出锅盛入碟内，撒上姜丝和菜头即成。不难看出，因为此菜先是将“鱼”炸熟，接着又将“鱼”煮熟，故名“两熟鱼”。这款象形类素菜出现在南宋都城市面上不是孤立的，仿真菜曾在北宋和南宋宫廷与民间盛极一时，这款菜与那些仿真菜唯一的区别，就是菜名中未用“假”字，而其他的仿真菜名称均以“假”字打头，如假元鱼等。还有一点需要提及的是，这款菜到明代已成为宫廷祭祖的食品之一。

原文　两熟鱼[1]：每十分[2]：熟山药二斤，乳团一个，各研烂；陈皮三片，生姜二两，各剁碎；姜末半钱，盐少许，豆粉[3]

这是河南禹州市白沙1号宋墓壁画中的宴饮图。图中墓主夫妇面前的食案上各有一高足豆形盘，两盘中间是酒壶等。郭亚哲摄自洛阳古代艺术博物馆

半斤调糊，一处拌，再加干豆粉调稠作馅。每[4]粉皮一个，粉丝抹湿，入馅，折掩捏鱼样，油煠[5]熟。再入蘑菇汁内煑[6]，楪供，糁[7]姜丝、菜头。

佚名《居家必用事类全集》

注释

［1］两熟鱼：因将“鱼”炸熟后又煮，故名，这是宋代典型的象形类素菜。

［2］分：即“份”。

［3］豆粉：绿豆淀粉。

［4］每：指每条鱼的用料。

［5］煠：“炸”的异体字。

［6］煑：“煮”的异体字。

［7］糁：此处作撒讲。

何府假煎肉

主料是素的，却冠以荤菜名，菜名前并缀以“假”字，这是宋代名菜中引人瞩目的一大类亮点菜。这里的何府假煎肉，就是这类“假”字打头的南宋名菜之一。

何府即南宋名臣何铸的府宅，何铸敢直言，曾为遭秦桧陷害的岳飞说话。不趋炎附势的林洪很敬佩何铸，常到何家做客。这款假煎肉，就是林洪曾在何家食用过的一款何府菜。林洪对这款菜印象深刻而又感受良多，这在林洪《山家清供》关于此菜的记述中可以看出来。林洪说，将嫩瓠瓜与面筋切薄片，撒上调料分别煎，面筋用素油煎，瓠瓜用猪（羊）油煎，然后加葱、花椒油和酒一起炒。炒成后瓠瓜与面筋不仅颜色和形状像肉，而且味道也难吃出是假的来。何铸在家宴客，有时就上这个菜。对此林洪不禁感叹道：“吴中贵家，而喜与山林朋友嗜此清味，贤矣！”

从菜肴创造学的角度来看，这款菜有以下几点值得关注：1. 为什么要选用面筋和瓠瓜为主料？《食物营养成分表》显示，水面筋的蛋白质含量在74%以上，呈鲜味物质谷氨酸含量大约是馒头烙饼的4倍、猪通脊肉的2倍、猪后臀尖的3倍，这说明面筋和瓠瓜一旦采用荤料调味方法，其本身拥有的高蛋白高鲜味的优势就会发挥出来。2. 为什么面筋用素油煎、瓠瓜用猪肉煎？据沈括《梦溪笔谈》，这里煎面筋用的可能为芝麻油，高蛋白的面筋用麻油煎，高水分的瓠瓜用猪油煎，煎后二者均会酷似肉味。3. 面筋和瓠瓜煎后放到一起炒时用花椒油也是此菜投料上的一个特点，除了美观以外，还会起到增进二者似肉的味道并且不腻口的作用。

原文　瓠[1]与麸[2]薄切，各和以料煎。麸以油浸煎，瓠以肉脂煎，加葱、椒油、酒共炒。瓠与麸不惟如肉，其味亦无辨者。吴何铸宴客或出此，吴中[3]贵家而喜与山林朋友嗜此清味，贤矣！

林洪《山家清供》

注释

［1］瓠：又名瓠瓜，葫芦的一个变种。

［2］麸：面筋。

[3]吴中：今江苏省苏州。

山家牛蒡脯

这是南宋林洪《山家清供》中的一款山村风味素菜。林洪说，农历初冬十月以后，可采牛蒡根，洗净去皮煮，注意不要煮过火，取出捶扁压干；盐、酱、茴香、莳萝、姜、椒、熟油放到一起，其中需要研末的要研成末，将这些调料洒在牛蒡根上腌渍一两个晚上，然后焙干，吃起来就像肉脯的味。最后林洪还特意指出：一般是用做莲脯的方法来做，言外之意是我在这里介绍的方法一般人不知道。

牛蒡根即菊科牛蒡的根，一般是在农历十月间采挖两年以上的根。其根纺锤状，皮黑褐内黄白，味微苦而性黏，古代医家多用它来治风毒面肿、头晕、咽喉热肿、齿痛、咳嗽和虚弱脚软无力等。现代科学检测显示：牛蒡根含蛋白质、菊淀粉以及多种抗菌、抗真菌、抗肿瘤等物质。因此，无论是从古代本草典籍的相关记载来看，还是从现代科学的角度来审视，林洪的这款牛蒡脯除了是一款山家素食美味以外，当时可能还有山家食疗、养生的内蕴。

原文　牛旁脯[1]：孟冬后采根[2]，净洗去皮煮，每令失之过，搥匾压干[3]，以盐、酱、茴[4]、萝[5]、姜、椒、熟油诸料研浥[6]一两宿，焙干，食之如肉脯之味。苟与莲脯同法[7]。

林洪《山家清供》

注释

[1]牛旁脯：用牛蒡根做成的脯。旁，应作“蒡”，音 bàng。

[2]孟冬后采根：农历十月以后采牛蒡的根。孟冬，农历十月。

[3]每令失之过，搥匾压干：不要煮过火，捶扁压干。每，应作“毋”；匾，今作“扁”。

[4]茴：小茴香。

[5]萝：莳萝。

[6]研浥：即将所有的调料放在一起调匀，然后撒在牛蒡根上腌渍。

[7]苟与莲脯同法：一般是用做莲脯的方法来做。

山家香酥黄独

这是林洪在《山家清供》中记载的一款南宋风味素菜。林洪说，一个下雪的夜晚，芋头刚煮熟，便来了一位爱吃芋头的朋友。他说，我按你信上说的带酒来了，进门就可以享用了。并说，煮芋有好几种方法，其中“酥黄独”不可多得。其做法是：将煮熟的芋头切片，弄碎榧子和杏仁，调入酱，挂面糊炸，其味妙不可言。这正如诗中赞美的那样：“雪翻夜钵裁成玉，春化寒酥剪作金。”林洪在《山家清供》中关于这款菜的记载有两点值得关注：1. 这款菜本名“酥黄独”，黄独是这款菜的主料。在李时珍《本草纲目》“菜部”第二十七卷中，芋和土芋为两个单独的条目，黄独被列在土芋条内，在陈藏器的《本草拾遗》中名“土卵”，李时珍并引苏恭的话说：“土卵似小芋，肉白皮黄，梁、汉人名为黄独，可蒸食之。”说明黄独是对这种卵形土芋的一种方言称谓。而在芋条中，李时珍引晋郭义恭《广志》称：“芋凡十四种……鸡子芋，色黄……”郭义恭所说的“鸡子芋”，应即唐苏恭所说的“黄独”。看来黄独应是芋家族中的一个地方品种。2. 这款菜配料用到了榧子，这在目前所知的传世文献中，是榧子用于菜肴配料的较早记载。榧子为红豆杉科榧的种子，卵圆形，其种仁色黄白、气微香、味微甜有油性。宋代以前，人们虽已食用榧子，但多将其用作“疗痔杀虫”之物。唐陈藏器《本草拾遗》说，榧子“如槟榔，食之肥美，主痔杀虫”。《本草新编》：“凡杀虫之物，多伤气血，惟榧子不然。”《本草衍义》：榧子“大如橄榄，其仁黄白色，嚼久渐甘美”。榧子的这些特点，大约是它在宋代开始进入菜肴和点心配料中的主因。

原文　煮芋有数法，独“酥黄独”世罕得之[1]。熟[2]芋截片[3]，研榧子[4]、杏仁，和酱，拖面[5]煎之，且白侈为，甚妙。诗云：“雪翻[6]夜钵裁成玉，春化寒酥剪作金。”

林洪《山家清供》

注释

［1］独“酥黄独”世罕得之：只有“酥黄独”世人很少得到。

［2］熟：原作“孰”。

［3］截片：切片。

［4］榧子：香榧。

［5］拖面：挂面糊。

［6］翻：原作“飜”。

张府酥炸菊苗

这是林洪在《山家清供》中记载的又一款南宋府宅花卉菜。张府即南宋张元在都城临安（今杭州）武林门外西马塍的府宅，因其曾任统辖诸将的御营司长官御营使，故林洪在《山家清供》中称其张将使。而这一职位是宋高宗赵构于1127年即位时所设，1130年废。由此可以推知，这款菜应是张元任御营司长官期间或其后在家款待林洪的美味。另据《名医别录》菊花“正月采根，三月采叶，五月采茎，九月采花，十一月采实”和《本草纲目》“菊类自有甘、苦二种，食品须用甘菊”的记载，林洪当年在张府食用的这款菜，应是用阳春三月始生的甘菊苗为主料制成。林洪说，他春游时来到西马塍张府，张元留他饮酒，请他作菊田赋，并画墨兰，张元非常开心，几杯酒以后，上来菊苗煎。张元向林洪介绍说，这道菜是将采来的菊苗焯一下，再挂上用山药粉和甘草水调的糊，用油煎成。林洪说，这款菜的色香味颇有《楚辞》中屈原《离骚》“余既滋兰之九畹兮”的意韵，并说张元深谙中草药，张也说食用菊花以采紫茎的为正宗，言外之意是林洪认为张元同南朝梁陶弘景的说法一样。由此看来，张元款待林洪的这款酥煎菊苗，还应是张府的一款养生菜。菊苗清肝明目，山药粉健脾、补虚、固肾，甘草和中、益气、补虚，这款菜用料上的这些功用，似乎折射出张元当时的心境和体证。

原文　菊苗煎[1]：采菊苗汤瀹[2]，用甘草水调山药粉，煎之以油，爽然有楚畹之风[3]。

林洪《山家清供》

注释

[1] 菊苗煎：此谱为节选。

[2] 汤瀹：用开水焯。瀹，音 yuè，此处作焯讲。

[3] 楚畹之风：楚辞的风韵。畹，音 wǎn，古代地积单位；楚畹，此处代指《楚辞》。

山家梅花酸白菜

这是林洪《山家清供》中一款非常有特色的南宋山林风味酸白菜。林洪说，将菘菜也就是白菜切开，用很清的面汤渍，再加入姜、花椒、茴香、莳萝，如果想酸味重些，可放入一碗老酸菜汤。渍成后，这种酸菜叫“不寒齑”。如果再撒上一捧梅花，就叫“梅花齑”了。齑，即酸菜末，“梅花齑”即吃时切成末的梅花酸白菜末。

从林洪在《山家清供》中关于这款菜制作工艺的介绍来看，这种酸白菜显然是用发酵法制成。用发酵法制作酸菘菜，林洪在500多年以前已有记载，不过据北魏贾思勰《齐民要术》，魏晋南北朝时期制作的酸菘菜，主要可分为三种，即用米汤、醋浆和米曲分别渍制的酸菜。而这里的酸菘菜，用的则是面汤，这在《齐民要术》及其以后的相关传世文献中还是首次见于记载。同南宋以前的酸菘菜相比，这款菜还用了舶来品莳萝和具有道家饮食文化元素的梅花，从而使这款酸白菜除了具有唐宋香药食品的时尚色彩以外，还彰显了南宋道家的山林饮食特色。

原文　不寒齑[1]法：用极清面汤，截菘菜[2]，和姜、椒、茴[3]、萝[4]，欲极熟，则以一杯元齑和之。又，入梅英一掬[5]，名“梅花齑”。

林洪《山家清供》

注释

[1] 齑：此处为渍酸白菜。齑，音 jī。

[2] 菘菜：白菜。

[3] 茴：指小茴香。

[4] 萝：指莳萝。

[5] 梅英一掬：梅花一捧。掬，音 jū，一捧。

山家清拌莴苣

这是林洪《山家清供》中的一款山林风

味凉拌菜，其菜谱也是目前所知在传世文献中中国最早的莴苣菜谱。

关于这款菜的制作，林洪在《山家清供》中说，将莴苣去叶、皮，切成寸丝，用开水焯一下，然后加入捣好的姜汁、盐、熟油和醋，拌匀即可，入口甘美清脆。莴苣原产地中海沿岸和西亚一带，宋陶穀《清异录》载："呙国使者来汉，隋人求得菜种，酬之甚厚，故因名'千金菜'。今莴苣也。"说明莴苣于隋代由呙国使者传入中国。呙国应指今阿富汗、不丹地区，但美国汉学家劳费尔在《中国伊朗编》中认为，把莴苣说成是从外国传入中国的说法缺乏有力的证据。不过从中国传世文献来看，唐代以前未见莴苣的记载，从唐代开始，中国本草典籍如《食疗本草》和《本草拾遗》开始出现莴苣的相关记载。食用上莴苣主要有两种，即叶用莴苣（生菜）和茎用莴苣（莴笋）。从林洪关于莴苣要去叶、皮来看，这里的莴苣显然是茎用莴苣。不言而喻，这款菜是用凉拌的方法制成的，但林洪在《山家清供》中却将这款菜称作"脆琅玕"。"琅玕"原指竹，杜甫《郑驸马宅宴洞中》有"留客夏簟青琅玕"，其中的"青琅玕"应是指莴苣。林洪在《山家清供》中谈到这款菜时说，杜甫曾种莴苣，下种10天仍不见出苗，这可作为杜诗中"琅玕"一词系指莴苣的一个佐证，同时也说明，林洪的"脆琅玕"菜名灵感有可能来自杜诗。后世将茎用莴苣称作莴笋，也应是"琅玕"词义的借用。

原文　脆琅玕[1]：莴苣[2]去叶、皮，寸切[3]，瀹[4]以沸汤，捣姜、盐、熟油、醋拌渍之，颇甘脆。

林洪《山家清供》

注释

［1］脆琅玕：脆莴笋。琅玕，音 láng gān，原指竹，这里指莴苣。

［2］莴苣：今北方俗称"莴笋""青笋"。

［3］寸切：切成寸长的丝。

［4］瀹：音 yuè，这里作焯讲。

山家三脆

将嫩笋、小蕈和枸杞头用放了盐的开水焯熟，先放少许香油、胡椒面、盐拌匀，再加上点酱油和醋拌好，这就是南宋林洪在《山家清供》中记述的"山家三脆"。林洪说，赵竹溪非常喜欢这个菜。如果用这三样山野时鲜来做汤面侍奉父母，又叫"三脆面"。林洪还饶有兴致地介绍了一首写三脆面的诗："笋蕈初萌杞采纤，燃松自煮供亲严。人间玉食何曾鄙，自是山林滋味甜。"林洪乐道的这首诗以及《山家清供》中关于山家三脆的文字，流露出南宋时一位不愿同流合污的正直文人的清高，这里暂且不论。从菜看创造学的角度来看，山家三脆的三种主料全是山林野生特产时蔬，纯天然无污染，自有一种大自然的清新之气。检索食物营养成分的结果显示，这三种主料均为富含谷氨酸、天门冬氨酸和核苷酸等呈鲜味物质的春季时蔬。将它们放到一起做成菜，这些鲜味物质会产生互补和叠加的呈鲜味效果，从而使这款山家三脆在清脆、微酸微辣中又格外清鲜。

原文　嫩笋、小蕈、枸杞头，入盐汤焯熟，同香熟油、胡椒、盐各少许，酱油滴醋拌食。赵竹溪密夫酷嗜此[1]。或作汤饼以奉亲，名"三脆面"。尝有诗云："笋蕈初萌杞采纤，燃松自煮供亲严。人间玉食何曾鄙，自是山林滋味甜。"蕈亦名菰。

林洪《山家清供》

注释

[1] 赵竹溪密夫酷嗜此：意为赵某人最爱吃此菜。

山家雪梨拌香橙

这是林洪《山家清供》中一款以水果为主料的佐酒冷菜。林洪说，将大个的雪梨去皮、核，切成骰子块大的丁；再将大个的香橙剥皮、取瓤、去核，将瓤肉捣烂，然后将梨丁和橙肉放到一起，撒上点儿盐，再滴上点儿醋、酱，拌匀即可。盛在盘中，那洁白如玉脆生生的梨丁浸在橙黄微酸的香橙瓤汁中。因为是生食，所以林洪给这款菜起了"橙玉生"这样一个诗意十足的雅名。

林洪说，用这款菜佐酒，可助人酒兴。由此林洪联想起一首怀念故土的咏梨诗："每到年头感物华，新尝梨到野人家。甘酸尚带中原味，肠断春风不见花。"他对另一首吟咏雪梨的诗更是感慨万千，那诗中的"蔽身三寸褐，贮腹一团冰"之句，林洪认为在所有的雪梨诗中这是最好的诗句，这款菜的名称"橙玉生"当取意于此。"蔽身三寸褐"，是说虽然身披短短的粗麻衣；"贮腹一团冰"，但心中像一团冰一样清白无畏。这发出了林洪心底的呐喊：人穷志不穷，人穷才富。由此可以看出，"橙玉生"的名称寄寓了林洪对南宋世风的不满。顺便提一下的是，据古代本草典籍记载，雪梨和香橙都有解酒毒的功用。

原文　橙玉生：雪梨大者去皮核，切如骰子[1]大，后用大黄熟香橙去核捣烂，加盐少许，同醋、酱拌匀供，可佐酒兴。

林洪《山家清供》

注释

[1] 骰子：亦作"投子"，古代一种赌具，为正方形的小立体。今又作"色子块"。骰，音 tóu。

山家石榴银丝羹

这是林洪《山家清供》中的两款南宋象形素菜。林洪说，将藕切成小丁，在砂器内将藕丁的棱角擦圆，再用梅花水和胭脂染上色，然后撒上绿豆淀粉拌匀，放入鸡汤中煮，成菜后藕丁外面的粉皮白中透红，宛如石榴子，这就是山家风味的石榴粉。林洪说，还可以将熟笋切成丝，同样用绿豆淀粉拌匀，放入鸡汤中煮，盛入碗内后羹中的笋丝如缕缕银丝，这叫银丝羹。关于为何要将这两款菜放到一起写，林洪解释说，因为这两款菜做法相同，所以才放到一起一并记下来。不难看出，这是两款创意新奇、菜名清雅、口味鲜美的象形类素菜。从《山家清供》记载的所有食品选料思路来看，这两款菜所用食材似乎也有本草学方面的考虑。藕，熟用益血补心，久服令人心欢止怒；胭脂，在食品上属于天然红色素，少用可养血；绿豆淀粉，可益气解酒毒。古代本草典籍的这些记载，大致可以让人看出这两款菜的食养功用。还应指出的是，这两款菜所用的熟制法，是中国菜史上关于水滑法工艺的最早记载。

原文　石榴粉[1]：藕截细块，砂器内擦稍圆，用梅水同胭[2]脂染色，调绿豆粉[3]拌之，入鸡汁煮，宛如石榴子状。又，用熟笋细丝，亦和以粉煮，名“银丝羹”。此二法，恐相因而成之者，故并[4]存。

林洪《山家清供》

注释

［1］石榴粉：原题后附“银丝羹附”。

［2］胭：原作“臙”。

［3］绿豆粉：绿豆淀粉。绿字原作“菉”。

［4］并：原作“併”。

山家金玉羹

将山药和栗子分别去皮切片，用羊汤煮成羹，这就是南宋林洪《山家清供》中的“金玉羹”。金当然是指栗子片，玉则是山药片。羹成后二者均显出本色，说明这款羹是白汁的。从菜肴所用食材的历史渊源来看，羹用羊汤来做，不仅在宋代不鲜见，就是在宋代以前也不是新闻。但用羊汤将山药和栗子煮成羹，这在宋代以前的相关传世文献中还未发现，这应是这款羹在食材组配上的新颖之处。根据古代本草典籍的记载，山药健脾、补肺、固肾、益精，栗子养胃、健脾、补肾、强筋，羊汤可治五劳七伤，这三种食材放到一起做羹，可通过健脾共奏以疗五劳七伤的食疗功效。另外，这款羹的名称颇具文学色彩，应出自宋代文人雅士之手。

原文　金玉羹：山药与栗各片截[1]，以羊汁加料煮[2]，名“金玉羹”。

林洪《山家清供》

注释

［1］山药与栗各片截：山药与栗子分别切成片。

［2］以羊汁加料煮：用羊汤加上调料煮（成羹）。

山家傍林鲜

初夏，当山林中的竹笋长势正茂盛时，将林中的落叶扫到一起烧成灰后，投入包裹好的竹笋进行煨烤，用这种方法烤出的竹笋味道非常鲜美，这就是南宋林洪《山家清供》中的“傍林鲜”。

在中国菜史上，以竹笋为主料的菜源远流长，先秦时的“周王室酸竹笋”，汉代的“轪侯家酸竹笋”，魏晋南北朝时期的“南朝拌笋丝紫菜”等，都是收入本书的竹笋名菜。加上唐宋时的笋脯、笋鲊，到宋代时竹笋类名菜的品种已相当丰富。但是从先秦至宋，炮烤法多用于乳猪、鸡和动物肉。用炮烤的方法来制作竹笋，在目前所知的传世文献记载中，林洪《山家清供》中的“傍林鲜”是中国菜史上记载最早的菜谱。这种能够保持竹笋原汁原味的熟制法，从宋代历经元、明、清而不衰，至20世纪40年代仍在民间流传。20世纪40年代，国民政府北平市长周华章先生曾撰文说，当时的北平银行总会厨师张锦森先生善制“火炙冬笋”，做法是将冬笋用黄泥涂后放在火上烤，待黄泥干后有裂纹透出笋香味时，取出摔掉泥，剥去沾土的皮，再切成两半，装盘时把笋放在原皮上，吃时可蘸椒盐或蚝油、酱油。张先生说，这种做法能得到笋的真味，并说此法甚古。两相对照，傍林鲜应是有文字记载的火炙冬笋的源头。

原文　夏初，林笋盛时[1]，扫叶就竹边煨熟[2]，其味甚鲜，名曰“傍林鲜”。文与可守临川[3]，正与家人煨笋午饭[4]，忽得东坡书诗云：“想见清贫馋太守，渭川千亩在胃中。”不觉喷饭满案。想作此供也。

林洪《山家清供》

注释

［1］林笋盛时：山林中的竹笋长势正茂盛时。

［2］扫叶就竹边煨熟：将落叶扫到一起点燃成灰，然后就在竹旁把笋烤熟。

［3］文与可守临川：文与可任临川太守时。文与可为北宋画家。

［4］正与家人煨笋午饭：正和家人吃有烤笋的午餐。这句话表明烤笋在北宋时已为府宅家常菜。

东坡豆腐

以豆腐为主料的菜是宋代都市的一档时尚美味，而善于发现生活美的苏东坡，对豆腐更是情有独钟。一是喜食蜜渍豆腐，这在南宋陆游的《老学庵笔记》中有明确记载。二是榧子豆腐，这就是我们在这里要说的东坡豆腐。“彼美玉山果，粲为金盘实”，这是苏东坡《送郑户曹赋席上果得榧子》诗中的两句。句中的玉山果即榧子，因宋代玉山（今浙江境内）所产的榧子最有名，故宋人又将榧子称作“玉山果”。榧子的种仁黄白色，气微香，味微甜，中医认为可杀虫消积令人能食，是一种食药两用果仁。这两句诗表明苏东坡十分推崇榧子，而将豆腐和榧子放到一起做成菜，这是“东坡豆腐”食材组配上的最大特点。大约苏东坡去世20年后，南宋著名文人林洪将东坡豆腐的做法收入《山家清供》中。《山家清供》记载了东坡豆腐的两种做法，一种是先用葱油将豆腐煎一下，然后加入一二十枚榧子（末）和酱料同煮；另一种则完全是用酒煮。但令人遗憾的是，第一种做法只说用一二十枚榧子而没有豆腐的用量。根据宋元相关文献记载和笔者从网店买来的榧子所做的榧子重量实测，一枚榧子仁均重约1克，宋元时代榧子仁与主料的比例一般为0.5∶8，由此可以推定，林洪记载的这款东坡豆腐大约用160克南豆腐。

原文　东坡豆腐：豆腐葱油煎[1]，用研榧子[2]一二十枚，和酱料同煮。又方，纯以酒煮，俱有益也。

林洪《山家清供》

注释

［1］豆腐葱油煎：应即用豆油。苏轼《物类相感志》：“豆油煎豆腐，有味。”

［2］用研榧子：用香榧子末。

东坡羹

东坡羹的羹名出自苏东坡的《东坡羹颂》和《狄韶州煮蔓菁芦菔羹》一诗中，其原句为“谁知南岳老，解作东坡羹”。

关于东坡羹用料和制法等内容的记载，笔者目前见到的有六条。通观这六条记载，可知东坡羹大致有四种，山芋、蔓菁、萝卜、荠菜分别是每一种东坡羹的主料，配料则完全一样，都是研米粉。与大多数餐食类的菜羹不同的是，这四种东坡羹都不放油盐酱醋。其中，以山芋为主料的被苏东坡称作“玉糁羹”，而南宋著名文人林洪在《山家清供》中则把以萝卜为主料的称为“玉糁羹”。不放油盐酱醋、没有咸淡酸辣味的菜羹，在一般人看来可能难以下咽不堪食用，但在苏东坡的眼中却是“天然之珍”，“虽不甘于五味，而有味外之美”。甚至认为“若非天竺酥酡，人间决无此味”，并为此而作诗云：“香似龙涎仍酽白，味如牛乳更全清。莫将南海金齑脍，轻比东坡玉糁羹。”苏东坡对这种能品出寻常时蔬天然本味之美的菜羹的推崇，与宋代儒、道、佛兼蓄背景下的苏东坡的养生观不无关系。而其养生观的核心，便是老庄的乘时归化返璞任天。

原文　玉糁羹：东坡一夕与子由饮[1]，酣甚[2]，槌芦菔烂煮[3]，不用他料，只研白米为糁[4]，食之，忽放箸抚几曰：“若非天竺酥酡[5]，人间决无此味！”

林洪《山家清供》

东坡《与徐十三书》云：“今日食荠[6]极美，天然之珍，虽不甘于五味，而有味外之美。其法：取荠一二升许，净择，入淘了米三合，冷水三升，姜不去皮，捶两指大，同入釜中[7]，浇生油一蚬壳，当于羹面上。不得触，触则生油气，不可食。不得入盐醋。君若知此味，则陆海八珍皆可厌也。天生此物，以为幽人山居之禄。辄以奉传，不可忽也。羹以物履则易熟，而羹极烂乃佳也。”

陈直、邹铉《寿亲养老新书》

注释

［1］东坡一夕与子由饮：一天晚上，苏东坡同弟弟子由饮酒。

［2］酣甚：（二人）喝得非常痛快。

［3］槌芦菔烂煮：将萝卜捶碎煮烂。按：中医认为萝卜可醒酒。

［4］只研白米为糁：只用磨成的米粉为芡。按：这里的“糁”相当于今日所言的芡。

［5］若非天竺酥酡：如果不是西天仙境的美味。按：乌克先生注此句时认为这是苏东坡对以山芋为主料的玉糁羹的赞语，详见《山家清供》乌克先生注本（中国商业出版社1985年版）。

［6］荠：即荠菜，十字花科，春季时蔬。因其含天门冬氨酸、谷氨酸等呈鲜味物质，故味美可口。中医认为其可利肝和中、明目益胃。

［7］同入釜中：一起放入锅中。

山家雪霞羹

将采来的莲花瓣去心蒂，放入开汤中焯一下，然后同白豆腐放到一起煮羹，当羹成时盛入斗盘中，红色的莲花与雪白的豆腐在盘内交相辉映，犹如雪后初晴时天边的红霞，这就是林洪《山家清供》中的雪霞羹。这款羹除了羹名富有诗意、款式高雅、意境清灵以外，从菜肴创造学的角度来看，大约还有以下两点值得关注：1. 这是目前所知在中国传世文献中较早的一份豆腐菜谱。豆腐是中国在世界食品领域的一项发明，尽管有不止一项考古成果说明汉代可能已有豆腐，但有关豆腐的最早的菜谱目前在中国传世文献中只发现两份，一份是这里的雪霞羹谱，另一份是东坡豆腐谱。记载这两份豆腐谱的《山家清供》，其作者林洪大约是南宋高宗时代的人。2. 这款豆腐羹中所用的莲花即芙蓉花，林洪在文中没有说是用红莲花还是白莲花，但从文中“同豆腐煮，红白交错”的描述来看，这款羹所用的莲花应是红莲花。那么为什么不用白莲花呢？是当年林洪仅仅考虑红莲花与白豆腐配在一起可产生“雪霞”的美妙意境吗？明王象晋《群芳谱》似乎为我们解开了这个谜。据《群芳谱》，白莲花的藕生食尤佳，而红莲花的藕适宜煮食，林洪似乎也将其花参照藕食法来选用。

原文　采[1]芙蓉[2]花，去心蒂[3]，汤焯之，同豆[4]腐煮，红白交错，恍如雪霁之霞[5]，名“雪霞羹”。加胡椒、姜亦可也。

林洪《山家清供》

注释

［1］采：原作“採”。

［2］蓉：原作“容”。

［3］蒂：原作“墆”。

［4］豆：原作“荳”。

［5］恍如雪霁之霞：好像雪后白雪红霞交映之景。霁，音 jì，雪停。

本心翁蘸汁豆腐

本心翁一说即宋代文人陈达叟，因其书房名本心斋，故称本心翁。蘸汁豆腐是《本心斋疏食谱》中的一款菜，也是本心翁最看重的一味蔬食。

从相关传世文献的记载来看，宋代是豆腐菜肴崭露头角的时代。陆游《老学庵笔记》有苏东坡喜食的蜜渍豆腐，林洪《山家清供》有名为“东坡豆腐”的香榧煎煮豆腐和称作“雪霞羹”的荷花煮豆腐，宋司膳内人《玉食批》中南宋宫廷的生豆腐百宜羹，吴自牧《梦粱录》还记载了南宋都城临安（今杭州）饮食市场上的豆腐羹和煎豆腐等。同这些豆腐菜相比，本心翁的蘸汁豆腐风格大雅，颇有超尘脱俗之气。《本心斋疏食谱》记有 20 种素食，全系本心翁向来访的客人所口授。本心翁称，这 20 种素食平时不一定常备，有四分之一就行了。其中前面的 5 种出自经典，后面的 15 种有则做，没有也可以打住。在这 20 种中蘸汁豆腐则名列首位，于此可见这款豆腐菜在本心翁心目中的地位。据该书记载，将豆腐切成条，白水煮后蘸调味汁食用，这就是备受本心翁推崇的蘸汁豆腐。一款做法如此简单的豆腐菜，为什么会被本心翁排在蔬食之首呢？通读该书我们便会体味到，本心翁是一位整天品味《易经》、喜欢同朋友谈论魏晋玄学的宋代隐士。他的书桌上有冒着缕缕香烟的博山炉，纸帐上画着朵朵梅花。他用石鼎烹茶，山童供馔，完全是一副淡泊恬然的超尘之态。他之所以将这款菜放在首位，正如他给这款菜所写的赞中所说，是因为《礼记》中有“啜菽饮水”的说法。“啜菽”即吃豆，而豆腐正是用豆和山泉水所做，这表明本心翁尊经尚古的生活态度。因此这款菜做法虽然简单，却以吃出豆腐清鲜的本味为特色。虽无俗间油腻，却多了几分山林隐士的清雅与清高。从菜肴创造学的角度来看，后世涮肉火锅中的涮豆腐蘸汁吃，应看作是这款菜在流传中的一个直接衍变与遗响。

原文　啜菽：菽，豆也。今豆腐条切，淡煮，蘸以五味[1]。礼不云乎[2]，啜菽饮水。素以绚兮[3]，浏其清矣[4]。

陈达叟《本心斋疏食谱》

注释

［1］蘸以五味：蘸调味汁（食用）。

［2］礼不云乎：《礼记》中不是说吗？

［3］素以绚兮：洁白的（豆腐）真悦目。此句借自《论语・八佾》。

［4］浏其清矣：煮豆腐的汤多清澈。此句借自《诗经・郑风・溱洧》。

山家碧涧羹

这款山家碧涧羹是《山家清供》中以水芹为主料的春季时蔬羹。

水芹在先秦时是天子或国君设宴款待群臣的名贵时蔬，当时盛行将其做成菹即酸泡菜的款式（详见本书“周王室酸水芹”）。唐代诗人杜甫《陪郑文游何将军山林诗》“鲜鲫银丝鲙，春芹碧涧羹”的诗句说明，到唐代时，水芹已出现羹的款式，并且与当时的鲫鱼脍一样有名。林洪在《山家清供》中指出，水芹“惟瀹而羹之者既清而馨，犹碧涧然，故杜甫有‘春芹碧涧羹’之句”，说明到南宋时，水芹羹以其清馨的特色而受到文人雅士的格外推崇。与《周礼·天官冢宰·醢人》“芹菹”的记载略有不同的是，林洪在《山家清供》中大致介绍了水芹羹的制法。林洪说，二月三月时，将采来的水芹洗净，放入开水中焯一下再做成羹。至于怎样做成羹，林洪没有细说。不过根据《山家清供》和唐宋其他文献中关于菜羹的制作记载，这里的碧涧羹应是在水芹焯后与研米粉和水同煮，然后加入盐、姜、胡椒等调味即成。

原文　芹，楚葵也，又名水英。有二种，荻芹取根，赤芹取叶与茎，俱可食。二月三月作英时采之[1]，洗净，入汤焯过，取出，以苦酒[2]、研芝麻[3]入盐少许，与茴香渍之，可作菹[4]。惟瀹而羹之者既清而馨，犹碧涧然，故杜甫有“春芹碧涧羹”之句。

林洪《山家清供》

注释

［1］二月三月作英时采之：二月三月出嫩苗时采摘。英，有的版本作“羹”。从全文看，此处作“英”为宜。

［2］苦酒：即醋。

［3］研芝麻：将芝麻研碎。

［4］可作菹：可以做酸泡菜。

何府醒酒汤

这款汤据说是从宫中传出的一款神奇的醒酒汤。林洪在《山家清供》中说，下雪的夜晚，张一斋请客人饮酒，不知不觉中便喝多了。何时峰拿出一瓢叫“沆瀣（hàngxiè）浆”也就是类似露水浆的汤，分给大家喝。喝下去不久，大家的酒劲便醒过来了。有人问起这汤的来历，说是从皇宫里得到的。其实很简单，就是将甘蔗和白萝卜分别切成方块，用水煮烂即成。那是因为甘蔗能解酒、萝卜能消食的缘故。酒后有这汤，它的好处是可想而知的。最后，林洪还想到了《楚辞》中的“蔗浆”，认为当时说的可能就是这种醒酒汤。甘蔗能解酒，在古代本草典籍中首见于《日用本草》。该书称，甘蔗“止虚热烦渴，解酒毒”。明李时珍在《本草纲目》中指出：“蔗浆消渴解酒，自古称之。”萝卜不仅能消食，而且也可解酒。李时珍《本草纲目》称，萝卜“主吞酸，化积滞，解酒毒，散瘀血，甚效”。在宋元陈直、邹铉的《寿亲养老新书》中，还有将萝卜煮烂吃萝卜喝汤治酒疾下血旬日不止的记载。看来林洪在《山家清供》中关于甘蔗萝卜食疗作用的说法是有根据的。顺便说一下，蔗糖（白糖）虽然是由甘蔗汁加工炼制而成，却不具有解酒功用。对此，李时珍在《本草纲目》中指出，甘蔗“煎炼成糖，则甘温而助湿热……《日华子》又谓沙糖能解酒毒，则不知既经煎炼，便能助酒为热，与生浆之性异矣”。

原文 沆瀣浆[1]：雪夜，张一斋饮客[2]，酒酣薄书[3]，何君时峰出沆瀣浆一瓢，与客分饮，不觉酒客为之洒然[4]。客问其法，谓得之禁苑，止用甘蔗、白萝菔，各切方块，以水烂煮而已。盖蔗能化酒，萝菔能消食也。酒后得此，其益可知也。《楚辞》有“蔗浆”，恐只此也。

林洪《山家清供》

注释

[1] 沆瀣浆：即露水浆的意思。沆瀣，露水，语出司马相如《大人赋》：“呼吸沆瀣兮餐朝霞。”

[2] 张一斋饮客：张一斋请客人饮酒。

[3] 酒酣薄书：酒一喝多大家就不能动了。

[4] 不觉酒客为之洒然：不知不觉中大家的酒劲都醒过来了。

中元清拌黑豆芽

这是南宋温陵人过中元节时祭祖和食用的冷菜。因其色泽浅黄，故原名“鹅黄豆生”。温陵即今山东菏泽定陶，因唐哀帝葬于此，谥温，故名“温陵”，是唐代唯一不在皇陵区的帝陵。南宋林洪在《山家清供》中比较详细地记载了这款菜的做法，并描述了黑豆芽的发制过程以及与这款菜相关的古代习俗。

关于黑豆芽的发制，林洪说，中元节的前几天，用水浸黑豆并日晒，待出芽时将米糠放进盆中，铺上沙土，种上出芽的黑豆，压上木板，到豆芽长起时，再扣上木桶，早晨要拿起木桶让豆芽见见阳光。这样既可以使豆芽长得齐，又不会受到风吹日晒的损害。到中元节那天，豆芽就成了。关于温陵人如何用黑豆芽祭祖以及这款菜的做法和食用方式，林洪说，中元节当天，将黑豆芽盛好放在祖宗牌位前。三天后取下黑豆芽，洗净后焯熟，用油、盐、醋、香料拌好，用麻饼卷上，即可食用，非常好吃。至于这款菜的人文魅力，林洪说，我离家在江淮 20 年，每当吃到鹅黄豆生时就引起我回家扫墓的念头，甚至想告老还乡来实现我人生的这一大愿望。从菜肴创造学的角度看，这款菜最值得关注的有这样几点：1. 黑豆芽在长沙马王堆一号汉墓的竹简和木牌上已有记载，该墓还出土了作为豆芽简文佐证的大豆。但是，从汉代至隋唐，关于豆芽做菜的具体工艺记载，目前在传世文献中以《山家清供》为最早。2. 在菜肴款式上，这款菜以用油、盐等调料清拌而成，是一款用来卷饼的凉拌菜，这与中元节时处炎热的季节特点正相宜。3. 这款菜的人文魅力不容忽视。一款清拌黑豆芽，竟与中元祭祖密不可分，甚至使人想弃官归乡，这在中国菜中可与“莼鲈之思”相媲美。

原文　鹅黄豆生：温陵人前中元[1]数日，以水浸黑豆，曝之。及芽，以糠秕寘盆中[2]，铺沙植豆，用板压。及长，则覆以桶，晓则晒之。欲其齐而不为风日损也。中元，则陈于祖宗之前。越三日出之，洗，焯，以油、盐、苦酒[3]、香料可为茹，卷以麻饼尤佳。色浅黄，名“鹅黄豆生”。仆游江淮二十秋，每因以起松楸之念[4]，将赋归以偿此一大愿也。

林洪《山家清供》

注释

[1] 中元：农历七月十五为中元节。

[2] 以糠秕寘盆中：将米糠放进盆中。寘，同“置”。

[3] 苦酒：即醋。

[4] 松楸之念：扫墓的念头。古代墓地多植松、楸树，后代指墓地。

何宰相忘忧菜

何宰相即宋人何处顺，他当宰相时，边境常不安宁，因此常吃清拌萱草苗。萱草即现在人们熟知的黄花木耳中的黄花，因魏晋“竹林七贤”之一嵇康《养生论》中有“合欢蠲忿，萱草忘忧”的说法，故后来人们便把萱草称为“忘忧草”。何宰相常吃的这款忘忧菜，就是将每年春天采来的萱草嫩苗洗净，用开水焯一下取出，加入酱油、醋一拌即可。吃了萱草嫩苗真的能够忘记忧愁吗？宋陈承《本草图经》说：萱草“嫩苗可利胸膈……今人多采其嫩苗及花跗作菹，云利胸膈甚佳”。明李时珍《本草纲目》也说，萱草“消食、利湿热、宽胸”。利胸膈即气顺了，消食就是想吃东西了，利湿热即不急躁了，忧愁的这三大症状全没了，这不就是忘忧吗？据宋陶榖《清异录》，唐代腊月初一，张手美家要卖应节食品萱草面，萱草面大致应即后世的黄花氽浇面。一进腊月，离过年就不远了。劳作了一年，一切忧愁全应忘掉，这大约是唐人腊日吃萱草的初衷。

原文　忘忧齑[1]：嵇康云：“合欢蠲忿，萱草忘忧。”崔豹《古今注》曰“丹棘”，又名鹿葱。春采苗，汤焯过，以酱油、滴醋作为齑。或燥以肉。何处顺宰相六合时[2]，多食此。毋乃以边事未宁而忧未忘耶，因赞之曰：“春日载阳，采萱于堂。天下乐兮，忧乃忘。”

林洪《山家清供》

注释

[1] 忘忧齑：忘忧凉拌菜。齑，本指细切的酸泡菜，这里指凉拌菜。

[2] 何处顺宰相六合时：何处顺宰相在位时。

三人玉带羹

三人指林洪、赵莼湖、茅行泽，这三位

都是南宋时的文人雅士；玉带羹是用竹笋和莼菜做成的羹，因竹笋似玉，莼菜似带，故被林洪称作“玉带羹”。关于这款羹的由来，林洪在《山家清供》中是这样说的：春天，林洪去拜访赵莼湖，正巧茅行泽也在座，于是三人便在一起谈诗饮酒。到了夜里，也没什么可吃的了。这时，赵说：“我这里有镜湖的莼菜。”茅说：“我有稽山的竹笋。”林洪一听笑了，说：“这下可有羹吃了！”于是便命人做出了这款“玉带羹”。当天夜里，三人感到很开心。林洪说，到现在我仍然喜欢这种清雅高尚的待客氛围。从中国菜史的角度来看，林洪在《山家清供》中的这段美好回忆，可以说是研究名菜由来的一个生动案例。作为宋代的一款名菜，玉带羹的创意、用料、款式及其名称，均出自诗人之手，而实现这一创意的则是赵莼湖府宅内的家厨。这说明文人雅士的灵感一旦与厨师的巧手相合，便会产生美妙的新菜，这是中国古代众多名菜的一种创造模式。

原文　玉带羹：春访赵莼湖（璧），茅行泽（雍）亦在焉。论诗把酒[1]，及夜无可供者[2]。湖曰：“吾有镜湖之莼。”泽曰：“雍有稽山之笋。”仆笑[3]：“可有一杯羹矣！”乃命仆作“玉带羹”[4]。以笋似玉、莼似带也。是夜甚适[5]，今犹喜其清高而爱客也。

林洪《山家清供》

注释

[1] 论诗把酒：谈诗饮酒。

[2] 及夜无可供者：到了夜里没什么可吃的了。

[3] 仆笑：我笑了（说）。这里的仆系林洪自谦。

[4] 乃命仆作“玉带羹”：于是叫家厨做“玉带羹”。这里的仆指家厨。

[5] 是夜甚适：当天夜里非常开心。

山家醒酒梅花冻

这是林洪《山家清供》中一款颇具特色的醒酒冷菜。其做法是：将琼脂用淘米水浸泡，其间要经常搅动，待泡白后洗净，将其捣烂，加水煮熟，取出，撒上梅花，凉凉结冻即成。在《山家清供》中，这款菜名叫“素醒酒冰”。根据林洪提供的上述做法和菜名，可以想见结成冻的琼脂透明如冰，冰上间或有梅花数瓣，其菜式当清雅怡人、卓尔不凡。关于这款菜的醒酒作用，笔者在古代本草典籍中未发现琼脂和梅花有直接醒酒功用的记载。元吴瑞《日用本草》说：琼脂可“去上焦浮热”。清王士雄《随息居饮食谱》称：琼脂“久食愈痔”。清《百草镜》载：梅花“蒸露点茶，止渴生津，解暑涤烦”。这些记载表明，琼脂和梅花或可间接具有缓解醉酒症状的作用。

原文　素醒酒冰[1]：米泔浸琼芝菜[2]，曝以日，频搅，候白，洗，捣烂，熟煮，取出，投梅花十数瓣，候冻[3]，姜、橙为鲙齑供[4]。

林洪《山家清供》

注释

［1］素醒酒冰：即素醒酒冻。

［2］米泔浸琼芝菜：用淘米水浸泡琼脂。

［3］候冻：待结冻后。

［4］姜、橙为鲙齑供：用姜末、橙瓤肉做成吃生鱼丝的调味碟来蘸食。

林洪清拌蒌蒿

蒌蒿又名蒿蒌、白蒿等，是古代非常有名的一种春季野生时蔬。晋陆玑《诗疏》说："蒌，蒌蒿也，其叶似艾，白色，长数寸，高丈余，好生水边及泽中，正月根芽生，旁茎正白，生食之，香而脆美。其叶又可蒸为茹。"说明蒌蒿的茎芽和嫩叶，一可生吃，二可蒸食。蒌蒿颇受古代文人雅士的青睐，苏东坡《惠崇春江晓景》诗云："竹外桃花三两枝，春江水暖鸭先知。蒌蒿满地芦芽短，正是河豚欲上时。"据明李时珍《本草纲目》，蒌蒿不仅脆美清鲜，而且还具有利膈开胃的功用，甚至可以解河豚毒。这就可以理解苏东坡为什么在《惠崇春江晓景》中把蒌蒿、芦芽和河豚写在上下句中，原来蒌蒿和芦芽一样，都是古人拼命吃河豚时的解毒良蔬。南宋著名文人林洪在《山家清供》中说，他在江西林山房书院时，春天经常吃清拌蒌蒿。后来他回到京城，每到春天便会想起这款菜。宋代以前，蒌蒿的记载虽然不少，但大多较粗疏。有关蒌蒿具体做法的记载，目前看以林洪《山家清供》的为最早。林洪说，将蒌蒿嫩茎的叶去掉，用开水焯后，加油、盐、醋拌匀即成。或者是加上肉丝，也香脆可口。看来林洪所说的清拌蒌蒿，沿袭了汉唐以来酸味腌菜的工艺传统。

原文　蒿蒌菜　蒿鱼羹：旧客江西林山房书院，春时多食此菜。嫩茎去叶，汤焯，用油、盐、苦酒沃之为茹[1]，或加以肉燥[2]，香脆良可爱。后归京师，春辄思之[3]。

林洪《山家清供》

注释

［1］用油、盐、苦酒沃之为茹：将油、盐、醋放入即可食用。苦酒，醋。

［2］或加以肉燥：或者加上肉丝。燥，疑为"臊"字之误。肉臊，即肉丝。

［3］春辄思之：每到春天就想起蒌蒿菜。

女真脆炸芍药芽

女真人入据中原后，饮食逐渐汉化，不仅宫廷饮宴中的菜点明显仿效宋制，就是寻常之家的不少食品也可以看出宋风的影响，这款女真脆炸芍药芽便是一例。南宋官员洪皓曾于宋高宗建炎三年（1129 年）奉命出使金国，被扣十余年，直到绍兴十二年（1142 年）才回到南宋都城临安。洪皓所撰的《松漠纪闻》，记录了他被扣金国十余年的所见所闻。他在该书卷一中写道："女真多白芍药花，皆野生，绝无红者。好事之家采其芽为菜，以面煎之。凡待宾斋素则用，其味脆美，可以久留。"这是将采来的白芍药芽挂面糊油炸后，用来款待宾客或斋戒时的一款时鲜珍味。将鲜花或野菜嫩芽挂面糊油炸，本是宋人的吃法，南宋林洪《山家清供》"牡丹生菜"说：宋高宗时的吴皇后喜清俭，常命御厨"进生菜，必采牡丹瓣和之。或用微面裹，煠之以酥"。该书"簷卜煎"条又载：栀子花"采大瓣者，以汤焯过，少干，用甘草水稀稀面拖，油煎之，名'簷卜煎'"。这是挂面糊酥炸的生菜、牡丹花和栀子花。洪皓在金国境内见到的这种野生白芍药花，是生长在我国北方山坡山谷灌木丛或草丛中的一种食药两用植物，其根是可养血柔肝、缓中止痛、敛阴收汗的中草药白芍。至于其芽，《本草图经》中说，芍药"春生红芽作丛，茎上三枝五叶，似牡丹而狭长"。

汴梁七夕花瓜

至迟自南朝梁以来，七夕就是一个浪漫而美好的民俗节日。宗懔《荆楚岁时记》说："七月七日世谓织女牵牛聚会之日，是夕陈瓜果于庭中，以乞巧。"在北宋东京汴梁，孟元老在《东京梦华录》中指出，七夕时除了"陈瓜果于庭中"以外，"又以瓜雕刻成花样，谓之花瓜"。中国的食物雕刻历史悠久，先秦时的"雕卵"，西晋雕花枸木缘，都是唐宋以前食物雕刻的亮点。但在传世文献中，《东京梦华录》中的这段文字是关于中国瓜雕的最早记载。这里需要进一步搞清的是：一、当时汴梁人雕刻时用的是什么瓜？二、将瓜刻成什么花的样子？这两个问题在《东京梦华录》和其他宋人笔记中都未发现明确的记载，这就需要我们做些考证。先谈第一个问题，后世瓜雕常用西瓜，但西瓜原产非洲，辽代契丹人"破回纥"时才得到西瓜种，其后在辽国境内种植，当时在北宋东京汴梁还见不到，

这是在北京辽金城垣博物馆"西京印迹——大同辽金文物展"中的金代六柄铁釜和铁鏊。展台上的说明显示，这两件铁炊器现藏大同市博物馆。需要说明的是，根据民俗学资料，铁鏊除了可制作饼等烙类面食以外，还用于摊鸡蛋、炮羊肉等菜肴的制作。徐娜摄自北京辽金城垣博物馆

直到南宋绍兴十二年（1142 年）以后，从金国回到南宋的洪皓带回西瓜种，从此南宋辖境内开始有西瓜。因此，当时汴梁人雕的不可能是西瓜。笔者认为，根据《东京梦华录》等宋人笔记，冬瓜、甜瓜和木瓜的可能性较大。这三种瓜不仅被孟元老等人列为当时汴梁七月的“时物”，而且还是南宋雕花蜜煎中的明确食材。蜜煎冬瓜鱼儿、蜜煎雕花木瓜方花儿和木瓜大段花等，均是当时雕花蜜煎中的名品。那么当时汴梁人将冬瓜或甜瓜、木瓜刻成什么花样呢？根据《东京梦华录》和《梦粱录》等宋人笔记，在宋代人的心目中，排在第一位的花卉是牡丹，其次是芍药、梅花、棠棣、桃花、水仙、月季、菊花、荷花、紫荆花、石榴花和桂花等等。在这些花中，既符合时令又能与七夕牛郎织女神话传说故事相联系的是荷花。荷花之外，将瓜雕刻成泛指花样也有可能。

太平什锦灌藕

在宋初官修的《太平圣惠方》“食治门”中，有三款以鲜藕为主料的食疗菜，其中什锦灌藕是最具特色的一款。这款菜的做法是：将鲜百合、鲜山药和天门冬研烂，加入蜜再研细腻，然后再加入鲜枣泥、白茯苓末和面粉，搅匀后倒入牛乳，搅至稀稠合适时将料浆灌入藕中，当藕孔全满时将藕放入甑中，蒸熟即成。《太平圣惠方》称：每天饭后或临睡时吃一点，可益心润肺、去胸膈烦躁、除咳嗽。

原文　益心润肺、去胸膈烦躁、除咳嗽，灌藕方：生藕五挺大者，生百合二两，生薯药[1]三两，白茯苓二两末，枣三七枚去皮核，生天门冬二两去心细切，面四两，牛乳三合，蜜六合。上将百合、薯药、天门冬烂研，入蜜更研取细，次入枣瓤，次入茯苓，次入面，溲和，干则更入黄牛乳调，看稀稠得所，灌入藕中，逐窍令满，即于甑中蒸熟。每饮[2]后，或临卧时，少少食之。

王怀隐等《太平圣惠方》

注解

［1］生薯药：鲜山药。

［2］饮：疑为“饭”字之误。

广州罗汉斋

罗汉斋又名罗汉菜、罗汉全斋，是中国素菜中的一款传统名菜。无论是城市素菜馆还是寺院膳房，罗汉斋都是素席中的一款重头菜。罗汉斋的名称最早见于宋人笔记，宋朱彧《萍洲可谈》说：“至广州饭僧设供，谓之罗汉斋。”说明罗汉斋曾是北宋初年广州商人款待外国僧人的饭菜名称。到元代又出现罗汉菜名称，元代书法家、诗人鲜于枢的诗中有“童炒罗汉菜”之句。关于罗汉菜的用料和做法，清末薛宝辰《素食说略》是这样记载的：“菜蔬瓜蓏之类，与豆腐、豆腐皮、面筋、粉条等，俱以香油炸过，加汤一锅同闷（今作‘焖’），甚有山家风味。太乙诸寺，恒用此法。”后世的罗汉斋，以用料包罗万象为最。如上海功德林的罗汉鼎，以香菇、草菇、金针菇、白灵菇、百合、枸杞、松仁、面筋等18种净素原料精制而成。

原文　商人重番僧[1]，云度海危难祷之，则见于空中，无不获济。至广州饭僧设供[2]，谓之罗汉斋。

朱彧《萍洲可谈》

注释

［1］番僧：外国僧人。

［2］至广州饭僧设供：到了广州款待僧人用餐。

女真拌雁粉

这里的拌雁粉，是金代海陵王完颜亮于公元1153年将都城从东北迁至今日北京（时称中都）后，命人款待下榻中都国宾馆的南宋使者的一款特色酒菜。

据《日下旧闻考》所引《海陵集》，这位南宋使者被安顿在国宾馆后，便有人传旨，赐其由中都御酒坊自酿的金澜酒和来自今河北、东北等地的银鱼、牛鱼等。因时值暑月，盛馔中便有这款雁粉。据这位使者记述，雁粉盛在木盘里，上面撒着生葱、蒜、韭等，为女真款待贵客的上品。那么雁粉是用什么原料做的呢？这位南宋使者只是说“其沈墨色”，即深墨色。从其颜色、所撒的调料和盛装器皿来看，雁粉应是某种植物做的凉粉或粉皮。雁粉的“雁”疑为“燕”字，应即燕麦粉做的粉皮，其色接近这位宋使所说的颜色，而燕麦正是金代女真境内的特产。还有一种，据李时珍《本草纲目》，将蕨菜的根去皮捣粉，荡为粉皮，滑美适口，其色也接近这位宋使的描述。蕨菜同样为金代女真境内特产的一种山野菜，雁粉为蕨粉所制也是可能的。雁粉的原料虽然一时还难以考定，但其是夏日女真待客的上等佐酒凉菜却是可以初步推定的。还有一点需要提及的是，将燕麦或蕨根做成粉皮，由于古今加工设备、水质和净色手段的不同，金代的燕麦粉皮和蕨粉远比今天的同类工业产品颜色深，因而也更接近这位宋使所说的颜色。

元代名菜

若滋味偏嗜，新陈不择，制造失度，俱皆致疾。

——忽思慧《饮膳正要》

肉类名菜

元宫马思答吉汤

这款汤为元代宫廷具有波斯风味的“聚珍异馔”之一。马思答吉为波斯语（一说阿拉伯语）音译汉名，是漆树科植物胶黄连木的树脂，又名阿拉伯乳香、洋乳香，味微苦淡，具有补脑提神、软坚散结的功效（详见宋岘《古代波斯医学与中国》、刘勇民等《维吾尔药志》等）。

原文　马思答吉汤[1]：补益，温中，顺气。羊肉一脚子卸成事件[2]，草果[3]五个，官桂[4]二钱，回回豆子[5]半升捣碎去皮。右件[6]一同熬成汤，滤净，下熟回回豆子二合、香粳米一升、马思答吉一钱、盐少许，调和匀，下事件肉[7]、芫荽叶。

忽思慧《饮膳正要》

注释

［1］马思答吉汤：此汤为元代宫廷“聚珍异馔”之一。

［2］羊肉一脚子卸成事件：将一条羊腿肉切成块。

［3］草果：姜科植物草果的果实。椭圆形，表面灰棕色至红棕色。破碎时发出特异的臭气，味辛辣。有消食化积、解酒毒等功效。

［4］官桂：樟科植物肉桂的5—6年的幼树干皮和粗枝皮。圆筒状，表面灰棕色，断面紫红色或棕红色，质硬而脆。气芳香，味甜辛。有补元阳、暖脾胃、杀草木毒等功用。

［5］回回豆子：豆科植物鹰嘴豆的种子。其一端有细尖，形似羚羊头，白色、红色或黑色。因出“回回地面”，故名。

［6］右件：指上述食材。

［7］事件肉：切成块的肉。

元宫颇儿必汤

颇儿必为蒙古语，意为“羊臂膝骨”，这款元代宫廷汤，就是以三四十个羊四肢关节骨加水熬后，去掉浮油和底滓制成。元武宗、元文宗时期的饮膳太医忽思慧等人在《饮膳正要》中称，这款汤具有利血脉、益经气等食疗功用。

原文　颇儿必汤[1]：主男女虚劳、寒中羸瘦、阴气不足，利血脉，益经气。颇儿必三四十个水洗净。右件[2]用水一铁络同熬，四分中熬取一分，澄，滤净，去油去滓，再凝定。如欲食，任意多少。

忽思慧《饮膳正要》

注释

［1］颇儿必汤：题后原注为“即羊辟膝骨”。按：此汤为元代宫廷“聚珍异馔”之一。

［2］右件：指颇儿必。

元宫葵菜羹

葵菜是古代中国人的家常菜，也是当时的一味食疗佳蔬。元代宫廷食谱《饮膳正要》对这款葵菜羹食疗功用的介绍显示，这款羹在基本上继承先秦古医书《五十二病方》“烹葵”食疗传统的同时，忽思慧等宫廷饮膳太医又在食材组配时融入了适合元代皇室人员食用的食材。

原文　葵菜羹[1]：顺气，治癃闭不通。性寒，不可多食。今与诸物同制造，其性稍温。羊肉一脚子卸成事件，草果五个，良姜二钱。右件同熬成汤。熟羊肚、肺各一具切，蘑菰半斤切，胡椒五钱，白面一斤拌鸡爪面，下葵菜，炒葱、盐、醋调和。

忽思慧《饮膳正要》

注释

[1] 葵菜羹：此菜为元代宫廷“聚珍异馔”之一。“葵菜”，《饮膳正要》卷第三“菜品”：“葵菜：味甘寒平无毒，为百菜主。”

元宫荤素羹

这是一款用羊肉和山药等10余种荤素食材做成的羹。胡萝卜和糟姜在这款羹中的出现，显示出元代宫廷菜的时代特色和汉化色彩。

原文　荤素羹[1]：补中益气。羊肉一脚子卸成事件，草果五个，回回豆子半升捣碎去皮。右件同熬成汤，滤净；豆粉三斤作片粉[2]；精羊肉切条道乞马[3]；山药一斤、糟姜二块、瓜齑一块、乳饼一个、胡萝卜十个、蘑菰半斤、生姜四两各切；鸡子十个打煎饼[4]，切；用麻泥一斤、杏泥半斤同炒葱、盐、醋调和。

忽思慧《饮膳正要》

注释

[1] 荤素羹：按此羹为元代宫廷“聚珍异馔”之一。用麻泥、杏泥做调料，是此羹调味上的一大特色。

[2] 片粉：即“粉皮”，今沈阳回族聚居区仍有此语。

[3] 切条道乞马：切成长条。详见本书“元宫大麦算子粉”注[4]。

[4] 打煎饼：今称“吊皮儿”。

元宫松黄汤

这是一款具有中国传统养生特色的元代宫廷汤菜。松黄即马尾松、油松或其他同属植物的纯净花粉，又名松花、松花粉，古代本草典籍说常食松花可好颜色、轻身、益气、延年，是中国古代医药学宝库中唯一的食药两用花粉品种。将羊肉和松黄等九种食材精制成汤菜，体现了元代宫廷珍馐在原料组配和出品款式上崇尚养生的特色。

原文　松黄汤[1]：补中益气壮筋骨。羊肉一脚子卸成事件，草果五个，回回豆子半升捣碎去皮。右件同熬成汤，滤净；熟羊胸子一个，切作色数大[2]，松黄汁二合，生姜汁半合，一同下[3]，炒葱、盐、醋、芫荽叶调和匀。对经捲儿[4]食之。

忽思慧《饮膳正要》

注释

［1］松黄汤：此汤为元代宫廷“聚珍异馔”之一。

［2］切作色数大：切成色子大的块，详见本书“山家雪梨拌香橙”注［1］。

［3］下：此字后面疑脱“锅”字。

［4］对经捲儿：即佐蒸卷。经捲（卷）儿，元代宫廷的一种发面蒸食。

元宫蔓菁汤

这款汤在《饮膳正要》中称作“沙乞某儿汤”，尚衍斌先生在《忽思慧〈饮膳正要〉不明名物再考释》中指出，沙乞某儿为阿拉伯语汉译，即蔓菁根。明李时珍《本草纲目》：“蔓菁……蒙古人呼其根为‘沙吉木儿’。”

原文　沙乞某儿汤[1]：补中，下气，和脾胃。羊肉一脚子卸成事件，草果五个，回回豆子半升捣碎去皮，沙乞某儿五个（系蔓菁）。右件一同熬成汤，滤净，下熟回回豆子二合、香粳米一升[2]、熟沙乞某儿（切如色数大），下事件肉、盐少许，调和令匀。

忽思慧《饮膳正要》

注释

［1］沙乞某儿汤：又作“沙吉木儿”汤。

［2］香粳米一升：从一起放入汤中的回回豆子、蔓菁根和羊肉块来看，这里的香粳米应是已做熟的米饭，而这款汤实际上是用来做烫米饭的肉汤。

元宫炒面汤

这款汤在《饮膳正要》中叫“粆汤”。粆，音 chǎo，据《楼兰尼雅出土文书》，西北简中已有“麨”字。李时珍《本草纲目》指出：“麨：河东人以麦为之，北人以粟为之，东人以粳米为之，炒干饭磨成也。”麨，通“粆”，说明粆汤是以干炒的米粒或麦粒等谷粒磨成的粉为芡料的糊糊。

原文　粆汤补中益气建（健）脾胃[1]。羊肉一脚子卸成事件，草果五个，回回豆子半升去皮。右件同熬成汤，滤净；熟干羊胸子一个（切片），粆三升，白菜或葶麻菜[2]，一同下锅，盐调和匀。

忽思慧《饮膳正要》

注释

［1］补中益气建（健）脾胃：李时珍《本草纲目》中有炒米汤，主治益胃除湿。但不

去火毒，令人作渴。

［2］荨麻菜：荨麻科植物麻叶荨麻等的茎叶。

元宫黄汤

这是一款汤色呈黄的元代宫廷美味。黄色的汤中是羊肉丸子、羊排小块和胡萝卜块等，加上用来自南亚、中亚和西亚的姜黄、咱夫兰和芫荽叶等来调色和调味，遂使这款汤极具浓烈的印度风味。

原文　黄汤[1]：补中益气。羊肉一脚子卸成事件，草果五个，回回豆子半升捣碎去皮。右件同熬成汤，滤净，下熟回回豆子二合、香粳米一升、胡萝卜五个（切）、用羊后脚肉丸肉弹儿[2]、肋枝一个（切寸金）、姜黄[3]三钱、姜末五钱、咱夫兰一钱、芫荽叶，同盐、醋调和。

忽思慧《饮膳正要》

注释

［1］黄汤：据正文，当为“姜黄汤”之简称。按：此汤为元代宫廷“聚珍异馔”之一。

［2］用羊后脚肉丸肉弹儿：用羊后腿肉挤成肉丸子。

［3］姜黄：姜科植物姜黄的根茎。圆柱形、卵圆形或纺锤形，形似姜而分叉少，表面深黄棕色。微有香气，味苦辛。

元宫大麦筭子粉

这是一款用羊肉汤、羊肉丝和粉皮等制成的元代宫廷菜。菜中的粉皮，是用三斤大麦粉加一斤绿豆淀粉做成。因这种粉皮形似当时的筭筹，故称为“大麦筭子粉”。

原文　大麦筭子粉[1]：补中益气建（健）脾胃。羊肉一脚子卸成事件[2]。草果五个，回回豆子半升去皮。右件同熬成汤，滤净，大麦粉三斤、豆粉一斤同作粉[3]，羊肉炒细乞马[4]，生姜汁二合、芫荽叶、盐、醋调和。

忽思慧《饮膳正要》

注释

［1］大麦筭子粉：此菜为元代宫廷“聚珍异馔”之一。

［2］卸成事件：切成块。

［3］同作粉：一起做成粉皮。

［4］细乞马：这里为细丝。“乞马”，蒙古语，指条、块、丝、末、丁等。《蒙文分类词典》又释作“肉脍”，即肉丝。又今宁夏小吃有羊齐玛，即将羊头、蹄、心、肝等切细长条，可参考。

元宫印度汤

这款汤在《饮膳正要》中叫“八儿不汤”，并注明“系西天茶饭名”。据尚衍斌等先生研究，“八儿不”应是尼泊尔古代名称的音译，“西天”指印度，认为这款汤最早源于印度，后传至尼泊尔，并成为元代宫廷美味。

原文　八儿不汤[1]：补中，下气，宽胃膈[2]。羊肉一脚子卸成事件，草果五个，回回豆子半升捣碎去皮，萝卜二个[3]。右件一同熬成汤，滤净，汤内下羊肉（切如色数大，熟）、萝卜（切如色数大）、咱夫兰[4]一钱、姜黄二钱、胡椒二钱、哈昔泥[5]半钱、芫荽叶、盐少许，调和匀。对香粳米干饭食之，入醋少许。

忽思慧《饮膳正要》

这是首都博物馆“大元三都”展中的《蒙古大汗与夫人就餐图》，图中上部蒙古大汗与夫人坐在榻上，夫人倾身正向大汗说什么，大汗则双手叉腰式扶腿稍侧身注目听。图中部稍下方的四腿方桌上有酒饮壶和酒饮缸，桌边左侧两位女侍者双手高举托盘金碗跪向大汗献酒饮，右侧是一位女侍者向夫人献酒饮。左下侧是一男一女两位侍者正向中间抬宴桌，桌上有两列高足盘，一边是两件金盘和一件银盘，另一边则是两件银盘和一件金盘，盘内应是佐酒饮的手食。其中两件金盘的应是为大汗所享受。全图再现了蒙古大汗和夫人日常准备用餐的场景，是研究元代宫廷饮食礼制的珍贵图像资料。徐娜摄自首都博物馆

注释

[1] 八儿不汤：原书注“系西天茶饭名”。

[2] 宽胃膈：据李时珍《本草纲目》，应作“宽胸膈”。

[3] 萝卜二个：元代萝卜已有四名，春曰“破地锥”，夏曰“夏生”，秋曰“萝卜”，冬曰“土酥”，见元王祯《农书》。

[4] 咱夫兰：即藏红花，为阿拉伯语词汉语音译（详见尚衍斌《忽思慧〈饮膳正要〉不明名物再考释》），《饮膳正要》卷第三“料物”：“咱夫兰：味甘平无毒。主心忧郁积，气闷不散，久食令人心喜。”

[5] 哈昔泥：源自波斯语的一蒙古语词汉译，据尚衍斌先生研究，即阿魏。

元宫台苗羹

台苗应即这份菜谱中的“台子菜”，系十字花科植物油菜的嫩茎叶。这是一款由 14 种荤素食材精制而成的元代宫廷上馔。

原文　台苗羹[1]：补中益气。羊肉一脚子卸成事件，草果五个，良姜二钱。右件熬成汤，滤净，用羊肝下酱[2]，取清汁，豆粉五斤作粉[3]，乳饼一个[4]、山药一斤、胡萝卜十个、羊尾子一个、羊肉等各切细，入台

子菜、韮菜[5]、胡椒一两、盐、醋调和。

忽思慧《饮膳正要》

注释

[1]台苗羹:此羹为元代宫廷“聚珍异馔”之一。

[2]用羊肝下酱:疑应作“用羊肝酱,下锅”。

[3]豆粉五斤作粉:用五斤绿豆粉做粉皮。

[4]乳饼一个:即牛乳做的“乳腐”。

[5]韮菜:即“韭菜”。

元宫木瓜汤

木瓜为食、药两用果蔬,素有“百益果王”之称。但据《本草纲目》,加工木瓜时,忌用铁器;且不可多食,可损齿及骨。《饮膳正要》中有两款木瓜汤,这是其中的一款。

原文　木瓜汤[1]:补中顺气,治腰膝疼痛、脚气不仁。羊肉一脚子卸成事件,草果五个,回回豆子半升捣碎去皮。右件一同熬成汤,滤净,下香粳米一升、熟回回豆子二合、肉弹儿[2]、木瓜二斤(取汁),沙糖四两、盐少许调和。或下事件肉[3]。

忽思慧《饮膳正要》

注释

[1]木瓜汤:此汤为元代宫廷“聚珍异馔”之一。

[2]肉弹儿:肉丸子。

[3]或下事件肉:或者放切成块的肉。

元宫阿菜汤

这是元代宫廷的一款羊什锦酸辣汤。在这款汤所用的12种食材中,没有一种叫“阿菜”的食材,但这款汤叫“阿菜汤”,这是令人费解的。李时珍《本草纲目》“阿魏”称:“夷人自称曰‘阿’。”或许这是一款从中亚、西亚传来的汤,虽然其中又加入了中国本土产的白菜,但仍称作“阿菜汤”。

原文　阿菜汤[1]:补中益气。羊肉一脚子卸成事件,草果五个,良姜[2]二钱。右件同熬成汤,滤净,下羊肝酱,同取清汁,入胡椒五钱;另羊肉(切片)、羊尾子一个、羊舌一个、羊腰子一付各切甲叶[3]、蘑菰[4]二两、白菜一同下、清汁[5]、盐、醋调和。

忽思慧《饮膳正要》

注释

[1]阿菜汤:此汤为元代宫廷“聚珍异馔”之一。

[2]良姜:据《饮膳正要》“料物性味”,良姜可治胃中冷逆、腹痛、霍乱,并可解酒毒。其在《回回药方》中的名称来自波斯语。

[3]各切甲叶:各切成小荷叶片。

[4]蘑菰:即“蘑菇”。

[5]清汁:指将羊肉等熬成的汤加羊肝酱后澄取的汤。

这是安徽博物院展出的元代银高足碗、银杯和银筷子。细看展台上的说明，这些银质餐饮具出土于合肥原孔庙基建工地，其中银高足碗上还有铭文“庐州丁铺”4字。经查阅马起来先生发表在2000年9月1日《人民日报》（海外版）第九版的文章，原来1955年10月，建筑工人在合肥小南门原孔庙大成殿西边的空地上，当拔掉一棵大槐树时，发现树根下有一大铜盘，掀开铜盘，下面是一口大缸，缸里全是金银器。细细盘点以后，发现金杯、金碗、金碟和银杯、银碗等共有47件，银筷子竟有55双。这100余件金银餐饮具上的铭文告诉我们，它们都是由当年庐州（今合肥）丁铺章仲英这位能工巧匠制作的。这批金银餐饮具，展示了元代江淮地区府宅宴饮美食与美器风貌，是研究元代这一地区饮食文化的珍贵实证。王森摄自安徽博物院

元宫印度撒速汤

这款汤本名“撒速汤”，其名称后注“系西天茶饭名”。“西天”即印度，说明这是一款具有13世纪印度风味特色的元代宫廷汤菜。

原文　撒速汤[1]：治元脏虚冷，腹内冷痛，腰脊酸疼。羊肉两脚子，头蹄一付，草果四个，官桂三两，生姜半斤。哈昔泥如回回豆子两个大。右件用水一铁络熬成汤，于石头锅内盛顿[2]，下石榴子一斤、胡椒二两、盐少许；炮石榴子：用小油[3]一杓、哈昔泥（如豌豆）一块炒鹅黄色微黑[4]，汤末子油去净，澄清；用甲香[5]、甘松[6]、哈昔泥、酥油，烧烟熏瓶，封贮任意。

忽思慧《饮膳正要》

注释

[1] 撒速汤：从文中可知，此汤做成后放入瓶内存贮，冷热食之均可。

[2] 顿：今作“炖”。

[3] 小油：应即小磨香油在当时的俗称。

[4] 一块炒鹅黄色微黑：指将石榴子和哈昔泥放到一起炒成鹅黄色微黑。

[5] 甲香：蝾螺科动物蝾螺或其近缘动物的掩厣（yǎn）。味咸平，无毒，产广东、福建等沿海地区。

[6] 甘松：败酱科植物甘松香或宽叶甘松的根茎及根。干燥根茎及根弯曲如虾，上粗下细，外层棕黑色。据李时珍《本草纲目》，因“产于川西松州（今四川松潘），其味甘，故名”。气芳香，味苦，有开胃消食等功效。

朴通事鲜笋灯笼汤

这是《朴通事谚解》中提到的一款元代的名汤。根据该书正文和原注，这款汤有两种做法，一种是将肉泥填入雕成玲珑花样的鲜笋中做成汤，一种则是将肉泥填入煮熟去黄的鸡蛋白内再加笋段制成。

原文　第三道鲜笋灯笼汤：《质问》[1]云：“鲜笋，以笋雕为玲珑花样，空其内，糁肉[2]，作羹食之。”又云：“以竹芽切成寸段，鸡子[3]

煮熟去黄，粧肉[4]做汤。”

《朴通事谚解》

注释

[1]《质问》：一部书名。

[2]糁肉：填肉。糁，这里作“填”讲。

[3]鸡子：即鸡蛋。

[4]粧肉：填肉。粧，“装”的异体字。

元宫杂羹

这是元代宫廷以羊杂为主，辅以粉皮、蘑菇和青菜的什锦羹。调料中用到了杏泥、草果、胡椒、芫荽、葱以及盐、醋，并以羊肉和回回豆子制汤，体现了这款羹鲜明的元代宫廷特色。

原文　杂羹[1]：补中益气。羊肉一脚子卸事件，草果五个，回回豆子半升捣碎去皮。右件同熬成汤，滤净，羊头（洗净）二个，羊肚、肺各二具，羊白血双肠儿一付，并煑熟[2]切，次用豆粉三斤作粉[3]，蘑菰半斤，杏泥半斤，胡椒一两，入青菜、芫荽，炒葱、盐、醋调和。

忽思慧《饮膳正要》

注释

[1]杂羹：此羹为元代宫廷“聚珍异馔”之一。

[2]并煑熟：一起煮熟。煑，“煮”的异体字。

[3]次用豆粉三斤作粉：然后用绿豆淀粉三斤做粉皮。

元宫什锦羊杂汤

这款汤在《饮膳正要》中叫“珍珠粉”，但是在这款汤所用的18种原料中，没有“珍珠”或“珍珠粉”，其用料除羊杂外，均与该书“荤素羹”大体相同，其出品的色香味形也没有“珍珠粉”的意思。珍珠粉作为菜名，已见于宋人笔记中，是南宋临安的一款名菜。

原文　珍珠粉[1]：补中益气。羊肉一脚子卸成事件，草果五个，回回豆子半升捣碎去皮。右件同熬成汤，滤净，羊肉切乞马[2]，心、肝、肚、肺各一具，生姜二两，糟姜四两，瓜齑一两，胡萝卜十个，山药一斤，乳饼一个，鸡子十个（作煎饼各切），次用麻泥一斤同炒葱、盐、醋调和。

忽思慧《饮膳正要》

注释

[1]珍珠粉：此菜为元代宫廷“聚珍异馔”之一。

[2]切乞马：这里为切成长条。详见本书“元宫大麦筭子粉”注[4]。

元宫烤全羊

这是13世纪时元代宫廷的烤全羊。根据《饮膳正要》的介绍，这款烤全羊要用带毛的羊，烤炉则是掘地三尺的石砌炉，烤前将炉内壁烧红，铁箅子盛羊，炉口盖上柳子和土。从主料的初加工和烤炉的形制来看，这款烤全羊与后世新疆地区的馕坑烤全羊、蒙古烤全羊和阿拉伯烤全羊都不太一样。

原文　柳蒸羊[1]：羊一口，带毛。右件[2]于地上作炉，三尺深，周回以石，烧令通赤，用铁芭盛羊，上用柳子盖覆，土封，以熟为度。

忽思慧《饮膳正要》

注释

[1] 柳蒸羊：这是一款极具特色的元代宫廷菜。

[2] 右件：指羊。

元宫烤羊心

这是元代宫廷一款用来调理“心气惊悸，郁结不乐”的烧烤菜。羊心烤前和烤炙过程中要分别用玫瑰花汁和咱夫兰（藏红花）汁浸渍或涂刷，突显了这款菜所包含的波斯或阿拉伯饮食文化元素。

原文　炙羊心[1]：治心气惊悸，郁结不乐。羊心一个带系桶，咱夫兰三钱。右件用玫瑰水[2]一盏浸，取汁，入盐少许，签子签羊心，于火上炙。将咱夫兰汁徐徐涂之，汁尽为度。食之安宁心气，令人多喜。

忽思慧《饮膳正要》

注释

[1] 炙羊心：烤羊心。按：此菜为元代宫廷“聚珍异馔”之一。羊心烤炙之前，用玫瑰水浸；烤的过程中又频涂咱夫兰汁，工艺处理独特。

[2] 玫瑰水：蔷薇科植物玫瑰花加水浸成。玫瑰花，气芳香浓郁，味微苦，可理气解郁，食之芳香甘美，令人神爽。

元宫烤羊腰子

这款菜本名“炙羊腰”，是元代宫廷的一款烧烤菜。羊腰子在烤前和烤炙过程中都用到了与烤羊心同样的香辛料，显示这款菜含有波斯或阿拉伯饮食文化元素。

原文　炙羊腰[1]：治卒患腰眼疼痛者。羊腰一对，咱夫兰一钱。右件用玫瑰水一杓浸，取汁，入盐少许，签子签腰子，火上炙。将咱夫兰汁徐徐涂之，汁尽为度。食之甚有效验。

忽思慧《饮膳正要》

注释

[1] 炙羊腰：烤羊腰。按：此菜为元代

宫廷“聚珍异馔”之一。文中开头说此菜治卒患腰眼疼痛，最后则说食之甚有效验。说明这款烤羊腰对元朝皇帝来说食疗效果显著。

元宫盏蒸羊

盏蒸羊在宋代就是名菜，到了元代又成为宫廷“聚珍异馔”之一。将羊肉和草果、良姜、陈皮、花椒、杏泥、松黄粉、生姜汁、葱、盐等调料先加工后，再放入盏内，蒸到羊肉软熟时出锅，这就是元代宫廷的盏蒸羊。按照元代宫廷饮膳太医的建议，这款菜要以蒸卷来佐食。

原文　盏蒸[1]：补中益气。挦羊背皮或羊肉三脚子卸成事件，草果五个，良姜二钱，陈皮二钱去白，小椒[2]二钱。右件用杏泥一斤、松黄[3]二合、生姜汁二合，同炒葱、盐五味调匀，入盏内蒸，令软熟。对经捲儿食之。

忽思慧《饮膳正要》

注释

［1］盏蒸：今称“碗蒸”。按：此菜为元代宫廷“聚珍异馔”之一。用杏泥、松黄做调料是本菜一大特点。

［2］小椒：花椒。

［3］松黄：又名“松花粉”，详见本书“元宫松黄汤”。

元宫大麦片粉

大麦比小麦成熟的时间短，收割较早，虽然营养稍逊于小麦，但元代百岁名医贾铭在《饮食须知》中指出：“大麦味咸性凉，为五谷之长，不动风气，可久食。”正因为如此，大麦在元代宫廷美食中被广泛利用，这里的大麦片粉即大麦粉皮就是一例。

原文　大麦片粉[1]：补中益气建（健）脾胃。羊肉一脚子卸成事件，草果五个，良姜二钱。右件同熬成汤，滤净，下羊肝酱，取清汁，胡椒五钱、熟羊肉（切作甲叶[2]）、糟姜二两、瓜齑一两（切如甲叶），盐、醋调和，或浑汁亦可。

忽思慧《饮膳正要》

注释

［1］大麦片粉：此菜为元代宫廷“聚珍异馔”之一。片粉，即“粉皮”，详见本书“元宫荤素羹”注［2］。

［2］切作甲叶：切成小荷叶片。

居家碗蒸羊

这是一款用隔水炖的方法制成的碗蒸羊。根据《居家必用事类全集》提供的菜谱，这款菜是将肥嫩羊肉片放入粗碗中，先加少量水和葱、姜、盐，用湿纸封严碗口，放入开水锅内，开几开以后，再加入酒、醋、酱和姜，将碗封严后，用小火将羊肉蒸软烂即成。所用调料分两次投放是这款菜制作工艺上值得关注的地方。

原文　碗蒸羊：肥嫩者每斤切作片；粗碗一只，先盛少水[1]，下肉，用碎葱一撮、姜三片、盐一撮，湿纸封碗面，于沸上火炙数沸[2]；入酒、醋[3]半盏，酱、干姜末[4]少许，再封碗，慢火养[5]，候软供[6]。砂铫亦可[7]。

佚名《居家必用事类全集》

注释

[1] 少水：少许水。

[2] 于沸上火炙数沸：应即将碗放入开水锅内隔水炖数滚。

[3] 入酒、醋：此句后面疑脱“各”字。

[4] 酱、干姜末：此句后面疑脱“各”字。

[5] 慢火养：小火煨。

[6] 候软供：等肉软烂了就可以享用了。

[7] 砂铫亦可：（没有粗碗）用砂铫也可以。砂铫，煎药或烧水的砂锅。

元宫鸡头血粉

这款菜在《饮膳正要》中本叫“鸡头粉血粉”，鸡头粉即芡实粉，血粉是用芡实粉、绿豆淀粉和羊血做成的凉粉类拨鱼。中医认为，鸡头粉是补脾肾的要药，《本草求真》称，鸡头粉虽与山药功效相似，但“山药兼补肺阴，而芡实则止于脾肾而不及于肺”。《饮膳正要》说这款菜可“补中益精气”，这一说法来自《神农本草经》。

原文　鸡头粉血粉[1]：补中益精气。羊肉一脚子卸成事件，草果五个，回回豆子半升捣碎去皮。右件同熬成汤，滤净。用鸡头粉二斤、豆粉一斤、羊血和，作搊粉[2]，羊肉切细乞马[3]，炒葱、醋一同调和。

忽思慧《饮膳正要》

注释

[1] 鸡头粉血粉：此菜为元代宫廷“聚珍异馔”之一。

[2] 作搊粉：做凉粉类的拨鱼。搊，音chōu，这里作“拨”讲。

[3] 细乞马：细丝。详见本书“元宫大麦筭子粉”注[4]。

元宫鼓儿签子

签子在元代是一种炸类菜，这里的鼓儿签子，就是以羊肉、羊尾油、羊白肠和鸡蛋、调料等做成色形似鼓儿的一款元代宫廷美味。糊料中用到了产自西亚的咱夫兰（藏红花）和中国传统的天然食用黄色素栀子，使这款元代宫廷菜中西合璧的特点更加突出。

原文　鼓儿签子[1]：羊肉五斤切细，羊尾子一个切细，鸡子十五个，生姜二钱，葱二两切，陈皮二钱去白，料物三钱。右件调和匀，入羊白肠内，煮熟，切作鼓样；用豆粉一斤、白面一斤、咱夫兰一钱、栀子三钱取汁，同拌鼓儿签子，入小油煤。

忽思慧《饮膳正要》

注释

［1］鼓儿签子：此菜为元代宫廷“聚珍异馔”之一。

元宫姜黄腱子

腱子即牛羊前后腿靠近关节部位的肉，这款元代宫廷菜，就是以羊腱子和羊肋条为主料制成。所用糊料除了绿豆淀粉和白面以外，最抢眼的是用到了产自西亚的咱夫兰（藏红花）和元代以前就有记载的栀子，使这款菜时尚而又传统，同时还兼具蒙古饮食文化风格。

原文　姜黄腱子[1]：羊腱子一个（熟），羊肋枝二个截作长块，豆粉一斤，白面一斤，咱夫兰二钱，栀子五钱。右件用盐、料物调和，搽腱子，下小油煤[2]。

忽思慧《饮膳正要》

注释

［1］姜黄腱子：此菜为元代宫廷“聚珍异馔”之一。腱子，即正文中的“羊腱子”，系羊前后腿靠近关节的肉，熟后截面具云雷纹样，今北京仍有此语。

［2］下小油煤：放入香油中炸。小油，小磨香油。

元宫煤膘儿

膘是切好的薄肉片，膘儿应是元代北方人对膘的方言称谓，但是在这份元代宫廷菜谱中，膘儿系指一卷煮熟压实的羊肉卷，又指羊肉卷改刀后的条。用浸取的咱夫兰汁、芫荽末等香辛调料拌食，使这款菜极具阿拉伯风味特色。

原文　煤膘儿[1]：膘儿二个卸成各一节，哈昔泥一钱，葱一两切细。右件用盐一同淹伴[2]少时，入小油煤熟[3]，次用咱夫兰二钱（水浸，汁）、下料物[4]、芫荽末同糁[5]拌。

忽思慧《饮膳正要》

注释

［1］煤膘儿：题后原注为“系细项”。按：此菜为元代宫廷“聚珍异馔”之一。

［2］淹伴：今作“腌拌”。

［3］煤熟：炸熟。

［4］料物：茴香、砂仁等香辛料。

［5］糁：此处作“撒”讲。

元宫攒羊头

羊头是蒙古族最贵重的一款菜，羊头上

席时首先要向着最尊贵的人，食用羊头也有一套隆重的礼仪。在元代宫廷食谱《饮膳正要》中，有多款以羊头为主料的佳肴，这里的攒羊头就是其中的一款。

原文　攒羊头[1]：羊头五个煮熟攒，姜末四两，胡椒一两。右件[2]用好肉汤、炒葱、盐、醋调和。

忽思慧《饮膳正要》

注释

［1］攒羊头：此菜为元代宫廷“聚珍异馔”之一。

［2］右件：指羊头和姜、胡椒。

居家千里肉

这是《居家必用事类全集》中一款具有旅行食品特点的羊肉菜。根据该书提供的菜谱，这款菜是将带皮羊浮肋用醋和芫荽子、盐、酒、蒜瓣煮熟后，凉凉压成块改刀略晒干制成。完全用醋煮羊浮肋，调料中有芫荽子和蒜瓣，是这款菜用料上最值得关注的地方。

原文　千里肉[1]：连皮羊浮肋五斤，醋三升，荫荽子[2]一合绢袋盛，盐三两，酒三盏，蒜瓣三两，同煮，慢火养熟[3]。压成块切，略晒干。

佚名《居家必用事类全集》

注释

［1］千里肉：此菜列在“肉下饭品”名下，即佐饭的肉菜。

［2］荫荽子：即“芫荽子”。

［3］慢火养熟：用小火煨熟。

居家干咸豉

这是一款从唐宋流传到元代的家常菜。将精羊肉块或条加盐、酒、醋、砂仁、良姜、花椒、葱和橘皮用小火炖，待其汤尽时出锅，将肉块晒干即成。据说这种干咸豉可放100天，是一种居家常备的方便肉类菜肴。

原文　干咸豉[1]：精羊肉每斤切作块或埏子[2]，盐半两，酒、醋各一碗[3]，砂仁、良姜、椒、葱、橘皮各少许，慢火煮，汁尽，晒干，可留百日。

佚名《居家必用事类全集》

注释

［1］干咸豉：此菜列在“肉下饭品”名下，即佐饭的肉菜。

［2］埏子：条子。

［3］碗：原作“椀”。

元宫带花羊头

这是元代宫廷一款美观悦目的羊什锦菜。

煮熟的羊头、羊肚、羊肺、羊腰子，加上鸡蛋、萝卜、鲜姜和糟姜，其中羊四样要用胭脂染成红色，鸡蛋和萝卜要“作花样”，这在风格豪放的元代宫廷菜中是不多的。

原文　带花羊头[1]：羊头三个、熟切，羊腰子四个，羊肚、肺各一具、煮熟切，攒，胭脂染，生姜四两、糟姜二两、各切，鸡子五个作花样[2]，萝卜三个作花样[3]。右件用好肉汤、炒葱、盐、醋调和。

忽思慧《饮膳正要》

注释

[1] 带花羊头：此菜是元代宫廷“聚珍异馔”之一。

[2] 鸡子五个作花样：是将鸡蛋吊皮“作花样”，还是将鸡蛋煮熟雕“作花样”？待考。

[3] 萝卜三个作花样：应是将萝卜雕成花。

元宫熬蹄儿

这是元代宫廷“聚珍异馔”中具有菜点合一特点的一款美味。将煮得软糯可口的羊蹄连筋带肉切成块，加入姜末、茴香、胡椒等调料，再下入面条，最后用炒葱、醋和盐调好口味即成。这种美食款式在元代宫廷异馔中不止一例。

原文　熬蹄儿[1]：羊蹄五付退洗净，煮软切成块，姜末一两，料物[2]五钱。右件[3]下面丝[4]，炒葱、醋、盐调和。

忽思慧《饮膳正要》

注释

[1] 熬蹄儿：据正文，此菜实为“炖羊蹄面条”。

[2] 料物：茴香、砂仁等香辛料。

[3] 右件：指上述已加工的羊蹄及调料等。

[4] 面丝：面条。

居家煮羊头

这是《居家必用事类全集》中的一款元代家常菜。这款菜原名“法煮羊头”，表明这原是一款从唐宋流传下来的传统经典菜。同元代宫廷食谱《饮膳正要》中的“攒羊头”等同类菜相对照，可以看出这款羊头菜在制作工艺上具有二次加热和加热过程中调味的特点。

原文　法煮羊头[1]：挦燎净[2]，下锅煮，入葱五茎、橘皮一片、良姜一块、椒[3]十余粒，滚数沸，入盐一匙尖，慢火煮熟。放冷，切作片，临食，木碗[4]盛，酒洒蒸热，入碟[5]供，胜烧者。作签亦佳。羊棒、臆、尾羓[6]皆可制。

佚名《居家必用事类全集》

注释

[1] 法煮羊头：煮，原作“煑”，以下同。

这是首都博物馆“大元三都”展中的一幅元代《备宴图》，是2005年6月发现的山西兴县牛家川石板壁画之一。图中间是一大长方形柜桌，桌上一侧有三个矮圈足圆盘，盘内盛的似是包子、苹果和鸭梨。还有两裹布盖的酒罐、酒壶和一扣一立两个高足杯，其中还有一捣蒜泥等用的石杵臼。桌里侧有四男侍，依次托着盛有卤猪头、酒瓶和小盖碗的大圆盘正向厅堂走去，全图刻绘的空间虽是府宅厨房备用餐间，但从中也可看出元代蒙古族官员或贵族日常生活中的酒饮与食物组配状况。徐娜摄自首都博物馆

按：此谱在明《多能鄙事》中也有记载。

[2] 挦燎净：羊头火燎后将毛刷净。

[3] 椒：花椒。

[4] 碗：原作“椀”。

[5] 碟：原作“堞”。

[6] 羊棒、臆、尾羓：羊腿腱子肉、胸肋肉、尾巴。

居家肝肚生

这是《居家必用事类全集》中一款留有北方游牧民族饮食特色的元代都市名菜。将精羊肉丝、羊百叶丝、羊肝丝和嫩韭菜、芫荽、萝卜丝、鲜姜丝码入盘中，浇上用葱、姜、榆仁酱、糖、醋、盐等调制的调味汁，这就是“肝肚生”。动物性的主料和植物性的配料都是未经加热的生鲜食材，是这款菜最主要的特点。

原文　肝肚生：精羊肉并肝，薄批[1]摊纸上，血尽，缕切[2]，羊百叶亦缕切，装碟内，簇嫩韭、芫荽、萝卜、姜丝，用脍醋[3]浇。炒葱油抹过肉不腥。

佚名《居家必用事类全集》

注释

[1] 薄批：薄切。今江南仍有此词。

[2] 缕切：切成丝。

[3] 脍醋：吃脍所用的醋。据该书记载，脍醋制法如下："煨葱四茎，姜二两，榆仁酱半盏，椒末二钱，一处擂烂，入酸醋内，加盐并糖，拌，鲙用之。或减姜半两，加胡椒一钱。"

元宫河西灌肺

这是元代宫廷的一款珍馐，为适合元代皇家饮食口味，饮膳太医在原河西灌肺调料的基础上又增加了胡椒和鲜姜。

原文　河西肺[1]：羊肺一个，韮[2]六斤取汁，面二斤打糊，酥油半斤，胡椒二两，生姜汁二合。右件用盐调和匀，灌肺[3]，煮熟，用汁浇食之。

忽思慧《饮膳正要》

注释

[1] 河西肺：此菜为元代宫廷"聚珍异馔"之一。

[2] 韮："韭"的异体字。

[3] 灌肺：将调好的食料灌入羊肺中。

河西灌肺

河西指宋元时的西夏，这款菜在南宋末陈元靓《纂图增新群书类要事林广记》中名叫"河西肺"，其菜谱应是《事林广记》在元后至元六年（1340年）翻刻时的"增新"内容。在元《居家必用事类全集》中，这款菜被列为"回回食品"，其菜谱与《事林广记》的最明显的区别是，调料中多了蜜和麻泥。

原文　河西肺：连心羊肺一具，浸洗净[1]。以豆粉四两（肉汁破开[2]），面四两（韭汁破开），和匀，入酥油半斤，同作糊，更入松子仁、胡桃[3]仁（再擂细，滤去滓），灌肺满足，下锅煮熟。盘盛，托就筵上，刀割散之，同蒜酪食之。常用只是面作糊，不用豆粉。酥油多用三五两才佳。余汁同蒜酪作肉丝用[4]。

陈元靓《事林广记》

注释

[1] 浸洗净：先将羊肺放入水中泡尽血水，再用水将肺灌洗至发白。

[2] 破开：澥开。

[3] 胡桃：核桃。

[4] 余汁同蒜酪作肉丝用：剩下的汁同蒜泥肉丝的用法一样。

居家汆肺条

这款菜在《居家必用事类全集》中本名"汤肺"，从其所用调料来看，应是从宋代流传下来的一款家常菜。这款菜的制法很简单，将鲜肺切成条或块，用鲜姜汁、杏泥、酱和盐腌渍入味，然后放入滚开的肉汤中，拨散后待汤开两次时即可出锅。这种“味汆”工艺对后世影响较大，至今仍盛行不衰。

原文　汤肺：肺一具，生切作条或块；用姜四两取自然汁[1]，杏泥二两、酱一匙头、盐钱半，打拌淹[2]肺，下滚肉汁内，两滚便盛供。

佚名《居家必用事类全集》

注释

［1］自然汁：将姜捣烂榨取的汁。

［2］淹：今作“腌”。

居家灌肺

这是《居家必用事类全集》中的又一份灌肺谱。将这份菜谱同该书中的“河西肺”谱相对照，可以看出“河西肺”所用调料比这款灌肺多出了蜜、酥、松仁、胡桃仁和韭菜汁。在该书中，“河西肺”被列在“回回食品”名下，这似乎明确了这两种灌肺的风味区别。

原文　灌肺[1]：羊肺带心一具，洗干净如玉叶；用生姜六两取自然汁，如无，以干姜末二两半代之，麻泥、杏泥共一盏，白面二两，豆粉二两，熟油二两，一处拌匀，入盐肉汁，看肺大小用之，灌满煮熟。又法：用面半斤、豆粉半斤、香油四两、干姜末四两共打成糊，下锅煮熟，依法灌之[2]，用慢火煮。

佚名《居家必用事类全集》

注释

［1］灌肺：类似此菜今在新疆等地仍可见到，当地名曰“面肺子”。

［2］依法灌之：此句应在“下锅煮熟”前。

元宫肉饼儿

根据宫廷饮膳太医忽思慧等人编撰的菜谱，这款元代宫廷菜可称作“炸羊肉饼”。用于制饼的食材，除了去掉脂、膜、筋的精羊肉以外，香辛调料中用到了当时产自中亚、西亚的哈昔泥（阿魏）、荜拨和芫荽子，使这款菜颇具波斯阿拉伯风味。

原文　肉饼儿[1]：精羊肉十斤去脂、膜、筋搥为泥，哈昔泥三钱，胡椒二两，荜拨一两，芫荽末[2]一两。右件用盐调和匀，捻饼[3]，入小油煤。

忽思慧《饮膳正要》

注释

［1］肉饼儿：此菜为元代宫廷“聚珍异馔”之一。

［2］芫荽末：应即芫荽子末。

［3］捻饼：应即先做成丸子再按成小饼。

居家煮羊肺

这是《居家必用事类全集》中的一款元代家常菜。这款菜本名“法煮羊肺”，表明这应是从唐宋流传下来的传统经典菜。其用料和制法也非当时寻常家厨所习用，即煮羊肺以砂罐采用二次加热法，首次加热时羊肺切段，佐以鲜姜、良姜、葱、花椒和盐；二次加热时羊肺切条，并在原汤中加入酒，加上原文中“禁中谓‘杂呕’”的说明，这一切都显示，这款菜应是从宫廷传入民间的极品煮羊肺。

原文　法煮羊肺[1]：切为数段，晾，洗，入沙罐煮，用生姜三片、良姜、椒[2]、盐各少许、葱三握，湿纸覆罐口，勿泄味，慢火煨。候半熟，再切细，添些酒再煮软，供。羊肚、托胎、硬髓皆可。禁中谓“杂呕”[3]。

佚名《居家必用事类全集》

注释

[1]法煮羊肺：煮，原作“煑”。以下同。按：此谱在明《多能鄙事》中也有记载。

[2]椒：花椒。

[3]禁中谓“杂呕”：皇宫中把这款菜叫“杂呕”。

元宫羊脏羹

这款元代宫廷食疗羹可称作羊杂汤。从其对食疗功效、用料、制作工艺以及食用方式的表述来看，这份菜谱显然是从宋代《圣济总录》继承而来。稍有不同的是，在所用调料中比《圣济总录》的多了陈皮、良姜和草果。

原文　羊脏羹[1]：治肾虚劳损、骨髓伤败。羊肝、肚、肾、心、肺各一具，汤洗净，牛酥一两，胡椒一两，荜拨一两，豉一合，陈皮二钱去白，良姜二钱，草果两个，葱五茎。右件先将羊肝等慢火煮令熟，将汁滤净，和羊肝等并药一同入羊肚内，缝合口，令绢袋盛之，再煮熟，入五味，旋旋任意食之。

忽思慧《饮膳正要》

注释

[1]羊脏羹：此羹为元代宫廷食疗名羹。

葛可久灌肺

葛可久是元代专治肺痨（肺结核等）的名医，灌肺是其《十药神书》中用于肺痨患者的一款食疗名菜。同元代宫廷和民间不同的是，葛氏的这款灌肺往肺中灌的是杏仁、柿霜、真酥、真粉和白蜜。

原文　辛字润肺膏：久嗽肺燥肺痿。羊肺壹具，杏仁净研、柿霜、真酥、真粉[1]各壹两，白蜜贰两。右先将羊肺洗净，次将五味[2]入水搅黏，灌入肺中，白水煮熟，如常

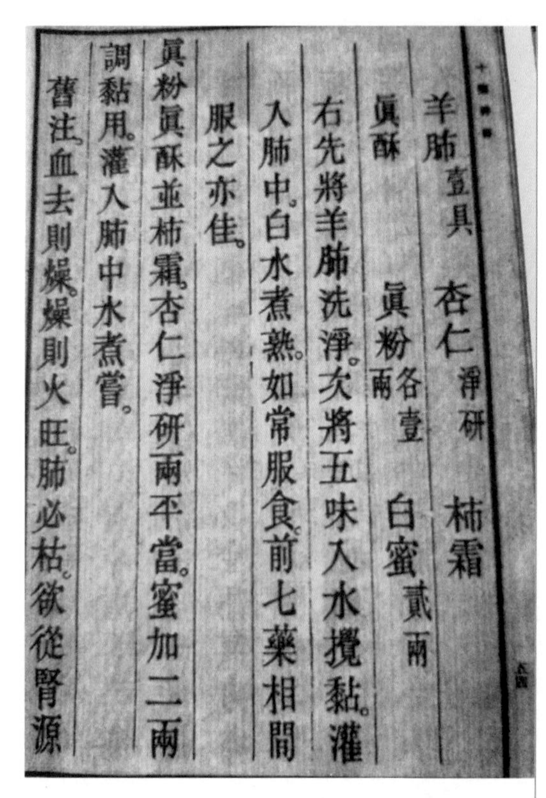
十藥神書

羊肺壹具　杏仁淨研　柿霜

眞酥　眞粉各壹兩　白蜜貳兩

右先將羊肺洗淨。次將五味入水攪黏。灌入肺中。白水煮熟。如常服食前七藥相間服之亦佳。

眞粉眞酥並柿霜。杏仁淨研兩平當。蜜加二兩調黏用。灌入肺中水煮嘗。

舊注。血去則燥。燥則火旺。肺必枯。欲從腎源

这是元代名医葛可久《十药神书》（清刊本）灌肺谱书影

服食。

葛可久《十药神书》

注释

［1］真粉：绿豆淀粉，详见本书“宋高宗玉灌肺”注［1］。

［2］五味：指杏仁、柿霜等五种食材。

居家萝卜羹

这是《居家必用事类全集》中的一款元代家庭羹类菜。从其菜谱来看，完全是以白煮法制成的羊肉萝卜羹。这款羹制法虽然简单，但是在调料的投放顺序上颇为讲究：用小火煮羊肉萝卜时先放葱和花椒，然后放干姜末，待煮至萝卜熟软时再下盐、酒和醋调好口味。

原文　萝卜羹[1]：羊肉一斤骰块切[2]，萝卜半斤如上切，水一二碗，葱三茎[3]，川椒三十粒，慢火煮，入干姜末一稔[4]，盐、酒、醋各少许，软为度。

佚名《居家必用事类全集》

注释

［1］萝卜羹：即“羊肉萝卜羹”。

［2］骰块切：切骰子块。详见本书“山家雪梨拌香橙”注［1］。

［3］三茎：三根。

［4］一稔：一撮。稔，疑为“捻”字之误。

敬直老人煨羊肝

敬直老人即元代撰《寿亲养老新书》后三卷的邹铉，因其号冰壑，又号敬直老人，故世称敬直老人；煨羊肝原名“烧肝散”，是该书“食治方”中的一款食疗名菜。邹铉在该书中指出，这款菜可用于男女五劳七伤的食疗。需要说明的是，这款菜所用的“煨”法，与后世所言有所不同，是将用纸包好的羊肝投入煻灰中烘烤，是古代的一种“炮”法。

原文　烧肝散：治男子妇人五劳七伤、胸

膈满闷、饮食无味、脚膝无力、大肠虚滑、口内生疮、女血气，并宜服之。肉豆蔻三个和皮，官桂、香白芷、当归、破故纸、人参、茯苓、桔梗各半两。右为末，每服四钱半，羊肝四两作片，糁药在上[1]，以纸裹后，用南粉涂，文武火煨熟。米饮嚼下。

陈直、邹铉《寿亲养老新书》

注释

［1］糁药在上：将药末撒在（羊肝片）上。糁，这里作撒讲。

居家炒肉羹

这是《居家必用事类全集》中的一款元代家庭羹类菜。从其现有文字来看，是以羊肉丝、羊腰子丁、羊上脑丁和羊脂油丁加调料制成的肉羹。细读全谱，羹的意思是有的，但其名称“炒肉羹”中“炒”的意思却一点儿也看不出来。估计是这份菜谱在收入该书之前或收入时原文有遗漏。

原文 炒肉羹：羊精肉切为缕[1]，肾、胠、脂骰块切[2]二两，葱二握，水四碗。先烧热，下肉、葱，入酒、醋调和，肉软下脂、姜末少许。

佚名《居家必用事类全集》

注释

［1］切为缕：切成丝。

［2］肾、胠、脂骰块切：将腰子、上脑头、羊油切为骰子块。胠，音 qū，今称“上脑头”，为羊身上不老不嫩的一块肉。

元宫蒲黄瓜齑

蒲黄是香蒲的花粉，因其色金黄，故名。

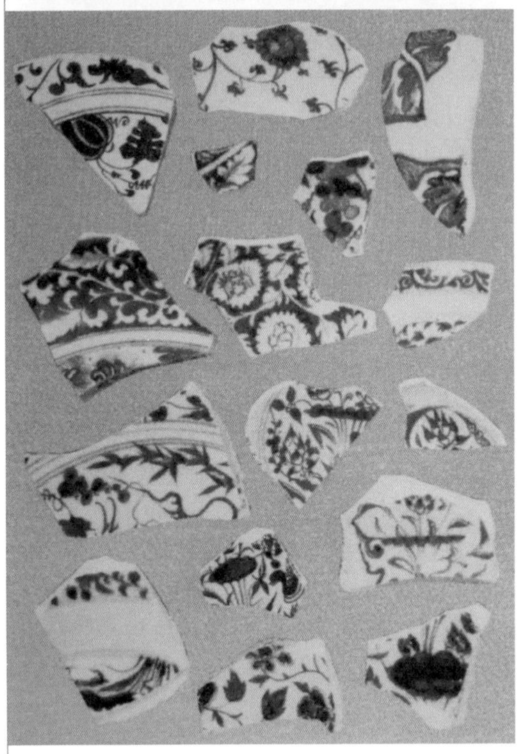

这两幅图摄自首都博物馆“大元三都”展，图中的瓷盘和碎片便是古今中外闻名的元青花。其中的碎片系埃及出土，是元代丝绸之路中西饮食文化交流的实证

入药主治心腹虚热，可利小便止血疾，在《神农本草经》中被列为上品；入食与花椒等同用，可为肉食增香。这里的蒲黄瓜齑，就是用蒲黄做调料制成的一款元代宫廷名菜。

原文　蒲黄瓜齑[1]：净羊肉十斤煮熟，切如瓜齑，小椒[2]一两，蒲黄半斤。右件用细料物[3]一两、盐同拌匀。

忽思慧《饮膳正要》

注释

［1］蒲黄瓜齑：实为“蒲黄拌羊肉”。

［2］小椒：花椒。

［3］细料物：指茴香、砂仁、胡椒等香辛调料。

居家山药羊排羹

这款羹在《居家必用事类全集》中本名“骨插羹”，而实际上是用羊肥肋、山药、乳饼、笋、香菇和白粳米制成的山药羊排羹。从羹中仍以淘净的碎白粳米为黏稠剂和所用原料大多有定量等来看，这款羹有可能是从唐宋宫廷传至元代民间的家常菜。

原文　骨插羹[1]：羊肥肋每枝截五段，每斤用水二碗煮转色，下淘净碎白粳米两匙、葱三握。候肉半软，下去皮山药块三之一[2]搅匀，令上下浓恋[3]。俟米软，入酒半盏、盐半钱、干姜末少许、醋半勺，更入少[4]乳饼、笋、蕈尤佳。鸡、鹅、鸭、鸽亦同此制造。

佚名《居家必用事类全集》

注释

［1］骨插羹：即“山药羊排羹”。

［2］三之一：三分之一。

［3］浓恋：稠黏。

［4］少：少许。

元宫红丝

红丝指羊血加白面煮熟凉凉后切成的丝，再将鲜姜丝、萝卜丝、罗勒丝和香蓼丝同红丝放到一起，浇上用盐、醋和芥末兑好的调味汁，红、黄、白、绿四色相间，应是元代宫廷的一款冷菜。

原文　红丝[1]：羊血同白面依法煮熟，生姜四两，萝卜一个，香菜[2]、蓼子[3]各一两，切细丝。右件用盐、醋、芥末调和。

忽思慧《饮膳正要》

注释

［1］红丝：这是个制法独特的元代宫廷冷菜。“红丝”由羊血和面粉煮熟制成，再拌上鲜姜丝、萝卜丝、罗勒、蓼叶，浇上盐、醋和芥末，想来给人一种清爽的感觉。

［2］香菜：这里指罗勒叶。

［3］蓼子：这里指香蓼的嫩叶，味辛香。

元宫茄子馒头

馒头在宋元时大多是带馅的，元代宫廷的茄子馒头实际上是借用馒头的这一特点，将酿馅茄子称作“茄子馒头”。根据元代宫廷食谱《饮膳正要》，这款茄子馒头所酿的馅是由羊肉、羊脂、羊尾子和葱、陈皮等调料调制而成，蒸熟后再佐以蒜泥和香菜末食用。

原文　茄子馒头[1]：羊肉、羊脂、羊尾子、葱、陈皮各切细，嫩茄子去穰。右件[2]同肉作馅，却入茄子内，蒸。下蒜酪、香菜末[3]食之。

忽思慧《饮膳正要》

注释

[1] 茄子馒头：据正文，此菜实是“酿茄子”。酿入茄中的馅由羊肉、羊脂和羊尾子等制成，吃时佐以蒜泥和香菜末，显示出这道元代宫廷菜的北方民族风味特色。

[2] 右件：指羊脂等馅料。

[3] 香菜末：应即罗勒末。

居家酿茄子

这款菜在《居家必用事类全集》中原名“油肉酿茄”。根据该书提供的菜谱，这款菜是将炒羊肉末拌上蒸好的茄泥放进炸香的空茄内，然后蘸蒜泥食用。炒羊肉末中用到了松仁和橘皮丝，是这款菜所用调料中值得关注的地方。

原文　油肉酿茄：白茄十个去蒂，将茄顶切开剜去穰；更用茄三个切破，与空茄一处笼内蒸熟取出。将空茄油内煠[1]得漉出明黄[2]；破茄三个研作泥，用精羊肉五两切燥子[3]，松仁用五十个切破，盐、酱、生姜各一两，葱、橘丝打拌，葱、醋浸；用油二两将料物、肉一处炒熟，再将茄泥一处拌匀，调和味全，装于空茄内[4]供，蒜酪食之[5]。

佚名《居家必用事类全集》

注释

[1] 煠：同“炸”。

[2] 明黄：明黄色。

[3] 切燥子：切成肉末。燥，亦作“臊”。

[4] 内：原误作“肉”。

[5] 蒜酪食之：吃时蘸蒜泥。

回回酸汤

这款菜可称作乌梅蜜制羊排肉丸，其菜名和菜谱见于南宋末陈元靓《纂图增新群书类要事林广记》，应是《事林广记》在元后至元六年（1340 年）翻刻时的“增新”内容。这份菜谱还见于元《居家必用事类全集》等书中，文字与《事林广记》中的略有不同。

原文　回回酸汤[1]：乌梅不以多少，淡糠醋熬之，离核梅肉烂，滤去滓，再入锅，下蜜调和酸甜得所[2]，将松子、胡桃擂极烂，同略下锅。胡桃见乌梅、醋其汁必黑，此汁须用肉汁再为调和甜淡。同煮烂羊肋、寸骨、肉弹儿[3]并煮熟，回回豆供。

陈元靓《事林广记》

注释

［1］回回酸汤：此汤在《居家必用事类全集》等书中被列为“回回食品”。

［2］下蜜调和酸甜得所：放入蜜调至酸甜适口。

［3］肉弹儿：肉丸子。

元宫围像

这款元代宫廷菜由熟羊肉丝、熟羊尾丝、乳饼、鸡蛋饼和藕等10种佳蔬加麻泥等调料制成。在10种佳蔬中，有被古人誉为“天下第一笋”的蒲笋，来自江南的贡品糟姜，产自大都（今北京）官山的蘑菇等等，可以说是一款集荤素珍美食材于一菜的上馔。

原文　围像[1]：补益五脏。羊肉一脚子煮熟细切，羊尾子二个熟切细，藕二枝，蒲笋二斤，黄瓜五个，生姜半斤，乳饼二个，糟姜四两，瓜齑半斤，鸡子一十个煎作饼，蘑菰一斤，蔓菁菜、韮菜[2]各切条道。右件用好肉汤调麻泥二斤、姜末半斤同炒葱、盐、醋调和。对胡饼食之。

忽思慧《饮膳正要》

注释

［1］围像：此菜为元代宫廷“聚珍异馔”之一。

［2］韮菜：即“韭菜”。

粘合丞相炒肉末

粘合应即元初曾任左丞相的粘合·重山，炒肉末是他经常食用的一款菜。这款菜在《居家必用事类全集》中原名“一了百当”，是用牛羊猪肉末、虾米末和花椒、胡椒、面酱、香油等13种调料炒制而成。这种炒肉末出锅凉凉后装入瓷器中，可以随时直接取食，也可以放入汤中调味。

原文　一了百当[1]：牛、羊、猪肉共三斤剁烂，虾米拣净半斤捣为末，川椒、马芹、茴香、胡椒、杏仁、红豆各半两为细末，生姜细切十两，面酱斤半，腊糟一斤，盐一斤，葱白一斤，芜荑细切二两。用香油一斤炼熟，将上件肉料一齐下锅炒熟，候冷，装磁器内封盖，随食用之。亦以调和汤汁尤佳。粘合平章常用[2]。

佚名《居家必用事类全集》

注释

［1］一了百当：此菜在《多能鄙事》等书中亦有记载。

［2］粘合平章常用：粘合，应即粘合·重山，元初曾任左丞相。平章，官名。唐中叶以后，

凡实际任宰相之职，必在其本官外加同平章事的衔称。粘合·重山曾任左丞相，故称粘合平章。

女真厮辣葵菜羹

葵菜羹是女真人的传统名菜，早在唐代渤海葵羹就已传入中原，而渤海正是女真先人靺鞨创立的王国。需要指出的是，从南宋末陈元靓《纂图增新群书类要事林广记》和元《居家必用事类全集》的记载来看，女真厮辣葵菜羹实际上是一款凉拌葵菜什锦丝。

原文　女真厮辣葵菜羹[1]：葵菜嫩心叶洗净煠熟[2]，羊肉细切，黄瓜去皮缕切二寸长。右件各攒定[3]，蓼子汁以盐、酱调和元肉汁，淋细蓼子汁浇之。

陈元靓《事林广记》

厮刺葵菜冷羹[4]：葵菜去皮，嫩心带稍[5]叶长三四寸，煮七分熟，再下葵叶，候熟，凉水浸，拨拣茎叶另放，如簇春盘样，心、叶四面相对放，间装鸡肉皮丝、姜丝、黄瓜丝、笋丝、莴笋丝、蘑菇丝、鸭饼丝、羊肉、舌、腰子、肚儿、头、蹄、肉皮皆可为丝，用肉汁淋蓼子汁加五味浇之。

佚名《居家必用事类全集》

注释

［1］女真厮辣葵菜羹：此菜在《纂图增新群书类要事林广记》中被列为“诸国食品”之一，应是该书元后至元六年（1340年）翻刻时的“增新”内容。

［2］煠熟：应即焯熟。

［3］各攒定：分别码放好。

［4］厮刺葵菜冷羹：此菜在《居家必用事类全集》中被列为“女直食品”，但与《事林广记》对照后会发现，这款菜汉化色彩已相当浓烈。

［5］嫩心带稍：一本作“嫩心带梢”。

女真蒸羊眉罕

这款菜类似宋元时代汉族的锅烧羊肉，其菜名和菜谱见于南宋末陈元靓《纂图增新群书类要事林广记》，应是《事林广记》在元后至元六年（1340年）翻刻时的“增新”内容。这份菜谱在元《居家必用事类全集》中也有记载，但文字有较多不同。

原文　女真蒸羊眉罕[1]：用连皮去毛羊一口，去头、蹄、肚，打作八段。葱、椒、地椒[2]、陈皮、盐、酱、酒、醋加桂[3]、胡椒、红豆、良姜、杏仁为细末，入酒、醋[4]调和匀，浇在肉上，淹[5]浸一时许，入空锅内，柴棒架起，盆合泥封，发火，火不得太紧。斟酌时分取出食之，碗内另供元汁。

陈元靓《事林广记》

注释

［1］女真蒸羊眉罕：此菜在《居家必用事

类全集》等书中被列为“女直食品”。

［2］地椒：唇形科植物百里香。首见于宋仁宗嘉祐六年（1061年）印行的《嘉祐本草》，在《海上名方》中又名地花椒。李时珍《本草纲目》：“地椒出北地，即‘蔓椒’之小者。贴地生叶，形小，味微辛。土人以煮羊肉食，香美。”这里用的应是其干制品。

［3］桂：应即肉桂。

［4］入酒、醋：此三字疑重出。

［5］淹：今作“腌”。

元宫盐肠

根据元武宗、元文宗时的饮膳太医忽思慧等人编撰的菜谱，这款元代宫廷菜的主料是羊苦肠，羊苦肠即今俗称的羊肚中的肚蘑菇。将羊苦肠撒盐拌匀风干，再用小磨香油炸香，这就是极具蒙古皇家风味特色的盐肠。

原文　盐肠[1]：羊苦肠[2]水洗净。右件用盐拌匀风干，入小油煠。

忽思慧《饮膳正要》

注释

［1］盐肠：据正文，此菜实为“炸咸肠”。按：此菜为元代宫廷“聚珍异馔”之一，具有浓郁的草原风味。

［2］羊苦肠：即今餐饮业俗称的羊肚中的“肚蘑菇”。

女真肉糕糜

这款菜实际上是糯米糊粥扣羊头肉，其菜名和菜谱见于南宋末陈元靓《纂图增新群书类要事林广记》，应是《事林广记》于元后至元六年（1340年）翻刻时的“增新”内容。

原文　女真肉糕糜[1]：以羊头煮烂，手提去骨并汁，豁出锅，洗净，入羊尾油同芝麻油炒；淘净糯米浸片时，倾入煮羊头汁，煮至糜烂；另将软羊头肉碗内[2]，旋添[3]供之。

陈元靓《事林广记》

注释

［1］女真肉糕糜：这款菜收在《纂图增新群书类要事林广记》“诸国食品”中。

［2］另将软羊头肉碗内：另将软羊头肉放碗内。“碗”字前疑漏“放”字。

［3］旋添：应即现浇糯米糊粥。

回回糕糜

这款菜可称作果料糯米粥扣羊头肉，其主要用料和制法类似女真肉糕糜，但配料中多了回回豆、松子、核桃酥和蜜。这份菜谱收在南宋末陈元靓《纂图增新群书类要事林广记》“诸国食品”中，应是《事林广记》在元后至元六年（1340年）翻刻时的“增新”内容。

原文　回回糕糜：以羊头煮极烂，手提去骨，元汁[1]内煮回回豆十数，沸下淘净糯米，粉[2]成稠烂糜，入酥、蜜相拌，添松子、胡桃[3]等，和匀供之。

陈元靓《事林广记》

注释

[1] 元汁：即原汤。

[2] 粉：此字疑为“煮”字之误。

[3] 胡桃：核桃。

回回海螺厥

这款菜可称作羊肉鸡蛋冻，其菜名和菜谱见于南宋末陈元靓《纂图增新群书类要事林广记》，应是《事林广记》在元后至元六年（1340年）翻刻时的“增新”部分。这款菜的菜名在元《居家必用事类全集》中作“海螺断”，所载菜谱与《事林广记》有较多不同。

原文　回回海螺厥[1]：用鸡卵[2]二十个，弹破倾作一器，搅匀；以羊肉二斤细切，入陈皮、川椒、茴香等末半两，葱白十枝切碎，同香油炒作燥[3]子，搅入鸡子汁内令匀，再用醋一盏、酒半盏、豆粉[4]二两调作糊，与上项鸡子汁等一同搅匀，倾入酒瓶内，油纸箬叶封扎紧，入滚锅内煮熟。伺冷，打破瓶，切作片，酥蜜浇，食之。

陈元靓《事林广记》

注释

[1] 回回海螺厥：从全谱看，此菜系用隔水炖的方法制熟，然后凉凉、破瓶、切片浇酥蜜食用。

[2] 鸡卵：鸡蛋。

[3] 燥：亦作“臊”。

[4] 豆粉：绿豆淀粉。

元宫猪头姜豉

这是一款从唐宋流传下来的元代宫廷菜。同唐宋时的姜豉相比，元代宫廷的姜豉主料是猪头而不是乳猪，调料也比唐宋时的多出了良姜、官桂、草果、香油和蜂蜜等，突显了这款元代宫廷菜的皇家气势。

原文　猪头姜豉[1]：猪头二个洗净切成块，陈皮二钱去白，良姜二钱，小椒[2]二钱，官桂二钱，草果五个，小油一斤，蜜半斤。右件一同熬成[3]，次下芥末、炒葱、醋、盐调和。

忽思慧《饮膳正要》

注释

[1] 猪头姜豉：此菜为元代宫廷“聚珍异馔”之一。

[2] 小椒：花椒。

[3] 一同熬成：“成”字后疑脱“汤”字。

老乞大自爨肉

“老乞大”是朝鲜李朝时代（1392—1910）的一部高丽汉语教科书书名，自爨（cuàn）肉是该书中提到的一款中国元代家常菜。根据该书介绍，这款菜的做法是：将锅刷净烧热，倒入半碗清油，待油热时放入猪肉片，再放点盐，用筷子不停地搅动，炒到肉片半熟时加入少许酱水、鲜葱和茴香等香辛料，搅匀后盖锅，过一会儿即可出锅食用。如果口轻还可以再放点盐。不难看出，这款菜有点类似后世的原锅炒肉片。

原文 咱……教一个自爨肉……刷了锅者，烧的锅热时，著上半盏清油[1]，将油熟过[2]，下上肉，著些盐，著筯子搅动[3]，炒的半熟时调上些酱水、生葱、料物打拌了，锅子上盖覆了，休著出气[4]。烧动火，暂霎儿熟也……有些淡，著上些盐者。

《原本老乞大》

注释

[1] 著上半盏清油：放入半碗新油。著，这里作放入讲。

[2] 将油熟过：将油烧热后。

这是2015年初陕西考古研究院在陕北横山县元代壁画墓中发现的《夫妇并坐宴饮图》。图中长榻上并坐六人，中间的为男主人，两边的应是五位夫人。榻前是四腿方桌，桌中间是盖罐，四周有高足碗、大圈足碗、小圈足碗、玉壶春酒瓶和食盒，桌两边则是侍女。全图展示了元代陕北地区的府宅家宴场景，为研究元代西北地区饮食文化提供了难得的图像资料。徐娜摄自首都博物馆“大元三都”展

［3］著筯子搅动：用筷子搅动。著，这里为“用”义。筯（箸）子，筷子。

［4］休著出气：意思是锅要盖严不要跑气。

云林炖猪头肉

元末著名画家倪云林的这款炖猪头肉，独到之处有两点：一是炖肉时酒、水各放一半，酒、水中只放葱白、花椒和盐，食用时再放糟姜片和鲜橙橘丝；二是将猪头肉块、酒、水和调料放入砂鉢（朱砂钵）或银锅内隔水炖。可以推知，这两点使这款炖猪头肉具有肉块酥而不破、香糯鲜美和原汁原味的特点。

原文　煮猪头肉：用肉切作大块，每用半水半酒[1]、盐少许、长段葱白混花椒，入砂鉢或银锅内，重汤顿[2]一宿。临供，旋入糟姜片、新橙橘丝。如要作糜，入糯米、擂碎生山药一同顿。猪头一只可作糜四分[3]。

倪瓒《云林堂饮食制度集》

注释

［1］半水半酒：水和酒各放一半。

［2］重汤顿：隔水炖。

［3］猪头一只可作糜四分：一个猪头的肉可做四份烂肉粥。

云林川猪头

出自倪云林的这款川猪头，实际上是清蒸猪头。猪头入笼前先用白汤煮去腥异味，蒸时又加入杏仁、芝麻等特色调料，最后用烫面小饼卷食。蒸猪头在古代虽是一味常见菜肴，但这里的“川猪头”，从加工到食用方式，都格外粗细而又精致。

原文　川猪头[1]：用猪头不劈开者，以草柴火薰去延[2]，刮洗极净。用白汤煮，凡换汤煮五次，不入盐。取出后，冷，切作柳叶片。入长段葱丝、韭、笋丝或茭白丝，用花椒、杏仁、芝麻、盐拌匀，酒少许洒之，荡锣内蒸。手饼[3]卷食。

倪瓒《云林堂饮食制度集》

注释

［1］川猪头：据正文，此菜实际上是“清蒸猪头”。

［2］薰去延：熏去猪头上的黏液。延，当为“涎”字之误。

［3］手饼：用烫面烙成的一种小圆饼。详见《云林堂饮食制度集》“手饼”条。

云林烧猪肉

在《云林堂饮食制度集》中，有多款宋元锅烧肉，这款烧猪肉就是其中的一款。与其他烧猪肉不同的是，这款菜往锅内倒的不全是水，而是酒、水各一半。在加热过程中用停火的方式来对锅内的肉进行二次加热，这种加热法十分古老，可上溯至先秦时期。

原文　烧猪肉[1]：洗肉净，以葱、椒及蜜少许、盐、酒擦之。锅内竹棒阁起[2]，锅内用水一盏、酒一盏，盖锅，用湿纸封缝，干则以水润之。用大草把一个，烧，不用拨动。候过[3]，再烧草把一个。住火饭顷[4]，以手候锅盖冷，开盖翻肉，再盖以湿纸仍前封缝[5]。再烧草把一个，候锅盖冷即熟。

倪瓒《云林堂饮食制度集》

注释

［1］烧猪肉：据正文，此菜实为“蒸猪肉”。

［2］锅内竹棒阁起：锅内用竹棒搭起架子（以便放肉）。

［3］候过：等草把烧完了。

［4］住火饭顷：火灭了一顿饭的工夫。

［5］仍前封缝：仍像前面那样将缝封住。

云林烧猪脏

先将猪脏或肚白煮熟，再加入蒜片、肉丝和盐，放在锅内的竹架上，往锅里倒一碗水，将锅盖严，用小火烧即成，这就是出自元末著名画家倪云林食谱中的烧猪脏。

原文　烧猪脏[1]：先用汤煮熟前物，入切碎蒜片并粗燥子[2]合盐少许，就锅内

这件挟刀男立俑头裹巾，身着窄袖长袍，双手拢于袖内拱于胸前，引人关注的是其左腋下挟着一把厨刀，腹前系着围裙，说明是一位难得一见的元代厨师塑像。展台上的说明显示，这件厨俑出土于西安市长安区夏殿村，现藏陕西考古研究院。检点已出厨俑，汉魏居多，元代极少。但文献中也有关于元代厨师的记载，笔者在拙著《中国饮食谈古》（1985 年版）中曾谈到被元睿宗赐名“贾昔剌”的汉族御厨师。从贾昔剌的受宠可以看出，这件厨俑的出现绝非偶然。徐娜摄自首都博物馆“大元三都”展

竹棒阁起[3]，盖锅，漫[4]火烧之，锅内仍用水一盏。

倪瓒《云林堂饮食制度集》

注释

[1] 烧猪脏：原题“烧猪脏或肚”。按：此菜实际上是“蒸猪脏”。

[2] 粗燥子：粗肉末。燥，亦作“臊”。

[3] 就锅内竹棒阁起：锅内用竹棒搭起架子（以便放猪脏）。

[4] 漫：应作“慢”。

云林水龙子

倪云林食谱中的菜不少是以味道清鲜见长，这款水龙子就是一例。将两份猪精肉和一份肥肉分别剁细，加入葱、花椒、杏仁、酱和干蒸饼末，搅匀后挤成丸子，再滚上绿豆淀粉，下入开汤中，当丸子漂起时即可出锅，食用时蘸清辣汁。可以推想，这款水龙子入口滑嫩松酥清鲜。顺便提一下的是，“水龙肉”早在南宋就是临安（今杭州）市面上的一款名菜。

原文　水龙子[1]：用猪精肉二分肥肉一分，剁细，入葱、椒、杏仁、酱少许、干蒸饼末少许和匀，用醋着手圆之[2]，以真粉作衣[3]，沸汤下，才浮便起，清辣汁任供。

倪瓒《云林堂饮食制度集》

注释

[1] 水龙子：据正文，此菜即氽肉丸蘸汁。

[2] 用醋着手圆之：手上抹上醋，将肉馅挤成丸子。

[3] 以真粉作衣：用绿豆淀粉做粉衣。真粉，一说为绿豆淀粉，一说为粳米粉或天花粉，详见本书“宋高宗玉灌肺”注[1]。

吴氏香糟猪头蹄

将猪头、蹄白煮烂后去骨，用布包好摊开，放上大石头块将其压扁实，第二天切片浇上香糟汁即成，这就是浦江吴氏《中馈录》中的“糟猪头蹄爪”。后世的香糟蹄片等传统名菜当是其遗意。

原文　糟猪头蹄爪：用猪头、蹄爪，煮烂，去骨，布包摊开[1]，大石压扁[2]实，落一宿。糟用[3]甚佳。

浦江吴氏《中馈录》

注释

[1] 布包摊开：用布包好摊平。

[2] 扁：原作“匾”。

[3] 糟用：浇上香糟汁食用。

吴氏凉拌炒肉丝

这款菜在浦江吴氏《中馈录》中原名“肉

生”，从字面上看应是生肉菜，但从该书中的菜谱看，却是将炒过的肉切成丝再加入酱瓜、糟萝卜、大蒜、砂仁、草果、花椒、橘皮丝、香油和醋拌成的熟肉冷菜。

原文　肉生[1]：用精肉切细薄片子，酱油洗净[2]，入火烧红锅爆炒，去血水微白即好。取出，切成丝，再加酱瓜、糟萝卜、大蒜、砂仁、草果、花椒、橘丝[3]、香油拌炒肉丝。临食，加醋和匀，食之甚美。

浦江吴氏《中馈录》

注释

［1］肉生：原题“肉生法”。据正文，这里的“肉生”实为“凉拌炒肉丝”。

［2］酱油洗净：用酱油浸渍肉片。

［3］橘丝：应是橘皮丝。

居家锅烧肉

这是一款从宋代传至元代的肉类名菜。将猪、羊、鹅、鸭等主料先用盐、酱和香辛料腌渍，再放入已用香油润过的锅中，肉是在锅内的柴棒上，盖上瓦盆，然后用小火将锅内的肉烧熟即成。这种烹调法在宋代叫“逡巡烧肉”，到了元代则改称“锅烧肉”。主料除了猪、羊以外，元代又出现了鹅、鸭等。

原文　锅烧肉[1]：猪、羊、鹅、鸭等，先用盐、酱、料物淹[2]一二时。将锅洗净烧热，用香油遍浇，以柴棒架起肉，盆合纸封，慢火煀[3]熟。

佚名《居家必用事类全集》

注释

［1］锅烧肉：此菜谱在明《多能鄙事》和《便民图纂》等书中均有收录。

［2］料物淹：调料腌。淹，今作“腌”。

［3］煀（wù）：焖的意思。明《多能鄙事》中此字作“熬”，明《便民图纂》中作“烧”。

居家叉烧肉

这款菜在《居家必用事类全集》中本名“刬烧肉”。刬，音 chǎn，同铲，是当时的一种烤肉叉子。这款菜在制作工艺上的一个特点是：肉上叉烤之前先要用刀背捶，然后再下滚开的锅中过一下，用布扭干后放香辛料腌渍，最后才上叉烤。

原文　刬烧肉[1]：但[2]诸般肉批作片，刀背搥过，滚汤蘸[3]，布纽干，入料物打拌，上刬烧[4]。熟，割入碟，浇五味醋供。

佚名《居家必用事类全集》

注释

［1］刬烧肉：这款菜应是后世“叉烧肉”的一个直接源头。

［2］但：明《多能鄙事》“刬烧肉”文中无此字。

[3] 滚汤蘸：在滚水中过一下。

[4] 上划烧：明《多能鄙事》“划烧肉”此句则为：“上划不住手翻烧。”

敬直老人参归腰子

敬直老人即元代邹铉，参归腰子是其所撰《寿亲养老新书》后三卷中的一款食疗名菜。根据该书提供的菜谱，这款菜制法简单，先用水将猪腰子白煮一下，然后取出切成丝，再放入锅中，加入人参和当归一起煮好即成。

原文　参归腰子：治心气虚损。人参半两细切，当归半两（上去芦下去细者，取中段，切），猪腰子一只。右以腰子用水两碗煮至一盏半，将腰子细切，入二味药同煎至八分。吃腰子，以汁送下[1]。

陈直、邹铉《寿亲养老新书》

注释

[1] 以汁送下：即用煮猪腰子的汤送下。

居家红爊腊

这是一款从宋代传至元代的肉类名菜。肉初次加热时只放葱、川椒和茴香，二次最终加热时才放红曲、香辛料和酱，这是这款菜投料上的独特之处。肉初次加热后要用石头压去油水，切成大片后先用皂角汁和酸浆水洗，然后再用温水淘净，这种精细的工艺可追溯至魏晋南北朝时期的“白瀹豚”。

原文　红爊腊[1]：夹精带肥每段约三斤，凉水浸一二时。烧滚下锅，用葱三茎、川椒、茴香各三钱，煮两三沸漉出[2]。用石压去油水，切作大片，皂角[3]汁合浆水[4]洗，再以温水淘净。肉汁澄清，入酱下锅，却放肉煮，不用盖，用大料物两半、红曲半两，慢火爊软。掠去油末，将肉漉出，控干。调汁滋味得所，下白矾末些小[5]，撮起浑脚，澄清，别碗装肉汁[6]，浇葱丝供。

佚名《居家必用事类全集》

注释

[1] 红爊（āo）腊：红爊腊肉。

[2] 漉出：捞出。

[3] 皂角：豆科植物皂荚的果实，气味辛辣。

[4] 浆水：又名“酸浆”“酸浆水”，是将粟米蒸熟、冷却并经发酵而成的淡白色浆液。味酸，有消食止呕等功效。

[5] 下白矾末些小：放少许白矾末。按：此方法后世部分老厨师净汤时仍用。

[6] 别碗装肉汁：另用碗盛肉汤。

筵席马肉肠

这是《纂图增新群书类要事林广记》中记载的一款元代蒙古贵族名菜。这款菜在该书中本名“马驹儿”，其菜谱应是《事林广记》在元后至元六年（1340年）翻刻时“增新”进去的。于1330年成书的元代宫廷食谱《饮膳正要》中也有与此相类似的“马肚盘”，但那是以马肠制作的马血肠，这里的则是以马肉、羊肉和马核桃肠为主料的马肉肠。

原文　马驹儿：用马核桃肠[1]洗濯极净翻转过，将精马肉、肥羊肉同川椒、陈皮、茴香、生姜、葱、榆仁酱同剁烂，装入肠内，每一个核桃[2]装物料肉满，线扎住，如此将肠装满，入锅煮熟。就筵上割块，又入芥末、肉丝食之。

陈元靓《事林广记》

注释

[1] 马核桃肠：马食管下肚板与散丹（又名百叶）之间的部分，因形似核桃，故名。

[2] 核桃：“桃”字后面疑脱“肠”字。

云林氽肉羹

将猪通脊肉剔去筋膜，在肉上剞荔枝花刀，再将肉切成方寸小块，加入葱、花椒、盐和酒腌渍片刻，然后放入开汤中，拨散后将肉和汤一起倒入器皿内，待汤凉时将汤倒入锅内烧开，澄清后放入糟姜片或笋块、山药块，再将热汤倒入肉中即可，这就是倪云林食谱中的氽肉羹。

原文　爊肉羹[1]：肉膂肉[2]，先去筋膜净，切作寸段小块，略切碎路[3]，肉上加荔枝[4]，以葱、椒、盐、酒淹[5]少时，用沸汤投下，略拨动，急连汤取肉于器中养浸，以肉汁提清[6]，入糟姜片或山药块或笋块同供。元汁[7]。

倪瓒《云林堂饮食制度集》

注释

[1] 爊肉羹：据正文，此菜应即“氽荔枝肉”。

[2] 肉膂肉：用膂肉。疑前一个“肉”字为“用”字之误。

[3] 略切碎路：在肉上轻轻划出纹路。

[4] 肉上加荔枝：肉上的纹路如荔枝。“加”字疑为“如”字之误。

[5] 淹：今作“腌”。

[6] 以肉汁提清：将氽肉的汤重新加热去掉滓沫成为清汤。

[7] 元汁：即“原汤”，谓汤加热时不加水。

元宫鹿头汤

这是一款完全不同于前代而又独具元代宫廷饮膳特色的鹿头汤。煮鹿头的汤中有来自中亚、西亚和南亚的哈昔泥、荜拨和胡椒，又有迎合元代蒙古皇室饮食习惯的牛奶，并用回回小油炝锅制作，体现了元代宫廷菜兼收并蓄的特点。

原文　鹿头汤[1]：补益，止烦渴，治

脚膝疼痛。鹿头、蹄一付，退洗净，卸作块。右件用哈昔泥（豆子大，研如泥），与鹿头、蹄肉同拌匀，用回回小油四两同炒，入滚水，熬令软，下胡椒三钱、哈昔泥二钱、荜拨一钱、牛妳子[2]一盏、生姜汁一合、盐少许调和。一法：用鹿尾取汁，入姜末、盐同调和。

忽思慧《饮膳正要》

注释

[1] 鹿头汤：此汤为元代宫廷“聚珍异馔”之一。

[2] 牛妳子：牛奶。

元宫马肚盘

这是元代宫廷具有草原饮食文化特色的一味珍馐。将煮熟的马肚肠、血肠、涩脾（即沙肝）和肥膘切后码在木盘内，用葱油、盐、醋和芥末制成的调味汁蘸食，这就是当年蒙古帝后享用的马肚盘。

原文 马肚盘[1]：马肚肠一付煮熟切，芥末半斤。右件将白血[2]灌肠刻花样、涩脾和脂剁心子[3]，攒成，炒葱、盐、醋、芥末调和。

忽思慧《饮膳正要》

注释

[1] 马肚盘：此菜为元代宫廷“聚珍异馔”之一，具有浓郁的游牧民族饮食风味。

[2] 白血：去掉血脉的净血。

[3] 剁心子：指剁灌肠馅。

明刻本《饮膳正要》中太医监制御膳图

元宫鹿蹄汤

这是元代宫廷的一款食疗名汤。元代以前已有用于食疗的鹿蹄汤，其中以宋代《圣济总录》的为著。对照之下，这款汤在食疗功效、用料、制作工艺和食用方式上与《圣济总录》的相似，唯一不同的是调料中的牛膝叶换成了陈皮和草果。

原文　鹿蹄汤[1]：治诸风虚、腰脚疼痛不能践地。鹿蹄四只，陈皮二钱，草果二钱。右件煑[2]，令烂熟，取肉，入五味，空腹食之。

忽思慧《饮膳正要》

注释

［1］鹿蹄汤：此汤做成后实际上是只吃鹿蹄肉。

［2］煑："煮"的异体字。

居家盘兔

盘兔在宋代是酒楼名菜，其菜谱收在元代家庭生活百科全书《居家必用事类全集》中，说明到元代盘兔已成为家庭美味。

原文　盘兔[1]：肥者一只，煮七分熟，折开缕切[2]；用香油四两，炼熟[3]，下肉，入盐少许、葱丝一握，炒片时，却将元汁[4]澄清，下锅滚二三沸，入酱些小[5]，再滚一二沸。调面丝，更加活血两勺滚一沸，看滋味添盐、醋少许。若与羊尾、羊腰[6]（缕切）同炒尤妙。

佚名《居家必用事类全集》

注释

［1］盘兔：此菜在宋代已出现在汴京（今开封），见孟元老《东京梦华录》。明《多能鄙事》亦有此谱。

［2］折开缕切：拆开细切。"折"字应作"拆"。

［3］炼熟：应指烧热。"熟"字疑为"热"字之误。

［4］元汁：指煮兔的原汤。

［5］入酱些小：放入少许酱。

［6］羊腰：羊鞭。

元宫盘兔

盘兔是北宋东京汴梁（今开封）名菜，传入元代宫廷后，为使低脂肪的兔肉柴而可口，饮膳太医在食材中又增加了羊尾油片，从而使其成为元代帝王的喜食之品。

原文　盘兔[1]：兔儿二个，切作事件[2]；萝卜二个，切；羊尾子一个，切片；细料物二钱。右件用炒葱、醋调和，下面丝二两调和。

忽思慧《饮膳正要》

注释

［1］盘兔：按此菜为元代宫廷"聚珍异馔"之一。

［2］切作事件：切成块。

元宫河豚羹

这里的河豚羹，是以羊肉为馅、白面为皮，包成河豚鱼的样子，油炸后放入羊肉汤中加盐制成，是元代宫廷菜中独具蒙古饮食特色的一款象形类荤菜。

原文　河豚羹：补中益气。羊肉一脚子卸成事件，草果五个。右件[1]同熬成汤，滤净。用羊肉切细乞马[2]，陈皮五钱去白，葱二两细切，料物二钱，盐、酱拌馅儿。皮用白面三斤，作河豚，小油煠熟，下汤内，入盐调和，或清汁亦可。

忽思慧《饮膳正要》

注释

[1] 右件：指羊肉和草果。

[2] 切细乞马：这里为切末。详见本书“元宫大麦筭子粉”注[4]。

禽类名菜

元宫芙蓉鸡

这是元代宫廷极富艺术色彩的冷菜。整个菜肴主要由鸡肉、羊肚、羊肺、鲜姜、胡萝卜和鸡蛋饼花构成，并以红根芫荽、白色的杏仁泥作点缀，红色的胭脂和黄色的栀子则作色素，使此菜成品格外美观悦目。后世虽有“芙蓉鸡”，但与此全然不同。

原文　芙蓉鸡[1]：鸡儿十个，熟攒；羊肚、肺各一具，熟，切；生姜四两，切；胡萝卜十个，切；鸡子二十个，煎作饼，刻花样；赤根芫荽，打糁[2]；胭脂、栀子，染[3]；杏泥一斤。右件用好肉汤、炒葱、醋调和。

忽思慧《饮膳正要》

注释

[1] 芙蓉鸡：这是元代宫廷“聚珍异馔”之一。

[2] 打糁：即切末。

[3] 染：作染料。根据“带花羊头”推断，胭脂是用来染羊肚羊肺的。栀子呢？可能是染鸡肉的。这两种色素是否还染其他用料？有待仿制此菜的实践来确定。总之，此菜的整体形状要符合“芙蓉”的形色。

元宫攒鸡儿

鸡儿即鸡，是元代北方话对鸡的习惯称谓，这是一款用10只肥鸡制成的元代宫廷菜。这份菜谱只说用10只肥鸡，未明确是什么鸡。编撰菜谱的宫廷饮膳太医忽思慧等人在《饮膳正要》中，介绍了丹雄鸡、白雄鸡、乌雄鸡和黄雌鸡五种鸡的食疗功用。根据元代以前的宫廷菜例，这五种鸡中的黄雌鸡，可能是这款菜的主料。

原文　攒鸡儿[1]：肥鸡儿十个挦洗净，熟，切，攒；生姜汁一合，葱二两切，姜末半斤，小椒[2]末四两，面二两作面丝。右件用煮鸡儿汤、炒葱、醋、入姜汁调和。

忽思慧《饮膳正要》

注释

［1］攒鸡儿：此菜为元代宫廷“聚珍异馔”之一。

［2］小椒：花椒。

元宫乌鸡汤

这是元代宫廷的一款食疗名汤。元代以前虽有食疗乌鸡汤，但主料均为乌雌鸡，无论是南北朝名医徐之才的乌鸡汤，还是北宋《太平圣惠方》中的乌鸡汤，用的都是乌雌鸡。而这款乌鸡汤却以乌雄鸡制汤，体现了元代宫廷饮膳太医设计食疗汤时的取材思路。

原文　乌鸡汤[1]：治虚弱劳伤，心腹邪气。乌雄鸡一只，挦洗净，切作块子，陈皮一钱去白，良姜一钱，胡椒二钱，草果二个。右件以葱、醋、酱相和，入瓶内，封口，令煮熟。空腹食。

忽思慧《饮膳正要》

注释

［1］乌鸡汤：此汤食用时应是吃肉喝汤。乌鸡与调料放入瓶内，用隔水炖的方法制成鸡汤，使此汤具有原汁原味的特点。

元宫烤黄鸡

这是元代宫廷的一款食疗名菜。这款菜在《饮膳正要》中本叫“炙黄鸡”，其所用主料、调料、制作工艺、食用方式和食疗功用，基本上是从唐代名医昝殷《食医心鉴》中的“炙黄雌鸡”继承而来。元代宫廷饮膳太医对昝氏“炙黄雌鸡”稍做变动的是，调料中增加了酱和茴香，使此菜更合元代帝后的口味。

原文　炙黄鸡[1]：治脾胃虚弱，下痢。黄雌鸡，一只，挦净。右[2]以盐、酱、醋、茴香、小椒[3]末同拌匀，刷鸡上，令炭火炙干焦，空腹食之。

忽思慧《饮膳正要》

注释

［1］炙黄鸡：这是用炭火、以刷调料汁的方式做成的烤黄鸡。

［2］右：指黄雌鸡。

［3］小椒：花椒。

元宫地黄鸡

这是元代宫廷的一款食疗名菜。从这款菜的食疗功用、原料组配、制作工艺和食用方式来看，基本上是以南朝梁名医陶弘景《补阙肘后百一方》中的“蒸乌鸡”为祖本。稍有不同的是，陶弘景的“蒸乌鸡”生地黄为一斤、饴糖为二升，元代宫廷的则分别为半斤和五两。

原文 生地黄鸡：治腰背疼痛、骨髓虚损、不能久立、身重气乏、盗汗少食、时复吐利。生地黄半斤，饴糖五两，乌鸡一枚。右三味[1]，先将鸡去毛、肠肚、净，细切地黄，与糖相和匀，内[2]鸡腹中，以铜器中放之，复置甑中蒸。炊饭熟成取[3]食之。不用盐、醋，唯食肉，尽却饮汁。

忽思慧《饮膳正要》

注释

[1] 右三味：指上述三种食材。

[2] 内：同“纳”，这里作放入讲。

[3] 炊饭熟成取：蒸一甑饭的工夫，鸡就可以出锅了。

居家川炒鸡

这是《居家必用事类全集》中的一款家常菜。菜名“川炒鸡”中的“川”，一可解作“爨”，这两个字常通用；二可解作四川的“川”，该书提供的菜谱中正有“川椒”做调料。另据《朴通事谚解》“川炒猪肉”汉文原注：“今按川炒，盐水炒也。”

原文 川炒鸡[1]：每只洗净剁作事件[2]。炼香油三两，炒肉，入葱丝、盐半两。炒七分熟，用酱一匙同研烂胡椒、川椒、茴香，入水一大碗，下锅[3]煮熟为度。加好酒些小[4]为妙。

佚名《居家必用事类全集》

注释

[1] 川炒鸡：上海荣华书局1917年出版明嘉靖本《多能鄙事》中，此菜亦名“川炒鸡”。

[2] 剁作事件：剁成块。

[3] 下锅：盖锅。“下”疑为“盖”字之误，详见本书“老乞大自爨肉”。

[4] 些小：少许。

居家聚八仙

八仙原指张果老等八位传说人物，杜甫的《饮中八仙歌》说明，唐代已有“八仙”的说法，但这里的“八仙”则是指八种味道鲜美的食材，因“仙”“鲜”音同而谐音取字，以赋予菜品名称美好的寓意。据笔者目前所知，在传世文献中，最早以“八仙”冠名的菜肴是唐韦巨源《烧尾食单》中的“八仙盘”，但这款菜没有留下菜谱。这里的聚八仙谱则是最早的一份以八仙冠名的菜谱。

原文 聚八仙：熟鸡为丝，衬肠焯过剪为线（如无，熟羊肚针丝），熟虾肉、熟羊肚胘[1]细切，熟羊舌片切，生菜、油、盐，揉糟姜丝、熟笋丝、藕丝，香菜[2]、芫荽蔟楪内[3]，鲙醋浇，或芥辣或蒜酪皆可。

佚名《居家必用事类全集》

注释

[1] 羊肚胘：羊百叶。胘，音xián，百叶。

[2] 香菜：应即罗勒。

［3］蔟堞内：码在碟内。按："蔟"应为"簇"；"堞"应作"碟"，"堞"字本指城上的矮墙。

朴通事鸡脆芙蓉汤

这是朝鲜李朝时代（1392—1910）汉语教科书《朴通事谚解》中提到的一款元代中国名汤。根据该书正文和原注，这款汤名称中的"芙蓉"有两种说法，一是指将鸡腰子切花刀，氽汤后成芙蓉花样；二是用鸡蛋清做成芙蓉花样，每碗汤放三朵。

原文　第六道鸡脆芙蓉汤：《质问》[1]云："将鸡腰子作芙蓉花，做汤食之。"又云"以鸡子清[2]做成芙蓉花，每碗三朵。"

《朴通事谚解》

注释

［1］《质问》：一部书名。

［2］鸡子清：即鸡蛋清。

吴氏炉焙鸡

这是浦江吴氏《中馈录》中一款非常有名的鸡类菜，在元、明、清多部食书中均有记载。从字面上讲，"炉焙（bèi）"本为在烤炉上用微火将食物烘熟之意。我国宋代已有用烤炉加工食物的记载，如孟元老《东京梦华录》记北宋东京（今开封）"饮食果子"："入炉细项莲花鸭签……入炉羊。"但这里的"炉焙鸡"，从正文看，实际上是干锅"烹鸡块"。吴自牧《梦粱录》"分茶酒店"条有"八焙鸡"，字面上已显露出后世"笋鸡炸八块"的意味。因此，从菜肴冠名法和烹调工艺史来推断，最早的"炉焙鸡"，应是与其名称相符的烤炉焙鸡。随着历史的发展，"炉焙"类菜肴有的就改为"炒锅烹"，其风味以模拟炉焙出品特有的干香为主旋律，但其名称未变。

原文　炉焙鸡[1]：用鸡一只，水煮八分熟，剁作小块。锅内放油少许，烧热，放鸡在内，略炒，以旋子或椀[2]盖定，烧及[3]热，醋酒相半，入盐少许烹之[4]，候干再烹，如此数次，候十分酥熟取用。

浦江吴氏《中馈录》

注释

［1］炉焙鸡：这里的炉焙鸡实际上是一种干锅烹鸡。

［2］椀："碗"的异体字。

［3］及：应即"极"字。

［4］烹之：倒入炒锅中。按："烹"字的本义为"烧、煮"，这里的"烹"，则是古代厨者对液体料物投入高温炒锅中，刹那间从锅中发出的骤响和腾起的热气这一声、汽现象的感性表述。随着时间的推移，"烹"的这一新义逐渐使其成为概括这一独特的投料方式的专用术语，并在后来的烹调方法中成为一种工艺的专称。

元宫烤油鸭

这款菜本名“烧水札”，水札又名油鸭、刁鸭、刀鸭等，是形似鸭但又比鸭小的一种水禽，栖息于水草丛生的湖沼河畔，以蛙类和小鱼虾等为食。十分珍贵的是，忽思慧介绍了元代宫廷三种烤水札的方法，这些烤法均在后世的宫廷菜、孔府菜和酒楼菜中有遗响。

原文　烧水札[1]：水札十个挦洗净，芫荽末一两，葱十茎，料物五钱。右件用盐同拌匀，烧。或以肥面包水札，就笼内蒸熟亦可。或以酥油、水和面，包水札，入炉熬[2]内炉熟亦可。

忽思慧《饮膳正要》

注释

［1］烧水札：烤水札。按：此菜为元代宫廷“聚珍异馔”之一。

［2］熬：应作“鏊”。

女真挞不剌鸭子

这款菜实际上是榆仁酱炖鸭，其菜名和菜谱见载于南宋末陈元靓《纂图增新群书类要事林广记》，应是《事林广记》于元后至元六年（1340年）翻刻时的“增新”内容。在元《居家必用事类全集》中，这款菜称作“塔不剌鸭子”。

原文　女真挞不剌鸭子[1]：用大鸭一只，去毛并肠肚，以榆皮酱[2]、肉汁、葱白细丝、小椒囫囵[3]，用油打炒葱白[4]，肉汤一处下锅内，后下鸭子，慢火煮八九分熟，肉紧者使熟之，盛将囫囵折开，以碗留汤供之。鹅、鸭、鸡同此制造，只添血半碗。

陈元靓《事林广记》

注释

［1］女真挞不剌鸭子：此菜在《居家必用事类全集》等书中被列为“女直食品”，写作“塔不剌鸭子”。

［2］榆皮酱：疑为“榆仁酱”之误。按：榆仁酱是用榆仁、盐、曲等酿造的酱。

［3］小椒囫囵：意为将花椒弄碎。

［4］用油打炒葱白：即用油炒葱白丝来炝锅。

元宫烤鸭

将鸭煺毛，去掉肠肚，洗净，鸭腹内填入葱、芫荽末和盐，再将鸭放入洗净的羊肚中，烤熟即可，这就是元代宫廷的烤鸭。这种烤鸭工艺与魏晋南北朝时期的“胡炮肉”颇为相似，具有浓郁的游牧民族饮食文化色彩。

原文　烧雁[1]：雁一个，去毛、肠、肚，净；羊肚一个，退洗净，包雁，葱二两，芫荽末一两。右件用盐同调，入雁腹内，烧之。

忽思慧《饮膳正要》

注释

［1］烧雁：烤雁。此菜为元代宫廷“聚珍异馔”之一。原题后注：“烧鹚鹄、烧鸭子等一同。”说明元代宫廷烤鸭也是这种烤法。

元宫炒鹌鹑

鹌鹑在唐代就是皇家欣赏的美味，这款元代宫廷炒鹌鹑，在秉承唐宋宫廷食制的同时，配料中又添加了肥白的羊尾油，显然是为蒙古帝后所定制。羊尾油之外的萝卜，又起到去腥除膻、解腻提鲜和调剂口味的作用。

原文　炒鹌鹑[1]：鹌鹑二十个，打成事件[2]，萝卜二个切，姜末四两，羊尾子一个各切如色数[3]，面二两作面丝。右件用煮鹌鹑汤、炒葱、醋调和。

忽思慧《饮膳正要》

注释

［1］炒鹌鹑：此菜为元代宫廷“聚珍异馔”之一。原料中有面丝（即面条），说明是用炒鹌鹑及其鲜汤做热汤面。

［2］打成事件：切成块。

［3］各切如色数：分别切成色子块。详见本书“山家雪梨拌香橙”注［1］。

云林烧鹅

元末著名画家倪云林的这款烧鹅，从《云林堂饮食制度集》的记载来看，实际上是以酒、水为蒸气源的蒸鹅。这种蒸鹅工艺，本兴于宋而盛于元、明。因蒸得的鹅酥烂如泥风味独特，故在400年后深受诗人兼美食家袁枚的喜爱。袁枚如法炮制后，还将其做法写进《随园食单》中。

原文　云林鹅[1]：用“烧肉”法[2]，亦以盐、椒、葱、酒多擦腹内，外用酒、蜜涂之，入锅内，余如前法。但先入锅时，以腹向上，后翻则以腹向下。

倪瓒《云林堂饮食制度集》

倪云林《集》中，载制鹅法：整鹅一只，洗净后用盐三钱擦其腹内，塞葱一帚，填实其中。外将蜜拌酒，通身满涂之。锅中一大碗酒、一大碗水，蒸之。用竹箸架之，不使鹅身近水。灶内用山茅二束，缓缓烧尽为度。俟锅盖冷后，揭开锅盖，将鹅翻身，仍将锅盖封好蒸之。再用茅柴一束，烧尽为度。柴俟其自尽，不可挑拨。锅盖用绵纸糊封。逼燥裂缝，以水润之。起锅时，不但鹅烂如泥，汤亦鲜美。以此法制鸭，味美亦同。每茅柴一束，重一斤八两。擦盐时，搀入葱、椒末子，以酒和匀。云林《集》中，载食品甚多。只此一法，试之颇效，余俱附会。

袁枚《随园食单》

注释

[1]云林鹅：在《云林堂饮食制度集》中名“烧鹅”。

[2]“烧肉”法：详见本书“云林烧猪肉”。

女真鹌鹑撒孙

撒孙为女真语汉译，意为肉酱，鹌鹑撒孙是将煮熟的鹌鹑肉脱骨后剁烂，再加入辣蓼叶、豆酱汁、芥末、米汤和盐，调匀盛成碟内即成肉酱。这款菜的菜谱来自南宋末陈元靓《纂图增新群书类要事林广记》,应是《事林广记》在元后至元六年（1340年）翻刻时的“增新”内容。

原文　女真鹌鹑撒孙[1]：鹌鹑煑熟[2]，去骨，剁袮烂。蓼子叶数片细切，豆酱研细纽取汁，芥末煞、熟米泃纽汁，右次入盐少许一处拌匀，盛于碟内供之。

陈元靓《事林广记》

注释

[1]女真鹌鹑撒孙：此菜在《居家必用事类全集》中作“野鸡撒孙”。据中国民族古文字学家史金波先生函示，“撒孙”为女真语，即“肉酱”义。

[2]煑熟：指将鹌鹑煮熟。煑，“煮”的异体字。

水产名菜

元宫鲫鱼羹

这是元代宫廷的一款食疗名羹。鲫鱼羹用于食疗，元代以前以唐代名医昝殷的“鹘突羹”和“鲫鱼莼菜羹”为著。相比之下，这款鲫鱼羹在用料和制作工艺上都与前代的鲫鱼羹不同，体现了忽思慧等元代宫廷饮膳太医的设计思路。

原文　鲫鱼羹[1]：治脾胃虚弱、泄痢久不瘥者，食之立效。大鲫鱼二斤，大蒜两块，胡椒二钱，小椒二钱，陈皮二钱，缩砂二钱，荜拨二钱。右件葱、酱、盐、料物、蒜入鱼肚内，煎熟作羹，五味调和令匀，空心食之。

忽思慧《饮膳正要》

注释

[1]鲫鱼羹：此羹所用食材与餐羹无异，将调料填入鱼肚内煎煮做羹，是此菜用料和制作工艺上的两大特点。

元宫鲤鱼汤

用鲤鱼汤来治黄疸、止渴和安胎，在魏晋南北朝、隋、唐、宋都有记载，这款元代宫廷的鲤鱼汤与前代最大的不同是：煮鲤鱼的调料中多了胡椒和荜拨。

原文　鲤魚汤[1]：治黄疸，止渴，安胎。有宿瘕者不可食之。大新鲤鱼十头，去鳞、肚，洗净，小椒末五钱。右件用芫荽末五钱、葱二两（切）、酒少许、盐一同淹伴[2]。清汁[3]内下鱼，次下胡椒末五钱、生姜末三钱、荜拨末三钱，盐、醋调和。

忽思慧《饮膳正要》

注释

[1] 鲤鱼汤：此汤为元代宫廷“聚珍异馔”之一。

[2] 淹伴：今作“腌拌”。

[3] 清汁：用羊肉等熬后澄取的清汤。

居家酿烧鱼

将鲫鱼净治后往鱼腹内填入肉馅烤熟，这就是《居家必用事类全集》中的“酿烧鱼”。这种菜例在魏晋南北朝时期已经出现，《齐民要术》中的“酿炙白鱼”虽然比这款菜古老得多，但其制作工艺比这款菜复杂。根据《梦粱录》等宋人笔记，这款菜应是直接从宋代流传而来。

原文　酿烧鱼[1]：鲫鱼大者，肚脊批开[2]，洗净，酿打拌肉[3]，杖夹烧熟，供。

佚名《居家必用事类全集》

注释

[1] 酿烧鱼：此菜在《事林广记》《多能鄙事》等书中也有记载。

[2] 肚脊批开：从鱼脊剖开。此批法今仍行之。

[3] 酿打拌肉：酿入搅拌好的肉馅。按：此句后面疑脱“封住脊缝”一类的文字。

元宫姜黄鱼

这是元代宫廷的一款鲤鱼菜。在饮膳太医忽思慧等人编撰的这份宫廷菜谱中，除了白面、绿豆淀粉和芫荽末以外，糊料或调料中未有姜黄或咱夫兰、栀子一类的色素，有可能是在元、明两代《饮膳正要》多次传刻过程中被遗漏。

原文　姜黄鱼[1]：鲤鱼十个去皮鳞，白面二斤，豆粉一斤，芫荽末二两。右件用盐、料物淹拌[2]过，搽鱼[3]，入小油煠熟，用生姜二两（切丝）、芫荽叶、胭脂染萝卜丝，炒[4]、葱调和。

忽思慧《饮膳正要》

注释

[1] 姜黄鱼：此菜为元代宫廷“聚珍异馔”之一。

[2] 淹拌：今作“腌拌”。

[3] 搽鱼：将鱼滚上白面和淀粉。

[4] 炒：此处可有两种断句法，一种即上面的断法，意思即为：将鲜姜丝、芫荽叶、萝卜丝上火炒，加葱调味，浇在炸好的鱼上。一种是将“炒”字后面的顿号去掉，文意则为：将鲜姜丝、芫荽叶、萝卜丝、炒葱撒在炸

好的鱼上。两种断法，从菜肴的制作工艺来看，后一种可能性较大。

[6] 绰："焯"字之误。

[7] 镊去骨：夹出鱼刺。

云林鲫鱼肚儿羹

倪云林的这款鲫鱼肚儿羹制法独特，将活小鲫鱼净治后只取腹部两片肉，用葱、花椒、盐和酒腌渍，鱼头、鱼背等肉则用来熬汤。然后将鱼腹肉放在漏勺内，当熬好澄清的鱼汤烧开时，下入漏勺，让鱼腹肉在漏勺内汆几下取出，去掉鱼刺，放入碗内，汤澄清后加花椒或胡椒、酱等调好口味，再放点菜或笋片，倒入碗中即成。

原文　鲫鱼肚儿羹[1]：用生鲫鱼小者，破肚去肠，切腹腴两片子，以葱、椒、盐、酒浥[2]之。腹后相连如蝴蝶状。用头、背等肉熬汁[3]，捞出肉，以腹腴用筲箕[4]或笊篱[5]盛之，入汁肉绰[6]过，候温，镊去骨[7]，花椒或胡椒、酱、水调和。前汁捉清如水，入菜或笋同供。

倪瓒《云林堂饮食制度集》

注释

[1] 鲫鱼肚儿羹：此菜系将活小鲫鱼的腹腴切片后经腌渍汤汆调味制成。肉质软嫩、汤清味鲜应是此菜制作上追求的目标。

[2] 浥：这里作腌渍讲。

[3] 熬汁：即熬汤。

[4] 筲箕：竹编盛器。

[5] 笊篱：即笊篱。

居家蒸鲥鱼

在吴瑞《日用本草》、浦江吴氏《中馈录》和《居家必用事类全集》中，各有一份关于蒸鲥鱼的菜谱。从这三份菜谱来看，制作工艺基本一致，不同的只是调料上的变化。这里选录的是文字表达较全面的《居家必用事类全集》"蒸鲥鱼"谱。

原文　蒸鲥鱼[1]：去肠不去鳞，糁江茶[2]抹去腥，洗净切作大段，锣盛，先铺蕹叶或菱菜或笋片，酒、醋共一碗[3]，化盐、酱、花椒少许，放滚汤内顿[4]熟供。或煎食，勿去鳞，少用油，油自出矣。

佚名《居家必用事类全集》

注释

[1] 蒸鲥鱼：鲥，原作"时"。

[2] 江茶：似指一种茶叶。

[3] 碗：原作"椀"。

[4] 顿：今作"炖"，应是隔水炖。

元宫团鱼汤

团鱼汤在先秦时期就是贵族名馔，秦汉以后又成为宫廷名菜。同前代的团鱼汤相比，元代宫廷的团鱼汤直接继承了南北朝至隋唐鱼、羊合烹出鲜的食材组配传统，以精制羊肉汤来作为团鱼汤的汤，并取“益气补不足”的食疗功效。

原文　团鱼汤[1]：主伤中，益气，补不足。羊肉一脚子卸成事件，草果五个。右件熬成汤，滤净。团鱼五六个（煑[2]熟，去皮、骨，切作块），用面二两作面丝，生姜汁一合、胡椒一两同炒葱、盐、醋调和。

忽思慧《饮膳正要》

注释

［1］团鱼汤：此汤为元代宫廷“聚珍异馔”之一。“团鱼”，即“绿团鱼”，鳖科动物鼋。

［2］煑：“煮”的异体字。

居家甲鱼羹

甲鱼羹在元代已为家常菜，并有多种做法。这里的甲鱼羹引人关注的是煮甲鱼时使用了“大料物”，即今日所言的复合调料粉（末）。在制作工艺上，这款甲鱼羹采用的是与后世不同的二次加热法，即在甲鱼首次加热时要放“大料物”，这在今天也是不多见的。

原文　团鱼羹：先剁去头，下锅，入大料物[1]煑[2]。微熟，漉出[3]折开，擘去壳并胆，刮洗净控干。下酱清汁内煑软，擂胡椒、川椒、红豆、杏仁、砂仁极烂，下锅滚数沸。入盐、姜、葱二握，调和得所供。

佚名《居家必用事类全集》

注释

［1］大料物：据同书记载，大料物的用料及制法是：“官桂、良姜、荜拨草、豆蔻、陈皮、缩砂仁、八角茴香各一两，川椒二两，杏仁五两，甘草一两半，白檀半两，共为细末用。如带出路，以水浸蒸饼，丸如弹子大。用时，旋以汤化开。”

［2］煑：“煮”的异体字。以下同。

［3］漉出：捞出。

元宫鲤鱼脍

鲤鱼脍本是元代以前的汉族名菜，蒙古人入主中原建立横跨欧亚两大洲的大元帝国后，在承袭宋、金两朝饮食礼仪制度的同时，也将历代汉族名菜纳入蒙古皇家食单中，这款鲤鱼脍就是一例。

原文　鱼脍[1]：新鲤鱼五个，去皮、骨、头、尾，生姜二两，萝卜二个，葱一两，香菜[2]、蓼子[3]各切如丝，胭脂打糁[4]。右件下芥末、炒葱、盐、醋调和。

忽思慧《饮膳正要》

注释

［1］鱼脍：拌生鱼丝。按：此菜为元代宫廷“聚珍异馔”之一。

[2] 香菜：这里指罗勒叶。

[3] 蓼子：这里指香蓼的嫩叶，味辛香。

[4] 胭脂打糁：用胭脂点染。

元宫鱼弹儿

鱼弹儿即鱼丸，这款元代宫廷菜就是以鲤鱼肉、羊尾油加调料制成的炸鱼丸。丸子泥中的羊尾油在满足蒙古帝后饮食习尚的同时，还使鱼丸具有松嫩香美的口味。产自中亚、西亚的胡椒和哈昔泥在丸子料中的使用，又使中国传统的鲤鱼丸具有波斯阿拉伯风味。

原文　鱼弹儿[1]：大鲤鱼十个去皮、骨、头、尾，羊尾子二个同剁为泥，生姜一两切细，葱二两切细，陈皮末三钱，胡椒末一两，哈昔泥[2]二钱。右件下盐，入鱼肉内拌匀，丸如弹儿，用小油煠[3]。

忽思慧《饮膳正要》

注释

[1] 鱼弹儿：即“鱼丸”。按：此菜为元代宫廷“聚珍异馔”之一。

[2] 哈昔泥：阿魏，详见本书“元宫印度汤”注［5］。

[3] 用小油煠：用香油炸。小油，小磨香油。

朴通事三鲜汤

这里的朴通事代指朝鲜李朝时代（1392—1910）汉语教科书《朴通事谚解》，三鲜汤是该书中提到的一款中国元代名汤。根据该书正文和原注，这款汤的主料“三鲜”共有三种说法，即鱼、蛤、蟹；鸡、鸭、鹅；以羊肠和绿豆淀粉做成的假莲蓬、假慈姑、假河豚鱼。

原文　第四道三鲜汤：《质问》[1]云：“鱼、蛤、蟹，三味合为一羹。或鸡、鸭、鹅，三味合为羹，《方言》俱谓之‘三鲜汤’。”又言：“以羊肠、豆粉[2]做假莲蓬、假茨菰、假合吞鱼，谓之‘三鲜’。”今按合吞鱼恐是河豚鱼之误，然亦未详。

《朴通事谚解》

注释

[1]《质问》：一部书名。

[2] 豆粉：绿豆淀粉。

云林煮鲤鱼

倪瓒在《云林堂饮食制度集》中介绍了两种煮鲤鱼的方法，一种是将鲤鱼在用酒、水煮的过程中调味制成，可称为“酒炖鲜鲤”；一种是先将鲤鱼油煎后再加酒等调料制成，可称作“南煎鲤鱼”。倪云林的这两种做鲤鱼的工艺都有一个共同点，即所用调料在下锅前均被加工成液态，下锅时又依其味分次先后投放。

原文 煮鲤鱼[1]：切作块子，半水半酒煮之。以姜去皮，先薄切片，捣如泥；花椒为[2]，姜和[3]研匀，略以酒解[4]开。先以酱水少许入鱼[5]，三沸，次入姜椒，略沸即起。

又法：切作块子。先以香油沸熟[6]，以熟油烹姜、椒于别器[7]。次就油锅下鱼，煎色变，以烹下，稍住火片时，下酱水，余如前法。

倪瓒《云林堂饮食制度集》

注释

[1] 煮鲤鱼：从正文介绍的工艺流程看，倪云林的煮鲤鱼投料考究、讲究火候，远不是用水煮煮而已。

[2] 花椒为："为"字后面疑脱"末"字，即"花椒为末"。

[3] 姜和："姜"字前面疑脱"与"字，即"与姜和"。

[4] 解：即"澥"。

[5] 入鱼：应即"入鱼锅"。

[6] 先以香油沸熟：即先将香油烧热。

[7] 别器：另外的器皿。

云林酒煮鲻鱼

鲻鱼即鲻鱼，其形似鲤，身圆头扁，骨软，其子满腹有黄脂，味美，李时珍在《本草纲目》中说："吴越人以为佳品。"唐《开宝本草》称，鲻鱼"可开胃通利五脏，久食令人肥健，与百药无忌"。倪云林的这款酒煮鲻鱼，调味与加热方法同鲤鱼一样，也是以半水半酒加姜、花椒、酱煮制而成。

原文 酒煮鲻鱼[1]：切块如鲤鱼法[2]，半水半酒、姜、椒、酱煮食之。令腻[3]。

倪瓒《云林堂饮食制度集》

注释

[1] 酒煮鲻鱼：原题"鲻鱼"。"鲻鱼"，即"鲻（zī）鱼"，体圆筒形，头及体背青黑色，腹白，产于我国沿海。

[2] 鲤鱼法：详见本书"云林煮鲤鱼"。

[3] 令腻：要将（鱼汤煮至）汁浓稠。

云林汆青虾卷

青虾用汆法做成菜，在南宋已很盛行，汆望潮青虾、青虾辣羹都是南宋都城临安（今杭州）的名菜。倪云林的这款汆青虾卷，是将活青虾净治刀工处理后，先用葱、花椒、盐和酒腌渍，再用青虾头壳熬制的汤汆熟捞出，净汤后加入笋片和糟姜片，浇入盛虾卷的碗中即成。

原文 青虾卷爊[1]：生青虾去头、壳留小尾，以小刀子薄批，自大头批至尾，肉连尾不要断[2]。以葱、椒、盐、酒水淹[3]之。以头、壳擂碎，熬汁，去柤[4]，于汁内爊虾肉后澄清，入笋片、糟姜片供。元汁[5]不用辣酒不须多，令熟。

倪瓒《云林堂饮食制度集》

注释

[1] 青虾卷熩：据正文，此菜实际上是“氽青虾卷”。熩，音 cuān，今作“氽”。

[2] 肉连尾不要断：按这样做青虾投入沸汤时才能打卷。

[3] 淹：今作“腌”。

[4] 去柤：即“去滓”。柤，这里音 zhā，借为“滓”。

[5] 元汁：即原汤。自此以下说的是做此菜时的三点注意事项。

云林蟹鳖

这款菜名为蟹鳖，而实际上是用蟹和鸡蛋为主料做成的鳖味菜肴。其工艺构思精巧，运用分层铺料的方法，依次将蟹肉、蛋液、蟹膏铺叠在一起而又分为三层。蒸好后划为象眼块，块块层次分明，再浇上配有鲜菠菜特制的芡汁，黄、白、绿相间，色调清雅，其味也酷似鳖肴。

原文　蟹鳖：以熟蟹剔肉，用花椒少许拌匀。先以粉皮铺笼底干荷叶上，却铺蟹肉粉皮上，次以鸡子或凫蛋[1]入盐少许搅匀浇之，以蟹膏[2]铺上，蒸。鸡子干为度，取起待冷，去粉皮，切象眼块。以蟹壳熬汁，用姜浓捣，入花椒末，微著真粉牵和[3]，入前汁或菠菜铺底，供之甚佳。

倪瓒《云林堂饮食制度集》

注释

[1] 凫蛋：野鸭蛋。

[2] 蟹膏：蟹黄。

[3] 微著真粉牵和：稍放点绿豆淀粉勾芡搅匀。“真粉”，这里指绿豆淀粉。详见本书“宋高宗玉灌肺”注 [1]。

云林酒煮蟹

南宋都城临安（今杭州）有名菜洒泼蟹，倪云林的这款酒煮蟹，与洒泼蟹不同的是用酒煮蟹，煮得后食用时不用蘸醋，说明无蟹腥。其做法是：将蟹洗净，带壳剁成两段，然后劈开壳取出肉，将肉和壳都剁成小块，加入葱、花椒、醇酒和盐，放入砂锡器中，用隔水炖的方法将蟹肉炖熟即成。

原文　酒煮蟹法：用蟹洗净，生带壳剁作两段，次劈开壳，以股[1]剁作小块，壳亦剁作小块，脚只用向上一段，螯劈开。葱、椒、纯[2]酒，入盐少许，于砂锡器中重汤顿熟[3]啖之，不用醋供。

倪瓒《云林堂饮食制度集》

注释

[1] 股：蟹胸肢的上肢。

［2］纯：应作“醇”。

［3］重汤顿熟：即隔水炖熟。

居家假鲍鱼羹

这是以田螺片为主料、用虾汤或肉汆制而成的一款元代家庭羹类菜。菜名首字为“假”，并以非“假”字后面的食材为主料，是这类以“假”字打头的菜肴的主要特点。根据《梦粱录》等宋人笔记，这款菜有可能是从宋代传至元代的南方家常菜。

原文　假鳆鱼羹[1]：田螺大者煮熟，去肠靥[2]，切为片，以虾汁或肉汁、米熬之。临供，更入姜丝、熟笋为佳。蘑菇汁尤妙。

佚名《居家必用事类全集》

注释

［1］假鳆鱼羹：即假鲍鱼羹。

［2］肠靥：肠液。“靥”，音 yè，此处指田螺肠上的黏液。

居家螃蟹羹

这是一款元代的家常蟹羹。将每只螃蟹净治后剁成四块，滚上干面粉，下入烧开的锅中，再加入盐、酱和胡椒调好口味，如果汤中放入冬瓜，味道会更好。不难看出，这款羹的制法虽然简单，螃蟹的鲜味却完全得以保存而未在熟制过程中流失。为达此目的，加热前用干面粉而不用当时盛行的绿豆淀粉，除了保护蟹块的鲜味以外，还有利用面粉的鲜味物质为蟹块和羹汤增鲜的效果。

原文　螃蟹羹[1]：大者十只，削去毛，净，控干。剁去小脚梢[2]并肚靥[3]，生拆开，再剁作四段，用干面蘸过下锅煮。候滚，入盐、酱、胡椒调和供。与冬瓜煮，其味更佳。

佚名《居家必用事类全集》

注释

［1］螃蟹羹：即煮带骨蟹块羹。

［2］梢：原作“稍”。

［3］肚靥：肠液。详见本书“居家假鲍鱼羹”注［2］。

云林香螺先生

汆香螺在南宋时就是临安（今杭州）的一款名菜，倪云林的这款香螺先生，正是用鸡汤汆香螺。香螺用汤汆后味道清鲜，用鸡汤汆后其味更加鲜美。

原文　香螺先生[1]：敲去壳，取净肉，洗，不用浆[2]，以小薄卷批[3]如敷梨子法，或片批，用鸡汁略爊[4]。

倪瓒《云林堂饮食制度集》

注释

[1] 香螺先生：据正文，此菜名似为香螺食法以此为最之意。

[2] 不用浆：去掉香螺的浆液。

[3] 以小薄卷批：用小薄刀转着将香螺肉片成片儿。“薄”字后面疑脱“刀”字。

[4]用鸡汁略熶：用鸡汤略氽（就起锅）。熶，音 cuān，今作“氽”。

云林蜜酿蝤蛑

蝤蛑（yóumóu）即梭子蟹，是群栖浅海海底的一种海蟹。蝤蛑在宋代就是宫廷美味，倪云林的这款蜜酿蝤蛑，是先用盐水煮一下梭子蟹，然后打开蟹壳留下蟹腿取出蟹肉，将蟹肉剁成小块，将其码入蟹壳内，浇上用蜂蜜搅匀的鸡蛋液，再铺上猪油，蒸熟即成，上桌时佐橙齑、醋食用。后世传统名菜雪花蟹斗、雪丽大蟹和原壳蟹肉等的制作工艺，均可溯源于此。

原文　蜜酿蝤蛑：盐水略煮，才色变便捞起，擘开，留全壳，螯脚出肉股[1]，剁作小块；先将上件[2]排在壳内，以蜜少许入鸡蛋内搅匀，浇遍，次以膏腴[3]铺鸡蛋上蒸之。鸡蛋才干凝便啖[4]。不可蒸过。橙齑、醋供。

倪瓒《云林堂饮食制度集》

注释

[1] 螯脚出肉股：取出蟹腿中的肉。按：蝤蛑的螯足强大，内中肉丰富。

[2] 上件：指取出的蟹肉和蟹腿肉。

[3] 膏腴：蟹黄。

[4] 便啖：便可以吃了。

云林新法蟹

唐宋时的制蟹法，多以蒸、煮为菜，调味也少不了姜、醋和鲜橙。倪云林的这款新法蟹，首先是新在熟制方法上。以清鸡汤来氽带骨的活蟹肉块，又另换清鸡汤来盛氽过的带骨蟹肉块和蒸好的蟹黄等。其次是新在多层次调味上，即先用鲜蜂蜜浸渍带骨蟹肉块，再用葱、花椒和酒腌渍，待带骨蟹肉块经两次腌渍用鸡汤氽过后，又往另换的清鸡汤中投入糟姜片，这种调味工艺在唐宋蟹菜制作中是未见明确记载的。

原文　新法蟹：用蟹生开壳，留及腹膏，股[1]、脚段[2]作指大寸许块子，以水洗净，用生蜜淹[3]之。良久，再以葱、椒、酒少许拌过，鸡汁内熶[4]。以前膏腴蒸[5]，去壳入内[6]，糟姜片子、清鸡元汁供。不用螯，不可熶过了。

倪瓒《云林堂饮食制度集》

注释

[1] 股：蟹胸肢的上肢，俗名“蟹大腿”。

[2] 段：此处作“剁”讲。

[3] 淹：今作“腌”。

[4] 鸡汁内熶：放入鸡汤内氽。

[5] 以前膏腴蒸：将前面留下的蟹黄放入

壳内蒸熟。

［6］去壳入内：去掉蟹壳，将蒸好的蟹黄放在余得的蟹股、脚上。

云林酒烹蚶子

将活蚶肉离壳码入碗中，淋入蚶浆，泼入极热的酒，这就是倪云林的酒烹蚶子。这款菜净治简单，且不用花椒和盐等调料，吃的全是蚶子的本真之味。如果溯源，这款酒烹蚶子至少可溯至南宋都城临安（今杭州）的市井名菜酒烧蚶子。

原文　酒烹蚶子[1]：以生蚶劈开，逐四五枚[2]，旋劈排碗中，沥浆于上[3]，以极热酒烹下，啖之。不用椒、盐等。劈时，先以大布针刺口易开。

倪瓒《云林堂饮食制度集》

注释

［1］酒烹蚶子：原题“蚶子”。

［2］逐四五枚：一次劈四五个。逐，每次，一次。

［3］沥浆于上：将蚶壳中的浆液洒在蚶子肉上。

云林新法蛤蜊

蛤蜊在宋代多以鲜汤烫熟食用，而被倪云林叹为“甚妙”的这款新法蛤蜊，其做法新在一个“浇”字上，即将净治后的活蛤蜊肉加上细葱丝或橘丝拌匀，码入碗内，再将蛤蜊浆液和洗蛤蜊的净水烧开，用葱、花椒和酒调味，浇入碗内的蛤蜊肉上即成。用此法制成的蛤蜊肉，当比汆的嫩。

原文　新法蛤蜊：用蛤蜊洗净，生擘开[1]，留浆别器中[2]。刮去蛤蜊泥沙，批破，水洗净，留洗水，再用温汤洗，次用细葱丝或橘丝少许拌蛤蜊肉，匀排碗内。以前浆及二次洗水汤澄清去脚，入葱、椒、酒调和，入汁浇供，甚妙。

倪瓒《云林堂饮食制度集》

注释

［1］生擘开：趁它壳开时将壳掰开。

［2］留浆别器中：将壳中的浆液留在另外的容器中。

云林海蜇羹

用鲜虾头熬取清汤，加入海蜇头、对虾、鲍鱼和鸡脯片做成羹，这就是倪云林的海蜇羹。这款羹一反海蜇凉拌冷食的做法，从佐酒变为下饭的热羹，其用料即使在今天也属高档，但其羹的品位却不失当时士大夫的清雅。

原文　海蜇羹：用对虾鲜虾头熬清汁[1]，或入片子鸡脆[2]，复入海蜇，只用花头[3]最好，洗净。对虾、决明[4]、鲜虾、鸡脆，和入，供。鱼亦可食[5]。

倪瓒《云林堂饮食制度集》

注释

［1］熬清汁：即熬制清汤。

［2］片子鸡脆：鸡脯肉片。鸡脆，据同书“腰肚双脆”，即鸡脯肉。

［3］花头：海蜇的口腕部，俗称“海蜇头”。海蜇的伞部即俗称的“海蜇皮”。

［4］决明：即鲍鱼。详见李时珍《本草纲目》“石决明”条。

［5］鱼亦可食：羹中加入鱼肉也可以。

素类名菜

云林灌香蜜藕

这款灌香蜜藕往藕孔中灌的除了蜂蜜以外，还有麝香和绿豆淀粉。以蜂蜜灌藕成菜，魏晋南北朝时期已有记载，《齐民要术》中的“蒸藕”即为最早的菜例。将麝香等灌入藕孔中为菜，则见载于《太平圣惠方》。从熟制方法来看，元代以前的灌藕多以蒸法制作，而倪云林的这款灌藕却以煮法完成，这在前代是比较少见的。

原文　熟灌藕[1]：用绝好真粉[2]，入蜜及麝[3]少许，灌藕内，从大头灌入，用油纸包扎，煮。藕熟，切片，热啖之[4]。

倪瓒《云林堂饮食制度集》

注释

［1］熟灌藕：据正文，此菜实际上是“蜂蜜麝香藕”。

［2］绝好真粉：最好的绿豆淀粉。真粉，绿豆淀粉，详见本书“宋高宗玉灌肺”注［1］。

［3］麝：麝香。

［4］热啖之：趁热吃。

云林雪盦菜

雪，指盖在青菜心上的白色乳饼；盦，音 ān，覆盖的意思；菜，指青菜心，因此，这款雪盦菜也可以叫作“雪盖菜”。用乳饼作为素菜的配料和将加有调料的青菜上笼蒸为菜，在唐宋时很流行。但是将乳饼盖在青菜心上蒸成菜，却应是倪云林的发明。另外这款菜的名称也很有意境美，雪白的乳饼下是碧绿的青菜心，这只有作为山水画家的倪云林才能有此创意。

原文　雪盦菜[1]：用青菜心，少留叶，每棵作二段，入碗内。以乳饼（厚切片）盖满菜上，以花椒末（于手心揉碎）糁上，椒不须多，以醇酒入盐少许，浇满碗中，上笼蒸。菜熟烂啖之。

倪瓒《云林堂饮食制度集》

注释

[1] 雪盦菜：即“雪盖菜”。

云林醋笋

醋笋即酸笋，在古代属于“菹”的范围。这款醋笋以唐宋时道家饮食常用的白梅和唐代始兴的白砂糖、再加上鲜姜汁来腌渍鲜笋，并且要现做现吃，为此倪云林还特意提醒：此菜“不可留久”。

原文　醋笋：用笋汁，入白梅、糖霜或白沙糖、生姜自然汁少许，调和合味，入熟笋淹[1]少时。冷啖。不可留久。

倪瓒《云林堂饮食制度集》

注释

[1] 淹：今作“腌”。

云林烧萝卜

将萝卜切成长条，放在干净的器皿中，撒上鲜姜丝和花椒粒，趁热浇上刚开的调料汤，将器皿立即盖上，再将器皿放在地上，

这是山西兴县牛家川元代石板壁画中的又一幅《备宴图》。与前面那幅《备宴图》不同的是：1. 图中的侍者均为女性，她们分别在用杵臼捣蒜泥、倾瓶往壶中倒酒、拿高足杯和操刀切瓜。2. 长桌上一大长方形盘内盛满包子和馒头，上盖保温布。盘右边有四个高足碗，其中两个倒扣两个正放。盘左边是一带盖罐，罐旁有一矮圈足盘，盘内应是切后码成山状的酒菜。靠桌角是一圈足海碗，碗内放一曲柄勺。切瓜女侍的桌面上，是一盘切好的瓜块。此图与前图一起，再现了这位蒙古族官员或贵族的日常饮食生活。徐娜摄自首都博物馆“大元三都”展

过一段时间即成，这就是倪云林《云林堂饮食制度集》中的烧萝卜。但该书中未见用什么萝卜，从当时的饮食时尚和其画家身份等来推断，用胡萝卜的可能性较大。

原文　烧萝卜：用切作四方[1]长小块，置净器中，以生姜丝、花椒粒糁上。用水及酒少许，盐、醋调和，入锅一沸，乘热浇萝卜上，急盖之，置地。浇汁令浸没萝卜。

倪瓒《云林堂饮食制度集》

注释

[1]四方：疑为“四寸”之误。

居家食香茄儿

这是记载的一款南味家常茄子菜。将新摘的嫩茄子切成三角块，用开水焯一下，捞入布包内，榨干水分，撒上盐腌一宿，晒干后加入姜丝、橘皮丝和紫苏拌匀，泼入煎滚的糖醋汁，用瓷器收存即成，这就是食香茄儿。这份菜谱在浦江吴氏《中馈录》等书中也有收录，但菜名却为“糖醋茄”“香茄”等。

原文　食香茄儿[1]：新嫩者切三角状，沸汤煠[2]过，稀布包，榨干，盐淹[3]一宿。晒干，用姜丝、橘丝、紫苏拌匀，煎滚糖醋，泼，晒干收贮。

佚名《居家必用事类全集》

注释

[1]食香茄儿：明《便民图纂》作“香茄”。

[2]煠：同“炸”，此处作焯讲。

[3]淹：今作“腌”。

吴氏糖蒸茄

这是以蒸法制作的一款南味家常茄子菜。将大而嫩的牛奶茄不去蒂切成六瓣，每五斤用一两盐腌一下，然后再焯一下沥干，放入器皿中，加入薄荷、茴香末、砂糖、醋腌三宿。取出晒干，仍放入腌茄子的糖醋汤中，浸至入味，将茄块压扁收藏。吃时蒸一下即可。需要指出的是，这份菜谱没有如何蒸茄子的文字，估计是在古代传刻时漏掉的。

原文　糖蒸茄：牛妳茄[1]嫩而大者，不去蒂，直切成六稜[2]，每五十斤[3]用盐一两拌匀，下汤焯，令变色，沥干。用薄荷、茴香末夹在内，砂糖三斤、醋半钟浸三宿。晒干，还卤。直至卤尽茄干，压扁，收藏之。

浦江吴氏《中馈录》

注释

[1]牛妳茄：妳，“奶”的异体字。似为《王祯农书》所言的“银茄”或“渤海茄”。

[2]六稜：六瓣。

[3]每五十斤：疑为“每五斤”之误。

吴氏鹌鹑茄

将嫩茄子切成丝，焯一下捞出控干，用盐、酱、花椒、莳萝、茴香、甘草、陈皮、杏仁、红豆末拌匀，然后晒干蒸一下收起来。吃的时候用开水将茄丝泡软，再用香油炸香即成，这就是浦江吴氏《中馈录》中的鹌鹑茄。

原文 鹌鹑茄：拣嫩茄切作细缕[1]，沸汤焯过，控干，用盐、酱、花椒、莳萝、茴香、甘草、陈皮、杏仁、红豆[2]研细末拌匀，晒干，蒸过收之。用时，以滚汤泡软，蘸香油煠[3]之。

浦江吴氏《中馈录》

注释

[1] 细缕：细长的丝。

[2] 红豆：红豆树的种子，颜色鲜红。

[3] 煠：同“炸”。

吴氏胡萝卜鲊

胡萝卜原产地中海沿岸，阿富汗为其最早的演化中心，12 世纪时南宋和金代文献中已有关于胡萝卜的记载。浦江吴氏《中馈录》和《居家必用事类全集》等书中的这款胡萝卜鲊，应是胡萝卜传入中国后最早见于记载的一款名菜。

原文 胡萝卜鲊[1]：切作片子，滚汤略焯，控干，入少许葱花、大小茴香、姜、橘丝[2]、花椒末、红曲研烂，同盐拌匀，醃[3]一时，食之。

浦江吴氏《中馈录》

注释

[1] 胡萝卜鲊：即腌胡萝卜。

[2] 橘丝：橘皮丝。

[3] 醃：“腌”的异体字。

居家蒲笋鲊

这是《居家必用事类全集》中的一款春季南味家常蔬食。根据该书提供的菜谱，这款菜的做法是：将采来的嫩蒲笋切成寸段，焯一下，用布包起来压干，加入姜丝、橘皮丝、葱丝、花椒、茴香、红曲、粳米饭和熟油，拌匀后放入瓷器中，第二天就可以食用了。不难看出，这是一种从前代流传至元代的速成蒲笋鲊。

原文 蒲笋鲊[1]：生者一斤寸截[2]，沸汤焯过，布裹压干，姜丝、熟油、橘丝、红曲、粳米饭、花椒、茴香、葱丝拌匀，入磁器一宿，可食。

佚名《居家必用事类全集》

注释

[1] 蒲笋鲊：原题“造蒲笋鲊”。蒲笋，

又名“蒲蒻”“蒲儿根”，香蒲科植物长苞香蒲或其同属多种植物带有部分嫩茎的根茎，春季是其采挖和食用季节。

[2] 寸截：切成寸段。

吴氏茭白鲊

茭白是生长在湖沼水里的一种古老时蔬，药用时还具有解酒毒等功用，因此是古代豪门富户的一款家常食材。这款茭白鲊实际上是用葱丝、莳萝、茴香、花椒、红曲和盐腌拌而成的茭白片。根据吴自牧《梦粱录》等宋人笔记，这应是从宋代流传下来的一款家常冷菜。

原文　茭白鲊[1]：鲜茭切作片子，焯过，控干，以细葱丝、莳萝、茴香、花椒、红曲研烂，并盐拌匀，同醃[2]一时，食。藕梢鲊同此造法。

浦江吴氏《中馈录》

注释

[1] 茭白鲊：即腌茭白。

[2] 醃：“腌”的异体字。

吴氏蒜瓣冬瓜

冬瓜原为我国南方特产，印度也是其原产地之一。魏晋南北朝时，冬瓜已在我国北方大面积种植。据《齐民要术》，当时已将新摘的冬瓜削皮去子儿，放入芥子酱或豆酱中腌渍成菜。浦江吴氏《中馈录》中的这款蒜瓣冬瓜，则是将焯过的冬瓜条用盐、蒜瓣和醋渍制而成。

原文　蒜冬瓜：拣大者[1]去皮、穰，切如一指阔，以白矾、石灰煎汤焯过，漉出[2]，控干。每斤用盐二两、蒜瓣三两（捣碎），同冬瓜装入磁器，添以熬过好醋浸之。

浦江吴氏《中馈录》

注释

[1] 拣大者：挑大个的冬瓜。

[2] 漉出：捞出。

吴氏三和菜

这款菜的制法很独特，先把菜放入烧开的加有醋、酒、盐和甘草的水中，然后盛入器皿中，撒上橘皮丝和一两片白芷，再放入开水锅中隔水炖，菜熟即成。菜名中的“三和”，指煮菜所用的淡醋、酒和水三种各为1/3；“菜”在这份菜谱中未指出是什么菜，估计应是当时没有必要细说的常见菜或者是在古代传刻中漏掉了。

原文　三和菜：淡醋一分，酒一分，水一分，盐、甘草调和其味得所，煎滚[1]，下菜，苗[2]丝、橘皮丝各少许，白芷一二小片糁[3]菜上，重汤顿[4]，勿令开，至熟，食之。

浦江吴氏《中馈录》

注释

［1］煎滚：煮滚。

［2］苗：疑为“茴”字之误。

［3］糁：此处作撒讲。

［4］重汤顿：即隔水炖。

吴氏炒酱瓜丝

这款菜在浦江吴氏《中馈录》中原名“瓜齑”，根据吴自牧《梦粱录》等宋人笔记，应是从宋代流传下来的一款南味家常菜。这款菜对后世的影响较大，传统名菜肉丁炒酱瓜丁应是其遗意。

原文　瓜齑[1]：酱瓜、生姜、葱白、淡笋干或茭白、虾米、鸡胸肉各等分，切作长条丝儿，香油炒过，供之。

浦江吴氏《中馈录》

注释

［1］瓜齑：据正文，这里的“瓜齑”实为炒酱瓜丝。

居家假鱼脍

鱼脍是古代盛行的一款名菜，但由于食用鱼脍后容易引发多种疾病，因此至迟在宋代便出现了以面筋等素料制成的假鱼脍。《居家必用事类全集》中收录的这份假鱼脍菜谱，

这是内蒙古博物馆馆藏的元代三足双耳铁铛。与后世铁铛不同的是，这件铁铛下有三个稍长的尖足，口沿两边有扳手，铛腹稍深。民俗学资料显示，后世类似铁铛，除了烙馍以外，还常常用于制作铛炮羊肉等菜肴。徐娜摄自首都博物馆“大元三都”展

应是从宋代流传下来的一份名谱。

原文　假鱼脍[1]：薄批熟面觔[2]，用薄粉皮两个，牵抹湿，上下夹定[3]，蒸熟，薄切。别染[4]红粉皮，缕切[5]，笋丝、蘑菇丝、萝卜、姜丝、生菜、香菜，间装如春盘样，用鲙醋浇。

佚名《居家必用事类全集》

注释

［1］假鱼脍：以全素料制成的“生鱼丝”。

［2］觔：同“筋”。

［3］上下夹定：指将面筋夹在两张粉皮中间。

［4］别染：另外染。

［5］缕切：切成丝。

吴氏速成酸菜末

这款菜在浦江吴氏《中馈录》中原名“暴齑”。暴，即速成之意；齑，为古代的酸菜末。因为齑是一种经过数天发酵自然产生酸味的酸菜，而这里的齑则是将白菜焯后加醋片刻即成的酸菜，因而叫“暴齑”。

原文　暴齑[1]：菘菜[2]嫩茎汤焯半熟，纽[3]干，切作碎段，少加油略炒过，入器内，加醋些少[4]，停少顷[5]，食之。

浦江吴氏《中馈录》

注释

[1] 暴齑：速成酸菜丝。

[2] 菘菜：白菜。

[3] 纽：即扭，这里为拧的意思。

[4] 些少：少许。

[5] 停少顷：等一会儿。

居家素鹿脯

这款菜本名“酥煿鹿脯”，应是当时一款用于佐酒和下饭的家常菜。煿，音 bó，同“爆”，从该书提供的菜谱来看，煿在这里作煎炒讲；鹿脯则是以面筋为主料制成的素鹿脯。面筋用蘑菇汁先腌后煨炒，其滋味之鲜美可以想见。

原文　酥煿鹿脯[1]：每十分[2]，生面觔四埚[3]，细料物二钱，韭三根，盐一两，红曲末一钱，同剁烂，如肉色。温汤浸开，搓作条，煮熟，丝开[4]，酱、醋合蘑菇汁醃[5]片时。控干，油煎，却下醃汁同炒干。

佚名《居家必用事类全集》

注释

[1] 酥煿鹿脯：这是以面筋为主料制成的象形类素菜。

[2] 分：即“份”。

[3] 生面觔四埚：生面筋四锅。埚，音 guō。觔，同“筋”。

[4] 丝开：即“撕开”。

[5] 醃：“腌”的异体字。

居家素灌肺

这款素灌肺的主料是熟面筋，将其切成肺样块以后，用五味调料腌渍，再滚上绿豆淀粉，煮熟以后连汤一起盛入碗中即可食用。同以魔芋为主料的“灌肺”相比，这款素灌肺从头至尾全是用以水为传热介质的加热法制成。需要指出的是，这份菜谱只说“合汁供”，未说是何“汁”。根据当时的菜例，可能为蘑菇汁。

原文　素灌肺[1]：熟面觔[2]切肺样块，五味醃[3]，豆粉[4]内滚，煮熟，合汁供。

佚名《居家必用事类全集》

注释

［1］素灌肺：这是一道富有北方风味特色的象形类素菜。

［2］觔：同“筋”。

［3］醃：“腌”的异体字。

［4］豆粉：绿豆淀粉。

居家假灌肺

将魔芋切成片，焯一下，用杏泥、花椒、鲜姜和酱腌四个小时。先用葱、油炝锅，再放入用水研开的乳饼，投入花椒和姜，下入炸过的魔芋片，连汤一起装碗即可食用，这就是《居家必用事类全集》中的假灌肺。根据吴自牧《梦粱录》等宋人笔记，这款菜应是从宋代流传下来的素食名菜。

原文　假灌肺：蒟蒻[1]切作片，焯过，用杏泥、椒、姜、酱醃两时[2]许。揩净。先起葱油，然后同水研乳，椒、姜调和匀。蒟蒻煠[3]过，合汁供。

佚名《居家必用事类全集》

注释

［1］蒟蒻：又称“魔芋”，多年生草本植物。

［2］醃两时：即腌四个小时。醃，“腌”的异体字。

［3］煠：同“炸”。

居家假水母线

假水母线即用魔芋丝做成的假海蜇丝，焯后装盘，浇上吃生鱼丝的调味汁即可。根据吴自牧《梦粱录》等宋人笔记，这款菜应是从宋代流传下来的素食名菜。说明自公元3世纪文献中始有中国人食用海蜇的记载以后，宋元时又有了其仿制品。

原文　假水母线：以蒟蒻切丝，滚汤焯，如上装簇[1]，脍醋浇，食。

佚名《居家必用事类全集》

注释

［1］如上装簇：像“水晶脍”那样装盘，即在盘内整齐码放。

云林面筋干

这款菜原名“煮麸干”，麸即面筋，其制作精细，历经五道工序做成。既可冷吃，又能热食，应是一道越嚼越有滋味的素食。将面筋单独做成菜兴于唐而盛于宋元。倪云林的这款面筋干与众不同的是：唐宋时的面筋多为一菜中的配料，元代又多为象形菜肴的主配料，而这款面筋干，不但主料为面筋，连菜品也直呼其名，这在当时是少见的。

原文　煮麸干：以吴中细麸（新落笼不入水者），扯开作薄小片。先用甘草（作寸段）

入酒（少许）、水，煮干[1]，取出甘草，次用紫苏叶、橘皮片、姜片同麸略煮取出，待冷。次用熟油、酱、花椒、胡椒、杏仁末和匀，拌面[2]、姜、橘等，再三揉拌，令味相入。晒干，入糖甏[3]内封盛。如久后啖之时觉硬，便蒸之。

倪瓒《云林堂饮食制度集》

注释

［1］煮干：指将煮面筋的汤烧尽。

［2］面："面"字后疑脱"筋"字。

［3］糖甏（bèng）：陶瓮。

居家假蚬子

这是《居家必用事类全集》中记载的一款以鲜莲肉、菱肉制成的象形类素菜。从其名称和其在该书"素下酒并素下饭"条目下来看，这款菜应是从南宋流传下来的素食名菜。

原文　假蜆子[1]：鲜莲肉不切，菱肉剉骰块[2]，焯过，物料醃[3]。油爁[4]，楪供[5]。

佚名《居家必用事类全集》

注释

［1］假蜆子：即"假蚬子"。蚬，音 xiǎn，瓣鳃动物，淡水产，俗称"花蛤"。

［2］剉骰块：切骰子块。

［3］物料醃：调料腌。

［4］油爁：油炸。爁，音 lǎn，烤炙，这里作炸讲。

［5］楪供：装碟食用。

居家鳝生

这款菜在《居家必用事类全集》"素食：素下酒并素下饭"条目中写作"膳生"，根据吴自牧《梦粱录》等宋人笔记和这款菜所在该书的条目，"膳生"应即"鳝生"。从该书提供的菜谱来看，这是一款以面筋、粉皮、笋丝和蘑菇丝做成的象形类素菜。

原文　膳生[1]：每十分[2]，生面觔一埚[3]手按薄。笼内先铺粉皮，洒粉丝抹过，将面觔铺粉皮上，蒸熟。用油抹过，候冷，切三寸长细条；三色粉皮各一片，如上切；熟面觔一块，切丝；笋十根，切丝；蘑菇三两，丝[4]，油炒，簇装碗内，烫过，热汁浇。

佚名《居家必用事类全集》

注释

［1］膳生：应即"鳝生"。从菜名看，鳝生本应是凉菜，这款菜却是将面筋丝、粉皮丝、笋丝和蘑菇丝码在碗内，再浇上热汤，明显是热菜。

［2］分：即"份"。

［3］生面觔一埚：生面筋一锅。觔，同"筋"。埚，音 guō。

［4］丝：此字前面疑脱"切"字。

居家三色杂熝

所谓“三色”，即桑耳、蘑菇和乳团；“杂熝”，则是将这三种食材放入锅中用油、盐炒，然后加入浸泡蘑菇的原汤，烧入味后出锅即成。由上不难看出，所谓“三色杂熝”，应即“三色杂熬”。

原文　三色杂熝[1]：桑莪[2]、蘑菇、乳团，下油锅，少盐炒，用原卤[3]，合汁供。

佚名《居家必用事类全集》

注释

[1] 熝：音 āo，这里类似今日的熬。

[2] 桑莪：桑耳。详见明李时珍《本草纲目》“桑耳”。

[3] 原卤：指泡发蘑菇的汤。

居家素咸豉

咸豉本是宋代宫廷宴中的第一款下酒肉菜，这里的这款咸豉，则是以熟面筋丝、笋片、木耳或桑耳、蘑菇、姜片加调料炒后再煨至汁尽而成的素菜。据这份菜谱所在条目原注可知，这款菜当时用于佐酒和下饭。

原文　咸豉：熟面觔[1]丝，碎笋片，木耳，姜片。或加蘑菇、桑莪蕈[2]。下油锅炒半熟，倾入擂烂酱、椒、沙糖少许，粉牵[3]焐[4]熟，候汁干，供。

佚名《居家必用事类全集》

注释

[1] 觔：同“筋”。

[2] 桑莪蕈：即“桑耳”。

[3] 粉牵：今又作“粉芡”。

[4] 焐：《字汇补》：“火熄也。”根据菜谱中“候汁干”的出锅标准，可知这里的焐应类似于后世的煨㸆。

居家脆姜

这是《居家必用事类全集》中一款很有元代江南乡土特色的家常小菜。其做法是：将嫩鲜姜去皮，然后同甘草、白芷、零陵香放到一起煮熟，出锅后切成片即成。该书称，这种姜“食之脆美异常”。

原文　脆姜[1]：嫩生姜去皮，甘草、白芷、零陵香[2]少许，同煮熟，切作片子，食之脆美异常。

佚名《居家必用事类全集》

注释

[1] 脆姜：此菜谱在明《多能鄙事》和《便民图纂》等书中也有收录。

[2] 零陵香：报春花科植物灵香草的带根全草，气芳香浓郁，味微苦。另据《证类本草》濠州零陵香及《植物名实图考》的零陵香附图，

均似唇形科植物罗勒或九层塔。今用罗勒作零陵香者，仅见于江浙地区。九层塔则仅在台湾及海南岛有分布。市售零陵香主要为灵香草。

居家炸骨头

炸骨头原本是以带肉羊肋等制成的一款宋代名菜，这里的炸骨头则是以乳团、绿豆淀粉、面粉和茴香、橘皮、糖等做成。引人关注的是，这款菜的用料中有一般很少用到的大麻子。大麻子应即火麻仁，为桑科植物大麻的种仁，中医常用其治肠燥便秘。这份菜谱中有“麻子炒不熟令人泻”的提示，其说正与火麻仁的性味相合。之所以放火麻仁，是因为乳团和面粉油炸后，为上火之物，故以麻仁润之。

原文　煠骨头：乳团、豆粉、生面一斤，盐、酱、茴香、橘皮、椒末和匀，蒸熟。切作骨头样，油煠[1]，却入酱清汁、擂炒熟大麻子，加沙糖，合汁慢火熝[2]，入少面牵[3]，不须用油。麻子炒不熟令人泻。

佚名《居家必用事类全集》

注释

[1] 油煠：油炸。

[2] 合汁慢火熝：连汤用小火熬。

[3] 入少面牵：放少许面勾芡。牵，今作“芡”。

居家三色酱

先用油和葱丝炝锅，再将切碎的熟面筋、酱瓜和糟姜放入锅中煸炒，待炒透时出锅即成，这就是三色酱。从其制作工艺和出品风味来看，这应是当时的一款江南家常小菜。

原文　三色酱：熟面筋一埚[1]，碎切；酱瓜儿二个，糟姜半斤，各细切，下油锅，加葱丝炒熟，食。无糟姜，生姜亦可。

佚名《居家必用事类全集》

注释

[1] 一埚：即一锅。

居家玉叶羹

据吴自牧《梦粱录》等宋人笔记，玉叶羹是南宋都城临安（今杭州）的一款名羹，这里的玉叶羹，则是以乳团、绿豆淀粉、蘑菇、桑耳和山药等制作的素羹。这款羹的加热工艺比较特别，临装碗前，将煮熟或蒸熟的乳团和山药等先在滚开的汤中烫一下，再一一码入碗内，浇上热汤。看得出，这是为使此羹具有清鲜爽滑的口感。

原文　玉叶羹[1]：每十分[2]，乳团二个，薄批方胜切[3]，入豆粉拌、煮熟，蘑菇丝四两，天花[4]、桑莪[5]各二两，山药[6]半熟去皮，甲叶切四两[7]，笋甲叶切四两，糟姜片切三两，椀内间装，烫过，热汁浇。

佚名《居家必用事类全集》

注释

［1］玉叶羹：这是一款突出食材本色的白羹。

［2］分：即“份”。

［3］方胜切：切成很小的方丁。胜，作不能再小讲。

［4］天花：即天花蕈。

［5］桑莪：即桑耳。详见明李时珍《本草纲目》“桑耳”。

［6］山药：“药”字后面疑脱“蒸”字。

［7］甲叶切四两：此句似与接下来的“笋甲叶切四两”重复。

这是内蒙古乌兰察布市察右前旗出土、现藏内蒙古博物馆的元代三尖足铁锅。展台上的说明告诉我们，这件铁锅下有三锥形高足，两耳在口沿，系铸造而成，为蒙古族烹煮肉食的炊器。烹调实验表明，用这类铸铁锅煮出的羊肉，香气扑鼻酥嫩可口，其口感远胜用双耳铁炒锅做的。徐娜摄自首都博物馆“大元三都”展

朴通事金银豆腐汤

这里的朴通事代指朝鲜李朝时代（1392—1910）汉语教科书《朴通事谚解》，金银豆腐汤是该书提到的一款中国元代名汤。根据该书正文和原注，这款汤有两种做法，一种是以鲜豆腐条和炸豆腐条为主料做成，另一种则是用鸡蛋清和鸡蛋黄做成。因为这两种汤的主料均为黄白相间，故称“金银豆腐汤”。

原文　第二道金银豆腐汤：《质问》[1]云：“豆腐用油煎熟，其色黄如金；白如银，细切，作汤，食之。又云：用鸡蛋[2]清同蛋黄相制为之。”今按鸡蛋即鸡子也。

《朴通事谚解》

注释

［1］《质问》：一部书名。

［2］鸡蛋：原书“蛋”字左偏旁为“旦”字，右边为“鸟”字。

居家烤脯

烤脯本是宋元以前就有的名菜，这款烤脯则是将熟面筋随意切成块，下锅中煸炒，再用酱、醋、葱、花椒、盐等调料腌入味，凉凉后用竹签插上，先用小火烤干，然后蘸汁再烤即成。不难看出，通过烤前腌渍和烤时蘸汁的调味方式，来赋予面筋具有肉脯的滋味，这款菜应是宋元烧烤菜中的一道创新菜。

原文　炙脯：熟面觔[1]随意切，下油锅掠炒，以酱、醋、葱、椒、盐、料物（擂烂）调味得所，醃[2]片时。用竹签插，慢火炙干，再蘸汁炙。

佚名《居家必用事类全集》

注释

[1] 觔：同“筋”。

[2] 醃：“腌”的异体字。

居家四色荔

这是一款具有热菜冷吃特点的家常菜，菜名中的“四色”，指黄瓜、萝卜等四种菜肴；“荔”，则是指其中的荔枝茄。根据该书提供的菜谱，这款菜制成后，盘内分四色，即姜醋黄瓜条、酱炒萝卜丝、炒羊肉丝拌炸茄条和盐豉拌炸荔枝茄各一堆，再浇上松仁汁，吃时佐胡饼，其装盘和食用方式颇有胡风意韵。

原文　四色荔：用白茄五个切两半，再切半月；又五个切作两段，上用刀按作棋[1]盘样，再十字切，于油内煠过三分[2]；黄瓜五个，切作两半，再切半月，盐醃[3]片时去水，姜、醋内拌；生精羊肉四两燥子[4]，盐、酱、姜、橘丝各少许，仍用熟油炒熟，同半月茄一处拌，一半与荔枝茄一处拌，荔枝茄内入盐豉少许拌匀；又用大萝卜一个切作丝，盐醃去水，细干酱、醋炒焜[5]，拌；松仁半合[6]研烂，下于肉汤一盏内，酱、醋少[7]拌匀，分作四分[8]于碟中心供，用松仁汁少许浇之，同胡饼供。

佚名《居家必用事类全集》

注释

[1] 棋：原作“棊”。

[2] 于油内煠过三分：放入油中炸至三成熟。

[3] 醃：“腌”的异体字。以下同。

[4] 燥子：指将羊肉切成丝。

[5] 炒焜：指将细干酱和醋搅匀，浇在萝卜丝上。焜，疑为“浥”字之误。

[6] 半合：约为今 0.05 升。

[7] 少：少许。

[8] 分：即“份”。

大都炒韭菜

韭菜进入中国人的餐桌已很久远，但从先秦至元代以前，韭菜入馔多见于腌、羹和生食。以炒法将韭菜做成一款菜，在元代始见记载。元人熊梦祥《析津志》记大都六月风俗：“是月也，京师中多市麻泥、科斗粉、煎茄、炒韭、煎饼。”其中的“炒韭”，应是目前所知关于韭菜以炒法制作并为坊市应时当令名菜的最早记载。

根据《析津志》的记载，当时元大都坊间制售的炒韭菜，其韭菜一是来自各家菜园所植的“园韭”，二是来自西山野生的“山韭”。

关于这两种韭菜作为食材的区别，熊氏特意注明："山韭与园韭同。"在制作工艺上，炒韭菜是一道最讲究火候的功夫菜。对其火候分寸的掌握，素来有这样的说法："锅中熟，过火；锅外熟，正好。"但怎样才能做到锅外熟而不夹生？其精妙犹如水墨中国画的点染，厨艺学养达到一定程度，自然会信手由之。这款炒韭菜出锅后，其食用方式当以饼卷食为首选。而熊氏在炒韭菜后面所记的恰是"煎饼"，熊氏记录的应是当时元大都民俗美食的配对吃法。

明代名菜

宫眷所重者，善烹调之内官；而各衙门内臣所最喜者，又手段高之厨役也。

——刘若愚《明宫史·火集》

肉类名菜

宋府烤猪肉

宋府指明代祖籍松江后居京师（今北京）世代为官的宋诩家，宋家是当时天下闻名的高门，烤猪肉是宋家第三代宋诩的母亲亲传的一款名菜。这款菜原名“火炙猪”，有两种做法，一种是将肥嫩猪肉切片加盐和花椒、大小茴香末腌后放在铁烤床上烤，另一种则是将薄猪肉片粘在瓷碗中封上纸烤。“炙”在古代一般是指叉烤或串烤，这里的两种烤法均与此相悖，说明到明代时，“炙”字已泛指其他形式的烤肉法。

原文　火炙猪[1]：一、用肉肥嫩者薄切牒[2]，每斤盐六钱醃[3]之，以花椒、莳萝、大茴香和匀，微见日，置铁床中，于炼火上炙熟。一、用肉薄切而牒，粘薄瓷碗中，以纸封之，覆置炼火上烘熟。

宋诩《竹屿山房杂部·养生部》

注释

［1］火炙猪：原题后注“二制”，即两种制法。

［2］薄切牒：切薄片。牒，音 zhé，肉片。

［3］醃：“腌”的异体字。

瘡單用煮湯浴之汁主塗癬一云投数枚
煮肉易爛與栢實皆可食
獼猴桃味酸甘寒無毒止暴渴解煩熱冷
脾胃動洩澼壓丹石下石淋熱壅不可多
食令人臟寒洩此桃本草言藤生附樹葉
圓有毛形似雞卵皮褐色經霜始甘美衍
義言生則極酸十月爛熟始食
羊桃味甘寒主慓熱風水積聚詩名萇楚
羊棗實小黑而圓又謂之羊矢棗

明代吴禄《食品集》（明嘉靖本）记载了炖肉放楮实肉易烂等做菜的诀窍

眉公薄荷叶蒸肥膘

眉公即明代著名文人陈继儒，因其号眉公，故世称陈眉公。陈为明代松江华亭（今上海松江）人，史载其“工诗善文，短翰小词，皆极风致。书法苏米，兼能绘画，名重一时”。陈眉公对饮食颇为考究，根据清初朱彝尊《食宪鸿秘》中此菜菜名后的原注，可知这款菜的做法是其所授。

原文　骰子块[1]：猪肥膘，切骰子块。鲜薄荷叶铺甑底，肉铺叶上，再盖以薄荷叶，笼好，蒸透。白糖、椒盐掺滚，畏肥者食之亦不油气。

朱彝尊《食宪鸿秘》

注释

[1] 骰（tóu）子块：原题后注为“陈眉公方”。蒸肥膘时用鲜薄荷叶铺底，吃时滚上白糖椒盐，透着诗人画家气。

宋府手烦肉

宋家的这款菜的菜名不见于前代记载，其做法也比较独特，将煮烂的肉去骨后带少许汤用手反复揉，待成肉浆状时加入花椒盐（水），冷却结冻后即可切厚片食用。宋诩在菜谱中未说是用什么肉，从这份菜谱在该书中的位置来看，用的应是猪肉，且以猪肘为佳。

原文　手烦肉[1]：取肉水烹糜烂，去骨，和少[2]汁烦揉融液，加花椒、盐，俟凝，厚切用之。

宋诩《竹屿山房杂部·养生部》

注释

[1] 手烦肉：原题后注为“烦，《释文》曰挼也”。按：“挼”又作“捼”，音 nuó，又读 ruó，揉搓。

[2] 少：少许。

宋府糖猪羓

这是一款油炸猪肉块。肉块炸之前要用红糖和香辛料腌渍，炸时要用香油。可以推想，肉块捞出后色泽红润香气扑鼻。值得关注的是，这份菜谱与《墨娥小录》中的糖炙猪肥谱雷同，是宋诩从《墨娥小录》还是从其他书中辑出有待进一步研究。

原文　糖猪羓[1]：取肉去肤骨，切二寸长、一寸阔、半寸厚脔[2]，以赤沙糖少许、酱、地椒[3]、莳萝、花椒和匀，微见天日即收或阴干。先以香油熬熟，既入肉，不宜炀火[4]，待少顷自熟。

宋诩《竹屿山房杂部·养生部》

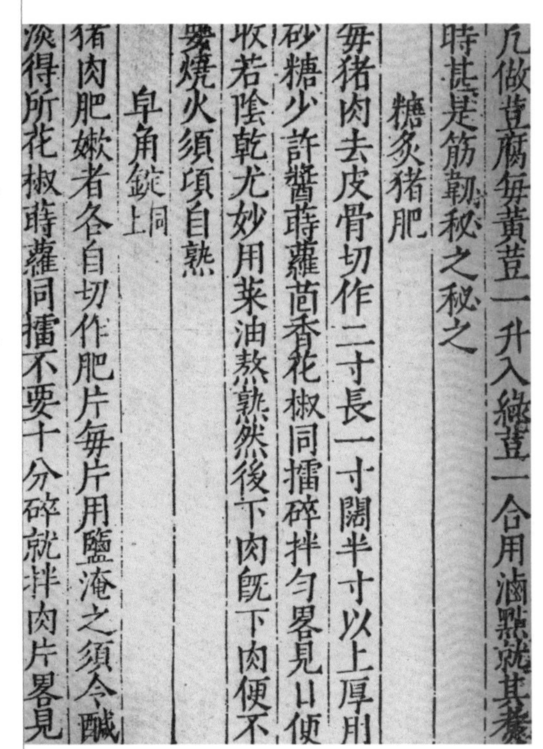
凡做荳腐每黃荳一升入綠荳一合用滷點就其養
時甚是筋韌秘之秘之
糖炙猪肥
每猪肉去皮骨切作二寸長一寸闊半寸以上厚用
砂糖少許醬蒔蘿茴香花椒同擂碎拌勻晷見日便
收若陰乾尤妙用菜油熬熟然後下肉旣下肉便不
要燒火須頃自熟
皂角鋌 同上
猪肉肥嫩者各自切作肥片每片用鹽淹之須令鹹
淡得所花椒蒔蘿同擂不要十分碎就拌肉片晷見

这是元代佚名（一说陶宗仪撰）《墨娥小录》中有关糖炙猪肥等菜做法的书影

注释

[1] 糖猪羓：原书糖字左边为"食"字旁；猪，原作"豬"；羓，音 bā，肉干。

[2] 脔：肉块。

[3] 地椒：唇形科植物百里香的全草。详见本书"女真蒸羊眉罕"注[2]。

[4] 炀火：这里为旺火的意思。

宋府冻猪肉

这是宋家的又一款冻类冷菜。根据宋诩的介绍，这款菜虽然名为冻猪肉，而实际上却是猪蹄筋冻。调料中有甘草，是这款冷菜用料上的一个特点。

原文 冻猪肉：惟用蹄爪，挦洗[1]甚洁，烹糜烂，去骨取肤筋，复投清汁中，加甘草、花椒、盐、醋、橘皮丝调和，或和以芼熟[2]团潭笋，或和以芼熟甜白莱菔[3]，并汁冻之[4]。

宋诩《竹屿山房杂部·养生部》

注释

[1] 挦洗：搓洗。挦，音 xián，这里作搓讲。

[2] 芼熟：焯熟。芼，这里作焯讲。

[3] 甜白莱菔：即甜白萝卜。

[4] 并汁冻之：连汁一起结成冻。

戴羲猪蹄膏

戴羲在明崇祯时曾任职于与宫廷饮食有关的光禄寺，这款猪蹄膏从其用料、制作工艺、出品款式和色香味来看，很有可能是明代宫廷的一味冷菜。

原文 猪蹄膏[1]：用肥猪膀、蹄及爪一只，净洗去毛壳。于砂铫[2]内，着水煎熬。文武火不住，自晨至午。极烂，取出，去骨，砍如泥。仍放铫内，下酱油一斤，熬至晚，则膏成矣。方取出，用细麻布袋盛，滴清汁于小钵内，令其自冻。用时，先去面上油脂。作包馅甚妙。其著底，色如琥珀可爱。切方块入供[3]。是时可停旬余。入春天暖，则易化且不冻也。鸡、鱼亦可仿作。止[4]下净盐，不用酱油，色白如水晶。鱼宜多姜乃不腥。

戴羲《养余月令》

注释

[1] 猪蹄膏：即"猪蹄冻"。

[2] 砂铫：当时的一种砂锅。

[3] 入供：放入碟内供食。

[4] 止：今作"只"。

宋府猪豉

这应是明代宋诩家的一款家常菜。宋诩说，制作时，先用白芷、官桂和鲜紫苏叶同水熬成料汤，再放入肥猪肉丁，待肉丁煮熟时，放入泡过发起的黄豆，将豆煮熟后加入酱和砂仁末，调好口味出锅，控尽汤汁，晾干即成猪豉。宋诩指出，也有先将豆炒熟再放肉丁的。不难看出，宋府的这款猪豉上承宋元咸豉，下传后世京菜肉丁五香豆，800多年来绵延不绝。

原文 猪豉：先用白芷、官桂、鲜紫苏叶同水煎汁，次投以肥猪肉（去肌骨方切小脔[1]），烹熟。又次投以释大黄豆[2]烹熟，加酱、缩砂仁坋[3]调和取起，沥之一日，暴使燥。有用豆先炒熟方下[4]。“肉豉”仿此。

宋诩《竹屿山房杂部·养生部》

注释

[1] 小脔：小块。脔，肉块。

[2] 释大黄豆：泡发过的黄豆。

[3] 坋：音 bèn，此处作粉末讲。

[4] 有用豆先炒熟方下：也有先将黄豆炒熟再放入肉锅中的。

宋府酒烹猪

这是宋诩家的又一款“烹猪”菜，其制法同酱烹猪一样，只不过要多放酒，再加入少许甘草烹熟，最后用盐、醋、花椒和葱调好口味即可。酒多肉易酥烂且香，甘草则可使肉块在色泽悦人的同时还透着微微的甜美。配料则可以放竹笋和茭白。由上可以推断，这款菜原本是宋府的家乡菜。

原文 酒烹猪：如前制[1]，宽以酒水，同甘草少许烹熟，入盐、醋、花椒、葱调和。《礼注》曰：“带骨醢曰臡，音泥。”和物宜合生竹笋，去箨[2]块切，同肉烹。茭白，去苞块切，俟肉熟入即起。

宋诩《竹屿山房杂部·养生部》

注释

[1] 如前制：同酱烹猪的制法一样。

[2] 去箨：去掉竹笋的壳。箨，音 tuò，竹笋外层一片一片的壳。

宋府酸烹猪

这款菜的做法同宋家的酱烹猪差不多，也是用甘草同水将猪肉烹熟，独特之处是调料中已有醋，又放酸笋丝，这就是宋府酸烹猪的“酸”味所在。从配料中的酸笋可以推知，这款菜原本也应是宋府的家乡菜。

原文 酸烹猪：一、切脍如前制[1]，水同甘草烹熟，以酱、醋、花椒、葱调和。和物宜新韭，生入即起。新蒜白切丝，生入即起。菜薹芼熟[2]入。发豆芽，少焊[3]入。酸竹笋丝，水洗入。一、烹熟，惟以盐、醋调和。

宋诩《竹屿山房杂部·养生部》

注释

[1] 切脍如前制：将肉切成丝，按前面（酒烹猪）的方法制作。

［2］芼熟：焯熟。

［3］少焊：稍焯。焊，音 xún，此处作焯讲。

宋府蒸猪

这是宋诩家的三大蒸猪之一。这款菜制作工艺上的绝妙之处在于，先用水、酒蒸去肉腥，再加花椒、酱蒸以赋其味，最后浇原汤，肉块表里皆香。

原文　蒸猪：取肉方为轩[1]，银锡砂锣中置之，水和白酒蒸至稍熟，加花椒、酱复蒸糜烂，以汁瀹[2]之。有水锅中慢烹，复半起，其汁渐下，养糜烂[3]，又俯仰交翻之[4]。

宋诩《竹屿山房杂部·养生部》

注释

［1］取肉方为轩：选取猪肉中适宜做蒸菜的部位切成块。

［2］瀹：这里作浇讲。

知道《南都繁会图》和《皇都积胜图》，是 1978 年冬史树青先生对笔者讲的。后来在中国历史博物馆，史老和吕瑞珍老师帮忙办了手续，于是笔者有了这两幅图的照片。但这幅是为了这次出版之需，托友人在南京博物院展台拍摄的。从新华网 2004 年 10 月 13 日顾巍仲先生的报道中，得知设计者将此图分为 2040 个画面，其中“前店划拳行乐令，后场挂炉烤鸭忙”画面中的“挂炉烤鸭”，根据相关文献记载，明代从金陵（今南京）迁到北京的老便宜坊，带来的是焖炉烤鸭，因是南来，故在清宫御膳档案中又称“南炉鸭”

［3］养糜烂：将肉煨酥烂。

［4］又俯仰交翻之：再将靠近锅底的肉翻到上面，上面的肉翻到下面。

宋府藏蒸猪

这款菜菜名中的“藏”，实为“酿”，从其用料来看，实际上是蒸酿馅竹笋或酿馅茄子。在中国菜史上，元代宫廷已有酿茄子，这里的酿竹笋，则是目前发现的最早菜谱。

原文　藏蒸猪：一、用竹笋两节，间断为底盖[1]，底深盖浅，藏肉醢料于底[2]，栽竹针关其盖，蒸熟。一、用肥茄切下顶，刓去中瓤子，同笋制。

宋诩《竹屿山房杂部·养生部》

注释

［1］间断为底盖：从中间切断，一作底一作盖。

［2］藏肉醢料于底：将调好的肉馅填入“底”中。

宋府和糁蒸猪

这是宋诩家的又一款蒸猪，这款菜实际上是500多年前的府宅米粉肉。与后世米粉肉稍有不同的是，调料中没有酱油之类的赋色调味品。

原文　和糁蒸猪：用肉小皴牒[1]，和秔米，糁缩砂仁、地椒[2]、莳萝[3]、花椒坋[4]、盐，蒸。取饭干再炒为坋[5]，和之尤佳。

宋诩《竹屿山房杂部·养生部》

注释

［1］用肉小皴牒：将肉切成小薄片。皴，据“宋府盐煎牛”原注音，音 pī，切，批。

［2］地椒：唇形科植物百里香的全草。

［3］莳萝：又名“土茴香”。

［4］坋：这里作粉末讲。

［5］取饭干再炒为坋：此法实为今日“米粉肉”的做法。

高濂清蒸肉

将上好猪肉煮一开取出，控尽水切方块，再将皮刮光洗净，用刀在皮上剞花刀。大小茴香、花椒、草果、官桂放布袋内为料包，放斗盘内，再放上肉块，浇上煮肉的清汤，撒上大葱、蒜瓣和腌菜，入锅内蒸熟，这就是明万历间高濂记在《雅尚斋遵生八笺》中的清蒸肉。

原文　清蒸肉：用好猪肉煮[1]一滚，取、净、方块[2]，水漂过，刮净，将皮用刀界碎。将大小茴香、花椒、草果、官桂用稀布包作一包，放荡锣内，上压肉块。先将鸡鹅清过好汁[3]，调和滋味，浇在肉上，仍盖大葱、腌菜、蒜榔[4]，入汤锅内，盖住蒸之。食时，去葱、蒜、菜并包料食之。

高濂《雅尚斋遵生八笺》

注释

［1］煑：“煮”的异体字。

［2］取、净、方块：取出肉控尽水切成方块。

［3］先将鸡鹅清过好汁：先将煮肉的汤用鸡鹅蛋清净成清汤。按：这里的“好汁”即清汤。

［4］蒜榔：大蒜瓣。

宋府清烧猪

将猪肉块用盐腌渍后，放入垫有茄子或瓠瓜的锅中，再撒上葱和花椒，用纸封严锅，烧熟即可；或者是直接将肉块架在锅中，不时往锅中洒入少许酒，用小火将肉烧熟，这就是明代宋诩家传的清烧猪。

原文　清烧猪[1]：一、用肥精肉轩之[2]，盐揉。取生茄半剖，界稜[3]，或瓠布锅底，置肉，加葱、花椒，纸封锅，烧熟。一、不用藉[4]，常洒以酒，慢烧熟。宜蒜醋。

宋诩《竹屿山房杂部·养生部》

注释

［1］清烧猪：原题后注“二制”，即两种制法。

［2］用肥精肉轩之：选用肥精肉切成块。

［3］界稜：在茄子上划花刀。“界”字今作“剞（jī）”，但北方厨师至今仍有“界刀儿”的俗语词。

［4］不用藉：即不用放茄子或瓠来垫锅。

宋府酱烧猪

这应是宋诩家传的一款猪肉类名菜。宋诩在菜谱中介绍了酱烧猪的两种制法，溯其源头，这两种制法均来源于宋元时的逡巡烧和锅烧，它们之间的区别仅仅在于架锅中烧时肉的生熟而已。

原文　酱烧猪[1]：一、用熟肉大轩[2]，乘热涂研酱坋[3]、缩砂仁、花椒屑、葱白，架锅中烧香。一、先熬油，取酱沃生肉一时[4]，入锅中，渐浇水，以俟熟。宜蒜醋。

宋诩《竹屿山房杂部·养生部》

注释

［1］酱烧猪：原题后注“二制”，即两种制法。

［2］用熟肉大轩：用熟肉，切大块。

［3］酱坋：酱粉。

［4］取酱沃生肉一时：将酱放入生肉中渍两小时。沃，放入腌渍；一时，古代一时为今两小时。

宋府油烧猪

所谓“油烧”，即用油煸或用油熏肉。

根据宋诩在菜谱中所述，在这两种烧法中，一种即宋元时的逡巡烧、锅烧；另一种则是用油先将肉煸熟，然后再放入酱、砂仁和花椒将肉炒干香。这两种制法虽然不同，但都具有府宅菜熟制时间长的特点。

原文　油烧猪[1]：一、用脢之肯綮者斧为轩[2]，先熬油，投锅中烧熟，加酱、缩砂仁、花椒炒燥。一、用肉大切脔[3]，浥香熟油、盐、花椒、葱[4]，架锅中烧香熟。熟肉亦宜。宜醋。

宋诩《竹屿山房杂部·养生部》

注释

[1] 油烧猪：原题后注“二制”，即两种制法。

[2] 用脢之肯綮者斧为轩：选用通脊肉中嫩的部分切成块。脢，音 méi，同“脢”，即通脊肉；肯綮，筋骨结合的部位，这里指最嫩的贴骨肉。

[3] 用肉大切脔：将肉切成大块。

[4] 浥香熟油、盐、花椒、葱：洒上熟香油、盐等将肉块腌渍。

宋府酱煎猪

宋诩在菜谱中说，酱煎猪同盐煎猪的做法一样，只不过炒时先要将肉煸透，然后放酱油将肉炒上色，配料则以面筋和木耳为宜。

原文　酱煎猪[1]：同盐煎[2]。惟用酱油炒黄色，加花椒、葱。和物宜合面筋、树鸡[3]（洗去沙，即木耳。韩退之[4]答邓道士《寄树鸡》诗云“割取乖龙左耳来”）。

宋诩《竹屿山房杂部·养生部》

注释

[1] 酱煎猪：原题后注为“先烹肉，熟而切之亦宜”。

[2] 同盐煎：与“盐煎猪”的制法一样。

[3] 树鸡：这里指木耳。

[4] 韩退之：唐代文学家韩愈，因字退之，故又称韩退之。

宋府盐酒烧猪

所谓盐酒烧猪，实际上是将盐、酒等调料腌渍的猪蹄架在水锅中蒸制而成。既是“蒸”，为何叫“烧”？从其所用炊器及其加热方式来看，应是宋元锅烧法的演变，但其名仍沿袭旧称。不过，用这种工艺制作猪蹄，熟制时间长，是真正的府宅菜制法。

原文　盐酒烧猪：取肥娇蹄[1]，每一二斤，以白酒、盐、葱、花椒和浥顷之[2]，架少水锅中，纸封固，慢炀[3]火，俟熟。

宋诩《竹屿山房杂部·养生部》

注释

[1] 肥娇蹄：肥嫩的猪蹄。

［2］和渑顷之：调匀倒在猪蹄上。

［3］炀：此处作烧讲。

宋府和粉煎猪

这是一款制作工艺十分精细的宋府菜。宋诩说，将绿豆洗净泡开去皮，连水磨成浆，加入肉泥和调料，调匀后用勺舀入热油中炸熟，这就是宋家的和粉煎猪。根据相关菜例可以推知，这款菜当以酥脆香鲜媚人。

原文　和粉煎猪：用绿豆，湛洁[1]，水渍，揉飏（音样）去皮[2]，和水细磨，杂以肉醢料[3]，勺入[4]油中煎熟。今日饼炙[5]惟以绿豆磨，煎者入油酱炒。

宋诩《竹屿山房杂部·养生部》

注释

［1］湛洁：（将绿豆）洗净。湛，此处音jiān，作洗讲。

［2］揉飏去皮：揉搓后扬去皮。飏，“扬”的异体字。

［3］杂以肉醢料：掺入肉泥和调料。醢，这里作肉泥讲；料，即料物、调料。

［4］勺入：应即舀入。勺，这里作用手勺舀取讲。

［5］饼炙：原为魏晋南北朝名菜煎鱼饼。

宋府油煎猪

宋府菜谱中的油煎，其意有多种，这里的两种油煎，虽然都是油炸，但主料及其下锅炸之前的处理方法却不同。一种用的是骨肉相间的猪软肋，白煮后用酒、盐等调料腌渍片刻，然后炸熟，可称为炸猪排；另一种用的则是精肉，切块后抹上蜜，直接下油锅将生肉炸熟，是典型的蜜炸鲜肉。

原文　油煎猪[1]：一、用脅肋肉骨相兼者斧为脔[2]（相如[3]赋曰：“脟割轮碎。”脟音脔）水烹，加酒、盐、花椒、葱醃顷之，投热油中煎熟。一、用精肉切为轩[4]，沃以蜜[5]，投热油中煎熟。虽暑月久留不败。暑月掺以香菜亦宜。其类仿此。宜醋。

宋诩《竹屿山房杂部·养生部》

注释

［1］油煎猪：原题后注“二制”，即两种制法。

［2］用脅肋肉骨相兼者斧为脔：选用猪腋下到肋骨尽处肉骨相间的部位剁成块。脅，同“胁”。

［3］相如：西汉辞赋家司马相如。

［4］用精肉切为轩：选用精肉切成块。

［5］沃以蜜：涂上蜜。

宋府油爆猪

将熟猪肉丝和竹笋丝、茭白丝先用热油

煸香，再放入少许酱油和酒，加入花椒和葱炒匀，这就是明代宋诩家的油爆猪。不难看出，宋家的油爆实际上是用油煸炒。

原文　油爆猪：取熟肉细切脍[1]，投熟油[2]中爆香，以少[3]酱油、酒浇，加花椒、葱。宜和生竹笋丝、茭白丝同爆之。

宋诩《竹屿山房杂部·养生部》

注释

［1］取熟肉细切脍：将熟猪肉切成丝。脍，这里作丝讲。

［2］熟油：应即热油。

［3］少：少许。

宋府藏煎猪

这应是明代宋诩家的特色家常菜。这款菜名为藏煎猪，而实际上却是后世所言的炸茄盒或炸酿竹笋。自茄子传入中国后，《竹屿山房杂部·养生部》中的这份菜谱，是目前发现的最早的炸茄盒菜谱。

原文　藏煎猪[1]：一、用茄，削去外滑肤，片切之，内夹调和肉醢[2]，染水调面，油煎。一、用竹笋，芼熟[3]，碎击，同茄制。宜醋。

宋诩《竹屿山房杂部·养生部》

注释

［1］藏煎猪：原题后注“二制”，即两种制法。

［2］内夹调和肉醢：内夹调好的肉馅。

［3］芼熟：焯熟。

宋府蒜烧猪

这款蒜烧猪，实际上是蒜子烧带骨猪头肉。其做法是：猪头肉块先要用油煸，再逐渐放入酒、水，烧酥烂时放蒜瓣和盐，并且要多放蒜瓣，然后迅速出锅即可。后世蒜烧与宋家最主要的不同是，蒜瓣多是油炸后再放入锅中与肉同烧。

原文　蒜烧猪：用首斧为轩[1]，先熬油[2]，炒之，少以酒、水渐浇[3]，烹糜烂，多加蒜囊[4]与盐，调和即起。

宋诩《竹屿山房杂部·养生部》

注释

［1］用首斧为轩：将猪头剁成块。首，猪头；斧，剁。

［2］先熬油：先将油烧热。

［3］少以酒、水渐浇：炒一会儿再不时浇些酒、水。

［4］多加蒜囊：多放蒜瓣。

宋府猪肉饼

这里的猪肉饼，是指肉丸按扁后的丸饼。

宋诩介绍了猪肉饼的三种熟制法，即蒸、汆、煎。在用这三种方法加热猪肉饼之前，肉饼的调制方法是一样的。具体做法是：将肥多精少的猪肉剁成泥，加入虾泥或鳜鱼泥，再拌入藕末和调料，做成饼即成。

原文　猪肉饼[1]：一、用肉多肥少精，或同去壳生虾，或同黑鳢鱼、鳜鱼，鼓刀机上薄皴膘[2]，又报斫为细醢[3]，和盐少许，有杂以藕屑浥酒为丸饼。非蒸则作沸汤烹，熟，以胡椒、花椒、葱、酱油、醋与原汁调和浇瀹之。一、取绿豆粉皮，下藉上覆之蒸，用则块切。和物宜芝麻腐、豆腐、山药、生竹笋、蒸果、蒸蔬。一、以酱油同香油煎熟。和物宜鲜菱肉（去壳）、藕（块切）、豇豆（段切）、鸡头茎（段切，俱别用[4]油盐炒熟）。

宋诩《竹屿山房杂部·养生部》

注释

[1] 猪肉饼：原题后注“三制”，即三种制法。

[2] 鼓刀机上薄皴膘：用刀在几案上将肉切成薄片。

[3] 又报斫为细醢：再不停地将肉剁成肉泥。

[4] 俱别用：都另外用。

宋府盐酒烹猪

将炖稍熟的猪肉趁热用盐、酒等调料腌一下，然后架在有少量油的锅中盖严烘熟，出锅前再倒入少许酒烹一下，这就是明代宋诩家传的一款府宅菜。从工艺源流上说，宋府这款菜的制法与宋元时的逡巡烧和锅烧一脉相承。

原文　盐酒烹猪：烹稍熟，乘热以白酒、盐、葱、花椒遍擦，架锅中，锅中少沃以熟油[1]，蒸香。又少沃以酒微蒸取之。

宋诩《竹屿山房杂部·养生部》

注释

[1] 锅中少沃以熟油：锅中稍微放点熟油。

高濂水煠肉

高濂记在《雅尚斋遵生八笺》中的这款水煠肉，实际上是油焖酥肉。这类油焖工艺以动植物油、水和酒为传热介质，盖锅后用小火长时间焖，实为后世油焖大虾、三杯鸡等传统名菜的直接源头。

原文　水煠肉[1]：将猪肉生切作二指大长条子，两面用刀花界如砖堦样[2]。次将香油、甜酱、花椒、茴香拌匀，将切碎肉揉拌匀了，少顷[3]。锅内下猪脂，熬油一碗，香油一碗，水一大碗，酒一小碗，下料拌肉，以浸过为止，再加蒜榔[4]一两，蒲盖闷，以肉酥起锅。食之如无脂油，要油气故耳。

高濂《雅尚斋遵生八笺》

注释

[1] 水熯(zhá)肉：即“水炸肉”。据原题后注，此菜“又名擘(bò)烧”。

[2] 两面用刀花界如砖堦样：用刀在肉条两面划砖阶样的花纹。堦，同“阶”。

[3] 少顷：一会儿。此处指将肉腌一会儿。

[4] 蒜榔：大蒜瓣。

宋府熟猪肤

这款菜实际上是拌皮丝。根据宋诩提供的菜谱，将熟猪皮切成丝，同鲜瓜、黄瓜丝放在一起，加上蒜泥、盐和醋，拌匀即可。

原文 熟猪肤[1]：细切脍[2]，同生瓜、黄瓜条，加蒜泥、盐、醋少许。

宋诩《竹屿山房杂部·养生部》

注释

[1] 熟猪肤：熟猪皮。按：此菜今仍为北方著名冷菜，现称“拌皮丝儿”。

[2] 细切脍：切细丝。

宋府熟猪脍

这是明代宋诩家传的一款冷菜。将熟猪肉丝同苦瓜、鲜瓜、鲜藕、茭白、莴苣、茼蒿、熟竹笋、绿豆粉皮、鸭蛋皮等丝和熟虾肉、嫩韭放在一起，浇上用花椒、胡椒、芝麻油和酱等调成的五辛醋或芥辣调味汁，这就是当年宋家的“熟猪脍”。12种荤素食材拌于一盘，颇有春盘合菜的韵味。

原文 熟猪脍[1]：熟猪肉切脍[2]，和苦瓜（薄切挼洗）、生瓜、鲜藕、茭白、莴苣、同蒿[3]、熟竹笋、菉豆粉皮、鸭子薄饼[4]皆切细条，熟鲜虾去壳肉芼[5]、韭白头俱宜。或五辛醋、芥辣浇。

宋诩《竹屿山房杂部·养生部》

注释

[1] 熟猪脍：此菜实际上是凉拌荤素什锦丝。

[2] 切脍：切丝。按：“脍”本指细切的生鱼肉丝、生肉丝，这里引申为“丝”义。

[3] 同蒿：明李时珍《本草纲目》：“同蒿八九月下种，冬春采食肥茎。花、叶微似白蒿，其味辛甘作蒿气…… 今人常食者。”同，今作“茼”。

[4] 鸭子薄饼：用鸭蛋液摊的薄饼。今称此工艺为“吊蛋皮儿”。

[5] 去壳肉芼：去壳用肉。芼，此处作择用讲。

高濂酿肚子

酿肚子作为一款名菜，在明万历间名士高濂之前并不鲜见。但唐宋时的酿肚子多以食疗名菜行世，高濂《雅尚斋遵生八笺》中的酿肚子，却为当时寻常人家的一味餐食。正因为如此，这款菜从食材组配到制作工艺一直流传至今。

原文　酿肚子[1]：用猪肚一个，治净，酿入石莲肉[2]（洗擦苦皮[3]，十分净白）。糯米淘净，与莲肉对半，实装肚子内，用线扎紧，煮熟，压实，候冷切片。

高濂《雅尚斋遵生八笺》

注释

［1］酿肚子：即酿猪肚。

［2］石莲肉：除去果壳的石莲子。按：经霜老熟而带有灰黑色果壳的莲子名“石莲子”。

［3］洗擦苦皮：指用沸水洗擦掉石莲子的果壳。因其壳苦涩，故今仍俗称“苦皮”。

高濂炒腰子

这应是明代府宅和酒楼一款厨艺含量颇高的火功菜。这款菜名为炒腰子，而实际上却是油爆腰花。这份菜谱不仅是油爆腰花初加工方面的一个源头范本，而且还是关于腰花最早的刀工记载。

原文　炒腰子：将猪腰子切开，踢去白膜、觔丝[1]，背面刀界花儿[2]。落滚水微焯，漉起[3]，入油锅一炒，加小料、葱花、芫荽、蒜片、椒、姜、酱汁、酒、醋[4]，一烹即起。

高濂《雅尚斋遵生八笺》

注释

［1］踢去白膜、觔丝：剔去白膜、筋丝。

［2］背面刀界花儿：背面剞花刀儿。

［3］漉起：捞起。

［4］加小料、葱花、芫荽、蒜片、椒、姜、酱汁、酒、醋：此句应是指放入用上述调料对成的碗汁。

宋府盐煎猪

这是明代宋诩家的一款家常菜。将猪肉片投入锅中炒变色后，加少许水煨熟，然后再放花椒、葱和盐，配料则以芋头、胡萝卜等为宜。宋诩称，这款菜不宜汁宽。

这是湖北省博物馆展出的金筷子、金勺、金漏勺和金酒壶等餐饮具。细看展台上的说明，这些金器2001年出土于明梁庄王墓。金器上的铭文显示，它们都是在明永乐、洪熙年间由北京皇家银作局内造的。其中金筷子是永乐二十二年（1424年）造，金勺是洪熙元年（1425年）造。梁庄王的墓在今湖北钟祥市龙山坡，而据《钟祥县志》，这里恰好有道相传从明代流传的名菜蟠龙卷切，说不定当年这双金筷子所夹美食，就有这味佳肴。李敏摄自湖北省博物馆

原文　盐煎猪[1]：用肉方皴膘[2]，入锅炒，色改，少加以水烹熟，汁多则杓起渐沃之[3]（后凡有不宜汁宽者多仿此），同花椒、葱、盐调和。和物俟熟。宜芋魁，劘[4]去皮，先芼熟[5]。白莱菔[6]，击碎，芼熟去水。茄，芼熟去水，干再芼柔。山药，刮去皮，先芼熟。荞头[7]，丝瓜，稺者劘去皮，芼。瓠，劘去皮犀，芼。胡萝卜，甘露子[8]。秔糯米粉，熟，范为茧[9]。

宋诩《竹屿山房杂部·养生部》

注释

［1］盐煎猪：原题后注为“先烹肉，熟而切之亦宜”。

［2］用肉方皴膘：将猪肉切成片。

［3］渐沃之：将多余的汤酌量放回锅中。

［4］劘：音 mó，这里作削讲。

［5］芼熟：焯熟。

［6］白莱菔：白萝卜。

［7］荞头：疑即“藠头”。

［8］甘露子：又名“草石蚕”，煮食绵腻味如百合。

［9］范为茧：用模子制为茧状粉食。

宋府酱烹猪

这份菜谱值得关注的一点是：用灯芯草来测试鲜香菇是否有毒，凡是洗香菇时加入灯芯草变黑，说明香菇有毒不能食用。

原文　酱烹猪[1]：一、同前制[2]。甘草水烹，加酱、缩砂、花椒、葱调和。和物宜生蕈（汤焊去涎，冷水再洗，泲干[3]入之，加灯草芼试，灯草黑色则有毒。朱文公[4]先生“紫蕈”诗云“风餐谢肥羜”）、蒟蒻（音若，去粗皮，大切片，芼熟捞起，每一枚视老稺[5]用淋灰水二碗或三碗捣糜烂为饼，再用水芼色明润，碎切和之。《本草》云：“生戟，人喉后多仿此。”）、芦笋（去芭，肉熟入。杜工部[6]诗云“春饭兼芭芦”，注曰：“芦，笋也。”）蒲蒻（生入之即起）、大口鱼（洗，方切）、对虾（洗，片皴[7]）。一、同生爨牛制[8]。

宋诩《竹屿山房杂部·养生部》

注释

［1］酱烹猪：原题后注为“二制，先烹肉熟而切之亦宜”。

［2］同前制：与前面（指酱煎猪）制法一样。即“同盐煎，惟用酱油炒黄色”。详见本书“宋府酱煎猪”。

［3］泲干：控干。泲，音 jǐ，滲漉。

［4］朱文公：南宋哲学家朱熹。

［5］老稺：老嫩。稺，“稚”的异体字，此处为嫩的意思。

［6］杜工部：唐代大诗人杜甫。

［7］片皴（pī）：片成片。

［8］同生爨牛制：与“生爨牛”的制法一样。

韩奕大爊肉

这款大爊肉可称作原锅红曲肉条。选料考究，加热层次多，所用调料品种多，又用老汤和虾汤，是这款菜在原料组配和制作工艺上的最大特点。

原文　大爊肉：肥嫩杜[1]圈猪约重四十斤者，只取前胛[2]，去其脂，剔其骨，去其拖肚[3]，净取肉一块，切成四、五斤块，又切作十字，为四方块。白水煮七八分熟，捞起，停冷[4]。搭精肥，切作片子（厚一指）。净去其浮油，水[5]。用少许厚汁放锅内，先下爊料[6]，次下肉，又次淘下酱水，又次下元汁[7]，烧滚。又次下末子细爊料[8]在肉上，又次下红曲末（以肉汁解薄）倾在肉上，文武火烧滚，令沸，直至肉料上皆红色方下宿汁[9]。略下盐，去酱板[10]，次下虾汁，掠去浮油，以汁清为度，调和得所，顿热[11]。其肉与汁，再不下锅[12]。

韩奕《易牙遗意》

注释

［1］杜：高濂《雅尚斋遵生八笺》为“在”字。

［2］胛：高濂《雅尚斋遵生八笺》为“腿”字。

［3］拖肚：垂下的肚皮。

［4］停冷：凉凉。

［5］水：此字在这里不可解，疑为误刻。

［6］爊料：联系上下文，当为“粗爊料”。据该书记载，“粗爊料”的构成及用法是：“炙用官桂、白芷、良姜等分，不切，完用。”

［7］元汁：指前面煮肉的原汤。

［8］细爊料：据该书记载，“细爊料”的构成及用法是：“甘草多用，官桂、白芷、良姜、桂花、檀香、藿香、细辛、甘松、花椒、宿（缩）砂、红豆、杏仁等分，为细末，用。”

［9］宿汁：今称“老汤”。据该书记载，“宿汁”的留存方法是：“宿汁：每日煎一滚，停顷少时，定清方好。如不用，入锡器内或瓦罐内，封盖，挂井中。”

［10］酱板：煮肉时垫在锅底以防煳锅的木板。今北京仍有此语。

［11］顿热：疑为“炖熟”之误。按：《雅尚斋遵生八笺》作“顿热用之”。

［12］再不下锅：意谓做好的“大爊肉”吃时不用再下锅加热了。

宋府盐煎牛

这是明代一款比较典型的府宅爆炒菜。根据宋诩的介绍，这款盐煎牛实际上是500多年前的葱炮牛肉或炒烤肉。

原文　盐煎牛：肥腯者薄皴（音披）牒[1]，先用盐、酒、葱、花椒沃少时[2]，烧锅炽[3]，遂投内速炒，色改即起。

宋诩《竹屿山房杂部·养生部》

注释

[1] 肥腯者薄妭（音披）膘：将肥嫩的牛肉切为薄片。腯，音 tú，肥壮。

[2] 沃少时：腌渍一会儿。

[3] 烧锅炽：将锅烧极热。

宋府牛脯

这款牛脯制作工艺不同于先秦汉唐，牛肉片炖熟后，不是直接晾干或烘干，而是压干后油炸，再放入开水锅中涮去油，捞出以后洒上酒揉搓，撒上百里香、小茴香、花椒、葱和盐腌渍入味，最后还要放入锅中用油煸，出品则以味道干香为佳。

原文　牛脯[1]：用肉薄切为膘[2]，烹熟，压干，油中煎。再以水烹去油，漉出[3]，以酒挼之[4]，加地椒[5]、花椒、莳萝、葱、盐，又投少油中炒香燥。《少仪》[6]曰："聂而切之为脍。"注曰："聂之言膘也。先藿叶切之，复报切之则成脍。"撒马儿罕[7]有水晶盐，坚明如水晶，琢为盘，以水湿之，可和肉食。

宋诩《竹屿山房杂部·养生部》

注释

[1] 牛脯：原题后注为"脯，干肉也"。

[2] 用肉薄切为膘：将肉切为薄片。

[3] 漉出：捞出。漉，这里作捞讲。

[4] 以酒挼之：用酒揉搓。

[5] 地椒：唇形科植物百里香的全草。

[6]《少仪》：《礼记》中的一篇。

[7] 撒马儿罕：古地名，又作撒马尔罕，今中亚乌兹别克斯坦境内。

宋府油炒牛

这是明代宋诩家的一款家常菜。从宋诩的介绍来看，这款菜有三种做法，这三种做法都要求热锅速炒，菜品则以干香为佳。主要区别则是主料的生熟，以及主要调料一为盐二为酱三为盐和红糖。

原文　油炒牛[1]：一、用熟者，切大脔或脍[2]，以盐、酒、花椒沃之[3]，投油中炒干香。一、生者切脍，同制[4]，加酱、生姜，惟宜热锅中速炒起。一、生脍，沃盐、赤砂糖，投熬油速起。

宋诩《竹屿山房杂部·养生部》

注释

[1] 油炒牛：原题后注"三制"，即三种做法。

[2] 切大脔或脍：将肉切成大块或丝。

[3] 沃之：腌渍。

[4] 同制：与熟肉为主料的制法一样。

宋府熟爨牛

这实际上是一款冷氽酸菜牛肉丝。菜谱中

虽然没有明确是用生牛肉还是熟牛肉，但是从“冷水中烹”来看，用的显然是白煮熟牛肉。

原文　熟爨牛：切细脍[1]，冷水中烹，以胡椒、花椒、酱、醋、葱调和。有轩之[2]，和宜酸齑、芫荽[3]。

宋诩《竹屿山房杂部·养生部》

注释

［1］切细脍：切细丝。

［2］有轩之：也有将肉切成块的。

［3］和宜酸齑、芫荽：酸菜、芫荽适宜作配料。和，这里指和物，即配料。

宋府生爨牛

爨本指炊灶煮饭，在这里却是指后世所言的汆。菜谱中提供了这款菜的两种做法，一种为喂汆法，一种则为烫汆，这两种汆肉片的方法至今盛行不衰。

原文　生爨牛[1]：一、视横理薄切为牒[2]，用酒、酱、花椒沃片时[3]，投宽猛火汤中速起，凡和鲜笋、葱头之类皆宜先烹之。一、以肉入器，调椒、酱，作沸汤淋，色改即用也[4]。《礼》[5]曰：“薄切之必绝其理。”

宋诩《竹屿山房杂部·养生部》

注释

［1］生爨牛：原题后注“二制”，即两种制法。

［2］视横理薄切为牒：看准纹理横切为薄片。此正合“横切牛羊竖切鸡”的厨谚。

［3］沃片时：腌渍一会儿。

［4］色改即用也：肉片一变色就可以食用了。

［5］《礼》:《礼记》。

宋府油炒羊

将锅烧热，放油，油热时放羊肉块，煸透后倒入酒、水煨，调料则放盐、蒜、葱和花椒，这就是明代宋诩家的油炒羊。看来宋家的油炒是用油先煸主料，然后再加酒、水等调料将主料煨熟，而不是用油热锅速炒法。

原文　油炒羊[1]：用羊为轩[2]，先取锅熬油，入肉，加酒水烹之，以盐、蒜、葱、花椒调和。

宋诩《竹屿山房杂部·养生部》

注释

［1］油炒羊：原题后注为“宜肥羜。诗注曰：‘羜，未成羊也。’”，意思是，做“油炒羊”这个菜，选肥嫩的小羊最适宜。《诗经》注说，羜是未成年的羊。

［2］用羊为轩：将羊肉切成块。

宋府牛饼子

这款牛饼子实际上是氽牛肉饼免汤浇调味汁或煎牛肉饼浇汁。将肉泥做成小饼状，元代已有，元代宫廷的“肉饼儿”就是一种炸羊肉饼。相比之下，宋家的牛饼子则以滑嫩清鲜为胜。

原文　牛饼子[1]：一、用肥者碎切，机（音几）上报斫细为醢[2]，和胡椒、花椒、酱，浥白酒[3]，成丸饼，沸汤中烹熟浮，先起[4]，以胡椒、花椒、酱油、醋、葱调汁浇瀹之[5]。一、酱油煎。

宋诩《竹屿山房杂部·养生部》

注释

[1] 牛饼子：原题后注为“即醢。二制”。

[2] 机（音几）上报斫细为醢：在案板上将肉切剁成泥。“机”同“几”，机上即几案上。报斫，不停地剁。

[3] 浥白酒：洒上白酒。白酒，应指当时有糟滓的低度酒。

[4] 先起：先将牛肉饼捞出锅。

[5] 调汁浇瀹之：浇上用胡椒、花椒和酱油等调成的味汁。

宋府烹羊

这款菜名为烹羊，实际上是冷片羊糕。将带骨羊肉炖烂后去骨取肉，用布包好压实，冷却后切片浇汁食用，其制作工艺在魏晋南北朝时期已相当成熟，但在这份菜谱中用于调味汁的花椒油，却是宋家的特色。

原文　烹羊：取肉烹糜烂，去骨，乘热以布苴[1]压实，冷而切之为糕。惟头最宜[2]。热肉宜烧[3]葱白、酱，或花椒油，或汁中惟加酱油瀹之。

宋诩《竹屿山房杂部·养生部》

注释

[1] 布苴：布包。苴，音 jū，这里作包讲。

[2] 惟头最宜：唯以羊头肉做此菜最适合。

[3] 热肉宜烧：综合全文，这四个字应为“熟肉宜浇”。这样一来是符合冷切为糕和浇汁食用的特点，二来于上下文也通达。

宋府牛脩

牛脩是先秦就有的名菜，当时是周天子、诸侯国君享用的美味。明代宋诩家的这款牛脩，比先秦牛脩多了甜酱等调料，实际上可以称作五香酱肉干。酱肉时用调料包，是这份菜谱值得关注的又一个亮点。

原文　牛脩[1]：用肉轩之[2]，每二三斤哎咀[3]白芷、官桂、生姜、紫苏、水烹，甜酱调和，俟汁竭，架锅中炙燥为度。宜醋。《内则》注曰：“大切曰轩。”凡哎咀之物，入囊括之，同烹[4]。后多仿此。

宋诩《竹屿山房杂部·养生部》

注释

［1］牛脩：原题后注为“《礼》曰：‘妇贽脯脩曰抄，加姜桂曰脩。’”。《礼》即《礼记》，脩，音 xiū，干肉。

［2］用肉轩之：将肉切成大块。

［3］㕮咀（fǔjǔ）：谓将白芷、官桂等研细。

［4］凡㕮咀之物，入囊括之，同烹：凡是研细的调料都要用袋装起来同肉一起炖。按：今日炖肉仍如此。

宋府熝羊

熝本是从宋代流传下来的一种五香酱肉法，宋家的这款熝羊却有两种做法，其中一种是将炖熟的羊前腿肉架在锅中烘干，实际上是干锅烤五香酱羊腿，这应是宋家的特色。

原文　熝羊[1]：一、肉烹糜烂，轩之[2]，先合熝料[3]，同鲜紫苏叶水煎浓汁，加酱调和入肉。一、以熝料汁烹羊肩背[4]，俟熟，加酱调和捞起，架锅中炙燥为度。

宋诩《竹屿山房杂部·养生部》

注释

［1］熝羊：原题后注“二制”，即两种制法。熝，原书此字“鹿”字下面有“匕”字。

［2］轩之：切成块。

［3］熝料：做熝类菜的调味料。按该书记载，熝料由香白芷二两、藿香二两、官桂二两和甘草五钱研末配成。

［4］羊肩背：今称“羊前腿”。

宋府酱炙羊

“炙”原本是指叉烤或串烤，“酱炙”则是先将主料用调料腌渍再烤，但宋家的“酱炙羊”却是从宋元流传下来的“锅烧羊”。宋诩对此的解释是：“今无此制，惟封于锅也。”不过从《宛署杂记》和《五杂俎》等明人著述来看，烤肉串在明代北京仍可见到。

原文　酱炙羊[1]：用肉为轩[2]，研酱末、缩砂仁、花椒屑[3]、葱白、熟香油揉和片时，架少水[4]锅中，纸封锅盖，慢火炙熟。或熟者复炙之（《礼》曰“羊炙”）。

宋诩《竹屿山房杂部·养生部》

注释

［1］酱炙羊：原题后注为“《诗注》曰：‘炕火曰炙。’谓以物贯之而举于火上以炙之。今无此制，惟封于锅也。炕，口盎切”。

［2］用肉为轩：将肉切成块。

［3］花椒屑：花椒末。

［4］少水：少量水。据此可知这款酱炙羊用的是锅烧法中的水烧法。

高濂炒羊肚

高濂记在《雅尚斋遵生八笺》中的这款炒羊肚，在制作工艺上应是后世火功菜的一个源头范本。后世爆炒羊肚、油爆肚仁等爆炒类传统名菜，均可溯源于此。至迟在400多年前，这类火功菜工艺就已如此成熟，委实令人惊叹。

原文　炒羊肚儿：将羊肚洗净，细切条子。一边大滚汤锅，一边热熬油锅[1]。先将肚子入汤锅，笊篱一焯[2]，就将粗布纽干汤气[3]，就火急落油锅内炒。将熟，加葱花、蒜片、花椒、茴香、酱油、酒、醋调匀，一烹即起，香脆可食。如迟慢，即润如皮条难吃。

高濂《雅尚斋遵生八笺》

注释

［1］热熬油锅：烧热油锅。

［2］笊篱一焯：将肚条放入笊篱内下入滚汤中焯一下即出。

［3］就将粗布纽干汤气：接着将肚条儿放在粗布上包起来扭干汤气。

宋府炙兔

将用香油、花椒等调料腌渍过的整只带骨兔架在锅中纸封烤熟，这款炙兔实际上是用宋元流传下来的锅烧法制成，而不是叉烤或串烤的“炙”法，这是宋家府宅菜工艺称谓的一个特点。

原文　炙兔[1]：挦洁，少盐腌，遍揉香熟油、花椒、葱，架锅中，纸封，炙熟。少以醋浇热锅中，生焦烟，烛[2]黄香。宜蒜醋。

宋诩《竹屿山房杂部·养生部》

注释

［1］炙兔：应即锅烧兔。

［2］烛：疑为“熏”字之误。

宋府熝犬

同宋府熝羊一样，这款菜也是将炖熟的五香酱犬再放入干锅中烘烤而成。比对后可以明显看出，在制作工艺上，明代宋府的“熝”比宋代的又多了干锅烘烤，其工艺追求则是“干香”。

原文　熝犬[1]：用肉[2]，同白酒、水、香白芷、良姜、官桂、甘草、盐、酱烹熟[3]。复浥[4]以香油（加花椒、缩砂仁），架锅中，烧干香。肝甚美。《内则》[5]曰：“肝膋：取狗肝，幪之以其膋，濡炙之。”

宋诩《竹屿山房杂部·养生部》

注释

［1］熝犬：锅烧狗肉。

［2］用肉：应指带骨狗肉。

［3］烹熟：炖熟。

［4］复浥：再浇。

［5］《内则》：即《礼记·内则》。

宋府煨犬

这是宋诩家一款富于府宅特色的美味。其煨犬的方法很独特，将炖烂的犬肉去骨后，加入用鸡鸭蛋液和花椒、葱、酱调匀的浆，放入瓮中，封严瓮口，用谷糠火煨一天一夜，待火熄瓮凉时即可开瓮取食。可以看出，这款菜所用的瓮（坛）煨工艺远非始于明代。

原文　煨犬：用肉[1]，烹糜烂，去骨，调鸡鸭子[2]、花椒、葱、酱，烦匀[3]，贮罋中，泥涂其口。焚砻谷糠火煨，终一日夜。俟冷，击罋开，取之。

宋诩《竹屿山房杂部·养生部》

注释

［1］用肉：从正文介绍的“烹糜烂，去骨”来看，这里的“肉”指带骨肉。

［2］鸡鸭子：鸡鸭蛋。

［3］烦匀：反复涂匀。指将蛋糊抹遍狗肉上。

宋府鹿炙

这款烤鹿肉实际上是后世俗称的炙子烤肉，从其对鹿肉的刀工处理、腌肉的调料、烤炙器具以及操作方法等方面来看，基本上沿袭了宋元时代的铁床炙。

原文　鹿炙：用肉，二三寸长微薄轩[1]，以葱、地椒[2]、花椒、莳萝、盐、酒少腌，置铁床上，傅炼火中炙，再浥汁，再炙之，俟香透彻为度。

宋诩《竹屿山房杂部·养生部》

注释

［1］二三寸长微薄轩：切二三寸长微薄的片。

［2］地椒：唇形科植物百里香的全草。

这是天津博物馆展出的青花葡萄纹盘和上海博物馆展出的景德镇窑白釉盘。这两件盘虽同为明永乐年制，但据《酌中志》记载，青花盘（俗称平盘）应是盛放冷片羊尾、炒鲜虾等冷菜、爆炒类菜肴的器皿；而腹稍深的这件白釉盘，一般是醋熘鲜鲫鱼、烩羊头等熘、烩类带汁菜品的盛器。张建宏、王亮、胡莹莹摄自天津博物馆、上海博物馆

宋府一捻珍

这款菜对主料的处理有点类似后世的泥子活。将猪肥精肉和鳜鱼、鳢鱼肉先片成片，再剁成泥，然后加入鲜栗丝、风菱丝、藕丝、鲜笋丝、草菇丝、核桃仁末和胡椒、花椒、酱调匀，用手捻成一指形，蒸后即可以做羹，这就是宋诩所说的“一捻珍”。

原文　一捻珍：用猪肥精肉杂鳜鱼、鳢鱼俱皴为牒[1]，机上报斫细为醢[2]，以生栗丝、风菱丝、藕丝、生笋丝、麻姑丝[3]、胡桃仁细切、胡椒、花椒、酱调和，手捻为一指形，蒸之入羹。

宋诩《竹屿山房杂部·养生部》

注释

[1] 俱皴为牒：都片成片。

[2] 机上报斫细为醢：在案上连续细剁成泥。

[3] 麻姑丝：草菇丝。

禽类名菜

宋府烘鸡

后世烤鸡一般都是腌渍后生烤，宋诩家的这款烘鸡，却是用二次加热法制作的一种烤鸡。烤之前鸡要先白煮一下，然后淋上调料汁，在烤的过程中还要不断淋调料汁，这一切工艺努力都是为了使烤出的鸡外皮香脆而肉又有滋味。

原文　烘鸡：刳鸡背[1]，微烹[2]，用酒、姜汁、盐、花椒、葱浥之[3]，置炼火烘，且浥且烘，以熟燥[4]为度。

宋诩《竹屿山房杂部·养生部》

注释

[1] 刳鸡背：剖开鸡背掏去内脏。

[2] 微烹：稍微煮一下。

[3] 浥之：“浥”在此处作淋讲，即将调料汁淋在鸡身上。

[4] 熟燥：指鸡肉全熟皮松脆。

宋府熏鸡

明代的熏鸡，有先炸后熏的。这种熏鸡比较香，但油腻。宋府的这款熏鸡，应以香而不腻见长。在制作工艺上，其与后世熏鸡主要有两点不同：一是宋府熏鸡熏之前将鸡煮微熟，后世一般是先将鸡蒸熟；二是熏料只有谷糠，而后世的多为大米、茶叶和白糖。

原文　熏鸡[1]：用鸡背刳之[2]，烹微熟[3]，少盐烦揉之[4]，盛于铁床，覆以箬盖[5]，置焚砻谷糠烟上熏燥。有先以油煎熏。

宋诩《竹屿山房杂部·养生部》

注释

［1］熏鸡：原题后注“二制”，即介绍两种制法。

［2］用鸡背刳之：从鸡背剖开掏去内脏。

［3］烹微熟：炖微熟。

［4］少盐烦揉之：用少许盐反复揉遍鸡身。

［5］葢：“盖”的异体字。

宋府烧鸡

这款烧鸡及其烧法应是后世烧鸡的一个祖本。烧之前既可以是煮熟的鸡，也可以是生鸡，烧的方法则是从宋元流传下来的“锅烧”法。

原文　烧鸡：用熟者，以盐、酒、花椒末、葱白屑遍挼之[1]，架锅中，以香油浇上，烧黄香。生者同制[2]。

宋诩《竹屿山房杂部·养生部》

注释

［1］遍挼之：搓遍鸡身。

［2］生者同制：生鸡做法同熟的一样。

庞春梅鸡尖汤

《金瓶梅词话》第94回关于庞春梅想吃鸡尖汤的文字，十分详细，可以补充明代饮食烹饪典籍的一些不足。根据兰陵笑笑生的描写，鸡尖汤的主料是雏鸡翅尖，但从烹调上看，翅尖是切不成丝的。因此当时生活中的鸡尖汤，应是用鸡脯肉丝为主料制成。

原文　原来这鸡尖汤，是雏鸡脯翅的尖儿碎切的做成汤。这雪娥一面洗手剔甲，旋宰了两只小鸡，退刷干净，剔选翅尖[1]，用快刀碎切成丝，加上椒料、葱花、芫荽、酸笋、油、酱之类，揭成清汤。

兰陵笑笑生《金瓶梅词话》

注释

［1］剔选翅尖：这里的“翅尖”似为当时对鸡脯肉的一种方言称谓。

宋府蒜烧鸡

这里的蒜烧鸡实际上是以大蒜为主要调料的酒炖鸡。一般认为大蒜在东晋（317—420）时从中亚细亚或波斯传入中国，到宋代已“处处有之”，但以大蒜为主要调料的菜，见于记载的却不多。宋家祖上本为南方人，却欣赏蒜烧鸡，说明久居京师（今北京）的宋家饮食已融入北方食俗。

原文　蒜烧鸡：取骟鸡[1]，挦洁，割肋间去脏，其肝、肺细切醢[2]，同击碎蒜囊[3]、盐、酒和之，入腹中，缄其割处[4]，宽酒水中烹熟。手析，杂以内腹用[5]。

宋诩《竹屿山房杂部·养生部》

明朝皇帝金銮殿大宴百官图。原图见《中国古代小说版画集成》所引日本内阁文库藏《三宝太监西洋记通俗演义》，汉语大词典出版社，2002年

注释

［1］骟鸡：即“阉鸡”。

［2］细切醢：细切成泥。按：“醢”字原义为肉酱，在此处作肉泥解。

［3］蒜囊：蒜头、蒜瓣。

［4］缄其割处：封住鸡的刀口。

［5］杂以内腹用：掺上填入鸡腹内的肝肺泥食用。

古法烹鸡

这是宋家的一款白煮鸡或清蒸鸡。从菜谱中可以看出，宋家还是比较推崇清蒸鸡。白煮或清蒸是先秦就有的烹调法，但用花椒油、糟油、蒜泥、醋或花椒盐和醋制成的调味汁分别蘸食，则是这款古法烹鸡的特色。

原文　烹鸡：水烹熟，乘热以盐遍挼之[1]，宜蒸熟[2]，花椒盐、醋；花椒油、蒜、醋、糟油。

宋诩《竹屿山房杂部·养生部》

注释

［1］乘热以盐遍挼之：趁热用盐搓遍鸡身。

［2］宜蒸熟：（接着）最好再蒸熟。按：此句后疑有脱字，其后所列的调料前面，未有说明使用方法的文字，且花椒与花椒、醋与醋重出，因此自花椒以后，应是介绍了两种蘸食鸡肉的调味方式，这样花椒和醋重出的问题就不存在了。

宋府藏鸡

这款菜名为“藏鸡”，而实际上是将整鸡脱骨后，再把剁成泥状的鸡肉调好味“藏”入即填入鸡身内炖制而成。在中国菜史上这份菜谱是目前发现的关于整鸡脱骨操作方法的最早记载。

原文　藏鸡：用鸡[1]，割嗉（音素），尽处去内脏，将铲去其骨[2]，其髋（苦官切）、髀（步米切）间则钳碎而取之，调和，切肉醢实遍满[3]，少则足以猪肉醢，割处挫针纶丝缝密，水烹熟。宜母鸡初卵而未菢者。

宋诩《竹屿山房杂部·养生部》

注释

［1］用鸡：从下文可知，这里用的是“初卵而未菢”的母鸡。菢，孵卵成雏。

［2］将铲去其骨：用铲脱去鸡骨。铲，烤肉扦之类的器具。

［3］切肉醢实遍满：切剁成肉泥填满鸡身内。肉醢，这里作肉泥讲。

南味鸡冻

将白煮过的鸡肉撕成条，同白鲞一起加入竹笋、橘皮、甘草等调料，放入锅内，倒入鸡汤，烧开调好口味，然后倒入瓷器中凉凉结成冻即成，这就是宋诩家的“冻鸡”。白鲞、竹笋、橘皮、甘草是元明南味菜肴的常用食材，这大约是祖上为南方人的宋诩为何将此菜收入其书的缘故。

原文　冻鸡：用鸡烹熟，手析之[1]；白鲞洗洁，手析之，同入锅，以鸡汁[2]、生竹笋条、橘皮条、甘草、花椒、葱白、醋调和，贮瓷器凝冻之。

宋诩《竹屿山房杂部·养生部》

注释

［1］手析之：用手撕成条。以下同。

［2］鸡汁：鸡汤。

宋府油煎鸡

宋府的油煎鸡实际上是两款菜，一款类似于后世传统名菜香酥鸡，炸之前要用调料腌渍；另一款则与后世的扒鸡或烧鸡相似，炸后用料汤小火炖。

原文　油煎鸡[1]：一、用鸡全体[2]，揉之以盐、酒、花椒、葱屑[3]，停一时。置宽热油中煎熟。一、用鸡全体，先在热油中爁[4]黄色，以酒、醋、水、盐、花椒慢烹，汁竭为度。

宋诩《竹屿山房杂部·养生部》

注释

［1］油煎鸡：原题后注“二制”，即介绍两种制法。

［2］用鸡全体：用整只鸡。

［3］葱屑：葱末。

［4］爁（lǎn）：此处作炸讲。

宋府油爆鸡

宋诩在菜谱中介绍的油爆鸡有两种做法，一种是用熟鸡肉丝，同酱瓜、姜丝、栗子、茭白丝和竹笋丝一起用热油爆炒，起锅前加入花椒末和葱；另一种则是将生鸡肉丝用盐、酒、醋腌渍后，烫一下再同酱瓜、茭白丝等配料用热油爆炒。后世的传统名菜烧烩两鸡丝当可溯源于此。

原文　油爆鸡[1]：一、用熟肉，细切为脍[2]，同酱瓜、姜丝、栗、茭白[3]、竹笋丝，热油中爆之，加花椒、葱起。一、用生肉，细切为脍，盐、酒、醋浥[4]少时，作沸汤焊[5]，同前料入油炒。

宋诩《竹屿山房杂部·养生部》

注释

[1] 油爆鸡：原题后注“二制”，即介绍两种做法。

[2] 细切为脍：细切成丝。

[3] 茭白：“白”字后面疑脱“丝”字。

[4] 浥：此处作腌渍讲。

[5] 作沸汤焊：烧开汤烫一下。按：“焊”在此处作烫讲。

宋府夹心蛋羹

宋诩在《竹屿山房杂部·养生部》中介绍了10余种以家禽蛋为主料的菜，可以说是对公元16世纪初（明弘治甲子年，即1504年）以前这类菜谱的一个总汇，这里的夹心蛋羹就是其中较有特色的一款禽蛋菜。

原文　或先调卵于器[1]，汤中顿[2]微熟，细切熟猪肉醢[3]铺上，又将卵泻入，再顿熟。

宋诩《竹屿山房杂部·养生部》

注释

[1] 先调卵于器：先将蛋液在器皿中打匀。

[2] 顿：今作“炖”，以下同。

[3] 醢：这里作肉末讲。

宋府油煎鸭

将鸭肉切成块，先用热油煸，煸出香味后加少许水烧熟，用花椒、葱白、盐和酒调味即成。不难看出，宋诩在这里所说的“油煎”，实际上是用底油煸主料。

原文　油煎鸭：切为轩[1]，投熬油[2]中炒香，同少水烹熟[3]，加花椒、葱白、盐、酒调和。

宋诩《竹屿山房杂部·养生部》

注释

[1] 切为轩：将鸭切成块。轩，肉块。

[2] 熬油：烧热的油。

[3] 同少水烹熟：加少许水烧熟。

宋府鸡生

从字面看，“鸡生”应指生吃的鸡丝，但

宋家菜谱上的这款鸡生，却是以熟鸡肉末为主料、用模子成形的明代府宅宴席名菜。其做法是：将煎过的鲜鸡肉末同核桃仁、榛仁、松仁和酱瓜末或白糖拌匀后，填入模子中磕出各种形象的块，然后装盘上桌即成。用于食品的模子在魏晋南北朝时期已经出现，当时的竹制模子主要用于煎炸类热菜的成形。宋诩所说的这种用于冷菜的模子成形法，应是目前发现的在传世文献中最早的具体记载。

原文　鸡生[1]：一、割已生卵未菢（音暴）鸡[2]挦洁[3]，不入水，鼓刀取胷下白肉同股间肉[4]，皴绝薄牒[5]，以绵纸布之，收尽血水。取少[6]油，微滑锅中，炙[7]，肉色改白，报切[8]为绝细末，杂退皮胡桃[9]、榛、松仁、栗肉、藕、蒜白[10]、草果仁、酱瓜、姜，俱切绝细屑[11]，与鸡末等和醋少许，随范为形像[12]，供筵中用。一、止杂以胡桃、榛、松仁、白砂糖。

宋诩《竹屿山房杂部·养生部》

注释

［1］鸡生：原题后注“二制”，即介绍两种做法。

［2］鸡：此字后疑脱“者”字。

［3］挦洁：煺毛整治洁净。

［4］鼓刀取胷下白肉同股间肉：操刀取下胸脯下的白肉和大腿肉。鼓刀，操刀。胷，“胸”的异体字。

［5］皴绝薄牒：切成极薄的片。

［6］少：少许。

［7］炙：此处作煎讲。

［8］报切：顶刀切。

［9］杂退皮胡桃：掺上去皮的核桃。

［10］蒜白：疑为“茭白”之误。

［11］俱切绝细屑：都切成极小的末。

［12］随范为形像：根据模子的不同磕出各种形状的块。“范”，模子。

南味辣炒鸡

辣炒鸡的辣来自胡椒，除了胡椒以外，这款菜的用料中最吸引人眼球的是配料竟有 18 种。这 18 种配料，从燕窝、石耳、海蜇、胡萝卜到天花菜，可以说集当时天下食材之珍。由此可以推想，这款菜大约来自明代宫廷。

原文　辣炒鸡：用鸡斫为轩[1]，投热锅炒改色，水烹熟，以酱、胡椒、葱白调和。全体烹熟[2]，调和亦宜[3]。和物[4]宜熟栗、熟菱、燕窝（温水洗）、麻菇[5]（温水洗）、鸡棕[6]（温水洗）、天花菜[7]（温水洗）、羊肚菜[8]（温水洗）。海丝菜[9]（亦曰“龙须”，冷水洗，不入锅）、生蕈（少焊[10]，冷水洗）、石耳[11]（温水洗）、蒟蒻[12]、芦笋、蒲蒻[13]、竹笋干（淡者，同石灰少许芼之，易烂；先芼咸者，水洗）、黄瓜（削去皮瓤）、胡萝卜（块切，先芼）、水母[14]、明脯须[15]。

宋诩《竹屿山房杂部·养生部》

注释

[1] 用鸡斫为轩：将净鸡剁成块。

[2] 全体烹熟：整只炖熟。

[3] 调和亦宜：指将鸡整只炖熟后，再同配料放在一起调味也行。

[4] 和物：配料。

[5] 麻菇：应即草菇。据《农学合编》，麻菇为湖南浏阳特产，每年7月采集食用。

[6] 鸡棕：即伞菌科植物"鸡纵（zōng）"，为云南特产。

[7] 天花菜：又名"天花蕈"，即平菇。

[8] 羊肚菜：即圆顶羊肚菌。明李时珍《本草纲目》"菜部"第二十八卷"蘑菰蕈"称："一种状如羊肚，有蜂窝眼者，名羊肚菜。"入口酥脆鲜美。

[9] 海丝菜：即龙须菜，又名"海菜""线菜"，江蓠科植物江蓠的藻体。分布我国沿海各地。性味甘寒无毒，有去内热等功用。李时珍《本草纲目》："龙须菜，生东南海边石上。丛生，无枝叶，状如柳根须，长者尺余，白色，以醋浸食之，和肉蒸食亦佳。"

[10] 少焊：稍焯一下。

[11] 石耳：即地衣门植物石木耳，详见本书"宋府油炒鹅"注[4]。

[12] 蒟蒻：魔芋。

[13] 蒲蒻：又名"蒲笋"，为香蒲科植物长苞香蒲或其同属多种植物带有部分嫩茎的根茎。性味甘凉，有清热凉血、利水消肿等功用。

[14] 水母：即海蜇。

[15] 明脯须：墨鱼须干制品。详见本书"越味盐炒鹅"注[4]。

南味酒烹鸡

将鸡切块后放锅中先干煸，待鸡块变色时加入酒、水和甘草炖熟，最后用盐、醋、花椒和葱调味。配料则可以放荸荠、竹笋、菱肉、鲜藕、白鲞、河豚干等，这就是出自宋诩家的酒烹鸡。炖鸡时加甘草，配料全是江南水乡特产，体现了这款菜的南方风味特点。

原文　酒烹鸡：取鸡斫为轩[1]，热锅中先炒色改，宽水、白酒、甘草烹熟，以盐、醋、花椒、葱调和。冬月多用醋。待冷，贮瓮中密封，能致远数月不败。全体烹熟[2]，调和亦宜。鸡轩先以醋烦揉，入锅熟亦色白。和物宜地栗[3]（生剷[4]去皮。剷，音佥）、鲜竹笋同烹，生菱肉、瓠干、生藕、茭白（鸡熟入）、白鲞（同烹）、河豚干（同烹）。

宋诩《竹屿山房杂部·养生部》

注释

[1] 取鸡斫为轩：将净鸡剁成块。

[2] 全体烹熟：整只炖熟。

[3] 地栗：即"荸荠"。

[4] 剷（qiān）：切。

宋府烧鸭

明代宋府的烧鸭，不是后世所言的挂炉、焖炉或叉烧鸭，而是“锅烧鸭”。菜谱中介绍的两种烧鸭法，都是从宋元流传下来的“锅烧”法。二者的区别只在于所用调料及其使用方法上的不同。

原文 烧鸭[1]：一、用全体[2]，以熟油、盐少许遍沃之[3]，腹填花椒、葱，架锅中烧熟。一、挼花椒、盐、酒[4]，架锅中烧熟。以油或醋浇热锅上，生烟熏黄香。宜醋。《内则》曰：“弗食舒凫翠。”[5]

宋诩《竹屿山房杂部·养生部》

注释

[1] 烧鸭：原题后注“二制”，即两种做法。

[2] 用全体：用整只鸭。

[3] 遍沃之：抹遍鸭身。

[4] 挼花椒、盐、酒：搓上花椒、盐、酒。

[5] 弗食舒凫翠：《礼记·内则》原文此处为“舒凫翠”，但全段有“弗食”之意。

宋府炙鸭

炙在古代一般指叉烤或串烤，而宋诩在菜谱中记载的炙鸭，实际上是以㸆法和锅烧法合用做成的整只鸭。这两种制法始见于北宋而盛于南宋和元，其中锅烧法是从模拟炉烧法而来，因此这款炙鸭或可称为锅烧鸭。

原文 炙鸭：用肥者[1]，全体漉汁中烹熟[2]，将熟油沃[3]，架而炙之。

宋诩《竹屿山房杂部·养生部》

注释

[1] 用肥者：用肥鸭。

[2] 全体漉汁中烹熟：将整只鸭放入卤汤中炖熟。漉，疑为“㸆”字之误，漉汁应即“㸆汁”，即用㸆料制成的汤。

[3] 将熟油沃：将炼过的油放入锅中。按：“沃”字后疑脱“锅中”二字。

宋府烧鹅

烧鹅是明代宫廷的一道大菜，关于其做法，明代宋诩介绍了他家三种烧鹅的方法，这三种烧鹅法的区别都在涂料上，而加热法则完全一样，用的都是宋元始兴的“锅烧”法。

原文 烧鹅[1]：一、用全体[2]，遍挼[3]盐、酒、缩砂仁、花椒、葱，架锅中烧之。稍熟，以香油渐浇，复烧黄香。一、涂酱、葱、椒，浇油烧。一、涂之以蜜，烧。烹熟者同制[4]。宜蒜、醋、盐水。

宋诩《竹屿山房杂部·养生部》

注释

[1] 烧鹅：原题后注为“三制，即鹅炙”。谓介绍三种烧鹅的方法，这里的烧鹅应是锅烧鹅。

[2] 用全体：即用整只鹅。

[3] 遍挼：（将盐等调料）搓遍（鹅身）。

[4] 烹熟者同制：如用煮熟的鹅做烧鹅，方法同用生的一样。

韩奕熝鸭羹

韩奕的这款熝鸭羹，全以煮炖使鸭熟透，与《事林广记》和《居家必用事类全集》中的“熝鸭”在工艺上明显不同。重用调料，采用老汤，并用淀粉勾芡，是这款菜制作工艺上的三个亮点。

原文　熝鸭羹：大肥鸭以石压死，甑过[1]，挦去毛[2]，剁下头颈，倒沥血水在盆内留下。却开肚皮，去肠，入锅中，先下酱水与酒并沥下血水，煮一滚。方下宿汁并麄熝料[3]（擘碎入汁中），又下胡萝卜（多则损汁味），又下细研猪脏[4]。临熟，火向一边烧，令汁浮油滚在一边，然后撇之[5]，汁清为度。又下牵头[6]，以指按鸭胸部上，肉软为熟。细熝料紫苏多用为主、花椒次用、甘草次用、茴香以下并减半之用，杏仁、桂皮、桂枝、甘松、檀香、砂仁研为细末，沙糖、大蒜、胡葱[7]研烂如泥，入前干末和匀。每汁一锅，约用熝料一碗。又加紫苏末，另研入汁牵绿豆粉，临用时多少打用。

韩奕《易牙遗意》

这是武汉市博物馆展出的一件明代石臼，其右下方有“御膳”二字，是明代楚王府膳堂的用品。至于其用途，应是做汆鱼丸、煎鱼饼和冷片鱼卷等菜肴的捣鱼泥之器。马超摄自武汉市博物馆

注释

[1] 甑过：入甑内烫一下。

[2] 挦去毛：拔去毛。

[3] 麄熝料：即“粗熝料”。

[4] 猪脏：即猪胰。明李时珍《本草纲目》“兽部第五十卷”“豕”：“脏：音夷，亦作胰……盖颐养赖之，故谓之‘脏’。”

[5] 撇之：撇去浮油。

[6] 牵头：今作“芡”。

[7] 胡葱：应即今葱头（洋葱）。

古法蒸鹅

将鹅放入碗中，再将碗放入水锅内，用纸封住锅口，用小火长时间加热，这就是宋诩《竹屿山房杂部·养生部》中的蒸鹅。这种加热法在先秦已经出现，到宋元时被称作“重汤”炖，实际上是隔水炖蒸。

原文　蒸鹅[1]：一、用全体[2]，以碗仰锅中蒸之。锅中入水半碗，纸封锅口，慢炀火[3]。俟熟，宜五辛醋。一、同蒸猪。

宋诩《竹屿山房杂部·养生部》

注释

［1］蒸鹅：原题后注“二制”，即介绍两种做法。

［2］用全体：用整只鹅。

［3］慢炀火：长时间用小火。

古法盏蒸鹅

用盏（碗）加调料蒸羊肉在宋元时已很流行，用这种方法蒸鹅则见载于元末明初韩奕的《易牙遗意》。这款蒸鹅用的是肥鹅肉条，韩奕提供的菜谱未说明鹅肉切条前是否已经稍煮过。根据相关文献记载，鹅肉切条前当已做过这一工艺处理。

原文　盏蒸鹅[1]：用肥鹅肉，切作长条丝，用盐、酒、葱、椒拌匀，放白盏内蒸熟，麻油浇供[2]。

韩奕《易牙遗意》

注释

［1］盏蒸鹅：碗蒸鹅。原书此字为“盏”的异体字。

［2］麻油浇供：浇上麻油食用。

古法烹鹅

这款烹鹅实际上是白斩鹅。白斩鸡之类的菜虽然在汉代已有，但关于这类菜的详细制却鲜见记载。宋诩的这份菜谱，不仅有制作时的工艺要点，还有了宜用调味汁的推荐，这是很难得的。

原文　烹鹅：水烹，作[1]沸汤时宜提动，灌汤于腹易熟烂。宜葱油齑[2]，宜花椒油，宜用其汁同胡椒、花椒、葱白、酱油调和瀹之[3]。《内则》曰：“弗食舒雁翠。”注曰：“尾肉也。”《埤雅》曰：“翠上肉高有穴者名脂瓶。”

宋诩《竹屿山房杂部·养生部》

注释

［1］作：制作的时候。按：此字后疑脱“入”字。

［2］葱油齑：一种预制的调味汁。该书载有此汁制法：“取油熬熟，入以长葱，调酱、醋、水、缩砂仁、花椒，一沸，杓入器中。器中先屑葱白，乃注入之。”

［3］瀹之：浇之。

韩奕豉汁鹅

这是宋、元、明多部书中都提到的一款名菜。按韩奕的说法，这款菜的做法同大㸆肉一样，只是㸆时汤中的调料不用红曲而是加些擂过的豆豉而已。

原文　豉汁鹅[1]："豉汁鹅"同法[2]，但不用红曲，加些豆豉，擂在汁[3]中。

韩奕《易牙遗意》

注释

［1］豉汁鹅：此文系从《易牙遗意》"大爊肉"条摘出。

［2］同法：指此菜的制法同"大爊肉"一样。

［3］汁：指煮鹅的料汤。

南味酒烹鹅

这款菜的制法同宋府酒烹鸡类似，只是配料中少了河豚干、白鲞和鲜藕、地栗等，属于明代府宅菜中的江南风味菜品。

原文　酒烹鹅：剖[1]，为轩[2]。先炒色改白，同水、甘草烹熟，宽注以酒，加盐、醋、花椒、葱白调和。和物宜生竹笋（同入，烹）、生茭白（肉熟入之即起）、芦笋（生入）蒲蒻[3]（生入）。全体亦宜[4]。

宋诩《竹屿山房杂部·养生部》

注释

［1］剖：将鹅剖开。按：此字前疑有脱字。

［2］为轩：切成块。按："为"字前面疑脱"切"字。

［3］蒲蒻：又名"蒲笋"，为香蒲科植物长苞香蒲或其同属多种植物带有部分嫩茎的根茎。性味甘凉，有清热凉血、利水消肿等功用。

［4］全体亦宜：用整只鹅做也可以。

宋府油炒鹅

宋府的这款油炒鹅，其制法实际上类似于后世的油焖和干烧。鹅肉肉质较粗糙，脂肪含量相对较低，又不容易入味，这应是这款菜为何采用"油炒"的工艺奥秘。

原文　油炒鹅：剖[1]，切为轩[2]。先熬油，入之，少酒水，烹熟，以盐、缩砂仁末、花椒、葱白调和，炒汁竭[3]。宜干蕈（洗）、石耳[4]（洗，俱用其余汁，炒香入）。

宋诩《竹屿山房杂部·养生部》

注释

［1］剖：将鹅剖开。按：此字前疑有脱字。

［2］切为轩：切成块。

［3］炒汁竭：炒至汁尽（出锅）。

［4］石耳：又名"岩耳""石木耳"，地衣门石耳科植物。口感柔脆似木耳，《粤志》云"石耳"，在《灵苑方》中又名"灵芝"，其名易与担子菌纲多孔菌科的灵芝相混。

速成鹅醢

醢是先秦时期常见的一种用发酵法酿造

的无骨肉酱，但明代宋诩在菜谱中介绍的这款鹅醢，却是将熟鹅的头、尾、翅、足、筋和皮剁成烂泥，再拌入酱粉、胡椒、花椒和砂仁制成的酱。

原文　鹅醢：取熟头、尾、翅、足、筋、肤斫绝细[1]，和酱坋[2]、胡椒、花椒、缩砂仁用。

宋诩《竹屿山房杂部·养生部》

注释

［1］斫绝细：剁成极细（的末）。

［2］坋（bèn）：此处作粉讲。

宋府油爆鹅

宋府的油爆鹅，实际上是炒回锅鹅。即用少量的底油，将经过腌渍的熟鹅肉块加花椒和葱煸香。由此可知，这里的油爆即油煸，其追求的出品口味是干香。煸时用香油，是其用油上的亮点。

原文　油爆鹅[1]：一、用熟肉，切脔[2]，以盐、酒烦揉[3]，加花椒、葱，投少[4]香油中，爆干香。一、烦揉，以赤砂糖、盐、花椒，投油中爆之。

宋诩《竹屿山房杂部·养生部》

注释

［1］油爆鹅：原题后注"二制"，即介绍两种做法。

［2］切脔：切成块。

［3］烦揉：反复搓揉。

［4］少：少许。

韩氏杏花鹅

将净治后的鹅肉条用盐腌一下，放在荡锣内，浇上打散的鸭蛋液，蒸熟后再浇上杏仁浆，这就是元末明初名士韩奕《易牙遗意》中的杏花鹅。用杏仁浆浇动物性蒸食，是宋元流行的一种调味方式，这款杏花鹅应是从宋元传入明代的一款名菜。

原文　杏花鹅：鹅一只，不剁碎，先以盐醃[1]过，置荡锣内蒸熟。以鸭弹三五枚酒在内[2]。候熟，杏腻浇供[3]，名"杏花鹅"。

韩奕《易牙遗意》

注释

［1］醃："腌"的异体字。

［2］以鸭弹三五枚酒在内：将三五个鸭蛋液洒在荡锣内。酒，疑为"洒"字之误。按：此句后面疑脱"再蒸"之类的字句。

［3］杏腻浇供：浇上杏仁浆食用。

南味盐炒鹅

这款盐炒鹅调料只有盐、酒、蒜瓣、葱

头和花椒，而配料则大多来自江南和东南沿海，应是宋家的祖传菜。

原文　盐炒鹅：用[1]，剖为轩[2]，入锅炒，肉色改白，同少酒水烹熟，以盐、生蒜头、葱头、花椒调和。和物宜慈菰（苇熟，去衣顶入）、山药（苇熟，入）、水母[3]（涤去矾入）、明脯须[4]（先烹入）。

宋诩《竹屿山房杂部·养生部》

注释

［1］用：此字后疑脱“鹅”之类的字。

［2］剖为轩：剖开后切成块。

［3］水母：即海蜇。

［4］明脯须：墨鱼须干制品。详见清梁章钜《浪迹续谈》第二卷“海错”。

速成熟鹅鲊

宋诩在菜谱中介绍的这款熟鹅鲊，实际上是一款很有特色的什锦拌鹅丝。除了配料藕丝、竹笋丝和茭白丝以外，用于调味的百里香、莳萝和炒香的芝麻等，使这款冷菜风味独特。

原文　熟鹅鲊：用熟肉，切为脍[1]，沃熟油[2]、地椒[3]、花椒、莳萝末、藕丝、熟竹笋丝、生茭白丝、炒熟芝麻、盐、醋。

宋诩《竹屿山房杂部·养生部》

注释

［1］切为脍：切成丝。

［2］沃熟油：放熟油。

［3］地椒：唇形科植物百里香的全草。

宋府烧鸽

以鸽肉为主料的菜始见于唐，当时是以煮法制作的食疗菜款式行世。明代宋诩介绍的这份菜谱，记载了两种府宅鸽菜的制法。这两种鸽肉菜分别以炒法和锅烧法制成，其中以炒法制作的可称为“炒鸽肉块”，以锅烧法制作的则为“锅烧乳鸽”。

原文　鸽之属（二制）：一、皆切为轩[1]，盐、酒浥片时[2]，投熬油中炒香[3]，同少[4]水烹熟。新蒜、胡荽、花椒、葱调和。宜鲜竹笋、山药[5]。一、用全体[6]，以盐微腌，水烹微熟，腹实花椒、葱[7]，沃酒烧熟[8]。取油或醋滴入锅中，发焦触之[9]，色黄味香为度。宜蒜醋[10]。

宋诩《竹屿山房杂部·养生部》

注释

［1］皆切为轩：都切成块。

［2］盐、酒浥片时：用盐、酒腌渍片刻。

［3］投熬油中炒香：放入烧热的底油中煸香。

［4］少：少许。

［5］宜鲜竹笋、山药：（配料）宜用鲜竹笋、

山药。

［6］用全体：用整只（鸽）。

［7］腹实花椒、葱：（鸽）腹内放入花椒、葱。

［8］沃酒烧熟：（往锅内）倒入酒（将鸽）烘熟。

［9］发焦触之：用手按一下（鸽皮）酥脆。

［10］宜蒜醋：（食用时）宜以蒜泥醋蘸食。

水产名菜

宋府酱烧鲤鱼

这款酱烧鲤鱼，用的是从宋元流传下来的锅烧法。因为整条鲤鱼下锅烧之前，要把酱等调料抹在鱼身上，鱼腹内则填入花椒、大葱，故名“酱烧鲤鱼”。后世的酱烧鲤鱼出锅时酱汁浓而不多，实是仿效明代锅烧法酱烧鲤鱼的出品特色。

原文　酱烧鲤鱼：治不去鳞，涤洁，挼以[1]熟油、酱、缩砂仁、花椒，腹中实以[2]花椒、葱，锅内置新瓦砾藉鱼[3]，再以油浇落烧之。熟，掺以葱白屑起。宜蒜醋。

宋诩《竹屿山房杂部·养生部》

注释

［1］挼以：搓上。

［2］实以：填入。

［3］锅内置新瓦砾藉鱼：锅内放新瓦片来垫鱼。

宋府清烧鲤鱼

这款清烧鲤鱼同宋府酱烧鲤鱼一样，用的也是从宋元流传下来的锅烧法。鲤鱼入锅烧之前，鱼腹内可填入猪肉泥或鲜乳饼或只是花椒和大葱，颇有魏晋南北朝时期酿馅鱼工艺的遗韵。特别是酿入出乎后人想象的乳饼，这在后世汉族菜中也是不多见的。

原文　清烧鲤鱼：带鳞治涤，挼盐于身[1]，腹实猪肉醢料或鲜乳饼[2]，或惟以花椒、葱，架锅中烧。宜蒜醋。

宋诩《竹屿山房杂部·养生部》

注释

［1］挼盐于身：用盐搓遍鱼身。

［2］腹实猪肉醢料或鲜乳饼：鱼腹内填入猪肉泥或鲜奶饼。

宋府辣烹鳙鱼

这里的鳙鱼应即鳇鱼。宋诩所说的辣烹，实际上是鳇鱼用水和甘草煮熟后，再加入胡椒等调料调味，其辣来自胡椒而不是后世常见的辣椒。辣椒原产南美洲热带地区，一般认为辣椒于明代前后传入我国，这款辣烹鲼鱼当是在辣椒未传入我国或传入后未入菜时的名菜。

原文　辣烹鲼鱼：剖治，鲏为牒[1]，冷水[2]，同甘草烹熟，以胡椒、花椒、葱、酱、醋调和。宜芼白菜台和之[3]。

宋诩《竹屿山房杂部·养生部》

注释

[1] 鲏为牒：片成片。

[2] 冷水：指鱼用冷水下锅。

[3] 宜芼白菜台和之：宜用焯过的白菜心作配料。

宋府辣烹鲫鱼

这款辣烹鲫鱼也是用水先白煮鱼再放入胡椒等调料做成的明代府宅名菜。其制作工艺上的亮点，一是开水汆烫去鳞，二是鱼腹内酿入肥猪肉泥。宋诩说，当时烹制鲫鱼去鳞时大多仿此进行。

原文　辣烹鲫鱼：用鱼治涤，先刷其鳞，囊括[1]。入水作汤，数沸去鳞，腹实肥猪肉醢料[2]，同吹沙制[3]。烹鲫去鳞多仿此。

宋诩《竹屿山房杂部·养生部》

注释

[1] 囊括：指入汤烫时将鱼装布袋内。

[2] 腹实肥猪肉醢料：鱼腹中填入肥猪肉馅。醢，这里作肉泥讲。

[3] 同吹沙制：同吹沙的制法一样。吹沙，即小鲨鱼。详见明李时珍《本草纲目》“鳞部”第四十四卷“鲨鱼”条。

宋府炙鳝

这款菜实际上是烤泥鳅（或花鳅、长薄鳅）。这里的“炙”不是通常所言的叉烤或串烤，而是从宋元流传下来的熝法加锅烧法。

原文　炙鳝[1]：六七月间得肥大者治洁，击解其骨[2]。先熬油，杂熝汁[3]，同鳝烹熟。为铁条架油盘中，取汁渐沃[4]，炙透彻干香为度。宜蒜醋。

宋诩《竹屿山房杂部·养生部》

注释

[1] 炙鳝：即烤鳅。鳝，旧同“鳅”，鳅科鱼类的统称，常见的有泥鳅、花鳅和长薄鳅等。

[2] 击解其骨：用刀剔去鳝的脊骨。按：去鳝骨，皆言去其脊骨。

[3] 杂熝汁：倒入用熝料煮成的汤。

[4] 取汁渐沃：将鱼汤逐渐浇在鱼上。

万历时代鱼膏

这里的鱼膏是用鱼肚煮后凝冻做成，食

用时切片浇（蘸）姜汁醋。需要说明的是，这款菜的记载来自李时珍的《本草纲目》。《本草纲目》从1552年开始编写至1596年出版，其间历经明嘉靖、隆庆和万历三朝，李时珍在《本草纲目》中关于这款菜的记载所说的“今人”的“今”，似指万历时。这主要是因为《本草纲目》最终修改和定稿都是在万历朝，当然，“今”指嘉靖或隆庆时也未尝不可。

原文　鱼膏[1]：今人以鳔[2]煮冻作膏，切片，以姜、醋食之，呼为“鱼膏”者是也。

李时珍《本草纲目》

明冯梦龙《古今小说》中的官府宴图

注释

[1] 鱼膏：即鱼肚冻。

[2] 鳔：大黄鱼、毛常鱼、鮸鱼等鱼腹中的长囊状器官，其干制品俗称鱼肚，以粤产广肚为著。涨发后可做多种美味佳肴。

宋府蒜烧鳝

这款菜可称为爆炒鳝丝，宋诩《竹屿山房杂部·养生部》中关于这款菜的文字，是目前所知最早的炒鳝丝菜谱。唐宋时虽有鳝鱼菜，但多为羹臛类。当时虽有炒鳝，但名存谱佚，因此这份菜谱弥足珍贵。

原文　蒜烧鳝：用鳝，入水锅中，杂以稻杆数茎炀火[1]，水热，令自走，退外肤[2]，别易水烹烂[3]。剺（音狸）分为脍[4]，投热油内，少以白酒浇之，以盐、花椒、葱头、蒜囊[5]调和，或再取蒜泥醋浇。

宋诩《竹屿山房杂部·养生部》

注释

[1] 杂以稻杆数茎炀火：（锅下）放稻秆数根烧成旺火。

[2] 退外肤：煺去外皮。

[3] 别易水烹烂：另换水煮烂。

[4] 剺（音狸）分为脍：划开切成丝。剺，音lí，划开。脍，这里作丝讲。

[5] 蒜囊：蒜瓣。

南味酱沃鳗鲡

鳗鲡即白鳝，今人常先将鳝淡腌后晾至半干再红烧，这种制作工艺在明代宋诩《竹屿山房杂部·养生部》中已有记载。该书中的“酱沃鳗鲡”实际上是酱烧鳗鲡，应是后世传统名菜红烧鳗、黄焖大鳝的原型。

原文　酱沃鳗鲡：用必活者。先以灰浥去腥漦（里之切）[1]，治去肠，界寸脔犹属之[2]，取胡椒、缩砂仁、酱、赤砂糖沃[3]一时。用冬瓜或茄子、藕、芋魁[4]大切片，布锅中，置鳗鲡于上，纸封锅盖，烧熟。宜蒜醋。

宋诩《竹屿山房杂部·养生部》

注释

[1] 先以灰浥去腥漦（里之切）：先用灰水洗去腥沫。漦，音lí，鱼身腥沫。

[2] 界寸脔犹属之：切一寸见方的块就可以了。界，“切”或“划”的俗音字，今北京俗语仍有之。

[3] 沃：腌渍。

[4] 芋魁：芋头。

宋府烹河豚

宋诩记下的这份烹河豚菜谱，是目前发现的传世文献中关于河豚菜肴制作工艺的最早记载。根据宋诩的介绍，当时烹制河豚去毒有三点：1. 净治时要去其眼、子和血。2. 烹时要用甘蔗、芦根解其毒。3. 食材组配时要忌墨荆芥。但是据李时珍《本草纲目》可知，自古即有荆芥反河豚和荆芥可解河豚毒两种截然相反的说法。

原文　烹河豚：二月用[1]。河豚剖治，去眼、去子、去尾鬣[2]血等，务涤甚洁[3]，切为轩[4]。先入少水[5]，投鱼，烹。过熟[6]，次以甘蔗、芦根制其毒[7]，荔枝壳制其刺软[8]。续水，又同烹。过熟，胡椒、川椒、葱白、酱、醋调和。忌埃墨荆芥[9]。

宋诩《竹屿山房杂部·养生部》

注释

[1] 二月用：二月食用。按：我国自古有二月食河豚的习俗，明刘若愚《酌中志》载：“二月……是时食河豚，饮芦芽汤以解其热。”

[2] 鬣：此字音、义待考。

[3] 务涤甚洁：务必要把它洗得很干净。

[4] 切为轩：切成块。

[5] 先入少水：先放入少许水。

[6] 过熟：烧透。

[7] 制其毒：解其毒。

[8] 制其刺软：使它的刺变软。

[9] 忌埃墨荆芥：忌同炒黑的荆芥放在一起。“埃”似为“挨”。

宋府虾腐

这是明代宋诩家的一款府宅工艺菜。将

大虾头和虾肉分别捣剁成泥，再做成虾头腐和虾肉丸（饼），装盘时先放虾头腐，再将虾肉丸码在上面，浇上用鲜紫苏叶、甘草、胡椒和酱油调成的汁，这就是宋诩所说的虾腐。这款菜以鸡鸭蛋液作为虾头汁的凝冻剂，显然是继承了宋元凝腐工艺。

原文　虾腐：脱大虾头，捣烂，水和，滤去滓，少入鸡鸭子[1]调匀，入锅烹熟。取冷水，泻下，俱浮于水面，捞，苴[2]绢布中轻压去水，即为腐也。其脱肉机上斫绝细醢[3]，和盐、花椒，浥酒[4]为丸饼，烹熟，置腐上，擷鲜紫苏叶、甘草、胡椒、酱油调和，原汁瀹之[5]。或姜汁醋浇之，或入羹。

宋诩《竹屿山房杂部·养生部》

注释

［1］鸡鸭子：鸡鸭蛋。

［2］苴（jū）：此处作包、包裹讲。

［3］其脱肉机上斫绝细醢：脱去虾皮的肉放在案板上剁成极细的肉泥。机上，案板上。按："机"字本作"几"，案板，砧板。醢，这里作肉泥讲。

［4］浥酒：淋上酒。

［5］原汁瀹之：将原汁浇上。按：瀹在这里作浇讲。

吴人金齑玉脍

这里的金齑玉脍与隋炀帝时代的明显不同，所用配料和调料回回豆子、一息泥和香杏腻均首见于元代宫廷菜中。这款菜的原料组配说明，明代一些有名的地方特色菜仍留有元代美食文化的影响。

原文　吴人制鲈鱼鲊、鲭子腊，风味甚美，所谓"金齑玉脍"也。鲈鱼肉甚白，香杏花叶，紫绿相间，以回回豆子[1]、一息泥[2]、香杏腻[3]坋之[4]，实珍品也。鲭子鱼腊亦然。回回豆子细如榛子，肉味甚美。一息泥如地椒，回回香料也。香杏腻一名八丹杏仁[5]，元人《饮膳正要》多用此料。鲭子鱼，今京师名"鲎鲦鱼"。

杨慎《升庵外集》

注释

［1］回回豆子：即鹰嘴豆。

［2］一息泥：又作哈昔泥，即阿魏。

［3］香杏腻：香杏仁酱。

［4］坋之：撒上腌渍。

［5］八丹杏仁：又名八（巴）旦杏仁，是巴旦杏的仁，一说约在唐代从中亚、西亚传入中国。

宋府油炒蟹

这应是明代宋诩家的一款火功菜。将拆后的蟹块投入热油中爆炒，并且只用盐、花椒和葱调味，烹调追求的显然是蟹味的本真。

原文　油炒蠏[1]：用蠏解开[2]，入熬油[3]

中炒熟，盐、花椒、葱调和。

宋诩《竹屿山房杂部·养生部》

注释

[1] 蝌："蟹"的异体字。

[2] 解开：拆开。

[3] 熬油：烧热的油。

常二嫂酥炸大蟹

这是《金瓶梅词话》第61回提到的一款螃蟹菜。这款菜不仅让西门庆眼界大开，也使吴大舅发出了这样的感叹："我空痴长了五十二岁，并不知螃蟹这般造作，委的好吃！"古代蟹菜蒸法糟法居多，挂糊炸的少见，有详细制法的文字记载更鲜见。兰陵笑笑生关于这款菜用料、制法和色香味的描写，足可以补明代蟹菜烹调文献的缺憾。

原文　西门庆令左右打开盒儿观看，四十个大螃蟹，都是剔剥净了的，里边酿着肉[1]，外用椒料、姜蒜米儿，团粉裹就，香油炸、酱油醋造过，香喷喷酥脆好食。

兰陵笑笑生《金瓶梅词话》

注释

[1] 里边酿着肉：将蟹肉等剁碎酿在蟹壳上。按：唐代已有这项工艺。

宋府玛瑙蟹

将蟹煮熟拆开，取出蟹黄和蟹肉，用水调绿豆淀粉抓匀，同鲜乳饼蒸熟，然后切成块，浇上用煮蟹的原汤和姜汁、酒、醋、甘草、花椒、葱调成的汁，这就是明代宋诩家的玛瑙蟹。在制作工艺上，宋家的这款蟹菜同元代倪云林的蜜酿蝤蛑一样，都是以蒸为最终加热工艺，但所用凝块剂不同，因而蟹块的质感也应不一样。

原文　玛瑙蝌[1]：一、用蝌烹，解脱其黄、肉。水调菉豆粉少许，烦揉[2]，以鲜乳饼同蒸熟，块界之[3]。以原汁、姜汁、酒、醋、甘草、花椒、葱调和，浇用。一、倪云林惟调鸡子蜜蒸之。一、用辣糊[4]。

宋诩《竹屿山房杂部·养生部》

注释

[1] 玛瑙蝌：原题后注"三制"，即三种做法。

[2] 烦揉：指用水淀粉将蟹黄和蟹肉抓匀。

[3] 块界之：切成块。按：今北京俗语中仍有"界界刀儿"之语。

[4] 用辣糊：(不用水调绿豆粉)用辣糊(将蟹黄和蟹肉抓匀)。

宋府芙蓉蟹

将蟹拆开，放入筐中控尽腥水，再放入

银砂铴锣内，加入白酒、醋、水、花椒、葱、姜和甘草蒸熟，这就是明代宋诩家的芙蓉蟹。这款菜的主料蟹块和蒸蟹时所用的食材，均与“芙蓉”类菜肴的颜色和形状等不搭界，因此这份菜谱疑有缺文，如蒸蟹时调入鸡蛋清之类的文字。

原文　芙蓉蠏：用蠏解之[1]，筐中去秽，布银砂铴锣中，调白酒、醋、水、花椒、葱、姜、甘草蒸熟。

宋诩《竹屿山房杂部·养生部》

注释

［1］用蠏解之：将蟹拆开。

宋府烹鳖

将活鳖宰杀控出血，烫一下去掉薄膜，换水煮烂取出，去骨留肉，投入热油中煸透，倒入煮鳖的清汤，加入酱、红糖、胡椒、川椒、葱、胡荽，调好口味即成。或者是将鳖宰杀后剁成块，下入锅中用油煸后再加汤和调料烹熟，这就是宋诩家的烹鳖。与前代的烹鳖相比，宋家的烹鳖加入了胡椒、胡荽和红糖，使其出品具有鲜明的时代特色。

原文　烹鳖：一、先取生鳖杀，出血。作沸汤，微焊[1]，涤退薄肤，易水烹糜烂[2]。解析其肉，投熬油[3]中，加原烹汁清者再烹，用酱、赤砂糖、胡椒、川椒、葱白、胡荽调和。一、先焊涤，生斫为轩[4]，同前再烹调和。和物[5]宜潭笋[6]、熟栗、熟菱、绿豆粉片。

宋诩《竹屿山房杂部·养生部》

注释

［1］微焊：稍微煮一下。焊，这里作烫讲。

［2］易水烹糜烂：换水烹酥烂。

［3］熬油：热油。

［4］生斫为轩：生着剁成块儿。

［5］和物：配料。

［6］潭笋：冬笋，详见明姚可成《食物本草》。

古法蒸黄甲

黄甲即梭子蟹，宋诩介绍的蒸法，从穿蟹的竹针到蒸后蘸食的姜汁醋，都是明代以前就有的，只不过宋诩的文字比前人稍详细些。

原文　蒸黄甲[1]：取生者，裁竹针，从脐内贯入腹，架锅中，少水蒸熟。肉始嫩，刀解去须，抹去泥沙。宜姜醋[2]。

宋诩《竹屿山房杂部·养生部》

注释

［1］蒸黄甲：原书注：“黄甲即蝤。”蝤，即“蝤蛑”，今称“梭子蟹”。《正字通·虫部》：“蝤，青蝤也。螯似蟹，壳青，海滨谓之蝤蛑。”

［2］宜姜醋：吃时宜蘸姜汁醋。

宋府炰鳖

“炰鳖”始见于《诗经·小雅·六月》，这里的炰鳖，采用的则是从宋元流传下来的锅烧法。调料中的红糖，彰显这款菜的南味特色。

原文　炰鳖（二制）：同前制[1]，去肤，宽用甘草、葱、酒、水烹熟，刳去肺肠[2]，内外烦揉以葱、川椒、胡椒、缩砂仁坋[3]、酱、熟油、赤砂糖。锅中再熬香油，取新瓦砾藉其甲炰之。频沃以酒，香味融液为度。有轩之[4]，浥盐、酒[5]，入油炰[6]。

宋诩《竹屿山房杂部·养生部》

注释

[1] 同前制：即同烹鳖的净治方法一样。

[2] 刳去肺肠：掏去鳖的肺肠（等内脏）。

[3] 坋：这里作末讲。

[4] 有轩之：也有将鳖剁成块的。

[5] 浥盐、酒：放盐、酒（将鳖块腌一下）。

[6] 入油炰：放入热油中爆。这里的炰为爆的意思。

宋府烧蟹

明代以前，食蟹多为清蒸。宋诩介绍的这款烧蟹则比较少见，从菜谱中不难看出，宋家的烧蟹是以宋元盛行的锅烧法制成。为了去蟹腥，这款烧蟹下锅前要将酱和花椒等调料填入蟹腹，下锅时先往锅中淋入少许油，再将用酒和花椒、葱、酱调匀的料汁浇入锅内。出锅后食用时同蒸蟹一样，蘸姜汁醋或橙醋。

原文　烧蠏[1]：当蠏口刀开为方穴[2]，从腹中探去秽[3]，满内[4]酱、花椒、葱，口向上布锅内，筐亲于锅炀者[5]。举火时[6]，以油从锅口浇落少许[7]，复以白酒薄调花椒、葱、酱渐浇于锅。俟熟[8]，不令有焦[9]。有内盾猪脂肪、葱白、花椒、盐，架锅蒸。俱宜姜醋、橙醋[10]。黄山谷诗云“忍堪支解见姜橙”。

宋诩《竹屿山房杂部·养生部》

注释

[1] 烧蠏：原题后注“蒸附”，即烧蟹之外又附蒸蟹法。

[2] 当蠏口刀开为方穴：从蟹的胸口部用刀开一方口。

[3] 从腹中探去秽：从刀口处去掉腹中的污物。

[4] 内：同“纳”，这里作放入讲。

[5] 筐亲于锅炀者：盛蟹的筐要离锅底近一些，以便烘烧。炀，这里作烘讲。

[6] 举火时：烧火时。

[7] 以油从锅口浇落少许：将少许油从锅口处浇入锅中。

[8] 俟熟：等熟了的时候。

[9] 不令有焦：烧好的蟹不能有煳的。

[10] 俱宜姜醋、橙醋：都适宜蘸姜汁醋、橙汁醋食用。

国家博物馆藏明《皇都积胜图》中的明代北京景象

天启三事

三事是明朝天启皇帝朱由校（1621—1627年在位）喜欢食用的一款菜，由海参、鲍鱼、鱼翅、肥鸡和猪蹄筋烩制而成。有关这款菜的记载原见于刘若愚的《明宫史》，刘若愚是万历、天启皇帝的太监，《明宫史》是他所述关于万历、天启朝宫廷生活见闻的回忆录。这款菜的食材组配说明，明朝的宫廷菜已不同于宋元，海参、鱼翅始成为御膳亮点。

原文　三事：先帝[1]最喜用炙蛤蜊、炒鲜虾、田鸡腿及笋鸡脯。又海参、鳆鱼[2]，鲨鱼筋[3]、肥鸡、猪蹄筋共烩一处，名曰“三事”，恒喜用焉。

刘若愚《明宫史》

注释

[1] 先帝：指天启帝。

[2] 鳆鱼：今称“鲍鱼”。

[3] 鲨鱼筋：今称“鱼翅”。

古法清烹白蛤

这是明代宋诩家的一款府宅菜。从宋诩的介绍来看，这款菜的制法仍沿用魏晋南北朝以来的定式，做法和调料都较简单，虽无新意，但关于制作清烹白蛤具体操作的文字，非常生动周详，足资今人研判明代烹调时参考。

原文　清烹白蛤[1]：先养释米水中一二日，令吐尽沙泥。作沸汤，调白酒、川椒、葱白，投下，旋动不停手[2]，方张口即取起。剥，肉鲜嫩而满。

宋诩《竹屿山房杂部·养生部》

注释

[1] 清烹白蛤：原题“清烹”。

[2] 旋动不停手：用手不停地拨动汤中的白蛤。

宋府烹蚶

烹蚶在魏晋南北朝时已见记载，相比之下，宋诩所记的这款烹蚶，最大的亮点是烹蚶时沸汤中要加入酱油和胡椒，这在调味方式上应与前代不同。

原文　烹蚶：先作沸汤，入酱油、胡椒调和，涤蚶投下[1]，不停手调旋之，可折遂起[2]，则肉鲜满。和宜潭笋[3]。

宋诩《竹屿山房杂部·养生部》

注释

[1] 涤蚶投下：将洗净的蚶肉投入开汤中。

[2] 可拆遂起：蚶肉可以拆开吃时立即起锅。

[3] 和宜潭笋：配料宜用冬笋。

古法淡菜

淡菜在魏晋南北朝时期就是汆烫后大多蘸汁食用。宋诩在菜谱中介绍的这款淡菜，调味汁以胡椒、酱油等调料制成，这是与前代最大的不同。

原文　淡菜[1]：涤洁，作沸汤微焊[2]。剖其肉，除边锁及毛。调和胡椒、川椒、葱、酱油、醋为汁用之。干者宜入羹。

宋诩《竹屿山房杂部·养生部》

注释

[1] 淡菜：原题后注为“牛翰林曰：‘君子安知淡菜非雅物也。’”。淡菜，贻贝科动物厚壳贻贝和其他贻贝类的贝肉。生活于浅海岩石间。

[2] 微焊：稍汆一下。焊，此处作汆讲。

宋府田鸡炙

田鸡即青蛙，魏晋南北朝时就是一味治儿童赤气肌疮、脐伤和止痛的中药。以田鸡为主料治馔，宋诩《竹屿山房杂部·养生部》中的九份田鸡菜谱，应是传世文献中的最早记载。这里的田鸡炙，就是其中的一款名菜。

原文　田鸡炙：治涤俱洁，将酱、赤砂糖、胡椒、川椒、缩砂仁坋[1]沃之[2]，少顷，入熬油中烹熟，置炼火上纸藉炙燥。

宋诩《竹屿山房杂部·养生部》

注释

［1］坋：这里作末讲。

［2］沃之：腌渍。

宋府油炒虾

先用热油将虾煸熟，再加入酱、醋、葱或只用盐来调好口味，这就是宋诩家的油炒虾。这款菜的调料投放说明，当时的油炒虾先要煸去腥味，然后才能放调料，追求的是虾本身的鲜美滋味。

原文　油炒虾（二制）：一、先入熬油[1]中炒熟，酱、醋、葱调和[2]。一、惟以盐。

宋诩《竹屿山房杂部·养生部》

注释

［1］熬油：热油。

［2］调和：调好口味。

浙南蒸鲎

鲎（hòu），又称东方鲎、马蹄蟹，俗称丑八怪等，为产于今浙江以南近岸浅海中的一种节肢动物。体分头胸、腹及尾三部。头胸甲半月形，腹甲略呈六角形，尾呈剑状。鲎的肝、生殖腺及多肉的附肢，蒸、煮或炒后味如蟹肉，但因其血中含铜 0.28%，故多食易致铜中毒。初加工时如弄破其肠，将臭不可食。宋诩《竹屿山房杂部·养生部》中的这份蒸鲎谱，是目前发现的传世文献中最早的制作鲎的菜谱。根据宋诩的介绍，依据这份菜谱制作的这款菜可称作原壳蒸鲎。

原文　蒸鲎[1]：用刀当其背刳之[2]，取足内向者去其肠，甚臭恶[3]，不可伤动。切为轩[4]，以胡椒、川椒、葱、酱、酒浥[5]，藉以原壳入甑蒸[6]。其水别入锅烹如腐[7]。宜浇以胡椒醋[8]。

宋诩《竹屿山房杂部·养生部》

注释

［1］蒸鲎：原题“鲎”。题后注：“小者为鬼鲎，宜用大者。”明李时珍《本草纲目》“鲎鱼”：“小者名鬼鲎，食之害人。”

［2］用刀当其背刳之：用刀从鲎的背上剖开。刳，剖开后挖空。

［3］甚臭恶：指鲎肠。

［4］切为轩：切成块。

［5］浥：此处作腌渍讲。

［6］藉以原壳入甑蒸：将鲎块放入鲎壳中入甑蒸。

［7］其水别入锅烹如腐：壳内的水可另入锅中煮成豆腐状。

［8］宜浇以胡椒醋：食用时宜浇上胡椒醋。

宋府青鱼两制

鲊是明代以前青鱼的常见菜式，宋诩推崇的青鱼的两种制法却都与鲊无关，一种是将鱼剞刀用调料腌渍后清蒸，蒸后去骨将鱼肉包好再压成鱼糕，完全是冷菜的款式；另一种则是将鱼用调料腌渍后采用宋元传下来的锅烧法制成。这两种款式的青鱼菜都具有明代府宅菜的特点，但在后世却很少见。

原文　蒸（二制）：一、用全鱼[1]，刀寸界[2]之，内外浥酱、缩砂仁、胡椒、花椒、葱皆遍，甑蒸熟。宜去骨存肉，苴压为糕。一、用酱、胡椒、花椒、缩砂仁、葱沃全鱼，以新瓦砾藉锅，置鱼于上，浇以油，常注以酒，俟熟。俱宜蒜醋。

宋诩《竹屿山房杂部·养生部》

注释

［1］用全鱼：用整条的鱼。

［2］界：今作“剞”。

宋府水陆珍

这是宋诩十分欣赏的一款泥子活菜。所用的泥子料由于包含了水陆两大类珍美食材，故名“水陆珍”。

原文　水陆珍：黄甲[1]蒸取肉，大银鱼，鸡胸肉，田鸡腿肉，白虾肉，斫细醢[2]，鸡鸭子白[3]、花椒坋[4]、盐和一处，浥白酒，为丸饼，蒸熟入羹。

宋诩《竹屿山房杂部·养生部》

注释

［1］黄甲：梭子蟹。详见本书“古法蒸黄甲”注［1］。

［2］斫细醢：剁成泥。

［3］鸡鸭子白：鸡鸭蛋清。

［4］坋：这里为粉的意思。

素类名菜

臞仙烧茄子

臞仙是明太祖朱元璋第十七子朱权（1378—1448）的自号，其别号涵虚子。朱权曾被封宁王，晚年藏书中有不少秘本，这款烧茄子菜谱，当是他从所藏宋元生活类秘本中辑出，是目前发现的最早的烧茄子菜谱。这份菜谱曾被明戴羲《养余月令》和清丁宜曾《农圃便览》等多部书收录。

原文　烧茄[1]：干锅内烧香油三两，茄儿去蒂十个摆锅内，以盆盖定，发火烧。候软如泥，擂入盐、酱料物，麻、杏泥拌和食之。以蒜酪拌尤佳。

朱权《新刻臞仙神隐四卷》

注释

［1］烧茄：这种烧茄法至上世纪50年代仍流传在“老北京”的家庭中。与饭庄酒楼过油的烧茄子相比，这种烧茄子具有省油和能尝出茄子自然味的特点。

韩奕炸面筋

将蒸熟的面筋切成大片，用调料和酒煮透，取出晾干后再用油炸香，这就是韩奕《易牙遗意》中的炸面筋。

原文　煎麸：上笼麸坯[1]，不用石压，蒸熟。切作大片，料物[2]、酒浆煮透。眼[3]干，油锅内煎浮用之。

韩奕《易牙遗意》

注释

［1］上笼麸坯：将面筋坯上笼。

［2］料物：调料。

［3］眼：音 làng，这里作晾讲。

韩奕麸鲊

鲊本是古代用发酵法酿制的鱼或肉类冷菜，韩奕的这款“麸鲊”，却是用红曲末将面筋条染红，再拌上笋丝、萝卜丝、葱丝，撒上芝麻及各样调料，最后浇上香油制成，应是下酒的素菜。

原文　麸鲊[1]：麸切作细条，一斤，红曲末染过，杂料物一斤[2]，笋干、萝卜、葱白皆切丝，熟芝麻、花椒二钱，砂仁、莳萝、茴香各半钱，盐少许，熟香油三两，拌匀，供之。

韩奕《易牙遗意》

注释

［1］麸鲊：实为拌面筋条。

［2］杂料物一斤：放入调料一斤。按：“斤”疑为“两”字之误。

戴典簿藕梢鲜

将鲜藕梢切寸块，焯后用盐腌，控尽水，然后加葱油和姜丝、橘丝、莳萝、茴香、粳米饭、红曲末拌匀，放在鲜荷叶上包起来，第二天即可食用，这就是戴羲欣赏的藕梢鲜。从制作工艺和出品款式看，这款菜实际上是具有

这是山东博物馆展出的明代行军锅，这件铜锅肩部有两个环状耳，使用时应是通过双耳将锅吊在篝火上。张从艳摄自山东博物馆

荷叶香气的腌藕尖。

原文　造藕稍[1]鲜：用生者[2]，寸截，沸汤焯过，盐醃，去水，葱油少许、姜、橘丝、莳萝、茴香、粳米饭、红曲研细拌匀，荷叶包，隔宿食。

戴羲《养余月令》

注释

[1] 藕稍：今作藕梢。

[2] 用生者：用刚采的。

周定王拌后庭花苗

周定王即明太祖朱元璋五子朱橚，清拌后庭花苗是其于永乐四年（1406年）编就的《救荒本草》中的一款野蔬名菜。

原文　清拌后庭花[1]：后庭花，一名"雁来红"，人家园圃多种之。叶似人苋叶，其叶中心红色，又有黄色相间。亦有通身红色者，亦有紫色者。茎叶间结实，比苋实差大。其叶众叶攒聚，状如花朵，其色娇红可爱，故以名之。微涩，性凉。救饥：采苗叶煠[2]熟，水浸淘净，油、盐调食。晒干煠食尤佳。

朱橚《救荒本草》

注释

[1] 清拌后庭花：原题"后庭花"。

[2] 煠：这里作焯讲。

清拌金雀花

金雀花是豆科植物锦鸡儿的花，初春开花，黄色而带红，状如金雀。这款清拌金雀花口味甜酸，为明代野蔬花卉名菜。

原文　清拌金雀花[1]：春初开，形状金雀，朵朵可摘。用汤焯…… 以糖霜[2]、油、醋拌之，可作菜。甚清[3]。

高濂《雅尚斋遵生八笺》

注释

[1] 清拌金雀花：原题"金雀花"。

[2] 糖霜：白糖。

[3] 清：清香。

腌栀子花

栀子花为茜草科植物山栀的花，白色，极香。这里的腌栀子花除了用大小茴香、花椒、葱和盐以外，还用红曲和研烂的黄米饭，具有古代菹的工艺特点。

原文　腌栀子花[1]：採[2]半开花，矾水焯过，入细葱丝、大小茴香、花椒、红曲、黄米饭（研烂）同盐拌匀，醃压半日食之。用矾焯过，用蜜煎之，其味亦美。

高濂《雅尚斋遵生八笺》

注释

［1］腌栀子花：原题“栀子花”。

［2］採：今作“采”。后文同。

糟凤仙花梗

干燥的凤仙花茎即中草药透骨草，可祛风、活血、消肿、止痛，这里糟用的是凤仙花的新鲜嫩梗。

原文　糟凤仙花梗[1]：採梗肥大者，去皮，削令干净。早入糟，午间食之。

高濂《雅尚斋遵生八笺》

注释

［1］糟凤仙花梗：原题“凤仙花梗”。凤仙花梗，凤仙花科植物凤仙的梗。

戴典簿香炸玉兰花

戴典簿即戴羲，因其在明崇祯朝曾任与宫廷饮食有关的光禄寺典簿，故世称戴典簿。香炸玉兰花是其所撰《养余月令》中的一款花卉菜，以玉兰花瓣挂面糊用香油炸成。戴羲说，炸好的玉兰花瓣“最为香美”。

原文　玉兰花开日，以花瓣洗净，拖面[1]，真蔴[2]油煎食之，最为香美。

戴羲《养余月令》

注释

［1］拖面：即挂面糊。

［2］蔴：今作“麻”。后文同。

香炸玉簪花

玉簪花夏季夜间开花，花白色，很香。这里是将半开的玉簪花瓣掰成两片或四片，挂上面糊油炸。高濂说，如果炸之前放少许盐和糖，味道会更香美。

原文　香炸玉簪花[1]：採半开蕊，分作二片或四片，拖面煎食。若少加盐、白糖入面调匀，拖之味甚香美。

高濂《雅尚斋遵生八笺》

注释

［1］香炸玉簪花：原题“玉簪花”。

拌金莲花叶

这里的金莲花叶，从高濂的描述来看，应是睡莲科植物莲花的叶，而不是毛茛科植物金莲花的叶。

原文　拌金莲花叶[1]：夏採叶、梗浮水面[2]，汤焯，姜、醋、油拌食之。

高濂《雅尚斋遵生八笺》

注释

[1] 拌金莲花叶：原题“金莲花”。

[2] 梗浮水面:“面”字后面疑脱“者”字。

王西楼拌斜蒿

王西楼即明代散曲家王磐（约1470—1530），拌斜蒿是其所撰《野菜谱》中的一款野蔬名菜。斜蒿是产于王西楼家乡今江苏高邮一带的一种野菜，每年三四月为采食季节。

原文 拌斜蒿[1]：大者，摘嫩头于汤中略过，晒干。再用汤泡，油、盐拌食。白食亦可。

王磐《野菜谱》

注释

[1] 拌斜蒿：原题“斜蒿”。斜蒿，江淮地区的一种野菜，三四月生。

眉公松豆

眉公即明代著名文人陈继儒，因其号眉公，故世称陈眉公；松豆据说是按其所授的方法做成的一款下酒菜。这款菜的用料和制法在清初被朱彝尊收在《食宪鸿秘》中，朱氏在“松豆”题后特别注明系“陈眉公方”，这在古代菜谱中是很难得的。

原文 松豆[1]：大白圆豆[2]，五日起，至七夕止，日晒夜露（雨则收过）。毕[3]，用太湖沙或海沙入锅炒（先入沙，炒热，次入豆）。香油熬之[4]，用筛筛去沙。豆松无比，大如龙眼核。或加油盐，或砂仁酱，或糖卤[5]拌俱可。

朱彝尊《食宪鸿秘》

注释

[1] 松豆：原题后注为“陈眉公方”。

[2] 大白圆豆：似为豆科植物饭豇豆的种实。《本草求真》：“白豆，即饭豆中小豆之白者也。气味甘平无毒。”

[3] 毕：指日晒夜露结束。

[4] 香油熬之：用香油将豆炸松。按：此句应在“用筛筛去沙”之后。

[5] 糖卤：即白糖浆。详见明《雅尚斋遵生八笺》“起糖卤法”。

明宫长命菜

据刘若愚《明宫史》记载，每年农历五月夏至伏日，明朝皇帝要吃长命菜。什么是长命菜呢？刘若愚说：“即马齿苋也。”

马齿苋是夏、秋时节常见的一种郊野野菜，因其“叶青、梗赤、花黄、根白、子黑”，因此又叫五行菜。此外尚有安乐菜、长寿菜等名称。马齿苋本是寻常百姓用来充饥或治病的一种野菜，整天吃山珍海味的明朝皇帝为何也吃这百姓救荒菜？并且要在夏至伏日这天必吃呢？从中医的角度来看，马齿苋具有清热解毒、散血消肿的功效，可治热痢脓血、热淋、血淋、丹毒等，因此在南朝梁陶弘景的《本草经集注》中已有记载。现代临床药理实验证明，马齿苋不仅能够预防菌痢，而且对痢疾、肠炎等还有较高的疗效。马齿苋中除了含有蛋白质、脂肪、粗纤维、钙、磷、铁、钾、胡萝卜素等以外，还含有谷氨酸、天门冬氨酸、苹果酸、柠檬酸，以及蔗糖、葡萄糖和果糖等，是一种营养丰富并有良好口感的野菜佳品。于此便不难理解胃肠功能虚弱、因淫乐而有热淋血淋之疾的明朝皇帝，为何在暑气来临之际必吃马齿苋了。

清代名菜

物性不良，虽易牙烹之亦无味也。

——袁枚《随园食单》

肉类名菜

随园神仙肉

袁枚说，这款神仙肉是用“隔水蒸”法制成。所谓“隔水蒸”，实际上就是从先秦一直传下来的重汤炖盅法。至于这款菜蒸时只加酒和酱油，这种做蹄髈时的调料投放法在明宋诩《竹屿山房杂部·养生部》“盐酒烧猪”中就已采用。关于这款菜的食用礼仪，清末夏曾传在《随园食单补证》中指出：“苏俗宴客必用蹄膀，且必使胫骨耸出碗外，以表敬客之意。”

原文　神仙肉[1]：用蹄膀一只，两钵合之，加酒加秋油[2]隔水蒸之，以二炷香[3]为度，号“神仙肉”。钱观察家制最精。

袁枚《随园食单》

注释

[1] 神仙肉：此谱采自《随园食单》“特牲单”“猪蹄四法”。标题系笔者据正文所加。

[2] 秋油：上好酱油，详见本书“随园烧小猪”注[3]。

[3] 二炷香：烧两炷香的时间（约为今一个半小时）。

随园烧小猪

袁枚欣赏的这款烧小猪，实际上是叉烤

这是一件奇特的清代画珐琅暖锅。方形，画珐琅，器态清丽而华贵，是它与一般火锅最大的不同。马民生摄自宁夏博物馆

小猪。将小猪上叉在炭火上烤炙，其工艺在西汉初期已十分成熟。广州西汉南越王墓曾出土用于烤小猪的烤叉、烤炉和木炭，只是未有关于如何烤炙的详细文字说明。《齐民要术》中有关烤小猪的菜谱显示，魏晋南北朝时期的烤小猪，烤时往小猪身上涂的是清酒或猪油、麻油、蜂蜜，而袁枚时代涂的却是奶酥油。清末夏曾传在《随园食单补证》中指出：“此物固佳，然此品施之于公宴者多，若置之党家金帐中，其风味当更不浅。”

原文　烧小猪：小猪一个六七觔[1]重者，钳毛去秽，叉上炭火炙之[2]。要四面齐到，以深黄色为度。皮上慢慢以奶酥油涂之，屡涂屡炙。食时酥为上，脆次之，硬斯下矣。旗人有单用酒、秋油[3]蒸者，亦惟吾家龙文弟颇得其法。

袁枚《随园食单》

注释

[1] 觔:“斤”的异体字。

[2] 叉上炭火炙之:上叉后在炭火上烤。

[3] 秋油:按日晒夜露法酿成的豆酱中自然滴出的头道酱油。清王士雄《随息居饮食谱》“酱”条载:“篘(chōu)油则豆酱为宜。日晒三伏,晴则夜露。深秋第一篘者胜,名‘秋油’,即‘母油’。调和食味,荤素皆宜。”“豆酱以金华兰溪造者佳。”

随园油灼肉

这款菜所用主料及其刀工处理、调味方法和加热工艺,都与明宋诩《竹屿山房杂部·养生部》中的“油煎猪”非常相似,说明二者之间存在直接的工艺渊源关系。清末夏曾传《随园食单补证》称:“今有以烧肉用此法重制者,亦佳。”说明到清同治、光绪年间,从宋元流传下来的锅烧肉已从干锅烧改为油爆。

原文 油灼肉:用硬短勒[1],切方块,去筋襻[2]。酒、酱郁过[3],入滚油中炮炙[4]之,使肥者不腻精者肉松。将起锅时,加葱、蒜,微加醋喷之。

袁枚《随园食单》

注释

[1] 硬短勒:即猪的硬短肋。

[2] 去筋襻:剔去肉中的筋结。按:此句是对前句的补充。

[3] 郁过:腌过。

[4] 炮炙:此处作油爆讲。

杭法樱桃肉

樱桃肉在乾隆御膳单上就有其名,遗憾的是缺乏用料和制法的文字。在同治、光绪年间的《随园食单补证》中,夏曾传写下了这款菜的第一份菜谱。在清末《调鼎集》所引的《北砚食单》中,又有樱桃肉的三种做法。后世的樱桃肉出现了南派和北派之分,在对主料的刀工处理、加热方法、所用调料和出品的色香味上都有区别。

原文 大蒜烤肉[1] 樱桃肉:肉切小方块,用笋干、新蒜头加酱水煨之,香美;或用萝卜切小块同煨,则曰樱桃肉。皆杭法也。

夏曾传《随园食单补证》

樱桃肉:切小方块如樱桃大,用黄酒、盐水、丁香、茴香、洋糖[2]同烧。又,油炸,蘸盐。又,外裹虾脯蒸。

佚名《调鼎集》

注释

[1] 大蒜烤肉:据正文,“烤”字应作“煨”。

[2] 洋糖:白糖。

四喜肉

这是一款清代年节筵席名菜,从其形制

看，有点类似早期的东坡肉。

原文 四喜肉[1]：四喜肉，一名“红肉”。切猪肉成方形，煮之，无辅佐品，重用酱油、酒、糖，色红如琥珀。割肉虽方，火候既至，则不见锋棱，入口而化矣。

徐珂《清稗类钞》

注释

［1］四喜肉：今菜谱中有“四喜丸子”，其“四喜”寓意应与此菜相同，即春夏秋冬，四季皆喜，为年节祝福名菜。

荷叶粉蒸肉

用荷叶包裹动物性主料做成菜，在魏晋南北朝时已有记载，《齐民要术》中的“裹鲊”，就是因用荷叶包裹鱼块做成鲊而得名。徐珂《清稗类钞》辑录的这款清代荷叶粉蒸肉，应是从明宋诩《竹屿山房杂部·养生部》中的“和糁蒸猪”变化而来。

原文 荷叶粉蒸肉[1]：荷叶粉蒸肉者，以五花净猪肉浸于极美之酱油及黄酒中，半日取出，拌以松仁末、炒米粉等料，以新荷叶包之，上笼蒸熟。食时去叶，入口则荷香沁齿，别有风味。盖猪肉之油各料之味，为叶所包不洩，而新荷叶之清香被蒸入内，以故其味之厚、气之芳，为饕餮者流所啧啧不置者也。

徐珂《清稗类钞》

注释

［1］荷叶粉蒸肉：袁枚《随园食单》：“粉蒸肉…… 江西人菜也。”又，屈大均《广东新语》：“东莞以香粳杂鱼肉诸味，包荷叶蒸之，表里香透，名曰‘荷包饭’。”

［2］洩：今作“泄”。

随园芙蓉肉

芙蓉入菜名，始于元代。这款芙蓉肉，在食材组配及其刀工处理上，则类似于明宋诩《竹屿山房杂部·养生部》中的“猪肉饼”；其调味和加热工艺，又与该书中的“油煎猪”略同。说明袁枚欣赏的这款清代前期江浙府宅菜，应是从明代偏重南味的宋氏府宅菜演变而来。

原文 芙蓉肉：精肉一觔[1]切片，清酱拖过，风干一个时辰[2]。用大虾肉四十个，猪油二两（切骰子大）。将虾肉放在猪肉上（一只虾一块肉），敲扁。将滚水煮熟，撩起。熬菜油半觔，将肉片放在有眼铜勺内，将滚油灌熟；再用秋油[3]半酒杯、酒一杯、鸡汤一茶杯，熬滚浇肉片上，加蒸粉、葱、椒糁[4]上起锅。

袁枚《随园食单》

注释

［1］觔：“斤”的异体字。

［2］一个时辰：为今两个小时。

［3］秋油：上好酱油，详见本书“随园烧小猪”注［3］。

［4］糁：这里作撒讲。

谢太守清煨里脊

这是袁枚在扬州谢太守席上吃过的一款菜。袁枚说，因为猪里脊精而嫩，人多不食，而谢太守席上的这款清煨里脊却很好吃，于是便问其做法，并将其写入《随园食单》中。清末夏曾传在《随园食单补证》中指出：“山东一带所谓里脊肉者即此，彼人以为上品。”

原文　猪里肉：猪里肉精而且嫩，人多不食。尝从扬州谢蕴山太守席上食而甘之。云以里肉切片，用纤粉[1]团成小把入虾汤中，加蕈、紫菜清煨，一熟便起。

袁枚《随园食单》

注释

［1］纤粉：今作“芡粉”。

随园干锅蒸肉

袁枚所说的“干锅蒸肉”，类似于宋、元、明时的锅烧肉。将肉架在干锅中，扣上瓦盆或铁锅，用小火烧，这种加热法当时既叫锅烧也叫蒸。元倪瓒《云林堂饮食制度集》中的“烧猪肉”和明宋诩《竹屿山房杂部·养生部》中的“盐酒烹猪”等，应与袁枚的干锅蒸肉有直接的工艺渊源关系。

原文　干锅蒸肉：用小磁钵，将肉切方块，加甜酒[1]、秋油，装大钵内，封口，放锅内，下用文火干蒸之，以两炷香为度[2]。不用水，秋油与酒之多寡，相酒而行，以盖满肉面为度。

袁枚《随园食单》

注释

［1］甜酒：这里的甜酒应即袁枚推崇的“有绍兴之清”“有女贞之甜”而又“无其俗”的金华酒。

［2］以两炷香为度：以燃尽两炷香的时间（约一个半小时）为度。

随园脱沙肉

这款菜的食材组配、刀工处理和主辅料的运用方式，应该是从汉代的“胎炙”一脉相承而来。而其先煎后焖的加热方式，则是对“胎炙”只用叉烤的发展。

原文　脱沙肉：去皮切碎，每一觔[1]用鸡子三个（青[2]黄俱用）调和拌肉，再斩碎，入秋油半酒杯、葱末拌匀，用网油一张裹之，外再用菜油（四两）煎两面，起出去油。用好酒一茶杯、清酱半酒杯闷[3]透，提起切片，肉之面上加韭菜、香蕈、笋丁。

袁枚《随园食单》

注释

［1］觔："斤"的异体字。

［2］青：今作"清"。

［3］闷：今作"焖"。

随园炒肉片

袁枚所说的这种炒肉片，其制作工艺在明宋诩《竹屿山房杂部·养生部》中已有记载。宋诩在该书中谈到"油炒牛"的制作要领时指出："唯宜热锅中速炒起。"袁枚则说制作炒肉片"火要猛烈"，显而易见，二者的说法是一致的。清末夏曾传在《随园食单补证》中则指出：炒肉片，"杭人谓之小炒肉，有十八抢锅刀之目"。

原文　炒肉片[1]：将肉精肥各半，切成薄片，清酱拌之，入锅油炒，闻响即加酱水、葱、瓜、冬笋、韭芽，起锅。火要猛烈。

袁枚《随园食单》

注释

［1］炒肉片：按这里的炒肉片制法，应是袁枚所熟知的清乾隆年间的炒肉片制法。从文中可以看出，200多年前，炒肉片的制作要经选料、切片、拌渍、油炒、加料和起锅等多道工艺节点才能完成。

随园炒肉丝

这款炒肉丝同炒肉片一样，在明宋诩《竹屿山房杂部·养生部》中可以找到其工艺源头。该书中的"油炒牛"和"油爆猪"，可以使人大体看出从明弘治初年到清乾隆末年的近300年间炒肉丝工艺演变的脉络。

原文　炒肉丝：切细丝，去筋袢、皮、骨，用清酱、酒郁片时[1]。用菜油，熬起白烟变青烟后，下肉，炒匀，不停手，加蒸粉[2]、醋（一滴）、糖（一撮）、葱白、韮[3]、蒜之类。只炒半觔[4]，文火[5]，不用水。又一法：用油炮后，用酱水加酒略煨起锅，红色。加韭菜尤香。

袁枚《随园食单》

注释

［1］用清酱、酒郁片时：用酱油、酒腌一会儿。

［2］蒸粉：即真粉，绿豆淀粉。

［3］韮："韭"的异体字。

［4］觔："斤"的异体字。

［5］文火：从正文看，应为"大火"。

随园空心肉圆

民国张通之《白门食谱》"予家之蒸肉圆"的主料、做法与这款菜相似，但肉圆中包的已不是冻猪油，而是酱油和鲜姜。张通之说："此肉圆其嫩无比，真胜过一切肉圆。"看来古人与今人一样，对香而腻的猪油最终也是远离。

原文　空心肉圆：将肉捶碎，郁过[1]。用冻猪油一小团作馅子，放在团内，蒸之。则油流去而团子空心矣。此法镇江人最善。

袁枚《随园食单》

注释

［1］郁过：加入调料腌渍一下。

随园八宝肉圆

以主辅料的数量加上“宝”字作为菜品名称的一部分，在魏晋南北朝时期已见记载。但是直到明代，无论是菜肴还是点心汤粥，名称中流行的多为“七宝”“五味”，这与当时佛教文化的盛行有一定关系。明代开始多见以“八宝”冠名的美食，如《金瓶梅词话》第42回中的“八宝攒汤”。进入清代，美食名称中的“八宝”渐多起来，这里的八宝肉圆就是一例。另外，这款菜的食材组配和制作工艺，可以在明宋诩《竹屿山房杂部·养生部》中的“一捻珍”和“猪肉饼”找到直接的源头。

原文　八宝肉圆：猪肉精肥各半，斩成细酱；用松仁、香蕈、笋尖、荸荠、瓜、姜之类斩成细酱，加纤粉[1]和捏成团，放入盘中，加甜酒、秋油蒸之。入口松脆。家致华云，肉圆宜切不宜斩[2]，必别有所见。

袁枚《随园食单》

注释

［1］纤粉：淀粉。《随园食单·须知单》“用纤须知”：“俗名豆粉为纤者，即拉船用纤也。须顾名思义，因治肉者要作团而不能合，要作羹而不能腻，故用粉以牵合之。煎炒之时，虑肉贴锅必至焦老，故用粉以护持之。此纤义也。”纤粉，今又作“芡粉”。

［2］肉圆宜切不宜斩：即做肉丸的肉宜切不宜剁。

杭州三圆汤

将肉圆、鱼圆、虾圆放到一起做汤，这就是清末夏曾传在谈到《随园食单》中的“杨公圆”时提及的一款清代杭州三圆汤。

原文　犀曰[1]：杭法用线粉作底，斩肉成圆，不使太碎，肥瘦相等，随手捏成，加火腿、笋片、带须鲜虾烩之，谓之火圆汤。又以肉圆、鱼圆、虾圆三者作汤，谓之三圆汤。秀士入场，庖人治以打抽丰[2]者也。

夏曾传《随园食单补证》

注释

［1］犀曰：即夏曾传说。犀，夏曾传别号醉犀生的简称。

［2］秀士入场……以打抽丰：秀才入考场前，厨师做三圆汤预祝连中三元，以此来得到秀才的赏赐。

蟹粉狮子头

将猪肉或加羊肉细切粗剁后同配料和调料做成丸子煮或蒸，在汉魏南北朝时名叫“跳丸炙”，在宋、元、明时则称作“水龙子”“猪肉饼”。从文化源流上来看，徐珂辑录在《清稗类钞》中的这款清代狮子头，应是从“跳丸炙”“水龙子”和“猪肉饼”演变而来。清末夏曾传在《随园食单补证》中指出：“徽州人制大肉圆，曰狮子头。”

原文　狮子头：狮子头者，以形似而得名，猪肉圆也。猪肉肥瘦各半，细切粗斩，乃和以蛋白，使易凝固，或加虾仁蟹粉。以黄沙罐一，底置黄芽菜或竹笋，略和以水及盐，以肉作极大之圆，置其上[1]，上覆菜叶，以罐盖盖之，乃入铁锅，撒盐少许以防锅裂，然后以文火干烧之。每烧数柴把一停，约越五分时更烧之，候熟取出。

徐珂《清稗类钞》

注释

[1] 置其上：（把肉圆）放在黄芽菜或竹笋的上面。

毛厨糖蹄

糖蹄在《齐民要术》中已有记载，南朝的糖蹄12个猪蹄要用6斤麦芽糖等做成。清代《毛荣食谱》中的糖蹄，麦芽糖变成了白糖，豉汁改为酱油，并且还加入了八角茴香。其中特别引人关注的是，煨炖猪蹄时还放了少许碱，这在历代猪蹄类菜肴制作中还是首次见于记载。

原文　附糖蹄方　黄酒十椀[1]，酱油五椀，稍加白糖，八角茴香不妨稍多，硷[2]须少，各宜量肉多寡酌用。猪肉[3]须择嫩而薄皮无恶气者方可用。苏城陆稿荐[4]驰名四远，无他法也。

毛荣《毛荣食谱》

注释

[1] 黄酒十椀：看来毛荣做糖蹄只用酒不用水。椀，“碗”的异体字。

[2] 硷：原字为“碱”的异体字。

[3] 猪肉：“肉”字疑为“蹄”字之误。

[4] 苏城陆稿荐：系康熙年间创建的中华老字号。这句话说明该号在乾隆年间就已名扬四方，并为名厨毛荣所称羡。

北砚水晶肉圆

在《食宪鸿秘》《醒园录》和《调鼎集》所引《北砚食单》中，分别有一款以猪肥膘为主料的丸子菜，它们的菜名是“肉丸”“猪油丸”和“水晶肉圆”。从主料上看，这是一类走偏锋的清代丸子菜。因为至迟到元、明两代时，丸子的主料仍以两份精肉一份肥肉或精少肥多为准，这可以从《云林堂饮食制度集》和《竹屿山房杂部·养生部》中的相关记载看出来。尽管李化楠说这类丸子“食之甚美”，但从现代营养学的角度看，胆固醇等偏高是这类菜的明显问题。

原文 肉丸：纯用猪肉肥膘，同干粉、山药为丸[1]，蒸熟或再煎。

朱彝尊《食宪鸿秘》

猪油丸：将猪板油切极细，加鸡蛋黄、菉豆粉少许，和酱油、酒调匀。用杓取收掌心聂[2]丸，下滚水中，随下随捞。用香菰[3]、冬笋（俱切小条），加葱白，仝[4]清肉汁和水煮滚，乃下油丸，煮滚取起，食之甚美。

李化楠《醒园录》

水晶肉圆：候极好晴天，将蒸熟无馅馒头去皮，晒极干，碾粉。肥肉切小丁，微剁，精肉不用，入前碾粉，如常蒸肉圆法。藕粉不碾粉。

佚名《调鼎集》

注释

[1] 同干粉、山药为丸：同干淀粉、山药（搅匀）做成丸子。按：应是用蒸熟去皮的山药。

[2] 聂：应即“摄”，团挤。

[3] 香菰：即“香菇”。

[4] 仝：“同”的异体字。

徽州肉圆

徽州丸子有多种，在清代已闻名大江南北。清末《调鼎集》中的这款徽州肉圆，用藕粉和圆后蒸制而成。清末夏曾传在《随园食单补证》中指出：“徽州人制大肉圆，曰狮子头；又用藕粉拌蒸者，则曰藕粉圆。”夏氏于清光绪三年（1877年）写此书，说明《调鼎集》中以藕粉制作的这类徽州肉圆，在光绪初年就已有名。

原文 徽州肉圆[1]：精肥各半切细丁，加笋丁、香蕈丁、花椒、姜米，用藕粉和圆，蒸（名“石榴子肉圆”）。或切方块，挖空（与如意圆同法）。裹以上各种为馅，蒸。

佚名《调鼎集》

注释

[1] 徽州肉圆：此菜今仍为安徽名菜。

徽州芝麻圆

这款肉圆蒸之前要滚上黑芝麻，蒸成后丸子上应满布黑麻点，色香味别具一格。

原文 徽州芝麻圆[1]：肉切碎，略攒，加酱油、酒、豆粉作圆，外滚黑芝麻、椒盐，笼底铺腐皮[2]蒸。

佚名《调鼎集》

注释

[1] 徽州芝麻圆：此菜今仍为安徽传统名菜。

［2］腐皮：豆腐皮。又名“油皮”。

汪拂云琥珀肉

用酒、水各半的投料法炖肉，在元倪瓒《云林堂饮食制度集》中已有记载。清初朱彝尊《食宪鸿秘》附录《汪拂云抄本》中的“琥珀肉”，不仅对肉和酒、水、盐的投料量均已量化，而且还对酒的品种提出了限定，可以说是用这种投料法炖肉的一款经典府宅菜。

原文　琥珀肉：将好肉切方块，用酒、水各碗半、盐三钱，火煨极红烂为度。肉以二斤为率。须用三白酒[1]。若白酒正，不用水。

朱彝尊《食宪鸿秘》
附录《汪拂云抄本》

注释

［1］三白酒：为明清姑苏名酒，享有“不胫而走半九州”和“小民之家，皆曰三白”的美誉。详见明谢肇淛《五杂俎》、顾起元《客座赘语》等。

随园八宝肉

这是一款用煨法制作的什锦类随园菜。关于这款菜的工艺来源，清人夏曾传在《随园食单补证》中指出：“与古之十远羹、骨董羹相类。”十远羹和骨董羹是陶穀《清异录》记载的两款五代名菜，与袁枚的八宝肉有些类似。但是从食材组配和制作工艺等来研判，明宋诩《竹屿山房杂部·养生部》中的“酱煎猪”和“盐煎猪”，似乎与八宝肉有着更为直接的渊源关系。

原文　八宝肉：用肉一觔[1]，精肥各半，白煮一二十滚，切柳叶片。小淡菜[2]二两，鹰爪[3]二两，香蕈一两，花海蜇二两，胡桃肉[4]四两（去皮），笋片四两，好火腿二两，麻油[5]一两。将肉入锅，秋油、酒煨至五分熟，再加余物。海蜇下在最后。

袁枚《随园食单》

注释

［1］觔：“斤”的异体字。

［2］小淡菜：贻贝科动物厚壳贻贝和其他贻贝类的贝肉。

［3］鹰爪：一种上品清茶。

［4］胡桃肉：即“核桃仁”。

［5］麻油：这里的麻油应即袁枚欣赏的小磨香油。

佛爬墙

将猪大肠洗净切寸段，用京葱同煨，这就是清末夏曾传《随园食单补证》中记载的佛爬墙，言佛亦垂涎也。

原文　猪大肠一付，取极肥者，洗净，切寸段，用京葱[1]同煨，香美异常，俗谓之佛爬墙，言佛亦垂涎也。

夏曾传《随园食单补证》

注释

[1] 京葱：指切成一寸五长的大葱白段。

随园红煨肉

袁枚谈的红煨肉的三种制法，让同精于饮馔的夏曾传想到了杭州的东坡肉和山西阳城的砂罐煨肉。夏氏在《随园食单补证》中称："杭有炖肉者，以肉一大方煨至极烂而锋棱不倒。俗厨颇不易办，吴门庖人俞某庶几焉。杭人又称为东坡肉。愚谓此乃酥字隐语，非谓出自坡公也。又为一品肉，盖即蟹黄为一品膏之类。山西阳城县砂罐煨肉最佳，封口不漏气，质坚不吃油，故肉之精神不散；即煮鸡鸭亦宜。"

原文　红煨肉：或用甜酱[1]，或用秋油，或竟不用秋油、甜酱。每肉一觔[2]用盐三钱，纯酒煨之。亦有用水者，但须熬干水气。三种治法，皆红如琥珀。不可加糖炒色。早起锅则黄，当可则红，过迟则红色变紫而精肉转硬。常起锅盖则油走而味都在油中矣。大抵割肉虽方，以烂到不见锋棱、上口而精肉俱化为妙。全以火候为主。谚云"紧火粥，慢火肉"，至哉言乎！

袁枚《随园食单》

注释

[1] 甜酱：这里的甜酱应是袁枚认为"入馔最佳"的苏州甜面酱。

[2] 觔："斤"的异体字。

杭式炸猪肝

这是夏曾传引以为豪的一款清代杭州菜。用网油包狗肝，然后将其烤熟，本为周代八珍之一。魏晋南北朝时期又有网油烤羊肝等。夏氏提到的这款网油炸猪肝，应是在烤的基础上演变而来。

原文　猪肝切片，以网油包而炸之，用酱蘸[1]，以嫩为佳，杭式也。

夏曾传《随园食单补证》

注释

[1] 用酱蘸：用酱蘸着吃。

汪拂云百果蹄

将煮烂的猪蹄用香糟制成糟蹄，到明代时已很常见。但是将煮得半熟的猪蹄去掉直骨，填入核桃仁、松仁和皮、筋，扎紧后煮烂，出锅凉凉再糟，吃时切片，这种糟蹄在清代以前还未发现记载。清初朱彝尊《食宪鸿秘》附录《汪拂云抄本》中的"百果蹄"，就是这种糟蹄。这份菜谱在《调鼎集》中的

《北砚食单》中也有收录。

原文　百果蹄：用大蹄，煮半熟。勒开，挖去直骨，填核桃、松仁[1]及零星皮、筋，外用线扎。再煮极烂捞起，俟冻，连皮糟一日夜[2]。

朱彝尊《食宪鸿秘》

附录《汪拂云抄本》

注释

[1]松仁:《调鼎集》“松仁”后面有“火腿丁”。

[2]连皮糟一日夜:《调鼎集》中此句为“入陈糟坛一宿”。

北人油爆腰片

这是清末夏曾传十分推崇的一款北方风味菜。夏氏关于这款菜的记载可以使人得知，至迟在清同治、光绪初年，北京等地就已有与传统京菜油爆腰花相类似的油爆腰片。需要指出的是，夏氏在记述此菜时，油爆写作“油炮”。

原文　犀曰[1]:（猪腰）北人横切薄片，猛火油炮[2]，以酱油、葱、椒、酒、醋喷之，颇佳；南人切厚片，用刀划碎，殊不能及。至苏俗与虾同炒，尤为不伦；或用醉虾法治之，嫩则有之，多食生疑。

夏曾传《随园食单补证》

注释

[1]犀曰：即夏曾传说。犀，夏曾传别号醉犀生的简称。

[2]油炮：今作“油爆”。

随园白煨肉

先白煮，再用酒煨，然后加入一半原汤煨至汤尽，这就是袁枚所说的白煨肉。这种煨肉工艺，在明宋诩《竹屿山房杂部·养生部》中已有记载。细读该书中的“烹猪”法就会发现，二者之间存在明显的工艺渊源关系。清末夏曾传则在《随园食单补证》中指出:“尝见舟人饮福，以肉割大块，沸汤略滚便取食之，齿决不断，而若辈且饱啖以为快，是亦名白煨肉也。若科目中有举人进士名目，亦犹《食单》中有白煨肉耳。”说明白煨肉到清同治、光绪年间，仍为当时的一款常见菜。

原文　白煨肉：每肉一觔[1]，用白水煮八分好起出，去汤，用酒半觔、盐二钱半煨一个时辰[2]。用原汤一半加入，滚干，汤腻为度，再加葱、椒、木耳、韭菜之类。火先武后文。又一法:每肉一觔,用糖一钱、酒半觔、水一觔、清酱半茶杯，先放酒滚肉一二十次，加茴香一钱，收水闷烂亦佳。

袁枚《随园食单》

注释

[1]觔:“斤”的异体字。

[2] 一个时辰：即两个小时。

北人炒猪肚

这款炒猪肚的加热工艺与明高濂《雅商斋遵生八笺》中的“炒羊肚儿”相类似，出品的口感也以“极脆为佳”。清《调鼎集》所引《北砚食单》中的“爆肚”和“爆肚片”，均与袁枚所说的这款炒猪肚工艺略同。需要指出的是，这款炒猪肚用油爆之前未过滚汤汆烫，而无论是明代的“炒羊肚儿”，还是清代的“爆肚”以及后世传统京菜“油爆肚仁”，均是先汆烫后过油再烹炒。清末夏曾传《随园食单补证》称：“炮肚之法北人擅长，南人效颦（pín），终鲜能之者。”

原文　炒猪肚：将肚洗净，取极厚处，去上下皮，单用中心，切骰子块[1]，滚油炮炒，加作料起锅，以极脆为佳。此北人法也。

袁枚《随园食单》

注释

[1] 骰子块：今又俗称“色子块”。

醒园白煮肉

白煮肉在明代即为宫廷美味，明刘若愚《明宫史》“四月”：“是月也……吃白煮猪肉，以为‘冬不白煮，夏不熝’也。”这款菜在《随园食单》中又名“白片肉”。

原文　白煮肉：凡要煮肉，先将皮上用利刀横立刮洗三四次，然后下锅煮之，随时翻转，不可盖锅[1]，以闻得肉香为度。香气出时，即抽去灶内火，盖锅闷一刻捞起，片吃，食之有味。又云，白煮肉当先备冷水一盆置锅边，煮拨三次，分外鲜美。

李化楠《醒园录》

白片肉：须自养之猪，宰后入锅，煮到八分熟，泡在汤中一个时辰[2]取起，将猪身上行动之处薄片上桌，不冷不热，以温为度。此是北人擅长之菜……割法：须用小快刀片之，以肥瘦相参、横斜碎杂为佳。

袁枚《随园食单》

注释

[1] 不可盖锅：至今仍是如此。

[2] 一个时辰：即两个小时。

胡桃肉炙腰

这是一款在食材组配上具有药膳特色的清代腰子菜。“胡桃”即“核桃”，性味甘温，润肺，益肾，利肠，健腰脚；羊腰性味甘平，补腰肾，健腰膝，理劳伤；猪腰性味甘、咸、平，可治肾虚腰痛，老人耳聋。据说出品“味极佳”，可谓清代腰子菜的一味精品。

原文　胡桃肉炙腰[1]：胡桃肉炙腰者，用羊腰或猪腰数枚，入锅，加水煮熟取出，去其外包之膜，切薄片；另以胡桃肉数枚，入石臼打烂，与腰片拌匀，入锅炒炙，俟胡桃油透渗腰片，再加盐、酱油、绍兴酒、香料烹至熟透，味极佳。

徐珂《清稗类钞》

注释

［1］胡桃肉炙腰：即“核桃仁炒腰片”。

随园煨猪蹄

这款菜的制作工艺可从明宋诩《竹屿山房杂部·养生部》中的“烹猪”和“盐酒烧猪”找到直接的源流关系。煨制猪蹄时加入红枣，则是袁枚欣赏的这款猪蹄菜在食材组配上的一个特色。

原文　煨猪蹄[1]：蹄膀一只，不用爪，白水煮烂，去汤。好酒一觔[2]、清酱杯半、陈皮一钱、红枣四五个煨烂。起锅，用葱、椒、酒泼入，去陈皮、红枣。

袁枚《随园食单》

注释

［1］煨猪蹄：此谱采自《随园食单》“特牲单”“猪蹄四法”。菜名系笔者据清《调鼎集》所转引。

［2］觔：“斤”的异体字。

夏氏梅子肉

这款菜是用网油包肉馅经油炸后再煨制而成。清末著名美食家夏曾传非常欣赏这款菜，但夏氏对这款菜做法的描述过于简略。清末《调鼎集》中有份“香袋肉”菜谱，这两款菜用料和制法相似，可以参照研究。

原文　梅子肉：用肉斩碎，包网油灼过[1]，加作料、芡粉，喷醋起锅。甚佳。

夏曾传《随园食单补证》

香袋肉：脊肉精肉劗绒[2]，网油作卷，外用鸡鸭肠缚如竹节，风干，油炸。切段如香袋式，红汤煨。

佚名《调鼎集》

注释

［1］包网油灼过：用网油包上炸好。灼，这里作炸讲。

［2］劗绒：即斩茸。劗，音 jiǎn，这里作斩讲。

吴人高丽肉

将猪油切块拌面，油炸后取出撒上白糖，这就是高丽肉。清末夏曾传在《随园食单补证》中指出，这是“吴人法也”。吴人即苏州人，尚甜是吴人饮食的一个特点。美食名称中冠以“高丽”二字的，这款菜不是首例，宋元时就有“高丽栗糕”。清代菜点包括浆、糊凡以蛋清为糊颜色雪白的，多以“高丽”称之，如高丽糊、高丽虾仁等。但也有以蛋黄糊为糊料、出品为金黄色的，如《调鼎集》中的高丽肉。

原文　高丽肉：猪油切块，拌面，复以热油灼之[1]，外糁[2]以糖，吴人法也。

夏曾传《随园食单补证》

高丽肉：肉拖蛋黄、米粉，油炸。

佚名《调鼎集》

注释

[1] 复以热油灼之：再用热油炸好。灼，这里作炸讲。

[2] 糁：这里作撒讲。

徽州猪油蒸酱

猪油蒸酱是用猪鸡冠油块同甜面酱、虾米和腐干放到一起蒸透做成。这款菜给夏曾传留下深刻印象，他认为，做这款菜时，“必使油与酱融，乃见其妙，故愈蒸愈透。徽州人最喜之”。

原文　猪油蒸酱：用鸡冠油[1]，切骰子块，用甜面酱、虾米、腐干蒸之，必使油与酱融，乃见其妙，故愈蒸愈透。徽州人最喜之。

夏曾传《随园食单补证》

注释

[1] 鸡冠油：即猪鸡冠油。

高知州蒸四样

这是夏曾传的父亲曾对他说过的一款清代府宅特色菜。夏曾传在谈到袁枚所写的“粉蒸肉”时说，用粉蒸肉的方法不仅可以蒸肉，而且还可以蒸鸡、鸭、鱼、羊。父亲在世时曾对我说过，江西湖口的高知州自制小甑，用来蒸鸡、鸭、鱼、肉以款待客人。菜成后，将小甑一一放在客人面前，受到大家的赞美。

高知州用来待客的小甑，小巧精致，别具一格，突显其待客的用心与规格。这类用来蒸制美食的炊器兼食具，其源至迟可追溯至汉代用来煎制肉食的染炉。

这是清代著名画家袁耀作于乾隆三十一年（1766年）的《汾阳别墅图屏》中的一个画面。图中有五人，前面一人和后面二人端着上扣保温盖的食盘，中间二人肩挑三层食盒，五人行进在长廊中，显系正往宴堂送美食。值得注意的是，其中的食品保温设备与清宫相似，说明清乾隆间这类美食保温器具流行府宅与宫廷。吴昊摄自天津博物馆

原文　蒸粉之法不但肉也，鸡、鸭、鱼、羊皆可为之。湖口高刺史[1]自制小甑，蒸鸡肉等四种宴客，则置甑于座，座客称美。此先大夫为予言[2]（粉不宜细，细则宜化水）。

夏曾传《随园食单补证》

注释

［1］湖口高刺史：即江西湖口的高知州。湖口为地处江西鄱阳湖口的湖口；刺史系清代对知州的别称。

［2］此先大夫为予言：这是父亲在世时对我说的。

随园锅烧肉

锅烧肉在宋元时已有记载，当时的制法是：将生肉放在锅架上，盖严烧火，全凭受热的干锅（锅内滴少许麻油）将肉烘熟。这种制法，一直流传到明代和清初。到了袁枚所处的乾隆年间，锅烧肉的烧法发生了重大变化。先将肉煮熟，再放入油中稍炸，但菜名仍叫“锅烧肉”。这种制法的出现，是清代厨师创新的成果，它既保持了宋元锅烧肉外焦里嫩的特点，又能让食用者立等即食。因为宋元锅烧肉是一次性加热，出菜时间长。而这里的锅烧肉，实行的是两次加热法，相对来说，出菜快，而口感还酷似宋元锅烧肉。

原文　锅烧肉：煮熟。不去皮，放麻油灼[1]过，切块，加盐或蘸清酱亦可。

袁枚《随园食单》

注释

［1］灼：这里作炸讲。

醒园酒炖肉

这款菜的原料组配和制作工艺类似于《随园食单》中的“红煨肉”，二者的不同之处只在所用调料的品种和数量。在对制作工艺的描述上，袁枚和李化楠的话则可以互补。

原文　酒炖肉[1]：新鲜肉一斤刮洗干净，入水煮滚一二次即取出，刀改成大方块。先以酒同水顿[2]，炖有七八分熟，加酱油一杯、花椒、料[3]、葱、姜、桂皮一小片，不可盖锅。俟其将熟，盖锅以闷之。揔以煨火为主[4]。或先用油、姜煮[5]滚，下肉煮之，令皮略赤，然后用酒炖之，加酱油、椒、葱、香蕈之类。又，或将肉切成块，先用甜酱擦过，才下油烹之。

李化楠《醒园录》

注释

［1］酒炖肉：原题“酒炖肉法”。

［2］顿：今作“炖”。

［3］料：疑为“大料”。

［4］揔以煨火为主：一直以小火为主。揔，“总”的异体字。

［5］煮：此处和下面的“煮”均为炸义。

随园煨猪头

将袁枚对这款菜用料、制作工艺和出品款式的描述同元代倪瓒《云林堂饮食制度集》中的“煮猪头肉”相对照便会发现，随园的煨猪头在工艺上系同倪云林时代的煮猪头肉一脉相承而来。清末夏曾传《随园食单补证》称：“吾杭烧猪头谓之䟫猪头。䟫，读怕，上声，俗言烂也。”后世将䟫写作“扒”，烧（煨）猪头写作“扒猪头”。夏氏的这条说明很珍贵，应是关于“扒”字含义的最早诠释。

原文　煨猪头[1]：洗净。五觔[2]重者用甜酒三觔，七八觔者用甜酒五斤。先将猪头下锅，同酒煮，下葱三十根、八角三钱，煮二百余滚，下秋油一大杯、糖[3]一两，候熟后尝咸淡，再将秋油加减。添开水要漫过猪头一寸，上压重物，大火烧一炷香[4]，退出大火，用文火细煨收干，以腻为度。烂后即开锅盖，迟则走油。

袁枚《随园食单》

注释

［1］煨猪头：此谱采自《随园食单》“特牲单”“猪头二法”，菜名系笔者据清《调鼎集》所转引。

［2］觔：“斤”的异体字，以下同。

［3］糖：据袁枚烹调用糖的说法，这里的糖应是白糖而不是冰糖。

［4］大火烧一炷香：用大火烧一炷香的时间（约45分钟）。

西瓜皮煨火腿

将西瓜皮切长条小块，与蘑菇和火腿同煨，这就是西瓜皮煨火腿。辑录这份菜谱的徐珂在《清稗类钞》中指出：这款菜“味鲜而甘，不知者必疑其为冬瓜也”。

原文　西瓜皮煨火腿：西瓜皮贱物也，然以之与火腿同煨，则别有风味。由此知废物均可利用。特精心人不足以语此耳。法：先去瓤，切皮成寸许长方形之小块，再去外层青皮，加摩[1]菇、香蕈、水、盐与火腿，同煨二三小时[2]取出，味鲜而甘，不知者必疑其为冬瓜也。

徐珂《清稗类钞》

注释

［1］摩：今作“蘑”。

［2］同煨二三小时：疑煨的时间过长。

醒园肉松

肉松是清代一种款式独特的菜肴，后世已从家庭和酒楼菜中分离出去，成为肉食店中的一个当家品种。

原文　肉松[1]：用猪后腿整个，紧火煮透。切大方斜块，加香蕈，用原汤煮至极烂。取精肉，用手扯碎。次用好甜酒、清酱、大茴末、白糖少许，同肉下锅，慢火拌炒，至干取起，收贮。

李化楠《醒园录》

注释

［1］肉松：原题“做肉松法”。

醒园蒸猪头

这款蒸猪头的加热工艺与元倪瓒《云林堂饮食制度集》中的“川猪头”相类似，调味方法则不太一样。猪头蒸烂去骨切片后所浇的调味汁，以芥末、醋、蒜和佛手柑花制成。这种调味汁是在宋元芥末醋的基础上又加入了佛手柑花，这应是这款蒸猪头独具的风味特色。

原文　蒸猪头法：猪头先用滚水泡洗，刷割极净，才将里外用盐擦遍，暂置盆中二三时久。锅中才放凉水，先滚极熟[1]后，下猪头。所擦之盐不可洗去。煮至三五滚捞起，以净布揩擦干内外水气。用大蒜捣极细烂，如有鲜柑花更妙。擦上内外，务必周遍，置蒸笼内蒸至极烂。将骨拔去，切片，拌芥末、柑花[2]、蒜、醋，食之俱妙。

李化楠《醒园录》

注释

［1］熟：疑为“热”字之误。

［2］柑花：佛手柑（即香橼）花。性味辛温，有下气、醒胃、豁痰、消食等功用。

食宪煨冬瓜

这是一款很有特色的以煨烤法制作的酿冬瓜菜。原菜谱在朱彝尊《食宪鸿秘》中，顾仲于清康熙年间抄出，其后将其收入《养小录》，并认为这款菜出自“酒肉山僧”之手。

原文　煨冬瓜[1]：老冬瓜一个，切下顶盖半寸许，去瓤子净。以猪肉或鸡、鸭或羊肉，用好酒、酱、香料美汁调和，贮满瓜腹，竹签三四根，将瓜盖签牢，竖放灰堆内，则桄糠铺底及四围，窝到瓜腰以上，取灶内灰火，周回焙筑，埋及瓜顶以上，煨一周时。闻香取出，切去瓜皮，层层切下供食。内馔外瓜，皆美味也。酒肉山僧作此受用。

顾仲《养小录》

注释

［1］煨冬瓜：据正文，此菜实际上是“煨酿冬瓜”。

顾氏囫囵肉茄

被顾仲誉为“奇而味美”的这款囫囵肉

茄，实际上是清代初年的烧酿茄子。酿茄子以蒸法或烧法制成，在元、明两代已经出现。相比之下，《养小录》中的这款酿茄子在制作技术上更趋酒楼化。

原文　囫囵肉茄：嫩大茄留蒂，上头切开半寸许，轻轻挖出内肉，多少随意。以肉切作饼子料[1]，油、酱调和得法，慢慢塞入茄内，作好，迭入[2]锅内，入汁汤烧熟。轻轻取起，迭入盆内。茄不破而内有肉，奇而味美。

顾仲《养小录》

注释

[1] 以肉切作饼子料：将肉切成丸饼料。按：这里的“肉”应指猪肉。

[2] 迭入：码入。

随园荔枝肉

荔枝肉是乾隆膳单上的一款美味，但御膳单上只有菜名而没有荔枝肉的用料和做法。在同时代的《随园食单》中，有关于这款菜的制法，这应是目前发现的最早的一份荔枝肉菜谱。清末夏曾传在《随园食单补证》中指出：“此杭俗之走油肉也，吴人谓之余香肉，或以苋菜及白菜、绿豆芽均可。”在清末《调鼎集》所引《北砚食单》中，辑录了荔枝肉的三种制法，其中一份就来自《随园食单》。

原文　荔枝肉：用肉，切大骨牌片[1]，放白水煮二三十滚，撩起。熬菜油半觔[2]，将肉放入炮透撩起，用冷水一激，肉皱撩起，放入锅内，用酒半觔、清酱一小杯、水半觔煮烂。

袁枚《随园食单》

荔枝肉：用膂肉[3]，油膜[4]，寸块[5]，皮面划十字纹，如荔枝式，葱、椒、盐、酒腌半晌。入沸汤，略拨动，随即连置别器浸养[6]。将用，加糟姜片、山药块、笋块再略煨。又，将煮熟肉切块，划十字张望如前，油炸，配绿豆芽、木耳、笋，原汁煨。又（略）。

佚名《调鼎集》

注释

[1] 大骨牌片：长约6厘米、宽3厘米的长方形片。

[2] 觔：“斤”的异体字。

[3] 膂肉：猪通脊肉。

[4] 油膜：应即剔去油膜。按：此句疑脱“剔”之类的字。

[5] 寸块：应作切寸块。按：此句疑脱“切”之类的字。

[6] 随即连置别器浸养：随后立即将肉连汤倒入另外的器皿中浸泡。别器，另外的器皿。

湖州扎肉

这是清同治时汪曰桢《湖雅》和民国五

年（1916年）冲斋居士《越乡中馈录》中记载的湖州风味菜。但是在《湖雅》中，扎肉是一款先煮后熏的熏肉，在《越乡中馈录》中则是一款冷吃的卤肉。

原文 扎肉：按，即熏肉。先微腌，以巨石镇压半日，卷为圆柱，四面裹皮，稻秆扎紧，煮熟。乃以木屑烟熏之，曰扎肉。郡城[1]有名。他处熏肉皆不压不扎，故不能及。

汪曰桢《湖雅》

扎肉：猪肉切大长方块，洗净，配搭匀（须肥者多），以稻草心或竹箬，逐块连骨缚之。瓦罐清水，加老酒，除盖猛煮，舀去浮沫，以除臊气。煮三小时离火，以冷水洒罐面，则肉油上浮，急用瓢滗出，加酱油、大茴香，煮至极烂，则肉不腻口。为冬令饭菜，冷吃者多。滗出之油仍可调菜。

冲斋居士《越乡中馈录》

注释

［1］郡城：清代湖州城。

食宪酱肉

酱肉工艺在清代大致分为两种，一种是用酱先将生肉腌渍，再用隔水炖或蒸的方法进行加热；另一种则是将熟肉用酱腌。朱彝尊《食宪鸿秘》中的“酱肉”谱，应是清代最早的一份菜谱。为便于读者全面了解清代酱肉工艺，这里还汇集了《醒园录》和《调鼎集》中的酱肉谱。

酱肉：猪肉治净，每斤切四块，用盐擦过。少停，去盐，布拭干，埋入甜酱[1]。春秋二三日、冬六七日取起。去酱，入锡罐，加葱、椒、酒，不用水，封盖，隔汤慢火煮烂[2]。

朱彝尊《食宪鸿秘》

原文 酱肉：猪肉用白水煮熟，去白肉併[3]油丝，务令净，尽取纯精的切寸方块子，醃入好豆酱内。晒之。

李化楠《醒园录》

酱肉：干肉一层，甜酱一层，三日后取出，晾干，洗去酱，蒸用。又（略）。又（略）。又，逢小雪时，取干肉入酱缸，七日取出，连酱阴干。临用，洗去酱，煮用（如不煮，可留至次年三四月）。

佚名《调鼎集》

注释

［1］埋入甜酱：应是将肉沉入甜酱缸中。

［2］隔汤慢火煮烂：隔水用小火慢慢（将肉）炖烂。

［3］併：“并”的异体字。

食宪灌肚

一般“灌肚”多灌以糯米及肉馅等，而此菜的猪肚中则灌入与小肠相拌的香蕈粉，这是很有特色的一招。香蕈具有菇香气味，磨粉后与小肠相拌，再灌入猪肚内，煮烂后其味道之鲜美可以想见。

原文　灌肚[1]：猪肚及小肠治净。用晒干香蕈磨粉，拌小肠，装入肚内，缝口。肉汁内煮极烂。又，肚内入莲肉、百合、白糯米亦准。薏米有心，硬，次之。

朱彝尊《食宪鸿秘》

灌肚：用糯米、火腿切丁灌满，煨熟。切块。又，用百合、建莲、芡仁、火腿灌满，同煨。又（略）。

佚名《调鼎集》

注释

［1］灌肚：即酿猪肚。

醒园火腿酱

清代以火腿为主料的菜有多种，《醒园录》中的火腿酱是其中最有特色的一种。这款菜以火腿碎丁和松子、核桃、瓜子为主料，用香油、甜面酱、白糖、甜酒等炒制而成，可称作炒什锦火腿粒。

原文　火腿酱：用南火腿，煮熟切碎丁（如火腿过咸，即当用水先泡淡些），然后煮之。去皮单取精肉。用火将锅烧得滚热，将香油先下滚香，次下甜酱、白糖、甜酒，仝[1]滚炼好，然后下火腿丁及松子、核桃、瓜子等仁，速炒翻取起，磁罐收贮。其法：每火腿一只，用好面酱一斤、香油一斤、白糖一斤、核桃仁四两（去皮打碎）、花生仁四两（炒去膜，打碎）、松子仁四两、瓜子仁二两、桂皮五分、砂仁五分。

李化楠《醒园录》

注释

［1］仝：“同”的异体字。

醒园风猪小肠

这是一款基本上按魏晋南北朝流传下来的工艺制作的肉肠。肉肠蒸熟后可以风干，吃的时候再蒸一下，因此叫“风猪小肠”。清末《调鼎集》收录了《醒园录》中的这份菜谱，菜名则改为“风小肠”。

原文　风猪小肠：猪小肠放磁盆内，先滴下菜油少许，用手搅匀，候一时[1]久。下水如法洗净，切作节段，每节量长一尺许，用半精白猪肉剉[2]极碎，下豆油、酒、花椒、葱珠等料和匀，候半天久，装入肠内（只可八分，不可太满），两头扎紧，铺层笼内，蒸熟风干。要用[3]，当再蒸熟，切薄片，吃之甚佳。

李化楠《醒园录》

注释

［1］一时：一个时辰，即今两个小时。

［2］剉：此处作剁讲。

［3］要用：要食用的时候。

汪拂云东坡腿

宋元以来，凡肉以酥烂为特色的，多冠以“东坡”名，这里的东坡腿就是其中的一例。将煮烂的陈年金华火腿再配上笋和虾一起装盘，实际上是一款以火腿为主料的南味热菜。

原文　东坡腿[1]：又，陈金腿约六觔者[2]，切去脚，分作两方正块，洗净，入锅煮去油腻，收起。复将清水煮极烂为度[3]。临起，仍用笋、虾作点[4]，名“东坡腿”。

朱彝尊《食宪鸿秘》

附录《汪拂云抄本》

注释

［1］东坡腿：原题“煮火腿”，现据正文改。

［2］陈金腿约六觔者：陈年金华火腿约六斤重的。

［3］复将清水煮极烂为度：再用清水将（火腿）煮极烂为度。

［4］仍用笋、虾作点：仍用笋、虾做配料。

夏府酿茄子

酿茄子在元代宫廷御膳中已有，但被夏曾传赞为“绝佳”的这款酿茄子，在加热工艺上却有其独到之处，那就是酿好的茄子不是蒸而是油煎，然后再用上好酱油和酒焖制而成。

原文　犀[1]曰：茄去瓤，以肉丁藏之，猪油炮透[2]，加秋油、酒闷[3]烂，绝佳。

夏曾传《随园食单补证》

注释

［1］犀：即夏曾传，其别号醉犀生的简称。

［2］猪油炮透：用猪油（将茄子）煎透。炮，这里作煎讲。

［3］闷：今作“焖”。

顾氏带壳笋

顾仲认为“味美而趣”的这款带壳笋，实际上是煨烤酿馅笋。带壳竹笋以煨烤法制熟，南宋林洪《山家清供》中已有记载。而酿馅笋在明宋诩《竹屿山房杂部·养生部》中则叫“藏蒸猪”，在朱彝尊《食宪鸿秘》附录《汪拂云抄本》中又叫“笋幢”。顾氏的带壳笋当是从南宋“傍林鲜”、明代“藏蒸猪”和清初“笋幢”一路走来。

原文　带壳笋：嫩笋短大者，布拭净。每从大头挖至近尖，以饼子料肉[1]灌满，仍切一笋肉塞好，以箬包之，砻糠煨热[2]。去外箬，不剥原枝，装碗内供之。每人执一案，随剥随吃，味美而趣。

顾仲《养小录》

这是首都博物馆展出的《盛世京师图》中的部分画面，图中描绘了清康熙乾隆时期北京的市井风貌，让人不禁联想起《清代北京竹枝词》中关于众多老字号京味美食的词句。徐娜摄自首都博物馆

注释

[1] 饼子料肉：即丸子肉馅。

[2] 热：疑为“熟”字之误。

朝天宫黄芽菜煨火腿

朝天宫是清代南京著名道观，袁枚说这是一款出自朝天宫道士之手的名菜。黄芽菜本为冬天窖出的黄化大白菜，据明李时珍《本草纲目》和明史玄《旧京遗事》，因其“苗叶皆嫩黄色，脆美无滓，谓之黄芽菜”，“京师果茹诸物，其品多于南方……菜以黄芽为绝品”，“豪贵以为嘉品”。但后世南方有的也将大白菜称作黄芽菜。夏曾传则在《随园食单补证》中指出：这款菜所用的火腿，“以金华之东阳冬月造者为胜”。

原文　黄芽菜煨火腿[1]：用好火腿，削下外皮，去油存肉。先用鸡汤将皮煨酥，再将肉煨酥，放黄芽菜心（连根切段，约二寸许长），加蜜酒娘[2]及水，连煨半日。上口甘鲜，肉菜俱化，而菜根及菜心丝毫不散，汤亦美极。朝天宫道士法也。

袁枚《随园食单》

注释

[1] 黄芽菜煨火腿：据正文，此菜为清代乾隆年间南京朝天宫道观名菜。

[2] 蜜酒娘：即“甜酒酿”。

全羊席麒麟顶

这是海内孤本、清抄本《全羊谱》中的首菜。麒麟是古代传说中象征吉祥的一种动物，这款菜的主料是羊头顶肉和羊舌肉，故名“麒麟顶”。这款菜做成装碗后，羊头肉和羊舌肉上分别刻有核桃大的“万”“寿”二字，加上菜名麒麟顶，显示以这款菜打头的这档全羊席曾是当时光绪皇帝或慈禧太后的寿筵。这份菜谱来自清光绪二十四年（1898年）重抄本《全羊谱》，而光绪二十年（1894年）正是慈禧的六十大寿。既是“重抄本”，说明这份《全羊谱》有可能抄自四年前为慈禧祝寿的《全羊谱》。这份菜谱开头便说：“麟乃兽之尊，故取此名。不犯羊字，以重首菜之贵。”为什么以羊身上可食部位做的菜菜名要“不犯羊字”呢？除了“以重首菜之贵”以外，还因为慈禧是属羊的。慈禧的万寿筵中如果出现“烩羊头”“炸羊肝”之类的菜名，那还不满门抄斩？既然祝寿筵上羊菜容易犯忌，为什么不上全鹿席而非要上全羊席呢？这是因为在古代“羊”与“祥”通，全羊席具有吉祥如意的寓意。因此，不只是慈禧过生日要上全羊席，古代帝后凡属饮食中羊有一席之地的，全羊席均为其寿筵之一。

原文　麒麟顶：麟乃兽之尊，故取此名。不犯羊字，以重首菜之贵。此乃羊头当顶中皮肉一块，见碗口大的方块[1]，以白净为妙。青汤蒸好[2]，白布上亮平[3]，刻成核桃大的“万”字样。再用红色的羊舌头刻成“寿”字样，双刎定扣碗[4]，清汤蒸烂，加骨牌块的冬笋、香菇、青蒜段、清汤，上中大古碗[5]。

佚名《全羊谱》

注释

[1] 见碗口大的方块：切成碗口大的方块。见，清代苏北厨行刀工方言，为切、划的意思。

[2] 青汤蒸好：即用清汤蒸好。青，应作“清”。

[3] 白布上亮平：（将羊头肉放在）白布上凉（liàng）平整。亮，“凉（liàng）”字之误。

[4] 双刎定扣碗：两样（指万字羊头肉和寿字羊舌肉）分别在两个碗中按扣碗方式码好。即有万字和寿字的一面码在碗底，蒸后将碗内的肉扣在另一个碗中时，万字和寿字的一面即朝上。刎，音 bīn，这里作码入讲。

[5] 上中大古碗：盛在中号大碗内。古，应即“盬”字的俗写。盬，音 gǔ，一种像小锅较深较大的碗。

全羊席落水泉

将羊舌下半段用盐水卤煮，凉凉后切薄片，这就是清光绪万寿本《全羊谱》中的落水泉。

原文　落水泉：此乃羊舌头下半段，盐水卤煑[1]，凉[2]，片薄片上。

佚名《全羊谱》

注释

[1] 煑：“煮”的异体字。

[2] 凉：即凉凉。

全羊席龙门角

这是清光绪万寿本《全羊谱》中的第二道菜。这款菜用带脆骨的羊耳根肉做成，因耳根俗称“龙（聋）门”，故称“龙门角”。这款菜之所以作为这档全羊席的第二道菜，一是接头道菜麒麟顶的寓意，完整体现了古代四灵龙麟龟凤的吉祥之意；二是配料中用到了万年青，也与首菜所刻“万”“寿”二字共奏万寿筵的主旋律。

原文 龙门角：龙门角乃耳根也，要二寸长[1]，肉代脆骨[2]，用冰糖色[3]，要红亮，炖烂。刹万年青[4]，收红粘汤[5]，加青蒜。

佚名《全羊谱》

注释

［1］要二寸长：用刀将羊耳根肉切成二寸长的条。

［2］肉代脆骨：肉要带脆骨。代，应作“带”。

［3］用冰糖色：要用冰糖炒的糖色（来调色）。

［4］刹万年青：加入万年青。刹，音 bīn，加入。万年青，一指冬不凋草，一指油菜头，详见清赵学敏《本草纲目拾遗》和《调鼎集》。

［5］收红粘汤：最后将汤汁烧浓稠。

全羊席迎草香

羊吃草时最先接触到草的应是羊舌头的上半段，这款菜正是以羊舌上半段为主料做成，在清光绪万寿本《全羊谱》中写作“迺草香”。

原文 迺草香：此乃羊舌头上半段切一字长条，红炖烂[1]，万年青[2]，收红粘汤。

佚名《全羊谱》

注释

［1］红炖烂：用红汤炖烂。

［2］万年青：加入万年青。万年青，详见本书“全羊席龙门角”注［4］。

全羊席爆炒玲珑

这是清光绪万寿本《全羊谱》中用羊心片经爆炒做成的一款名菜。所用配料榆蘑产自吉林、河北等地，应是当年慈禧的喜爱之品。

原文 爆炒玲珑：此乃羊心生切薄片，再横切月牙式（代眼孔[1]），以干粉喂好[2]，配榆蘑[3]、青蒜，挂牵[4]，爆炒。

佚名《全羊谱》

注释

［1］代眼孔：应即“带眼孔”。代，应系“带”字之误。

［2］以干粉喂好：用干淀粉拌好。

［3］榆蘑：生于榆、栎等树干上的侧耳科

金顶蘑的籽实体，菌肉色白有香气，有滋补强壮功效。

［4］挂牵：淋芡。牵，今作“芡”。

全羊席香糟猩唇

这是用羊上嘴唇加香糟蒸制的一款全羊席热菜，在清光绪万寿本《全羊谱》中名叫“香糟猩唇”。猩唇是古代八珍之一，以猩唇冠名，显示这档万寿全羊席汇八珍之美。

原文 香糟猩唇：此乃羊鼻子两边的上嘴唇切一字长条，香糟蒸好，以银红汤剁口蘑再蒸[1]，以原汤上。

佚名《全羊谱》

注释

［1］以银红汤剁口蘑再蒸：用浅红汤加口蘑再蒸。银红汤，颜色稍浅的红汤。剁，音bīn，加入。

全羊席明开夜合

羊眼皮白天睁着夜晚闭上，这款菜的主料正是羊眼皮，在清光绪万寿本《全羊谱》中菜名写作“明开夜合”。

原文 明开夜合：此乃羊上下眼皮切成长方块（中代[1]眼孔），将眼毛去净，用米色汤蒸烂，加小骨牌块的酸菜、香菜，挂牵[2]，烩。

佚名《全羊谱》

注释

［1］代：应作“带”。

［2］挂牵：勾芡。牵，今作“芡”。

全羊席望峰坡

这是万寿本《全羊谱》中用羊鼻梁骨上的皮肉为主料的一款凉菜。从正文所用调料的称谓来看，这份菜谱有可能出自清代江浙文人之手。

原文 望峰破[1]：此乃羊鼻梁骨上的皮肉[2]，用秋油、甜酱、丁香、桂皮、大料、花椒五味蒸好，酱汁收红年[3]汤，凉片[4]。

佚名《全羊谱》

注释

［1］望峰破：应即“望峰坡”。破，应为“坡”字之误。

［2］羊鼻梁骨上的皮肉：应是将白煮过的羊鼻梁骨上的肉加调料蒸。

［3］年：疑为“粘”字之误。

［4］凉片：凉凉切片。

全羊席鼎炉盖

这款菜实际上是干炸酿馅羊心。根据清

光绪万寿本《全羊谱》提供的菜谱，酿入羊心内的馅是以羊肉、松仁和砂仁等拌成，酿好馅的羊心炸之前先要用红汤蒸好，这样出品才会外焦里嫩。

原文　鼎炉盖：此乃羊心，用小刀剜空堂[1]。将羊肉切为馅，五味调好，加松子、砂仁面，将馅酿[2]入肉，红汤蒸好，过油干炸。

佚名《全羊谱》

注释

［1］剜空堂：应即剜空膛。剜，原书此字为“剜”字。

［2］酿：原书此字为“馕”字。

全羊席炖驼峰

驼峰是古代八珍之一，全羊席中的炖驼峰，则是以羊两腮肉和海蜇头做成。这份菜谱来自清光绪万寿本《全羊谱》，根据该谱试制后，炖烂的羊两腮肉肉质如驼峰，而加入海蜇头后其味又酷似驼峰，这使我们不禁敬佩创出此菜的那位没有留下名姓的清代厨师。

原文　炖陀峰[1]：此乃羊两腮连皮代[2]肉，米色汤炖烂，刹[3]海蜇头、青蒜，原汤上。

佚名《全羊谱》

注释

［1］炖陀峰：应即炖驼峰。陀，“驼”字之误。

［2］代：“带”字之误。

［3］刹：音 bīn，加入。

全羊席炸铁鹊

铁鹊又作“铁雀”，是麻雀的俗称。但据清光绪万寿本《全羊谱》，这款全羊席名菜实际上是炸烹羊肝卷。这款菜的主要工艺可以追溯到《礼记·内则》周代八珍中的“肝膋”，但其工艺的精细和出品的精致远胜肝膋。

原文　炸铁鹊：此乃羊肝片薄片，用花油[1]并指头粗的肉，加葱、姜、花椒盐卷好，用细竹篾（削尖）将两头笺在一起，过油，烹汁，上小古碗[2]。

佚名《全羊谱》

注释

［1］花油：即网油。

［2］上小古碗：盛入小古碗内。古碗，盬碗的俗写。

全羊席算盘子

这是将羊肝泥加调料搅匀、酿入羊小肠、先炖后炸再烹汁做成的一款全羊席名菜。根据清光绪万寿本《全羊谱》，这款菜装碗后，因酿入羊肝泥的小肠一块块状如算盘珠，故名“算盘子”。

原文 算盘子：此乃羊肝斩细为泥，加青酱[1]、甜酒、芝麻酱、鸡蛋、干粉[2]等物为馅，酿[3]小肠内，用线扎成双子，红炖，过油，烹红汁。

佚名《全羊谱》

注释

[1] 青酱：应即清酱。清酱，酱油。

[2] 干粉：干淀粉。

[3] 酿：原书此字为“馕”字。

全羊席爆荔枝

这里的荔枝是指用荔枝花刀法处理后羊肚的形状，这项刀工技艺在元代已有明确记载。根据清光绪万寿本《全羊谱》，这款菜实际上是爆熘桃仁羊肚。由于羊肚爆熘之前用荔枝花刀法处理过，加上又以核桃仁和酱瓜丁做配料，因此这款菜不仅形态美观，而且口感也会十分丰富。

原文 爆荔枝：此乃羊肚圈领要厚的，生介[1]荔枝样，凉水发足，拧干。以干粉、香油卷好[2]，加桃仁[3]、酱瓜丁、葱、姜、蒜（切碎），并入烈火爆熘，上小古碗。

佚名《全羊谱》

注释

[1] 介：今作“剞”。

[2] 以干粉、香油卷好：用干淀粉浆好、过香油滑好。按：此句疑有漏字。

[3] 桃仁：即核桃仁。

毛厨羊眼馔

毛厨即清乾隆年间江南名厨毛荣，其厨艺早在为浙江王中丞府上主厨之前即已在其家乡张墅（今属江苏常熟）远近闻名，并有《毛荣食谱》传世。这里的羊眼馔谱，系从清郑光祖《一斑录》和已故掌故名家郑逸梅先生《瓶笙花影录》所载《毛荣食谱》中选出。同清光绪《全羊谱》中的羊眼菜相比，毛荣的羊眼馔未采用先蒸后烩的工艺，而是用烧法加好酱油制作，并以装碗后上撒橘皮丝和蒜末为特色。

原文 羊眼馔：向熟羊肉店收取熟羊眼十数对，剔去眼黑珠[1]，下锅，加白酒、头酱油[2]，糖花[3]。盛椀后[4]，加橘皮丝、蒜花[5]。

毛荣《毛荣食谱》

注释

[1] 剔去眼黑珠：清光绪《全羊谱·玉珠灯》是将羊眼一切两半，上带黑皮留白珠。

[2] 头酱油：上好酱油，详见本书“随园烧小猪”注［3］。

[3] 糖花：郑逸梅先生《瓶笙花影录》所

记《毛荣食谱》无“花”字。

［4］盛椀后：郑光祖《一斑录》所录《毛荣食谱》中“后”作“上”。

［5］蒜花：蒜末。

毛厨羊脚馔

毛厨即清乾隆年间江南名厨毛荣，羊脚馔是《毛荣食谱》记载的一款毛荣的拿手菜。羊脚即羊蹄，羊蹄入馔，从北魏贾思勰《齐民要术》所记“羊蹄臛”开始，历代多有名菜问世。毛荣的这款羊脚馔，以煮（实是炖）和蒸两次加热工艺制成。前一道炖的工艺及其要求，显系继承了历代烹制羊蹄的工艺范式；而后一道蒸的工艺，则为目前所知的首次记载，这应是毛荣的创新亮点。

原文　羊脚馔：冬月收鲜羊爪风干[1]，至春夏用之。煑使极烂[2]，去骨，盛小椀[3]，浇以红烧鸡肉汁[4]，蒸令入味[5]，面糁沙仁末[6]。

毛荣《毛荣食谱》

注释

［1］冬月收鲜羊爪风干：这道工艺处理可使羊蹄做好后烂糯而韧，越嚼越香。

［2］煑使极烂：毛荣之前的历代羊蹄菜用的都是这种熟制法和要求。煑，“煮”的异体字。

［3］盛小椀：说明此菜每款量不大，可防止吃多了膻味显现。椀，“碗”的异体字。

［4］浇以红烧鸡肉汁：浇上红烧鸡肉汤。这说明此前的羊蹄用的是白煮法，这里是用鸡肉汤来给羊蹄赋味。

［5］蒸令入味：用蒸法既可使羊蹄有醇香味，又能确保羊蹄极烂而有形。

［6］面糁沙仁末：羊蹄上撒砂仁末。糁，这里作撒讲。

毛厨羊肉冻

这是清乾隆年间江南名厨毛荣的一款拿手菜。根据《毛荣食谱》的记载，盛夏时节，将羊肉用最小量的水煮得极烂以后，盛在钵里，然后放进井水中冷却，便成羊肉冻了。据说用这种方法做的羊肉冻，同冬天的一样。毛荣以前，用这种工艺将羊肉做出羊肉冻目前还未见记载。在宋、元、明的相关食谱中，类似用这种工艺做冻类菜的，无论是宫廷、府宅还是民间，所用食材只是猪蹄、猪蹄筋和鸡等。用羊肉做冻类菜，《毛荣食谱》的记载应是目前所知的首例。

原文　冻羊膏[1]：盛夏，用羊肉紧汤煑极烂[2]，盛钵内[3]，闷井水中冻之[4]，立成羊膏，与冬月不异[5]。

毛荣《毛荣食谱》

注释

［1］冻羊膏：即羊肉冻。今又名羊糕等，

系佐酒佳肴。

［2］用羊肉紧汤煑极烂：将羊肉用最少量的水煮得极烂。煑，“煮”的异体字。

［3］盛钵内：根据下文和宋、元、明时做猪蹄冻、鸡冻的工艺处理记载，此钵口应用洁净油布盖严系牢，以防井水进入钵中。

［4］闷井水中冻之：沉入井水中冷却成冻。

［5］与冬月不异：同冬天做的没什么不一样。

雪里蕻炒羊肉丝

雪里蕻是袁枚和夏曾传都十分欣赏的一味食材，夏氏甚至说：“此品是真正英雄，不藉一毫富贵气，纯从寒苦中磨炼出一生事业，富贵人反欲藉之。”

原文　冬芥：冬芥名“雪里红”。一法整腌，以淡为佳；一法取心风干，斩碎腌入瓶中，熟后放鱼羹中极鲜，或用醋熨入锅中，作辣菜亦可。煮鲫鱼最佳。

袁枚《随园食单》

犀[1]曰：此物味极隽爽，用以炒羊肉丝，或串[2]鱼片，或作汤。用火锅以生羊肉片、野鸡片串之尤妙。

夏曾传《随园食单补证》

注释

［1］犀：夏曾传别号醉犀生的简称。

［2］串：应作“汆”。

随园羊羹

羊羹在先秦和汉代就是一道有名的汤菜，长沙马王堆一号汉墓曾出土写有“羊羹”菜名的竹简。从用料、制作工艺和出品款式来看，当时的羊羹属于带汤的白煮带骨羊肉。至迟到公元16世纪初明朝弘治年间，羊羹已变成用鸡汤、熟羊肉块加笋丁、香菇丁、山药丁等制作，这可以从明宋诩《竹屿山房杂部·养生部》关于制羹的论述中看出来。因此，袁枚《随园食单》中的这款羊羹，显然是从明代沿袭而来。

原文　羊羹：取熟羊肉斩小块，如骰子大，鸡汤煨。加笋丁、香蕈丁、山药丁同煨。

袁枚《随园食单》

食宪坛羊肉

这款菜的做法同该书“坛鹅”完全一样，是一种利用陶质坛子加热食物会形成特殊风味的方法制作的菜肴，其工艺在魏晋南北朝时期已相当成熟。清末《调鼎集》中的坛羊肉菜谱，当来自《食宪鸿秘》。

原文　羊肉：与“坛鹅”[1]同法。

朱彝尊《食宪鸿秘》

羊肉：羊肉煮熟[2]，细切。茴香作料，一层肉一层料，装坛捺实，箬叶扎口[3]。临用，

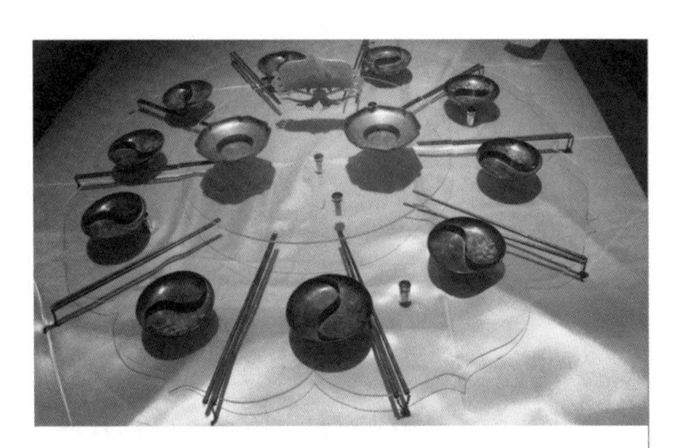

这是宁夏博物馆展台上的一桌清代银餐具。这桌餐具最大的亮点应该是人各一位的鸳鸯布碟。马民生摄自宁夏博物馆

入滚水再煮[4]。

佚名《调鼎集》

注释

[1]“坛鹅”：详见《食宪鸿秘》下卷“禽之属”。

[2]羊肉煮熟：应是先将羊肉煮半熟。“煮”字后面疑脱“半”字。

[3]箬叶扎口：此句后面疑漏“煮”之类的字。

[4]入滚水再煮：应即隔水再煮（炖）。

农圃炖牛乳

这是清乾隆时山东日照丁宜曾《农圃便览》中的一款农家菜。将一碗牛奶过罗后加入五个鸡蛋的蛋清，搅匀后用小火隔水炖熟即成。从烹调实验的结果来看，这款菜有点类似后世传统名菜芙蓉豆腐。

原文　炖牛乳：用牛乳一宋碗，细罗过净，入鸡蛋清五个，搅匀，细火炖之[1]。

丁宜曾《农圃便览》

注释

[1]细火炖之：应即用小火隔水炖。

汪拂云煨鹿肉

这是《汪拂云抄本》中的一款鹿肉菜，在《调鼎集》所引《北砚食单》中，也有一份与其相类似的菜谱，二者在文字上可以相互补充，使我们对这款鹿肉菜的用料和制法看得更明白。

原文　鹿肉：切半斤许大[1]，漂四五日（每天换水），同肥猪肉和烧极烂。须多用酒、茴香、椒料，以不干不湿为度。

朱彝尊《食宪鸿秘》

附录《汪拂云抄本》

肉煨鹿肉：鹿肉切大块（约半斤许），水浸，每日换水，浸四五日。取起改小块，配肥肉块、木瓜酒[2]煨。加花椒、大茴、酱油。

佚名《调鼎集》

注释

[1]切半斤许大：切约半斤大的块。

[2]木瓜酒：以木瓜、米和曲酿造的清代高邮名酒，详见李斗《扬州画舫录》。炖时加此酒，可使鹿肉易酥烂。

汪拂云炒鹿肉

鹿肉用炒法制作，古来稀见。在《汪拂云抄本》和《调鼎集》中，我们意外地发现一份文字相似的炒鹿肉菜谱。将二者相对照，可以更清楚这款菜的用料和制法。

原文　又：切小薄片，用汤，随用和头[1]，味肥脆。

朱彝尊《食宪鸿秘》
附录《汪拂云抄本》

炒鹿肉：取鹿肚肉，切小薄片，酱油、盐、酒炒。

佚名《调鼎集》

注释

[1] 和头：配料。

汪拂云煨烤鹿肉

这是《汪拂云抄本》中用多重加热工艺制作的清代鹿肉名菜，用煨烤法制作鹿肉，清以前鲜见详细记载。令人激动的是，这款菜的用料和制法在《调鼎集》所引《北砚食单》中也有类似记载，这里将原文一并列出，以便研究。

原文　又：每肉十斤，治净，用菜油炒过[1]，再用酒、水各半，酱斤半、桂皮五两，煮干为度。临起[2]，用黑糖、醋各五两，再炙干。加茴香、椒料。

朱彝尊《食宪鸿秘》
附录《汪拂云抄本》

煨鹿肉：切块，先煤去腥味[3]，入油锅煤深黄色，加肥肉、酱油、酒、大茴、花椒、葱，煨烂收汤。獐肉同。又，取后腿，切棋子块，淡白酒揉，洗净，加酱油、酒，慢火煨。将熟，入葱、椒、莳萝，再煨极烂，入醋少许。又，裹面，慢火煨熟。蘸盐、酒。面焦即换。

炙鹿肉[4]：整块肥鹿肉，义[5]架炭火上炙。频扫盐水，俟两面俱熟，切片。

佚名《调鼎集》

注释

[1] 用菜油炒过：即用菜油煸出鹿肉的水气和异味。

[2] 临起：临出锅时。

[3] 先煤去腥味：先焯去（鹿肉的）腥味。

[4] 炙鹿肉：即叉烤鹿肉。

[5] 义：为当时“叉”的俗写字。

北砚烧鹿筋丁

这是清《调鼎集》所引《北砚食单》中的一款鹿筋菜。从其配料看，应属南味菜肴。

原文　烧鹿筋丁：治净[1]，切丁，配风

鸡丁、红萝卜丁[2]、笋丁、脂油、酱油、酒、肥肉丁烧。

佚名《调鼎集》

注释

[1] 治净：指将鹿筋整治洁净。

[2] 红萝卜丁：应即红胡萝卜丁。

北砚煨鹿筋

这是清《调鼎集》所引《北砚食单》中数款鹿筋菜的一个标题，在此题下，实际上介绍了六款以煨、炒、烧制作的鹿筋菜。

原文 煨鹿筋：切骰子块[1]，加作料煨。松菌炒鹿筋。海蜇烧鹿筋。鹿筋、火腿、笋俱切丁煨。鹿筋配鱼翅或海参煨，加鲜汁[2]，不入衬菜。

佚名《调鼎集》

注释

[1] 切骰子块：即切色子块。

[2] 加鲜汁：即用鲜汤（煨）。

随园煨鹿筋

袁枚在《随园食单》中介绍了两款以煨法制作的鹿筋菜，一款只用鹿筋无任何辅料，出品为白汁用盘盛；另一款则加配火腿、冬笋和香菇，出品为红色带汤用碗盛，因此这两款菜虽然都用煨法制成，但款式不同。

原文 鹿筋二法：鹿筋难烂，须三日前先捶、煮之，绞出臊水数遍，加肉汁汤煨之[1]，再用鸡汁汤煨，加秋油、酒，微纤收汤[2]，不搀他物，便成白色，用盘盛之。如兼用火腿、冬笋、香蕈同煨，便成红色，不收汤，以碗盛之。白色者加花椒细末。

袁枚《随园食单》

注释

[1] 加肉汁汤煨之：后世在煨鹿筋的汤中除了放猪肉以外，还要放母鸡、干贝、海米、火腿和香菇等。

[2] 微纤收汤：稍微淋点芡收汤。纤，今作“芡”。

北砚煨三筋

这是清《调鼎集》所引《北砚食单》中的一款牲兽筋类菜。将鹿筋、猪蹄筋和牛脊筋先分别用汤煨，再加火腿、鸡汤、酱油、酒合煨即成。

原文 煨三筋：鹿筋，烧肉汤煨；蹄筋[1]，蹄汤煨；脊筋[2]，脂油煨，配火腿，鸡汤、酱油、酒再合煨。

佚名《调鼎集》

注释

［1］蹄筋：应即猪蹄筋。

［2］脊筋：应即牛脊筋。

醒园肉片煨鹿筋

鹿筋作为食疗品在唐高宗显庆四年（659年）已被收入官修的《新修本草》中，但有关鹿筋的菜谱直到清代康熙乾隆时才开始渐多起来，这里的肉片煨鹿筋便是其中的一例。

原文　煮鹿筋[1]：筋买来尽行用水泡软，下锅煮之，至半熟后捞起。用刀刮去皮、骨，取净，晒干收贮。临用取出，水泡软。清水下锅，煮至熟但不可烂耳。取起，每条用刀切作三节或四节。用新鲜肉带皮切作两指大片子，仝[2]水先下锅内，慢火煮至半熟，下鹿筋，再煮一二滚，和酒、醋、盐、花椒、八角之类。至筋极烂、肉极熟，加葱白节[3]装下碗。其醋不可太多，令吃者不见醋味为主。

李化楠《醒园录》

注释

［1］煮鹿筋：原题“煮鹿筋法”。按：正文实际上介绍的是肉片煨鹿筋的制法。

［2］仝：“同”的异体字。

［3］葱白节：葱白段。

汪氏鹿筋

这是《汪拂云抄本》中的一款鹿筋菜，可称作酒炖鹿筋。从正文可知，选用鹿筋在清初就已有“辽东为上，河南次之”的说法。乾隆御膳档案中的鹿筋均为辽东贡品，印证了汪氏的这一说法。汪氏抄本关于鹿筋制作的这段文字，在《调鼎集·北砚食单》中也有记载。

原文　鹿筋：辽东为上，河南次之。先用铁器搥打，然后洗净煮软捞起，剥尽衣膜及黄色皮脚，切段净煮。筋有老嫩不一，嫩者易烂，即先取出；老者再煮，煮熟，量加酒浆和头用[1]。

朱彝尊《食宪鸿秘》

附录《汪拂云抄本》

注释

［1］量加酒浆和头用：根据鹿筋量加入酒和配料（煨）后食用。和头，即配料。

食宪烤鹿尾

在清初朱彝尊《食宪鸿秘》中，有一段关于烤鹿尾和烤鹿髓的文字，其中烤鹿尾是将净治过的鹿尾用面团裹起来，用炷煻灰慢慢烤熟。这种形式的烤炙方法，在宋元已有记载，但用来烤鹿尾和烤鹿髓，朱氏的这段文字却是目前发现的最早记载。

原文　鹿尾：面裹[1]，慢炙[2]，熟为度。

鹿髓同法。面焦屡换，㷀去为度。

朱彝尊《食宪鸿秘》

注释

［1］面裹：用面团裹。

［2］慢炙：应即将面裹鹿尾放入煻灰中慢慢烤之意。

随园蒸鹿尾

鹿尾在《醒园录》等清代饮食典籍中多以裸蒸法制作，袁枚在《随园食单》中谈的却是用菜叶将鹿尾包起来蒸，这在鹿尾的做法上是很少见的。

原文　鹿尾[1]：尹文端公品味，以鹿尾为第一，然南方人不能常得。从北京来者，又苦不新鲜。余尝得极大者，用菜叶包而蒸之，味果不同。其最佳处在尾上一道浆耳。

袁枚《随园食单》

注释

［1］鹿尾：清夏曾传《随园食单补证》称："鹿尾名在八珍，非民家所能有，而南方尤甚。"说明鹿尾为清代八珍之一。

醒园蒸鹿尾

鹿尾是古代名菜的珍贵食材，据唐段成式《酉阳杂俎》，以鹿尾为主料制成的菜，早在南北朝时期就是当时中原繁华都会邺城（今河北临漳西南）的"酒肴之最"。关于如何制作鹿尾的菜谱，目前在清代以前的传世文献中却未发现。李化楠《醒园录》中的这份蒸鹿尾记载，是清代较早的一份制作鹿尾的菜谱。

原文　食鹿尾法：此物当乘新鲜，不可久放。致油干肉硬，则味不全矣。法：先用凉水洗净，新布裹[1]密，用线扎紧，下滚汤煮一袋烟时取起。退毛令净，放磁盘内，和酱[2]及清酱、醋、酒、姜、蒜，蒸至熟烂。切片吃之。又云：先用豆腐皮或盐酸菜[3]包裹，外用小绳子或钱串[4]扎得极紧，下水煮一二滚取起，去毛净，安放磁盘内，蒸熟片吃。

李化楠《醒园录》

注释

［1］裹："裹"的异体字。以下同。

［2］酱：此字另一版本画删号。

［3］盐酸菜：即"腌酸菜"。

［4］钱串：串铜钱的细绳子。

食宪炖鹿鞭

鹿鞭是益精壮阳的食药两用食材，清初朱彝尊《食宪鸿秘》中关于炖鹿鞭的这段文字，是目前发现的最早的一份鹿鞭菜谱。

原文　鹿鞭（即鹿阳）：泔水浸一二日，洗净，葱、椒、盐、酒，密器顿食[1]。

朱彝尊《食宪鸿秘》

注释

[1] 密器顿食：（将鹿鞭加调料和汤）放入容器中盖严后，再隔水炖熟食用。顿，今作“炖”。

汪拂云煮鹿鞭

这是《汪拂云抄本》中的一款鹿鞭菜，同《食宪鸿秘》中的炖鹿鞭文字一样，这也是目前已知的最早的一份鹿鞭菜谱。从正文看，虽然煮时要放腊肉、蛤蜊或蘑菇以增鲜味，但仍以清鲜而不是浓鲜为上。

原文　鹿鞭：泡洗极净[1]，切段，同腊肉煮。不拘蛤蜊、麻菇皆可拌。但汁不宜太浓，酒浆、酱油须斟酌下。

朱彝尊《食宪鸿秘》

附录《汪拂云抄本》

注释

[1] 泡洗极净：鹿鞭异味极重，因此要反复泡洗。

禽类名菜

毛厨鸡糊涂

一个碗内盛两味菜，上面是带芡的炒鸡什锦，下面是带汤的烧鸡块，这就是清乾隆年间名厨毛荣的一款拿手菜。这款菜独特的盛装方式，似乎也在向人们诠释菜名中“糊涂”的寓意，即一鸡两吃，一精一粗，碗内乾坤众生相，让人不禁联想到与毛荣同时代的郑板桥关于聪明与糊涂的名言——难得糊涂。

原文　鸡糊涂：用肥鸡[1]，入油锅[2]，加酒及酱油，稍加白糖，烧，使烂。起[3]，去骨，将熟鸡肉切块，连汁装椀[4]底；另用生鸡肉合[5]肝杂切片，入油锅，加酒、酱油、糖花[6]炒，又加入放好小占参与竹笋、香菌、熟南腿片，一同炒好，加腻[7]，起，做椀面。

毛荣《毛荣食谱》

注释

[1] 用肥鸡：肥鸡是明清时专用于食用、未下过蛋的肉用母鸡。

[2] 入油锅：应是放有少量底油的炒锅。

[3] 起：即起锅、出锅。以下同。

[4] 椀：“碗”的异体字。以下同。

[5] 合：今作“和”。

[6] 糖花：白糖。

[7] 加腻：淋水淀粉匀芡。

食宪卤鸡

这款菜名为“卤鸡”而实际上却是“蒸鸡”。其蒸法颇为考究，为了使蒸出的鸡肉香嫩而又不柴，汁料中加入了捶烂的猪板油；为了使蒸鸡越吃越有滋味，采用了一半汁料放入鸡腹内、一半汁料外浸的投料方法。为了在蒸鸡的过程中不使蒸馏水滴入盛鸡的镟中而将汁料冲淡，还用面饼盖在了镟上。凡此，都反映了古代厨师在蒸鸡方面积累的丰富经验。

原文　卤鸡：雏鸡，治净。用猪板油四两（搥烂）、酒三碗、酱油一碗、香油少许、茴香、花椒、葱，同鸡入镟。汁料半入腹内半淹鸡上[1]（约浸浮四分许），用面饼盖镟，用棍数根于镟底架起，隔汤蒸熟。须勤翻看火候。

朱彝尊《食宪鸿秘》

注释

［1］汁料半入腹内半淹鸡上：汁料一半放入鸡腹内一半倒在鸡上。

食宪鸡松

这款菜在《食宪鸿秘》《养小录》和《调鼎集》等清代食书中均有记载，应是当时广受好评的一款名菜。这款菜在制作工艺上最吸引人眼球的是煮、焙、拌料法，即鸡煮熟后第一次是干焙，第二次则是油拌。

原文　鸡松[1]：鸡用黄酒、大小茴香、葱、椒、盐、水煮熟，去皮、骨，焙干。擂极碎，油拌，焙干收贮。肉、鱼、牛等松同法。

朱彝尊《食宪鸿秘》

注释

［1］鸡松：即“鸡肉松”。

臧八太爷鸡圆

这是将鸡脯肉粒加猪油、萝卜、芡粉揉匀后团成酒杯大的圆子。袁枚说，菜成后鸡圆“鲜嫩如虾圆，扬州臧八太爷家制之最精”。清末夏曾传在《随园食单补证》中对这款菜赞叹道：“鸡圆验证于柔腻，若能如虾圆则大妙矣。”

原文　鸡圆：斩鸡脯子肉为圆，如酒杯大，鲜嫩如虾圆，扬州臧八太爷家制之最精。法用猪油、萝卜、纤粉揉成[1]。不可放馅。

袁枚《随园食单》

注释

［1］法用猪油、萝卜、纤粉揉成：做法是用猪油、萝卜、淀粉（与鸡肉粒放在一起）揉匀做成。按：萝卜应是焯后投凉加入。

杨中丞焦鸡

这是用煮、炸、熬三种加热法连用制作的清代鸡类菜。从正文可知，袁枚曾在杨中丞家和方辅兄家食用过，并给他留下了美好的印象。同时也说明这是一款清代乾隆年间的府宅菜。

原文　焦鸡：肥母鸡，洗净，整下锅煮。用猪油四两、回[1]香四个煮成八分熟，再拏[2]香油灼黄，还下原汤熬浓，用秋油[3]、酒、整葱收起。临上片碎，并将原卤浇之，或拌蘸亦可。此杨中丞家法也，方辅兄家亦好。

袁枚《随园食单》

注释

［1］回：应作“茴”。

［2］拏：“拿”的异体字。

［3］秋油：上好酱油，详见本书“随园烧小猪”注［3］。

蒋御史蒸鸡

这款菜因出自清乾隆年间的蒋御史家，故被人称为“蒋鸡”。熟知这款菜用料及做法的袁枚说，是将鸡放砂锅内隔水蒸烂，但实际上应该是隔水炖。清末夏曾传则在《随园食单补证》中指出：“此即神仙鸡法也。”说明按蒋鸡方法制作的鸡后来又名“神仙鸡”。

原文　蒋鸡：童子鸡一只[1]，用盐四钱、酱油一匙、老酒[2]半茶杯、姜三大片，放砂锅内，隔水蒸烂，去骨。不用水。蒋御史家法也。

袁枚《随园食单》

注释

［1］童子鸡一只：一只童子鸡加一匙酱油和半茶杯老酒，正好在熟制过程中将鸡入味。

［2］老酒：明李时珍《本草纲目》谷部第二十五卷“酒”：“老酒：腊月酿造者，可经数十年不坏。和血养气，暖胃辟寒，发痰动火。”

随园唐鸡

这是清乾隆年间唐静涵家的名菜，因出自唐家，故名“唐鸡”。袁枚对这款菜制法的描述十分详细，其中最值得关注的是这款菜出锅时要加一钱白糖，这种放糖提鲜的投料法被后来的谭家菜等不少名厨所沿用，至今仍为调味经典。

原文　唐鸡：鸡一只[1]，或二觔[2]或三觔。如用二觔者，用酒一饭碗、水三饭碗。用三觔者酌添。先将鸡切块，用菜油二两，候滚熟爆鸡，要透。先用酒滚一二十滚，再下水约二三百滚，用秋油一酒杯，起锅时加白糖一钱。唐静涵家法也。

袁枚《随园食单》

注释

［1］鸡一只：据正文所说的大小应是专供食用的肉用鸡，清代又名“肥鸡”。

［2］觔：“斤”的异体字。

［5］鸡油：这里的鸡油系将鸡脂肪烫后再加姜葱等放入汤碗内盖严蒸成的清鸡油。

［6］喫：“吃”的异体字。

随园炸蒸鸡腿

这款菜在《随园食单》中本名“鸡松”，而实际上却是一种工艺和出品款式都十分独特的炸蒸鸡腿。在清代的多部食书中都有名为“鸡松”的菜，但那是类似于后世粒末状的肉松，与袁枚所说的鸡松完全不是一类菜。

原文　鸡松：肥鸡一只，用两腿，去筋、骨，剁碎，不可伤皮。用鸡蛋清、粉纤[1]、松子肉同剁成块。如腿不敷用，添脯子肉切成方块。用香油灼[2]黄，起[3]，放钵头内，加百花酒[4]半斤、秋油一大杯、鸡油[5]一铁勺，加冬笋、香蕈、姜、葱等，将所余鸡骨皮盖面，加水一大碗，下蒸笼蒸透。临喫[6]去之。

袁枚《随园食单》

注释

［1］粉纤：今作“粉芡”。

［2］灼：这里作炸讲。

［3］起：即将鸡肉捞出。

［4］百花酒：徐珂《清稗类钞》载：“百花酒：吴中土产，有福真、元烧二种，味皆甜熟不可饮。惟常镇间有百花酒，甜而有劲，颇能出绍兴酒之间道以制胜。产镇江者世称之曰‘京口百花’。”

随园黄芪蒸鸡

这是袁枚推崇的一款食疗菜，袁枚在这款菜的菜名后面特意加了“治瘵”二字，“瘵”音 zhài，指病或肺结核；而黄芪和未曾生蛋的童鸡均有滋补功用，说明这应是一款具有显著疗效的滋补名菜。

原文　黄芪蒸鸡[1]：取童鸡未曾生蛋者杀之，不见水，取出肚脏，塞黄芪一两，架箸[2]放锅内蒸之，四面封口。熟时取出，卤浓而鲜，可疗弱症。

袁枚《随园食单》

注释

［1］黄芪蒸鸡：原题“黄芪蒸鸡（治瘵）”。“瘵”，此处指虚弱或肺结核。

［2］箸：即筷子。

随园蘑菇煨鸡

蘑菇煨鸡是一款清代筵席名菜，在李斗《扬州画舫录》所记的“满汉席”单中就有其名。袁枚在《随园食单》中记有蘑菇煨鸡的两种制法，清末夏曾传在《随园食单补证》中指出："殆以前一条为详。"

原文　蘑菇煨鸡[1]：口蘑菇[2]四两，开水泡，去沙，用冷水漂，牙刷擦，再用清水漂四次，用菜油二两炮透，加酒喷。将鸡斩块，放锅内滚[3]，去沫，下甜酒、清酱煨八分功程，下蘑菇再煨二分功程，加笋、葱、椒起锅。不用水，加冰糖三钱。

蘑菇煨鸡：鸡肉一斤，甜酒一斤，盐三钱，冰糖四钱，蘑菇用新鲜不霉者。文火煨二枝线香为度，不可用水，之[4]先煨鸡八分熟，再下蘑菇。

袁枚《随园食单》

注释

［1］蘑菇煨鸡：这两种做法的煨鸡均是在鸡煨至八成熟时加入用油煸过的蘑菇，这样既让蘑菇为鸡块增鲜，又避免了过度煨煮失其形之弊。

［2］口蘑菇：在今河北省张家口集散的产于今山西、内蒙古等地的蘑菇。

［3］放锅内滚：放入锅内煮开。

［4］之：此字为衍文。

随园栗子炒鸡

后世传统名菜栗子鸡传为明代著名文人陈继儒（眉公）所喜食，故又称"眉公鸡"。但袁枚在《随园食单》记述栗子炒鸡时未提此典，不知何故。

原文　栗子炒鸡：鸡斩块，用菜油二两炮[1]，加酒一饭碗、秋油一小杯、水一饭碗，煨七分熟。先将栗子煮熟，同笋下之，再煨三分。起锅下糖一撮。

袁枚《随园食单》

注释

［1］用菜油二两炮：用菜油二两煸（鸡块）。袁枚说："菜油，南人通用之……北人用豆油，肥腻殊劣。"

醒园封鸡

《食宪鸿秘》中有名菜"封鹅"，是以隔水炖为最终加热工序的鹅馔。因鹅被隔水炖时密封于钵内，故名"封"。而这款菜则是敞锅炖，显然不是"封鸡"的最早制法。

原文　封鸡[1]：将鸡宰洗干净，脚湾[2]处用刀锯一下，令筋略断，将脚顺转插入屁股内。烘热，用甜酱擦遍，下滚油，翻转烹之，俟皮赤红取起。下锅内，用水漫[3]火，先煮至汤干鸡熟，乃下甜酒、青[4]酱、椒、角[5]（整粒用之），再炖至极烂，加椒末、葱珠，用碗盛之，好吃。或将鸡砍作四大块及小块皆可。然总不及整个之味全。

李化楠《醒园录》

注释

［1］封鸡：原题"封鸡法"。

［2］湾：疑为"弯"字之误。

［3］漫：疑为“慢”字之误。

［4］青：应作“清”。

［5］角：应即“八角茴香”。

食宪粉鸡

为了使做出的鸡片“松嫩”，这款菜在选用鸡胸肉的前提下，去掉其筋、皮横切成片以后，还要逐片将鸡片捶软，然后再用调料拌匀腌渍进入加热阶段。这种独特的捶鸡片工艺，使粉鸡的松嫩与众不同。这就可以理解为什么《养小录》和《调鼎集》等清代多部食谱的辑录者均将这份菜谱收入其中。

原文　粉鸡[1]：鸡胸肉去筋、皮，横切作片。每片搥软，椒、盐、酒、酱拌，放食顷[2]。入滚汤焯过取起，再入美汁烹调。松嫩。

朱彝尊《食宪鸿秘》

注释

［1］粉鸡：原题后注为“即名搥鸡，自是可口。然用意太过”。

［2］放食顷：放一顿饭的工夫。

醒园焖鸡肉

这款焖鸡肉采用先炸后焖的方法做成。炸鸡块用猪油，焖鸡块则用甜酒，出锅前还要放葱花、香菇。正因为如此，李化楠在这份菜谱的最后特意说：“吃之甚美。”

原文　闷鸡肉[1]：先将肥鸡如法宰洗，砍作四大块。用猪油，下锅炼滚，下鸡烹之，少停一会取起，去油。用好甜酱、花椒、料[2]逐块抹上，下锅，加甜酒闷数滚。熟烂，加葱花、香蕈取起。吃之甚美。

李化楠《醒园录》

注释

［1］闷鸡肉：原题“闷鸡肉法”。闷，今作“焖”。

［2］料：应即“作料末”。

芙蓉鸡

芙蓉鸡作为一款名菜最早见于元代宫廷食谱《饮膳正要》。根据该书提供的菜谱，当时的芙蓉鸡是宫廷的一款冷菜。在清代的《随园食单补证》和《调鼎集》中，分别载有一份芙蓉鸡菜谱。这两款芙蓉鸡，一款是蒸的，另一款则是羹。

原文　芙蓉鸡：鸡肉切碎，捏成长方块[1]，以火腿丁拌入，加汤蒸之。

夏曾传《随园食单补证》

芙蓉鸡：嫩鸡去骨刮下肉，配松仁、笋、山药、蘑菇或香蕈各丁，如遇栗菌时用以作配更好，酒、醋、盐水作羹。

佚名《调鼎集》

注释

［1］捏成长方块：此句依上下文令人费解：鸡肉已被切碎，怎么还能被“捏成长方块”？根据后世芙蓉鸡的做法，此句的意思应是将切碎的鸡肉搅成泥后再捋捏成长方块。

随园假野鸡卷

用网油包裹主料后烤或煎，在先秦、魏晋南北朝时期已有名菜传世。但是用网油包裹主料做成卷状，油炸后加香菇等配料和酱油等调料煨制成菜，袁枚所记的这款假野鸡卷应是较早的名菜。

原文　假野鸡卷[1]：将脯子[2]斩碎，用鸡子一个调清酱郁之[3]。将网油划碎，分包小包，油裹[4]，炮透，再加清酱、酒、作料、香蕈、木耳，起锅加糖一撮。

袁枚《随园食单》

注释

［1］假野鸡卷：乾隆御膳单中也载有此菜名。

［2］脯子：即鸡脯肉。

［3］郁之：腌渍。

［4］油裹：用网油裹上。

随园炸八块

这款菜在后世传统北京菜中又称“笋鸡炸八块”，其雏形应是明代宋诩《竹屿山房杂部·养生部》中的“油煎鸡”和“盐酒烹鸡”。清末夏曾传在《随园食单补证》中指出：做这款菜时，“醋与芡粉亦不可少”。

原文　灼八块[1]：嫩鸡一只，斩八块，滚油炮透[2]，去油，加清酱一杯、酒半觔[3]，煨熟便起。不用水，用武火。

袁枚《随园食单》

注释

［1］灼八块：乾隆御膳档案单中也载有此菜名。

［2］炮透：煸透。按：“炮”在此处作煸讲。

［3］觔：“斤”的异体字。

随园雪梨炒鸡

以梨为主料或配料、采用煨烤或煎法做成食疗菜，在唐代已见记载。袁枚所记的这款雪梨炒鸡，应是最早的一款以梨为配料的清代府宅家常菜。

原文　梨炒鸡[1]：取雏鸡胸[2]肉，切片。先用猪油三两熬熟，炒三四次，加蔴油一瓢、纤粉[3]、盐花、姜汁、花椒末各一茶匙，再加雪梨[4]薄片、香蕈小块，炒三四次起锅，盛五寸盘。或用荸荠片亦可。

袁枚《随园食单》

注释

[1] 梨炒鸡：即“雪梨炒鸡”。

[2] 胷：“胸”的异体字。

[3] 纤粉：今作“芡粉”。

[4] 雪梨：明李时珍《本草纲目》“果部”第三十卷“梨”：“乳梨即雪梨…… 俱为上品，可以治病。”

随园炒鸡片

这是《随园食单》中彰显北方厨师技艺特长的一款爆炒菜。清末夏曾传在《随园食单补证》中说：“此物北厨能之，其妙全在芡粉护定，不使贴锅，自无枯老之弊。其作料或只用葱段，荸荠片亦佳。炒鱼片其义亦同。”

原文　炒鸡片：用鸡脯肉，去皮，斩成薄片，用豆粉[1]、蔴油、秋油拌之[2]，纤粉[3]调之，鸡蛋清拌[4]。临下锅加酱瓜、姜、葱花末，须用极旺之火炒。一盘不过四两，火气才透。

袁枚《随园食单》

注释

[1] 豆粉：绿豆淀粉。

[2] 拌之：这里实际上说的是鸡片上浆的流程。

[3] 纤粉：今又作“芡粉”。

[4] 鸡蛋清拌：《随园食单补证》本作“鸡蛋清抓”。

随园炒鸡丁

这款菜的食材组配、制作工艺和出品款式，可溯源至明代宋诩《竹屿山房杂部·养生部》中的“辣炒鸡”。从袁枚的描述来看，这款菜的酱油用量较大。

原文　炒鸡丁[1]：取鸡脯子，切骰子小块[2]，入滚油炮炒之[3]，用秋油、酒收起[4]，加荸荠丁、笋丁、香蕈丁拌之，汤[5]以黑色为佳。

袁枚《随园食单》

注释

[1] 炒鸡丁：原题“鸡丁”。

[2] 骰子小块：应是比骰子小的丁。

[3] 入滚油炮妙之：放入热油（底油）内煸炒。炮，这里是煸、爆的意思。

[4] 收起：收汁出锅。

[5] 汤：疑为“汁”字之误。

随园珍珠圆

这款菜的主料鸡脯肉被切成黄豆大的粒儿，洒上酱油和酒后再用干面滚匀，然后用植物油炒，成菜后鸡肉粒宛若珍珠，这应是袁枚为这款菜起名“珍珠圆”的由来。

原文　珍珠圆：熟鸡脯子[1]，切黄豆大块，清酱[2]、酒拌匀，用干面滚满，入锅炒。炒用素油[3]。

袁枚《随园食单》

注释

［1］熟鸡脯子：应是从白汤煮熟的整鸡上取下的鸡脯肉。

［2］清酱：酱油。

［3］炒用素油：油量应较大。

随园生炮鸡

这应是一款用冲炸法制作的泼汁菜。关于这款菜的制作精要，清末夏曾传在《随园食单补证》中指出：“此北人灼笋鸡也。灼须透而不枯，尤须并骨皆脆。其妙在乎油热火猛而下手快利耳。”

原文　生炮鸡：小雏鸡，斩小方块，秋油、酒拌[1]。临喫时拏起[2]，放滚油内灼[3]之，起锅又灼，连灼三回盛起，用醋、酒、粉纤、葱花喷之。

袁枚《随园食单》

这幅杨柳青年画描绘了清人过新年时的情景，其氛围正像图中所示：“新年多吉庆。”张建宏摄自天津杨柳青木版年画博物馆

注释

[1] 秋油、酒拌：用上好酱油和酒拌匀。

[2] 临喫时拏起：临吃时拿起。喫，"吃"的异体字；拏，"拿"的异体字。

[3] 灼：这里作炸讲。

立秋神仙鸡

这应是清乾隆年间山东日照西石梁地区立秋贴秋膘时的一款农家菜。这款菜选用当年的小鸡，净治后将盐、花椒和大葱白填入鸡腹内，然后架在有水的锅内盖严，用小火将鸡蒸熟即成。这是一种不用甑不用笼屉的锅盆裸蒸法。

原文　神仙鸡：用本年小鸡一只，挦毛去肠，洗净。腹内入盐少许、花椒数粒、葱白二枝。锅内置水碗余[1]，烧滚，架鸡其上，瓦盆盖严。用草十四两，细烧锅底，即熟。

丁宜曾《农圃便览》

注释

[1] 锅内置水碗余：往锅内倒一碗多水。

烩什锦鸡片

这款菜在丁宜曾《农圃便览》中本名"脍鸡"，应是清乾隆年间丁氏家乡山东日照西石梁地区的一款特色农家菜。

原文　脍鸡[1]：将肥鸡生切厚片，加香油、酱油，入锅炒熟，再将鸡骨煮汤浸入，用文火煮滚，再入粉皮、笋片、香蕈、白果、栗子、核桃仁、葱、姜煮熟。临盛时，用黄酒调粉团少许，入锅搅匀。

丁宜曾《农圃便览》

注释

[1] 脍鸡：脍，疑为"烩"字之误。

六月霜鸡鸭

这是一款色形奇特的清代山东日照地区的农家菜。将上过供的鸡鸭切成大块，先用油煸，再加水和调料煮熟，出锅后控尽汤，撒上炒米粉，凉后即可食用。因撒的米粉如霜落鸡鸭块上，这款菜又是在六月制作和食用，故名"六月霜鸡鸭"。

原文　六月霜鸡鸭：将牲切大块[1]，油炒，再入水、酒、醋，煮八分熟，入酱、葱、花椒，煮熟。取起去汁[2]，以白米炒熟为面糁之，可二、三日用。

丁宜曾《农圃便览》

注释

[1] 将牲切大块：将（上过供的）鸡鸭切成大块。

[2] 取起去汁：取出鸡鸭控尽汤。

成都鲟鱼炖鸡

鲟鱼一说即鳝鱼，也就是我国沿海所产的马鲛。鳝鱼到菜馆时多为干货，经涨发后才可入菜。这款清末成都菜馆的名菜在食材组配和制作工艺上比较特殊，一是将涨发后的鳝鱼同鸡配在一起成菜，二是采用炖的方法，而且炖时只用酒，实际上是酒炖鳝鱼鸡。

原文　鲟鱼[1]炖鸡：酒炖，银红汤。

傅崇矩《成都通览》

注释

［1］鲟鱼：疑为鳝鱼，详见胡廉泉先生校注《筵款丰馐依样调鼎新录》。

成都虾蟆鸡

这是清末成都菜馆的一款名菜。根据傅崇矩《成都通览》和胡廉泉先生校注的《筵款丰馐依样调鼎新录》，这款菜是将火腿、莲子、笋和糯米填入脱骨整鸡内做成。因其熟后被按成青蛙形，故名“虾蟆鸡”。

原文　虾蟆鸡：去骨[1]，火肘[2]、莲子、笋子、糯米，清汤。

傅崇矩《成都通览》

注释

［1］去骨：应是将整鸡脱骨。

［2］火肘：火腿。

随园黄芽菜炒鸡

黄芽菜是明清两代皇家和府宅常用的冬春黄化蔬菜，这款炒鸡块以黄芽菜做配料，于此可见其档次。

原文　黄芽菜炒鸡：将鸡切块，起油锅，生炒透，酒[1]，滚二三十次，加秋油后，滚二三十次，下水，滚。将菜切块，俟鸡有七分熟，将菜下锅，再滚三分，加糖、葱各料。其菜要另滚熟才用。每一只用油四两。

袁枚《随园食单》

注释

［1］酒：放酒。此字前疑脱“放”字。

康熙八宝豆腐

据《随园食单》《西陂类稿》和《归田琐记》等书记载，这款菜的用料和做法曾由康熙分别赐给刑部尚书徐乾学和江苏巡抚宋荦。其后在流传的过程中，至少出现三个版本，即随园本、毛荣本和吴门酒馆本，其中毛荣本来自乾隆年间名厨毛荣的《毛荣食谱》。将《毛荣食谱》与《随园食单》相对照，二者虽同名“八宝豆腐”，但是在用料和做法上区别较大。在用料上，毛荣本比随园本多了鸡肝、竹笋、鲜莲子、木耳和熟南腿；在做法上，毛荣本是豆腐切块炒，随园本是豆腐切碎烩；在菜品的色泽上，毛荣本的因放酱油，故为金黄色，而随园本的则为白色。至于吴门酒馆本的，清末夏曾传在《随园食单补证》中指出："吴门酒馆有十景豆腐者，制亦相类。然后不出于天厨，何可同年而语？"分析三个版本的八宝豆腐，随园本源出康熙有历史人脉和菜品适宜老人食用等特点；毛荣本的在菜品来源上无任何说明，从其做法上可以推定其成品菜老少咸宜，因此其是否出自康熙待考。

原文　王太守八宝豆腐：用嫩片，切粉碎，加香蕈屑、蘑菇屑、松子仁屑、瓜子仁屑、鸡屑、火腿屑，同入浓鸡汁中，炒[1]滚起锅。用腐脑亦可。用瓢不用箸。孟亭太守云："此圣祖[2]赐徐健庵尚书方也。"尚书取方时，御膳房费一千两。太守之祖楼村先生为尚书门生，故得之。

袁枚《随园食单》

注释

[1] 炒：疑为"烧"字之误。

[2] 圣祖：即清帝康熙。

醒园鲜盐白菜炒鸡

这款菜名为炒鸡，而实际上是白炖鸡块加腌白菜。为什么要加腌白菜而不加鲜白菜呢？因为炖鸡时没放盐，鸡块熟了的时候也是没有咸味的。这种投料法主要是为了吃出鸡肉的鲜嫩。

原文　鲜盐白菜炒鸡[1]：肥嫩雌鸡，如法宰了，切成块子。先用荤油、椒料炒过，后加白水煨[2]火炖之。临吃，下新鲜盐白菜，加酒少许。不可盖锅，盖则黄色不鲜。

李化楠《醒园录》

注释

[1] 鲜盐白菜炒鸡：原题"新鲜盐白菜炒鸡法"。盐白菜，即"腌白菜"。

[2] 煨：疑为"微"字之误。

毛厨茯苓鸡

茯苓本是多孔菌科植物茯苓的干燥菌核，由于它多生于马尾松等松树的树根上，因此在《淮南子》和葛洪《抱朴子》等书中，素有"千年之松，下有茯苓""茯苓久服，百日病除"的说法，是一味颇具神秘色彩的中草药。在古代本草书和医方书中，茯苓多单独或与山药、蜜、酒、牛奶中的一种组配为食疗名品。与鸡肉相配做成菜肴，笔者目前在历代医药书和食书中都未见记载，《毛荣食谱》中的茯苓鸡，应是首例。根据茯苓和鸡肉的性味以及清郑光祖《一斑录》等文献记载，这款菜很有可能是乾隆年间名厨毛荣在浙江王中丞府上主厨时的遵命之作。

原文　茯苓鸡：用肥鸡[1]，切块。每净鸡肉一觔[2]，配白茯苓[3]（向药店买）五钱，同入汤，略加白酒、酱油[4]，嫌淡酌加飞盐，又加葱姜，宜神仙烧[5]。有别味[6]。

毛荣《毛荣食谱》

注释

[1] 用肥鸡：肥鸡是明清时专用于食用、未下过蛋的肉用母鸡。

[2] 每净鸡肉一觔：做一款茯苓鸡用净鸡肉一斤。觔，“斤”的异体字。

[3] 配白茯苓：白茯苓重在补心益脾，赤茯苓专除湿热。

[4] 略加白酒、酱油：加酱油明显是北方口味，请毛荣主厨的这位王中丞，正是山西人氏。

[5] 宜神仙烧：宜小火慢炖。

[6] 有别味：别有风味。茯苓中除含有主要的药用成分以外，还有树胶、葡萄糖、组氨酸和蛋白酶等，这些物质与鸡肉一起长时间加热后，会对茯苓鸡风味的形成具有重要影响。

顷刻熟鸡鸭

顷刻熟鸡鸭即速熟鸡鸭。从这份菜谱来看，这款菜强调的“顷刻”应是对从宋元流传下来的锅烧法而言。根据烹调实验，用锅烧法将鸡鸭烧熟约需 5 个小时，这里采用的则是油炸法，一般 20 分钟左右即可。同锅烧的鸡鸭相比，当然是“顷刻”了。

原文　顷刻熟鸡鸭[1]：用顶肥鸡鸭，不下水，干退[2]毛后挖一孔，取出腹内碎件，装入好梅干菜，令满。用猪油，下锅炼滚，下鸡鸭烹之，至红色香熟取起。剥去焦皮，取肉片吃，甚美。

李化楠《醒园录》

注释

[1] 顷刻熟鸡鸭：原题“顷刻熟鸡鸭法”。

[2] 退：今作“煺”。

关东煮鸡鸭

关东指山海关以东，即我国东北地区。在清代食谱中，这份菜谱是菜名中含有“关东”字样的较早菜谱。

原文　关东煮鸡鸭[1]：先用一盆冷水放在锅边，才用水下锅，不可太多，只淹得鸡鸭。第三日早取出，晾半天，装入罈（坛）内。如装久潮湿，取出再晾，此做牛肉干之法也。要吃时，取肉干切成二寸方块，用鸡汤或肉汤淹。

李化楠《醒园录》

注释

[1] 关东煮鸡鸭：原题“关东煮鸡鸭法”。原文后半部与本题无关，未摘。

食宪酿鸭

这款菜实际上是炖酿馅鸭。文中说，炖的方法同《食宪鸿秘》中“炖鸭”一样，但整只鸭酿入猪肉泥后，鸭皮上要涂满茴香、花椒等调料末。如果像“炖鸭”那样直接用酱油、酒、醋和水来煮，下锅前鸭皮上所涂的调料末将会落入汤中，失去事先涂调料的意义，因此这款酿鸭应是以隔水炖的方法最终做成。

原文　让鸭[1]：鸭治净，胁下取孔，将肠杂取尽，再加治净。精制猪油饼子剂入满[2]，外用茴、椒、大料涂满，箬片包扎固，入锅，钵覆，同“饨鸭”法饨熟[3]。

朱彝尊《食宪鸿秘》

注释

[1] 让鸭：即“酿鸭”。

[2] 精制猪油饼子剂入满：精制猪肉丸子泥放满（鸭腹）。猪油，《养小录》作“猪肉”。

[3] 同“饨鸭”法饨熟：同“炖鸭”的方法一样将鸭炖熟。饨，疑为“炖”字之误。

魏太守蒸鸭

清末夏曾传在《随园食单补证》中指出：这款菜就是“八宝鸭”。往鸭腹内所填之物，“或京冬菜，或干菜，或大葱，皆可总之”。并说：“鸭贵肥嫩……北人多填鸭，可使之剋日而肥，然以之烧食则可。若煨食者，终以自肥者为佳。盖填肥者膏胜而肉不鲜腴也。”

原文　蒸鸭：生肥鸭去骨，内用糯米一酒杯、火腿丁、大头菜丁[1]、香蕈、笋丁、秋油、酒、小磨麻油、葱花俱灌鸭肚内，外用鸡汤放盘中，隔水蒸透。此真定魏太守家法也。

袁枚《随园食单》

注释

[1] 大头菜丁：应是袁枚推崇的当年南京承恩寺的陈年大头菜。袁枚说，此菜“入荤菜中最能发鲜”。

无锡石鸭

这款只用酒和盐隔水蒸制而成的鸭菜，因出自清代无锡石狮子庵尼姑之手，被当地人称作“石鸭”。清光绪年间曾出使英、法、意、比等国的无锡人薛叔耘（福成），在家时非常喜食这款菜。

原文　石鸭[1]：无锡石狮子庵尼善烹饪，尤著称者为鸭。烹时，入鸭于瓦钵，酌加酒、盐，无勺水[2]，固封其口，隔水蒸之。俟其熟，则清汤盈盈，味至美矣，锡人呼之曰“石鸭”。薛叔耘在家时最喜食之。

徐珂《清稗类钞》

注释

[1] 石鸭：原题“薛叔耘食石鸭”。

[2] 无勺水：即不放水之意。

随园鸭糊涂

《毛荣食谱》中也有此菜，二者做法相似，

毛氏用料却多了笋、南腿和砂仁。毛氏款显露出华贵的官宦气，袁氏款则蕴含清雅的文人气。清末夏曾传在《随园食单补证》中指出：袁枚的这款鸭糊涂，同“京师之（烩）鸭条、苏州之鸭羹大致皆相类”。

原文　鸭糊涂：用肥鸭，白煮八分熟，冷定[1]，去骨，拆成天然不方不圆之块，下原汤内煨，加盐三钱、酒半觔[2]，捶碎山药同下锅作纤[3]。临煨烂时，再加姜末、香蕈、葱花。如要浓汤，加放粉纤。以芋代山药亦妙。

袁枚《随园食单》

注释

[1] 冷定：凉凉。

[2] 觔：“斤”的异体字。

[3] 纤：今作“芡”。以下同。

何家干蒸鸭

这是清代乾隆年间杭州商人何星举家的一款名菜。从袁枚对这款菜做法的描述来看，这种干锅蒸鸭的工艺实际上是将发端于先秦时期的隔水炖和宋元流行的锅烧法合为一体，以实现鸭形完整而“其精肉皆烂如泥”的美食烹调追求。

原文　干蒸鸭：杭州商人何星举家“干蒸鸭”：将肥鸭一只洗净，斩八块，加甜酒、秋油淹满鸭面，放磁罐中[1]，封好，置干锅中蒸之。用文炭火，不用水。临上时，其精肉皆烂如泥。以线香二枝为度[2]。

袁枚《随园食单》

注释

[1] 放磁罐中：应即放瓷罐中。磁，今作“瓷”。

[2] 以线香二枝为度：以燃尽两根线香的时间为度。

冯家烧鸭

袁枚欣赏的出自冯观察家厨之手的“烧鸭”，实际上就是后世所言的叉烧鸭。这种烧鸭多由府宅家厨自做，也有请鸭子楼的烧鸭师上门制作。叉烧鸭由于烤炙时间短，因此讲究“吃皮儿不吃肉”。据宋诩《竹屿山房杂部·养生部》，明代的“烧鸭”是将整只鸭架在锅中盖严后用小火焖烤，与袁枚时代的“烧鸭”名同而实异。

原文　烧鸭：用雏鸭[1]，上叉烧之。冯观察家厨最精。

袁枚《随园食单》

注释

[1] 雏鸭：应即肥大仔鸭。其中以在稻熟、桂花盛开时的“桂花鸭”为首选。

随园徐鸭

这款菜以带盖瓦钵为炊器、以百花酒为传热介质，只有青盐和鲜姜两种调料，用炭火从早炖到晚，是典型的府宅菜工艺。令人稍感遗憾的是，袁枚未说明“徐鸭”的出处。

原文　徐鸭：顶大鲜鸭一只，用百花酒[1]十二两、青盐[2]一两二钱（滚水一汤碗，冲化去渣沫，再换冷水七饭碗）、鲜姜四厚片（约重一两），同入大瓦盖钵内，将皮纸封固口，用大火笼烧透大炭吉三元（约二文一个），外用套包一个，将火笼罩定，不可令其走气。约早点时炖起，至晚方好。速[3]则恐其不透，味便不佳矣。其炭吉烧透后不宜更换，瓦钵亦不宜预先开看。鸭破开时，将清水洗后，用洁净无浆布拭干入钵。

袁枚《随园食单》

注释

［1］百花酒：一种微甜的黄酒，详见本书“随园炸蒸鸡腿”注［4］。

［2］青盐：据夏曾传《随园食单补证》，应即产于今山东的“青州盐”。

［3］速：指过早出锅。

赵氏虫草蒸鸭

这是迄今发现的记载最早的一款冬虫夏草食疗菜，其菜谱收在清乾隆三十年（1765年）面世的《本草纲目拾遗》中。该书著者、清代

这是河北沧州市博物馆展台上的清代木杵石臼、铜勺和小铜壶，这三样在府宅厨房中虽然使用次数不算多，但在一些菜肴的制作中不可或缺。比如人们熟悉的拌粉皮，用杵臼捣出的蒜泥和切、剁而成的蒜末相比，吃起来真的不一样。李琳琳摄自河北沧州市博物馆

本草大家赵学敏说，这款菜主治“病后虚损”。

原文　炖老鸭法：夏草冬虫三五枚，老雄鸭一只，去肚杂，将鸭头劈开，纳药于中，仍以线扎好，酱油、酒，如常蒸烂食之……每服一鸭，可抵人参一两。

赵学敏《本草纲目拾遗》

成都八宝鸭

这是清末成都菜馆的一款名菜。酿入鸭腹内的“八宝”，是杏仁、桃仁等果料和口蘑，而袁枚时代魏太守蒸鸭用的是火腿、笋和香菇等，《越乡中馈录》记载的越味八宝鸭则是火腿、香菇、开洋、糯米和果料等。看来清代八宝鸭的“八宝”不尽一致，但菌菇果料都在其列。

原文　八宝鸭：杏仁、桃仁、松子、莲子、

白果、口毛[1]，鸭改斗方块，倒扣，清汤。

傅崇矩《成都通览》

注释

［1］口毛："毛"疑为"蘑"字之误。

鸡汤烩鸭舌掌

这是清末夏曾传在《随园食单补证》中为《随园食单》增补的一款菜。类似的菜在《调鼎集》中也有数款，只是鸭舌与鸭掌分别作主料，采用煨、糟、醉、拌等方法制作。说明这类菜全鸭至迟在清咸丰、同治、光绪年间就已相当流行。

原文　鸭舌鸭掌：鸭舌掌用鸡汤烩之鲜美，鹅掌尤佳。

夏曾传《随园食单补证》

红楼茄鲞

茄鲞是《红楼梦》第41回"贾宝玉品茶栊翠庵 刘姥姥醉卧怡红院"中提到的一款清代府宅名菜。从字面上看，茄鲞有二义：1. 用茄子和鲞做成的菜，如宁波菜中以鲜茄丝和腌鳓鱼烧成的菜就叫"茄鲞"。2. 以茄干为主料的菜，与曹雪芹同时代的丁宜曾所著《农圃便览》中的"茄鲞"，就是煮后晒干酱渍后入瓷器中保存的一种茄干。从菜根源流上看，刘姥姥所吃的这种茄鲞，实际上是将明宋诩《竹屿山房杂部·养生部》和清初朱彝尊《食宪鸿秘》中的"油煎茄""油炒茄""蝙蝠茄"和"糟茄"等综合为一款糟香什锦茄。这样看来，曹雪芹笔下的这款"茄鲞"当是当时生活中的一味真菜。

原文　茄鲞[1]：刘姥姥细嚼了半日，笑道："虽有一点茄子香，只是还不像是茄子。告诉我是个什么法子弄的，我也弄着吃去。"凤姐儿笑道："这也不难：你把才下来的茄子，把皮刨了，只要净肉，切成碎钉子，用鸡油炸了，再用鸡肉脯子合香菌[2]、新笋、蘑菇、五香豆腐干子、各色干果子，都切成钉儿，拿鸡汤煨[3]干了，拿香油一收，外加糟油一拌，盛在磁罐子里，封严了；要吃的时候儿，拿出来，用炒的鸡瓜子一拌，就是了。"

曹雪芹《红楼梦》

注释

［1］茄鲞：这里的茄鲞实际上是糟香什锦茄。

［2］香菌：即"香菇"。

［3］煨：人民文学出版社本注为"'煨'原作'喂'，从脂本改"。

成都锅烧鸭

这是清末成都菜馆的一款名菜。这款菜名为"锅烧鸭"，但从傅崇矩对这款菜做法的描述来看，其工艺已经与宋、元、明流行的锅烧鸭完全不同，比清乾隆年间袁枚的锅烧鸭制作更加精细。

原文　锅烧鸭：红锅煮好[1]，去油[2]，并地菜[3]、大头菜、山药听用。

傅崇矩《成都通览》

注释

[1] 红锅煮好：后世传统名菜锅烧鸭炸之前多先蒸。此处或有误。

[2] 去油：应即走油。去疑为“走”字之误。另据胡廉泉校注《筵款丰馐依样调鼎新录》，鸭子煮熟后，须晾干拍上干淀粉后才能炸。当时吃的则随椒盐。

[3] 地菜：荠菜。四川俗称地地菜。

醒园假烧鸡鸭

烧鸡烧鸭在宋、元、明时本是将生鸡生鸭放在铁锅内架而密闭烧之，因而这种烧法被称为“锅烧”法。这里的烧鸡鸭，是以炸、炖、烘的加热方法做成，与宋元流传下来的工艺不同，但色香味类似，故名“假烧鸡鸭”。

原文　假烧鸡鸭[1]：将鸡、鸭宰完洗净，砍作四大块，擦甜酱，下滚油烹过取起，砂锅内用好酒、清酱、花椒、角茴[2]仝[3]煮。至将熟，倾入铁锅内，慢火烧干至焦。当随时翻转，勿使粘锅。

李化楠《醒园录》

注释

[1] 假烧鸡鸭：原题“假烧鸡鸭法”。

[2] 角茴：即“八角茴香”。

[3] 仝：“同”的异体字。

食宪封鹅

这是一款以隔水炖为最终加热工艺的鹅馔。鹅经净治、抹油和加料后，放入锡罐内，不加汤汁，全凭鹅在隔水炖的过程中，因受热而使其所产生的气味“自然上升”，从而达到鹅熟而味透表里的效果。因鹅在加热过程中处于全封闭状态，故名“封鹅”。

原文　封鹅：鹅治净，内外抹香油一层，用茴香、大料及葱实腹[1]，外用长葱裹缠。入锡罐，盖住。罐高锅内[2]，则覆以大盆或铁锅，重汤煮[3]。俟箸扎入透底为度。鹅入罐，通不用汁，自然上升之气味凝重而美。吃时再加糟油或酱油醋随意。

朱彝尊《食宪鸿秘》

注释

[1] 用茴香、大料及葱实腹：将小茴香、大料及葱填入（鹅）腹内。

[2] 罐高锅内：罐放入锅内不可高过锅口。

[3] 重汤煮：即隔水炖。

碎玉汤

这是徐珂《清稗类钞》辑录的一份清代汤菜谱。根据这份菜谱，这款汤以切成不同形状的熟鸡蛋白块为主料，用鸡汤加香菇、笋片和盐做成。在《调鼎集》中，有一款与此相类似的菜“假文师豆腐”，是将熟鸭蛋白切丁，与火腿丁、笋丁用鸡油烩制而成。

原文　碎玉汤：取熟鸡蛋之白，切方、圆、长、短、尖角等各式小块，入鸡汤中，加香菌[1]、笋片煮滚起锅，下盐少许。

徐珂《清稗类钞》

注释

[1] 香菌：即“香菇”。

北人熘黄菜

熘黄菜是一款传统京菜，这款菜至迟在清咸丰、同治、光绪初年已很有名。清末夏曾传在《随园食单补证》中指出：“北人善炒蛋，杭人善跑蛋。”并具体描述了熘黄菜等蛋类菜的做法，夏氏的这条记载，是研究清代北京菜等地方菜的一份珍贵资料。

原文　又有搂[1]黄菜者，亦北法也。以蛋打匀，入火腿屑[2]，以鸡汤、熟猪油[3]收干如鸡粥[4]，颇妙。

夏曾传《随园食单补证》

注释

[1] 搂：今作“熘”。

[2] 入火腿屑：后世熘黄菜多是装盘后将火腿末撒在黄菜上。

[3] 熟猪油：后世熘黄菜也有用鸭油的。

[4] 收干如鸡粥：应即用推炒法将蛋液炒成豆腐脑状。

醒园蛋卷

这款菜实际上类似于后世的如意卷。李化楠在《醒园录》中未明确这种蛋卷是冷吃还是热吃，只是说“吃之其味甚美”，而后世的这类蛋卷则多为冷吃的下酒菜。

原文　蛋卷[1]：用蛋打搅匀，下铁杓[2]内，其杓当先用生油擦之，乃下蛋煎之。当轮转令其厚薄均匀。候熟揭起，后做此。逐次煎完。压平，用猪肉（半精白的）刀剉[3]（不可太细），和菉豆粉[4]、鸡蛋清、豆油、甜酒、花椒、八角末之类（或加盐、落花生更妙）併[5]葱珠等，下去搅匀。取一小块，用煎蛋饼捲[6]之（如捲薄饼样），将两头轻轻折入，逐个包完，放蒸笼内蒸熟。吃之其味甚美。

李化楠《醒园录》

注释

[1] 蛋卷：原题“蛋捲法”。文中提到落花生，应是花生入菜的较早记载。

[2] 杓：“勺”的异体字。

[3] 剉：“锉”的异体字，此处作剁讲。

[4] 菉豆粉：即绿豆淀粉。

[5] 併：“并”的异体字。

[6] 捲:“卷”的异体字。

汪拂云肉幢蛋

将煮得半熟的鸡蛋去壳后打一眼儿，倒出蛋黄，填入调好味的肉泥，蒸熟，这就是清初《汪拂云抄本》中的肉幢蛋。从汪氏对这款菜做法的描述来看，“幢”在这里为“酿”的意思。肉幢蛋在清道光进士、翰林院编修俞樾的日记中又被称作“肴核”，《俞樾日记》称：“肴核，其制甚奇，蒸熟鸡子穴一小孔，去其黄而实以肉；其所出之黄，另制为饼。”这与《汪拂云抄本》的记载基本一致，说明这款菜在清道光以后仍在士大夫间流传。

原文　肉幢蛋：拣小鸡子煮半熟，打一眼，将黄倒出，以碎肉加料补之，蒸极老。和头[1]随用。

朱彝尊《食宪鸿秘》

附录《汪拂云抄本》

注释

[1] 和头：指调料、配料。

顾氏龙蛋

这款菜的用料、制法和出品款式与宋代名菜“炉亭大雏卵”非常相似，应是从宋代传至清代具有席面轰动效应的府宅筵席名菜。

原文　龙蛋：鸡子数十个，一处打搅极匀[1]，装入猪尿脖[2]内，扎紧。用绳缒[3]入井内，隔宿取出。煮熟，剥净，黄、白各自凝聚，混成一大蛋，大盘托出，供客一笑。揆其理，光炙日月，时历子午，井界阴阳，有固然者。缒井须深浸，浸须周时。此蛋或办桌面，或办祭用，以入做镟子，真奇观也。秘之。

顾仲《养小录》

注释

[1] 一处打搅极匀：从下面“黄、白各自凝聚，混成一大蛋”可知，应是将鸡蛋清、黄分开，分别搅打后先煮蛋黄，再将蛋清倒在蛋黄上煮熟。

[2] 脖：疑为“脬(pāo)”字之误，猪尿脬，猪膀胱。

[3] 缒(zhuì)：系在绳上放下去。

水产名菜

杨明府冬瓜燕窝

这是袁枚推崇的一款清代乾隆年间的府宅燕窝菜。遗憾的是，袁枚在《随园食单》中对这款菜做法的描述过于简略。

原文　余[1]到粤东，杨明府冬瓜燕窝甚

佳。以柔配柔，以清配清，重用鸡汁、蘑菇汁而已。燕窝皆作玉色，不纯白也。

袁枚《随园食单》

注释

[1] 余：指袁枚。

醒园全燕窝

这是一款用肉泥团成燕窝样、再贴上燕窝丝做成的清代府宅燕窝菜。

原文　煮燕窝法：用熟肉，剉[1]作极细丸料，加菉豆粉[2]及豆油、花椒、酒、鸡蛋清，作丸子，长如燕窝。将燕窝泡洗撕碎，粘贴肉丸外，包密，付滚汤盪[3]之，随手捞起。候一齐做完盪好，用清肉汤作汁，加甜酒、豆油各少许，下锅先滚一二滚，将丸下去，再一滚即取下碗，撒以椒面、葱花、香菰[4]，吃之甚美。或将燕窝包在肉丸内作丸子。亦先盪熟。余仝[5]。

李化楠《醒园录》

注释

[1] 剉：此处作剁讲。

[2] 菉豆粉：绿豆淀粉。

[3] 盪：疑为“烫”字之误。

[4] 香菰：即“香菇”。

[5] 仝：“同”的异体字。

随园鱼翅

袁枚时代，鱼翅已为上流社会美食常品。赵学敏在《本草纲目拾遗》中指出：“鱼翅，今人习为常嗜之品，凡宴会肴馔必设此物为珍享。”而袁枚则在《随园食单》中留下了鱼翅的两种做法。细看这两种做法，在清初《食宪鸿秘》附录《汪拂云抄本》中均已涉及，只是不如袁枚说得详细。

原文　鱼翅二法：鱼翅难烂，须煮两日才能摧刚为柔。用有二：法一用好火腿、好鸡汤加鲜笋、冰糖钱许煨烂，此一法也；一纯用鸡汤串[1]细萝卜丝、拆碎鳞翅搀和其中，飘浮碗面，令食者不能辨其为萝卜丝、为鱼翅，此又一法也。用火腿者，汤宜少；用萝卜丝者，汤宜多，总以融洽柔腻为主。

袁枚《随园食单》

注释

[1] 串：应作“汆”。

三家海参

袁枚在《随园食单》“海参三法”中分别介绍了他本人和钱观察、蒋侍郎三家海参的做法。总的来看，这三家的海参做法在清初《食宪鸿秘》中已有记载，只是没有袁枚讲得详细。

原文　须检小刺参，先泡去泥沙，用肉汤

滚泡三次，然后以鸡、肉两汁红煨极烂，辅佐则用香蕈、木耳，以其色黑相似也。大抵明日请客，是先一日要煨，海参才烂[1]。常见钱观察家，夏日用芥末、鸡汁拌冷海参丝，甚佳。或切小碎丁，用笋丁、香蕈丁入鸡汤煨作羹。蒋侍郎家用豆腐皮、鸡腿蘑菇煨海参，亦佳。

袁枚《随园食单》

注释

［1］海参才烂：以上应是袁枚家的海参做法。

食宪酒烹鲍片

这款菜本名“酱鳆鱼”，是将煮过的鲍鱼片与炒好的豆腐块用酒酿烹炒而成，出锅后鲍片以脆美为佳。袁枚在《随园食单》中推崇的杨中丞“鳆鱼豆腐”，用料及制法与此类似。

原文　酱鳆鱼：又法：治净，煮过[1]，用好豆腐切骰子大块[2]，炒熟，乘热撒入鳆鱼，拌匀，酒酿[3]一烹，脆美。

朱彝尊《食宪鸿秘》

注释

［1］煮过：顾仲《养小录》“煮过”后面有“切片”二字。

［2］骰子大块：今俗称“色子块”。

［3］酒酿：顾仲《养小录》作“酒娘”。

汪拂云炒鲍片

这是《汪拂云抄本》中的一款鲍鱼菜。与《食宪鸿秘》中的酒烹鲍片相比，这款菜以冬笋和韭芽做配料，使其出品口味更清鲜。与后世鲍鱼菜调味不同的是：这两款鲍鱼菜以及《随园食单》《醒园录》中的鲍鱼菜，制作时都不放盐和酱。对此，《醒园录》的著者、清初美食家李化楠在“煮鲍鱼法”中的解释是：“此项不下盐、酱，以鲍鱼质本咸故也。”

原文　鳆鱼[1]：清水洗，浸一日夜。以极嫩为度，切薄片，入冬笋、韭芽、酒浆、猪油炒。或笋干、腌苔心、苣笋、麻油拌用亦佳。

朱彝尊《食宪鸿秘》

附录《汪拂云抄本》

注释

［1］鳆鱼：即鲍鱼。

夏氏煨鱼皮

鱼皮是鲨鱼皮干制品涨发后的一种高档海味食材，在明李时珍《本草纲目》中已有如何食用的记载，但在美食巨著《随园食单》中未见其名，为此夏曾传特增补此菜。

原文　鱼皮：鱼皮发极透，以肉汁浓煨极烂，则肥腻如肉而不觉腻，故佳。

夏曾传《随园食单补证》

这是河北蔚县夏源关帝庙清代壁画《百工图》中的一幅。图中右侧是持箸正从盘中夹菜端杯欲饮的顾客，堂倌双手托着上有酒壶的托盘正向客人走来，顾客对面是一持笔正写字的先生，左侧那位貌似李逵的男子像是表演硬气功的练汉。图左上角是“味压江南”四字，图中间稍上部则是幌子。全图再现了清代蔚州独特的北方酒馆场景，是研究清代京北地区饮食文化的珍贵图像资料。原图见蔚县博物馆编著《蔚州寺庙壁画》，科学出版社，2013年

随园醉虾

夏曾传在《随园食单补证》中说：“杭俗食醉虾，以活为贵。故用活虾放盘中，用碗盖住，临食，始下酱油、酒、葱、花椒等，甚至满盘跳跃，捉而啖之，以为快。”相比之下，袁枚笔下的醉虾做法要文明得多。

原文　醉虾：带壳用酒炙黄[1]捞起，加清酱、米醋熨之[2]，用碗闷之。临食放盘中，其壳俱酥。

袁枚《随园食单》

注释

［1］炙黄：煮黄。炙在此处作煮讲。

［2］熨之：腌渍。

随园虾子勒鲞

勒鲞即勒鱼干，明李时珍《本草纲目》：勒鱼“状如鲥鱼，小首细鳞，腹下有硬刺，如鲥腹之刺。头上有骨，合之如鹤喙形。干者谓之‘勒鲞’，吴人嗜之”。说明勒鱼干是吴人的传统美味食材。从工艺史的角度看，袁枚笔下的这款虾子勒鲞可在明代宋诩《竹屿山房杂部·养生部》中找到其历史源头。

原文　虾子勒鲞[1]：夏日选白净带子勒鲞，放水中一日，泡去盐味，太阳晒干，入锅油煎，一面黄取起，以一面未黄者铺上虾子，放盘中，加白糖蒸之，以一炷香为度[2]。三伏日食之绝妙。

袁枚《随园食单》

注释

［1］虾子勒鲞：据正文，此菜实际上是“清蒸虾子勒鲞”。

［2］以一炷香为度：以燃尽一炷香的时间为度。

醒园虾羹

这款菜以鲜虾的头、尾、足、壳制汤，以香圆丝、香菇丝为配料增鲜，并用猪油大蒜炝锅取香，其羹味香鲜可以想见。

原文　虾羹法：将鲜虾剥去头、尾、足、壳，取肉切成薄片，加鸡蛋、菉豆粉[1]、香圆[2]丝、香菰[3]丝、瓜子仁和豆油、酒调匀，乃将虾之头、尾、足、壳，用宽水煮数滚，去渣澄清，再用猪油同微蒜炙滚[4]，去蒜，将清汤倾和油内煮滚，乃下和匀之虾肉等料，再煮滚取起。不可太熟。

李化楠《醒园录》

注释

［1］菉豆粉：即绿豆淀粉。

［2］香圆：芸香科植物香圆的成熟果实。圆形，橙黄色，味酸苦，气香。中医认为可下气消痰、宽中快膈。

［3］香菰：即香菇。

［4］炙滚：煸透。按：炙在此处作煸讲。

虾蓉香菇托

这是徐珂《清稗类钞》辑录的清代虾菜谱中的一款名菜。这款菜以香菇为托、虾泥为面，蒸后加笋片和调料稍煨淋芡出锅。虾与香菇的呈鲜味物质互补相乘，可以推想这款菜口味异常鲜美。

原文　炒虾草：炒虾草者，以制成虾球[1]置于大香蕈中，香蕈先在水中略浸，剪去其柄，虾球须置于其背使之十分贴切，一蕈一球，大小务极平均，乃盛入瓷盆蒸熟。用时，取熟猪油起锅，倾入虾蕈，另加笋片、盐、糖、芡粉，略炒即成。

徐珂《清稗类钞》

注释

［1］虾球：《清稗类钞》载其制法："用鲜虾仁若干，加入鸡蛋白二三枚，再加盐、酒少许，入石臼打烂成酱，用匙盛之，略成球形，置大盆，再盛再捏，及球作完，即蒸熟，或炒食，或制汤均可。"

随园虾米炒韭白

韭白不是韭菜的下半部，而是指夏秋间的韭菜。夏曾传在《随园食单补证》中指出："春韭青，夏秋韭白，冬韭黄，四时各有其趣，蔬食之妙品也。"由此可知，这款菜应是随园的夏秋应时名菜。

原文　韭：韭，荤物也[1]。专用韭白加虾米炒之，便佳。或用鲜虾亦可，蚬亦可，肉亦可。

袁枚《随园食单》

注释

［1］荤物也：此说应出自"五荤"说。据李时珍《本草纲目》"蒜"条，炼形家以小蒜、大蒜、韭等为五荤，道家以韭、蒜等为五荤。

杭州丝瓜汤

丝瓜在唐宋以前还不大为人所知，到明代成为南北常蔬。夏曾传认为，丝瓜做汤要比炒的为美。这款丝瓜汤夏氏非常喜食，应是当时杭州的一款夏季名汤。

原文　丝瓜[1]：杭州夏日以丝瓜、鞭笋、带壳虾作汤，色既鲜明，味亦清洌可爱。若炒熟便无味。

夏曾传《随园食单补证》

注释

［1］丝瓜：这是夏曾传为《随园食单》增补的内容。

杭州炒黄蚬

黄蚬在袁枚的《随园食单》中没有记载，同为杭州人的夏曾传却认为其是佐酒的佳肴，这款菜应是夏氏小酌时常备的家乡菜。

原文　黄蚬[1]：黄蚬带壳者，以酱、酒、葱、椒炒熟，现剥现吃，荐酒颇佳。若剥壳卖者，则肉干味尽，为贫家博荤腥之名耳。

夏曾传《随园食单补证》

注释

[1] 黄蚬：瓣鳃纲、蚬科，介壳为二等边三角形，长约3—4厘米。产于淡水中。另据夏曾传《随园食单补证》引《正字通》等书，蚬为一种小蛤，在沙者白黄，在泥者黑。

立夏炒海蛳

海蛳是清代杭州人立夏时的应节食材，以用葱姜清炒为妙，夏曾传则为我们留下了炒海蛳的做法。

原文 海蛳[1]：海蛳，立夏节物也，小于螺蛳，以葱姜炒之，肉如翡翠。

夏曾传《随园食单补证》

注释

[1] 海蛳：据《本草纲目拾遗》，夏氏所言的海蛳是产于近海大如指的一种海螺。

随园炒车螯

车螯是文蛤中的一种，在南北朝时就是南朝贵族餐桌上的一种美味。袁枚笔下的这款炒车螯，以猪五花肉片和车螯同炒，或者再加些豆腐，这是袁枚十分欣赏的一种食法。对此，夏曾传在《随园食单补证》中解释说："车螯性坚，故可煮肉及豆腐。"

原文 炒螯：先将五花肉切片，用作料闷[1]烂。将螯洗净，麻油炒，仍将肉片连卤烹之。秋油要重些方得有味，加豆腐亦可。

螯从扬州来，虑坏，则取壳中肉置猪油中，可以远行。有晒为干者，亦佳。入鸡汤烹之，味在蛏干之上。捶烂螯，作饼如虾饼样，煎喫[2]加作料亦佳。

袁枚《随园食单》

注释

[1] 闷：今作"焖"。

[2] 喫："吃"的异体字。

程泽弓蛏干

程泽弓是清代乾隆年间与袁枚有过往来的一位商人，蛏干是鲜蛏肉的干制品。蛏是产于近海的一类双壳软体动物，品种较多，其中外壳如竹片的竹蛏又被闽人称作"美人蛏"，是蛏中的极品。袁枚笔下的这款程家蛏干菜，用的应是美人蛏。

原文 程泽弓蛏干：程泽弓商人家制蛏干，用冷水泡一日[1]，滚水煮两日，撤汤五次。一寸之干发开有二寸，如鲜蛏一般，才入鸡汤煨之。扬州人学之俱不能及。

袁枚《随园食单》

注释

[1] 用冷水泡一日：从接下来的文字可以

看出，蛏干涨发完全用水泡和煮，不用后世酒楼或海味店涨发这类高蛋白干货时所用的食用碱等，应属纯正的府宅菜干货自然涨发工艺。

食宪醉海蜇

这款下酒菜在制作工艺上有两个亮点：一是海蜇洗净后与豆腐同煮，据说可去尽海蜇的涩味并且使海蜇变得柔脆；二是用酒酿、酱油和花椒来腌渍，据说味道很妙。

原文　醉海蜇[1]：海蜇洗净，拌豆腐煮则涩味尽而柔脆。切小块，酒酿、酱油、花椒醉之，妙。糟油拌亦佳。

朱彝尊《食宪鸿秘》

注释

［1］醉海蜇：原题“海蜇”。醉，加酒酿（或酒）等调料腌拌主料。

夏府糖醋佛手卷

这是夏曾传为《随园食单》增补的一款海蜇菜，也应是夏氏府宅的佐酒私房菜。用刀将白皮海蜇块的一半划出丝，余后整块海蜇犹如“佛手”，是这款菜刀工处理的独特之处。吃时则以糖醋凉拌，这在拌海蜇中也属另味。

原文　犀[1]曰：取白皮[2]切块，再缕其半，连其半以沸汤沃之，则缕处皆拳曲如佛手状，名曰“佛手卷”，以糖醋拌食，甚佳。

夏曾传《随园食单补证》

这是清代京杭大运河河北沧州界的殷实人家的厨房景观复原场景。地灶、大水缸、饸饹机、碗筷架以及挂在墙上的漏勺、馅尺和点心模具等，构成了这户人家日常食生活的口福图。李琳琳摄自河北沧州市博物馆

注释

[1] 犀：夏曾传别号醉犀生的简称。

[2] 白皮：海蜇。

王氏雪羹汤

这是清代名医王子接《绛雪园古方选注》中以荸荠和海蜇调制的一款食疗名汤。这款汤为何叫“雪羹”？王子接是这样解释的：“雪，喻其淡而无奇，有清凉内沁之妙。”

原文　雪羹：大荸荠四个，海蛇[1]漂去石灰矾性一两。右二味水二盅煎八分，服。

羹，食物之味调和也；雪，喻其淡而无奇，有清凉内沁之妙。荸荠味甘，海味咸，性皆寒而滑利。凡肝经热厥、少腹攻冲作痛，诸药不效者，用以泄热止痛，捷如影响。

王子接《绛雪园古方选注》

注释

[1] 蛇：应即“蛇”字之误。蛇，即海蜇。

随园剥壳蒸蟹

这款菜应是从唐代蟹饆饠和元代倪云林蜜酿蝤蛑演变而来，其中与蜜酿蝤蛑的渊源似乎更直接。蜜酿蝤蛑往蟹壳中放的蟹肉、蟹黄是熟的，而这款菜则是生鲜的。

原文　剥壳蒸蟹：将蟹剥壳，取肉取黄，仍置壳中，放五六只在生鸡蛋上蒸之[1]。上桌时完然一蟹。惟去爪脚。比炒蟹粉觉有新色。

袁枚《随园食单》

注释

[1] 放五六只在生鸡蛋上蒸之：将五六只蟹的蟹肉蟹黄放在鸡蛋液中蒸熟。

唐氏炒鳇鱼片

这是袁枚在苏州吃过唐氏的炒鳇鱼片后记下的菜谱。清末夏曾传在《随园食单补证》中指出：鲟鳇鱼“肉味极腥，治法颇难”，这应是袁枚为何将唐氏炒法收入《随园食单》的主要原因。

原文　鲟鱼：尹文端公自夸治鲟鳇最佳，然煨之太熟，颇嫌重浊。惟在苏州唐氏吃炒鳇鱼片最佳，其法：切片细炮，加酒、秋油滚三十次，下水再滚，起锅加作料，重用瓜姜、葱花。又一法：将鱼白水煮十滚，去大骨，肉切小方块。取明骨[1]切小方块。鸡汤去沫，先煨明骨，八分熟，下酒、秋油，再下鱼肉，煨二分烂起锅，加葱、椒、韭[2]，重用姜汁一大杯。

袁枚《随园食单》

注释

[1] 明骨：即鳇鱼骨。清梁章钜《浪迹续谈》：“鳇鱼骨：一称明骨，一称鲟。脆质，甚

洁白，而了无余味可寻，徒借他物作羹材而已。其价甚昂，故厨子侈为珍品，因之有伪为者，其无味则同。”按：明骨加鲜汤和调料煨制后，色泽淡黄而略透明，滑软适口。

［2］韭：袁枚对炒菜用韭十分讲究，他说：“韭，荤物也。专用韭白加虾米炒之便佳，或用鲜虾亦可。蟞亦可，肉亦可。”

陶大太刀鱼

这是袁枚推崇的一款刀鱼菜，遗憾的是袁枚对这款菜做法的描述过于简略。根据袁枚的介绍，刀鱼无论是用蒸、煨或煎法制作，加热前去刺是重点。这款陶大太刀鱼应是将煎黄的刀鱼片用鸡汤等煨制而成。

原文　刀鱼二法：刀鱼用蜜酒娘、清酱放盘中，如鲥鱼法蒸之最佳，不必水[1]。如嫌刺多，则将极快刀刮取鱼片，用钳抽去其刺，用火腿汤、鸡汤、笋汤煨之，鲜妙绝伦……或用快片[2]将鱼背斜切之，使碎骨尽断，再下锅煎黄，加作料，临食时，竟不知有骨，此芜湖陶大太法也。

袁枚《随园食单》

注释

［1］不必水：不用放水。

［2］片：疑为“刀”字之误。

松鼠鱼

这份松鼠鱼菜谱，应是目前发现的这款菜最早的菜谱。该书还有“鹿筋煨松鼠鱼”，可惜只有菜名而没有做法。

原文　松鼠鱼取鲟鱼[1]肚皮，去骨，拖蛋黄煠黄[2]，作松鼠式，油、酱油烧。

佚名《调鼎集》

注释

［1］鲟鱼：《调鼎集》：“鲟鱼：即鳜鱼。”

［2］拖蛋黄煠黄：挂蛋黄糊炸成黄色。

杭州鱼脑羹

鱼头中的肉及脑极细嫩，用其做羹，夏曾传认为“绝妙”。这款羹应是夏氏家乡杭州的一款府宅菜。

原文　鱼脑羹：取青鱼或包头鱼[1]头中肉及脑，用鸡汤、火腿、冬笋作羹，绝妙。惟鱼肉要拆得细理得净，不杂一丝腥秽才好。

夏曾传《随园食单补证》

注释

［1］包头鱼：胖头鱼。

随园汆鱼圆

鱼圆是南味菜的一个代表，被袁枚所乐道的这款汆鱼圆，应是他家的一味常品。夏曾传在《随园食单补证》中指出："鱼圆一物，南人所长，北人罕能之者。"

原文　鱼圆：用白鱼、青鱼活者，破半，钉板上，用刀刮下肉，留刺在板上，将肉斩化，用豆粉[1]、猪油拌，将手搅之，放微微盐水，不用清酱，加葱姜汁作团，成后放滚水中煮熟撩起，冷水养之。临喫[2]，入鸡汤、紫菜滚。

袁枚《随园食单》

注释

[1] 豆粉：绿豆淀粉。

[2] 喫："吃"的异体字。

顾氏爨鱼

这款菜实际上是汆鱼片，其工艺应是从明代宋诩《竹屿山房杂部·养生部》中的"汤焊"继承而来。

原文　爨鱼：鲜鱼[1]，去皮、骨，切片。干粉[2]揉过，去粉，葱、椒、酱油、酒拌和，停顷[3]。滚汁汤爨，出，加姜汁。

顾仲《养小录》

注释

[1] 鲜鱼：据正文，应是刚杀不久的青鱼。

[2] 干粉：干淀粉。

[3] 停顷：停（即浸渍）一会儿。

食宪鱼饼

在清代美食家中，朱彝尊对做鱼圆、鱼饼的鱼泥的制取表述最详。朱氏不仅深谙鱼泥的用料及其比例，甚至还道出了其中的要诀，这在有清一代的食书中是很少见的。

原文　鱼饼：鲜鱼，取脅[1]不用背，去皮、骨，净；肥猪，取膘不用精。每鱼一斤，对膘脂四两、鸡子清十二个。鱼、肉先各剁（肉内加盐少许），剁八分烂，再合剁极烂，渐加入蛋清剁匀，中间作窝，渐以凉水杯许加入（作二三次），则刀不粘而味鲜美。加水后，急剁不住手，缓则饼懈。加水，急剁，二者要诀也。剁成，摊平。锅水勿太滚。滚即停火。划就方块，刀挑入锅。笊篱取出，入凉水盆内，斟酌汤味下之。

朱彝尊《食宪鸿秘》

注释

[1] 脅："胁"的繁体字。此处指从鱼背下至鱼腹间的肉。

京师炒万鱼

万鱼即鱼子，鱼子实物在汉墓中已有出土（详见本书“刘治万鱼”），其入菜在唐代则见于韦巨源的烧尾宴食单中。这款炒万鱼是夏曾传所记，推测应是夏氏于清同治三年（1864 年）在京时尝过此菜。

原文 鱼子：鱼子味鲜，以鲫鱼为上[1]。用葱花炒之绝佳，京师谓之“万鱼”。

夏曾传《随园食单补证》

注释

[1] 以鲫鱼为上：北京菜中的传统名菜炒万鱼，一般以用黄花鱼鱼子居多。

随园炒鱼片

这是一款爆炒菜。袁枚说，制作这款菜关键是要控制好主料的量，“极多不过六两，太多则火气不透”。鱼片用爆炒的方法来做成菜，明代宋诩《竹屿山房杂部·养生部》已有明确记载。

原文 鱼片：取青鱼、季鱼[1]片，秋油郁之[2]，加纤粉[3]、蛋清。起油锅，炮炒，用小盘盛起。加葱、椒、瓜[4]、姜。极多不过六两，太多则火气不透。

袁枚《随园食单》

注释

[1] 季鱼：即“鳜鱼”。厚皮紧肉，肉中无细刺，故适于做鱼片。

[2] 郁之：腌渍。

[3] 纤粉：今作“芡粉”。

[4] 瓜：应指酱瓜。

随园醋熘鱼

这是清康雍时的一款名菜，袁枚指出：“此物杭州西湖上五柳居最有名，而今则酱臭而鱼败矣。”夏曾传在《随园食单补证》中又补充了这款菜的另一种做法：“用鱼一大块略蒸，即以滚油锅下鱼，随用芡粉、酒、醋喷之即起，以快为妙。”

原文 醋搂鱼[1]：用活青鱼，切大块，油灼之[2]，加酱、醋、酒喷之，汤多为妙，俟熟即速起锅。此物杭州西湖上五柳居最有名，而今则酱臭而鱼败矣。甚矣，宋嫂鱼羹徒存虚名，《梦粱录》不足信也。鱼不可大，大则味不入；不可小，小则刺多。

袁枚《随园食单》

注释

[1] 醋搂鱼：即“醋熘鱼”。

[2] 油灼之：油炸之。

苏州鱼脯

将风干的青鱼干油煎后加调料煨好收汁，再撒入炒好的芝麻，拌匀出锅。袁枚说，这就是按苏州方法制作的鱼脯。不过从工艺史的角度来看，明代宋诩《竹屿山房杂部·养生部》中已有相关记载。

原文　鱼脯[1]：活青鱼，去头、尾，斩小方块，盐腌透，风干。入锅油煎，加作料收卤，再炒芝麻滚拌起锅。苏州法也。

袁枚《随园食单》

注释

[1] 鱼脯：据正文，此菜为清代苏州名菜。如果用现代科学方法加以研究，改进工艺，有可能成为风味独特的方便食品。

杭州青鱼肠

这是夏曾传为《随园食单》增补的一款南方菜，这段文字应是这款菜在中国历代食书中最早而又最详尽的记载。

原文　鱼肠：青鱼大者，取其肠、胃、肝、肺之属，加豆腐烩作羹，绝佳，谓之青鱼肠。吴人不用豆腐，以火腿、冬笋烩之，或炒之，谓之卷菜。或以鲜鱼[1]、鲢鱼代之，即不能及，惟胆不可破，破胆则满碗皆苦矣。

夏曾传《随园食单补证》

注释

[1] 鲜鱼：据《调鼎集》，即草鱼。

随园煨斑鱼

斑鱼是长相像河豚但又比河豚小的一种无鳞鱼，夏曾传在《随园食单补证》中指出："斑鱼吴中盛行，又名巴鱼……其肝吴人谓之斑肺，鲜嫩之至，而腥亦异常。"

原文　斑鱼[1]：斑鱼最嫩，剥皮去秽，分肝、肉二种，以鸡汤煨之，下酒三分、水二分、秋油一分，起锅时加姜汁一大碗、葱数茎，杀去腥气。

袁枚《随园食单》

注释

[1] 斑鱼：今称"鲃鱼"，主产于太湖木渎一带。此菜盛入汤碗后，鱼肝（当地俗称鱼肺）浮在汤面。今苏菜鲃肺汤应是其遗响。

随园豆豉黄鱼

这应是常常令袁枚陶醉而又妙不可言的一款随园菜，是将黄鱼切成小块煎黄后用金华豆豉等煨制而成。袁枚说，这款菜有"沉浸浓郁之妙"。夏曾传却在《随园食单补证》中指出：黄鱼的"烹饪之法，自以整煎为大方家教，酱水、蒜头必不可少"。这与袁枚将黄鱼切成小块再煎的主张不同。

原文　黄鱼：黄鱼切小块，酱、酒郁一个时辰[1]。沥干，入锅爆炒[2]，两面黄，加金华豆豉一茶杯、甜酒一碗、秋油一小杯，同滚。候卤干色红，加糖、加瓜姜收起，有沉浸浓郁之妙。

袁枚《随园食单》

注释

［1］酱、酒郁一个时辰：用酱、酒腌渍两个小时。

［2］爆炒：从正文看，应即油煎。

何家烤鲥鱼

在宋元食谱中，鲥鱼一般以蒸法制作较为常见，而在夏曾传的记忆中，提到他父亲在世时曾说用烤法做鲥鱼。这种烤鲥鱼出自苏州何赓士家，据说烤出的鲥鱼肥美异常。

原文　闻吴中[1]有能为烧烤者，先大夫[2]曾遇之。比闻何赓士言，其旧庖人能之。法以网油包鱼，叉向火上烧之，肥美异常。

夏曾传《随园食单补证》

注释

［1］吴中：今苏州一带。

［2］先大夫：指夏曾传已过世的父亲。

随园假蟹

这是一款用黄鱼和咸蛋做出的具有蟹肉风味的佳肴，后世北京菜中有“赛螃蟹”一味，用料及工艺与此菜相类似。将黄鱼脱去骨、刺，用刀背捣散，倒入鲜鸡蛋液，用油煎炒，吃时蘸姜汁醋。但同样是记南京府宅与市井饮食，民国张通之《白门食谱》所载颜料坊蒋府的假蟹粉，用料却为鳜鱼肉和鸡蛋黄。张通之说：“其味与真蟹粉无异，亦极养人。”

原文　假蟹：煮黄鱼二条，取肉去骨，加生盐蛋[1]四个（调碎），不拌入鱼肉。起油锅炮[2]，下鸡汤，滚，将盐蛋搅匀，加香蕈、葱、姜汁、酒。喫[3]时酌用醋。

袁枚《随园食单》

注释

［1］生盐蛋：鲜咸蛋。

［2］炮：煸炒。

［3］喫：“吃”的异体字。

随园煨乌鱼蛋

谈起乌鱼蛋，袁枚说当时龚云岩司马家做得最精，而袁枚家的则是用鸡汤和蘑菇汤将乌鱼蛋煨烂。夏曾传在《随园食单补证》中指出：“山右庖人制此极佳，南方乃不多见。治之不得法，则腥而且硬，殊可憎也。”山右庖人即山东厨师。

原文　乌鱼蛋：乌鱼蛋最鲜，最难服事，须河水滚透，撤沙去臊，再加鸡汤、蘑菇汤煨烂。龚云若[1]司马家制之最精。

袁枚《随园食单》

注释

[1] 若：疑为“岩”字之误。

随园炸鳗

这款炸鳗以筒蒿垫底、鳗鱼放蒿上加调料煨制的工艺，与明代的酱沃鳗鲡颇为相似，应是从《竹屿山房杂部·养生部》中的“酱沃鳗鲡”等菜演变而来。

原文　炸鳗：择鳗鱼大者，去首、尾，寸断之，先用麻油炸熟取起，另将鲜蒿菜[1]嫩尖入锅中，仍用原油炒透，即以鳗鱼平铺菜上，加作料煨一炷香[2]。蒿菜分量较鱼减半。

袁枚《随园食单》

注释

[1] 蒿菜：清王士雄《随息居饮食谱》称，“同蒿，一名‘蓬蒿’，亦呼‘蒿菜’。甘辛凉，清心养胃，利腑化痰，荤素咸宜，大叶者胜”。

[2] 一炷香：燃一炷香的时间。

随园汤鳗

鳗鱼在清代江南仍属席上名贵鱼类，夏曾传在《随园食单补证》中说，当时山西襄陵县所产的鳗鱼，“每一条价值数金，大官供帐多用此品”，说明清咸丰、同治以及光绪初年，襄陵鳗鱼还是北京皇宫中的御用食材。

原文　汤鳗：鳗鱼最忌出骨，因此物性本腥重，不可过于摆布，失其天真，犹鲥鱼之不可去鳞也。清煨者，以河鳗一条，洗去滑涎，斩寸为段[1]，入磁罐中，用酒水煨烂，下秋油起锅，加冬腌新芥菜[2]作汤，重用葱、姜之类，以杀其腥。常熟顾比部家用纤粉[3]、山药干煨亦妙。或加作料直置盘中蒸之，不用水。家致华分司蒸鳗最佳，秋油、酒四六兑，务使汤浮于本身。起笼时尤要恰好，迟则皮皱味失。

袁枚《随园食单》

注释

[1] 斩寸为段：即斩为寸段。

[2] 冬腌新芥菜：即雪里蕻。袁枚说：“冬芥，名雪里红。……煮鳗鱼鲫鱼最佳。”腌，同“腌”。

[3] 纤粉：今作“芡粉”。

随园鳝丝羹

这款鳝丝羹，其工艺和菜品款式可从宋诩《竹屿山房杂部·养生部》“蒜烧鳝”和“糊鳝”中寻得历史演化脉络。至于鳝鱼的最佳食用部位夏曾传在《随园食单补证》中提出：“鳝宜食背，非鲥鱼之食肚、甲鱼之食裙比也。除段鳝外，自当以纯背为佳。”

原文　鳝丝羹：鳝鱼煮半熟[1]，划丝去骨，加酒、秋油[2]煨之。微用纤粉，用金针菜、冬瓜、长葱为羹。南京厨者辄制鳝为炭，殊不可解。

袁枚《随园食单》

注释

［1］半熟：应为“近熟”。半熟的鳝鱼不能脱骨划丝。

［2］秋油：上好酱油，详见本书“随园烧小猪”注［3］。

蒋侍郎豆腐

将豆腐与虾同煨，在宋诩《竹屿山房杂部·养生部》中已有记载。袁枚笔下的这款蒋侍郎豆腐，在豆腐、虾米以及调料的用量多已量化，就连煎豆腐时油要热到什么程度、汤要开几次也有要求，可见袁枚非常熟悉这款菜的用料和做法。

原文　蒋侍郎豆腐：豆腐两面去皮，每块切成十六片，亮干[1]。用猪油，热[2]清烟起，才下豆腐，略洒盐花一撮，翻身后，用好甜酒一茶杯、大虾米一百二十个（如无大虾米，用小虾米三百个，先将虾米滚泡一个时辰）、秋油一小杯再滚一回，加糖一撮再滚一回，用细葱（半寸许长）一百二十段，缓缓起锅。

袁枚《随园食单》

注释

［1］亮干：即“晾干”。

［2］热：此字前面疑脱“烧”字。

随园虾油豆腐

这款虾油豆腐，与后世北京菜中的传统名菜虾油豆腐不是一回事。据《随园食单》“作料单”，这款菜所用的虾油，是将虾子和秋油（上好酱油）熬后做成，与京菜所用的卤虾油完全不同。

原文　虾油豆腐：取陈虾油[1]代清酱炒豆腐，须两面煎黄，油锅要热，用猪油、葱、椒。

袁枚《随园食单》

注释

［1］虾油：《随园食单》“作料单”说，“虾油：买虾子数斤，同秋油入锅熬之，起锅，用布沥出秋油，仍将布包虾子，同放罐中盛油”。

杨中丞豆腐

这是将鲍鱼和豆腐放在一起加鸡汤及调料做成的一款清乾隆年间的府宅名菜。对此，袁枚深有感受地说："鳆鱼炒薄片甚佳，杨中丞家削片入鸡汤豆腐中，号称鳆鱼豆腐，上加陈糟油浇之。庄太守用大块鳆鱼煨整鸭，亦别有风趣。但其性坚，终不能齿决，火煨三日才拆得碎。"

原文　杨中丞豆腐：用嫩腐，煮去豆气，入鸡汤同鳆鱼[1]片滚数刻，加糟油、香蕈起锅。鸡汁[2]须浓，鱼片要薄。

袁枚《随园食单》

注释

[1] 鳆鱼：即"鲍鱼"。

[2] 鸡汁：鸡汤。

杭州鲢鱼豆腐

将净治过的大鲢鱼煎熟放入豆腐和调料烧开后出锅，这就是袁枚难忘的家乡菜"连鱼豆腐"。袁枚动情地说："此杭州菜也。"并特别指出，做这款菜时，"用酱多少，须相鱼而行"。

原文　连鱼豆腐：用大连鱼[1]，煎熟，加豆腐，喷酱水、葱、酒滚之，俟汤色半红起锅，其头味尤美。此杭州菜也。用酱多少，须相鱼而行。

袁枚《随园食单》

注释

[1] 连鱼：即"鲢鱼"。

随园带骨甲鱼

甲鱼成菜自古以嫩为美，选材则占其先。袁枚主张，"甲鱼宜小不宜大，俗号'童子脚鱼'才嫩"。夏曾传的看法比袁枚更细化，他在《随园食单补证》中写道："童子甲鱼，即金钱鳖也。鳖当三四月曰樱桃鳖，最佳。次则苋菜鳖。至六月为蚊子鳖，则风斯下矣。"

原文　带骨甲鱼：要一个半觔[1]重者，斩四块。加脂油三两，起油锅，煎两面黄，加水、秋油、酒煨。先武火后文火。至八分熟，加蒜，起锅用葱、姜、糖。甲鱼宜小不宜大，俗号"童子脚鱼"才嫩。

袁枚《随园食单》

注释

[1] 觔："斤"的异体字。

唐氏青盐甲鱼

这款菜实际上是酒煨甲鱼，袁枚认为，这是"苏州唐静涵家"的做法。不过从宋诩《竹屿山房杂部·养生部》关于做鳖菜的记载来看，用盐、酒煨鳖在明代高门府宅庖厨中已不新鲜。

原文　青盐甲鱼：斩四块。起油锅，炮透，每甲鱼一觔[1]，用酒四两、大回香三钱、盐一钱半。煨至半好，下脂油二两（切小骰块）再煨，加蒜头、笋尖。起时，用葱、椒，或用秋油则不用盐。此苏州唐静涵家法。甲鱼大则老小则腥，须买其中样者。

袁枚《随园食单》

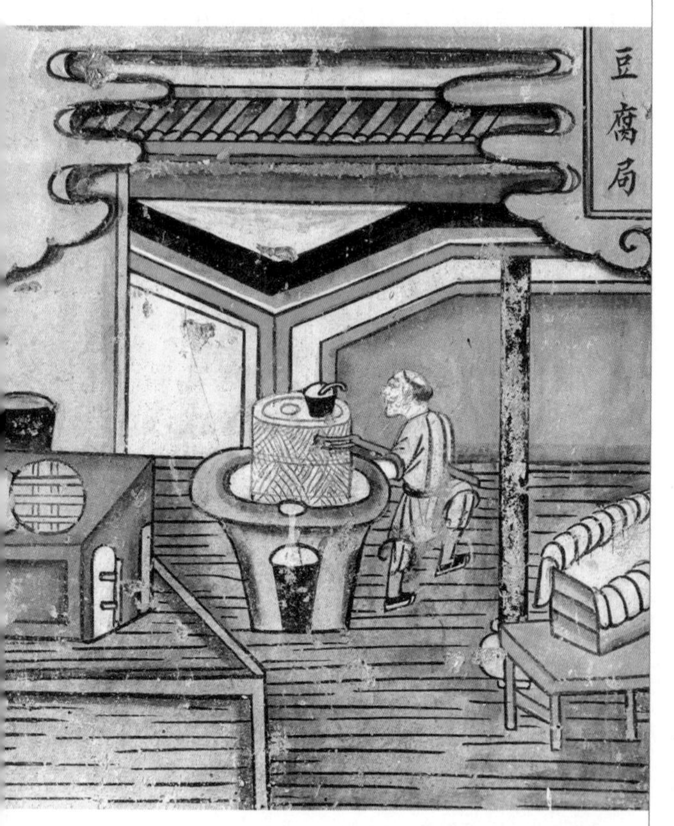

这是河北蔚县夏源关帝庙清代壁画《百工图》中的“豆腐局”图。图中一人正在推磨磨豆，所出豆浆正流入桶中。旁边是煮浆的风灶，锅边是木锅盖。右侧长桌木架上，搭挂着就差改刀切丝的豆腐皮。这幅图为我们留下了清代京北地区传统豆腐的制作场景，对保持和发扬中国传统豆腐文化遗产具有重要的图像价值。原图见蔚县博物馆编著《蔚州寺庙壁画》，科学出版社，2013年

注释

[1] 觔：“斤”的异体字。

魏太守生炒甲鱼

将去骨甲鱼块用香油煸后加酱油和鸡汤煨熟，这就是袁枚所说的清代乾隆年间魏太守家的生炒甲鱼。明代煨甲鱼多用甲鱼清汤，这款菜用的是鸡汤，这应是此菜工艺上的一个特点。

原文　生炒甲鱼：将甲鱼去骨，用麻油炮炒之，加秋油一杯、鸡汁一杯。此真定[1]魏太守家法也。

袁枚《随园食单》

注释

[1] 真定：今河北正定。

吴氏汤煨甲鱼

这款菜同“魏太守生炒甲鱼”相比，煨甲鱼时除了鸡汤和秋油以外，又多了酒。而且要求煨到出锅时，汤要由两碗剩至一碗。袁枚说，这款菜“吴竹屿家制之最佳”。

原文　汤煨甲鱼：将甲鱼白煮，去骨拆碎，用鸡汤、秋油、酒煨。汤二碗收至一碗。起锅用葱、椒、姜末糁之[1]。吴竹屿家制之最佳。

微用纤[2]才得汤腻。

袁枚《随园食单》

注释

[1] 糁之：撒之。糁在此处作撒讲。

[2] 纤：今作“芡”。

杭州酱炒甲鱼

将煮成半熟的甲鱼去骨用油煸后加酱等调料入味收汁，袁枚认为，这是杭州的做法。如果追其源头，这种做法在明代宋诩《竹屿山房杂部·养生部》中已有比较详细的记载。

原文　酱炒甲鱼[1]：将甲鱼煮半熟，去骨，起油锅，炮炒[2]，加酱水、葱、椒，收汤成卤，然后起锅，此杭州法也。

袁枚《随园食单》

注释

[1] 酱炒甲鱼：据正文，此菜为清代乾隆年间杭州名菜。

[2] 炮炒：即煸炒。

醒园炖甲鱼

这是用隔水炖的方法做成的清代府宅甲鱼菜，与当时其他炖甲鱼不同的是：这款菜炖时要配鲜精肉或笋鸡，以增其鲜味。

原文　顿脚鱼[1]：先将脚鱼宰死，下凉水泡一会，才下滚水烫[2]洗，刮去黑皮，开甲，去腹肠肚秽物，砍作四大块。用肉汤併[3]生精肉、姜、蒜同顿，至鱼熟烂，将肉取起，只留脚鱼，再下椒末，其蒜当多下，姜次之，临吃时均去之。又法：大脚鱼一个，配大笋鸡一个，各如法宰洗。用大磁盆，底铺大葱一重[4]，併蒜头、大料、花椒、姜，将鱼、鸡安下，上盖以葱，用甜酒、清酱和下淹密，隔汤顿二炷香久[5]。熟烂，香美。

李化楠《醒园录》

注释

[1] 顿脚鱼：原题“顿脚鱼法”。顿脚鱼即“炖甲鱼”。按：脚鱼系“甲鱼”的一种方言称谓。

[2] 烫：原书为“盪”字。

[3] 併：“并”的异体字。

[4] 一重：一层。

[5] 隔汤顿二炷香久：隔汤炖两炷香的时间。

醒园炒鳝鱼

这款炒鳝鱼的菜谱，后一段应是从明代宋诩《竹屿山房杂部·养生部》中的蒜烧鳝参考而来。

原文　炒鳝鱼[1]：先将鱼付滚水抄烫[2]，捲[3]圈取起，洗去白膜，剔取肉条撕碎。用蔴油下锅，併[4]姜、蒜，炒拨数十下，加粉卤、酒，和匀取起。

李化楠《醒园录》

注释

［1］炒鳝鱼：原题“炒鳝鱼法”。

［2］抄烫：应即“焯烫”。原书为“盪”字。

［3］捲：今作“卷”。

［4］併：“并”的异体字。

食宪熏鲫鱼

朱彝尊笔下的“熏鲫”为我们留下了三种熏鲫鱼的方法，即炸后熏、蒸后熏和炖后熏。熏料也不止柏枝，如果采用紫蔗皮、荔枝壳或松壳，据说更妙。

原文　薰鲫[1]：鲜鲫治极净，拭干，用甜酱酱过一宿。去酱净，油烹[2]，微晾，茴、椒末揩匀，栢[3]枝熏之。紫蔗皮、荔壳、松壳碎末熏更妙。不拘鲜鱼，切小方块，同法，亦佳。凡鲜鱼，治净，酱过，上笼蒸熟，熏之皆妙。又：鲜鱼入好肉汤煮，微晾，椒、茴末擦，熏，妙。

朱彝尊《食宪鸿秘》

注释

［1］薰鲫：即熏鲫鱼。

［2］油烹：油炸。

［3］栢：今作“柏”。后文同。

曾府五香熏鱼

这是清末名人、女中医曾懿家中的一款冷菜。曾懿的父亲曾咏是清道光二十四年（1844年）的进士，曾任职江西知安府。这份菜谱由其子袁励准整理后收在《中馈录》中。

原文　制五香熏鱼法：以青鱼或草鱼脂肪多者，将鱼去鳞及杂碎[1]，洗净。横切四分厚片，晾干水气。以花椒及炒细白盐及白糖逐块摸擦，腌半日。即去其卤，再加绍酒、酱油浸之。时时翻动，过一日夜。晒半干，用麻油煎好捞起。将花椒、大小茴（炒，研细末）掺上[2]，安在细铁丝罩上，炭炉内

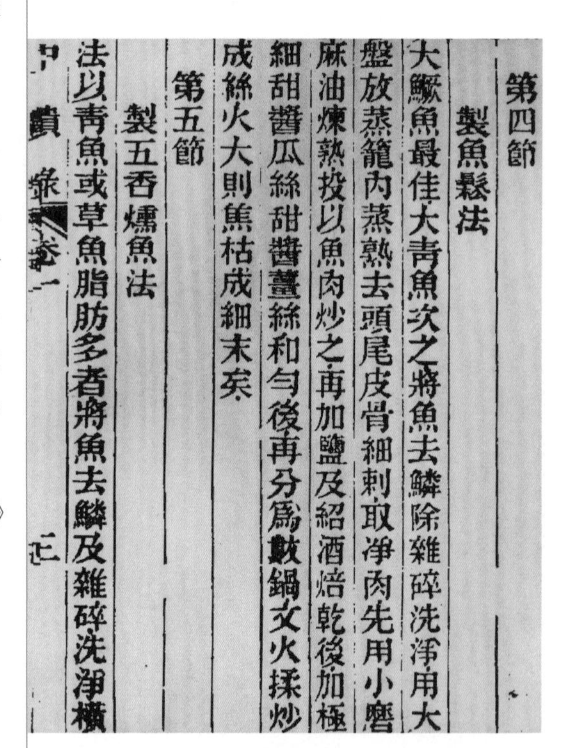
第四節

製魚鬆法

大鱖魚最佳大青魚次之將魚去鱗除雜碎洗淨用大盤放蒸籠內蒸熟去頭尾皮骨細刺取淨肉先用小磨麻油煉熟投以魚肉炒之再加鹽及紹酒焙乾後加極細甜醬瓜絲甜醬薑絲和勻後再分爲數鍋文火揉炒成絲火大則焦枯成細末矣

第五節

製五香燻魚法

法以青魚或草魚脂肪多者將魚去鱗及雜碎洗淨橫

這是清刊本《中馈录》书影。作者曾懿是清道光进士曾咏的女儿，著有《古欢室全集》，为清末才女。是书记下了曾家20种家常菜做法，在晚清文人所撰的府宅美食谱中尤为耀眼

用茶叶、米少许，烧烟熏之。不必过度，微有烟香气即得。但不宜太咸，咸则不鲜也。

曾懿《中馈录》

注释

［1］杂碎：鱼内脏。

［2］掺上：即撒上。

素类名菜

食宪熏香菇

这应是一款下酒菜。香蕈的烹制方法以腌、汤、炒最为常见，这里的“熏蕈”则以熏法做成。香菇熏之前，要经酱油浸、阴干和加料增香等工序，最后再用具有芳香气味的柏枝熏，使成品菜具有蕈香、调料香和柏枝香融为一体的特点。众所周知，传统烟熏食品含有致癌物。但自上世纪80年代末世界卫生组织发布烟熏食品料液标准以后，采用这一标准制成的熏鸡、熏鱼等食品，既有独特的熏香味，又无食品安全之忧。这款菜的主料香菇，本身就含有防癌的多糖类等物质。如果用新法制作，很可能会名列当代烟熏美食的榜首。

原文　熏蕈：南香蕈肥大者，洗净晾干，入酱油浸半日。取出，搁稍干，掺[1]茴、椒细末，柏枝熏。

朱彝尊《食宪鸿秘》

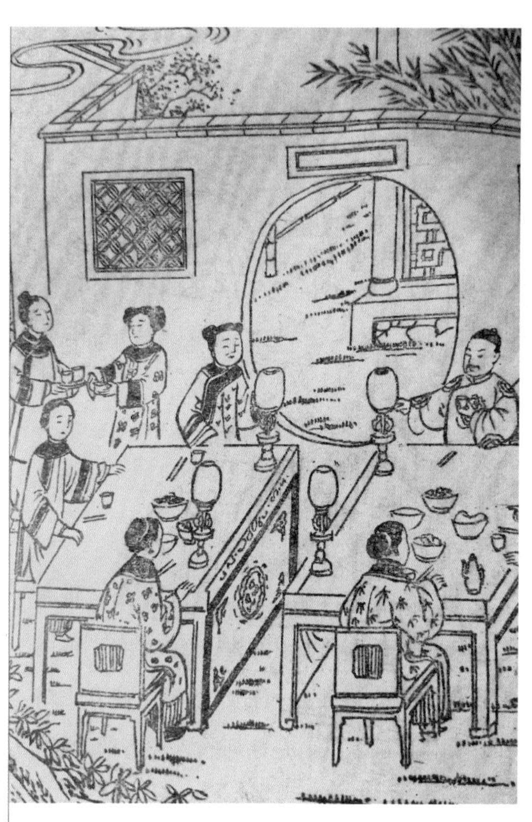

清代府宅家宴图。清文康《侠女奇缘》插图

注释

［1］掺：应即撒的意思。

食宪醉香菇

这款菜是将油煸过的香菇经菇汤煮、茶叶洗、沥干后，再用酒酿和酱油醉制而成。据说其风味独特，为“素馔中妙品也”。其工艺中值得注意的是：用冷浓茶水洗去香蕈的油气，这应是厨家不外传的去腻诀窍。

原文　醉香蕈：拣净，水泡，熬油锅炒熟[1]。其原泡出水澄去滓，乃烹入锅，收干取起。停冷，以冷浓茶洗去油气，沥干。入好酒酿、酱油醉之，半日味透。素馔中妙品也。

朱彝尊《食宪鸿秘》

注释

[1] 熬油锅炒熟：用锅内热油煸炒透。

香菇卷汤

这是一款做工精细的清代菌菇汤。将净治撕碎的蘑菇和香菇用豆腐皮卷成卷，再用猪油炸后放入泡蘑菇和香菇的汤中烧开，略加盐即可出锅，这就是徐珂收入《清稗类钞》中的“捲摩汤”。

原文 捲摩汤[1]：捲摩汤之制法：以摩菇、香蕈在清水中浸透，去泥沙及蒂，随意撕碎，略加盐花，共浸，剩之汤滤去沙泥待用。再用新鲜豆腐皮切小块，将摩菇、香蕈包入，捲成小筒形，至摩菇、香蕈包完为止。入锅，加猪油熬透[2]取出，即以原汤在他锅烹[3]沸，加入摩菇小捲筒及盐少许，略煮即成。

徐珂《清稗类钞》

注释

[1] 捲摩汤：摩，今作“蘑”，以下同。

[2] 熬透：炸透。

[3] 烹：“煮”的异体字。

汪拂云素肉丸

这是一款用面筋、香菇、酱瓜和糟姜等做成的炸素丸子。因其形、味酷似肉丸，故名“素肉丸”。

原文 素肉丸：面筋、香蕈、酱瓜、姜[1]切末，和以砂仁，捲入腐皮，切小段；白面调和，逐块涂搽[2]，入滚油内，令黄色，取用。

朱彝尊《食宪鸿秘》

附录《汪拂云抄本》

注释

[1] 姜：应即糟姜。

[2] 逐块涂搽：即将每块切口用面糊抹严。

随园素烧鹅

这是一款以全素料做成的红烧鹅块。鹅块用山药和腐皮做成，这种食材组配方式和制作工艺在南宋《事林广记》和元代《居家必用事类全集》中已有记载。

原文 素烧鹅：煮烂山药，切寸为段[1]，腐皮包，入油煎之，加秋油、酒、糖、瓜、姜[2]，以色红为度。

袁枚《随园食单》

注释

[1] 切寸为段：即切成寸段。

[2] 瓜、姜：应即酱瓜、糟姜。

杭州素鸡

素鸡在今天已是一种极普通的豆制品，在清末却是当时的“素馔中名品”。这份素鸡谱出自清末美食大家夏曾传笔下，是其为《随园食单》增补的内容。

原文　素鸡：素鸡用千层[1]为之（吴俗呼百叶），折叠之、包之、压之，切成方块，蘑菇、冬笋煨之，素馔中名品也。或用荤汤尤妙。

夏曾传《随园食单补证》

注释

[1] 千层：又名“千张”。

大庵和尚炒鸡腿菇

这是袁枚非常欣赏的一道款待客人的寺院素菜，但夏曾传并不认同，他在《随园食单补证》中说：“此条绝无疏叙，殊属无谓。末一句尤为可笑，大约必欲将此和尚挂名简末耳。”

原文　炒鸡腿蘑菇：芜湖大庵和尚，洗净鸡腿蘑菇[1]去沙，加秋油、酒炒熟盛盘，宴客甚佳。

袁枚《随园食单》

注释

[1] 鸡腿蘑菇：李时珍《本草纲目》中有“长二三寸，本小末大，状如未开玉花，俗名鸡腿蘑菇。谓其味如鸡也”。夏曾传《随园食单补证》：“鸡腿蘑菇，即今京师之鲜蘑菇。”

食宪煎豆腐

吴自牧《梦粱录》等宋人笔记中已有“煎豆腐”的菜名，朱彝尊笔下的这份煎豆腐菜谱是否从宋代流传而来还有待进一步研究。不过从这款菜的食材组配和制作工艺来看，其风味具有鲜明的江南特色。

原文　煎豆腐：先以虾米（凡诸鲜味物[1]）浸开，饭锅顿过[2]，停冷。入酱油、酒酿得宜[3]，候着锅[4]。须热油，须多熬滚[5]，将腐入锅，腐响热透，然后将虾米并汁味泼下，则腐活而味透，迥然不同。

朱彝尊《食宪鸿秘》

注释

[1] 凡诸鲜味物：凡是鲜味浓的食材（都可以用来提味）。

[2] 饭锅顿过：放入饭锅内隔水炖。顿，今作“炖”。

［3］得宜：适量。

［4］候着锅：等一会儿再放入锅中。

［5］须多熬滚：指煎煸豆腐的油要烧得极热。

食宪酱油腐干

这是一款具有五香风味的豆腐干。卤制豆腐的汤中除了丁香、大茴香等香辛调料以外，还有香菇，显然是为了增鲜。豆腐卤过之后晾干二次再卤，这一工艺设计当使做出的豆腐干滋味无穷。

原文　酱油腐干：好豆腐压干，切方块。将水酱一斤（如要赤，内用赤酱少许），用水二觔[1]同煎数滚，以布沥汁；次用水一觔再煎前酱渣数滚，以酱淡为度，仍布沥汁，去渣。然后合并酱汁，入香蕈、丁香、白芷、大茴香、桧皮[2]各等分，将豆腐同入锅煮数滚，浸半日。其色尚未黑取起，令干。隔一夜再入汁内煮数次，味佳。

朱彝尊《食宪鸿秘》

注释

［1］觔："斤"的异体字。

［2］桧皮：疑为"桂皮"之误。另，柏科植物圆柏的叶名"桧叶"，其皮亦名"桧皮"，有强烈香味。

食宪豆腐脯

这款菜实际上是炸臭豆腐。与今日湖南油炸臭豆腐不同的是，这款菜是将炸过的豆腐经自然发酵后再油炸做成。而湖南的油炸臭豆腐则是先将豆腐放入用豆豉汁、碱、矾、香菇、冬笋、盐、白酒、豆腐脑和水制成的卤水中浸过后，再经油炸淋上辣油汁做成。

原文　豆腐脯：好腐[1]油煎，用布罩密盖，勿令蝇虫入。候臭过[2]，再入滚油内沸[3]，味甚佳。

朱彝尊《食宪鸿秘》

注释

［1］好腐：好豆腐。

［2］候臭过：指油煎过的豆腐经自然发酵后变为"臭豆腐"。

［3］再入滚油内沸：再放入热油中炸。

随园芙蓉豆腐

这是一款用鸡汤做成的豆腐紫菜虾肉汤。因汤成后在棕黑色的紫菜映衬下，豆腐嫩白如芙蓉，故名"芙蓉豆腐"。从源头上看，这款汤的食材组配方式在宋诩《竹屿山房杂部·养生部》中已有相关记载，只是没有袁枚为这款汤所起的名称而已。

原文　芙蓉豆腐：用腐脑，放井水泡三

次，去豆气，入鸡汤中滚，起锅时加紫菜、虾肉[1]。

袁枚《随园食单》

注释

[1] 虾肉：后面疑脱“盐”字。

夏府豆腐六吃

这是清末美食大家夏曾传为《随园食单》增补的六种豆腐菜，应是夏家的家常菜。

原文　犀[1]曰：豆腐吃法甚多，不可枚举。如夏日吃生豆腐，则麻油、盐拌，或用虾子、酱油拌食，最为本色。他若用瓜姜拌炒成丁者，为豆腐松。其豆腐打碎，加香蕈、木耳丁，用油炝过再煨者，为鸡爬豆腐。其切薄片，油灼极枯，用酱油、椒、酒炙者，为醉豆腐。其切方块灼透，用香蕈、木耳、酱油、冰糖收汤者，为糖烧豆腐。其切成棋子块，用火腿、鸡、笋各丁，加芡烩者，为豆腐羹。

夏曾传《随园食单补证》

注释

[1] 犀：夏曾传别号醉犀生的简称。

敬修腐皮卷

这是清乾隆年间芜湖敬修和尚的一款拿手菜，这款菜给袁枚留下了深刻印象。

原文　豆腐皮：芜湖敬修和尚将腐皮卷筒切段，油中微炙[1]，入蘑菇煨烂，极佳。不可加鸡汤。

袁枚《随园食单》

注释

[1] 油中微炙：（放入）油中稍炸。炙，这里作炸讲。

天津罗汉豆腐

这是给清宣统时的翰林院侍读学士薛宝辰留下深刻印象的一款清末天津素菜馆名菜。薛氏所记的这份菜谱文字疑有错乱，这款菜应是将香油煎过的豆腐丁装入黄酒杯内以后再加高汤等隔水炖制而成。

原文　罗汉豆腐：豆腐切小丁，与松仁、瓜仁、蘑菇、豆豉屑酌加盐拌匀。取粗瓷黄酒杯，装满各杯。先以香油入腐熬熟[1]，再以装好豆腐覆于锅上，加高汤、料酒、酱油煨之。汤须与各杯底平，时以勺按杯上，使其贴实。俟汤将干，起锅去杯。此天津素饭馆作法，颇佳。

薛宝辰《素食说略》

注释

[1] 先以香油入腐熬熟：先用香油将豆腐

煎透。

杭州醋熘锅渣

锅渣在北京叫“咯炸（饹馇）”，是一种有名的豆制品。据清乾隆御膳档案记载，锅渣为清宫祭祀食品。夏曾传为《随园食单》增补的“锅渣”文，应是目前发现的锅渣做菜的较早记载。

原文　锅渣：锅渣亦豆粉为之[1]，形长方，径寸许，色黄，杭州惟一家有之。取而油炸，加醋溜之，最佳。他处小豆饼，即不及也。

夏曾传《随园食单补证》

注释

［1］豆粉为之：应是以绿豆磨浆做成。

果仁炒麻豆腐

炒麻豆腐是京津特有的传统名菜。流传至今的炒麻豆腐，北京的多以羊尾油炒制，配料中有雪里蕻、青豆、韭菜，出锅前泼辣椒油；天津的则为蟹黄炒麻豆腐，煸蟹黄、麻豆腐用鸡油，青豆嘴儿、韭菜为配料，辣椒油则盛入小碗内随上。清宣统时的翰林院侍读学士薛宝辰所记的炒麻豆腐，应是清代北京炒麻豆腐的另一版本。

原文　麻豆腐：麻豆腐乃粉房所撇之油粉[1]，非豆腐也。以香油炸透[2]，以切碎核桃仁、杏仁、酱瓜、笋丁及松子仁、瓜子仁，加盐搅匀煨之，味颇鲜美。

薛宝辰《素食说略》

注释

［1］麻豆腐乃粉房所撇之油粉：应是粉房水磨绿豆提取淀粉后又经自然发酵的残渣等。

［2］以香油炸透：应即用香油炒透。炸，疑为“炒”字之误。

汪拂云炖腐干

将豆豉、冬笋丁、豆腐干丁加酒放入盅内隔水炖而不直接煮，这就是汪拂云笔下的炖腐干。这款菜的主料应是腐干，咸味料和增鲜料则是豆豉和冬笋。另外，用隔水炖加热法，显然是为了使出品口味清鲜而不浓重。

原文　顿[1]豆豉：上好豆豉一大盏，和以冬笋（切骰子大块）并好腐干（亦切骰子大块），入酒浆，隔汤顿，或煮。

朱彝尊《食宪鸿秘》

附录《汪拂云抄本》

注释

［1］顿：今作“炖”，以下同。

食宪响面筋

响面筋应即响铃面筋，在清宫乾隆御膳单上已有其名。这款菜系将面筋用两次过油法做成。首次猪油，二次香油，使炸得的面筋入口食之香脆有声，音似银铃，故人称“响面筋”。

原文　响面觔[1]：面觔切条，压干。入猪油炸过，再入香油炸，笊起[2]，椒盐酒拌，入齿有声。不经猪油不能坚脆也。制就[3]，入糟油或酒酿浸食更佳。

朱彝尊《食宪鸿秘》

注释

［1］响面觔：即“响铃面筋”。觔，应作“筋”。

［2］笊起：用笊篱捞起。

［3］制就：炸好了。

汪拂云熏面筋

将炸过的面筋条用酒酿、酱油、茴香煮透，捞出熏干，装瓶后仍用原汁浸渍，这就是熏面筋。从装瓶原汁浸渍可知，这应是一味府宅常备的冷菜。

原文　熏[1]面筋：好面筋切长条，熬熟菜油[2]，沸过[3]，入酒酿、酱油、茴香煮透，捞起熏干，装瓶内，仍将原汁浸，用。

朱彝尊《食宪鸿秘》

附录《汪拂云抄本》

注释

［1］熏：原书此字为“燻”。以下同。

［2］熬熟菜油：烧热菜油。

［3］沸过：指将面筋条用油炸过。

汪拂云素鳖

这是一款以面筋、珠栗、墨汁和淀粉等做成的象形类素菜。

原文　素鳖：以面筋拆碎代鳖肉，以珠栗煮熟代鳖蛋，以墨水调真粉[1]代鳖裙，以元[2]荽代葱、蒜，烧，炒[3]，用[4]。

朱彝尊《食宪鸿秘》

附录《汪拂云抄本》

注释

［1］真粉：一说为绿豆淀粉，详见本书“宋高宗玉灌肺”注［1］。

［2］元：应作“芫”。

［3］炒：疑为“妙”字之误。

［4］用：食用。

食宪咸杏仁

这应是一款用北京所产的巴旦杏的甜杏仁做成的下酒菜。

原文　咸杏仁：京师[1]甜杏仁，盐水浸拌，炒燥[2]，佐酒甚香美。

朱彝尊《食宪鸿秘》

注释

［1］京师：今北京。

［2］炒燥：炒干。

食宪素蟹

这是将新核桃仁油炸后用酱、白糖、砂仁等煨制而成的素菜，据说是从尼僧传出的一款下酒菜。

原文　素蟹：新核桃拣薄壳者，击碎，勿令散。菜油熬炒[1]，用厚酱[2]、白糖、砂仁、茴香、酒浆少许调和，入锅，烧滚。此尼僧所传下酒物也。

朱彝尊《食宪鸿秘》

注释

［1］菜油熬炒：用菜油炸透。

［2］厚酱：浓酱。

京师楂糕拌梨丝

这款菜让人想起传统京菜中的赛香瓜。那是将洞子黄瓜丝、鸭梨丝和楂糕丝放在一起，再撒上点白糖，拌后能在雪花飞舞的寒冬中吃出香瓜味来。夏曾传的这段文字很珍贵，说明至迟在清光绪四年（1878年）以前，这款菜就已为旅京的南方文人所欣赏。

原文　楂糕拌梨丝：京师，楂糕用鸦梨[1]切丝拌食，隽美异常，此宣武坊南酒家胜概也。南方二物皆不及北方，故效颦终不能肖耳。

夏曾传《随园食单补证》

注释

［1］鸦梨：今作鸭梨。

太极红白豆腐

这里的红、白豆腐都不是用黄豆做的豆腐，而是指山楂酪和杏仁酪。用这两种酪在汤盘中拼成太极图形，就成了这款色调清雅的红白豆腐。

原文　杏酪豆腐：杏酪[1]点成腐，切小方块，入清鸡汤煨，香嫩绝伦。喜食甜者，用冰糖亦可。或以山楂酪和杏酪拼成太极图形者，谓之红白豆腐。

夏曾传《随园食单补证》

注释

［1］杏酪：应即杏仁浆。

南人油炸苹果

这是一款挂面糊油炸的苹果片，夏曾传

虽不欣赏，却写入了《随园食单补证》中。对此他解释说："而南人出重价购之，味已不逮。而又以油灼之，是与得哀家梨蒸食者同可笑也。"

原文　油灼[1]苹果：苹果切片，糊薄面灼之，味如嚼絮，南人以苹果为珍品，故用之。

夏曾传《随园食单补证》

注释

[1] 灼：今作"炸"。

京师醋熘莲菜

这款菜应是夏曾传旅京时尝过的一款京菜。相关资料显示，清代北京什刹海及宣武门以南附近的饭庄均有此菜。

原文　炒藕丝：炒藕丝，京师谓之莲菜，切细丝，加醋搂[1]之，颇有风味。

夏曾传《随园食单补证》

注释

[1] 搂：今作"熘"。

京师熘南荠

这应是夏曾传旅京时食用过的一款京菜。荸荠生食清脆微甜，醋熘后则在微酸、微滑中带脆，从而使其脆更加完美，难怪夏氏认为其是"市肆之珍品也"。

原文　醋搂[1]荸荠：荸荠切片，加冬菇醋搂，爽脆可口。在京师，谓之搂南荠，市肆之珍品也。

夏曾传《随园食单补证》

注释

[1] 搂：今作"熘"。

陶方伯煨葛仙米

葛仙米是念珠藻科植物葛仙米的藻体，据清赵学敏《本草纲目拾遗》等书，葛仙米产在"湖广沿溪山穴中石上，遇大雨冲开穴口，此米随流而出"。"传云晋葛洪凭此之粮米，采以为食"，故名"葛仙米"。袁枚说，用鸡汤和火腿汤来煨制葛仙米，菜成后要只见米而不见鸡肉和火腿，这款菜做得最好的是陶方伯家。

原文　葛仙米：将米[1]细检淘净，煮半烂，用鸡汤、火腿汤煨。临上时，要只见米、不见鸡肉、火腿搀和才佳。此物陶方伯家制之最精。

袁枚《随园食单》

注释

[1] 米：即"葛仙米"。又名"地耳""天

仙菜”“天仙米”等。其色形似木耳，入馔做羹，味极鲜美。中医常用其治目赤红肿，可清热明目。

红香绿玉

这是一款将鲜藿香叶挂面糊后用油炸制而成的清代名菜。藿香有产于广东的广藿香和产于江、浙、川等地的藿香之别，广藿香叶卵形或卵状椭圆形，长5—10厘米、宽1.5—4厘米，五、六月或九、十月采摘。藿香叶气芳香，有快气、和中、辟秽、祛湿和治口臭等功效，由此看来这应是夏、秋时节具有食疗色彩的一款素菜。

原文 红香绿玉：红香绿玉者，以藿香草叶蘸稀薄浆面（以水和面），入油煎之，不可太枯[1]，取出置碗中，以玫瑰酱和白糖覆其上，清香无比。

徐珂《清稗类钞》

注释

[1] 不可太枯：意即不可炸得太焦。

食宪姜醋白菜

这应是一款清代府宅餐桌小菜。制作时姜、醋、菜等要分层放入罐中，然后封严罐口，开罐后会比后世酸辣白菜的味道更美。

原文 姜醋白菜：嫩白菜去边叶，洗净晒干，止取头刀二刀[1]，盐腌，入罐，淡醋香油煎滚，一层菜一层姜丝，泼一层油醋，封好。

朱彝尊《食宪鸿秘》

注释

[1] 止取头刀二刀：意即只取最宜腌渍的部位。

曾府泡菜

曾府泡菜的主料以豇豆和青红椒为美，其风味当与曾氏为四川华阳人相关。

原文 制泡盐菜法：泡盐菜法定要覆水坛，此坛有一外沿如暖帽式，四周内可盛水。坛口上覆一盖，浸于水中，使空气不得入内，则所泡之菜不得坏矣。泡菜之水，用花椒和盐煮沸，加烧酒[1]少许。凡各种蔬菜均宜，尤以豇豆、青红椒为美，且可经久。然必须将菜晒干，方可泡入。如有霉花，加烧酒少许。每加菜，必加盐少许，并加酒，方不变酸。坛沿外水，须隔日一换，勿令其干。若依法经营，愈久愈美也。

曾懿《中馈录》

注释

[1] 烧酒：今白酒。

夏府翠筋玉箸

这应是夏曾传家的一款家常菜。翠筋即

韭菜，玉箸指绿豆芽，将这两样炒在一起，即为“翠筋玉箸”。

原文　犀[1]曰：绿豆芽白而脆，两头摘尽[2]，韭菜炒之，可赐以“翠筋玉箸”之名。

夏曾传《随园食单补证》

注释

[1] 犀：夏曾传别号醉犀生的简称。

[2] 两头摘尽：去掉头、尾的绿豆芽今名“掐菜”。

随园黄芽菜两吃

黄芽菜是明清时皇室富商的常用食材，也是士大夫餐桌上的一味佳蔬。从袁枚对黄芽菜吃法的描述来看，他喜欢的是醋熘黄芽菜和虾米煨黄芽菜。

原文　黄芽菜：此菜以北方来者为佳[1]，或用醋搂[2]，或加虾米煨之，一熟便吃，迟则色味俱变。

袁枚《随园食单》

注释

[1] 此菜以北方来者为佳：夏曾传在《随园食单补证》中指出，“直隶安肃县（今河北徐水）出者为北方之冠，至南方外皮已去其半”。

[2] 搂：今作“熘”。

京师清蒸白菜

白菜多以炒、熘和氽汤为菜，以蒸法制作而又出名的极少。夏曾传记下的这款清蒸白菜，应是白菜类菜肴中的名品。从夏氏对这款菜的做法和口味的描述来看，他旅京期间曾在饭庄食用过。

原文　京师庖制清蒸白菜最佳，法以菜去外皮，存中心嫩者，横一段[1]，形如月饼大小，每碗放四、五饼，用鸡汤、火腿蒸之，不见别物，而鲜美异常。

夏曾传《随园食单补证》

注释

[1] 段：应作“断”。

油炸辣椒

这是辣椒传入中国后有关其食用方法的一条较早记载，也是夏曾传为《随园食单》增补的内容。

原文　辣茄[1]：辣茄夏初色青时，油炸透，用酱油、酒熨之，微辣而香，颇佳。色渐红，味渐辣。嗜辣者，或切丁灼之，或晒干研末，以油调之。至贫家则生咬之，若以为珍品。凡幽、齐、秦、晋、陇、蜀、滇、黔无不嗜此。至黔人则虽巨家宴客，亦以小碟盛辣茄末，分置客前。燕窝鱼翅无不赞而食之，几非此无以下咽也。

夏曾传《随园食单补证》

注释

［1］辣茄：即辣椒。

随园喇虎酱

据清赵学敏《本草纲目拾遗》，这里的喇虎酱应即“辣虎酱”。赵氏与袁枚同时代，该酱所用的“秦椒”应即辣椒。该书记有用此酱治外痔，而且赵氏曾于乾隆八年（1743 年）用辣酱将一小儿疟疾治愈。说明这类酱至迟在乾隆初年就已是食药两用名酱。另外，这份酱谱应是辣椒传入中国后最早的一份菜谱。

原文　喇虎酱：秦椒捣烂，和甜酱蒸之，可屑虾米掺入[1]。

袁枚《随园食单》

注释

［1］可屑虾米掺入：可放入少许虾米。

杭州金镶白玉板

这是一款据说与乾隆皇帝巡视江南时有关的杭州菜。

原文　波菜[1]：波菜肥嫩，加酱水、豆腐煮之，杭人名“金镶白玉板”是也。如此种菜虽瘦而肥，可不必再加笋尖、香蕈。

袁枚《随园食单》

注释

［1］波菜：今作“菠菜”。

京师红烧小萝卜

小萝卜是北京初夏当红时蔬，烧小萝卜则是能让人尝出“鲜”意的时菜。这款菜应是夏曾传旅京时曾在饭庄用过的菜，当时的做法夏氏虽然没有谈及，但仍不失为一条研究京菜的珍贵史料。

原文　犀[1]曰：山西洪洞县出大萝卜，一牛车只载两枚。京师酒馆有红烧小萝卜，一小碗可容数十枚，其种类之不同如此。

夏曾传《随园食单补证》

注释

［1］犀：夏曾传别号醉犀生的简称。

随园炒芹菜

芹菜有水芹和旱芹之别，夏曾传在《随园食单补证》中说：“吾杭皆食水芹，故别旱芹为药芹，他处则通称芹菜，而水芹不可得也。”袁枚本为杭州人，故他在《随园食单》中所说的芹菜当为水芹。

原文　芹：素物也，愈肥愈妙。取白根[1]炒之，加笋，以熟为度。今人有以炒肉者，清浊不伦。不熟者，虽脆无味。或生拌野鸡，又当别论。

袁枚《随园食单》

注释

[1] 取白根：当是选取水芹白嫩的茎。

夏府干炸芋头

芋头在随园菜中多为鸭羹和煨肉的配料，夏曾传却以芋头为主料，干炸后撒以椒盐，成为一款佐酒的好菜。

原文　犀[1]曰：小芋打扁，油灼[2]微焦，掺[3]以椒盐，最宜荐酒[4]。

夏曾传《随园食单补证》

注释

[1] 犀：夏曾传别号醉犀生的简称。

[2] 灼：今作“炸”。

[3] 掺：应即“撒”或“蘸”。

[4] 荐酒：佐酒。

京师拔丝山药

这是清末宣统时的翰林院侍读学士薛宝辰记下的一款京菜，也是目前发现的最早的一份拔丝山药菜谱。

原文　拔丝山药：去皮，切拐刀块[1]，以油灼[2]之，加入调好冰糖[3]起锅，即有长丝。但以白糖炒之则无丝也[4]。京师庖人喜为之。

薛宝辰《素食说略》

注释

[1] 切拐刀块：即切滚刀块。

[2] 灼：今作“炸”。

[3] 调好冰糖：应即将冰糖炒出丝。

[4] 但以白糖炒之则无丝也：即白糖同样能炒出丝。

尼庵酱烧核桃

这是夏曾传非常欣赏的一款清代寺院素菜，也是夏氏为《随园食单》增补的内容。

原文　酱烧核桃：用核桃肉，用甜酱烧之，尼庵中妙品也。余尝取山核桃烧之[1]，其味尤胜。惜剥肉费事，与螃蟹作羹，同为难题耳。

夏曾传《随园食单补证》

注释

［1］余尝取山核桃烧之：我经常用山核桃做这道菜。按：山核桃皮较厚难剥。

醒园落花生

这是自花生传入中国后目前发现的最早的一份花生菜谱，时间应在清乾隆七年（1742年）至乾隆四十七年（1782年）之间。这份菜谱中最值得关注的是：作为当时的一种下酒菜，煮花生时一是带壳煮；二是实行二次加热法，即先用白水将花生煮熟，放盐后再煮入味。

原文　落花生法：将落花生连壳下锅，用水煮熟；下盐，再煮一二滚，连汁装入缸盆内，三四天可吃。又法：用水煮熟，捞干，弃水，醃入[1]盐菜卤内，亦三四天可吃。又法：将落花生同菜卤一齐下锅煮熟，连卤装入缸盆，登时[2]可吃。若要出门，捞干包，带作路菜不坏。按后法虽较便，但豆皮不能挤去。若用前法，豆皮一挤就去，雪白好看。

李化楠《醒园录》

注释

［1］醃入：即放入。

［2］登时：当时。

毛厨三鲜汤

毛厨即毛荣，是与袁枚同时代、从江苏常熟走出的江南名厨。这里的毛厨三鲜汤，是《毛荣食谱》中的一款全素名汤。

这款汤的主要食材只有面筋、香菇和笋片，其中面筋是主料，香菇和笋片是配料。面筋必须选用生的，切成笔管状的条，在屋外挂晒风干，待用时再加清水泡一夜使其回软，煮熟后一切两半，配上香菇和笋片做汤，出锅前当然少不了要放盐花和白糖少许。这碗汤是在人们酒足饭饱尝尽肥甘之后上桌，属于后世所言的“清口汤”。因此一匙汤入口，顿时会让人“愈觉清隽”。

毛荣的这款三鲜汤，风味特色全在一个“鲜”字上，而这鲜主要来自这款汤的食材组配上。从《食物营养成分表》可以看出，面筋虽然是用面粉做成的，但其主要的呈鲜味物质谷氨酸和天门冬氨酸都比面粉高一倍以上。香菇和笋片除了富含谷氨酸和天门冬氨酸以外，近年来的食品科技研究显示，香菇中的丙氨酸与谷氨酸相配能增强甜感；甘氨酸则有特殊的甜味，加热后可有鱼虾的鲜味；精氨酸与糖加热后会形成特殊的香味。同时，香菇中还含有超强呈鲜味物质鸟苷酸等核苷酸。因此，当年毛荣将面筋、香菇和笋片集于一锅做成汤，在今天看来是充分发挥这三种食材呈鲜味物质之间相乘作用的一款神汤，也是食材组配上的一个绝配范例。

参考文献

（以参考引用先后为序）

1. 罗振玉:《殷虚书契考释》,北京:中华书局,2006年。
2. 郭沫若:《殷契萃编》,北京:科学出版社,1965年。
3. 于省吾:《甲骨文字释林》,北京:中华书局,1979年。
4. 陈梦家:《殷虚卜辞综述》,北京:中华书局,1988年。
5. 胡厚宣:《甲骨文合集释文》,北京:中国社会科学出版社,1999年。
6. 中国社会科学院考古研究所:《殷墟妇好墓》,北京:文物出版社,1981年。
7. 中国社会科学院考古研究所:《殷墟发掘报告（1958—1961）》,北京:文物出版社,1987年。
8. 中国社会科学院考古研究所:《安阳殷墟郭家庄商代墓葬:1982年—1992年考古发掘报告》,北京:中国大百科全书出版社,1998年。
9. 俞伟超:《先秦两汉考古学论集》,北京:文物出版社,1985年。
10. 李学勤等:《甲骨文与殷商史》,上海:上海古籍出版社,1983年。
11. 宋镇豪:《夏商社会生活史》,北京:中国社会科学出版社,1994年。
12. 篠田统:《中国食物史》,东京:柴田书店,1975年。
13. 夏商周断代工程专家组:《夏商周断代工程1996—2000年阶段成果报告简本》,北京:世界图书出版公司,2000年。
14. 阮元:《十三经注疏》,北京:中华书局,1980年。
15. 孙诒让:《十三经注疏校记》,济南:齐鲁书社,1983年。
16. 高亨:《诗经今注》,上海:上海古籍出版社,1980年。
17. 林尹:《周礼今注今译》,北京:书目文献出版社,1985年。
18. 杨天宇:《周礼译注》,上海:上海古籍出版社,2004年。
19. 杨天宇:《仪礼译注》,上海:上海古籍出版社,2004年。
20. 杨天宇:《礼记译注》,上海:上海古籍出版社,2004年。
21. 周勋初等:《韩非子校注》,南京:凤凰出版社,2009年。
22. 刘向:《战国策》,上海:上海古籍出版社,1985年。
23. 朱熹:《楚辞集注》,上海:上海古籍出版社,1979年。
24. 汤炳正等:《楚辞今注》,上海:上海古籍出版社,1996年。
25. 陈奇猷:《吕氏春秋校释》,上海:学林出版社,1984年。
26. 徐朝华:《尔雅今注》,天津:南开大学出版社,1987年。
27. 张光直等:《李济考古学论文选集》,北京:文物出版社,1990年。
28. 邹衡:《商周考古》,北京:文物出版社,1979年。
29. 孙机:《汉代物质文化资料图说》,北京:文物出版社,1991年。
30. 湖北省博物馆等:《曾侯乙墓》,北京:文物出版社,1989年。
31. 湖南省博物馆等:《长沙马王堆一号汉墓发掘简报》,北京:文物出版社,1972年。

32. 湖南省博物馆等:《长沙马王堆一号汉墓》，北京：文物出版社，1973年。
33. 湖南农学院等:《长沙马王堆一号汉墓出土动植物标本的研究》，北京：文物出版社，1978年。
34. 湖南省博物馆等:《长沙马王堆二、三号汉墓》，北京：文物出版社，2004年。
35. 湖南省博物馆等:《长沙马王堆汉墓研究文集》，长沙：湖南出版社，1992年。
36. 周一谋等:《马王堆医书考注》，天津：天津科技出版社，1988年。
37. 马继兴:《马王堆古医书考释》，长沙：湖南科技出版社，1992年。
38. 广东省博物馆等:《西汉南越王墓》，北京：文物出版社，1991年。
39. 许慎:《说文解字》，北京：中华书局，1963年。
40. 钱绎:《方言笺疏》,上海:上海古籍出版社,1984年。
41. 王先谦:《释名疏证补》，上海：上海古籍出版社，1983年。
42. 中医研究院:《金匮要略语译》，北京：人民卫生出版社，1974年。
43. 陈戍国:《尚书校注》，长沙：岳麓书社，2004年。
44. 桑弘羊:《盐铁论》，北京：中华书局，1992年。
45. 王利器:《风俗通义校注》,北京:中华书局,2010年。
46. 缪启愉:《四民月令缉释》，北京：农业出版社，1981年。
47. 张孟伦:《汉魏饮食考》，兰州：兰州大学出版社，1988年。
48. 钱玄:《三礼名物通释》，南京：江苏古籍出版社，1987年。
49. 嵇含:《南方草木状》，广州：广东科技出版社，2009年。
50. 干宝:《搜神记》，北京：中华书局，1979年。
51. 葛洪:《西京杂记》，北京：中华书局，1985年。
52. 曹操:《曹操集》，北京：中华书局，2010年。
53. 张崇根:《临海水土异物志辑校》，北京：农业出版社，1981年。
54. 范宁:《博物志校证》，北京：中华书局，1980年。
55. 刘义庆:《世说新语》，上海：上海古籍出版社，1982年。
56. 虞世南:《北堂书钞》，上海：上海古籍出版社，1995年。
57. 欧阳询等:《艺文类聚》，上海：上海古籍出版社，1982年。
58. 徐坚等:《初学记》，北京：中华书局，1962年。
59. 严世芸:《三国两晋南北朝医学总集》，北京：人民卫生出版社，2009年。
60. 丹波康赖:《医心方》，北京：人民卫生出版社，1955年。
61. 王世贞:《异物汇苑》（故宫珍本丛刊），海口：海南出版社，2001年。
62. 张朋川等:《嘉峪关魏晋墓室壁画》，北京：人民美术出版社，1985年。
63. 岳邦湖等:《岩画及墓葬壁画》，兰州：敦煌文艺出版社，2004年。
64. 石声汉:《齐民要术今译》，北京：科学出版社，1958年。
65. 缪启愉:《齐民要术校释》，北京：农业出版社，1982年。
66. 段公路:《北户录》，清十万卷楼丛书本。
67. 段成式:《酉阳杂俎》，北京：中华书局，1981年。
68. 刘恂:《岭表录异》,广州:广东人民出版社,1983年。
69. 孙光宪:《北梦琐言》，上海：上海古籍出版社，1981年。
70. 陶穀:《清异录》，北京：中华书局，1991年。
71. 李日华:《紫桃轩杂缀》,南京:凤凰出版社,2010年。
72. 孙思邈:《备急千金要方》，北京：人民卫生出版社，1955年。
73. 孟诜等:《食疗本草》，北京：人民卫生出版社，1984年。
74. 昝殷:《食医心鉴》，上海:上海三联书店，1991年。
75. 韩鄂:《四时纂要》，北京：农业出版社，1981年。
76. 马继兴:《敦煌医药古籍辑校》，南京：江苏古籍出版社，1998年。
77. 宋岘:《回回药方考释》，北京:中华书局，2000年。
78. 张星烺:《中西交通史料汇编》，北京：中华书局，1978年。
79. 沈福伟:《中西文化交流史》，上海：上海人民出版社，1985年。
80. 宋岘:《古代波斯医学与中国》，北京：经济日报出版社，2001年。

81. [美]劳费尔:《中国伊朗编》，北京：商务印书馆，1964年。
82. [美]爱德华·谢弗:《唐代的外来文明》，西安：陕西师大出版社，2005年。
83. [德]贡特尔·希施费尔德:《欧洲饮食文化史》，桂林：广西师大出版社，2006年。
84. 沈括:《梦溪笔谈》,上海:上海古籍出版社,1989年。
85. 苏轼:《东坡志林》，北京：中华书局，1981年。
86. 朱彧:《萍洲可谈》,广州:广东人民出版社,1982年。
87. 庞元英:《文昌杂录》，北京：中华书局，1958年。
88. 孔平仲:《孔氏谈苑》，上海:商务印书馆，1939年。
89. 蔡絛:《铁围山丛谈》，北京：中华书局，1997年。
90. 吴曾:《能改斋漫录》，北京：中华书局，1960年。
91. 洪迈:《夷坚志》，北京:文化艺术出版社，1988年。
92. 陆游:《老学庵笔记》，北京：中华书局，1979年。
93. 罗大经:《鹤林玉露》，北京：中华书局，1983年。
94. 周密:《齐东野语》，北京：中华书局，1983年。
95. 孟元老:《东京梦华录》，北京:中华书局，1982年。
96. 吴自牧:《梦粱录》,杭州:浙江人民出版社,1980年。
97. 周密:《武林旧事》，杭州：西湖书社，1981年。
98. 叶隆礼:《契丹国志》，上海：上海交大出版社，2009年。
99. 庄绰:《鸡肋编》，北京：中华书局，1983年。
100. 江少虞:《宋朝事实类苑》，上海:上海古籍出版社，1981年。
101. 王怀隐等:《太平圣惠方》，北京:人民卫生出版社，1958年。
102. 赵佶:《圣济总录》，北京：人民卫生出版社，1982年。
103. 陈直 邹铉:《寿亲养老新书》，广州：广东高等教育出版社，1985年。
104. 张子和:《儒门事亲》，北京：人民卫生出版社，2005年。
105. 高似孙:《蟹略》，四库全书本。
106. 林洪:《山家清供》，上海：商务印书馆，1936年。
107. 陈达叟:《本心斋疏食谱》，上海：商务印书馆，1936年。
108. 陈元靓:《事林广记》，北京：中华书局，1963年。
109.《和刻本类书集成》本，上海：上海古籍出版社，1990年。
110. 元后至元六年刻本（郑氏），北京：北京图书馆出版社，2005年。
111. 陈元靓:《岁时广记》，上海:商务印书馆，1939年。
112. 苏轼:《格物粗谈》，学海类编本，上海：涵芬楼，1920年。
113. 佚名:《墨娥小录》，北京：华夏出版社，1999年。
114. 道润梯步:《蒙古秘史》，呼和浩特：内蒙古人民出版社，1979年。
115. 道森:《出使蒙古记》，吕浦译，周良宵注本，北京：中国社会科学出版社，1983年。
116.《马可波罗游记》，陈开俊等人合译本，福州：福建科学技术出版社，1981年。
117.《伊本·白图泰游记》，马金鹏译本，银川：宁夏人民出版社，1985年。
118.《原本老乞大》，王维辉编，“朝鲜时代汉语教科书丛刊”本，北京：中华书局，2005年。
119.《朴通事谚解》，王维辉编，“朝鲜时代汉语教科书丛刊”本，北京：中华书局，2005年。
120. 陶宗仪:《南村辍耕录》，北京:中华书局，1997年。
121. 忽思慧:《饮膳正要》，尚衍斌等人注本，北京：中央民族大学出版社，2009年。
122. 葛可久:《十药神书》，清陈念祖注本。
123. 倪瓒:《云林堂饮食制度集》,《碧琳琅馆丛书》影印本。
124. 浦江吴氏:《中馈录》,《说郛》宛委山堂本。
125. 佚名:《居家必用事类全集》,《北京图书馆古籍珍本丛刊》本，北京：书目文献出版社，1988年。
126. 贾铭:《饮食须知》，学海类编本，上海：商务印书馆，1936年。
127. 熊梦祥:《析津志辑佚》，北京图书馆善本组辑，北京：北京古籍出版社，1983年。
128. 贾敬颜、朱风合辑《〈女真译语〉〈蒙古译语〉汇编》，天津：天津古籍出版社，1990年。
129. 刘正琰、高名凯等:《汉语外来词词典》，上海：上海辞书出版社，1984年。
130. 史玄:《旧京遗事》，北京：北京古籍出版社，1986年。
131. 蒋一葵:《长安客话》，北京：北京古籍出版社，1982年。
132. 刘若愚:《明宫史》，北京：北京古籍出版社，

1982年。
133. 田艺蘅：《留青日札》，上海：上海古籍出版社，1985年。
134. 杨慎：《升庵外集》，北京：中国商业出版社，1989年。
135. 张岱：《陶庵梦忆》，上海：上海书店，1982年。
136. 韩奕：《易牙遗意》，夷门广牍本。
137. 刘基：《多能鄙事》，上海：上海荣华书局，1917年。
138. 朱权：《新刻臞仙神隐四卷》，国家图书馆藏明胡氏文会堂刻格致丛书本。
139. 朱橚：《救荒本草》，上海：上海古籍出版社，1979年。
140. 宋诩：《竹屿山房杂部·养生部》，景印文渊阁四库全书本。
141. 徐光启：《农政全书》，石声汉校注本，上海：上海古籍出版社，1979年。
142. 高濂：《雅尚斋遵生八笺》，国家图书馆藏明万历十九年刻本。
143. 邝璠：《便民图纂》，北京：农业出版社，1958年。
144. 戴羲：《养余月令》，北京：中华书局，1956年。
145. 兰陵笑笑生：《金瓶梅词话》，北京：人民文学出版社，1985年。
146. 李渔：《闲情偶寄》，杭州：浙江古籍出版社，1985年。
147. 朱彝尊：《食宪鸿秘》，上海：上海古籍出版社，1990年。
148. 顾仲：《养小录》，上海：商务印书馆，1937年。
149. 王子接：《绛雪园古方选注》，四库全书本。
150. 赵学敏：《本草纲目拾遗》，北京：人民卫生出版社，1963年。
151. 袁枚：《随园食单》，上海：上海图书集成印书局，1892年。
152. 丁宜曾：《农圃便览》，北京：中华书局，1957年。
153. 李斗：《扬州画舫录》，中国科学院藏清刻本。
154. 李化楠：《醒园录》，中国科学院藏清抄本。
155. 梁章钜：《浪迹续谈》，福州：福建人民出版社，1983年。
156. 梁章钜：《归田琐记》，北京：中华书局，1981年。
157. 顾禄：《清嘉录》，北京：中华书局，2006年。
158. 顾禄：《桐桥倚棹录》，北京：中华书局，2006年。
159. 佟世思：《鲊话》，中国科学院藏清抄本。
160. 管幹珍：《毘陵食品拾遗》，中国科学院藏清抄本。
161. 夏曾传：《随园食单补证》，北京：中国商业出版社，1994年。
162. 汪曰桢：《湖雅》，国家图书馆藏光绪六年刻本。
163. 杨米人等：《清代北京竹枝词》，北京：北京古籍出版社，1982年。
164. 郑光祖：《一斑录》，上海：上海古籍出版社，2002年。
165. 褚人获：《续蟹谱》，昭代丛书本。
166. 李光庭：《乡言解颐》，北京：中华书局，1982年。
167. 屈大钧：《广东新语》，北京：中华书局，1985年。
168. 佚名：《全羊谱》，清光绪二十四年抄本，北京：北京燕山出版社，1993年。
169. 曾懿：《中馈录》，光绪三十三年长沙刻本。
170. 徐珂：《清稗类钞》，中国科学院藏商务印书馆铅印本。
171. 杨燮等：《成都竹枝词》，林孔翼辑录本，成都：四川人民出版社，1982年。
172. 傅崇矩：《成都通览》，成都：巴蜀书社，1987年。
173. 冲斋居士：《越乡中馈录》，杭州：浙江古籍出版社，1994年。
174. 薛宝辰：《素食说略》，北京：中国商业出版社，1984年。
175. 郑逸梅：《瓶笙花影录》，上海：校经山房书局，1936年。
176. 佚名：《调鼎集》，国家图书馆藏清抄本。
177. 徐邦达：《中国绘画史图录》，上海：上海人民美术出版社，1984年。
178.《中国古代小说版画集成》，上海：汉语大词典出版社，2002年。
179. 张通之：《白门食谱》，南京：南京出版社，2009年。

后 记

这本《国菜精华（商代—清代）》是在我1985年交稿、1987年由中国食品出版社出版的《中国古代名菜》（选注）的基础上完成的。同《中国古代名菜》（选注）相比，本书“原文”部分增加了出土文献、传世文献中的不少珍本菜谱和相关记载，所选名菜也由870多款增至1000多款，并在中国轻工业出版社高惠京女士的建议下，新增了“解说”和图片。

在撰写本书的过程中，王月女士将1987年版的《中国古代名菜》（选注）录入打印出来，并打印了本书“秦汉名菜”中的一部分；张从艳女士将本书的绝大部分文稿都精心且不厌其烦地设计打印出来，并复印部分典籍；国家图书馆马新蕾女士在第一时间帮我借到了急需的图书；吴昊、马超帮助找到多部本书“原文”部分珍贵版本并拍摄图片；苗欣打印并借到本书“原文”部分参考书；刘翔、王亭、叶良俊、邢佳丽、贾晓萌、张一凡、郑保亮和马重阳帮助打录文稿、搜索资料；苏春娟、党春雨、高立娟、张建宏、李建、李孟、王晓茹、李静洁、杨理、刘来成、尹丽、李结实、云洪军帮助联系图片拍摄；王晓存女士和家人热心提供家藏典籍；李白研究会秘书长曹明先生拨冗帮助查找李白相关诗句。著名北京史专家王灿炽教授帮我找到清抄本《全羊谱》的家藏者，北京大学崔芳菊老师在北大图书馆帮我找到两部清代食书。中国人民大学毛佩琦教授和中国社会科学院商传教授在本书出版过程中鼎力相助。三联书店罗少强、廉勇、罗洪、王军等同好为本书的完美出版花费了心血。当本书出版之际，我向诸位师长和友人致以诚挚的敬意，衷心感谢大家的帮助。

30多年前，是北京大学商鸿逵教授点拨我将古代名菜一个菜一个菜地进行研究，要把“家底”搞清，写史是第二步的事。中国社会科学院吴晓铃教授、中国历史博物馆史树青教授和历史教学杂志社李世瑜教授都给我以难忘的教诲。如今，四位先生均已作古，这本书也算是向先生们交的又一份答卷。

30多年来，随着研究的深入，我越发感到要想真正懂得古菜谱中每个字词的含义，真正将古炊器凝聚的思想表达出来，还必须学习中餐、中医、营养、食品生化和西餐等工艺科学知识，才能拥有对古菜谱、古炊器进行专业诠释的知识背景。为此，我在把日常编发稿件和写报道也作为学习的同时，还抓住一切机会深入饭店厨房，见识中国各地菜点的现场制作，领悟名厨所谈的心得、诀窍与厨艺变迁，并进行了中国菜的实验量化课题研究。为了将中国菜的特点看得更分明，在了解世界美食的基础上再来看古今中国菜，我于1989年同我的外语专业同事和友人，主编并编译出版了亚洲、欧洲和美洲30多个国家的《世界名菜丛书》。尽管如此，当我在校对本书校样的过程中，仍感到有欠清晰的地方，说不定还有我未发现的错误。我在继续研究的同时，也祈望读者赐教。

需要说明的是，本书出版前曾想过多个书名，如“中国古代名菜评说”“中国古代名菜集珍”“中国失传古菜集成”等，最终定为现名。因此，收入本书的个别菜例，如熊掌、天鹅等，从食材而言已非“国菜精华”，但是为完整回顾我们祖先的美食创造，仍留在本书中。

王仁兴

2012年9月26日初稿

2015年1月29日二稿

2017年2月10日三稿